U0181228

农林剩余物人造板低碳制造理论与技术

吴义强 等 著

科学出版社

北京

内 容 简 介

本书是著者团队近 30 年来在农林剩余物人造板低碳制造领域的智慧结晶，系统阐述了农林剩余物人造板绿色胶黏剂合成、多元界面优化调控、高效阻燃抑烟、防水防腐功能化等重要环节的理论和技术成果，聚焦木基、竹基和秸秆基三类主要人造板，重点阐述了低碳制造过程中关键技术、核心装备以及绿色产品创制和工程化应用的突破性进展，为我国人造板产业由制造大国向制造强国迈进，实现木材、竹材、秸秆等资源的高值综合利用提供了重要的理论和技术支撑。

本书内容丰富，深入浅出，兼具科学性、实用性和系统性，可为从事林业工程（木材科学与技术、生物质材料、家具设计与工程、林业装备与信息化）、农业工程、材料科学与工程、阻燃科学与技术等领域的科研人员、管理人员和高等院校相关专业师生提供参考和借鉴。

图书在版编目（CIP）数据

农林剩余物人造板低碳制造理论与技术 / 吴义强等著 . —北京：科学出版社，2021.3
　　ISBN 978-7-03-067968-0

Ⅰ. ①农… Ⅱ. ①吴… Ⅲ. ①人造板生产–制板工艺–无污染技术 Ⅳ. ①TS653

中国版本图书馆 CIP 数据核字（2021）第 017398 号

责任编辑：霍志国　杨新改 / 责任校对：杜子昂
责任印制：肖　兴 / 封面设计：东方人华

科 学 出 版 社 出版
北京东黄城根北街 16 号
邮政编码：100717
http://www.sciencep.com
北京汇瑞嘉合文化发展有限公司 印刷
科学出版社发行　各地新华书店经销
*
2021 年 3 月第 一 版　开本：787×1092　1/16
2021 年 3 月第一次印刷　印张：47 1/4
字数：1 124 000
定价：298.00 元
（如有印装质量问题，我社负责调换）

本 书 著 者

吴义强　李新功　李贤军　刘　元
胡云楚　卿　彦　孙德林　左迎峰
夏燎原　张新荔　刘　明　郝晓峰
徐　康　袁利萍　陶　涛　田翠花
万才超　姚春花　杨守禄　贾闪闪

序

    人造板产业是对接家具、建筑、装饰等领域的绿色循环经济产业，在国民经济中发挥着重要作用。我国是人造板制造和消费第一大国，人造板产量占全球60%以上。然而，我国人造板产业大而不强，国际竞争力弱，存在生产能耗高、甲醛污染重、产品功能单一、资源供需矛盾突出等制约行业绿色可持续发展的重大技术瓶颈。

    在国家科技攻关、科技支撑计划、重点研发计划课题、林业公益性行业科研重大专项、自然科学基金重大项目/重点项目及湖南省科技重大专项等项目资助下，吴义强教授团队围绕人造板低碳制造基础理论、关键技术及核心装备，进行了近30年的科研攻关，取得了一系列重大科研成果，获国家科学技术进步奖二等奖、教育部科学技术进步奖一等奖、湖南省科学技术进步奖一等奖等国家、省部级奖励10余项，为推动我国人造板产业结构调整和转型升级、保障木材安全做出了重要贡献。

    吴义强教授团队凝练研究成果，著写了《农林剩余物人造板低碳制造理论与技术》一书。该书是我国第一部系统阐述农林剩余物人造板低碳制造理论、技术、装备及其工程化应用的专著，全面总结了团队在人造板节能制造、绿色胶合、清洁生产及产品防火防水功能化等方面的创新研究成果，以及在突破我国人造板行业低碳制造重大技术难题、推动产业转型升级、引领产业发展新方向等方面做出的开创性工作。该书还系统介绍了团队在秸秆人造板制造关键技术和核心装备方面的突破性进展，以及在构建完整的秸秆无机人造板制造技术和装备体系及全球首条秸秆无机人造板全自动生产线建设方面的最新成果，为缓解我国人造板木质原料匮乏矛盾、拓展秸秆资源材料工程化应用及解决农林剩余物因任意丢弃、焚烧导致的雾霾等环境问题提供了重要理论依据与技术支持。

    该书内容丰富，图文并茂，兼具科学性、实用性和系统性，可作为有关政府部门领导、行业管理人员、高等院校相关专业师生、科研院所研究人员及从事木竹材加工、秸秆综合利用等领域的企业家、管理和研发人员的参考资料，是一本值得学习的科学论著。

    在该书出版之际，我非常欣喜地看到我国农林剩余物人造板领域取得如此多的科技进步，尤其在核心装备领域能有所突破，希望该书能为我国农林剩余物高值高效化、工程规模化利用提供更多科技贡献。我非常高兴为该书作序，并向广大读者推荐。

中国工程院院士
东北林业大学教授
2020 年 12 月

前　言

　　人造板是木材、竹材、秸秆等农林生物质资源高质高效和工程规模化制造的高附加值工业化产品,广泛应用于家具、建筑、船舶交通等领域,已成为国民经济重要基础产业。我国是人造板生产和消费第一大国,年产量 3 亿 m^3,占世界总产量的 60% 以上。然而,长期以来我国人造板原材料资源匮乏,生产技术与装备落后,生产过程能耗高、污染重,产品功能单一,严重制约了我国人造板产业的绿色可持续发展。一方面,我国木材资源对外依存度高达 60%,供需矛盾十分尖锐;另一方面,我国每年产生的农林剩余物超过 15 亿 t,其中农业秸秆约 10 亿 t,但原料利用率低、精深加工落后、规模工程化水平低,大部分农业秸秆被焚烧或随意丢弃,产生严重的雾霾或江河湖污染等环境问题。针对人造板产业发展的重大技术难题,著者带领团队在农林剩余物人造板绿色胶黏剂合成、多元界面优化调控、高效阻燃抑烟、防水防腐功能化等关键技术领域,进行了长期的科技攻关和产业化推广,并在人造板低碳制造过程中的基础理论研究、关键技术创新、核心装备创制、绿色产品开发及工程化实践方面取得重大突破性成果,为推动我国人造板产业结构调整升级和行业科技进步提供了重要的理论技术支撑。

　　本书系统归纳了著者带领团队在农林剩余物人造板低碳制造领域取得的重大突破性原创成果,也是著者团队近 30 年来研究成果的高度浓缩。第 1 章全面概述了农林剩余物资源现状和农林剩余物人造板低碳制造理论、技术与装备的现状和发展趋势。第 2 章聚焦低甲醛释放脲醛、酚醛树脂等绿色有机胶黏剂合成机制与制造技术。第 3 章重点阐述硅酸盐、氯氧镁、硅镁钙和无机-有机杂化胶黏剂合成机制与制造技术。第 4 章详细讨论了NSCFR、磷氮硼和硅镁硼系等阻燃剂及农林剩余物人造板阻燃抑烟理论与技术。第 5 章系统阐述了农林剩余物人造板防潮防水、防霉防腐和甲醛固着-转化-消解等绿色防护理论与技术。第 6 章从物理、化学和生物三个方面详细论述了农林剩余物人造板界面调控技术。第 7 章和 8 章分别聚焦木基、竹基和秸秆基三类主要人造板的低碳制造技术与装备。第 9 章结合实际案例重点介绍了农林剩余物人造板在家居、建筑和交通等领域的工程化应用。

　　在本专著布局谋篇和撰写过程中,特别感谢东北林业大学原校长、中国工程院李坚院士给予的弥足珍贵支持和全方位指教,以及在百忙之中为本书作了切中肯綮、高屋建瓴的序;同时也衷心感谢赵仁杰教授、向仕龙教授、吕建雄教授等学科前辈及同仁的无私宝贵支持和指导。感谢宋烨、王敏、刘晓梅、陈旬、孙润鹤、王燕、龙柯全、朱晓丹、杨建铭、陈卫民、田梁材、符彬、易佳楠、肖俊华、刘文杰、李昀彦、冯斯宇、王健、李文豪、程曦依、韦妍蕾、杨凯、苏雨、卢立、李佩琦等博士、硕士研究生参与了本书研究与撰写工作。感谢李蕾、张振、魏松、吴樱、廖宇、周亚、邓松林、姜丽丽、宋美玲、张陆雨、苏嘉慧、陈铭、黄瑶、黎玉燕、张晓萌、王张恒、马宁和邹伟华等研究生参与了本书的绘图与校对工作。感谢大亚圣象家居股份有限公司、广西丰林木业集团股份有限公司、宜华生活科技股份有限公司、广西新凯骅实业集团股份有限公司、河南恒顺植物纤维板有限公司、连云港保丽森实业有限公司、湖南桃花江竹材科技股份有限公司、益阳万维竹业有限公司等行业龙头企业对团队技术成果的推广和应用。感谢圣奥集团有限公司、欧派家居集团股份有限公司、大亚人造板集团有限公司、曲美家居集团股份有限公司、香港皇朝家具集团、亚振家居股份有限公司、环美家居、广州尚品宅配家居股份有限公司、碧桂园、浙江梦天木业有限公司、东莞义乌小商品市场、湖南风河竹木科技股份有限公司等企业提供图片支持。特别感谢"十二五"国家科技支撑计划课题（2012BAD24B03）、"十三五"国家重点研发计划课题（2016YFD0600701）、国家林业公益性行业科研重大专项（201204704）、湖南省科技重大专项（2011FJ1006）、国家自然科学基金重大项目/重点项目（31890771、31530009）、国家自然科学基金面上项目（31870552、31670563、31270602、31170521、31070496）等对本研究工作的顺利开展与实施所提供的经费资助。感谢中南林业科技大学木材科学与技术国家重点学科、林业工程湖南省"双一流"学科、农林生物质绿色加工技术国家地方联合工程研究中心、木竹资源高效利用省部共建协同创新中心、木质资源高效利用国家创新联盟等学科平台的条件保障。

　　本书撰稿过程中，虽力求准确，但由于内容涉及面广，且限于时间和水平，书中难免有不完善或不足之处，恳请同行专家和广大读者批评指正。

吴义强

2020 年 12 月

目　　录

第1章 绪 论

  人造板是以木材或其他可再生非木材植物为原料，经一定机械加工分离成各种单元材料后，施加或不施加胶黏剂和其他添加剂胶合而成的板材或模压制品，主要包括胶合板、纤维板、刨花板和细木工板等四大类产品，其延伸产品和深加工产品多达上百种，能广泛应用于建筑工程、装饰装修、家具地板、门窗楼梯、包装材料制造等领域（唐忠荣，2015）。利用木材加工剩余物、次小薪材等为原料，制造 1 m^3 的人造板可以替代 3～5 m^3 的大径级优质原木，因此人造板工业是高效利用木材资源的重要产业，也是实现林业可持续发展的重要手段。改革开放 40 余年来，我国人造板年产量由最初的不足 60 万 m^3 飞速增长到目前的 3 亿 m^3，增幅高达 500 倍，占据世界人造板总产量的 60% 以上。我国是全球人造板生产、消费和国际贸易第一大国，人造板产业已经成为我国国民经济的重要支柱产业。40 余年来，人造板产业的飞速发展不仅没有消耗我国有限的森林资源，反而促进了我国森林覆盖率的快速增长，我国森林覆盖率由最初的 12% 快速增长到 21.63%。因此，我国人造板产业的快速发展不仅缓解了我国木材资源短缺的供需矛盾，也促进了我国生态环境的同步发展。但与世界多数国家相比，我国仍然属于一个缺林少绿、森林总量严重不足的国家，森林覆盖率仍低于世界平均水平，人均森林面积和森林蓄积分别不足全球人均水平的 1/4 和 1/7，木材资源供需矛盾依然很大。尤其是在加快生态文明建设和全面停止全国天然林商业性采伐的背景下，我国木材供需的结构性矛盾正在进一步加剧，原材料来源不足已经成为制约我国人造板产业可持续发展的根本性问题。

  农林剩余物是农林作物在收获和加工过程中产生的固体废弃物，主要包括农作物秸秆、森林采伐和木材加工剩余物等林业剩余物，它是世界上最丰富的生物质资源之一（李树君，2015）。我国是农业和林业大国，农林剩余物资源总量非常丰富，其中农作物秸秆年产量超过 10 亿 t、林业剩余物资源超过 4.5 亿 t。近年来，随着我国农业经济和农村生产生活方式发生的巨大改变，用于生活燃料和农户家禽畜饲料的农作物秸秆需求量显著降低，大量的农作物秸秆被就地焚烧或随意丢弃，不仅造成了资源的巨大浪费，还严重污染了大气环境。农作物秸秆的主要化学组成为纤维素、半纤维素和木质素，与木材相同，完全可以用作人造板生产的替代原料。与农业秸秆的利用情况类似，大量的林业剩余物被直接遗弃或作为低附加值的燃料使用，未发挥出其应有的价值和效益。据初步测算，如果全国 20% 的农林剩余物被用于生产人造板，则可从根本上完全解决我国人造板工业原料不足和木材供需矛盾突出的问题。因此，在当前我国木材资源供需矛盾尖锐和国际可采森林资源日趋紧缺的情况下，更加迫切需要大力发展农林剩余物人造板，以构建我国健康可持续发展的现代人造板工业体系。

  农林剩余物种类繁多、材料特性差异很大，给其材料化加工利用带来了巨大困难。例如农作物秸秆主要包括玉米、小麦、水稻和棉花秸秆等，林业剩余物也包含了林木采伐和造材剩余物、木材加工剩余物、竹材采伐和加工剩余物、森林抚育与间伐剩余物、城市园林绿化废弃物、经济林修剪废弃物、废弃木质材料等七大类（周定国，2008）。虽然这些材料的主要化学成分基本相同，但其在抽提物成分、组织结构、界面特性、力学强度等方面存在巨大差异，使得其在人造板制造的收储、备料、施胶、铺装、成形等各个环节都存在很大的差别，给农林剩余物人造板的制造和利用带来了巨大麻烦和困难。历经40余年的发展，我国农林剩余物人造板产业取得了巨大进步，形成了从产品制造到成套设备生产等完备的产业体系，利用次小薪材和农林剩余物生产的刨花板（或碎料板）及纤维板等人造板产品已经占到我国人造板总产量的1/3。但我国农林剩余物人造板制造仍然存在生产能耗和成本高、游离甲醛释放量大、产品环保性差，易燃易霉易吸潮、产品功能单一、附加值低，部分核心制造装备缺失、生产效率低等制约产业健康可持续发展的瓶颈问题。

开展农林剩余物人造板低碳制造理论与技术研究，构建农林剩余物绿色胶合、阻燃抑烟、功能防护基础理论，研发绿色有机胶黏剂制备、无烟不燃无机胶黏剂与阻燃剂制备、原料预处理与界面调控、木竹质人造板低碳制造等核心技术，研发人造板生产单元高效制备、均匀施胶、高质高效铺装与节能成形等核心装备，对推进我国农林剩余物人造板产业的健康快速发展具有重要意义。

近年来，在"十二五"国家科技支撑计划课题、"十三五"国家重点研发计划课题、国家林业公益性行业科研重大专项、国家自然科学基金重大项目课题/面上项目、湖南省科技重大专项等国家和省部级课题的支持下，著者带领团队在农林剩余物人造板低碳制造理论与技术领域开展了系统、深入的研究，取得了一批先进的理论与技术研究成果，部分成果填补了国际空白，显著提升了我国农林剩余物低碳制造技术水平，对节约资源、保护生态环境、满足经济建设和社会发展对人造板产品的多层次需求发挥了重要的作用。

1.1　农林剩余物资源

常见的农林剩余物资源主要有木材和竹材的采伐与加工剩余物、各类农作物秸秆等。木材剩余物来源于森林采伐、木材加工、材木修枝等，主要用于木质纤维板、刨花板等人造板的生产制造。竹材构造特殊，材料化利用时会产生竹青、竹黄、竹节、竹屑等60%~70%的剩余物，成为竹质人造板生产制造的重要原料来源。我国日产秸秆资源总量大，可收集的资源超过9亿t，肥料化、饲料化、燃料化、原料化和基料化等"五化"利用消耗秸秆资源总量约80%~85%，仍有约15%~20%的秸秆资源未得到有效利用，其丢弃、焚烧处理造成了严重的环境污染问题。为此，以实现秸秆资源大规模、材料工程化利用为核心目标的秸秆人造板生产制造受到了行业内外的极大关注，发展秸秆人造板对于形成布局合理、多元开发、高效利用的秸秆综合利用产业化格局以及构筑丰富的农林剩余物人造板产品结构具有重要意义。上述资源是农林剩余物资源的主体构成，也是农林剩余物人造板的主要原料来源，除此之外藤类资源、芦苇资源和部分草类资源等也是农林剩余物资源的重要组成部分，其综合利用同样具有重要的社会、经济和生态价值。

1.1.1　木材资源

木材产自种子植物中大部分的裸子植物亚门（主要是松杉纲或球果纲）和被子植物亚门的一部分双子叶植物纲，且主要来自乔木的主干部分，这两类树种通常称为针叶树和阔叶树，其木材称针叶树材和阔叶树材，也叫软木和硬木（成俊卿，1985，1992；江泽慧和彭镇华，2001；姜笑梅等，2010；李坚，2014）。历史实践证明，木材资源是一个国家国民经济和社会发展的重要战略性资源，在经济社会可持续发展战略实践中发挥着举足轻重的作用。

1.1.1.1　木材资源现状

历史上，我国森林资源曾遭到严重破坏，森林覆盖率一度下降到 12% 左右，导致我国木材资源长期存在严重短缺问题。1978 年 11 月，党中央、国务院做出了重大战略决策，在西北、华北和东北开展大型防护林建设，开创了我国森林资源持续向好恢复的历史局面。然而长期以来，我国仍然面临森林资源结构与木材资源结构失衡问题，主要表现为两个方面：一是天然林资源严重不足，目前处于休养生息和恢复发展阶段，其商业性采伐已全面禁止，优质大径级天然林木材资源只能依赖国外进口；二是人工林资源丰富，通过 40 余年的建设，我国已成为世界上人工林面积最大的国家。第九次全国森林资源清查（2014 ~ 2018 年）显示，我国现有林地面积为 3.24 亿 hm^2（$1hm^2 = 10^4 m^2$，后同），其中森林面积 2.20 亿 hm^2、人工林面积 7954.28 万 hm^2；活立木蓄积量 190.07 亿 m^3，其中森林蓄积量 175.60 亿 m^3，森林覆盖率达到 22.96%，比第八次全国森林资源清查提高了 1.33%。然而，与全球森林覆盖率 30.7% 的平均水平相比，我国仍是一个缺林少绿、生态脆弱、森林资源总量非常有限的国家。

当前我国木材资源供应面临国家宏观政策与日益复杂的国际贸易环境的双重影响，国有林区全面停伐、国家木材资源储备战略实施以及国际林产品贸易面临新挑战等（郭辰星等，2019），导致我国木材资源供需矛盾更加凸显。2010 ~ 2019 年，我国商品材产量基本在 8000 万 m^3 上下浮动，但市场需求与消耗量逐年增加，导致我国木材进口量逐年上升，且进口来源高度集中。2019 年，我国商品材产量 9028 万 m^3，而进口原木与锯材分别达 5980.69 万 m^3 和 3808.36 万 m^3，此外胶合板、纤维板、刨花板以及木质家具等的进口量分别为 20.24 万 m^3、27.79 万 m^3、96.21 万 m^3 以及 745.39 万件，充分反映了我国木材资源供给率低、对外依赖程度高的现状，木材安全形势非常严峻。开源节流、材尽其用成为解决我国当前木材资源总量供应不足的主要途径。一方面，我国已与 46 个 "一带一路"沿线国家签署了 81 份林业双边合作协议，通过鼓励和引导企业建立海外森林资源培育基地、林业投资合作示范园区，并依托国内口岸建立进口木材储备加工交易基地等方式，为木材及木制品进出口贸易创造新的契机。同时，国家林业和草原局、国家发展和改革委员会、财政部等 11 个部委联合着力加强顶层设计，出台了《林业产业发展"十三五"规划》《关于促进林草产业高质量发展的指导意见》等政策文件，重点提出加大人工用材林培育力度，加快大径级、珍贵树种用材林培育步伐，推进用材林中幼林抚育和低质低效林改造等举措，为最终形成国内木材总产量相对稳定、木材市场供给主要依靠国内森林资源的格局明确了政策导向。另一方面，提高木材资源综合利用率，充分利用采伐剩余物与加工剩余物等农林剩余物资源发展人造板产业，从而减量实体木材资源的砍伐与消耗，为天然林的恢复与人工林的生长赢得充裕时间。

我国木材资源按其价值可笼统分为珍贵木材、工业用材和木材剩余物三类。

1）珍贵木材

珍贵木材是指资源总量有限、价值较高，多用于高档家具、乐器、工艺品等实木制品以及中高档装饰装修材料的一类树种的统称，多为硬阔叶材树种。珍贵木材的主要特点是密度大、硬度高、颜色深、纹理美观、材质优良，因此深受市场和消费者喜爱。根据《国家珍贵树种名录第一批（1992年）》、《中国主要栽培珍贵树种参考名录（2017年）》、GB/T 18107—2017《红木》和第九次全国森林资源清查（2014～2018年）数据显示，我国珍贵木材树种共计101种，重要珍贵树种主要有蒙古栎（*Quercus mongolica*）、青冈（*Cyclobalanopsis glauca*）、紫椴（*Tilia amurensis*）、麻栎（*Quercus acutissima*）、红椎（*Castanopsis hystrix*）、胡桃楸（*Juglans mandshurica*）、水曲柳（*Fraxinus mandshurica*）和苦槠（*Castanopsis sclerophylla*）等，珍贵木材蓄积量为25.96亿 m^3，仅占全国乔木林蓄积量的15.22%，难以满足国内庞大的市场需求，因而严重依赖进口。以红木为例，我国仅降香黄檀（*Dalbergia odorifera*）、印度紫檀（*Pterocarpus indicus*）、黑黄檀（*Dalbergia cultrata*）和铁刀木（*Senna siamea*）等4种红木有天然分布，紫檀木、酸枝木、花梨木等98%以上的红木依赖进口（石超等，2015）。2019年，我国热带珍贵木材进口量高达919万 m^3，占原木进口量的15%（王登举，2019），若国际市场对木材出口限制进一步加强，我国将面临无珍贵木材可用的局面。在此背景下，国家加大了珍贵树种特别是珍贵阔叶材树种的培育力度，在2012年下达珍贵树种培育示范建设任务13.32万亩（其中新造10.62万亩，改培2.7万亩），建设示范基地93个，2013年下达珍贵树种培育示范建设任务13.22万亩（其中新造12.12万亩，改培1.1万亩），建设示范基地102个。

2）工业用材

工业用材泛指用于家居装饰、人造板制造、建筑结构等行业的木材，从商品木材定义角度来说，工业用材也包括了上文所述的珍贵木材。目前，我国工业用材资源主要来源于国外进口以及国内的人工林木材。第九次全国森林资源清查（2014～2018年）结果显示，我国现有人工林面积7954.28万 hm^2，蓄积338759.96万 m^3，其中人工乔木林面积5712.67万 hm^2，占71.82%，人工乔木林中的主要优势树种（组）面积与蓄积如表1-1所示。

根据第九次全国森林资源清查（2014～2018年）统计数据，目前我国人工林中用材林面积总量仍然有限，可用林与成熟林总量占比偏少，树种结构仍然较为单一，低质量速生林较多，且区域分布不均衡。从表1-1中可以看出，面积或蓄积量排名前10的树种多为人工林速生树种，其木材普遍存在密度低、材质松软、易变形开裂和腐朽霉变等问题，材质材性方面的天然缺陷难以满足高档家具、结构建筑等木制品的加工与使用要求，因而主要应用于人造板生产、制浆造纸以及林产化学加工等领域。

表 1-1 全国人工乔木林主要优势树种 (组) 面积与蓄积

类型	面积/(万 hm²)	面积比率/%	蓄积/(万 m³)	蓄积比率/%
杉木林	990.20	17.33	75545.01	22.30
杨树林	757.07	13.25	54625.80	16.12
桉树林	546.74	9.57	21562.90	6.37
落叶松林	316.29	5.54	23744.64	7.01
马尾松林	251.92	4.41	18762.95	5.54
刺槐林	177.84	3.11	5159.66	1.52
油松林	167.76	2.94	8134.39	2.40
柏木林	161.13	2.82	8440.67	2.49
橡胶林	138.28	2.42	10537.73	3.11
湿地松林	128.65	2.25	5440.98	1.61
合计	3635.88	63.65	231954.73	68.47

3) 木材剩余物

木材剩余物主要指林业采伐剩余物、造材剩余物、木材加工剩余物以及其他林业管理产生的剩余物、次小径材和木质废料等。一棵树木从采伐、运输到加工成木制品的不同阶段所产生的剩余物的大致比例如表 1-2 (杨华龙等, 2015) 所示。据不完全统计, 我国林区每年可收集利用的枝丫材等剩余物为 3 亿~5 亿 t, 木材加工剩余物超过 0.4 亿 t, 木制品抛弃物超过 0.6 亿 t (徐杨等, 2015)。这些木材剩余物为人造板制造、制浆造纸、生物质燃料等行业提供了丰富的原料, 对缓解我国木材资源供需矛盾、实现资源循环利用以及环境保护等方面具有重要意义。

表 1-2 树木采伐与加工过程产生的剩余物及其大致比例

加工过程	利用率/%	剩余物名称	占全树/%	备注
全树	100			
原木	65	伐根、枝丫、树皮	35	采伐剩余物
板方材	50	截头、边条、锯屑	15	加工剩余物
木制品	35	截头、边条、刨花、锯屑	15	

1.1.1.2 木材构造与化学特性

木材, 包括针叶树材和阔叶树材, 均由无数不同类别、不同形态、不同大小、不同排列方式的细胞所组成 (如图 1-1 所示) (IAWA Committee, 1989, 2004, 2013, 2018; Isebrands and Parham, 1973; Sisko and Pfäffli, 1995; Pujana et al., 2008)。表 1-3 (李坚, 2014) 为针叶树材与阔叶树材的主要构造差异, 这种物理构造差异与化学组分差异共同决定了其用于实体加工利用、人造板生产、制浆造纸等领域呈现出不同的优势与劣势, 成为木材资源分类利用的重要依据。

图 1-1　针叶树材和阔叶树材主要微观构造特征

（a）～（c）针叶材横切面、弦切面和径切面；（d）～（f）阔叶材横切面、弦切面和径切面；（g）导管（1. 鼓形；2. 圆柱形；3. 纺锤形；4. 矩形）；（h）阔叶材纤维（1. 胶质纤维；2. 分隔木纤维；3. 纤维状管胞；4. 韧型纤维）；（i）阔叶材管胞（1. 环管管胞；2. 导管状管胞）；（j）针叶材管胞（1. 轴向管胞；由左至右为早材管胞、晚材管胞；2. 射线薄壁细胞；3. 射线管胞）

表 1-3　针叶树材和阔叶树材构造的主要差异

组织或分子	针叶树材	阔叶树材
生长轮	早材与晚材的材色差异较大。在肉眼下，轮界线甚明显	早材与晚材的材色差异较小。在肉眼下，除环孔材树种的轮界线较明显外，其他树种均不太明显
导管	除麻黄科和买麻藤科的树种具有导管外，其他针叶树树种均不具有导管。由于针叶树材绝大多数树种不具导管，故称针叶树材为无孔材	除昆栏树科、水青树科的树种外，其他阔叶树材的树种均具有导管，并在横切面上，肉眼可看到导管呈管孔状，故称阔叶树材为有孔材
轴向排列的管胞	轴向管胞为主要组成分子，存在于所有针叶树材中，占木材体积的 90% 以上。此外还有索状管胞和树脂状管胞	只存在部分树种中，主要类型为导管状管胞、环管状管胞和纤维状管胞

续表

组织或分子	针叶树材	阔叶树材
木纤维	无	存在于所有阔叶树材中，阔叶树材的主要组成分子，占木材体积的50%左右。木纤维又分为纤维状管胞和韧性纤维，两种细胞有时存在于同一树种中，有时分别存在于不同树种中
木射线	具有单列木射线和纺锤形木射线，前者存在于所有针叶树材的树种中，肉眼下不甚明显。木射线主要由射线薄壁细胞组成，但在松树树种中还存在木射线管胞	射线较发达，有单列射线和多列射线，部分树种还具有聚合木射线。多列射线存在于所有阔叶树材树种中，在肉眼下木射线较为明显或甚明显。木射线由射线薄壁细胞组成，分成横卧和直立两种射线薄壁细胞
轴向薄壁组织	含量较少，只存在于部分树种中。在肉眼下不明显。轴向薄壁组织的分布类型较简单	含量较多，存在于大多数树种中，在肉眼下明显可见。其分布类型较为复杂
胞间道	含有树脂道。树脂道只存在于松科的松属、落叶松属、云杉属、银杉属、黄杉属和油杉属等的木材中	含有树胶道，存在于部分热带树种的木材中
细胞腔内的肉含物	仅少数树种细胞腔内含有草酸钙结晶。在细胞腔内含有树脂	在不少树种细胞腔内含有草酸钙结晶，其结晶形状多样。有些热带树种细胞腔中含有二氧化硅。在细胞腔内含有树胶、白垩质等。在导管腔内含有侵填体

表1-4～表1-6分别为部分针叶树材与阔叶树材（主要为人工林速生材）的纤维形态、含量以及主要化学组分（张立非等，1993；朱圣光，1988；聂少凡等，1998；方长华等，2002；杨淑蕙，2007；牛敏等，2010；杨金燕等，2010；李坚，2014）。从表中可以看出，不同树种木材的纤维长度、纤维宽度、长宽比、壁腔比等纤维形态特征，以及纤维含量、纤维素、半纤维素、木质素等含量均存在一定差异，从而形成了各自独特的材性特征，为其在实体加工、人造板生产、复合材料制备、制浆造纸等领域的分类、分级综合利用提供了重要参考依据。例如，长度长、长宽比大的纤维所制备的人造板内结合强度较高而静曲强度相对较低；纤维素含量高有利于增加人造板的力学性能，半纤维素含量高，对人造板的耐水性能存在不利影响，而木质素含量高有利于板材的强度与耐水性能等。

表1-4　主要针叶树材和阔叶树材的纤维形态

原料	长度/mm	宽度/μm	长宽比	单壁厚/μm	腔径/μm	壁腔比
杉木	3.09	44.92	68.7	—	—	0.35
马尾松	3.61	50.0	72.0	早材3.8 晚材8.7	早材33.1 晚材16.6	早材0.23 晚材1.05
落叶松	3.41	44.4	77.0	早材3.5 晚材9.3	早材33.6 晚材12.6	早材0.21 晚材1.48
红松	3.62	54.3	67.0	早材3.5 晚材4.3	早材27.7 晚材14.0	早材0.25 晚材0.61

续表

原料	长度/mm	宽度/μm	长宽比	单壁厚/μm	腔径/μm	壁腔比
湿地松	2.93	40.9	72.0	早材 3.5 晚材 4.3	早材 27.7 晚材 14.0	早材 0.25 晚材 0.61
尾叶桉	0.84	15.12	56.0	3.32	8.62	0.77
蓝桉	0.86	14.2	61.0	2.9	7.9	0.73
I-69 杨	1.13	16.71	67.7	5.39	11.32	0.50
毛白杨	1.15	20.78	55.14	3.63	11.66	0.63
欧美杨 107	1.23	25.08	44.94	3.53	18.02	0.39
小青黑杨	1.15	27.0	43.95	5.49	13.6	0.42
山杨	1.15	21.8	53.1	—	—	0.4

表 1-5   部分针叶树材和阔叶树材的非纤维细胞含量

原料	纤维/%	薄壁细胞/%	导管/%
马尾松	98.5	1.5	—
落叶松	98.5	1.5	—
红松	98.2	1.8	—
桉树	82.4	5.0	12.6
钻天杨	76.7	1.9	21.4

表 1-6   部分针叶树材和阔叶树材的化学组分

种类	综纤维素/%	纤维素/%	聚戊糖/%	木质素/%	冷水抽提物/%	热水抽提物/%	1% NaOH 抽提物/%	苯醇抽提物/%	灰分/%
杉木	—	48.64	8.29	33.19	1.18	2.46	11.71	2.50	0.28
马尾松	75.31	46.09	11.52	28.27	1.8	2.94	13.23	2.75	0.27
落叶松	—	52.55	11.27	27.44	0.59	1.90	13.03	—	0.36
红松	69.67	43.31	9.16	26.26	1.68	2.56	11.62	2.02	0.27
湿地松	75.54	46.95	12.88	28.14	0.95	2.81	13.09	2.77	0.26
尾叶桉	78.50	—	19.53	26.84	2.30	6.10	14.05	1.29	0.30
大叶桉	77.49	40.33	20.65	30.68	4.09	6.13	20.94	3.23	0.56
I-69 杨	77.64	—	27.17	22.37	—	3.15	20.12	2.01	1.03
欧美杨 107	78.41	—	—	24.02	—	—	21.58	1.87	0.35
山杨	78.28	47.07	24.42	16.65	2.01	3.63	19.27	2.43	0.52

需要指出的是，木材采伐剩余物如树枝等与树干的主要化学成分含量也有一定区别，部分树种木材，其树枝与树干的化学成分含量区别见表 1-7（杨淑蕙，2007；李坚，2014）。从表中可以看出，树枝的纤维素含量较低，而聚戊糖、抽提物与灰分含量较高，用于人造板制造时，对人造板胶合性能、耐水性能存在不利影响。因而，利用这类木材剩

余物制造人造板时，更需要通过高性能树脂胶黏剂与界面调控等技术突破材性本身的限制。

表 1-7 部分树种木材的树枝与树干的化学成分比较

化学成分	云杉		松		青杨	
	树干/%	树枝/%	树干/%	树枝/%	树干/%	树枝/%
纤维素（不含聚戊糖）	58.8~59.3	44.8	56.5~57.6	48.2	52~52.2	43.9
木质素	28	34.3	27	27.4	21.2	25.9
聚戊糖	10.5	12.8	10.5	13.1	22.8	35.1
聚甘露糖	7.6	3.7	7	4.8	—	—
聚半乳糖	2.6	3.0	1.4	1.5	0.6	0.5
树脂、脂肪等（乙醚抽提物）	1.0	1.3	4.5	3.3	1.5	2.5
热水抽提物	1.7	6.6	2.5	3.4	2.6	4.9
灰分	0.2	0.35	0.2	0.37	0.26	0.33

1.1.1.3 木材资源利用

长期以来，人们对森林资源中木材资源的开发利用存在一定误区，认为其开发利用是对森林资源的破坏，木材采伐与森林资源保护是一种"非此即彼"的对立关系。然而，世界上许多地区的生产实践证明，对木材资源进行过度采伐与过度保护都不是森林经营与健康发展的最佳方式。木材作为一种可再生的生物资源，其开发利用与保护之间存在相辅相成、相互影响、相互作用的内在辩证关系。通过科学经营、合理采伐、高效利用等举措，完全可以实现森林中木材资源"越采越多，越采越好"（吕建雄，2002），真正做到既可创造金山银山，又能留住绿水青山。

我国对木材资源的开发经历了无序过度采伐、有序分级分类采伐到目前天然林全面商业性禁伐的不同历史阶段，在木材资源开发利用与森林资源保护与建设方面形成了不断完善的体制机制。在这种资源背景下，我国木材工业曲折发展，目前已成为木材与木制品生产、消费和进出口大国，深度融入全球木材与木制品贸易，不仅为国内外市场提供了大量的木材加工产品，满足了社会经济发展与人民生活需求，同时也积极反哺森林资源建设，通过争取欧洲投资银行、全球环境基金等国际金融组织，以及政府、社会、个人资本参与国内木材战略储备基地建设与国际木材培育基地的建设，为我国木材工业可持续发展、木材资源可持续利用奠定了坚实基础。

目前，我国木材工业中对木材资源利用的主要方式与途径包括：以实木家具地板、室内装饰、建筑结构等为主体的实体木材的加工利用，以纤维板、刨花板等木质人造板制造、制浆造纸为主体的多尺度单元的加工利用，以及以生物质能源等为主体的加工利用等（李坚，1997，2009，2011；华毓坤，2002），构成了从实体到微纳米尺寸的全尺度资源利用体系，形成了多层次、宽领域的产品结构与产业布局，成为林业产业的重要组成部分。

1）实体木材加工利用

实体木材加工利用主要是指原木与锯材的加工利用，包括实木家具、地板、木门等家具家居产品，室内装饰材料以及建筑结构材料等方面（科尔曼和科泰，1991；Forest Products Laboratory，2010）。受我国木材资源结构、总量等资源现状的影响，目前我国对原木的直接利用较少，主要在建筑中用作屋架、檩、椽等，或在桥梁等工程领域有一定应用。原木的主要利用形式是加工成锯材作为家具、地板等下游产品用材，或旋切成单板用于人造板的制造。锯材包括方材和板材，是实木家具、地板、室内装饰以及建筑结构材等领域的主要原材料，其加工利用的主要特点是：对木材资源的直接利用率低，从原木制成家具的出材率大约为20%，且受原木供应链的影响大；以其为原料制备的产品保持了实体木材香、色、质、纹的天然特性，视觉、触觉、美学、声学等环境学特性给人以舒适和温馨感（尹思慈，1996），深受市场欢迎。据全国林业和草原发展统计公报、中国轻工业联合会、海关等不完全统计数据，2019年，全国木质家具产量约3.16亿件，木门产量约1.3亿樘，实木地板产量约1.17亿 m²，新建木结构建筑面积约350万 m²（其中装配式木结构建筑约242万 m²）。上述统计中，虽然包括了部分以人造板为基材制造的产品，但毫不掩盖市场对实木制品的旺盛需求。总体上，家具、地板等产业对实木资源的需求与利用将继续保持稳中有进，而随着国家《关于进一步加强城市规划建设管理工作的若干建议》《关于大力发展装配式建筑的指导意见》《"十三五"装配式建筑行动方案》《促进绿色建材生产和应用行动方案》等相关政策规划明确提出发展木结构、推广绿色建筑和建材，可以预见的是，木结构建筑产业对正交胶合木（cross laminated timber，CLT）、结构用集成材等以实木锯材为基材的建筑结构材料的需求将会大幅增加，对实体木材加工与利用技术也将会提出更高的要求。

2）木质人造板生产制造

木质人造板是以原木（用于旋切单板）、小径材、间伐材、劣质材、森林采伐与木材加工剩余物等为主要原料，通过机械加工将其分离成各种特定结构单元（单板、刨花或碎料、纤维等），施加胶黏剂后（或不施加胶黏剂），在一定温度和压力条件下压制而成的板材或型材（唐忠荣，2015），已成为家具、家居等诸多产业发展的重要原材料或辅助材料。相比实木制品对木材资源的低利用率，人造板生产制造实现了小材大用、劣材优用、材尽其用，是木材资源高效利用与节约利用的重要途径，对于维护国家木材安全以及保护森林资源方面有着无可替代的战略作用。

改革开放以来，我国人造板产业建设取得了举世瞩目的成就，实现了从无到有、从小到大，目前我国已成为全球人造板第一生产大国、消费大国和贸易大国（钱小瑜，2018），发展人造板产业为缓解我国木材资源供需矛盾做出了重大贡献。目前我国人造板企业数量上万家，从业人员超过300万，年产值超过万亿元（钱小瑜，2016），年产量由1980年的99.6万 m³增长至2018年的29909万 m³，形成了多元化的产品结构。产品主要包括以单板、板、片为主的普通胶合板、结构胶合板等各类胶合板产品（2018年产量为17898万 m³，下同），以纤维为主的中密度纤维板、硬质纤维板等各类纤维板产品（6168万 m³），以刨花为主的定向结构板（OSB）、华夫板等各类刨花板产品（2732万 m³）（周定国，2011；

张玉萍和吕斌，2019），以及具有防潮防水、防霉抗菌、阻燃抑烟、无醛环保等功能的功能型人造板、成形人造板、涂饰人造板等新型人造板产品（吕斌和贾东宇，2016），产品结构根据社会经济发展需求持续调整与优化。

尽管我国人造板产业已经取得了比较大的发展，在装备、技术、产品、管理等各领域都取得了长足的进步，但是也应该看到我国人造板产业在关键核心装备研发、节能降耗清洁生产、产品绿色环保功能化等方面还有很多工作亟待开展。2015 年 5 月，环境保护部（现生态环境部）发布的《环境保护综合名录（2015 年版）（征求意见稿）》曾将胶合板、纤维板及刨花板三大主要人造板产品整体列入"高污染、高环境"风险产品名录，给我国人造板产业敲响了警钟，人造板产业能否在现有基础上实现向生态环保型和质量效益型绿色产业的转型升级，已成为企业与行业生存与发展的关键。为此作者认为，我国的人造板产业必须坚持以绿色发展理念为引领，加快人造板核心装备研发与低碳制造等技术创新，全面推进全过程清洁生产，实现产品提质增效，从而推动我国从人造板大国向人造板强国目标迈进。

3）木质复合材料

木基复合材料、木质纳米先进材料制造领域也是木材利用的重要途径。在这些应用领域中，部分已经形成了较为成熟的产业，部分尚未形成产业化，主要是开展基础研究和前沿探索，为布局长远技术革新与未来产业拓展奠定基础。

（1）木基复合材料。木质基体复合材料（简称木基复合材料）是利用不同维数木质单元为基体的协同效应和加和法则，通过与异质、异型、异性的增强体或功能体单元混杂复合加工形成的新型多相材料，如木质单元与合成高聚物、金属、无机非金属等材料进行复合，获得木塑复合材料、木基陶瓷材料、木基电磁屏蔽材料、吸波材料、无机纳米复合材料等（傅峰，2003；李坚和邱坚，2005；李坚，2017）。通常认为，木基复合材料不属于传统人造板范畴，而是传统人造板的延伸与拓展，比较有代表性且已实现产业化规模生产的产品主要是木塑复合材。

木塑复合材系指以木材的片状、纤维、粉末、碎料或者细小刨花等为增强体（木纤维在复合体系中的含量超过 50%），以热塑性聚合物［如聚乙烯（PE）、聚丙烯（PP）、聚氯乙烯（PVC）］为胶黏剂，加入需要的添加剂后，经热压、模压、挤压等加工而成的一种材料（杨文斌等，2005），兼具木材与塑料的双重特性，具有可刨可锯、可钉可钻、浸水不胀、干燥不裂、防蛀耐腐、无毒无味的性能优势，且可回收再利用，被广泛应用于地板和装饰板等领域（王清文等，2016）。据中国林产工业协会不完全统计，2019 年我国具有一定规模的木塑地板企业总销量约 0.7 亿 m^2，其中室外用木塑地板占总量的 95% 左右。近年来，市场上出现了以天然无机石粉、木质纤维以及热塑性塑料为原料复合而成的石木塑板材，因其优异的耐水、耐划痕、耐磨、阻燃等性能，快速占据了国内外市场。2019 年我国具有一定规模的石木塑地板企业总销量 3.96 亿 m^2，其中发泡与非发泡石木塑地板均为 1.5 亿 m^2，市场前景广阔。

（2）木质纳米先进功能材料。木质纳米材料是近年来木材科学与技术研究领域的前沿与热点，极大拓展了木材资源加工利用技术的内涵与外延，丰富了木材资源高值化利用的手段和途径，成为木材纳米尺度应用的高附加值潜在产业。木质纳米材料系以木（竹）材为原材料，通过纳米解离技术获得的纳米纤维素、木质素等纳米尺度的材料。将具有量子效应、小尺寸效应、表面效应的木质纳米材料与异质功能单元（如具有光学、电学、磁学等性能的材料）复合，进而获得具有储能、光响应、疏水、吸附等功能的新型木质纳米先进材料，实现了木质材料在绿色储能、催化降解、环境修复等领域的高值化利用（江雷，2015；卢芸和李坚，2015；李坚，2018）。目前，该领域研究方向主要聚焦在木质纳米纤维制备、木质纳米纤维组装、木材纳米纤维复合材料功能化、木材纳米纤维的精确表征等方面。作者团队就木材纳米结构解译及功能化修饰方面进行了长期攻关与研究，在木材细胞壁生物/机械高效纳米解离、纳米纤维组装及功能化等方面取得了重要突破：提出了木材细胞壁高效定向纳米解离新思路，揭示了高低压联合机械剪切、生物/机械协同解聚、差异化强酸水解拆分木材纤维的结构演变与性能调控机制，创新了木材全组分纳米解离方法，为木材规模化纳米解离奠定了理论基础。在此基础上，通过解析木材纳米纤维单元自组装的演变与引导规律，揭示了纤维排列方式与网络结构对膜等材料的强化增韧机理，为木材纤维多维网络体系定向重构与功能重组提供了理论指导。同时，设计了系列木材纳米纤维先进功能材料，如木材纳米纤维储能材料、光电催化材料、重金属离子吸附材料，为木质先进功能材料的开发与应用提供了理论与技术支撑。

4）木材制浆造纸

现代制浆造纸始于19世纪，其原料由最初的韧皮纤维扩大到草类再发展为木材。其中，木材制浆造纸是指将木材纤维解离成纸浆再抄造成纸的生产过程，具有生产规模大、产品质量好、环境污染小等优点。经过近百年的发展，以木材为原料进行制浆造纸逐渐成为世界造纸工业的主流。相比世界造纸工业的发展历程，我国制浆造纸工业经历了曲折的发展道路。20世纪50年代至80年代中期，我国造纸工业的原料主要以草浆为主，生产效率低、产品质量差、环境污染重（宋湛谦等，2009）。经历过这段"林办林、纸办纸"的特殊历史时期，1987年中国林学会和中国造纸学会在国家轻工业部、林业部的大力支持下，提出实行林纸一体化建设工程，造纸原料开始由草资源向木材资源过渡（邹毅实，2006），拉开了木材制浆造纸的序幕，并推动了我国木材制浆造纸工业的快速发展。

经过"十五""十一五""十二五"期间的高速发展，我国造纸工业成功解决了供给短缺这一历史难题，实现了产需基本平衡，并进入世界造纸大国行列。据中国造纸工业年度报告统计数据，2019年全国纸及纸张生产企业约2700家，生产量10765万t，消费量10704万t；全国纸浆生产总量7207万t，其中木浆1268万t、非木浆588万t、废纸浆5351万t、木浆产量占纸浆总产量的17.59%，桉树、杨树等人工林速生树种木材成为制浆造纸的重要木材原料，为我国的制浆造纸工业发挥了重要作用。但是2019年我国从国外进口的木浆为2720万t（用于造纸的木浆量为2317万t），是国产木浆产量的2.15倍，国内木材资源匮乏的资源现状对我国木材制浆造纸工业发展的影响不言而喻。为此，中国造纸协会《关于造纸工业"十三五"发展的意见》提出，在长江中下游地区、华南沿海地区大力开展速生丰产林、造纸原料林建设，东北地区开展以现有中幼龄改培为主的速生丰产林建设，西南地区以木竹资源开发为重点适当发展一定规模的木浆产业，同时扩大林业间伐物、小径材、加工剩余物的利用，持续推进"林纸一体化"，不断提高国内木材资源对我国纸浆造纸工业的支撑与贡献度。

5）其他

除上述利用途径外，木材也被用于发电、供热和生产车用燃料等。从经济角度来说，优质木材用于能源生产并非资源高效高值利用的最佳选择，但木材采伐与加工剩余物、回收的废弃木材等资源可以作为能源生产的原料。

木质生物质能源与燃料。能源是国民经济和社会发展的重要物质基础，能源安全关系国家经济社会发展的全局性、战略性问题。随着世界范围内煤、石油等不可再生能源的日益枯竭，可再生的生物质能源受到国际社会广泛关注，成为支撑可持续能源体系建设的重要途径。美国、欧盟、印度和巴西分别制定了"能源农场发展计划""生物燃料战略""阳光计划""酒精能源计划"，希望利用生物质能源制备的燃料乙醇、生物质燃料替代传统能源，例如美国计划 2025 年利用生物质燃料替代 75% 的中东原油进口，瑞典计划利用纤维素生产的燃料乙醇全面替代石油使用，日本在车用燃料中掺混的乙醇含量已近 50%（孟小露等，2020）。

我国是能源消耗大国，发展可再生的生物质能源对优化能源结构、稳定能源供应体系、保障国家能源安全等方面具有重大现实意义。林业生物质能源是可再生生物质能源的重要组成部分，目前我国已建设的林业生物质能源林基地约 300 万 hm^2，主要包含木质资源、木本油料和淀粉植物等林木资源。2017 年国家林业局印发的《林业生物质能源主要树种目录（第一批）》列出了包含人工林速生树种杨树类、桉树类等 101 个树种，其主要利用方式为制备生物质成形燃料、生物化工基础材料、生物液体燃料（生物柴油、燃料乙醇），以及用于生物质供热及发电。总体上，木材及其采伐与加工剩余物在生物质燃料方面的应用较多，2018 年全国木质生物质成形燃料产量达 94.44 万 t，而在生物液体燃料制备方面，因产物得率低、综合成本高等原因，还未实现大规模推广应用。

1.1.2 竹材资源

竹子在植物分类学上属被子植物门（Angiospermae）单子叶植物纲（Monocotyledoneae）禾本目（Graminales）禾本科（Gramineae），由于其在营养器官的外部形态、花和果实等生殖器官的结构以及生长发育规律等方面的特殊性，使其独自形成一个特殊的类群——竹亚科（Bambusoideae），即多年生常绿单子叶一次性开花结实植物（江泽慧，2002；孙茂盛等，2015）。我国是世界上竹子资源最丰富的国家，素有"竹子王国"之称，无论是竹子种类、竹林面积、竹材产量均居世界首位，竹材资源开发利用历史悠久。

2018 年年初，习近平总书记视察四川省时关于竹产业的讲话，极大鼓舞和激励了全国竹产业的发展信心。2019 年全国竹产业再创新高，产值接近 3000 亿元，形成了"一产促二产带三产"的良好发展格局。竹材加工产业是竹产业中的支柱产业，不仅为经济社会发展提供了重要的原料与产品，同时通过带动竹林的经营与利用有效减少了木材资源的砍伐（2018 年我国毛竹产量 16.9 亿根，相当于 2500 万 m^3 左右的木材量），对缓解我国木材资源短缺，保障我国木材安全，推进生态文明建设和乡村振兴等具有重要战略意义。

1.1.2.1　竹材资源现状

据 2017 年 *World Chechlist of Bamboo and Rattan*（Vorontsova et al., 2016）数据统计，全球共有竹类 88 属, 1642 余种, 面积 3200 万 hm²，我国拥有竹类植物 39 属, 837 种, 是世界上竹资源最丰富的国家。第九次全国森林资源清查（2014～2018 年）显示, 全国现有竹林总面积 641.16 万 hm²，占全国森林面积的 2.94%，其中天然竹林面积 390.39 万 hm²，人工竹林面积 250.78 万 hm²，主要分布在北方散生竹区、江南混合竹区、西南高山竹区、南方重生竹区和琼滇攀援竹区等五大竹林区（江泽慧, 2002；易同培等, 2008）。

毛竹（*Phyllostachys pubescens*）是竹加工产业的主要用材竹种。第九次全国森林资源清查（2014～2018 年）显示, 我国现有毛竹林面积 467.78 万 hm²，占竹林总面积的 72.96%；毛竹株数 141.25 亿株, 其中毛竹林株数 113.60 亿株, 零散毛竹株数 27.65 亿株；胸径 7cm 以下的毛竹 23.57 亿株、占 16.68%，7～11cm 的有 87.46 亿株、占 61.92%，11cm 以上的有 30.22 亿株、占 21.40%；平均高度 10～15m 的毛竹林面积 263.63 万 hm²、占 56.36%。毛竹林主要分布在 13 个省份, 其中面积在 70 万 hm² 以上的有福建、江西、湖南、浙江等 4 个省份, 面积合计 370.62 万 hm²、占全国毛竹林总面积的 79.23%。竹资源的地理分布与竹产业的区域发展存在明显区位重叠现象, 福建、江西、浙江、湖南等省份在竹资源开发利用、产业规模等方面均呈现明显优势。

毛竹等竹种在采伐和加工过程中会产生大量的竹枝、竹叶、竹节、竹青、竹黄、竹屑、竹粉等采伐与加工剩余物, 这些剩余物约占整竹的 60%（辜夕容等, 2016）。根据全国森林资源清查结果和林业统计基础数据估计, 每年的竹材加工剩余物总量约为 2800 万 t（王红彦等, 2017），为竹材人造板、竹材生物质燃料、竹材化学化工利用等提供了重要的原料资源。

1.1.2.2　竹材构造与化学特性

竹材主要是指竹子的竹竿部分, 是竹子利用价值最大的部位, 其在外观形态、组织结构、纤维形态和化学成分等方面均与木材有一定差别, 部分竹材构造与化学特性见图 1-2（鲁红霞等, 2020；Wang and Chen, 2017；腰希申等, 1992 年；Wang et al., 2015）、表 1-8 和表 1-9（马灵飞等, 1993, 1994；陈友地等, 1985；杨喜等, 2015）。整体上, 竹材径小、中空、壁薄、尖削度大, 直径、壁厚由根部至梢部逐渐减小, 例如毛竹根部壁厚最大可超过 15cm，而梢部壁厚仅有 2～3cm。壁厚方向上, 从外向内由竹青、竹肉、竹黄组成, 结构不均匀。其中, 竹青组织致密、质地坚硬且表面附有硅质层和蜡质层, 对水、胶黏剂润湿性差, 对竹质人造板胶合性能有不利影响；竹肉由梯度分布的基本组织和维管束组成, 占竹材壁厚的绝大部分, 是竹材物理力学性能的主要载体；竹黄组织疏松、质地脆弱, 对水和胶黏剂润湿性较差, 物理力学性能比竹青、竹黄差。此外, 竹材富含有机物质, 其中蛋白质含量 1.5%～6.0%，还原糖类约 2%，淀粉含量 2%～6%，在一定温湿度条件下极易发生霉变。竹材这种特殊的物理构造与化学特性既赋予其强度高、韧性大、易加工的特点（张齐生, 1995；赵仁杰和喻云水, 2002），但又对其部分加工与利用产生了不利影响, 从而形成了竹材独特的分级、分类、分层次加工和利用体系以及系列富有竹材特色的产品。

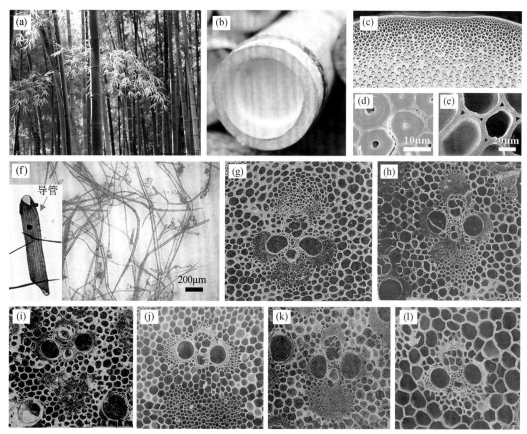

图 1-2 主要竹材宏观和微观构造特征

（a）竹林；（b）竹材实物图；（c）竹节横切面微观构造图；（d）竹纤维和（e）薄壁细胞电镜图；（f）竹片原浆纤维及导管电镜图；（g）毛竹（刚竹属），开放型维管束；（h）淡竹（刚竹属），开放型维管束；（i）慈竹（慈竹属），断腰型维管束；（j）麻竹（牡竹属），断腰型维管束；（k）石竹（刚竹属），开放型维管束；（l）箭竹（箭竹属），半开放型维管束

表 1-8 竹材纤维形态特征

名称	含量范围（平均值）		名称	含量范围（平均值）	
	26 种散生竹	41 种丛生竹		26 种散生竹	41 种丛生竹
纤维长度/mm	1.33 ~ 2.22 (1.89)	1.88 ~ 3.04 (2.37)	壁腔比	1.79 ~ 6.42 (4.16)	2.3 ~ 5.0 (3.6)
纤维宽度/μm	10.8 ~ 18.7 (16.1)	12.4 ~ 20.8 (16.6)	输导组织比量/%	4.32 ~ 11.16 (8.14)	6.82 ~ 15.66 (10.58)
长宽比	87 · 153 (121)	101 · 210 (145)	基本组织比量/%	42.09 · 70.60 (53.25)	34.36 ~ 75.71 (45.07)
壁厚/μm	4.9 ~ 7.5 (6.3)	4.5 ~ 7.6 (6.2)	纤维组织比量/%	24.16 ~ 48.33 (38.61)	13.87 ~ 54.96 (44.35)
腔径/μm	1.8 ~ 6.4 (4.16)	2.3 ~ 6.1 (3.7)			

表 1-9　几种主要竹材的化学组分

种类	综纤维素/%	纤维素/%	聚戊糖/%	木质素/%	冷水抽提物/%	热水抽提物/%	1% NaOH抽提物/%	苯醇抽提物/%	灰分/%
毛竹	75.07	60.55	22.11	26.20	7.10	5.11	26.91	3.88	0.69
梁山慈竹	73.97	49.80	17.70	21.96	13.17	14.43	33.39	3.70	1.13
刚竹	65.39	49.92	22.65	25.15	6.11	7.32	31.33	5.86	0.98
淡竹	62.40	39.95	22.49	23.35	8.81	12.71	35.52	7.52	1.85
青皮竹	73.37	45.50	18.87	23.81	6.84	8.75	28.01	5.43	1.58

1.1.2.3　竹材资源利用

1）竹材传统加工利用

竹材传统加工利用在我国具有悠久的历史，主要是将圆竹或圆竹剖分后的竹单元进行加工后，制备成各类用于日常生活和居民建筑的制品，如各类竹编制品、竹工艺品、竹乐器、竹生活器具、竹家具、竹结构建筑等（傅万四，2008；孙茂盛等，2015）。随着竹材加工技术的进步，不同竹产区充分发挥了竹资源区域优势，在传统竹制品生产制造中不断推陈出新，形成了各具特色且更加迎合现代生活需求的各类竹制品，成为现代竹产品体系的重要组成部分。

圆竹建筑是竹材传统加工利用的典型代表，圆竹因其优异的抗压、抗弯、抗冲击性能和较高的强重比，使其可以很好地适用建筑结构承重材料和屋面屋顶等材料。我国比较有代表性的传统圆竹建筑有湖南湘西的吊脚楼、西南傣族的"干阑式"竹楼等（张文福等，2011；肖岩和李佳，2015）。随着国家大力推进发展竹产业、现代木竹结构建筑与绿色建材，竹材在生产能耗（约占混凝土和钢铁的1/8 和1/50）、保温隔热性能（同等厚度条件下隔热值比混凝土和钢材分别高16 倍和400 倍）、生产成本等方面的天然优势，使得圆竹建筑近年来日益受到行业和市场的关注，表现出强劲的市场潜力。在继承传统圆竹建筑制造技术的基础上，现代圆竹建筑在圆竹分级、结构设计、节点连接、长效防护等方面取得不断突破与进展，空间体量明显超过传统圆竹建筑，且建筑风格更加多元，应用领域由民居建筑拓展至桥梁、大型场馆建筑等领域（严彦和费本华，2020），在未来木竹结构建筑、装配式竹结构建筑等方面具有广阔的市场前景。

2）竹质人造板生产制造

竹质人造板是以全部竹材或竹材废料为主要原料，加工成各种不同几何形态的构成单元，施胶后组成不同结构形式的板坯胶合而成的一类人造板（赵仁杰等，2002），是人造板的重要分支，仅次于木材人造板。相比竹材传统加工利用方式，竹质人造板明显改变了竹材径小、中空、壁薄的几何形态，成为了一种大幅面、高强度的平面或型面材料，具有抗压、抗拉、抗弯等力学强度高，刚性好、耐磨损，各向异性差异小等优点，广泛应用于建筑结构、包装工程、家具装饰、交通运输等行业（陈玉和等，2008）。主要产品类型与用途见表1-10。

表 1-10 主要竹质人造板分类及用途

类型	品种	主要用途
竹胶合板类	竹席胶合板、竹帘胶合板、竹片胶合板	车厢底板、建筑模板、装饰材、家具材
竹集成材类	竹家具装饰板、刨切薄竹	地板材、家具材、厨房菜板、装饰贴面材
竹地板类	径面(侧压)竹地板、弦面(平压)竹地板	室内外地板
竹层积材类	径向或弦向竹篾帘层积板、重组竹	建筑结构材、家具材、室内外装饰装修
竹复合板类	竹木复合板、覆塑竹胶合板、碎料夹心复合板	装饰材、地板材、建筑模板、车厢底板
竹碎料板类	竹碎料板、竹刨花板	包装箱材、贴面板基材
竹纤维板类	高密度、中密度纤维板	家具用材、包装箱材、装饰材

近年来,重组竹、竹集成材等竹质人造板发展迅速,与竹胶合板(主要为竹集装箱底板)形成三足鼎立之势,成为竹质人造板中的主流产品。据不完全统计,目前国内重组竹年产量约 100 万 m^3,竹胶合板年产量 550 万 m^3 左右。而随着木竹装配式建筑、桥梁工程、大型体艺馆等建筑结构产业以每年 20% 的增量在国内快速兴起,具有大跨度、大幅面、高强度的结构用集成材、结构用重组竹等产品将迎来巨大发展机遇,市场前景广阔。与此形成鲜明对比的是,一些传统竹质人造板产量下滑非常严重,如竹胶合板水泥模板高峰时期的年产量可达 400 万 m^3,但目前已近乎消亡,竹地板高峰时期年产近亿平方米,目前已下降至 3000 万 m^2 左右(于文吉,2019)。竹碎料板、竹纤维板生产线和产量非常少,市场占有率低。此外,部分竹质人造板因环保要求、人工成本、制造成本等因素的影响,其产业已开始向东南亚地区转移。

目前,我国竹质人造板产业整体上已进入发展瓶颈期,生产制造过程原料利用率低、环保性能差、机械化程度低、生产能耗与生产成本高等问题日益凸显,产业亟待转型和调整(李延军,2016;于文吉,2019)。为此作者认为,急需整合高校、科研院所与企业的资源与力量,通过加大技术合作与攻关,重点推进竹材采运、加工等工序的连续化、智能化关键设备研发与技术创新,进一步提高竹材原料利用率,显著降低干燥、热压成形等关键工序的生产能耗,持续改善产品制造过程与终端应用的环保性能,从而推动产业转型升级。

3)竹质复合材料

(1)竹塑复合材料。竹塑复合材料系由竹纤维或竹粉与聚乙烯、聚丙烯、聚氯乙烯以及它们的共聚物等热塑性塑料,按一定投料比并添加一定量的助剂,经熔融共混加工等方法成形制成的竹基纤维复合材料(胡玉安等,2019)。竹塑复合材料的主要特点是尺寸稳定性、机械加工性能好、耐水耐腐耐候耐磨、轻质、价廉、无毒无味(唐健锋等,2019;Shuai et al.,2019;Wang et al.,2019)。20 世纪 90 年代北美最先开始实现竹塑复合材料的产业化生产,21 世纪初进入国内市场,现在其相关产品在国内已实现大面积推广应用,主要用于园林景观中的庭院建筑、栈道护栏、室内地板、天花板、门窗橱柜,以及汽车内饰等方面(唐婷和何栋,2019)。

(2)竹缠绕复合材料。竹缠绕复合材料以竹子为基材,以树脂为胶黏剂,采用缠绕工艺加工成形,是由我国自主研发、具有独立知识产权的新型生物基材料。竹缠绕复合材料充分发挥了竹材柔韧、轻质、定向和高强的天然优势，通过缠绕工艺突破了传统竹质平面层积结构加工方式（王戈等，2020），其整体结构由内衬层、增强层和外防护层 3 层组成，其中内衬层由防腐性优异的食品安全级树脂与竹纤维无纺布组成，增强层由竹篾与水性树脂组成，外防护层为防水防腐耐老化性能优异的树脂（江泽慧等，2020）。该材料的显著优势为轻质高强、保温隔热耐高温、抗震抗变形、耐候耐腐等，可广泛应用于市政、水利、建筑、交通、军工等领域，部分产品如竹缠绕复合管、竹缠绕管廊、竹缠绕整体组合式房屋已进入推广应用与产业化阶段，整个产业具有巨大的市场潜力和广阔的发展前景。

4）竹材制浆造纸

竹材除用于传统竹制品、竹质人造板、竹建筑外，其最大的用途是制取竹浆、竹浆纤维和竹原纤维。竹材纤维细长，可塑性较好，纤维长度、长宽比、含量等特性（表 1-5）决定竹材是制浆造纸的适宜原料（江泽慧，2002），可用于制造文化用纸、食品包装纸、生活用纸及各种纸板（沈葵忠等，2018）。

我国竹材用于制造手工纸最早始于晋代，距今已有 1700 多年历史，现代竹子机制纸始于 20 世纪 20 年代（刘力等，2006）。50 年代开始，国家先后对四川宜宾、长江、重庆等 3 家纸厂进行扩建，使用竹材进行制浆生产新闻纸、纸袋纸和书写纸，随后竹浆造纸的生产线规模不断扩建，由 80~90 年代的 3.4 万~5.5 万 t/a 发展到目前的 10 万~20 万 t/a，2017 年四川某公司的总产能更是超过 50 万 t/a（沈葵忠和房桂干，2018）。目前，竹浆生产的纸张（板）产品多达近百种，并且应用领域持续拓展，近几年出现了一批不经过含氯漂剂漂白、不存在有机卤化物（AOX）等化学物质残留的高档本色竹浆生活用纸，并成功打入了国际市场。根据中国造纸工业年度报告显示，2019 年全国年产竹浆 209 万 t，是世界上竹浆产量和使用量最大的国家。截至 2019 年，全国已投产的大中型竹浆生产企业共计有 18 家，合计产能 240 万 t。目前正在建设和规划建设的大型竹浆纸项目还有多个，预计 2020 年至 2022 年将新增 120 万~140 万 t 的产能。随着产业的进步与发展，竹材制浆造纸已成为我国竹产业新的重要经济生长点，也成为竹产业中产值占比最大的产业之一（费本华，2019），是实现竹材资源高值化利用的重要途径。

5）其他

（1）竹炭与竹醋液。竹炭一般以 3 年生以上毛竹和竹材加工剩余物为原料，经过高温无氧干馏而成，是竹材加工领域中利用率最高、附加值最大的细分领域。我国竹炭产业经历萌芽阶段（1994~2000 年）、发展阶段（2001~2010 年）、转型阶段（2011~2015 年）与升级阶段（2016 年至今），目前产业规模持续扩大，部分企业实现了机械化、连续化、清洁化生产，年产能可实现上万吨产品，应用领域拓展至环境治理、医学、化工、冶金、农业、食品等领域（汤锋，2019；张文标，2020）。据统计，2018 年，全国竹炭产量约 25.52 万 t，产值约 8.84 亿元。竹炭烧制过程会产生大量气液混合物和气体混合物，经分离提纯后可得到竹醋液。竹醋液的主要成分是水、有机酸、酚类、酮类和醇类，可用于农药增效剂、土壤改良剂、液体肥料、饲料添加剂以及日化用品等领域（汤锋，2019）。一般生产 1t 竹炭可产生 0.8~1.0t 竹醋液，由于没有大规模的应用途径，目前企业较少收集竹醋液。

（2）竹生物质燃料。竹加工剩余物可以用于制成生物质燃料，包括生物质固体燃料、液态生物油、气态热解燃气等。其中，以竹加工剩余物为基料，通过物理压缩成形技术，将其制备成棒状生物质固体燃料，可有效提高设备的有效容积燃烧强度和热转换效率，在竹材加工企业具有非常广泛的应用（刘石彩和蒋剑春，2007）。竹材热化学转化主要通过气化、液化和热解等方式得到燃料油、乙醇等燃料，生物转换主要包括水解、发酵、酶法合成等制备生物柴油、乙醇、甲烷气等燃料（蒋剑春，2002；2007）。竹材生物质多联产技术可以同时产出燃气、电力、热能、生物油、竹醋液、生物炭和炭基肥料等多种能源及物质，但目前并未实现规模化产业化应用。

1.1.3 秸秆资源

农作物秸秆是世界上最丰富的生物质资源之一，包括玉米、小麦、水稻、棉花、甘蔗、薯类、油菜等各类农作物在获取其主要农产品后剩下的茎叶或者蔓藤等（李树君，2015）。近年来，随着农业生产技术的发展，秸秆在我国的年产量急剧增加，每年产生的农作物秸秆超过 9 亿 t，由秸秆废弃和违规焚烧带来的资源浪费和环境污染问题日益凸显，引起政府和社会广泛关注。自 2008 年起，国务院、国家发展改革委员会、农业农村部、生态环境部等相继出台了《关于加快推进农作物秸秆综合利用的意见》《关于进一步加快推进农作物秸秆综合利用和禁烧工作的通知》《开展京津冀生态一体化屏障的重点区域农作物秸秆综合利用试点》《关于推进农作物废弃物资源化利用试点的方案》《关于全面做好秸秆综合利用工作的通知》等一系列关于支持和推动农作物秸秆综合利用的相关政策，秸秆综合利用也取得了显著成效，基本形成了肥料化利用为主，饲料化、燃料化稳步推进，基料化、原料化为辅的综合利用格局。然而尽管如此，目前我国每年仍然有约 2 亿 t 的农作物秸秆被就地焚烧，造成了极大的资源浪费和环境污染问题。随着全国多个省市相继出台秸秆综合利用实施方案，秸秆资源的全量化、多元化综合开发利用大有可为。

1.1.3.1 秸秆资源现状

我国可用耕地约 20.25 亿亩（1 亩 ≈ 666.67m²，后同），在农业生产时产生了大量的农业副产物——农作物秸秆。2017 年，全国可收集的秸秆资源量为 8.27 亿 t，其中玉米、小麦、水稻秸秆总量分别约为 3.72 亿 t、1.91 亿 t、1.47 亿 t，合计总量占我国农作物秸秆总量 85% 左右；棉花秸秆在新疆等地有相对集中的资源，占我国农作物秸秆总量的 2.8%，油菜、花生、豆类、薯类、其他谷物秸秆分别占秸秆总量的 2.4%、2.1%、2.8%、3.3% 和 1.8%（丛宏斌等，2019）。

从地理分布上看，我国秸秆资源主要集中在东北地区、华北地区和长江中下游地区，分别占全国秸秆资源的 20.7%、24.6%、22.3%。其中，玉米秸秆主要在东北和华北地区富集，黑龙江、吉林、山东、河北、河南 5 省占全国玉米秸秆资源总量的 68.1%；水稻秸秆主要分布在以黑龙江为极心的东北地区和以湖南、江西为极心的江南地区，黑龙江、湖南、江西三省占全国水稻秸秆资源总量的 37.0%；小麦秸秆主要分布在华北地区，该区域占全国小麦资源秸秆总量的 59.3%；除了三大粮食作物产生的秸秆外，其他秸秆也呈现明显区域富集特征，如 67.7% 的棉花秸秆集中分布在新疆，51.9% 的花生秸秆分布在河南、山东、河北，38.3% 的豆类秸秆分布在黑龙江，湖北、湖南、四川的油菜秸秆占全国的 48.2%（丛宏斌等，2019；霍丽丽等，2019），这种资源分布特征对秸秆综合利用的产业分布具有重要影响。

1.1.3.2　秸秆资源利用

1）秸秆机械化收集与储运

开展秸秆"五化"利用前，首先要解决的是秸秆的收获、储存与运输问题，若无法实现有效、高效的机械化收集作业，秸秆的综合利用无从谈起。发达国家的农作物秸秆收获机械已有 100 多年的发展历史，而我国农作物秸秆收获机械在 2000 年才开始真正起步，相关产业基础非常薄弱，相关设备的国产化基本属于空白（李树君，2015）。虽然目前部分小型设备上有所突破，但我国秸秆资源地理分布广，地形地貌复杂多样，极大增加了相关设备的研发难度，产业发展仍然任重而道远。发达国家的秸秆收获设备主要以大型机械为主，单纯依靠引进这类设备难以解决我国不同区域、不同类型农作物秸秆的机械化采收问题，发展适合我国具体国情的农作物秸秆机械化设备已成为当务之急。与此同时，秸秆原料的储存也至关重要。秸秆收储后必须注意通风、避雨，防止秸秆腐朽、霉变甚至自燃，建议在现有基础上继续加强秸秆标准化收储中心的建设，通过打造布局合理、运转高效的秸秆收储运体系，最终打通秸秆采收、储运、运输、加工等各环节存在的瓶颈。

2）秸秆"五化"利用

秸秆资源的利用随国家经济社会的发展不断深刻变化。新中国成立至改革开放期间，秸秆主要用于农民柴火和畜牧饲养等方面；随后国家提出了推广秸秆还田的利用方式，与此同时，秸秆焚烧带来的污染问题开始引起关注，但这个阶段国家层面关于秸秆综合利用的相关政策缺乏，相关产业基础薄弱甚至尚未起步。2007 年中央一号文件提出了秸秆燃料化、肥料化与饲料化的综合利用思路，打破了以往秸秆还田的单一利用模式。2008 年，国务院明确提出加快秸秆资源综合利用，并出台了支持秸秆资源综合利用的系列财税补贴政策，拉开了我国秸秆综合利用产业快速发展的序幕，秸秆资源利用途径不断拓展，综合利用水平不断提高，产业格局不断优化。2017 年，全国秸秆综合利用率达 83.68%，综合利用技术体系主要涵盖肥料化、饲料化、燃料化、基料化、原料化（图 1-3）（丛宏斌等，2019），经折合计算，其各自利用率分别约占 47.30%、19.44%、12.71%、1.94%、2.28%。其中，小麦、水稻秸秆以肥料化利用为主，利用率约为 55%~65%；玉米秸秆以肥料化、饲料化利用为主，利用率分别约为 30%~35%；薯类秸秆以饲料化利用为主，利用率约 55%；豆类秸秆以肥料化、饲料化利用为主，利用率约 22%~32%；花生秸秆饲料化、燃料化并重，利用率分别约为 15% 和 25%；棉花、油菜、甘蔗秸秆则以肥料化、燃料化利用为主（霍丽丽等，2019）。

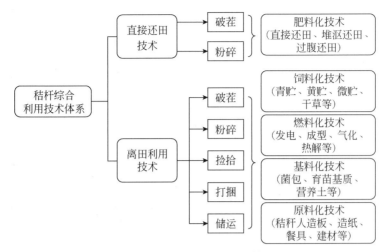

图 1-3 秸秆综合利用技术体系

3) 秸秆材料化利用

从上述数据可以看出,全国仍然有 15% 左右的秸秆未进行有效利用,已经利用的秸秆主要以肥料化、饲料化与基料化等农用为主,利用率合计占比接近 70%,而秸秆原料化利用水平较低。从图 1-4(Xie et al., 2015;Ratnakumar et al., 2019;Efe and Alma, 2014;Kristensen et al., 2008;彭丹等, 2018;赵德清等, 2016)、表 1-11 ~ 表 1-13(向仕龙等, 2008;陈莉等, 2015)可以看出,秸秆在生物结构、纤维细胞含量与形态、化学成分等方面与木竹材有一定差别,但总体上而言,秸秆具备了用作材料工业原料的一些基本特征,其组织结构与化学成分等方面存在的不足可以通过技术创新去解决(周定国, 2008)。目前,秸秆原料化利用中,以秸秆人造板、秸秆复合材料、秸秆墙体材料、秸秆包装材料、秸秆模压制品等为主的秸秆材料化利用日益受到关注,例如,2019 年我国粮食主产区山东省发布《山东省秸秆人造板产业发展三年行动方案(2019 ~ 2021 年)》,结合区域秸秆资源优势,重点打造秸秆人造板、板材饰面、智能家居制造"三合一"产业示范等项目。

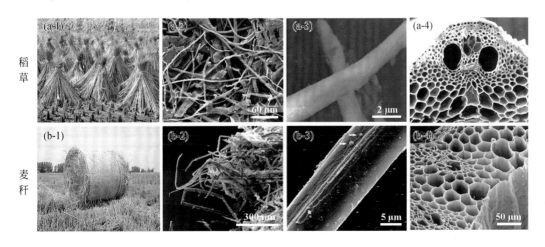

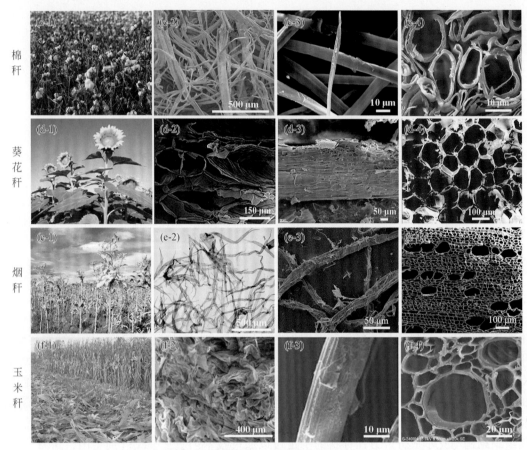

图 1-4　主要秸秆宏观形貌和纤维特征

（a-1）稻草，（a-2）稻草纤维素纤维，（a-3）稻草纤维，（a-4）稻草纤维横截面；（b-1）麦秆，（b-2）麦秆爆破处理的纤维，（b-3）麦秆纤维，（b-4）麦秆纤维横截面；（c-1）棉秆，（c-2）、（c-3）棉秆纤维，（c-4）棉秆纤维横截面；（d-1）葵花秆，（d-2）、（d-3）葵花秆纤维，（d-4）葵花秆纤维横截面；（e-1）烟秆，（e-2）、（e-3）烟秆纤维，（e-4）烟秆横切面；（f-1）玉米秆，（f-2）、（f-3）玉米秆纤维，（f-4）玉米秆纤维横截面

表 1-11　主要秸秆的非纤维细胞含量

原料	纤维/%	薄壁细胞/%		导管/%	表皮细胞/%
		秆状	非秆状		
稻草	46.0	6.1	40.4	1.3	6.2
麦秆	62.1	16.6	12.8	4.8	2.3
玉米秆	30.8	8.0	55.6	4.0	1.6
棉秆	71.3	—	21.8	6.9	—
高粱秆	48.7	3.5	33.3	9.0	0.4
大豆秸	68.2	3.8	20.3	6.6	—
蔗渣	64.3	10.66	18.6	5.3	1.2

表 1-12 主要秸秆的纤维形态特征

原料	平均长度/mm	平均宽度/mm	长宽比	平均壁厚/μm
稻草	1.26	7.30	173.5	1.83
麦秆	1.66	14.20	117	3.21
玉米秆	1.18	14.45	81.7	3.16
棉秆	1.01	22.2	46.4	3.12
高粱秆	1.96	10.86	180	4.29
蔗渣	1.99	18.37	108.3	1.9
烟秆	1.17	27.5	43	—

表 1-13 主要秸秆的化学成分

原料	综纤维素/%	聚戊糖/%	木质素/%	冷水抽提物/%	热水抽提物/%	1% NaOH抽提物/%	苯醇抽提物/%	灰分/%
稻草	36.20	18.06	14.05	6.85	28.50	47.70	—	15.50
麦秆	40.4	25.56	22.34	5.36	23.15	44.56	—	6.04
玉米秆	37.68	21.58	18.38	10.67	20.46	45.62	—	4.66
棉秆	56.49	23.51	21.75	2.12	5.53	20.93	—	4.45
高粱秆	39.70	21.58	18.38	8.08	13.88	25.12	—	4.76
大豆秸	44.80	34.01	20.34	7.20	8.76	31.14	3.96	2.19
葵花秆	37.60	—	37.35	9.42	15.80	33.32	10.91	4.66
蔗渣	55.68	25.87	20.02	4.92	4.70	34.48	3.26	2.84

秸秆人造板是以麦秸或稻秸等秸秆为原料，施加胶黏剂后，通过铺装、预压、热压等工序压制而成的板材，主要分为秸秆刨花板、秸秆纤维板和秸秆定向板等（周定国，2008，2009，2016）。我国秸秆人造板的研究起步较晚，20世纪70年代开始进行稻草、麦秸秆、甘蔗渣等人造板的研究，90年代后麦秸秆和稻草为原料的秸秆人造板得到快速发展，南京林业大学等国内各大高校及科研机构在此方面做了大量工作，取得了卓有成效的研究成果，为秸秆人造板的产业化推广做出重要贡献。但是，秸秆人造板在制造技术和产业化推广方面仍然存在一些问题，主要有：一是秸秆原料粉碎加工问题，部分秸秆难破碎，部分秸秆易粉末化，均无法达到要求的纤维形态，原料加工质量与利用率低；二是秸秆界面胶合问题，秸秆表面多富含硅质和蜡质物（图1-5），对胶黏剂的润湿性差，影响施胶与胶合性能；三是胶黏剂问题，传统脲醛树脂、酚醛树脂等对秸秆的胶合性能差，虽然异氰酸酯胶黏剂胶合性能好，但其施胶量小，导致均匀施胶难度大且难脱模，此外异氰酸酯价格相比脲醛树脂明显偏高，导致生产成本显著增加；四是铺装及预压问题，秸秆碎料难压缩，运输过程中易塌边、破损；五是核心装备缺乏。

针对上述问题，作者团队围绕秸秆无机人造板制造技术与装备研发等方面开展了长期攻关与研究，并建立了全球首条秸秆无机人造板自动化生产线，实现了秸秆无机人造板的产业化规模生产，产品具有防潮防水、阻燃抑烟等功能，可广泛用于家具制造、地板、室

图 1-5　秸秆表面硅质层与蜡质层

内装饰、建筑墙体等领域。团队在秸秆无机人造板制造领域的主要突破包括：创新秸秆纤维的破碎分选一体化技术与装备，显著改善秸秆单元加工效率与质量；创制系列秸秆人造板专用无机功能胶黏剂，并构建了有效的界面调控技术体系，解决了秸秆无机胶合界面相容性差、胶合强度低等难题；发明环式雾化–气流涡旋–机械抛撒联合施胶装备，突破无机胶施胶均匀性差等问题；研发铺装及连续预压一体化装备，显著改善板坯成形效率与质量；集成创新潜伏固化与叠压自加热成形技术，显著提高生产效率，降低生产能耗。此外，团队在秸秆建筑用复合材料方面也开展了大量研究工作，制备了系列性能优异的墙体用秸秆/镁系发泡材料、秸秆/氯氧镁高强度气砖材料、秸秆/镁水泥轻质高强隔音防火门芯板等材料。

1.1.4　其他资源

除木材、竹材、木竹材剩余物和农作物秸秆资源外，藤类资源、芦苇资源和草类资源等也被用作木材工业原材料，在人造板制造等方面也有一些相关研究。

1.1.4.1　藤类资源

藤类植物是森林资源中重要的多用途植物资源，是热带地区除木材与竹材外最重要的非木材林产品，一般生长周期为 5~7 年，3~5 年可用于生产。其中，棕榈藤是一种木质藤本植物，是国际竹藤组织（INBAR）优先发展的种类，也是国际竹藤中心在中国和世界范围尽力研究与培养的物种，具有很高的生态和经济价值（江泽慧和王慷林，2013）。棕榈藤（*Rattan*）属棕榈科（Palmae）省藤亚科（Calamoideae）省藤族（Calameae）植物，全世界共有 13 属，600 余种，其中亚洲分布有 10 属，约 300~400 种，大洋洲北部有 1 属 8 种，西非热带地区有 4 属 24 种，27 个商业品种在热带地区被广泛种植（许煌灿等，2002；江泽慧，2002）。我国天然分布有 3 属 36 种 4 变种，主要分布于云南、海南和广西（江泽慧等，2013）。

棕榈藤的长度与直径变异大，植株茎长可达几米至百余米，针叶藤属个别藤株的直径可达 200mm，商用藤直径范围 3～80mm，我国以 10mm 和 15mm 为分界将藤材划分为小径藤、中径藤和大径藤，其中 6～12mm 最适合加工利用（蔡则谟等，2003；江泽慧等，2013）。藤茎外围为表皮及皮层，其内为中柱，主要由基本组织及维管束构成（图 1-6）（蔡则谟，1989）。表皮颜色、光泽度、硅质含量等宏观特征与中柱微观特性对藤的归类、

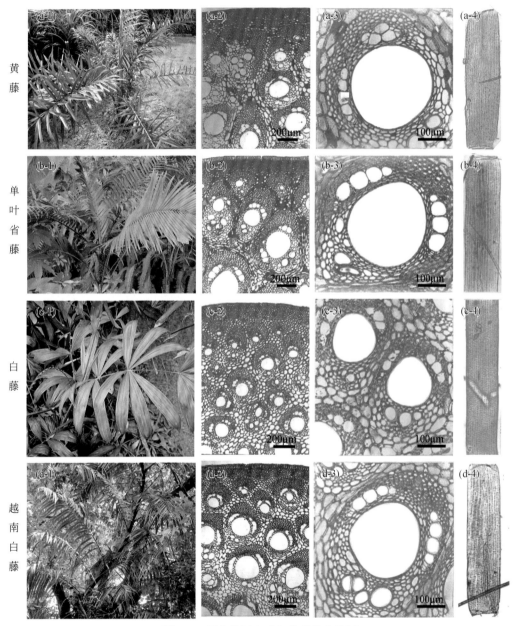

图 1-6　部分藤材宏观与微观构造特征

（a-1）黄藤、（a-2）黄藤茎中段横切面、（a-3）黄藤中段横切面放大图和（a-4）孔纹导管形态图；（b-1）单叶省藤、（b-2）单叶省藤茎中段横切面、（b-3）单叶省藤中段横切面放大图和（b-4）孔纹导管形态图；（c-1）白藤、（c-2）白藤茎中段横切面、（c-3）白藤中段横切面放大图和（c-4）孔纹导管形态图；（d-1）越南白藤、（d-2）越南白藤茎中段横切面、（d-3）越南白藤中段横切面放大图和（d-4）孔纹导管形态图

材质及加工利用有重要影响（费本华等，2009；汪佑宏等，2014）。表 1-14 和表 1-15（江泽慧等，2007；曹积微等，2015）为我国白藤（*Calamus tetrasactylus*）、单叶省藤（*Calamus simplicifolius*）和黄藤（*Daemonorops jenkinsiana*）、高地钩叶藤（*Plectocomia himalayana*）等 4 种藤材的纤维形态以及主要化学组分，结合其导管形态、维管束分布密度、纤维比量、纤维壁厚率等解剖特征，可对其材质作综合判断并指导开发与应用。总体而言，商用藤材应具有以下特征（Liese，1996）：①藤茎的维管束分布均衡，横切面纤维占 20%~25%，输导细胞占 15%，基本薄壁细胞占 20%~35%；②纤维帽尺寸相等，纤维长度一致，多层结构细胞壁；③基本薄壁组织细胞小且壁厚多层。

表 1-14　部分藤材不同部位的纤维形态

藤种	内部		中部		外部	
	纤维长度/μm	纤维宽度/μm	纤维长度/μm	纤维宽度/μm	纤维长度/μm	纤维宽度/μm
白藤	760.9	17.0	1222.9	18.1	1413.3	12.5
单叶省藤	904.6	19.4	1257.1	19.0	1454.4	14.2
黄藤	861.9	18.2	1040.2	17.6	1181.2	14.8
高地钩叶藤	1705.3	21.6	2292.3	22.0	2273.5	19.3

表 1-15　部分藤材的主要化学成分

藤种	综纤维素/%	聚戊糖/%	木质素/%	冷水抽提物/%	热水抽提物/%	1% NaOH抽提物/%	苯醇抽提物/%	灰分/%
白藤	71.39	23.28	23.69	10.07	13.01	33.49	3.93	1.43
单叶省藤	75.27	24.01	24.94	4.10	6.09	26.18	4.02	0.86
黄藤	63.15	20.43	23.09	15.23	19.67	41.76	9.57	1.19
高地钩叶藤	78.36	19.49	16.34	9.46	14.05	26.79	12.28	2.02

棕榈藤的材料化开发利用具有悠久的历史，其独特的物理构造与化学特征，使其成为编织各种高档家具及各种日常用品、工艺品的重要原料，形成了藤椅、藤柜、藤屏风等藤家具，藤笪、藤席、藤织件、藤装饰构件等系列日常用品与工艺品，全球藤工业产值达 70 亿美元左右。藤材在加工成各类制品时会产生大量加工剩余物，大径藤（*d*>18mm）从生藤到抛光藤的换算系数，按质量计为 35.3%~41.2%，按体积计为 68.4%~83.0%；小径藤（*d*<18mm）从生藤到劈条的换算系数，藤皮质量为 25.8%~28.5%，藤芯质量 7.3%~9.8%（江泽慧和王慷林，2013）。这些加工剩余物可用作家具填充材料或镶饰材料使用，也可用于开发水泥纤维板、水泥刨花板等人造板产品（Abdul et al.，1987；Olornunnisola et al.，2002；Zuraida et al.，2018），但这方面工作主要停留在实验研究阶段。目前，我国棕榈藤产业面临的主要问题是资源极度匮乏，优良藤种资源濒危，亟待建设一批棕榈藤种植基地，促进种植规模化、集约化发展，从而推动产业的可持续发展。

1.1.4.2　芦苇资源

芦苇（*Phragmites communis*）是一种禾本科（Gramineae）多年生草本植物，适应性强、生长快、产量高，喜生沼泽地、河漫滩和浅水湖，分布广泛。我国北自寒温带，南至亚热带都有芦苇分布，形成了 14 个芦苇主产区，其中湖南洞庭湖、辽宁盘锦、新疆斯腾湖等湿地是芦苇的重点产区，目前全国芦苇年产量超过 300 万 t。

　　芦苇茎秆直立，茎秆高达 2~3m，壁厚由外向内依次为表皮、薄壁细胞层、纤维组织带、维管束、基本薄壁组织和髓芯薄壁组织（向仕龙等，2008；刘一星和赵广杰，2004），其中表皮具有光滑的含蜡层和较高的硅物质含量，对其加工利用有重要影响。芦苇茎秆微观构造、纤维含量与纤维形态分别见图 1-7（Liu et al.，2012；鲁红霞等，2020；王新洲等，2013）、表 1-16 和表 1-17（杨淑蕙，2007；向仕龙等，2008），从其纤维含量可以看出，芦苇同样适合用作造纸原料和制造人造板。芦苇的主要化学成分是纤维素、半纤维素和木质素，还有少量的可溶性糖类、粗蛋白等，不同产区芦苇的化学成分如表 1-18 所示（唐艳军等，2006；向仕龙等，2008）。从表 1-18 可以看出，芦苇木质素含量低，戊聚糖含量较高，纤维素含量近似于木材，灰分与溶液抽提物含量较高。值得注意的是，芦苇不同部位的灰分和硅含量差别较大（表 1-19）（向仕龙等，2008），苇叶中的灰分与硅含量较高 ［图 1-7（a）］。

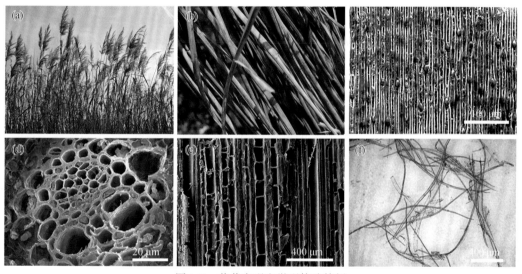

图 1-7　芦苇宏观和微观构造特征

（a）芦苇丛；（b）芦苇秆；（c）芦苇茎秆外表面；（d）沼泽芦苇维管束图；

（e）海门芦苇茎秆弦切面；（f）芦苇原浆纤维形态图

表 1-16　芦苇非纤维细胞含量

纤维/%	薄壁细胞/%		导管/%	表皮细胞/%
	秆状	非秆状		
64.5	17.8	8.6	6.9	2.2

表 1-17　芦苇纤维形态特征

长度/mm		宽度/μm		长宽比	单壁厚/μm	腔径/μm	壁腔比	非纤维细胞含量/%
平均	一般	平均	一般					
1.12	0.6~1.6	9.7	5.9~13.4	115	3.0	3.4	1.77	35.5

表 1-18　不同产地芦苇的主要化学成分

产地	综纤维素/%	戊聚糖/%	木质素/%	热水抽提物/%	1%NaOH抽提物/%	苯醇抽提物/%	灰分/%
新疆	79.28	19.76	24.36	6.14	29.50	3.11	3.26
盘锦	77.98	23.56	19.26	—	38.36	3.77	5.82
湖北	75.40	21.17	21.17	5.69	32.29	2.63	4.4
黑龙江	79.55	25.25	17.23	4.92	35.51	3.08	3.12
丹东	77.98	23.56	18.05	6.89	34.85	2.76	4.58
河北	66.01	22.46	25.40	10.69	34.51	—	2.96

表 1-19　芦苇不同部位硅含量

部位	灰分含量/%	硅含量/%	各部位总量比/%	各部位硅量比/%
苇叶	8.29	7.22	20	44
苇茎	3.51	2.19	70	47
苇节	4.48	3.65	8	9
全苇	4.07	3.18	100	100

芦苇作为重要的工农业原材料，传统上主要用作牲畜的草料和制浆造纸的原料。据初步计算，5t 芦苇的造纸量相当于 $10m^3$ 木材的造纸量（侯利萍等，2019），因此 20 世纪 60 年代初，国家轻工业部将洞庭湖区等芦苇产区规划为我国造纸原料基地，最高峰时造纸企业达 236 家，为区域经济发展做出了重要贡献。然而随着国家调结构、转变经济发展模式以及生态文明建设等要求，芦苇制浆造纸产生的环境污染问题日益受到关注。例如，为推进洞庭湖区生态环境建设与经济绿色发展，湖南省制定了《洞庭湖区生态环境专项整治三年行动计划（2018~2020 年)》《洞庭湖区造纸企业引导退出实施方案》，明确要求环洞庭湖造纸企业全面退出。在此背景下，解决芦苇出路问题，拓展芦苇的综合利用途径，成为实现芦苇产业可持续发展的关键。目前，国内一些芦苇产区在此方面做了一定实践与探索，如雄安新区的白洋淀将芦苇用于生物质发电，每天可消耗 800t 芦苇，同时大力发展苇编工艺画和旅游产业；辽宁盘锦主要将芦苇用于生产无醛芦芯板材和食用菌菌棒或作基料；江苏盐城以天然芦苇滩为优势发展旅游产业等，这些方式一定程度拓展了芦苇的利用途径，延伸了产业链，但芦苇资源利用率仍旧偏低，目前仍然有大量的芦苇资源未得到有效开发利用，对区域生态环境造成了很大的影响。

近年来，随着秸秆人造板等非木材人造板的发展，芦苇人造板的生产制造引起了人们的极大关注，有望实现剩余芦苇资源的规模化利用（邓腊云等，2019）。芦苇在构造与化学成分等方面具备了人造板原料单元的要求，因而 20 世纪 90 年代我国就开始了芦苇人造板的研发工作，但一直未取得大的进展。2017 年 9 月，辽宁盘锦第一张工业化连续平压芦苇刨花板顺利下线，但在生产技术与生产工艺方面还需继续完善。芦苇中的蜡质层影响胶黏剂的渗透性，灰分中的 SiO_2 在纤维中形成了非极性的表层结构，影响胶黏剂的吸附和氢键的形成，严重阻碍了脲醛树脂对芦苇的胶合（王欣和周定国，2009），成为芦苇人造板生产的重大难题。目前采取的主要技术措施包括原料的处理、胶合界面的调控、胶黏剂的改性等。作者团队在芦苇有机人造板方面也进行了一些探索工作,针对芦苇难胶合问题,系统研究了芦苇胶合界面调控技术以及芦苇胶合用脲醛树脂的改性技术,制备的芦苇刨花板可满足国标 GB/T 4897—2015《刨花板》中家具型刨花板的使用要求,后续将重点开展芦苇刨花板产业化生产方面的研究。

1.1.4.3 草类资源

我国是草资源大国,天然草地资源分布区域主要在北方温带草地区、青藏高原高寒草地区、南方和东部次生草地区,天然牧草品种包括 18 个大类,38 个亚类和 1000 多个型(高雅和林慧龙,2015)。2018 年,全国天然草原鲜草总量 109942.02 万 t,折合干草约33930.75 万 t,主要用于支撑养殖业、畜牧业等农业生产,并在不同的农区、牧区形成了各具特色的草业发展模式和产业结构(南志标,2017)。除了农业与畜牧业,草业经济的功能还包含了区域经济发展、旅游业与工业(杜青林,2006),草资源利用产业链的延伸与拓展不断突破传统,如杂交狼尾草(*Pennisetum pureum*)、狼尾草(*Chinese pennisetum*)、荻草(*Miscanthus sacchariflorus*)、香根草(*Vetiveria zizanioides*)、互花米草(*Spartina alterniflora*)(图 1-8)等草类资源在人造板生产制造方面也进行了相关研究(李心收等,2016;Banerjee et al., 2019;Vijay et al., 2021;Khan et al., 2020;Mendelssohn and Postek,

图 1-8 主要草类实物图及对应纤维形态

(a)、(b) 狼尾草;(c)~(e) 香根草;(f)、(g) 杂交狼尾草;(h)~(j) 互花米草;(k)、(l) 荻草;(m)~(o) 席草

1982；Zhang，2019）。表 1-20 和表 1-21 是上述几种草种的纤维形态特征与主要化学成分。从纤维形态特征来看，这几类草的纤维形态具备了制浆造纸以及纤维板、碎料板、刨花板等人造板制造的要求，但相比木材，其整体灰分与抽提物含量较高，对胶合性能存在不利影响。研究人员重点探讨了这几类草用于人造板制造的可行性，并对其胶合机理、界面调控技术、制备工艺、产品性能等进行了研究（张德荣等，2008；赵安珍和周定国，2010；王欣，2010a；2010b；王宁生等，2012），但相关研究主要是实验室探索研究，并未进行产业化生产。

表 1-20 主要草种纤维形态特征

种类	纤维长度/mm	纤维宽度/μm	长宽比	纤维腔径/μm	纤维壁厚/μm	壁腔比
杂交狼尾草	1.28	12.12	106	9.13	3.05	0.67
狼尾草	1.30	12.10	108	10.80	3.50	0.65
荻草	—	—	94.78	10.00	2.46	0.49
香根草	0.90	13.31	79.05	8.29	1.52	0.38
互花米草	1.18	8.38	176	—	—	—

表 1-21 主要草种化学成分

种类	综纤维素/%	纤维素/%	聚戊糖/%	木质素/%	冷水抽提物/%	热水抽提物/%	1% NaOH抽提物/%	苯醇抽提物/%	灰分/%
杂交狼尾草	79.75	—	20.13	17.72	4.18	7.49	31.78	3.99	2.26
狼尾草	65.24	—	20.54	21.52	—	—	—	2.96	11.21
荻草	—	40.18	13.82	19.83	—	—	32.56	3.98	—
香根草	71.68	—	20.93	21.24	13.05	15.91	35.49	4.44	3.53
互花米草	67.40	—	—	18.57	—	14.88	42.92	6.30	10.71

综上所述，目前我国优质木材资源严重短缺，但各类农林剩余物资源种类非常丰富，涵盖木材、竹材、秸秆、藤草等各类木材与非木材植物，可为人造板生产制造提供广泛的原料来源，对减少木材资源消耗、缓解当前我国木材资源供需矛盾具有重大现实意义。但是我们也应该看到，尽管我国木质人造板与竹质人造板产业取得了长足的进步，但仍然存在生产能耗高、效率低、污染重等问题，以绿色低碳制造为方向的转型之路势在必行。另外，秸秆等其他原料在生物结构、纤维细胞含量与形态、化学组分等方面各有差别，用于人造板生产制造时无法完全照搬和利用木材人造板的制造工艺技术与装备，不仅需要突破技术与工艺上的瓶颈问题，同时也要根据原料特性与生产工序研发新的配套装备，才能真正实现这部分剩余物资源在人造板制造领域的产业化生产。

1.2 农林剩余物人造板低碳制造理论基础

人造板具有产品和原材料双重身份，人造板产业的发展对于促进资源综合利用、保护森林资源、扩大森林覆盖率、增加碳汇、减少碳排放与推动循环经济等具有突出贡献。然而，人造板制造过程中普遍存在高耗能、高耗材、高排放等制约人造板制造产业可持续发展的问题。因此，低碳制造是人造板产业转型升级的必由之路，开展人造板低碳制造理论与技术研究极为必要。低碳制造是指通过对产品设计和生产过程中每个环节的控制和把握，使之达到材料利用率最大化、同等时间的各项资源消耗下产出效率最大化，是以最大化利用资源以及最小消耗能源为依据的现代制造方式，同时还要达到垃圾污染及有害排放的最小化。而低碳制造理论是指将现有的资源进行最大化利用，减少能源的不必要浪费，在制造的每一个环节中注重低碳理念的融入和低碳技术的应用，从而实现制造生产和资源节约、节能降耗等的有机统一。低碳制造技术进步不断为低碳制造理论提出新的课题，激励低碳制造理论的发展，而低碳制造理论可为低碳制造技术的发展提供方向指导和理论支撑。对人造板低碳制造而言，要在整个生产环节融入低碳制造理念，利用低碳制造中的绿色胶合理论、节能降耗理论、功能化理论等先进理论指导人造板制造，达到强化资源利用效率，减少设备能量损耗，提高生产效率，实现节能减排等目的。

1.2.1 胶合理论基础

胶合理论是研究胶接力形成机理和解释胶接现象的理论。研究胶合理论可以指导胶黏剂的配方研制和选择正确的胶接工艺，可为获得牢固耐久的胶接性能提供科学依据（顾继友，2003）。胶接技术由来已久，但是胶合理论的研究却是近代才开始的，其中有代表性的胶合理论有：机械结合理论、吸附理论、扩散理论、静电理论、化学键理论等。这些经典理论对于研究胶接现象和胶接机制具有指导意义，但是只用某一种胶合理论来解释胶接这一复杂的现象，无疑是不全面和不切实际的。农林剩余物人造板用胶黏剂及胶接技术的研究和发展离不开胶合理论的指导，因此有必要了解各种已知的胶合理论，认识各种特定条件下的共同规律，以便在解决农林剩余物人造板具体胶接技术问题时，可根据不同的胶接对象加以灵活运用。

1.2.1.1 机械结合理论

机械结合理论是在 1925 年由麦克贝恩（J. W. McBain）和霍普金斯（D. G. Hopkins）最早提出的一种胶合理论，该理论认为液态的胶黏剂渗入被胶接物表面的缝隙或者凹陷处，固化后在界面区产生锚合、啮合、钩合等机械连接作用（Pocius，2005），正是这些机械锚固和黏附才形成牢固的胶接。

机械结合理论对于解释木材和多数其他多孔材料的胶合现象是合理的。木材是多孔性材料，加工后的木材单元表面通常比较粗糙，存在大量的纹孔及暴露在外的细胞腔（Dorris and Gray，1978），这为胶接界面形成投锚胶接力提供了有利条件。研究人员借助扫描电镜观察到胶合板的胶接层的导管腔和细胞壁纹孔等木材组织内腔中均有胶黏剂渗入，胶液能够渗进木材细胞的孔隙中是与木材形成机械胶合的关键。胶液固化后形成胶钉，在拉脱时表现出"锚钩"效应增强胶接强度，胶钉越多产生的机械啮合越多，胶接强度就越高，这表明机械结合对木材类多孔性材料的胶接做出了重要贡献。

对于秸秆等表面带有蜡质层的部分农林剩余物材料，其与胶黏剂的结合将会受到影响。一般是通过碱处理等方式去除表面的蜡质层，提升其表面粗糙度，使胶黏剂容易渗入和充满，界面结合更加牢固，从而可提升胶接质量（刘志明，2002）。因此，机械结合理论是农林剩余物人造板的生产制造十分重要的胶合理论基础。

1.2.1.2　吸附理论

吸附理论在20世纪40年代由A. D. Mclaren等以极性相异的表面吸附，聚合物分子运动及分子间作用等理论为基础提出的，后经许多学者进一步研究发展起来（王孟钟和黄应昌，1987）。早期的吸附理论特别强调胶接力与胶黏剂极性的关系，认为胶黏剂与被胶接物都是极性的才有良好的胶接效果。后来又用表面自由能来解释胶接现象，而不强调极性，认为润湿是形成胶接的前提条件。

吸附理论认为，胶接是与吸附现象类似的表面过程，胶接作用是缘于胶黏剂分子与被胶接物分子在界面层上相互吸附，而且胶接是物理吸附和化学吸附综合作用的结果。该理论把胶接过程分为两个阶段：第一阶段，胶黏剂分子通过布朗运动移动扩散至被胶接物表面，使二者的极性基团或分子链段相互靠近。第二阶段是吸附引力的产生，当胶黏剂和被胶接物之间的分子间距在1.0nm以下时，便产生分子间引力而形成胶接（赵殊，2010）。

该理论把胶接现象与分子间作用力联系起来，在一定范围内解释了胶接现象，也因此得到广泛接受。但它也存在着一些明显的不足，如不能圆满地解释胶黏剂与被胶接物之间的胶接力大于胶黏剂本身的强度这一事实，不能解释极性的α-氰基丙烯酸酯能胶接非极性的聚苯乙烯类化合物的现象等。此外，许多胶接体系无法用分子间引力解释，而与酸碱配位作用有关。作为吸附理论的一种特殊形式，酸碱作用理论认为，按照电子转移方向不同，胶黏剂与被胶接物可分为酸性或碱性物质，二者可通过酸碱配位作用产生胶接力（Fowkes，1979）。

1.2.1.3　扩散理论

扩散理论又称为分子渗透理论，它是由Borozncui等首先提出来的，该理论认为胶黏剂与被胶接物通过分子相互扩散而形成胶接（Vasenin，1969）。相互扩散的实质就是在界面处发生互溶，这样胶黏剂与被胶接物之间的界面就变成了两种组分相互交织渗透的过渡区域，显然这样的渗透扩散有利于提高胶接强度。

扩散理论对于解释同属于线性高分子的胶接体系或轻度交联的高分子胶接体系是有效的，即扩散理论可解释高分子之间的胶接（Voyutskii and Vakula，1963）。木材与人造板常用的脲醛树脂、酚醛树脂和三聚氰胺树脂胶黏剂都属于高分子材料，它们之间相互接触后，存在分子链内部的扩散以及胶接界面上的分子链端相互扩散，进而形成木材组分与胶黏剂组分相互渗透的过渡层（即胶接接头），胶接接头在热压固化后结合更加牢固，从而具有优良的胶接强度。扩散过程与温度、时间、分子链的大小等因素有关，适当降低胶黏剂的分子量，提高胶黏剂与木材的接触时间和胶接温度，会有助于提高扩散系数，增强扩散作用，改善胶接质量，因而在实际生产和应用中人们常常基于扩散理论采用上述方法进一步提高人造板的胶接性能。

扩散理论对于解释有机胶黏剂与木材的胶接机理有重要意义，特别是解释聚合物的自黏作用已经得到公认，它可以圆满解释胶黏剂组分、工艺因素对胶接强度的影响。但是，扩散理论不能解释聚合物胶黏剂与金属等无机物的胶接现象（陈道义和张军营，1992）。

1.2.1.4　静电理论

静电理论是前苏联学者于 1949 年根据胶膜从被胶接物表面剥离时的放电现象提出的。Skinner、Savage 和 Rutzler 三位学者在 1953 年提出了以双电层理论为依据的电子胶接机制，该理论认为，在胶黏剂与被胶接物接触的界面上存在因两相性质差异引起荷电粒子转移而形成的双电层，胶接力主要来自双电层的静电引力（陈根座，1994）。

静电理论是以胶膜剥离时所耗能量，与双电层模型计算的黏附功相符的实验事实为依据的，解释了黏附力与剥离速度有关的事实，克服了吸附理论的不足。但是静电作用仅存在于能形成双电层的胶接体系中，显然不具有普遍意义。对于性能相同或相近的聚合物之间的胶接现象，该理论无法给出合理的解释。

木材与树脂胶黏剂之间的氢键作用可以看成是一种静电作用，但双电层的静电引力并不会形成足够强的胶接力，其对胶接强度的贡献是微乎其微的。这说明即使木材与胶黏剂之间存在静电作用，它也不是胶接强度的主要贡献者。

1.2.1.5　化学键理论

化学键理论认为胶接形成的原因是由于化学键力作用的结果。胶黏剂与被胶接物表面含有可发生化学反应的活性基团，在一定条件下活性基团之间发生化学反应形成化学键（包括共价键、离子键和金属键等，发挥胶接作用的主要是前两者），化学键力比分子间力高 2~3 个数量级，胶接界面若能形成化学键连接，显然有利于提高胶接强度（Pizzi and Mittal，1994）。胶接体系界面的化学键一般可通过以下三种途径发生化学反应而形成：①通过胶黏剂和被胶接物中的活性基团反应形成化学键；②通过偶联剂使胶黏剂和被胶接物分子间形成化学键；③通过被胶接物的表面处理获得活性基团，与胶黏剂形成化学键。

化学键理论已被许多事实所证实，并可成功解释人造板胶接原理。木材和农林剩余物的三大主要化学成分是纤维素、木质素和半纤维素，这些高分子成分含有大量的羟基、羧基基团，并含有醚键、酯键等极性键，其中的部分官能团可与胶黏剂所带的活性基团发生化学反应，形成化学键结合，从而可获得较高的界面胶接强度。如果材料表面化学活性较低，不能直接发生化学反应时，一般通过添加偶联剂、利用接枝反应、等离子体表面处理等技术对材料表面进行改性，以提高化学活性，使材料间形成化学键结合，达到提高胶接强度的目的。但是化学键理论的不足也是显而易见的，它无法解释大多数不发生化学反应的胶接现象。

1.2.1.6　其他胶合理论

除了以上经典理论之外，还有一些非经典理论（例如弱界面层理论、浸润理论等）可以从部分方面解释胶接现象。

（1）弱界面层理论。该理论认为，粘接体系中的胶黏剂、被胶接物以及环境介质中的低分子物质通过吸附、扩散、迁移和凝聚等作用在部分或全部胶接界面形成低分子物的富集区，即所谓的弱界面层，弱界面层会降低胶接性能。Bikerman 指出，如果不存在弱界面层，则良好润湿状态的界面黏结力必会介于胶黏剂层的内聚力和被胶接物的内聚力之间，胶接接头就不应出现真正的界面破坏。实际上胶接体系在润湿良好的情况下，仍会出现界面破坏，这被认为是弱界面层的作用所致（Bikerman and Marshall，1963）。

（2）浸润理论。该理论认为，浸润是形成胶接界面的基本条件之一，如果胶黏剂与被胶接物能够良好或完全浸润，则胶黏剂在高能表面的物理吸附所提供的胶接强度可超过基体的内聚能。在人造板中，若胶黏剂与木材浸润良好，胶黏剂可流动扩散至木材表面的众多孔隙中，将增大胶黏剂与木材的接触面积，产生更多的胶钉锚合，这体现了润湿吸附和机械结合。

以上几种胶接理论都是建立在一定的实验事实基础上，分别可以解释一定的胶接现象，同时又都存在一些局限和不足。事实上，胶接过程是一个复杂的过程，胶接强度取决于很多因素，胶接的好坏是各种因素共同作用的结果。研究胶接机理的目的是为了找到影响胶接质量的因素，从中发现提高胶接质量的有效方法。虽然至今尚无一种通用的胶接理论来解释所有的胶接现象，但在具体的胶接实践中应灵活运用相关理论进行指导，以获得良好的胶接效果。

1.2.2　节能降耗理论基础

能耗是人造板生产成本的主要组成部分，更是衡量生产技术水平和赢得国际竞争力的重要指标。因此，研究农林剩余物人造板备料、输送、成形过程中的能量转化和转移基础理论，进而开发低能耗先进生产技术是近年来人造板领域的研究重点之一。农林剩余物人造板能耗集中在单元（纤维、刨花、碎料）分离、单元干燥、热压成形、气力输送等环节，本节主要从纤维软化分离机制、纤维（刨花）干燥传热传质规律、板坯热压成形热循环与余热回收、纤维、刨花、粉尘气力输送与清洁分选等方面入手，系统讨论农林剩余物人造板节能降耗理论基础，为后续相关技术及产品的开发提供理论指导与支撑。

1.2.2.1　纤维分离理论基础

纤维分离是将一定规格尺寸的木质单元进一步加工成纤维的过程，其目的是增大人造板原料单元的比表面积和均匀性，使人造板单元间具有足够的接触面积和较好的交织结合性能，从而制备内部结构均匀、物理力学性能优异的板材。

纤维分离的理想状态是将组成木材的细胞进行分离，单个纤维即为木材的单个细胞。木材细胞间的分隔部分是胞间层，由无定形、胶体状的果胶物质组成。胞间层是木材细胞结构中较为薄弱的组织，容易在化学、机械等作用下遭到破坏。但胞间层非常薄，相邻细胞往往通过胞间层及胞间层两侧的初生壁相连。因此，要对木材细胞进行分离，需要破坏细胞壁结构中的初生壁与胞间层共同组成的复合胞间层结构。

初生壁由多糖类的纤维素和半纤维素、芳香族化合物的木质素以及少量脂肪、单宁等浸提物组成，其厚度约占细胞壁厚度的1%。纤维素是细胞壁的骨架物质，半纤维素是基体物质，而木质素则是赋予细胞壁刚度的结壳物质，起着类似于胶黏剂的作用，将纤维素骨架和半纤维素基体胶合起来。因此,破坏复合胞间层中的结壳物质木质素是实现纤维分离的基础(殷亚方等,2004)。但也有研究认为,纤维分离发生在植物细胞次生壁外层(与初生壁相结合的部分)时,纤维分离的能耗最少,该层纤维素物质结合强度最低、最易于被分离(Fernando and Daniel,2008)。

破坏复合胞间层除去木质素实现纤维分离的方法有化学法、爆破法及机械法。化学法是使用化学试剂溶解木质素,将木质原料中的木质素溶出,从而实现对纤维素和半纤维素的分离。但化学法会同时破坏或溶解复合胞间层以外的其他细胞壁层中的木质素,并分离细胞壁中的纤维素和半纤维素。因此,化学法分离所得到的产物不是解离出的单个木材细胞,而是组成细胞的化学成分纤维素(卢谦和,2004)。这种解离的纤维素在不添加任何胶黏剂的情况下可以通过氢键结合作用形成纸张,普遍用于制浆造纸。而人造板的纤维原料需要尽可能多地保留木质素,维持纤维的强度,并尽量保持纤维的完整性,即单个细胞的完整性。由于化学分离方法的这些特性,使其在农林剩余物人造板备料过程的纤维分离工段应用较少。

爆破法是将木质原料在高压容器中用压力蒸气进行短时间热处理,使木质素软化,碳水化合物部分水解,接着使蒸气压力逐渐升至高位(7~8MPa),并保持一定时间,然后迅速卸压,将纤维原料爆破成絮状纤维或纤维束。爆破法作用或破坏的位置为复合胞间层,主要分离出单个细胞。但爆破法分离纤维对设备要求高,纤维得率低(70%~80%),连续加工能力差。尽管爆破法制得的纤维以单个细胞为主,但木材组织、结构等会随树种、取材位置等变化而变化。使用此方法分离的纤维产物,由于分离程度差异大,使产物中存在大量未解离完全的纤维束,不能满足人造板备料工段对纤维原料稳定性的要求,因此也较少应用于农林剩余物人造板备料工段。

机械法又分化学机械法、纯机械法和热力机械法。化学机械法分离纤维需消耗大量化学试剂,与化学法一样会使木质细胞结构受到一定程度破坏。此外,化学机械法也会产生大量的废气、废水等污染物,对环境危害大(雷晓春等,2009)。单纯的机械分离方法能耗高,对设备磨损大,纤维产率低。热力机械法(加热机械法,即热磨)则是先将原料用热水或饱和蒸汽处理,使纤维胞间层软化或部分溶解,在常压或高压条件下将木质单元经机械力作用分离成纤维。这种方法对木质材料的复合胞间层和细胞壁的软化时间较短,纤维形状完整,质量高,交织性强,滤水性好,并且纤维得率可达90%~95%。因此,目前国内外人造板纤维分离主要采用热磨法。

热磨法对纤维进行分离的作用部件为磨片,软化后的木片经过磨片磨齿的反复压缩、剪切、拉伸、扭转和冲击等外力作用,最终导致纤维分解,形成所需的纤维。热磨法纤维分离的基本理论有"纤维松弛理论"、"纤维层理论"和"挤压-滑移"理论。这些理论主要阐述植物原料特性、磨片加工参数(磨片间隙、磨齿齿形结构、磨齿倾角、磨齿分区、磨齿数量、齿槽宽度等),以及纤维分离质量或效果之间的关系,旨在探明纤维原料在磨片各区域的受力方式、强度及频率,并推演植物原料逐步分离为纤维的进程,为纤维分离节能降耗、提高分离或纤维质量提供理论指导(陈光伟,2012)。

纤维松弛理论是业内学者最为广泛接受的纤维分离理论。松弛理论认为,植物纤维与其他高分子聚合物一样,在外力作用下会发生变形。植物纤维根据受力情况可产生三种变形，即纯弹性变形、高弹性变形和塑性变形（刘长恩，1994）。当外作用力很小时，纤维只产生纯弹性变形，也称急弹性变形，这种弹性变形会随着外力的取消而快速消失，纤维可以迅速恢复原状；如果外作用力增大，并超过纯弹性变形允许的极限范围时，纤维就会产生高弹性变形，高弹性变形的纤维形态也能随着外力的取消而完全恢复，但是恢复周期较长；如果外作用力继续增大，纤维则会产生塑性变形，这种变形发生后即使取消外力纤维形态也不能完全恢复。

根据松弛理论，植物纤维的成功或高效分离取决于两个要素，纤维变形后恢复到原始状态的时间以及相邻两次外力作用时间的间隔。因此，要将位于磨片间隙内的木材原料分离成纤维，必须保证其始终处于高弹性变形状态。当加工的植物原料弹性变形恢复速度快时，则需要提高磨片作用频率或次数，以缩短纤维分离时间，提高纤维分离效率；而当原料弹性变形恢复时间长时，则可适当减少磨片作用频率，以实现节能降耗。在此理论指导下，研究者们探索了纤维研磨时间、纤维分离强度对纤维分离能耗的影响，并建立了三者之间的关系模型，以指导热磨法纤维分离中磨片结构、电机功率、转速等设计（Miles，1991）。

纤维层理论是结合热磨法纤维分离的工况提出的，该理论认为植物原料通过热磨机磨片磨齿表面时，在磨齿齿刃上会絮结纤维层。这些黏附的纤维层会将配对的磨齿表面分隔开来。由于纤维层的分隔作用，使得在热磨过程中仅有部分磨齿表面参与纤维分离，齿刃上的纤维层则直接参与植物原料的研磨。在盘磨片的高速旋转动下，絮结在齿刃上的纤维层相互作用，通过相接触的纤维相互传递压力，并通过磨片的旋转使相接触的纤维间产生剪切力，造成纤维的变形直至脱落。

根据这一理论，高效的纤维分离要求磨片上具有较多的磨齿。当磨片大小一定时，磨齿数量的增加使絮结在齿刃上的纤维量增加，提高纤维分离的效率。另外，絮结在磨齿齿刃的纤维层可以削弱齿刃对纤维的切断作用，纤维是从原料上被剪切力剥离下来的，这有利于保证纤维形态的完整，增强纤维的韧性，提高纤维的分离质量。纤维层理论已被研究所证明，在使用透明的热磨机加工原料的过程中，可以明显观察到纤维分离的过程，证实了植物原料热磨过程在磨齿齿刃上会形成纤维层这一结果。在此理论基础上，有研究者探索了磨片磨齿数目对纤维分离效率的影响，结果也与纤维层理论相符，即增加磨片磨齿数量可以提高纤维分离效率，降低纤维分离能耗，磨齿齿刃对纤维的切断作用也会减弱，获得的纤维形态完整，质量优异（徐大鹏等，2012）。

挤压-滑移理论是在使用螺旋热磨机分离纤维的过程中总结出来的。在植物原料的螺旋热磨加工中，纤维分离是通过在约束条件下的挤压实现的。当物料进入螺旋热磨机内时，主轴上的正向、反向螺叶同时对物料产生反向的挤压作用力，在挤压力的作用下，物料产生局部高压区，当高压区压力超过植物纤维的分离临界压力时，纤维就会沿与其轴线平行的平面产生滑移，从而实现分离。由于挤压分离设备中不存在类似于热磨机磨片磨齿类的齿刃，因而对纤维无明显的切断作用。但挤压分离效率低，加工能耗高，产量较热磨磨片效率低，不能满足人造板生产对纤维原料的备料要求，因而应用较少。

纤维分离过程中，植物原料分离位置、过程等研究为工业化生产提供了理论指导，尤其是对普遍采用的热磨法植物原料纤维分离过程研究，包括磨片结构与纤维分离能耗、纤维分离过程能量转换、植物原料运动轨迹等，为纤维分离工段节能降耗、提质增效提供了大量支撑。但在纤维分离的最佳破坏或作用位置（例如胞间层、初生壁、次生壁外层等）等材料基础特性的研究上仍有不足，以木材为例，同一材种的纤维特性会因在树干的高度、距髓心的距离、早晚材和边心材等的不同而有差异（Lu et al.，2007），探明不同植物细胞的最佳解离位置，可为纤维分离节能降耗提供保障。此外，热磨法纤维分离的代表性理论中纤维松弛和纤维层理论未考虑纤维分离过程植物原料各成分的软化或降解等情况，也未引入外力（如高压蒸气、磨室环境等）的综合作用，因此纤维分离理论基础仍待研究与完善。

1.2.2.2　干燥理论基础

人造板单元干燥是人造板生产中的重要工序，单元的干燥质量和效率直接决定人造板产品的质量和生产效能等。人造板单元干燥的基本原理是利用热动力、空气动力及机械动力等方式去除单元内的多余水分，使其含水率满足后续生产的要求。如涂胶前单板的含水率需要干燥至10%左右，拌胶前刨花的含水率通常干燥至2%~3%，采用先干燥后施胶工艺的纤维含水率需干燥至3%~5%，而采用先施胶后干燥工艺的纤维含水率控制在8%~12%。干燥过程中，作为载热体的干燥介质将热量传递给人造板单元使其温度升高，以加速单元内部水分向表面迁移的速度，与此同时干燥介质也作为质载体将从单元中排出的水分带走，热量和水分在人造板单元干燥过程中相互耦合，最终形成一个复杂的热质传递过程。

尽管人造板单元（单板、纤维、刨花等）的宏观尺寸与实体木材差异显著，但在微观层次上它们都是由为数极多的各种细胞所构成。这些细胞的细胞腔、细胞间隙以及细胞壁组成了错综复杂的毛细管系统。其中，由相互连通的细胞腔及纹孔所构成，对水分束缚力很小甚至无束缚力的毛细管系统，被称为大毛细管系统；而由相互连通的细胞壁内的微毛细管构成，对水分有较大束缚力的毛细管系统，是微毛细管系统。这种多尺度分级孔隙结构为水分的存在与分布提供了空间位置。人造板单元中的水分亦可分为存在于大毛细管系统中的自由水以及存在于微毛细管系统中的吸着水，自由水与细胞壁结合不紧密、易逸出，吸着水与细胞壁既呈物理化学结合又呈物理机械结合，不易排除（谢拥群，2003），吸着水饱和时的含量约为22%~35%，平均约为30%。此外，在木材细胞壁内，还有与细胞壁组成牢固的化学结合，需经过热分解才能除去的部分水分，这部分水称为结合水。对人造板单元干燥而言，其干燥过程就是排除单元中的全部自由水以及绝大部分吸着水的过程，且蒸发相同体积的吸着水比蒸发自由水消耗更多的能量。

人造板单元在不同干燥阶段，木质材料内部水分的存在形式和迁移路径都存在较大的差别。通常认为，当含水率高于纤维饱和点时，木材内自由水的迁移，主要是在毛细管张力差的作用下，以液态水的形式沿着细胞腔与纹孔构成的连续大毛细管路径进行迁移；当含水率低于纤维饱和点时，木材细胞腔内不含有液态的自由水，木材内的水分在含水率梯度的作用下以扩散的方式向外迁移，其迁移的具体方式包括三种：水分以吸着水的形式沿着由连续细胞壁构成的瞬时微毛细管路径进行迁移；水分以吸着水和水蒸气交替呈现的形式沿着由细胞腔与非连续细胞壁串联所构成的毛细管路径进行迁移；水分以水蒸气的形式沿着由细胞腔与细胞壁上纹孔串联而成的连续大毛细管路径进行迁移。干燥过程中水分的迁移通道可以归纳为以下两种：以细胞腔作为纵向通道，平行纤维方向的移动，以及以细胞壁上纹孔（包括孔隙）作为横向通道，垂直纤维方向的移动。对于实体木材，其干燥进程几乎由垂直木材纤维方向的水分移动来决定。然而，人造板单元（如刨花和纤维），其厚度小、表面积大，形态与实体木材存在比较大的差异，水分在横向与纵向两个维度方向上的迁移同时存在，且迁移速度较快，表面水分蒸发速度和内部扩散速度两者同步。

　　木质材料干燥热质迁移机理的研究先后历经了用梯度模型、连续介质模型、混合模型等来定量描述木质材料干燥过程传热传质规律的过程。其中梯度模型是指物理量梯度是木质材料干燥过程中的驱动力。所谓驱动力是指在干燥过程中对水分移动的推动力，广泛地讲，是在物理量梯度的作用下，各物理量进行转移的动力。Lewis（1921）提出固体干燥包含两个过程：第一过程是水分在固体表面蒸发，第二过程是水分从固体内部扩散至表面；Sherwood（1929）延续了 Lewis 的观点，并认为水分梯度是水分扩散的驱动力，适用菲克定律。而扩散模型就是基于菲克定律，把自由水、吸着水、水蒸气迁移都看成是一种水分子扩散过程，在浓度梯度作用下，水分子从浓度高的区域迁移到浓度低的区域。Krischer（1938）认为在干燥过程中，水分以毛细管流动与水蒸气扩散方式在材料内部移动；Babbitt（1950）最先提出了势能梯度是木质材料水分移动的驱动力，逐渐得到科研工作者的认可，并逐渐衍生出两大主流研究方向，即以 Skaar（1954）、Philip（1957）、Fortin（1980）等为代表的研究者认为水势梯度是水分迁移的驱动力；Kawai（1978）、Siau（1983）、Stanish（1986）等学者则提出化学潜势是水分迁移的驱动力。实际上，梯度模型主要是表征热力学"流"与"势"之间关系的理论模型，梯度模型经历了从非耦合的单物理量场到耦合的多物理量场的发展阶段。

　　连续介质模型主要基于连续介质理论的三个基本守恒定律，即质量、动量和能量守恒定律，将木质材料视为连续的介质，它由固相细胞壁物质、液相水（自由水和吸着水）、气相（空气与水蒸气）组成，每相迁移时采用不同传输机理，建立完备的控制方程，模型的适应性增强。Whitaker（1977）基于 Luikov（1964）的理论，将木质材料中的水分细分为气相（空气与水蒸气）与液相，用平均体积方法建立多孔材料内部各相的控制方程，认为液相传输机制为毛细管达西渗流；气相传输机制是菲克扩散与达西渗流相结合。Plumb（1985）的研究进一步完善了 Whitaker（1977）模型中气相传输机制，细化分析了气相渗透率及毛细管压力。文中认为水蒸气渗透率是有效渗透率（包含扩散与渗流），毛细管压力取决于水分子表面张力及饱和蒸气压下毛细管弯月面的曲率半径，建立了一个扩散与渗流相结合的传热传质模型，该模型的边界传质条件为水蒸气压力梯度。他还采用伽马射线监测了干燥过程中木质材料内部的水分变化规律，试验结果显示模型预测值与试验实测值能很好拟合。后续的连续介质模型都是在上述二人研究基础之上进行相应的完善与补充（Stanish，1986；Perre et al.，1993；张璧光和宁炜，2004；李贤军，2005；Nabhani et al.，2010）。

　　混合模型是指在研究方法上，将梯度驱动模型和连续介质模型结合起来，对材料各种微观和宏观传输机制进行描述的模型。Ilic 将 Luikov 和 Whitaker 模型融于一体，将非饱和吸湿材料内部根据水分状态的不同人为划分不含有自由水的干区与含有自由水的湿区，并分别对其进行研究。Pang（1998，2004，2007）以蒸发面为界将木质材料内部划分为干区与湿区，并讨论了不同温度条件下水蒸气扩散对干燥过程中的影响规律，结果表明在低温干燥过程中，考虑了水蒸气渗流与扩散的模型预测数据与试验结果拟合效果好；在高温干燥过程中，忽略水蒸气扩散仅考虑水蒸气渗流的模型预测数据与试验结果拟合较优，这说明在低温干燥过程中，特别是干燥后期，气体扩散相对重要。对于高温干燥，水蒸气渗流占主导地位，扩散可以忽略不计。在高温干燥过程中可适当简化水分子迁移机制，但不影响模型预测结果的准确性。俞昌铭（2011）、郝晓峰（2013）等的研究也是根据含水率状态将木材内部人为划分为干、湿区两个部分，但其模型与 Pang 模型最大区别是利用菲克定律表征木材水分迁移，在模型中引入变扩散系数，进一步简化了模型及物性参数。郝晓峰研究结果表明模型预测结果与实验结果拟合效果较优。除了上述研究模型外，Krabbenhoft 和 Damkilde（2004）认为木材细胞壁组分对水分吸附与解吸能力不同，提出了双渗透率模型模拟木材中的水分扩散；Smith（2008）基于 Krabbenhoft 和 Damkilde 理论，在低于纤维饱和点以下时，根据木材细胞壁中纤维素、半纤维素与木质素对扩散影响的不同，建立了双扩散率传热传质模型。但这些模型后续研究较少，也需要进一步实验验证。

上述研究为理解和认知木材干燥过程中的复杂热质迁移过程奠定了理论基础，也为研究不同类型人造板单元干燥过程中水分与热量迁移、传递与耦合作用提供了科学依据。需要指出的是，部分人造板单元与实体木材在宏观尺寸上的明显差异，对于单元表面水分向介质中蒸发以及单元内部水分向表面迁移进程可能有重要影响。虽然人造板单元内水分存在的形式与实体木材没有区别，但因单元形态存在差异，使得其内部水分向外迁移的阻力、迁移路径、迁移的驱动力、干燥速率与周期等可能与实体木材存在明显不同，这对人造板单元干燥技术的开发和创新等至关重要。

1.2.2.3 热压成形理论基础

热压成形是将经过施胶、铺装成板坯后的原料单元在一定时间内通过温度和压力作用制成一定密度和厚度规格板材的过程。在此过程中，原料单元不断被压密实，并随着胶黏剂的固化将其黏结在一起形成人造板。尽管热压的目的是将木质原料单元紧密胶合在一起，但热压过程中涉及力学过程（因板坯压缩而产生应力）、物理过程（石蜡等添加剂原料的流动与再分布、水汽的渗透和外排），以及化学反应过程（胶黏剂自身的固化、胶黏剂与原料界面的反应交联），且三者相互联系，再加上原料本身的变异性（塑化、降解等），使得从本质上理解这一过程非常困难。因此，研究人员在热压成形理论方面的研究主要通过建立相关热压模型去解释或模拟人造板的热压过程。

人造板的热压成形是其板坯在热处理的基础上经过复杂的物理化学变化而形成的，热压三要素中的压力和时间比较容易控制，而板坯的温度则是不断变化的。因此，最初的人造板热压模型集中在对其热压过程温度变化特性的研究。人造板铺装完成后进入热压成形工段，板坯表层料直接与热源（热压板）接触，而芯层则通过热传递升温，使得板坯表芯层在热压成形过程存在一定的温度差。根据传统的热压成形工艺，可以将热压成形过程划分为 5 个区域段（图 1-9）。A 区域板坯芯层的温度上升很少或几乎没有上升。此过程压板直接接触疏松板坯的表层，表面温度迅速上升，但热量并未到达芯层。B 区域是热流逐渐传递至芯层，使其温度迅速上升的过程。同时板坯表面水分的蒸发产生一定的蒸气压力梯度，加速热量向板坯内部的传递。C 区域中芯层温度上升速度逐渐减小，水分开始蒸发，不断增加的蒸汽压力使得板坯内部水分的沸腾温度超过 100℃。D 区域是板坯表芯层温度的稳定时期，这期间芯层温度达到水分沸点，水分快速蒸发消耗能量并限制温度的继续上升。E 区域蒸发的水分减少，板坯温度逐渐上升，接近热源温度（Bolton and Humphrey，1989）。在此基础上，要使生产的人造板具有足够的结合强度或力学性能，热压成形过程需使板坯芯层温度达到胶黏剂的固化温度。对此，研究者们为迅速提高板坯芯层温度、加快芯层的热量传递开展了大量研究，为热压工艺设计和人造板节能制造提供理论指导。

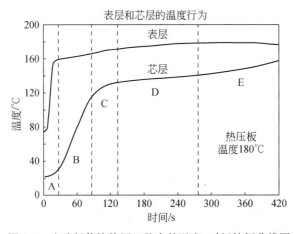

图 1-9　人造板传统热压工艺中的温度–时间特征曲线图

　　表芯层的温度变化模型并未反映板坯热压过程密度变化、蒸汽压力、热流传递方向及方式等理化过程。例如，板坯芯层温度的缓慢上升可能由于热量在传递时伴随着板坯密度的不断增大而增加。此外，板坯初期孔隙率大，渗透性强，气流自由进出，容易使热量流失。因此，后续的模型建立逐渐考虑板坯热压成形过程的热质传递规律以及结构变化。将板坯纵向和径向的热量与水分的传递过程同时纳入模拟范围，并考虑质传递过程水分发生的相变化，以此建立的模型可以预测板内蒸汽压和温度随时间的变化过程，并且其变化趋势与实验值相符（Humphrey，1989）。但此模型中应用的导热系数和渗透系数等均来源于实木研究中的经验值，而未考虑典型的多孔介质传热特性，使得模型的预测精度受到一定的影响。对此，研究者逐渐对热压成形的传热传质模型进行修正，并对板材的传热传质参数进行实验探索或者是搭建不同介质传热模型等方面的研究。此外，热压成形后的人造板剖面密度变化曲线也是衡量或描述热压成形过程的重要数据，可以从侧面反映人造板的热压成形过程（Winistorfer et al.，2000；Wang and Winistorfer，2000，2004）。

　　前面的模型建立在二维变量探索的基础上，而三维非稳态传热传质模型考虑了在典型热压工艺条件下板坯内部水分相变对传热的影响以及温度和含水率对板坯热物性参数的影响，使模拟的数据与实验值接近。但这种模型缺乏对外力作用下板材内部应力变化及结构的模拟，如加压设备闭合对板坯的影响等（Carvalho et al.，1998）。在此基础上引入板坯的压缩模型，建立覆盖有板坯结构、传热和水分迁移、板坯应力应变等方面的热压成形模型，可以较精确地模拟或预测实验结果。但这些模型忽略了板坯内部胶黏剂等物质的流变特性，也忽略了胶黏剂、石蜡等对板坯内部传热传质的影响规律。板坯在热压成形时，胶黏剂等受热后流动性增强、内摩擦力减小，改善了其与物料之间的接触。而在内摩擦力开始减小时，胶黏剂的表面张力也减小，使临近原料单元的表面容易润湿，胶黏剂也容易从一个表面转移到另一表面。而当胶黏剂达到固化温度时，其摩擦力迅速增加，直至固化。此外，胶黏剂在固化过程还会放出热量，改变传热过程。因此，将流变学模型融入到板坯热压传热传质模型中，可以拓展该模型的预测能力，并使其可预测热压成形的人造板剖面密度（Dai and Yu，2004）。胶黏剂对人造板热压成形过程传热传质的影响也为后期研究所证明，即胶黏剂的存在有利于板坯厚度方向上的传热，但对芯层温度影响非常小。胶黏剂带入的水分会提高板坯的含水率，也对芯层传热速率和水分汽化阶段有显著的影响。对此，有研究引入经典流体力学理论的守恒方程，在考虑人造板热压工艺过程中胶黏剂固化释放缩聚热量的基础上，利用分离变量法建立了人造板热压时的传热数学模型，探索在热压板接触传热与胶黏剂固化释放的缩聚热耦合传热的共同影响下板坯芯层温度随时间的变化情况，并以此完善人造板热压系统控制网络，提高人造板的热压成形效率（王行建，2014）。

热压成形模型的建立为优化人造板热压工艺、提高其热压效率、降低生产能耗等方面提供了理论指导。热压成形过程对于人造板产品的质量控制至关重要，通过调整热压成形工艺，可以减少人造板甲醛等有机挥发物释放量，提高板材环保等级（沈隽等，2009），控制板材剖面密度曲线，提高板材力学性能等（Gonalves et al.，2020）。但已有的热压模型均是在研究传统热压工艺的基础上建立起来的，没有考虑日益变化的热压技术和日新月异的胶黏剂、板材改性助剂等的添加和应用。传统的接触式或对流式热传递模型可能已不适应喷蒸、高频、微波等人造板辅助热压成形过程。在此背景下，探索人造板热压过程中板坯内部环境变化，包括温度、气压、含水率、导热系数等，建立或修正不同的热压模型，如对蒸汽和空气进行区分的压力变化数学模型等，将有助于从多角度去阐明板材的热压成形过程（于志明等，2004）。人造板热压成形理论仍待继续完善，需更精确合理地解释热压成形过程，模拟热压工艺参数与产品理化性能。热压成形消耗的能源占其总能耗的30%以上，通过进一步的热压成形理论研究并指导实际生产，配合现有的自动化控制系统与技术装备，将在人造板节能高效制造领域大放光彩。

1.2.2.4 气力输送理论基础

气力输送是指在一定直径和线路的气流输送管道内，借助于空气的压力差所形成的气流能量，推动输送管道内的散碎物料的方法，至今已有一百多年的历史。气力输送具有设备简单，结构紧凑，占地面积小，布置灵活，自动化水平较高等优势，目前在木材加工和人造板生产中已经成为重要的工艺设备（李维礼，1993）。按照工作性质的不同，气力输送可分为气力吸集系统和气力运输系统。气力吸集系统可将木质碎料吸集并输送到车间外集中处理；气力输送系统主要用于木质碎料的装卸和运输，以及生产过程中工序间的物料输送和某些工艺用途，如刨花、纤维的气流干燥、气流分选与分级等。因此，气力输送不仅能将生产中的木片、刨花、纤维等及时、干净、连续不断地吸运到指定地点，极大地提高生产效率；更重要的是能将车间内的被污染的空气连续不断地、自动地沿着管道运输出去，改善车间卫生条件。

木材工业气力输送实质属于气体、固体颗粒二相流动，而气体与固体颗粒的相间作用是气粒多相流的一个重要特征。其中气体流场对固体颗粒的运动扩散起着决定性的支配作用，气体湍流模型的建立也直接影响固体颗粒运动扩散模型的建立。而木材工业气力输送中气固两相流的气流场流动属于湍流。因此，掌握气力输送中湍流的运动规律，并对其有效控制和合理的利用，对气力输送的基础研究与实际应用有重大意义。经过力学、物理、数学等学科科技工作者一个多世纪的研究与实践，湍流模式理论被认为是解决气力输送工程问题的有效方法。湍流模式理论以 Reynolds 时均运动方程和脉动运动方程为基础，依靠理论与经验的结合引进一系列模型假设，从而建立一组描写湍流平均量的方程组。$k\text{-}\xi$ 双方程模型是目前工程上应用最广的模型，该模型以各向同性的 Boussinesq 假设为基础，用湍能 k、耗散 ξ 来表示湍流黏性系数 γ_1（$\gamma_1 = C_\mu k^2 / \xi$，其中 C_μ 为经验系数）。对于近乎各向同性的湍流，$k\text{-}\xi$ 模型有较好的计算结果。但对于强剪切流动、强旋流动以及有分离区并存在二次流的流动等具有强各向异性的湍流流动，其预测结果与实验结果有较大差异（岑可法和樊建人，1990）。为保留 $k\text{-}\xi$ 模型的简单易用特点，同时提高它的模拟能力，Rodi（1979）、Launder（1979）等引入各种 Richardson 修正浮力、旋转的影响，得到了部分改进的结果。但这些修正不能全面地给出比标准 $k\text{-}\xi$ 模型更好的结果。Speziale（1987）提出了非线性 $k\text{-}\xi$ 模型，可以算出充分发展矩形通道内的二次流，也能算出平面突扩流中与实际符合较好的再附点位置，但对于有旋流动则没有明显的改进。此后研究者又提出了多尺度 $k\text{-}\xi$ 模型（Wilcox，1988）、高 Reynolds 数的 RNG $k\text{-}\xi$ 模型（Yakhot and Orszag，1988）等，均一定程度上改进了标准 $k\text{-}\xi$ 模型。以上模型可对气力输送系统中气固流体系的模式、流速、容量等可进行数值模拟和实验验证，从而可指导气力输送既保证固体碎料在气流中稳定可靠的输送，又能有效地将工作能耗降至较低水平。

气力输送系统在木材工业耗能中占有很大的比例。如在中密度纤维板成套生产设备总装机容量中气力输送系统所耗能量一般占 20% 以上（周捍东，2003）。气力输送系统中混合气流运动能量的损耗来自系统的压力损失，而管道压降是气力输送系统压损的最主要部分，输送管道的选择与布置直接影响压降。根据气固两相湍流理论，通过双流体模型法等，由流体力学原理以及气固两相质量、动量、能量守恒可分析气固流动及相间作用，然后由数值模拟计算可得到气力输送管道直径、气流量、流速等相关物理量。设计气力输送系统时，预测气力输送系统压降最可靠的方法是输送实验法，但这种方法费用高昂。因此，能够在特定的条件下来预测不同管道的压降，同时又保持设计试验的费用最少是很重要的，用水平管道的数据来预测垂直管道的压降就是这种方法之一。人们可以对已有的气力输送水平管道和垂直管道进行比较，得到一个垂直管道与水平管道数据间的简单模型和有用的数据曲线（林江，2004）。

气流速度是气力输送设计的重要参数，对于气力输送的能耗和效率产生重要影响。输送气流运送和举升物料所需的动力是气流速率的函数。而最小气流速率是设计气力输送系统的关键参数，该速率是物料不会被管道内堵塞的最低速率，它也是气体与物料的密度、物料尺度和管道内径的函数。通过大量实际流场的测量，可以建立相应的经验函数关系式。Wypych（1999）用目前可以使用的经验公式来预测同一种物料的输送速率，得出增大管道尺寸需要增大输送的气流速率的结论。因此，在设计气力输送系统时，管道的设计应该遵循在保证风机输出性能许可范围内，系统运行后管道通畅情况下，减少管道的长度。在正常运行条件下，管道内气流的浓度是由风量决定的。风速和风量共同决定了管道的截面尺寸［公式（1-1）］，在保证合理的管道内混合气流浓度的条件下，应尽量减少管道的截面尺寸，以增加风速。

$$D = \sqrt{\frac{4Q}{3600\pi V_{\mathrm{G}}}} \tag{1-1}$$

式中：D 为管道直径，m；Q 为通过管道的气体量，m^3/h；V_{G} 为管道风速，$\mathrm{m/s}$。

1.2.3 功能化理论基础

农林剩余物资源中含有纤维素、半纤维素和木质素，使得农林剩余物人造板具有易燃、易吸湿、易虫蛀等缺陷，严重影响了农林剩余物人造板的使用性能和适用范围。因此，对农林剩余物人造板进行功能化改性，赋予农林剩余物人造板某些特定性能或者多种功能，对于扩大其使用范围和延长使用寿命具有重要意义。农林剩余物人造板功能化是指在基体材料上通过物理或化学方法进行修饰后，使得基体材料表面生成具有一定化学或物理性质的官能团，即赋予材料某些特定的功能，使得材料整体对光、电、热、磁、声以及水分、虫类、菌类、火焰等表现出特殊的功能，如阻燃、防水、防腐等，从而拓宽农林剩余物人造板的应用领域。

在农林剩余物功能人造板的制造过程中，可通过掺杂或化学反应等方法赋予人造板特定的功能。对农林剩余物原料进行阻燃、防水等功能化处理，或者对胶黏剂进行消醛改性、防水改性，以及对人造板进行后期处理，均可使得农林剩余物人造板获得环保、阻燃、防潮防水、防霉防腐等某些特定的功能或者多种功能，从而拓宽了农林剩余物人造板的应用范围，主要理论基础如下：

1.2.3.1 阻燃理论基础

农林剩余物资源中纤维素、半纤维素和木质素具有易燃烧的特点，从而易造成火灾的发生和蔓延，对人们的生命财产安全构成极大的威胁，因此，对农林剩余物人造板进行阻燃处理具有重要意义。有研究认为，燃烧是一种自由基的连锁反应，主要分为链引发、链传递和链终止，也称之为连锁反应理论（刘迎涛，2016）。燃烧时需要可燃烧物、温度和氧气这三个必要条件，通过物理或化学方法使材料燃烧时缺少一个或几个条件，即可达到阻燃的目的（欧育湘，2002）。据此，国内外研究者对材料的阻燃展开了广泛的研究。农林剩余物属于生物质材料，其燃烧过程复杂，不是单一的气体燃烧或者液体燃烧。农林剩余物燃烧时分解产生的可燃性气体可进行气相燃烧，同时其燃烧时产生的剩余炭又可进行固相燃烧，因此，农林剩余物的燃烧属于固相燃烧和气相燃烧混合进行的复杂燃烧过程（刘迎涛，2016）。针对农林剩余物复杂的燃烧过程，其阻燃理论主要有：覆盖理论、热理论、气体稀释理论和加速成炭理论（欧育湘和李建军，2005）。

1）覆盖理论

覆盖理论是阻燃剂在受热时熔融，形成一种隔热的珐琅质层或泡沫层，使人造板与热空气和火焰隔绝，防止可燃气体外逸，也可阻止氧气进入基质，同时可将板材与高温隔离，延缓材料的热解，从而起到阻燃作用。近年来，随着阻燃理论与技术的发展，膨胀型阻燃剂所形成的含炭泡沫就是这种覆盖障碍作用的典型实例（刘迎涛，2016；胡云楚，2006；Ma et al.，2020）。

膨胀型阻燃剂由酸源、碳源和气源组成。在阻燃过程中，酸源、碳源和气源相互作用，形成阻燃效果。其中，酸源作为脱水剂，与碳源（多元醇）发生酯化反应后生成含碳的熔融物，同时，在气源（如水蒸气和不燃性气体）的催化成炭作用下使得整个体系发泡膨胀，经过体系的胶化和固化后形成膨胀多孔的泡沫炭层，阻隔可燃气体和热量，达到阻燃的目的。

2）热理论

热理论是阻燃剂在分解或熔融过程中会吸收大量热量，使得材料表面散热速度大于供热速度，延缓板材温度升高，从而抑制板材表面着火。例如，将含有大量结晶水的化合物作为阻燃剂时，通过物理和化学变化吸收热量，用以保护木材，使其表面不着火。同时，水在蒸发时，会吸收汽化潜热，从而减缓材料的热解反应，达到阻燃的目的。

王清文等研发的凝聚相 FRW 阻燃剂在吸收热量分解时会产生 H_2O、CO_2 和 NH_3 等低沸点物质，这些物质在燃烧过程中气化时会吸收大量的热，从而延缓材料表面温度的升高，降低材料受热时的热分解速率，达到阻燃的目的（王清文和李坚，2005）。

3）气体稀释理论

气体稀释理论是阻燃剂在低于板材正常燃烧温度下受热分解释放出不燃性气体或水蒸气，这些不燃气体和水蒸气可以稀释氧和可燃性气体，形成一种不燃性混合气体。这种混合气体不仅可以将板材与周围的空气隔绝，还可以降低可燃气体的温度，延缓燃烧的蔓延，达到阻燃的目的。其中，含氮的阻燃剂，如氯化铵、磷酸铵等作为阻燃剂时，在受热分解过程中会产生 NH_3、H_2O 和 CO_2 等不燃性气体，这些气体可以稀释可燃性气体和氧气，延缓燃烧的发生，从而缓解材料的燃烧蔓延。

4）加速成炭理论

加速成炭理论是阻燃剂通过参与板材热解反应，降低热解起始温度，使板材的热解反应朝着产炭量增加及挥发物产量减少的方向发展（覃文清，2004），其过程主要是通过阻燃剂燃烧后在聚合物表面生成多孔炭层，促进成炭，使得可燃裂解产物避免转换成气体燃料，从而抑制板材的燃烧。在形成炭层的过程会吸热，有利于降低环境温度，同时形成的炭层具有难燃、隔热、隔氧作用，还能阻止可燃气体进入燃烧气相，致使燃烧中断。例如，聚磷酸铵和硼酸锌复合阻燃剂可以催化木材材料分解和脱水成炭，还可催化产生二氧化碳、氨气和水蒸气降低可燃性气体、氧气、烟雾和毒气的浓度。致密炭层的形成也可减少烟雾毒气的溢出，达到协同抑烟减毒的作用。

近年来，国内外学者对材料阻燃展开了大量研究，并对其研究成果与技术进行了产业化应用，在实际材料阻燃处理过程中，一般是多种阻燃和抑烟机理协同作用。例如，作者团队以聚磷酸铵、硼酸锌和超细化天然矿物等为主要成分复配的 NSCFR 木材阻燃剂，可通过自由基捕捉、可燃气体稀释以及化学催化成炭等多种机理协同阻燃抑烟。同时，NSCFR 阻燃剂通过吸附与催化分解抑制烟雾毒气释放，表现出较优的阻燃抑烟效果（吴义强等，2012）。在无机阻燃剂中，以聚磷酸铵为代表的磷-氮阻燃剂得到了国内外学者的广泛关注。虽然聚磷酸铵等磷、氮系阻燃剂具有对环境友好、热稳定性高且阻燃性能优异等特点，但是磷、氮系阻燃剂在阻燃过程中会产生大量的有毒烟气，严重危害人们的身体健康，因此磷、氮阻燃剂的抑烟处理对开发高效阻燃抑烟的阻燃剂具有重要意义。作者团队对此也开展了广泛研究，将硼酸与双氰胺、磷酸复配，开发了磷-氮-硼阻燃剂，这类磷-氮-硼阻燃剂具有优异的阻燃抑烟性能（姚春花等，2010）。

农林剩余物属于天然高分子材料，其燃烧过程与木材相似，阻燃理论与技术也与木材、竹材等生物质材料相同。根据燃烧所需的条件，在木材、竹材等生物质材料的阻燃过程中，主要包括固相的泡沫层和炭层覆盖，以及气相的气体稀释和吸收热量等，实际的阻燃过程通常是两种或两种以上的机理共同作用，这些为后续农林剩余物人造板阻燃以及其他新型阻燃技术的开发提供了理论基础。

1.2.3.2　防潮防水理论基础

人造板被广泛应用于橱柜、卫生间装修、木结构房屋、集装箱底板、户外广告牌等，而这些应用场合的人造板经常处于潮湿环境甚至被水浸没导致膨胀变形，力学强度降低，严重影响其使用性能。人造板吸水吸潮主要归因于其基本制造单元与制备工艺：人造板的基本组成单元皆为多孔性木质材料，且含有大量亲水性基团，使得水分很容易渗透到材料内部，引起纤丝润胀，进而导致尺寸变化。同时，木质单元在高湿环境时的吸湿与解吸行为会破坏其物理力学性质。此外，制备工艺造成的数量繁多的微小孔隙，极易吸收水汽，导致板材膨胀、内结合强度降低。为了解决人造板吸湿吸水问题，国内外专家学者对此展开了长期研究，并发展了系列人造板防潮防水技术，形成原料选改防潮防水、交联网状防潮防水、覆盖阻隔防潮防水、化学封闭防潮防水、仿生气膜防潮防水等理论。

1）原料选改防潮防水

木质材料主要由纤维素、半纤维素和木质素组成，三素的吸湿性强弱不同，半纤维素吸湿性最强，纤维素吸湿性最弱。这是由于木质素和半纤维素属非结晶物质，大部分羟基都能与水分形成氢键，而纤维素分为非结晶区和结晶区，非结晶区只有少量游离羟基能够吸着水分，结晶区的羟基都已形成氢键不能吸着水分。因此，选择半纤维素含量低的木质材料有利于提高人造板的防潮防水性。

此外，对原材料的改性处理也是提高人造板防潮防水性的有效手段。利用三素热稳定性的差异化特性，在高温环境下蒸煮刨花能够显著降低木质单元半纤维素的含量，从而提高板材的防潮防水性能。借助化学改性，对刨花、纤维进行甲醛化处理、乙酰化处理、酚醛树脂处理，使其部分羟基封闭，可以实现提高人造板防潮防水的目的。

原材料的选改能够一定程度上改善人造板的防潮防水性，然而，并未得到大范围推广与实际应用。高温蒸煮时能够脱除大量吸湿性最强的半维纤素，提高木质单元防潮防水性，但会降低人造板的力学性能。乙酰化处理、甲醛化处理、酚醛树脂处理等化学改性所存在的污染问题与成本问题也是影响其广泛应用的重要原因。

2）交联网状防潮防水

交联网状防潮防水是指通过三聚氰胺、聚乙烯醇等改性剂与胶黏剂发生交联反应，形成具有交联网状结构的防潮防水胶黏剂，达到提高人造板防潮防水的目的。通常交联反应过程中会反应掉一部分亲水性基团，生成耐水耐热的三氮杂环，同时，所形成的网状交联结构对某些亲水性基团（如羟甲基）具有封闭作用。两者协同作用，有效提高胶黏剂憎水性，进而提高人造板憎水性。有机胶黏剂与无机胶黏剂均可通过构筑交联网状结构改善其防潮防水性。

三聚氰胺改性脲醛树脂是防潮防水人造板生产最常用的胶黏剂。三聚氰胺树脂的研究起源于 1938 年，由瑞士 CIBA 公司首次报道，并于 1939 年实现产业化。20 世纪 40 年代，美国、日本等国家率先开展了三聚氰胺改性脲醛树脂胶黏剂的研究（Delhnome，1947）。80 年代，我国开始进行研究，并成功将三聚氰胺改性脲醛树脂胶黏剂应用于防水刨花板和中低密度纤维板的生产。

三聚氰胺改性脲醛树脂胶黏剂的防水性能与胶合强度受到三聚氰胺含量、甲醛与尿素的物质的量比、反应温度、反应时间、pH、添加剂、缓冲剂、填料、合成工艺等因素的影响。胶黏剂的耐水改性会直接影响胶的胶合强度，因此，防水人造板用三聚氰胺改性脲醛树脂胶黏剂需要注意平衡防水性能与胶合性能。除了憎水改性，还可按比例物理混合脲醛树脂与三聚氰胺甲醛树脂用于防潮防水人造板生产。

3）覆盖阻隔防潮防水

覆盖阻隔防潮防水是指将防水剂施加于人造板生产过程中，通过填充阻塞纤维、刨花等木质单元之间的孔隙，隔断水分传输通道，并覆盖其部分亲水性基团，达到防潮防水的目的。在此基础上，发展了成板后处理技术，即将防水剂涂覆在成板后的人造板表面，形成连续、封闭的涂膜，借助涂膜对水分的屏障作用以抵御水分的渗透，实现人造板防潮防水。此外，涂膜本身的憎水性对防水具有增效作用。

石蜡是人造板生产过程中最早且较为常用的防水剂，为了提高其防水效果，国内外相继研发了乳化石蜡防水剂、微胶囊石蜡防水剂、909 防水剂、"三合一"防水剂等基于石蜡改性的防水剂。有机硅防水剂、有机氟防水剂、丙烯酸防水剂可用于人造板成板后，通过喷涂、浸渍、浸涂、等离子体改性、真空蒸发镀膜等方式在人造板表面形成涂膜。

通过调控防水剂在人造板内部的分散性、均匀性、稳定性、流动性等可以提高人造板的防潮防水性。然而，添加防水剂并不是理想的人造板改性方法，这是由于防水剂不仅容易龟裂或脱落从而重新暴露亲水性基团，而且会降低人造板结合强度等力学性能。涂膜防潮防水依赖于涂膜的致密性及其表面憎水性（刘德见等，2020），值得注意的是，致密膜不利于人造板内部潮气的散发，而且与人造板主要通过物理吸附结合，导致其易脱落。因此，覆盖阻隔防潮防水属于暂时性防护。

4）化学封闭防潮防水

化学封闭防潮防水是指通过引入有机防水剂与人造板表面羟基发生不可逆化学反应，

永久性封闭亲水性基团降低基材吸湿性，同时生成疏水的有机大分子网状结构，进而形成防水透气的化学憎水膜阻止水分渗透，实现人造板防潮防水。化学憎水膜与人造板表面通过化学键连接，具有高强界面结合。此外，化学憎水膜具有"透气性"，对人造板内部潮气的散发性好。因此，化学封闭属于长效型防潮防水方式。

作者认为，基于化学封闭亲水基的防潮防水人造板性能与选用的防水剂种类、木质单元原料、空气湿度等因素相关。防水剂的基团种类与数量影响最为显著，各类常见疏水基团的表面能大小依—CH$_2$—>—CH$_3$>—CF$_2$—>CF$_2$H>—CF$_3$次序下降，表面能越小憎水性越强。因此，同等条件下，含氟防水剂比有机硅防水剂防护效果更好。

不可逆化学封闭亲水基提高人造板防潮防水的策略近年来才被提及（宋琳莹和辛寅昌，2007），相关研究较少、有待进一步丰富。作者建议，在未来的研究中，应聚焦反应型大分子量防水剂的研发，解析木质原料种类与化学封闭亲水基协同增效防潮防水的调控规律，探究化学封闭对人造板力学性能与外观形貌的影响。

5）仿生气膜防潮防水

"出淤泥而不染"的荷叶是自然界经典的具有超疏水特性的植物。1997 年，生物学家 Barthlott 与 Neinhuis 率先发现了荷叶的超疏水表面是由微米级结构与蜡质层所致（Barthlott et al., 1997）。随后，在 2002 年，江雷团队进一步揭示了微纳米分级结构与低表面能物质是构筑超疏水表面的必要条件（Feng et al., 2002）。受到荷叶启发，作者提出了仿生气膜防潮防水新理念。

仿生气膜防潮防水是指在人造板表面仿生具有特殊浸润性的动植物表面，构建超疏水微纳米分级结构，借助分级结构捕捉空气形成气膜，使得水分与板材接触时可以被气膜托起，避免将板材润湿，达到防水效果。上述仿生防水新理念，不同于传统的防水机制，能够显著减小水分与固体材料接触面积，并且使水分呈球形存在或滚落，即使长久延长水分与表面的接触时间也不会在材料表面铺展渗透。

人造板的初级粗糙度、表面羟基的数量、幅面等影响仿生防水表面的构建及其耐久性。目前，仿生防水木质材料的研究多集中在实体木材，仿生防水人造板鲜有报道。作者认为，与木材相比，在人造板表面构建仿生超疏结构的难度更大，这是由于人造板表面的粗糙度较小、幅面较大。尽管如此，作者所在的团队研发了仿生防水涂料，并成功应用于防水人造板，验证了仿生气膜防潮防水理念的可行性，详见后续小节。

1.2.3.3　防霉防腐理论基础

木竹材、农林剩余物人造板等材料，在合适的环境条件下，容易遭受微生物或者虫类的侵袭，导致产品的质量和使用寿命降低（王恺，2001；李坚，2006；Wagner et al., 2015）。其中，引起材质败坏最严重的一类微生物是真菌，它主要会引起材料的腐朽或者霉变。通过对人造板等进行防霉防腐处理可以提高木质产品抗腐朽、抗霉变性能，能有效延长木质产品的使用寿命、节约木质资源、提升经济效益（郭梦麟等，2010）。系统、科学地研究真菌侵蚀降解木材机制、防霉防腐原理等基础理论对于开发农林剩余物人造板防霉防腐技术具有重要的意义。

1）真菌侵蚀降解木材机制

真菌的生长以及繁殖需要适宜的条件，包括养料、水分、温度、酸碱度和空气等因素，这几项缺一不可，否则真菌的生长发育就会受到抑制甚至死亡。因此，从防霉防腐的角度来说，研究真菌的生理生长特性、揭示其侵蚀腐朽机理，有助于采取有效措施来抑制甚至完全破坏真菌的生命活动，从而阻止木竹材、人造板等材料的腐朽和霉变（谢桂军，2018）。

造成木竹材及人造板材质破坏的真菌主要分为三类：霉菌、变色菌、腐朽菌（李坚，2006）。因生长习性的不同，三种真菌的破坏形式和作用效果存在很大的差异。霉菌生长繁殖所需要的营养来源主要是木竹材中的糖类、蛋白质、脂肪等物质，并且霉菌主要在材料的表面寄生，一般不会破坏内部结构。霉菌主要会引起产品表面变色，降低外观质量。变色菌只改变材料的颜色，同样不会对内部的结构产生巨大破坏（段新芳，2015）。腐朽菌对木质材料的败坏最为严重，因为它能够破坏木材的细胞壁从而导致人造板等木质产品的内部损害。这些菌能分泌多种酶，把纤维素、半纤维素和木质素降解为低分子的物质，并作为供其生长繁殖的养分（Kirk et al.，1987；Higuchi et al.，1990）。

一般认为腐朽菌有三类：白腐菌、褐腐菌和软腐菌（戴玉成，2009）。白腐菌，这类腐朽菌能生成木质素酶及纤维素酶以降解纤维素、半纤维素和木质素，作用对象主要是阔叶树和针叶树（池玉杰，2004）。褐腐菌，主要降解的成分为纤维素和半纤维素，主要作用对象是针叶树（池玉杰等，2004）。软腐菌，其降解的成分主要为纤维素（李晓琴，2003）。在腐朽菌中，褐腐菌和白腐菌对材质腐朽的影响最大，所以防腐主要是防褐腐和防白腐（杨乐，2010）。但即使是同种腐朽类型的真菌，不同菌种分解木质材料的能力和速度也存在差异（刘欣等，2009）。

真菌对竹材的破坏侵害作用与其对木材的相似，有研究显示，腐朽菌对竹材的腐朽和侵蚀在微观结构层面上分为两个阶段：①真菌侵害进入竹秆表层；②真菌在竹壁内的组织中扩张繁殖。另外，竹材中含有大量的糖类和淀粉，所以它相比于木材更容易受到霉菌的感染从而产生霉变。

2）物理化学防霉防腐机理

防霉防腐处理的基本原理就是通过某种手段，消除微生物赖以生存的必要条件之一，从而达到阻止其繁殖的目的（李坚，2014）。目前，防霉防腐机理主要有两个方面：物理防霉防腐和化学防霉防腐。

物理防霉防腐不会改变人造板本身的化学性质。物理防霉防腐的作用原理主要是通过机械隔离等方式将人造板暴露的表面保护起来，阻止其与外界环境因素直接接触，以防止微生物的侵蚀（李坚，2013）。例如，在人造板表面涂刷防水涂层以隔绝水分和空气，从而断绝真菌生长所需的生存条件以达到防霉防腐的目的。还可以对人造板进行炭化处理以降低含水率、吸水性等。当人造板含水率较低，尤其在20%以下时，真菌难以在其上寄生。另一方面，炭化处理还可以破坏微生物所需的营养源以抑制真菌的生长繁殖，从而提高防霉防腐性能（Tjeerdsma et al.，1998；Alen et al.，2002）。

化学防霉防腐处理主要可以分为两大类：毒性防霉防腐以及化学改性防霉防腐。毒性防霉防腐是目前最常用的防霉防腐方法,其主要作用原理是靠化学药剂(防霉防腐剂)的毒性来抑制微生物的生长或者毒杀微生物(李坚,2006,2013)。这些防霉防腐剂主要通过阻碍真菌的基本代谢,如 DNA、RNA、蛋白质、脂类等的合成以及有丝分裂等达到杀菌抗菌的目的。不同的防霉防腐剂通过不同的机制作用于真菌的不同部位以抑制真菌生长繁殖。例如,铜铬砷(CCA)等铜离子防霉防腐剂能够通过引起 DNA、蛋白质等的氧化损伤从而使细胞死亡(Warnes,2011),季铵盐可以损伤真菌表层进而杀死真菌。化学改性防霉防腐的主要原理是用化学药剂处理以改变人造板的某些化学特性从而提高防霉防腐性能。例如,可以通过改变人造板的亲水性能以降低其吸水性,使得真菌难以在低含水率下生长繁殖,从而提高木质产品的防腐性能(鲍敏振,2017)。或者通过聚合反应在木纤维孔道内形成网状结构大分子树脂以堵塞白腐菌的生长路径,从而达到防腐目的。

3)防霉防腐剂固着机理

虽然目前对防霉防腐剂的开发以及应用已较为广泛和成熟,但目前大多数防腐防霉剂面临的一个重要的问题就是固着性和抗流失性差。研究防腐防霉剂在木材及人造板等木质产品中的固着性能及固着机理对于提高防霉防腐的耐久性和稳定性具有极大的意义(曹金珍和于丽丽,2010)。

防霉防腐剂的活性成分与人造板之间的固着方式和相互反应主要通过人造板纤维或者刨花上的羟基、羧基等活性基团进行(Cracium et al.,1997;于丽丽,2010)。这些防霉防腐剂与木质材料的相互作用以及在木材中的分布显著影响防霉防腐性能和抗流失性能。已有研究表明,防霉防腐剂与木材的固定反应以络合反应为主,并且无机防腐剂的反应能力强于有机防腐剂(李坚,2006,2013)。以目前应用较为广泛的铜类防腐剂为例说明,Zhang 等(2000)发现,半纤维素和木质素对铜的结合起重要作用,而纤维素对铜的固着作用微不足道。红外光谱证实,半纤维素中的羧基和木质素中的酚羟基与酯基是铜的主要结合位点。Stacciol 等(2000)有同样的发现,铜离子主要与多糖相互作用,其次是与木质素相互作用,而纤维素与铜离子的相互作用似乎较弱。为了提高铜的固着性能,可以对材料进行皂化处理以增加多糖中交换位点的数量进而增加铜的固着点。

1.2.3.4 环保理论基础

我国是人造板生产和消费大国,人造板年产量近 3 亿 m^3。但是在人造板生产过程中,产生的不同污染物会引起粉尘污染、废水污染、空气污染等环境污染。这些污染对人类的身体健康有很大危害,有的甚至造成生态环境的严重破坏(文美玲等,2016)。因此,随着人造板工业的迅速发展,加强人造板工业污染防治工作显得尤为重要。为了满足清洁生产的要求,国内外学者展开了系列研究,并根据污染物的种类,利用不同的物理和化学手段对人造板加工过程进行处理,对发展绿色坏保人造板有重要的指导意义和理论基础支撑。

1)游离甲醛比例含量调控机制

胶黏剂是人造板生产的主要原料之一,脲醛树脂胶黏剂因其原料来源丰富、价格低廉、胶接性能相对较好等优点而成为人造板工业中应用最为广泛的胶黏剂(Xu et al.,

2020）。但是脲醛树脂的甲醛释放量偏高不仅污染环境，而且极易引发人体的咽喉癌、鼻腔癌、皮肤癌等一系列癌症病变，对人类的身心健康产生非常大的危害（Jensen et al.，2015；高伟等，2017）。因而随着人们的绿色环保意识增强，降低脲醛树脂制品中的甲醛释放量，制备绿色环保、低游离甲醛的脲醛树脂是目前的重要研究发展方向，具有较高的战略意义。

一般来说，甲醛/尿素（F/U）物质的量比越高，制成的人造板强度越高，吸水厚度膨胀率越低，但游离甲醛的释放量越高。降低 F/U 物质的量比会使游离甲醛含量和羟甲基含量减少，从而减少游离甲醛的释放。范东斌等（2006）采用"碱-酸-碱"传统工艺合成了 5 种低物质的量比的脲醛树脂（F/U 分别为 0.8、0.9、1.0、1.1 和 1.2），发现 5 种脲醛树脂的游离醛含量随着物质的量比的降低而降低，调控 F/U 物质的量比可以有效缓解游离甲醛释放量的问题。

2）游离甲醛催化转化机制

游离甲醛是一种强还原性物质，在脲醛树脂胶黏剂制备过程中可以通过添加一些强氧化剂如过氧化氢、过硫酸盐等物质，将游离甲醛进行催化转化成无毒无害物质。刘明等（2009）通过在脲醛树脂中添加不同物质的量比的过氧化氢溶液，探究了过氧化氢用量对游离甲醛的氧化率的影响，经测验其甲醛氧化转化率高达 80%，只剩下少量游离甲醛残留其中。同时，一些无机物如纳米 TiO_2 等在光催化下产生的电子空穴具有极强的氧化能力，表面的自由空穴形成羟基自由基后与游离的甲醛离子结合进行氧化还原反应，并将其降解转化为水、CO_2 及少量甲酸等无毒无害物质，减少游离甲醛的释放（连海兰等，2011；吴俊华等，2016）。

3）游离甲醛捕捉固定机理

在制备脲醛树脂过程中可以添加甲醛捕捉剂与游离甲醛进行反应生成其他稳定的化合物，提高脲醛树脂的交联度，从而降低脲醛树脂及其人造板产品的甲醛释放量。理论上，凡是能与甲醛反应的物质都是甲醛捕捉剂，如三聚氰胺、尿素、亚硫酸盐、氨水等胺类和酸胺类高分子物质，可以在不影响脲醛树脂胶黏剂的固化速度和稳定性的前提下，提高脲醛树脂的交联度从而达到降低甲醛释放量的目的。例如刘长风等（2004）利用具有脲、氨基和烷基基团的乙撑基脲作为甲醛捕捉剂，其可以和甲醛反应生成稳定的聚合物，消醛率也较高。福建福人木业有限公司通过实验研究证明，采用真空氨气法可以明显有效降低中密度纤维板中游离甲醛的含量，使各种规格的纤维板中的游离甲醛含量控制在 9mg/100g 以内，达到 E_2 级标准要求。

4）粉尘颗粒物理回收利用

农林剩余物人造板在加工过程中，会产生对环境造成污染的粉尘，包括碎刨花、锯屑、砂光木粉和不完全燃烧的物料等（谢思熠等，2019）。这些粉尘可以利用由负压收集、气力输送和除尘设备构成的粉尘收集装置进行收集再利用。首先在人造板生产末端采用负压收集的方式收集生产过程中产生的粉尘，接着利用气力输送装置在密闭管道内沿气流方向输送收集的粉尘，最后经过除尘设备的除尘处理后达到除尘的目的。而整个除尘过程则是将粉尘从气体中分离出来，并将其收集，再返回各个生产工序之中，从而实现粉尘的回收利用。

5）水循环净化理论体系

水污染是人造板生产过程中一个十分严重的环境污染问题。经过木片水洗、预蒸煮排水以及水幕除尘和湿电除尘等工艺产生的废水，含有木质材料中的可溶解物、胶黏剂、酚类、甲醛、防腐剂和悬浮物等污染物质，会对环境造成严重的污染。学者专家经过多年的研究，将废水处理归纳为物理法、化学法和生物法三种理论体系。其中物理法是指采用物理的方法将污染物与废水分离，包括过滤法、沉淀法、气浮法。化学法则是利用化学反应使得废水中的污染物无害化，从而净化废水，包括混凝、酸碱中和、氧化还原处理法。生物法是采用厌氧生物处理法和好氧生物处理法相结合的方式，将糖类、半纤维素、木素等有机大分子分解为小分子，从而达到净化废水的目的。

1.2.3.5　界面调控理论基础

植物纤维具有亲水性，这往往导致其与疏水聚合物基体的界面相容性较差（Pickering et al.，2016），而纤维与基体之间的界面结合决定了复合材料的力学性能。对于植物基纤维复合材料来说，亲水性纤维与疏水性基体之间的相互作用通常是有限的，导致界面结合较差，限制了复合材料的力学性能，影响其使用性。因此，有必要对农林生物材料表面进行改性，对其界面进行调控，以使其与胶黏剂更好地结合。常用的界面调控方法主要包括物理调控和化学接枝。

1）机械互锁界面调控理论

通过对植物纤维表面进行改性，提高生物质材料表面的粗糙度，增加纤维和聚合物之间的接触面积，从而增强它们之间的机械互锁。采用等离子体技术来增加生物质材料表面的粗糙度，促进其在基体中的分散。研究表明，离子体处理能使纤维表面具有一定的疏水性，增加纤维表面粗糙度，增加界面黏附（Kalia et al.，2013）。Sinha 等对黄麻纤维进行了不同时间的氩冷等离子体处理，经等离子体处理后纤维表面粗糙度增加。由于等离子体处理后，纤维成分中酚类和次生醇基团减少或基本结构组分、木质素和半纤维素的氧化，导致黄麻纤维疏水性提高。粗糙的表面形貌和增强的疏水性使得复合材料表现出更好的纤维/基体附着力，提高了复合材料的力学性能（Sinha and Panigrahi，2009）。此外，等离子体处理可用于生产具有可与聚酯或其他反应基体体系反应的自由基表面的天然纤维。物理界面调控处理中，仅改变了纤维的结构和表面性能，且只会改变细胞壁非常浅的表面，而不会改变纤维的吸湿特性，没有形成化学键结合，因此，物理调控复合材料的界面性能提高有限。

2）网络交联界面调控理论

通过使用偶联剂，可有效提高植物纤维与聚合物界面的交联程度和键合度（Kalia et al.，2013）。硅烷偶联剂可有效改善纤维基体界面，尤其是用于碱处理改性纤维时，界面相容性提高明显。用于处理纤维的硅烷两端有不同的官能团，其中一端可以与纤维的亲水基团发生相互作用，另一端可以与基体中的疏水基团相互作用，在它们之间形成桥梁，从而提高界面的黏附。同时，通过水解烷氧基激活硅烷偶联剂，形成硅烷醇（Si—OH）基团，这些硅烷醇与纤维表面的羟基反应形成稳定的共价键，或在纤维表面和（或）细胞壁上凝结，形成大分子网络。因此，硅烷处理通过提供烃链在纤维和基体之间形成相互的交联网络，提高植物纤维与基体的界面结合（Xie et al.，2010）。

　　3）化学接枝界面调控理论

　　植物纤维素、半纤维素和木质素分子链上的丰富羟基使得生物质材料具有化学活性。化学修饰可以激活这些基团，也可以引入新的化学基团，从而使得生物质材料与聚合物形成更好的化学键合。大多数化学处理涉及丝光化、乙酰化、苯甲酰化、异氰酸酯处理和合成聚合物的接枝。在各种化学处理中，在植物纤维上的接枝共聚是表面改性的最佳方法。将聚合物接枝到植物纤维上，在骨架中结合了特定的性能，于不影响其生物降解性能的情况下进行特定的应用。接枝共聚物可通过各种化学方法制备，最常见的方法是在聚合物骨架上生成一个活性位点。在这种活化的骨架聚合物上聚合合适的单体从而形成接枝共聚物。例如，通过化学方法接枝酸酐基团可与天然纤维表面的羟基发生反应，增加了纤维与基体的黏附（Felix and Gatenholm，1991）。乙酰化也是常用的化学接枝界面调控方法中的一种，也被称为酯化法，通过引入乙酰官能团 $CH_3COO—$ 使纤维塑化，该反应的主要原理是用乙酸酐（$CH_3COO—C=O—CH_3$）中的乙酰基 $CH_3COO—$ 取代细胞壁的亲水性羟基（OH），使纤维表面更加疏水。酯化反应不仅改善了植物纤维的吸湿性和尺寸不稳定性，而且促进了纤维粗糙表面的形成，从而提高了纤维与基体的黏附性（Zhou et al.，2016）。

　　除了上述主要功能化处理方式，还可以对人造板进行吸音隔音、电磁屏蔽、自加热等功能化处理。对农林剩余物人造板进行功能化处理，使农林剩余物人造板获得多功能一体化是扩大其使用范围和提高其附加值的有效方法与必然发展方向。针对其使用场所不同，一些新功能、新的理论与技术将被研发出来。与此同时，农林剩余物人造板也将兼顾功能化与智能化，应用在各个领域。

1.3　农林剩余物人造板低碳制造技术与装备

1.3.1　绿色胶合技术

　　农林剩余物人造板绿色胶合技术是采用绿色无污染原料或通过调节原料投料比、添加有害成分捕捉剂和改性剂等方法制备绿色无污染的胶黏剂，并将所制得的绿色环保型胶黏剂用于农林剩余物人造板制造，从根源或生产过程中降低甚至消除有害成分释放，从而实现绿色胶合的方法。绿色胶合技术是实现农林剩余物人造板低碳制造和绿色环保的重要手段，胶黏剂和胶合技术影响着生产制造中生产效率的提高、新工艺的实施、劳动环境的改善，而且胶黏剂直接决定着板材的性能，是农林剩余物人造板制造的核心。因此，加大人造板绿色胶合技术创新是农林剩余物人造板低碳制造的一个重要课题。

　　目前，人造板加工业的胶黏剂种类众多，而每一种胶黏剂又具有各自的优缺点。三醛胶黏剂在市场上使用最多，但由于这类胶黏剂的甲醛释放量较高，污染环境。而消费者环保意识、健康意识日益增强，人们对居住环境的要求越来越高，人造板甲醛的释放量是人们重点关注的问题，人们对超低甲醛释放和无醛材料的需求越来越大，传统胶黏剂已不能满足人们的需求，寻求一种绿色胶合技术成为当务之急。使用新型环保胶黏剂成为人造板制造业的新要求，对现有的三醛胶黏剂进行改性研究，出现了环保型胶黏剂、生物质胶黏剂、多功能胶黏剂和其他胶黏剂，随着人造板胶黏剂的合成技术不断提高，胶黏剂的应用领域广泛，市场前景广阔。特别提出的是，无机胶黏剂和生物胶黏剂等新型胶黏剂因原料来源广、价格低廉、环保无污染等优势展现出蓬勃的生命力，逐渐在农林剩余物人造板的生产中得到广泛应用。该技术旨在解决农林剩余物人造板生产中有机胶黏剂出现的甲醛释放、固化温度过高、热压能耗大等多方面问题。因此，我们重点对农林剩余物人造板用醛类胶黏剂（脲醛树脂、酚醛树脂）、异氰酸酯胶黏剂、无机胶黏剂和生物胶黏剂进行了介绍。对于农林剩余物人造板，胶黏剂是其十分重要的组成部分，胶黏剂的性质直接决定了成品板材的性能。随着环保型胶黏剂、生物质胶黏剂的出现和使用，绿色环保低碳人造板开始在整个产业中崭露头角，然而却因为其自身的一些缺陷难以大范围推广，虽然可以通过改性得到改善，但传统醛类胶黏剂在性能上仍占据优势。而作者团队开创性地提出选择交联机制与甲醛固着消减机制和选择键合与有害成分消解机制，使得传统的醛类胶黏剂在不降低其基本性能的基础上甲醛释放量极大下降，满足绿色环保、低碳制造的需求。

1.3.1.1 脲醛树脂胶黏剂胶接技术

脲醛树脂（UF）胶黏剂是尿素与甲醛在催化剂（碱性或酸性催化剂）作用下，缩聚而成的初期脲醛树脂；在固化剂或助剂作用下，形成不溶、不熔的末期树脂（顾继友，2012）。UF 胶黏剂作为木材胶黏剂具有制造工艺简单、使用方便、成本低、胶接性能优良、工艺操作性好、无色等特点，且施胶过程能耗低，符合低碳制造的要求，是室内用人造板的主要胶种。目前，UF 胶已成为世界各国木材工业，尤其是人造板行业的主要胶种。据报道，日本 80% 的胶合板、几乎 100% 的刨花板，德国 75% 的刨花板，英国几乎 100% 的刨花板均使用 UF 胶。我国 80% 的人造板都使用 UF 胶，且年消耗量增长快速。然而，UF 胶黏剂在压制人造板的过程中会释放危害人体健康的甲醛，并且成为社会普遍关注的热点问题。降低甲醛释放量主要从降低胶液中游离甲醛含量和改善树脂微观结构等方面着手，常用的方法有改进甲醛与尿素的投料方式、合成工艺、降低物质的量比、加入改性剂及游离甲醛捕捉剂等，这都是实现绿色环保的重要途径。为实现 UF 胶黏剂的绿色胶合，大量研究与实践表明，在甲醛与尿素物质的量比不变的前提下，尿素分多次投料，降低甲醛与尿素的物质的量比，对降低游离甲醛含量有利。用"2 次加甲醛，2 次加尿素"的合成方法，所制得的 UF 的游离甲醛质量分数仅为 0.10%，胶接人造板产品能够达到国家 E_1 级标准（张振峰等，2004）。此外，采用四级分段聚合工艺合成 E_0 级人造板，制得的产品游离甲醛含量为 0.067%，都达到了降低甲醛含量的效果（邱俊等，2017）。此外，还可通过升高温度，控制 pH 和改性剂加入量及加入时间等方法对整体游离甲醛进行控制。

除了改变制胶工艺外，氨、苯胺、三聚氰胺、聚乙烯醇、纳米二氧化硅等单一改性剂也有利于降低 UF 胶甲醛释放量，是实现绿色环保重要手段。例如利用苯酚/甘脲改性 UF 胶黏剂，UF 中甲醛的质量分数降低，固化时间增加，增加缩聚时间，UF 的黏度增加，游离甲醛的质量分数降低（乔正阳和李龙江，2018）。作者团队采用锐钛矿型纳米二氧化钛

（TiO_2）改性脲醛树脂，使其固含量和黏度上升，固化时间缩短，但对 UF 的化学结构和热性能没有明显影响。在 UF 合成的酸性阶段加入 7% 的单宁，可使甲醛幅度降低 58%。相比前面几种改性方法，其降醛效果更明显。除了单一改性剂外，复合改性剂对减少甲醛释放量有着很好的效果。为了减少刨花板释放的甲醛，将甲胺、乙胺和丙胺复合作为甲醛清除剂添加到了 UF 中。将 0.5%、0.7% 和 1% 的每种类型的胺添加到 UF 树脂中，并将混合物用于从橡胶木颗粒生产刨花板。与对照 UF 树脂相比，完全固化的含胺 UF 树脂具有更高的热稳定性，当添加乙胺和丙胺时，无论使用何种剂量，都能达到日本工业标准（JIS）或欧洲 E_0 级（Ghani et al., 2018）。还有采用液内干燥法制备了一种新型的长效微胶囊化甲醛清除剂，能连续有效地抑制有毒甲醛的释放，既降低了能耗又实现了环保（Duan et al., 2015）。

在 UF 合成体系中加入甲醛捕捉剂，也可显著降低人造板产品的甲醛释放量，实现绿色环保。可用作甲醛捕捉剂的物质有：多孔性无机填料（活性白土、硅土、瓷土、膨润土等）、强氧化性物质（过氧化氢、过硫酸盐等）、氨或含氨基类物质、硫化物、聚乙烯醇、酰胺类物质、单宁、淀粉、酪素或其他天然物质。李建章团队将不同颗粒度的茶叶废料粉添加到 UF 胶中，茶叶废料作为填料添加到 UF 胶黏剂中，能够降低其游离甲醛含量以及其黏接胶合板的甲醛释放量（李建章等，2007）。这样不仅绿色环保还实现了循环多级利用，符合当下绿色发展的主题。

作者团队在研究甲醛吸附固着过程中，探索了在 UF 合成过程使用无机纳米粒子的环保和高吸附特性及有机小分子对甲醛分子的吸附及反应活性，实现胶黏剂中游离甲醛的高效吸附固着以及人造板产品甲醛释放量的有效降低，为低醛环保人造板生产提供技术支持。采用可再生、可降解的生物质资源代替部分甲醛，与尿素和甲醛进行共缩聚，可降低提高 UF 胶黏剂的环保性能。①采用来源丰富、无毒环保、可再生且分子中含有许多易反应醛基官能团的双醛淀粉为共缩聚原料，采用二次缩聚工艺制得环保型尿素-双醛淀粉-甲醛共缩聚树脂（UDSF）胶黏剂。②用棉籽粕作为吸附尿素和甲醛的基质，棉籽粕表面吸附的甲醛和尿素在溶液中可以相互作用，并与其他尿素或甲醛发生聚合反应，使用棉籽粕取代大部分尿素和甲醛，以此降低化工原料的消耗，提高 UF 胶黏剂的环保性能。③通过使用微量丙酮作为溶剂来降低异氰酸酯的黏度，提高其在 UF 体系中的分散均匀程度。而使用异氰酸酯与 UF 组合为胶黏剂制备人造板，可以进一步降低板材甲醛释放量，提升其尺寸稳定性，并降低生产能耗。④三聚氰胺（M）含有活性的氨基基团可与甲醛等反应，与尿素类似，均会产生羟甲基化合物。此外，M 与尿素相比，具有更多的高反应活性基团，这些基团可以与更多的甲醛发生加成反应生成羟甲基三聚氰胺，并参与后续的缩聚反应。引入 M 后的 UF，可以发生共聚反应，由羟甲基三聚氰胺与 UF 中的羟甲基脲进行缩聚，形成交联度高、结构紧密的树脂结构，能有效封闭树脂末端的羟甲基，进一步提高 UF 胶黏剂的稳定性，降低其人造板的甲醛释放量。

1.3.1.2　酚醛树脂胶黏剂胶接技术

酚醛树脂（PF）胶黏剂是指酚类与醛类在催化剂作用下反应而得到的合成树脂胶黏剂的统称（王恺，1996）。PF 胶黏剂具有优异的胶接强度、耐水、耐热、耐磨及化学稳定性好等优点，特别是耐沸水性能最佳。在木材加工、皮革加工、航天和汽车工业以及宇航工业都会看到 PF 的身影，尤其是在木材工业，由酚醛加工制成木产品由于其优良的耐水性常被用于户外。然而，PF 胶黏剂存在毒性大、固化温度高、固化速度慢等不足，这使得其生产效率低、能量和设备消耗大，这些都限制了 PF 胶黏剂在木材工业中的应用。因此，降低 PF 胶黏剂的固化温度，提高固化速度对其实际生产应用并实现节能降耗具有非常重要的意义。为缩短 PF 胶黏剂的固化时间、提高固化速度和降低固化温度，通常采用添加固化剂（Luukko et al.，2001）、改变 PF 的合成工艺条件（李和平，2009）、加入改性剂甲酚或间苯二酚、加入复合催化剂、提高 PF 的分子量或聚合度等方法来达到提高其性能、降低其毒性的目的。由于未改性的 PF 乳液固化后脆性较大，胶接强度较低，限制了PF 胶黏剂的应用领域。荣立平等（2015）采用环氧树脂乳液对 PF 乳液共混改性，制备出一种贮存稳定性好改性 PF 乳液，在常温及高温条件下具有较高粘接强度。大大减少了有机溶剂的使用量，实现了节能降耗，且具有较好的环保效果。

在 PF 胶黏剂合成过程中，采用适当的催化剂可改变其化学结构，达到提高其固化速率降低能耗的效果。如用含有二价金属离子和一价金属离子的复合催化剂，并将甲醛分多批逐步加入，使苯酚与甲醛充分反应，降低游离酚的含量，具有低毒性和快速固化的优点（赵临五等，2000）。以纳米氧化镁为催化剂，合成酶解木质素为 50% 的木素–PF，其凝胶速度较普通 PF 提高 30% 以上，且胶合能耗低，满足低碳制造的要求（王钧等，2017）。加入固化促进剂也是实现 PF 胶黏剂快速固化，实现节能降耗的常用方法。加入一些能够调节胶黏剂体系酸碱性的物质能够改变 PF 胶黏剂的固化效果。以多聚甲醛为固化剂，辅以耐热性无机填料制备耐高温的 PF 胶黏剂；在不改变其胶黏强度的基础上，可减小其固化压力和固化温度，降低了胶黏剂固化能耗，满足低碳制造的要求。有机酯类固化促进剂也有较好的效果，Park 等通过差示扫描量热法分析研究了碳酸盐类对 PF 胶黏剂的固化促进作用，碳酸盐类都能够提高 PF 胶黏剂的固化速率，其中碳酸丙烯酯对固化速率的提高最快（Park et al.，2002）。而针对其成本较高这一问题，李建章等通过添加葫芦巴残渣来代替部分 PF 胶黏剂在不降低固化速度，也不影响胶合板的胶合强度的情况下，树脂成本可以得到较大降低，降低了能耗实现绿色环保（李建章等，2007）。

在秸秆人造板的制造中，UF 胶始终无法从根本上克服强度低、耐水及耐老化性差的问题。因此，研究者们将 PF 胶黏剂用来制造秸秆人造板，以提高其性能。但是国内目前对用 PF 胶黏剂生产秸秆碎料板的研究较少，仅东北林业大学陆仁书教授和北华大学时君友教授等对 PF 胶黏剂生产秸秆碎料板和秸秆纤维板有些研究。陆仁书团队（濮安彬和陆仁书，1996）研究了 PF 亚麻屑刨花板的生产工艺及耐老化性能，所制得的亚麻屑刨花板性能达到了德国室外用建筑刨花板标准 DIN 68763—V100 型的要求。然而秸秆表面光滑灰质层的存在，总会影响有机胶黏剂对秸秆碎料的胶接，降低强度。时君友团队（时君友和温明宇，2009）针对稻秸秆难胶接的结构特性，主要从两方面进行了较系统性的探索。一是对 PF 胶黏剂进行改性；二是对稻秸秆表面进行预处理。用蒸煮、稀碱溶液等方法处理稻草，并用电子显微镜观察稻草表面的变化，在胶黏剂中添加改性剂二甲基硅油和硅烷偶联剂，参照 GB/T 4897.3—2003 标准，稻秸秆人造板的各项指标得到明显改善。

作者团队针对 PF 胶黏剂的固化速度慢、固化温度高，通过纳米多价金属化合物联合催化和多元共缩聚，调控酚羟基对位活化能，引导邻-对位羟基自识别键合，显著提高了PF体系的反应活性，实现中温快速固化。例如在 Ba(OH)$_2$ 为催化剂的条件下，苯酚邻位的羟甲基化反应占优势，使制备的 PF 中具有较高的邻-邻次甲基键，余下了对位的活性位置，从而提高了树脂的固化速率。针对 PF 胶黏剂中游离酚、游离醛等严重危害人居环境安全的问题，创制了 PF 胶黏剂有害成分多极消解技术，通过二次共聚、定向捕捉和催化转化等技术手段，实现热压成形过程中人造板游离酚、游离醛多极消解。

1.3.1.3　异氰酸酯胶黏剂胶接技术

异氰酸酯（MDI）胶黏剂是指体系中含有相当数量的—NCO 及适量的—NHCOO—，或直接使用单体多异氰酸酯 MDI 作为胶黏剂的一类胶黏剂，包括多 MDI 胶黏剂和 MDI 预聚体胶黏剂。MDI 耐水性和耐老化性能都明显优于 UF 胶，既可以采用多异氰酸酯小分子直接作为胶黏剂，也可以与 UF、单宁等共混形成复合胶黏剂，还可以直接采用预聚体型聚氨酯胶黏剂，可以应用于胶合板、刨花板中密度纤维板和聚氯乙烯薄膜贴面以及秸秆人造板。目前，人造板工业中多使用聚合异氰酸酯（pMDI）和改性 MDI 作为胶黏剂。MDI胶黏剂具有很高的极性和活泼性，与木质材料中的羟基反应生成氨基甲酸酯共价键，同时还能与原料中的水分反应生成聚脲，因此制得的板材胶接强度高且耐水性好。且与传统木材胶黏剂相比，MDI 胶黏剂具有不含甲醛、热压时间短，胶黏剂用量低，人造板制品甲醛释放量低、力学强度和耐水性好等优点。因此，MDI 胶黏剂胶结技术是实现农林剩余物人造板低碳制造的重要手段。

MDI 胶黏剂是秸秆人造板中使用最为广泛的胶黏剂，与 UF 胶和 PF 胶相比，板材耐水、耐候性能优良，热压时间短，胶黏剂用量低，不含游离甲醛，是一种环保型高效胶黏剂。而且 MDI 能和很多含活泼氢的官能团（例如—OH、—COOH、—NH$_2$、—SH 等）反应，易与被黏结材料表面上的水分及含水物质等发生化学反应（刘益军，2012）。麦秸天然潮湿且纤维素、半纤维素、木素成分含有大量的羟基基团，MDI 胶黏剂易与麦秸中的羟基反应产生牢固的化学键（图 1-10），进而非常牢固地把邻近的纤维状原料或颗粒黏接在一起（Yang et al.，2004）。用 MDI 胶制备麦秸刨花板，当施胶量仅为 4% 时，板材的各项物理力学指标就已经完全满足甚至高于国家标准的要求（杨平德和郑凤山，2005）。同时，Halvarsson 也将 MDI 胶用于中高密度秸秆纤维板的制备，静曲强度和弹性模量达到美国国家标准协会（ANSI a208.2—2002）木基纤维板的要求（Halvarsson et al.，2009）。目前，国内许多企业纷纷采用 MDI 胶黏剂生产秸秆板，最有名的就是万华板业集团有限公司，其产品"禾香板"以农作物秸秆为主要原料，以生态 MDI 为黏合剂形成表面成膜、纤维成骨、羟基成筋的强劲结合，真正实现了"以草代木"。

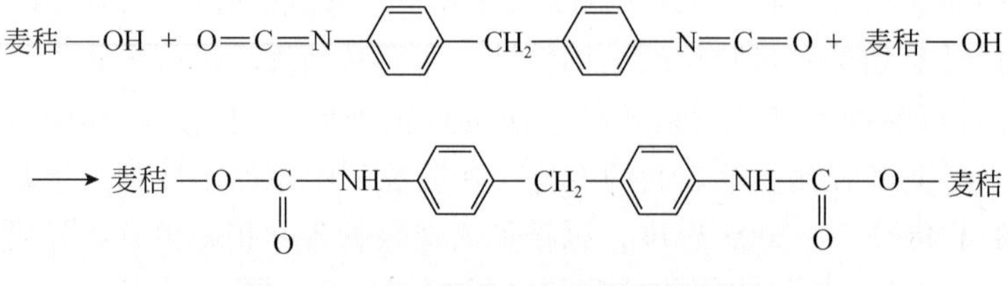

$$\text{麦秸}—OH + O=C=N—\text{⬡}—CH_2—\text{⬡}—N=C=O + \text{麦秸}—OH$$

$$\longrightarrow \text{麦秸}—O—\overset{O}{\underset{||}{C}}—NH—\text{⬡}—CH_2—\text{⬡}—NH—\overset{O}{\underset{||}{C}}—O—\text{麦秸}$$

图 1-10　MDI 胶黏剂与秸秆胶接原理

但是 MDI 胶黏剂在秸秆人造板生产中容易引起黏热压板的问题，使秸秆人造板不易脱模。鉴于此，Gupta 等用生物高聚物改性 MDI 胶黏剂，比纯的 MDI 胶黏剂胶接复合材料物理力学性能更好，而且能够在金属催化时产生一种隔离物质，缓解了生产过程中的黏板问题（Gupta et al.，2010）。但是 MDI 胶价格昂贵，2005 年 4 月曾涨到了 38000 元/t。MDI 胶黏剂在与秸秆实现胶接固化的同时，也会与水（蒸气）反应生成取代脲，并放出二氧化碳，影响秸秆之间的胶接强度。这也是制约 MDI 基秸秆人造板产业全国推广发展的重要原因。

1.3.1.4 无机胶黏剂胶接技术

无机胶黏剂主要是一类由无机盐、金属氧化物等与溶剂混合而成的黏稠状胶凝材料。无机胶黏剂价格低廉，环保无污染、黏结强度高，可使易燃木质人造板成为耐火材料，并可赋予其无醛、防水、防霉、防腐、防虫蛀、防老化、防冻等性能。国内外研究者不断探究无机胶黏剂代替有机胶黏剂生产人造板，无机胶黏剂在人造板工业中正越来越受到人们的关注和重视。常用的无机胶黏剂主要有硅酸盐类胶黏剂、磷酸盐类胶黏剂、硫酸盐类胶黏剂、氧化镁类胶黏剂等几种类型，其中硅酸盐类和氧化镁类无机胶黏剂在秸秆人造板中应用最为广泛。无机胶黏剂胶接技术施胶工艺简单，胶合温度低，无毒无污染，是人造板低碳制造过程中的重要环节，也是绿色胶合技术的重要组成部分。

硅酸盐类无机胶黏剂是以碱金属以及季胺叔胺和胍等的硅酸盐为基体，加入适量固化剂和骨架材料等调和而成的，具有良好的耐油、耐有机溶剂、耐碱性、原料来源广泛、性能稳定、生产成本低、耐温性好、粘接强度较高等特点。作者团队对秸秆板用硅酸盐胶黏剂进行了大量研究，以 Na_2SiO_3 为主胶料，以 SiO_2、Al_2O_3 和 ZnO 为固化剂，把半互穿聚合物网络（semi-IPN）的分子设计理念引入硅酸盐胶黏剂的改性中制备了反应型硅酸盐胶黏剂，并以秸秆碎料为骨架材料制得秸秆板，其力学性能非常优异，但耐水性能较差。利用有机助剂氨基磺酸、正硅酸乙酯、纳米二氧化硅和聚乙烯醇（PVA）交联改性硅酸盐胶黏剂，胶合强度和耐水性均有一定提高。在此基础上进一步将纳米蒙脱土引入到硅酸盐胶黏剂中，纳米粒子具有强化胶合界面的效果，显著提高了硅酸盐胶黏剂的胶合强度和耐水性，并且阻燃抑烟效果也显著提高。此外，作者团队对硅酸盐胶黏剂的生产工艺以及固化机理等也进行了大量研究。氧化镁类胶黏剂是由氧化镁、水和卤系盐等形成的气硬性胶凝材料。胶黏剂黏结性好，与一些有机或无机材料如锯木屑、木粉、秸秆碎料、玻璃纤维和砂石等均有很强的黏结力。

由于无机胶黏剂与木质单板基材的极性差异，使得无机胶存在胶接强度低、胶合应力大、胶结面较脆等缺陷（Ashori et al.，2011）。作者团队在这个问题上深入研究，将改性纳米蒙脱土引入硅酸盐无机胶黏剂中制备胶合板，胶合强度超过 II 类板的标准，胶合板的热稳定性和阻燃抑烟性也得到显著提高。采用氧化镁类无机胶黏剂为黏结剂，无机秸秆板为芯层板，设计了单板/单秸秆板芯层和单板/双秸秆板芯层两种复合型胶合板，复合型胶合板的导热系数降低了 27.7%，静曲强度和弹性模量显著提高，优异的阻燃抑烟性使火灾发生的危险性显著降低。以上无机人造板均无甲醛释放，成本低，胶合工艺简单，既符合低碳制造的发展又符合绿色环保的要求。

1.3.1.5 生物胶黏剂胶接技术

生物胶黏剂是利用生物类蛋白如淀粉、大豆蛋白、单宁等制成的绿色无污染胶黏剂，是实现人造板低碳制造的重要组成部分。例如玉米淀粉胶、大豆蛋白胶、木素胶、单宁胶等均被用来制作秸秆人造板，这极大地推动了胶黏剂的环保升级和板材行业无甲醛健康发展，而且生物资源绿色环保、原料丰富、价格便宜，这降低了秸秆人造板生产的成本，实现了节能降耗，带来了巨大的经济效益、社会效益、生态效益。

淀粉是自然界中第二大可再生资源，具有资源丰富、成本低廉、无毒、无异味、无污染等优点。作为一类极具发展潜力的生物质胶黏剂，淀粉胶黏剂具有使用方便、干强度高、价格低廉、无毒环保等优点，是一种环境友好型胶黏剂。同时，淀粉胶黏剂具有良好的黏结性和成膜特性，是一类天然胶黏剂。但是淀粉胶黏剂及其人造板制品存在初黏性差、易霉变、耐水性能差、胶结强度低等问题，通常采用改性或与其他胶黏剂复合方法提高其性能。作者团队以玉米淀粉为原料，采用次氯酸钠进行氧化改性，并以聚乙烯醇为接枝剂进行接枝改性，再与酚醛预聚物进行共缩聚反应，制得淀粉/酚醛预聚物（S/PFO）共缩聚胶黏剂。S/PFO 比例为 15/120，共缩聚温度为 90℃，共缩聚时间为 2.0h 时，所制得的 S/PFO 共缩聚胶黏剂黏度适中、固化时间较短、干状胶合强度和湿状胶合强度均能满足国家标准 GB/T 9846—2015 要求。相比于 PF 胶黏剂，S/PFO 共缩聚胶黏剂固化温度和固化焓值均降低，采用此胶黏剂胶接木制品时能够显著降低生产能耗。S/PFO 共缩聚胶黏剂能将木材表面的孔隙均匀地填满，形成一层薄薄的且连续的胶膜，有利于提高其胶接强度和耐水性能。

大豆蛋白胶黏剂是由豆粉或大豆蛋白加入一定成胶剂和助剂调制而成的一种植物蛋白胶。它的特点是原料来源丰富、价格便宜、加工制造和使用简便，符合低碳制造的要求，但是存在固体含量低、黏度大、难喷涂、强度低、耐水性较差等问题。通过在蛋白胶黏剂制备过程中引入改性剂，利用交联、酯化等化学改性手段，可赋予胶黏剂较好的初黏性、耐水性和胶合强度等性能。如许玉芝等（2016）发明了一种纤维板用双组分豆粕基胶黏剂，该胶黏剂由大豆豆粕粉和复合改性溶液（尿素、酰胺类聚合物、马来酸酐、聚乙烯亚胺等）组成，该发明解决了单组分大豆胶黏度大、喷涂困难的问题，提高了大豆蛋白胶黏剂的储存期，降低了纤维板的生产成本，实现了节能降耗和绿色环保。中国林业科学研究院储富祥团队采用单宁基固化交联剂改性的双组分豆粕胶制备中密度纤维板（MDF）。结果显示，MDF 的力学性能随热压时间、热压温度、板坯含水率及密度的提高而逐渐升高，24h 吸水厚度膨胀率（TS）呈相反的趋势。在热压时间 330s、热压温度 190~200℃，板坯含水率 7%~9%，密度 750~840kg/m³ 的条件下，制备的 MDF 性能指标满足 GB/T 11718—2009《中密度纤维板》中普通型 MDF 的要求（陈家宝等，2020）。

木质素是自然界中含量仅次于纤维素的天然高分子，其结构中存在较多的醛基和羟基，在树脂合成过程中，木质素既可以提供醛基又可以提供羟基，因此可部分替代甲醛或苯酚，也可作为其他胶黏剂的改性剂，以降低甲醛或苯酚用量，减少成品中游离甲醛或游离苯酚释放量，改善胶黏剂的综合性能，降低生产成本，既实现了节能降耗又满足绿色环保。有学者采用糠醛渣木质素制备木质素基酚醛树脂胶黏剂，结果表明木质素替代率为

40%时，制备的胶黏剂压制胶合板胶合强度为 1.057MPa，达到 GB/T 9846—2004 中Ⅰ类板强度要求，甲醛释放量符合 E_0 级限量要求。Ghaffar 等（2014）对秸秆中木质素的化学结构和组成进行了研究，结果表明，秸秆中木质素可以作为一种黏合剂，在生物基绿色复合材料和生物质燃料领域有很高的应用价值。

单宁基木材胶黏剂所用的单宁主要以凝缩类单宁为主，主要来源于黑荆树皮、坚木、云杉及落叶松树皮等的抽出物，分子结构中含有酚羟基及苯环上未反应的活性位点，其胶黏剂的反应原理类似于 PF 胶黏剂。单宁基木材胶黏剂固化速度快、价廉、施胶性能好，选用合适的固化剂可制得冷固化或无游离甲醛释放的木材胶黏剂。然而由于单宁中含有不参与反应的糖类和树胶等非单宁成分，导致单宁基木材胶黏剂存在黏度大、与甲醛反应活性高、适用期短等不足，通过改性或者与其他胶黏剂复合，既可克服其不足之处，也可化害为利，提高复合胶黏剂的综合性能。Yi 等（2015）采用落叶松单宁解聚产物制备解聚单宁-PF 共混胶黏剂，解聚单宁对 PF 替代率的增加会使共混胶黏剂的胶合强度逐渐降低，但替代率为 30% 的解聚单宁-PF 共混胶黏剂制备的胶合板胶合强度依然能够达到Ⅰ类板强度要求。木素胶黏剂和单宁胶黏剂的出现主要是因为木素和单宁是一种具有酚类特性的化合物，这些多酚类化合物可以代替苯酚制作 PF 人造板的胶黏剂，但是由于植物中木素和单宁含量较低，而且较难提取，用其制得的秸秆板强度还达不到标准要求，因此目前还鲜有关于木素胶黏剂和单宁胶黏剂用作秸秆人造板制备的文章。然而，生物胶黏剂虽然价格便宜、环保无污染，被用来替代传统有机胶黏剂生产人造板，但是生物胶黏剂的胶结强度和耐水性却不如传统有机胶黏剂，因此生物胶黏剂还有很大的研究价值。

1.3.2 节能备料技术与装备

备料是将农林剩余物通过机械加工成一定规格的人造板生产单元并使之满足人造板生产工艺要求的过程，主要包括机械切削、筛选等重要工序，是人造板生产能耗相对较高的生产工段。备料工段能耗高低直接影响着整个人造板生产能耗。因此，开展人造板节能备料技术及装备技术创新是人造板低碳制造的一个重要内容。不同人造板其生产单元不同，加工技术及装备也不同。多年来，科研工作者根据不同人造板生产单元特点，开展了大量的人造板备料技术和装备创新，取得了一系列的研究成果，为农林剩余物人造板低碳制造做出了重要贡献。

1.3.2.1 纤维制备技术与装备

纤维是纤维板生产单元。纤维制备是指将原料机械加工成一定规格的植物纤维并使之达到纤维板生产要求的过程，它是纤维板关键生产工段之一。纤维制备技术和装备直接影响纤维加工效率、加工能耗以及纤维质量。从本质上讲，纤维板制造过程是将植物纤维原料先分离而后又重新结合的过程，纤维分离（又称制浆、解纤）是纤维板制造的关键环节。纤维分离质量在很大程度上决定了纤维板产品性能和原料利用率。

纤维分离的方法分为纯机械法、化学机械法、加热机械法和爆破法四大类别（王恺，2002）。纯机械法是将纤维原料用水浸泡或不经浸泡，依靠机械力的作用使之分离成纤维。

纯机械法纤维分离技术，曾在造纸制浆中应用过，但在国内纤维板生产中尚没有应用。化学机械法是采用药剂浸渍法、药剂液相蒸煮法、汽相蒸煮法等处理方法，以少量化学药剂对原料进行处理，使纤维胞间层和表层的木质素和半纤维素受到一定程度的软化溶解和破坏，从而削弱纤维间的固有连接，然后再通过机械力作用使其纤维分离。化学机械法纤维得率低，环境污染严重，对设备有腐蚀性，所以目前基本上已被加热机械法所代替。加热机械法又称热磨法，该法是目前国内外纤维板生产中普遍采用的方法。它是将植物原料用热水或饱和蒸汽在特定温度和压力下进行处理，使纤维胞间层木质素软化或部分溶解，并在常压或高压条件下经机械外力作用而分离成纤维。爆破法是用高温高压蒸汽，将植物纤维原料在高压容器中进行短时间热处理，之后突然启阀快速排放于大气中，依靠蒸汽的快速释放膨胀，将纤维原料爆破成絮状纤维或纤维束（张洋，2013）。

热磨法基于木质素加热软化和冷却变硬的性质，在密闭的系统中利用饱和蒸汽作热源对原料进行软化处理并进行机械分离。该方法主要包括原料水热处理或化学处理、热磨等工序，是纤维板生产能耗最高的工段。热磨法是在较低的蒸汽压力下（0.6MPa左右，温度低于160℃）进行。这种热磨机的特点是功率大，磨盘转速高，磨盘直径大。磨盘的齿形按径向分成3个区域：破料区、粗磨区和精磨区3个区域。磨盘上磨片齿条结构不同，热磨性能和特点也不同。径向放射式的齿条是对称布置的，因此不管磨片正转还是反转都能研磨。这样，定期改变转动磨盘的旋转方向，就可以实现磨片的自行刃磨，大大提高了磨片的使用寿命。切向放射式的磨片，正转时有甩出效应，纤维在磨片间通过能力强，生产率高，但研磨时间较短，反转时具有拉入效应，纤维在磨片间停留时间长，研磨充分，但生产率低。人字磨片是一种组合式的齿条排列形式，常用在大型热磨机中。根据齿面或沟槽宽度的变化，磨片可分为齿宽不变型和槽宽不变型两种，这两种目前都普遍得到应用（图1-11）。这样木片的离解和粗纤维的精磨都在热磨机中完成。其目的是彻底消除粗纤维精磨过程中的纤维表面玻璃化障碍，既提高浆料质量，又降低电耗。

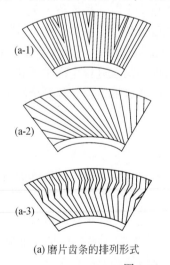
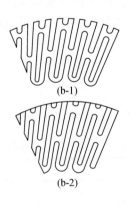

(a) 磨片齿条的排列形式   (b) 磨片齿条的宽度形式

图1-11 磨片齿条结构

（a-1）径向放射式，（a-2）切向放射式，（a-3）人字式；（b-1）齿宽不变型，（b-2）槽宽不变型

热磨机是生产纤维板的主要设备，也是生产过程中能量消耗最高的设备。它既消耗热能又消耗电能，消耗的能量约为生产线总能量的40%，其节能减排的思路就可以体现在很多方面。从设备方面考虑，要合理选择热磨机的电机功率，根据中密度板的产量、生产工艺、树种确定热磨机配多大功率的电机。合理配置前端设备，为防止泥沙、铁屑随木片进入热磨机导致磨片的损坏及加大能量的损耗。因此，在热磨机的前端务必安装水洗木片和除铁屑装置。在干燥机后端配置一套分选装置，配置纤维分选装置的目的是剔除纤维中的纤维梗等杂物，这样既可提高纤维板的外观质量，又可以避免为了减少粗纤维梗而调小动定盘的间隙所引起的功率增加，从而节约能源。从工艺控制过程考虑，要合理确定热磨出的纤维粗细度，一般来说，纤维板只是半成品，在最终使用前都得经过表面加工，因此在满足纤维板表面质量的前提下，不过分要求热磨出的纤维越细越好，这样可适当放大热磨机动盘与定盘之间的间隙，减少两者之间的摩擦力，从而大大降低热磨机的功率消耗。制定合理的热磨工艺，根据树种的不同，合理调节蒸煮的蒸汽压力及木片的蒸煮时间。如果木片煮的不够熟，木片不易被揉搓，木片在研磨过程中就会消耗过多的电能。如果木片煮的过烂，又过多的消耗蒸汽热能，且磨出的纤维颜色深，影响纤维板质量。因此，制定合理的蒸煮压力和时间参数，也能降低热磨机的能量消耗。控制木片的松杂比例及木片大小的均匀，木片的树种不同、木片的大小不一则使木片在蒸煮过程中有的已煮烂而有的未煮熟。为了保证纤维质量，要么延长蒸煮时间，要么缩小动定盘之间间隙，这都会增加能量的过多消耗。

1.3.2.2　刨花制备技术与装备

刨花是刨花板生产单元。刨花制备是指将农林剩余物原料机械加工成一定规格的刨花并使之达到刨花板生产要求的过程，是刨花板生产的关键工段之一。刨花的制备流程主要分为原木削片刨片、刨花干燥、分选和再破碎。刨花制备技术和装备直接影响刨花加工效率、加工能耗以及刨花质量（王恺，1998）。在刨花制备过程中，削片刨片和刨花干燥是主要的耗能工段，所以削片刨片节能技术和刨花干燥节能技术就显得尤为重要。

1）削片刨片技术与装备

刨花制备工艺过程主要有两种形式：一种是直接刨片法，即用刨片机直接将原料加工成薄片状刨花，这种刨花可直接作多层结构刨花板芯层原料或作单层结构刨花板原料，也可通过再碎机（如打磨机或研磨机）粉碎成细刨花作表层原料使用。这种工艺的特点，刨花质量好，表面平整，尺寸均匀一致，适用于原木、原木芯、小径级木等大体积规整木材，但由于对原料有一定的要求，生产中有时不得不采用先削后刨的工艺配合使用。另一种工艺是削片-刨片法，即用削片机将原料加工成削片，然后再用双鼓轮刨片机加工成窄长刨花。其中粗的可作芯层料，细的可作表层料。必要时可通过打磨机加工增加表层料。该工艺的特点，生产效率高，劳动强度低，对原料的适应性强，可用原木、小径级材、枝丫材以及板皮、板条和碎单板等不规整原料，但是刨花质量稍差，刨花厚度不均匀，刨花形态不易控制（唐忠荣，2019）。

刨花制备设备可以按设备的切削原理即破坏载荷的形式或加工原料的大小分类。设备的切削原理分类实际是按刀具的切削原理分为纵向切削、横向切削和端向切削（图1-12）。纵向切削是指刀刃与木材纹理方向垂直，且切削运动方向与木材纹理平行。纵向切削的刨花易卷曲，而且长度和厚度难以控制。这种切削方式很少用于制造刨花。横向切削指刀刃与木材纹理平行，且与木材纹理作垂直运动。切削特点，刨花的长度和厚度易控制，刨花质量良好；端向切削指刀刃与木材纹理成垂直，刀刃运动方向与木材纹理垂直。切削特点，刨花的长度易获得，切削功率大，切削质量低于横向切削。按加工原料的大小分为初（粗）碎型机床、再碎型机床和研磨型机床。（粗）碎型机床指把原料加工成一个方向或两个方向尺寸的机床。如木片、薄形刨花，其设备为削片机、刨片机；再碎型机床把初碎机的产品作为原料，最终加工成三个方向尺寸刨花的机床。如刨花，其设备双鼓轮刨片机、锤式再碎机等；研磨型机床将原料进行挤压、剪切和摩擦共同作用使原料分裂成细小的刨花。如纤维刨花，其设备有研磨机等（梅长彤，2013）。

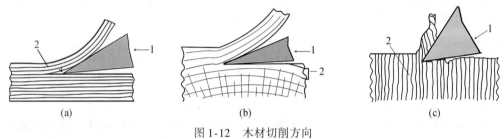

图 1-12　木材切削方向
（a）纵向切削；（b）横向切削；（c）端向切削
1. 刀具；2. 木材

备料工段总装机容量占整条生产线的30%左右，主要的耗电设备是削片机和刨片机。削片机在保证进料量均匀的情况下，有很大的超产空间，可采用自动上料设备，保证均匀进料，两班制完全可以满足生产需求。在我国的峰谷用电制度下，两班制可尽量选择在波谷用电，可节约20%左右的用电费用。在木材削片过程中，需要注意控制原料的含水率，通常控制在40%~60%，在这种状况下，切削条件最好，刨花的形态也更适应刨花板的生产，同时还不会产生过多的碎料；并给刨花干燥创造了节能的有利条件，比起干燥新伐木材，能耗更低。如果仅从节省电耗的角度考虑，选择进口刨片机也不失为一种节能措施。在产量相当的情况下，进口刨片机的装机容量仅为国产刨片机的70%左右，从长期运行来看，可节约10%~15%电耗；并且进口刨片机生产的刨花质量优于国产刨片机，更有利于后期施胶、铺装等工序的生产。在不影响产品质量且条件允许的情况下，适量地添加一些锯屑、工厂刨花等碎料，相当于减少了削片机和刨片机的开机时间，从节能的角度考虑，减少了木材破碎过程的电能消耗；同时，刨花中掺入适量的锯屑还可起到填充的作用，不但能增加板面的平整度，而且具有增加板材强度的效果（李金永，2015）。

2）刨花节能干燥技术与装备

刨花干燥是刨花板生产过程中的必经环节，也是消耗热能的最主要工序，通常占到热能消耗的60%以上。降低刨花干燥的热能消耗是刨花板节能的最主要环节。而干燥技术作为刨花生产工艺，如何提高刨花干燥技术、降低生产成本是刨花板行业刨花干燥面临的关键性问题。新伐木材含水率较高，通常在80%以上，有的甚至超过100%，湿刨花干燥需要干燥至含水率 1.5%~3%，消耗热能很大。对于新伐木材通常需要放置一段时间，靠太阳的照射蒸发掉一部分水分，降低木材初始含水率之后再进行干燥，这样刨花干燥的能耗会大大减少，并且刨花含水率相对均一，便于控制终含水率。但是这需要更大的料场来储存原料，生产企业可根据自己的实际情况确定料场的实际存料时间，通常 1~2 个月。一般影响刨花干燥的主要决定因素是气流温度、速度、刨花本身的初含水率、装载量、转筒等，就目前刨花干燥工艺来讲，通常气流温度的升高带来刨花干燥速率增大的代价是单位能耗的增加。同样，刨花初含水率的升高、装载量的增大等也会造成单位能耗的增加，因此从这两方面进行生产工艺的变革相对困难。目前刨花干燥节能工艺主要是从气流的速度即风机转速、转筒两方面进行改进，因为气流速度升高促进刨花干燥速率增大，从而在最短的时间内将单位能耗逐渐降低的同时达到要求的终含水率；另外转筒的运动也影响刨花的干燥，转筒自转可以提高刨花干燥速率，降低必须成本。

1.3.2.3 单板制备技术与装备

单板是木段经旋切、剪切、干燥等工序制备的胶合板生产单元，单板的质量及生产效率直接影响胶合板质量和生产效率。为了提高单板加工质量和加工效率，木段旋切前通常需要进行蒸煮处理，其目的是软化木材，减小木材旋切力，提高单板质量和生产效率。在单板的生产过程中，蒸煮、旋切和单板干燥是主要的耗能工段，合理采用木段蒸煮、旋切和单板干燥的相关节能技术就能提高单板制备效率和降低加工能耗。

1）原木蒸煮技术

蒸煮处理是把原木段浸泡在常温或带有一定温度的热水中，使木段增加其含水率。这种方法可以改善木材性能，软化木材，增加木材的塑性，减少旋切时的切削阻力，降低旋切功耗，提高旋切单板的质量和木材利用率。木材经蒸煮处理软化，在旋切过程中，只要一个很小的力就可以使单板由卷曲被拉成平直并进而产生反向弯曲。木材经蒸煮处理后，节子的硬度显著下降，旋切时不易崩刀，保护了旋刀，减少了机床振动和动力消耗。

木段蒸煮处理主要有水煮法、水与空气热处理法和蒸汽处理法 3 种。水煮法就是将木段置于煮木池中，放进水后用蒸汽加热，使其煮到要求的时间和温度。木段水煮应按树种、材长、径级等因素采用不同的温度及保温时间。此法所用设备简单，操作方便，既提高温度又增加含水率，处理后的木段含水率均匀程度大为改善，旋出单板质量好，能耗也较小。水与空气热处理法适用于木段温度要求较低、生产要求连续性较强的车间，在小径木生产胶合板时可考虑采用此法。蒸汽处理法是将木段填积在密闭的蒸煮池中，喷入饱和蒸汽（蒸汽压力 0.147~0.196MPa）将木段温度提高，喷气时间 40~60min，间隔 3~4h 为一个处理周期，然后再进行第二个周期，直到木段内部温度达到旋切要求的温度（周晓燕，2012）。

为了更好地提高旋切单板的效率以及降低能耗，蒸煮处理时一般应遵循以下原则：硬材要求较高的加热温度，软材要求较低的加热温度；在夏季一些软材含水率较高时，可以不进行软化处理。厚单板比薄单板要求较高的加热温度。木材含水率高时加热温度可低些。旋切单板要求加热温度高些，刨切单板要求加热温度可适当低一些。陆储材比水储材要求的温度高。此外，旋切单板只旋到木芯为止，所以热处理工艺只考虑木段表面到木芯之间的木材温度。煮木池所用的蒸汽压力一般不超过 0.15 ~ 0.2MPa，应该尽量利用干燥机或热压机等高压蒸汽的乏汽，不必直接从锅炉房引入，以减少生产用汽总量。

2）单板旋切技术

单板的质量很大程度上可以决定人造板的质量，因此单板制造是胶合板生产的核心工段之一。单板的制造方法主要有刨切、旋切和锯切三种。刨切采用刨切机刨削获得具有美观径向纹理或特殊纹理的单板，此类单板多用于人造板的装饰贴面。旋切采用旋切机连续切削获得具有弦向纹理的单板。旋切法制造单板是现代胶合板生产中应用最广泛的一种方法。此法生产效率高，木材利用率也高。王金林等（1995）试验检测了七个品系杨树木材的密度、含水率、硬度及横纹抗弯性能，采用适合软阔叶树材的单板旋切条件和不同的旋切参数进行旋切试验。在试验的基础上研究了杨木物理力学性质与旋切及单板质量之间的关系。结果表明采用软阔叶树材的旋切条件，除河北杨生材以外均能获得较好的旋切效果，木材的密度、硬度、横纹杭弯性能与单板旋切条件、单板质量有着密切的关系。如果采用具有特殊卡盘装置的旋切机，还可获得介于旋切和刨切单板之间的单板，称为半圆旋切单板。锯切采用单板锯机锯切获得与刨切单板有同样纹理的单板，由于此法锯屑损耗多，原料浪费较大，生产效率低，目前生产中已很少采用。

旋切处理前需要先对木段进行定心处理，其目的就是准确定出木段在旋切机上回转中心的位置，使木段回转中心线与最大内接圆柱体中心线相重合。该位置定得越正确，旋切单板的整幅出材率越高，对木材的边材利用越充分，旋出的碎单板和窄长单板越少，单板的加工量也随之减少。人工定中心误差较大；机械定中心比人工定中心可提高出材率2%~4%；计算机扫描定中心可提高出材率5%~10%，整幅单板比例可增加7%~15%。

旋切机的种类很多，主要根据旋切机卡轴数量和卡轴夹木动力来源进行分类。按卡轴数量可划分为单卡轴旋切机、双卡轴旋切机和无卡轴旋切机。单卡轴旋切机，左右夹持原木的卡轴数量各一个，此种旋切机的卡轴箱结构比较简单，但是旋切的原木直径较小 [图1-13（a）]。双卡轴旋切机，左右夹持原木的卡轴各为两根同心卡轴，分别称为外卡轴和内卡轴，内卡轴套在外卡轴里面。内外卡轴可分别伸缩。此种旋切机的卡轴箱结构比较复杂，但可旋切较大直径的原木。旋切时，当原木直径减小到一定数值时，外卡轴自动缩回，内卡轴驱动原木继续进行旋切直到旋至最小木芯 [图1-13（b）]。由于原木一次夹紧便可完成整个旋切过程，因此生产效率和出材率较高。目前生产中广泛采用双卡轴旋切

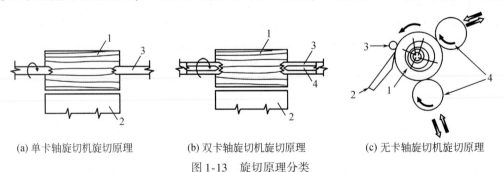

(a) 单卡轴旋切机旋切原理   (b) 双卡轴旋切机旋切原理   (c) 无卡轴旋切机旋切原理

图 1-13   旋切原理分类

（a）中1. 木段；2. 刀具；3. 卡轴；（b）中1. 木段；2. 刀具；3. 外卡轴；4 内卡轴；

（c）中1. 木段；2. 刀具；3. 固定辊；4. 摆动辊

机。无卡轴旋切机，没有用来夹持原木的卡轴，靠驱动辊驱动原木进行旋切［图1-13（c）］。由于没有卡轴，可减小剩余木芯直径，但旋切的单板厚度精度低，生产效率相对较低。按卡轴夹木动力来源可分为机械式旋切机和液压式旋切机。机械式旋切机，卡轴夹木的动力来源为丝杠传动。这种旋切机的卡轴固定卡盘的另一端有螺纹，电动机经皮带传动带动丝母（螺母）旋转，使卡轴轴向移动夹紧原木。此旋切机结构比较简单，制造成本较低，但卡木辅助时间长，生产效率低。液压式旋切机，卡轴夹木的动力来源于液压油缸。卡轴在液压油缸的作用下作轴向移动夹紧原木。此旋切机结构比较复杂，制造成本较高，但卡轴夹木迅速，夹紧力大，旋切工作可靠，生产效率高。

3）单板干燥技术

旋切后的单板含水率很高，如果不进行干燥就直接胶合，不仅会延长热压时间、降低生产效率，而且容易产生鼓泡现象，影响板材的质量。单板干燥是高能耗工段，单板干燥技术对于胶合板生产节能降耗具有非常重要影响。常见单板干燥机有网带式干燥机、辊筒式干燥机和多层热压式干燥机。前两种干燥机以喷气式加热为主，后者采用接触加压传热。

网带式单板干燥机是用上下层金属网带夹持并传送单板，以热空气或燃气作为干燥介质，通过干燥介质的横向循环来蒸发单板中的水分，从而实现单板干燥的设备。网带式单板干燥机较适合于胶合板生产中的先干后剪工艺。网带式干燥机实现了"旋—干—剪"工序的连续化生产，可以减少单板的剪切损失和干缩率，提高单板生产效率和木材的总出材率。辊筒式单板干燥机用上下成对的辊筒夹持传送单板，靠热空气对流及辊筒接触传热对单板进行干燥，属混合式传热的单板干燥机。滚筒式单板干燥机较适合于胶合板生产中的先剪后干工艺。辊筒对单板能起到烫平作用，干燥的单板平整，含水率比较均匀。当单板位于两组辊筒之间时，横向可以自由收缩，减少了裂纹的产生，干燥质量好。多层热压式干燥就是把单板夹在两块热压板，通过接触传热的方式使单板快速干燥。相对于网带式和辊筒式单板干燥机，热压式单板干燥机干燥的单板平整度高、横纹干缩率小，终含水率均匀，胶合性能好。其缺点是热压板与单板接触后，单板内部水分剧烈汽化且来不及排除，大量水蒸气积聚在单板的两个表面附近，热板张开后产生猛烈冲击，造成单板爆裂。针对热压干燥时单板水分需及时排出的要求，最常用的方法是采用"呼吸"式干燥。所谓"呼吸"式干燥就是通过热板的一张一合来排出水汽，实现单板干燥。因此，多层热压式干燥机也称为呼吸式干燥机。多层热压单板干燥机的运行依靠的是接触加压传热的功能，能够大大提高热效率，这种单板干燥机相较于网带式和辊筒式单板干燥机拥有更加优越的节能效果，对于电能和蒸汽的利用效率都相对比较高。

1.3.3 高效成形技术与装备

人造板成形是指人造板板坯在压机中，通过压力或温度和压力共同作用压制成具有一定密度、厚度和强度的板材或型材的过程。人造板成形是人造板生产的关键工序，直接影响产品的质量、生产效率和生产能耗等。根据成形过程是否加热分为人造板冷压成形和热压成形。冷压成形主要应用于冷固化胶黏剂生产人造板，相对于热压成形，冷压成形效率较低。热压成形过程人造板单元、胶黏剂和含水率在热力及压力共同作用下产生物理化学变化的过程，生产效率较高。热压成形是人造板生产主要成形方式，创新热压成形技术及装备，提升人造板生产效率，降低生产能耗是人造板低碳制造的发展方向。

1.3.3.1 高效成形技术

人造板成形过程热传导效率是影响人造板的热压周期的重要因素，而热压周期的长短直接影响人造板生产效率及能耗。近年来，很多研究人员在热压成形工艺上进行探索，提出一些切实有效的节能技术，如在板坯预热、板坯表面增湿以及喷蒸热压等技术。

1) 板坯预热技术

板坯预热是影响热压工艺质量的前期处理工序，即在板坯进入压机前先将其加热到一定的温度，可以改善人造板热压过程中的热量传递，所以合理的预热工艺可以提高板坯热压时传热的均匀性，减少升温时间，从而提高生产效率，节约能源，降低生产成本。板坯预热必须与后续的热压工艺相匹配才能发挥最大的作用，取得最佳的效果。在板坯热压过程中，常常由于受热不均匀、升温不稳定等原因而导致发生各种热压缺陷，如板坯表面固化、分层等。

板坯预热一般以蒸汽为介质通过平板传热来实现，微波预热和高频预热虽然都具有加热均匀快速的优良特性，但由于其耗电量大、生产成本高，所以目前还停留在实验研究阶段，难以应用于规模化生产中。谢力生等（2004）研究了板坯预热对干法纤维板热压传热的影响。研究指出影响干法纤维板热压传热的关键因子不是板坯预热时间的长短，而是板坯预热后的温度。当板坯含水率较低（低于8%）时，预热能够缩短纤维板芯层温度到达水分蒸发温度的时间，对缩短达到更高温度的时间也有一定的作用，其效果随板坯含水率的降低而提高。而微波预热时通过在板坯表面覆盖保鲜膜，可以使板坯内的水分重新分布，即表层水分提高，芯层水分降低，这一结果有利于板坯在热压时热量从表层向芯层传递。Celeste（2004）采用高频电磁波加热中密度纤维板，并建立了三维模型来预测热压时板坯内部的水分和温度分布情况。Euring 等首次将热风/热蒸气工艺用作预压和预热的组合系统，以中试规模生产中密度纤维板（MDF）。预热系统设计用于在通过热压机加压之前对纤维垫进行预热。使用这样的技术，可以大大减少压制时间，并对板的性能产生积极的影响（Euring et al.，2016）。

经过研究发现，不管是多层热压机还是连续平压热压机，板坯的成形工艺是一样的，只是执行方式不同，并且影响板坯质量的几个因素也一样，主要有压力、温度、时间、含水率、胶黏剂等。由于低含水率板坯的导热系数低，为了保证板坯芯层的胶黏剂能够达到良好的固化温度，工艺曲线中的低压区要延长，即生产时不得不采用较长的热压时间，时间越长能源的消耗越多，生产能力降低越多，生产成本就越高。为了降低能耗、减少热压时间，国内外进行了大量的板坯预热方式研究，主要有喷蒸预热和微波预热两种方式。图1-14（a）是喷蒸式板坯预热系统示意图，铺装好的板坯经过均平、预压、裁边后再经过蒸气喷蒸系统，板坯上表面的纤维经过湿热蒸气的湿润后，表层含水率和温度有所增加，之后进入热压机时，高温高压时产生蒸气冲击效应，表层水分变成蒸气向芯层穿透，这样表层温度与芯层温度上升的时间缩短；而且表层含水率提高，有利于成品板静曲强度的提高。这种方式主要是加湿效果好，板面质量好，但预热效果不明显；热压周期有一定的缩短，提高了生产效率。这种设备投资较小，占地不大，不影响生产线长度。图 1-14（b）是微波式板坯预热示意图，该系统布置在铺装预压之后，板坯通过运输机进入微波加热系统时，经微波加热达到需要的温度。这种预热方式的板坯温度高，热压周期缩短，提高了生产效率，热利用率高，能耗低。

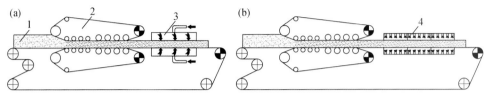

图 1-14　板坯喷蒸预热（a）和微波预热（b）系统示意图
1. 板坯；2. 预压机；3. 蒸气喷蒸系统；4. 微波加热系统

2）表面增湿技术

表面增湿技术即对人造板坯两表面进行喷水以提高芯层区域温度上升速率和上升高度来缩短保压时间和降压时间的方法。在热压过程中，板坯从热压板获得热量加速树脂胶固化，同时在胶黏剂与木材（刨花、纤维）之间产生一系列化学反应而成板。就目前常用的脲醛树脂胶而言，欲使上述各项反应得以充分进行，除了提供热量，板坯内创造一个良好的温度环境外，还必须创造恰当的湿度和酸碱度环境。板坯内的酸碱度已在施胶时通过施加酸性催化剂而控制在 pH=4.0 左右。据资料介绍，热压过程中，板坯芯部区域平均含水率下降到 18% 以下之后，板坯内的各项物理变化、化学反应就能够快速进行。可见，影响刨花板胶合质量的关键在于，热压时板坯内的温度、湿度是否适宜。又从整个热压周期看；保压时间是板坯获得热量升高温度（实质为芯部区域达到预定温度），为树脂胶固化创造温度环境的主要时间，在其间水分排除不多。降压时间是板坯获得热量大量排除水分（主要排除聚集在芯部区域的水分），为树脂胶固化创造温度环境的主要时间。保压时间取决于板坯芯部区域温度上升的速率，降压时间长短依赖于板坯芯部区域水分排除的速率，而水分排除的速率又与芯部区域温度的上升速率和温度的高低密切相关。因而，板坯芯部区域温度上升速率和上升高度是缩短热压周期的关键所在。

对板坯两表面增湿可以提高芯层区域温度上升速率和上升高度，缩短保压时间和降压时间。当板坯表面与高温热压板接触后；表面区域温度上升，其中水分汽化，在表面区域和芯部区域之间形成温度梯度和压力梯度，并且这两种梯度不断增大。由于这两种梯度的共同作用，水汽和未汽化的热水携带着热量向芯部区域扩散、迁移，这是对流传热。同时，热压板也通过接触传热方式将热量传至表面区域，而后再至芯部区域。依靠这两种传热方式使芯部区域获得热量，温度上升。由于刨花板是由木材、空气、水分组成的"固-液-气"三相体系，整体讲是热的不良导体，传热性能不好。唯有其中水分导热性能良好，并且汽化后能够加强对流传热（水汽在板坯内扩散比水分在板坯内移动容易得多）。板坯两表面增湿，大大强化了这一对流传热效果，增湿后表面区域由于含水量较高，与高温热压板接触后，水分急剧汽化，"冲"向芯部区域，使芯部区域温度上升速度大大提高，上升的高度也增加许多同时相应大大增加了板坯与周围环境大气的温差，聚集在芯部区域的水分很快散逸到四周大气中，以致板坯内各项物理变化、化学反应能够在较短的时间内基本完成，从而使保压时间和降压时间得以缩短，即缩短了热压周期。

采用板坯表面增湿热压工艺，可以缩短刨花板的热压周期，提高生产率。热压周期就能够缩短 2~3min。板坯表面增湿可以提高板的表面质量，在一定程度上改善了刨花板的物理、力学性能，特别是减小刨花板的厚度偏差，而不会改变刨花板的平衡含水率。因此，表面增湿技术既提高了生产率，也减少了原料的浪费和能耗的损失，后期的砂光量降低，符合低碳环保的制造理念。

3）喷蒸热压技术

喷蒸热压技术是通过热压时压板上的蒸汽喷射孔向板坯内喷射具有一定温度和压力的水蒸气，水蒸气从板坯表面冲向芯层，对纤维和刨花加热，使板坯整体温度迅速提高，促使胶黏剂快速固化，以提高热压机生产效率的方法。与普通热压相比，喷蒸热压具有热压周期短、板材物理力学性能好等优点。人造板喷蒸热压技术最早可追溯到 20 世纪 50 年代的气击法（steam shock）人造板热压工艺，应用该技术可以通过提高人造板板坯表层含水率的方法来缩短热压时间。随后，欧美等一些发达国家的科研人员在此基础上又对人造板喷蒸热压工艺技术进行了系统研究，并先后申请了多项有关喷蒸热压的发明专利。随着喷蒸热压工艺技术的不断成熟，喷蒸热压工艺在人造板研究领域的应用被不断拓宽，科研人员对各种人造板喷蒸热压工艺进行了比较全面和深入的研究，取得了一些可喜的研究成果，这些成果对人造板工业的发展起到了积极的推动作用。

与普通人造板热压机相比，应用喷蒸热压技术的人造板热压机的喷蒸结构比较特殊，即在热压板上钻有按一定规律排列直径为 1~2mm 左右的蒸汽喷射孔（图 1-15）。为了防止细小物料（纤维或刨花）堵塞蒸汽喷射孔，压板上垫有防腐蚀、防氧化的金属网垫；为

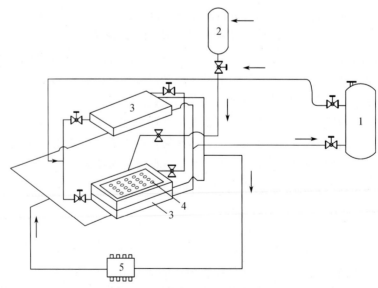

图 1-15　喷蒸热压机工作原理
1. 导热油炉；2. 蒸汽发生器；3. 热压板；4. 蒸汽孔；5. 冷却系统

了防止蒸汽泄漏，在金属网垫的边部装有密封用的橡皮条。当压机闭合、板坯压缩到一定密度后，压板上的蒸汽喷射孔向板坯内喷射具有一定温度和压力的饱和蒸汽，饱和蒸汽自板坯表面冲向芯层，使板坯整体温度迅速提高，促使板坯快速成形，以提高热压机的生产效率。人造板喷蒸热压，可以单面喷射饱和蒸汽，也可以双面同时喷射饱和蒸汽，双面同时喷射饱和蒸汽的效果更好。喷射完饱和蒸汽后，应该立即对板坯进行抽真空处理，这样不仅可以部分回收板坯中的蒸汽，而且可以降低板坯的含水率。同时，对使用甲醛类胶黏剂的人造板，还可明显降低板坯的游离甲醛释放量。喷蒸热压的蒸汽压力和温度可以根据人造板的种类确定，如用脲醛树脂胶制造人造板时喷蒸蒸汽压力通常为 0.4~0.6MPa，相应的温度为160℃左右，而无胶人造板喷蒸蒸汽压力通常为 0.6~1.0MPa，相应的温度为180℃左右（Xu et al.，2003）。

国内外学者对人造板喷蒸热压工艺进行了大量研究，结果发现与普通热压工艺相比，喷蒸热压工艺可以显著缩短人造板热压周期，减小人造板断面密度梯度，改善人造板的物理力学性能。因此，在人造板行业推广、应用喷蒸热压工艺技术可以提高人造板生产企业在市场的竞争力。但是，喷蒸热压过程中人造板板坯中存在气、液两相介质，传热、传质规律比较复杂，不同种类的人造板其喷蒸热压成形机理不同，如施胶人造板及无胶人造板的热压成形机理、有机人造板与无机人造板的热压成形机理均存在差异。因此，人造板喷蒸热压机理方面的研究还有待于进一步深入，从而揭示出喷蒸热压过程中板坯断面温度及水分分布规律与板材力学性能之间的关系。此外，目前人造板喷蒸热压装备的研究比较滞后，这在一定程度上影响了喷蒸热压技术在人造板行业的推广和应用，人造板生产线上真正采用喷蒸热压工艺的还为数不多，在我国基本上还没有，很多情况下还处在实验室阶段。因此，充分利用现代热传导技术和计算机控制技术研发新型喷蒸热压装备，不断推进人造板喷蒸热压法工业化进程也是当前人造板科研工作者的重要任务之一。近年来，澳大利亚和芬兰的一些人造板装备公司正在组织科研人员研发人造板喷蒸热压连续压机。通过人造板科研工作者的不断努力，人造板喷蒸热压工艺将会逐渐走向成熟。

除了上述的成形技术，还有很多其他的方法。長田剛和等使用具有热压加热和射频加热功能的高频压机，由高水分的原始颗粒制造刨花板，并分析其性能。当仅使用热压加热而不使用射频加热来制造板时，压制时间至少为8min，内部黏合强度为0.192MPa。然而，当使用射频压机制造板时，压制时间减少到仅3min，内部黏合强度增加到0.440MPa是可能的。使用高频压力机使板内部的温度急剧升高，这导致压机时间大大减少且内部黏合强度增加。此外，通过在高频压力机上安装空气喷射装置，将加压时间缩短至2.5min，将内部结合强度提高至0.552MPa。通过空气注入可以进一步减少压制时间并提高内部黏合强度。结果表明，即使将黏结剂树脂的含量降低约25%，也可以实现板的内部黏结强度（長田剛和等，2013）。为了实现两种不同材料之间的牢固黏合，已经研究了一种称为"等离子压制"的新型黏合工艺。它首先开发用于多层柔性印刷电路板，用于下一代柔性移动电子产品。等离子工艺是在两种材料之间采用等离子体以激活材料表面的热压方法。与传统的热压样品相比，等离子压制样品的黏合强度高出130%。在等离子压制样品中获得的更强的结合强度归因于在结合的热压过程中由于等离子体的存在而在材料表面形成了活性羧基官能团和悬挂键（Mun et al.，2019）。人造板高频热压技术是近年来研究开发的一种新技术，其热压效果明显优于常规热压工艺。使用高频热压技术开发了一种由稻草制成的新型隔热材料（RSTIB）。这项研究的目的是研究高频加热、板密度、粒度和环境温度对 RSTIB 性能的影响。与常规热压的比较证实，通过高频热压可以大大缩短压制时间。经受高频热压的板比经受常规热压的板具有更高的内部结合强度（IB）值。作为一种环保且可再生的材料，RSTIB 在用作墙壁或天花板的建筑隔热材料时由于节能而受到关注（Wei et al.，2015）。

1.3.3.2 成形方式与装备

热压成形根据作用于板坯上压力的方向不同可分为平压法、辊压法和挤压法。平压法加压方向垂直于板面，可分为连续式和周期式热压法，长、宽方向吸水厚度膨胀小，板的厚度方向变形大；辊压法加压用压辊加压，作用力方向为压辊的径向且垂直于板面，为曲面加压成形的板材，未解决变形问题，成品板类似于平压法生产的板材；挤压法加压压力方向平行于板面，成品板的宽度方向强度较大，厚度方向吸水膨胀变形小，长度方向吸水膨胀大、强度小。目前，应用较多的热压成形方式有连续平压法、单层平压法和多层压机平压法三种。辊压法仅适用于薄形刨花（纤维）板，而挤压法一般用于空心板刨花板的生产。

1）平压成形与装备

（1）单层平压成形与装备

单层平压成形是通过单层热压机完成。单层热压机一般由机架、上横梁、下横梁、液压缸、热压板、液压系统和加热装置组成。机架是承受整个压机载荷的重要部件，必须有足够的强度和刚度。通常机架可分为框架式和立柱式两种。框架式机架是由钢板或型钢制成。它可以是由单片的框架板用连接件和螺栓串接成一个机架，也可以由钢板或型钢焊接成箱框形式。立柱式机架由圆立柱和上、下横梁用螺母固接而成，也可以用钢板焊接成立柱。立柱是立柱式压机的主要支承件和受力件，通常为锻钢件。上、下横梁是固定热压板和承受压制产品时的单位面积压力的部件。当压机由下而上闭合时，下横梁就必须做成移动式的。如压机由上而下闭合时，上横梁就必须做成移动式的。由于热压板固定在横梁上，所以横梁不仅承受压机的载荷，而且还承受热压板的热影响。液压缸是单层热压机给制品施压的执行机构，为一种能量转换装置。来自液压系统的液体压力势能由液压缸转换成柱塞的动能并传递给活动横梁，使上、下横梁闭合达到给制品加压的目的。

单层热压机只有一个开档，结构比较简单，装卸板通过钢带或网带等输送带来完成，通常有一条运输带和三条运输带两种形式（图1-16）。其装卸板动作简单，装卸板速度及加压速度快，热压辅助时间及达到最高压力时间短，相对于多层压机热压周期短。由于热压辅助时间短，胶黏剂预固化现象不明显，热压温度相对多层压机要高。与多层平压相比，单层平压成形生产具有人造板单位厚度热压效率高、能耗低的特点。同时单层平压成形还具有人造板表面预固化层薄、砂光量小、裁边损失小等优点，可以节约木材树脂胶和其他生产刨花板的原料，降低生产成本。

但是单层压机受幅面的限制，产量不易提高。为了克服单层热压机产量低的缺点，目前常用的方法是加大压机的幅面。但压机幅面过大时，除成本高外，往往会使压机在提升

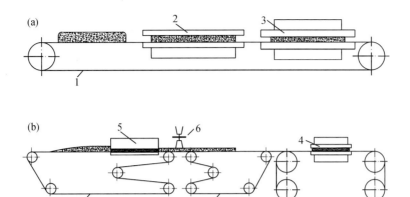

图 1-16　单层热压生产线

（a）一条运输带生产线：1. 钢带运输机；2. 周期式预压机；3. 单层热压机；（b）三条运输带生产线：
1. 钢带运输机 1；2. 钢带运输机 2；3. 热压钢带；4. 单层热压机；5. 横截锯；6. 连续式预压机

闭合时压板出现不同步，例如提升时由于负载不均匀会使压板沿长度方向倾斜，而一旦压板倾斜角度过大，压板就有可能被卡住以致整个压机无法正常工作。因此大幅面单层热压机一般都设计有专用的同步装置，只有这样才能保证压机的正常工作。鉴于此，作者团队研制一种机械齿轮齿条同步平衡系统，并成功应用于我国首条 18m 长产大幅面热压机。该系统是在人造板单层热压机设置一组双齿轮齿条同步机构，热压机闭合时利用液压系统同步阀控制油缸同步运行的同时，利用双齿轮齿条同步机构进行机械强制干预，通过液压与机械联合操控，既能保证油缸纵向精准同步运行，又能防止压机快速闭合时产生的横向震动，实现压机高效、平稳闭合。该系统的成功研发，大大提高了单层热压机生产效率和产能，降低了生产能耗。

（2）多层平压成形与装备

多层热压机是平压法热压机的一种，是由多块热压板组成对多组板坯进行加压加热的热压机械，其压机组的基本组成为装板机、热压机及卸板机。装板机包括装板架及其进板装置、升降装置、推板装置；卸板机包括出板装置、卸板架及其升降装置；热压机包括基座及机架、加压及加热系统、控制系统等，有的还配备板坯预装装置。多层热压机开档多，相对于单层热压机生产效率高。随着人造板工业发展速度很快，人造板生产线产能的不断扩大，多层热压机的层数也不断增多，幅面也在不断加大。多层热压机由于其间歇式加压，预固化层较厚，裁边损失较大，在薄板生产时损失率就显得更大，所以多层热压机在薄板生产中不占优势，但多层热压机的生产成本与连续平压热压机相比却低得多。并且多层热压机生产厂家针对多层热压机的薄弱环节积极进行改进，改善其各项性能指标，使其向连续平压热压机靠近。依据多层热压机工作特点，可以通过优化设计和机构改进等多种方式对多层热压进行节能效率的提升。如在热压机上增设同时闭合装置、装板技术改进以及液压系统的优化等。

同时闭合装置是提高多层热压机生产效率、降低生产能耗的重要装置。同时闭合装置分为杠杆式（图 1-17）、绳轮式［图 1-18（a）］和铰接杆式［图 1-18（b）］三种。杠杆式又分为弹簧补偿式［图 1-17（a）］和油缸补偿式［图 1-17（b）］。不带同时闭合装置的多层压机（上顶式压机，下同）在闭合时，热压板从下往上依次闭合，增加了人造板热压的辅助时间（热压板闭合和开启时间），热压周期增加。多层热压机配备同时闭合装置可以使各热压板间隔同时合拢与分开，热压板间的相对速度降低，压机总的闭合和开启时间缩短，进而提高人造板生产效率，降低生产能耗。

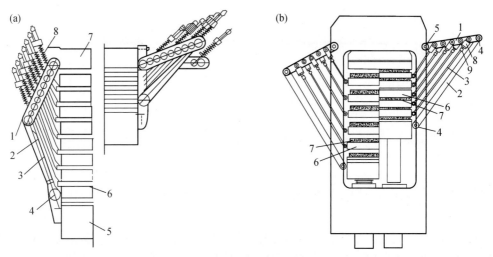

图 1-17　杠杆式同时闭合装置

（a）弹簧补偿式：1. 摆杆；2. 拉杆；3. 推杆 4. 铰链；5. 下顶板；6. 热压板 7. 上顶板；8. 弹簧补偿装置；
（b）油缸补偿式：1. 杠杆；2. 推杆；3. 拉杆；4. 铰接点；5. 枢轴；6. 热压板；7. 板坯；8. 补偿装置；9. 调节装置

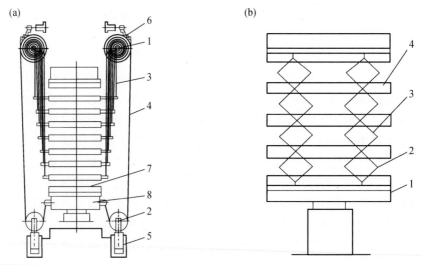

图 1-18　绳轮式（a）和铰接杆式（b）同时闭合装置

（a）绳轮式：1. 塔轮；2. 导轮；3. 提拉绳；4. 主动绳；5. 行程控制器；6. 制动装置；7. 热压板；8. 下顶板；
（b）铰接杆式：1. 下顶板；2. 铰链；3. 铰链杆；4. 热压板

为了缩短热压辅助时间，装板机可以采用双层装板技术，两层同时装板，装板运输机的双层推头保证装板到位，解决了层数增加带来的装板时间不足的问题，突破了大产能多层热压机的装板瓶颈；装板位采用编码器位移控制取代了机械限位，节省了装板时间。液压系统是热压机主要能耗来源之一，采用了大容积的中压蓄能器作为热压机快速闭合的主动力源，优化液压系统和配置，实现在 12～13s 内达到第一峰高压（170～180bar），有效地减少了板坯预固化层厚度，降低了原材料消耗，也有利于节能降耗。另外，压板下降采用充液阀和插装阀组合的方式，加快了压板下降的速度；合理的液压系统结构设计使油温温升减小，减少了引起油温升温的能耗和冷却系统的能耗（章文达，2018）。

（3）连续平压成形与装备

人造板连续平压法采用的连续平压机主流机型为钢带滚子链型，由 Metso、Siempelkamp、Dieffenbacher 等三大公司生产。连续平压机主要由机架部分、热压板及加热部分、钢带及驱动部分、链毯及驱动部分、油缸部分、调偏系统、液压系统、电气控制系统等组成，如图 1-19（a）所示。机架是连续平压热压机承受压力的主要部件，用于支承油缸、热压板、滚子链及隔热垫等各个基本部件。机架的类型有板式机架、框式机架和柱式机架 3 种。连续平压热压机的监测和自动控制系统较单层热压机和多层热压机复杂，是一套较为复杂的高科技连续热压系统，整个生产工艺可实行微机化管理，即任何一个工艺参数的设定、选择、变动和调整，任何一个运动部件的动作，乃至润滑这样的细节都可以实行微机管理。产品质量的控制，各主要部件的技术状态及故障，安全运行等也都全部是自动监测、控制和记录。主流生产线配置多采用单位面积质量测试仪，以精确地在线测定板坯的单位面积质量，进而控制板材的密度均匀性。厚度监测仪的使用可以使连续平压热压机获得厚度均匀的板材。借助厚度监测仪，无论在纵向或横向布置的油缸，压力均可自动精密调控。连续平压机用于人造板生产具有生产效率高、产品质量好以及原材料和能耗低等优点。因此，连续式平压法已成为当今世界人造板生产的主流方法，也将是今后的主要发展方向。

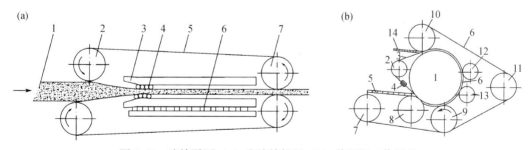

图 1-19　连续平压（a）和连续辊压（b）热压机工作原理
（a）连续平压：1. 板坯；2. 张紧辊筒；3. 热压板；4. 辊子链；5. 钢带；6. 油缸；7. 驱动辊筒；（b）连续辊压：1. 热压辊；2、11. 张紧辊；3、6 钢带；4. 加热器；5. 板坯；7、10. 导向辊；8、9、12、13. 加压辊；14. 成板

连续平压法主要特点是加压与板坯运行同时进行，省掉了其他两种压机进、出料过程所必需的辅助时间，板坯的压制过程是完全连续的。板坯在加压和加温过程中不存在单面受热的情况，允许使用较高的热压温度，热压效率高（表 1-22）。因而，连续压机比其他两种压机具有更高的生产效率。另外，连续压机生产的毛板的预固化层薄，毛板厚度误差

小，一般可控制在±0.10mm 的范围内，人造板的厚度偏差小，板面光滑平整，砂光损失小，生产能耗低。近年来，随着数字技术的不断发展，连续平压技术得到了进一步提升。作者带领团队创新农林剩余物功能人造板，研发了无间歇切换连续平压成形技术。该技术针对连续平压工艺生产人造板规格变换需停机重置而导致生产效率降低、能耗增加等问题，研发集上位机、多级人机界面、程序控制器以及 PLC IN-OUT 一体化交互控制系统，实现人造板不停机连续生产，生产效率得到了进一步提升，生产能耗也显著降低。

表 1-22　三种平压方式热压因子比较

	单层平压	多层热压	连续平压
热压温度/℃	200	180	220~230
热压时间/(s/mm)	7~8	9~10	4~5

2）辊压成形技术与装备

辊压法是用大直径加热辊筒连续压制刨花（纤维）板的加工方法。又称连续辊压法、门德法。辊压成形是依靠辊子对物料施加热量和压力而成形的一种，其特点是不产生边角余料。这种成形机构工作平稳、无冲击、振动噪声小，由于没有余料输送带，使得整机结构简单、紧凑，操作方便，成本较低。此法仅适用于薄形刨花板，其厚度为 1~4mm，由于设备的不断改进，厚度最大可达 12mm。辊压法经济性较高，力学性能和耐水性能也很好，缺点是不能生产 10mm 以上的中厚板。多层压机平压法是制备 8~32mm 厚度范围的板材最经济的选择，但该工艺由于进出板系统的影响，对板坯、初黏性和施胶量都有较高的要求，产品厚薄误差较大，砂光量较大。

辊压法所用主机结构其主要设备为一大直径热压辊，其典型设计的直径为 3m、4m，热压辊的加热系统用热水、热油或蒸气作传热介质。除了主热压辊外，还有主传动辊、张紧辊、调偏辊、喂料辊、出料辊及压辊，压辊也是加热的。钢带由特种钢制成，使用时须将钢带两头焊接为无端环形构件，热压后的板子由成形机顶上运送至锯机；或从反方向布置板子运送机构。板子从热压辊出来之后要经历多次弯曲的过程。因此，必须将生产过程中各因素加以精确地调整及控制，才能最终生产出平直的板子。

连续式辊压机是刨花（纤维）板薄板生产的一种设备，产品厚度一般为 2~10mm。板的密度一般在 0.55~0.75g/cm³，由于其采用曲面成形，因此不宜生产厚板，否则会出现成品弯曲折断。连续辊压式压机是由原德国 Bison 公司设计生产，现已在国内有多家厂家生产。连续式辊压机由钢带、加热辊、加热压力辊、导向辊、张紧辊等主要部件组成。加热辊筒表面由 6~8mm 厚的钢板制成，并用电渣焊进行加固，这种生产线的布置特点是热压成品返回原料出口段，其目的是为了避免板材的反向弯曲。连续辊压工艺生产线，生产板宽为 1300~2600mm、板厚在 1.6~12mm。该生产线由成形机、预压机、裁边机、磁选装置、高频预热装置、辊压机及输送装置等部分组成。其工艺特点为板坯成形、预压、热压、冷却等工序运行速度完全同步。

3）挤压成形技术与装备

挤压法生产人造板是一种连续式生产方式，拌胶及拌胶之前的工序和平压法生产人造板一样。与平压法相比不同的是挤压法没有铺装和预压两道工序。挤压机分为立式和卧式两种（图 1-20）。立式挤压机主要由挤压头、挤孔棒、热压板、夹持件四部分组成。立式挤压机工作时挤压头在电机带动下通过偏心轮实现往复运动，当挤压头上升到一定高度时，拌胶刨花进入两块热压板之间，挤压头向下到一定高度时刨花停止进入，挤压头对刨花进行挤压，并控制刨花的进料量，这样循环往复实现挤压过程。卧式挤压机由料斗、拨料器、挤压头和加热板四部分组成。与立式挤压机相比，卧式挤压机热压段和出料段呈水平状态。在挤压头每次返回行程时，拌胶刨花借助拨料器依靠重力落入冲程室内；挤压头向前行程时，将刨花在热压板间推向前。在反复作用下形成连续板带，并推向挤压机的出口端，由自动横截锯截成预定长度的人造板（李晓平和周定国，2008）。

　　人造板挤压法生产是由挤压机的挤压头来控制挤压机的进料量，由热压板来控制板材厚度，尽管挤压机的单机生产效率比较低，但相对平压法而言，挤压法工艺及装备相对简单，不需要专门的铺装机、预压机、板坯运输机、板坯加速运输机，其拌胶后的刨花可直接由料仓送入挤压机。挤压法生产所需的设备少，总装机容量小，能耗相对低。

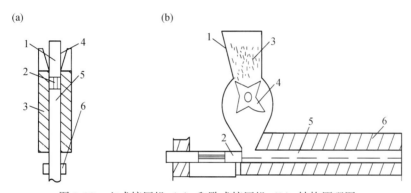

图 1-20　立式挤压机（a）和卧式挤压机（b）结构原理图

（a）立式挤压机：1. 挤压头；2. 挤孔棒；3. 热压板；4. 拌胶刨花；5. 刨花板；6. 夹持件；（b）卧式挤压机：
1. 料斗；2. 挤压头；3. 拌胶刨花；4. 拨料器；5. 刨花板；6. 热压板

1.3.4　清洁生产技术与装备

　　联合国环境规划署（UNEP）于 1989 年首次提出"清洁生产"术语，清洁生产是对生产过程与产品采取整体预防性的环境策略，以减少其对人类及环境可能产生的危害。人造板生产过程中会产生一定量的粉尘、废水、废气等污染物。就人造板清洁生产而言，主要是指对人造板生产过程产生的粉尘、废水、废气等污染物采用不同的技术与装备进行回收处理的过程。以下按照农林剩余物人造板加工过程中产生的污染物种类及处理方式的不同对清洁生产技术及其装备进行叙述。

1.3.4.1　粉尘回收技术与装备

　　农林剩余物人造板在加工的过程中，会产生对环境造成污染的粉尘；而这些粉尘主要可分为两类：一类是加工过程产生的粉尘，如碎刨花、锯屑、砂光木粉等，而另一类则是物理化学过程中产生的粉尘，包括物料的不完全燃烧、干燥或爆破等。为了回收利用粉尘，在农林剩余物人造板生产过程中使用粉尘收集装置和粉尘报警系统。其中，粉尘收集装置有负压收集、气力输送和除尘设备三部分构成。首先是在农林剩余物人造板生产末端采用负压收集的方式收集生产过程中产生的粉尘。接着利用气力输送装置在密闭管道内沿气流方向输送收集的粉尘，最后经过除尘设备的除尘处理后达到除尘的目的。而整个除尘过程则是将粉尘从气体中分离出来，并将其收集，再返回各个生产工序之中，从而实现粉尘的回收利用。

除尘技术主要分为旋风分离除尘技术、袋式除尘技术、水幕除尘技术、静电除尘技术、水幕除尘与静电除尘技术联用等。其中，旋风分离技术主要运用旋风分离器将气体中的粉尘分离出来，它通过旋转气流，将具有较大惯性离心力的固体颗粒与气流分离。旋风分离器的主要特点是结构简单、效率高、价格低廉，因此应用较为广泛。而将多级旋风分离器组合起来组成多级除尘系统，从而提高除尘效率。二级旋风分离器系统是在一级旋风分离器后接二次旋风分离器，通过旋风分离器的二次分离对干燥尾气的粉尘进行分离，它能有效分离 $5 \sim 10 \mu m$ 以上的粉尘，具有结构简单、操作方便、效率高的特点，并且能将二级旋风分离器与水幕除尘与湿法清洁器除尘相结合，组成复合除尘系统，综合提升除尘效率。

袋式除尘技术运用袋式除尘器这种粉尘分离设备进行粉尘处理。袋式除尘器是将孔径较小的织物做成过滤口袋，当混合气流通过袋式除尘器时，它能将粉尘颗粒拦截下来，从而对粉尘进行回收利用，其中袋式除尘器的滤料网孔直径为 $5 \sim 50 \mu m$。近些年来，袋式除尘技术在细颗粒物捕获、过滤材料、袋式除尘系统智能化网络化等方面有了十分巨大的进步。其中，由中钢天澄研发的预荷电袋滤技术是利用预荷电装置使粉尘荷电，从而在滤袋表面形成海绵状粉饼，可提高 $15\% \sim 20\%$ 捕集效率，降低 $20\% \sim 30\%$ 的过滤阻力。而由中材装备开发的新型内外过滤袋式除尘器则是利用内、外两条滤袋提高内部空间，大幅增加过滤面积，提升过滤效率。除此之外，使用褶皱滤袋可以增加过滤面积，降低过滤风速，有利于提高过滤效率，采用褶皱滤袋无需改动原袋式除尘器本体结构，改造工作量小，过滤面积可增加到 1.5 倍以上。

水幕除尘技术主要将含粉尘的气体通过流动的水幕，利用水滴和颗粒的惯性碰撞或者利用水和粉尘的充分混合作用，达到捕集粉尘颗粒的目的，从而使粉尘和气体分离。它主要由喷淋塔、沉淀池等部分组成（图 1-21）。喷淋塔内设有多层水幕喷淋设备，其喷淋组件及喷嘴设计成均匀覆盖喷淋塔的横截面，而一个喷淋层由母管连接支管组成，支管上设立喷嘴。当喷淋水与含尘气体逆向接触，其中的粉尘与多层水雾接触后被捕获，并随水汇集于水幕除尘器的底部，从而回收粉尘。水幕除尘技术除尘效率较高，可达 95% 以上，但是也存在水幕除尘设备在冬天可能冻结，能耗较高等问题。因此它通常与旋风分离器联合使用，经旋风分离除尘处理后的尾气由旋风分离器风帽引至喷淋塔，从而极大提高除尘效率，降低能耗（李好和陈剑平，2018）。

静电除尘技术则是通过正负电荷间的相互吸引以此达到除尘的效果。而静电除尘器内部主要由电晕极（即阴极）、收尘极（即阳极）及粉尘清理系统组成。它的工作主要分为气体电离、粉尘荷电、收集荷电粉尘及荷电粉尘的清除这几个阶段。当静电除尘器通电

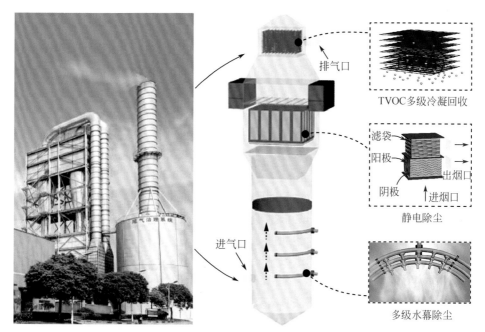

图 1-21　粉尘水幕-静电联合处理与 TVOC 多级冷凝回收系统

后，阴极及阳极间形成电场，高压电场可以使气体电离形成正负离子，当含有粉尘的气体经过高压电场时与带电粒子碰撞带电，然后根据所带电荷的性质被吸附在相应的电极上，清除极板上的粉尘达到回收的目的。这种除尘方法技术成熟，且能够处理较多粉尘，可用于高温、高压和高湿场合，但是它也存在一次投入高及占地面积大，除尘效率受比电阻影响等不足，且存在二次扬尘。因此为了解决二次扬尘的情况，可以采用湿式静电除尘的方式进行除尘。虽然其收集粉尘的方式与干式静电除尘区别不大，但在粉尘的清除方式上，干式静电除尘器采用的是机械振打，而湿式静电除尘器采用冲刷液冲洗电极，将收尘板上捕获的粉尘冲刷到灰斗中随之排出，这样可以有效避免因振打产生的二次扬尘。但是这种方法水耗量较大，易造成二次污染，并且运行成本高。而为了提高除尘效率，通常与其他除尘方式进行联用，如旋风-水幕-湿电除尘，旋风-水幕-湿电-等离子除尘等。此外，作者团队将水幕除尘技术与静电除尘技术联合起来，创新了粉尘水幕-静电联合处理、总挥发性有机化合物（TVOC）多级冷凝回收技术，有效解决了人造板生产过程粉尘和 TVOC 污染重的技术难题，烟尘排放量低至 $10mg/m^3$（优于欧洲最严排放标准 $14mg/m^3$）。

由于除尘管道内输送的粉尘多处于干燥状态，在输送过程中会与管壁摩擦产生火花，非常容易引起燃烧或爆炸。很多粉尘爆炸事故是由除尘系统中的火花引起的。若实时探测除尘管道内部的火花和高温颗粒，可消除其潜在危险性，避免火灾、爆炸及生产中断，因此，在除尘管道中，设置火化红外辐射探测器及报警系统来避免粉尘爆炸事故的发生，从而实现安全高效生产。

1.3.4.2　废气回收技术与装备

在农林剩余物人造板的生产过程中会产生较多的废气，其来源主要为农林剩余物本身具有的易挥发性有机物（VOCs）以及在生产农林剩余物人造板过程中所产生的粉尘以及使用的胶黏剂含有的游离甲醛等VOCs。由于这些废气会对环境以及人体健康造成危害，因此要对农林剩余物人造板的生产过程中产生的废气进行回收，从而减少对环境和人体健康的伤害。对于废气中的粉尘主要通过粉尘回收装置回收，而废气中的其他部分则采用吸附法、吸收法、冷凝法和膜分离法等吸收技术进行回收处理。

吸附法使用固体吸附剂进行吸附，从而使其与空气组分进行分离，达到废气回收的目的。吸附剂主要由活性炭、硅胶等比表面积大，具有多孔结构的固体物质组成（充当）。其中，活性炭因其具有很高的吸附能力，使用最为广泛。吸附的设备有固定床、移动床等，去除VOCs效率高。吸收法是选择与VOCs具有良好亲和性的水基、油基、碱液等液体作为吸收剂对其进行吸收，从而达到回收废气的目的。吸收设备有填料塔、板式塔、喷淋塔、文丘里洗涤器等。冷凝法则是根据不同物质在不同温度下具有不同饱和蒸气压，从而使废气中各组分离的方法。冷却剂可为水、空气、液氮等，冷凝器形式可分为直接接触式冷凝器、表面换热式冷凝器和机械制冷冷凝器等。膜分离法通常使用硅橡胶等无孔膜进行分离，当废气通过分离膜时，不同气体因其分子大小的不同，通过分离膜的能力不同，从而达到分离的效果。膜分离法具有安全性好，适用性广的优点。

然而这几种方法在单独使用的过程中都存在一些问题，例如吸附法的热再生费用较高，且使用活性炭吸附具有自燃风险。吸收法处理有机废气的成本较高。冷凝法受气液相平衡限制，VOCs去除率难以提升，且制冷系统能耗大、投资成本和运行费用高。膜分离法较适宜回收处理中等浓度VOCs气体，低浓度废气的深度处理的成本较高。因而采用多种分离技术相结合的方式，可以提高废气回收率，降低回收成本。其中活性炭-冷凝回收技术是一种近些年发展起来的回收技术，它将活性炭吸附技术与冷凝回收技术相结合，净化效率和综合回收效率相比于传统的回收方式而言有了极大的提升，净化效率达到了96%，而综合回收效率达到了94%。其主要的回收流程为活性炭吸附、水蒸气脱附、冷凝回收，在净化了废气的同时，降低了生产成本，提高了经济效益。

综上所述，在农林剩余物人造板加工过程中，废气经过上述方法处理后恢复到清洁的状态，达到清洁生产的目的。

1.3.4.3　废水循环净化技术与装备

在农林剩余物人造板生产过程中，水污染是一个十分严重的环境污染问题。其中在木片水洗、预蒸煮排水以及水幕除尘和湿电除尘等生产回收过程中有较多废水产生。在这些废水中含有木质材料中的可溶解物、胶黏剂、酚类、甲醛、防腐剂和悬浮物等。其中溶解物中包括单糖、半纤维素、单宁、甲醛等有害物质，悬浮物则是细小纤维和树皮等，并且废水的重铬酸盐指数（COD_{Cr}）、生化需氧量（BOD_5）、悬浮物（SS）、色度、浊度也很高。这些废水如果没有进行妥善处理，会对环境造成危害，因此需要对这些废水进行循环净化处理。常用的废水处理方法一般可以分为物理法、化学法和生物法三种。可以根据废水中污染物的性质和处理要求等进行选择和不同工艺的组合，从而获得最佳的处理效果。

其中物理法是指采用物理的方法将污染物与废水分离，包括过滤法、沉淀法、气浮法。其中过滤法是采用筛网、格栅、辊筒式滤网等过滤设备截留木材加工废水中的细小纤维、树皮、木屑等物，通常对木片水洗的废水进行处理。为了提高预蒸煮的废水处理效率，通常采用压滤设备对预蒸煮的废水进行处理。压滤设备主要包括板框式压滤机、带式压滤机、快开式隔膜压滤机。其中板框式压滤机作为固液分离设备，具有成本低、运作方便等特点。根据设备滤室结构的差异又分为凹版和平板板框式压滤机，其核心部件为滤板、进料泵、滤板压板机、卸料装置以及电气控制等设备。而带式压滤机则含有辊筒、滤带等装置，其在结构上虽然更为复杂，但却具有结构紧密、空间小、卸料效率高的优点。快开式隔膜压滤是将传统凹版板框式压滤机进行性能改进，提高了压滤设备的过滤和脱水效果，它是通过厢式滤板与隔膜滤板交替分布的安装形式，为压滤设备提供更多的进料口，并实现自动卸料和 PLC 程序自动控制，具有处理效率高、自动化控制的优点。此外，相对于传统的压滤机而言，国外已经探索出利用气压来过滤的设备，它结合压力罐式的气压结构、旋转过滤设备以及驱动设备，在压力容器内完成气压过滤。这种气压过滤方法，具有更高的气压差，可以解决管式压滤设备存在的性能限制。另外，沉淀法是利用重力使得水中的悬浮颗粒下沉，从而达到固液分离。气浮法则是将空气通入废水中，利用细小气泡黏附废水中的悬浮物和胶体，使其形成浮渣而去除，达到分离污染物的目的。

化学法则是利用化学反应使得废水中的污染物无害化，从而净化废水，包括混凝、酸碱中和、氧化还原处理法。混凝是向废水中投加如铝盐、铁盐等无机盐和有机高分子作为混凝剂，使得细小颗粒聚集成为较大颗粒，从而与水分离。酸碱中和是向废水中添加酸性或者碱性物质，调节 pH 使其达到中性，由于农林剩余物人造板加工所产生的废水一般呈酸性，因此适当加入生石灰等碱性物质调节至中性。而氧化还原法是通过加入氧化剂和还原剂，利用氧化还原反应，使废水中的有害物质转化为无害物质和气体，从水中分离出去。

生物法是采用厌氧生物处理法和好氧生物处理法相结合的方式，将糖类、半纤维素、木素等有机大分子分解为小分子，从而达到净化废水的目的。

在农林剩余物人造板实际生产的过程中，由于单一的处理方式效率低下，因此采用多种废水处理方式相结合的方式，提高废水净化效率，降低废水净化的成本。首先通过辊筒式滤网等过滤设备以及压滤机等对废水中的大颗粒废弃物进行物理分离，然后再通过厌氧处理单元、好氧处理单元、深度处理单元、污泥处理单元等对废水进行进一步处理，从而高效地净化废水。例如，邓海涛以"混凝沉淀+UABS+接触氧化法+絮凝气浮"工艺处理木业废水，出水水质满足《污水综合排放标准》（GB 8978—1996）中的一级排放标准的要求（邓海涛等，2014）。而采用预处理+UBF+两级 A/O+混凝沉淀组合工艺可有效处理因刨尾气喷淋产生的废水，经过处理的废水，其 COD_{Cr} 从 7850～9480mg/L 降解至 92mg/L、氨氮含量降至 20mg/L，总氮含量降至 27mg/L，色度达 45 倍，净水效果较好，且处理后的废水可部分直接回用于干燥尾气喷淋工序，一定程度上实现了水资源的循环回用，具有一定经济效益（陈岩飞，2020）。另外，采用"固液分离预处理+气浮+沉淀+水解酸+ABR+接触氧化+混凝沉淀"处理某人造板公司产生的中密度纤维板废水，结果表明，当进水 COD_{Cr}、BOD_5、SS、色度分别为 18280mg/L、5160mg/L、4050mg/L、9820 倍时，出水 COD_{Cr}、BOD_5、SS、色度分别为 170mg/L、55mg/L、100mg/L、90 倍，净水效果优于《污水综合排放标准》（GB 8978—1996）中三级标准，并且达到当地污水处理厂进水水质要求（$COD \leqslant 250mg/L$，$BOD_5 \leqslant 125mg/L$，$SS \leqslant 150mg/L$）。

　　而农林剩余物人造板生产所产生的废水经过处理达到排放标准后，除了排放之外，将处理后的水回用到工艺过程，也可回用到锅炉给水，实现"零排放工艺"，以实现废水的循环利用（张配芳，2017）。此外，也可以对废水进行其他处理，以实现废水的资源化和能源化。如李淑兰等（2016）对酸化与未酸化胶合板制造废水的沼气化处理可行性进行了试验研究。结果表明，未经酸化处理的胶合板加工废水使用沼气化处理的方法是十分有效的，且每处理$1m^3$未酸化废水可产生$0.856m^3$沼气。

1.4　农林剩余物人造板发展趋势与展望

　　经过近30年的高速发展，我国人造板产业在基础理论、关键技术、核心装备、功能产品等方面都取得了重要突破，初步形成了结构合理的产业体系和完整的上下游产业链，为国民经济建设和良好人居环境构建发挥了积极作用。尽管我国人造板产量位居世界第一，但产业大而不强，国际竞争力弱，集群效应不明显，未来应从多样化原料、智能装备、绿色制造、功能化产品及多元化应用等五大领域开展重点科技攻关，全面提升产品质量和国际市场竞争力，实现我国人造板产业由大到强的跨越式进步。

1.4.1　原料多样化

　　传统人造板生产原料主要为木材，但我国森林资源总量少、区域分布不均，速生人工林木材难以满足人造板产量的飞速增长，木材对外依存度已超过安全警戒线（接近60%），部分人造板企业由于原料问题不得不减产或停产运营。因此，科学合理利用其他生长周期短、储量丰富的竹材、农业秸秆、芦苇等非木材资源是解决人造板原料供需矛盾的有效途径，特别是"生态文明建设""绿色青山就是金山银山"等国家战略的逐步实施落实，原料多样化是未来我国人造板行业发展的重要趋势之一。

　　随着"以竹代木"政策不断推进，竹材资源被广泛用于人造板生产，诞生了一大批包括竹胶板、竹帘板、重组竹、竹碎料板、竹塑复合材、竹缠绕管道、竹集成材、竹工程材等竹质人造板产品。由于竹材与木材在微观结构上差异明显，竹青、竹肉、竹黄三部分在物理力学性能和胶合性能等方面也存在较大差异，且竹材含糖（淀粉）量高、易发霉变质，竹材人造板在生产规模、生产线连续化程度、产量与产品等方面都与木质人造板存在一定差距。未来将主要围绕竹单元绿色防护、高效节能备料、低碳清洁生产关键技术以及整套化连续生产线与核心装备等方面开展科技攻关。

　　另外，我国是农业大国，稻草、麦秸、玉米秆等农业秸秆任意丢弃和焚烧引发的环境问题已经引起党中央和国务院的高度重视，先后出台《关于加快推进农作物秸秆综合利用的意见》等一系列鼓励秸秆综合利用的相关政策，人造板材料化利用是推进秸秆资源高效利用的重要方式。现有的有机（异氰酸酯）秸秆人造板由于生产成本高、阻燃防水性能差，市场竞争力不强，市场占有率低，未来将集中在低成本有机胶黏剂研制、阻燃防水功能化、新产品开发等方面开展攻关突破。作者团队在秸秆无机人造板专用环保胶黏剂、核心关键技术和成套加工装备等方面取得了一系列具有自主知识产权的成果，产品高强耐水、阻燃抑烟、防腐防霉，但是由于受传统观念影响，且产品密度相对较大，消费者对该产品的接受需要一定的时间积累。因此，在完善秸秆无机人造板技术体系的同时，还需要借助国家政策支持和产品市场导向，加速扩充和发展新兴的秸秆无机人造板产业。

1.4.2　装备智能化

我国农林剩余物人造板生产装备经历了从无到有、从完全依赖进口到主要装备国产化螺旋式进步的发展历程。随着"中国制造2025""工业4.0"等制造领域国家战略的不断实施，我国人造板生产装备也迎来了蓬勃发展的机遇，装备智能化、信息化是未来发展的主要方向。

比较而言，木质人造板的生产装备由于研究时间长、较为成熟，连续平压机等长期依赖国外进口的关键装备也已经实现了国产化，但是核心装备的加工精度和智能化程度与发达国家相比还有一定的差距，以致目前许多行业龙头企业的铺装机、连续平压机等核心装备还是进口偏多。因此，提升国产装备的生产精度和智能化程度是未来急需解决的问题。不仅如此，我国在数字技术领域的超前布局，5G通信、人工智能、互联网+等数字技术的突飞猛进将为人造板生产装备信息化以及制造过程柔性化等提供新的方法和思路。

由于竹材资源主要集中在亚洲，我国竹材资源储量最大，竹质人造板及其相关生产装备也基本都是国内自主设计生产，连续化、自动化程度不高。近年来随着生产力成本不断提升，竹材人工采伐已经难以满足工业化大规模生产需要，研制专门的适合在大陆坡、复杂地形连续作业的智能竹材采伐设备以及与之配套的收集、运输设备是现阶段面临的重大挑战和急需解决的装备问题。与此同时，竹质人造板节能备料、高效铺装成形、连续热压以及部分专用设备的连续化、智能化程度都还处于较低水平，这也是发展竹质人造板产业需重点解决的技术和装备问题。

秸秆性状特征与木材、竹材差异显著，还常受季节和产地的影响，秸秆高效收集、安全储藏、智能配送等装备与系统是秸秆大规模材料化利用的基础性共性问题，也是未来研究中需重点关注的方向之一。秸秆有机人造板基本上沿用了木质人造板的生产装备，连续化、自动化程度较高，但是由于秸秆灰分大、堆积密度低，秸秆清洁备料、高效精准铺装等专用设备是未来重要研究方向。作者团队率先研发出秸秆无机人造板并设计出首套具有自主知识产权的半自动化生产线，为了提高生产效率、降低生产能耗，在此基础上，团队又设计出第二代连续化生产线。尽管在秸秆纤维破碎分选、高效环式施胶、铺装成形一体化等核心装备方面有了重大突破，但是生产线的整体智能化程度还不高，是未来需要重点攻关的方向。

1.4.3　制造绿色化

农林剩余物人造板制造时，需对木材、竹材、甚至秸秆进行不同程度的解离、分选、铺装成形以及后期的砂光处理，这些过程中不可避免地产生粉尘污染。同时，生产人造板

90%以上胶黏剂为醛类胶黏剂，在人造板热压成形过程中，游离甲醛大量释放，导致生产车间甲醛污染严重。因此，人造板制造过程的绿色化就是要解决粉尘、甲醛、废水、废气等污染问题。

2018年，国家执行了严格的环保检查和督查行动，人造板行业粉尘、噪声污染得到了充分整治，部分生产方式粗放、加工装备落后、环境污染严重的企业被直接淘汰，作者团队合作单位广西丰林木业股份有限公司、大亚人造板集团有限公司等都以此为契机进行了全面除尘和尾气排放系统改造，先进的工业除尘装置与设备引入人造板产业，生产车间环境污染和废水废气排放明显改进，部分排放指标甚至优于国家、国际标准。然而，竹质人造板、秸秆人造板生产线由于粉尘成分性状与木质人造板差异较大，粉尘回收与清洁生产专门装备与技术还需进一步加强。随着国家标准对甲醛释放量的限制越来越严，人造板甲醛释放初步得到控制，特别是 E_0 级人造板、无醛人造板市场需求越来越大，从胶黏剂源头通过降低物质的量比、添加无机成分等手段控制甲醛污染的技术和产品层出不穷。然而，生产过程中的游离甲醛收集与回收利用，以及产品和制品甲醛捕捉消解等技术都还处于起步阶段，是未来需要重点解决的问题。作者认为，用不含甲醛的大豆蛋白胶黏剂、生物胶黏剂以及无机胶黏剂替代传统醛类胶黏剂是人造板领域未来发展的重要趋势。

人造板制造绿色化还包括生产过程的节能与低排放。经过多年发展，我国人造板生产能耗明显降低，部分先进技术已跻身世界发达国家水平。人造板生产能耗主要集中在纤维蒸煮软化分离、纤维/刨花干燥、热压成形等工序。因此，开发木片快速软化与高效分离、节能快固胶黏剂、人造板单元高效干燥等技术和装备，对这些主要能耗工段的余热分步回收和能量循环利用是未来人造板领域节能降耗研究的重点方向。

低排放不仅涉及人造板生产过程甲醛和粉尘的排放，还包括废水排放。人造板废水排放主要来源于纤维板生产时木片蒸煮、软化、热磨所排放的废水。由于木材蒸煮软化后部分半纤维素、木质素溶解，连同木片表面的泥土、粉尘、蒸煮软化使用的添加剂等一起进入废水，因此纤维板生产产生的废水需经过沉淀、降解、净化处理。现阶段，大中型纤维板生产企业都高度重视废水处理，设计了与之配套的污水处理中心，未来应聚焦在如何采用低成本的微生物法净化这些废水，以及废渣综合利用（如肥料化、能源化等）新技术。

1.4.4　产品功能化

人造板主要原料是木材、竹材、秸秆等天然高分子材料，主要成分包括纤维素、木质素、半纤维素等。因此，人造板广泛存在易燃烧发烟、易吸湿吸水膨胀变形、易受微生物侵害腐朽霉变等天然缺陷，影响和制约着产品及其制品的使用途径和服役寿命。功能化处理是解决上述问题的主要途径，还能进一步扩展人造板在其他领域的应用，甚至替代塑料、水泥、钢铁等不可再生材料。

据不完全统计，30%左右的建筑火灾由木材、木制品、木装饰材料等燃烧直接导致，克拉玛依、丽江古城等特大火灾仍然警钟长鸣。对人造板进行阻燃处理直接关系生命财产安全，刻不容缓，需高度关注。随着公安部对公共场所装饰材料阻燃等级强制性要求不断提升，人造板阻燃抑烟处理已得到行业内的一致认可。不同阻燃剂与阻燃技术如雨后春笋般涌现，产品阻燃等级明显提升，B_1 甚至 A_2 级产品已市场化。目前，阻燃剂与胶黏剂的相容性是人造板阻燃领域急需解决的技术难题，如何实现阻燃抑烟功能的协同耦合效应是长期关注的另一个重点。作者团队从阻燃剂、抑烟剂及阻燃胶黏剂等多方面入手，发明了硅镁硼、磷氮硼等系列高效阻燃剂和阻燃技术，开发出阻燃抑烟性能优异的功能人造板，阻燃水平接近"无烟不燃"。

纤维素、半纤维素含有丰富的羟基等吸水吸湿官能团，由此衍生的农林剩余物人造板吸水吸湿也非常明显，不仅可使人造板鼓泡、变形，严重时还可能分层脱落。添加防水剂如石蜡、三聚氰胺交联改性脲醛树脂等方法可以有效改善人造板防潮防水性能，是现阶段大规模生产常采用的技术方法。作者团队通过发明的无机胶黏剂产生桥联结构封闭纤维素、半纤维素的羟基官能团，开发出防潮防水性能优异的无机人造板，可以满足高湿环境中的使用要求。近年来，防水涂料技术发展突飞猛进，在人造板表面涂饰具有防潮防水的隔离层，也可以有效降低人造板的吸湿吸潮性能。而基于"仿生学"原理，在人造板表面构筑连续的微纳二元微凸结构，则可赋予人造板与荷叶一样"出淤泥而不染""滴水不沾"的超疏水功能，也是未来发展的重要方向。

人造板富含的有机成分、多孔性结构、吸湿官能团以及天然弱酸条件是腐朽菌、霉菌等微生物生长繁殖的优良平台，尤其是低醛、无醛人造板全面铺开，人造板防霉防腐功能化已显得特别重要。以铜铬砷等为代表的水载防腐剂作为人造板常用防腐剂，具有广谱抗菌和高效杀毒等优点，但其毒性和流失性对人体健康和居住环境造成的不利影响愈受关注。与此同时，一些生物质材料具有天然耐腐性，其化学组分中多酚类、生物碱等对真菌有一定抑制或毒害作用。从杉木、樟树、桉树等生物质资源中提取植物精油不仅具有一定防腐效果，同时也具抗虫、除臭等功能。虽然植物精油的生产依赖于天然产物的高效提取技术，用于人造板用防腐剂大规模生产仍需假以时日，但其天然无毒的防腐效果仍将促使其成为未来研究热点之一。

此外，人造板功能化还包括高强化、电磁屏蔽、自加热、无异味化等。传统人造板多以氢键结合和机械互锁为主，强度相对较低，无法满足特殊强度要求。通过去除生物质材料中大部分非纤维素组分并密实化处理以增大空间氢键密度，引入无机成分与氢键构成化学键，能够制造出与金属强度相媲美的人造板产品。但纤维的定向排列、无机成分与纤维的界面结合、干燥状态下纤维团聚难以组坯的问题还需进一步解决。以松木为原料的人造板因富含刺鼻、浓烈气味的松脂，被市场误认为甲醛释放；同时刨花原料由于堆积时间较长，腐败变质而产生难闻的异味，由此生产的人造板异味在定制家具中深受消费者诟病，因此对人造板进行无异味化处理技术是扩宽人造板使用领域需要解决的另一关键问题。

1.4.5 应用多元化

农林剩余物人造板是生物质资源全量材料化利用的重要产品，广泛用于家具、装饰、地板等领域，为营造良好人居环境、满足人民对美好生活需求提供了重要物质保障。随着绿色发展理念的不断深入，人造板产品、功能及制品日趋多样化，在建筑、地产、结构工程、装载运输等领域呈现多元化应用的发展趋势。

　　定制家具与全屋定制已成为家具、装饰、地板、房地产等领域综合发展和深度融合的主流，而人造板由于合理的价格、优异的性能、良好的加工与装饰特性，已成为定制产品重要木质原料，是承接房地产这一龙头行业的重要载体。近年来，无醛刨花板、无醛定向刨花板在国内悄然兴起，在中高档家具、建筑隔板、轻型承重材料如集装箱底板等领域初步推广开来。不仅如此，一些木（竹）质人造板，如重组竹原料绿色环保、比强度高、加工装配方便、后期装饰操作性强，广泛应用于滨江栈道、园林景观、绿色装配式建筑等紫外光辐射强、环境变化差异性大、微生物活跃的户外领域，从根本上解决了钢铁、水泥等传统建筑材料环保性差、难以贴近自然的问题。作者团队开发的无机人造板具有阻燃、防水、防虫、防腐等优点，不仅可用于家具、地板、装饰等传统领域，也可用于楼馆场所、宾馆酒店、船舶舰艇、铁路运输等对阻燃防水等有特殊要求的领域。具有特殊功能如隔音、电磁屏蔽、自加热的人造板可用于特殊的领域，主要包括电影院、音乐厅、会展中心、高档住宅、防辐射场馆、保密场所等。

　　总的来说，我国人造板产业无论是在基础理论、关键技术、核心装备，还是在产业化推广、典型产品、标志性工程等领域都取得了飞跃式发展，基本奠定了人造板制造强国的基础。作为承接第一产业、立足第二产业、服务第三产业的重要林产品加工制造业，人造板在自身高速发展的同时，也受益于整个制造业升级换代的黄金时代。在此背景下，作者总结了团队近30年来在农林剩余物人造板低碳制造领域的成果，系统阐述了绿色胶黏剂合成、多元界面优化调控、高效阻燃抑烟、防水防腐功能化等重要环节的理论和技术创新，聚焦木基、竹基和秸秆基三类主要人造板，重点阐述了低碳制造过程中关键技术、核心装备以及主打产品和工程化应用的突破性进展，旨在为我国人造板产业由大到强提供理论和技术支撑。

参 考 文 献

鲍敏振. 2017. 户外用重组木的结构演变和防腐机理研究. 北京：中国林业科学研究院博士学位论文.

蔡则谟. 1989. 四种藤茎维管组织的分布. Journal of Integrative Plant Biology, 8：569-575+653-654.

蔡则谟, 许煌灿, 尹光天, 等. 2003. 棕榈藤利用的研究与进展. 林业科学研究, 16（4）：479-487.

曹积微, 斯泽泽, 袁哲, 等. 2015. 高地钩叶藤材性分析及开发利用价值评价. 世界竹藤通讯, 13（5）：21-24.

曹金珍, 于丽丽. 2010. 水基防腐处理木材的性能研究. 北京：科学出版社.

岑可法, 樊建人. 1990. 工程气固多相流动的理论及计算. 杭州：浙江大学出版社.

長田剛和, 高麗秀昭, 角田惇. 2013. Development of a radio-frequency air-injection press for manufacturing particle board from high-moisture raw particles I. Effects of the radio-frequency air-injection presson properties of particle boards. Mokuzai Gakkaishi, 59（2）：90-96.

陈道义, 张军营. 1992. 胶接基本原理. 北京：科学出版社.

陈根座. 1994. 胶接设计与胶黏剂. 北京：电子工业出版社.

陈光伟. 2012. 热磨法磨片纤维分离机理的模型分析与实验研究. 哈尔滨：东北林业大学博士学位论文.

陈家宝, 王利军, 南静娅, 等. 2020. 单宁改性双组分豆粕胶制备中密度纤维板的工艺优化. 木材工业, 34（3）：6-9.

陈莉, 刘玉森, 刘冰, 等. 2015. 稻秸秆纤维的形态结构与性能. 纺织学报, 36（1）：6-10.

陈岩飞. 2020. 刨花板干燥尾气除尘置换废水处理. 化学工程与装备.（8）：251-253.

陈友地，秦文龙，李秀玲，等.1985.十种竹材化学成分的研究.林产化学与工业，5（4）32-39.

陈玉和，陈章敏，吴再兴，等.2008.竹材人造板生产技术.竹子研究汇刊，（2）：5-10.

成俊卿.1985.木材学.北京：中国林业出版社.

成俊卿，杨家驹，刘鹏.1992.中国木材志.北京：中国林业出版社.

池玉杰.2004.木材腐朽菌培养特性的研究综述.菌物学报，23（1）：158-164.

池玉杰，刘智会，鲍甫成.2004.木材上的微生物类群对木材的分解及其演替规律.菌物研究，3：51-57.

丛宏斌，姚宗路，赵立欣，等.2019.中国农作物秸秆资源分布及其产业体系与利用路径.农业工程学报，35（22）：132-140.

戴玉成.2009.中国储木及建筑木材腐朽菌图志.北京：科学出版社.

邓海涛，吴烈善，姚兵.2014.处理中（高）密度纤维板生产废水的工程实例.环境科技，27（3）：31-34.

邓腊云，范友华，王勇，等.2019.我国芦苇人造板研究进展与发展建议.中国人造板，26（8）：1-4.

杜青林.2006.中国草业可持续发展战略.北京：中国农业出版社.

段新芳.2015.木材变色防治技术.北京：中国建材工业出版社.

范东斌，李建章，卢振雷，等.2006.不同固化剂下低摩尔比脲醛树脂热行为及胶接胶合板性能.中国胶粘剂，15（12）：1-5.

方长华，刘盛全，朱林海，等.2002.施肥与未施肥条件下 I-69 杨解剖学特性的比较研究.安徽农业大学学报，29（4）：398-402.

费本华.2019.努力开创新时期竹产业发展新局面.中国林业产业，（6）：16-23.

费本华，汪佑宏，江泽慧，等.2009.棕榈藤的研究进展.安徽农业大学学报，36（2）：163-171.

傅峰，2003.我国近期木基复合材料的研究现状与趋势.中国农业科技导报，（2）：10-13.

傅万四.2008.竹质定向刨花板制造技术研究.北京：中国林业出版社.

高伟，蒲建军，杨杰，等.2017.低成本改性脲醛树脂胶的制备及应用.木材工业，31（1）：54-57.

高雅，林慧龙.2015.草业经济在国民经济中的地位、现状及其发展建议.草业学报，24（1）：141-157.

辜夕容，邓雪梅，刘颖旎，等.2016.竹废弃物的资源化利用研究进展.农业工程学报，32（1）：236-242.

顾继友.2003.胶接理论与胶接基础.北京：科学出版社.

顾继友.2012.胶黏剂与涂料.北京：中国林业出版社.

郭辰星，朱震锋，刘嘉琦.2019.新时期中国木材资源供需：现状、问题及方略.中国林业经济，（5）：66-69.

国家林业局.2019.中国森林资源报告（2014—2018）.北京：中国林业出版社.

郝晓峰.2013.人工林杉木干燥过程传热传质数值模拟.北京：中国林业科学研究院博士学位论文.

侯利萍，夏会娟，孔维静，等.2019.河口湿地优势植物资源化利用研究进展.湿地科学，17（5）：593-599.

侯绍行.2015.超疏水材料的气液界面稳定性与时效性的研究.西安：西北工业大学，1-61.

胡玉安，何梅，宋伟，等.2019.竹塑复合材料界面改性研究现状及展望.江西农业大学学报，41（1）：114-123.

胡云楚.2006.硼酸锌和聚磷酸铵在木材阻燃中的成炭作用和抑烟作用.长沙：中南林业科技大学博士学位论文.

华毓坤.2002.人造板工艺学.北京：中国林业出版社.

霍丽丽，赵立欣，孟海波，等.2019.中国农作物秸秆综合利用潜力研究.农业工程学报，35（13）：218-224.

江雷.2015.仿生智能纳米材料.北京：科学出版社.

江泽慧.2002.世界竹藤.沈阳：辽宁科学技术出版社.

江泽慧,吕文华,费本华,等.2007.3种华南商用藤材的解剖特性.林业科学,43（1）：121-126.

江泽慧,彭镇华.2001.世界主要树种木材科学特性.北京：科学出版社.

江泽慧,王慷林.2013.中国棕榈藤.北京：科学出版社.

江泽慧,叶柃,费本华.2020.竹缠绕复合材料的研发、应用及产业化现状与前景.世界竹藤通讯,18（2）：1-11.

姜笑梅,程业明,殷亚方.2010.中国裸子植物木材志.北京：科学出版社.

蒋剑春.2002.生物质能源应用研究现状与发展前景.林产化学与工业,22（2）：75-80.

蒋剑春.2007.生物质能源转化技术与应用（Ⅰ）.生物质化学工程,（3）：59-65.

雷晓春,赵宇,林鹿,等.2009.Bio-CMP制浆过程中的纤维分离机制（Ⅰ）.中国造纸学报,（1）：6-10.

李好,陈剑平.2018.浅析水幕除尘在人造板生产尾气净化中的机理及应用.林产工业,（1）：51-53.

李和平.2009.胶黏剂生产原理与技术.北京：化学工业出版社,161-170.

李坚.1997.中国木材研究.哈尔滨：东北林业大学出版社.

李坚.2003.木材波普学.北京：科学出版社.

李坚.2009.木材科学研究.北京：科学出版社.

李坚.2013.木材保护学.北京：科学出版社.

李坚.2014.木材科学.北京：科学出版社.

李坚.2017.生物质复合材料学.北京：科学出版社.

李坚.2018.木材仿生智能科学引论.北京：科学出版社.

李坚,邱坚.2005.新型木材——无机纳米复合材.北京：科学出版社.

李坚,吴玉章,马岩.2011.功能性木材.北京：科学出版社.

李建章,周文瑞,徐力峥,等.2007.茶叶废料在脲醛树脂中的应用研究.生物质化学工程,（2）：44-46.

李金永.2015.试论刨花板生产线节能降耗.中国人造板,22（11）：18-20.

李淑兰,梅自力,刘萍,等.2016.胶合板废水沼气化处理可行性试验研究.中国沼气,34（4）：34-36.

李树君.2015.农作物秸秆收集技术与装备.北京：科学出版社.

李维礼.1993.木材工业气力输送及厂内运输机械.北京：中国林业出版社.

李贤军.2005.木材微波—真空干燥特性的研究.北京：北京林业大学博士学位论文.

李晓平,周定国.2008.挤压法生产刨花板的现状和发展前景.中国人造板,（1）：16-18+28.

李晓琴,徐煜.2003.软腐——一种特殊的木材腐朽.林业科技,28（3）：46.

李心收,刘忠,惠岚峰.2016.荻的蒸气爆破预处理研究.天津科技大学学报,31（4）：45-50.

李延军,许斌,张齐生,等.2016.我国竹材加工产业现状与对策分析.林业工程学报,1（1）：2-7.

连海兰,唐景全,张茜,等.2011.二氧化钛在脲醛树脂胶黏剂中的应用研究.林产工业,38（6）：22-25.

林江.2004.气力输送系统流动特性的研究.杭州：浙江大学博士学位论文.

刘德见,黄阁阳,孔远龙,等.2020.水性涂料在人造板定制家具生产中的应用探讨.中国人造板,27（1）：7-16.

刘力,俞友明,郭建忠.2006.竹材化学与利用.杭州：浙江大学出版社.

刘明,郭丽萍,吕锐,等.2009.Fe^{2+}/H_2O_2催化氧化脲醛树脂胶中游离甲醛及其对性能的影响.化学建材,25（1）：34-35+46.

刘石彩,蒋剑春.2007.生物质能源转化技术与应用（Ⅱ）——生物质压缩成形燃料生产技术和设备.生物质化学工程,（4）：59-63.

刘欣，王秋玉，杨传平 . 2009. 4 种木材腐朽菌对白桦木材降解能力的比较 . 林业科学，45（8）：179-182.

刘一星，赵广杰 . 2004. 木质资源材料学 . 北京：中国林业出版社 .

刘益军 . 2012. 聚氨酯树脂及其应用 . 北京：化学工业出版社 .

刘迎涛 . 2016. 木质材料阻燃技术 . 北京：科学出版社 .

刘长恩 . 1994. 磨浆理论与设备 . 哈尔滨：黑龙江科学技术出版社 .

刘长风，刘学贵，臧树良 . 2004. 游离甲醛消除剂的研究进展 . 辽宁化工，(6)：331-334.

刘志明 . 2002. 麦秆表面特性及麦秆刨花板胶接机理的研究 . 哈尔滨：东北林业大学博士学位论文 .

卢谦和 . 2004. 造纸原理与工程 . 北京：中国轻工业出版社 .

卢芸，李坚 . 2015. 生物质纳米材料与气凝胶 . 北京：科学出版社 .

鲁红霞，赵丽红，何北海，等 . 2020. 几种非木材原料有机酸法分离纤维的造纸特性研究 . 造纸科学与技术，232（2）：25-31.

吕斌，贾东宇 . 2016. 现代家居对人造板产品的新要求 . 木材工业，30（2）：7-10.

吕建雄 . 2002. 关于木材资源保护与利用的辩证思考 . 林业科技管理，(4)：3-7.

马灵飞，韩红，马乃训 . 1993. 部分散生竹材纤维形态及主要理化性能 . 浙江林学院学报，(4)：4-10.

马灵飞，韩红，马乃训，等 . 1994. 丛生竹材纤维形态及主要理化性能 . 浙江林学院学报，(3)：274-280.

梅长彤 . 2013. 刨花板制造学 . 北京：中国林业出版社 .

孟小露，杨振燕，柳娥 . 2020. 国外生物质能发展的经验与启示 . 能源研究与利用，(2)：27-29+33.

南志标 . 2017. 中国农区草业与食物安全研究 . 北京：科学出版社 .

聂少凡，林信康，林金国，等 . 1998. 人工林杉木与马尾松制浆性能的比较和评价 . 林产工业，(4)：3-5.

牛敏，高慧，赵广杰 . 2010. 欧美杨 107 应拉木的纤维形态与化学组成 . 北京林业大学学报，32（2）：141-144.

欧育湘 . 2002. 陶瓷前体聚合物与热塑性嵌段共聚物的阻燃共混体 . 塑料助剂，(4)：22-23+32.

欧育湘，李建军 . 2005. 阻燃剂——性能、制造及应用 . 北京：化学工业出版社 .

彭丹，党志，郑刘春 . 2018. 生物改性玉米秸秆处理溢油污染水体的研究，农业环境科学学报，18，37（2）：309-315.

濮安彬，陆仁书 . 1996. 酚醛胶亚麻屑刨花板生产工艺及其耐老化性能的研究 . 木材工业，10（1）：6-10.

钱小瑜 . 2016. 绿色制造是人造板产业发展的必由之路 . 中国人造板，23（10）：1-5.

钱小瑜 . 2018. 人造板行业环保设施升级改造路径 . 中国国情国力，(4)：58-61.

乔正阳，李龙江 . 2018. 苯酚/甘脲改性脲醛树脂胶黏剂的制备及性能研究 . 现代化工，38（5）：131-133+135.

邱俊，陈代祥，沈介发，等 . 2017. 分段聚合工艺中醛脲配比对脲醛树脂性能的影响研究 . 化工新型材料，45（7）：255-257.

荣立平，刘晓辉，王刚，等 . 2015. 环氧改性酚醛树脂乳液胶黏剂制备 . 化学与黏合，37（5）：321-324.

沈隽，刘玉，朱晓冬，等 . 2009. 热压工艺对刨花板甲醛及其他有机挥发物释放总量的影响 . 林业科学，(10)：130-133.

沈葵忠，房桂干，林艳 . 2018. 中国竹材制浆造纸及高值化加工利用现状及展望 . 世界林业研究，31（3）：68-73.

石超，陆军，罗岱 . 2015. 我国红木进口贸易现状与产业发展趋势分析 . 世界林业研究，28（3）：57-63.

时君友，温明宇 . 2009. 改性酚醛树脂胶黏剂压制稻秸秆人造板的研究 . 林产工业，36（2）：27-29+37.

宋琳莹，辛寅昌 . 2007. 反应型防水剂的制备及对中密度纤维板防水性能的评价 . 化工学报，58（12）：3202-3205.

宋湛谦，商士斌 . 2009. 我国林产化工学科发展现状和趋势 . 精细与专用化学品，17（22）：13-15+12.

孙茂盛，徐波，徐田 . 2015. 竹类植物资源与利用 . 北京：科学出版社 .

覃文清 . 2004. 超薄膨胀型钢结构防火涂料防腐性能的研究 . 涂料工业，（3）：5-8+62.

汤锋 . 2019. 全竹化学利用的思考 . 世界竹藤通讯，17（6）：5-8.

唐健锋，路琴，袁杰，等 . 2019. 白炭黑和 mPE 增韧 PP 竹塑复合材料的性能及其机理 . 材料科学与工程学报，37（1）：87-91.

唐婷，何栋 . 2019. 植物纤维/PVC 木塑复合材料制备及其性能分析 . 粘接，（8）：80-82.

唐艳军，刘秉钺，李友明，等 . 芦苇化学成分及化学机械浆性能研究 . 林产化学与工业，2006，26（2）：69-73.

唐忠荣 . 2015. 人造板制造学（上册）. 北京：科学出版社 .

唐忠荣 . 2015. 人造板制造学（下册）. 北京：科学出版社 .

唐忠荣 . 2019. 刨花板制造学 . 北京：中国林业出版社 .

汪佑宏，徐斌，武恒，等 . 2014. 棕榈藤材解剖特征的取样方法 . 东北林业大学学报，42（10）：90-94.

王登举 . 2019. 全球林产品贸易现状与特点 . 国际木业，49（3）：49-53.

王戈，陈复明，费本华，等 . 2020. 竹缠绕复合管创新技术在"一带一路"沿线推广与应用的可行性分析 . 世界林业研究，33（1）：105-109.

王行建 . 2014. 刨花板热压传热过程与热压系统控制方法研究 . 哈尔滨：东北林业大学博士学位论文 .

王红彦，左旭，王道龙，等 . 2017. 中国林木剩余物数量估算 . 中南林业科技大学学报，37（2）：29-38+43.

王金林，李春生，陆从进，等 . 1995. 杨木旋切及单板质量与木材性质关系的研究 . 木材工业（5）：1-7.

王钧，李改云，范东斌，等 . 2017. 纳米氧化镁催化合成木素–酚醛树脂的工艺及性能 . 木材工业，31（2）：34-37.

王恺 . 1996. 木材工业实用大全：胶黏剂卷 . 北京：中国林业出版社 .

王恺 . 1998. 木材工业实用大全：刨花板卷 . 北京：中国林业出版社 .

王恺 . 2001. 木材工业实用大全：木材保护卷 . 北京：中国林业出版社 .

王恺 . 2002. 木材工业实用大全：纤维板卷 . 北京：中国林业出版社 .

王孟钟，黄应昌 . 1987. 胶黏剂应用手册 . 北京：化学工业出版社 .

王宁生，邓玉和，廖承斌，等 . 2012. 获草茎秆的硅含量及其对刨花板防水性能的影响 . 林产工业，39（6）：7-10.

王清文，李坚 . 2005. 木材阻燃剂 FRW 的阻燃机理 . 林业科学，（5）：123-126.

王清文，易欣，沈静 . 2016. 木塑复合材料在家具制造领域的发展机遇 . 林业工程学报，1（3）：1-8.

王欣，吴燕 . 2010a. 香根草的植物学特性及制板的可行性研究 . 内蒙古农业大学学报（自然科学版），31（1）：214-217.

王欣，周定国，赵青 . 2010b. 香根草刨花板制造工艺研究 . 内蒙古农业大学学报（自然科学版），31（3）：241-245.

王欣，周定国 . 2009. 农作物秸秆化学成分对人造板生产工艺的影响 . 林产工业，36（5）：26-29.

王新洲，邓玉和，廖承斌，等 . 2013. 芦苇茎秆表皮特性及防水剂用量对刨花板性能的影响 . 浙江农林大学学报，30（2）：245-250.

文美玲，朱丽滨，张彦华，等 . 快速固化低甲醛释放脲醛树脂的催化剂研究 . 林业科学，2016，52（1）：

99-105.

吴俊华, 孙玮鸿, 庞久寅, 等. 2016. 纳米二氧化钛改性脲醛树脂胶黏剂的研究. 林产工业, (2): 27-29.

吴义强, 姚春花, 胡云楚, 等. 2012. NSCFR 木材阻燃剂阻燃抑烟特性及其作用机制, 中南林业科技大学学报, 32 (1): 1-8.

向仕龙, 蒋远舟. 2008. 非木材植物人造板. 北京: 中国林业出版社.

肖岩, 李佳. 2015. 现代竹结构的研究现状和展望. 工业建筑, 45 (4): 1-6.

谢桂军. 2018. 热处理马尾松木材霉变机制及纳米铜防霉技术研究. 中国林业科学研究院.

谢力生, 赵仁杰, 张齐生, 等. 2004. 常规热压干法纤维板热压传热的研究Ⅲ: 干法纤维板热压传热的实用数学模型. 中南林业科技大学学报, 24 (1): 60-62.

谢思熠, 徐兆军, 那斌, 等. 2019. 支持向量机参数优化方法在木质粉尘火花探测中的应用. 林产工业, 46 (1): 20-24.

谢拥群. 2003. 木材碎料对撞流干燥特性的研究. 北京: 北京林业大学博士学位论文.

徐大鹏, 陈光伟, 张绍群, 等. 2012. 纤维分离过程力学模型的建立及其运动状态分析. 东北林业大学学报, 40 (1): 90-92.

徐杨, 杜祥哲, 齐英杰, 等. 2015. 浅析木材加工剩余物的利用途径. 林产工业, 42 (5): 40-44.

许煌灿, 尹光天, 孙清鹏, 等. 2002. 棕榈藤的研究和发展. 林业科学, (2): 135-143.

许玉芝, 王利军, 胡岚方, 等. 2016. 纤维板用双组分豆粕基胶黏剂及其应用, CN 103897658 A.

严彦, 费本华. 2020. 圆竹材构件在建筑中的应用. 安徽农业大学学报, 47 (2): 205-210.

杨华龙, 齐英杰, 刘长莉. 2015. 我国木材加工剩余物的综合利用. 林业机械与木工设备, 43 (11): 4-6.

杨金燕, 迟德富, 王金满, 等. 2010. 病虫害对小青黑杨纸浆材解剖特征的影响. 四川农业大学学报, 28 (3): 306-312.

杨平德, 郑凤山. 2005. 麦秸刨花板用 PMDI 胶黏剂固化条件的研究. 中国胶粘剂, 14 (1): 37-39.

杨淑蕙. 2007. 植物纤维化学. 北京: 中国轻工业出版社.

杨文斌, 李坚, 刘一星. 2005. 木塑复合材制造技术及复合机理. 哈尔滨: 东北林业大学出版社.

杨喜, 刘杏娥, 杨淑敏, 等. 2015. 梁山慈竹化学成分的变异性. 东北林业大学学报, 43 (9): 41-44.

腰希申, 等. 1992. 中国主要竹材微观构造. 大连: 大连出版社.

姚春花, 吴义强, 卿彦. 2010. 磷-氮-硼复合木材阻燃剂配方优化及处理工艺, 林业科技开发, 24 (5): 97-99.

易同培, 史军义, 马丽莎, 等. 2008. 中国竹类图志 (精). 北京: 科学出版社.

殷亚方, 姜笑梅, 瞿超. 2004. 人工林毛白杨次生木质部细胞分化过程中木质素沉积的动态变化. 电子显微学报, (6): 663-669.

尹思慈. 1996. 木材学. 北京: 中国林业出版社.

于丽丽. 2010. 后处理对 ACQ-D 处理材流失性影响及固着机理研究. 北京: 北京林业大学博士学位论文.

于文吉. 2019. 我国重组竹产业发展现状与机遇. 世界竹藤通讯, 17 (3): 1-4.

于志明, 吴娟, 陈天全, 等. 2004. 人造板热压过程中板坯内部环境的研究进展. 北京林业大学学报, 26 (5): 80-84.

俞昌铭. 2011. 多孔材料传热传质及其数值分析. 北京: 清华大学出版社, 13.

张璧光, 宁炜. 2004. 蒸气—热泵联合干燥木材能耗的实验测试与分析. 华北电力大学学报, (6): 81-83.

张德荣, 母军, 王洪滨, 等. 2008. 杂交狼尾草制造刨花板工艺研究. 北京林业大学学报, (3):

136-139.

张立非，骆秀琴，顾万春．1993. 山杨木材材性的研究．木材工业，7（4）：26-32.

张配芳．2017. 人造板生产废水与废气污染治理解决方案．化学设计通讯，43（1）：166+177.

张齐生．1995. 中国竹材工业化利用．北京：中国林业出版社．

张文标，张伟岳．2020. 中国竹炭产业发展现状及前景展望．世界竹藤通讯，2020，18（3）：1-6.

张文福，王戈，程海涛，等．2011. 圆竹的应用领域与研究进展．竹子研究汇刊，30（2）：1-4.

张洋．2013. 纤维板制造学．北京：中国林业出版社．

张玉萍，吕斌．2019. 2010—2018 年我国人造板产业发展简况．中国人造板，26（7）：29-30.

张振峰，梁彩云，尚卓斌，等．2004. 绿色环保脲醛树脂的制备及反应机理的研究．中国胶粘剂，1（3）：37-39.

章文达．2018. 刨花板多层热压机的技术进步．中国人造板，25（9）：23-24.

赵安珍，周定国．2010. 狼尾草中密度纤维板的原料特性．南京林业大学学报，34（4）：149-151.

赵德清，戴亚，冯广林．2016. 烟秆的化学成分、纤维形态与生物结构．烟草科技，49（4）：80-86.

赵临五，王春鹏，刘奕，等．2000. 低毒快速固化酚醛树脂胶研制及应用．林产工业，27（4）：17-21.

赵仁杰，喻云水．2002. 竹材人造板工艺学．北京：中国林业出版社．

赵殊．2010. 异氰酸酯与纤维素反应产物结构及聚氨酯对木材胶接机理．哈尔滨：东北林业大学博士学位论文．

周定国．2008. 农作物秸秆人造板研究——机理与工艺．北京：中国林业出版社．

周定国．2009. 农作物秸秆人造板的研究．中国工程科学，11（10）：115-121.

周定国．2016. 我国秸秆人造板产业的腾飞与超越．林产工业，43（1）：3-8.

周定国，华毓坤．2011. 人造板工艺学．北京：中国林业出版社．

周捍东．2003. 我国中密度纤维板生产线气力输送及除尘系统能耗浅析．林产工业，（6）：16-18.

周晓燕．2012. 胶合板制造学．北京：中国林业出版社．

朱圣光．1988. 三种速生松木——樟子松、火炬松和湿地松用于制浆造纸的评价．中国造纸，（5）：15-24.

邹毅实．2006. 我国林纸一体化的模式构建与综合评价研究．南京：南京林业大学博士学位论文．

Abdul Latif M，TalIB Kundor，Razak Wahab. 1987. Waste from processing rattan and its poss IBle utilization. Source RIC Bulletin，6（2）：3-4.

Alen R，Kotilainen R，Zaman A. 2002. Thermochemical behavior of Norway spruce（Picea abies）at 180 ~ 225℃. Wood Science and Technology，36：163-171.

Ashori A，Tabarsa T，Azizi K，et al. 2011. Wood- wool cement board using mixture of eucalypt and poplar. Industrial Crops and Products，34（1）：1146-1149.

Babbitt J D. 1950. On the differential equations of diffusion. Canadian Journal of Research，28（4）：449-474.

Banerjee R，Goswami P，Lavania S，et al. 2019. Vetiver grass is a potential candidate for phytoremediation of iron ore mine spoil dumps. Ecological Engineering，132：120-136.

Barthlott W，1997. Neinhuis C. Purity of the sacred lotus，or escape from contamination in biological surfaces. Planta，202（1）：1-8.

Bikerman J J，Marshall D D W. 1963. Adhesiveness of polyethylene mixtures. Journal of Applied Polymer Science，7：1031-1040.

Bolton A J，Humphrey P E. 1989. The hot pressing of dry- formed wood- based composites. Part IV. Predicted variation of mattress moisture content with time. Holzforshung，43（5）：345-348.

Carvalho，Luisa M H，Costa，et al. 1998. Modeling and simulation of the hot pressing process in the production of medium density fiberboard（MDF）. Chemical Engineering Communications，170（1）：1-21.

Celeste M C. 2004. Pereira high frequency heating of medium density fiberboard（MDF）：theory and experiment. Chemical Engineering Science，（59）：735-745.

Craciun R，Kamdem P D. 1997. XPS and FTIR applied to the study of waterborne copper naphthenate wood preservatives. Holzforschung-International Journal of the Biology，Chemistry，Physics and Technology of Wood，51（3）：207-213.

Dai C，Yu C. 2004. Heat and mass transfer in wood composite panels during hot-pressing：part 1. A physical-mathematical model. Wood and Fiber Science，36（34）：585-597.

Danso H. 2015. Use of agricultural waste fibres as enhancement of soil blocks for low-cost housing in ghana. University of Portsmouth.

Delhnome J. 1947. The technology of adhesives. New York：Reinhold Publishing Corporation，260.

Dong Zhen，Hou Xiuliang，Sun Fangfang，et al. 2014. Textile grade long natural cellulose fibers from bark of cotton stalks using steam explosion as a pretreatment. Cellulose，21：3851-3860.

Dorris G. M.，Gray D. G. 1978. The surface analysis of paper and wood fibers by ESCA（Ⅰ）、（Ⅱ）、（Ⅲ）. Cellulose Chemsitry and Technology，12：9-23，721-734，735-743.

Duan H Y，Qiu T，Guo L H，et al. 2015. The microcapsule-type formaldehyde scavenger：the preparation and the application in urea-formaldehyde adhesives. Journal of Hazardous Materials，293：46-53.

Efe F T，Alma M H. 2014. Investigating some physical properties of composite board，produced from sunflower stalks，designed horizontally. Ekoloji，23（90）：40-48.

Euring M，Kirsch A，Kharazipour A. 2016. Pre-pressing and pre-heating via hot-air/hot-steam process for the production of binderless medium-density fiberboards. BioResources，11（3）：6613-6624.

F F P 科尔曼，W A 科泰. 1991. 木材学与木材工艺学原理——实体木材. 江良游，朱政贤，戴橙月，等，译. 北京：中国林业出版社.

Felix J M，Gatenholm P. The nature of adhesion in composites of modified cellulose fibers and polypropylene. Journal of Applied Polymer Science，1991，42：609-620.

Feng L，Li S，Li Y，et al. 2002. Super-hydrophobic surfaces：from natural to artificial. Advanced materials，14（24）：1857-1860.

Fernando D，Daniel G. 2008. Exploring Scots pine fibre development mechanisms during TMP processing：impact of cell wall ultrastructure（morphological and topochemical）on negative behaviour. Holzforschung，62（5）：597-607.

Forest Products Laboratory. 2010. Wood handbook-wood as an engineering material. Madison：Department of Agriculture：16-2.

Fortin Y. 1980. Moisture content-matric potential relationship and water flow properties of wood at high moisture contents. University of British Columbia：187.

Fowkes F M. 1979. Organci coatings and platics chemistry. Journal of the American Chemical Society，40：13-18.

Ghaffar S H，Fan M. 2014. Lignin in straw and its applications as an adhesive. International Journal of Adhesion and Adhesives，48：92-101.

Ghani A，Ashaari Z，Bawon P，et al. 2018. Reducing formaldehyde emission of urea formaldehyde-bonded particleboard by addition of amines as formaldehyde scavenger. Building and Environment，142：188-194.

Gonalves C，Pereira J，Paiva N T，et al. 2020. A study of the influence of press parameters on particleboards' performance. European Journal of Wood and Wood Products，78（2）：333-341.

Gupta M，Chauhan M，Khatoon N，et al. 2010. Studies on biocomposites based on pine needles and isocyanate adhesives. Journal of Biobased Materials and Bioenergy, 4 (4): 353-362.

Halvarsson S, Edlund H, Norgren M, et al. 2009. Manufacture of high-performance rice-straw fiberboards. Industrial & Engineering Chemistry Research, 49 (3): 1428-1435.

Higuchi T. 1990. Lignin biochemistry: biosynthesis and biodegradation. Wood Science & Technology, 24 (1): 23-63.

Humphrey Danso. 2017. Properties of coconut, oil palm and bagasse fibres: as potential building materials. Procedia Engineering, 200: 1-9.

Humphrey P E. 1989. The hot pressing of dry-formed wood-based composites. Part II. A simulation model for heat and moisture transfer and typical results. Holzforschung, 43 (3): 199-206.

IAWA Committee. 1989. IAWA list of microscopic features for hardwood identification. IAWA Journal, 10 (3): 1-116.

IAWA Committee. 2004. IAWA list of microscopic features for softwood identification. IAWA Journal, 25 (1): 1-70.

IAWA Committee. 2013. Hydraulic and biomechanical optimization in Norway spruce trunkwood: A review. IAWA Journal, 34 (4): 365-390.

IAWA Committee. 2018. ATLAS of vessel elements identification of Asian timbers. IAWA Journal, 39 (3): 249-352.

Isebrands J G, Parham R A. 1973. Slip planes and minute compression failures in kraft pulp from Populus tension wood. Iawa Bull Int Assoc Wood Anat.

Jensen R P, Luo W, Pankow J F, et al. 2015. Hidden formaldehyde in e-cigarette aerosols. New England Journal of Medicine, 372 (4): 392-394.

Kalia S, Thakur K, Celli A, et al. 2013. Surface modification of plant fibers using environment friendly methods for their application in polymer composites, textile industry and antimicrobial activities: a review. Journal of Environmental Chemical Engineering, 1 (3): 97-112.

Kawai S, Nakato K, Sadoh T. 1978. Moisture movement in wood below the fiber saturation point. Journal of the Japan Wood Research Society, 24 (5): 273-280.

Khan A, Vijay R, Singaravelu D L, et al. 2020. Extraction and characterization of vetiver grass (Chrysopogon zizanioides) and kenaf fiber (Hibiscus cannabinus) as reinforcement materials for epoxy based composite structures. Journal of Materials Research and Technology, 9 (1): 773-778.

Kirk T K, Farrell R L. 1987. Enzymatic \ "combustion \ ": the microbial degradation of lignin. Annual Review of Microbiology, 41 (1): 465-501.

Krabbenhoft K, Damkilde L. 2004. A model for non-Fickian moisture transfer in wood. Materials and structures, 37 (9): 615-622.

Krischer O. 1938. Fundamental law of moisture movement in drying by capillary flow and vapor diffusion. VDI-Zeitschrift, 82 (13): 373-378.

Kristensen J B, Thygesen L G, Felby C, et al. 2008. Cell-wall structural changes in wheat straw pretreated for bioethanol production. Biotechnology for Biofuels, 1: 5.

Launder B E, Priddin C H, Sharma B I, et al. 1979. The calculation of turbulent boundary layers on spinning and curved surfaces. Journal of Fluids Engineering, 99: 363-374.

Lewis W K. 1921. The rate of drying of solid materials. Indian Chemical Engineer, 13 (5): 427-432.

Liese W. 1996. Structural research on bamboo and rattan for their wider utilization. Journal of Bamboo Research, (2): 1-14.

Liu Y B, Li X R, Liu M L, et al. 2012. Responses of three different ecotypes of reed (Phragmites communis Trin) to their natural habitats: leaf surface micro-morphology, anatomy, chloroplast ultrastructure and physio-chemical characteristics. Plant Physiology and Biochemistry, 51: 159-167.

Luukko P, Alvila L, Holopainen T, et al. 2001. Effect of alkalinity on the structure of phenol/formaldehyde resol resins. Journal of Applied Polymer Science, 82: 258-262.

Ma T T, Li L P, Liu Z Z, et al. 2020. A facile strategy to construct vegetable oil-based, fire-retardant, transparent and mussel adhesive intumescent coating for wood substrates. Industrial Crops and Products, 154: 112628.

Mendelssohn I A, Postek M T. 1982. Elemental analysis of deposits on the roots of Spartina alterniflora loisel. American Journal of Botany, 69 (6): 904-912.

Miles K B. 1991. A simplified method for calculating the residence time and refining intensity in a chip refiner. Paper and Timber, 73: 149-157.

Mun M K, San K D, Kim D W, et al. 2019. Plasma press for improved adhesion between flexible polymer substrate and inorganic material. International Journal of Adhesion and Adhesives, 89: 59-65.

Nabhani M, Laghdir A, Fortin Y. 2010. Simulation of high-temperature drying of wood. Drying Technology, 28 (10): 1142-1147.

Natthapong P, Sirinun K. 2018. Regenerated cellulose from high alpha cellulose pulp of steam-exploded sugarcane bagasse, Journal of Materials Research and Technology, 7 (1): 55-65.

Olornunnisola A O, Adefisan O O. 2002. Trial production and testing of cement-bonded particleboard from rattan furniture waste. Wood and Fber Science, 34 (1): 116-124.

Pang, S. 1998. Relative importance of vapour diffusion and convective flow in modelling of softwood drying. Drying Technology, 16 (1&2): 271-281.

Pang S. 2004. Airflow reversals for kiln drying of softwood lumber: application of a kiln-wide drying model and a stress model. Proceedings of the 14th International Drying Symposium, (B): 1369-1376.

Pang S. 2007. Mathematical modeling of kiln drying of softwood timber: model development, validation, and practical application. Drying Technology, 25 (3): 421-431.

Park B D, Riedl B, Kim Y S, et al. 2002. Effect of synthesis parameters on thermal behavior of phenol-formaldehyde resol resin. Journal of Applied Polymer Science, 83 (7): 1415-1424.

Perre P, Moser M, Martin M. 1993. Advances in transport phenomena during convective drying with superheated steam and moist air. International Journal of Heat and Mass Transfer, 36 (11): 2725-2746.

Philip J R, Devries D A. 1957. Moisture movement in porous materials under temperature gradients. Eos Transactions American Geophysical Union, 38 (2): 222-232.

Pickering K L, Aruan Efendy M G, LeT M. 2016. A review of recent developments in natural fibre composites and their mechanical performance. Composites Part A, 83: 98-112.

Pizzi A, Mittal K L. 1994. Handbook of Adhesive Technology. Marcel Dakker Inc.

Plumb O A, Spolek G A, Olmstead B A. 1985. Heat and mass transfer in wood during drying. International Journal of Heat & Mass Transfer, 28 (9): 1669-1678.

Pocius A V. 2005. 粘接与胶黏剂技术导论 (原著第二版). 潘顺龙等, 译. 北京: 化学工业出版社.

Pujana R R, Burrieza H P, Castro M A, et al. 2008. Wood anatomy of ribes magellanicum (grossulariaceae). Boletín De La Sociedad Argentina De Botánica, 43 (1-2): 61-65.

Ratnakumar A, Samarasekara A M, Amarasinghe D A. 2019. Structural analysis of cellulose fibers and rice straw ash derived from sri lankan rice straw. Moratuwa Engineering Research Conference (MERCon): 78-83.

Roumeli E, Papadopoulou E, Pavlidou E, et al. 2012. Synthesis, characterization and thermal analysis of urea-formaldehyde/nanoSiO$_2$ resins. Thermochimica Acta, 527 (none): 33-39.

Sherwood T K. 1929. The drying of solids—I. Industrial & Engineering Chemistry, 21 (1): 12-16.

Sherwood T K. 1929. The drying of solids—II. Industrial & Engineering Chemistry, 21 (10): 976-980.

Shuai C J, Yan Q W, Zhe H. 2019. Potential application of bamboo powder in PBS bamboo plastic composites. Journal of King Saud University-Science, 32: 1130-1134.

Siau J F. 1983. Chemical potential as a driving force for nonisothermal moisture movement in wood. Wood Science and Technology, 17 (2): 101-105.

Sinha E, Panigrahi S. 2009. Effect of plasma treatment on structure, wettability of jute fiber and flexural strength of its composite. Journal of Composite Materials, 43 (17): 1791-1802.

Sisko M, Pfäffli I. 1995. Fiber atlas: structure of wood. Berlin Heidelberg: Springer, 6-32.

Skaar C. 1954. Analysis of methods for determining the coefficient of moisture diffusion in wood. Forest Products Journal, 4 (6): 403-410.

Smith S A, Langrish T A G. 2008. Multicomponent solid modeling of continuous and intermittent drying of *Pinus radiata* sapwood below the fiber saturation point. Drying Technology, 26 (7): 844-854.

Staccioli G, Sturaro A, Rella R. 2000. Cation exchange capacity tests on some lignocellulosic materials highlight some aspects of the use of copper as wood preservative. Holzforschung, 54 (2): 133-136.

Stanish M A. 1986. The roles of bound water chemical potential and gas phase diffusion in moisture transport through wood. Wood Science and Technology, 20 (1): 53-70.

Stanish M A, Schajer G S, Kayihan F. 1986. A mathematical model of drying for hygroscopic porous media. AIChE Journal, 32 (8): 1301-1311.

Tjeerdsma B F, Boonstra M, Pizzi A, et al. 1998. Characterisation of thermally modified wood: molecular reasons for wood performance improvement. Holz Roh-Werkst, 56 (3): 149-153.

Vasenin R. M. 1969. Adhension: foundamentals and practice the ministry of technology. London: Maclaren and Sons.

Vijay R, Vinod A, Lenin D, et al. 2021. Singaravelu characterization of chemical treated and untreated natural fibers from pennisetum orientale grass- a potential reinforcement for lightweight polymeric applications. International Journal of Lightwght Materials and Manufacture, 4 (1): 43-49.

Vorontsova M S, Clark L G, Dransfield J, et al. 2016. World checklist of bamboos and rattans. INBAR.

Voyutskii S S, Vakula V L. 1963. The role of diffusion phenomena in polymer- to- polymer adhesion. Journal of Applied Polymer Science, 7 (2): 475-491.

Wagner L, Bader T K, Ters T, et al. 2015. A combined view on composition, molecular structure, and micromechanics of fungal degraded softwood. Holzforschung, 69 (4): 471-482.

Wang G, Chen F. 2017. Development of bamboo fiber- based composites. Advanced High Strength Natural Fibre Composites in Construction, 235-255.

Wang H, Tian G, Li W, et al. 2015. Sensitivity of bamboo fiber longitudinal tensile properties to moisture content variation under the fiber saturation point. Journal of Wood Science, 61: 262-269.

Wang Q G, Li Y X, Zhou X, et al. 2019. Toughened poly (lactic acid) /BEP composites with good biodegradability and cytocompatibility. Polymers, 11 (9): 1413.

Wang S Q, Winistorfer P M, Young T M, et al. 2004. Fundamentals of vertical density profile formation in wood composites. Part III. MDF density formation during hot- pressing. Wood & Fiber Science Journal of the Society of Wood Science & Technology, 36 (1): 17-25.

Wang S Q, Winistorfer P M. 2000. Fundamentals of vertical density profile formation in wood composites. Part II. methodology of vertical density formation under dynamic conditions. Wood & Fiber Science Journal of the Society of Wood Science & Technology, 32 (2): 220-238.

Warnes S L, Keevil C W. Mechanism of copper Surface toxicity in Vancomycin-resistant enterococci following wet or dry surface contact. Applied and Environmental Microbiology, 2011, 77 (17): 6049-6059.

Wei K, Lv C, Chen M, et al. 2015. Development and performance evaluation of a new thermal insulation material from rice straw using high frequency hot-pressing. Energy and Buildings, 87: 116-122.

Wilcox. 1988. Multiscale model for tuebulent flows. AIAAJ, 26: 1311-1320.

Winistorfer P M, Jr W W M, Wang S Q, et al. 2000. Fundamentals of vertical density profile formation in wood composites. Part I. *in-situ* density measurement of the consolidation process. Wood & Fiber Science, 32 (2): 209-219.

Wypych P W. 1999. The ins and outs of pneumatic conveying. Procreliable flow of particulate solids Ⅲ. Norway: Porsgrunn.

Xie X, Zhou Z, Jiang M, et al. 2015. Cellulosic fibers from rice straw and bamboo used as reinforcement of cement-based composites for remarkably improving mechanical properties. Composites Part B, 78: 153-161.

Xie Y, Hill C A, Xiao Z, et al. 2010. Silane coupling agents used for natural fiber/polymer composites: a review. Composites Part A: Applied Science and Manufacturing, 41 (7): 806-819.

Xu J, Han G, Wong E D, et al. 2003. Development of binderless particleboard from kenaf core using steam injection pressing. Journal of Wood Science, 49: 327-332.

Xu S F, Xia S S, Chen Y Z, et al. 2020. Thermal behavior analysis of melamine modified urea-formaldehyde resin with different molar ratios. Materials Science Forum, 1001: 61-66.

Yakhot V, Orszag S A. 1986. Renormalization group analysis of turbulence. I. basic theory. Journal of Scientific Computing, 1: 3-51.

Yang H S, Kim D J, Lee Y K, et al. 2004. Possibility of using waste tire composites reinforced with rice straw as construction materials. Bioresource Technology, 95 (1): 61-65.

Yi Z, Li C, Jiang J, et al. 2015. Pyrolysis kinetics of tannin-phenol-formaldehyde resin by non-isothermal thermogravimetric analysis. Journal of Thermal Analysis & Calorimetry, 121 (2): 867-876.

Zhang J, Kamdem D P. 2000. FTIR characterization of copper ethanolamine-wood interaction for wood preservation. Holzforschung, 54 (2): 119-122.

Zhou, Y, Fan M, Chen L. 2016. Interface and bonding mechanisms of plant fibre composites: an overview. Composites Part B, 101: 31-45.

Zuraida A, Insyirah Y, Maisarah T, et al. 2018. Influence of fiber treatment on dimensional stabilities of rattan waste composite boards. IOP Conference Series: Materials Science and Engineering, 290 (1): 012029.

第2章 绿色有机胶黏剂合成机制与制造技术

2.1 引　言

有机胶黏剂是一类含有单组分或多组分树脂、弹性体或其他天然有机物分子，具有良好的胶接性能，可根据不同使用要求添加一定的固化剂、助剂等，在一定条件下能将被胶接材料表面紧密胶合在一起的物质。有机胶黏剂的使用历史悠久，早在数千年以前，动物蛋白基等胶黏剂被人类用于胶接建筑材料、生产工具、生活器具等。随着工业革命和社会进步，催生了合成树脂和橡胶等胶接强度高、性能稳定、耐久性能优异的黏合物质。这些合成有机物的工业化应用为胶黏剂工业发展开辟了新局面，胶接技术在国民经济建设各个方面发挥着越来越重要的作用。目前，胶黏剂已广泛应用于航空航天、交通运输、建筑工程、电子电器、木材加工、家具制造、医疗器械等领域，与人居生活息息相关。

在木材工业中，无论是家具的装配、制造还是各种木制品的生产都离不开胶黏剂，特别是人造板行业。据有关资料显示，2015 年我国人造板工业胶黏剂的使用量高达 1530 万 t，约占中国木材工业胶黏剂使用总量的 90%。胶黏剂的发展与进步，使原本无法利用的速生材、枝丫材、木材加工剩余物等拥有了自己的价值，人造板行业也因此蓬勃发展。在农林剩余物人造板领域亦是如此，胶黏剂把各个原料单元胶合起来，赋予其新的价值和功能，使其广泛应用于建筑、家具、室内装饰等与人居生活息息相关的领域，避免其被焚烧和废弃还田，在保护环境的同时避免了资源的浪费。

然而，人造板在使用过程中会释放有机挥发物如甲醛等污染室内环境，威胁人体健康。2014 年，据央视报道，我国住宅空气质量严重超标，其中空气中的甲醛含量平均超标 70%~80%。2017 年，中国消费者协会联合浙江省消费者协会对北京 30 户和杭州 53 户装修后住宅的室内空气状况进行检测，发现居室的甲醛浓度超标率高达 70%。根据有关调查显示，我国每年因室内空气污染导致的死亡人数在 11 万人左右。减少人造板及其制品的甲醛的释放量，是营造绿色、安全人居环境的重要保障。人造板中甲醛等有害物释放的根源是胶黏剂，因此，胶黏剂是决定人造板及其制品环保性能的关键。作者团队致力于绿色有机胶黏剂的合成与制备，因材施"胶"，为环保、高性能农林剩余物人造板的制造提供支撑。

2.1.1　人造板用有机胶黏剂的发展

人造板产业的进步与有机胶黏剂的发展和应用密不可分。最早用于制造人造板的胶黏剂为天然高分子有机胶黏剂，包括干酪素胶、血胶、豆胶等，这些有机胶黏剂均为蛋白基胶黏剂。最先用于生产人造板的是干酪素胶，用于制造胶合板。随后，俄国开始使用血胶生产胶合板，该工艺配方传入我国后拥有 30 年以上的使用历史。血胶的主要原料包括猪血和石灰，通过在猪血中加入石灰与血蛋白反应成胶，再使用热压工艺进行胶合板的制造（林业部林业科学研究所林产化学系胶合板组，1955）。但血胶产量低，施胶量大，储存期短，需现配现用，调胶工艺质量难以保障，并且胶合质量一般。相比于动物血蛋白，植物蛋白基胶黏剂原料来源更广泛，且较动物蛋白储存更加方便，操作容易。20 世纪 20 年代，豆胶开始在美国被用于生产胶合板，并在相当长一段时间内是胶合板生产的主要胶种（Liu and Li，2002；Hettiarachchy et al.，1995）。但豆胶固含量低、黏度高、贮存期短、耐水性差等缺陷限制了其在胶合板的应用范围。尽管豆胶在开发之初，和其他蛋白基胶黏剂一样，仅用于胶合板生产，但随着专家、学者、企业等各方的不断努力，豆胶也逐渐用于环保刨花板、纤维板等的制造（Cheng et al.，2004）。

为克服天然有机胶黏剂及其人造板制品的缺陷，20 世纪 30 年代，合成树脂开始被用于制造胶合板，包括酚醛树脂和脲醛树脂胶黏剂（Dunky，1998）。合成树脂均匀性好，性质稳定，储存期长，固化速度快，胶合性能优异，原料来源丰富，为高性能胶合板的稳定生产提供支撑。此外，合成树脂的工业化应用在 40 年代催生并实现了刨花板的工业化生产，并在 60 年代促进了干法纤维板的大规模生产。此后，人造板产业步入快速发展阶段。我国人造板工业用有机胶黏剂的发展情况大体与国外一致，均经历了使用天然蛋白基胶黏剂到合成树脂胶黏剂的过程。截至 2018 年，我国人造板产量约 3 亿 m^3，位居世界首位，占世界总产量的一半以上（张忠涛，2019）。当前用于农林剩余物人造板生产的有机胶黏剂主要包括脲醛树脂和酚醛树脂胶黏剂，也包括部分异氰酸酯、三聚氰胺甲醛树脂以及豆粕胶黏剂等。这些有机胶黏剂的应用与发展，为人造板产业转型升级及产品功能化提供了有力保障。

2.1.2　脲醛树脂胶黏剂的研究与应用

脲醛树脂是以尿素和甲醛为主要原料，在 1844 年由 B Tollens 成功合成，接着在 1896 年前后，C Goldschmidt 等对其进行相关研究后开始使用。1929 年德国 IG 染料公司研发出了能够应用于木材胶接的脲醛树脂，当时用来生产刨花板和胶合板，1931 开始投入市场，进行销售（顾继友，2012）。脲醛树脂胶黏剂具有原料易得、成本低廉、固化后胶层无色、胶接性能良好等特点。其后，脲醛树脂胶黏剂广泛应用于木材工业，一跃成为了人造板工业以及整个木材工业用量最大的合成树脂胶黏剂。

20 世纪末是国内人造板工业发展的黄金时期。人造板总产量从 1985 年的 161.6 万 m^3，发展到 1990 的 244.6 万 m^3（张齐生和吴盛富，2019）。据统计，该时期的脲醛树脂胶黏剂年产量从 1985 年的 5.14 万 t，发展到 1990 年的 10.04 万 t，五年间产量增长了 95.33%。随后在人造板工业蓬勃发展的带动下，脲醛树脂胶黏剂的消耗量从 2000 年的 92 万 t，发展到 2018 年的 1492 万 t（固体含量按 100% 计）。此外相关数据表明，日本所有的刨花板以及 4/5 的胶合板、德国 3/4 的刨花板、英国全部的刨花板均使用脲醛树脂胶黏剂。

尽管脲醛树脂胶黏剂在人造板工业占据着主导地位，但其存在的缺陷也不容忽视。脲醛树脂胶黏剂含有较多的亲水性基团，使其耐水性能较低，尤其是对于沸水的抵抗力较差、胶层脆性大，易老化等。因此，以脲醛树脂为胶黏剂的人造板产品一般用于室内。此外，脲醛树脂是甲醛类合成树脂胶黏剂，在制胶、热压等过程，特别是人造板及其胶接制品在使用过程中均会释放甲醛，污染室内环境，威胁人体健康（Spengler and Secton，1983）。由于脲醛树脂部分分子结构的不稳定特性以及使用过程外部环境的影响，决定了树脂或其胶接制品的甲醛释放是一个长期缓慢的过程，释放周期较长（Brown，2010）。因此，降低人造板甲醛释放量，提高以脲醛树脂为胶黏剂的人造板环保性能是保障木制品安全使用的关键。

为减少以脲醛树脂为胶黏剂的人造板甲醛释放量、提高板材尺寸稳定性等性能，众多科研工作者针对脲醛树脂使用标准和环保需求，不断对脲醛树脂进行改性研究，获得了大量有益的研究成果。这些改性方法主要包括：降低脲醛树脂中甲醛与尿素（F/U）的物质的量比、改进树脂合成工艺、在人造板制品中添加甲醛捕捉剂、合理选用固化剂等。这些改性方法均能在一定程度上降低脲醛树脂胶接制品的甲醛释放量，但同时也会带来胶接性能下降、贮存期缩短等问题。如何在维持脲醛树脂胶黏剂原有优异性能的情况下提高其环保性能，是脲醛树脂胶黏剂改性研究的热点，也是实现人造板绿色胶合的关键。

2.1.2.1　物质的量比调控对脲醛树脂性能的影响

脲醛树脂胶黏剂及其胶接制品释放甲醛的主要原因包括：①脲醛树脂合成过程中未反应完全的游离甲醛，即在脲醛树脂合成过程中，甲醛和尿素进行可逆平衡反应，甲醛不能被完全反应；②脲醛树脂中的活泼基团，如羟甲基、亚甲基醚等不稳定基团，在树脂制备、储存和固化期间，容易发生反应而重新释放甲醛；③胶接制品在水、热、酸碱性等因素的作用下会分解而释放甲醛（顾继友，1998）。因此，根据脲醛树脂的合成原理，减少甲醛的用量，可以减少未参与反应的游离甲醛含量，并促进反应朝甲醛消耗的方向移动，从而达到降低脲醛树脂游离甲醛含量及人造板制品甲醛释放量的目的。

有研究表明，当甲醛与尿素的物质的量比从 1.6 下降到 1.2 时，刨花板的甲醛释放量也从 5.81mg/L 下降到 0.95mg/L，但物质的量比继续降低到 1.0 时，甲醛释放量反而增加了，而刨花板的内结合强度与静曲强度均随着脲醛树脂物质的量比的降低而减小（表 2-1）（宋飞等，2012）。这说明在一定范围内，降低甲醛与尿素的物质的量比确实能够减少人造板制品甲醛释放量，但是树脂的胶接强度明显下降。这是因为物质的量比降低以后，脲醛树脂中的羟甲基脲数量减少，其分子结构中的羟甲基含量也随之降低，导致脲醛树脂的交联密度低，其胶接强度下降、水溶性变差、贮存期变短等。因此，甲醛与尿素物质的量比（F/U）的减小是有限度的。经典理论认为，脲醛树脂的物质的量比（F/U）应大于 1，这是生成体型结构树脂的必要条件。因为在树脂加成阶段甲醛过量才能保证生成足量一羟、二羟甲基脲，尤其是二羟甲基脲。适当范围内二羟甲基脲越多，树脂交联程度就越高，树脂胶接强度越高、水溶性越好、固化速度越快。有研究发现，人造板甲醛释放量与脲醛树脂物质的量比存在抛物线关系，一定范围内人造板的甲醛释放量随脲醛树脂物质的量比减小而降低，当物质的量比趋近 1 时，甲醛释放量下降的幅度不再明显（Pizzi et al.，1994）。

表 2-1 甲醛与尿素 (F/U) 物质的量比对脲醛树脂制备刨花板性能的影响

甲醛尿素的物质的量比 (F/U)	内结合强度/MPa	静曲强度/MPa	甲醛释放量/ (mg/L)
1.6	0.77	19.9	5.81
1.4	0.71	17.3	4.45
1.2	0.68	16.9	0.95
1.0	0.65	12.6	1.17

2.1.2.2 合成工艺优化对脲醛树脂性能的影响

脲醛树脂合成过程中加成与缩聚反应同时进行，通过控制合成工艺，可以调节加成或缩聚反应的速率，进而控制树脂中不同活性基团的数量、分子量分布以及理化性能等。

在脲醛树脂合成中，当甲醛与尿素的物质的量比一致时，采用多次缩聚工艺，即甲醛一次添加，对尿素进行多次投料，能够降低树脂的游离甲醛含量。目前，常用的脲醛树脂合成工艺是尿素分三次或四次投料，一般不超过四次，加料次数过多会导致制胶效率下降，不利于生产。对尿素进行多次投料，在加入第一批尿素时，甲醛的量相对较多，此时甲醛与尿素的物质的量比一般大于 2.0，能够生成较多的二羟甲基脲，甚至三羟甲基脲；加入第二批尿素后，一般此时的物质的量比大于 1.4，此步骤有助于羟甲基化合物等缩聚交联；最后加入剩下的尿素，用于反应缩聚过程释放出来的以及体系中未反应完全的甲醛。此外，对初期脲醛树脂进行脱水处理，也能达到降低树脂游离甲醛含量的目的，这是因为对脲醛树脂进行减压脱水，甲醛会同水分一起被蒸发出去（李东光，2002）。

固定甲醛与尿素的总物质的量比为 1.05，采用 "碱—酸—碱" 工艺，尿素分四次加入制备脲醛树脂。研究发现随着第一批尿素用量的增加，第一阶段体系的物质的量比降低，树脂中的甲醛含量变化很小，但其胶接强度先增大后减小，在物质的量比为 2.05 处最大。固定第一阶段的物质的量比为 2.05，当第二批尿素用量增加时，树脂甲醛含量减少、胶接强度增大，当第二阶段物质的量比大于 1.40 时，甲醛含量下降的速度较平缓，因此固定第二阶段物质的量比为 1.40。在第三批加入尿素时，树脂的甲醛含量和胶接强度均随物质的量比的降低而下降，因此选择物质的量比为 1.14 时，可达到降醛的效果并且对胶接强度影响小。最后合成的脲醛树脂中游离甲醛含量仅为 0.067%，符合相关国家标准要求（邱俊等，2017；张长武等，2000）。

脲醛树脂合成过程 pH 直接影响反应的速率和产物类型。传统的 "弱碱—弱酸—弱碱" 工艺一直沿用至今，甲醛与尿素首先在弱碱性介质中反应，当 pH 大于 7.5 时，加成反应占据优势，且 pH 越大反应速度越快，但是当 pH 升至 11~13 时，生成一羟、二羟甲基脲的速度非常慢，导致树脂中未参与反应的甲醛增加。因此加成反应阶段的 pH 一般为 7~8，反应速度既不会太快也不会太慢，便于操作。研究发现，当加成阶段的 pH 上升时，树脂的游离甲醛含量增加，因此选择 pH 低一点的弱碱性条件更好；加成阶段随着温度的上升，甲醛和羟甲基消耗得更多，树脂的游离甲醛含量、制备的人造板甲醛释放量都有所下降，因此适当提高加成阶段的温度有助于减少人造板甲醛释放量；而胶黏剂合成的反应时间对人造板甲醛释放量的影响没有明显的规律可循，选择适中的反应时间即可（韩书广和吴羽飞，2005）。

缩聚阶段反应 pH 的控制非常关键。酸性条件可加快缩聚反应速度，促进羟甲基化合物、甲醛等脱水缩合，形成能使树脂分子链增长的亚甲基键，但体系 pH 过低（<3.5），会引起反应速度过快，导致凝胶，使得脲醛树脂失去其应用性。因此缩聚阶段的 pH 一般为 4.7~6.0。研究发现，当固定反应温度时，缩聚阶段 pH 的减小对脲醛树脂中游离甲醛含量的影响较小。但是树脂的稳定性却明显下降，当 pH≤4.0 时，极易发生凝胶现象（赵厚宽等，2017）。当固定缩聚阶段 pH 时，随着反应温度的升高，脲醛树脂中游离甲醛含量也随之下降，但树脂的固体含量和黏度随之增大，不利于树脂的贮存，因此，酸性缩聚阶段温度的选择应保持在一定范围（表 2-2）。

表 2-2　反应温度对脲醛树脂性能的影响

温度/℃	游离甲醛含量/%	固体含量/%	固化时间/s	黏度/s
80	0.23	53.03	115	12.95
85	0.22	53.87	103	14.07
90	0.21	54.92	95	15.13
95	0.18	55.32	72	16.24
100	0.18	55.64	67	19.33

还有一种基于糠醛理论的"强酸—弱酸—弱碱"工艺，利用该工艺也能有效降低脲醛树脂的游离甲醛含量及其人造板制品的甲醛释放量。在强酸工艺条件下，尿素与甲醛反应可生成稳定的 Uron 环分子。Uron 环是一种较稳定的物质，难以逆向分解，所以该工艺具有降低树脂中游离甲醛含量的作用。如表 2-3 所示，为常规工艺和强酸工艺对树脂中游离甲醛含量的影响。在物质的量比相同的前提下，强酸工艺合成的脲醛树脂中游离甲醛含量和羟甲基含量都小于常规工艺，降醛效果明显。但是强酸条件下，必须同时控制好反应 pH、温度、尿素的加料速度、颗粒大小，并且甲醛与尿素的物质的量比要足够大，才能合成 Uron 环结构，但是其制备过程容易发生凝胶（张运明和刘幽燕，2013；张铭等，2006）。该工艺操作要求高，不便于工业化生产，因此国内很少有厂家采用。

表 2-3　合成工艺路线对脲醛树脂性能的影响

类别	物质的量比（F/U）	游离甲醛含量/%	羟甲基含量/%
普通树脂	1.4	0.453	10.78
Uron 树脂		0.301	8.29
普通树脂	1.3	0.378	9.75
Uron 树脂		0.278	7.67

2.1.2.3　甲醛捕捉改性剂的引入对脲醛树脂性能的影响

甲醛捕捉剂能够通过化学吸收或物理吸附作用，缓解或消除人造板甲醛释放隐患。实践证明，在脲醛树脂合成时添加甲醛捕捉剂（单独或混合使用多种添加剂），能有效降低树脂的游离甲醛含量，并具有提高树脂其他性能的潜力。寻找高效、经济、环保的甲醛捕捉剂也是人造板环保改性领域关注的热点之一。常用于脲醛树脂的甲醛捕捉剂有以下三类：①有机化合物，如三聚氰胺、聚乙烯醇、尿素、酚类化合物（苯酚、间苯二酚等）、酰胺类化合物等；②纳米材料，如纳米 SiO_2、纳米 TiO_2、纳米蒙脱土等。纳米粒子直径小、比表面积大、吸附能力强，对甲醛有物理吸附作用或化学吸收作用，所以一些纳米材料具有降醛效果（俞丽珍等，2014）；③天然物质，如蛋白质、淀粉、单宁、酵素等。许多天然高分子物质进行处理后能够与甲醛发生反应，从而起到降醛作用（张本刚等，2018；张希超，2015）。

目前，制备脲醛树脂时应用最多、效果最好的甲醛捕捉剂是三聚氰胺。三聚氰胺的三氮杂环上有 3 个活泼的氨基（—NH_2），6 个 H 原子都显活性，因此 1mol 的三聚氰胺最多能吸收 6mol 的甲醛，生成稳定的羟甲基三聚氰胺，起到快速捕捉甲醛的作用（图 2-1）。此外，由于三聚氰胺是一种碱性化合物，添加到树脂可以中和胶液中的酸，降低树脂分子的降解速度，减少人造板甲醛释放量。

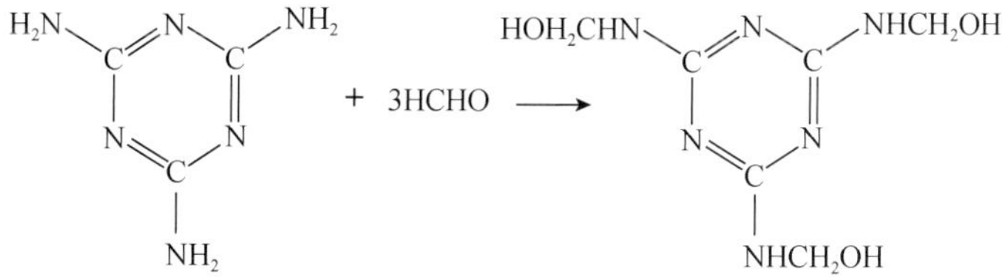

图 2-1　三聚氰胺羟甲基化反应

三聚氰胺添加方式和添加用量对脲醛树脂性能具有显著的影响。固定甲醛与尿素的物质的量比为 1.1，将三聚氰胺与脲醛树脂分别进行共聚、共混实验。共聚时，当三聚氰胺用量（相对尿素的质量）从 1% 增加至 5% 后，游离甲醛含量从 0.32% 降至 0.13%，固化时间也随着三聚氰胺用量的增加而延长（表 2-4）；共混时，当 MF/UF 的比值从 0.2 增加至 0.5 后，游离甲醛含量从 0.12% 降至 0.05%，降醛效果明显，但贮存期也明显变短（朱丽滨等，2009）。使用三聚氰胺甲醛树脂与脲醛树脂共混操作相对困难，并且三聚氰胺用量大、成本高，因此工业化应用较少。而在脲醛树脂中加入少量三聚氰胺进行共聚，几乎对脲醛树脂合成工艺没有显著影响，且能改善其性能，因此应用较为广泛。

表 2-4　共聚过程三聚氰胺用量对脲醛树脂性能的影响

三聚氰胺用量/%	黏度/s	固化时间/s	游离甲醛含量/%
1	12.9	82	0.32
2	13.2	83	0.24
3	13.9	85	0.21
4	14.3	86	0.10
5	15.4	88	0.13

2.1.2.4 固化剂选用对脲醛树脂及人造板性能的影响

固化剂的使用不仅能加速脲醛树脂的固化，还能提高树脂及其人造板性能，并且也有降醛的作用。通常，为了延长脲醛树脂的贮存期，将合成后的脲醛树脂调成弱碱性再贮存，在使用之前再加入固化剂，促进树脂的缩聚反应。一般添加酸性或强酸弱碱盐类固化剂，将脲醛树脂所处的介质环境调至酸性，提高固化速度，从而减少亚甲基醚键、羟甲基的分解，达到降醛的目的。常用的脲醛树脂固化剂有 NH_4Cl 与 $(NH_4)_2SO_4$，这两种固化剂对脲醛树脂的固化效果没有明显差别，但以 $(NH_4)_2SO_4$ 为固化剂的脲醛树脂具有更低的固化温度。固化剂的用量在 $1\% \sim 2\%$ 较合适，过量固化剂的存在会降低胶黏剂的性能。此外，固化剂的种类和组合配比也会影响脲醛树脂固化起始温度和固化速率。实验发现，单纯增加固化剂用量对脲醛树脂固化起始温度、固化速率等没有显著影响，但过量固化剂的引入将导致树脂产生热解，从而降低树脂的机械性能。并且较高甲醛与尿素物质的量比的脲醛树脂对固化剂用量改变的反应更为灵敏（杜官本等，2009）。

为探索固化剂对脲醛树脂制备人造板甲醛释放量的影响，有研究在树脂固化阶段，分别选用多种固化剂压制胶合板，再检测其甲醛释放量，结果见表 2-5（赵佳宁等，2013）。实验表明，在单组分固化剂中，过氧化氢降醛效果优于氯化铵，且随着过氧化氢用量的增加，人造板甲醛释放量也随之下降；在复合多组分固化剂中，由于磷酸二氢铵是强酸弱碱盐，呈酸性，促进了树脂分子的降解，因此以磷酸二氢铵为固化剂的人造板甲醛释放量高。通过调配并使用复合固化剂，可以控制脲醛树脂的固化速度和适用期，既能维持胶合板原有的胶合强度，还能有效降低人造板的甲醛释放量。

表 2-5 固化剂对人造板甲醛释放量的影响

固化剂	固化剂∶UF	甲醛释放量/（mg/L）	固化时间/s
过氧化氢	1∶100	2.04	210
过氧化氢	3∶100	1.06	118.8
过氧化氢	5∶100	0.81	107.4
氯化铵		1.42	62.2
氯化铝+聚乙二醇+磷酸二氢铵+聚醋酸乙烯酯乳液		1.93	87
尿素+柠檬酸+磷酸二氢铵+聚醋酸乙烯酯乳液	1∶5	1.50	39
氯化铝+硫酸铝+聚乙二醇+磷酸二氢铵		1.97	37.4
尿素+氯化铵+硫酸铝		0.68	54.8

综上所述，通过优化脲醛树脂胶黏剂的合成工艺，添加甲醛捕捉剂，合理选择固化剂等均能在一定程度上降低人造板的甲醛释放量。但这些方法又会以降低脲醛树脂的胶接强度或增加生产成本为代价。因此，在保证脲醛树脂胶黏剂优异性能的同时，降低脲醛树脂中的游离甲醛含量及其胶接制品的甲醛释放量一直是本领域专家、学者等努力的方向。

2.1.3　酚醛树脂胶黏剂的研究与应用

酚醛树脂的发展已经有一百多年的历史。酚醛树脂首先出现在 1872 年的德国，由 Baeyer 在实验室利用苯酚与甲醛反应制得（Tobiason，1900）。1910 年，美国化学家 Backeland 提出了酚醛树脂"加压、加热"固化专利，酚醛树脂从此走向工业化生产道路（隋月梅，2011）。在木材工业中，酚醛树脂被广泛应用于生产耐水的 I 类胶合板、装饰胶合板、木材层积塑料及纤维板制造等方面（黄发荣和焦杨声，2003）。近年来，家具行业和建筑行业发展迅速。我国正处于快速发展时期，集装箱底板、混凝土模板、多层实木复合地板的生产量日益增加，对酚醛树脂的需求量也逐年上升，高性能、低成本、环保性能优异的酚醛树脂胶黏剂逐渐成为研究焦点（顾继友，2006）。

酚醛树脂胶黏剂因其胶接性能优异，耐水、耐候性能较好，化学性质稳定等优点，广泛应用于室外用木制品加工领域。随着我国木材工业的快速发展，酚醛树脂胶黏剂的使用量从 2006 年的 25 万 t 增加到了 2015 年的 138 万 t，年均增长率超过 10%（张忠涛和王雨，2017）。然而，酚醛树脂胶黏剂在使用过程中仍有一些不足，例如颜色深、成本比脲醛树脂高、易老化龟裂、固化时间长、固化温度高等影响了其使用范围。因此，降低成本、提高固化速度、降低固化温度等是酚醛树脂胶黏剂在木材工业中应用研究的热点。

合成酚醛树脂的主要原料为苯酚和甲醛，在石化资源日益短缺的环境下，酚醛树脂胶黏剂价格居高不下（张铭洋和金小娟，2012）。此外，苯酚毒性大，酚醛树脂在合成、操作和使用过程中存在的游离苯酚等物质对人身安全和生态环境具有一定的危害（覃族等，2016）。固化后的酚醛树脂，由于其稳定的化学性质，难以进行自然降解，并对以酚醛树脂为胶黏剂的木制品回收利用造成极大困难。因此，寻求来源丰富、可再生的生物质材料替代酚醛树脂合成原料或单体，制备环保型木材工业用胶黏剂已成为一种发展趋势。

采用生物质材料对酚醛树脂进行改性已有大量研究，主要包括糖类物质、植物油、生物质液化物、生物热解油、单宁、木质素等。采用糖类物质改性酚醛树脂主要是利用糖类物质的多元醇羟基结构，该结构在一定条件下能脱水生成羟甲基糠醛而与苯酚和甲醛反应制备酚醛树脂胶黏剂。与糖类物质改性机制相似，植物油主要利用其含有的双键结构能与苯酚反应从而制备改性酚醛树脂（黄世俊，2016）。但糖类或者植物油并不能作为苯酚的替代物，其用量较少，制备的酚醛树脂性能仅在特定方面有所提高。生物质液化物则是以苯酚为溶剂，在一定条件下将生物质原料转变为液态产物（张求慧和赵广杰，2009）。由于需使用苯酚作溶剂，使得其应用受到限制。生物热解油是将生物质原料快速热裂解后冷凝回收得到的产物，含有丰富的活性酚类、酮类、醛类等物质（Wang et al.，2015）。虽然其含有的活性成分能替代部分苯酚制备生物质酚醛树脂胶黏剂，但热解油的分离提纯工艺复杂，并且热解得到的产物在使用前还需进一步化学处理，导致其成本较高（Wang et al.，2012）。

天然多酚类聚合物与酚醛树脂有相似的化学结构，利用其代替苯酚制备生物基酚醛树脂胶黏剂具有较大潜力。单宁是一种广泛存在于树皮的高分子多元酚类化合物，其与甲醛反应活性较高，因而可在酚醛树脂中用作甲醛捕捉剂（Hoong et al.，2010）。采用落叶松树皮粉分离出的单宁（T）与苯酚（P）以质量比为 3:7 混合，在 Na_2SO_3、$CaSO_3$ 和 NaOH 作用下可以实现单宁的高温活化，从而制备落叶松树皮单宁-苯酚（PT）活化液，并用于改性酚醛树脂胶黏剂的制备，改性后的酚醛树脂胶黏剂可用于生产 E_0 级室外型胶合板（刘美红等，2014）。但大量单宁的添加，会导致单宁基酚醛树脂胶黏剂黏度过高、储存期较短等而限制其应用。相比较单宁，木质素来源更为丰富，全球每年仅制浆工业就能产生超过 5000 万 t 木质素（贾转等，2018）。木质素是一种网状结构的多酚类聚合物，但其结构过于复杂，性能差异大，反应活性低，使得木质素基酚醛树脂的合成和性能不稳定，因此目前仍难以进行工业化应用。为了提高木质素原料的使用量及木质素基酚醛树脂胶黏剂的性能，需对木质素进行活化处理，包括木质素羟甲基化（Khan and Ashraf, 2005; Nihat and Nilgül, 2002）、木质素酚化（Podschun et al., 2015）、木质素脱甲氧基（Song et al., 2016）、木质素降解改性（Vithanage et al., 2017）等。这些活化方法能在一定程度上提高木质素的反应活性，但对木质素种类具有选择性，并且不能满足木质素替代比例及胶黏剂性能的要求。

采用其他有机物与酚醛树脂进行共聚能在一定程度上提高其性能。利用戊二醛和乙二醛与苯酚之间的反应活性，可以制备改性酚醛树脂胶黏剂。用其压制胶合板，并对其相关性能进行检测发现，乙二醛可以显著降低酚醛树脂（甲醛与苯酚物质的量比值 1.5）中游离酚的含量，从 3.60% 降低到 1.43%，并且可以降低胶合板的甲醛释放量（从 3mg/L 降到 0.77mg/L）。胶合板的胶合强度（1.42MPa）仍可满足国家 I 类胶合板性能要求（张晓鑫，2013）。此外，有研究采用环氧树脂来改性甲酚副产物，并以此合成酚醛树脂胶黏剂，当环氧树脂与酚醛树脂的质量比为 7:3 时，制得的改性酚醛树脂胶黏剂固含量为 55.6%，pH 为 9.7，黏度为 1621mPa·s，胶黏剂的黏结性能较好，并且具有良好的储存稳定性（王有朋等，2018）。尽管共聚反应在酚醛树脂胶黏剂改性领域取得了较多的有益效果，但其会导致酚醛树脂成本也相应提高，不利于工业化推广。

在酚醛树脂合成过程引入催化剂，有望在不增加其成本的情况下，提高酚醛树脂的性能。当以 Ba(OH)$_2$ 和 NaOH 为复合催化剂时，通过分步加入甲醛的方法制备酚醛树脂胶黏剂，发现随着 Ba(OH)$_2$ 加入温度从 40℃ 升高至 80℃ 时，胶黏剂的黏度逐渐从 9100mPa·s 降低到 3400mPa·s，水溶性倍数逐渐从 0.39 增大到 0.74，但其固化时间也会从 12.5min 逐渐延长至 15min（龙柯全等，2015）。而采用稀土催化合成植物多酚改性酚醛树脂，发现与 NaOH 催化剂相比，稀土金属催化剂制备的酚醛树脂胶黏剂其胶合板的胶合强度提高了约 13%（叶瀚梦等，2015）。此外，复合催化剂可以克服单一催化剂在一些性能改善方面的不足。例如，采用 CaO 和 NaOH 为复合催化剂制备尿素改性酚醛树脂胶黏剂，根据尿素添加量的变化可以调控酚醛树脂的储存期，胶黏剂的储存期均可达 30 天以上，最长的可达 5 个月，并且以其制备的胶合板胶合强度符合 I 类或 II 类胶合板要求，板材甲醛释放量符合 E_0 级标准（王荣兴等，2018；赵临五等，2011）。

寻求一种合适的生物质材料，既含有能替代苯酚等合成酚醛树脂的原料，又能起到游离酚、游离醛的有效固着，对开发环保型酚醛树脂胶黏剂具有深远意义。此外，开发新型催化剂，在酚醛树脂合成及固化阶段，降低酚醛树脂固化温度，缩短其固化时间，也是扩大酚醛树脂应用领域的关键。

2.1.4　其他人造板用有机胶黏剂的研究与应用

2.1.4.1　异氰酸酯胶黏剂

异氰酸酯胶黏剂是当前生产无醛人造板的主要有机胶种。异氰酸酯在第二次世界大战期间开始应用，几乎可以粘接任何物质。异氰酸酯胶黏剂中含有高反应活性的异氰酸酯基团（—NCO），异氰酸酯基团可与羟基等反应，在人造板胶合过程，这种特性一方面可与木质及非木质纤维素原料如竹材、秸秆、棉秆等大分子发生化学键合，另一方面还可以与水直接反应（王志玲和王正，2004）。异氰酸酯能够与木质单元产生化学键结合，具有比传统有机胶黏剂更优异的性能，包括胶接强度高、固化时间短、耐水耐候性能优异等特点，并且以其生产的人造板无甲醛释放（人造板甲醛释放量接近天然原木）。但是异氰酸酯合成工艺复杂、合成条件苛刻，导致其价格长期以来高居不下。此外，异氰酸酯胶黏剂在制备和使用过程中，还会黏附设备，给生产带来不便。

异氰酸酯价格昂贵，因此在人造板生产过程中其施胶量一般不到4%，远低于使用脲醛树脂胶黏剂时的10%或更高。刨花板生产工艺流程通常是先干燥后施胶。使用异氰酸酯生产刨花板，将施胶后的刨花铺装成板坯，由于板坯含胶率低，且异氰酸酯本身的初黏性不足，导致板坯在运输过程容易出现边部塌陷等现象。此外，板坯在进入热压机时，由于自身强度不够，往往会出现表层缺料或板材密度不均匀等现象，加大了砂光量。这使得在使用异氰酸酯生产刨花板时的效率显著低于脲醛树脂胶黏剂。而在纤维板生产过程中，采用的是先施胶后干燥工艺，纤维磨浆以后进行施胶。此时是纤维浆状态，木纤维含水率高，导致异氰酸酯与水发生大量的副反应，利用效率低。

由于异氰酸酯施胶量低，人造板板坯含水率也低，板坯的可压缩性不及其他有机胶黏剂。因此，很难使用异氰酸酯生产高密度人造板。此外，以异氰酸酯生产的无醛板通常脆性大，板材容易变形，并且由于施胶量少，会带来板材锯开后快速吸湿、吸潮等现象，严重影响其加工性能。

在人造板工业中，异氰酸酯的改性研究包括物理和化学改性，主要用于提高其初黏性、固化速度、水溶性等。开发适用于人造板生产的专用异氰酸酯胶黏剂也是无甲醛添加人造板制造研究中的热点。

2.1.4.2　豆粕胶黏剂

豆粕中的蛋白质含量为45%左右，来源于大豆工业的加工副产物，价格相对低廉，是目前天然有机胶黏剂中应用相对较广泛的一种。尽管豆粕胶的使用历史悠久，但合成树脂胶黏剂工业化应用以来，逐渐减少了豆粕胶的使用。随着人们对可持续发展的关注，豆粕胶黏剂又重新成为了研究和应用热点。豆粕胶在环保胶合板、细木工板等领域使用较为广泛，国内数家较大知名胶合板企业均在使用。但在刨花板和纤维板等农林剩余物人造板生产中使用较少，主要归因于豆粕胶黏剂的固含量低、黏度高、固化速度慢、耐水性差等不足。豆粕胶的改性主要集中在对其主要成分大豆蛋白的改性研究中，这些改性方法包括碱处理、脲处理、酰化和交联改性等（高强等，2008）。

单纯使用豆粕胶生产刨花板或者纤维板，在延长热压时间、增加施胶量的基础上，可以达到国家标准（GB/T 11718—2009）中干燥状态下使用的家具型中密度纤维板性能要求（黄精明等，2015）。因此，豆粕胶黏剂通常作为添加剂或填料用于刨花板或纤维板生产，以提高板坯强度、降低板材甲醛释放量等。

其他有机胶黏剂如三聚氰胺甲醛树脂由于其储存期短、价格相对昂贵、脆性大、固化速度慢等特点，目前在农林剩余物人造板生产中未广泛应用。三聚氰胺甲醛树脂胶黏剂及其改性产物主要用于浸渍纸生产（黄帅，2015）。淀粉基胶黏剂存在与豆粕胶黏剂类似的问题，并且防水性能不如前者，因此也很少直接使用，通常用作添加剂或填料。总体而言，农林剩余物人造板生产中使用最广泛的胶黏剂仍然是脲醛树脂及其改性胶黏剂，少量异氰酸酯和其他防水型合成树脂胶黏剂，以及部分用作添加剂或改性剂的天然有机胶黏剂。未来有机胶黏剂的发展方向仍集中在低成本、高分散性、优异的操作性、快速固化、高胶合强度、耐水防潮等研究。

2.2　低醛环保脲醛树脂胶黏剂

脲醛树脂胶黏剂具有制备工艺简单、胶接性能优良、固化速度快、生产成本低廉等优势，被广泛应用于刨花板、中密度纤维板、胶合板等人造板和室内家居、家具、装饰等行业，约占整个木材胶黏剂消耗总量的80%以上。但脲醛树脂胶黏剂的耐水性、耐候性相对较差，因此用其胶接的木制品一般用于室内，例如木地板、衣柜、书桌等家具与室内装饰材料。但脲醛树脂中存在未反应完全的游离甲醛且脲醛树脂本身不稳定，在使用过程中容易受到环境影响而发生分解，致使其胶接制品在使用过程中持续有甲醛释放。为了促进木材工业的绿色发展并提高脲醛树脂胶黏剂的环保性能，科研单位、高校、企业等均对脲醛树脂胶黏剂的制备及改性等进行了大量探索，通过改良胶黏剂合成工艺和配方，研发胶接性能优良、低毒、符合环保要求的绿色环保型脲醛树脂胶黏剂。

为提高脲醛树脂胶黏剂的环保、耐水等性能，促进农林剩余物人造板工业的绿色发展，作者对脲醛树脂合成理论、改性及性能调控进行了大量研究。脲醛树脂合成的起始反应是由尿素及甲醛分子单体进行加成反应，在反应过程中尿素的氨基（—NH$_2$）与醛基（—CHO）反应生成羟甲基（—CH$_2$OH）产物，再通过羟甲基之间、羟甲基与氨基及醛基等活性基团之间经过一定反应最终形成具有一定分子量的大分子。在脲醛树脂的合成过程中，所有反应均同时进行，没有明显的先后顺序，各种反应中间体相互交联的速率与反应环境（pH、温度等）密切相关。对此，在脲醛树脂合成过程引入富含氨基（—NH$_2$）、醛基（—CHO）、羟基（—OH）、羧基（—COOH）等的分子或物质，均能在一定程度上与脲醛树脂合成单体及中间产物发生一定的化学交联，形成分子共聚结构及相应的高分子产物。

富含氨基（—NH$_2$）的典型小分子主要包括三聚氰胺、双氰胺等，其中以三聚氰胺最为常见。三聚氰胺分子含有三个氨基（—NH$_2$），其反应活性高于尿素中的氨基（—NH$_2$）。并且三聚氰胺含有三氮杂环结构，自身稳定性也高于尿素。三聚氰胺与甲醛的反应过程与尿素类似，且反应速率明显高于后者，因此，在脲醛树脂合成过程中引入三聚氰胺，可以促进甲醛分子、羟甲基化产物等与三聚氰胺发生化学交联，形成相应的大分子产物，最终实现尿素–三聚氰胺–甲醛的共缩聚反应，制备性能优异的改性脲醛树脂胶黏剂。对三聚氰胺的引入节点及其反应环境的调控，是控制分子选择交联的关键。此外，自然界也不乏富含氨基（—NH$_2$）的生物质大分子，如蛋白质。如果将脲醛树脂分子结构简化，忽略支链和二甲基醚链节等，可以得到模型化合物——亚甲基多脲。亚甲基多脲与蛋白质多肽分子结构非常相似，多肽分子结构是由亚甲基和肽基交替构成的，而亚甲基多脲可看作由亚甲基和取代脲交替结构组成。这种结构的相似性表明脲醛树脂的合成、缩聚与蛋白质分子的形成过程类似，都会消耗氢键并失去水分子。因此，在脲醛树脂合成过程中引入蛋白质基或富含蛋白质的生物质材料，同时参与尿素、甲醛及其反应中间产物（羟甲基脲及其衍生物）的交联反应，消耗尿素分子与其中间产物的氢键，杂化脲醛树脂分子链结构，最终形成蛋白质多肽分子–脲醛树脂共聚结构胶黏剂。

　　除在脲醛树脂合成过程中引入不同来源的氨基（—NH$_2$）反应物与树脂分子进行交联，还可引入其他醛基（—CHO）物质替换或部分替换甲醛。例如，引入乙二醛也可与尿素及脲醛树脂分子发生加成反应，形成类似的反应中间体。但乙二醛与甲醛均为化工原料，而使用天然醛基产物或来源则能提高脲醛树脂的环保性能。富含醛基的物质在脲醛树脂合成过程的反应与甲醛类似，均可与尿素小分子及羟甲基产物等反应中间体进行化学交联，也可通过调控反应环境等来控制反应的进行，最终形成大分子产物。

　　对脲醛树脂合成反应的氨基（—NH$_2$）和醛基（—CHO）等来源进行替换，可以从源头上减少甲醛等化工原料的使用，并从树脂分子结构调控等方面提高其稳定性，从而减少胶黏剂的游离甲醛含量及其人造板的甲醛释放量。此外，在脲醛树脂合成或固化过程，引入性质稳定并带有高反应活性基团的化合物或分子，也能起到提高树脂稳定性，降低人造板甲醛释放量的效果，例如环氧树脂、异氰酸酯等。异氰酸酯基团（—NCO）本身反应活性高，几乎能与脲醛树脂合成各阶段的产物或单体进行反应，生成性质稳定的聚脲等结构。通过异氰酸酯基团（—NCO）与脲醛树脂末端羟甲基等不稳定结构的反应，可以提高其稳定性，减少甲醛释放量，提高人造板的环保性能。

　　基于上述基本假设，脲醛树脂合成、改性及其分子结构强化均与反应过程分子的选择交联密切相关，包括反应单体及其中间产物与氨基（—NH$_2$）、醛基（—CHO）、羟基（—OH）、羧基（—COOH）、异氰酸酯基（—NCO）等的交联反应。在此基础上，通过调控反应环境，实现脲醛树脂合成过程中树脂分子与不同来源的氨基（—NH$_2$）、醛基（—CHO）、异氰酸酯基（—NCO）等进行选择交联，阐明甲醛控释机制；并对脲醛树脂中的有序结构进行解析，阐明分子交联结构的结晶特性，为研发性能优良、低醛、符合环保要求的绿色脲醛树脂胶黏剂提供支撑，助力人造板产业转型升级。

2.2.1　三聚氰胺改性低醛脲醛树脂胶黏剂

　　三聚氰胺（M）含有活性的氨基（—NH$_2$）基团，可与甲醛等反应，与尿素类似，均会先生成羟甲基化合物，然后再进行交联形成大分子产物。此外，三聚氰胺与尿素相比，具有更多的高反应活性氨基（—NH$_2$）基团，这些基团可以与更多的甲醛发生加成反应生成羟甲基三聚氰胺，并参与后续的缩聚反应。引入三聚氰胺后的脲醛树脂，由于三聚氰胺与尿素的反应官能团相同，三者（三聚氰胺、尿素、甲醛）可以发生共聚反应，由羟甲基三聚氰胺与脲醛树脂中的羟甲基脲进行缩聚，形成交联度高、结构紧密的树脂结构，能有效封闭树脂末端的羟甲基，进一步提高脲醛树脂的稳定性，降低人造板的甲醛释放量（Halvarsson et al.，2008；Angelatos et al.，2004）。三聚氰胺也是目前脲醛树脂改性研究与应用中使用最广泛的物质。但常规脲醛树脂合成中三聚氰胺的添加量一般较少，首先是三聚氰胺几乎不溶于水，过量三聚氰胺的引入会导致胶黏剂的水溶性下降，影响人造板施胶工段及板材质量；其次，三聚氰胺与甲醛的反应活性高，大量在脲醛树脂体系引入三聚氰胺会导致其合成反应速度过快、不易控制，并容易凝胶，导致胶黏剂贮存期显著缩短等问题。此外，三聚氰胺的价格是尿素的三倍以上，过量三聚氰胺的引入将会显著提高胶黏剂的成本。因此，如何引入适当比例的三聚氰胺与脲醛树脂分子高效交联，提高胶黏剂的综合性能，是科学研究及工业化应用的关键。

2.2.1.1 三聚氰胺改性脲醛树脂胶黏剂的制备

1）制备方法

本研究固定脲醛树脂中甲醛与尿素（F/U）物质的量之比为1.0，设置三聚氰胺添加量为胶黏剂质量的0.0%、0.5%、1.0%和1.5%。三聚氰胺改性脲醛树脂胶黏剂的合成采用传统的"碱-酸-碱"工艺，尿素分三次（U1、U2、U3分别为U总质量的73.2%、15.3%、11.5%）加入，三聚氰胺（M）在反应初期与第一部分尿素（U1）一同加入。具体工艺流程如下：

在四口烧瓶中加入37%的甲醛溶液，水浴加热升温，使用30wt%的NaOH水溶液调节甲醛pH至8.0~8.5，在温度达到（45±2）℃后保温10min；然后向四口烧瓶中加入U1和三聚氰胺（M），继续升温至90℃左右，保温40min；保温结束后，用20wt%的甲酸溶液调节pH至4.7~5.0，在温度为92℃条件下继续反应，反应过程中使用胶头滴管吸取脲醛树脂胶液滴入清水，当树脂在水中出现白雾不散现象后，将反应温度降温至80℃左右；用30wt%的NaOH水溶液调pH至8.0~8.5，加入U2，反应20min后；再用30wt%的NaOH水溶液将pH调至弱碱性，加入U3，继续搅拌使尿素反应完全，最后将脲醛树脂降至常温后出胶。

2）性能表征

胶黏剂性能测试：脲醛树脂的黏度、固体含量、游离甲醛含量等均按照国家标准GB/T 14074—2017《木材工业用胶粘剂及其树脂检验方法》进行测试。并使用三聚氰胺改性脲醛树脂胶黏剂压制纤维板，探索其胶合性能。纤维板的制备以桉木纤维（取自广西丰林人造板有限公司）为原料，含水率约10%。纤维板的设计密度和厚度分别为750kg/m^{3}及12mm，施胶量为13%。板材的热压温度、热压时间、最大加压压力分别为195℃、270s，以及6.0MPa，每组胶黏剂压制2块纤维板。纤维板的物理力学性能及甲醛释放量测试按照GB/T 17657—2013《人造板及饰面人造板理化性能试验方法》进行测定。

化学基团测试：采用傅里叶红外光谱仪检测并分析树脂的化学基团。将待测树脂样品烘干至恒重（120℃条件下），然后研磨成粉末（200 目），使用溴化钾压片法制备样品，在日本岛津（SHIMADZU） IRTrace-100 红外光谱仪中进行测试，扫描范围为 $500 \sim 4000 cm^{-1}$，图谱分辨率为 $0.5 cm^{-1}$，数据间隔为 $4 cm^{-1}$，每一个光谱曲线均来源于 20 次扫描的平均值。

热性能测试：采用差示扫描量热测试脲醛树脂的固化性能，在美国 TA 仪器有限公司生产的 DSC25 差示扫描热分析系统上以 5℃/min 的升温速率对液体树脂样品进行测试，扫描范围为 $30 \sim 220℃$，进样量约为 5mg。采用热重分析脲醛树脂的热稳定性，使用美国 TA 仪器有限公司生产的 TGA55 进行测试，测试过程选用氮气氛围，设置的升温速率为 15℃/min，测试范围为 $30 \sim 790℃$，进样量约为 8mg。

结晶度测试：脲醛树脂的 X 射线衍射图谱采用 Cu Kα（$\lambda = 1.5418 Å$） 射线衍射仪（Ultima IV，日本 Rigaku 公司） 在 40kV 和 40mA 下，以 10°/min 扫描速度在 2θ 为 10° ~ 90°范围内进行采集。所有样品粉末采用无反射单晶硅样品架进行测试。

2.2.1.2　三聚氰胺改性对脲醛树脂理化性能的影响

图 2-2 为不同三聚氰胺添加量改性对脲醛树脂理化性能的影响。脲醛树脂的黏度随三聚氰胺的引入而增大，当三聚氰胺用量为 0.5% 时，脲醛树脂的黏度由 $21 mPa \cdot s$ 上升至 $26 mPa \cdot s$，黏度上升幅度并不显著。由于三聚氰胺与甲醛和尿素反应形成三聚氰胺-尿素-甲醛共缩聚树脂（MUF），提升了胶黏剂分子的交联度，使得其黏度增加。但随着三聚氰胺用量的增加，其黏度变化并不显著，这可能由于胶黏剂合成过程终点黏度控制一致所致。然而脲醛树脂的固化时间却随着三聚氰胺用量的增加而呈逐渐延长趋势，三聚氰胺加入量为 1.5% 时，其固化时间延长至 102s。三聚氰胺引入脲醛树脂体系后，其活性高于尿素，羟甲基化反应迅速发生，其中 N 原子亲核性不断增强，而尿素的反应活性因此降低，最终使得三聚氰胺改性的脲醛树脂胶黏剂固化速率降低，固化时间延长（金立维等，2005）。脲醛树脂的固含量随着三聚氰胺用量的增加而逐渐增大，当三聚氰胺加入量为 0.0%、0.5%、1.0% 和 1.5% 时，三聚氰胺改性脲醛树脂的固含量分别为 53.7%、53.9%、54.2% 和 54.4%。三聚氰胺的引入还能在一定程度上降低脲醛树脂的游离甲醛含量。本研究选用的脲醛树脂物质的量比（甲醛与尿素物质的量比为 1.0） 较低，制得的纯脲醛树脂中游离甲醛含量为 0.42%，而加入 0.5% 的三聚氰胺改性后，胶黏剂中的游离甲醛含量降低至 0.37%。当三聚氰胺用量增加至 1.0% 时，其游离甲醛含量继续降低至 0.21%。进一步增加三聚氰胺用量以后，其游离甲醛含量基本保持不变，表明三聚氰胺改性对脲醛树脂中游离甲醛含量的降低效果有限，合理调控三聚氰胺用量是其改性脲醛树脂胶黏剂的关键。

2.2.1.3　三聚氰胺改性对脲醛树脂胶合性能的影响

图 2-3 为使用不同三聚氰胺用量改性的脲醛树脂压制的纤维板物理力学性能测试结果。由图可知，在三聚氰胺用量较低的情况下，以不同三聚氰胺用量改性的脲醛树脂制备纤维板，其静曲强度（MOR）、弹性模量（MOE），以及内结合强度（IB） 均无显著差别，分别维持在 50MPa、4460MPa，以及 1.0MPa 左右。但纤维板的 24h 吸水厚度膨胀率（TS）

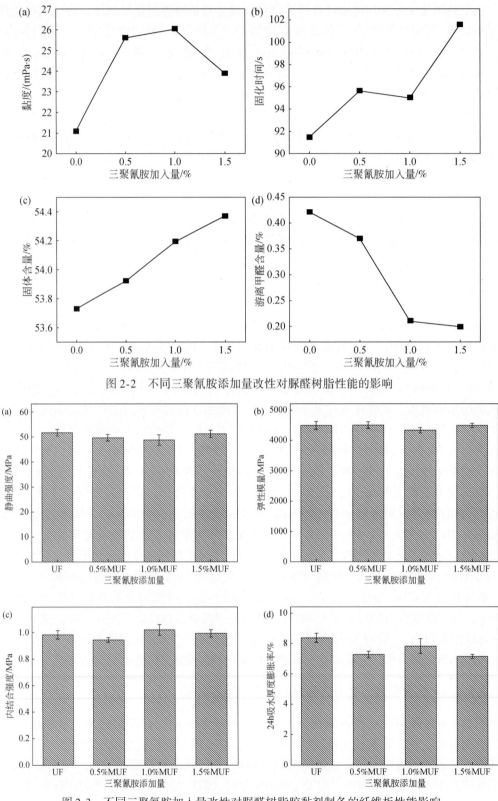

图 2-2 不同三聚氰胺添加量改性对脲醛树脂性能的影响

图 2-3 不同三聚氰胺加入量改性对脲醛树脂胶黏剂制备的纤维板性能影响

测试结果表明，随着三聚氰胺用量的增加，板材的防潮防水性能呈逐渐增强的趋势。当三聚氰胺用量由 0.0% 增加至 1.5% 时，纤维板的 24h TS 可由 8.5% 降低至 7.0% 左右。三聚氰胺具有较多活性官能团（—NH₂），生成的羟甲基三聚氰胺又有较高的活性，能与甲醛和尿素继续反应，且羟甲基三聚氰胺还可与羟甲基脲发生缩聚形成三聚氰胺–尿素–甲醛共缩聚树脂，形成较为紧密的化学交联网络结构，可以有效提高脲醛树脂交联度和稳定性，从而提高其纤维板的防水性能（Liu et al.，2009）。此外，当三聚氰胺添加量为 0.0%、0.5%、1.0%、1.5% 时，测得的纤维板甲醛释放量分别为 6.42mg/100g、6.09mg/100g、4.89mg/100g，以及 4.62mg/100g（穿孔萃取法）。人造板的甲醛释放量会随脲醛树脂中三聚氰胺的引入而降低，但甲醛释放量并不随三聚氰胺用量的增加而逐渐下降，当三聚氰胺用量达到一定值时对板材的降醛效果并不显著，这与测得的树脂游离甲醛含量变化趋势相一致。综合考虑胶黏剂性能、施胶工艺，以及生产成本与效率等因素，在使用少量三聚氰胺改性制备脲醛树脂胶黏剂时，选择使用三聚氰胺引入量为胶黏剂质量的 1.0% 时，对普通脲醛树脂的改性较为适宜。

2.2.1.4 三聚氰胺改性对脲醛树脂化学基团的影响

为研究三聚氰胺（M）改性后脲醛树脂中官能团的变化，采用傅里叶变换红外光谱仪（FTIR）对不同三聚氰胺用量改性的脲醛树脂进行表征分析，结果如图 2-4 所示。脲醛树脂中含有大量的羟基（—OH）和氨基（—NH₂），图中位于 3300~3400cm⁻¹ 处强而宽的吸收峰是羟基和酰胺（N—H）的伸缩振动峰。在 1380cm⁻¹ 附近出现的吸收峰则是羟基的弯曲振动峰，此外，2970cm⁻¹ 处的吸收峰也为羟基的伸缩振动。而在 1650cm⁻¹ 处出现的强吸收峰则是碳氧双键（C＝O）的伸缩振动峰（王敏娟和王建华，2001）。由图可知，在未使用三聚氰胺改性的脲醛树脂中，其在 3340cm⁻¹ 处的羟基伸缩振动吸收峰更强更宽（文美玲等，2016）。三聚氰胺改性后，增加了树脂的交联度，减少了体系末端羟甲基的含量。并且加入三聚氰胺后，树脂在 1540cm⁻¹ 处的酰胺Ⅱ带吸收峰出现增强，这表明三聚氰胺改

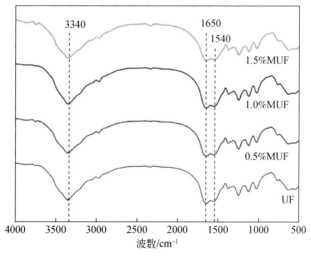

图 2-4 不同三聚氰胺用量改性的脲醛树脂红外光谱图

性后的脲醛树脂，其 N—H 键和 C—N 键变得饱和，增强了分子结构的稳定性，有效提高了脲醛树脂的胶接强度和稳定性。在 1230cm^{-1} 处出现的强吸收峰为叔胺 C—N 和 N—H 的伸缩振动峰。其余观察到的 1130cm^{-1} 和 1030cm^{-1} 处的吸收峰则分别为 C—O 脂肪醚和亚甲基桥联等，均为典型的脲醛树脂结构。因此，少量三聚氰胺改性对脲醛树脂的化学基团影响并不显著。

2.2.1.5 三聚氰胺改性对脲醛树脂热性能的影响

胶黏剂的固化速率或热性能在实际应用中是一个重要性能指标，为探索三聚氰胺改性对脲醛树脂固化性能的影响，使用差示扫描量热分析仪对改性前后的脲醛树脂进行表征，结果如图 2-5 所示。脲醛树脂在有固化剂存在的条件下，在较低温度（如80℃）即开始固化。为提高其固化速度，一般使用较高的固化温度。由图可知，使用三聚氰胺改性后，脲醛树脂的最大放热峰在 170℃，而未改性的脲醛树脂最大放热峰在 155℃，比改性后的树脂略低。这可能由于三聚氰胺改性后的脲醛树脂中存在较多的醚键，在固化过程中，一些醚键受热后断裂分解，分子量逐渐减小，从而延缓树脂网络交联结构的形成，导致其最大放热峰温度上升。本研究测试过程使用的样品为液体胶黏剂，且并未添加固化剂，因此得到的最大放热峰温度可能比同类研究高。此外，使用三聚氰胺改性后的脲醛树脂，其固化所释放的热量峰面积也更大。这可能由于羟甲基三聚氰胺倾向于自缩聚成为醚键或与亚甲基键连接形成聚合物，同时三聚氰胺上的官能团也能和羟甲基脲等缩合形成更为紧密的网络交联结构。

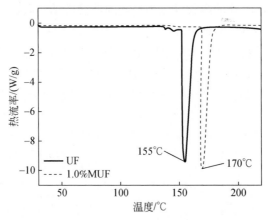

图 2-5 三聚氰胺改性脲醛树脂的 DSC 图谱

为进一步探索三聚氰胺改性对脲醛树脂热稳定性能的影响，对三聚氰胺改性前后的脲醛树脂进行热重分析，结果如图 2-6 所示。脲醛树脂在 200℃ 以下产生的质量损失主要为水分的蒸发，包括树脂本身含有的水分及受热缩合释放的水分。在 200℃ 以上时，树脂的热解出现了两个峰值，分别在 250℃ 与 300℃ 左右。在 200~400℃ 区间内，脲醛树脂的质量损失主要因其在热解过程中形成二氧化碳、异氰酸、氨、一氧化碳等气态产物挥发后所致。而在 400℃ 以上时，树脂的失重趋势放缓，为炭化阶段。但在整个热解过程，三聚氰胺改性的脲醛树脂峰值温度均比未改性的树脂高，且质量损失率较少，表明其稳定性更高，有利于提高树脂的胶接强度和稳定性，但少量三聚氰胺的使用对其提高效果并不显著。

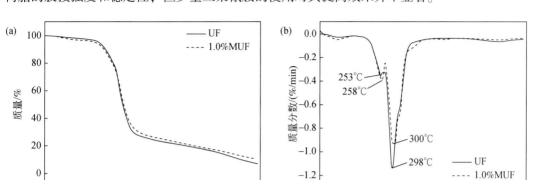

图 2-6　三聚氰胺改性脲醛树脂的 TG 及 DTG 图谱

2.2.1.6　三聚氰胺改性对脲醛树脂结晶度的影响

三聚氰胺改性可以通过调控脲醛树脂的黏度、交联密度、稳定性、固化性能等来影响其对木质材料的胶合性能（范东斌，2006）。脲醛树脂的水溶倍数、储存期、胶合性能等均会随其物质的量比的降低而下降，这一方面是由于体系中甲醛含量减少，降低了二羟甲基脲的含量，使得树脂体系反应活性降低；另一方面可能由于树脂的交联度降低，体系中的有序结构增加，使其胶合强度下降。对此，为探索三聚氰胺改性对脲醛树脂结晶性能的影响，对其进行 X 射线衍射分析，结果如图 2-7 所示。脲醛树脂在 2θ 角度为 21.9° 和 24.1° 处均出现了强吸收峰，表明其有序结构的存在。而在脲醛树脂中引入三聚氰胺，可以降低其有序结构的形成，即降低脲醛树脂的结晶率。并且脲醛树脂结晶率会随三聚氰胺添加量的增加而逐渐下降。该结果进一步论证了三聚氰胺可以提高脲醛树脂体系中分子的交联度，增强其反应活性，从而提高其胶合性能，降低人造板的甲醛释放量。

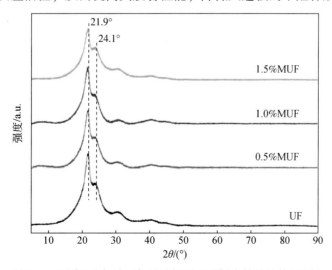

图 2-7　不同三聚氰胺添加量改性对脲醛树脂结晶性能的影响

2.2.1.7　三聚氰胺改性低醛脲醛树脂产业化推广与应用实例

在探明三聚氰胺改性对脲醛树脂理化性能、化学基团变化、热性能等影响规律的基础上，作者团队深入生产实践一线，在相关人造板生产企业进行成果推广。为满足不同人造板产品的性能要求，开发了不同三聚氰胺用量改性的脲醛树脂胶黏剂，分别用于生产不同环保等级与不同用途的纤维板，为高端定制家具、地板基材，以及装饰材料等提供优质高端板材。部分产业化纤维板环保数据收集见表2-6。产业化生产也表明，三聚氰胺的引入可以减少人造板产品的甲醛释放量，提高板材的环保等级。但人造板产品的甲醛释放量并不与三聚氰胺的引入量呈线性关系，而是随着三聚氰胺用量的增加而先降低后升高。

表2-6　改性脲醛树脂中三聚氰胺用量对人造板甲醛释放量的影响

三聚氰胺占比/%	纤维板甲醛释放量/（mg/100g）	环保等级
1	6.6	E_1
4	3.5	E_0
10	5.8	E_1

2.2.1.8　小结

本节探索了不同三聚氰胺用量改性对脲醛树脂理化性能及其对纤维板胶合性能的影响，并研究了三聚氰胺改性对脲醛树脂化学基团、热性能，以及结晶度的影响，主要结论如下：

①三聚氰胺的引入可以降低脲醛树脂的游离甲醛含量，但也会延长其固化时间，在物质的量比为1.0的脲醛树脂中添加1.0%的三聚氰胺即可将其游离甲醛含量降至0.21%。

②使用三聚氰胺改性脲醛树脂制备纤维板，其性能测试表明，在使用少量三聚氰胺改性脲醛树脂时，对其制备的纤维板力学性能并无显著影响，但防水/防潮性能会随着三聚氰胺用量的增加而逐渐增强。

③三聚氰胺改性后的脲醛树脂热稳定性得到提升，但树脂的固化温度也相应上升，固化放热量增大。

④对脲醛树脂的化学基团和结晶度分析表明，三聚氰胺的引入并不会显著影响脲醛树脂的化学基团，但可以降低其结晶率，并且结晶率会随三聚氰胺添加量的增加而逐渐降低。进一步论证了三聚氰胺的引入可以提升脲醛树脂体系的交联度和反应活性。

2.2.2　异氰酸酯改性低醛脲醛树脂胶黏剂

异氰酸酯具有耐水性高、粘接稳定性好等特点。异氰酸酯用于脲醛树脂改性最有吸引力的地方是这两种聚合物之间可能发生化学反应。异氰酸酯中的异氰酸酯基团（—NCO）可以与脲醛树脂中的羟甲基（—CH$_2$—OH）反应形成亚甲基桥联和聚氨酯桥联（—CH$_2$OOC—NH—）。然而，脲醛树脂的固体含量一般为50%~65%，其中含有35%~

50% 的水。异氰酸酯基团同样会与水进行反应，生成副产物，这种副反应导致异氰酸酯难以在脲醛树脂中分散均匀。因此，使用异氰酸酯改性脲醛树脂，需要考虑水中羟基和脲醛树脂含有羟基的竞争反应。这使得异氰酸酯在改性脲醛树脂的过程中，加入量通常小于树脂总质量的 15%。

对此，有研究提出在异氰酸酯与脲醛树脂混合之前，先封闭异氰酸酯基团，使封闭后的异氰酸酯具有水溶性或水分散性。在封闭的异氰酸酯中，异氰酸酯基团通常被屏蔽或使用封闭剂保护起来。封闭的异氰酸酯基团在室温下是惰性的，通常在高温下重新激活反应性异氰酸酯官能团。但是，异氰酸酯封闭需要经历一个相对复杂的化学处理过程，操作困难，成本高昂，并且封闭后的异氰酸酯在改性脲醛树脂中的添加量也极低，难以达到防水等改性效果。

作者针对异氰酸酯改性脲醛树脂存在的瓶颈问题，以及异氰酸酯与脲醛树脂在人造板工业化生产的实际情况，探索了异氰酸酯改性对脲醛树脂胶黏剂化学结构及理化性质，包括黏度、适用期、固化性能等的影响。研究发现，通过使用微量丙酮作为溶剂，可以显著降低异氰酸酯的黏度，提高其在脲醛树脂体系中的分散均匀程度。而使用异氰酸酯与脲醛树脂组合为胶黏剂制备人造板，可以进一步降低板材甲醛释放量，提升其尺寸稳定性，并降低生产能耗。相关成果已在广西丰林木业集团股份有限公司等人造板制造企业进行推广应用。

2.2.2.1　异氰酸酯改性脲醛树脂胶黏剂制备

1）制备方法

根据脲醛树脂（UF）的固含量，使用不同比例的异氰酸酯（pMDI）对其进行改性。在改性前，首先将 pMDI 添加到丙酮中以形成 70wt% 的 pMDI/丙酮溶液（例如，63g pMDI 溶解在 27g 丙酮中）。然后将此溶液加入脲醛树脂中，制备 pMDI 质量比为 5%~30% 的改性脲醛树脂胶黏剂。改性胶黏剂中 pMDI 占比的详细信息如表 2-7 所示。

表 2-7　不同改性胶黏剂中 pMDI 的占比

pMDI 占比/%	pMDI-丙酮溶液用量/g	UF 用量/g
5	4.8	100
10	10.1	100
15	16.1	100
20	22.8	100
25	30.5	100
30	39.2	100

2）胶合性能测试试件的制备

胶合试件制备采用硬枫（*Acer saccharum*）单板，尺寸为 508mm×508mm×3.175mm，SB 级，从美国 Dimension Hardwoods 公司采购。硬枫条由单板切割至尺寸为 101.6mm× 25.4mm，木纹与木条长度方向平行。所有木条均在温度为（23±2）℃和相对湿度为 50%± 5% 的条件下平衡一周，然后再用于胶合试件制作。根据 ASTM D906—98（ASTM D906—

98，2011），通过剪切试验测定胶黏剂的胶合强度。在本试验中，将胶黏剂涂在木条末端（0.5~0.55g/cm³，MC=8%），施胶面积为（645.16±0.06）mm²。然后使用实验室小型热压机（Carver laboratory press，Fred S.Carver，Inc.，USA）在1.37MPa压力和120℃的温度下，将涂有胶黏剂的木条胶合在一起。胶合后的试件自然冷却并在室温下平衡一周后进行胶合性能测试。对于湿强度测试试件根据ASTM标准D5572—95的方法进行，即将样品在19~27℃水浴中浸泡4h，然后在（41±3）℃的温度下干燥19h，循环此步骤3次。所有样品均采用Instron 5566双柱测试系统（Instron，美国）进行加载测试，拉伸速度为2mm/min。

3）pMDI/UF组合胶黏剂在刨花板中的应用

刨花板表芯层分开施胶，使用组合胶黏剂时，均先施加聚合异氰酸酯，随后施加脲醛树脂。板坯铺装按"表层—芯层—表层"依次铺装，制备三层结构刨花板，设计板材密度为620kg/m³，压制的板材规格为470mm×420mm×12mm。具体施胶量及热压参数见表2-8。刨花板制备中除了加入占脲醛树脂胶黏剂固体含量1.0%的固化剂 [20.0wt% 的（NH₄）₂SO₄溶液] 外，未添加任何改性剂。

表 2-8　刨花板制备工艺参数

板材种类	热压工艺	表层刨花施胶量/%		芯层刨花施胶量/%	
		pMDI	UF	pMDI	UF
A（纯pMDI）	160℃ 3min	5.0	0.0	5.0	0.0
B（纯UF）		0.0	10.0	0.0	7.2
C（pMDI：UF=1：3）		2.5	7.5	1.8	5.4
D（pMDI：UF=1：6）		1.5	8.5	1.1	6.1
E（pMDI：UF=1：9）		1.0	7.5	0.8	6.4
F（纯PMDI）	160℃ 5min	5.0	0.0	5.0	0.0
G（纯UF）		0.0	10.0	0.0	7.2
H（pMDI：UF=1：3）		2.5	7.5	1.8	5.4
I（pMDI：UF=1：6）		1.5	8.5	1.1	6.1
J（pMDI：UF=1：9）		1.0	7.5	0.8	6.4

4）性能表征

化学官能团测试：利用全反射傅里叶变换红外光谱（ATR-FTIR，Spectra 2，PerkinElmer Inc.，USA）对胶黏剂的化学基团进行表征。所有的液体样品均覆盖于仪器的晶体表面。扫描分辨率为1cm⁻¹，数据间隔为0.25cm⁻¹，每个光谱图通过采集4次扫描数据组成。

热性能测试：使用Q20-DSC差示扫描量热测试仪表征胶黏剂的固化性能，并采用分析软件（TA-instruments，美国）对数据进行分析。测试时，将约5mg液体树脂添加到平底锅（Tzero aldo铝密封平底锅，TA instruments，美国）中，并密封。DSC测量过程均采用标准斜坡程序。扫描范围为25~200℃，加热速率分别采用2℃/min、5℃/min、10℃/min和15℃/min，每个样品重复两次。根据ASTM E2890—12e1，使用下式进行固化动力学的相关计算：

$$\ln(\beta/T^2) = E_a/RT + \ln(AR/E_a) \tag{2-1}$$

式中，β 是加热速率；E_a 是活化能；R 是气体常数，值为 8.314J/(mol·K)，A 是指数前因子。$\ln(\beta/T^2)$ 与 $1/T$ 的关系曲线是一条直线，从中可以分别得到活化能和指数前因子。

板材性能测试：刨花板的静曲强度、内结合强度、2h 与 24h 吸水厚度膨胀率试件制作与检测均根据 GB/T 4897—2015《刨花板》、GB/T 17657—2013《人造板及饰面人造板理化性能试验方法》进行，静曲强度、内结合强度、吸水厚度膨胀率等测试制备的样品数量均为 8 个，测试样品数量为 6 个。

2.2.2.2　pMDI 改性对脲醛树脂黏度变化的影响

黏度是木材胶黏剂的关键参数之一（Kamke and Lee，2007）。它影响着胶黏剂在木基复合材料中的分布、渗透和用量。pMDI 不同于 UF 和其他高分子树脂，在工业应用中常遇到—NCO 基团对水分敏感的问题。—NCO 基团和含羟基化合物之间的反应在室温下就很容易发生（Sompuram et al.，2004）。这种反应特性引起了人们对 pMDI 与脲醛树脂共混的关注。例如，pMDI 与脲醛树脂之间的反应可以使两者的混合物很快固化。此外，由于pMDI 与脲醛树脂的反应从两者混合后即持续进行，使其很难在脲醛树脂中均匀分散。

木材工业中常用的 pMDI 黏度范围通常在 200~300mPa·s，高黏性也使 pMDI 很难均匀分散在另一种黏性溶液中，且极易与其他组分发生化学反应。为了制备性质均匀的改性胶黏剂，在加入脲醛树脂前应降低 pMDI 的黏度。对此，本研究以丙酮被作为 pMDI 的溶剂。当 pMDI 溶于丙酮后（70wt%），其黏度从 292mPa·s 下降到 10mPa·s。低黏度 pMDI 的丙酮溶液与脲醛树脂混合时易于分散。尽管丙酮显著降低了 pMDI 的黏度，但未能阻止异氰酸酯基团与改性胶黏剂中羟基的反应。这可能导致 pMDI 改性的脲醛树脂胶黏剂具有有限的操作时间。

为探索 pMDI 改性脲醛树脂胶黏剂的适用期，当 70wt% 的 pMDI 丙酮溶液加入脲醛树脂以后，测量其黏度随时间的变化。结果如图 2-8 所示，改性胶黏剂中 pMDI 含量均为

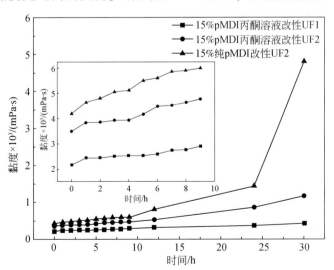

图 2-8　改性胶黏剂黏度随时间的变化关系：15% pMDI 丙酮溶液改性 UF1（A）和 UF2（B）胶黏剂；15% 纯 pMDI 改性 UF2 胶黏剂

15%，并以纯 pMDI 与高黏度脲醛树脂混合作为对照样品。与纯 pMDI 共混后，UF2 的黏度由 323mPa·s 提高到 419mPa·s，而与 pMDI 丙酮溶液共混后，脲醛树脂的黏度仅分别由 182mPa·s 和 323mPa·s 提高到 216mPa·s 和 350mPa·s。丙酮也可以作为混合树脂的稀释剂。使用 pMDI 改性脲醛树脂制备胶黏剂，其黏度在混合后的 10h 内逐渐增加。在丙酮的作用下，改性胶黏剂的黏度增长速度比使用纯 pMDI 改性脲醛树脂胶黏剂的慢。两者混合 10h 后，含纯 pMDI 的改性胶黏剂黏度急剧增加，30h 内达到 4800mPa·s。而在相同条件下，使用 pMDI 的丙酮溶液制备的改性胶黏剂黏度仅增加至 1170mPa·s，而采用低黏度（UF1）脲醛树脂的改性胶黏剂黏度仅在 30h 内从 216mPa·s 提高到 424mPa·s。这说明丙酮和低黏度脲醛树脂是保持改性胶黏剂黏度的关键。

2.2.2.3　pMDI 改性对脲醛树脂化学基团的影响

丙酮是 pMDI 很好的溶剂，具有降黏效果并对异氰酸酯基团（—NCO）具有一定的保护作用。如图 2-9（a）所示，与纯 pMDI 相比，70wt% 的 pMDI 丙酮溶液具有类似的吸收峰。即使长时间储存（例如 3 天），这种吸收特性也保持不变。另一方面，pMDI 的—NCO 基团在室温下容易与羟基发生反应。随着时间的推移，这些反应会改变 pMDI 改性脲醛树脂胶黏剂的化学基团。如图 2-9（b）所示，具有 15% pMDI 的改性胶黏剂在 2258cm⁻¹ 处的吸收峰在光谱中逐渐消失。这一峰值代表—NCO 基团的存在（Zhang et al., 2014）。使用 pMDI 改性的脲醛树脂胶黏剂，在制备后约 2h，其红外吸收光谱已观察不到此处的—NCO基团吸收峰。表明—NCO 基团与改性胶黏剂体系中的活性羟基等发生了反应，这也能解释改性胶黏剂的黏度增加现象。

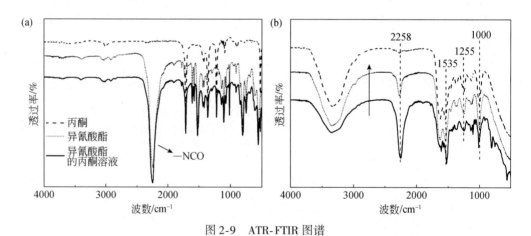

图 2-9　ATR-FTIR 图谱
（a）丙酮、pMDI 和 pMDI 丙酮溶液（70wt%）；（b）15% pMDI 改性 UF 胶黏剂（箭头表示化学成分随时间变化）

经 pMDI 改性的脲醛树脂胶黏剂中—NCO 基团的反应如图 2-9（b）所示。1623cm⁻¹ 和 1535cm⁻¹ 处的吸收峰分别归于仲胺的羰基（C═O）和伸缩振动的 C—N。1255cm⁻¹ 处的吸收峰是由叔胺 C—N 和 N—H 的伸缩振动所致。其他观察到的 1136cm⁻¹ 和 1000cm⁻¹ 吸收峰分别归属于 C—O 脂肪醚和亚甲基桥联（—NCH₂N—），这些均为脲醛树脂的特征吸收峰（Liu et al., 2017）。红外图谱结果表明，pMDI 在使用前可能已经在改性胶黏剂中固化或聚合。而 pMDI 聚合后，改性胶黏剂的性能可能与纯脲醛树脂相近。

2.2.2.4　pMDI 改性对脲醛树脂固化性能的影响

为探讨 pMDI 对脲醛树脂固化过程的影响，采用 DSC 分析法对改性胶黏剂的固化动力学进行表征。脲醛树脂和 pMDI 改性脲醛树脂在 2℃/min、5℃/min、10℃/min 和 15℃/min 加热速率下的固化过程的 DSC 曲线如图 2-10 所示。随着升温速率的增加，峰值温度（T_p）向高温方向移动。根据得到的峰值温度，计算每次实验数据的 $\ln(\beta/T_p^2)$ 和 $1/T_m$ 值。数据点如图 2-11 所示，以此获得的数据其线性回归适用于基辛格模型。然后利用这些线性公式分别计算了基辛格活化能和指数前因子，结果见表 2-9。

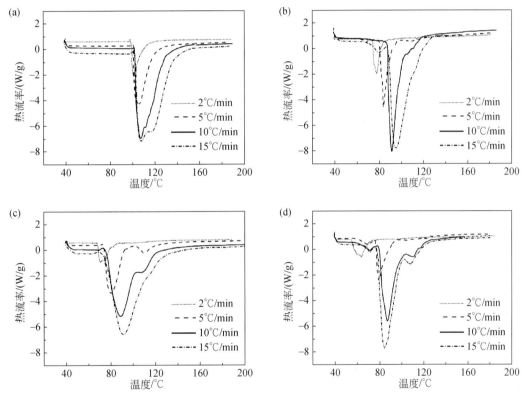

图 2-10　低黏度脲醛树脂（a）和含 10% pMDI（b）、15% pMDI（c）和 20% pMDI（d）的改性胶黏剂在不同升温速率下的 DSC 曲线

在升温速率为 2℃/min 时，低黏度脲醛树脂的峰值温度为 101℃。加入 10% pMDI 后，改性胶黏剂的峰值温度降低到 77.8℃。此外，改性胶黏剂中 pMDI 质量比的增加会导致峰值温度持续降低（Yuan et al., 2015），并且这种现象在不同的升温速率下均存在。结果表明，在没有活性异氰酸酯基团的情况下，pMDI 在脲醛树脂中的存在仍能提高改性胶黏剂的固化速度。产生这一现象的机制尚不清楚。然而，这一结果对于缩短脲醛树脂在木基复合材料制造中的固化时间是有利的。

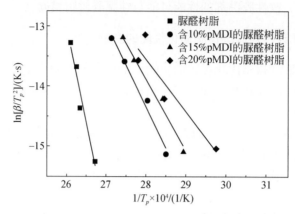

图 2-11   低黏度脲醛树脂及使用 10%、15% 和 20% 的 pMDI 改性低黏度脲醛树脂的基辛格图谱

表 2-9   不同含量 pMDI 改性胶黏剂及低黏度脲醛树脂峰值温度和活化能计算

胶黏剂	温度/℃				E_a/(kJ/mol)	A/(1/s)
	2℃/min	5℃/min	10℃/min	15℃/min		
UF1	101.0	106.6	107.8	109.9	261.3	2.12
10%	77.8	83.5	91.1	95.3	114.0	3.82
15%	72.4	78.5	88.1	91.6	98.4	2.74
20%	62.8	78.2	86.5	84.2	72.2	4.16

2.2.2.5   pMDI 改性对脲醛树脂胶合性能的影响

通过上述化学基团和固化过程分析，表明 pMDI 改性脲醛树脂胶黏剂在固化性能方面的优势。使用低黏度脲醛树脂和 pMDI 丙酮溶液制备改性胶黏剂时，其在 30h 内的理化性质变化均能满足木质材料对胶黏剂的性能要求。为进一步研究改性胶黏剂的实际应用，对 pMDI 改性脲醛树脂胶黏剂的干、湿拉伸剪切强度进行测试。本部分实验中，所用的改性胶黏剂均在制备后 10h 内使用。不同 pMDI 用量改性的脲醛树脂胶黏剂的干状胶合强度如图 2-12（a）所示。高黏度脲醛树脂（UF2）的胶合强度（505psi，3.48MPa）高于低黏度脲醛树脂（UF1，405psi，2.79MPa）。低黏度树脂可能比高黏度树脂具有更好的渗透性，导致胶合界面的树脂含量较少。胶层形成时树脂体积的收缩可能导致胶合强度降低（He and Yan，2005）。

随着 pMDI 含量的增加，改性胶黏剂的干状胶合强度逐渐增强。当 pMDI 用量为 5% 时，低黏度脲醛树脂的胶合强度被显著提高到 517psi（3.56MPa）。此结果与相关文献研究相符，即少量 pMDI 的引入可显著改善纯脲醛树脂胶黏剂的性能（Lubis et al.，2017）。pMDI 在改性胶黏剂中的比例越高，其胶合强度越大。pMDI 含量为 10%、15% 和 20% 的改性胶黏剂胶合强度分别达到了 626psi（4.31MPa）、645psi（4.45MPa）、640psi（4.41MPa）。当 pMDI 含量为 25% 时，改性胶黏剂的胶合强度显著提高，达到 748psi（5.16MPa）。但随着 pMDI 含量的进一步提高，改性胶黏剂的胶合强度降低到 695psi（4.79MPa）。另一方面，试件的湿胶合强度相对于 pMDI 含量的增加而呈线性增强关系，如图 2-12（b）所示。此现象主要归因于改性胶黏剂网络中含有的高耐水性 pMDI。

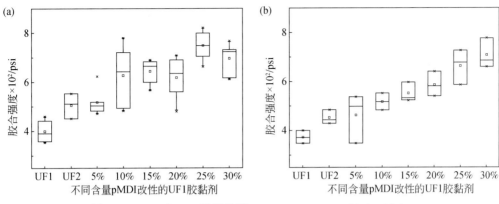

图 2-12　UF1 和 UF2 以及使用 5%、10%、15%、20%、25%、
30% pMDI 改性 UF1 胶黏剂的干（a）、湿胶合强度（b）

　　如前所述，pMDI 中异氰酸酯基团与羟基的反应在改性胶黏剂的制备及使用过程中均存在。因此，探索改性胶黏剂的适用期具有重要意义。通过改性胶黏剂黏度变化、化学基团等分析，当 pMDI 含量为 15% 时改性胶黏剂可能具有较好的实际应用价值。结果表明，与含有 10% pMDI 的改性胶黏剂相比，使用 15% pMDI 改性的脲醛树脂胶黏剂具有较好的稳定性，且能显著提高脲醛树脂胶黏剂的性能。基于这些考虑，本部分研究采用含量为 15% 的 pMDI 改性脲醛树脂胶黏剂。改性胶黏剂的胶合强度随时间变化的关系如图 2-13 所示。即使在改性胶黏剂制备 12h 后，其平均胶合强度仍为 677psi（4.66MPa）。结果表明，当 pMDI 含量为 15% 时，改性胶黏剂的最佳操作或使用时间在 12h 以内。

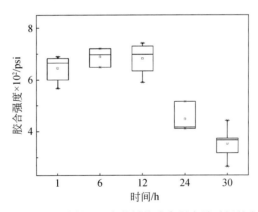

图 2-13　15% pMDI 改性 UF 胶黏剂的胶合强度随时间的变化关系

2.2.2.6　pMDI/UF 组合胶黏剂配比对刨花板静曲强度和内结合强度的影响

　　脲醛树脂的固化温度受其物质的量比、制备工艺等的影响，常用脲醛树脂胶黏剂的固化温度约为 120℃。在刨花板工业化生产中，为了加速脲醛树脂的固化，提升人造板生产效率，使用的热压温度一般高于 180℃，并辅助添加大量固化剂以满足生产要求。而在使

用 pMDI 为胶黏剂的人造板生产中，其热压温度一般超过 200℃。本试验综合两种胶黏剂的特点，使用二者组合制备刨花板，考虑到 pMDI 与脲醛树脂的聚合反应，在板材成形中使用较低的热压温度（160℃）压制刨花板，探索组合胶黏剂在刨花板生产中的应用。

低黏度脲醛树脂在刨花板拌胶过程中具有良好的分散性，并对木质材料具有较好的渗透效果，有利于形成胶钉等产生机械结合作用。然而使用黏度较低的胶黏剂在板材成形过程中对热压工艺会有更高的要求。当热压温度为 160℃，热压时间为 3min 时，使用低黏度脲醛树脂胶黏剂压制的刨花板，其静曲强度仅为 3.10MPa［图 2-14（a）］。除胶黏剂、热压工艺外，原料种类、pH 等也会影响胶黏剂的固化和静曲强度。本试验中使用的刨花来源于杂木（桉树为主），并且含有大量树皮。在木材资源日益紧张的环境下，就地取材，提高树皮等农林剩余物的利用率是降低产品成本、节约能源的有效途径。但刨花原料的复杂性对胶黏剂性能有更高的要求，因而使用普通低黏度脲醛树脂胶黏剂，在较低温度热压条件下获得的板材静曲强度较低。与此同时，使用 pMDI 胶黏剂压制的板材，其静曲强度也仅为 6.00MPa，虽然明显高于脲醛树脂胶黏剂，但仍不能满足板材使用的要求。而在刨花板制备中使用 pMDI 替代 10.0%（pMDI∶UF=1∶9）和 15.0%（pMDI∶UF=1∶6）的脲醛树脂胶黏剂，板材的静曲强度仅分别为 2.50MPa 和 3.80MPa（图 2-14），与纯脲醛树脂胶黏剂相比并无显著差别。当以 25.0% 的 pMDI（pMDI∶UF=1∶3）替代脲醛树脂胶黏剂时，板材静曲强度仅提高至 4.60MPa。试验表明，在热压条件为 160℃和 3min 时，仅用少量的 pMDI 替代脲醛树脂，即在组合胶黏剂配比为 pMDI∶UF=1∶9 和 pMDI∶UF=1∶6时，均不能显著提高刨花板的静曲强度。

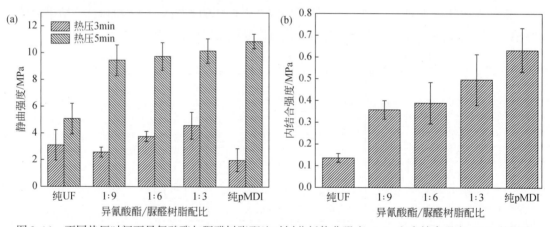

图 2-14   不同热压时间下异氰酸酯与脲醛树脂配比对刨花板静曲强度（a）和内结合强度（b）的影响

上述刨花板静曲强度较低与受胶黏剂固化程度和原料特性有关。为促进胶黏剂的完全固化，将板材热压时间延长至 5min。在此条件下，测得使用 UF，pMDI/UF（配比为 1∶9、1∶6、1∶3 的组合胶黏剂）以及 pMDI 压制的刨花板静曲强度分别为 5.10MPa、9.40MPa、9.70MPa、10.20MPa 和 11.10MPa，均显著高于热压时间为 3min 时的情况。而在板材中加入 pMDI 可以显著提高刨花板的静曲强度，但对比 3 组 pMDI/UF 组合胶黏剂配比，pMDI添加量对静曲强度的提升并无显著影响，且组合胶黏剂的静曲强度与纯 pMDI 胶黏剂压制的刨花板并无明显区别。此现象可能与 pMDI 达到充分固化需要更高的热压温度和更长的热压时间有关。试验也表明，在以脲醛树脂为胶黏剂的刨花板制造中，少量 pMDI 的引入，可以在一定条件下加速脲醛树脂胶黏剂的固化，并提高板材的静曲强度。同时表明，pMDI/UF 组合胶黏剂在刨花板生产节能降耗方面具有一定的潜力。

内结合强度是反映人造板单元及板材胶合性能好坏的重要指标，内结合强度越高表明板材胶合质量越好。而决定内结合强度的因素又包括胶黏剂种类、施胶方式、热压工艺以及调胶工艺等。图 2-14（b）为热压温度为 160℃，热压时间为 5min 的条件下，使用 UF、pMDI/UF 组合胶黏剂以及 pMDI 胶黏剂压制的刨花板内结合强度。

试验所用的脲醛树脂胶黏剂，由于使用前缩聚程度低，制备的刨花板内结合强度仅为 0.14MPa，与静曲强度的结果相一致。如前所述，低黏度脲醛树脂尽管具有较好的分散性和渗透性，但对热压条件有更高的要求。而在刨花板制备中使用部分 pMDI 取代脲醛树脂胶黏剂，可以显著提高刨花板的胶合性能。从图 2-14（b）可知，刨花板的内结合强度会随着 pMDI 胶黏剂用量的增加而逐渐增强，在 pMDI/UF 比例分别 1∶9、1∶6、1∶3 时，刨花板的内结合强度分别为 0.35MPa、0.39MPa、0.49MPa，而使用纯 pMDI 胶黏剂压制的刨花板，其内结合强度达到了 0.64MPa。使用组合胶黏剂的刨花板，其内结合强度均接近或达到家具型刨花板的物理力学性能要求（0.40MPa）。刨花板内结合强度的提升，主要归因于 pMDI 与脲醛树脂胶黏剂间的化学交联反应。pMDI 胶黏剂容易与含活性氢的多元醇反应生成聚氨酯产物，具有优异的胶接性能，且稳定性好。脲醛树脂中含有大量羟甲基、羟基等活性基团，易与 pMDI 胶黏剂中的异氰酸酯基（—NCO）反应，可以促进组合胶黏剂的固化。因此，利用组合胶黏剂间相互反应的特点，可以在较低热压温度条件下，显著提高刨花内部的胶合质量。

2.2.2.7　pMDI/UF 组合胶黏剂配比对人造板甲醛释放量的影响

为适应工业化生产需求，作者在相关人造板企业进行 pMDI/UF 组合胶黏剂的中试及规模化生产。在实际生产中，通过分开施胶，可以降低脲醛树脂的使用量，进而降低对刨花含水率的干燥要求，减少能源消耗。工厂检测得到的刨花板甲醛释放量结果表明，使用组合胶黏剂可以降低人造板的甲醛释放量，提高其环保性能。并且在使用组合胶黏剂时，相对于使用纯脲醛树脂胶黏剂，人造板生产线的运行速度可以适当加快，实现生产效率的提高。当在 UF 中加入 2%、4% 和 6% 的 pMDI 时，人造板甲醛释放量由未加入时的 6.80mg/100g（E_1 级）降至 4.92（E_1 级）、3.85（E_0 级）和 3.45mg/100g（E_0 级）。

2.2.2.8　小结

本节探索了 pMDI 改性对脲醛树脂理化性能及其胶合强度的影响，并探索了 pMDI/UF 组合胶黏剂对人造板制造及性能的影响，得到结论如下：

①使用低黏度的 pMDI 丙酮溶液（例如，70wt% 的 pMDI 丙酮溶液黏度为 10mPa·s）改性脲醛树脂胶黏剂，可以实现 pMDI 在改性胶黏剂中的均匀分散。由 pMDI 丙酮溶液改性低黏度脲醛树脂（182mPa·s）制备的胶黏剂具有相对稳定的黏度。pMDI 含量为 15% 的改性胶黏剂在贮存 30h 后，黏度仅由 216mPa·s 增长至 424mPa·s。

②改性胶黏剂制备后，异氰酸酯基团会与体系中的羟基发生反应。即使没有检测到活性的异氰酸酯基团，DSC 分析也表明改性胶黏剂比纯脲醛树脂具有更低的基辛格活化能。

③改性胶黏剂表现出明显高于纯脲醛树脂的干、湿拉伸剪切强度。当 pMDI 含量为15% 时，改性胶黏剂的胶合强度由 405psi（2.79MPa）提高到 645psi（4.45MPa）。

④在探讨刨花板生产中使用 pMDI/UF 组合胶黏剂时，发现 pMDI 的引入，可以在较低热压温度条件下，显著提高以脲醛树脂为胶黏剂的刨花板静曲强度和内结合强度。刨花板的物理力学性能虽然会随着 pMDI 用量的增加而逐渐增强，但在添加量达到一定程度后，增强效果并不显著。pMDI 的引入，可以在不使用防水剂的同时，显著提高刨花板的耐水性能。并且刨花板的耐水性能随着 pMDI 在组合胶黏剂中占比的提高而增强。与使用纯脲醛树脂胶黏剂生产刨花板相比，组合胶黏剂的应用可以减少醛类胶黏剂的使用量，并且pMDI 胶黏剂可以有效提高脲醛树脂胶黏剂的稳定性，从而减少甲醛释放，提高板材的环保性能。

2.2.3　棉籽粕改性低醛脲醛树脂胶黏剂

棉纤维是棉花种植或棉花工业的目标产物。棉花种植的同时，每获取 100kg 棉纤维就会伴随产出 155kg 棉籽。棉籽粕是棉籽榨油后的副产品，占棉籽总质量的 45% 左右（National Cottonseed Products Association，2016）。据统计，在 2015/2016 作物年度，全球棉籽粕产量约为 1340 万 t（Statista，2017）。棉籽粕的主要成分是棉籽蛋白，主要用于饲养牲畜和生产肥料（Bu et al.，2017）。棉籽蛋白也可以用作胶合板制造的胶黏剂，以其制备的板材性能甚至优于大豆分离蛋白（Cheng et al.，2013）。但从棉籽粕中提取棉籽蛋白的过程复杂、成本高。棉籽蛋白烦琐的提取工艺限制了其作为生物基胶黏剂在木质复合材料中的应用，而采用简单的水洗工艺，直接将水洗后的棉籽粕与木单板进行胶合能大幅降低生产成本，获得的板材性能与大豆分离蛋白胶合的板材性能相当。利用棉籽粕作为胶黏剂，可以为棉花工业消耗加工剩余物，并为绿色木材胶黏剂开发提供原料（He et al.，2014）。但由于棉籽粕基胶黏剂是由棉籽粕在水中简单分散而成，黏度和固含量都很低，而低黏度和固含量不利于胶黏剂在木质材料表面的均匀分布并进一步影响板材热压成形。此外，水分散的棉籽粕胶黏剂还要求在人造板制备中采用高压和长时间的热压工艺（如20min 热压时间），这在农林剩余物人造板工业化生产中几乎不可能实现，故棉籽粕在木材胶黏剂领域的规模化应用急需切实可行的改性方法。

尿素可以改性棉籽蛋白，改性后的棉籽蛋白在热压成形条件下可与尿素和甲醛进一步交联，制备生物质塑料。作者使用棉籽粕部分取代脲醛树脂（UF）的合成原料（尿素及甲醛），而非加入棉籽粕作填料或添加剂，以此改善脲醛树脂的胶合性能和环保性能（Yue et al.，2012）。以蛋白质为主要成分的棉籽粕可以作为吸附尿素和甲醛的基质。棉籽粕表面吸附的甲醛和尿素在溶液中可以相互作用，并与其他尿素或甲醛发生聚合反应，并且这些吸附及缩聚过程均可在脲醛树脂合成步骤中完成。基于这些假设，研究开发了适合于制造木基复合材料的棉籽粕改性脲醛树脂胶黏剂，探究了棉籽粕在脲醛树脂胶黏剂中的取代比例对改性胶黏剂流变性能、力学性能、热稳定性、防水性和分散性的影响。在这些胶黏剂中，使用棉籽粕取代大部分尿素和甲醛，以此降低化工原料的消耗，提高脲醛树脂胶黏剂的环保性能。

2.2.3.1　棉籽粕改性脲醛树脂胶黏剂制备

1）脲醛树脂（UF）、棉籽粕及棉籽粕改性脲醛树脂胶黏剂的制备

采用常规的"碱–酸–碱"工艺，尿素分三次添加的方法制备甲醛与尿素物质的量比（F/U）为 1.45 的脲醛树脂。首先，将甲醛溶液加热并保持在 70℃，调节 pH 至碱性。然后，将第一部分（占尿素总质量的 32.2%）和第二部分（占尿素总质量的 31.3%）尿素以 10min 的间隔添加到甲醛溶液中进行羟甲基化反应。随后，在酸性条件下进行缩聚反应，直到反应物达到 LMN（加德纳–霍尔德气泡）的目标黏度后，将溶液 pH 调整至弱碱性，添加第三部分尿素（占尿素总质量的 36.5%）。经自然冷却后得到脲醛树脂。

棉籽粕胶黏剂的制备。本试验中棉籽粕的主要成分为水分（8.6%）、蛋白质（46.3%）、油脂（1.0%）、纤维素（17.6%）和半纤维素（8.4%）。将洗涤后的棉籽粕分散在水（1∶6，按质量计）中制备棉籽粕胶黏剂（CM），并在室温环境下以转速为 300r/min 的速度磁力搅拌 2h 后备用。

棉籽粕改性脲醛树脂胶黏剂的制备。采用与脲醛树脂相似的合成工艺制备改性脲醛树脂胶黏剂，将棉籽粕在甲醛溶液中均匀分散后加入尿素，其他步骤与脲醛树脂合成工艺相同。棉籽粕的替代比例根据胶黏剂总质量进行计算，具体见表 2-10。为方便起见，采用 10% 棉籽粕替代脲醛树脂的胶黏剂命名为 10% CM，随后增加的替代部分命名为 20% CM、30% CM 等。用黏度计（DV-I Prime，Brookfield，USA）和水分平衡仪（水分平衡仪，CSC Scientific，Inc.，USA）测量所有胶黏剂的初始黏度和固体含量。

表 2-10　不同胶黏剂合成的原料配比

原料/g	UF	10% CM	20% CM	30% CM	40% CM	50% CM	CM
棉籽粕	0	5.4	10.8	16.2	21.6	27.1	54
水（棉籽粕）	0	32.5	65.0	97.5	130.0	162.4	324
棉籽粕胶黏剂	0	37.9	75.8	113.7	151.6	189.5	378
尿素	155	139.5	124	108.5	93.0	77.5	0
多聚甲醛	112	100.8	89.6	78.4	67.2	56.0	0
水（UF）	112	100.8	89.6	78.4	67.2	56	0
UF	379	341.1	303.2	265.3	227.4	189.5	0
总质量	379	379	379	379	379	379	378

2）性能表征

生命周期评价分析：为比较普通脲醛树脂和棉籽粕改性脲醛树脂胶黏剂的环保性能，对使用不同棉籽粕取代比例制备的胶黏剂进行生命周期评价（LCA）分析。采用 OPENLCA 1.6.3 软件（GreenDelta GmbH，德国）和生命周期清单（LCI）数据库（美国生命周期清单数据库，国家可再生能源实验室，2012 年）用于模拟胶黏剂的制造过程，并使用 TRACI 进行影响因子评估（2014 年 2 月，第 2.1 版）。对于普通脲醛树脂，采用数

据库中典型的合成工艺，USLCI 数据库中所有脲醛树脂的平均数据均从美国生产的脲醛树脂胶黏剂信息中获得。制备棉籽粕改性脲醛树脂胶黏剂过程中，由于棉籽粕是棉花工业的副产品，因此在其合成工艺中加入了常规的农作物磨粉工艺。棉花产业的主要环境影响来源于棉花种植和相关的工业生产阶段，棉籽粕是棉花工业的加工剩余物。故在此分析中，没有考虑棉花生产对副产品的生命周期影响，也没有考虑棉籽粕改性脲醛树脂胶黏剂对 LCA 分析的影响。此外，所有胶黏剂制备过程均保持不变。

胶黏剂的流变性能测试：采用配有标准平行钢板（直径：40mm）的流变仪（美国 TA 仪器公司，AR 1500）测试胶黏剂的流变性能。测量前，所有胶黏剂均机械搅拌均匀后再测试，流变曲线在测试温度为 25℃，平行钢板间距为 1mm，采用稳态流动程序获得。测量黏度或剪切应力使用的剪切速率范围为 0.001~1200/s。胶合性能测试的试样制备遵循 ASTM 标准 D906—98，试验用单板树种为硬枫（*Acer saccharum*），单板尺寸为 508mm×508mm×3.175mm，SB 级，从美国 Dimension Hardwoods 公司采购。硬枫条由单板切割至尺寸为 101.6mm×25.4mm，木材纹理与木条长度方向平行。所有木条均在温度（23±2）℃和 50%±5% 的相对湿度下平衡一周后备用，然后将制备的胶黏剂涂在木条末端，覆盖 25.4mm^2 的面积。根据胶液质量，每个胶接试样的胶黏剂施加量在 0.12~0.18g。然后使用 1.37MPa 和 100℃ 的热压工艺，在实验室小型热压机（Carver laboratory press，Fred S. Carver Inc.，USA）中将两条涂有胶黏剂的木条胶合在一起，热压时间为 5min。热压完成后，将试样自然冷却，并在室内平衡一周后进行力学性能测试。

微观形貌测试：对脲醛树脂（UF）、棉籽粕胶黏剂（CM）和棉籽粕改性脲醛树脂胶黏剂胶接的木材试样胶合界面进行显微观察。采用普通的金刚石锯垂直于木纹切割试样，制备切片厚度小于 2mm 的试件。然后使用共焦激光扫描显微镜，配置水银灯光源（Axiovert 200M，卡尔蔡司显微镜，德国）对试件进行观测。所有试件切片均用 458nm 氩 30MW 和 594nm HeNe 10MW 激光照明成像。

化学官能团测试：采用傅里叶变换红外光谱（FTIR，IRAffinity-1，Shimadzu Corp，Japan）检测胶黏剂中可能存在的化学基团。在试验之前，将液体胶黏剂在 120℃ 下固化 2h 后，研磨成颗粒（200 目），并采用典型的溴化钾（KBr）压片法收集样品的化学官能团数据。图谱分辨率为 1cm^{-1}，数据间隔为 0.25cm^{-1}，每一个光谱曲线均来源于 4 次扫描的平均值。

热性能测试：采用热重分析仪对胶黏剂的热性能进行分析。在进行此项测量之前，使用冷冻干燥系统（FreeZone Plus 4.5，LabNCOco，USA）在 -85℃ 下以及 0.010mbar 真空中冷冻干燥胶黏剂 48h。将样品（质量约为 6mg）置于氧化铝盘中，用热重分析仪 [TGA，日本岛津公司（TGA 50H）]，以 10℃/min 的升温速率，在 25~700℃ 的温度范围下进行测试。

甲醛释放量测试：人造板甲醛释放量采用佐治亚-太平洋公司的动态微室（DMC）进行测试。该系统安装在美国密西西比州泰勒维尔市罗斯堡林产品质量控制实验室（Taylorsville），用于测量木制品的甲醛释放量，试验方法按工厂程序进行。测试时制备尺寸为 508mm×508mm 的三层胶合板，然后将胶合板锯切成 200mm×380mm 的小块进行 DMC 试验。每一次试验使用 3 块胶合板试样，并对每种胶黏剂压制的板材甲醛释放量测试重复两次，甲醛释放量数据单位精确度为百万分之一（ppm）。

2.2.3.2　棉籽粕改性对脲醛树脂环境因子的影响

生物基胶黏剂的应用可能在木基复合材料制造中表现出比传统胶黏剂更好的环保性能（Yuan and Guo，2017）。前期研究工作表明棉籽粕具有作为木材胶黏剂的潜力，棉籽粕在脲醛树脂中的部分替代也应表现出比纯脲醛树脂更好的环保性能。在这部分，重点讨论了胶黏剂制造过程对环境的影响，1kg 普通 UF、10% CM 和 30% CM 的生命周期评价结果见表 2-11。

表 2-11　1kg UF、10% CM 和 30% CM 的潜在环境影响

影响因素	UF 树脂	10% CM	30% CM	参考单位
酸化	1.02E-03	9.24E-04	7.23E-04	kg SO_2 eq
生态毒性	2.50E-01	2.25E-01	1.75E-01	CTUe
富营养化	9.56E-04	8.61E-04	6.69E-04	kg N eq
全球暖化	3.82E-01	3.44E-01	2.68E-01	kg CO_2 eq
人体健康—致癌物	1.99E-10	1.79E-10	1.39E-10	CTUh
人体健康—非致癌物	1.18E-08	1.06E-08	8.26E-09	CTUh
臭氧耗竭	−7.17E-10	−6.45E-10	−5.02E-10	kg CFC-11 eq
光化学臭氧的形成	1.37E-02	1.23E-02	9.64E-03	kg O_3 eq
资源枯竭—化石燃料	−1.16E-01	−1.04E-01	−8.13E-02	MJ surplus
呼吸作用	4.83E-05	4.36E-05	3.41E-05	kg $PM_{2.5}$ eq

与纯脲醛树脂相比，用 10% 的棉籽粕替代脲醛树脂对环境的影响较小，主要由于改性脲醛树脂生产中使用的化学品用量减少。脲醛树脂的生产需要多种化工原料，包括许多相关化工原料生产过程，如甲醇的制备，这些过程是造成环境影响的主要因素。相反，棉籽粕是棉花工业的副产品，其制备过程只需要一般的研磨工艺，故比脲醛树脂生产对环境的影响小。基于 LCA 分析，在脲醛树脂中引入棉籽粕，可以降低胶黏剂生产过程对环境的影响。因此，棉籽粕改性的脲醛树脂胶黏剂比纯脲醛树脂更环保。但本研究的生命周期评价分析是基于简化的胶黏剂生产模型，并简化了许多假设，详细的环境影响分析应通过收集更好的库存数据和 LCA 系统来建模，以进一步探索新型胶黏剂对环境影响的可靠性。

2.2.3.3　棉籽粕改性对脲醛树脂黏度和固含量的影响

胶黏剂的黏度和固体含量是其在木基复合材料中应用的关键参数（Kamke and Lee，2007）。在木基复合材料制造中，胶黏剂通常通过喷涂、刷涂和辊涂的方式应用于木质材料上。对于某些产品（例如刨花板），则使用搅拌机等将胶黏剂与木材单元混合均匀。在上述参数中，黏度影响胶黏剂在木基复合材料中的分布、渗透和用量，而固体含量影响热压工艺。对于低固含量的胶黏剂，仅蒸发水分即需较长的热压时间。例如，在有关报道中，使用 CM 为胶黏剂，因其固体含量低于 12.9%，需使用 20min 的热压时间来完成木质材料的胶合（He et al.，2014）。

为满足生产要求,本研究采用缩聚终点控制脲醛树脂及其他胶黏剂的黏度。UF、CM和棉籽粕改性 UF 胶黏剂的黏度和固含量测量结果如表 2-12 所示。

表 2-12   UF、CM、棉籽粕改性 UF 胶黏剂的黏度及固含量分析

	UF	10% CM	20% CM	30% CM	40% CM	50% CM	CM
黏度/(mPa·s)	285.0	165.5	140.0	145.5	158.0	35.0	26.0
固含量/%	64.5	60.0	53.0	47.5	44.4	37.1	12.9

相比之下,本研究的 CM 固体含量为 12.9%,黏度为 26.0mPa·s,高于文献报道的棉籽粕胶黏剂。停止搅拌 CM 后,棉籽粕颗粒会沉降至底部,在不到 5min 的时间里,几乎所有棉籽粕均能在底部形成沉淀,这种胶黏剂很难实现在木质复合材料中的均匀分布。本试验以棉籽粕为原料,并取代 10%~40% 的脲醛树脂合成原料甲醛和尿素,在聚合过程中,所有胶黏剂的黏度均持续增加,主要原因是尿素和甲醛及脲醛树脂中间产物的聚合。在树脂合成过程中,当脲醛树脂原料用量为原来的 60% 时,未添加棉籽粕的脲醛树脂缩聚阶段时间即使达到 10h,黏度也并未增加,说明棉籽粕与脲醛树脂分子之间可能存在相互作用。为验证这一推论,将尿素(与棉籽粕质量比为 1:1)添加到 CM 中,该溶液在室温环境下经磁力搅拌 4h 后,其黏度由 26mPa·s 增长至 90mPa·s,表明尿素可能沉积在棉籽粕表面或在棉籽粕改性中起重要作用(Moubarik et al., 2013)。但使用 50% 的棉籽粕对脲醛树脂进行替代后,胶黏剂在聚合过程中的黏度不会增加,这是由于聚合溶液中尿素和甲醛含量较低(218.4g 水中尿素含量为 77.5g,甲醛含量为 56g)所致。基于试验结果和上述假设,推断棉籽粕改性脲醛树脂胶黏剂的合成机理(图 2-15)。综上所述,在棉籽粕改性脲醛树脂中,棉籽粕的含量占比为 40% 可能是改性胶黏剂黏度控制对脲醛树脂原料取代比例的限制值。

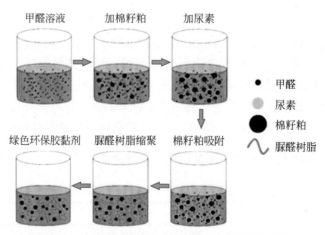

图 2-15   棉籽粕改性 UF 胶黏剂的合成过程示意图

2.2.3.4   棉籽粕改性对脲醛树脂流变性能的影响

胶黏剂的流变性能对其在各种工艺条件下的适用性至关重要,如共混、辊涂等。

图 2-16（a）为脲醛树脂和不同含量棉籽粕改性脲醛树脂胶黏剂黏度随剪切速率的变化曲线。在未添加棉籽粕的情况下，脲醛树脂的流变曲线表现出三个特征区域，在开始和结束时表现为剪切稀化行为，中间则与牛顿流体行为近似。在棉籽粕取代率为 10%～30% 的胶黏剂中，仅观察到剪切稀化和近似牛顿行为两个区域，这表明棉籽粕可以作为脲醛树脂的有效流变改性剂。棉籽粕的作用并不仅仅是填料或添加剂，随着棉籽粕用量从 10% 增加到 30%，胶黏剂的剪切稀化行为更加明显，这种现象有利于其辊涂施胶工艺（He and Wang，2004）。例如，在 0.1/s 时，含 10%、20%、30% 棉籽粕改性胶黏剂的黏度分别为268mPa·s、923mPa·s 和5368mPa·s，而当取代率为 40% 时，胶黏剂的剪切增稠/剪切稀化/近似牛顿特性又出现了三个特征区域，表现出一种近似的泥浆状态（Bingham，2020）。测试结果表明，部分棉籽粕可能与脲醛树脂分子没有形成一定的相互作用，导致在低剪切速率试验中产生沉淀。因此，使用不到40% 的棉籽粕代替脲醛树脂合成原料，有利于改性胶黏剂的应用。

所有胶黏剂的剪切应力强烈依赖于剪切速率和棉籽粕的取代率，如图 2-16（b）所示，剪切速率越快，剪切应力越大。随着脲醛树脂中棉籽粕含量的增加，所有剪切应力都相应降低。例如，在最高剪切速率为 1200/s 时，10% CM、20% CM、30% CM、40% CM和脲醛树脂的剪切应力分别为 640Pa、204Pa、141Pa、250Pa 和 238Pa。除了 CM 外，所有改性胶黏剂之间的剪切应力为非线性关系，可能归因于改性胶黏剂中脲醛树脂的不同聚合程度，这些胶黏剂在合成过程中均在同一黏度下停止聚合。在此条件下，尿素和甲醛的含量越低，脲醛树脂在改性胶黏剂中的聚合度就越高。图 2-16（b）中的实验数据可被拟合到宾汉塑性模型（Stöckel et al.，2010），该线性模型适用于描述这些改性胶黏剂的流变行为，但不适用于脲醛树脂。利用这种流变特性，可以很容易地调整不同木基复合材料制造用改性胶黏剂的黏度。

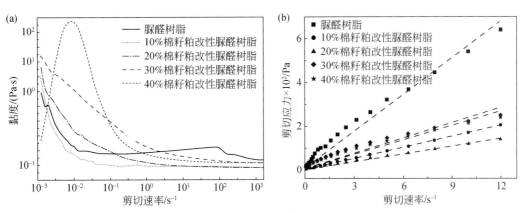

图 2-16　胶黏剂的黏度（a）和剪切应力（b）随剪切速率的变化
[图（b）中的虚线表示使用宾汉塑性模型的拟合线]

2.2.3.5　棉籽粕改性对脲醛树脂胶合性能及板材甲醛释放量的影响

胶合试件的剪切强度如图 2-17（a）所示。脲醛树脂的平均剪切强度约为 551psi

（3.79MPa），CM 的平均剪切强度约为 477psi（3.28MPa），这与文献报道的结果类似（Ding et al., 2013）。在本研究中，棉籽粕与水在 1∶6（w/w）的条件下混合，而在文献报道中，棉籽粕与水的比例为 3∶25（w/w）。但本研究中胶合试件是用较短的热压时间（5min）制得，比报道中的 20min 短，结果表明，较高的 CM 固含量有利于其剪切强度的提高。对于棉籽粕改性的脲醛树脂胶黏剂，10% CM、20% CM、30% CM、40% CM 和 50% CM 的平均剪切强度分别为 450psi（3.10MPa）、461psi（3.18MPa）、523psi（3.60MPa）、526psi（3.62MPa）和 412psi（2.84MPa）。随着棉籽粕替代率从 10% 提高到 40%，试件的剪切强度平均值也随之提高。与此相反，50% CM 的剪切强度较低，因为该胶黏剂在合成过程中未能提高黏度，因此后续未对 50% 的 CM 进行深入研究。棉籽粕改性脲醛树脂胶黏剂和 CM 的强度都略低于纯的脲醛树脂，但在 $\alpha=0.05$ 水平上，除了 50% CM 外，它们之间并无显著差异。研究结果表明，以 10%~40% 棉籽粕替代脲醛树脂的合成原料制备改性胶黏剂，胶接强度可满足其用于木基复合材料制造的要求。

　　胶黏剂的湿强度或浸水强度对其胶合的板材在室内应用至关重要，尤其在南方等潮湿地区。经水浸泡和干燥循环两次后，脲醛树脂和 CM 的剪切强度与干状胶合强度相比出现了明显下降。脲醛树脂和 CM 的平均值仅为 197psi（1.35MPa）和 210psi（1.44MPa），见图 2-17（b）。脲醛树脂胶合强度的降低主要由于其力学损伤、木材膨胀和低耐水性所致。CM 的浸水胶合强度低于文献报道中的 345psi（2.38MPa）。尽管棉籽粕成分不溶于水，但其仍含有亲水性纤维素和半纤维素，棉籽粕颗粒间的结合易被水渗透后破坏，导致 CM 浸水后的胶合强度较低。将文献报道的数据与本研究所获得的数据进行比较，可知较长的热压时间有利于提高 CM 的耐水性。

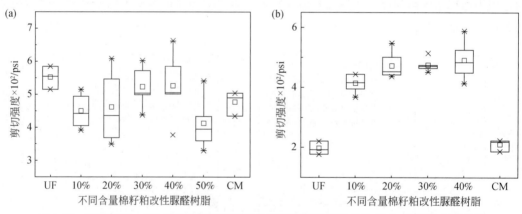

图 2-17　脲醛树脂、CM 和不同棉籽粕用量改性脲醛树脂胶黏剂的（a）干状胶合强度和（b）水浸泡循环处理后的胶合强度（145psi=1MPa）

　　对于棉籽粕改性的脲醛树脂胶黏剂，10% CM、20% CM、30% CM 和 40% CM 的浸泡胶合强度平均值分别为 414psi（2.85MPa）、472psi（3.25MPa）、475psi（3.27MPa）和 492psi（3.39MPa）。10% CM、20% CM、30% CM 和 40% CM 之间的浸泡胶合强度无统计学差异，但胶合强度明显高于脲醛树脂和 CM。故棉籽粕的引入，可以提高脲醛树脂胶黏剂的防水性能，防水性能的提高可能是由棉籽粕的疏水性及其与脲醛树脂之间的相互作用所致，并且使用棉籽粕改性的胶黏剂均比纯脲醛树脂胶黏剂具有更好的机械性能。此外，典型的以脲醛树脂为胶黏剂的木基复合材料中约含有 10% 质量比例的脲醛树脂，而使用棉籽粕改性脲醛树脂胶黏剂，可以取代大量尿素和甲醛，使最终制得的木基复合材料具有更环保的特点。

用物质的量比为 1.45 的脲醛树脂制备 10% CM、20% CM、30% CM，并对其压制的胶合板甲醛释放量进行测试，结果表明棉籽粕改性胶黏剂压制的胶合板其甲醛释放量高于物质的量比为 1.2 的脲醛树脂胶黏剂压制的板材，这主要归因于棉籽粕改性胶黏剂中使用的是高物质的量比（1.45）脲醛树脂。当脲醛树脂中的棉籽粕从 10% 增加到 30%（物质的量比为 1.45）时，板材甲醛释放量从 0.152ppm 减少到 0.132ppm。因此，在物质的量比为 1.45 的 UF 树脂中加入棉籽粕，可以降低以纯脲醛树脂为胶黏剂的人造板甲醛释放量。以此推断，使用棉籽粕改性物质的量比为 1.2 的脲醛树脂，可以降低其人造板的甲醛释放量，这一结果可能由蛋白质的氨基和氨基酸侧链能够与甲醛交联以减少人造板甲醛释放有关。

2.2.3.6　棉籽粕在改性胶黏剂中的分散性能及胶合界面分析

许多天然生物质材料已被尝试用于改性脲醛树脂胶黏剂，以降低其人造板制品的甲醛释放量，例如小麦粉等（Ding et al., 2013）。用搅拌器将这些生物质填料逐渐均匀分散到脲醛树脂中，其添加量可达 12%。由于脲醛树脂存在一定的黏度，因此实际应用中很难使面粉等均匀分散，对其添加更高比例的填料将不利于胶黏剂的使用。与直接在脲醛树脂中加入面粉不同，本研究在甲醛溶液中加入棉籽粕，由于溶液的黏度远低于脲醛树脂，大部分（例如 40%）棉籽粕可以在本研究的改性胶黏剂中具有良好的分散性。棉籽粕在改性胶黏剂中的分散情况如胶合试件的破坏面所示（图 2-18），随着棉籽粕用量的增加，胶接试件表面棉籽粕的含量明显增加。10% CM、20% CM 和 30% CM 的棉籽粕改性胶黏剂几乎没有棉籽粕的重叠或聚集，在胶黏剂中显示出良好的分散性。随着棉籽粕添加量从 40% 增加到 100%（CM），棉籽粕的重叠现象加剧，50% 的 CM 在胶黏剂合成中失败，并与 CM 有相似的重叠表明棉籽粕分散不均匀。

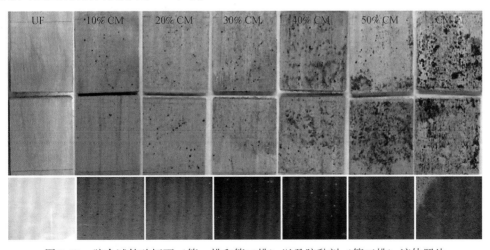

图 2-18　胶合试件破坏面（第一排和第二排）以及胶黏剂（第三排）液体照片

为进一步探讨棉籽粕在本研究改性胶黏剂中的分散性，对胶合试件的胶合界面（10% CM、20% CM、30% CM、40% CM 和 CM）进行检测（图 2-19）。图中黑点和垂直连续的黑线为木材天然孔隙结构和木射线（观测面为硬枫木的横截面），在图的中间位置，连续的木材射线被水平线切割，即为试件的胶合界面。脲醛树脂在热压过程中具有良好的流动性，通常会在胶合木单板过程中形成紧密的胶合界面。10% CM 和 20% CM 的改性胶黏剂也显示出了较窄的胶合界面，而在 30% CM 的胶合界面中，棉籽粕在胶黏剂中含量的提升导致胶黏剂胶层厚度大于 10% CM 和 20% CM，这些扁平均匀的胶合界面表明棉籽粕在热压过程中能自由流动。40% CM 胶合界面厚度进一步增加，这是由于棉籽粕的重叠所致。改性胶黏剂的胶层厚度也可以用其流变特性来解释，例如棉籽粕的含量越低，在热压过程中剪切速率越低，黏度越低。随着 CM 内重叠的积累，可以观察到分布不均匀的且厚度较厚的胶合界面。CM 分布不均匀的点会给胶合界面留下应力，导致其稳定性差。例如，在胶合板生产中，单板在这种情况下会受到不均匀的应力，需用长时间的热压周期来阻止木材的各种形变。综上所述，这些胶合界面特性与棉籽粕的均匀分布，可以使棉籽粕改性脲醛树脂胶黏剂替代纯的脲醛树脂应用于各种木基复合材料制造中。

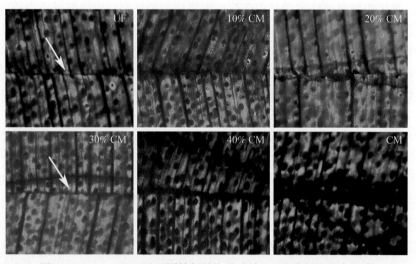

图 2-19　UF、CM 以及不同棉籽粕含量改性 UF 胶黏剂的胶合界面

2.2.3.7　棉籽粕改性对脲醛树脂化学基团的影响

FTIR 光谱已用于表征棉籽蛋白和其他蛋白质基胶黏剂，UF、CM 和 30% CM 的红外光谱如图 2-20 所示。CM 的红外光谱与棉籽蛋白相似，$1657cm^{-1}$、$1527cm^{-1}$ 和 $1238cm^{-1}$ 处的吸收峰主要归于蛋白质，包括酰胺 Ⅰ（C $=$ O 拉伸）、酰胺 Ⅱ（N—H 弯曲和 C—N 拉伸）和酰胺 Ⅲ（N—H 弯曲、C—N 拉伸）。$1047cm^{-1}$ 处的宽吸收峰主要是碳水化合物，它也是棉籽粕的主要成分，如纤维素。对于脲醛树脂，$1657cm^{-1}$ 和 $1527cm^{-1}$ 处的峰归于羰基（C $=$ O）和仲胺的 C—N 伸缩振动。其他观察到的峰如 $1130cm^{-1}$ 和 $1016cm^{-1}$ 为 C—O 脂肪醚和亚甲基桥（—NCH$_2$N—）。红外光谱图显示了脲醛树脂的典型吸收峰。同时，在 30%

CM 的吸光度范围内观察到脲醛树脂的所有特征峰。30% CM 的红外光谱特征表明，即使用 30% 的棉籽粕替代脲醛树脂合成原料，也可利用脲醛树脂的典型合成工艺制备改性胶黏剂，进一步证实了改性胶黏剂合成机理的推断。从 FTIR 光谱来看，没有观察到新的吸收峰，棉籽粕与脲醛树脂分子之间可能存在的化学作用有待进一步验证。棉籽粕改性脲醛树脂胶黏剂具有与脲醛树脂相似的化学基团，有利于其在木基复合材料制造中取代脲醛树脂胶黏剂。

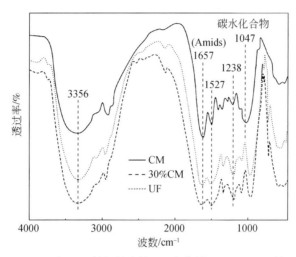

图 2-20　UF、CM 和 30% 棉籽粕改性 UF 胶黏剂（30% CM）的 FTIR 光谱

2.2.3.8　棉籽粕改性对脲醛树脂热性能的影响

图 2-21 中 CM 的热重（TG）曲线显示了质量损失的三个不同阶段，这与棉籽蛋白的热性质相似。这些阶段包括 100℃ 以下的水分蒸发、160～230℃ 小分子的分解以及 230℃以上棉籽蛋白的分解。这些阶段的质量损失也反映在相应的热重导数（DTG）曲线上。与CM 相比，脲醛树脂的 TG 曲线表现出更多的质量损失阶段。在 210℃ 以下发生的质量损失由水分的蒸发造成。这可以从脲醛树脂 DTG 曲线的第一个峰值看出。这些水分被认为有两个来源：一是从脲醛树脂合成过程添加的水分；另一个是从脲醛树脂的固化或缩合反应中释放的水分。在 230～320℃ 的下一阶段，脲醛树脂网络中的亚甲基醚键迅速分解，质量损失较大（40wt%～50wt%）（Ding et al.，2013），在 230℃ 和 320℃ 的 DTG 曲线中，这一点也反映在较大的峰值上，表现出较高的质量损失率。最后两个阶段是由于挥发物的释放和测试物的进一步降解。从质量损失速率和残渣质量比曲线特征来看，CM 比脲醛树脂具有更高的热稳定性。此外，30% CM 的 TG 曲线显示出比脲醛树脂更高的热稳定性，但两者之间并无显著差异。说明脲醛树脂和棉籽粕改性脲醛树脂胶黏剂具有相似的化学结构。因此，在不改变任何热压工艺参数的情况下，可以用改性胶黏剂代替木基复合材料中的脲醛树脂。

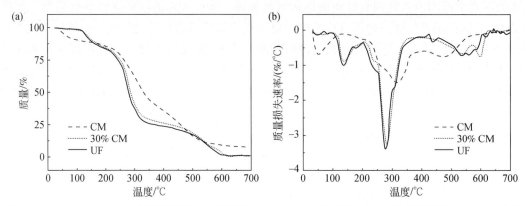

图 2-21　UF、CM 和 30% 棉籽粕改性 UF 胶黏剂（30% CM）的热重（TG）和热重导数（DTG）曲线

2.2.3.9　热压工艺对棉籽粕改性脲醛树脂胶黏剂胶合性能的影响

高温高压的热压工艺是工业上常用于提高木基复合材料力学性能或缩短生产时间的方法。从热稳定性分析来看，棉籽粕改性脲醛树脂胶黏剂在 200℃ 的温度下仍是稳定的。将这些胶黏剂的固化温度提高至 100℃ 以上仍然安全。在热压温度为 120℃，压力为 200psi（1.37MPa）和 300psi（2.06MPa）时，使用 20% CM、30% CM 和 40% CM 制备的胶合试件干状胶合强度如图 2-22（a）所示。当温度从 100℃ 升高到 120℃ 时，20% CM、30% CM 和 40% CM 的平均干状胶合强度分别提高到 519psi（3.57MPa）、571psi（3.93MPa）和 533psi（3.67MPa），所有结果均无显著差异。当压力增加到 300psi（2.06MPa）时，干状胶合强度进一步提高，但其结果仍和较低压力的胶合强度无显著差异。

为了进一步探讨热压工艺参数对胶接强度的影响，在上述研究基础上，选取 30% CM 作为研究对象。图 2-22（b）为在 140℃ 热压温度和 200psi（1.37MPa）、300psi（2.0MPa）以及 400psi（2.75MPa）压力下 30% CM 制备的胶合试件干状和经过循环水浸泡后的胶合强度。在 200psi（1.37MPa）和 300psi（2.06MPa）之间，30% CM 的干状胶合强度没有显著差异，分别为 655psi（4.51MPa）和 714psi（4.92MPa）。相比之下，在 400psi（2.75MPa）压力下，干状胶合强度（796psi，5.48MPa）显著大于 200psi（1.37MPa）和 300psi（2.06MPa）。但在 300psi（2.06MPa）的压力下，经过水浸泡循环处理的试件胶合强度差异不显著。结合前述结果，在 200psi（1.37MPa）压力下，30% CM 的胶合强度在热压温度从 120℃ 升高到 140℃ 时会显著提高。并且较高的热压温度（140℃）和压力（400psi，2.75MPa）可以提高棉籽粕改性胶黏剂的干状胶合强度，但不能提高其耐水性能。木基复合材料中常见的热压理论，如增大有效结合面积、平滑表面粗糙度等，可以解释木基复合材料试件胶合性能的改善。由于纯脲醛树脂胶黏剂无法实现这一显著改善，棉籽粕是这一性能增强的主要贡献者。棉籽粕在脲醛树脂中可作为增强材料，与填料或添加剂的作用不同（Zorba et al., 2008）。棉籽粕改性脲醛树脂胶黏剂中，棉籽粕颗粒也可能在热压过程中变形，进一步确认棉籽粕颗粒与脲醛树脂和木材之间可能存在的物理锁扣效应需进一步的试验验证。

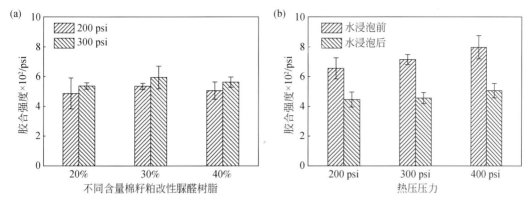

图 2-22　热压参数对（a）120℃热压条件下不同棉籽粕用量改性脲醛树脂胶黏剂（20% CM、30% CM 和 40% CM 胶合强度）的影响；（b）140℃热压条件下 30% CM 的干状以及经过水浸泡循环的胶合强度的影响（145psi＝1MPa）

2.2.3.10　小结

本研究采用典型的脲醛树脂合成工艺，制备了棉籽粕改性的脲醛树脂胶黏剂。通过研究不同棉籽粕用量改性脲醛树脂胶黏剂的可行性，并与纯脲醛树脂进行比较研究，得到结论如下：

①在脲醛树脂合成中使用棉籽粕代替尿素和甲醛的质量比可以高达 40%。在棉籽粕替代率为 30% 以内时，棉籽粕在改性脲醛树脂胶黏剂中分散均匀。

②棉籽粕的引入提高了纯脲醛树脂的干状胶合强度和水浸泡后的胶合强度。棉籽粕改性后的胶黏剂与脲醛树脂具有相似的化学结构和热稳定性能。

③棉籽粕改性后的脲醛树脂胶黏剂保留或改善了纯脲醛树脂的关键优良特性，如流变性、操作特性和低成本等。所有这些优点都可促进棉籽粕改性脲醛树脂胶黏剂替代纯脲醛树脂胶黏剂用于木基复合材料制造。

2.2.4　淀粉改性低醛脲醛树脂胶黏剂

目前，关于淀粉改性脲醛树脂的研究主要采用原淀粉、氧化、酯化淀粉等对脲醛树脂进行共混或共聚改性，可减少游离甲醛的含量（Zhang et al.，2015；Zhu et al.，2014）。但由于淀粉中活性基团较少，难以与脲醛树脂发生反应，导致化学键交联较少。并且，淀粉中含有大量亲水性羟基，导致制备的胶黏剂强度和耐水性不足。本研究选用环保易得且分子中富含易反应醛基官能团的双醛淀粉为共缩聚原料（Li et al.，2019；Mu et al.，2010），并选择二次缩聚工艺，将双醛淀粉与尿素、甲醛共缩聚，从而制得尿素–双醛淀粉–甲醛共缩聚树脂（UDSF）胶黏剂。研究了双醛淀粉用量、第一次共缩聚时间以及第一批尿素的加入量对该胶黏剂理化性能的影响，并表征了改性胶黏剂的化学结构、微观形貌和热性能。

2.2.4.1　淀粉改性脲醛树脂制备

1）双醛淀粉的制备

根据前期研究人员的试验基础（Que et al., 2007），采用酸解氧化法制备双醛淀粉，选用高碘酸钠与玉米淀粉物质的量比为 1.1：1。在 60℃ 的恒温水浴条件下，将玉米淀粉与 0.3mol/L 盐酸溶液配成 8% 的淀粉乳液，恒温反应 2 小时后出料。用蒸馏水多次洗涤并抽滤得到白色双醛淀粉颗粒，在 50℃ 下烘干至恒重。

2）尿素–双醛淀粉–甲醛共缩聚树脂胶黏剂的制备

尿素–双醛淀粉–甲醛共缩聚树脂胶黏剂（UDSF）的制备选用甲醛（F）与尿素（U）的物质的量比为 0.9。将装有温度计和搅拌器的四口烧瓶置于恒温水浴中，将 0.9mol 甲醛溶液加入反应釜中，用 30% 氢氧化钠水溶液调节 pH 至 8.5～8.6，升温至 40℃。加入第一批尿素和双醛淀粉（20% 乳液），在 30～50min 内匀速升温至 90℃，保温 30min。调节 pH 至 5.4，反应至设定时间。调节 pH 至 7.0～7.5，加入第二批尿素（U2），反应 20min。停止加热，降温出料。采用相同的配方和工艺制备纯脲醛树脂胶黏剂作为参照样。

3）性能表征

基本性能测试：胶黏剂的固体含量、黏度、游离甲醛含量等理化性能的检测标准为 GB/T 14074—2017，干状胶接强度和湿状胶接强度按标准 GB/T 17657—2014.15 检测，测试试件按 GB/T 9846—2015 锯制。

化学官能团测试：将待测样品冷冻干燥至恒重，使用溴化钾压片法制备测试样品，采用 Shimadzu 公司的 IRA ffinity-1 型傅里叶变换红外光谱（FTIR）测试其化学基团，扫描范围 500～4000cm^{-1}。

微观形貌测试：利用扫描电子显微镜（SEM）观测其表面形貌，对通过冷冻干燥处理的胶黏剂进行喷金处理，在扫描电镜下观察其形貌，测试电压为 20kV，放大倍数分别为 500 倍和 1000 倍。

热性能分析：热性能分析仪器为德国 NETZSCH 公司生产的 STA 449 F3 同步热分析仪，温度范围为 30～600℃，升温速率、氩气流量、进样量分别为 10℃/min、30mL/min、5mg。

2.2.4.2　双醛淀粉用量对胶黏剂性能的影响

由于双醛淀粉分子链中含有两个活性醛基，能和尿素及甲醛反应。同时，双醛淀粉 C6 上含有的伯羟基可作为胶黏剂固化剂，以此增加交联度。双醛淀粉既可取代甲醛又能增加交联度，从而增加胶黏剂的胶接强度和耐水性。因此，该实验选择 0.05mol、0.075mol、0.10mol 和 0.125mol 双醛淀粉，和 1mol 甲醛、0.9mol 尿素进行共缩聚反应，以此制备性能最佳的 UDSF 胶黏剂。制备完毕后，分析双醛淀粉用量对 UDSF 胶黏剂理化性能如固体含量、黏度、水溶倍数、固化时间和游离甲醛含量的影响，结果如图 2-23 所示。

从图 2-23 可以看到，伴随双醛淀粉用量增多，UDSF 胶黏剂的固体含量逐渐降低。发

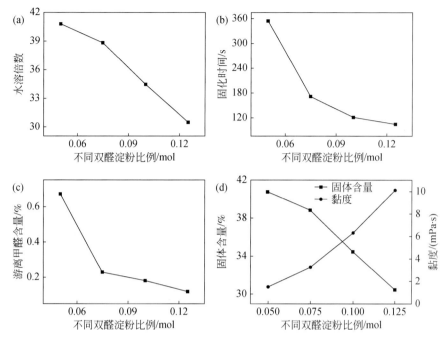

图 2-23　不同双醛淀粉用量制得胶黏剂的水溶倍数（a）、固化时间（b）、
游离甲醛含量（c）和固体含量黏度（d）

生这种状况的原因是，为了避免淀粉糊化后出现凝胶现象，因此首先将双醛淀粉配制成质量分数为 20% 的淀粉乳液，然后再将其加入。当淀粉用量增大时，水的含量也相应提升，导致固体含量降低。脲醛树脂胶黏剂在胶接木材等多孔材料时因形成胶钉与其机械结合（Erickson et al.，2009）。而在机械结合理论中对固体含量有一定要求。因此，固体含量不宜过低。

　　尽管双醛淀粉用量增多，含水量增大，但 UDSF 胶黏剂的黏度却显著提升。当用量为 0.10mol 时，黏度为 6300mPa·s；而用量达 0.125mol 时，黏度甚至大于 10 000mPa·s。在胶黏剂制备过程中，尿素与甲醛的物质的量比为 1∶0.9。当双醛淀粉用量为 0.05mol 时，醛基与尿素物质的量比为 1∶1。因此，生成的 UDSF 树脂为线形可溶性树脂，聚合度不高，且黏度也不高。随着双醛淀粉用量增多，醛基与尿素物质的量比值提升，该 UDSF 胶黏剂的聚合度也相应提升，产生交联结构增多，因而黏度提升。当双醛淀粉用量增大至 0.075mol 时，醛基与尿素物质的量比为 1.05∶1.00，而此时比值已经大于 1，UDSF 的交联度已经达到较高水平，黏度也达到 3260mPa·s。继续增加双醛淀粉用量会使聚合度和交联度过大，从而使其黏度过大。而黏度过大会导致出现涂胶难度大，无法涂布均匀，并阻碍胶钉形成，导致胶接强度劣化（Kamke and Lee，2007）。

　　对于 UDSF 胶黏剂而言，它是一种高分子聚合物，因此具有水溶性，而树脂的聚合度和交联度都会对其水溶性产生影响（邹怡佳，2013）。随着双醛淀粉用量增多，它的水溶倍数降低。当用量少时，聚合度小，交联度低，水溶性强。而随着双醛淀粉用量的提升，聚合度和交联度提升，水溶性降低。而调胶或稀释可提升分散性，降低胶黏剂的使用量。

固化时间长短决定生产效率的高低。UDSF 胶黏剂的固化时间随着双醛淀粉用量的提升而降低。随着双醛淀粉的加入，增加了聚合度和交联度，并且其 C6 上的羟基能加速固化改性后的胶黏剂，使固化时间缩短。当用量从 0.05mol 增加到 0.075mol 时，固化时间减少迅速，大于 0.075mol 后，减少幅度降低。当用量超过一定范围后，反应的羟基数量已达到饱和。

胶黏剂及其胶接制品的甲醛污染问题一直是其研究的热点和重点（刘源松，2017）。而加入双醛淀粉后可以替代和固定部分甲醛，对其进行游离甲醛含量检测发现，随着双醛淀粉用量增多，UDSF 胶黏剂的游离甲醛含量降低，因此加入双醛淀粉能降低胶黏剂中游离甲醛的含量。当双醛淀粉用量从 0.05mol 增加到 0.075mol 时，游离甲醛含量降低幅度最大，当用量大于 0.075mol 时降低幅度较小。

综上所述，当双醛淀粉用量为 0.075mol 时，UDSF 胶黏剂的固体含量可达 38.82%，能形成有效胶钉。UDSF 胶黏剂的黏度为 3260mPa·s，适合于涂胶，且可形成均匀连续的胶接固化层。此时的水溶倍数为 1.21，适合调胶和稀释；固化时间为 172s，可提升生产效率；游离甲醛含量为 0.23%，满足国家标准 GB/T 14732—2017 中对改性脲醛树脂中游离甲醛含量的要求。

2.2.4.3 第一次共缩聚时间对胶黏剂性能的影响

本试验使用尿素分两次加入的二次缩聚合成工艺。其中，对于 UDSF 而言，第一次共缩聚的影响最大，直接影响胶黏剂的各项性能。因此首先研究第一次共缩聚时间对胶黏剂性能的影响，设置第一次共缩聚时间为 20min、40min、60min 和 80min，结果如图 2-24 所示。当反应原料物质的量比固定后，反应工艺对固体含量基本无显著影响，因而不讨论其固体含量（顾继友，2012）。

从图 2-24（a）可以观测到，增加第一次缩聚时间，UDSF 的黏度以及黏度增加幅度逐渐上升。这是因为反应时间较短时，UDSF 的聚合度和交联度都不高，因此黏度不高。随着时间增加，UDSF 的聚合度和交联度增加。当它达到 60min 时，黏度为 3260mPa·s。进一步延长至 80min 时，UDSF 的黏度迅速增大至 8050mPa·s。图 2-24（b）中，UDSF 的水溶倍数随时间增加而降低。当第一次缩聚时间较短时，UDSF 的聚合度和交联度均不高，水溶解能力强。时间增加使其聚合度和交联度提升，水溶性变小。当时间达 80min 时其水溶倍数只有 0.67，因而不利于胶黏剂的调制和使用。图 2-24（c）和图 2-24（d）中，

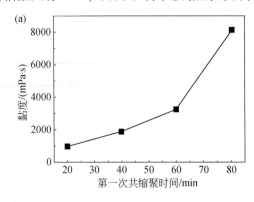

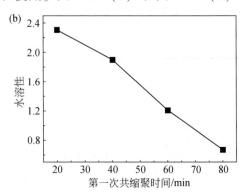

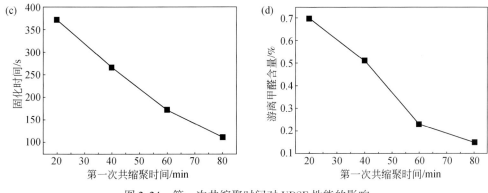

图 2-24　第一次共缩聚时间对 UDSF 性能的影响

UDSF 的固化时间和游离甲醛含量也随着第一次共缩聚时间增加而减少。当时间为 80min 时，虽然固化时间和游离甲醛含量都最小，但聚合度和交联度过大使得黏度过高且水溶倍数太小。因此第一次共缩聚时间为 60min 较佳。

2.2.4.4　第一批尿素加入量对胶黏剂性能的影响

设定甲醛和第一次加入的尿素物质的量比（F/U1）为 1.3、1.4、1.5 和 1.6，并研究 UDSF 的黏度、水溶倍数、固化时间和游离甲醛含量的变化，结果如图 2-25 所示。在图 2-25（a）中，由不同 F/U1 所制备的胶黏剂黏度可知，由于比值的提升，其黏度相应提

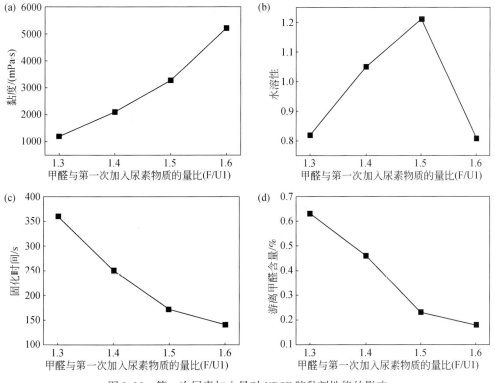

图 2-25　第一次尿素加入量对 UDSF 胶黏剂性能的影响

升。产生这个情况的原因为，第一批尿素的用量越多，F/U1 越低，反应产生的二羟甲基脲数量少，导致共缩聚反应时的反应物浓度低，对分子链的增长产生影响。但是比值达到 1.6 时，UDSF 的缩聚程度提升，黏度达到了 5200mPa·s，过高的黏度会影响胶黏剂的涂布和渗透效果。图 2-25（b）中，当 F/U1 由 1.3 提升至 1.5 时，水溶倍数逐渐提升，但提升至 1.6 时，UDSF 的水溶倍数快速减小。这是由于随着 F/U1 提升，二羟甲基脲的数量增多，因此 UDSF 的聚合度和交联度提高。当 F/U1 为 1.6 时，聚合度较大，胶黏剂的水溶解能力减弱。图 2-25（c）和图 2-25（d）中，随着 F/U1 增大，UDSF 的聚合度和交联度提升，使得胶黏剂的固化时间逐渐缩短，游离甲醛含量逐渐降低。然而，当 F/U1 达到 1.5 后，固化时间和游离甲醛含量的降低幅度都减小。同时，F/U1 大于 1.5 后由于黏度过大，使其水溶倍数变低。因此，综合性能在 F/U1 为 1.5 时达到最优。

2.2.4.5　胶黏剂性能对比

为探索双醛淀粉改性脲醛树脂胶黏剂的优势，将其与纯脲醛树脂胶黏剂（UF）以及淀粉改性的脲醛树脂胶黏剂（USF）进行比较。由于双醛淀粉的—CHO 含量是 0.15mol，合成 UF 树脂所需的 F 与 U 物质的量比为 1.05/1.00，而制备 USF 时使用 0.075mol 的原淀粉。检测了所有胶黏剂的黏度、水溶倍数、固化时间、游离甲醛含量、干状胶合强度和湿状胶合强度，结果如表 2-13 所示。加入淀粉后的 USF 和 UDSF 的黏度比纯 UF 大。产生这个情况的原因为淀粉能与尿素、甲醛共缩聚，从而形成交联结构，提高黏度。但 USF 的黏度太高，可达 8900mPa·s，涂布和渗透效果受到影响。产生这种现象是因为原淀粉发生糊化，使得 USF 黏度过大（Zuo et al.，2014）。

表 2-13　UF、USF 和 UDSF 胶黏剂性能对比

胶黏剂	黏度/(mPa·s)	水溶性	固化时间/s	游离甲醛含量/%	干状胶合强度/MPa	湿状胶合强度/MPa
UF	970	2.03	457	0.48	1.67	0.64
USF	8 900	0.67	338	0.39	1.98	0.00
UDSF	3 260	1.21	172	0.23	2.84	0.73

水溶性测试结果表明，USF 和 UDSF 的水溶倍数比纯 UF 低。其中，USF 的水溶倍数仅为 0.67。加入淀粉后，聚合度和交联度有所提升，由于原淀粉分子量较高，导致 USF 水溶性较低。双醛淀粉的制备是利用酸解氧化工艺（Zuo et al.，2017），而它的分子量比原淀粉低，所以 UDSF 调胶和使用要求得到满足。固化时间表明，加入淀粉后，USF 和 UDSF 的固化时间比 UF 短，UDSF 固化缩短至 172s，这可极大提高生产效率。随着淀粉加入后，树脂的聚合度和交联度提升，固化时间缩短。产生这个情况的原因为，双醛淀粉比纯淀粉反应活性更大，反应速率更快，并且 UDSF 的聚合度和交联度比 USF 高，减少其成为高分子所需要的时间。

根据游离甲醛含量的测试结果，当加入原淀粉和双醛淀粉后，游离甲醛含量降低。并且，UDSF 的游离甲醛含量降低至 0.23%。可能由于原淀粉和双醛淀粉中均含有能与甲醛反应的基团，能捕捉甲醛。同时，双醛淀粉还含有两个高反应活性醛基，使其游离甲醛含量更低。对比其干状胶合强度和湿状胶合强度可知，USF 和 UDSF 的干状胶合强度比纯 UF

高。淀粉的加入可产生更多的胶钉，使胶黏剂能更好地填充木材孔隙。由于 USF 的黏度过高，使其涂布和渗透效果比 UDSF 差。因此它的干状胶合强度提高程度更小。在 63℃ 水浸泡下，用 USF 制备的胶合板试件容易开胶，因此无湿状胶合强度。这主要是因为 USF 胶黏剂中原淀粉中未反应的亲水性羟基较多，耐水性较差。而 UDSF 的湿状胶合强度满足 GB/T 17657—2013 对 Ⅱ 类胶合板的要求。双醛淀粉中羟基与尿素、甲醛共缩聚产生了较致密的网络结构，亲水性羟基的数量减少，并且亲水性基团被交联网络结构封闭，水分难以破坏胶层结构。综上所述，UDSF 的固化速率、环保性以及胶合强度较好，并且使用操作较为方便。

2.2.4.6　胶黏剂化学基团分析

对于胶黏剂而言，它的官能团结构对其性能有重要影响，可通过分析胶黏剂的官能团结构研究其性能变化机制。利用红外光谱测试了 UDSF 及其对照组 USF 胶黏剂，结果如图 2-26 所示。将 UDSF 与 USF 的红外光谱进行对比，其红外吸收峰位置未发生显著改变，但从红外光谱图中可知，各基团的特征吸收峰强度变化较大。UDSF 在 3135cm^{-1} 处的—OH 伸缩振动峰以及 1080cm^{-1} 处的—OH 弯曲振动峰强度与 USF 相比较弱，表明羟甲基发生了化学反应，因此游离—OH 的数量大大减少。同时 UDSF 在 3423cm^{-1} 处和 1643cm^{-1} 处的—OH 吸收振动峰强度提升，说明缔合—OH 数量提升。推测其原因为 UDSF 的交联度提升。从红外光谱图分析可得，UDSF 的游离—OH 减少且缔合—OH 数目提升，因此，湿状胶合强度提升。同时，UDSF 在 1410cm^{-1} 处的 C—O—C 伸缩峰和 1150cm^{-1} 处的 C—O 伸缩峰强度与 USF 相比降低。对于 USF 而言，原淀粉中只有—OH 与 UF 树脂的羟甲基结合形成醚键。而在 UDSF 中，—CHO 参与共缩聚反应，只有 C6 上的—OH 参与反应，形成的醚键相对较少。这证明了双醛淀粉能够与尿素、甲醛发生共缩聚反应，聚合度和交联度得到提升，因此固化时间和游离甲醛含量减少、胶合强度提升。

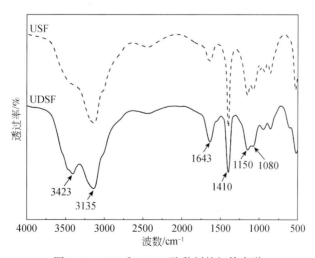

图 2-26　USF 和 UDSF 胶黏剂的红外光谱

2.2.4.7　胶黏剂微观形貌分析

采用 SEM 对 UDSF 和 USF 胶黏剂显微结构进行观测，探究双醛淀粉共缩聚对其内部形貌的影响。从图 2-27 可知，USF 的表面非常粗糙，并且未产生均匀的连续体系。通过放大图可知，其表面具有粗糙的淀粉小碎料。说明原淀粉与尿素、甲醛不易反应，并有许多淀粉未参与反应，因此 USF 胶黏剂的黏度过大和水溶倍数过小。而 UDSF 之间形成了比较均匀的连续体系，并且从放大图中的结果可知，其表面光滑。说明双醛淀粉与尿素、甲醛反应活性高，反应充分且形成了连续的均相体系。

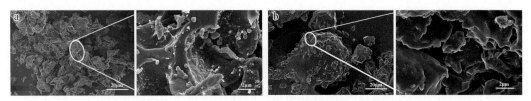

图 2-27　（a）USF 和（b）UDSF 胶黏剂的微观形貌图

2.2.4.8　胶黏剂热性能分析

采用热重测试仪对 UDSF 和 USF 胶黏剂的热性能进行检测，TGA 和 DTG 曲线如图 2-28 所示。对于热分解起始温度而言，UDSF 明显高于 USF 胶黏剂。同时，UDSF 的热分解最大速率对应的温度为 299.43℃，而 USF 胶黏剂的热分解最大速率对应的温度为 286.43℃，因此 UDSF 的热分解最大速率对应的温度较 USF 更高。同时，UDSF 的热分解残余率比 USF 胶黏剂高。综上所述，UDSF 的耐热性能更好。可能由于 UDSF 聚合度和交联致密程度较高，使其受热时更难分解。在 USF 的 DTG 曲线中，于 315.65℃处出现一个峰。可能是原淀粉与尿素、甲醛反应活性不高，导致 UF 和淀粉未反应完全。

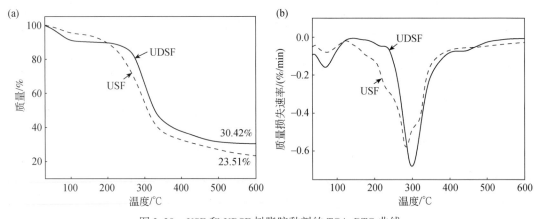

图 2-28　USF 和 UDSF 树脂胶黏剂的 TGA-DTG 曲线

2.2.4.9　小结

本试验以双醛淀粉、尿素和甲醛为原料，选择共缩聚工艺，制备双醛淀粉改性脲醛树脂胶黏剂，并且研究了双醛淀粉用量和第一次共缩聚时间，以及第一次尿素加入量对其性能的影响。使用 FTIR、SEM 和 TGA 等检测手段对胶黏剂进行表征，得到结论如下：

①当双醛淀粉用量为 0.075mol，第一次共缩聚时间以及 F/U1 分别为 60min 和 1.5 时，UDSF 的固化速率、环保性以及胶合强度较好，并且使用操作较为方便。

②通过分析胶黏剂的 FTIR 表明，UDSF 中游离羟基数量降低，缔结羟基数量提升，因此 UDSF 耐水性能相比 USF 有所提高。

③SEM 分析表明，相比于原淀粉，双醛淀粉与尿素、甲醛反应活性更大，共缩聚反应更充分，显著提高了树脂的聚合度和交联度，使 UDSF 成为连续的均相体系；TGA 结果表明 UDSF 胶黏剂具有更好的耐热性能。

2.2.5　胶黏剂分子选择交联与甲醛固着消减机制

2.2.5.1　脲醛树脂分子交联基础

脲醛树脂是由甲醛和尿素在一定条件下进行加成和缩聚反应制得的具有一定分子量和黏度的液体。尽管用于合成脲醛树脂的反应物仅为甲醛和尿素两种简单单体，但脲醛树脂中往往同时含有未反应的单体、带支链的小分子、线性分子链以及聚合物分子链等成分（Dunky，1998）。因此，液态脲醛树脂是一种复杂的混合溶液。脲醛树脂的合成过程如图 2-29 和图 2-30 所示（顾继友，2012）。

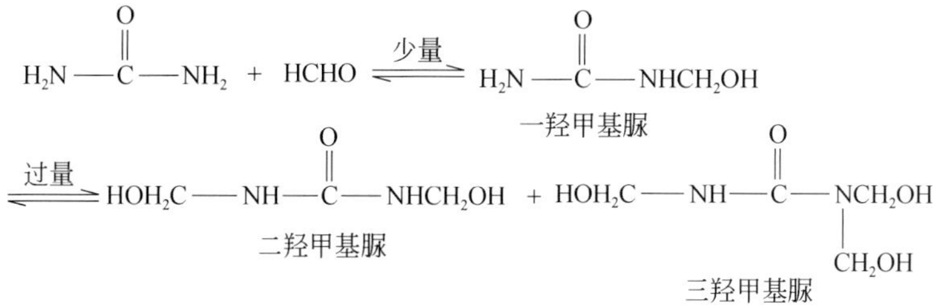

图 2-29　脲醛树脂的加成反应

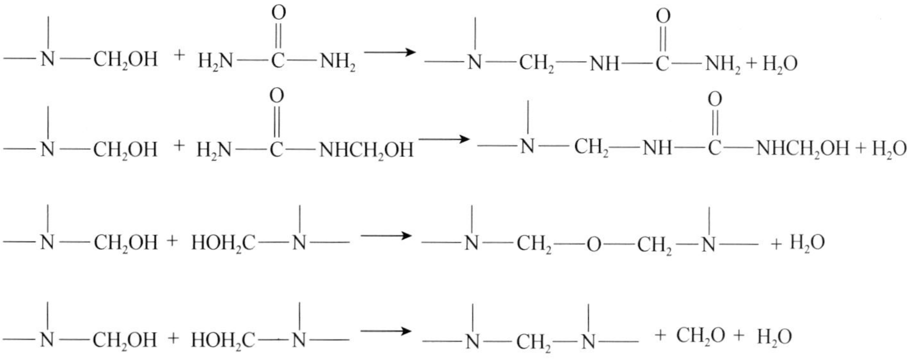

图 2-30　脲醛树脂的缩聚反应

脲醛树脂胶黏剂及其人造板制品会释放出甲醛的主要原因包括：①树脂合成过程中未参加反应的甲醛（甲醛释放主要来源）；②脲醛树脂中的活性基团，如羟甲基、亚甲基醚等，在树脂制备、贮存和固化过程中，容易发生反应而释放甲醛；③人造板制品在使用过程中，受到温度、湿度、酸碱、光照等环境因素影响，脲醛树脂发生降解而释放甲醛（Minopoulou et al.，2003）。因此，提高脲醛树脂的环保或耐水等性能，主要通过减少其合成过程甲醛用量（从源头减少甲醛的释放）、引入高交联度成分或性质稳定的聚合物与之共聚或引入生物质材料等来实现。这些物质的引入，通过调控反应环境等，促进树脂分子或单体与异质单元中的氨基（—NH$_2$）、醛基（—CHO）、羟基（—OH）、羧基（—COOH）等进行反应，势必影响脲醛树脂合成过程原有的交联结构，从而制备改性脲醛树脂。

2.2.5.2 低物质的量比脲醛树脂分子有序交联行为

基于脲醛树脂分子交联基础，从源头上减少胶黏剂制造中甲醛用量的方法包括本章前文所述的使用棉籽粕、氧化淀粉等替代部分脲醛树脂的合成原料。这些降醛方法均是基于脲醛树脂分子与来源不同的氨基（—NH$_2$）或醛基（—CHO）的选择性交联反应实现的。此外，调整脲醛树脂的物质的量比，即降低脲醛树脂中甲醛与尿素的物质的量比，会导致体系中的甲醛含量不足，尿素过量，从而改变羟甲基化产物的分子结构与分子量，使得树脂分子的交联反应或大分子的形成过程在一定程度上发生变化。低物质的量比体系中的树脂分子不再按照如图 2-29 和图 2-30 的传统路线进行反应，这种树脂分子结构的交联变化在未引入其他异质单元的情况下即可实现。

有研究表明，随着脲醛树脂物质的量比（甲醛与尿素的物质的量比，F/U）的降低，在使用或不使用催化剂的情况下，固化后的脲醛树脂中会生成大量的结晶结构（Levendis et al.，1992）。近年来，越来越多的研究文献报道了脲醛树脂的结晶区。相关研究表明，结晶区提高了脲醛树脂的稳定性，即防水性能和环保性均相应提升（Park and Causin，2011）。一些研究结果也表明，脲醛树脂的物质的量比越低，则结晶区的比例越高，因此，其稳定性和耐水解性能等也越好（Park and Jeong，2011）。此外，有研究利用 X 射线衍射（XRD）和 X 射线散射技术计算了不同物质的量比脲醛树脂的晶型和晶粒尺寸。发现随着脲醛树脂的物质的量比从 1.6 降低到 1.0，固化后树脂中的结晶率可由 26% 提高到 48%。随着这种变化，晶粒尺寸也从近 1nm 增加到 5nm。并且这种结晶结构在脲醛树脂合成过程随着分子量的增大而逐步形成（Park and Causin，2013）。脲醛树脂中结晶区的存在可以作为树脂的增强结构（Peponi et al.，2014）。树脂中适当的结晶区也可以从不同方面增强树脂基体的性能，即致密性。但是，脲醛树脂结晶区的形成机理，包括其化学组成和分子结构尚不清楚。此外，大量结晶区的形成还会影响脲醛树脂的渗透性、流变性能以及与木质基材的胶合性能，进而影响人造板的理化性能。

为探索低物质的量比工艺条件下，脲醛树脂分子交联反应对其分子结构和有序性的影响，作者通过研究低物质的量比（F/U = 1.2）脲醛树脂的结晶特性，在探明脲醛树脂结晶结构和结晶行为规律的基础上，试图解析脲醛树脂体系中官能团浓度和种类等变化对分子选择交联规律的影响。在此基础上，通过修饰低物质的量比脲醛树脂合成过程的反应活性基团以及固化过程分子结构及末端官能团，有望提高胶黏剂的综合性能，在减少和封闭活性基团的基础上，减少树脂反应或固化过程的甲醛释放量，并提高脲醛树脂的稳定性，从而进一步减少人造板甲醛释放。

2.2.5.3 低物质的量比脲醛树脂分子有序结构解析

1）脲醛树脂的制备

（1）制备方法

设置脲醛树脂的物质的量比为 1.2，将甲醛溶液在碱性条件（pH＝8.0）加热至 70℃后，加入第一部分尿素，促进甲醛与尿素的羟甲基化反应。分别用 1mol/L 的盐酸（HCl）或 0.5mol/L 硫酸（H_2SO_4）和 1mol/L 氢氧化钠（NaOH）溶液调节 pH。随后在酸性条件下（pH＝4.8）进行树脂的缩聚反应，直到反应物达到目标黏度 QR（Gardner-Holdt 气泡）后，加入第二部分尿素。最后将得到的脲醛树脂调整到碱性条件（pH＝8.0）以减缓反应。对于每种 pH 控制所用的酸的类型（HCl 和 H_2SO_4），分别制备了三个重复脲醛树脂样品。所有树脂测量的平均黏度为 300mPa·s（黏度计 DV-I Prime，Brookfield，USA），平均固体含量为 64.8%（水分平衡，CSC Scientific，Inc.，USA）。

（2）脲醛树脂颗粒的制备

对于使用硫酸控制缩聚阶段 pH 的脲醛树脂，使用硫酸铵（20wt% 水溶液）作为树脂的固化剂（该树脂被指定为"a"型）。氯化铵（20wt% 水溶液）用于固化使用盐酸控制缩聚阶段 pH 的脲醛树脂（该树脂被指定为"b"型）。根据树脂固体含量，在液体脲醛树脂中加入其固体含量 1% 的固化剂，并且所有树脂在 120℃ 条件下固化 2h，然后用研钵将固化后的脲醛树脂研磨成颗粒（粒径不超过 28 目），用于进行下一步试验。制备两种固化脲醛树脂的原因是探索酸和固化剂类型对树脂交联结构及结晶性能的潜在影响。

（3）性能表征

化学元素和官能团测试：脲醛树脂颗粒中元素含量利用能量色散光谱法（EDS，Oxford instruments，UK）测定。其化学基团则采用衰减全反射傅里叶变换红外光谱（ATR-FTIR，Spectra two，PerkinElmer Inc.，USA）进行表征。将磨碎的树脂颗粒（120 目）施加在仪器的晶体表面上，并对颗粒施加一定的压力（根据仪器手册操作）。数据收集的分辨率为 $1cm^{-1}$，数据间隔为 $0.25cm^{-1}$，共扫描 4 次。

XRD 测试：脲醛树脂的 X 射线衍射图谱采用 Cu Kα（$\lambda = 1.5418Å$）射线衍射仪（Ultima Ⅲ，日本 Rigaku 公司）在 40kV 和 44mA 下，以 3°/min 速度以及 2θ 为 10~60° 范围内采集。树脂粉末采用玻璃样品架。对于慢速扫描 X 射线衍射图，扫描范围调整为 0~90°，2θ 的速度为 0.25°/min，并在此测试过程使用零背景样品架（ZBH，硅晶体，中心腔直径为 10mm，深度为 0.1mm）。数据分析使用 MDI Jade 2010 软件（MDI，Materials data，Inc.）进行。

微观形貌测试：脲醛树脂的选区电子衍射图谱在 JEOL-2100 透射电子显微镜（TEM，JEOL，Ltd.，Japan）下观察。脲醛树脂颗粒首先分散在蒸馏水中（2wt%），然后取一滴搅拌后的悬浮液立即滴在铜制样品网格台上（碳涂层 300 目铜网格样品台），并对其真空干燥 6h 后，在 200kV 电压下观测。

2）化学元素分析

用能谱仪检测脲醛树脂的元素组成，其典型的透射电镜图像和脲醛树脂颗粒的元素分布如图 2-31 所示。以尿素和甲醛为原料制备脲醛树脂，脲醛树脂中仅含有碳（C）、氮（N）、氧（O）等元素。因此，树脂的主要成分为 C（49.8%）、N（32.1%）和 O（18.0%）。其他微量元素的存在是由固化剂或原料的杂质引入。因此，可以假定脲醛树脂中可能形成的晶体结构仅由这三种主要元素构成。

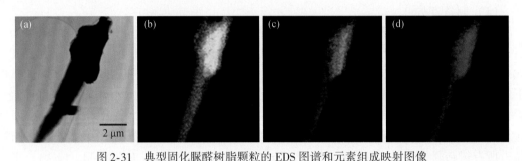

图 2-31   典型固化脲醛树脂颗粒的 EDS 图谱和元素组成映射图像

（a）脲醛树脂颗粒的 TEM 照片；（b）、（c）、（d）分别为 C（49.8%）、N（32.1%）和 O（18.0%）元素的映射

固化脲醛树脂的 ATR-FTIR 光谱如图 2-32 所示。在 $3300 \sim 3350 \text{cm}^{-1}$ 处的宽频带被认为是二级酰胺的 N—H 伸缩振动峰。尿素中含有伯胺，这表明尿素在树脂制备和固化过程中可能发生充分反应。1632cm^{-1} 和 1550cm^{-1} 处的吸收峰分别归因于仲胺的羰基（C＝O）和 C—N 的伸缩振动。1378cm^{-1} 处的吸收峰为—CH_2OH，代表尿素和甲醛之间典型的羟甲基化反应（Singh et al.，2014）。1238cm^{-1} 的峰是由叔胺 C—N 和 N—H 的伸缩振动所致。1130cm^{-1} 和 1035cm^{-1} 处峰分别归属于 C—O 脂肪醚和亚甲基桥（—NCH_2N—）（Luo et al.，2015）。这些吸收峰的出现证实了脲醛树脂在固化过程中的缩聚过程。所得结果与其他加入固化剂后脲醛树脂的红外光谱图相似。结果表明，pH 控制使用的酸的类型和脲醛树脂固化使用的固化剂类型对树脂化学组成和交联无明显影响。

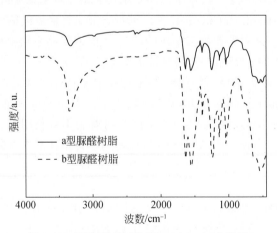

图 2-32   固化脲醛树脂的 ATR-FTIR 光谱图

3）结晶特性分析

两种脲醛树脂的常规 XRD 图谱如图 2-33 所示，其中 a 为 a 型脲醛树脂；b 为 b 型脲醛树脂。衍射峰的出现证实了固化后的脲醛树脂中存在结晶区。各峰的 2θ 角度分别为 21.55°、24.35°、31.18° 和 40.43°。这两种树脂在 XRD 图谱上也无显著差异。结果表明，在树脂制备和固化过程中，用于 pH 控制的酸和固化剂的类型对固化后脲醛树脂交联以及结晶结构的形成和发展没有显著影响（Nuryawan et al.，2017）。在 2θ 角度为 21.55 和 24.35 时，b 型树脂的高衍射峰强度可能归因于相关结晶区比例的提高。这表明，即使在相同的物质的量比（F/U）下，固化剂和酸的种类也可以控制固化 UF 树脂中结晶区的百分比。

通过慢速扫描可以获得较好的 XRD 谱图信噪比，即 XRD 谱图的峰值信号将得到更多的统计，而背景噪音则会相应降低。此外，慢速扫描配合零背景样品台还能检测到树脂中的微量成分。a 型脲醛树脂的慢速扫描 XRD 图谱如图 2-34 所示。数据分析使用 MDI jade 2010 软件进行。在软件中完成自动模拟和曲线拟合过程后，得到树脂颗粒中的结晶百分比、相关结晶的晶粒尺寸和晶面间距（d）值（表 2-14）。模拟计算得到的脲醛树脂结晶率为 14.48%。考虑到曲线拟合过程，该值为本试验脲醛树脂的最大结晶率值。实际百分比不会大于该值，因为背景展宽几乎不可能被完全消除。此外，通过慢速扫描还得到了相应衍射峰的晶面间距值：在 2θ 角度为 21.55° 时的晶面间距为 4.12Å；24.35° 时为 3.65Å；31.18° 时为 2.86Å；40.43° 时为 2.23Å。各结晶区的晶粒尺寸相近，平均尺寸约为 4.1nm。为进一步确认晶面间距值，需要得到脲醛树脂的电子衍射图谱（SAD）。

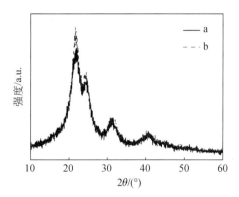

图 2-33 脲醛树脂的常规 XRD 图谱

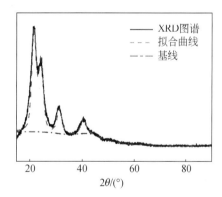

图 2-34 a 型脲醛树脂的慢速扫描 XRD 图谱

表 2-14 慢速扫描 XRD 谱图中模拟计算出的脲醛树脂晶体参数

2θ/(°)	晶面间距/Å	晶粒尺寸/nm
21.55	4.12	4.1
24.35	3.65	4.1
31.18	2.86	4.2
40.43	2.23	4.3

4）微观形貌及电子衍射表征

脲醛树脂颗粒的 TEM 照片和 SAD 图谱如图 2-35 所示。观察到的脲醛树脂颗粒呈不规则形状随机分布。图 2-35（a）和图 2-35（b）是典型脲醛树脂颗粒的显微照片。图 2-35（c）是用于获得 SAD 图谱的脲醛树脂颗粒的局部图像。图 2-35（b）中描述了在圆圈区域内的位置。图 2-35（d）是图 2-35（c）中树脂颗粒的 SAD 图谱。在选择区域的电子衍射模式中，固化后的脲醛树脂中存在明显的结晶区。然而，慢速扫描 X 射线衍射图谱显示其结晶率很低，仅为 14.48%。由于非晶区占主导地位，衍射电子环变得模糊。这种模糊的电子衍射图谱是对脲醛树脂颗粒进行电子衍射分析获得的最常见的衍射图谱。图 2-35（d）中获得的 SAD 图谱显示了三个衍射的电子环，它们与 XRD 图谱相匹配。在此衍射图谱中，每个电子环都有一定的厚度。这可能是由多个重叠的结晶区的电子衍射所引起。从图 2-35（e）脲醛树脂颗粒中的观察区域中，可以观察到更清晰的 SAD 图谱，如图 2-35（f）所示。图 2-35（f）中再次出现了三个清晰的电子衍射圆环。使用 Image J 软件进行后续的晶面间距值计算，其数据见表 2-15。根据获得的清晰 SAD 图谱，计算得到的晶面间距值分别为 2.2242Å、1.2833Å 和 1.0978Å。这些晶面间距值分别对应于 2θ 角度为 21.55°、24.35°和 31.18°。所得数据与慢速扫描 X 射线衍射图谱中模拟计算得到的数据略有不同。这可能是由于 MDI Jade 数据库中缺乏脲醛树脂这些特定晶体区域的数据所致，因而 XRD 数据的确认需要进一步的研究来证实。

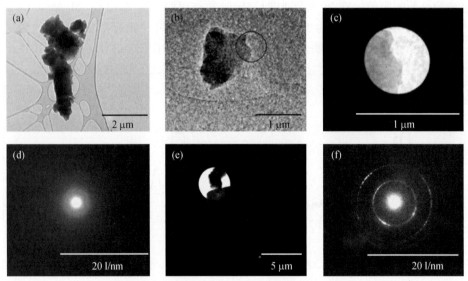

图 2-35　脲醛树脂颗粒的透射电子显微照片和电子衍射图谱

（a）和（b）是脲醛树脂颗粒；（d）是（c）的电子衍射图谱；（f）是（e）的电子衍射图谱

表 2-15　从脲醛树脂电子衍射图谱（SAD）中计算得到的晶面间距值

电子衍射环（由内向外编号）	$2\theta/(°)$	晶面间距/Å
1	21.55	2.2242
2	24.35	1.2833
3	31.18	1.0978

2.2.5.4　脲醛树脂分子选择交联机制

脲醛树脂在胶黏剂和其他聚合物基产品中的应用非常广泛。低物质的量比脲醛树脂结晶区的存在，引起了人们对该热固性聚合物新的认识。通过对低物质的量比纯脲醛树脂颗粒的有序结构或结晶区进行表征，得到的电子衍射图谱与其 X 射线衍射图谱相吻合，证实了树脂中结晶区的存在，并探明了其主要结晶参数。脲醛树脂合成过程，在不引入异质单元的同时，可通过调控反应阶段反应物浓度或环境的变化实现树脂分子结构无定形区与结晶区之间的转化，这为脲醛树脂分子结构优化及甲醛交联固着机制提供指导。脲醛树脂的结晶行为受体系活性基团种类和浓度的影响，在树脂合成体系中引入带活性官能团的物质（如氨基、醛基、异氰酸酯基等），有望通过影响脲醛树脂的结晶行为，从而提高胶黏剂的综合性能。

低物质的量比脲醛树脂分子交联有序结构或结晶行为的探索为其改性过程胶黏剂分子选择交联提供支撑。脲醛树脂改性研究离不开反应环境的调控，包括反应物浓度、化学基团种类、反应环境等。树脂合成各阶段的醛基与氨基等的物质的量比会随着反应的进行而不断变化，物质的量比的变化引导树脂不同分子间的缩聚与交联。例如通过在脲醛树脂合成初期引入三聚氰胺（富含高反应活性氨基）可以提高脲醛树脂小分子的交联度，从而有望减少树脂分子量增长过程结晶区的生成比例。此外，在脲醛树脂合成过程，在保持最终醛基与氨基物质的量比相同的情况下，通过分步控制物质的量比，也可合成分子结构与性能不同的胶黏剂。例如在胶黏剂合成初期，利用醛基浓度较高的特点，提供强酸性反应环境，可以促进二羟甲基脲分子中羟甲基间的自缩合，使其闭合成环，有效固着分子末端羟甲基、提高树脂分子网络的稳定性（图 2-36）。

在脲醛树脂合成过程引入不同的醛基、氨基等来源产物替代甲醛或尿素，并利用反应移动方向、接枝或加成位点与反应环境的响应关系，通过调控催化环境体系，可诱导胶黏剂分子选择交联，与改性物共缩聚，形成三聚氰胺高支化等体型交联结构（图 2-36）。在脲醛树脂合成体系引入三聚氰胺，通过其三氮杂环上氨基（—NH_2）反应活性显著高于尿素中酰胺（—$CO—NH_2$）的特点，可生成大量羟基化的三聚氰胺（理论上至多可形成六羟甲基三聚氰胺）。羟甲基化三聚氰胺的存在，改变了脲醛树脂体系中原有羟甲基脲间的缩合结构，使得脲醛树脂分子链与分子网络中不断接枝三氮杂环结构，提高胶黏剂的稳定性，减少末端羟甲基的含量。

生物质蛋白质分子也富含氨基结构，且蛋白质的多肽分子形成过程及重复链节与脲醛树脂结构相似。棉籽粕的主要成分是棉籽蛋白，其中也含有大量的活性氨基（—NH_2）。棉籽蛋白大分子的引入，为脲醛树脂分子选择交联提供模板，可使合成单体如甲醛等与蛋白质氨基交联，产生羟甲基化产物，然后以羟甲基化的蛋白质分子为基体，逐渐扩充树脂分子，最终形成网络结构，将蛋白质分子锚固其中，实现胶黏剂的改性和性能优化（图 2-36）。

淀粉等多糖类物质则含有大量活性的羟基等，这些活性基团在一定条件下可氧化成醛基。因此，与使用蛋白质不同，使用氧化淀粉等改性脲醛树脂胶黏剂则是为体系提供醛基的交联选择。氧化淀粉与蛋白质类似，均可为脲醛树脂分子的增长提供模板或基体，即树脂合成单体或反应中间产物中的氨基（—NH₂）等会被氧化淀粉上的醛基吸引，交联形成羟甲基结构，并进一步缩聚形成亚甲基桥或醚键等。整个交联与缩聚过程均能使树脂分子的增长在淀粉大分子上进行，最终形成网络交联结构将淀粉锚固其中，制得改性共缩聚胶黏剂，提高其环保性能，降低甲醛的用量（图 2-36）。

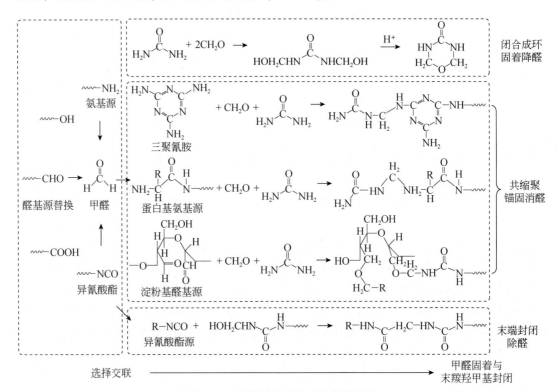

图 2-36　脲醛树脂分子选择交联机制

使用不同的氨基（—NH₂）或醛基（—CHO）来源可对甲醛与尿素进行大量替换，但脲醛树脂中仍含有部分羟甲化产物及其缩聚结构。而脲醛树脂分子本身的缩聚及固化均会在一定程度释放甲醛，并且这些不稳定结构在使用过程易受环境影响而分解。针对这一问题，可在脲醛树脂体系中引入环氧树脂、异氰酸酯基团（—NCO）等。通过异氰酸酯与脲醛树脂不同分子量分子链末端的羟甲基、羟基等活性基团反应，可生成稳定的聚脲等化学键结构，进一步提高脲醛树脂的稳定性，减少固化和使用过程甲醛的释放，但调控异氰酸酯与脲醛树脂中不同活性基团的选择交联是制备高性能复合胶黏剂的关键（图 2-36）。

2.2.5.5　胶黏剂分子选择交联下的甲醛固着消减机制

脲醛树脂胶黏剂甲醛释放的来源在前文已经提到，即体系中未反应的游离甲醛、树脂固化过程中羟甲基脲等缩合释放甲醛以及不稳定结构（如—CH₂—O—CH₂—）在后期分解释放甲醛。对此，减少树脂中游离甲醛含量、降低体系羟甲基比例、提高胶黏剂的稳定性，是实现其人造板甲醛控释的关键。

采用一定的催化合成手段，促进游离甲醛与氨基（—NH$_2$）的加成反应，提升二羟甲基脲的含量，并实现其羟甲基间的缩合，使得原本暴露的羟甲基基团闭合成环，从而降低羟甲基化产物的含量，进而减少人造板的甲醛释放量。这种使活性分子闭合成环，用以固着羟甲基并降低其人造板甲醛释放量的过程即可通过分子选择交联实现。

在脲醛树脂体系中引入三聚氰胺、蛋白质分子或淀粉分子等，本身可以大幅减少脲醛树脂合成化工原料的应用，在甲醛用量方面即可降低体系中的游离甲醛含量，减少其人造板的甲醛释放量。此外，这些分子还能在一定程度上与体系中更多的甲醛或羟基化产物交联，形成共缩聚产物。这些共缩聚产物均通过消耗体系中的甲醛或羟甲基化产物等生成，在提高树脂分子稳定性的同时，实现脲醛树脂活性基团的原位封闭、交联固定树脂分子支链或末端的羟甲基，从而进一步降低其人造板甲醛释放量。

异氰酸酯等分子本身反应性极强，反应后的产物稳定性、耐久性能优异。异氰酸酯基团（—NCO）几乎可与所有的含活泼氢的基团反应，而脲醛树脂体系无论是未反应的单体、反应中间产物，还是树脂大分子，均含有大量含活泼氢的活性基团，包括羟甲基（—CH$_2$OH）、羟基（—OH）等。在脲醛树脂体系引入异氰酸酯基团（—NCO）后，使羟甲基等活性基团转化为稳定结构，可对甲醛释放的主要来源进行封闭。此外，异氰酸酯与脲醛树脂的反应产物，在稳定性、耐久性等方面也显著增强，可减少脲醛树脂在使用过程受环境影响而分解产生甲醛等，从而提高人造板的环保性能。

综上所述，脲醛树脂的原料及其合成过程的反应特性，为其改性、分子结构修饰、分子链增长等提供了有利条件。通过控制脲醛树脂的反应环境，包括 pH、温度、活性官能团浓度和种类，例如氨基（—NH$_2$）、醛基（—CHO）、羟基（—OH）、羧基（—COOH）、异氰酸酯基（—NCO）等，以及活性官能团来源物的特性等，可以实现脲醛树脂分子与不同改性官能团的选择性交联、封闭羟甲基、固着甲醛等，从而制备环保、防水性能优异、热稳定性高等性能优异的胶黏剂。脲醛树脂分子的选择性交联，为甲醛控释、胶黏剂改性以及高性能人造板制造等提供科学指导。

2.3　环保快固酚醛树脂胶黏剂

酚醛树脂胶黏剂指以酚类和醛类物质缩聚而成或以酚醛树脂为基料的一类胶黏剂的统称。酚醛树脂固化后在耐水性、耐热性、耐候性等多方面具有优良性能，而且其胶合强度高、化学稳定性好，因此被广泛应用于诸多领域，尤其是木材和竹材工业，其用量仅次于脲醛树脂（顾继友，1998）。以酚醛树脂为胶黏剂的人造板材通常用于户外。然而，酚醛树脂胶黏剂也存在一些缺点，例如毒性较高、固化速度慢和温度高，导致生产效率低、能耗大等缺陷，严重制约其在木材工业中的应用。研究人员通过调整催化剂、引入改性剂等方法，以提高其性能，降低其毒性（Fraser，1957）。因此，本节通过复合催化法和引入合成原料的替代品制备环保快固酚醛树脂胶黏剂，不仅可以降低苯酚、甲醛等污染性化工原料的消耗，实现酚醛树脂中温快速固化，还可以在不影响酚醛树脂胶黏剂性能的情况下，达到高效利用生物质资源的目的。

2.3.1 NaOH-Ba(OH)₂双催化环保快固酚醛树脂胶黏剂

针对酚醛树脂固化速度慢，本节采用 Ba(OH)₂ 和 NaOH 复合催化剂，通过分步加入工艺，分两次加入甲醛来制备酚醛树脂胶黏剂。在 NaOH 为催化剂的条件下，苯酚的对位具有比邻位更高的反应活性，所以最后合成树脂中余下了反应活性较差的邻位，这样生成的酚醛树脂水溶性较好，但固化速度较慢。而在二价金属离子 Ba(OH)₂ 为催化剂的条件下，苯酚邻位的羟甲基化反应占优势，使制备的酚醛树脂中具有较多的邻–邻次甲基键，合成的树脂中余下多为对位的活性位置，从而提高了树脂的固化速率，但此时树脂的水溶性较差。针对酚醛树脂此项不足，本部分试验采用 Ba(OH)₂ 和 NaOH 复合催化剂，通过两步甲醛加入工艺制备酚醛树脂胶黏剂。

2.3.1.1 胶黏剂制备

1）NaOH-Ba(OH)₂ 双催化酚醛树脂胶黏剂的制备

酚醛树脂的制备配方为：$n(苯酚):n(甲醛)=1.0:1.8$。按方案准确称取 NaOH 固体配成 NaOH 水溶液，备用。将融化的苯酚和配好的 NaOH 水溶液一起加入四口烧瓶，搅拌至体系温度为 40℃。加入第一批甲醛，用 60~70min 匀速升温至 82℃，按设定的时间和添加量加入 Ba(OH)₂ 颗粒。用 25~30min 匀速升温至 92℃，并保温一定时间再降温至 82℃，加入第二批甲醛，保温一定时间。最后再用 20~25min 升温至 92℃，反应一定时间，出料。同时，仅以 NaOH 为催化剂制备普通酚醛树脂胶黏剂作为参照样。

2）性能表征

胶黏剂性能测试：酚醛树脂的黏度和固含量等理化性能参照 GB/T 14074—2006 的方法进行测试。固化时间参照 GB/T 14074—2006 的方法进行，将水浴改为油浴，测定温度为 110℃。

差示扫描量热测试：将合成的酚醛树脂胶黏剂采用冷冻干燥至绝干，取树脂 6~8mg 于铂金锅中，加盖密封进行扫描。氮气流量为 30mL/min，升温速率为 5℃/min，升温范围为 40~180℃。

傅里叶红外光谱（FTIR）测试：采用冷冻干燥箱除去酚醛树脂胶黏剂中的水分。使用 KBr 压片法制备样品，并使用单点反射法进行红外光谱试验。扫描范围：3000~400cm⁻¹，分辨率：0.35cm⁻¹。

2.3.1.2 NaOH 添加量对胶黏剂性能的影响

图 2-37 为不同 NaOH 加入量对酚醛树脂胶黏剂颜色的影响。当 NaOH 用量为 0.1mol 时，制备的胶黏剂颜色较浅，为浅黄色。随着 NaOH 用量增加，胶黏剂的颜色逐渐加深，当 NaOH 用量为 0.3mol 时，胶黏剂颜色较深，为红褐色。这是因为只用 Ba(OH)₂ 催化制备的酚醛树脂胶黏剂颜色较浅，为浅黄色，而只用 NaOH 催化的胶黏剂颜色较深，为暗红色。由此可以推断，NaOH 加入量较少时，Ba(OH)₂ 的催化作用更大，制备的胶黏剂中高

邻位树脂比例较大，随着 NaOH 加入量增多，胶黏剂中高邻位树脂的比例相对减小。

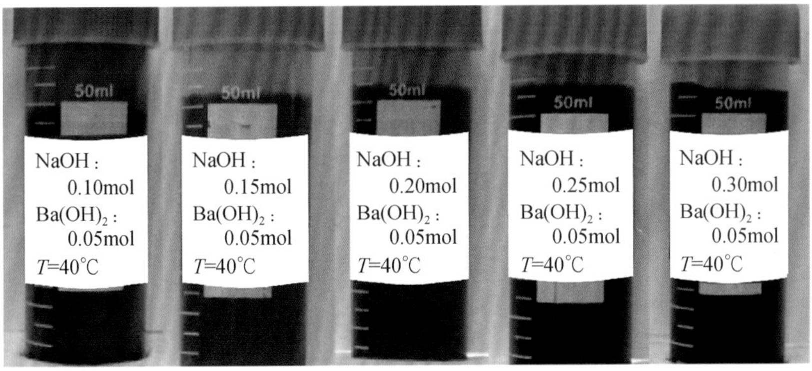

图 2-37　不同 NaOH 加入量对胶黏剂外观质量的影响

图 2-38（a）中 NaOH 用量对酚醛树脂黏度的影响可知，NaOH 加入量较少时所制备的酚醛树脂的黏度较大，当 NaOH 加入量为 0.1mol 时，其黏度达到 36000mPa.s，制备的酚醛树脂中水溶性较差的邻-邻位结构较多。随着 NaOH 加入量增多，胶液的黏度迅速下降，当 NaOH 加入量为 0.3mol 时，胶黏剂的黏度降至 663mPa·s。此时，系统中水溶性较好的对位结构含量高于邻位结构，且胶黏剂的 pH 较高，因此体系的流动性提高，黏度较低。然而，当 NaOH 的添加量增加时，胶黏剂中存在更多的对位结构，降低了固化速率并延长了固化时间。

图 2-38（b）为 NaOH 用量对酚醛树脂水溶倍数的影响，当 NaOH 的添加量为 0.1mol 时，所制备的酚醛树脂的水溶性倍数较小，为 0.12 倍。此时，酚醛树脂中存在更多水溶性较差的邻-邻结构，使树脂的水溶性降低，在放置一天后树脂开始分层。因此，当 NaOH 的添加量少时，不利于酚醛树脂的使用和贮存。随着 NaOH 加入量增多，制得酚醛树脂的水溶倍数逐渐增大，特别是 NaOH 加入量增加至 0.25mol 后，水溶倍数迅速增大。当 NaOH 加入量为 0.3mol 时，胶液的水溶倍数增大至 1.78 倍。NaOH 加入量增加，使酚醛树脂中水溶性的对-对位结构增多，而树脂的水溶性与 pH 也有密切关系。随着 pH 增高树脂的水溶性也相对变大，再加上树脂中含有较多的羟基，易与水结合，故树脂的水溶倍数增大。

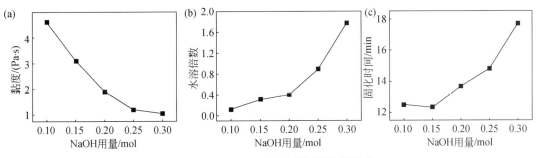

图 2-38　NaOH 用量对胶黏剂性能的影响

图 2-38（c）为 NaOH 用量对酚醛树脂固化时间的影响，随着 NaOH 加入量增多，酚醛树脂的固化时间逐渐延长。在 NaOH 和 Ba(OH)$_2$同时存在的条件下，NaOH 用量少时，Ba(OH)$_2$产生的催化作用占优势。在合成过程中，Ba(OH)$_2$通过催化剂的定位效应提高苯酚的邻位加成数量；在固化反应过程中，由于二价 Ba^{2+}在树脂中仍然能够自由行动，可以促进树脂固化。这两方面作用使酚醛树脂的固化时间缩短。随着 NaOH 加入量增多，NaOH 的催化作用逐渐占优势，使胶黏剂中活性较低的邻-对位结构的含量逐渐增多，从而使酚醛树脂的固化速度降低，固化时间延长。

2.3.1.3　Ba(OH)$_2$加入温度对胶黏剂性能的影响

由图 2-39 可知，NaOH 催化的普通酚醛树脂颜色为红褐色，而加入 Ba(OH)$_2$后的酚醛树脂颜色相对要浅。当 Ba(OH)$_2$和第一批甲醛一起加入时（40℃），制备的酚醛树脂为浅黄色。随着 Ba(OH)$_2$加入时间的推后，酚醛树脂的颜色逐渐加深。由此可以推断，Ba(OH)$_2$加入时间早，制备的酚醛树脂中高邻位树脂含量较多，随着 Ba(OH)$_2$加入时间推后，高邻位树脂的含量逐渐减少。

图 2-39　不同 Ba(OH)$_2$加入时间对酚醛树脂的影响

从图 2-40（a）不同温度下添加 Ba(OH)$_2$对制得酚醛树脂黏度的影响可知，当不加入 Ba(OH)$_2$时酚醛树脂的黏度为 1325mPa·s。这是因为 NaOH 催化的酚醛树脂水溶性较好，使其流动性增强，黏度较小。随着 Ba(OH)$_2$加入温度上升（即加入时间延后），酚醛树脂的黏度逐渐减小。Ba(OH)$_2$在 40℃加入时，酚醛树脂的黏度为 9100mPa·s；Ba(OH)$_2$加入温度从 40℃延后到 60℃时，树脂的黏度迅速减小；加入温度从 60℃延后到 80℃时，树脂的黏度减小速率变缓。其原因是 Ba(OH)$_2$加入较早时，能较早起到催化作用，使酚醛树脂中水溶性差的邻-邻位结构较多；Ba(OH)$_2$加入时间较迟时，其催化作用也较迟，此时 NaOH 的催化效果更明显，而 NaOH 催化的酚醛树脂水溶性较好，使其流动性较好，黏度较小。

对于不加入 Ba(OH)$_2$而只用 NaOH 催化制得的酚醛树脂，其水溶倍数大于 40，其原因是只用 NaOH 催化时，树脂中水溶性较好的对-对位结构含量较多。对在不同温度下加入 Ba(OH)$_2$制得酚醛树脂的水溶倍数进行测试，结果如图 2-40（b）所示。Ba(OH)$_2$在 40℃加入时，树脂的水溶倍数只有 0.39。随着 Ba(OH)$_2$加入温度延后，树脂的水溶倍数逐渐增大。这主要是由于 Ba(OH)$_2$加入温度上升，Ba(OH)$_2$起到的催化作用较少。

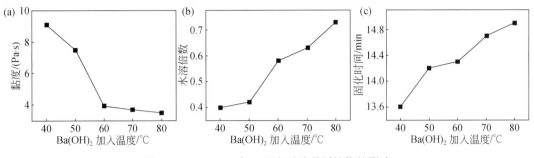

图 2-40　Ba(OH)₂加入温度对胶黏剂性能的影响

对在不同温度下加入 Ba(OH)₂而制得酚醛树脂的固化时间进行测试，结果如图 2-40（c）所示。仅使用 NaOH 作为催化剂时制得的酚醛树脂固化时间最长，因为此时体系中以对-对位结构为主。Ba(OH)₂加入温度不同，树脂的固化时间存在较大差异，固化时间随着 Ba(OH)₂加入温度延迟而逐渐延长。Ba(OH)₂加入较早时（40℃时），固化时间最短；随着 Ba(OH)₂加入温度延后，树脂的固化时间逐渐延长，这是Ba(OH)₂起的催化作用减少，使体系中邻-邻位结构逐渐减少所致。

2.3.1.4　Ba(OH)₂添加量对胶黏剂性能的影响

图 2-41 为 Ba(OH)₂添加量对酚醛树脂颜色的影响。随着 Ba(OH)₂加入量增多，树脂的颜色逐渐变浅。这是因为 Ba(OH)₂加入较少时，体系中邻-邻位结构较少，而 NaOH 催化产生的对-对位结构较多，使制得的酚醛树脂颜色相对较浅。当 Ba(OH)₂加入量增多时，体系中邻-邻位结构增多，对-对位结构相对减少，使体系的颜色变浅。

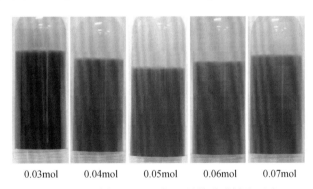

| 0.03mol | 0.04mol | 0.05mol | 0.06mol | 0.07mol |

图 2-41　不同 Ba(OH)₂加入量的酚醛树脂照片

对不同 Ba(OH)₂添加量制得酚醛树脂的黏度进行测试，结果如图 2-42（a）所示。随着 Ba(OH)₂添加量不同时，酚醛树脂的黏度也呈现出较大差别。树脂的黏度随着Ba(OH)₂添加量增多而逐渐增大。当 Ba(OH)₂添加量较少时，酚醛树脂中的邻-邻位结构含量相对较少，使其黏度较小；反之，其发挥的催化作用使酚醛树脂中的邻-邻位结构增多，使体系黏度增大。

图 2-42（b）为不同 Ba(OH)₂添加量制得酚醛树脂的水溶倍数测试结果。随着

Ba(OH)$_2$添加量增多，树脂的水溶倍数逐渐减小。这是因为 Ba(OH)$_2$催化的酚醛树脂中，水溶性较差的邻-邻位结构较多，因此，Ba(OH)$_2$加入增多使树脂的水溶性降低。如图 2-42（c）所示，是不同 Ba(OH)$_2$加入量制得酚醛树脂的固化时间。Ba(OH)$_2$加入量较少时，树脂的固化时间较长，此时酚醛树脂中高活性的邻-邻位结构含量较少；随着 Ba(OH)$_2$加入量增多，树脂中的高活性邻-邻位结构增多，使其固化时间逐渐缩短。

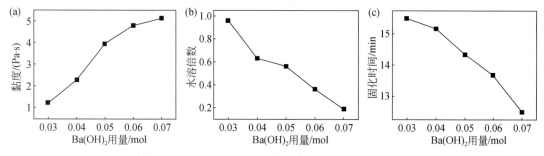

图 2-42　Ba(OH)$_2$用量对胶黏剂性能的影响

2.3.1.5　小结

本节探究了 NaOH、Ba(OH)$_2$添加量和 Ba(OH)$_2$加入温度对酚醛树脂胶黏剂性能的影响，进行了单因素试验，制备了 NaOH 和 Ba(OH)$_2$联合催化的酚醛树脂胶黏剂，并参照国家标准对胶黏剂性能进行了检测。试验结果表明：

①NaOH 加入量较少时，树脂的颜色较浅、固化时间较短，但黏度较大、水溶性较差；而 NaOH 加入量较多时，各项性能均有所提升。

②Ba(OH)$_2$加入温度对酚醛树脂的性能有较大影响，随着 Ba(OH)$_2$加入温度升高，所制得酚醛树脂的水溶性增大，黏度减小；但颜色加深，固化时间延长。

③Ba(OH)$_2$加入量对酚醛树脂的性能有较大影响，随着 Ba(OH)$_2$加入量增加，树脂颜色变浅，固化时间缩短；但黏度增大，水溶性变差。

2.3.2　PVA-*g*-淀粉/酚醛树脂共缩聚环保快固胶黏剂

酚醛树脂胶黏剂具有优良的耐水性、耐候性和耐热性，且化学稳定性好，胶接强度高，在木竹材工业中用量仅次于脲醛树脂，并且在建筑结构用材中具有广阔的应用前景。本节采用淀粉对酚醛树脂进行交联改性，制备环保型淀粉/酚醛树脂复合胶黏剂。淀粉类胶黏剂是绿色环保的天然胶黏剂，越来越受到广大学者的关注（Zhang et al.，2015；高振忠和孙伟圣，2009）。淀粉具有活性官能团、天然大分子以及能适应环保要求的突出特性。这主要有三个原因：首先，淀粉及其衍生物具有优良的成膜性和粘接性，是良好的天然可再生资源胶黏剂。其次，淀粉是一类价格低廉、来源广泛、对环境友好的天然高分子材料，具有无毒、无污染和无异味等特点（Wang et al.，2011）。但同时淀粉胶黏剂在用于木材胶接时仍存在强度低、耐水性不足等技术问题亟待解决。对此，研究者通过对淀粉进行氧化、接枝、酯化等化学改性处理，使淀粉分子上的一部分羟基被其他基团取代，可以在一定程度上提高淀粉胶黏剂的胶接强度和耐水性（周庆等，2011）。但将这些改性淀粉胶黏剂直接用于胶接木材时，仍不能达到国家标准要求。因此，经化学修饰的纯淀粉胶黏剂还需要进一步改性。广大学者又采用一些胶接强度高和耐水性较好的树脂与纯淀粉胶黏剂进行共混，可以显著提高其胶合强度和耐水性能。其中，以异氰酸酯系胶黏剂对淀粉胶黏剂共混改性最为常见，取得了较好的效果（Qiao et al.，2015；时君友等，2008；时君友和韦双颖等，2003）。但异氰酸酯改性淀粉胶黏剂也存在适用期短、操作不方便和生产成本高的不足。

鉴于此，选择合适的改性体系与淀粉胶黏剂进行复合是制备高强、耐水环保型胶黏剂的关键与难点。本研究通过对淀粉进行氧化接枝改性，再与酚醛预聚物进行共缩聚，制备淀粉/酚醛预聚物（S/PFO）共缩聚胶黏剂。这种方法的优点在于：①淀粉氧化接枝体系pH在9~10之间，而酚醛预聚物pH也是碱性，在进行共聚缩时不会因pH不同而使胶黏剂体系性能发生变化。②改性淀粉乳液和酚醛预聚物同为水性体系，将二者共混或共聚不会存在相容性问题。③淀粉被氧化后分子链上的羧基与酚醛预聚物中羟甲基酚进行交联反应，另外淀粉结构中部分葡萄糖单元中 C_6 上的羟基可转化为醛基，而醛基能与酚醛预聚物中的羟甲基酚在加热和固化剂存在时进行半缩醛、缩醛反应，从而在固化过程形成具有氧化淀粉参与的交联体型结构，可显著提高胶黏剂的耐水性能和胶接强度。④酚醛预聚物中羟甲基酚和淀粉分子链上的羟基进行反应，可以降低胶黏剂体系中的游离酚含量。同时，氧化淀粉能消耗酚醛预聚物中分离出的游离醛，降低胶黏剂体系中的游离甲醛含量。⑤采用来源丰富、价格低廉的淀粉与酚醛树脂预聚物制备新型胶黏剂，既能保留酚醛类胶黏剂优良的胶接强度和耐水性能，还能降低生产成本。因此，本研究采用的是一种绿色环保且高效的改性方法。

2.3.2.1　PVA-*g*-淀粉/酚醛树脂共缩聚胶黏剂的制备

1）制备方法

酚醛预聚物（PFO）按苯酚∶甲醛∶氢氧化钠物质的量比为1∶3.5∶1进行制备（Wang et al.，2012）。首先准确称取甲醛和苯酚倒入装有搅拌器的四口烧瓶中，并置于水浴锅中加热，将温度升至30℃。然后准确称取氢氧化钠固体，并与水配成质量分数为50%的氢氧化钠水溶液，在30min内缓慢加入四口烧瓶中。反应40h后，出料。

淀粉/酚醛预聚物（S/PFO）共缩聚胶黏剂合成。将设定的淀粉量（5g、10g、15g、20g和25g）溶于水中，配成40%的淀粉乳液，加入2g次氯酸钠，搅匀备用。在四口烧瓶中加入20g质量分数为10%的PVA溶液，加入1g过硫酸铵，在50℃下反应30min。然后在PVA溶液中加入配好的淀粉乳液，在50℃下用20%的氢氧化钠调节溶液pH至9~10，氧化1h后，加入无水亚硫酸钠2g还原过剩的氧化剂。随后加入120g酚醛预聚物，调节pH至9~10，搅拌20min，然后升温至设定温度（60℃、70℃、80℃、90℃和100℃），反应至设定的时间（1.0h、1.5h、2.0h、2.5h和3.0h），降温出料。以相同的配比分别制备纯淀粉胶黏剂和纯酚醛树脂胶黏剂作为参照样。

2）性能表征

胶黏剂性能测试：S/PFO共缩聚胶黏剂的黏度、固体含量、固化时间参照GB/T

14074—2017《木材工业用胶粘剂及其树脂检验方法》的方法进行测试。胶合强度测试依照 GB/T 17657—2013《人造板及饰面人造板理化性能试验方法》4.15 进行，分别测试干状胶接强度和湿状胶接强度。胶合强度测试试件依照 GB/T 9846.7—2015《胶合板–第7部分：试件的锯制》锯制。

固化性能测试：采用同步热分析仪进行测定，将经冷冻干燥至无水分的 S/PFO 共缩聚胶黏剂 6~8mg 于铂金坩埚中进行扫描，氮气流量为 30mL/min，升温速率为 5℃/min，升温范围为 25~200℃。

胶合界面形貌观测：采用扫描电子显微镜对胶合板剪切破坏面进行观测，分析胶合界面形貌变化。对通过干燥处理的胶合板剪切破坏面进行喷金处理，在扫描电镜下观察其形貌，测试电压为 20kV，放大倍数为 500。

2.3.2.2 PVA-*g*-淀粉/酚醛树脂共缩聚胶黏剂影响因素分析

1）淀粉/酚醛预聚物比例

为探索淀粉/酚醛预聚物比例对复合胶黏剂理化性能的影响，固定反应温度、反应时间和反应 pH，采用淀粉/酚醛树脂预聚物的质量比为 5/120、10/120、15/120、20/120 和 25/120 进行试验，制得不同淀粉/酚醛预聚物比例的 S/PFO 共缩聚胶黏剂。通过对其固体含量、黏度、固化时间和胶合强度进行对比，得出较为合适的淀粉/酚醛预聚物比例的复合胶黏剂。以纯淀粉胶黏剂（标号 100/0）和纯酚醛树脂胶黏剂（标号 0/120）作为参照样，结果如表 2-16 所示。

表 2-16 不同淀粉/酚醛预聚物比例制得的胶黏剂性能

S/PFO	固体含量/%	黏度/(mPa·s)	固化时间/min	干状胶合强度/MPa	湿状胶合强度/MPa
0/120	54.82	430	23.7	1.56	1.32
5/120	42.91	1840	20.1	1.42	1.21
10/120	36.31	2660	13.5	1.28	0.95
15/120	30.30	3845	8.3	1.21	0.86
20/120	27.36	11720	5.6	0.93	0.31
25/120	25.35	15360	3.4	0.63	0.00
100/0	23.10	29900	—	0.56	0.00

从表 2-16 可知，纯淀粉胶黏剂的固体含量较低，仅为 23.10%，而酚醛树脂胶黏剂的固体含量为 54.82%。当淀粉与酚醛树脂预聚物进行共缩聚反应后，制得的 S/PFO 共缩聚胶黏剂固体含量发生了相应变化。当淀粉比例较小（5/120）时，S/PFO 共缩聚胶黏剂的固体含量为 42.91%。这是由于此时 S/PFO 共缩聚胶黏剂中淀粉比例较小，体系中以酚醛树脂胶黏剂为主。随着淀粉/酚醛预聚物混合比例增大，所制得 S/PFO 共缩聚胶黏剂的固体含量呈逐渐降低的趋势，并且固体含量随比例增大而降低的幅度逐渐变缓。胶黏剂机械结合理论指出，为保证胶黏剂在被胶接材料中形成较多的胶钉，胶黏剂需要有足够的固体含量（顾继友，2012）。当 S/PFO 共缩聚胶黏剂的黏度过小时，其胶合强度会迅速降低。

因此，淀粉/酚醛预聚物的混合比例不能过大。

　　表 2-16 中，纯淀粉胶黏剂黏度达到 29900mPa·s。表明淀粉胶黏剂黏度太大，采用此黏度的胶黏剂进行涂布单板时，不利于均匀涂胶，也不利于胶黏剂在单板中的渗透，从而影响胶接固化层的形成，进而影响胶接强度。纯酚醛树脂胶黏剂的黏度为 430mPa·s，黏度偏小，在使用时容易因渗透性过大而产生缺胶或透胶的现象，影响胶接强度（顾继友，2003）。通过淀粉与酚醛预聚物制备的 S/PFO 共缩聚胶黏剂黏度明显发生变化。随着淀粉/酚醛预聚物的比例增大，S/PFO 共缩聚胶黏剂的黏度逐渐增大。当淀粉/酚醛预聚物比例达到 20/120 和 25/120 时，S/PFO 共缩聚胶黏剂的黏度分别达到 11720mPa·s 和 15360mPa·s。这是由于淀粉比例增大时，其与酚醛预聚物中的羟甲基共缩聚形成的交联网络结构较多，使得黏度迅速增大，不利于施胶。因此为保证 S/PFO 共缩聚胶黏剂具有良好的操作性能和胶接强度，选择淀粉/酚醛预聚物比例为 15/120 较合适。

　　酚醛树脂胶黏剂存在固化速率低和固化时间长的不足（conner et al.，2002），纯酚醛树脂的固化时间长达 23.7min。通过采用淀粉与其进行共缩聚后，S/PFO 共缩聚胶黏剂的固化时间显著缩短。当淀粉/酚醛预聚物比例为 5/120 时，S/PFO 共缩聚胶黏剂的固化时间仍需 20.1min。此时生成的 S/PFO 共缩聚胶黏剂聚合度较小，树脂进一步缩聚形成网状结构所需的时间较长，从而导致固化时间较长。当胶黏剂固化时间过长时，在胶接制品生产过程中使得热压周期延长，导致生产效率低、固化能耗增加。随着淀粉比例增多，S/PFO 共缩聚胶黏剂的固化时间呈逐渐缩短的趋势。这是由于淀粉比例增多，其与酚醛预聚物中羟甲基发生缩聚反应的羟基、羧基等基团增多，使制得 S/PFO 共缩聚胶黏剂的聚合度逐渐增大，树脂体系中交联结构增多，固化所需时间缩短。但当淀粉/酚醛预聚物比例过大时（25/120），S/PFO 共缩聚胶黏剂的聚合度过大，虽然固化时间短，但放置一天便产生凝胶现象，使得 S/PFO 共缩聚胶黏剂的贮存期较短。

　　纯淀粉胶黏剂干状胶合强度仅为 0.56MPa，并且以其压制的胶合板经过 63℃水浸泡后会产生开胶，其湿状胶合强度为 0MPa，表明其不耐水。淀粉胶黏剂干状胶合强度低是由于其黏度高达 29900mPa·s，在杨木单板中的渗透性极差，使得胶合界面产生机械结合作用较少，导致胶接强度较小；而其湿状胶合强度为零则是由于淀粉分子链中含有大量亲水性羟基，吸水时分子链氢键会断开，从而产生开胶的现象。而酚醛树脂胶黏剂具有较好的胶合强度和耐水性，其干状胶合强度和湿状胶合强度分别达到 1.56MPa 和 1.32MPa。图 2-43 中，酚醛预聚物与淀粉共缩聚可有效减少淀粉胶黏剂中的亲水基团。同时，将淀粉加入酚醛树脂中，在保证其胶合强度的同时，可有效降低酚醛树脂胶黏剂的生产成本。这是由于对淀粉进行接枝改性和氧化处理后，使其分子链上羟基含量减少，并接上其他反应性官能团，再利用酚醛树脂中羟甲基酚上的羟基与氧化淀粉胶黏剂中羧基进行交联（王必囷等，2012），同时利用酚醛树脂的高强度和高耐水性能以提高复合胶黏剂的胶接强度和耐水性能。然而，随着淀粉/酚醛预聚物比例增大，S/PFO 共缩聚胶黏剂的干状胶合强度和湿状胶合强度都呈逐渐降低趋势。淀粉/酚醛预聚物比例为 15/120 时，其干状胶合强度和湿状胶合强度都满足国家标准的要求。淀粉/酚醛预聚物比例继续增大到 20/120 和 25/120 时，S/PFO 共缩聚胶黏剂的胶合强度低于国家标准要求。产生这种变化的原因是 S/PFO 共缩聚胶黏剂体系中，胶合强度低的淀粉胶黏剂含量增大，胶合强度大的酚醛树脂胶

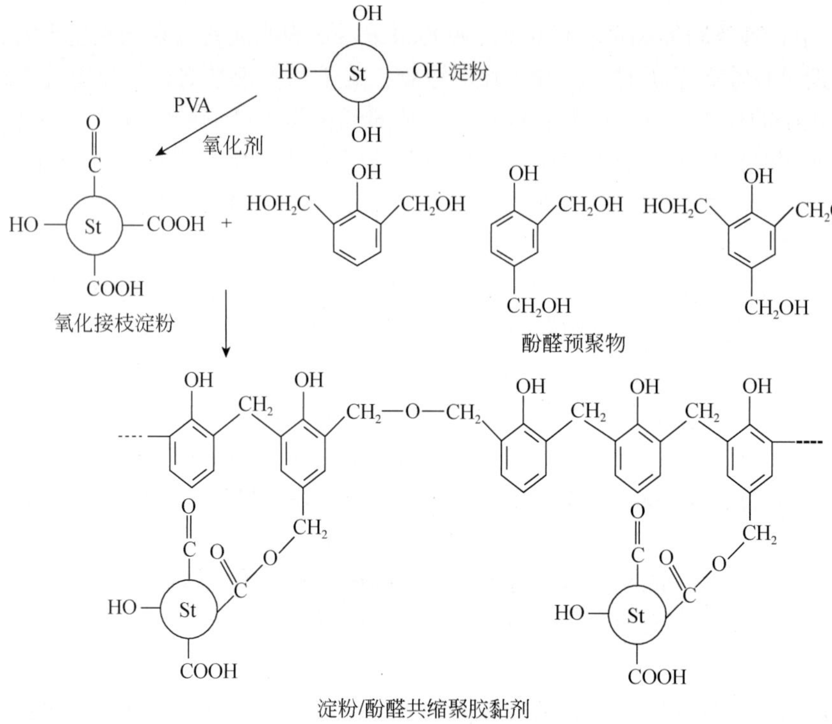

图 2-43　淀粉/酚醛预聚物共缩聚胶黏剂制备原理

黏剂比例减小，从而导致强度下降。随着淀粉/酚醛预聚物比例增大，S/PFO共缩聚胶黏剂的湿状胶合强度逐渐降低。淀粉含量增大，使 S/PFO 共缩聚胶黏剂中的亲水基团增多，导致胶合板的湿状胶合强度降低。

　　从以上分析可知，将淀粉与酚醛预聚物共缩聚既可有效提高淀粉胶黏剂的胶合强度和耐水性能，又能降低酚醛树脂类胶黏剂的生产成本。随着淀粉/酚醛预聚物比例增大，S/PFO共缩聚胶黏剂的固体含量、固化时间、胶合强度都呈降低趋势，但黏度会逐渐增大。当淀粉/酚醛预聚物比例为 15/120 时，S/PFO 共缩聚胶黏剂的固体含量、黏度适合于胶黏剂的涂刷和胶合，固化时间较短，且其干状和湿状胶合强度均符合国家标准要求。因此，后续采用淀粉/酚醛预聚物混合比例为 15/120 进行试验。

　　2）共缩聚温度

　　为研究共缩聚温度对 S/PFO 共缩聚胶黏剂性能的影响，分别设定共缩聚温度为 60℃、70℃、80℃、90℃和100℃，并对 S/PFO 共缩聚胶黏剂的黏度、固化时间、干状胶合强度和湿状胶合强度进行测试，结果如图 2-44 所示。当共缩聚温度较低时（60℃），S/PFO 共缩聚胶黏剂的黏度较小，仅为 120mPa·s。这是由于共缩聚温度较低，给反应体系提供的能量不足，使得反应不充分。此时树脂的聚合度太小，也导致其固化时间较长，达到 22.1min。随着共缩聚温度升高，树脂的聚合程度逐渐增大，S/PFO 共缩聚胶黏剂的黏度逐渐增大，固化时间也随之缩短。当共缩聚温度达到 90℃时，S/PFO 共缩聚胶黏剂的黏度达到 3845mPa·s，固化时间缩短至 8.3min。该反应温度制得的 S/PFO 共缩聚胶黏剂在使用时，具有较好的涂刷性能和流动性，且能够较快固化，从而提高使用时的板材生产效率。反应温度继续升至 100℃ 时，所制得 S/PFO 共缩聚胶黏剂的黏度显著增加至 15690mPa·s，此胶黏剂虽然固化时间进一步缩短至 6.4min，但在涂刷过程中，难以均匀涂布。因此，考虑到胶黏剂的操作性能，不宜采用 100℃ 的温度进行胶黏剂的制备。

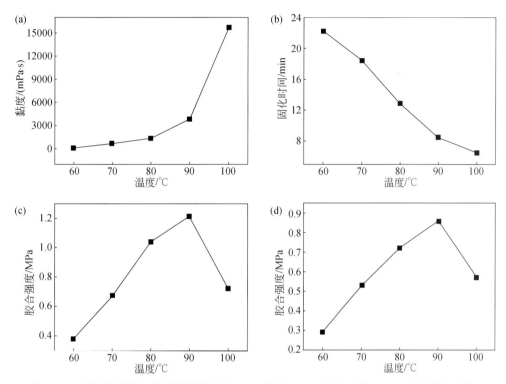

图 2-44　不同共缩聚温度制得胶黏剂的（a）黏度，（b）固化时间，（c）干状胶合强度和（d）湿状胶合强度性能

共缩聚反应温度对 S/PFO 共缩聚胶黏剂的胶合强度同样有较大影响。当共缩聚温度低时，反应活性低，胶黏剂的聚合度小，导致干状胶合强度和湿状胶合强度都较低。一方面是由于此时胶黏剂自身内聚力较小；另一方面是其黏度太小，渗透力较强，容易出现缺胶和透胶的现象。随着共缩聚温度升高，S/PFO 共缩聚胶黏剂干状胶合强度和湿状胶合强度都显著提高。共缩聚温度升至 90℃ 时，其干状胶合强度和湿状胶合强度均达到最大值。继续升高共缩聚温度至 100℃，则出现胶合强度降低的现象。此时树脂聚合度过大，导致胶黏剂黏度过大，在木材中渗透性降低，影响胶接界面层的形成，从而导致胶接强度反而降低。综合反应温度对 S/PFO 共缩聚胶黏剂黏度、固化时间和胶合强度的影响，得出当温度为 90℃ 时，所制得 S/PFO 共缩聚胶黏剂的各项性能指标最佳。

3）共缩聚时间

共缩聚时间直接影响树脂的聚合程度，将对胶黏剂的性能产生较大影响。因此，分别设计共缩聚时间为 1.0h、1.5h、2.0h、2.5h 和 3.0h 进行试验，对所制得的 S/PFO 共缩聚胶黏剂的黏度、固化时间、干状胶合强度和湿状胶合强度进行测试，结果如图 2-45 所示。

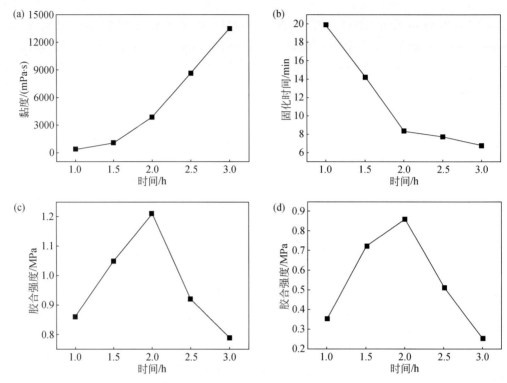

图 2-45 不同共缩聚时间制得胶黏剂的（a）黏度，（b）固化时间，（c）干状胶合强度和（d）湿状胶合强度性能

当共缩聚时间为 1.0h 时，所制得 S/PFO 共缩聚胶黏剂的黏度仅为 380mPa·s，固化时间长达 19.9min，干状胶合强度和湿状胶合强度都较低。表明此时反应不充分，树脂聚合度小，不利于胶接。随着共缩聚时间延长，S/PFO 共缩聚胶黏剂的黏度逐渐增大，固化时间逐渐缩短，并且胶合强度逐渐增大。当共缩聚时间延长至 2.0h 时，S/PFO 共缩聚胶黏剂的黏度适中，固化时间较短，干状胶合强度和湿状胶合强度均达到最大值。但是共缩聚时间超过 2h 后，S/PFO 共缩聚胶黏剂虽然固化时间稍有缩短，但是黏度迅速增大，不利于在木材中形成有效胶钉，胶接强度也出现了逐渐降低的趋势。因此，综合考虑胶黏剂的胶接性能和操作性能，选择共缩聚时间为 2.0h 较为合理。

4）胶黏剂固化性能分析

为研究 S/PFO 共缩聚胶黏剂的固化性能，使用同步热分析仪对酚醛树脂胶黏剂和 S/PFO 共缩聚胶黏剂进行表征，结果如图 2-46 所示。酚醛树脂胶黏剂的固化起始温度（T_0）和固化终止温度（T_e）分别为 82.05℃和 152.18℃，在 121.89℃时固化速率达最大值。而 S/PFO 共缩聚胶黏剂固化温度有明显降低，T_0 和 T_e 分别为 72.66℃和 141.25℃，在 107.58℃时固化速率达最大值。这说明 S/PFO 共缩聚胶黏剂所需的固化温度更低，更容易发生固化，表明淀粉的加入能够促进酚醛树脂的固化。产生这种现象的原因为：一方面，由于经过氧化的淀粉中含有活性羟甲基和羧基，在树脂固化时能够加速其固化，降低固化温度；另一方面，淀粉的加入有利于提高树脂的缩聚程度，在胶黏剂体系中形成交联网络

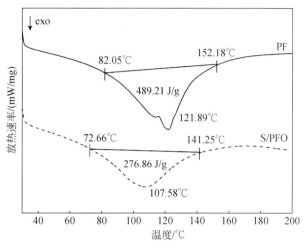

图 2-46　PF 和 S/PFO 胶黏剂的 DSC 曲线

结构，并且 S/PFO 共缩聚胶黏剂较酚醛树脂胶黏剂具有更低的固化焓（276.86J/g），固化时所需要的能耗降低。因此，当使用 S/PFO 共缩聚胶黏剂胶接木制品时，不仅能够获得较好的胶接强度，而且能够显著降低胶接制品的生产能耗。

5）胶接界面形貌分析

为探索胶黏剂在木材中的渗透和分布情况，采用扫描电镜对酚醛树脂胶黏剂和 S/PFO 共缩聚胶黏剂胶接的杨木三层胶合板的剪切破坏界面进行观测，结果如图 2-47 所示。酚醛树脂在杨木表面附着，堵塞了木材的部分孔隙，但是仍然有部分孔洞没有被填满。这是由于酚醛树脂胶黏剂的黏度较低，导致缺胶或透胶的现象。而 S/PFO 共缩聚胶黏剂将杨木表面上孔隙均匀的填满，形成了一层薄且连续的胶膜。这是由于加入淀粉改性后，提高了共缩聚胶黏剂的黏度，在保证较好渗透性的同时，防止出现缺胶的现象。因此，采用淀粉与酚醛预聚物进行共聚反应，有利于提高其胶接强度和耐水性能。

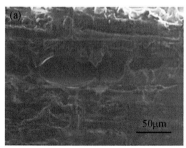 

图 2-47　PF（a）和 S/PFO（b）胶黏剂的胶接界面形貌

2.3.2.3　小结

本研究以玉米淀粉为原料，通过次氯酸钠氧化和聚乙烯醇接枝改性淀粉，再将其与酚醛预聚物进行共缩聚反应，制得淀粉/酚醛预聚物（S/PFO）共缩聚胶黏剂。探讨了淀粉/

酚醛预聚物比例、共缩聚温度和共缩聚时间对胶黏剂性能的影响，并对其固化性能和胶接界面进行表征，得出以下结论：

①淀粉/酚醛预聚物比例为5/120，共缩聚温度为90℃，共缩聚时间为2.0h时，所制得S/PFO共缩聚胶黏剂黏度适中，固化时间较短，干状胶合强度和湿状胶合强度均满足国家标准GB/T 9846—2015的要求。

②相比于酚醛树脂胶黏剂，S/PFO共缩聚胶黏剂固化温度和固化焓值均降低，采用此胶黏剂胶接木制品时能够显著降低生产能耗。

③S/PFO共缩聚胶黏剂可以均匀地覆盖在木材的多孔性结构表面，形成一层薄且连续的胶膜，有利于提高其胶接强度和耐水性能。

2.3.3　间苯二酚–双醛淀粉–甲醛共缩聚环保快固胶黏剂

人们通常认为，间苯二酚–甲醛（RF）树脂胶黏剂在常用的木材胶黏剂中性能最好，此类胶黏剂耐候性好、抗潮湿且胶合强度高，因而越来越受到关注。但是，RF树脂胶黏剂离不开储量有限的石化资源，且甲醛与间苯二酚的反应难以控制。利用资源丰富且可再生的生物资源来代替资源有限的化石资源已成为胶黏剂研究的热点（陈志安等，2012）。通过氧化淀粉来制得双醛淀粉，其分子中富含易发生反应的活性醛基官能团，具有许多优越且独特的生化、物化特性，并且具有良好的卫生安全性、生物降解性、化学活性（Fiedorowicz and Para，2006；Wongsagon et al.，2005）。双醛淀粉的生产在国外已趋于成熟，我国双醛淀粉的生产和应用尚属起步阶段。中国作为一个农业大国，淀粉资源极为丰富，价格低廉，生产双醛淀粉对我国淀粉的利用具有重要意义。试验表明，双醛淀粉上具有反应活性的醛基在特定环境下能够发生缩聚反应（Zhang et al.，2014；Mu et al.，2010）。因此，本节使用来源丰富、价格低廉、无毒环保的淀粉制备双醛淀粉，并替代部分甲醛与间苯二酚共缩聚制备间苯二酚–双醛淀粉–甲醛（RDSF）共缩聚胶黏剂。

2.3.3.1　间苯二酚–双醛淀粉–甲醛共缩聚胶黏剂的制备

1）制备方法

淀粉氧化后含有醛基和羧基，耐水性和胶合强度提高。每个脱水葡萄糖单元的2、3、6位置各有一个醇羟基，加入氧化剂使6位的羟基比2、3位更易于氧化，碱性环境下会加快氧化速率（Zhang et al.，2015）。间苯二酚由于活性羟基的存在会引起供电子作用以及共轭平衡作用，它的分子上有三个反应活性位点，4、6位上的氢原子活性最高，2位较低。间苯二酚与其他化合物形成的络合物由于这两个活性羟基的存在而十分稳定，因此容易发生亲电取代反应。间苯二酚与甲醛的反应活性很高，当它们进行加成反应时，反应速率过快，特别是甲醛过量时难以控制。因此，用双醛淀粉取代部分甲醛提高反应可控性，其分子链中含有反应活性高的醛基官能团可与间苯二酚、甲醛发生共缩聚反应，反应原理如图2-48所示。

2）性能表征

胶黏剂性能测试：RDSF胶黏剂的黏度、固体含量和固化时间等理化性能参照GB/T

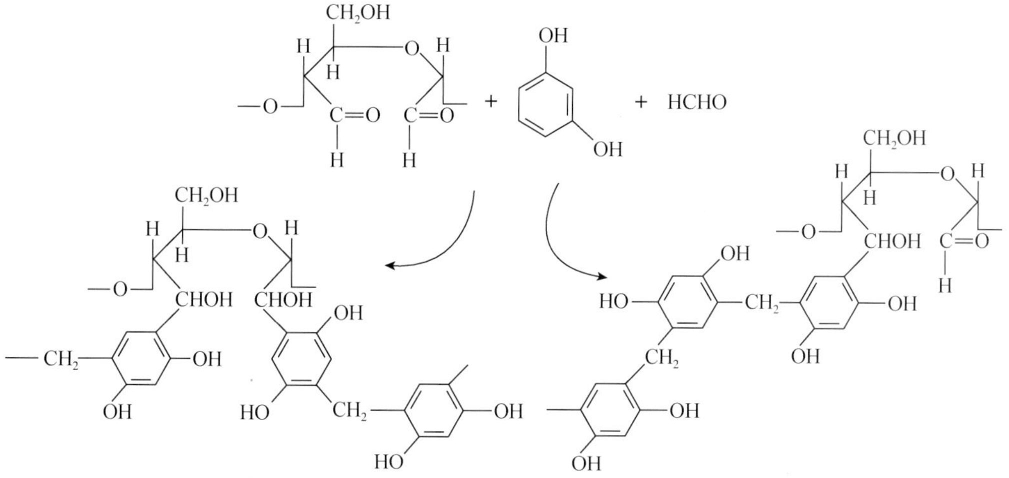

图 2-48　RDSF 胶黏剂反应原理

14074—2006 的方法进行测试。胶合强度测试依照 GB/T 17657—2013《人造板及饰面人造板理化性能试验方法》4.15 进行，分别测试湿状胶接强度和干状胶接强度。试件依照 GB/T9846.7—2004《胶合板-第 7 部分：试件的锯制》锯制。

傅里叶变换红外光谱（FTIR）测试：将待测样品冷冻干燥至恒重，采用 IRA ffinity-1 型（Shimadzu 公司）红外光谱仪进行测试。使用溴化钾压片法制备测试样品，扫描范围 $500 \sim 4000 cm^{-1}$。

差示扫描量热（DSC）测试：将待测样品冷冻干燥至恒重，采用 Netzsch DSC 204 型差示扫描量热仪进行测试，升温速率为 5℃/min，扫描范围为 25～150℃，氮气流量为 30mL/min。

2.3.3.2　间苯二酚-双醛淀粉-甲醛共缩聚胶黏剂性能影响因素分析

1）双醛淀粉用量

间苯二酚与甲醛的反应活性很高，是苯酚与甲醛反应活性的 10～15 倍（Yu，2006）。当间苯二酚与甲醛进行加成反应时，反应速率过快，特别是当甲醛过量时，反应难以控制。双醛淀粉分子量大，反应速率低，加入双醛淀粉到间苯二酚与甲醛反应体系可以降低反应速率，控制反应进行（Alma and Basturk，2006）。此外，以双醛淀粉来替换部分甲醛，不仅降低了甲醛的使用，而且能够通过共缩聚形成交联网状结构来封闭甲醛，对环境保护有重要意义。对不同双醛淀粉用量制备 RDSF 胶黏剂的黏度、固体含量、固化时间和胶接强度进行测试，结果如图 2-49 所示。

从图 2-49 可知，RDSF 胶黏剂的黏度随双醛淀粉用量的增加而逐渐增大。在反应过程中，间苯二酚为 1mol，甲醛为 0.7mol，同时，双醛淀粉的分子量较大，且含有两个醛基官能团。当双醛淀粉用量为 0.05mol 时，—CHO/R 物质的量比为 0.8∶1（<1），生成的 RDSF 为线型可溶型树脂，且聚合度很低，生成的 RDSF 胶黏剂的黏度较低。随着双醛淀粉用量增多，—CHO/R 物质的量比增大，RDSF 的聚合度逐渐增大，树脂体系中交联结构

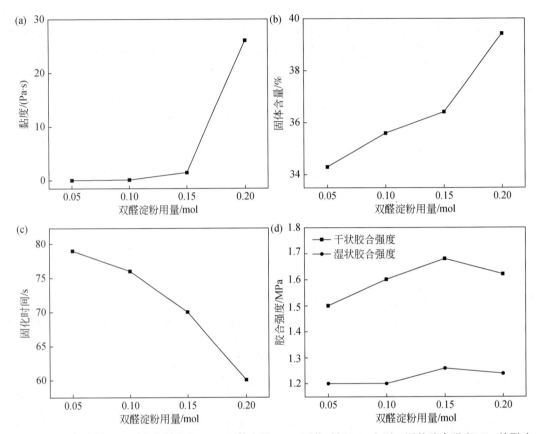

图 2-49 双醛淀粉用量对胶黏剂黏度(a), 固体含量(b), 固化时间(c) 和干、湿状胶合强度(d) 的影响

增多, 所制得胶黏剂的黏度增大。当双醛淀粉用量为 0.15mol 时, —CHO/R 物质的量比为 1:1, 所制得 RDSF 胶黏剂的黏度迅速增大至 1480mPa·s。当双醛淀粉用量为 0.2mol 时, —CHO/R 物质的量比为 1.1:1 (>1), 此时得到的 RDSF 中交联网状结构较繁密, RDSF 胶黏剂的黏度增大至 26000mPa·s。但是使用时胶黏剂会残留在木材表面, 不能有效地渗透进木材中, 最终会降低人造板的胶接强度 (Kamke and Lee, 2007)。

RDSF 胶黏剂的固体含量随着双醛淀粉用量增多而逐渐增大。双醛淀粉用量小于 0.2mol 时, 固体含量依次为 34.3%、35.6%、36.4%。当双醛淀粉用量为 0.05mol 时, RDSF 胶黏剂中双醛淀粉的含量较少, 使得固体含量因胶黏剂的聚合度较小而较低。随着双醛淀粉用量增多, 胶黏剂体系中溶解度小的双醛淀粉含量增多, 使得固体含量因胶黏剂的交联度增大而逐渐增大。当双醛淀粉用量从 0.15mol 增大至 0.2mol 时, RDSF 胶黏剂的固体含量增幅变大, 从 36.4% 增至 39.4%。这也是由于此时体系中—CHO/R 物质的量比为 1.1:1 (>1), 生成的 RDSF 中交联网状结构较多, 使固体含量迅速增长。

随着双醛淀粉用量的递增, RDSF 胶黏剂的固化时间逐渐缩短。双醛淀粉添加量一旦超过 0.05mol 时, —CHO/R 物质的量比增大, RDSF 的聚合度逐渐增大, 树脂体系中交联结构增多, 所制得胶黏剂固化需要的时间缩短。当双醛淀粉用量为 0.15mol 时, —CHO/R 物质的量比为 1:1, 固化时间迅速降低至 70s。但当双醛淀粉用量增多至 0.2mol 时, 因

—CHO/R 物质的量比大于 1 导致生成的 RDSF 中交联网状结构迅速增多，固化时间迅速降低至 60s。胶黏剂的固化时间过长会使产率降低和固化能耗增加（Zombort et al., 2007）。

图 2-49（d）中，双醛淀粉添加量逐渐增大，RDSF 胶黏剂的胶合强度先增强后降低。当双醛淀粉用量在 0.15mol 以下时，随着双醛淀粉用量的增加，胶黏剂的胶合强度逐渐增大。双醛淀粉用量为 0.05mol 时，生成的 RDSF 胶黏剂本身内聚力较小，此时合成的 RDSF 胶黏剂的胶合强度较低。当双醛淀粉添加量增多，—CHO 比例增大，交联密度增大，胶合强度因本身内聚力增大而升高。当双醛淀粉用量为 0.15mol 时，胶黏剂本身内聚力达到最大值。当双醛淀粉用量为 0.2mol 时，交联密度过高，RDSF 胶黏剂黏度过大使渗透性降低，在木材中形成的有效胶钉数减少，胶接强度反而降低。

综合双醛淀粉用量对 RDSF 固体含量、固化时间、黏度以及胶接强度的影响，当双醛淀粉用量为 0.15mol 时，RDSF 的各项性能指标最为合适。

2）缩聚反应 pH

选择双醛淀粉用量为 0.15mol，共缩聚反应温度为 60℃，时间为 90min，通过改变 pH 检测其对胶黏剂性能的影响，结果如图 2-50 所示。图 2-50 中，RDSF 胶黏剂黏度随着 pH 的增大呈先增大后减少的趋势。在 pH 为 8 时，RDSF 黏度最大，达到 700mPa·s。黏度随碱性增强反而降低，到 pH=10 时，黏度只有 140mPa·s。这主要是由于生成的 RDSF 在碱性溶液中的溶解性好。适宜的碱性环境生成的 RDSF 能满足木质品的性能要求，成本也不会太高。

共缩聚反应 pH 对 RDSF 胶黏剂的固体含量有一定的影响。当反应 pH 为中性时，导致间苯二酚与醛基的反应活性不高，RDSF 胶黏剂的固体含量为 38.20%。当反应 pH 提升至 8，RDSF 胶黏剂的固体含量增大至 40.42%。但是继续增大反应 pH 时，RDSF 胶黏剂的固体含量反而下降。这表明制备 RDSF 胶黏剂时，溶液碱性不宜太强。

反应体系碱性越强，RDSF 的固化时间越短。当反应体系 pH 为 7 时，固化时间长达 110s；而当体系 pH 增加至 10 时，RDSF 的固化时间显著减少，仅为 50s。这是由于碱性越大，所生成的 RDSF 缩聚程度随着间苯二酚与醛基的反应活性的增大而增大。而固化时间与树脂缩聚程度有关，形成 RDSF 的分子聚合度随碱性增强逐渐增大，树脂分子量越大。聚合度越高，固化时加入固化剂多聚甲醛加热之后，甲醛与酚核上未反应完全的邻、对位活性点反应形成不熔融、不溶解的交联网状固化产物的速度越快。因此 pH 越高，RDSF 的固化反应越迅速。

图 2-50（d）中，随着碱性增强，RDSF 胶黏剂的胶合强度有所提升，pH=9 时湿状和干状胶合强度均达到峰值。但是当 pH 增大到 10 时胶合强度减小，此时尽管树脂聚合度较大，但胶黏剂的黏度过低，透胶现象明显，因此胶合强度下降。

综合共反应 pH 对 RDSF 树脂固体含量、固化时间、黏度以及胶合强度的影响，当共反应 pH 为 9 时，RDSF 树脂的各项性能指标最为合适。

3）反应时间

由于间苯二酚与甲醛的反应时间短，尽管加入反应活性相对较弱的双醛淀粉，其共缩聚时间依然在 1～1.5h 内，黏度迅速增长，时间达到 2h 时便产生凝胶。因此本试验以

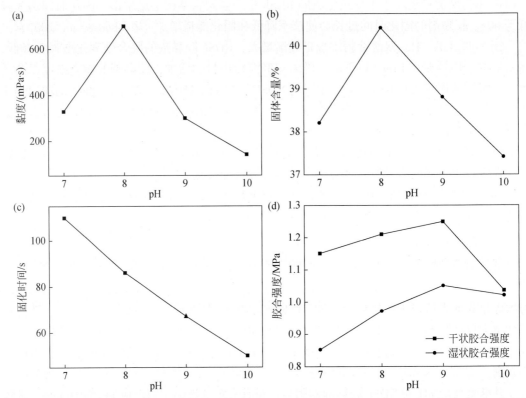

图 2-50　共缩聚反应 pH 对胶黏剂黏度(a)，固体含量(b)，固化时间(c) 和干、湿状胶合强度(d) 的影响

15min 为时间梯度，分别设计共缩聚反应时间为 45min、60min、75min、90min 四组进行。对所制得的 RDSF 胶黏剂的黏度、固体含量、胶合强度和固化时间进行测试，结果如图 2-51所示。

　　从图 2-51 可知，共缩聚反应时间为 45 ~ 90min 时间段内，RDSF 胶黏剂的黏度逐渐增加，在反应时间为 90min 时，黏度最大为 725mPa·s。仅考察黏度时，发现反应时间为 90min 为最佳条件。共缩聚反应时间为 45min 时，RDSF 胶黏剂的固体含量只有 37.23%，当反应时间延长至 90min 后，固体含量达到 42.57%。RDSF 胶黏剂的固体含量随反应时间延长而逐渐增大。并且反应时间在 75 ~ 90min 时，RDSF 的固体含量增长速度明显提升，有足够流动性和固体含量才能胶接木材这种多孔性材料（肖俊华等，2016；张云云等，2006）。随着共缩聚反应时间延长，RDSF 胶黏剂的固化时间逐渐缩短。反应时间为 45min 时，固化时间为 67s，而反应时间达到 90min 时，固化时间降低至 53s。

　　图 2-51 (d) 中，RDSF 胶黏剂的干湿状胶合强度随共缩聚反应时间延长而增大。这是由于随着反应时间延长，所制得的 RDSF 胶黏剂的聚合度增大，分子间的内聚力增大，使胶合强度增大。从 75 ~ 90min 的过渡时间，干状胶合强度增大幅度加快，而湿状胶合强度几乎不变。导致湿状胶合强度变化较小的原因是反应时间延长至 90min 后，RDSF 胶黏剂的黏度增大，其在木材中的渗透能力下降，形成的有效胶钉减少。因此综合考虑胶黏剂的胶接性能、耐水性和能耗成本，选择后期共缩聚反应时间为 90min 较为合理。

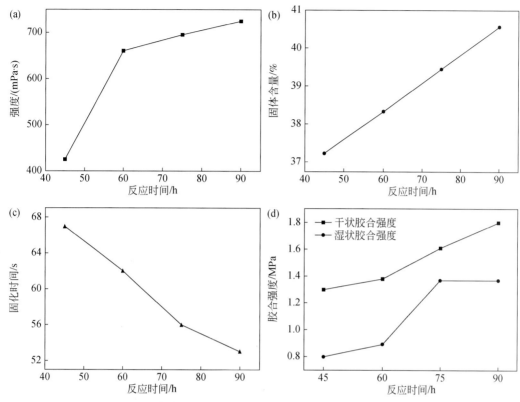

图 2-51 共缩聚反应时间对胶黏剂黏度（a），固体含量（b），
固化时间（c）和干、湿状胶合程度（d）的影响

4）共缩聚反应温度

共缩聚反应温度对 RDSF 胶黏剂的性能影响较大，以 5℃为梯度，分别设定反应温度为 60℃、65℃、70℃、75℃，探索其对 RDSF 胶黏剂的黏度、胶接强度、固体含量和固化时间的影响，测试结果如图 2-52 所示。前期预试验采用共缩聚反应温度为 50℃进行，发现 RDSF 胶黏剂的黏度只有 55mPa·s，反应完成后制得的胶黏剂中含有大量未反应的白色粉末，可知 50℃反应条件未达到间苯二酚-双醛淀粉-甲醛三者之间所需的缩聚温度，没有反应完全，无法形成由次甲基连接而成的 RDSF。由图 2-52 可知，RDSF 黏度随着反应温度的升高逐渐增大。当反应温度为 60℃时，黏度达到 300mPa·s，此时树脂的聚合度较小。但当反应温度升高至 75℃时，所制得 RDSF 的黏度显著增加到 46500mPa·s，并且随着放置时间的延长，其黏度仍在增加，可拉伸成丝，若用 75℃下制得的 RDSF 去压制胶合板，涂胶难度较大。因此可以推出，选用共缩聚反应温度为 70℃较为合适。

共缩聚反应温度对 RDSF 胶黏剂的固体含量影响较大。当反应温度为 60℃时，体系反应能量因反应温度过低而不足，反应不充分，导致固体含量偏低。随着反应温度升高，RDSF 胶黏剂的固体含量相应增加。当反应温度达到 70℃时，固体含量达到 42.59%。反应温度逐渐增大（75℃）时，反应过于剧烈，胶黏剂黏度超过适宜值。该结果表明反应温度越高，反应速率越快，共缩聚反应越充分。

前期预试验采用缩聚反应温度为50℃，RDSF 的固化时间长达 140s。此时，共缩聚反应不完全，导致固化时间因反应生成的 RDSF 聚合度过小而较长。当反应温度为60℃时，RDSF 树脂胶黏剂的固化时间缩短至65s。反应温度逐渐升高时，RDSF 胶黏剂的固化温度呈逐渐缩短的趋势。当反应温度达到70℃时，固化时间已缩短到53s。继续增大反应温度至75℃，所制得 RDSF 胶黏剂由于聚合度过大，常温放置 1 天便产生显著的凝胶现象，说明固化时间缩短。固化时间测试结果表明，共缩聚反应温度对 RDSF 胶黏剂的固化速率起决定性作用，同时考虑胶黏剂的使用条件，最好在70℃的温度范围内进行制备共缩聚胶黏剂。

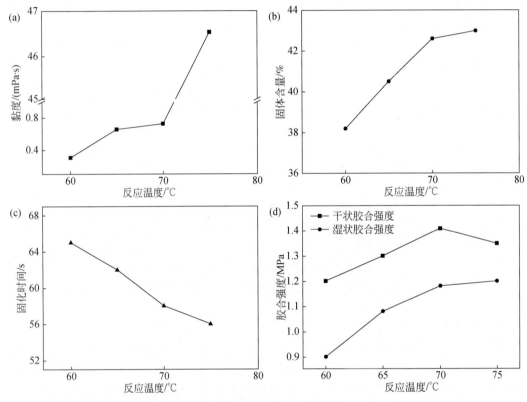

图 2-52　共缩聚反应温度对胶黏剂黏度（a），固体含量（b），
固化时间（c）和干、湿状胶合强度（d）的影响

由图 2-52（d）可知，随着反应温度的提升，胶接强度不断增大，当反应温度达到70℃时，干湿状胶接强度都已经到达峰值。温度升高时反应速率加快，同时有助于增大树脂的聚合度，内聚力因而增大。当反应温度超过70℃时，树脂聚合度过大，导致黏度过大，在木材中的渗透性降低，影响胶接界面层的形成，从而导致强度反而下降。综合反应温度对 RDSF 固体含量、固化时间、黏度以及胶接强度的影响，当缩聚温度为70℃，RDSF 的各项性能指标均表现良好。

2.3.3.3　间苯二酚–双醛淀粉–甲醛共缩聚胶黏剂化学基团和热性能分析

RDSF 基团组成对胶黏剂的性质起着关键作用，因此对 RDSF 胶黏剂及其对照组（RF

树脂）进行了红外表征，结果如图 2-53 所示。RDSF 与传统 RF 树脂的红外谱图基本相同。如在 1610cm^{-1} 处有芳香环 C=C 的伸缩振动峰，1450cm^{-1} 处有—CH$_2$ 剪式振动峰，在 1150cm^{-1} 处有芳香环 C—H 的弯曲振动峰。表示双醛淀粉的添加对 RF 树脂结构几乎无影响，也可以通过对 RDSF 合成工艺进行适当调整以代替 RF 树脂的使用。因此，为了提高 RDSF 胶黏剂的耐潮湿特性，本试验加入少量三聚氰胺对其进行改性。从 RDSF 的 FTIR 图中可以得知，在 1050cm^{-1} 处 RDSF 没有羟甲基的伸缩振动峰，说明三聚氰胺能够有效屏蔽双醛淀粉 6 号位上的羟甲基。同时在 1590cm^{-1} 处的 N—H 伸缩振动正是来自于三聚氰胺与双醛淀粉 6 号位上的羟甲基所形成。说明三聚氰胺的加入不仅能够能与双醛淀粉上的羟甲基发生反应，减少亲水性羟基的数量；还能使 RDSF 体系形成交联网络结构，起到屏蔽亲水羟基的作用，阻止水分的渗进，因而 RDSF 的耐水性能提高，各种性能改进的 RDSF 有望代替价格昂贵的 RF 树脂。

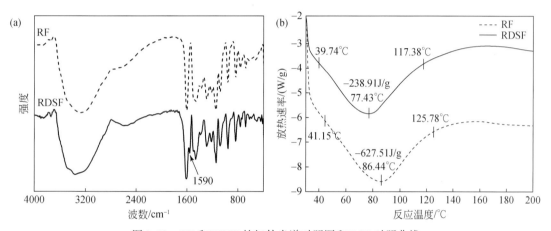

图 2-53　RF 和 RDSF 的红外光谱对照图和 DSC 对照曲线

为了研究 RDSF 的热性能，使用 DSC 对 RDSF 和 RF 进行表征，结果如图 2-53（b）所示。RF 树脂的固化起始温度（T_0）和固化终止温度（T_c）分别为 41.15℃和 125.78℃，在 86.44℃时固化速率最大。而 RDSF 的 T_0 和 T_p 分别为 39.74℃和 117.38℃，在 77.43℃时固化速率最大。说明此方法制得的 RDSF 胶黏剂比纯间苯二酚-甲醛树脂固化需要的能量损耗低一些，且更易固化。说明加入双醛淀粉代替部分甲醛有降低树脂固化温度的作用。这是因为双醛淀粉中还含有部分活性羟甲基，在树脂固化时能加速其固化反应，降低 RDSF 胶黏剂的固化温度。另外，相比较间苯二酚-甲醛树脂所需的固化焓，RDSF 拥有更低的固化焓（-238.91J/g），固化速度变快。

2.3.3.4　小结

以玉米淀粉为反应物原料，通过高碘酸钠在酸性条件产生氧化反应得到双醛淀粉，接着将双醛淀粉和甲醛同时作为醛基给予体与间苯二酚进行共聚反应，制得 RDSF 胶黏剂。本节主要研究了共缩聚反应 pH、双醛淀粉用量、温度对 RDSF 胶黏剂固体含量、反应时间、胶接强度、固化性能和耐水性能的影响。得出以下结论：

①双醛淀粉加入量为 0.15mol，共缩聚反应 pH 为 9，反应温度为 60℃，时间为 90min 时，制得的 RDSF 胶黏剂固体含量最高、黏度最大、固化时间适宜、胶合强度最高。

②FTIR 表征发现 RDSF 的红外光谱图与 RF 的基本一致，且通过引入三聚氰胺可以改善树脂的耐水性，使 RDSF 可代替 RF 使用。

③DSC 分析表明 RDSF 相比于 RF 胶黏剂具有更低的固化焓以及更低的固化温度，可以减小使用时固化反应的能量消耗。

2.3.4　酚醛树脂选择键合与有害成分消解机制

针对酚醛树脂胶黏剂的固化速度慢、温度高，造成生产效率低、能耗大等不足，通过纳米多价金属化合物联合催化和多元共缩聚，调控酚羟基对位活化能，引导邻–对位羟基自识别键合，显著提高了酚醛树脂体系的反应活性，实现中温快速固化，其原理如图 2-54 所示。

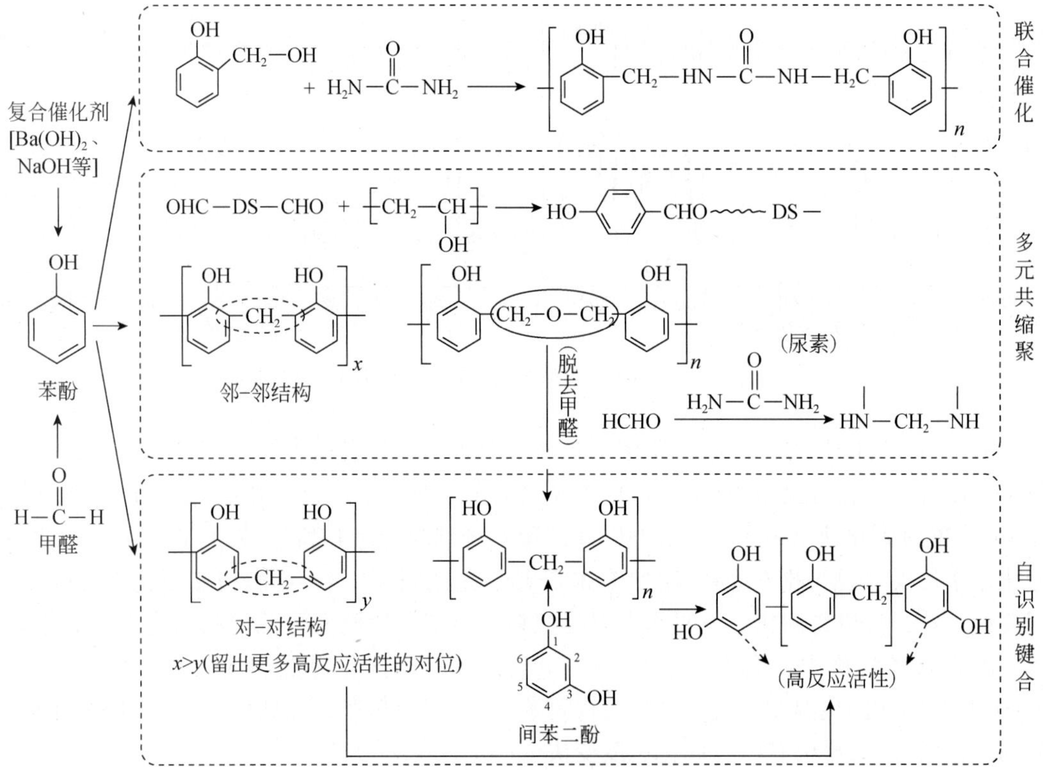

图 2-54　酚醛树脂选择键合机理

首先，选用二价金属离子和强碱氢氧化钠作为复合催化剂。二价金属离子使酚羟基邻位的羟甲基化反应占优势，提升未固化树脂中邻–邻次甲基的比例，余下对位的活性位置，实现自识别键合效果。这是提高酚醛树脂胶黏剂固化速度的有效途径。但二价金属离子催化的酚醛树脂胶黏剂水溶性较差，放置一段时间便产生严重的分层现象，需要进行脱水处理。而采用强碱作为催化剂时，制得的酚醛树脂胶黏剂中含有大量活性差的邻位，但其水溶性较好。因此，同时采用强碱和二价金属离子联合催化，在保证酚醛树脂胶黏剂良好水溶性的同时，降低其固化温度并提高固化速率。然后，将尿素、双醛淀粉等物质与苯酚、甲醛进行共缩聚。针对酚醛树脂合成原料苯酚价格高和制得的胶黏剂中游离甲醛和游离苯酚含量高的问题，采用成本低廉的尿素进行共缩聚。既可降低酚醛树脂胶黏剂的生产成本，又能显著降低胶黏剂中游离酚和游离醛的含量。最后，采用高反应活性的间苯二酚进一步提高酚醛树脂的固化速率。间苯二酚由于两个羟基的供电子作用，加上苯环上的共轭平衡作用，使 C4 和 C6 上的氢非常活泼，极易与甲醛进行加成反应。将间苯二酚与酚醛树脂中羟甲基反应缩聚到树脂的端点，利用间苯二酚改性的酚醛树脂胶黏剂具有高活性，能够缩短酚醛树脂胶黏剂的固化时间，并且可增大其水溶性。

　　针对酚醛树脂胶黏剂中游离酚、游离醛等严重危害人居环境安全的问题，创制了酚醛树脂胶黏剂有害成分多极消解技术，通过二次共聚、定向捕捉和催化转化等技术手段，实现热压成形过程中人造板游离酚、游离醛多极消解，其原理如图 2-55 所示。一方面，采用纳米粒子对游离甲醛进行离子化学键位封锁，并进一步通过光催化实现甲醛的离子定向催化转化，实现游离甲醛先定向固着，再催化转化的效果。另一方面，通过在人造板热压成形过程中，尿素、双醛淀粉等物质与间苯二酚、酚醛树脂的二次共聚，将苯酚和甲醛转化为稳定的化学键结合产物。

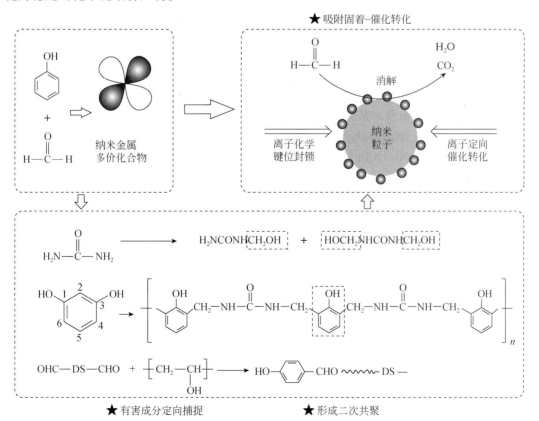

图 2-55　有害成分消解机制

2.4　无机-有机杂化环保脲醛树脂胶黏剂

2.4.1　引言

脲醛树脂因其优异的胶接性能和低廉的生产成本而成为人造板领域中应用最为广泛的胶黏剂。但脲醛树脂稳定性较差，容易在使用过程中因受潮受热等而分解或降解，并释放甲醛，严重制约其功能人造板领域的应用。无机粒子具有性质稳定、环保无污染等优点。无机-有机杂化技术是材料改性的有效手段之一，通过在有机材料中引入无机材料，可以提高有机材料的物理性能，包括硬度、强度、抗氧化性、热稳定性以及化学稳定性等（吴璧耀和王小俊，2005）。在脲醛树脂中引入无机粒子或其接枝改性粒子，与脲醛树脂分子形成一定的化学键合，可以提高树脂的化学稳定性、减少尿素和甲醛等化工原料的消耗，从不同层面提高胶黏剂及其人造板产品的环保性能。

脲醛树脂中含有大量的羟基、羟甲基等活性基团，通过向其中加入无机矿物粒子（主要成分为二氧化硅、氧化镁等），使矿物粒子中富含的硅氧键及镁氧键上的氧原子与脲醛树脂结构中羟甲基上的氢原子可以形成缔合结构，这种缔合作用有利于提高脲醛树脂的胶合性能。同时，这种缔合作用对羟甲基有封闭作用，有利于提高胶合强度的持久性。此外，矿物填料中的氧化镁组分能吸收脲醛树脂固化过程中释放的酸（$MgO + 2HCl \longrightarrow MgCl_2 + H_2O$），有利于提高胶合制品的耐久性，同时也有利于降低胶合制品的甲醛释放量（程伟等，2007；李西忠，1998；杜官本，1995）。但由于这种缔合作用较弱，使得矿物填料的添加对胶黏剂性能的增强效果并不显著。矿物填料的加入还会使胶黏剂黏度迅速提升，产生大量沉淀，不利于农林剩余物人造板的施胶工段。因此进一步缩小无机粒子尺寸，采用无机纳米粒子改性脲醛树脂，借助纳米粒子的小尺寸、表面非配对电子较多等特性，有望解决无机填料改性脲醛树脂存在的问题。将纳米二氧化硅引入脲醛树脂，可以降低树脂中的游离甲醛含量。纳米二氧化硅的引入对低物质的量比脲醛树脂胶合强度的影响最为显著，加入纳米二氧化硅后可将其胶合强度提高 1 倍以上，还能在一定程度提升其热稳定性，但两者之间的化学键合或交联却很难形成，以物理分散方式为主，容易产生分层和沉淀（Roumeli et al.，2012；杨桂娣等，2004）。

为实现无机纳米粒子与脲醛树脂分子之间的化学交联，有研究采用硅氧烷接枝后的纳米 SiO_2 改性脲醛树脂，制备无机-有机杂化胶黏剂。采用 X 射线光电子能谱对其进行表征，发现通过硅氧烷接枝后的纳米 SiO_2 可与脲醛树脂分子形成化学键合，这种化学键合主要通过影响树脂分子中的氧原子结合能和化学状态，最终增加 C—O—Si 键数量。这也表明仅用少量纳米 SiO_2 即可提高脲醛树脂的胶合强度和降低其游离甲醛含量（林巧佳等，2005）。与此类似，使用硅烷偶联剂改性处理凹凸棒石，并在脲醛树脂缩聚阶段加入，也可与脲醛树脂分子形成化学键合，从而提高脲醛树脂的综合性能（姚超等，2011）。采用有机蒙脱土在脲醛树脂合成加成阶段加入可以显著降低其游离甲醛含量，而在缩聚阶段加入，则可以提高其胶合性能。有机蒙脱土的引入，破坏了脲醛树脂的结晶结构，提高其支化程度，从而最终提升其胶合性能（Lubis and Park，2020；Wibowo et al.，2020；于晓芳和王喜明，2014）。这些研究为无机-有机杂化脲醛树脂胶黏剂的研制提供了一定的基础和指导意义，即通过对无机纳米粒子进行修饰，使粒子表面带有有机基团，即可在脲醛树脂合成或固化过程与其产生化学交联。

无机-有机杂化改性胶黏剂的性能与杂化粒子的特性密不可分，这为胶黏剂的性能强化目标提供借鉴。但无机粒子的接枝修饰工艺较为复杂，不利于工业化利用。此外，经过接枝的无机纳米粒子通常在树脂合成以后加入，在树脂的固化过程与之形成化学交联。但合成后的树脂黏度较高，使得接枝改性后的纳米粒子在其中分散困难，最终形成的无机-有机杂化交联结构数量有限。为克服无机-有机杂化改性脲醛树脂胶黏剂存在的这些问题，作者选用碳酸钙杂化改性脲醛树脂胶黏剂。脲醛树脂的合成通常使用"碱-酸-碱"工艺，这为碳酸钙自身的酸水解反应以及与脲醛树脂分子及中间产物等的化学交联提供了条件，使得碳酸钙粒子不经过接枝等化学修饰即可直接与树脂分子产生化学键合。

2.4.2 碳酸钙杂化改性脲醛树脂胶黏剂的制备

1）胶黏剂制备

脲醛树脂的总物质的量（甲醛与尿素物质的量比）比保持在 1.0，在三口烧瓶中加入甲醛溶液，随后加入碳酸钙，使用 30wt% 的 NaOH 溶液调节甲醛溶液的 pH 至 8.0 左右，升温至 40℃后加入第一部分尿素（占全部尿素质量的 50%），继续升温至 80℃左右，保温 30min；保温结束，用 15wt% 的甲酸溶液调节反应物 pH 至 5.0 左右，在温度为 85～87℃条件下持续反应，到达反应终点后（涂-4 杯在溶液温度为 30℃条件下测得），调节溶液 pH 至 6.5 左右，将反应温度降至 80～81℃，加入第二部分尿素（约占尿素总质量的 20%）；反应 20min 后再用 30wt% 的 NaOH 溶液调节反应物 pH 至 7.0～7.5，加入第三部分尿素（约占尿素总质量的 30%），在 60～65℃下继续反应，自然降温至 40℃后再用 30wt% 的 NaOH 调节 pH 至 8.0 ～ 8.5 后出料。空白对照脲醛树脂的制备过程除了未加入碳酸钙以外，其他树脂合成步骤均一致，将空白对照组脲醛树脂命名为 UF，使用占脲醛树脂固体质量 1%、2%、3% 碳酸钙杂化改性的脲醛树脂分别命名为 1% CaCO$_3$-UF、2% CaCO$_3$-UF、3% CaCO$_3$-UF。

2）性能表征

理化性质表征：脲醛树脂的黏度采用涂-4 杯测试方法在胶黏剂温度为 30℃条件下测得；树脂的固体含量、pH、游离甲醛含量以及固化时间均根据国标 GB/T 14074—2017《木材工业用胶粘剂及其树脂检验方法》测定。

脲醛树脂的化学基团采用傅里叶变换红外光谱 IRTrace-100［日本岛津（SHIMADZU）］进行表征。样品制备采用典型的溴化钾（KBr）压片法，图谱分辨率为 0.5cm^{-1}，数据间隔为 4cm^{-1}，每一个光谱曲线均来源于 20 次扫描的平均值。

脲醛树脂的结晶特性采用 X 射线衍射仪 Ultima IV（日本 RIGAKU 公司）进行测定。辐射源为 Cu Kα，波长 λ = 1.5418nm，在 40kV 和 40mA 下，以 10/min 测试速度在 2θ 为

$10° \sim 90°$ 范围内采集。所有样品粉末采用无反射单晶硅样品架进行测试。

脲醛树脂的热性能采用热重分析仪（TGA5500）进行测试。将样品（质量约为 5mg）置于氧化铝坩埚内，氮气流速 25mL/min，以 15℃/min 的升温速率，在 $30 \sim 790$℃ 的温度范围下进行测试。

胶合性能测试：所有胶黏剂的胶合性能通过其压制的纤维板性能进行表征。纤维板的制备流程如下：称取一定质量的桉木纤维，在机械搅拌机中进行搅拌。根据绝干纤维的质量，称取一定质量的脲醛树脂胶黏剂（施加量为木质纤维绝干质量的 13%），并在胶黏剂中添加占其固体含量 1% 的 NH_4Cl 溶液（20wt%）作为固化剂。搅拌均匀后，使用 0.1MPa 的压力喷枪［索瑞特气体设备（北京）有限公司］将胶黏剂均匀喷洒在桉木纤维中，接通热风管道对施胶后的桉木纤维进行干燥，并测试至纤维含水率为 8.0% 以内时（电子水分计，MOC-120H 型，SHIMADZU Corporation Japan），停止干燥和搅拌。具体制板工艺参数见表 2-17。

表 2-17　纤维板制备过程主要参数

板材编号	胶黏剂种类	干燥后纤维含水率/%	干燥后纤维铺装质量/kg
1	UF	5.48	1.38
2	1% $CaCO_3$-UF	7.12	1.38
3	2% $CaCO_3$-UF	7.52	1.38
4	3% $CaCO_3$-UF	6.88	1.38

施胶完成后，称取一定质量干燥后的纤维，手工铺装成形（成形框尺寸为 340mm×340mm），然后使用 180 T 万能试验压机（苏州新协力机械制造有限公司）压制纤维板（设计板材厚度为 12mm，密度为 780kg/m³），热压板温度设置为 190℃，设计的每组胶黏剂配比均压制两块板材。

2.4.3　碳酸钙杂化改性脲醛树脂胶黏剂的性能分析

2.4.3.1　碳酸钙杂化改性对脲醛树脂理化性质的影响

常规低物质的量比脲醛树脂以及碳酸钙杂化改性脲醛树脂胶黏剂的基本理化性质如表 2-18 所示，所有胶黏剂的 pH、黏度、游离甲醛含量均无显著差别。在胶黏剂的合成过程均使用"碱-酸-碱"传统工艺，严格控制树脂合成各阶段的 pH、温度、各添加物比例以及终点黏度，因此，测得的这些性能指标并无显著差别。但使用碳酸钙杂化改性的脲醛树脂胶黏剂固含量明显低于对照样，这是由于脲醛树脂的缩聚过程是在酸性条件下进行，而在反应体系中引入碳酸钙以后，加入的酸性 pH 调节剂会被碳酸钙反应，直至加入足够的酸将体系中的碳酸钙反应完全后才能起到调节溶液 pH 的作用。因此，在碳酸钙杂化改性的脲醛树脂体系中，将溶液调至酸性所消耗的酸用量是对照样品的数十倍，使得最终合成的树脂固含量明显低于未改性的脲醛树脂。此外，使用碳酸钙杂化改性后的脲醛树脂固化时间比对照树脂长，且固化时间会随着碳酸钙含量的增加而延长。固化时间的延长可能由碳酸钙的性质所决定，即碳酸钙对酸具有较强的中和或反应能力。尽管碳酸钙杂化改性的脲醛树脂中可能并不存在或仅有少量 CO_3^{2-} 离子，但钙离子与脲醛树脂分子中羟基、羟甲基等基团形成的缔合作用可能仍对酸具有较强的中和能力，因而使其改性的树脂固化时间延长。

表 2-18　胶黏剂的理化性质

胶黏剂种类	pH	黏度/s	固含量/%	固化时间/s	游离甲醛含量/%
UF	7.2	15.56	56.8	82	0.24
1% CaCO₃-UF	7.5	16.01	51.9	111	0.26
2% CaCO₃-UF	7.2	15.46	51.5	123	0.26
3% CaCO₃-UF	7.5	16.34	51.5	149	0.24

2.4.3.2　碳酸钙杂化改性对脲醛树脂化学基团的影响

脲醛树脂及碳酸钙杂化改性脲醛树脂的傅里叶红外光谱如图 2-56 所示。由脲醛树脂的分子结构和化学组成特点可知，在 1657cm⁻¹ 和 1527cm⁻¹ 处的吸收峰归于羰基（C═O）和仲胺的 C—N 伸缩振动。其他较为明显的吸收峰如 1130cm⁻¹ 和 1016cm⁻¹ 为 C—O 脂肪醚和亚甲基桥（—NCH₂N—）。红外光谱图显示了脲醛树脂的典型吸收峰。与使用接枝有机基团的纳米二氧化硅杂化改性脲醛树脂不同，使用碳酸钙杂化改性后的脲醛树脂其化学基团与普通脲醛树脂几乎没有显著区别，仅对树脂分子原有的吸收峰如 1527cm⁻¹ 处有增强效果。这表明碳酸钙杂化改性的脲醛树脂胶黏剂维持了树脂原有的分子结构与化学基团分布，碳酸钙的引入可能更多地通过离子键络合，或通过静电作用及其他化学键的形式影响胶黏剂的流变性能及其他化学性质（于红卫等，2002）。此外，红外图谱未出现新的吸收峰也可能由于形成的杂化交联结构比例低，或吸收峰与原有的化学基团重合。关于碳酸钙杂化改性的脲醛树脂胶黏剂的化学结构及状态仍需进一步分析与确认。

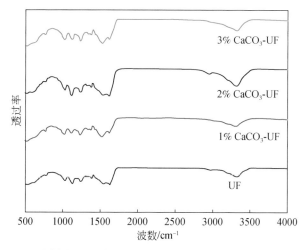

图 2-56　脲醛树脂及不同碳酸钙用量杂化改性脲醛树脂的红外光谱图

2.4.3.3   碳酸钙杂化改性对脲醛树脂结晶特性的影响

脲醛树脂中结晶区的比例会随着其物质的量比的降低而逐渐提高。大量结晶区的存在表明树脂中存在的无定形结构减少，游离活性基团含量少，交联度低，从而影响胶合性能。图 2-57 为脲醛树脂的 X 射线衍射图谱。由图可知，物质的量比为 1.0 的脲醛树脂中可以观察到明显的结晶特征峰，这与脲醛树脂的结晶特性研究结果相一致（Liu et al.，2017）。而经过碳酸钙杂化改性后的脲醛树脂其结晶结构与常规脲醛树脂并无显著区别，并且这种趋势并不随着碳酸钙用量的增加而变化。这表明碳酸钙的引入并不会影响脲醛树脂分子中的有序结构。这也表明碳酸钙在脲醛树脂反应体系中的引入，其杂化交联结构与使用有机接枝改性的无机粒子不同，并不是直接通过桥联基团与树脂分子产生化学键合，而是通过非直接键合的其他形式与树脂分子交联。这种缔合作用需进一步论证。但在宏观性质上发现，碳酸钙杂化改性的脲醛树脂几乎不产生沉淀，并且理化性质与常规脲醛树脂相当，与在树脂合成后期加入无机矿物粒子有显著差别。

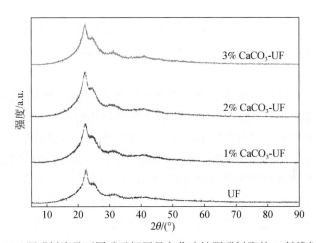

图 2-57   脲醛树脂及不同碳酸钙用量杂化改性脲醛树脂的 X 射线衍射图

2.4.3.4   碳酸钙杂化改性对脲醛树脂热稳定性能的影响

脲醛树脂胶黏剂的热稳定性对于人造板热压成形工段至关重要，热稳定性的提高可以减少其在厚度较厚的人造板热压工段，因表层等受热时间长而产生热解等影响最终板材表面质量。为探索碳酸钙杂化改性对脲醛树脂热稳定性的影响，对其进行热重分析，结果如图 2-58（a）所示。由图可知，碳酸钙杂化改性对脲醛树脂胶黏剂的热稳定性没有显著影响，并且不同含量碳酸钙杂化改性的脲醛树脂在受热过程的质量损失率和变化趋势基本一致。碳酸钙的引入仅能略微降低脲醛树脂的质量损失率。图 2-58（b）为 DTG 曲线，经碳酸钙杂化改性后，胶黏剂在受热分解时的质量损失速率均略低于常规脲醛树脂，这与碳酸钙可以提高塑料等有机物的耐热性能结果相一致。这也可以在一定程度上解释碳酸钙杂化改性后树脂的固化时间延长。但在此研究中，由于碳酸钙加入量少（最高仅为树脂固体含量的 3%），因此对其热稳定性能影响并不显著。高比例碳酸钙杂化改性脲醛树脂胶黏剂的制备有望进一步提高其热稳定性。

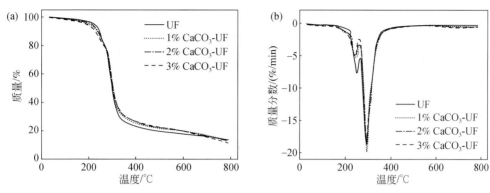

图 2-58 脲醛树脂及不同碳酸钙用量杂化改性脲醛树脂的热重曲线

2.4.3.5 碳酸钙杂化改性对脲醛树脂胶合性能的影响

为进一步探索碳酸钙杂化改性对脲醛树脂胶黏剂胶合性能的影响，使用其压制纤维板，板材的基本性质见表 2-19 所示。试验设计的纤维板密度为 780kg/m³，但由于纤维干燥后的含水率差异、不同胶黏剂固含量及其带入水分的差异以及手工铺装过程均匀性把控等问题，使得测试的纤维板密度存在一定的差异。所有制得的纤维板密度均维持在 780kg/m³ 左右，板材密度在统计分析上无显著差异。此外，制得的纤维板含水率均在 4%~7% 范围以内，符合国家标准相关要求。

表 2-19 脲醛树脂及碳酸钙杂化改性脲醛树脂胶黏剂压制的纤维板基本性质

板材编号	板材密度/(kg/m⁻³)	含水率/%
1	782.09±16.99	5.0±0.1
2	773.58±10.13	5.4±0.2
3	782.12±16.74	5.1±0.1
4	783.80±15.71	5.3±0.2

板材的静曲强度（MOR）和弹性模量（MOE）测试结果如图 2-59 所示。由图 2-59 可知，使用 1% 碳酸钙杂化改性的脲醛树脂压制的板材静曲强度（MOR=49.59MPa）略高于未改性的脲醛树脂（MOR=48.20MPa），但两者在统计学上并无显著差异。板材的静曲强度也并不会随着碳酸钙用量的增加而提高。纤维板的静曲强度通常会随着密度的增加而逐渐提高，但本试验制备的纤维板密度和含水率等基本一致。由此可知，碳酸钙杂化改性对脲醛树脂胶黏剂压制的纤维板静曲强度并无显著影响。

板材的弹性模量变化情况与静曲强度类似。使用占胶黏剂固体含量 1% 的碳酸钙杂化改性脲醛树脂，仅将其弹性模量由 4153MPa 提高至 4197MPa，两者无显著差别。这表明碳酸钙在脲醛树脂加成或缩聚阶段的引入并不会影响脲醛树脂胶黏剂的韧性。而在前期的对照试验发现，在脲醛树脂合成以后，直接将粉末碳酸钙矿物粒子加入胶黏剂，物理搅拌均匀后，以同样的流程和工艺参数压制的板材，其弹性模量与静曲强度均下降 25% 左右。结

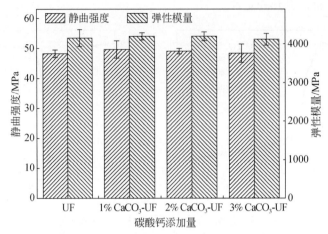

图 2-59　不同碳酸钙用量杂化改性脲醛树脂胶黏剂对纤维板静曲强度和弹性模量的影响

果表明，本研究制备的碳酸钙杂化改性脲醛树脂胶黏剂中存在碳酸钙与树脂分子的化学交联与缔合。

　　内结合强度反映纤维板内部纤维的胶合质量。在脲醛树脂中直接添加无机阻燃剂等成分（主要含有金属氧化物等）会影响树脂的固化速率和胶合强度，从而使得纤维板的内结合强度下降。以碳酸钙改性的树脂也具有一定的阻燃性，同样会延长胶黏剂的固化时间。本研究使用碳酸钙杂化改性脲醛树脂，而不是用作填料在后期加入，其压制的纤维板内结合强度如图 2-60 所示。由图 2-60（a）可知，使用 1% 的碳酸钙杂化改性脲醛树脂后，其内结合强度可由原来的 0.75MPa 提高至 0.94MPa，提高约 25%。但继续提高杂化树脂中碳酸钙的用量，对其内结合强度的提升并无显著影响。内结合强度的提升表明在相同纤维板热压工艺条件下，树脂固化较为充分，并且固化后的杂化改性树脂具有更高的胶接强度。这可能由于碳酸钙的杂化改性提升了树脂的流变性能，使脲醛树脂能在纤维板热压成形过程充分流动和分散，从而增大胶合面积提高胶合质量。但纤维板的内结合强度并不随着碳酸钙用量的继续提高而增强，并且不同用量碳酸钙对纤维板的内结合强度并无显著影响。

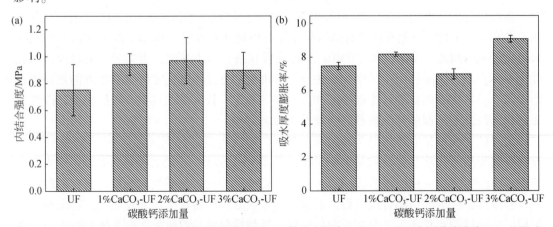

图 2-60　不同碳酸钙用量杂化改性脲醛树脂胶黏剂对纤维板内结合强度(a) 和吸水厚度膨胀率(b) 的影响

木质材料由于含有大量的亲水性基团，本身极易吸附水分。纤维板的原料单元为木纤维，由于尺寸小，比表面积大，容易吸湿或吸潮，引起板材变形、开裂等缺陷而使其力学性能失效。因此，纤维板的防水、防潮性能对于其实际应用至关重要。图 2-60 （b） 为测试得到的常规低物质的量比脲醛树脂和碳酸钙杂化改性的脲醛树脂胶黏剂压制的纤维板 24h 吸水厚度膨胀率。碳酸钙的杂化作用对其防潮性能影响并不显著。仅在碳酸钙用量为 2% 时，纤维板的 24h 吸水厚度膨胀率为 7.0%，略低于未改性胶黏剂时的 8.0%。但随着碳酸钙用量的继续增加，杂化改性脲醛树脂胶黏剂制得纤维板防潮性能有下降的趋势，可能由于无机矿物或粒子的亲水性强所致。这与将无机矿物或无机纳米粒子等用作脲醛树脂的填料时所获得的人造板防潮性能变化趋势相一致。因此，在脲醛树脂加成或缩聚阶段引入碳酸钙，通过碳酸钙与树脂合成环境及树脂分子间的相互作用，可以形成一定的化学键合，从而维持胶黏剂的胶合强度和防潮性能。

2.4.4 小结

本研究探索了碳酸钙杂化改性对脲醛树脂胶黏剂理化性质及其压制的纤维板物理力学性能和防潮性能的影响，得到结论如下：

①碳酸钙杂化改性对脲醛树脂的黏度、pH、游离甲醛含量的影响并不显著，但会因酸性阶段 pH 调节所消耗酸的用量增加而降低树脂的固体含量。

②碳酸钙杂化改性会延长脲醛树脂的固化时间，且固化时间随碳酸钙用量的增加而逐渐延长。

③FTIR 和 XRD 分析表明碳酸钙杂化改性对脲醛树脂的化学基团或结晶态结构影响并不显著，仅对部分基团的吸收峰有增强作用。TG 和 DTG 分析表明，碳酸钙杂化改性的脲醛树脂热稳定性能略有提高。

④使用杂化改性的脲醛树脂压制纤维板，其性能测试结果表明，碳酸钙杂化改性可以将纤维板的内结合强度由 0.75MPa 提高至 0.94MPa，提高约 25%。但对其静曲强度、弹性模量以及 24h 吸水厚度膨胀率并无显著影响。

综上所述，以碳酸钙杂化改性的脲醛树脂为胶黏剂，保持了脲醛树脂原有的优异性能，并且在保证其他物理力学性能的同时可以显著提高纤维板的内结合强度。无机–有机杂化改性脲醛树脂胶黏剂为其改性技术及高性能纤维板制造提供支撑。

参 考 文 献

陈志安，刘书林，郭俊英，等．2012．响应面优化法研究果糖间苯二酚树脂胶粘剂的合成．高分子材料科学与工程，28（10）：8-11.

程伟，朱典想，李迎超．2007．杨木单板层积材地板的试制．林产工业，（3）：32-33.

董建娜，陈立新，梁滨，等．2009．水溶性酚醛树脂的研究及其应用进展．中国胶粘剂，18（10）：37-41.

杜官本．1995．胶合板用脲醛树脂矿物填料的应用．中国胶粘剂，（1）：39-42.

杜官本，雷洪，Pizzi A．2009．脲醛树脂固化过程的热机械性能分析．北京林业大学学报，（3）：106-110.

范东斌，李建章，卢振雷，等．2006．不同固化剂下低物质的量比脲醛树脂热行为及胶接胶合板性能．中国胶粘剂, 15 (12): 1-5.

高强, 李建章, 张世锋. 2008. 木材工业用大豆蛋白胶黏剂研究与应用现状. 大豆科学, 27 (4): 679-683.

高振忠, 孙伟圣. 2009. 木材用改性淀粉胶黏剂的制备. 林业科学, 45 (7): 106-110.

顾继友. 1998. 脲醛树脂研究进展. 世界林业研究, (4): 47-54.

顾继友. 2003. 胶接理论与胶接基础. 北京: 科学出版社.

顾继友. 2006. 我国木材工业用胶黏剂与胶接技术现状和展望. 木材工业, 20 (2): 66-68.

顾继友. 2012. 胶粘剂与涂料. 北京: 中国林业出版社.

韩书广, 吴羽飞. 2005. 改性脲醛树脂合成工艺与性能的关系. 南京林业大学学报 (自然科学版), (3): 73-76.

黄发荣, 焦杨声. 2003. 酚醛树脂及其应用. 北京: 化学工业出版社.

黄精明, 詹满军, 黎耀健, 等. 2015. 豆粕基胶黏剂纤维板压制工艺的研究. 中国人造板, 22 (3): 29-31.

黄世俊, 翟苏宇, 陈银桂, 等. 2016. 腰果壳油改性酚醛树脂的合成及复合材料的性能. 高分子材料科学与工程, 32 (2): 42-48.

黄帅. 2015. 一种高韧性耐水的改性三聚氰胺脲醛树脂. 中国, CN104387542A.

贾转, 万广聪, 李明富, 等. 2018. 化学改性在木素基酚醛树脂胶黏剂制备中的研究进展. 中国造纸, 37 (3): 72-79.

金立维, 王春鹏, 赵临五, 等. 2005. E_1 级三聚氰胺改性脲醛树脂的制备与性能研究. 林产化学与工业, 25 (1): 40-44.

李东光. 2002. 脲醛树脂胶粘剂. 北京: 化学工业出版社.

李西忠. 1998. 无机硅化物接枝脲醛树脂木材胶粘剂. 林产工业, (2): 3-5.

林巧佳, 杨桂娣, 刘景宏. 2005. 纳米二氧化硅改性脲醛树脂的应用及机理研究. 福建林学院学报, (2): 97-102.

林业部林业科学研究所林产化学系胶合板组. 1955. 在胶合板工业中应用硫酸铜液比重法测定鲜猪血含蛋白质量的研究. 林业科学, 1 (1): 114-121.

刘美红, 赵临五, 王春鹏, 等. 2014. E_0 级地板用 MUF 胶应用性能研究. 林产工业, 41 (3): 13-16+23.

刘源松, 关明杰, 张志威, 等. 2017. 木质素改性脲醛树脂对竹层积材甲醛释放量及胶合性能的影响. 林业工程学报, 2 (3): 28-32.

龙柯全, 左迎峰, 吴义强. 2015. Ba(OH)$_2$ 加入温度对酚醛树脂胶黏剂性能的影响. 林产工业, 42 (3): 22-25.

邱俊, 陈代祥, 沈介发, 等. 2017. 分段聚合工艺中醛脲配比对脲醛树脂性能的影响研究. 化工新型材料, 45 (7): 255-257.

时君友, 顾继友, 涂怀刚, 等. 2008. 复合变性淀粉制备淀粉基异氰酸酯胶黏剂的研究. 林产化学与工业, 28 (5): 77-83.

时君友, 韦双颖. 2003. 水性改性淀粉——多异氰酸酯胶黏剂的研究. 林业科学, 39 (5): 105-110.

宋飞, 雷洪, 杜官本. 2012. 树脂型甲醛捕捉剂对酚醛树脂性能的影响. 林业科技开发, 26 (3): 87-89.

隋月梅. 2011. 酚醛树脂胶黏剂的研究进展. 黑龙江科学, 2 (3): 42-44.

覃族, 吴志平, 陈茜文. 2016. 单宁改性酚醛树脂胶黏剂研究进展. 中国胶粘剂, 25 (2): 47-51.

王必囤, 顾继友, 左迎峰, 等. 2012. 木材用淀粉基复合胶黏剂的制备与性能. 东北林业大学学报, 40 (2): 85-88.

王敏娟, 王建华. 2001. 低游离醛脲醛树脂的合成. 热固性树脂, (4): 19-20.

王荣兴，张祖新，陈日清，等 . 2018. 胶合板用尿素改性酚醛树脂胶合性能的研究 . 生物质化学工程，52（5）：20-24.

王有朋，罗资琴，石星丽，等 . 2018. 环氧树脂改性甲酚副产物合成酚醛树脂胶黏剂的研究 . 中国建材科技，27（1）：32-34.

王志玲，王正 . 2004. 人造板用异氰酸酯胶黏剂研究现状及发展趋势 . 中国胶粘剂，(1)：59-62.

文美玲，朱丽滨，张彦华，等 . 2016. 快速固化低甲醛释放脲醛树脂的催化剂研究 . 林业科学，52（1）：99-105.

吴璧耀，王小俊 . 2005. 苯乙烯在纳米氧化锌表面接枝聚合 . 石油化工高等学校学报，(4)：45-48+61+7.

肖俊华，左迎峰，刘文杰，等 . 2016. 秸秆人造板用胶黏剂研究进展 . 材料导报，30（17）：78-83.

杨桂娣，林巧佳，刘景宏 . 2004. 纳米二氧化硅对脲醛树脂胶性能的影响 . 福建林学院学报，（2）：114-117.

姚超，左士祥，杜郢，等 . 2011. 凹凸棒石的表面改性及其在脲醛树脂中的应用 . 硅酸盐学报，39（4）：630-634.

叶瀚琛，卢玉栋，翁景峥，等 . 2015. 高性能水性酚醛树脂胶黏剂的合成与表征 . 福建师范大学学报（自然科学版），31（2）：58-62.

于红卫，付深渊，文桂峰，等 . 2002. 纳米碳酸钙影响 UF 树脂性能的研究 . 中国胶粘剂，(6)：22-24.

于晓芳，王喜明 . 2014. 有机蒙脱土改性脲醛树脂胶黏剂的制备及结构表征 . 高分子学报，(9)：1286-1291.

俞丽珍，樊玉昌，刘璇，等 . 2014. 纳米二氧化硅改性脲醛树脂胶粘剂的合成工艺及性能 . 中国胶粘剂，23（9）：45-48.

张本刚，席雪冬，吴志刚，等 . 2018. 处理单宁改性脲醛树脂性能研究 . 西南林业大学学报（自然科学），38（1）：180-184.

张铭洋，金小娟 . 2012. 黑液木素制备酚醛树脂胶黏剂的研究进展 . 中国造纸，31（7）：64-67.

张齐生，吴盛富 . 2019. 中国人造板发展史 . 北京：中国林业出版社 .

张求慧，赵广杰 . 2009. 我国生物质废料液化及产物利用的研究进展 . 林产化学与工业，29（1）：120-126.

张希超，张彦华，谭海彦，等 . 2015. 氧化淀粉改性脲醛树脂的制备及性能 . 东北林业大学学报，43（12）：103-105.

张晓鑫 . 2013. 多醛改性的环保型酚醛树脂胶黏剂 . 北京：北京化工大学硕士学位论文 .

张云云，张一帆，何良佳 . 2006. pH 对酚醛甲阶树脂固化速率的影响 . 东北林业大学学报，(6)：80-81.

张运明，刘幽燕 . 2013. 强酸工艺下改性脲醛树脂胶的合成原理及应用 . 中国人造板，20（1）：17-19+37.

张长武，刘赢，韩立超 . 2000. 脲醛树脂分子量分布与胶合性能关系的研究（续）——分次加尿素对脲醛树脂分子量分布与胶合性能的影响 . 林业科技，25（5）：34-37.

张忠涛 . 2019. 中国人造板产业报告 2019. 北京：国家林草局林产工业规划设计院 .

张忠涛，王雨 . 2017. 绿色视角下人造板工业用胶黏剂产业发展前景 . 林产工业，44（1）：10-13.

赵厚宽，王鹏，谢星鹏，等 . 2017. 脲醛树脂合成过程中游离甲醛的抑制 . 生物质化学工程，51（1）：20-26.

赵佳宁，顾继友，郭楠 . 2013. 弱酸性固化剂对 UF 树脂固化性能的影响分析 . 材料科学与工艺，21（2）：131-136.

赵临五，王春鹏，施娟娟，等 . 2011. 三种三聚氰胺改性脲醛树脂胶结构与性能关系的研究 . 林产工业，38（1）：16-20.

周庆，郭佳能，张京京，等 . 2011. 交联–接枝双重改性淀粉基木材胶黏剂的合成研究 . 包装工程，32（11）：17-20+51.

朱丽滨，顾继友，曹军 . 2009. 木材胶接用三聚氰胺改性脲醛树脂胶黏剂性能研究 . 化学与粘合，31（4）：1-4.

邹怡佳，陈玉和，吴再兴 . 2013. 改性三聚氰胺树脂的研究进展 . 林产化学与工业，33（5）：127-130.

Alma M H, Basturk M A. 2006. Liquefaction of grapevine cane（Vit is vinisera L.）waste and its application to phenol-formaldehyde type adhesive. Industrial Crops and Products, 24（2）：171-176.

Angelatos A S, Burgar M I, Dunlop N, et al. 2004. NMR structural elucidation of amino resins. Journal of applied polymer science, 91（6）：3504-3512.

ASTM D5572—95. 2011. Standard specification for adhesives used for finger joints in nonstructural lumber products. Annual Book of ASTM Standards（Vol. 95）. West Conshohocken.

ASTM D906—98. 2011. Standard test method for strength properties of adhesives in plywood type construction in shear by tension loading 1. Annual Book of ASTM Standards. West Conshohocken.

ASTM E2890-12e1, A S. 2016. Standard test method for kinetic parameters for thermally unstable materials using differential scanning calorimetry and the flynn/wall/ozawa. Annual Book of ASTM Standards. West Conshohocken.

Bingham E C. 2020. An investigation of the laws of plastic flow. Bureau of Standards Bulletin, 13：309-353.

Brown S K. 2010. Chamber assessment of formaldehyde and VOC emissions from wood-based panels. Indoor Air, 9（3）：209-215.

Bu X, Chen A, Lian X, et al. 2017. An evaluation of replacing fish meal with cottonseed meal in the diet of juvenile Ussuri catfish Pseudobagrus ussuriensis：growth, antioxidant capacity, nonspecific immunity and resistance to Aeromonas hydrophila. Aquaculture, 479：829-837.

Cheng E Z, Sun X Z, Greggory S K. 2004. Adhesive properties of modified soybean flour in wheat straw particleboard. Composites Part A Applied Science & Manufacturing, 35（3）：297-302.

Cheng H N, Dowd M K, He Z Q. 2013. Investigation of modified cottonseed protein adhesives for wood composites. Industrial Crops and Products, 46：399-403.

Conner A H, Lorenz L F, Hirth K C. 2002. Accelerated cure of phenol-formaldehyde resins：studies with model compounds. Journal of Applied Polymer Science, 86（13）：3256-3263.

Ding R, Su C H, Yang Y G, et al. 2013. Effect of wheat flour on the viscosity of urea-formaldehyde adhesive. International Journal of Adhesion and Adhesives, 41：1-5.

Dunky M. 1998. Urea-formaldehyde（UF）adhesive resins for wood. International Journal of Adhesion and Adhesives, 18（2）：95-107.

Erickson R L, Barkmeier W W, Latta M A. 2009. The role of etching in bonding to enamel：a comparison of self-etching and etch-and-rinse adhesive systems. Dental Materials, 25（11）：1459-1467.

Fiedorowicz M, Para A. 2006. Structural and molecular properties of dialdehyde starch. Carbohydrate Polymers, 63（3）：360-366.

Fraser D A, Hall R W, Raum A L J. 1957. Preparation of 'high-ortho' novolak resins I. metal ion catalysis and orientation effect. Journal of Applied Chemistry, 7（12）：676-689.

Halvarsson S, Edlund H, Norgren M. 2008. Properties of medium-density fibreboard（MDF）based on wheat straw and melamine modified urea formaldehyde（UMF）resin. Industrial crops and products, 28（1）：37-46.

He G, Yan N. 2005. Effect of wood species and molecular weight of phenolic resins on curing behavior and bonding development. Holzforschung, 59（6）：635-640.

He M，Wang Y M，Forssberg E. 2004. Slurry rheology in wet ultrafine grinding of industrial minerals：a review. Powder Technol，147：94-112.

He Z Q，Chapital D C，Cheng H N，et al. 2014. Application of tung oil to improve adhesion strength and water resistance of cottonseed meal and protein adhesives on maple veneer. Industrial Crops and Products，61：398-402.

He Z Q，Chapital D C，Cheng H N，et al. 2014. Comparison of adhesive properties of water-and phosphate buffer-washed cottonseed meals with cottonseed protein isolate on maple and poplar veneers. International Journal Adhesion and Adhesives，50：102-106.

Hettiarachchy N S，Kalapathy U，Myers D J. 1995. Alkali-modified soy protein with improved adhesive and hydrophobic properties. Journal of the American Oil Chemists' Society，72（12）：1461-1464.

Hoong Y B，Pizzi A，Md. Tahir P，et al. 2010. Characterization of *Acacia mangium* polyflavonoid tannins by MALDI-TOF mass spectrometry and CP-MAS ^{13}C NMR. European Polymer Journal，46（6）：1268-1277.

Kamke F A，Lee J N. 2007. Adhesive penetration in wood：a review. Wood and Fiber Science，39（2）：205-220.

Khan M A，Ashraf S M. 2005. Development and characterization of a lignin-phenol-formaldehyde wood adhesive using coffee bean shell. Journal of Adhesion Science and Technology，19（6）：493-509.

Levendis D，Pizzi A，Ferg E. 1992. The correlation of strength and formaldehyde emission with the crystalline/amorphous structure of UF resins. Holzforschung-International Journal of the Biology，Chemistry. Physics and Technology of Wood，46（3）：263-269.

Li P，Wu Y Q，Zhou Y，et al. 2019. Preparation and characterization of resorcinol-dialdehyde starch-formaldehyde copolycondensation resin adhesive. International Journal of Biological Macromolecules，127：12-17.

Liu M，Thirumalai K G，Wu Y Q，et al. 2017. Characterization of the crystalline regions of cured urea formaldehyde resin. RSC Advances，7（78）：49536-49541.

Liu X，Sheng X，Lee J K，et al. 2009. Synthesis and characterization of melamine-urea-formaldehyde microcapsules containing ENB-based self-healing agents. Macromolecular Materials and Engineering，294（7）：389-395.

Liu Y，Li K C. 2002. Chemical modification of soy protein for wood adhesives. Macromolecular Rapid Communications，23（13）：739-742.

Lubis M A R，Park B D. 2020. Enhancing the performance of low molar ratio urea-formaldehyde resin adhesives via *in-situ* modification with intercalated nanoclay. The Journal of Adhesion.

Lubis M，Park B，Lee S. 2017. Modification of urea-formaldehyde resin adhesives with blocked isocyanates using sodium bisulfite. International Journal of Adhesion and Adhesives，73：118-124.

Luo J，Zhang J，Luo J，et al. 2015. Effect of melamine allocation proportion on chemical structures and properties of melamine-urea-formaldehyde resins. BioResources，10（2）：3265-3276.

Minopoulou E，Dessipri E，Chryssikos G D，et al. 2003. Use of NIR for structural characterization of urea-formaldehyde resins. International Journal of Adhesion and Adhesives，23（6）：473-484.

Moubarik A，Mansouri H R，Pizzi A，et al. 2013. Evaluation of mechanical and physical properties of industrial particleboard bonded with a corn flour-urea formaldehyde adhesive. Compos. Part B Engineering，44：48-51.

Mu C D，Liu F，Cheng Q S，et al. 2010. Collagen cryogel cross-linked by dialdehyde starch. Macromolecular Materials and Engineering，295（2）：100-107.

National Cottonseed Products Association，2016. Products derived from a ton of cottonseed. https：//

www. cottonseed. com/products.

Nihat S C, Nilgül Ö. 2002. Use of organosolv lignin in phenol-formaldehyde resins for particleboard production: I. organosolv lignin modified resins. International Journal of Adhesion & Adhesives, 22 (6): 477-480.

Nuryawan A, Singh A, Zanetti M, et al. 2017. Insights into the development of crystallinity in liquid urea-formaldehyde resins. International Journal of Adhesion and Adhesives, 72: 62-69.

Park B D, Causin V. 2011. Effects of acid hydrolysis on microstructure of cured urea-formaldehyde resins using atomic force microscopy. Journal of Applied Polymer Science, 122 (5): 3255-3262.

Park B D, Causin V. 2013. Crystallinity and domain size of cured urea-formaldehyde resin adhesives with different formaldehyde/urea mole ratios. European Polymer Journal, 49 (2): 532-537.

Park B D, Jeong H W. 2011. Hydrolytic stability and crystallinity of cured urea-formaldehyde resin adhesives with different formaldehyde/urea mole ratios. International Journal of Adhesion and Adhesives, 31 (6): 524-529.

Peponi L, Puglia D, Torre L, et al. 2014. Processing of nanostructured polymers and advanced polymeric based nanocomposites. Materials Science and Engineering Reports, 85: 1-46.

Pizzi A, Lipschitz L, Valenzuela J. 1994. Theory and practice of the preparation of low formaldehyde emission UF adhesives. Holzforschung, 48 (3): 254-261.

Podschun J, Stücker A, Saake B, et al. 2015. Structure-function relationships in the phenolation of lignins from different sources. ACS Sustainable Chemistry and Engineering, 3 (10): 2526-2532.

Qiao Z B, Gu J Y, Lv S S, et al. 2015. Preparation and properties of isocyanate prepolymer/corn starch adhesive. Journal of Adhesion Science and Technology, 29 (13): 1368-1381.

Que Z, Takeshi F, Katoh S, et al. 2007. Effects of urea-formaldehyde resin mole ratio on the properties of particleboard. Building and Environment, 42 (3): 1257-1263.

Roumeli E, Papadopoulou E, Pavilidou E, et al. 2012. Synthesis, characterization and thermal analysis of urea-formaldehyde/nanoSiO$_2$ resins. Thermochimica Acta, 527: 33-39.

Singh A P, Gausin V, Nuryawan A, et al. 2014. Morphological, chemical and crystalline features of urea-formaldehyde resin cured in contact with wood. European Polymer Journal, 56: 185-193.

Sompuram S R, Vani K, Wei L, et al. 2004. A water-stable protected isocyanate glass array substrate. Analytical Biochemistry, 326 (1): 55-68.

Song Y, Wang Z, Yan N, et al. 2016. Demethylation of wheat straw alkali lignin for application in phenol formaldehyde adhesives. Polymers, 8 (6): 209.

Spengler J, Secton K. 1983. Indoor air pollution: a public health perspective. Science, 221 (4605): 9-17.

Statista. 2017. Global cottonseed meal and oil production from 2009/2010 to 2015/2016 (in 1000 metrictons). https://www. statista. com/statistics/259470/worldwide-production-of-meal-and-oil-from-cottonseed.

Stöckel F, Konnerth J, Kantner W, et al. 2010. Tensile shear strength of UF and MUF-bonded veneer related to data of adhesives and cell walls measured by nanoindentation. Holzforschung, 64: 337-342.

Tobiason F L. 1990. Phenolic resin adhesives: skelist I. handbook of adhesives. Boston, MA: Springer, 316-340.

Vithanage A E, Chowdhury E, Alejo L D, et al. 2017. Renewably sourced phenolic resins from lignin bio-oil. Journal of Applied Polymer Science, 134 (19): 44827.

Wang W L, Ren X Y, Chang J M, et al. 2015. Characterization of bio-oils and bio-chars obtained from the catalytic pyrolysis of alkali lignin with metal chlorides. Fuel Processing Technology, 138: 605-611.

Wang W, Zhao Z, Gao Z, et al. 2012. Water-resistant whey protein-based wood adhesive modified by post-treated phenol-formaldehyde oligomers. Bioresources, 7 (2): 1972-1983.

Wang Z J, Gu Z B, Hong Y, et al. 2011. Bonding strength and water resistance of starch-based wood adhesive improved by silica nanoparticles. Carbohydrate polymers，86：72-76.

Wibowo E S，Lubis M A R，Park B D，et al. 2020. converting crystalline thermosetting urea-formaldehyde resins to amorphous polymer using modified nanoclay. Journal of Industrial and Engineering Chemistry，87：78-89.

Wongsagon R，Shobsngob S，Varavint S. 2005. Preparation and physicochemical properties of dialdehyde tapioca starch. Starch/Stärke，57（3-4）：166-172.

Yu L，Dean K，Lin L. 2006. Polymer blends and composites from renewable resources. Progress in Polymer Scicience，31（6）：576-602.

Yuan J，Zhao X，Ye L. 2015. Structure and properties of urea-formaldehyde resin/polyurethane blend prepared via in-situ polymerization. RSC Advances，5（66）：53700-53707.

Yuan Y，Guo M. 2017. Do green wooden composites using lignin-based binder have environmentally benign alternatives? a preliminary LCA case study in China. The International Journal of Life Cycle Assessment，22：1318-1326.

Yue H B，Cui Y D，Shuttleworth P S，et al. 2012. Preparation and characterisation of bioplastics made from cottonseed protein. Green Chemistry，14：2009-2016.

Zhang L，Zhang S，Dong F，et al. 2014. Antioxidant activity and *in vitro* digestibility of dialdehyde starches as influenced by their physical and structural properties. Food Chemistry，149：296-301.

Zhang Y，Cao J，Tan H，et al. 2014. New thermal deblocking characterisation method of aqueous blocked polyurethane. Pigment & Resin Technology，43（4）：194-200.

Zhang Y，Ding L，Tan H，et al. 2015. Preparation and properties of a starch-based wood adhesive with high bonding strength and water resistance. Carbohydrate polymers，115：32-37.

Zhu X，Xu E，Wang X，et al. 2014. Decreasing the formaldehyde emission in urea-formaldehyde using modified starch by strongly acid process. Journal of Applied Polymer Science，131（9）：40202.

Zombort B G，Kamke F A，Watson L T. 2007. Simulation of the internal NCOditions during the hot-pressing process. Wood and Fiber Science，35（1）：2-23.

Zorba T，Papadopoulou E，Hatjiissaak A，et al. 2008. Urea-formaldehyde resins characterized by thermal analysis and FTIR method. Journal of Thermal Analysis and Calorimetry，92：29-33.

Zuo Y，Gu J，Tan H，et al. 2014. The characterization of granule structural changes in acid-thinning starches by new methods and its effect on other properties. Journal of Adhesion Science and Technology，28（5）：479-489.

Zuo Y，Liu W，Xiao J，et al. 2017. Preparation and characterization of dialdehyde starch by one-step acid hydrolysis and oxidation. International Journal of Biological Macromolecules，103：1257-1264.

第3章 无机胶黏剂合成机制与制造技术

3.1 引　　言

　　无机胶黏剂是由无机盐、无机酸、无机碱和金属氧化物及氢氧化物等构成的一类应用范围十分广泛的胶黏剂，其包括氯氧镁、硅酸盐、磷酸盐、硼酸盐、硫酸盐等，人们所熟知的水泥、石膏、水玻璃、锡–铅焊料等都是古老而至今仍在沿用的无机胶黏剂。研究发现，几千年前，人类的祖先就已经开始使用了无机胶黏剂。两千年前的秦朝，人们使用糯米浆和石灰砂浆作为黏合长城的基石，使万里长城成为中华民族古老文明的象征之一；在出土的秦代彩绘铜车马的铸造中使用了磷酸盐无机胶黏剂（夏文干，1984）。

　　尽管无机胶黏剂的使用历史悠久，但是人们对无机胶黏剂真正系统化研究是从 20 世纪中后期开始的。20 世纪 70 年代，为满足高精度机械及电子工业领域的应用需求，日本科学家研制了多种无机胶黏剂产品，在发表的论文中全面地介绍了无机胶黏剂的分类、组成、固化反应和主要性能，并说明了其应用前景。当时，前苏联和美国也相继开启了无机胶的研究，前苏联在 1974 年出版了《无机黏合剂》；无机胶黏剂（inorganic adhesives）被列入了美国化学会的关键词索引中，关于无机胶黏剂的报道有十多篇。1979 年，我国第一次在《科学实验》上报道无机胶黏剂的研究工作，在 80 年代才将无机胶黏剂当做精细化工的一个非常重要研究方向加以推进和发展，取得了比较显著的成就。

　　无机胶黏剂大部分是由固体和液体混合而成的一种糊状物，其原料易得，价格低廉，容易操作，使用方便，粘接效果好。无机胶黏剂的基本特点是耐温性好（既耐高温又耐低温），毒性小（通常是水溶性的，不燃烧），良好的耐油、耐辐射和耐久性，热膨胀系数小、可室温固化、粘接强度高（适宜套接、槽接，如套接拉伸强度大于 100MPa）等，因而在机械、电子、航空、航天、铸造、模型、化工、建筑、水利、医疗等领域获得广泛的应用，并发挥着不可替代的作用。无机胶黏剂的发展和应用为社会创造了大量的物质财富，在获得良好的经济效益的同时还给人们的学习、工作和生活带来了极大的舒适和便利（Jin et al., 2017）。可以说，无机胶黏剂已成为人们日常生活和国民经济建设中各个领域极其重要的（有些领域甚至是不可缺少的）化工产品，它的应用解决了大量粘接方面的生产技术关键问题，为经济发展和社会进步做出了重要贡献。

　　无机胶黏剂价格低廉，环保无污染、黏结强度高，而且具有耐火、耐老化、防水、防虫等优点，可使易燃木质人造板成为耐火材料，并可赋予其无醛、防水、防霉、防腐、防虫蛀、防老化、防冻等性能。根据固化条件和应用方式的不同，无机胶黏剂可分为四类，即气干型、水固型、热熔型和反应型。气干型无机胶是利用胶黏剂中的水分或其他溶剂在空气中自然挥发而干燥，从而固化形成一定粘接强度的一类胶黏剂。水固型无机胶是以水为固化剂，胶料遇水发生化学反应而固化的一类胶黏剂，如水泥、石膏等。热熔型无机胶是将黏料加热至熔点之上熔融，然后润湿被粘材质，冷却后恢复至固体，从而固化达到粘接目的的一类胶黏剂。反应型无机胶是指由胶料与水以外的物质发生化学反应，在室温下或加热时固化形成粘接的一类胶黏剂。这四类无机胶黏剂中以反应型胶黏剂的应用最为广泛且最具应用价值。

随着环保意识及人居环境安全要求的逐渐提高，国内外研究者不断探究无机胶黏剂代替有机胶黏剂生产人造板，无机胶黏剂在人造板工业中的应用越来越受到人们的关注和重视。目前，市场上的无机人造板包括无机木丝板、无机刨花板、无机胶合板、无机纤维板等。但无机胶黏剂生产人造板仍存在产能低、养护周期长、产品加工难度大等不足。此外，相关配套设备研发的滞后制约其规模化应用。开发固化速度快、性能优异的低密度无机胶凝材料有望解决无机人造板产品的不足，提升其市场占有率。在人造板工业中以硅酸盐无机胶黏剂和氯氧镁无机胶黏剂应用最为广泛。

硅酸盐无机胶黏剂是以水溶性硅酸盐溶液为胶料，加入适量固化剂和填料经调和后制得。其固化剂主要包括二氧化硅、金属氧化物（如氧化镁、氧化锌等）、磷酸盐、硼酸盐、氟硅酸盐、氢氧化铝等，其目的是加快胶黏剂固化时间或改变固化条件；填料的选择依据是加入该填料后胶黏剂的线膨胀系数与被粘物的基本一致，其本身要具有较高的机械强度、耐热和耐水性能，能起到降低胶黏剂固化时的收缩率等作用。常见的填料类型有氧化硅、莫来石、凹凸棒土、碳化硅、氮化硼、云母粉等。硅酸盐胶黏剂具有粘接强度高、耐温性能好、环保无毒、成本低廉、操作简单等突出优点，被广泛用于金属、玻璃、陶瓷等材料的粘接（Shim et al.，2007），但其脆性大、耐碱性能差。目前人造板工业中使用的硅酸盐胶黏剂通常是改性硅酸盐胶黏剂，可在一定范围内满足一定的应用需求。

氯氧镁无机胶黏剂中最典型的是氯氧镁水泥，以煅烧菱镁矿石所得的轻烧氧化镁为胶结剂，氯化镁为调和剂，并与水按照一定物质的量之比调配而成的一种气硬性胶凝材料。氯氧镁水泥的黏结性好，与一些有机或无机材料如锯木屑、木粉、秸秆碎料和玻璃纤维等有很强的黏结力。氯氧镁水泥还具有环境友好、耐磨性好、防火耐热性好、碱性弱、收缩性低等优点，其 pH 仅波动在 8.0～9.5 之间，与木质材料和玻璃纤维胶合时不会对其造成较大腐蚀而影响性能，而且氯氧镁水泥的主要成分氧化镁是耐火常用氧化物之首，耐火度达 2800℃，即使与植物纤维等可燃材料复合，也可耐 500℃以上高温（Sun，2016）。另一种原料氯化镁也使氯氧镁水泥具有优异的防火性能，它的熔点仅 118℃，在高于熔点的环境下就会分解释放氯气，使火焰迅速熄灭。但是氯氧镁水泥耐水性差，在潮湿的环境下，制品表面的游离氯化镁易吸收空气中的水分，出现返卤泛霜等问题，影响制品强度（肖俊华等，2016），尤其在空气湿度较大的南方，返卤现象更为严重。为解决氯氧镁水泥的返卤问题，硫氧镁水泥应运而生，硫氧镁水泥是由轻烧氧化镁粉与一定浓度的硫酸镁溶液拌和组成的 $MgO\text{-}MgSO_4\text{-}H_2O$ 三元体系胶凝材料（巴明芳等，2018）。由于硫酸镁对氧化镁的溶解和水化作用不及氯化镁，使得硫氧镁水泥强度不及氯氧镁水泥高，但是不会出现返卤泛霜等问题。如何提高氯氧镁水泥无机胶凝材料的防水性能等仍是其应用于人造板工业的重要研究方向。

3.1.1　无机胶黏剂特性

3.1.1.1　氯氧镁胶黏剂特性

氯氧镁胶黏剂的特性主要有：①气硬性和空气稳定性。镁系无机胶凝材料是一种气硬性凝胶材料，其终凝后只有在空气中才能继续凝结硬化，在水中则会被水泡化而不能凝结硬化。镁系无机胶凝材料在室内干空气中有很好的稳定性，空气越干燥，它就越稳定，而且其抗压和抗折强度随养护龄期的延长而增大。②快凝高强性。镁系无机胶凝材料凝结速度快，一般数小时就可达到脱模强度。成形与养护温度为 20~25℃ 的纯镁系无机浆体试块 24h 即可脱模，抗压强度和抗折强度可达 34MPa 和 9MPa，养护 28d 的强度可达 90MPa 以上，养护 7d 可达预期强度的 80%~90%。在轻烧氧化镁质量可保证、配合比合理、工艺科学的情况下，抗压强度还可以达到 140MPa。并且镁系无机胶凝材料对各种有机和无机原料或纤维一般都有较好的胶结性，易于制成复合材料，改善制品性能。③低碱度低腐蚀性。镁系无机胶凝材料浆体滤液的 pH 在 8~9.5 之间，比硅酸盐等其他无机胶凝材料的碱性要低很多。因此，镁系无机胶凝材料对作为其制品中的骨料和增强材料——无机或有机材料的腐蚀作用较轻。④不燃性和耐温性。镁系无机胶凝材料的不燃性达到不燃 A 级，是绝对的防火不燃材料。主要成分氧化镁是耐火常用氧化物之首，耐火温度达 2800℃，因此，镁系无机胶凝材料制品一般具有防火耐高温的特性，即使与植物纤维等可燃材料复合，也可耐 500℃ 以上高温。另一种原料氯化镁也使镁系无机胶凝材料制品具有优异的防火性能，它的熔点仅为 118℃，在高于熔点的环境下就会分解释放氯气，使火焰迅速熄灭。同时氯化镁属于抗冻剂氯盐，可耐 -30℃ 的低温，使得镁系无机胶凝材料制品具有了自然的抗低温性能，所以在低温下产品也可照常生产，不需要外加防冻剂。⑤制品高光泽性。镁系无机胶凝材料另一个非常重要的优点是它的颜色接近白色，与秸秆等植物纤维复合时可以保持植物的自然本色。而且与常规无机胶凝材料相比，使用相同光亮度的磨具，镁系无机胶凝材料制品的光泽度比常规胶凝材料制品要高很多。

3.1.1.2　硅酸盐胶黏剂的特性

硅酸盐胶黏剂的特性主要体现在以下几个方面：①环保性。硅酸盐胶黏剂的主要成分均为无毒或低毒的无机物，所用溶剂也是最为安全的水。②耐温性。硅酸盐胶黏剂具有优异的耐温性能，通常可以在 -70~1400℃ 范围内使用，有其他胶黏剂不可替代的独特作用。③工艺简单。有机胶的制备往往需要比较复杂的生产过程才能达到质量要求，通常还要在制作过程中适当加入分散剂、消泡剂和稳定剂等多种添加剂。而硅酸盐胶黏剂的制作只需要将适当比例的胶料、固化剂和填料混合调制均匀即可使用，生产工艺非常简便。④成本低廉。硅酸盐胶黏剂的价格约为 1500 元/t，与有机胶相比，其价格优势非常明显。⑤粘接强度高。硅酸盐胶黏剂用于粘接碳铜，抗剪强度可大于 60MPa，拉伸强度大于 30MPa。⑥耐水性差。硅酸盐无机胶主要由离子化合物构成，当硅酸盐胶浸泡在水中时，其中的碱金属离子会游离到水中，水分子取代碱金属离子的位置，引起胶层破坏，同时使胶黏剂的稳定性降低，导致耐水性变差。

3.1.2　无机胶黏剂的应用

3.1.2.1　硅酸盐胶黏剂的应用

1）在固土固沙方面的应用

硅酸盐胶黏剂能够与各种土壤、沙石进行胶结，在公路修建、水坝建造、移沙固定、边坡加固和快速修复工程建设方面有广泛应用，国内外对土壤加固处理的研究也越来越重视。将水玻璃作为胶凝材料、沙漠沙为骨料、氯化铝作固化剂，分别通过手压成形法和模压成形法可制备沙漠绿化砖，沙漠绿化砖具有良好的冻融性、耐水性和植物生长相宜性（Sun et al.，2015）。通过向由水玻璃、沙子和铝盐溶液组成的混合体系中掺入膨润土的方法，可制造出抗压强度达 12～14MPa 的新型低成本高性能沙漠绿化砖。以水玻璃、水和乙酸乙酯及甲酰胺的混合液为原料，可制备石英砂灌浆用黏合剂（Ata and Vipulanandan，1998）。在研究岩土无机胶黏剂试验中，由硅酸钠、氟硅酸钠、磷酸组成的胶黏体系具有良好的粘接性，岩土胶黏剂和土壤胶结后，其抗渗性能与抗折强度高。胶结土的抗压强度受固化剂的影响较大，而且岩土的颗粒越细，胶结土的抗压强度越高。有研究者开发了热带有机土壤稳定剂，所制备的水泥和硅酸钠混合灌浆材料可使热带土壤稳定化，增加土壤的剪切强度，且降低土壤的含水率，可以解决水泥单一灌浆材料的不足（Kazemian et al.，2012）。

2）在铸造方面的应用

硅酸盐胶黏剂在铸造方面的应用研究主要集中在水玻璃的改性方面。利用聚丙烯酸钠树脂、水溶性淀粉、糊精、尿素、三聚磷酸钠、亚硫酸钠、硼砂制备的水玻璃改性剂，通过与水玻璃复合使用能大幅度改善水玻璃的粘接性能和溃散性，可望用于铸铁件、铸钢件、铸铜件和铸铝件的生产中，并有利于解决水玻璃砂的再生和回收利用问题。以碱金属无机盐为增强剂对水玻璃进行强化处理，可以降低水玻璃在型砂中的加入量，改善水玻璃砂的溃散性。当强化水玻璃加入量为 3.46% 时，水玻璃砂的最大强度可达到 1.82MPa，溃散性得到改善（周健和崔晓莉，2001）。有学者提出用超细云母粉、山梨醇和脱水硼砂改性水玻璃黏结剂的构想，研究表明超细云母粉可以明显改善水玻璃的粘接强度，山梨醇配合超细云母粉改性水玻璃在提高水玻璃砂的粘接强度的同时还可以改善溃散性，而脱水硼砂配合超细云母粉可以提高水玻璃砂的抗潮性能（汪华方，2012）。通过向硅酸钠中添加磷酸盐或者引入功能基的方式，可改善其抗冲击性，使其残余强度下降。研究结果表明，利用该胶黏剂制作的模具有明显的机械性能优势，其常温及 900℃时的残余强度均比较低（Izdebska-Szanda et al.，2008）。

3）在密封修补方面的应用

硅酸盐密封胶对许多金属和非金属材料均显示出良好的粘接性，而且耐热、耐油、耐辐射，目前已经商品化，最有代表性的国产硅酸盐密封胶型号有 SL8301 和 SL8306。在修补和堵漏方面，硅酸盐胶黏剂封堵快，操作简便，无论是气体或液体都可封堵，能解决很多机械设备的"跑、冒、滴、漏"问题。以钠水玻璃和钾水玻璃的混合物为胶料，MgO及 Al_2O_3 作固化剂，铝粉、二氧化硅及六钛酸钾晶须等作填料，可以制备得到耐温达800℃以上的高温用密封胶，该高温胶与金属、木材、陶瓷等具有很好的粘接性能，在室温~1000℃的条件下热失重率低于8%，具有较好的耐热性能、隔热性能及高低温循环性能，其综合性能优于同类型的法国 DB5012 胶。还有研究开发了一种能用于陶瓷胶接及修复的硅酸盐系无机胶黏剂，黏结力、耐水性及抗热震能力试验结果表明，该胶黏剂粘接陶瓷的抗热性好、拉伸强度高，而且具有室温固化、易于施工、原料易得和价格低廉等特点（刘成伦和徐锋，2005）。

4）在耐高温/耐火材料粘接中的应用

硅酸盐无机胶黏剂能承受 800~2900℃的高温，在耐高温、耐火材料行业中广泛使用。在研究无机胶黏剂对陶瓷纤维物理性能和烧失量的影响中，将胶体氧化铝、硅酸钠溶液、硫酸铝-氨水三种无机胶黏剂进行两两组合，得到了三种复合无机胶黏剂，并进一步抄造了陶瓷纤维纸。结果表明，胶体氧化铝和硅酸钠复合体系抄造的陶瓷纤维纸强度高，柔韧性好，烧失量低，耐热性能高。硅酸钠无机胶黏剂能改进硅酸铝纤维纸基耐火材料的强度，耐温性能好，但是成纸脆性大。另外，轻质耐火骨架材料与硅酸盐胶充分混合后，经成形固化，可以得到质轻且保温性能优良的耐火材料（赵传山等，2015）。

5）在人造板领域的应用

硅酸盐胶黏剂用于人造板制造中可表现出环保阻燃等性能，在人造板制造领域正得到越来越多的研究。有研究者制备了一种改性水玻璃胶黏剂，然后将其用于制作实木胶合试件，发现其干状抗张强度和干状剪切强度分别为 $426.0kg/cm^2$ 和 $96.3kg/cm^2$，均高于未改性水玻璃所胶合试件的 $153.5kg/cm^2$ 和 $34.7kg/cm^2$，研究认为氯仿/水玻璃混合胶液是一种粘接性能优异的实木胶黏剂（Suleman and Hamid，1997）。作者团队制备了一种反应型硅酸盐胶黏剂，用于制作杨木胶合试件，并对该胶合试件的力学性能、耐水性及阻燃性能进行了测试分析。同时，利用试验设计优选出了反应型硅酸钠胶的最佳配方。另外，国内外的一些专利中也介绍了利用硅酸盐胶黏剂制备木质防火板，以及以硅酸盐为原料制备木材用精细发泡胶黏剂和阻燃胶黏剂等工艺技术。

3.1.2.2 氯氧镁胶黏剂的应用

镁系胶凝材料具有低碱性、高强度等特点，能很好地与秸秆等生物质材料相结合，而且低碱性的环境能减少秸秆中糖类、油脂等物质的浸出，降低对水泥浆料固化的不利影响。在复合材力学性能和应用场合方面，镁水泥中氯氧镁成分作为含有游离氯离子的特殊水泥，在建筑标准中被禁止用于建筑承重部分（防止结构钢筋被腐蚀），因此所制得的复合材拟用于建筑非承重部分，如隔板等。建筑非承重用材在力学强度方面要求并不高，以高强镁系水泥复合秸秆制备建材，虽然在力学强度方面较纯氯氧镁水泥可能有所下降，但仍可以达到相关使用标准。

镁质胶凝材料具有高强度、低碱性等优异性能，特别是与秸秆、木屑等生物质材料之间具有较好的结合性能。另一方面,农作物秸秆作为天然农业副产品,富含纤维素和木质素,抗张力方面甚至优于木材,应用在水泥材料中时能降低材料密度,提高复合材韧性,改善力学性能;同时秸秆结构疏松、容重轻,堆积密度在 $0.1 \sim 0.25 \mathrm{g/cm^3}$,在制备复合材时能有效降低材料的密度,赋予一定的吸音、隔热等性能。众所周知,木质纤维是不耐碱的材料,在高碱腐蚀下会逐渐失去强度而对胶凝材料失去增强作用。镁系无机胶黏剂以独特的微碱性优势可以很好地与农作物秸秆复合生产秸秆/镁系无机轻质墙体材,并且在长期使用下不会像硅酸盐胶凝材料那样导致秸秆纤维降解。秸秆表面光滑的蜡质层会影响镁系胶凝材料与秸秆的界面黏结情况,目前已有很成熟的技术,在不改变纤维的化学组成的情况下,改变秸秆纤维的结构和表面性能。

镁系无机胶凝材料还具有快硬高强、隔热耐温的特点,可以与膨胀珍珠岩、泡沫矿物棉、玻化微珠、聚氨酯泡沫等多孔材料形成良好胶结,这些材料导热系数较小,可以提高胶凝材料的保温隔热性能,还可以通过胶凝材料自身发泡法来制造保温隔热墙体材料。以珍珠岩作为骨料加入镁系胶凝材料中,通过挤出成形制造的轻质隔板,不仅具有较好的保温隔热性能,而且材料可钉可锯、抗折性能良好(Zhou and Li,2012)。采用聚氨酯泡沫塑料与镁系无机胶凝材料复合,可以制成集轻质、防火、耐水、高强度于一体的新型绝热保温墙体材料。采用骨蛋白水解物作为发泡剂通过自身发泡的方法还可制备镁系无机泡沫保温板,当 $\mathrm{MgO/MgCl_2}$ 的物质的量比为 $5.1 \sim 7.0$ 时,泡沫保温板的泡孔结构稳定,孔径大小均匀,具有较好的保温隔热性能,但是力学强度有待提高。在此基础上,以镁系无机胶凝材料为主要原料,加入少量玻璃纤维和玄武岩纤维,再通过发泡剂发泡制得的镁系泡沫保温材料,孔隙率高达 $88.5\% \sim 95.4\%$,导热系数仅为 $0.036 \sim 0.063 \mathrm{W/(m \cdot K)}$,抗压和抗折强度也得到明显改善(Jiang et al.,2016)。

无机轻质复合材是最早应用的墙体保温材料,常见的无机轻质墙体材主要有岩棉、多孔水泥板、多孔玻璃、膨胀珍珠岩、玻化微珠等。早在 18 世纪初,美国人就在大洋之中的夏威夷观察到火山爆发时喷发的岩浆在强风中被吹成棉絮的现象,受此启示开发出岩棉生产技术。无机轻质墙体材在欧洲比较流行,资料显示,矿物棉板占据欧洲外墙保温材料市场份额的 60% 左右。无机质多孔板与有机质多孔板相比,虽然容重稍微偏大、保温隔热效果也稍差,但其他方面的优良性能是有机保温材料所无法匹敌的。例如,无机轻质墙体材的防火性好、阻燃性强、抗老化性能优异、性能稳定、在施工过程中可以与墙基面和抹层面很好地结合、材料在使用过程中的安全性高等。不仅如此,无机轻质墙体材还具有抗压、抗折、抗拉性能好,与建筑主体同寿命,施工方便,保温造价较低等特点,在生产过程中可以实现循环再利用,具有良好的应用前景。它正以有机质墙体材料无可比拟的优势引起了广泛的关注,代表着建筑隔热保温材料发展的新趋势。在制备无机轻质材料的过程中,存在浆料稳定性差、试块强度偏低、后期干缩大、韧性较差、容易开裂等问题。研究发现,纤维具有弹性,搅拌均匀的纤维在体系中交叉分散形成网状结构可起到骨架作用,一定程度上能够弥补无机轻质材料收缩的这一缺点,特别是抑制了连通裂缝的产生,使轻质材料的孔壁更加结实,因而对于无机轻质材料的强度起到二次加强的效果。早在 20 世纪,人们就开始用石棉纤维、玻璃纤维等无机纤维和聚丙烯纤维、PVA 纤维等高分子纤维改良无机轻质材料的性能,但是大部分无机纤维有害于人体,在生产时会对工人有刺痒感，而高分子纤维是石油产品，资源有限。因而，人们纷纷开始采用植物纤维替代无机和高分子纤维以生产纤维增强无机轻质材料制品。

植物纤维廉价易得，是一种天然的可再生材料，研究其作为无机轻质材的增强纤维有实际意义。试验发现，体积掺量 0.5% 的植物纤维对无机轻质材料收缩干裂的限制能力与同掺量的聚丙烯纤维相当，两种纤维/无机轻质材料的最大裂缝宽度均为纯无机轻质材料的 1/3（田文玉，1998）。贾哲等指出加入植物纤维可以使无机轻质材料的抗压和抗折强度得到提高，但是需要解决植物纤维的吸水性和耐碱性问题。在此基础上，采用丙烯酸树脂乳液对植物纤维进行表面改性，提高纤维在无机胶凝材料中的耐碱性，同时降低吸水率，可提高纤维/无机轻质材料的耐久性（贾哲，2007）。在无机泡沫保温材料中掺加稻草纤维的研究中，发现影响纤维/无机泡沫保温材强度、凝结时间等性能的因素主要有纤维本身的韧性、长度、强度等，以及无机胶凝材料的性能和胶凝材料与纤维界面的粘接性能、纤维在浆体中的分散程度以及泡沫保温材料的泡孔结构等。植物纤维作为一种纤维素纤维，具有很高的强度、结晶度和取向度。植物纤维表面含有大量羟基，可以与无机胶凝材料水化产物中的大量羟基起作用而形成氢键，从而增强界面的致密性，加强界面粘接强度，扩大纤维阻裂增强的界面效应。这也是植物纤维用来作为无机轻质材料中增强部分的重要原因。近年来，国内外使用较多的无机轻质材料增强部分的天然植物纤维包括粗加工的稻草、芦苇、棕榈叶、竹子、剑麻等。我国以木竹纤维作为增强材料的居多，此外还研究秸秆、椰壳与芦苇等作为增强纤维。植物纤维增强的无机制品已经在亚洲、美洲与非洲等国家生产与应用，全世界约有 40 个国家有可能在建筑物中使用了此种制品。

无机胶黏剂的开发及其在人造板工业中的应用都取得了一定的进展，但研究主要集中在制备工艺及改性上，对其理论探索和推广应用方面研究较少，而且研究方法主要是参照有机胶黏剂。对此，我国无机胶黏剂及其在人造板工业中的应用研究将主要集中在以下几个方面：①加大无机胶黏剂的复配研究，开发出应用在人造板工业的复合型高性能无机胶黏剂。②加强理论研究，深入探讨无机胶黏剂的固化及改性机理，及其与木质材料的胶结机制。③加大科研攻关，重点解决阻碍无机胶黏剂推广的密度高、脆性大等问题。④优化无机胶黏剂和无机胶黏剂人造板的生产工艺，加大生产装备的研发，增强设备的自动化、智能化，提高生产效率，促进大规模生产。⑤制定相关的产品标准，控制产品的生产质量，优化产业的发展，促进行业良性循环。⑥加大新产品的开发，提升产品种类多样化，拓宽产品应用领域。

3.2   硅酸盐胶黏剂

硅酸盐胶黏剂通常指反应型胶黏剂，是以碱金属以及季铵、叔铵和胍等的硅酸盐为胶料，按实际情况需要加入适当的固化剂和填料调配而成的（Voitovich，2009）。更常见的硅酸盐是碱金属硅酸盐，它们是由不同比例的碱金属氧化物与 SiO_2 结合而成的一类可溶性硅酸盐，我国北方多称为泡花碱，南方多称为水玻璃。作者在研究中所用的硅酸盐胶即是以水玻璃为基体的胶黏剂。

水玻璃一般呈透明或半透明状，为无色、淡灰色的碱性液体。其分子式可用 $M_2O \cdot nSiO_2$

表示，其中 M 代表 Li^+、Na^+、K^+、NH_4^+，决定着胶黏剂的种类，n 代表水玻璃的模数（即 SiO_2 与 M_2O 的物质的量比），其值一般在 $2.2 \sim 3.5$ 之间。依据 M 离子的类型，可以分为锂、钠、钾和铵四种水玻璃，这四种水玻璃的性能和成本也有一定的差异，如表 3-1 所示（胡文垒，2011）。钠、钾水玻璃都具有更好的成膜性与粘接性，实际应用也更为广泛。钠水玻璃的综合性能最佳，是目前研究和应用最为普遍的一类水玻璃，因此若无特殊指明，水玻璃往往单指钠水玻璃。

表 3-1　水玻璃的类型与性能

类型	成膜性	粘接性	耐水性	价格
锂水玻璃	较好	差	较好	较高
钠水玻璃	很好	较强	较差	较低
钾水玻璃	良好	适中	好	适中
铵水玻璃	较差	较差	较好	较高

在无机胶黏剂中，硅酸盐胶黏剂的操作工艺最为简便、成本最低，而且工业用量最大（胡文垒，2012），开展硅酸盐胶黏剂的研究和应用具有明显的社会价值与现实意义。尽管硅酸盐已被广泛用于金属、陶瓷、玻璃、纸张、木材、沙土粘接等方面，但因生产技术以及理论研究的不完全成熟，硅酸盐胶黏剂的发展还具有一定的局限性，并存在脆性大、耐水性和耐碱性差等性能缺陷。因而关乎硅酸盐胶黏剂的性能及应用后面仍有大量的研究工作需要深入细致地开展。尤其是在人造板领域，硅酸盐胶黏剂的发展前景良好，大有可为。未来可通过借鉴其他领域的新方法、新技术和新理论对硅酸盐胶黏剂进行深入研究，开发适用于人造板的高性能硅酸盐胶黏剂，解决当前人造板生产中因使用有机胶带来的不环保问题。

3.2.1　硅酸盐胶黏剂粘接机制

新制纯净硅酸盐溶液属于真溶液，但在贮存过程中，会自发进行一些聚合反应，即由单硅酸聚合成低聚硅酸，再聚合成高聚硅酸，期间不断生成粒径约为 $1 \sim 2nm$ 的胶粒，表现为硅酸盐溶液的黏度和粘接强度下降。高聚硅酸的聚合终极是凝胶，因而长期存放的硅酸盐溶液会因凝胶老化而失效。受模数、温度、时间等影响，硅酸盐溶液的聚合度和组分会发生动态变化，所以硅酸盐溶液实际上是由多种聚硅酸盐构成的介稳复杂溶液。

由于硅酸盐溶液的结构多变性和复杂性，硅酸盐的聚合机理至今还不完全清楚，有关各硅聚合物在水溶液中的平衡和缔合常数还很缺乏，目前尚不能确定硅酸盐在水溶液中的确切存在形式和各硅聚合物间的定量关系（肖刘萍，2011）。这大大影响了硅酸盐胶黏剂粘接机制的研究进程。以水玻璃为代表的硅酸盐胶黏剂在理论方面，特别是在粘接机制、粘接强度及其理论计算上还缺少实质性研究。虽然一些学者开展了粘接界面作用力的研究，但是由于水玻璃组成的复杂性和粘接物体表面结构的复杂性，目前还没有一种能测得真实界面黏结力的方法，导致粘接理论研究工作还远远落后于实践。

目前仅有少量关于硅酸盐粘接机理的研究报道，例如有研究认为硅酸盐胶黏剂的粘接机理为水分伴随着胶黏剂固化过程不断减少，导致 SiO_2 胶体持续地从胶液中析出，具有极高活性的新生态 SiO_2 会向胶层的内部和沿着被粘接材料的表面，做类似分形学 DLCA 模型和 DLA 模型的扩散，一旦扩散到被粘接材料的表面活性点，便与活性点发生化学键合，形成牢固粘接（徐锋和刘成伦，2009）。Tognonvi 等认为，碱性条件下 SiO_2 表面的活性点被活化成羟基，因脱除水分析出的 SiO_2 胶体与上述活化出的端羟基相遇时，两者之间会立刻形成牢固的—Si—O—键，并形成粘接（Tognonvi et al.，2012）。根据该机理解释，胶黏剂与被粘接材料表面形成极性键合的概率与被粘接材料的表面活性点数量有关，活性点数量越多成键结合的概率就越高。所以适当增加被粘接物表面的粗糙度会暴露出更多的活性点，从而能提高胶接强度（Tognonvi et al.，2012）。也有研究认为二氧化硅胶体水解得到的硅酸分子在单独存在时不稳定，总倾向于形成 Si—O 四面体。Si—O 四面体以共角的方式相互连接形成立体的分子链网络，这些网络结构间可产生相互作用，从而使得胶黏剂在固化后具有高的内聚强度和黏结力（Lucas et al.，2011）。

3.2.2　硅酸盐胶黏剂高效制备技术

硅酸盐胶黏剂高效制备技术包含配方组成设计、组分配比设计、胶黏剂调制、胶合试件制作及性能表征、胶黏剂结构分析与性能检测、材料优化设计等技术内容。

3.2.2.1　配方组成设计

硅酸盐胶黏剂的组分包括胶料、固化剂和骨架材料（或填料）等，在进行配方设计时需要逐一考虑。对于配方原理设计，首先根据酸碱相协原则（所谓酸碱相协原则即是软酸软碱亲和规则或硬酸硬碱亲和规则），硅酸盐体系中的 SiO_3^{2-} 是硬碱，对木材亲和性较差，可以加入硬酸（如碱土金属离子 Mg^{2+} 等）使其形成稳定性物质，更能亲和基体，改善粘接性能。其次，根据结构相似规则，将 Zn^{2+} 引入硅酸盐胶黏剂体系中，可起到改善韧性的作用。再次，根据离子半径比与配位数相近规则，选择 Al_2O_3 以改善胶黏剂的强度和密实性。对于配方组成设计，一般根据反应机理进行。

1）胶料

胶料有时也被称为粘料、基料，是胶黏剂发挥粘接作用的主要成分，也是决定和影响胶黏剂粘接性的基本组分。本节制备的硅酸盐胶黏剂即是以可溶性硅酸盐溶液为胶料的胶黏剂体系。根据引言中的介绍，从粘接性能及成本角度考虑，本节所用的具体胶料为钠水玻璃胶。

2）固化剂

固化剂是胶黏剂中仅次于胶料的重要配合组分，往往直接与胶料或胶黏剂中的其他组分发生化学反应，使胶黏剂由黏稠液体变成固体，帮助胶黏剂实现应有的粘接效果，并能影响固化胶层的化学稳定性和热稳定性。固化剂不同，所得到的胶黏剂的粘接性能也不相同。

硅酸盐胶黏剂的固化剂有很多种，常见的主要有氟硅酸盐、硼酸盐、磷酸盐，以及二氧化硅等。研究表明，选用结构、性质与胶料相近的固化剂更具可行性。选用 SiO_2 作为固化剂，是由于 SiO_2 内部具有毛细管通道，它的表面与水接触后易形成 Si—OH 基，加热时 Si—OH 基脱水形成硅—氧键合四面体。钠水玻璃中的 SiO_2 溶胶会以此四面体为中心发生网状固化反应，从而实现固化粘接的目的。

3）填料

胶黏剂中使用填料的目的往往是为了平衡胶黏剂的综合性能，或者是想要赋予胶黏剂一些特殊的性能，以便能更好地满足应用的需求。考虑到 MgO、Al_2O_3、ZnO 这些金属氧化物粉末具有机械性能好的特点，将它们作为填料，可起到调节固化收缩率，改变固化产物的结构和改善胶黏剂的力学性能等作用。

MgO 具有耐火绝缘特性，将其作为填料还能提高胶黏剂的致密性、流变性和抗酸性。Al_2O_3 经煅烧后具有不吸湿的特性，同时其硬度高、耐腐蚀、耐热、绝缘性好，作为填料可以提高胶黏剂的耐久性和密实性，Al—O 键还可改变水玻璃胶的固化物结构。ZnO 是一种用途非常广泛的化学添加剂，用于硅酸盐胶黏剂中可以增强胶黏剂的耐水性和加快胶黏剂的硬化速度。因而从成本和性能方面综合考虑，选用 MgO、Al_2O_3 和 ZnO 为水玻璃胶黏剂的填料。

3.2.2.2　组分配比设计

胶黏剂的组分确定后，依据胶黏剂的功能要求，按照"主功能最优、其余功能适当"的原则，利用数学方法或计算机辅助配方设计方法，综合分析胶黏剂的功能和配方组成之间的对应关系，以确定最佳配方。

根据预试验的研究结果，发现 SiO_2、MgO、Al_2O_3 和 ZnO 的用量配比对硅酸盐胶黏剂的性能有比较大的影响，因而在研究中将钠水玻璃、SiO_2、MgO、Al_2O_3 和 ZnO 的用量作为主要影响因素，以所制备硅酸盐胶黏剂胶合杨木板的胶合强度为考察指标，利用单因素及正交试验法对胶黏剂的配方组成进行优选设计。

1）单因素试验

（1）SiO_2 的用量。SiO_2 在此作为固化剂，是胶黏剂体系的一个关键成分，其用量不仅影响胶黏剂的固化反应程度，还影响对被粘接材的胶接强度。在编号为 1~6 的烧杯中依次加入 40g 的钠水玻璃，然后再依次分别加入 1~6g 的 SiO_2，经充分混合后调制成相应的胶黏剂，所制成胶合试件的胶合强度的检测结果见图 3-1。可以发现，胶合强度在 SiO_2 用量为 4g 时达到最高值，而后胶合强度值随着 SiO_2 用量的增加而下降。根据试验结果，认为 SiO_2 的适当用量为 4~5g。

（2）MgO 的用量。在编号为 1~6 的烧杯中依次加入 40g 的钠水玻璃；将 1~6g 的 MgO 分别与 4g SiO_2 混匀后，再分别依次加入上述 1~6 号烧杯中，加入适量蒸馏水充分混合后调制成相应的胶黏剂，所制成胶合试件的胶合强度的检测结果见图 3-1。根据测试结果可知，MgO 用量为 3~5g 较为合适。

（3）Al_2O_3 的用量。在编号为 1~6 的烧杯中依次加入 40g 的钠水玻璃。取由 SiO_2（4g）和 MgO（4g）组成的相同混合粉末 6 份，在其中依次加入 1~6g Al_2O_3，混合后加入上述 1~6 号烧杯中，再加入适量蒸馏水调制成相应的胶黏剂，所制成胶合试件的胶合强度的检测结果见图 3-1。可以看到，Al_2O_3 的用量为 2~4g 时具有较高的胶合强度。

（4）ZnO 的用量。首先在编号为 1~6 的烧杯中依次加入 40g 的钠水玻璃。接着取由 SiO_2(4g)、MgO(4g) 和 Al_2O_3(3g) 组成的相同混合粉末 6 份，在其中依次加入 1~6g ZnO，混合后加入上述 1~6 号烧杯中，再加入适量蒸馏水调制成相应的胶黏剂，所制成胶合试件的胶合强度的检测结果见图 3-1。可以看到，ZnO 用量为 2~3g 时较为适宜。

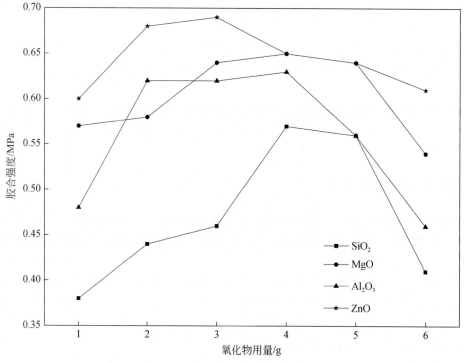

图 3-1　单因素试验中各组分用量对胶合强度的影响

2）正交试验

根据上述单因素法的试验结果，可得到硅酸盐胶黏剂的初步配方组分为：钠水玻璃为 40g，SiO_2 为 4~5g，MgO 为 3~5g，Al_2O_3 为 2~4g，ZnO 为 2~3g。为进一步确定硅酸盐胶黏剂的最佳组成配方，采用了四水平五因素 L_{16}（4^5）正交表进行正交试验设计，试验因素水平表、试验结果分别如表 3-2 和表 3-3 所示。

表 3-2　正交试验因素水平表

水平	A	B	C	D	E
	钠水玻璃/g	SiO_2/g	MgO/g	Al_2O_3/g	ZnO/g
1	40.3	5.0	4.4	3.3	2.6

续表

水平	A	B	C	D	E
	钠水玻璃/g	SiO₂/g	MgO/g	Al₂O₃/g	ZnO/g
2	80.5	9.8	8.6	6.5	5.2
3	120.7	14.6	12.8	9.7	7.8
4	160.9	19.4	17	12.9	10.4

表 3-3　正交试验结果

试验号	钠水玻璃/g	SiO₂/g	MgO/g	Al₂O₃/g	ZnO/g	胶合强度/MPa
1	A1	B1	C1	D1	E1	0.64
2	A1	B2	C2	D2	E2	0.56
3	A1	B3	C3	D3	D3	0.44
4	A1	B4	C4	D4	E4	0.40
5	A2	B1	C2	D3	E4	0.46
6	A2	B2	C1	D4	E3	0.56
7	A2	B3	C4	D1	E2	0.66
8	A2	B4	C3	D2	E1	0.70
9	A3	B1	C3	D4	E2	0.44
10	A3	B2	C4	D3	E1	0.52
11	A3	B3	C1	D2	E4	0.60
12	A3	B4	C2	D1	E3	0.68
13	A4	B1	C4	D2	E3	0.46
14	A4	B2	C3	D1	E4	0.56
15	A4	B3	C2	D4	E1	0.70
16	A4	B4	C1	D3	E2	0.58
均值 1	0.510	0.500	0.595	0.635	0.640	
均值 2	0.595	0.550	0.600	0.580	0.560	
均值 3	0.560	0.600	0.535	0.500	0.535	
均值 4	0.575	0.590	0.510	0.525	0.505	
极差	0.085	0.100	0.090	0.135	0.135	

　　由表 3-3 可见，5 种影响因素的优选水平分别是 A2、B3、C2、D1 和 E1，所以硅酸盐胶黏剂的配方优组合为 A2B3C2D1E1，即钠水玻璃、SiO₂、MgO、Al₂O₃ 和 ZnO 对应的用量分别为 80.5g、14.6g、8.6g、3.3g 和 2.6g。同时由表 3-3 中的极差值可知，在本研究所选取的范围内，各因素对胶合强度的影响顺序为 Al₂O₃ ＝ZnO＞SiO₂＞MgO＞钠水玻璃。

3.2.2.3　胶合试件制作及性能表征

　　根据正交试验结果，进行选料、配料和调制，制得固体含量为 61.7%，pH 为 10.8，室温下黏度为 4750 mPa·s 的硅酸盐胶黏剂，利用其制备三层杨木胶合板，并锯切成所需尺寸的试件，测得胶合试件的平均胶合强度达到 0.70MPa，24h 吸水率达到 31.0%，说明耐水性能需要改进。

试件制作时所用试材为速生杨木，单板厚度为 1.5mm，含水率约为 13%。按照 GB/T 9846.7—2004 制作标准试件。胶合板试件规格设为 300mm×300mm×4.5mm，施胶量为 280~320g/m²，经手工刷涂后用垂直纹理方式组坯。采用室温成形工艺，压力设为 0.8~1.5MPa，卸板后置于室温下自然养护 7 天后再进行锯切制备测试所需试件。

胶合强度测试：按照 GB/T 14074.10—2006 进行测试。

耐水性能测试：用 24h 吸水率评价试件的耐水性能。按照国标 GB/T 17657—1999，先将试件做质量恒定处理，然后称量试件质量，精确至 0.01g。玻璃水槽中放入温度呈 (20±2)℃，pH 呈 7±1 的水，将试件浸于上述水槽中。试件浸泡 24h±15min 后，取出并拭去表面附水，于 10min 之内完成称量，精确至 0.01g。按照公式 (3-1) 计算吸水率：

$$W = \frac{m_2 - m_1}{m_1} \times 100\% \qquad (3-1)$$

式中：W 为 24h 吸水率，%，m_1 为试件在浸水前的质量，g；m_2 为试件在浸水 24h 后的质量，g。

黏度测量：使用 NDJ-5S 型数显旋转黏度计测试胶黏剂的黏度，单位：mPa·s。

pH 测量：使用 PHS-3C 型 pH 计测量胶黏剂的 pH。

固体含量测定：按照 GB/T 14074.5—93《木材胶黏剂及其树脂检验方法——固体含量测定法》，在预先干燥至恒重的铝箔皿中，称取 1.0~1.2g 胶黏剂试样，精确到 0.0001g。将铝箔皿放入真空干燥箱中，关闭箱门。在温度 (100±5)℃ 下干燥 (120±5) min，然后取出放入干燥器内，20min 后称重。平行测定两个试样，测定结果之差不大于 0.5%。固体含量按公式公式 (3-2) 计算：

$$S = \frac{m - m_1}{m_2 - m_1} \times 100\% \qquad (3-2)$$

式中：S 为固体含量，%；m 为铝箔皿与干燥后胶黏剂的质量，g；m_1 为铝箔皿的质量，g；m_2 为铝箔皿与干燥前胶黏剂的质量，g。

3.2.2.4 胶黏剂结构和性能分析

1）红外光谱和热重分析

硅酸盐胶黏剂的红外光谱分析结果如图 3-2 (a) 所示，其中 3424cm⁻¹ 处的峰是由硅醇基的伸缩振动引起的，1050cm⁻¹ 和 771cm⁻¹ 处的两个峰分别是由 Si—O—Si 键的伸缩振动和弯曲振动引起的。1453cm⁻¹ 处是 CO_3^{2-} 的特征峰，这由于在胶黏剂固化中发生了硅酸钠溶液与空气中二氧化碳的反应，表面生成了碳酸钠和原硅酸，这也反映出 3424cm⁻¹ 处有较强的 Si—OH 的伸缩振动峰应来自于原硅酸。在图 3-2 (a) 中未出现金属氧化物的特征峰，说明所添加的几种金属氧化物与钠水玻璃反应完全，最终形成复合网络状固化结构，促进了粘接。胶黏剂的热重分析结果如图 3-2 (b) 所示。200℃ 以内的质量损失主要是由胶黏剂中所包含水分的蒸发引起的，200~700℃ 阶段是胶黏剂质量损失最大的阶段，这主要是由胶黏剂体系中的碱金属氧化物中氧的释放引起的。胶黏剂加热至800℃时的总失重率仅为8.9%，说明制备的硅酸盐无机胶黏剂具有较高的热稳定性。

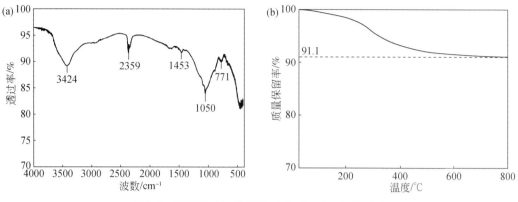

图 3-2　胶黏剂的红外光谱（a）和 TGA 曲线（b）

2）扫描电镜分析

硅酸盐胶黏剂的扫描电镜图如图 3-3 所示［其中，（a）和（b）分别是 2000 倍和 5000 倍的图片］。可以看到，固化剂和填料粒子在胶料中分散均匀，胶黏剂组分间有较好的相容性。对胶合试件的横截面做扫描电镜观察有助于了解胶黏剂与木材界面的胶合情况，结果如图 3-4 所示［其中，（a）和（b）分别是 200 倍和 400 倍的图片］。可以看到，在胶黏剂与木材接触的界面处，胶黏剂已经渗透到木材的内部纹孔中，逐渐形成胶钉，从而起到粘接作用。

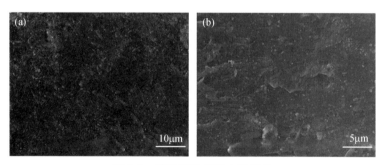

图 3-3　胶黏剂的扫描电镜照片

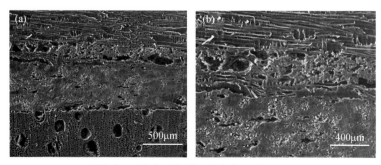

图 3-4　胶合试件截面的扫描电镜照片

3.2.2.5　材料优化设计研究

相比于传统材料，纳米材料显现出很多奇特的性质。利用纳米材料的小尺寸效应、量子尺寸效应、表面与界面效应、宏观量子隧道效应，以及理化性能优异等特点对许多传统材料进行改性，使之具有以往不具备的特殊优异性能的研究和应用已经越来越普遍。对上述硅酸盐胶黏剂来说，很容易得到纳米级的固化剂、填料等，利用纳米材料对硅酸盐胶黏剂进行性能优化具有可行性。纳米粒子对硅酸盐胶黏剂的性能优化可能表现在以下几个方面：①水玻璃中聚硅酸的表面原子周围缺少相邻的原子，存在许多不饱和悬空键，引入纳米粒子后，纳米粒子能嵌入聚硅酸悬空键，增加粘接桥联的数目，从而能增强粘接；②纳米粒子的比表面积大，吸附能力强，与水玻璃混合后能细化凝胶粒子，阻缓水玻璃的老化进程。因此，可将纳米粒子用于水玻璃基硅酸盐胶黏剂的优化设计研究中。

1) 纳米粒子改性硅酸盐胶黏剂的制备

以钠水玻璃为胶料，纳米二氧化硅和纳米氧化镁为复合固化剂，纳米凹凸棒土为填料，制备纳米粒子改性硅酸盐胶黏剂。具体试验过程为：在编号为 1~7 号的干燥洁净的烧杯中分别称取 60g 钠水玻璃，依次在上述烧杯中加入 0g、2g、4g、6g、8g、10g、12g 的纳米 SiO_2，用玻璃棒轻轻地持续搅拌至混合均匀，制备得到单组分硅酸盐胶黏剂和一系列以纳米 SiO_2 为固化剂的硅酸盐胶黏剂，并通过所压制胶合试件的粘接性能的测试，优选出纳米 SiO_2 最适宜用量的硅酸盐胶黏剂。另外，在编号为 8~13 号的烧杯中分别加入 60g 钠水玻璃和最适宜用量的纳米 SiO_2，然后依次在上述烧杯中加入 2g、4g、6g、8g、10g、12g 的纳米 MgO，用玻璃棒轻轻调制至混合均匀，得到以纳米 SiO_2 和纳米 MgO 为复合固化剂的一系列硅酸盐胶黏剂。通过所压制胶合试件的粘接性能的测试，优选出纳米 MgO 最适宜用量的硅酸盐胶黏剂。另取编号为 1~10 的 10 个烧杯，分别在 10 个烧杯中加入 60g 钠水玻璃和最适宜用量的纳米 SiO_2 和纳米 MgO，并分别调制成均匀的混合物。在上述烧杯中依次加入 1g、2g、3g、4g、5g、6g、7g、8g、9g、10g 的纳米凹凸棒土，搅拌使之混合均匀，制得一系列以不同用量纳米凹凸棒土为填料的纳米粒子改性硅酸盐胶黏剂。

通过胶合试件的胶合强度和耐水性能的测试，优选出纳米凹凸棒土最适宜用量的硅酸盐胶黏剂。纳米粒子改性硅酸盐胶黏剂的结构和性能表征方法，以及胶合试件的制备方法及性能分析同 3.2.2.3 小节。

2) 纳米粒子对硅酸盐胶黏剂性能的影响

纳米 SiO_2 和纳米 MgO 复合固化剂用量对胶黏剂粘接性能影响结果如图 3-5 所示。由图 3-5 (a) 可知，随着两种固化剂用量的增加，胶合强度先增加后降低，当纳米 SiO_2 和纳米 MgO 用量分别为钠水玻璃质量的 10% 和 8% 时，能得到较优的胶合强度。根据图 3-5 (b) 中固化剂用量对耐水性能的影响结果，同样发现当纳米 SiO_2 和纳米 MgO 用量分别为钠水玻璃质量的 10% 和 8% 时，能获得较低值的 24h 吸水率，即纳米 SiO_2 和纳米 MgO 用量分别为钠水玻璃质量的 10% 和 8% 时，能得到较佳的粘接性能。

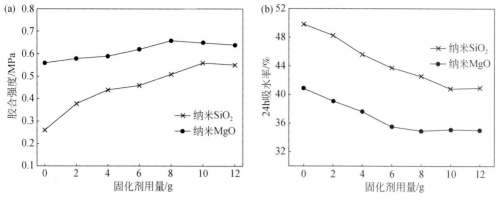

图 3-5　固化剂对胶合试件性能的影响［其中，（a）为胶合强度，（b）为 24h 吸水率］

3）凹凸棒土对硅酸盐胶黏剂性能的影响

凹凸棒土是一种有层链状结构的晶质水合镁铝硅酸盐类黏土矿物，晶体中含有不定量的 Ca^{2+}、Fe^{3+} 和 Al^{3+} 等，具有不同寻常的吸附性能及胶体性质，并具有纳米材料属性，是一种天然纳米结构的矿物材料，用途极为广泛。凹凸棒土价格低廉，而且具有高比表面积、低收缩率、特殊的增稠、补强增韧等特性（Aly et al.，2012），特别是与硅酸盐胶料具有相近的基团类型，因而本研究选用凹凸棒土作为硅酸盐胶黏剂的填料。

在较优纳米固化剂用量的基础上，考察了纳米凹凸棒土对胶黏剂粘接性能的影响，结果如图 3-6 所示。可以看到，试件的胶合强度随着纳米凹凸棒土用量（1~10g）的增加而逐渐增加，24h 吸水率随着纳米凹凸棒土用量的增加呈现逐渐下降的趋势。很显然，通过添加纳米固化剂和纳米填料，硅酸盐胶黏剂的粘接性能得到了较大改善。根据研究结果，当纳米凹凸棒土的用量为 7~9g 时能获得更好的粘接效果。

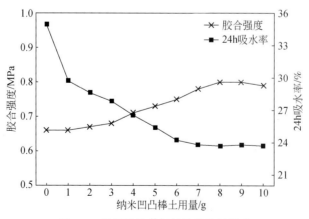

图 3-6　填料对胶黏剂粘接性能的影响

根据上述研究结果，利用最适宜用量的钠水玻璃、纳米固化剂和纳米填料（即 60g 钠水玻璃、10g 纳米 SiO_2、8g 纳米 MgO、8g 纳米凹凸棒土）制备纳米粒子增强硅酸盐胶黏剂，并制备了三层杨木胶合试件，测试了胶合试件的胶合强度达到 0.80MPa，24h 吸水率为 23.7%，这些性能达到了国家 II 类胶合板的性能标准。

4）改性硅酸盐胶黏剂的红外光谱与热重分析

利用红外光谱分析了胶黏剂的结构和固化形态，结果如图 3-7（a）所示。可以看到，硅酸盐胶黏剂和纳米粒子增强硅酸盐胶黏剂具有类似的光谱图。3450cm^{-1} 处是 Si—OH 键的特征峰，1006cm^{-1} 和 780cm^{-1} 处分别是 Si—O 键的伸缩振动峰和弯曲振动峰。相比于硅酸盐胶黏剂，纳米增强硅酸盐胶黏剂的图谱在 1453cm^{-1} 处出现了碳酸根基团的特征峰，这表明在固化过程中胶黏剂的表层发生了硅酸钠与二氧化碳的反应，生成了碳酸钠和硅酸。此外，在谱图中并未发现 MgO 的特征峰（一般在 500cm^{-1}），说明纳米粒子与钠水玻璃反应完全，形成了稳定的固化结构。

纳米粒子增强硅酸盐胶黏剂可以由热重分析的结果加以证实。从图 3-7（b）胶黏剂的热重分析曲线上可以看出，两种硅酸盐胶黏剂均具有比较高的热稳定性，硅酸盐胶黏剂在 800℃的质量保留率为 81.3%，而纳米粒子增强硅酸盐胶黏剂在此温度下的质量保留率为 87.9%，热稳定性略高于硅酸盐胶黏剂，说明纳米粒子增强硅酸盐胶黏剂在增进粘接性能的同时，还在一定程度上提高了胶黏剂的耐热性能。

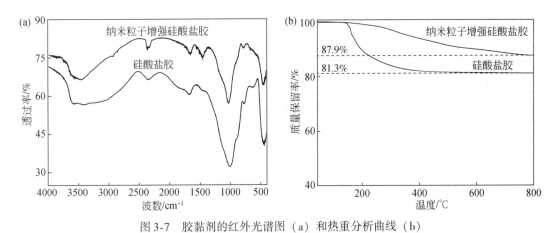

图 3-7 胶黏剂的红外光谱图（a）和热重分析曲线（b）

5）纳米粒子改性对硅酸盐胶黏剂形貌的影响

硅酸盐胶黏剂的固化形貌以及纳米粒子的分散情况可由扫描电镜观察得到，如图 3-8 所示，其中（a）图是硅酸盐胶黏剂，（b）图是纳米粒子增强硅酸盐胶黏剂。可以看到，两种胶黏剂固化后的形貌有非常明显的区别，硅酸盐胶黏剂固化后的胶膜表面具有块状分散的微观形貌，而纳米粒子增强胶黏剂固化胶膜的表面比较平整和均匀，说明在纳米粒子增强硅酸盐胶黏剂试样中，纳米粒子均匀地分散在硅酸钠基体中，大大提高了硅酸钠胶黏剂组分的相容性，形成了稳定的连续相，而且没有明显的相分离或者纳米粒子聚集现象，从而有利于粘接。

以上研究结果表明，采用纳米材料制备胶黏剂可以在一定程度上实现硅酸盐胶黏剂的性能提升，可见材料优化工艺对于获得人造板用高性能硅酸盐基胶黏剂制备技术是十分必要的。

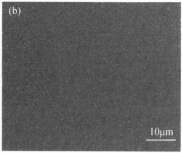

图 3-8 胶黏剂的扫描电镜图片

（a）硅酸盐胶黏剂；（b）纳米粒子增强硅酸盐胶黏剂

3.2.2.6 小结

①以钠水玻璃为胶料，四种氧化物为固化剂和填料设计了一种硅酸盐胶黏剂的配方，利用单因素和正交试验得到该硅酸盐胶黏剂的较佳组分配比，以该硅酸盐胶黏剂制备的胶合试件的胶合强度达到 0.70MPa，24h 吸水率为 31.0%。

②将固化剂和填料纳米化，制备了纳米材料优化的硅酸盐胶黏剂。纳米化后胶合试件的粘接性能得到提高，胶合强度达到 0.80MPa，24h 吸水率为 23.7%。

③尽管胶合强度值达到了胶合板的国家标准，但实际应用中该胶合强度和耐水性能还需要进一步提高。

3.2.3 硅酸盐胶黏剂调控技术

硅酸盐胶黏剂中的水玻璃具有凝胶吸湿性，钠离子和氢氧根离子吸收水分后会逐渐侵蚀—Si—O—Si—主链大分子基体，导致一些—Si—O—键断裂重新溶解，从而使得胶黏剂的粘接性能变差，因此改善硅酸盐胶黏剂凝胶吸湿性的目标应是减少其中的钠离子和氢氧根离子。尽管钠离子和氢氧根离子都具有亲水性，但相比较来说，钠离子的亲水性更强，所以凝胶吸湿性主要取决于钠离子的数量。硅酸盐胶黏剂中无法避免钠离子的存在，利用少量有机物屏蔽或取代钠离子，或许是提高粘接性能的有效方法。为此，作者团队对此开展了一些探索研究，下面就以两种有机物改性硅酸盐胶黏剂为代表进行介绍。

本节胶合试件的制备方法及性能分析方法同 3.2.2.3 小节。

3.2.3.1 羧甲基纤维素改性

羧甲基纤维素（简称 CMC）又名纤维素胶，分子中含有羟基、羧甲基和醚键。CMC 具有无毒无害、不污染环境、黏结力强、稳定性好、不霉变等性能优势，被广泛作为增稠剂、乳化剂、稳定剂、黏结剂、悬浮剂和上浆剂等使用，号称为"工业味精"（Lin et al.,2010）。此外，CMC 还具有成膜性好的性能优势，可在被粘物的表面形成具有封闭、耐油、防水特质的致密保护膜（Choi et al.,2007）。而且 CMC 可分散体系中的胶体微粒，使胶体体系的稳定分散，从而能得到比较好的使用效果，这也是本研究选用 CMC 作为改性剂的重要原因。

CMC 用量对胶黏剂粘接性能的影响如图 3-9 所示。可以看出，未加 CMC（即 CMC 用量为 0%，简写为 CMC0）时，胶合强度为 0.48MPa，24h 吸水率为 29.85%。随着 CMC 用量从 2.5% 增大到 15%，胶合强度值呈先增后降的趋势，当 CMC 用量为 7.5% 时，胶合强度具有最大值（0.76MPa），此时的 24h 吸水率为 28.72%。当 CMC 用量为 15% 时，其胶合强度为 0.60MPa，但耐水性能却比改性前更差（24h 吸水率为 30.51%），说明 CMC 的用量不宜过多。这是因为适量的 CMC 可在硅酸盐胶黏剂固化表面形成致密保护膜，将内层的钠离子屏蔽起来，以减弱钠离子的吸湿性。由于 CMC 本身具有保水特性，过多的 CMC 不仅不能起到增稠屏蔽的作用，而且会导致胶黏剂体系存在较多的亲水基团，使得耐水性能变差。综合以上分析结果可以认为，相对来说当 CMC 用量为 7.5% 时能获得比较好的粘接性能。

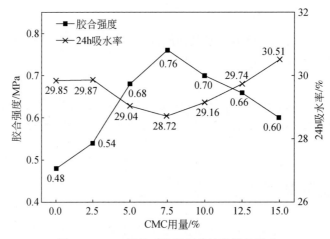

图 3-9　CMC 用量对胶黏剂粘接性能的影响

为了解 CMC 以及 CMC 与硅酸盐胶黏剂所形成体系中的结构特征，对其进行红外光谱分析，结果如图 3-10（a）所示。可以看到，1079cm^{-1} 和 725cm^{-1} 处分别是 Si—O 键的伸缩振动峰和弯曲振动峰。与未添加 CMC 的硅酸盐胶黏剂相比，CMC 和 CMC 用量为 7.5%（简写为 CMC7.5）的硅酸盐胶黏剂均在 2922cm^{-1} 处出现了亚甲基的特征峰，并在 1670cm^{-1} 处和 1316cm^{-1} 处分别出现了 C═O 的吸收峰和扩展峰，这表明 CMC 已经存在于改性硅酸盐胶黏剂中。

硅酸盐胶黏剂以及 CMC 改性硅酸盐胶黏剂的热重分析结果见图 3-10（b）。两个试验样品具有类似的 TGA 曲线。尽管 CMC 属于容易受热分解的有机化合物，但其存在并未降低硅酸盐胶黏剂的热稳定性，而且 CMC 改性硅酸盐胶黏剂在 800℃的质量保持率为 64.39%，稍高于未改性硅酸盐胶黏（在此温度下的质量保持率为 60.04%）。胶黏剂热稳定性的提高进一步说明 CMC 增强了硅酸盐胶黏剂的分子结构并促进了其粘接性能的改善。

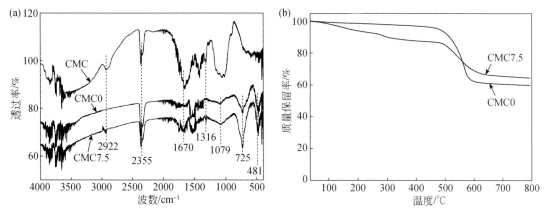

图 3-10　CMC 以及 CMC 含量为 0% 和 7.5% 的胶黏剂的红外光谱图（a）和 TGA 曲线（b）

　　CMC 对硅酸盐胶黏剂微观形貌的影响可以由扫描电镜图加以证实，从图 3-11 可以观察到，未添加 CMC 的硅酸盐胶黏剂固化膜的表面出现了明显断裂，有比较长的脆性裂纹存在，而 CMC 改性硅酸盐胶黏剂固化膜的表面比较柔滑和平整，表明 CMC 在提高胶黏剂的柔韧性和致密性方面是非常明显和有效的。

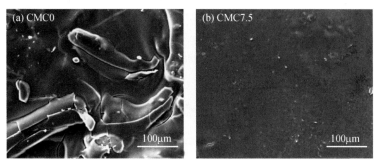

图 3-11　CMC 含量分别为 0% 和 7.5% 的胶黏剂的扫描电镜图

3.2.3.2　硬脂酸铵改性

　　硬脂酸铵是一种常见的工业化学试剂，具有无毒无害的特点，可用作乳化剂、分散剂、增稠剂，以及水泥、混凝土的防水成分（黄政宇等，2013）。硬脂酸铵改性硅酸盐胶黏剂在于利用硬脂酸铵的防水增柔特性来提高胶黏剂的粘接性能。硬脂酸铵与钠水玻璃溶液混合，首先硬脂酸铵水解生成硬脂酸和氨气，氨气挥发至空气中，使溶液 pH 降低，促使钠水玻璃生成硅酸。同时，极少部分的硬脂酸铵与钠水玻璃直接反应。可能的反应过程如图 3-12 所示。

　　由图 3-12 可知，加入硬脂酸铵后，硬脂酸根阴离子捕获了一定的游离 Na^+ 离子，提高了 H^+ 离子的含量，促使生成更多的硅酸，增大—Si—O—Si—链的网络结构，从而可促进固化和耐水性的提高。

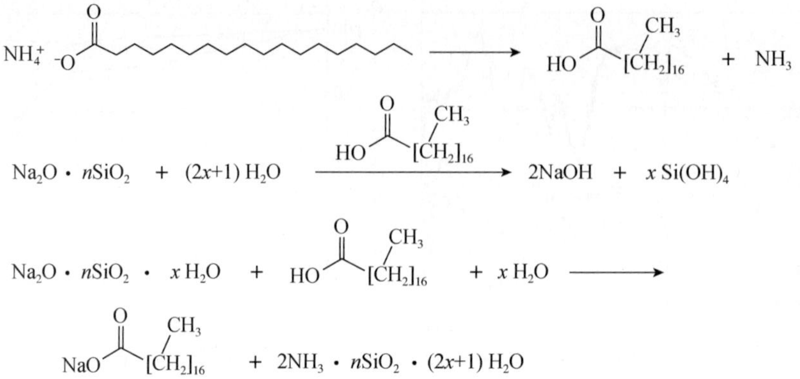

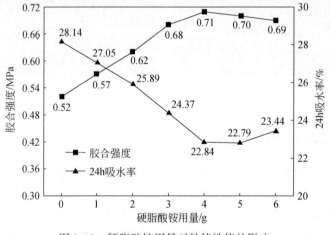

$$NH_4^+ \cdot O - C(=O) - [CH_2]_{16} - CH_3 \longrightarrow HO - C(=O) - CH([CH_2]_{16})(CH_3) + NH_3$$

$$Na_2O \cdot nSiO_2 + (2x+1)H_2O + HO-C(=O)-CH([CH_2]_{16})(CH_3) \longrightarrow 2NaOH + x\,Si(OH)_4$$

$$Na_2O \cdot nSiO_2 \cdot xH_2O + HO-C(=O)-CH([CH_2]_{16})(CH_3) + xH_2O \longrightarrow$$

$$NaO-C(=O)-CH([CH_2]_{16})(CH_3) + 2NH_3 \cdot nSiO_2 \cdot (2x+1)H_2O$$

图 3-12   硬脂酸铵与硅酸盐的可能反应过程

硬脂酸铵用量对胶合试件粘接性能的影响的研究结果如图 3-13 所示。可以看到，未添加硬脂酸铵的硅酸盐胶黏剂其胶合强度为 0.52MPa，24h 吸水率为 28.14%，随着硬脂酸铵用量的增加，胶合强度和 24h 吸水率均出现先增大后减小的趋势。当硬脂酸铵用量为 4g 时，胶合强度值为 0.71MPa，24h 吸水率达到 22.84%；当硬脂酸铵用量增加到 5g 时，胶合强度值略有降低，达到 0.70MPa，24h 吸水率为 22.79%；继续增加硬脂酸铵用量，胶合强度继续降低，而 24h 吸水率开始增大，说明继续增大硬脂酸铵用量对胶合强度和耐水性能均不利。这可能是由于越多硬脂酸铵的存在，会引起生成的硅酸溶胶浓度越大，导致胶体越不稳定。综合以上分析，认为在本研究范围内，硬脂酸铵的合适用量应为 4~5g。

图 3-13   硬脂酸铵用量对粘接性能的影响

表 3-4 是硬脂酸铵改性前后硅酸盐胶黏剂基本性能的测试结果，可以看出改性前后硅酸盐胶黏剂的固体含量和黏度差别不大，硬脂酸铵改性仅使其固体含量和黏度略有增加。但是硬脂酸铵改性硅酸盐胶黏剂的 pH 下降较多，更低的 pH 将使其对木材的粘接性能更好，这可以从胶合强度和耐水性能方面得以体现。从表 3-4 还可以看出，相对于未改性胶黏剂，硬脂酸铵改性胶黏剂的胶合强度和耐水性能都得到了提高，尤其是耐水性能的改进

更为明显。

表 3-4　硅酸盐胶黏剂的基本性能

胶黏剂类型	固体含量/%	黏度/(mPa·s)	pH	胶合强度/MPa	24h 吸水率/%
未改性	57.56	4635	10.31	0.52	28.14
硬脂酸铵改性	60.13	4778	9.84	0.71	22.81

　　图 3-14（a）是对改性前后硅酸盐胶黏剂的红外光谱分析结果。在硬脂酸铵改性硅酸盐胶黏剂的谱图中，2957cm^{-1} 和 2923cm^{-1} 处较强的双峰是亚甲基的伸缩振动峰，这是硬脂酸铵中长烷基链的亚甲基的特征峰，1562cm^{-1} 是羧羰基的特征峰，1421cm^{-1} 和 1343cm^{-1} 处分别是亚甲基的变形振动峰和变角振动峰，同时 721cm^{-1} 和 702cm^{-1} 处出现了亚甲基的弱弯曲振动峰，说明硬脂酸铵与钠水玻璃发生了一定的化学反应，在硅酸盐胶黏剂中成功引入了憎水性的烷基长链。

　　改性前后硅酸盐胶黏剂的热重分析曲线如图 3-14（b）所示，465℃之前未改性硅酸盐胶黏剂的热分解曲线在硬脂酸铵改性硅酸盐胶黏剂之上，当温度高于 465℃以后，硬脂酸铵改性硅酸盐胶黏剂的热分解曲线变得高于未改性硅酸盐胶黏剂，表明其热稳定性更高。这可能是由于 465℃以后硬脂酸铵、钠水玻璃、SiO$_2$ 三种组分间发生了一定的交联反应，使得胶黏剂的结构变得更加致密，从而提高了热稳定性。

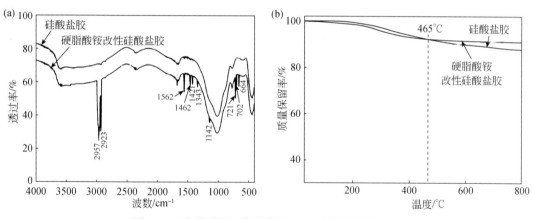

图 3-14　胶黏剂的红外光谱图（a）和热重曲线（b）

　　图 3-15 是硬脂酸铵改性前后的硅酸盐胶黏剂的扫描电镜图片，其中（a）是未改性硅酸盐胶黏剂，（b）是硬脂酸铵改性硅酸盐胶黏剂。可以观察到，未改性硅酸盐胶黏剂在固化以后，其表面出现了花纹状的不连续分散相，可能是由于脆性的硅酸盐胶黏剂固化以后表面出现了很多脆性的干裂纹所致，也可能是由于固化剂在钠水玻璃胶中没有被浸润和调配均匀所致。而硬脂酸铵改性硅酸盐胶黏剂固化膜的表面呈现出比较致密和平整的形貌，说明改性硅酸盐胶黏剂的各组分之间相容性好，反应比较完全，从而具有更好的粘接性能。

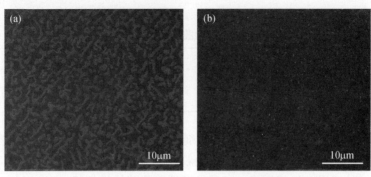

图 3-15　硅酸盐胶黏剂的扫描电镜图

除此之外，作者研究团队还利用高分子乳液、高级脂肪酸盐、新型聚合物等对硅酸盐胶黏剂进行增强和耐水性能调控，均取得了较好的效果，所得硅酸盐胶黏剂具有性能优越、工艺稳定等优点。

3.2.3.3　小结

利用 CMC 和硬脂酸铵分别对硅酸盐胶黏剂进行性能调控研究，通过有机物与水玻璃的化学作用，对钠离子进行屏蔽或取代，以提高硅酸盐胶黏剂的粘接性能。主要结论如下：

①CMC 在提高胶合强度方面具有比较明显的作用，可使得胶合强度提高 58.3%，但耐水性能仅提高 3.8%。

②硬脂酸铵改性可使胶合强度提高 36.5%，耐水性能提高 18.9%。可见利用有机物对硅酸盐胶黏剂进行适当调控是非常必要的。

3.3　氯氧镁胶黏剂

镁系胶凝材料（镁水泥）是以 MgO、盐溶液及外加剂作为原料的水泥体系，主要分为磷酸镁水泥（MPC）、硫酸镁水泥（MOS）和氯氧镁水泥（MOC）。MPC 由重烧氧化镁粉、可溶性磷酸盐和外加剂反应形成，是美国 Brookhaven（Sugama andKukacka，1983）国家实验室所开发，但由于水化速度过快难以控制，同时全球磷资源面临短缺危险（75%~85% 磷矿用于磷肥生产），因此一直无法实现实际应用；MOS 是由活性氧化镁和特定浓度的硫酸镁溶液以一定比例混合成的 $MgO\text{-}MgSO_4\text{-}H_2O$ 三系胶凝体系，具有轻质、快凝的特点（Beaudion and Ramachandran，1977），但其强度远低于 MOC，同时水化反应不完全，因此对 MOS 的相关研究也比较少；MOC 是由 Sorel 在 1867 年发明的一种具早强、高强、质轻、快凝、耐磨和抗盐碱等性能的弱碱性水泥，它是由活性 MgO 在氯化镁溶液中水解产生许多的多核水羟合 Mg^{2+}，接着变成水化物晶体，从而以网状结构硬化而成。

MOC 的优异力学性能主要归结于其微观构成，它由多种结晶相组成，主要包括：$3Mg(OH)_2 \cdot MgCl_2 \cdot 8H_2O$（3·1·8 相，3 相）、$5Mg(OH)_2 \cdot MgCl_2 \cdot 8H_2O$（5·1·8 相，5 相）、$9Mg(OH)_2 \cdot MgCl_2 \cdot 5H_2O$、$2Mg(OH)_2 \cdot MgCl_2 \cdot 4H_2O$（前两者是常温固化

所含晶相，后两者为高温条件下），其中短棒状 5 相为 MOC 的强度相，但 3 相、5 相可以互相转化，潮湿状况中 5 相会逐渐转化为 3 相，最终转变为松散层状的氢氧化镁晶体，因此 MOC 的耐水性较差。

为改善 MOC 的性能，国内外进行了许多研究，例如增大强度相占比，研究认为原料配比对这一点非常重要，在 $MgO:MgCl_2:H_2O=n:1:(n+8)$（物质的量比，其中 $n=6\sim9$）时，能使常温固化相中 5 相最多，但这种配比中水含量少，凝结迅速，产生很多热量，因此开始强度变化大后期低，同时容易发生热应力集中，形成翘曲变形和硬化体胀裂，因此需要苛刻的养护环境（25℃，60%~70% 湿度），此外，由于 MOC 内富含氯离子，制品容易出现返吸潮返卤现象（尤其反应不完全时），影响性能和使用；除确定基础配比外，对 MOC 的各种改性剂也进行了相关研究，以期形成稳定的水化物晶相提高抗水或疏水性，如 MOC 中最常用的外加剂主要有磷酸及磷酸盐、硫酸盐、有机酸和矿物掺料。

早期研究认为，添加磷酸及磷酸盐能改善耐水性是因为盐酸根能与水泥中的 MgO 或 Mg^{2+} 形成难容的磷酸镁包覆在 5·1·8 相表面，但后来的研究则认为少量的磷酸根难以达到包覆的作用效果，并对这一理论进行了否定。磷酸的添加改善了 5·1·8 相的结晶形态，使水泥结构中结晶接触点数量减少，延缓它在水中的溶解速度（吴成友，2014）。而有研究则认为磷酸根的存在降低生成 5·1·8 相所需要的最低 Mg^{2+} 离子浓度，相当于降低晶相的相对溶解度，从而提高耐水性（Deng and Zhang，1999）。硫酸盐的添加能在一定程度上的改善 MOC 的耐水性，学者普遍认为这是在其内部形成难溶性的凝胶（硫氧化镁等）所致；近年来研究比较热门的改性剂则是有机酸，有研究使用柠檬酸对 MOC 的改性效果，发现它能提高 5·1·8 相含量和耐水性，但降低了其热稳定性和孔隙率（陈啸洋等，2019）。对磷酸和酒石酸复合改性对 MOC 的影响，也证实了材料耐水性的增加，同时发现 $2Mg(OH)_2\cdot MgCl_2\cdot 2H_2O$ 相是这中间的过渡相（Chen et al.，2019）。

矿物料的添加主要包括粉煤灰、矿渣、硅灰或其他一些含活性 SiO_2、Al_2O_3 等的矿物，在氯氧镁水泥中添加质量分数约 30% 的粉煤灰能有效增强其耐水性（Chau et al.，2009）。硅灰可以提高 MOC 的强度和耐水性能，并且硅灰在后期对其的加强表现更加明显。而采用内掺法进行水热试验，发现粉煤灰等能降低 MOC 的水化热值，提高体积稳定性（文静等，2011）。此外煅烧过的硅藻土、稻壳灰等均能一定程度上的改善 MOC 性能，这是由于制品内部形成的水合硅酸镁凝胶，从而改善 MOC 的抗水性能（Xu et al.，2010）。除上述提及的添加剂，部分有机乳液也可以增加 MOC 性能，如硅丙乳液能有效提高耐水性等（肖俊华等，2016）。

MOC 的 pH 在 8.0~9.5，其碱性相较于硅酸盐水泥低很多，非常适合与植物纤维复合制备增强材料。使用玉米、小麦秸秆和氯氧镁制备的复合材在一定程度上可替代相关材料，但与普通混凝土材料性能比相差仍较大。使用青稞、玉米、木屑与氯氧镁制备轻质砌块，发现这几种原料中青稞最适合复合，而木屑的复合效果最差。利用稻秸秆与 MOC 进行发泡制备加气砌块，制得的材料强重比高、韧性相对较好，是具吸音、隔热等优质特性的建筑材料，然而加气砌块中秸秆添加量较少，不具备处理大量秸秆的潜力（肖俊华等，2016）。总体而言，镁水泥作为"七五"攻坚计划中的项目，多年来有许多学者对它的改性和添加植物纤维进行研究，但由于生产标准的不统一，市面上少有相关的产业化商品。

3.3.1 氯氧镁胶黏剂交联机制

镁系无机胶凝材料是以煅烧菱镁矿石所得的轻烧氧化镁为胶结剂，六水氯化镁和七水硫酸镁等水溶性镁盐为调和剂与水按照一定物质的量之比调配而成的一种气硬性胶凝材料（Zhou and Li，2012）。镁系无机胶凝材料的制作过程主要包括如下部分：中和、水解、结晶相互转变的过程。氧化镁在镁盐溶液中与 Mg^{2+} 水解产生的氢离子发生中和并溶解，Mg^{2+} 的浓度提高，且溶液的 pH 增大，导致 Mg^{2+} 水解配聚反应发生。这二者相互促进、交替进行使溶液中形成大量的多核水羟合镁离子，从而产生水化物晶体。多核水羟合镁离子的大量形成，溶液中的自由水大部分被吸去，导致镁系无机浆体变成介稳的凝胶而降低流动性，迅速建立细微、连续、具有网状结构的纤维状水化物，使介稳凝胶转化为稳定的固体，从而变成硬质胶凝材料（闫振甲和何艳君，2006）。实验表明，镁系无机胶凝材料硬化部分是由大部分 $x\mathrm{Mg(OH)_2 \cdot yMgCl_2 \cdot zH_2O}$、$x\mathrm{Mg(OH)_2 \cdot yMgSO_4 \cdot zH_2O}$ 的三元结晶相复盐和少部分 $\mathrm{Mg(OH)_2}$ 凝胶体及残留 MgO 组成。常温下 $3\mathrm{Mg(OH)_2 \cdot MgCl_2 \cdot 8H_2O}$（3相）、$3\mathrm{Mg(OH)_2 \cdot MgSO_4 \cdot 8H_2O}$（3相）和 $5\mathrm{Mg(OH)_2 \cdot MgCl_2 \cdot 8H_2O}$（5相）是主要的结晶相，但是 5 相和 3 相之间存在交替转换。水灰比在镁系无机胶凝材料的反应中起决定性作用，当盐水浓度确定时，盐水与氧化镁的配比将对水化反应生成物的组成和数量产生重大影响。生成物的组成关系到镁系无机胶凝材料硬化体的性能，如针状的 5 相是镁系无机胶凝材料硬化体的强度相，镁系无机胶凝材料的强度随着 5 相生成数量越多而增强（Chau et al.，2009）。

3.3.2 氯氧镁胶黏剂高效制备技术

如图 3-16 所示，氯氧镁胶黏剂的制备系统包括第一泵 1、第二泵 2、第三泵 3、第四泵 4、第五泵 5、反应池 6、第一反应釜 7、冷却池 8、储存池 9、第二反应釜 10 和第三反

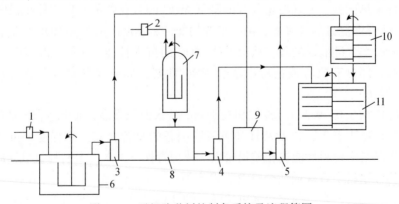

图 3-16　无机胶黏剂的制备系统及流程简图

1. 第一泵，2. 第二泵，3. 第三泵，4. 第四泵，5. 第五泵，6. 反应池，7. 第一反应釜，
8. 冷却池，9. 储存池，10. 第二反应釜，11. 第三反应釜

应釜 11；其中第一泵 1、反应池 6、第三泵 3、储存池 9、第五泵 5、第二反应釜 10 和第三反应釜 11 依次相连，第二泵 2、第一反应釜 7、冷却池 8、第四泵 4 和第三反应釜 11 依次相连；第一泵 1 和第二泵 2 均与自来水管接通，反应池 6 上端设有固化剂进料口与水玻璃进料口，第一反应釜 7 上端设有防水剂进料口与增韧剂进料口，第二反应釜 10 上端设有硫酸镁进料口、氧化镁进料口与增强剂进料口，第三反应釜 11 上端设有缓凝剂进料口与促凝剂进料口，反应池 6 和第一反应釜 7 设置有 "U" 型搅拌桨，第一反应釜 7 设置有电加热装置，第二反应釜 10 和第三反应釜 11 设置 "树枝" 型搅拌桨，第一反应釜 7、第二反应釜 10 和第三反应釜 11 底部均设有截止阀。第一泵 1 为离心泵，流量为 20m³/h；第二泵 2 为离心泵，流量为 15m³/h；第三泵 3 为防腐离心泵，流量为 20m³/h；第四泵 4 为防腐螺杆泵，流量为 12m³/h；第五泵 5 为防腐离心泵，流量为 12m³/h。

启动第一泵 1，向反应池 6 中注入 20~50 质量份的自来水，然后向反应池 6 加入 1~3 质量份的水玻璃，搅拌 5min 后再向反应池 6 添加 10~20 份的固化剂氯化镁，常温下搅拌 10min，搅拌转速 60r/min；启动第三泵 3，将反应池 6 中的混合液全部输送到储存池 9 储存并沉淀杂质；启动第五泵 5，将储存池 9 中液态混合物输送到第二反应釜 10 中，再向第二反应釜 10 中加入 30~40 质量份的氧化镁、1~1.5 质量份立德粉以及 5~8 质量份硫酸镁，启动 "树枝" 型搅拌器，搅拌转速 150r/min，常温下连续搅拌 3~5min；启动第二泵 2，向第一反应釜 7 中注入 10~30 质量份自来水、添加 0.5~2 质量份防水剂石蜡及 0.5~1 质量份增韧剂聚乙烯醇或乙烯醋酸乙酯，开启电加热装置，使第一反应釜 7 温度保持在 90~120℃，同时启动 "U" 形搅拌器，搅拌转速 60r/min，连续搅拌 30~40min 后，打开第一反应釜 7 底部的截止阀，将第一反应釜 7 中液态混合物排放到冷却池 8 中，自然冷却至 20~40℃；打开第二反应釜 10 底部的截止阀，将第二反应釜 10 中的混合物全部放入第三反应釜 11 中，启动第四泵 4 将冷却池 8 中的液体全部放入第三反应釜 11，并添加 1~2 质量份缓凝剂。启动 "树枝" 型搅拌器，搅拌方式为搅拌转速 150r/min，常温下连续搅拌 5~6min，即可制得防火环保无机胶黏剂。

3.3.3　氯氧镁胶黏剂调控技术

3.3.3.1　抗卤改性

游离氯化镁是导致无机胶黏剂存在返卤泛霜现象的关键原因。游离氯化镁大的吸湿性和水溶性大，在湿度大的环境下，制品表面存在的游离氯化镁会吸收空气中的水分子 (Sglavo et al., 2011)，以水珠状吸附在制品表面，而制品内部存在的游离氯化镁通过与表面相通的毛细孔隙吸收水分而溶解，并随水分蒸发由内部向表面迁移，当表面水分蒸发后，游离氯化镁结晶就吸附在制品表面形成白色斑点。因此，空气湿度发生变化，会导致制品表面存在的游离氯化镁聚集，返卤现象越来越严重，最终会导致制品内部结构破坏，严重影响此类制品的使用。

1) 制备方法

将适量的硫酸镁、氯化镁等与去离子水混合并通过搅拌均匀制得盐水，再加入一定量的氧化镁搅拌得到乳白色黏稠状浆料。其中将改性剂作为唯一的变量，在制得的乳白色胶黏剂中加入不同的添加量为1%的抗卤剂即得到改性的镁系胶黏剂。

设计秸秆板的密度为1.0g/cm³，制板规格：325mm×300mm×10mm，将适量上述配得的胶黏剂与稻草碎料放于周期式拌胶机中充分搅拌4min，然后经人工铺装成一定厚度的板坯后送入冷压机锁模，锁模保压72h后脱模养护7d，再送入80℃的干燥箱干燥至含水率为10%左右，最后锯制成100mm×100mm×10mm的试件。把试件放入温度为（25±2）℃、相对湿度为95%以上的环境试验箱中养护，通过称重测试各组试验样品在1天、3天、5天、10天等不同吸湿天数的吸湿增重情况，来探究改性剂对无机胶黏剂的抗卤效果。

2）性能表征

扫描电镜（SEM）测试：取镁系无机胶黏剂硬化体的断面试样喷金镀膜后，在美国FEI公司Quanta450型扫描电子显微镜下观察其微观结构，测试电压为20kV。

3）单一改性剂对抗卤性能的影响

镁系无机秸秆板的返卤泛霜是因为胶黏剂中的游离氯化镁吸收空气中的水分而造成的，因此可以通过秸秆板的吸湿率来分析改性剂对无机胶黏剂的抗卤改性效果。图3-17（a）是分别用磷酸、氯化铁、正硅酸乙酯单独改性镁系胶黏剂对秸秆板吸湿率的影响曲线。可以看出，随着制品在恒温恒湿箱中养护天数的增加，制品的吸湿率呈线性增加，且三种改性剂均能不同程度地降低镁系秸秆板的吸湿率，其中使用单一氯化铁改性制得的胶结制品吸湿率最低，与未用任何改性剂的胶结制品相比，抗卤性能有了很大提高。但使用磷酸单一改性的效果不明显，吸湿率仅比未用改性剂的稍有降低，这与众多研究人员（邓德华，1996）的试验结果有些出入，可能是因为1%的添加量并不是最佳的。

4）改性剂复配对抗卤性能的影响

在单独改性的基础上，研究复合改性剂使用对镁系胶黏剂抗卤性能的影响。图3-17（b）是分别用磷酸+氯化铁、磷酸+正硅酸乙酯、氯化铁+正硅酸乙酯复合改性胶黏剂对秸秆板吸湿率的影响曲线。虽然使用复合改性剂的秸秆人造板前三天吸湿速率增长较快，但是三天以后吸湿增长速率比改性剂单独使用的秸秆板增长速率明显减缓。而且当磷酸和氯化铁复合使用时，胶结制品的吸湿率最低，抗卤效果较其他两种改性方案明显增强，10天内抗卤效果较差的氯化铁+正硅酸乙酯复合改性吸湿率也比单独改性最好的氯化铁吸湿率低0.8%。可见，抗卤改性剂复合使用能够对镁系胶黏剂的改性起到协同作用。

在上述研究的基础上分别选取抗卤效果较好的氯化铁、磷酸+氯化铁与磷酸、氯化铁+正硅酸乙酯这三组改性剂进行对照，探究它们对无机秸秆板吸湿率的影响，验证这三种抗卤剂的协同作用，结果如图3-17（c）所示。可以看出，虽然磷酸+氯化铁复合改性的秸秆板吸湿率在前5天内略高于氯化铁单独改性的情况，但是其10天内的吸湿率显著低于单独改性的吸湿率，且三者复配改性镁系胶黏剂制造的秸秆板吸湿率最低。说明这三种改性剂能相互之间起到补充的作用，有效地降低制品的吸湿率。

5）微观结构

为了探究这三种改性剂对镁系胶黏剂抗吸潮返卤的机制，采用扫描电镜对8组改性胶黏剂的微观结构进行分析，结果如图3-18所示。未添加改性剂的制品晶须较细，且晶须

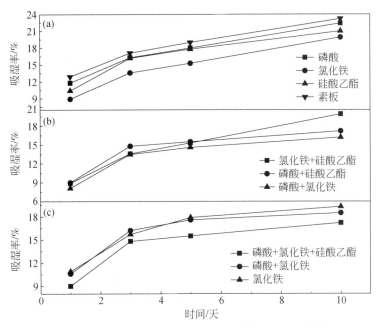

图 3-17　改性剂对复合材料吸湿率的影响 ［（a）单组分改性对吸湿率的影响；（b）双组分改性对吸湿率的影响；（c）复合改性效果对比图］

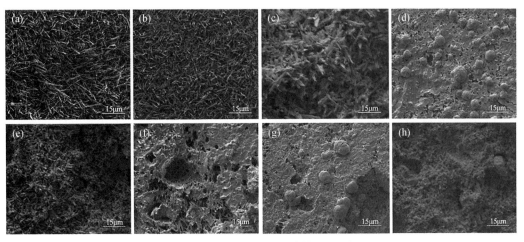

图 3-18　改性镁系无机胶的 SEM 图

（a）×5000 未加改性剂；（b）×5000 磷酸；（c）×1500 氯化铁；（d）×5000 硅酸乙酯；（e）×7000 磷酸+氯化铁；

（f）×5000 磷酸+硅酸乙酯；（g）×5000 氯化铁+硅酸乙酯；（h）×5000 磷酸+氯化铁+硅酸乙酯

的量小，因此晶须之间会产生较大的孔隙，这给水分的进入提供了通道；而加入磷酸改性剂后的材料其晶须粗且致密，晶须之间的空隙明显小于图 3-18（a），这加大了游离氯化镁从空气中吸收水分的难度；加入氯化铁改性剂的胶黏剂晶须之间填堵了很多白色的团状物质，这使得晶须之间的搭接更为紧密，空隙明显减少；加入硅酸乙酯改性的镁系胶黏剂，晶须表面覆盖了一层白色的膜状物质，阻隔了晶体与空气中水分的接触，但是这层薄膜并没有完全地包住晶体，薄膜上存在细微裂纹及孔洞，因此并不能非常有效地隔绝游离氯化镁与空气水分的接触。这是因为磷酸有缓凝作用，能防止镁系胶黏剂硬化初凝期放热集中，保护晶体的形成（邓德华，2002）；铁盐在无机胶中能生成 $Fe(OH)_3$ 胶凝，堵塞无机胶黏剂制品中存在的孔隙，减少吸湿率（季允松和武忠仁，1995）；硅酸乙酯能自身气硬交联，在参与无机胶黏剂硬化的反应过程中能包敷在晶体外壁形成良好的防水保护层，同时在晶体间的空隙通道中进行自交联，堵塞毛细通道，达到防止吸潮返卤泛霜的效果。三种改性剂协同改性自然效果更好，这就解释了为什么复合改性镁系胶黏剂胶接制品的吸湿率最低。

6）小结

①随着镁系胶黏剂在高湿度环境下养护的天数增加，制品的吸湿率也相应增加。

②磷酸、氯化铁和正硅酸乙酯三者改性剂复合使用能对胶黏剂的抗卤性能起到协同作用，磷酸能保护镁系胶黏剂晶体的形成，氯化铁能形成凝胶堵塞毛细通道，硅酸乙酯能形成防水保护膜隔绝空气。

③使用占氧化镁质量1%的磷酸、1%的氯化铁、1%的正硅酸乙酯复合改性镁系无机胶黏剂，其抗吸潮返卤的效果最佳。

3.3.3.2 耐水改性

1）制备方法

通过预试验，选定的水灰比（轻烧氧化镁：卤水）为5：7，其中卤水为六水氯化镁、七水硫酸镁和水按照一定比例（2.3：1.0：3.6，质量比）配成的 Mg^{2+}、Cl^-、SO_4^{2-} 离子溶液。先将卤水与氧化镁在烧杯中搅拌均匀（5~10min），然后将选用的改性剂加入其中，再高速搅拌20s后，用漏斗倒入模具中，并将模具置于恒温恒湿箱中，24h后脱模取出，再在室温下（温度25℃，相对湿度大于60%）养护3天后，即得镁系胶凝材料。

2）性能表征

吸水率测试：参照《玻璃纤维增强水泥性能试验方法》标准（GB/T 15231—2008）进行测定，将镁系胶凝材料所制得的试块在100~105℃的干燥箱内干燥至恒重后，取出试块置于干燥皿中冷却至室温并称量质量记为 M_0（单位 g），将试块置于（20±5）℃的水中浸泡24h，之后取出试块擦干并称重记为 M_g（单位 g），则试块的吸水率为 $W_R = (M_g - M_0)/M_0$。

软化系数测试：参照《玻璃纤维增强水泥性能试验方法》标准（GB/T 15231—2008）进行测定，将抗压试件干燥后浸泡在（20±5）℃的水中24h，然后取出试件并检测其压缩强度，记做 σ_1；则试件的软化系数为 $R_f = \sigma_1/\sigma_0$（其中，σ_0 为浸泡前的压缩强度）。

扫描电子显微镜（SEM）测试：采用 Quanta450 型扫描电子显微镜（SEM），在加速电压为20kV条件下，对喷金镀膜后的胶凝材料碎片进行观察。

X 射线衍射仪（XRD）测试：将镁系胶凝材料样品干燥后研磨至颗粒（粒度200目）。采用 XD-2 型 X 射线衍射仪对其物相成分进行分析，仪器由 X 射线发生器、探测器、测角仪等组成，选用测试管压40kV，测试管流35mA，Cu Kα 靶（$\lambda = 0.154mm$），以 8°/min

的扫描速度以及 5°～70°的扫描范围（2θ）扫描。

接触角测试：镁系胶凝材料的疏水性能采用 Dataphysics 公司（德国）CA20 接触角测试仪进行测试，以超纯水为测试溶液，将干燥后的秸秆碎料在压片机中压片（30MPa，3min）并进行测试（控制每次滴水量为 1μL）。

3）水性环氧树脂对镁系无机胶黏剂制品耐水性的影响

环氧树脂（WER）在未固化之前为线性结构的热塑性树脂，它与固化剂直接通过加成反应，变成体型结构，由原来的可溶可熔的热塑性树脂变成不溶不熔的热固性树脂。因此，WER 既可以在室温下固化，又可以在潮湿的环境中固化。它交联密度大，固化速率快，被广泛应用于防腐涂料、工业地坪漆、防水材料、混凝土封闭底漆等方面。将 WER 添加入镁系胶凝材料中时，可能发生如图 3-19 所示的反应，浆料中添加剂、固化剂与 WER 混合均匀后，随着后续地入模、脱模、养护等工序，WER 内各组分微粒在水分蒸发时逐渐交联固化，形成有机网络结构，将 5·1·8、3·1·8 等晶相吸附在网络内部，从而提高制品的整体性能；但 WER 添加量过大时，其内部组分可能过多地包覆在晶相表面，遏制晶相的生长，导致杂乱、破碎晶相的出现，影响制品性能。

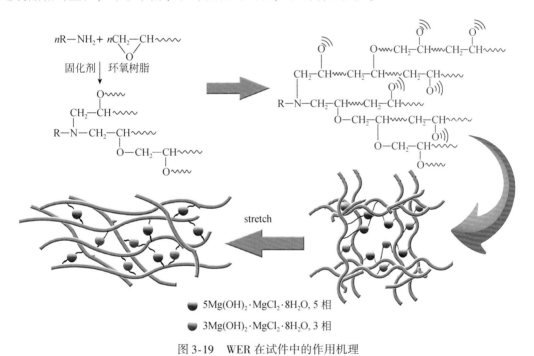

5Mg(OH)₂·MgCl₂·8H₂O, 5 相
3Mg(OH)₂·MgCl₂·8H₂O, 3 相

图 3-19　WER 在试件中的作用机理

水性环氧树脂包裹在晶相表面，影响制品的耐水性能。图 3-20（a）为试件七天后的吸水率和软化系数，可以看出试件的吸水率与力学强度类似，也是先减小，然后逐渐增大，在 WER 添加量为 4.8% 时取得吸水率最小值 14.53%；而试件的软化系数则相反，随着 WER 用量的增加首先增大，随后再减小，其中添加量为 4.8% 时取得最大值 0.58，但整体仍大于空白样，这说明 WER 能提升试件的耐水性能；同时表明 WER 掺量过多时，它可能破坏砂浆的均匀性、降低水泥的水化程度，导致浆体结构不均匀，从而压缩强度降

低，此时对强度的负面影响大于它的增强效果。如图 3-20（b）所示的接触角变化在一定程度上说明了 WER 对耐水性增强的效果。

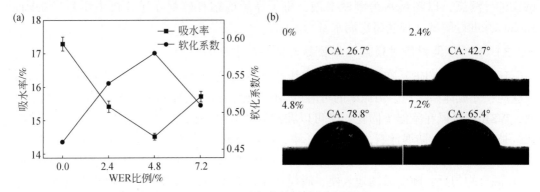

图 3-20　WER 对复合材料耐水性的影响

(a) 不同添加量试件的吸水率和软化系数；(b) WER 不同掺量对试件接触角的影响

4）脲醛树脂对镁系无机胶黏剂制品耐水性的影响

脲醛树脂可以从各个方面改善氯氧镁硬化体的性能，使得 5 相结晶周围产生高聚物或疏水的保护层，减少了氯离子与水的接触，从而提高了络合物结构的相对稳定性；同时填补水泥硬化体的内部孔隙，提高抗水性，改善制品体系的耐水性能（黄可知，2002）。

脲醛树脂（UF）的添加能使试件泡水后的强度相比空白样有所增加，这一点主要表现在其软化系数上［图 3-21（b）］，空白样的软化系数为 0.47，但在添加 UF 后，软化系数普遍增长到 0.6 左右，这说明 UF 对改善镁系胶凝材料的耐水性具有一定的作用，但 UF 的大量添加，并不能进一步提高改性效果。另外，从图 3-21（a）可知，1.0% 的 UF 添加可以减少试件的吸水率，由原来的 17.29% 降低为 15.41%；而继续添加 UF 时，试件吸水率会逐渐上升，甚至会超出空白样。这些可能是 UF 少量添加时，它对试件内晶相在泡水时提供了一定的保护作用；而 UF 添加量较多时，它对晶相的保护作用不及其自身较差性能给制品带来的负面影响。

由前文可知，UF 对镁系胶凝材料的耐水性具有一定的改善效果。对此将泡水前后试件进行 X 射线衍射分析，其结果如图 3-21 所示。由图可知，添加 UF 后，干燥试件（图 3-21（c）中 $2\theta=12°$ 和 $2\theta=38°$ 处的氯氧镁 5 相晶体衍射峰相对空白样有所降低，说明 UF 的添加会在一定程度上遏制晶相的生成；由泡水后试件 XRD［图 3-21（d）］可以发现，空白样中 $2\theta=12°$ 和 $2\theta=38°$ 处 5 相晶体衍射峰减少甚至消失，而 $2\theta=39°$ 处 3 相晶体衍射峰有所增加，在 $2\theta=19°$、$2\theta=59°$ 处 $Mg(OH)_2$ 晶体衍射峰显著增加，说明试件中 5 相晶相在水中逐渐转化为 3 相，最终转变为 $Mg(OH)_2$ 晶体，与这三种晶体稳定性差异相一致；而添加 UF 试件在泡水后，在 $2\theta=12°$ 和 $2\theta=38°$ 处还存在部分 5 相晶体衍射峰，说明 UF 对延缓晶相溶解、改善试件耐水性具有一定作用。

5）丙烯酸酯对镁系无机胶黏剂制品耐水性的影响

为改进秸秆与基体间的胶合界面，同时降低秸秆的吸水性，除了偶联剂的使用外，还可以通过乳液处理的方式，如加入丙烯酸酯改性。丙烯酸酯是水性环保高分子聚合物，它

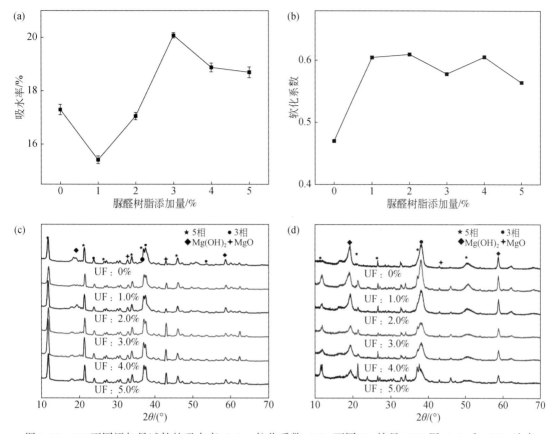

图 3-21　UF 不同添加量试件的吸水率（a）、软化系数（b）不同 UF 掺量 XRD 图（c）和（d）沧水

本身就与胶凝材料相容性好，用它对秸秆进行包覆改性再添加进镁系胶凝材料，对改善稻秸秆/镁系胶凝材料复合材性能具有积极意义。丙烯酸酯乳液聚合物能形成高分子网状结构，且具有憎水官能团，当乳液与氯氧镁水泥充分接触后，乳液分子渗透到氯氧镁水泥的孔隙中，堵塞游离氯化镁的渗出通道并在水泥表面形成隔离膜，阻止水分子的侵入，所以可提高耐水性（孙娇华和陆卫强，2008）。

　　如图 3-22（a）所示，秸秆在丙烯酸酯处理前具有较强的亲水吸湿性，在 25℃且湿度

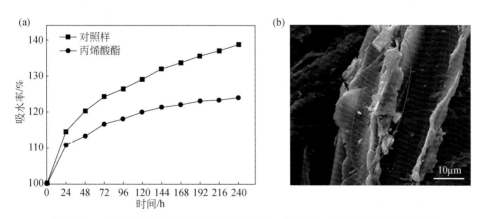

图 3-22　（a）丙烯酸酯对秸秆吸湿性影响；（b）丙烯酸酯处理后秸秆表面

充足的密闭环境中，改性 10 天后其吸水率达到 139%，而丙烯酸酯乳液处理后的秸秆在此方面改善较大，说明所选用的丙烯酸酯处理秸秆能在其表面覆膜 [图 3-22（b）]，可以延缓或阻止秸秆吸湿，进而提高制品的耐水性。

3.3.3.3　增韧改性

1）制备方法

通过预试验，选定的水灰比（轻烧氧化镁∶卤水）为 5∶7，其中卤水为六水氯化镁、七水硫酸镁和水按照一定比例（2.3∶1.0∶3.6，质量比）配成的 Mg^{2+}、Cl^-、SO_4^{2-} 离子溶液。镁系胶凝材料的制备流程为：先将卤水与氧化镁在烧杯中搅拌均匀（5～10min），然后将选用的改性剂加入其中，再高速搅拌 20s 后，用漏斗倒入模具中，并将模具置于恒温恒湿箱中，24h 后脱模取出，再在室温下（温度 25℃，相对湿度大于 60%）养护 3 天后，即得镁系胶凝材料。

2）性能表征

压缩强度测试：参考《无机硬质绝热制品试验方法》标准（GB/T 5486—2008）进行测定，将镁系胶凝材料制备成 20mm×20mm×20mm 的试块，在恒温鼓风干燥箱中干燥至恒重后，使用万能力学试验机以 5mm/min 的速度对试件进行加压破坏并记录载荷值 P（N）（当试件变形 5% 还未破坏时，以此时试件受力为破坏载荷），则试件的压缩强度为 $\sigma = P/S$（MPa），其中 S 为试件受压面积。

X 射线衍射仪（XRD）测试：镁系胶凝材料样品经干燥研磨过后（粒度 200 目），采用 XD-2 型 X 射线衍射仪对镁系胶凝材料的物相成分进行分析，仪器由 X 射线发生器、探测器、测角仪等组成，选用测试管压 40kV，测试管流 35mA，Cu K_α 靶（$\lambda = 0.154mm$），使用 8°/min 的扫描速度以及 5°～70° 的扫描范围（2θ）进行测试。

扫描电子显微镜（SEM）测试：采用 Quanta450 型扫描电子显微镜（SEM），加速电压 20kV，对喷金镀膜后的试件碎片进行观察。

浆料流动性选用 1006 型泥浆黏度计测试，其原理为注入 700cm³ 泥浆，打开通道后，流出 500cm³ 的泥浆所需的时间（单位为 s），其中清水测试时所需时间为 15s。

弯曲强度测试：参照《无机硬质绝热制品试验方法》（GB/T 5486—2008）标准，制备尺寸为 160mm×40mm×40mm 的试件，干燥至恒重后采用三点弯曲法在万能力学试验机中以 10mm/min 的速率匀速加载，两支点间距为 100mm，得到的弯曲强度为 $R = 3PL/2bh^2$（MPa），其中 P 为破坏载荷（N）；L 为间距（mm）；b 为厚度（mm）；h 为宽度（mm）。

3）水性环氧树脂增韧改性

一般而言，水泥浆料黏稠度越大，其固化后单位体积内物质越多，密度和强度都会较大，但这也容易导致物料混合不均匀，出现孔洞等缺陷，此时制品内部各处性能不一致，受力时应力易集中，进而发生破坏，整体上呈现较差的使用性能。为了减少这些缺陷的产生，相关行业广泛的采用振动器、振动台等设备，本研究通过预试验选用的镁系胶凝材料黏稠度较小，可以直接浇筑模具、养护成形，但考虑到后续植物纤维的添加会增大黏稠度，因此现阶段视黏稠度较小为好。环氧树脂（WER）的添加量与镁系胶凝材料浆料的黏度影响关系如图 3-23（a）所示。可以看出，随着 WER 掺量的增加，浆料的黏度是逐渐降低的，这说明 WER 作为水相添加剂起到了一定的稀释、"润滑" 作用。

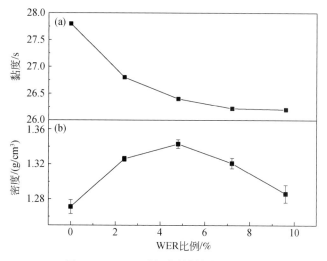

图 3-23　WER 对复合材料韧性的影响

（a）不同 WER 添加量对浆料黏度影响；（b）不同 WER 添加量对试件表观密度的影响

不同 WER 添加量制得试件表观密度如图 3-23（b）所示，未添加 WER 时，表观密度约为 1.28g/cm^3。当 WER 掺量为 4.8% 时，表观密度达到最大 1.34g/cm^3，随后试件的表观密度随着 WER 的增加而逐渐降低。

图 3-24 为不同 WER 掺量时，制得试件的 3 天、7 天的抗压强度。随着 WER 掺量的增加，试件的强度为先增大后减小，最终甚至低于空白样的强度。其中，在 WER 掺量为 4.8% 时，试件的 7 天强度达到最大值 45.9MPa，相较空白样 37.67MPa 提升了 21%。

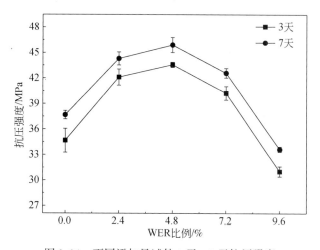

图 3-24　不同添加量试件 3 天、7 天抗压强度

为探究试件的密度和力学性能的变化，对不同 WER 添加量的试件进行了扫描电镜分析，其结果如图 3-25（a）所示。从图可知，未添加 WER 时，试件内部存在少量孔洞，

在高倍数下可以看见许多短棒状晶相相互交叠在一起；当 WER 添加量为 2.4% 时，试件内孔洞数量略有减少，同时试件晶相长度增加；当 WER 添加量增加到 4.8% 时，试件内部孔洞数量进一步减少，此时试件晶相间交织的更为紧密；而当 WER 添加量继续变大时，试件孔洞数量开始变多，同时，晶相结构相对不完整，呈现杂乱态；当 WER 的添加量持续增大时（如 14% 时），可以发现试件内部存在大量孔洞，同时出现图示中的胶粒。试件内部孔洞数量的变化，与其表观密度的变化规律相一致，说明 WER 的适量添加，能改善试件内部晶相形态，同时减少部分孔洞形成；而大量 WER 添加时，晶相的生长可能受到影响，晶相形貌变得短而破碎，同时多余的 WER 则会形成胶粒，形成大量孔洞缺陷，使试件密度降低，同时也影响制品的力学强度。

试件的强度除了受孔洞这种宏观结构缺陷的影响外，还受到其微观晶相组成的影响。在镁水泥中，$3Mg(OH)_2 \cdot MgCl_2 \cdot 8H_2O$（3 相）和 $5Mg(OH)_2 \cdot MgCl_2 \cdot 8H_2O$（5 相）是常温固化下的主要结晶相，而 5 相和 3 相之间可以相互进行转换，其中棒状的 5 相作为强度相，其数量越多，试件强度越高。图 3-25（b）为不同添加量时 X 射线衍射分析图，从图中可以看出，WER 添加量为 4.8% 时，$2\theta = 12°$ 和 $2\theta = 38°$ 处的 5 相晶体衍射峰强度相较空白样有所增强，而 WER 掺量继续增大时，$2\theta = 12°$、$22°$、$38°$ 处 5 相的衍射峰强度不断降低，这也印证了添加过量 WER 对材料强度的负面影响。

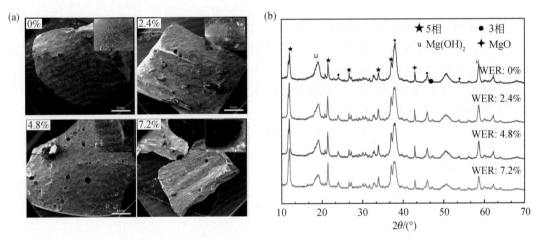

图 3-25   （a）试件不同 WER 掺量时的 SEM 图；（b）试件不同 WER 掺量时的 XRD 图

4）脲醛树脂增韧改性

脲醛树脂（UF）的添加量与镁系胶凝材料浆料的黏度影响关系如图 3-26（a）所示，随着 UF 掺量的增加，浆料的黏度不断下降，这是因为 UF 为水性树脂，其组分的分子量相较于 WER 更小，因此呈现相对的线性下降。而 UF 对试件表观密度的影响则如图 3-26（b）所示，由于 UF 的缩聚度较低，将其添加后对试件的表观密度影响不大。图 3-26（c）为不同 UF 掺量时，制得试件的 7 天压缩强度和泡水 24h 的压缩强度。显然，UF 的添加对于镁系胶凝材料的强度没有增强效果，甚至会在一定程度上损害原有强度。

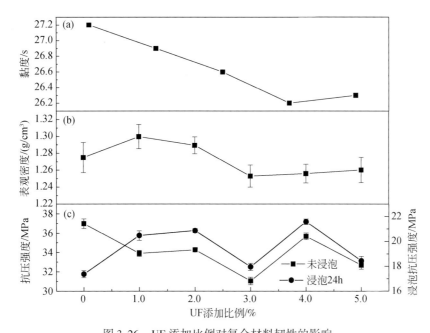

图 3-26　UF 添加比例对复合材料韧性的影响

（a）不同 UF 添加量对浆料黏度影响；（b）不同 UF 添加量对试件表观密度的影响；
（c）UF 不同添加量试件 7 天及泡水强度

5）纯丙乳液增韧改性

纯丙乳液（PAE）颗粒分散在水泥浆体中的固体颗粒之间，增加其黏结力，且纯丙乳液颗粒相互靠近形成的聚合物膜，减少水泥浆体中水分的丧失，有助于水泥基体进一步水化，提高其密实度，从而提高发泡水泥的抗压强度（柏玉婷等，2015）。

PAE 的添加量与镁系胶凝材料浆料的黏度影响关系如图 3-27（a）所示，从中可以发现，PAE 的添加对浆料的影响显著，它的少量添加（0.2%）就会导致浆料黏度的显著提升，之后继续添加时，浆料的黏度仍将缓慢提升；PAE 对试件表观密度的影响则如图 3-27（b）所示，可以发现 PAE 添加量在 0.2%～0.6% 时，试件密度随添加量的增加而逐步提高，但当添加量超过 0.6% 后，密度则会降低，这可能与浆料黏度有关，过大的黏度会使固化的试件内部残留孔洞，导致密度降低。PAE 对镁系胶凝材料的力学性能影响如图 3-27（c）所示，它对镁系胶凝材料的影响与第一节中的水性环氧树脂类似，PAE 少量添加时，可在一定程度上改善制品的力学性能，但加入过多时，制品强度下降较为明显，甚至低于空白试件强度。

图 3-28 分别是 PAE 添加量为 0%、0.2% 和 1.0% 时，所制得试件在泡水前后（试件养护 7 天）的 X 射线衍射分析图谱。由图可知，干燥试件 [图 3-28（a）] 中 $2\theta = 38°$ 处的 5 相晶体衍射峰随着 PAE 添加量的增加而降低；但在 $2\theta = 12°$ 处，5 相晶体衍射峰在少量添加时稍有提高，而添加量变大时，各处的衍射峰强度降低较为明显。在泡水后的衍射图中 [图 3-28（b）]，空白样在 $2\theta = 12°$ 处的 5 相晶体衍射峰基本消失，在 $2\theta = 39°$ 处的 3 相晶体衍射峰和 $2\theta = 19°$、$2\theta = 59°$ 处 $Mg(OH)_2$ 晶体衍射峰显著增加，说明试件中 5 相晶相在水中

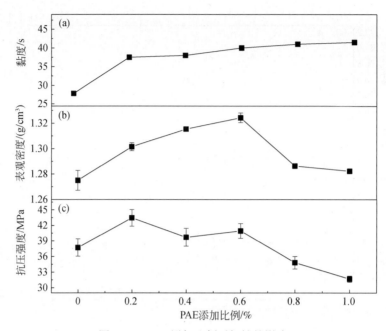

图 3-27 PAE 添加比例对韧性的影响

（a）不同 PAE 添加量对浆料黏度影响；（b）不同 PAE 添加量对试件表观密度的影响；

（c）PAE 不同添加量对试件 7 天强度的影响

逐渐转化为 3 相，最终转变为 $Mg(OH)_2$ 晶体，但添加纯丙乳液的试样在 $2\theta = 12°$ 处的还存在 5 相晶体的峰，而且随着添加量的增多，该处残留的峰越大，同时在 $2\theta = 19°$、$2\theta = 59°$ 处的 $Mg(OH)_2$ 晶体衍射峰增长的不多。对比添加量 1.0% 时，试件泡水前后的衍射峰图可以发现，虽然各处的峰值都有所下降，但对比空白样和少量添加时的变化，PAE 提高了试件内部各晶相在泡水时的稳定性。

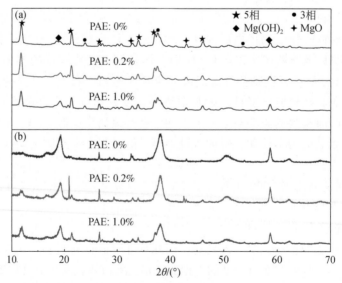

图 3-28 不同纯丙乳液掺量的 XRD 图

（a）干燥；（b）泡水

3.4　硅镁钙系胶黏剂

开发具有阻燃、抑烟和防火等功能的胶黏剂已经成为木材胶黏剂高性能发展的一个重要方向。国内外在此方面的研究，目前集中在向有机胶中加入磷、氮、硅、镁、硼等系列无机阻燃剂的技术方法。日本研究人员利用 UF 树脂、三聚氰胺及磷酸钠等制备阻燃型木材胶黏剂，该胶黏剂不仅胶合强度高，同时具有良好的阻燃性（古藤信彦等，2000）。在国内，有研究者利用溴碳苯丙乳液、三氧化二锑和氯化石蜡等制备了阻燃型木材胶黏剂，以及可用于复合门贴面的阻燃胶黏剂（主要原料有 UF 树脂、有机磷酸酯和纳米氢氧化镁等）。然而，由于多数无机阻燃剂与有机胶黏剂的相容性不佳，不仅起不到好的阻燃效果，往往还会降低有机胶黏剂的固化速度和粘接质量。因此，开发兼具胶合、阻燃、防火、抑烟等性能特点的多功能高性能胶黏剂已然成为人造板行业的一项重大需求。

硅酸盐胶黏剂本身具有较高的耐温性能，具有不燃的特点。但由于改性硅酸盐胶黏剂中往往存在一些有机物或聚合物组分，这些组分的存在使得制备的人造板材在高温或火焰情况下容易燃烧和发烟，这在一定程度上影响了硅酸盐胶黏剂的使用性能。因而在前面硅酸盐胶黏剂的研究基础上，作者团队尝试在硅酸盐胶黏剂中添加能阻止易燃组分燃烧和发烟的常见廉价无机材料，通过改性硅酸盐与无机材料之间形成的协同效应，制备人造板用硅镁钙系胶黏剂，获得了一些比较有效的探索性研究结果，这些研究可为多功能硅酸盐木材胶黏剂的研发提供一些思路和方法，为后续更多的功能型硅酸盐木材胶黏剂以及农林剩余物用无机胶黏剂研究提供一些启发。

3.4.1　硅镁钙系胶黏剂粘接机制

一般认为，硅酸盐胶的粘接主体是胶体 SiO_2，其在水溶液中易水解成硅酸，硅酸逐渐缩聚成硅氧分子聚集体，脱水后形成网状结构的硅氧无机大分子。硅酸盐胶黏剂的粘接过程包括两个反应：首先是硅酸盐溶液与酸性物质形成凝胶的反应，接着发生的是因固化剂、骨料等发生的溶解/沉淀过程而固化形成粘接的反应（Kouassi et al., 2011）。下面通过反应示意图进行说明，分子结构类型为 $Si_7O_{18}H_4M_4$（其中的 M 代表 Li^+、Na^+、K^+、NH_4^+）的硅酸盐在水溶液中先水解成硅酸，然后与其他酸发生共缩聚反应，通过释放出水和 M 盐后形成二氧化硅凝胶，反应式如图 3-29 所示。

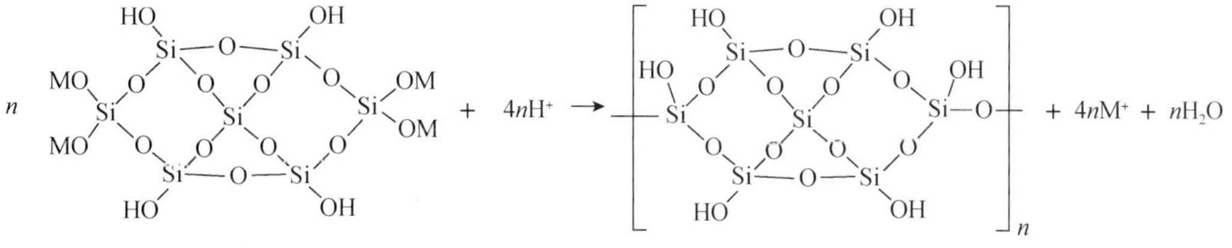

图 3-29　硅酸盐在酸性条件下的凝胶过程

　　硅酸盐溶液的 pH 一般在 11 左右，与少量酸性物质反应生成凝胶后的 pH 略有降低，但仍呈强碱性。加入的含硅骨料（如二氧化硅、硅粉、沙子等）易溶于碱性介质中，因而通过打破 Si—O—Si 键形成 Si—OH 和 Si—O—基，含硅骨料表面与碱性溶液中的羟基之间了发生了如图 3-30 所示的化学反应。

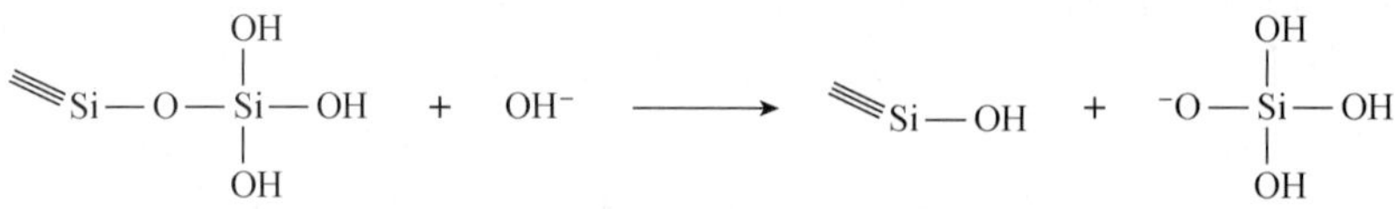

图 3-30　含硅骨料在碱性环境下的凝胶过程

　　溶解的骨料可与最初形成的凝胶结合生成更具反应性的新聚集体，反应过程如图 3-31 所示。当这些新聚集体的数量足够时，液相将达到饱和阶段，直到 SiO_2 沉淀在砂粒之间形成无定形或准晶形。因此，新聚集体可与功能化聚集体表面上的 Si—OH 基相互作用，建立胶黏剂混合体系脱水后形成固化粘接的桥梁，如图 3-32 所示。

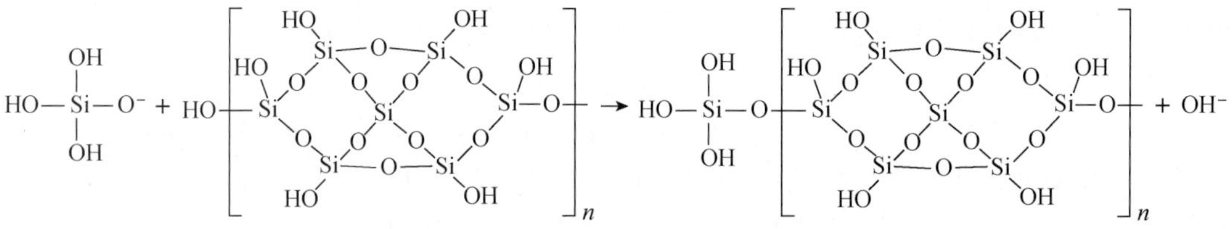

图 3-31　反应性的新聚集体的形成过程

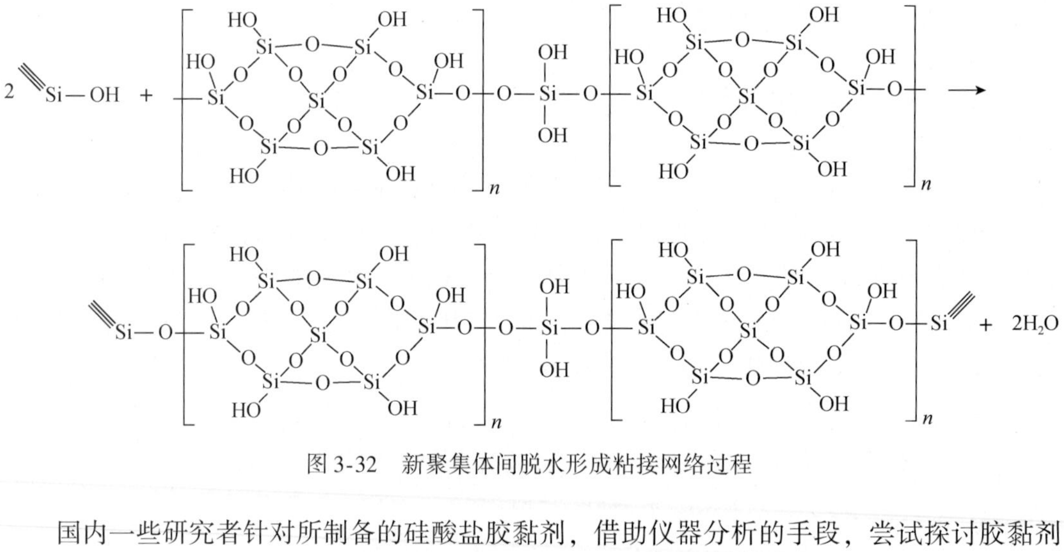

图 3-32　新聚集体间脱水形成粘接网络过程

　　国内一些研究者针对所制备的硅酸盐胶黏剂，借助仪器分析的手段，尝试探讨胶黏剂的固化粘接机理，如采用红外光谱及 X 射线衍射仪观测在不同的环境与不同固化时间的水玻璃胶黏剂的结构和官能团变化情况，观察到水玻璃胶液在干燥环境下会不断脱水，而且随着时间的延长，Si—O—Al 键含量会增加，形成稳定的网状交联结构（陈永等，2010）。根据 X 射线衍射、热分析、红外光谱和电镜的分析结果，探讨硅酸盐类无机黏合剂的固化机理，认为胶黏剂的固化是由于发生硅烷醇间的缩合反应，以及硅烷醇和高岭石晶体中的 Al—OH 之间的缩合，形成了稳固的 Si—O—Al 三维结构（陈秀琴等，1990）。

硅镁钙系胶黏剂的粘接机制应与上述介绍的硅酸盐胶黏剂相一致。这是因为硅镁钙系胶黏剂是以硅酸盐为胶料，镁化合物和钙化合物为固化剂或骨料制备的胶黏剂。镁化合物和钙化合物同样易溶于硅酸盐碱性介质中，溶液中的镁离子和钙离子可分别与二氧化硅凝胶上的 Si—O 基结合，生成含 Si—O—Mg 键和 Si—O—Ca 键的分子聚集体，聚集体分子间不断脱水，最终形成牢固稳定的硅、氧、镁、钙网状交联体系，从而显示出优异的粘接和阻燃等性能。

3.4.2　硅镁钙系胶黏剂高效制备技术

硅镁钙系胶黏剂的主体是硅酸盐，镁化合物和钙化合物是作为固化剂或填料存在，因而硅镁钙系胶黏剂是在前期硅酸盐胶黏剂制备技术基础上，额外添加含镁和含钙化合物而形成的一系列胶黏剂。作者团队在此方面做了一些探索性研究，这里仅以在羧甲基纤维素（CMC）改性硅酸盐胶黏剂中加入 MgO、CaO、$Mg(OH)_2$ 和 $Ca(OH)_2$ 为例，介绍一种硅镁钙胶黏剂的制备技术。MgO、CaO、$Mg(OH)_2$、$Ca(OH)_2$ 均为常见的廉价无机化合物，而且 MgO 和 CaO 均可作为硅酸盐胶黏剂的固化剂，$Mg(OH)_2$ 和 $Ca(OH)_2$ 也是常用的阻燃剂。

3.4.2.1　胶黏剂和胶合试件制备

CMC 改性硅酸盐胶黏剂的制备方法同 3.2.3.1 小节，CMC 的用量为水玻璃用量的 7.5%，固化剂为氟硅酸钠，其用量为水玻璃用量的 8%。将经过活化处理的 MgO、$Ca(OH)_2$、$Mg(OH)_2$ 和 CaO 分别加入制备好的 CMC 改性硅酸盐胶黏剂中，搅拌分散均匀后，即得到硅镁钙系胶黏剂。

所用桉木单板的幅面为 300mm×300mm，厚度为 2mm，含水量约为 13.0%。采用垂直纹理的组坯方式制备三层桉木胶合板，施胶量为 250~300g/m²。将制作的桉木胶合板分别置于油压机上，在 0.8MPa 的压力、70℃ 的条件下压制 30min 后卸板。然后将压制好的胶合板于室温下放置 7 天后，按照国家标准 GB/T 17657—1999 进行锯切、裁成标准试验试件。阻燃试验所需试件的标准尺寸是 100mm×100mm，每个样品准备 2 个测试试件。

3.4.2.2　性能测试

胶合强度和耐水性能的测试方法及所用仪器设备同 3.2.2.3 小节。采用英国 Fire 公司 ZY6243 型锥形量热仪测试试件的阻燃性能，采用美国 FEI 公司 Quantum450 型扫描电镜观察样品的微观形貌。

3.4.2.3　硅镁钙胶黏剂配方研究

1）单因素试验

在单因素试验中，分别考察了添加量均为 3%~12% 的 MgO、CaO、$Mg(OH)_2$、

Ca(OH)₂的四种化合物单独添加时对硅酸盐胶黏剂的胶合强度的影响，研究结果如图 3-33 所示。由图可知，随 MgO 用量增加，胶合强度逐渐增大。在 MgO 用量为 6%～12% 时，胶合强度值均高于 0.70MPa，说明比较合适的 MgO 用量为 6%～12%。对于 CaO，随着其用量增加，胶合强度先增大后减小。在 CaO 用量为 3%～6% 时，胶合强度均高于 0.70MPa，继续增大 CaO 用量，胶合强度又降低，这可能是由于多余的 CaO 未能参与胶黏剂的固化交联。当 Mg(OH)₂用量为 6% 时，胶合强度达到最大值，在其用量为 3%～9% 范围内，胶合强度变化幅度小，而且均在 0.70MPa 以上。对于 Ca(OH)₂，其用量为 6%～12% 时，胶合强度均高于 0.70MPa。综合以上试验结果，认为 MgO、CaO、Mg（OH）₂和 Ca（OH）₂的适宜用量范围分别为 6%～12%、3%～6%、3%～9% 和 6%～12%。

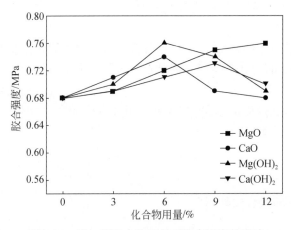

图 3-33　镁、钙化合物用量对胶合强度的影响

2）正交试验

单因素试验表明，在硅酸盐胶黏剂中添加适量的 MgO、CaO、Mg(OH)₂、Ca(OH)₂均不会降低胶合强度，在适宜范围内还会提高胶合强度。MgO 用量（A）、CaO 用量（B）、Mg(OH)₂用量（C）和 Ca(OH)₂用量（D）对胶合强度有不同程度的影响，为了获得 4 种化合物的最佳用量，在其较优水平区间内采用三水平四因素正交表进行正交试验设计，并以胶合强度和 24h 吸水率为指标，找到最优的胶黏剂配方组成，试验设计及对应的试验结果如表 3-5 所示。

表 3-5　正交试验设计与结果

试验号	因素				胶合强度/MPa	24h 吸水率/%
	A	B	C	D		
1	6（A1）	3（B1）	3（C1）	6（D1）	0.84	27.28
2	6（A1）	4.5（B2）	6（C2）	9（D2）	0.91	21.52
3	6（A1）	6（B3）	9（C3）	12（D3）	0.74	25.95
4	9（A2）	3（B1）	6（C2）	12D3）	0.82	26.97

续表

试验号	因素				胶合强度/MPa	24h 吸水率/%
	A	B	C	D		
5	9（A2）	4.5（B2）	9（C3）	6（D1）	0.93	21.05
6	9（A2）	6（B3）	3（C1）	9（D2）	0.79	25.76
7	12（A3）	3（B1）	9（C3）	9（D2）	0.83	26.84
8	12（A3）	4.5（B2）	3（C1）	12（D3）	0.75	22.66
9	12（A3）	6（B3）	6（C2）	6（D1）	0.79	24.71
胶合强度/MPa	均值1	0.830	0.830	0.793	0.853	
	均值2	0.847	0.863	0.840	0.843	
	均值3	0.790	0.773	0.833	0.770	
	极差	0.057	0.090	0.047	0.083	
24h 吸水率/%	均值1	24.917	27.030	25.233	24.347	
	均值2	24.593	21.743	24.400	24.707	
	均值3	24.737	25.473	24.613	25.193	
	极差	0.324	5.287	0.833	0.846	

由表 3-5 可知，4 种化合物用量对胶合强度影响由大到小的顺序依次为 $CaO>Ca(OH)_2$ $>MgO>Mg(OH)_2$，对 24h 吸水率影响由大到小的顺序依次为 $CaO>Ca(OH)_2>Mg(OH)_2>$ MgO。在 MgO 用量为 9% 时，胶合强度值最大，此时的 24h 吸水率最低，说明 MgO 的最适宜用量应为 9%。在 CaO 用量为 4.5% 时，胶合强度达到最高，而且此时的吸水率要明显低于 3% 用量时的吸水率，说明 CaO 用量对胶合强度和耐水性的影响是最显著的。当 $Mg(OH)_2$ 和 $Ca(OH)_2$ 用量均为 6% 时，能得到更好的胶合性能。综合以上分析，可得到 4 种化合物的最佳用量组合为 A1B2C2D1，即 MgO 用量为 9%，CaO 用量为 4.5%，Mg $(OH)_2$ 和 $Ca(OH)_2$ 用量均为 6%。

按照正交试验优选的最佳化合物用量，制备了一种硅镁钙系胶黏剂，并制作了胶合试件测得胶合试件的胶合强度为 0.92MPa，24h 吸水率为 22.37%。相比未添加镁、钙化合物前的硅酸盐胶黏剂（胶合强度为 0.68MPa，24h 吸水率为 28.63%），其胶合强度提高了 35.3%，耐水性提高了 21.9%。

3.4.3　硅镁钙系胶黏剂阻燃抑烟性能分析

无机胶黏剂具有较好的耐热性能，但是改性物中一些有机物和无机胶黏剂粘接的木质材料均为易燃物。因此，有必要探讨硅镁钙系胶黏剂的阻燃抑烟性能。利用锥形量热仪可获得材料在火灾中的燃烧参数包括释热速率（HRR）、总释放热（THR）、有效燃烧热（EHC）、累计生烟总量（TSR）以及一些毒性参数和质量变化参数等，通过分析这些测试数据，能估计材料在真实火灾中的燃烧情况。

为了便于说明，对 CMC 改性硅酸盐胶黏剂和上述制备的硅镁钙胶黏剂胶合的两种桉木试件做了对比研究。图 3-34（a）是两种桉木胶合试件的 HRR 曲线，在 100~200s 内两种试件的释热速率差别不明显，但在 200~300s 内硅镁钙胶黏剂胶合试件明显降低了释热速率，随后又略高于 CMC 改性硅酸盐胶合试件。图 3-34（b）是两种试件的总释放热曲线，THR 越高，材料释放的热量越大。可以看到，两条曲线的形状比较接近，但在不同时间段它们有不同的变化。总体看来，二者的差距并不十分明显。

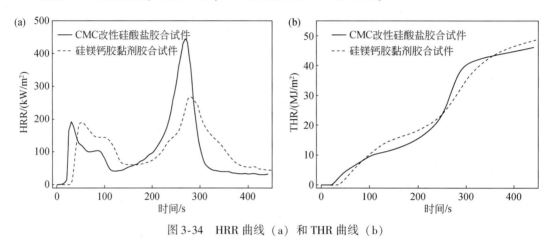

图 3-34　HRR 曲线（a）和 THR 曲线（b）

图 3-35 是两种试件的 EHC 曲线和 TSR 曲线。从图 3-35（a）可以发现，每条曲线在 300s 前的波动都比较小，在 300s 后的波动幅度都比较剧烈，CMC 改性硅酸盐胶合试件的 EHC 数据较为突出，而硅镁钙胶黏剂胶合试件的曲线相对平稳，数据低于前者。有效燃烧热 EHC 数据越小，反映出材料的阻燃性越好。从图 3-35（b）可以看出，硅镁钙胶黏剂胶合试件的 TSR 明显低于 CMC 改性硅酸盐胶合试件，TSR 值越低说明样品单位面积燃烧时的累计生烟量越少，这也说明硅镁钙胶黏剂能降低试件的生烟量，起到抑烟的功能。

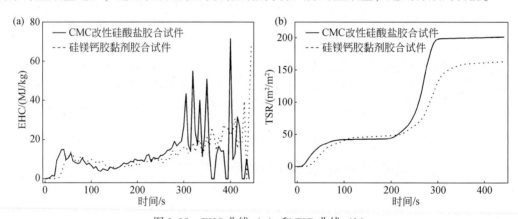

图 3-35　EHC 曲线（a）和 TSR 曲线（b）

3.5　无机–有机杂化胶黏剂

随着科技的不断发展和进步，单一组分的材料已经越来越不能满足日益多元化的应用需求。复合化是现代材料发展的趋势，通过多种材料复合以实现目标材料的结构优化和性能提升，可得到能满足更多加工和应用需求的优异材料。杂化材料是复合材料大家族中最耀眼的新星，这是因为无机–有机杂化材料的相间界面面积很大，界面相互作用力强，使无机–有机复合时常见的清晰界面变得模糊，界面微区尺寸通常在纳米级，有时甚至达到分子复合的程度（刘保平，2006），使得这类材料兼具无机和有机组分的优良特性，具有许多新的或改进的性能，而且与传统的复合材料有本质的不同。

杂化材料是 20 世纪 80 年代开始兴起的一种新型材料，该材料尚无统一严密的概念，一般认为它是无机和有机成分互相结合，特别是在微观尺寸上结合得到的一类材料。这类材料具有较高的稳定性，在催化、吸附、分离、主–客体化学、光化学、磁学、分子电子光学材料、生物化学和生物制药等领域有广阔的应用前景（Walia et al.，2020）。目前已成为高分子化学和物理、物理化学、材料学等多门学科交叉的前沿领域，受到国内外从事材料科学研究者的广泛重视。

杂化材料可按照其混合程度、制备方法、聚合反应时间、基体材料的种类及两相间的界面特性等进行分类，最为常见的分类方法有以下两种（Gómez-Romero，2001）：①根据无机和有机相的相对含量，杂化材料可大致分为两类：一类是无机–有机杂化材料，其中无机相为连续相，有机相为分散相；另一类是有机–无机杂化材料，其中有机相为连续相，无机相为分散相。②根据无机和有机组分之间的作用力类型，杂化材料可分为三类：一类是无化学作用力杂化材料，如图 3-36（a）所示；一类是弱化学作用力（如范德瓦耳斯力、氢键和亲疏水平衡力）杂化材料，如图 3-36（b）所示；另一类是强化学作用力（如共价键、离子键和配位键）杂化材料，如图 3-36（c）和（d）所示。

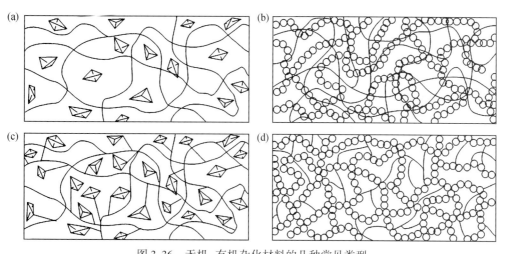

图 3-36　无机–有机杂化材料的几种常见类型

（a）无机组分以物理方式混合于有机组分中；（b）互穿聚合物网络结构；（c）无机组分以
化学键合方式嵌入有机组分中；（d）双重无机–有机杂化聚合物

杂化材料的制备方法有很多，并且在不断得到改进和完善，目前主要的制备方法有共混法、插层复合法、电化学合成法、自组装法、溶胶–凝胶法、前驱体法和分子沉淀法等（宋秋生，2009）。杂化材料的常用表征方法主要有以下几种：①振动光谱法，主要包括红外光谱、拉曼光谱和非弹性中子散射；②电子光谱法，主要包括紫外可见光谱、荧光（或磷光）光谱和电子能谱；③电子显微镜法，包括扫描电镜和透射电镜；④原子力显微镜法；⑤核磁共振法，如固体^{13}C谱和^{29}Si谱常用来研究杂化材料的结构和反应动力学方面的信息；⑥广角X射线衍射法和小角X射线衍射法；⑦热分析法；⑧表面分析能谱法，如X射线光电子能谱、同步辐射光电子能谱和紫外光电子能谱等。

杂化材料具有优越的热学性能、力学性能、电学性能、光学性能等，因而受到高度关注，成为材料研究的前沿热点。但是目前研究和开发杂化材料尚处在初始阶段，有很多重要问题，如有机物和无机物的杂化机理、有机物和无机物的界面稳定性、键合类型、杂化材料的构效关系等有待于深入研究（Kickelbick，2007）。

目前无机-有机杂化材料主要应用于光学、磁性和电子材料等领域，在人造板用胶黏剂领域的研究和应用尚不多见。本节基于上述开展的硅酸盐无机胶黏剂和氯氧镁无机胶黏剂分别开展了相应的无机-有机杂化胶黏剂的研究。

3.5.1　线型聚合物-硅酸盐互穿杂化胶黏剂

互穿聚合物网络（interpenetrating polymer network，IPN）是20世纪70年代聚合物共混领域发展起来的一种新型高分子材料。Millar首先提出了IPN的概念，指出IPN是由两种或两种以上的交联聚合物通过相互贯穿构成的共混物（Millar，1960）。IPN的特点是一种材料无规则地贯穿到另一种材料中，通过交联反应起到强迫不同材料间的互容作用，使得聚合物链之间相互贯穿和缠结，构成聚合物链的交织网络，实现阻止相分离的目的，从而提高共混组分间的相容性，形成具有精细结构的共混物体系（Sperling and Sørensen，1981）。IPN这种复相材料具有单一组分所不具备的特殊结构，参与互穿的聚合物网络间并未发生化学反应，也未失去彼此固有的特性，只是相互交叉渗透、机械缠结，起到增强协同作用，具有比一般共混物更优异的性能，是一类非常独特的聚合物合金（Sperling and Mishra，1995）。

IPN网络间的相容性主要来自于组分内部的作用力，如果相异基团有相近的范德瓦耳斯力半径，则这些网络间便可形成互穿结构。所以，IPN这种强迫互容的特殊作用可使得性能差别明显（或功能性不同）的聚合物间结合成稳定的组合体，组合体中的聚合物组分在性能或功能上又有特殊的互补和协同作用。巧妙地利用这些特征，可以使最终的IPN制品具有所需要的性能。

IPN的研究历史相对较短，但如今已经有了较大的发展。目前IPN技术已经成为聚合物材料共混改性的一种新型和有效的方法，作为聚合物共混与复合的一个重要分支，备受人们关注。人们可以根据需要，通过选择原料、组分配比和加工工艺等，制得具有预期性能的材料。IPN技术越来越多地被应用到塑料及橡胶改性、制备阻尼材料、医疗器械、电气电子工业、水处理等方面，已经有很多IPN产品被投放市场，而且相关应用研究和新产品的开发也在不断发展中。

按照不同的分类标准，IPN有不同的分类方法，常用的是按照IPN的制备方法和结构形态等标准进行分类，表3-6列举了IPN的分类方法（华耀和，1994）。在这些分类方法中，以制备方法分类最为实用。

表 3-6　IPN 的分类

分类依据	类型
制备方法	同步 IPN、分步 IPN、胶乳 IPN、热塑性 IPN、互穿弹性体 IPN 等
网络形态	全 IPN、半 IPN、拟 IPN
网络组分数	二元组分 IPN、三元组分 IPN
网络间关系	物理缠结 IPN、化学交联 IPN、接枝型（杂混型 IPN）
网络链组成	环氧树脂型、聚酯型、聚醚型、聚氨酯型等
实际应用	阻尼材料、复合材料、功能材料、弹性体涂料、黏合剂

IPN 的表征手段和研究方法与聚合物共混物基本相同，大致可归纳为两类：第一类是力学法，如动态力学谱（测定玻璃化转变温度、阻尼性能）、热机械分析（测定相分离行为、力学性能）、差示扫描量热仪（测定玻璃化转变温度）等；第二类是光学法，主要是扫描电镜和透射电镜（观察形态结构）、X 射线光电子能谱（IPN 表面分析）、亚稳态相图（观察 IPN 体系的相分离）等。测定 IPN 产物的玻璃化转变温度可判断组分聚合物的相容性，是相对简单有效的表征方法。对于双组分体系，若测得一个玻璃化转变温度，且该值介于两个单组分聚合物的玻璃化转变温度之间，则认为两组分是相容的；若测得两个玻璃化转变温度，且这两个玻璃化转变温度峰的位置与每一种聚合物的玻璃化转变温度峰是基本相同的，则认为两组分之间是不相容的；若两个玻璃化转变温度峰分别与每一种聚合物自身的玻璃化转变温度峰更为接近，则认为两组分是部分相容的。测定玻璃化转变温度可以说明组分聚合物达到分子级混容的程度，但是难以确定相畴大小和形态结构等。光学法可直接观测到 IPN 的形态结构，但是不能确定组分的混容程度，所以通常结合两类表征方法对 IPN 材料进行结构和性能的研究。

功能高分子材料是 IPN 应用的一个重要方面，主要包括功能膜材料、敏感性水凝胶、非线性光学极性材料、导电材料、液晶材料、医用人造器官材料、药物缓释材料、两亲型材料、生物降解材料、离子交换树脂、高吸水性树脂等。除此之外，IPN 材料在热塑性弹性体、涂料、黏合剂、灌封与绝缘材料、高性能复合材料等方面均有应用。

IPN 独特的结构和性能优势，使其在胶黏剂领域也得到重视和应用。目前，已经有较多类型的 IPN 结构胶黏剂，如聚氨酯/环氧树脂、聚氨酯/聚丙烯酸甲酯、聚氨酯/聚丙烯酸酯、聚氨酯/不饱和聚酯，聚丙烯酸酯/环氧树脂、不饱和聚酯/环氧树脂等。IPN 胶黏剂可用于金属、玻璃、水泥、聚合物等材料的粘接，同时可作为密封剂和防水材料等使用。

目前有关 IPN 的研究多集中于有机-有机型 IPN 体系，构建无机-有机杂化型 IPN 属于新的 IPN 体系，一般是利用有机硅醇、有机硅氧烷的溶胶-凝胶过程来实现。例如利用有机硅醇与外界的交联剂、催化剂的结合和硅醇的自缔合得到聚对乙烯基苯基二甲基硅醇/聚 N-乙烯基吡咯烷酮的 IPN（Lu et al.，1995），用与此类似的方法可得到无机-有机类的热敏型 IPN，聚合物链上的马来酰亚胺与另一聚合物链上的呋喃可发生可逆的狄尔斯-阿尔德反应（Imai et al.，2000）。利用同步发生的环型碱基单体的开环置换反应、水解作用和四烷基硅烷的缩聚反应，可制成光学透明的无机–有机 IPN 复合体（Novak et al.，1990）。硅酸盐也可与聚合物形成 IPN（Bauer and Catheryl，1995），通过控制聚合速率和两组分配比，用硅酸盐和丙烯-β-羟乙基共聚物可制得不同形态结构的 IPN，利用透射电镜、小角散射和 X 射线光散射，可观察到从树枝状到 10nm 左右精细结构的相分离，两相界面的范围很宽。通过对以分子筛 13X 和甲基丙烯酸丁酯为主要原料制备的无机–有机杂化 IPN 的研究表明，分子筛的存在提高了聚甲基丙烯酸丁酯的玻璃化转变温度和耐热性能，而且增大了复合体系的力学强度，形态结构观察表明，相区中明显出现了杂化 IPN 相互贯穿的形态，呈两相连续结构（王静媛，1998）。

无机–有机杂化 IPN 的研究已经有相对较长的一段时间，但是基本处于探索性阶段，不仅零散不成系统，而且缺乏后续研究，人们尚未对这类杂化 IPN 产物进行应用性的研究，尤其不涉及在人造板用胶黏剂方面的应用研究。为此本节在前期硅酸盐胶黏剂高效制备技术的基础上，继续对高性能硅酸盐基胶黏剂进行设计开发，以水玻璃和聚乙烯醇（polyvinyl alcohol，PVA）杂化体系为代表，介绍作者团队在无机–有机互穿杂化胶黏剂方面的研究情况，为农林剩余物人造板用绿色胶黏剂的开发和制造技术提供支撑和指导。

3.5.1.1 PVA–硅酸盐互穿杂化胶黏剂制备技术

PVA 是一种常见的多羟基线型聚合物，其合成工艺简便、环保无毒，被广泛用于制备胶黏剂、建筑涂料等，由其制备的胶黏剂对木材和纤维等极性材料都显示出较强的粘接作用。本研究尝试在硅酸盐体系中引入柔性高分子，认弥补硅酸盐胶黏剂在韧性方面的不足，降低硅酸盐胶黏剂的脆性。然而，如果直接将 PVA 与水玻璃混合，极易由于分子极性的差异导致体系凝胶，因而本研究以 PVA、钠水玻璃为主要原料，通过界面乳化、强弱酸分步交联的方法制备 PVA 改性硅酸盐胶黏剂，有效克服体系容易凝胶的缺陷，制备一种性能较优的 PVA-硅酸盐半 IPN 胶黏剂。这里补充说明，如果构成 IPN 的两种聚合物组分都是交联的，则称为全 IPN；如果构成 IPN 的两种聚合物组分中仅有一种是交联的，另一种是线性的，则称为半 IPN。

1）制备方法

该部分是基于单因素试验，利用响应面分析软件（Design-Expert）中的 Plackett-Burman 实验设计模块和 Box-Behnken 响应面分析法优选半 IPN 结构 PVA-硅酸盐杂化胶黏剂的制备工艺。

①杂化胶黏剂的制备：向反应烧瓶中加入一定量钠水玻璃和去离子水（它们的用量各占其总量的 2/3），以及一定的乳化剂（OP-10），在恒定转速下搅拌成均匀乳液；向反应瓶中加入质量分数为 10% 的 PVA 溶液，搅拌并升温至合适温度后，加入柠檬酸，持续搅拌使其分散。接着将余量钠水玻璃和去离子水由滴液漏斗滴加到上述反应瓶中，滴加完成后，再加入硼酸继续反应，最后再保温熟化，即制得杂化胶黏剂。

②制板工艺：以手工刷涂的方式双面施胶，施胶量为 220~250g/m²，以垂直纹理的组胚方式制成三层桉木胶合板。桉木单板厚度为 2mm，含水率约 12%，尺寸为 300mm×300mm。压力设为 0.80MPa，在温度为 70℃下保持 30min，卸板后于室温下静置 7 天后，

再根据测试标准的要求锯切成相应的测试试件。

2) 性能表征

桉木胶合试件的胶合强度和耐水性能等测试方法同 3.2.2.3 小节。

3) Plackett-Burman 法筛选重要因素

在单因素试验基础上，取 $N=12$ 的 Plackett-Burman 试验设计，对如表 3-7 所示的 A ~ I 九个影响因素进行综合考察。每个因素分别取两个水平，高水平值是低水平值的 1.125 ~ 4 倍，响应值为胶合强度。进而取（Prob>F）<0.05 的影响因素作为重要因素做进一步的优化。如表 3-7 所示，PVA/水玻璃的质量比、OP-10 用量、柠檬酸用量和熟化时间是显著因素。其余因素为非显著因素，可取单因素试验结果的最佳值，即选取相对分子量是 2 万 ~ 5 万、醇解度是 88%~99% 的 PVA，模数为 2.8 的钠水玻璃，硼酸用量是 0.6%，反应温度是 80℃。

表 3-7　Plackett-Burman 试验因素与结果分析

序号	因素	低水平	高水平	F 值	Prob>F
A	PVA 的相对分子量/($\times 10^4$)	2	5	3.77	0.1917
B	PVA 的醇解度/%	88	99	17.31	0.0532
C	水玻璃的模数	2.6	3.2	17.31	0.0532
D	PVA/水玻璃的质量比	0.5	1.5	20.19	0.0461
E	OP-10 用量/%	0.2	0.8	37.91	0.0254
F	柠檬酸用量/%	1	3	20.19	0.0461
G	硼酸用量/%	0.3	1	2.96	0.2277
H	反应温度/℃	50	100	2.94	0.2729
I	熟化时间/h	6	24	31.39	0.0304

4) 响应面法确定重要因素的最佳水平

(1) Box-Bohnken 设计

试验设计方案采用 Box-Bohnken 中心组合设计原理，对 Plackett-Burman 试验确定的 4 个显著因素进行响应面分析试验。试验的参数水平和编码如表 3-8 所示。Box-Bohnken 设计为 4 因素 3 水平试验，合计 29 个试验点，试验方案和结果见表 3-9。

(2) 模型的建立与显著性检验

多元回归拟合表 3-10 中的数据，可得到胶合强度对 4 个变量之间的二次多项回归方程：

$$Y=1.00+0.057X_1-0.069X_2+0.033X_3+0.0075X_4-0.11X_1X_2-0.18X_1X_3$$
$$+0.10X_1X_4+0.0075X_2X_3-0.16X_2X_4-0.11X_3X_4-0.25X_1^2-0.21X_2^2-0.060X_3^2-0.084X_4^2$$

该模型的决定系数 $R^2=0.9539$，即 95% 以上的情形可用该模型加以描述，说明该回归方程具有比较好的拟合度。

表 3-8 **Box-Bohnken 试验因素水平和编码**

变量名称	代码	编码水平		
		−1	0	1
PVA/水玻璃的质量比	X_1	0.5	1	1.5
OP-10 用量/%	X_2	0.2	0.5	0.8
柠檬酸用量/%	X_3	1	2	3
熟化时间/h	X_4	6	15	24

表 3-9 **响应面试验方案和结果**

标准序号	1	2	3	4	5	6	7	8	9	10	11	12	13	14	15
PVA/水玻璃的质量比	−1	1	−1	1	0	0	0	0	−1	1	−1	1	0	0	0
OP-10 用量/%	−1	−1	1	1	0	1	0	0	0	0	0	0	−1	1	−1
柠檬酸用量/%	0	0	0	0	−1	1	−1	1	0	0	0	0	−1	−1	1
熟化时间/h	0	0	0	0	−1	−1	1	1	−1	−1	1	1	0	0	0
胶合强度/MPa	0.45	0.75	0.56	0.44	0.72	0.98	0.96	0.80	0.71	0.64	0.45	0.79	0.82	0.53	0.88

标准序号	16	17	18	19	20	21	22	23	24	25	26	27	28	29
PVA/水玻璃的质量比	0	−1	1	−1	1	0	0	0	0	0	0	0	0	0
OP-10 用量/%	1	0	0	0	0	−1	1	−1	1	0	0	0	0	0
柠檬酸用量/%	1	−1	−1	1	1	0	0	0	0	0	0	0	0	0
熟化时间/h	0	0	0	0	0	−1	−1	1	1	0	0	0	0	0
胶合强度/MPa	0.62	0.44	0.91	0.87	0.63	0.55	0.84	0.95	0.58	0.98	1.03	0.97	1.05	0.99

对回归方程进行方差分析与显著性检验，结果分别如表 3-10 和表 3-11 所示，$P<0.05$ 说明影响显著（＊），$P<0.01$ 说明影响极显著（＊＊）。从表 3-10 可知，该模型是极显著的（$P<0.0001$）。而失拟项 $P=0.0993>0.05$，影响不显著，表示所建立的回归模型是合适的。从表 3-11 可得，X_1、X_2、X_1X_2、X_1X_3、X_1X_4、X_2X_4、X_3X_4、$X_1{}^2$、$X_2{}^2$ 和 $X_4{}^2$ 的影响都是极显著，$X_3{}^2$ 的影响显著，而 X_3、X_4 和 X_2X_3 的影响都是不显著。综合考虑各因素的线性、二次及交互作用 3 个方面的影响，在该试验选取的范围内，PVA-硅酸盐互穿杂化胶黏剂胶合强度的影响因素显著性的顺序依次为：PVA/水玻璃的质量比>OP-10 用量>熟化时间>柠檬酸用量。

表 3-10 **回归模型的方差分析**

变异来源	平方和	自由度	均方	F 值	P 值
模型	1.06	14	0.076000	20.67	<0.0001
残差	0.051	14	0.003656		
失拟项	0.046	10	0.004646	3.94	0.0993
纯误差	0.00472	4	0.001180		
总误差	1.11	28			

表 3-11　回归系数的显著性检验

变异来源	平方和	自由度	均方	F 值	P 值	显著性
X_1	0.039000	1	0.039000	10.54	0.0059	**
X_2	0.057000	1	0.057000	15.70	0.0014	**
X_3	0.013000	1	0.013000	3.65	0.0769	
X_4	0.000675	1	0.000675	0.18	0.6739	
$X_1 X_2$	0.044000	1	0.044000	12.06	0.0037	**
$X_1 X_3$	0.130000	1	0.130000	34.47	<0.0001	**
$X_1 X_4$	0.042000	1	0.042000	11.50	0.0044	**
$X_2 X_3$	0.000225	1	0.000225	0.062	0.8077	
$X_2 X_4$	0.110000	1	0.110000	29.79	<0.0001	**
$X_3 X_4$	0.044000	1	0.044000	12.06	0.0037	**
$X_1{}^2$	0.410000	1	0.410000	110.83	<0.0001	**
$X_2{}^2$	0.280000	1	0.280000	77.26	<0.0001	**
$X_3{}^2$	0.023000	1	0.023000	6.37	0.0243	*
$X_4{}^2$	0.045000	1	0.045000	12.42	0.0034	**

（3）因素水平的优化与检验

根据 Design-Expert 的分析计算可获得胶黏剂的最佳配方为：PVA/水玻璃的质量比、OP-10 用量、柠檬酸用量和熟化时间依次为 1.42、0.26%、1.00% 和 24.00h。在该配方工艺下，胶合强度的最大预测值为 1.1764MPa。上述配方进行 3 次验证性试验，得到胶合试件的胶合强度值为 1.14MPa，与预测值 1.1764MPa 较为接近，表明所建立的模型准确。

3.5.1.2　PVA-硅酸盐互穿杂化胶黏剂结构和性能分析

对上述制备的半 IPN 结构 PVA-硅酸盐杂化胶黏剂做物理性能检测，结果如表3-12 所示。由表可知，与本章前文所制备的几种硅酸盐胶黏剂相比，本节得到的半 IPN 结构胶黏剂在固体含量、黏度和 pH 方面与之差别不大，但是试件的胶合强度和耐水性能均得到大幅提升，这表明对硅酸盐胶黏剂进行适当的互穿聚合物网络杂化改性可以提高其粘接性能。

表 3-12　几种硅酸盐胶黏剂的性能对比

硅酸盐胶黏剂类型	固体含量/%	黏度/(mPa·s)	pH	胶合强度/MPa	24h 吸水率/%
基础	61.70	4750	10.80	0.70	31.00
CMC 改性	58.92	4835	10.11	0.76	28.72
硬脂酸铵改性	60.13	4778	9.84	0.71	22.81
纳米化	62.45	4922	10.49	0.80	23.70
半 IPN 结构	51.57	4536	9.81	1.14	19.03

为了解 PVA-硅酸盐互穿杂化胶黏剂的结构信息，对水玻璃、PVA、PVA-硅酸盐杂化胶黏剂（简写为 PVA-水玻璃）做了红外光谱分析，结果如图 3-37（a）所示。其中，$3452cm^{-1}$ 附近为 Si—OH 的伸缩振动峰，$2926cm^{-1}$ 附近为—CH_2—的伸缩振动峰，$1590cm^{-1}$ 附近为 Si—O—Si 键的伸缩振动峰，$1409cm^{-1}$ 附近为 CO_3^{2-} 的特征峰，$1072cm^{-1}$ 附近为 C=O—O 的伸缩振动峰，$844cm^{-1}$ 附近为 Si—OH 的弯曲振动峰。与 PVA 的谱图相比，PVA-水玻璃谱图中并未出现新的吸收峰，说明 PVA 与水玻璃之间可能不存在化学键结合，而只是 PVA 大分子链与水玻璃中的无机分子链相互贯穿缠结，形成了均匀的有机-无机杂化共混相。

图 3-37（b）是水玻璃和 PVA-硅酸盐杂化胶黏剂的热重分析曲线，由图可知，PVA-硅酸盐杂化胶黏剂前后的 TG 曲线存在明显区别。在 200℃以后，水玻璃的分解曲线非常平缓，800℃时的质量保留率为 80.9%；而 PVA-硅酸盐杂化胶黏剂在 200～400℃快速分解，这主要是由 PVA 链段的热解引起的质量降低，高于 400℃时，胶黏剂又开始平稳热解，直至到 800℃时，质量保留率只有 71.0%，相比改性前，质量保留率下降了 12.2%，即热稳定性稍微下降。尽管 PVA-硅酸盐杂化胶黏剂的热稳定性相对于改性前有所降低，但这样高的热稳定性已经完全能满足人造板胶黏剂的要求。

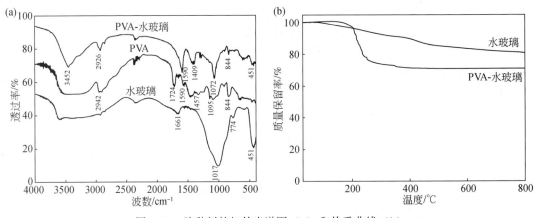

图 3-37　胶黏剂的红外光谱图（a）和热重曲线（b）

图 3-38 是胶黏剂的扫描电镜图，其中，（a）代表未改性胶黏剂，（b）代表 PVA-硅酸盐杂化胶黏剂。可以看到，在同样放大倍数的条件下，未改性胶黏剂固化膜的表面有很多

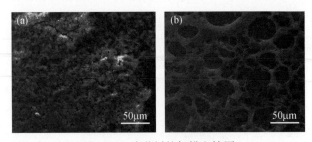

图 3-38　胶黏剂的扫描电镜图

裂纹，表明固化膜质脆而无弹性，可能不存在大的网状交联结构。而 PVA-硅酸盐杂化胶黏剂固化膜的微观形貌就比较特别，它的固化膜表面形成了很多大大小小的网状孔洞，说明胶黏剂体系的分子间可能存在一定的交织结构。这两种胶黏剂在固化膜微观形貌上的差别也说明 PVA 线型聚合物的交联影响和改变了硅酸盐胶黏剂的聚集态结构，起到改善胶合性能的作用。

3.5.1.3　PVA-硅酸盐互穿杂化胶黏剂应用性能评价

在优选 PVA-硅酸盐互穿杂化胶黏剂的制备工艺时，仅考虑了在胶合板中的应用效果，为满足更多的人造板应用需求，继续考察该胶黏剂在纤维板中的应用情况。

1）制备方法

以桉木纤维（含水率为 10%~12%）和 PVA-硅酸盐互穿杂化胶黏剂为主要原料制备纤维板，综合研究施胶量、热压温度、热压时间和热压压力 4 种因素对纤维板的力学性能的影响。制板工艺为将桉木纤维与胶黏剂混合均匀后在自制模具（规格为 320mm×220mm×10mm）中铺装，将铺装板坯放置在热压机内，放置厚度规（6mm），在一定温度下以一定的压力热压一段时间后，再冷压锁模 48h。脱模养护 7 天后，再放入电热恒温干燥箱内，于 100℃下干燥 2h，即得到桉木纤维板。将纤维板陈放 24h 后，锯切成需要的尺寸，待用。

2）性能表征

纤维板的性能表征主要是测试力学性能，依照 GB/T 11718—2009 和 GB/T 17657—2013 的标准检测纤维板的静曲强度（MOR）、弹性模量（MOE）、内结合强度（IB）及 24h 吸水厚度膨胀率（24h TS）。

3）单因素试验

在单因素试验中，分别研究施胶量、温度、时间和压力对纤维板力学性能的影响，研究结果如图 3-39 所示。在考察施胶量的影响时，设定试验条件为：热压温度 100℃、热压时间 20min，热压压力 1.0MPa，按照施胶量为桉木纤维质量的 15%、20%、25% 和 30% 分别压制样板，测试纤维板的 MOR 及 MOE 值，结果如图 3-39（a）所示。由图可知，在施胶量为纤维质量的 20%~30% 时，试件具有更高的 MOR 与 MOE。这说明适当的施胶量能在热压过程中使纤维之间形成良好的粘接，胶黏剂过多或过少均不利于纤维结合。

考察热压温度的影响时，设定试验条件为：施胶量为 20%、热压时间 20min，热压压力 1.0MPa，按照热压温度依次为 90℃、100℃、110℃、120℃ 分别制板，测试所制备纤维板的 MOR 和 MOE 值，结果如图 3-39（b）所示。可以看到，随着热压温度的增加，MOR 和 MOE 值均呈先增大后降低的趋势，产生这种现象的原因主要是，在同样的条件下，温度较低时，胶黏剂固化尚不完全，降低了纤维之间的粘接强度；温度过高时，胶黏剂固化速度快，降低了渗透性，从而使样板的力学性能下降。综合考虑，热压温度取 100℃~110℃时纤维板的力学性能最优。

考察时间的影响时，设定试验条件为：施胶量为 20%、温度 100℃，热压压力 1.0MPa，按照热压时间为 15min、20min、25min、30min 分别制板，测试所制备纤维板的

MOR 及 MOE 值，结果如图 3-39（c）所示。在热压 20～30min 时，样板具有较高的 MOR 及 MOE。

考察压力的影响时，设定试验条件为：施胶量为 20%、温度 100℃，时间为 20min，按照压力为 0.5MPa、1.0MPa、1.5MPa、2.0MPa 分别制板，测试所制备纤维板的 MOR 及 MOE 值，结果如图 3-39（d）所示。随着热压压力增大，MOR 及 MOE 值均呈先增大后减小的变化趋势，压力为 1.5MPa 时达到最大值。综合考虑，选择压力范围为 1.0～2.0MPa 时纤维板的性能最优。

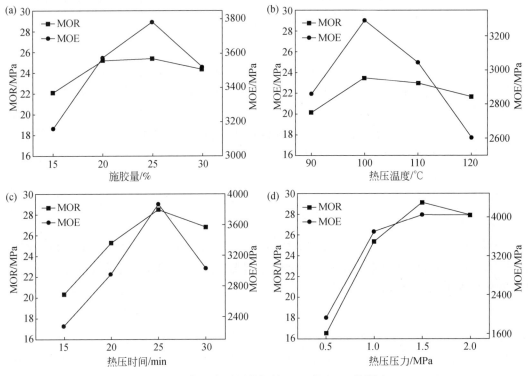

图 3-39 各因素对纤维板的 MOR 与 MOE 的影响

4）正交试验

单因素试验表明施胶量（A）、热压温度（B）、热压时间（C）和热压压力（D）对纤维板的力学性能影响显著。为此，在其较优水平区间内采用三水平四因素正交表进行正交试验设计，并以 IB 和 24h TS 为指标，找到最优制板工艺。试验设计及对应的试验结果如表 3-13 所示。

表 3-13 正交试验设计及结果

试验号	因素				IB/MPa	24h TS/%
	A	B	C	D		
1	20（A1）	100（B1）	20（C1）	1.0（D1）	0.66	19.53
2	20（A1）	105（B2）	25（C2）	1.5（D2）	0.60	19.34

试验号	因素				IB/MPa	24h TS/%
	A	B	C	D		
3	20 （A1）	110 （B3）	30 （C3）	2.0 （D3）	0.62	19.02
4	25 （A2）	100 （B1）	25 （C2）	2.0 （D3）	0.78	15.89
5	25 （A2）	105 （B2）	30 （C3）	1.0 （D1）	0.85	12.33
6	25 （A2）	110 （B3）	20 （C1）	1.5 （D2）	0.69	18.38
7	30 （A3）	100 （B1）	30 （C3）	1.5 （D2）	0.73	16.65
8	30 （A3）	105 （B2）	20 （C1）	2.0 （D3）	0.82	13.44
9	30 （A3）	110 （B3）	25 （C2）	1.0 （D1）	0.66	18.25
IB/MPa	均值1	0.627	0.723	0.723	0.723	
	均值2	0.773	0.757	0.680	0.673	
	均值3	0.737	0.657	0.733	0.740	
	极差	0.146	0.100	0.053	0.067	
24h TS/%	均值1	19.297	17.357	17.117	16.703	
	均值2	15.533	15.037	17.827	18.123	
	均值3	16.113	18.550	16.000	16.117	
	极差	3.764	3.513	1.827	2.006	

　　由表 3-13 可知，在正交试验范围内，纤维板的 IB 和 24h TS 均达到国家标准，由极差值可知，对 IB 和 24h TS 影响因素由大到小的顺序依次为：施胶量>热压温度>热压压力>热压时间。在施胶量为 25% 时，IB 达到最大，此时 24h TS 为最低（说明耐水性最好）。类似的，在热压温度为 105℃ 时，IB 达到最大，此时耐水性也最好。在热压时间为 30min 时，IB 最大，此时 24h TS 为最低。在热压压力为 2.0MPa 时，IB 最大，24h TS 最低。由此得到 IB 最大，24h TS 最小的工艺组合为 A2B2C3D3，即施胶量为 25%，热压温度为 105℃、热压时间为 30min、热压压力为 2.0MPa。

　　利用优选工艺制得厚度为 6.0mm，密度为 0.70g/cm³ 的纤维板，其性能的测试结果如表 3-14 所示。可以看到，本研究所制备纤维板的性能均达到了 GB/T 11718—2009 的要求。

表 3-14　纤维板的性能测试结果

类型	MOR/MPa	MOE/MPa	IB/MPa	24h TS/%
纤维板试件	31.4	4270	0.87	12.46
GB/T 11718—2009	>25.0	>2500	>0.60	<20.0

　　除了上述介绍的 PVA-硅酸盐互穿杂化胶黏剂之外，作者团队还开发了一种由硅酸盐及醋丙乳液等构成的 IPN 杂化胶黏剂。研究表明该胶黏剂具有制备简便、储存期长、固化快、粘接性能优等特点，制备的纤维样板自然存放半年后性能保持良好。

3.5.1.4　小结

①构筑了 PVA-硅酸盐互穿杂化胶黏剂，该无机-有机杂化胶黏剂的粘接性能相比的硅酸盐胶黏剂有了较大提高，所制备胶合板和中密度纤维板的性能均达到国家标准。

②通过构筑互穿聚合物网络的方法进行无机-有机杂化是获得高性能硅酸盐胶黏剂的一种有效途径。

3.5.2　超支化复合物-硅酸盐插层杂化胶黏剂

自 20 世纪 90 年代以来，超支化聚合物（hyperbranched polymer，HBP）以其独特的结构和性能，以及潜在的应用前景而引起人们的广泛重视。与线型聚合物相比，HBP 具有奇特的支化结构以及黏度低、溶解性好、化学反应活性高等性能优势。目前许多 HBP 已经被成功合成，如超支化聚苯、聚酯、聚硼酸酯、聚碳酸酯、聚磷酸酯、聚丙烯酸酯、聚醚、聚酰亚胺、聚砜胺、聚酰胺胺、聚氨酯及聚碳硅烷等，有些 HBP 已在一些领域获得了良好的应用，尤其在那些线型聚合物无力顾及的范围和领域更可以显示其独特的优异性能（秦笑梅，2020）。

超支化聚酰胺胺（HPAMAM）是目前研究最广泛、最深入的 HBP 之一，它的制备原料来源广、合成工艺比较简便，分子末端大量的活性官能团为与其他材料发生反应或复合提供了便利。而且 HPAMAM 分子间可以形成氢键，在受力时氢键会发生断裂与重组，可减缓材料的破坏过程，增强材料的韧性。

纳米蒙脱土（MMT）是一类典型的层状硅酸盐天然纳米材料，其晶胞是由两层 Si—O 四面体夹一层 Al-O 八面体组成的三明治结构，这种独特的一维层状纳米结构、较强的阳离子交换性以及价格低廉等特点赋予 MMT 众多改性的可能和应用范围的扩大。MMT 经过改性处理后，其性能更优越，改性后的 MMT 层间距更大，具有很强的吸附能力和良好的分散性能，可作为添加剂广泛用于高分子行业，提高材料的抗冲击、抗疲劳、尺寸稳定性、气体阻隔性、加工性能和热性能等。

作者团队在利用 MMT 改性硅酸盐胶黏剂的研究中，发现 MMT 的加入提高了硅酸盐胶黏剂的干胶合强度和热稳定性。在利用超支化聚磷酸酯和纳米凹凸棒土等联合改性硅酸盐胶黏剂的研究中，发现得到的杂化硅酸盐胶黏剂具有黏结力强、耐水性能优良等特点。

本节以 HPAMAM 和 MMT 复合体系为例，介绍超支化复合物-硅酸盐插层杂化胶黏剂的制备及应用情况。拟通过发挥 HPAMAM 高活性大分子结构与 MMT 纳米片层结构的协同优势，对硅酸盐胶黏剂进行杂化和性能调控，以期获得更优性能的硅酸盐胶黏剂及其粘接制品。

3.5.2.1　HPAMAM 插层 MMT 复合物的制备与表征

HPAMAM/MMT 复合物的制备是该项研究工作的基础，实验选择了分子量为 6909、末端基团数为 32 的端羧基 HPAMAM，蒙脱土为 nm 级。按照质量比为 1∶15 分别称取 MMT 与蒸馏水，置于烧杯中，在 50℃水浴搅拌 30min，得到 MMT 分散液；然后将一定量的

HPAMAM 加入上述分散液中，分别在 50℃、70℃、90℃恒温搅拌 2h、4h、6h，取出之后将其放在烘箱中去除水分，制得 HPAMAM/MMT 插层复合物。

影响 HPAMAM 与纳米蒙脱土形成插层复合物的主要因素是二者的质量比、反应温度和反应时间。为了获得 HPAMAM/MMT 插层复合物的较优制备工艺，在前期单因素试验的基础上设计了正交试验方案，以上 3 种主要影响因素的编号代码分别为 A、B、C。试验中采用自动电位滴定仪来测定复合物中氨基的含量，以胺值大小衡量复合物中 HPAMAM 的含量高低。

正交试验结果如表 3-15 所示。由表 3-15 可知，3 种因素对插层复合物胺值影响的显著顺序为：反应温度>质量比>反应时间。随着 HPAMAM 与 MMT 的质量比增加，胺值先增大后降低，在质量比为 1/15 时达到最大值；随着反应温度的升高，胺值也逐渐升高，说明较高的温度有利于 HPAMAM 与 MMT 的复合；随着反应时间的延长，胺值先增大后降低，在反应时间为 4h 时具有最高的胺值，继续增大反应时间并不能提高胺值。根据上述研究结果，可得到 HPAMAM 与 MMT 插层复合的优工艺为 A2B3C2，即 HPAMAM 与 MMT 的质量比为 1/15，反应温度为 90℃，反应时间为 4h。

表 3-15　正交试验直观分析表

试验号	A	B	C	胺值/（mol/g）
1	1/10	50	2	0.0082
2	1/10	70	4	0.0198
3	1/10	90	6	0.0209
4	1/15	50	4	0.0178
5	1/15	70	6	0.0291
6	1/15	90	2	0.0236
7	1/20	50	6	0.0079
8	1/20	70	2	0.0155
9	1/20	90	4	0.0297
均值 1	0.016	0.011	0.016	
均值 2	0.023	0.021	0.022	
均值 3	0.018	0.025	0.019	
极差	0.007	0.014	0.006	

按照最优工艺制备了 HPAMAM/MMT 复合物，对其做了红外光谱分析和 X 射线衍射分析。图 3-40 是样品的红外光谱图，其中（a）是 MMT，（b）是 HPAMAM，（c）是 HPAMAM/MMT 复合物。由图 3-40（a）可见，波数为 3617cm⁻¹ 和 3441cm⁻¹、1646cm⁻¹ 处的峰分别是由 MMT 中的 Al—OH 和吸附水中的羟基振动引起的。1056cm⁻¹ 处的波带是 Si—O 平面振动引起的，912cm⁻¹ 处的波数与 Al—Al—OH 有关，797cm⁻¹ 和 699cm⁻¹ 处的波数是由 Si—O—Si 所引起的，而 548cm⁻¹ 处的波数则是由 Al—O—Si 的振动引起。

通常，伯氨基在 3000cm⁻¹ 的时候有 vas—NH₂ 和 vs—NH₂ 两个吸收带，仲酰胺在 3500～

3140cm⁻¹的范围里仅有一个吸收峰，而在 3110 ~ 3060cm⁻¹范围里仅有一个较弱的 N—H 面内弯曲振动倍频带 2δ N—H，基频约为 1550cm⁻¹。从图 3-40 （b）可知，这些都有相对应的峰，3425cm⁻¹和 3286cm⁻¹之间较宽的波段表明 HPAMAM 分子末端有较多的羧基基团，1414cm⁻¹和 3286cm⁻¹对应于—CH₂、伯胺和仲酰胺的伸缩振动吸收重叠峰，1554cm⁻¹处是仲酰胺的面内弯曲振动基频峰，横跨 989 ~ 460cm⁻¹内有一个非常宽的吸收带，它的中心在 771cm⁻¹处，对应于脂肪族仲胺的面内弯曲振动吸收峰。1653cm⁻¹对应于—CONH—中 C ＝O 的伸缩振动吸收峰。

从图 3-40 （c）可以看出，在 HPAMAM/MMT 插层复合物的图谱中，在 3628cm⁻¹和 1653cm⁻¹处是蒙脱土中 Al—OH 的伸缩振动峰，1036cm⁻¹处 Si—O 基团的特征峰，但该峰的吸收强度显著高于纳米蒙脱土的峰，这是因为其中包含了酯基的特征峰。3410cm⁻¹处为—NH 的伸缩振动峰，1434cm⁻¹和 1036cm⁻¹处是羧基（酯键）的特征峰，这说明 HPAMAM 的末端羧基和纳米蒙脱土中的大量羟基在插层共混时已经结合成极性酯基基团，这在纳米蒙脱土和 HPAMAM 的单独谱图中是不存在的，这证明纳米蒙脱土中已经成功嵌入 HPAMAM 大分子。而且它们之间存在化学键结合，并不是简单的物理共混。

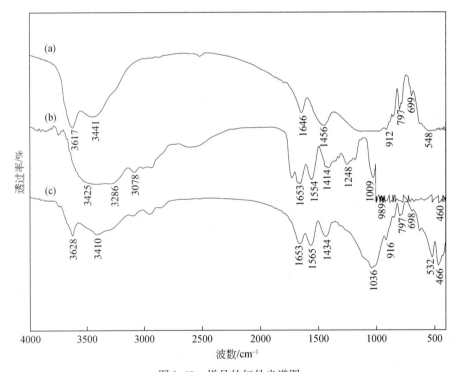

图 3-40　样品的红外光谱图

HPAMAM/MMT 插层复合物会使得 MMT 的层间距变大，可根据层间距变大的情况，判断 HPAMAM 是否成功插入 MMT 层间。图 3-41 是样品的 X 射线衍射图，可以看出，2θ＝26.4°是蒙脱土晶体中的 （001） 晶面的衍射峰，该峰强度大，说明纳米蒙脱土有较高的结晶度。HPAMAM 不易结晶，因而其谱图中仅在 2θ＝21.6°有一个弱的衍射峰，对应于 HPAMAM 树脂的 （110） 晶面特征衍射峰。从 HPAMAM/MMT 复合物的衍射图上可以看到，$2\theta=26.4°$是蒙脱土晶体中的（001）晶面的衍射峰，该峰与纯 MMT 谱图的强度相当，说明纳米蒙脱土仍有较高的结晶度，即 HPAMAM 的存在并不影响 MMT 的结晶性。同时，对应于与 MMT 在 $2\theta=29.3°$、$21.5°$、$19.6°$和 $8.6°$的主要衍射峰，在 HPAMAM/MMT 复合物中 $2\theta=28.2°$、$20.6°$、$19.5°$和 $7.1°$的主要衍射峰均发生了一定程度的向左偏移，而且强度变大，说明 HPAMAM 的存在的确增大了 MMT 的层间距。

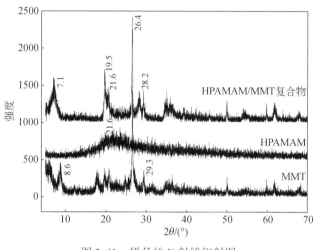

图 3-41　样品的 X 射线衍射图

3.5.2.2　HPAMAM 插层 MMT 复合物改性硅酸盐制备工艺

水玻璃胶黏剂的主要组分为水玻璃、固化剂、添加剂、辅助剂等，其中水玻璃和固化剂是最基本、最重要的两种组分。常用的水玻璃是模数为 2.6～3.2 的钠水玻璃和钾水玻璃，固化剂通常是一些金属的氧化物或盐、硅化合物等。在前期大量的研究中，发现比较适宜的水玻璃固化剂有三聚磷酸硅、氟硅酸钠和氯化锌等，除此之外还需加入适量的添加剂和辅助剂。

水玻璃胶黏剂的制备涉及各组分的选择及用量，是一个相对复杂的过程。通过搭配不同的固化剂、添加剂和辅助剂，加入不同量的 HPAMAM/MMT 插层复合物，制备了一系列 HPAMAM/MMT 插层复合物改性水玻璃胶黏剂，通过检测胶黏剂的物理性能，获得综合性能最优的 HPAMAM/MMT 插层复合物改性水玻璃胶黏剂制备工艺。

1）水玻璃模数的影响

模数即二氧化硅与氧化钠的物质的量比，是钠水玻璃的重要性能指标。模数越高，硅酸钠溶液中的—OH 越多，这些—OH 易与固化剂和其他组分反应，形成饱和的硅酸盐聚合物，制备的胶黏剂固化后形成胶层的耐水性好，但粘接能力随着模数的提高而变差，模数过高会导致体系不稳定；模数低的胶黏剂黏结力相对较好，但是固化胶层的耐水性差。因此，模数的选择是制备性能优异胶黏剂的关键。综合考虑试验量和研究经验，本节选取最常用的 3.0 模数的钠水玻璃作为胶黏剂的粘接料。

2）固化剂种类的影响

固化剂是水玻璃胶黏剂的重要组分，其种类和用量决定了水玻璃胶黏剂的固化反应机理及固化产物的结构和性能，进而影响粘接效果。水玻璃固化剂的种类很多，本节选取了3 种固化剂：三聚磷酸硅、氟硅酸钠和氯化锌，研究它们对胶黏剂性能的影响。表 3-16 是在最佳粘接料和固化剂配比下，对不同固化剂种类制备胶黏剂的物理性状对比研究结果。结合实际应用效果，选择了水玻璃+三聚磷酸硅体系作为基础水玻璃胶黏剂。

表 3-16　固化剂对水玻璃胶黏剂性状的影响

胶黏剂主要组分	黏度/s	胶黏剂状态	在木材表面的润湿性	固化胶层外观
水玻璃、三聚磷酸硅	110.51	黏度适中	好	优
水玻璃、氟硅酸钠	123.17	黏度适中	差	良
水玻璃、氯化锌	94.29	有气泡，稀	好	良

3）HPAMAM/MMT 插层复合物用量的影响

HPAMAM/MMT 插层复合物是基础水玻璃胶黏剂的改性剂，其用量直接关于改性效果。本研究以水玻璃+三聚磷酸硅体系为主要组分，另加一些必要的添加剂和填料，制备基础水玻璃胶黏剂。并设计了 HPAMAM/MMT 插层复合物用量为 2%～10% 的试验方案，研究结果如表 3-17 所示。

从表 3-17 可知，随着 HPAMAM/MMT 插层复合物用量增加，胶黏剂的黏度和 pH 略微下降，但幅度很小。由于 HPAMAM 具有降低黏性的作用，因而胶黏剂的黏度呈小幅下降趋势。胶黏剂的外观随着 HPAMAM/MMT 插层复合物用量增加逐渐变得不均匀，开始出现分层和悬浮现象，说明体系变得不稳定。在适用期方面，未改性的水玻璃胶黏剂在配制后需在 1h 内完成施胶，改性胶黏剂的适用期普遍得到改善，在 2～3h 内均可顺利施胶。综合考虑认为 HPAMAM/MMT 插层复合物用量占水玻璃质量的 2%～6% 较为适宜。

表 3-17　HPAMAM/MMT 插层复合物用量对胶黏剂物性的影响

样品编号	HPAMAM/MMT 插层复合物用量/%	黏度/s	固含量/%	pH	外观	适用期/h
①	0	110.51	56.31	10.40	均匀	1
②	2	109.55	57.28	10.05	均匀	>1
③	4	108.39	56.95	9.93	均匀	>1
④	6	105.22	58.13	9.78	均匀	>1
⑤	8	101.08	59.67	9.53	分层，悬浮	—
⑥	10	98.40	60.61	9.24	分层，悬浮	—

3.5.2.3　HPAMAM 插层 MMT 复合物改性水玻璃的形貌和性能

1）HPAMAM/MMT 插层复合物改性水玻璃胶黏剂与木材胶合界面分析

利用扫描电镜观察了表 3-17 中的样品①（水玻璃胶黏剂）和样品④（HPAMAM/

MMT 插层复合物改性水玻璃胶黏剂）固化胶膜表面微观形貌的差别，结果如图 3-42 所示。图中的（a1）、（a2）、（a3）分别是水玻璃胶黏剂放大倍数为 500、1000、2000 时的 SEM 图，（b1）、（b2）、（b3）分别是 HPAMAM/MMT 插层复合物改性水玻璃胶黏剂放大倍数为 500、1000、2000 时的 SEM 图。这两种胶黏剂都具有较好的连续性和平整性。

从图 3-42（a1）、（a2）、（a3）可以看出，水玻璃胶黏剂固化后形成的胶膜的表面比较平整，在胶黏剂基体中分布着大量连续的微小突起，这些微小突起是未完全溶解的固化剂和填料等小颗粒，而固化剂和填料等小颗粒与胶黏剂基体之间结合的较为紧密，大部分的固化剂被完全包裹和分散于胶黏剂基体之中，胶层中固化剂包覆体和突起分布较为均匀，说明固化剂与胶黏剂基体的相容性较好。从图 3-42（b1）、（b2）、（b3）可以看出，相比于水玻璃胶黏剂，改性胶黏剂固化后形成的胶膜的表面更为光滑和平整，这可能是由于 HPAMAM/MMT 插层复合物更好地分散在水玻璃胶黏剂中，而且胶黏剂的各组分相容性更好。

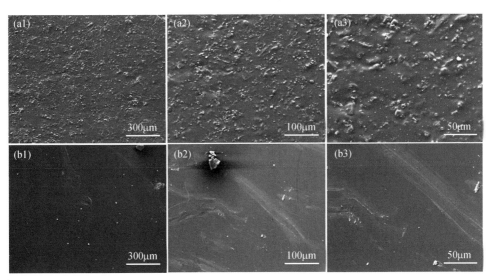

图 3-42　两种胶黏剂固化试样在不同放大倍数的 SEM 图

将固化干燥后的两类杨木胶合试件分别做 SEM 观察，结果如图 3-43 所示。由水玻璃胶黏剂所制备胶合试件的 SEM 如图 3-43（a1）、（a2）和（a3）所示，放大倍数分别为 60、100 和 500。图 3-43（b1）、（b2）和（b3）分别是放大倍数为 60、100 和 500 的 HPAMAM/MMT 插层复合物改性水玻璃胶黏剂胶合试件的 SEM 图。

从图 3-43（a1）、（a2）和（a3）可以看到，水玻璃胶黏剂呈灰白色光滑状，胶层与木单板之间结合非常紧密。只是胶层在垂直方向上存在一些裂纹，这可能是由于水玻璃无机胶黏剂的线性膨胀系数较高的原因，在图 3-43（b1）、（b2）和（b3）中也可以发现有类似的情形，颜色较深的 HPAMAM/MMT 插层复合物改性水玻璃胶黏剂与木单板界面之间的结合也非常紧密，但裂纹较少，说明插层复合物可能在一定程度上降低了水玻璃胶黏剂的脆性。

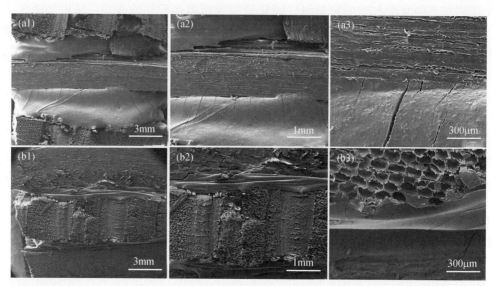

图 3-43　胶合试件的 SEM 图

2）HPAMAM/MMT 插层复合物改性水玻璃胶黏剂胶合样品阻燃性能分析

人造板在使用过程中极易受到火灾的威胁，若利用水玻璃胶黏剂制备的人造板材具有阻燃抑烟的功能，必然能在一定程度上减少火灾带来的损失和危害。因而考察胶合试件的阻燃性能已成为检验胶黏剂性能的一种常用手段。

本研究利用锥形量热仪研究了由水玻璃胶黏剂和 HPAMAM/MMT 插层复合物改性水玻璃胶黏剂所制备的杨木胶合试件的阻燃性。锥形量热实验可获得材料在火灾中的燃烧参数包括释热速率（HRR）、总放热量（THR）、有效燃烧热（EHC）等，由此能分析和估计阻燃材料在真实火灾中的危险程度。

两种试件的 HRR 曲线和 THR 曲线如图 3-44 所示。由图 3-44（a）可观察到，在 200～300s 范围内，水玻璃胶黏剂胶合试件的 HRR 曲线峰值高于改性产品试件，说明 HPAMAM/MMT 插层复合物改性更有助于降低热释放速率，减缓火焰传播。总释放热是指

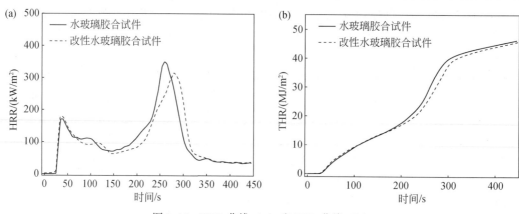

图 3-44　HRR 曲线（a）和 THR 曲线（b）

以单位面积计算的材料由开始燃烧至结束所释放出的总热量,以 MJ/m² 为单位。总的来说,THR 越大,说明材料燃烧时所释放的热量就会越大,材料的阻燃性能越差。两种试件的 THR 曲线如图 3-44 (b) 所示。从图 3-44 (b) 可以发现,两条曲线的形状比较相近,但改性水玻璃胶黏剂产品的胶合试件的 THR 要略微低于水玻璃胶黏剂胶合试件的 THR,说明 HPAMAM/MMT 插层复合物的存在能略微降低板材的总热释放量。

EHC 是衡量材料阻燃性能的一项重要的指标,单位为 MJ/kg。EHC 的数据越小,材料的阻燃性能越好。图 3-45 (a) 是两种试件的 EHC 曲线。从图 3-45 (a) 可以发现,每条曲线的波动以 250s 为界,在 250s 前的波动都比较小,在 250s 后的波动幅度都比较剧烈,水玻璃胶合试件的 EHC 数据较为突出,由此也说明 HPAMAM/MMT 插层复合物改性水玻璃胶黏剂胶合试件的阻燃性能更好。

累计生烟总量 (TSR) 表示的是单位面积的材料燃烧时的累计总生烟量,单位为 m²/m²。从图 3-45 (b) 可以看出,改性水玻璃胶合试件的 TSR 明显低于水玻璃胶合试件的 TSR,说明 HPAMAM/MMT 插层复合物的存在能在一定程度上降低生烟量,起到一定的抑烟效果。

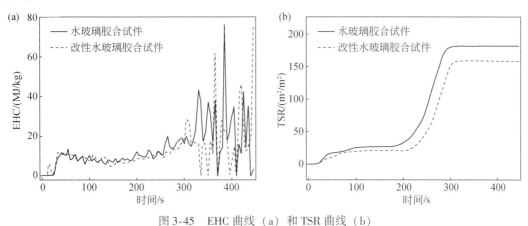

图 3-45　EHC 曲线 (a) 和 TSR 曲线 (b)

两种试件燃烧后的数码照片如图 3-46 所示。可以看到,两种试件燃烧后都还保持着较好的完整形态,说明两种试样都有一定的阻燃性。相比来说,HPAMAM/MMT 插层复合物改性水玻璃胶黏剂胶合试样表面被燃烧掉得更少,水玻璃胶黏剂胶合试件表面被燃烧掉得最多,这些燃烧图像与阻燃性能测试的结果是相符合的。

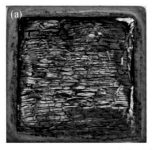

图 3-46　两种试件燃烧后的外观图

(a) 水玻璃胶合试件;(b) 改性水玻璃胶合试件

两种试件燃烧后残留物的电镜图如图 3-47 所示。可以看到水玻璃胶黏剂胶合试件燃烧后材料表面十分疏松，形成了许多光滑的炭块。HPAMAM/MMT 插层复合物改性水玻璃胶黏剂胶合试件燃烧后结构保存的十分完整，材料表面有均匀分布的小颗粒状物质。可以看出添加 HPAMAM/MMT 插层复合物可以提升水玻璃胶黏剂的阻燃性能，更好地保护材料。

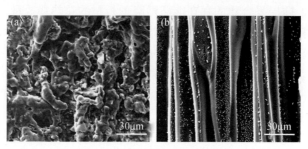

图 3-47   试件燃烧后的 SEM 图

（a）水玻璃胶合试件；（b）改性水玻璃胶合试件

3.5.2.4   HPAMAM 插层 MMT 复合物改性水玻璃胶黏剂应用性能评价

为了检验 HPAMAM 插层 MMT 复合物改性水玻璃胶黏剂在人造板中的应用效果，选取了刨花板为研究对象，分析所制备改性水玻璃胶黏剂的应用情况。刨花板的制备工艺和性能测试方法同 3.5.1.3 小节。利用水玻璃胶黏剂和杂木刨花（主要为松木，含水率约为 10%）制备的刨花板样品的静曲强度（MOR）、弹性模量（MOE）、内结合强度（IB）和 24h 吸水厚度膨胀率分别为 12.86MPa、3735MPa、0.36MPa 和 11.96%，这些测试结果表明，改性前水玻璃胶黏剂胶合的刨花板性能未达到国标对 A 类刨花板的要求。

选择 HPAMAM/MMT 插层复合物占水玻璃质量的 2%～6% 制备了 5 种改性水玻璃胶黏剂，并对其制备的刨花板力学性能进行测试，结果如图 3-48 所示。从图 3-48（a）和图 3-48（b）可以看到，在 HPAMAM/MMT 插层复合物的用量占水玻璃质量的 5% 时，MOR 和 MOE 值达到最大，此时 IB 值也是最大的。这时的 MOR、MOE、IB 值分别为 28.83MPa、5996MPa 和 0.98MPa。MOE 值提高了 60.5%，MOR 和 IB 值分别提高到 2.24 倍和 2.72 倍，力学性能改变非常显著。

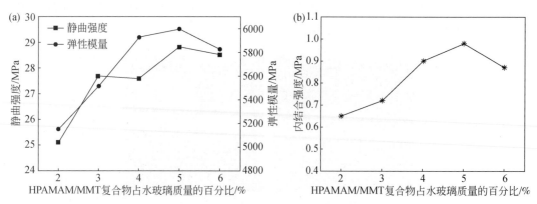

图 3-48   HPAMAM/MMT 插层复合物用量对刨花板 MOR 和 MOE（a）以及 IB（b）的影响

用 HPAMAM/MMT 插层复合物用量为 5% 制备的刨花板样板的 24h 吸水厚度膨胀率为 6.33%，这相比基础水玻璃胶合的样品，其耐水性能提高了 47.1%。HPAMAM/MMT 复合物的加入能明显提高板材的耐水性能，测试结果达到国家标准所要求的低于 8% 的条件。

为了便于比较说明，将上述各部分的研究结果汇总在表 3-18，以发现水玻璃胶黏剂在改性前后的粘接性能变化，从而为水玻璃的改性研究找到更合适的方法。从表 3-18 可以看到，HPAMAM/MMT 插层复合物改性水玻璃胶黏剂不仅能大幅度提升力学性能，还能提高耐水性能，制备的刨花板达到了 A 类板的国家标准，因此，在本研究范围内得到的结果可为水玻璃木材胶黏剂的深入研究提供一定的基础数据。

表 3-18　水玻璃胶黏剂改性前后的粘接性能比较

胶黏剂类型	改性剂用量/%	MOR/MPa	MOE/MPa	IB/MPa	24h 吸水厚度膨胀率/%
水玻璃	0	12.86	3735	0.36	11.96
改性水玻璃	5	28.83	5996	0.98	6.33

3.5.2.5　小结

①利用超支化聚酰胺胺与纳米蒙脱土制备了 HPAMAM/MMT 插层复合物，将其用于硅酸盐胶黏剂制备，得到 HPAMAM/MMT-硅酸盐插层杂化胶黏剂。

②相比于硅酸盐胶黏剂，所制备的杂化胶黏剂具有更好的阻燃和抑烟性能。

③该杂化硅酸盐胶黏剂不仅能大幅度提升板材的力学性能，还能提高耐水性能，制备的刨花板达到了 A 类板的国家标准。

3.5.3　高分子乳液-氯氧镁网络交联胶黏剂

镁系无机胶固化形成的硬化体主要成分是 $x\text{Mg(OH)}_2 \cdot y\text{MgCl}_2 \cdot z\text{H}_2\text{O}$ 和 $x\text{Mg(OH)}_2 \cdot y\text{MgSO}_4 \cdot z\text{H}_2\text{O}$ 晶相所组成的三元化合物结晶相复盐，另外还有一部分 Mg(OH)_2 凝胶体，其中 $3\text{Mg(OH)}_2 \cdot \text{MgCl}_2 \cdot 8\text{H}_2\text{O}$（3 相）和 $5\text{Mg(OH)}_2 \cdot \text{MgCl}_2 \cdot 8\text{H}_2\text{O}$（5 相）是主要的结晶相。像针状一样的 5 相是镁系无机胶硬化体的强度相，它生成的数量越多，镁系无机胶黏剂的强度就越高（Chau et al.，2009）。但是 5 相为介稳定相，在一定条件下可以与 3 相进行相互转换，从而影响胶黏剂及复合材料的强度。目前，镁系无机胶与植物纤维胶黏形成的复合板材还存在强度低、耐水性差等不足。针对此，作者团队利用聚合物乳液成膜可与镁系无机胶晶体形成有机-无机的复合网络结构从而增加黏结强度的特性。选用耐高温、疏水性好、环保、附着性高、成膜温度低且酸碱度与镁系无机胶黏剂相近的硅丙乳液（Xu et al.，2013）作为改性剂，研究了硅丙乳液添加量对镁系无机胶黏剂的耐水性能、力学强度、凝固时间的影响，分析了镁系无机胶黏剂的微观结构和晶相组成等，并探讨了硅丙乳液对镁系无机胶的改性机理。

3.5.3.1 胶黏剂制备

1) 制备方法

按照 $MgO/MgCl_2 \cdot 6H_2O$ 和 $MgO/MgSO_4 \cdot 7H_2O$ 的物质的量比分别为 8:1 和 8:0.35 与定量的去离子水混合制备镁系无机胶黏剂,再将硅丙乳液缓慢加入反应釜中恒速搅拌 15min 即制得改性的浆料。硅丙乳液改性剂的添加量以氧化镁质量的百分比计算,不同比例的添加量分别记作 S1(0%)、S2(2%)、S3(4%)、S4(6%)、S5(8%)和 S6(10%)。

设计 MIA/S 复合板材的密度为 $1.0g/cm^3$,秸秆碎料的填充量占总质量的 30%。将胶黏剂与秸秆碎料放入周期式拌胶机中,充分搅拌使其混合均匀,然后将 MIA/S 复合材料置于 325mm×300mm×10mm 的成形框中铺装成形,然后在模具中锁模 72h 后继续在空气中养护一定时间,养护结束后在 80℃ 的干燥箱中干燥至含水率为 10% 左右,即得到 MIA/S 复合板材。

2) 性能表征

力学性能测试:参照 GB 24312—2009 水泥刨花板的标准,采用 MWW-100 型微机控制万能力学试验机检测 MIA/S 复合板材的静曲强度(MOR)和内结合强度(IB),加载速率为 8mm/min。

耐水性能测试:通过吸水厚度膨胀率和吸水率以及浸水 24h 强度保留系数 R 来评估 MIA/S 复合板材的耐水性能。强度保留系数 $R=\delta_x/\delta_y$,其中 δ_x 为试样在空气中养护 6 天后再在 25℃ 水中浸泡 24h 的静曲强度,δ_y 试样在空气中养护 7 天后的静曲强度,强度保留系数 R 越大,说明 MIA/S 复合板材的强度损失越小,耐水性能就越好。

凝固时间测试:使用维卡仪测定镁系无机胶黏剂的凝固时间,圆模一直处于温度为 (20±3)℃、相对湿度 60% 以上的湿养护箱内养护,每隔 30min 测定一次。当初凝试针沉至距底板 2~3mm 时,即为胶体达到初凝的时间;当终凝试针下沉不超过 1~0.5mm 时,即为胶体达到终凝的时间。

扫描电子显微镜测试:取镁系无机胶黏剂硬化体的断面试样喷金镀膜后,在美国 FEI 公司 Quanta450 型扫描电子显微镜下观察其微观结构,测试电压为 20kV。

X 射线衍射仪(XRD)测试:采用北京普析通用仪器有限责任公司 XD-2 型 X 射线衍射仪对镁系无机胶黏剂的晶相结构和晶体类型进行分析,测试电压 40kV,电流 35mA,Cu Kα靶($\lambda=0.154mm$),扫描速度为 8°/min,扫描范围为 5°~70°。试样干燥后经研磨粉碎且通过了 200 目筛网。

3.5.3.2 硅丙乳液添加量的影响

1) 添加量对力学强度的影响

镁系无机胶黏剂的胶结强度主要通过 MIA/S 复合板材的力学强度来表征,图 3-49(a)为硅丙乳液的添加量对静曲强度的影响。从图 3-49 可以看出,MIA/S 复合板材在自然环境中养护 7 天和养护 28 天的静曲强度的变化趋势基本一致。随着硅丙乳液添加量的增加,

MIA/S 复合板材的静曲强度也随着增大，当添加量为 6% 时，静曲强度达到最大值，随着添加量的持续增大，静曲强度反而有所下降，甚至比未改性前的静曲强度低。图 3-49（b）为硅丙乳液的添加量对内结合强度的影响，可以看出，随着添加量的增加，内结合强度的变化趋势与静曲强度变化趋势基本一致，添加量为 6%，内结合强度从 0.36MPa 增加到了 0.42MPa。可见，适量的硅丙乳液可以增加镁系无机胶黏剂的黏结性能，对复合板材起到增强作用。这是因为硅丙乳液具有较强的附着性（Wongpa et al.，2010），一方面硅丙乳液可以渗透到晶体之间，固化后可形成有机无机互穿网络结构，起到一定的"架桥"作用，增强镁系无机胶黏剂的黏结性能；另一方面乳液固化成膜可以包裹晶相且将毛细孔隙堵塞，尤其是无机胶黏剂硬化体中的微裂缝和狭长孔，把孔壁连接起来，从而使 MIA/S 复合板材的内结合强度和静曲强度增加。

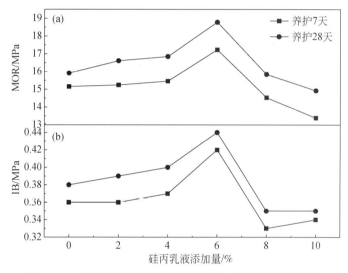

图 3-49　硅丙乳液添加量对静曲强度和内结合强度的影响

2）添加量对耐水性的影响

镁系无机胶黏剂的耐水性能一般可以通过 MIA/S 复合板材的耐水性来评价，主要评估 24h 吸水厚度膨胀率、24h 吸水率和浸水 24h 强度保留系数。图 3-50（a）为硅丙乳液的添加量对 24h 吸水厚度膨胀率的影响曲线，未添加硅丙乳液时 MIA/S 复合板材的 24h TS 为 4.6%，随着添加量的增加，24h TS 不断下降，当硅丙乳液的添加量为 10% 时，24h TS 仅为 2.3%。图 3-50（b）为添加量对 24h 吸水率的影响曲线，24h WA 随硅丙乳液的逐渐添加也不断下降，添加量为 10% 时，24h WA 从 36.3% 下降到了 24.7%。随着硅丙乳液的不断添加，浸水 24h 后的强度保留系数则不断增大，如图 3-50（c）所示。

24h 吸水厚度膨胀率、24h 吸水率和浸水 24h 强度保留系数的变化均说明在一定范围内硅丙乳液用量的逐渐增加能使镁系无机胶黏剂及其复合板材的耐水性增强。镁系无机胶黏剂本身耐水性能差，硬化体在浸水条件下水化产物中纤维状的 5 相和 3 相会转变成松散的层状 $Mg(OH)_2$ 相，在水中的时间越长，5 相和 3 相会越来越少，而 $Mg(OH)_2$ 相则会逐渐增多。而 5 相和 3 相都是强酸弱碱盐，在水中是不稳定的，会在水的作用下发生水解反

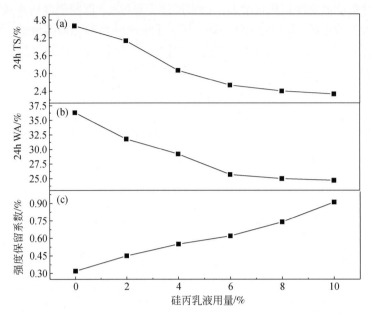

图 3-50 硅丙乳液添加量对 24h TS（a）、24h WA（b）和 24h 强度保留系数（c）的影响

应生成氯化镁的盐溶液。而硅丙乳液含有大量的 Si—O 键，高键能的 Si—O 键具有很强的疏水性[19]，硅丙乳液固化后成为镁系无机胶黏剂的保护膜，避免了水分的渗进；同时，硅丙乳液固化成膜还可以堵在晶体交错搭接形成的毛细孔洞之间，堵塞水分进入的通道（Xu et al.，2016），对晶体起到保护作用，抑制水化产物在水中的相变，从而提高镁系无机胶黏剂的耐水性。

3）添加量对凝固时间的影响

镁系无机胶黏剂的凝固时间包括初凝时间和终凝时间。初凝时间指开始失去塑性但不具备机械强度的阶段，终凝时间指失去塑性且具备机械强度的阶段。图 3-51 为硅丙乳液的添加量对凝固时间的影响。可以发现，硅丙乳液的添加延长了镁系无机胶黏剂的凝固时

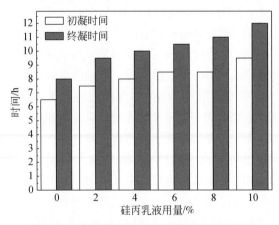

图 3-51 硅丙乳液添加量对凝固时间的影响

间，而且随着硅丙乳液添加量地不断增加，凝固时间变长。加入 10% 添加量硅丙乳液的镁系无机胶黏剂相比未加入的初凝时间延迟 1.5h，终凝时间延迟 4h，初凝到终凝的时间则从 1.5h 增加到了 2.5h。产生这种现象的原因可能是硅丙乳液屏蔽晶体间的接触，从而延缓了无机胶黏剂的水化反应，延长了凝固时间。

3.5.3.3　微观结构分析

图 3-52 为镁系无机胶黏剂固化后在自然环境中养护 7 天的断面微观结构图。从图中可以看出，未加硅丙乳液的镁系无机胶断面晶体纵横交错搭接形成了许多孔洞的网络结构［图 3-52（a）］，晶体呈棒条状，晶体间空隙较大。添加 2% 硅丙乳液后，聚合物乳液分散在水化物表面形成薄膜，由于硅丙乳液较高的附着性，使得晶体之间出现了少量的"连接桥"，硅丙乳液薄膜与部分晶体交织，形成了少量的互穿网络结构，但膜状物质断断续续未形成整体，而且仍能看到大量孔洞［如图 3-52（b）所示］。当添加量为 4% 时，这种网络网络结构逐渐增多，晶体交织产生的孔洞减少［如图 3-52（c）所示］。

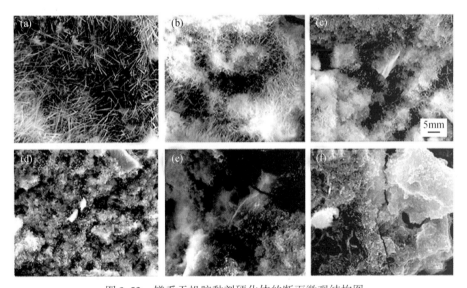

图 3-52　镁系无机胶黏剂硬化体的断面微观结构图
（a）S1 号胶黏剂，0%；（b）S2 号胶黏剂，2%；（c）S3 号胶黏剂，4%；
（d）S4 号胶黏剂，6%；（e）S5 号胶黏剂，8%；（f）S6 号胶黏剂，10%

随着添加量增大到 6% 时，晶体与乳液完全胶结在一起，形成了良好的三维空间连续的网状结构，结构密实度提高，未见明显的孔洞［如图 3-52（d）所示］。因此，MIA/S 复合板材的力学强度随着硅丙乳液的添加量增加而增大，刚好证实了前面硅丙乳液添加量对力学强度影响的分析。当硅丙乳液添加量为 8% 和 10% 时，硅丙乳液的覆盖使晶体间的联结减少。内应力的存在，使镁系无机胶黏剂出现裂纹［图 3-52（e）和图 3-52（f）］，反而使力学强度下降了。这一结果与镁系无机胶黏剂的力学强度分析是一致的。

图 3-53 为镁系无机胶黏剂硬化体浸水 24h 后的断面微观结构图。从图 3-53（a）可以看出，相比图 3-52（a）晶体的长度明显变短，晶须的表面光滑度明显下降，说明镁系无

机胶的晶体在水中发生了水解。而且图中还出现了少量片状的晶体，证实了前面耐水性分析中镁系无机胶中纤维状的 5 相和 3 相晶体在水存在的条件下会转变成松散的层状 Mg(OH)₂相晶体的分析。在图 3-53（b）和图 3-53（c）中同样看到了类似的片状晶体，但是晶体的形貌由于硅丙乳液的加入未发生明显改变。随着硅丙乳液添加量的增加，在图 3-53（d）、图 3-53（e）和图 3-53（f）中未见层状晶体出现，而且晶体的光滑度也没有发生明显变化。说明硅丙乳液对晶体的保护作用由此显现，抑制了水化产物在水中的相变，而且随着硅丙乳液添加量的增加，乳液覆盖晶体和填堵晶体间的孔洞更完善（符彬等，2015）。

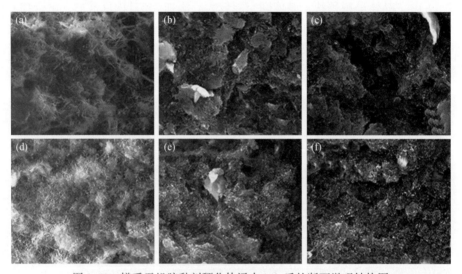

图 3-53　镁系无机胶黏剂硬化体浸水 24h 后的断面微观结构图

（a）S1 号胶黏剂浸水 24h；（b）S2 号胶黏剂浸水 24h；（c）S3 号胶黏剂浸水 24h；
（d）S4 号胶黏剂浸水 24h；（e）S5 号胶黏剂浸水 24h；（f）S6 号胶黏剂浸水 24h

3.5.3.4　晶相分析

对镁系无机胶黏剂进行了 X 射线衍射分析，6 组试样均在自然条件下养护 7 天，结果如图 3-54（a）所示。从衍射图中可以看出，镁系无机胶黏剂的水化产物的衍射峰在不同硅丙乳液掺量的条件下并未出现易见的增大和减小，也未出现新的衍射峰，说明硅丙乳液的添加只是延缓了结晶相的生成，由此可以说明镁系无机胶黏剂力学强度的增大并不是由于更多强度相晶体的生成。图 3-54（b）为 6 组试样在自然条件下养护 6 天，然后在水中浸泡 24h 的 X 射线衍射图，从图中可以看出，浸水 24h 后，在 $2\theta=43°$ 附近 MgO 的衍射峰减弱，而 Mg(OH)₂ 的衍射峰则明显增强，证明剩余的 MgO 与水反应生成了更多 Mg(OH)₂，促进了 Mg(OH)₂ 晶核的生成，但是 $2\theta=32°$ 附近 MgO 的衍射峰增强的可能原因是镁系无机胶中氧化镁分散不够均匀。同时可以看出，添加一定量硅丙乳液后的 MgO 的衍射峰强和 Mg(OH)₂ 的衍射峰强均未发生明显变化。此外，随着硅丙乳液添加量的降低，水化产物 5 相的衍射峰强度明显下降，Mg(OH)₂ 相衍射峰的强度则出现明显增强，其中 S1、S2、S3 号镁系无机胶黏剂在水中浸泡 24h 后一些 5 相的结晶峰消失，有新的 3 相结晶峰生成。说明镁系无机胶黏剂的水化产物相位互换，刚好证实了电镜图中的层状晶体生成的结果，镁系无机胶黏剂的晶体因乳液的添加而被保护起来，从而阻止其在水中发生水解而使强度降低。

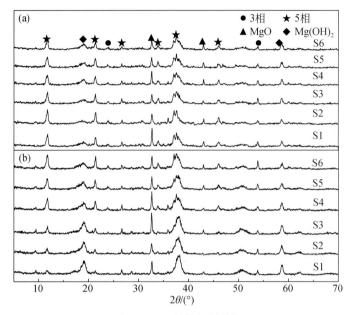

图 3-54　X 射线衍射分析

（a）改性镁系无机胶黏剂的 XRD 图；（b）改性镁系无机胶黏剂浸水 24h 后的 XRD 图

3.5.3.5　小结

以硅丙乳液为改性剂，研究了硅丙乳液添加量对镁系无机胶黏剂力学强度、耐水性能和凝固时间的影响，并对其微观结构、晶相变化及差热情况进行了分析。主要结论如下：

①镁系无机胶黏剂的黏结强度在一定范围内会随着硅丙乳液添加量的增加而增大，超过这个范围后的力学性能会变差，合适的硅丙乳液添加量为占氧化镁质量的 6%。

②镁系无机胶黏剂耐水性能则随着硅丙乳液的添加量增加而逐渐增强，凝固时间亦如此，因此，综合考虑镁系无机胶黏剂的黏结强度，硅丙乳液的添加量应为 6%。

③硅丙乳液的添加只会延缓镁系无机胶黏剂晶相形成，镁系无机胶黏剂黏结强度增加的原因是硅丙乳液与镁系无机胶晶体形成了有机–无机的互穿网络结构，阻止了晶体的水解。

参 考 文 献

巴明芳，朱杰兆，薛涛，等 . 2018. 原料物质的量比对硫氧镁胶凝材料性能的影响 . 建筑材料学报，21（1）：124-130.

柏玉婷，刘民荣，孙晓云，等 . 2015. 纯丙乳液改性发泡水泥的性能研究 . 硅酸盐通报，34（8）：2181-2185.

陈啸洋，毕万利，张婷婷，等 . 2019. 柠檬酸对氯氧镁水泥的改性 . 硅酸盐学报，47（7）：884-890.

陈秀琴，安丽思，顾学民 . 1990. 硅酸盐无机黏合剂的固化机理探讨 . 粘接，11（4）：5-8.

陈永，洪玉珍，吴印奎，等 . 2010. 水玻璃黏结剂的固化和粉化机理研究 . 科学技术与工程，10（1）：112-116.

邓德华 . 2002. 磷酸根离子对氯氧镁水泥水化物稳定性的影响 . 建筑材料学报，5（1）：9-12.

邓德华，张传镁 . 1996. 氯氧镁水泥制品吸潮返卤原因及改善措施 . 新型建筑材料，（12）：24-27.

符彬，李新功，潘亚鸽，等 . 2015. 无机麦秸碎料板制备及性能 . 功能材料，46（1）：1112-1116.

古藤信彦，田中光一，冈田胜义 . 木质纤维板的制造方法：日本，2000-176917. 2000-06-27.

顾继友 . 2003. 胶接理论与胶接基本 . 北京：科学出版社 .

胡文垒 . 2011. 钠水玻璃耐高温胶黏剂的研究及工程应用 . 广州：华南理工大学硕士学位论文 .

胡文垒，李忠，聂法玉 . 2012. 硅酸盐基耐高温胶黏剂的研究现状及应用 . 化学与黏合，34（1）：59-62.

华耀和 . 1994. 互穿聚合物网络讲座（连载一）. 聚氨酯工业，4：44-47.

黄可知 . 2002. 脲醛树脂复合外加剂改性氯氧镁水泥的研究 . 武汉理工大学学报，（1）：9-11.

黄政宇，周美莲，周志敏 . 2013. 硬脂酸按乳液和表面活性剂复配体系的泡沫性能研究与应用 . 化工进展，32（S1）：195-198.

季允松，武忠仁 . 1995. 添加剂对新型抗水镁水泥显微结构和性能的影响 . 无机材料学报，10（2）：241-247.

贾哲，姜波，程光旭，等 . 2007. 纤维增强水泥基复合材料研究进展 . 混凝土，（8）：65-68.

刘成伦，徐锋 . 2005. 混合硅酸盐无机胶黏剂的研制 . 中国胶粘剂，14（11）：19-22.

秦笑梅，陈亚培 . 2020. 超支化聚合物的合成及应用研究进展 . 化工新型材料，48（7）：6-10.

宋秋生 . 2009. 溶胶–凝胶法制备聚合物/无机杂化纤维的研究 . 合肥：合肥工业大学博士学位论文 .

孙娇华，陆卫强 . 2008. 柔韧性丙烯酸酯乳液胶黏剂改性氯氧镁水泥研究 . 粘接，（9）：38+53.

田文玉 . 1998. 提高混凝土强度的两种途径 . 重庆交通学院学报，（1）：3-5.

汪华方 . 2012. 微波硬化水玻璃砂应用的关键技术基础 . 武汉：华中科技大学博士学位论文 .

王静媛 . 1998. 有机–无机杂化 IPN 的合成与表征 . 高等学校化学学报，8：3-5.

文静，余红发，李颖，等 . 2011. 矿物外加剂对氯氧镁水泥水化放热特性的影响 . 混凝土，（12）：49.

吴成友 . 2014. 碱式硫酸镁水泥的基本理论及其在土木工程中的应用技术研究 . 西宁：中国科学院大学（中国科学院青海盐湖研究所）博士学位论文 .

肖俊华，左迎峰，刘文杰，等 . 2016. 秸秆人造板用胶黏剂研究进展 . 材料导报，30（17）：78-83.

肖刘萍，刘士军，宋婷，等 . 2011. $NaOH-Na_2H_2SiO_4-H_2O$ 体系渗透系数的等压法测定及离子作用模型 . 化学学报，69（22）：2653-2657.

夏文干，1984. 我国秦代胶接银片胶黏剂的初步分析 . 粘接，（6）：25-27.

徐锋，刘成伦 . 2009. 硅酸盐无机胶黏剂固化分形动力学 . 北京联合大学学报（自然科学版），2：44-48.

闫振甲，何艳君 . 2006. 镁水泥改性及制品生产实用技术 . 北京：化学工业出版社 .

杨保平，崔锦峰，周应萍，等 . 2006. 纳米凹凸棒无机/有机共聚物涂料的研究 . 涂料工业，8：21-24.

赵传山，姜亦飞，逄进江 . 2010. 对硅酸铝纤维纸基耐火材料的探讨 . 中国造纸，29（z1）：49-52.

周健，崔晓莉 . 2001. 水玻璃的强化与水玻璃砂溃散性的改善 . 铸造，50（4）：231-232.

Aly A A, ZeidanEl-S B, Alshennawy AA, et al. 2012. Friction and wear of polymer composites filled by nano-particles: a review. World Journal of Nano Science and Engineering, 2（1）：32-39.

Ata A, Vipulanandan C. 1998. Cohesive and adhesive properties of silicate grout on grouted-sand behavior. Journal of Geotechnical and Geoenvironmental Engineering, 124（1）：38-44.

Bauer B J, Catheryl J. 1995. Synthesis and characterization of organic/inorganic IPN. Materials Research Society Symposia Proceedings, 385：179.

Beaudion J J，Ramachandran V S. 1977. Strength development in magesiumoxysulfate cement. Cement and Concrete Research，8（1）：103-112.

Chau C K，Chen J，Li Z. 2009. Influences of fly ash on magnesium oxychloride mortar. Cement & Concrete Composites，31（4）：250-254.

Chen X，Zhang T，Bi W，et al. 2019. Effect of tartaric acid and phosphoric acid on the water resistance of magnesium oxychloride（MOC）cement. Construction and Building Materials，213（20）：528-536.

Choi Y M，Maken S，Lee S M，et al. 2007. Characteristics of water- soluble fiber manufactured from carboxymethyl cellulose synthesis. Korean Journal of Chemical Engineering，24（2）：288-293.

Deng D H，Zhang C M. 1999. The formation mechanism of the hydrate phases in magnesium oxychloride cement. Cement and Concreted Research，29（9）：1365-1371.

Gómez- Romero P. 2001. Hybrid organic-inorganic materials-in search of synergic activity. Advanced Materials，13：163-174.

Imai Y，Itoh H，Naka K. 2000. Thermally reversible IPN organic- inorganic polymer hybrids utilizing the Diels- Alder reaction. Macromolecules，33：4343-4346.

Izdebska- Szanda I，Pezarski F，Smoluchowska E. 2008. Investigating the kinetics of the binding process in moulding sands using new，environment-friendly，inorganic binders. Archives of Foundry Engineering，8（2）：61-66.

Jiang W，Li G，Fan Z，et al. 2016. Investigation on the interface characteristics of Al/Mg bimetallic castings processed by lost foam casting. Metallurgical & Materials Transactions A，47（5）：2462-2470.

Jin S，Li K，Li J，et al. 2017. A low- cost，formaldehyde- free and high flame retardancy wood adhesive from inorganic adhesives：properties and performance. Polymers，9（10）：513.

Kazemian S，Prasad A，Huat BBK，et al. 2012. Effects of cement-sodium silicate system grout on tropical organic soils. Arabian Journal for Science and Engineering，37（8）：2137-2148.

Kickelbick G. 2007. Hybrid materials：synthesis，characterization，and application. Weinheim：Wiley- Vch Verlag Gmb H & Co. K Ga A.

Kouassi S S，Tognonvi M T，Soro J，et al. 2011. Consolidation mechanism of materials obtained from sodium solution and silica-based aggregates. Journal of Non-Crystalline Solids，357（11）：3013-3021.

Lin S C，MinamisawaY，Furusawa K，et al. 2010. Phase relationship and dynamics of anisotropic gelation of car- boxymethyl cellulose aqueous solution. Colloid and Polymmer Science，288（6）：695-701.

Lu S X，Pearce E M，Kwei T K T. 1995. Interpenetrating polymer networks of poly（styrene-co-4- vinylphenyldim- ethylsilanol）and poly（N- vinylpyrrolidone）：a new approach to network formation. Polymer，36（12）：2435-2441.

Lucas S，Tognonvi M T，Gelet J L，et al. 2011. Interactions between silica sand and sodium silicate solution during consolidation process. Journal of Non- Crystalline Solids，357（4）：1310-1318.

Millar J R. 1960. Styrene- divinylbenzene copolymers with two and three interpenetrating networks，and their sul- phonates. Journal of the Chemical Society，236：1311- 1317.

Novak B M，Ellsworth M W，Wallow T. 1990. Simultaneous interpenetrating networks of inorganic glasses and organic polymer. Polymer Preprints，31（2）：698-701.

Sglavo V M，De Genua F，Conci A，et al. 2011. Influence of curing temperature on the evolution of magnesium oxychloride cement. Journal of Materials Science，46（20）：6726-6733.

Shim G H，Kim J H，Jun T S，et al. 2020. Improving the water resistance and adhesion strength of a mixed alkali silicate adhesive by optimizing the molar ratio and curing conditions. Journal of Adhesion Science and

Technology, 34 (12): 1269-1282.

Sperling S, Sφrensen I G, et al. 1981. Decontamination of cadaver corneas. Acta Ophthalmologica, 59. 1: 126-133.

Sperling L H, Mishra V. 1995. The current status of interpenetrating polymer networks. Polymer for Advanced Technologies, 7: 197-208.

Sugama T, Kukacka L E. 1983. Magnesium monophosphate cements derived from diammonium phosphate solutions. Cement & Concrete Research, 13 (3): 407-416.

Suleman Y H, Hamid E M S. 1997. Chemically modified soluble sodium silicate as an adhesive for solid wood panels. MokuzaiGakkaishi, 43 (10): 855-860.

Sun J, Liu H, Zhang L, et al. 2015. Experimental study of the application of sodium silicate in the windbreak and sand fixation engineering. Advanced Materials Research, 3848: 1243-1246.

Sun L, Wu Q, Xie Y, et al. 2016. Thermal degradation and flammability properties of multilayer structured wood fiber and polypropylene composites with fire retardants. RSC Advances, 6 (17): 13890-13897.

Tognonvi M T, Soro J, Gelet J L, et al. 2012. Physico-chenmistry of silica/Na silicate interactions during consolidation. Part Ⅱ: effect of pH. Journal of Non-Crystalline Solids, 358 (2): 492-501.

Voitovich V A. 2009. Silicate-based adhesives. Polym Sci, Series D, 3: 187-190.

WaliaR, Akhavan B, Kosobrodova E, et al. 2020. Hydrogel-solid hybrid materials for biomedical applications enabled by surface-embedded radicals. Advanced Functional Materials, 30 (38): 2004599.

Wongpa J, Kiattikomol K, Jaturapitakkul C, et al. 2010. Compressive strength, modulus of elasticity, and water permeability of inorganic polymer concrete. Materials & Design, 31 (10): 4748-4754.

Xu B, Ma H, Hu C, et al. 2016. Influence of curing regimes on mechanical properties of magnesium oxychloride cement-based composites. Construction and Building Materials, 102: 613-619.

Xu K J, Xi J T, Guo Y Q, et al. 2010. Effects of a new madifier on the water resistance of magnesite cement tile. Solid State Science, 14 (1): 10-14.

Xu L, Xu L, Dai W, et al. 2013. Preparation and characterization of a novel fluoro-silicone acrylate copolymer by semi-continuous emulsion polymerization. Journal of Fluorine Chemistry, 153: 68-73.

Zhou X, Li Z. 2012. Light-weight wood-magnesium oxychloride cement composite building products made by extrusion. Construction and Building Materials, 27 (1): 382-389.

第4章 农林剩余物人造板阻燃抑烟理论与技术

4.1 引 言

我国是世界人造板制造和消费大国。随着社会经济的发展,人造板在建筑工程、室内装修、家具制造等行业得到广泛应用(陈志林等,2007;朱光前,2017)。然而,人造板易燃且其燃烧时释放出的大量有毒烟雾给人们的生命财产造成严重危害。因此,对人造板进行阻燃抑烟处理对于保障人们的生命财产安全和人造板产业结构调整及升级具有重要意义。

人造板的阻燃抑烟性能主要取决于人造板的阻燃处理技术和阻燃剂的性能、适用性和用量。对人造板的阻燃处理总体要求是工艺简单、经济合理、经阻燃处理后板材应有良好的阻燃效果和物理力学性能(方桂珍,2008)。人造板主要有胶合板、刨花板和纤维板三大类。对于胶合板而言,其阻燃与实体木材阻燃类似,阻燃剂大多基于磷系、氮系、硼系和铝镁系阻燃剂及其复配物。对胶合板进行阻燃处理,通常通过单板/成品板浸注处理、表面涂覆、胶黏剂中添加阻燃剂等方式。纤维板作为家具及装饰材料的重要原料,其替代实木已成大势所趋。我国中密度纤维板(MDF)的消费量位居全球第一位(田明华等,2016)。对于 MDF 的阻燃处理包括成品板阻燃处理和生产过程进行阻燃处理两种方式。MDF 实际应用过程中的阻燃剂主要有无机阻燃剂、有机阻燃剂和复合阻燃剂(王飞等,2017)。其中,无机阻燃剂主要包括硼系阻燃剂、磷氮系阻燃剂、金属氢氧化物阻燃剂和金属氧化物阻燃剂等。刨花板的阻燃处理工艺与阻燃纤维板类似,主要包括刨花单独阻燃处理、阻燃剂与胶黏剂混合阻燃处理、铺装/分层铺装过程阻燃处理等处理方法。其中,经刨花单独阻燃处理而制造的人造板板材性能和阻燃效果最好,但是阻燃剂用量大、生产成本较高。将阻燃剂与胶黏剂混合施胶处理方式目前比较常用的方法,虽然其工艺简单、生产成本低,但是只适用于无酸、碱性的阻燃剂,且会增加胶的黏度和含水率,对于阻燃剂与胶黏剂的相容性、匹配性要求比较高。铺装/分层铺装阻燃处理存在阻燃剂施加不均匀,不适合液态阻燃剂且阻燃效果不佳,甚至需要对铺装设备进行部分改造等不足,因而在实际生产中应用受限。

随着人造板新产品的不断快速发展,农林剩余物人造板引起人们的关注,且已广泛应用于家居和公共场所。其中,无机胶合农林剩余物人造板具有无甲醛释放、耐水、防虫、抗潮湿、防腐和阻燃等优异性能且制备工艺简单,被广泛用于包装材料、建筑材料、金属以及非金属等多种材质上(吴义强等,2016)。相对而言,有机胶合农林剩余物人造板具有尺寸稳定、轻质、幅面大、施工方便等优点而广泛应用于室内装修和家具制造。但是,有机胶合农林剩余物人造板易燃；尤其是木质有机胶合人造板在燃烧过程中会释放大量的热，加速了火灾的蔓延，还会释放大量有毒烟气。因而，由未阻燃处理的人造板装饰材料/家具引发的火灾事故频发，严重威胁人们的生命财产安全。因此，加强对农林剩余物人造板阻燃剂和阻燃技术的开发、深入研究其阻燃防火机理已成为必然需要。此外，随着安全意识提高和社会的快速发展，人们对于阻燃防火安全要求越来越高，许多国家通过立法来提高家庭住宅、交通运输工具以及公共场所的防火安全。目前，全世界范围内对于提高防火安全的认知主要包括：火灾预防、材料阻燃、消防监测和人员疏散等方面，其中对于易燃材料进行阻燃处理是目前防止火灾发生和蔓延最为有效的手段。这是因为阻燃处理能够降低材料的可燃性、减慢火焰传播速度，可防止小火发展成灾难性的大火，因而大大降低了火灾危险性。为此，全世界都出台了相应的法规和标准，例如欧美等国家对建筑物使用的门、梁、柱、墙板、壁板以及某些场所使用的家具都有明确的阻燃等级要求。我国也出台了一系列的强制性文件和标准，按照我国强制性国家标准 GB 20286—2006 的划定，公共场所使用的木材制品必须符合相应的阻燃等级。

　　需要指出的是，目前国内外对各种人造板的阻燃防火研究大多是在木质材料/高分子材料的阻燃防火基础上进行和延伸的。这是因为人们对人造板的阻燃防火机理的认识，大多都是从阻燃剂对木质材料的阻燃作用机制类推或借鉴而获得的。因此，本章重点将从阻燃防火的重要性、阻燃发展历程、阻燃剂与抑烟剂现状、阻燃防火技术发展及相应的阻燃抑烟作用机制等方面概括近年木质材料/植物纤维制品在阻燃防火方面的重要进展，这将对农林剩余物人造板的阻燃技术研究和开发具有重要的指导意义。

4.1.1　阻燃发展史

　　木质材料的阻燃已经有漫长的发展历史，早在公元前 4 世纪古罗马人便学会了用明矾和醋的混合溶液处理木材来防止船只着火。在古希腊、埃及和中国，早在几千年前就掌握了用海水、明矾和盐水浸渍来提高木材阻燃性能的处理技术。1821 年 Gay-lussac 发现硫酸铵、磷酸铵和氯化铵等这些铵盐与硼砂的混合物可用来阻燃纤维素织物，开创了化学阻燃剂的历史（王玉忠，1997），从此材料的阻燃进入了科学系统的发展。例如，1930～1935年美国农业部林业试验室系统研究了含卤素、磷、氮、硼等阻燃元素的木质材料阻燃剂，40 年代后期其又开发了利用尿素等弱碱性有机氮化合物与磷酸酯化来提高了阻燃剂的耐久性的相关方法。50 年代末期，美国、日本等发达国家又开始系统地研究了阻燃木质材料燃烧性能分级及检测标准，木材燃烧历程及阻燃机理、阻燃木质材料的材性及老化性能等，这为世界各国系统研究材料的阻燃提供了标准和借鉴。

　　我国早在 5000 年前就掌握了利用涂覆不燃涂层（如黏土、石膏等）来实现木材阻燃防火的技术。在沿海地区，先民们早就了解用卤水处理过的木材具有防火阻燃的功能。但是，我国近代在木质材料阻燃领域发展比较缓慢。直到 20 世纪 70 年代才成功研制了膨胀型防火涂料，如氨基树脂型防火涂料，用作木质材料的饰面型防火保护层。80 年代后，我国在木质材料阻燃领域进入了快速发展期、并取得了喜人的成就。例如，中国林业科学院木材工业研究所组建了木材防火研究室，并开展了木材和木质人造板处理研究工作。东北林业大学开展了木质材料阻燃处理研究工作，李坚院士等（2002）成功开发了 FRW 系列木材阻燃剂，该木材阻燃剂在阻燃和综合性能方面与外国同类产品相比均具有明显的优势。之后，北京林业大学开发出了 BL 环保阻燃剂（李广沛等，2006），南京林业大学开发出了 TGP 等木材阻燃剂。此外，东北林业大学木材保护课题组在不断深入开展木材阻燃剂 FRW 系列产品的开发，适当调节磷–氮–硼元素的配比和组合，获得了多个性能优良的产品，如 FRW-1、FRW-C1 和 FRW-C2 等（王奉强等，2010）。随后，以卤素、磷、硼、氮、硫为主剂的各类阻燃剂的研发都得到了迅猛发展。但是，随着环保意识的增加，从1998 年开始全世界禁用含卤阻燃剂的呼声日益高涨，开发新型的绿色环保、多功能的无卤阻燃剂已是大势所趋，因而一些新型的无机复合阻燃剂日益引起了科研工作者的关注。

目前，各国家、各级政府都对材料的阻燃处理给予极大的重视，并且越来越认识到，采用阻燃处理的材料是防止和减少火灾的战略性措施之一，是关系国民生命财产安全的重大举措。随着人们环保意识的增强，环境保护要求越来越高，环保法规执法更加严格，如何在保障人员和财产免受火灾威胁的同时，又能使阻燃剂对人体和环境的潜在危害降到最低甚至零，是阻燃剂生产企业、研究机构以及各行业应该共同关注的焦点。因此，未来阻燃材料的发展研究应当是力求在防火抑烟与环保生态之间寻求最佳平衡。

随着社会的不断发展，社会财富不断增多，木质材料或人造板在建筑工程、室内装修、家具制造、包装等行业的使用需求日益增大，导致这些环境火灾荷载变大，一旦发生火灾，就会猛烈燃烧和迅速蔓延，火灾的危险性和危害性也越来越大。据统计，我国 20 世纪 70 年代火灾的年平均损失不到 2.5 亿元；20 世纪 80 年代火灾的年平均损失不到 3.2 亿元；进入 20 世纪 90 年代，火灾造成的直接财产损失上升到年均十几亿元到几十亿元，年均死亡 2000 多人。随着城镇化、高层建筑的增多和室内装饰档次的提高，我国更是面临火灾多发及火灾人员伤亡和财产损失上升的高风险。尤其是特大火灾伤人事故时有发生，社会影响极大。例如，2010 年 11 月 15 日，上海市静安区胶州路一栋 28 层的高层教师公寓发生严重火灾，造成 58 人遇难，126 人受伤，火灾造成的直接和间接损失可能超过10 亿元。"11.15"火灾事故原因是无证电焊工违章操作，焊接时火花四射引燃了塑料防护网、聚氨酯泡沫、木板等易燃物所致。2013 年 4 月 14 日，湖北省襄阳市樊城区前进路158 号的一景城市花园酒店二层的网络会所发生火灾，造成 14 人死亡、47 人受伤，过火面积约 510m^2。造成该火灾的主要原因是未按规定设置自动消防设施，且其屋面采用可燃夹芯材料、吊顶，墙面、楼梯间采用可燃材料装修。发生在哈尔滨市北方南勋陶瓷大市场的"2015.1.2"火灾夺去 5 名消防战士的生命，14 人受伤，549 户 2000 多名居民以及部分的临街商户受灾，这是因为仓库内部储存大量的未经阻燃处理的纸质、木制品和塑料材料为火灾的蔓延创造了有利条件。所以，通过阻燃处理降低木质材料/人造板/纸张的可燃性，减缓可燃材料的燃烧速度，对于防止火灾的发生以及赢得火灾初期的宝贵时间，用来疏散人员和及时控制、扑救火灾都是十分重要的。

毋庸置疑，火灾是全世界影响最大的自然灾害之一，发生频率高，给人类造成了巨大损失和危害。特别是随着生活水平的逐步改善，建筑和装修用木质材料/人造板的消耗量正在逐年增加。木质材料/人造板制品等又是火灾中的主要可燃物，因而对木质材料/人造板制品的阻燃处理成为了关系人民生命财产安全的重要课题。可喜的是，随着消防法规的逐步完善、立法和执法的进一步加强，世界各国都对木质材料/人造板的阻燃处理给予极大的重视，且日益认识到采用阻燃抑烟剂处理木质材料/人造板是防止和减少火灾中人员伤亡的重大举措。

4.1.2　阻燃抑烟剂

阻燃剂多种多样，分类方法也很多。例如，按其在处理过程中是否与基材反应，可以分为反应型阻燃剂和添加型阻燃剂。若按所含元素组成可分为卤系阻燃剂、磷系阻燃剂、氮系阻燃剂、磷-氮系阻燃剂、硼系阻燃剂、锡系阻燃剂、锑系阻燃剂、铝-镁系等阻燃剂。按化合物的类型又可分为无机阻燃剂和有机阻燃剂。下文将主要从阻燃抑烟剂的类型及其作用机制和特点对一些通用的木质材料/人造板阻燃剂进行简介。

4.1.2.1　阻燃剂简介

1）卤系阻燃剂

主要分为氯系阻燃剂及溴系阻燃剂。其作为有机阻燃剂的一个重要品种，是最早使用的一类阻燃剂。卤系阻燃剂阻止木材燃烧主要在起火及燃烧阶段，其阻燃作用主要是通过化合物受热分解生成卤化氢致火焰熄灭。但是，卤系阻燃剂在阻燃时会产生大量的腐蚀性、有毒的烟气，需要与氧化锑等抑烟剂复配使用（Qu et al., 2011）。因而，随着人们环保意识的增加，禁用含卤阻燃剂的呼声日益高涨，阻燃剂无卤化已是大势所趋。

2）磷-氮系阻燃剂

主要有磷酸盐及聚磷酸盐，如磷酸二氢铵、磷酸铵、聚磷酸铵（APP）等。其中APP具有阻燃元素含量高，热稳定性能好，价钱适中、毒性小、阻燃性能持久等优点，是用得最多的磷-氮系阻燃剂。聚磷酸铵的阻燃机制主要为凝聚相机理和气相机理。因此，这一类阻燃剂在木质材料的热分解过程中，主要利用阻燃剂的热解产物促使材料的表面迅速脱水形成稳定的炭层，不仅能够保护木材内部不被分解，而且可以减少可燃性气体的产生以及降低热量，从而达到阻燃的目的。

3）硼系列阻燃剂

主要包括硼酸、硼砂、硼酸钙、偏硼酸钠、五硼酸铵、多硼酸钠、硼酸铵、硼酸锌等。硼系阻燃剂的阻燃作用机制是通过热膨胀熔融，形成玻璃态覆盖层覆盖在材料表面，隔断氧气供给，从而阻止了木材的燃烧和火焰传播达到阻燃的目的（张月琴等，2007）。

4）金属氢氧化物阻燃剂

最常见的是 $Al(OH)_3$ 和 $Mg(OH)_2$。由于它们在高温下能释放出大量水蒸气，不仅可稀释可燃物的浓度，致使系统放热减少，而且水在气化过程中需要吸收大量的热，从而可延缓材料的热降解速度、减缓或抑制材料的燃烧。与此同时，其热解生成的金属氧化物可以促进炭层的形成和抑制燃烧过程中烟尘的产生。

5）锑系阻燃剂

主要有三氧化二锑、胶体五氧化二锑等，其中三氧化二锑的应用较广泛，主要用于塑料制品和纺织物的阻燃，但也可用于阻燃橡胶、木材等。锑系化合物主要以固相阻燃机制为主，一般认为：①氧化锑以液态或固态的形式覆盖于燃烧物的表面，起到隔绝空气阻止燃烧的作用；②由于氧化锑的熔融和挥发过程吸收热量而降低燃烧温度；③变为气态后的氧化锑，在火焰中形成各种锑化物和卤素自由基，使燃烧的化学过程发生改变，从而起到抑制燃烧的作用（廖红霞等，2008）。

4.1.2.2　抑烟剂简介

根据抑烟剂的作用，抑烟剂大致分为两大类：填料吸附型和成炭反应型。填料吸附型包括物理吸附和化学吸附，物理吸附是指利用所添加的微/纳米抑烟剂具有高比表面积和吸附能力的特点吸附阻燃过程中分解或燃烧产生的烟雾毒气。化学吸附是指与烟雾毒气发生化学反应而使烟气发生催化转化或不逸出到空气中。成炭反应型是指与分解或其燃烧产物发生化学反应，生成相对密度较大的不易成烟的物质；或者是通过形成致密稳定的炭层改变材料的裂解方式，从而达到抑烟的目的（魏昭荣，2005；朱新生等，2006）。

1）填料型抑烟剂

金属氢氧化物：主要是指氢氧化镁、氢氧化铝。它们的抑烟效果较差，需要加入的量大，通常作为填料降低成本。它们的抑烟作用有以下几方面（薛恩钰等，1988；闫顺等2020）：①高温下生成的氧化铝和氧化镁能吸附烟核和烟粒，达到消烟作用；②氢氧化物或其受热脱水分解生成的氧化物能在固相中促进成炭过程，抑制烟尘生成；③氢氧化物在高温下受热脱水并吸收大量的热，不仅会促使燃烧过程放热速率减慢，而且会减缓聚合物热解有利于交联反应的发生，从而促进成炭；④氢氧化物能与燃烧过程中产生的酸性物质（如 HCl、HCN 等）反应，也能起到降低烟雾毒气的作用。

其他无机盐化合物：碳酸钙、硫酸钡等无机盐也经常作为填充剂添加到聚合物中。在高温下无机盐化合物分解产生的新化合物具有较大的比表面积能起到吸附烟尘的作用，同时也有一定的催化作用，能促进成炭，从而起到抑烟的作用。

2）成炭型抑烟剂

（1）钼类抑烟剂是目前已知的最为优异的抑烟剂，主要有八钼酸铵、八钼酸蜜胺、三氧化钼、钼酸锌、钼酸钙、磷钼酸盐等。其中，三氧化钼和八钼酸铵中的钼为六价，其氧化态和配位数易于改变，这使得它们不仅能作为抑烟剂，而且具有较好的阻燃作用。但是，目前为止钼类抑烟剂的确切详细机理还不能完全确定（李建军等，2003；卓婕等，2015）。有人认为，钼化合物加入 PVC 中时，能以 Lewis 酸机理催化 PVC 脱 HCl 而形成反式多烯，反式多烯不能环化生成环状芳香族化合物，而此类化合物是烟的主要成分，从而达到了减少烟释放目的。也有人认为，钼化合物能通过碳—氯键的还原偶合或通过金属键合，形成交联聚合物链，从而降低可燃物对火灾的贡献。钼化合物虽然有优异的抑烟效果，但其昂贵的价格影响了它的使用范围，通常是将钼化合物与其他抑烟剂配合使用以降低使用成本。

（2）锌类抑烟剂：常见的锌类抑烟剂有氧化锌、硼酸锌、锡酸锌和铝酸锌等。其中，硼酸锌因其无毒、低水溶性、高热稳定性、粒度细和分散性好等诸多优点而在聚合物中有广泛的应用。人们普遍认为，锌类化合物具有抑烟效果是因为 Zn^{2+} 能催化聚合物交联成炭，致密的炭层在高温下不易碎裂成小颗粒的烟尘，从而降低烟生成量（Fabien et al.，2000；卓婕等，2015）。

（3）铜类抑烟剂：铜化合物的抑烟机理是还原偶合机理，其对聚合物具有很好的抑烟效果。常用作高分子材料抑烟剂的铜类化合物有 Cu_2O、CuO、$CuCl_2$、$Cu(COOH)_2$ 和 CuC_2O_4 等化合物。其中，Cu(0) 较为稳定，但颜色重；Cu(Ⅰ) 颜色较浅应用较多，但在一定条件下会分解成 Cu(0) 和 Cu(Ⅱ)，所以铜类化合物的使用受到一定的限制（Ho et al.，2010）。因而，铜类化合物在木质材料的抑烟过程中应用不多，更多是用作木质材料的防霉防菌。

（4）铁系抑烟剂：铁的许多有机或无机化合物都是良好的抑烟剂，如 FeOOH、二茂铁、Fe_2O_3、$FeCl_3$ 等。其中二茂铁是最常用的抑烟剂，将其添加到 PVC 中可使其成炭率增加 20%~60%，氧指数相对提高 15%~19%。铁系化合物在气相和凝聚相均可起抑烟作用，其抑烟机制的发挥还与被抑烟的物质有关。此外，铁系化合物在同一聚合物中也可能发挥不同的抑烟作用机制。例如，FeOOH 在高分子材料中发挥抑烟作用时，既可以促进聚合物成炭来达到抑烟的目的，也可以通过促进烟尘微粒氧化成为气相的 CO 和 CO_2。铁系抑烟剂具有如下特点：铁系抑烟剂的添加能大大提高高分子体系的成炭率，不仅使烟释放量明显降低，而且体系的阻燃性能也得到改善；还能使体系的热稳定性和光稳定性得到提高，从而降低热释放量；更值得一提的是，铁系抑烟剂与卤素联合使用时，在高温下形成强吸电子化合物，抑烟效果更好（Chen et al.，2013；Pan et al.，2016）。

4.1.2.3 新型绿色多效阻燃剂

尽管木质材料的阻燃剂种类繁多，目前主流的绿色阻燃剂有磷–氮系、氮系、硅系、锑系、铝–镁系、硼系、锡系、膨胀型阻燃剂等类型。随着环保意识和消防法规的全面实施，开发绿色环保、一剂多效的木材阻燃剂体系成为当前的主流方向。当然，伴随科学技术的发展，许多新型阻燃剂和阻燃技术也得到开发和应用。基于数十年在木质材料的阻燃抑烟领域的不懈耕耘，作者带领团队开发了一系列新型的绿色复合阻燃剂体系。例如，NSCFR 阻燃剂体系（吴义强等，2012）、硅、镁、硼系阻燃剂（吴义强等，2012；陈卫民等，2012；姚春花等，2012；吴义强等，2014；Wu et al.，2014；Fu et al.，2014；Zhu et al.，2014；杨建铭等，2014；杨守禄等，2014；陈卫民等，2015；夏燎原等，2016；吴袁泊等，2018；杨守禄等，2019）、磷、氮、硼系阻燃剂（Wu et al.，2011；陈卫民等，2012；Zhu et al.，2012；吴义强等，2012；Long et al.，2012；吴义强等，2014；Zhu et al.，2014；杨建铭等，2014；杨守禄等，2014；夏燎原等，2016；吴袁泊等，2018；杨守禄等，2019）、相变吸热–膨胀型阻燃剂，并系统研究了它们在木质材料/农林剩余物人造板的阻燃抑烟特性及作用机制，该系列阻燃剂及相关阻燃技术在国内数百家企业得到推广和应用。

总体来说，国内外木质材料/人造板阻燃剂和阻燃技术的研究主要面向表面改性、协同阻燃增效、纳米化、微胶囊化、多功能化等方面发展，其中一剂多效的功能化阻燃剂将是今后阻燃发展与研究的主要方向。下文将结合作者团队在木质材料/人造板阻燃领域取得的一些代表性工作，重点从硅酸盐类阻燃剂、层状氢氧化物 LDHs 阻燃剂、新型炭材料阻燃剂和分子筛类阻燃剂等新型阻燃剂的开发和技术应用等方面进行全面概述。

1）硅酸盐类阻燃剂

硅酸盐指硅、氧与其他化学元素（如铝、铁、钙、镁、钾、钠等）结合而成的化合物的总称。它们大多数熔点高、化学性质稳定，广泛应用于各种工业、科学研究及日常生活中（孙挺等，2011）。与其他类型的阻燃剂相比，硅酸盐类阻燃剂在提高阻燃效率、减少烟雾毒气和改善木材的力学性能等方面都有独到之处（Pereyra et al.，2009；Kumar et al.，2015），如以蒙脱土、海泡石、分子筛等为代表的硅酸盐已广泛应用于材料的阻燃。

蒙脱土作为一种特殊的层状纳米材料，被广泛用于吸附、催化、涂料、纳米材料等多种领域。尤其是利用其增强聚合物–层状纳米复合材料，可使聚合物的力学性能、阻燃性能和热稳定性能提高，应用前景十分广阔（Kord，2011）。这是因为蒙脱土是一类由纳米厚度的表面带负电的硅酸盐片层，依靠层间的静电作用而堆积在一起构成的层状矿物，其晶体结构中的晶胞是由两层硅氧四面体中间夹一层铝氧八面体构成，具有独特的一维层状纳米结构和阳离子交换特性，从而赋予蒙脱土诸多改性的可能和应用领域的扩大，可广泛应用于高分子复合材料或木质材料的增强和阻燃抑烟等功能化。

例如，Zhao 等（2006）采用有机蒙脱土 OMMT、硅烷偶联剂改性的木粉与 PVC 制备的木塑复合材料，不仅将木粉/PVC 复合材料的冲击强度和拉伸强度分别提高了 14.8% 和 18.5%，也极大地改善了其防火阻燃和抑烟功能。此外，吕文华等（2007）在研究杉木/蒙脱土纳米复合材料结构特性时发现，蒙脱土可填充于木材细胞腔等大孔隙，可附着在木材细胞腔内壁，甚至可进入细胞壁，且少量蒙脱土的加入使得复合材料热性能明显提高，高温区（>450℃）的热解失重显著减少。Xue 等（2008）采用插层复合法制备的杉木/钙蒙脱土复合板，其表面力学性能、阻燃性能和尺寸稳定性得到很大提高。而改性蒙脱土更是木质材料的高效阻燃阻燃剂或阻燃增效剂，例如朱凯等（2017）研究表明改性处理后层状结构显著的蒙脱土，可以更高效地促进木纤维成炭，起到更好的阻燃抑烟作用。同时，改性蒙脱土可以有效降低木材燃烧的热释放速率，减少总热释放量和总发烟量。

海泡石是一种纤维状的含水硅酸镁化合物，通常呈白、浅灰、浅黄等颜色，不透明也没有光泽。由于其独特的纤维状结构和易于改性的特性，可应用于木质复合材料的阻燃防火。例如，作者团队（陈旬等，2013）研究了改性海泡石与聚磷酸铵（APP）在木材燃烧过程中的阻燃作用和对烟雾毒气的调控作用。结果表明，改性海泡石和 APP 单独作用于木屑板时其总热释放速率 THR 分别降低了 27.55% 和 43.11%；总烟释放量 TSP 分别降低了 11.95% 和 54.56%，这说明 APP 和海泡石均具有较好的阻燃和抑烟作用。从阻燃抑烟的角度来说，APP 比改性海泡石具有更好的阻燃及抑烟效果。但是，APP 单独作用的木屑板 CO 平均产率 m-COY 增加了 252.94%。采用改性海泡石和 APP 共同处理木材时，木屑板的 THR 值降低了 44.75%，TSP 降低了 84.42%，m-COY 降低了 81.86%。这说明 APP 和改性海泡石产生了良好的协效阻燃和抑烟的作用，并且改性海泡石可以将 APP 作用下木材热解产生以 CO 为代表的大量有害气体充分催化氧化转换成 CO_2 气体，可以有效降低烟气毒性，降低火灾危害性。此外，Wicklein 等（2015）利用木质纳米纤维素、海泡石纳米棒和氧化石墨烯制备出超隔热、高阻燃、各向异性的超轻复合泡沫，其具有低热导率仅为

15mW/（m·K）（约为发泡聚苯乙烯的一半）、高轴向特异性杨氏模量为 77kNm/kg、极限氧指数值高达 34。即使在热辐射为 35kW/m² 的 CONE 测试条件下，只有泡沫边缘在阴燃和着火。

2）层状氢氧化物（LDHs）阻燃剂

LDHs 也称为类滑石粉料，是一种主-客体材料，通常是由两种或者两种以上的金属元素组成的层状氢氧化物。其结构是通过相互平行并且带有正电荷的板层所组成，层板的电荷通过水合层间区域中的阴离子来平衡，其中含有 CO_3^{2-} 的 Mg/Al 水滑石是最典型的 LDHs。由于 LDHs 易于合成，具有高的离子交换能力、高含量的键合水和无毒的特点，因而常用于聚合物的热稳定剂及阻燃剂。研究表明，Mg/Al 水滑石阻燃时，在低于 200℃ 时失去层间水，层状结构没被破坏，在 250～450℃，层板上的 OH^- 脱水，CO_3^{2-} 分解放出 CO_2，起到稀释并阻隔可燃性气体；超过 450℃ 后，脱羟完全并生成 Mg—Al—O 的碱性多孔性氧化物，可有效吸附酸性有害气体、炭烟的微小颗粒等。由于镁铝水滑石分解温度段既有低温段又有高温段，且兼具了 Al（OH）$_3$ 和 Mg（OH）$_2$ 阻燃剂的优点，因而 LDHs 不仅能形成传热、传质的物理屏障，而且具有常规的化学阻燃抑烟的双重功效（Zhao et al.，2008；闫顺等，2020）。

受益于其独特的物化特征和优异的阻燃抑烟特性，LDHs 也广泛应用于木质材料的阻燃。例如，张丽芳等（2016）制备无机镁铝水滑石（MgAl-LDH）阻燃中纤板（MDF）时发现，随着 MgAl-LDH 质量的增加，MDF 的阻燃抑烟作用更显著。当添加量为 15% 时，其阻止热量释放效果达到三聚氰胺磷酸盐（MP）添加量 10% 的效果，但抑烟性更为优异。此外，在木质基材上生成的镁铝层状双金属氢氧化物涂层不仅具有机械增强的作用，也表现出良好的阻燃效果。韩易等（2016）用大板燃烧法和烟密度等评价了水滑石在膨胀阻燃涂料中的阻燃抑烟作用。结果表明，加入的水滑石使膨胀阻燃体系形成更致密、孔结构更均匀发达的海绵状炭层，从而延长了涂料的耐燃时间。当其添加量为 50 份时，该阻燃涂层的阻燃抑烟效果最佳，其耐燃时间从 58min 延长到 165min，残炭量高达 52%，烟密度等级（SDR）仅为 8% 左右。

还有，顾忠基等（2016）采用共沉淀法制备了粉体状的 LDHs，并将其与三聚氰胺甲醛树脂（MF）复合制备了 LDHs/MF 树脂基纳米复合材料浸渍的饰面人造板也表现出较好的阻燃效果。测试表明该饰面人造板的 p-HRR 降低约 7.0%、有效燃烧热峰值降低 7.5%、THR 降低 10.0%，其 COY 峰值降低了 44%，表现出一定的抑烟减毒作用。此外，将 LDHs 与三聚氰胺焦磷酸盐（MP）复配阻燃中密度纤维板（MDF）也表现出良好的协同阻燃作用，且 MP/LDHs（1∶1）阻燃剂的质量百分比为 10wt% 时具有最佳的协同阻燃效率（Liang et al.，2016）。多种测试结果表明，MP/LDHs 阻燃样品比纯 MP 和纯 LDH 阻燃样品具有更低的热分解温度，样品的极限氧指数值 LOI 随着 MP/LDHs 的添加量的增加而逐渐变大，且 MP/LDHs 可明显降低中密度纤维板的热释放速率峰值 p-HRR 和平均热释放速率 m-HRR 及烟气释放量。还有，Kalali 等（2017）研究表明采用聚磷酸铵 APP 和植酸改性后的 LDH 阻燃木塑复合材料（WPCs），不仅表现出很好的协同阻燃抑烟作用，而且可明显提高 WPCs 的冲击和拉伸性能，这有助于开发具有良好的阻燃和力学性能 WPCs。

此外，Guo 等（2017）通过水热反应在木材的表面原位生成了镁铝层状双金属氢氧化物涂层。与未经处理的木材相比,其极限氧指数从 18.9% 增加为 39.1%,表现出良好的阻燃效果。还有,该阻燃处理木材的总产烟量减少了 58%、最大烟化率降低了 41%、热释放峰值和总热释放量也分别降低了 49% 和 40%。与此同时,采用氟硅烷经过简单的表面改性处理也可改变 Mg-Al-LDH 涂层的亲水性,其最大接触角为 152°,表现出良好的疏水功能。最近,Lv 等(2019)通过水热反应在材料的表面原位生长了水滑石状化合物(MgAl 层状双氢氧化物,MgAl-LDH),开发了一种用于实体木材(紫檀木)的新型阻燃技术。结果表明,LDH 生长后,木材的 LOI 从 19% 增加到 48%;总热量释放减少了 66.17%,总烟雾产生减少了 77.57%。力学性能测试证明,原位生长的 Mg-Al-LDH 导致木材显示出增强的抗张强度和抗压强度。显然,这种低成本高效的方法可用于提高木材的阻燃抑烟性能,而无需改变其外观和结构。

　　总体而言,由于 LDHs 不仅具有易调变的特性,因而可根据需求设计阻燃产品,同时能与其他阻燃剂复配、协效,使被阻燃基材既具有很好的阻燃、抑烟性能,还具有环境友好、价格低廉,易于进行工业化生产等众多优势。因此,层状复合金属氢氧化物 LDH 在阻燃剂行业中将具有巨大的应用潜力和重要的地位。

　　3)新型碳/炭材料阻燃剂

　　碳/炭材料是一类含碳元素的非金属固体材料,如石墨、碳纤维、碳纳米管、石墨烯、炭气凝胶和碳/炭复合材料等。其中,碳材料在能源、通信、计算技术等众多领域应用广泛,尤其是碳纳米管、石墨烯制备及利用等一直是科研领域的热点(Iijima et al.,1991;Dreyer et al.,2009)。由于碳材料不仅具有耐高温、耐酸碱、导电性好的特点,还具有比表面积大、孔径可调及价格低廉等优点,因而已广泛应用在催化、吸附分离及电化学储能等方面。

　　有意思的是,碳材料在聚合物功能化领域的研究也一直持续不断。例如,Rahatekar 等(2010)利用碳纳米管(CNTs)形成互渗网络结构来增强炭层的强度及耐热性,改善聚合物的阻燃效果等。Naumann 等(2012)以膨胀石墨为改性剂制备的 WPC 对防止火灾和真菌腐烂都表现出较佳的效果。这是因为石墨烯具有吸收和屏障作用能够抑制聚合物基体热分解,不仅减少热量和可燃气体释放,还可以促进炭的形成(Wang et al.,2013)。

　　为此,人们也开始广泛探讨碳/炭材料在木质材料的各种改性和阻燃处理中的作用(Beyer,2002;宋永明等,2011;郭垂根等,2015;Lei et al.,2015;Seo et al.,2016)。例如,Beyer(2002)对比研究了纯碳纳米管(CNTs)和羟化碳纳米管(CNT-OH)对提高马来酸酐接枝的 PP/木粉复合材料(WPC)的热稳定性和阻燃性的作用。TGA 表明材料的热稳定性随 CNTs 和 CNT-OH 的增加而提高,1.0wt% 的 CNTs 和 CNT-OH 分别可以降低 WPC 的热释放速率峰值(PHRR)16.7% 和 25%,阻燃性性能达到最佳,并且 CNT-OH 由于与 PP、木粉有更好的界面黏合作用而比 CNTs 具有更佳的阻燃性能。宋永明等研究可膨胀石墨(EG)及其与聚磷酸铵(APP)复配阻燃木粉–聚丙烯复合材料时发现,随 EG 质量分数的增加,复合材料的热释放速率、总热释放量、烟释放速率和总烟释放量均显著降低,EG 表现出较好的阻燃和抑烟效果。郭垂根等采用改性炭黑、EG、APP 三者复合与木粉及聚丙烯制得的木塑复合材料,不仅能抗静电,还促进成炭,残炭量从 2.9% 上升到 20.4%,表现很好的协效阻燃抑烟作用。由于碳纳米管、碳纳米纤维等碳材料的具有轻量化、柔韧性和优异的黏附性等优点，故其可做成各种复杂的形状。此外，将它们组合成不同宏观材料如薄膜、油漆等，不仅具有各种高功能，同时具有优秀的防火潜力（Janas et al.，2017；Yang et al.，2017）。特别是碳材料在提高木质材料的阻燃性能的同时，还符合当今绿色环保的趋势，具有理想的应用前景。

但是，由于碳纳米管等纳米碳材料的价格较高，在一定程度上制约了其广泛的应用。因此，开发新型的综合性能理想、绿色环保和价格合理的阻燃碳/炭材料引起科研人员的关注。例如，Ghanadpour（2015）将亚硫酸盐浆粕纤维磷酸化而获得宽约 3nm 的化学改性纳米纤维素（CNF）。该磷酸化的 CNF 纳米纸片在 3S 甲烷连续火焰后自熄，在 35kW/m^2 的热辐射热下不燃，这主要归因于 CNF 分子结构中的磷酸基团具有催化脱水成炭作用，可明显提高该材料的阻燃性能。在新型碳/炭材料阻燃剂领域，作者团队（袁利萍，2018）也开发了一类新型的磺化炭阻燃剂，并系统研究了该阻燃剂的制备工艺及其对木质材料催化成炭和烟气释放的作用机制。该磺化炭可使木屑板的 p-HRR 降低 39.4%，点燃时间延后 145s，THR 减少 20.4%，残炭量增加 10%。尤其是，该磺化炭还具有显著的烟雾毒气转化作用，其 SPR 和 TSP 只有纯木屑板的 1/5，有毒气体 CO 的释放比纯木屑板减少了 51.9%。俞书宏课题组（Wu et al.，2013）利用细菌纳米纤维素通过一种简便、经济、环保的方法制备了超轻、柔性和防火碳纳米纤维气凝胶。此外，Wicklein 等（2015）利用石墨烯和纳米纤维素和海泡石纳米棒的悬浮液，通过冷冻浇铸制备了各向异性的杂化气凝胶泡沫，结果表明其不仅轻质、超绝缘，还具有出色的耐燃性（锥形量热仪测试仅偶尔能点燃）和优异的隔热性能［导热系数为 15mW/（m·K），约为膨胀聚苯乙烯的一半］。因而，利用原料来源广泛、价格低廉且可再生的生物质材料，如木材或农林剩余物的衍生产物（如炭气凝胶、改性纤维素等）来开发性能优异、绿色环保且物美价廉的新型阻燃功能材料将具有巨大的应用潜力。

4）分子筛类阻燃剂

分子筛（徐如人等，2015）是天然或人工合成的具有孔道和空腔体系的无机材料，由 SiO$_2$、Al$_2$O$_3$ 四面体通过氧桥联接而成的碱金属或碱土金属晶体硅铝酸盐，具有均匀、独特的孔结构、大的比表面积及较高的热稳定性，因而被赋予了吸附、催化、光电等多种功能。因此，一直以来分子筛在化工等诸多领域应用广泛。

随着人们对生态环保对人类自身可持续发展的重要性的意识日益强化，开发高阻燃效果又经济环保的阻燃剂成为了当前阻燃研究领域关注的焦点之一。研究发现，分子筛与很多阻燃剂有良好的协同作用，尤其在抑烟作用和协同成炭方面具有良好的效果。因而，在木质材料中引入分子筛不仅符合当前阻燃剂绿色、环保的发展趋势，同时又满足阻燃剂高效、经济的开发要求。近数十年来，应用分子筛来提高材料阻燃性的研究持续不断。例如，早期 Bourbigot 等（1997）通过一系列的研究，探讨了 4A 分子筛用于聚磷酸铵/季戊四醇（APP/PER）体系阻燃聚合物时，发现了其与膨胀型阻燃体系的协同效应，4A/APP-PER 在 650℃ 的残炭量近 30%，而 APP-PER 的不到 5%，这是因为 4A 分子筛与 APP-PER 作用形成坚固、连续的类似高分子网络的 Al-Mg-Si-P-C 保护层，能在高温下稳定存在。在木质材料阻燃领域，王明枝等（2012）采用单因素法分析了分子筛类型及用量对磷氮阻燃剂浸渍杨木单板制备的胶合板的阻燃性能和胶合性能影响。结果表明，分子筛在磷氮阻燃胶合板中显示出良好的协效阻燃作用。其中，加入量为 1% 就能够显著提高胶合板的阻燃性能，加入量为 3% 时阻燃胶合板的胶合强度提高最大。

作者团队在分子筛类复合阻燃体系的开发方面也取得了一些丰硕的成果。例如，夏燎原等（2013）利用水热晶化法合成了锡掺杂的介孔分子筛，该分子筛具有二维六方（$P6mm$）介观结构、高的比表面积，将其与 APP 复合表现出显著的阻燃与抑烟特性。对比纯杨木素材板，其 THR 下降了 50.17%，TSP 下降高达 94.34%。同时，该分子筛对阻燃过程中释放的烟气具有转化作用，能够有效地降低 CO 的浓度，相对 APP 阻燃样品（s-1），其 m-COY 下降了 62.14%，具有显著的减毒作用，对于减少火灾中人员伤亡具有重要的意义。陈旬等（2014）研究了 5A 分子筛与 APP 复合阻燃木材燃烧过程中的阻燃效果和烟气转化作用。APP 单独使用时能有效降低总热释放量 THR，但是平均 CO 产率增加 185.71%。5A 分子筛与 APP 复合使用 THR 降低 34.23%，总烟释放量 TSP 降低了 76.07%，平均 CO 产率降低了 68.33%。5A 分子筛能将木材热解产生的以 CO 为代表的有毒气体催化转化为 CO_2，从而减少了毒气的产生和释放。多孔及比表面积大吸附性强的 5A 分子筛的存在，能有效降低 CO、烟气这些在火灾中导致人员伤亡的主要因素。夏燎原等（2014）采用改性 13X 分子筛与聚磷酸铵复合对木材进行阻燃与抑烟处理，并从阻燃性能、热降解行为和烟气组分等方面分析了该分子筛在木材燃烧过程中的协同阻燃、成炭作用和烟气转化行为的影响。结果表明，聚磷酸铵（APP）与改性 13X 分子筛复配比为 7∶3 时表现出最佳的协同效应，不仅可提高炭层的热稳定性，表现出优异的阻燃与抑烟特性，其总热释放量下降了 31.1%，总烟量下降了 75.9%；而且对阻燃过程中释放的烟气具有转化作用，其 CO 平均产量下降了 69.6%，具有明显的减毒作用。Yuan 等（2014）还研究了 5% 异烟酸改性 5A 分子筛与 15% APP 复合阻燃木屑板比单独使用 20% APP 阻燃时，PHRR 降低 59%，THR 下降 75%。同时降低了材料的烟释放速率，总烟释放量更是减少约 1/3。改性 5A 分子筛与 APP 具有较好的阻燃协效作用，有利于较早形成稳定而致密的炭层，当温度高于 298℃ 以后，添加分子筛的木屑板的残炭量明显高于 APP 单独阻燃的木屑板。

由此可知，分子筛是很好的阻燃协效剂，具有优异的成炭作用，只需添加少量分子筛就能明显增加成炭量，提高阻燃效果（Jiao et al.，2019）。随着环保要求的进一步提高，分子筛在阻燃领域的研究将更受关注。因而，进一步加强分子筛类材料对木质材料性能的影响研究，通过分子筛的合成设计、改性处理等方法，开发和拓展适合木质材料的分子筛类阻燃剂，完全符合木质材料阻燃剂抑烟、低毒、环保的发展趋势。

4.1.3　阻燃作用机理

人们对木质材料的阻燃防火机理的认识，大多都是从阻燃剂对纤维素的阻燃机理类推或延伸而获得的。迄今为止，通用的阻燃原理较多，但基本原理都是通过物理或化学的方法来起到阻燃防火的作用。目前得到广泛认同的主要有以下几种阻燃理论，即覆盖阻燃理论、气相阻燃理论、热吸收理论、自由基捕获理论、成炭理论、转移理论和协同理论等。

（1）覆盖机理：阻燃剂在火场温度下生成稳定的覆盖层，或分解生成泡沫状物质覆盖在木材表面,对火焰具有屏蔽作用,使燃烧产生的热量难以传入基材内部;并对材料起隔绝空气的作用,同时阻止燃烧时产生的热解产物逸出,从而抑制材料裂解,达到阻燃的效果。

(2)热吸收机理:由于阻燃剂能增加木材导热性,使木材表面的散热速度大于热源的供热速度,使木材表面迅速散热,并且阻燃剂的受热分解和熔融大多是吸热反应,从而延缓木材局部温度的上升,有效地抑制了木材表面着火。

(3)稀释机理:某些阻燃剂在低于木材正常燃烧温度下受热分解时能够产生大量的不燃性气体 CO_2、NH_3、HX 和 H_2O,这些气体不仅稀释了木材热解的可燃气体的浓度,也降低了木质材料表面氧气的浓度,使木材不易燃烧。

(4)自由基捕获机理:高分子的燃烧主要是自由基连锁反应,阻燃剂在热分解温度下能生成 HO·、H·、·O·、HOO· 等活性自由基,这些活性自由基能捕集木材燃烧放出的自由基并抑制燃烧过程中自由基的链式反应,阻止燃烧。常用的溴类、氯类等有卤素化合物就有这种抑制效应。

(5)成炭机理:阻燃剂(如含磷及其盐类阻燃剂)参与木材裂解反应,使木材的起始温度降低,使木材向着生成更多炭的方向进行,炭产量增加,可燃气体减少,从而达到阻燃的目的。

(6)转移机理:其作用是改变高聚物材料热分解的模式,从而抑制可燃性气体的产生。例如,利用酸或碱使纤维素产生脱水反应而分解成为碳和水,因为不产生可燃性气体,也就不能着火燃烧。氯化铵、磷酸胺、磷酸酯等能分解产生这类物质,催化材料稠环碳化,达到阻燃目的。

(7)协同机理:对于许多阻燃剂来说,单独使用并无阻燃效果或阻燃效果不大,但多种材料并用就可起到增强阻燃的效果。

需要指出的是,木质材料或农林剩余物都属于天然高分子材料,但其组分却远比人工合成的高分子材料复杂。因而,其阻燃历程中的热裂解反应、释放的组分和燃烧过程也更加复杂。理论而言,单一的某种阻燃剂显然难以满足其阻燃需要,相应地单一的某种阻燃机理也难以解释其阻燃历程。例如,一般认为硼、硅化合物的阻燃机理是覆盖理论和碳化理论同时存在,硼、硅化合物在高温下热解生成玻璃黏液状的三氧化二硼或硅酸盐,形成薄膜覆盖在材料表面而起到隔绝空气和削弱热辐射的物理覆盖作用,并且能促进成炭,而致密的炭层同样能保护内部木材。通常,磷-氮系阻燃剂的阻燃机理是气体理论、热理论和覆盖理论同时起作用。例如,磷酸胺、氯化铵、碳酸铵等加热时能产生不燃性气体 CO_2、NH_3、HCl 和 H_2O 等,其阻燃机理主要是稀释机理和酸催化成炭机理等。因此,无论是从阻燃剂的效果,还是从阻燃作用机制角度,单一的阻燃剂和阻燃机理都存在明显的局限性。因而,目前木质材料/农林剩余物人造板的阻燃剂开发也趋向于一剂多效,相应地阻燃机理与技术也倾向于多种阻燃理论与技术整合与集成。

4.1.4　阻燃处理技术

通常来说,材料的阻燃技术不能单独或者孤立的存在,一般都需要与阻燃剂、处理工艺、材质差异、阻燃材料应用的领域等方面结合起来进行阐述。鉴于不同的材料的阻燃处理工艺不同、阻燃剂选择多元化以及材料的阻燃要求各异,目前木质材料/植物纤维制品的阻燃技术多分类方法比较多,但通常可以分为常规阻燃技术和新型阻燃处理技术。

4.1.4.1 常规阻燃技术

1)深层处理

通过一定手段使阻燃剂浸注到木质材料的内部。例如硼酸锌阻燃剂、磷酸胍阻燃剂、聚磷酸铵阻燃剂等常采用这种方法。一般分为浸渍法和浸注法,浸渍法适合于渗透性好的木质材料,而且要求木质材料应保持足够的含水率。例如,无机化合物/木质材料复合阻燃处理就是利用浸渍法。而浸注法通常用来处理渗透性差的实体木材,常用真空加压法注入、冷热浸注等工艺方法,相关技术已经趋于成熟。

2)表面处理

表面处理即在木质材料的表面涂刷或喷淋阻燃物质/涂层。在木质材料/植物纤维制品的表面涂覆阻燃涂料是常用的阻燃处理方法。阻燃涂料主要有两类:一种是密封性油漆,另一种是膨胀性涂料。例如东北林业大学的王奉强(2007)以聚乙酸乙烯酯树脂(PVAc)与脲醛树脂(UF)共混物作为成膜物质,磷酸胍基脲(GUP)-聚磷酸铵(APP)-季戊四醇(PER)-三聚氰胺(MEL)为膨胀阻燃体系,制得膨胀型水性氨基树脂阻燃涂料。经过锥形量热等测试后发现该阻燃涂料不仅具备良好的阻燃性能,而且具有显著的抑烟效果。张其等以三聚氰胺脲醛树脂(MUF)为成膜物质,磷酸胍基脲(GUP)、季戊四醇磷酸酯(PEPA)复配物为阻燃物质,水为溶剂,合成了一种水性透明的膨胀型阻燃涂料。研究结果表明该阻燃体系在不同的温度区间内显示出良好的阻燃作用,经涂覆阻燃处理的胶合板的热释放速率,烟释放速率均显著降低,表现出良好的阻燃抑烟性能(张其等,2018)。

3)贴面处理

贴面处理即将具有阻燃作用的饰面覆贴在木材表面以达到阻燃的目的。例如将石膏板、硅酸钙板、铁皮、阻燃浸渍纸等不燃物覆贴在木材或人造板的表面起阻燃作用。例如,屈伟等(2017)开展了阻燃贴面人造板制备技术研究。研究表明与混合/浸注的阻燃处理方式相比,阻燃浸渍纸贴面处理方法将阻燃剂集中在基材表面,用量减少,成本降低。吴沐廷等(2020)研究表明阻燃饰面胶合板用于木结构的墙体覆面材料,对提高木结构建筑的火灾安全性具有重要作用;同时有利于实现结构支撑,骨架抗火以及居室内部装饰与阻燃等功能的一体化,提高木结构建筑的装配化程度。但是,贴面处理法具有很大的局限性,仅限于表面处理;尤其是对于实木来说,阻燃贴面会覆盖木材原有纹理,使木材失去原有的质感和视觉效果。

4.1.4.2 新型阻燃技术

1)纳米化阻燃技术

通常,根据阻燃剂与被填充物之间关系的不同,也可将阻燃剂分为添加型阻燃剂和反应型阻燃剂。顾名思义,添加型阻燃剂是在材料的加工成形过程中,可以将阻燃剂通过物理混合分散到材料中；反应型阻燃剂通常应用于高分子材料，是指能够通过化学反应将阻燃剂与聚合物的分子链结合在一起。从加工的角度，不论是添加型还是反应型，阻燃剂都需要与基体材料均匀分散，这样才能最大限度地发挥阻燃剂的效果。因此，从理论角度看，阻燃剂的粒径越小，越能与基体材料形成均一的混合相。

由于纳米微粒的尺寸为纳米量级，使得它们拥有许多奇异的物理、化学性质，例如，量子尺寸效应、小尺寸效应、表面效应、宏观量子隧道效应等。因此，纳米技术为阻燃剂的开发和应用开辟了一个新的领域，引起了科研人员的广泛关注。研究表明，阻燃剂纳米化后可以减少阻燃剂有效成分的使用量。此外，纳米化后阻燃剂可以较为均匀地散布于木材的胞壁和纹孔中，有效渗透距离增大，同时可解决阻燃剂的流失性问题。目前，纳米化阻燃剂主要包括锑系阻燃剂、铝系阻燃剂、磷系阻燃剂、硼系阻燃剂等无机阻燃剂。需要指出的是，纳米化阻燃技术通常需要与表面改性相结合才能最大限度地发挥其纳米阻燃剂的纳米效应。

此外，通过溶胶-凝胶法将无机纳米微粒沉积在木材细胞壁上，也是实现纳米化阻燃技术的一种有效策略。例如，Saka 与其合作者（Saka et al., 1997；Miyafuji et al., 1997）采用溶胶-凝胶法将纳米 SiO_2、TiO_2 颗粒沉积在木材细胞壁上，制备了一种具有较好力学强度、尺寸稳定性和阻燃性的木材-无机纳米复合材料。Sun 等（2013）将 ZnO 和 TiO_2 等纳米前驱体与木材进行化学交联反应，制备 TiO_2-ZnO/木材二元复合纳米材料，赋予木材阻燃、抗菌、抗紫外线等特性。Dong 等（2015）以纳米 SiO_2 和糠醇改性杨木，当纳米 SiO_2 的添加量超过 2% 时，制得的杨木复合材的阻燃性、尺寸稳定性和疏水性都显著提高。尽管溶胶-凝胶法在实现木质材料的纳米化阻燃方面取得了卓越的成绩，但采用溶胶-凝胶法本身存在一定局限性：一方面，它通常需要与浸渍法相结合才能实现阻燃剂的纳米化技术，这对于无机纳米材料的前驱液的化学反应过程和加工工艺提出了要求；另一方面，溶胶-凝胶法更多只能应用于无机氧化物的纳米化，因而其阻燃效果有效。针对这一弊端，作者团队（吴义强等，2014；夏燎原等，2016）创新开发出了 APP/硅复合凝胶阻燃剂，该纳米化的复合阻燃体系不仅赋予木质材料优异的热稳定性和弹性模量，还赋予木质材料优异的阻燃和抑烟性能。与此同时，还可改善阻燃木材的抗流失性，从而提高木材阻燃时效。此外，作者利用多种阻燃剂的纳米化效应开发的 NSCFR 阻燃剂体系处理人造板表现出优异的阻燃抑烟特性（吴义强等，2012）。

总体来说，纳米化阻燃技术仍处于继续发展阶段，尤其是如何利用无机氧化物纳米化与传统的磷系、磷-氮系等阻燃剂有机结合来实现木质材料的高效阻燃抑烟将是纳米化阻燃技术的重要发展方向。

2）微胶囊阻燃技术

微胶囊是一种具有聚合物壁壳的微型容器或包物，其大小一般为 5～200μm 不等，形状多样，取决于原料与制备方法（梁治齐，1999）。微胶囊化是指将固体、液体或气体包埋在微小而密封的胶囊中，使其只有在特定条件下才会以控制速率来释放的技术。其中，微胶囊内被包埋的物质称为芯材，包埋芯材实现微囊胶化的器壁物质称为壁材。近年来，防腐、阻燃、释香及变色等具有特殊功能特性的微胶囊开始应用于木质功能材料的研究与开发中，表现出极大的应用潜力。胡拉等（2016）在微胶囊技术与功能微胶囊发展概况的基础上，全面总结了功能微胶囊在木材保护处理、新型木质功能材料开发以及多功能木质材料研制等方面的应用现状，展望了微胶囊技术在木质功能材料领域的发展趋势。

微胶囊阻燃剂是目前木材阻燃剂领域的极具潜力的研究与开发热点之一，通常将阻燃剂做芯材，用聚合物材料做壁材。在燃烧发生时胶囊破坏，释放出阻燃剂，达到阻燃效果。阻燃剂的微胶囊化在改变阻燃剂外观和物化性质的同时，不仅降低阻燃剂的吸湿性、毒性、屏蔽难闻气味，更能提高阻燃剂与材料的相容性，减少阻燃剂对材料力学性能的不利影响，并实现阻燃成分之间的高效协同（冯夏明等，2012；Wang et al.，2015）。微胶囊阻燃剂主要通过微胶囊溶液悬浮液浸渍法直接填充木材孔隙，或以物理混合的方法加入木质材料中（韩申杰等，2018）。对于其在人造板中应用，吴子良等（2013）报道了一种中密度纤维板用微胶囊阻燃剂的制备方法。首先将铵化合物、氢氧化铝/碳酸钙、硼化合物、二氧化硅及乳化剂，在常温搅拌下加入到甲醇或乙醇中分散均匀；接着向分散液中加入硅溶胶，每隔 $30 \sim 50 \text{min}$ 依次加入硅烷偶联剂和甲基含氢硅油；最后过滤和干燥获得内部主要为磷、氮、硼等元素组成的阻燃成分，外层为二氧化硅和硅油的微胶囊。该微胶囊阻燃剂是磷、氮、硼、硅四元协效体系，不仅阻燃抑烟效果好，而且对纤维板力学机械等性能影响小。Wang 等（2014）用尿素-三聚氰胺-甲醛树脂为壁材、APP 为芯材制备了微胶囊APP，用来阻燃木塑复合材料效果显著。结果表明，与未改性的混合材相比，用微胶囊APP 作为阻燃剂的木塑复合材料具有更好的阻燃性能和物理力学性能。Wang 等（2016）还以三聚氰胺-甲醛树脂为壁材包覆聚磷酸铵制成阻燃微胶囊，与木粉、聚丙烯混合制得木塑复合材料，发现 APP 的水溶性明显降低，对复合材料力学机械性能的不利影响减小，且壁材与 APP 芯材具有很好的协同阻燃效果。

作者团队在微胶囊阻燃技术方面也做了一些卓有成效的工作。例如胡云楚等（2012）发明了一种微胶囊化磷酸阻燃剂的制备方法，在 $0 \sim 60 \text{℃}$ 下，首先将非离子烷基芳基酚表面活性剂溶解在煤油溶剂中，加入磷酸溶液，通过搅拌将这两相混合在一起形成油包水乳液。再将尿素-甲醛或三聚氰胺-甲醛预聚物的水溶液缓慢加入上述乳液中，继续搅拌 $0.5 \sim 6 \text{h}$，即可得到微胶囊在煤油溶剂中的悬浮液。该微胶囊中包封有磷酸，经过滤分离、水洗，微胶囊沉淀物经真空冷冻干燥，得到微胶囊产物。所制得微胶囊呈规则球状，密封性和分散性好，可以广泛应用于各种材料的阻燃。袁利萍等（2019）发明了一种磺化交联环糊精淀粉微胶囊阻燃抑烟剂，所述微胶囊阻燃抑烟剂由内包埋物料和外包覆胶囊层组成。本发明的阻燃剂是一类高效低毒的环保型阻燃剂，有利于生物质材料加工剩余物的开发再利用，也有利于提高环糊精与包覆胶囊层的界面相容性。袁利萍等（2020）还公开了一种微胶囊阻燃剂，其囊壁为树脂，囊芯为木粉以及黏附于所述木粉表面的酸源、石蜡和表面活性剂。该微胶囊阻燃剂具有良好的阻燃和抑烟效果，并且有毒有害气体产生量少。上述类型的微胶囊阻燃剂均表现出良好的阻燃抑烟效果，尤其是该类型的微胶囊阻燃剂的"壁"材具有响应火场温度的独特性能，可赋予农林剩余物无机复合材优异的阻燃抑烟功能。

需要指出的是，当前国内外微胶囊阻燃技术大多数是以混合的方法将阻燃胶囊加入木质材料发挥作用，在发挥阻燃作用的同时，也能有效地降低木质材料的吸湿性，减少阻燃剂对木质材料胶合能力和力学性能的影响。因此，考虑到人造板的加工特点，开发物理机械性能优异、壁材与芯材的协同阻燃效应高的微胶囊阻燃剂将是大势所趋，该类阻燃剂在人造板、防火涂料领域将具有广阔的市场前景。

3) 溶胶–凝胶处理技术

溶胶–凝胶法以金属有机醇盐为前驱体，在酸性或碱性催化条件下，水解或醇解反应后缩合成稳定的透明溶胶，溶胶经陈化胶粒间缓慢聚合，形成三维空间网络结构的凝胶（黄剑锋，2005）。由于溶胶–凝胶法的反应温度低、工艺简单，能达到分子级水平的混合均匀，因而被广泛应用于纳米材料、陶瓷、薄膜、生物材料等领域。

值得指出的是，这种温和的制备方法也可以有效用于木材改性，赋予木材阻燃、疏水、抗菌、抗压耐磨等多种功能（Giudice et al.，2013；Liu et al.，2015；Wu et al.，2016；Kirilovs et al.，2017；Hung et al.，2018）。例如，Saka 等（1997）最早开始采用溶胶–凝胶法来改性木材的阻燃性，他们将烷氧基硅烷溶胶浸渍到扁柏中，发现硅凝胶能显著提高扁柏的防火能力，而且形成于细胞壁的硅凝胶能使木材具有更高的氧指数、更好的阻燃效果。Giudice 等（2013）利用溶胶–凝胶法在南洋沙枣木原位生成硅氧烷，热分析及燃烧等测试结果表明硅醇盐缩合凝结成—Si—O—Si—无机高分子，在木材孔隙、表面形成由—Si—O—C—构成的聚硅氧烷/木材界面，从而赋予木材具有高的热稳定性、良好的力学性能。这是因为，采用溶胶–凝胶工艺，通过加压、浸渍、涂刷、水热法等方式将无机材料引入木材组织结构的空隙中，在保持木材的多孔性、生物材料性能的同时，使复合材料相界面结合更紧密细致，填充效果和对木材的保护效果更好。

除了大量采用 SiO_2 凝胶对木材改性外，人们也开始用钛、铝的溶胶或它们的复合溶胶–凝胶来提高木材的阻燃防火等各项性能。例如，Mahr 等（2012）将异丙醇钛（IV）加入异丙醇中，加硝酸调节 pH 后制成的溶胶对松木进行真空浸渍，然后进行 1~7 天的热养护处理，再在空气中干燥 1~7 天，最后于 103℃下继续干燥 18h。ESEM/EDX 测试表明，TiO_2 溶胶–凝胶可以渗透整个木质基材中，并于细胞腔中形成稳固的薄膜。这个 TiO_2 的沉积层使得 TiO_2-松木的 LOI 由未处理松木的 23% 增加到 38%，m-HRR 和 p-HRR 值减少，其烟气和 CO 等有毒气体显著降低。Wang 等（2012）也采用溶胶–凝胶法制备了尺寸稳定性好、力学性能和耐热性高的 TiO_2/木材复合材料。

此外，其他的溶胶–凝胶复合阻燃木质材料也引起了科研人员的关注。例如，姜维娜等（2011）通过真空–加压法将纳米铝溶胶压入杨木纤维内部，进入细胞壁内的溶胶 $Al(OH)_3$ 在高温时分解产生氧化铝和水蒸气，稀释了氧气的浓度，增加了木材的耐燃性，起到阻燃的作用；同时高温脱水后生成的 Al_2O_3 是极高表面积的覆盖物，有极佳的物理阻隔作用，可高效抑制可燃性气体、燃烧热和氧气的传递。Mahr 等（2012）将四乙氧基硅烷与异丙醇钛的前驱体按质量比 1:1 混合后，真空浸渍松木边材，经过一个或两个周期的热固化处理，得 TiO_2/SiO_2-木材复合材料。经 LOI 和 CONE 测试发现该无机复合材料的 LOI 由 23% 增加到 41%，其热释放速率显著减小，烟释放速率降低 72%，火灾危险性明显减小。Girardi 等（2014）将松木块浸渍在由乙烯基乙酸、异丙醇锆、乙烯基三甲氧基硅烷制备的溶胶中，经凝胶聚合后在木材表面形成锆、硅的无机/有机杂化涂层，此涂层均匀、透明，没有明显改变木材的宏观表面和颜色，但明显改善了防火性和吸湿性，还能抵抗褐腐菌等真菌。Gao 等（2017）通过铝基溶胶–凝胶法和糠醛联合改性杨木，以提高杨木的尺寸稳定性和热稳定性。试验结果表明铝基凝胶转化成的纳米 Al_2O_3 能阻止糠醛和杨木的热分解，且铝合金溶胶-凝胶的存在明显阻碍了糠醇聚合，减少样品的增重；同时铝基溶胶与木材之间的交联作用使得处理木材的抗膨胀效率超过 57%，吸水性和疏水性也得到显著改善。

溶胶-凝胶法改性木材时，多采用真空浸渍，其工艺繁重、耗时耗力。Lu 等（2014）对真空浸渍辅助溶胶-凝胶技术进行创新和简化，采用超声辅助溶胶-凝胶法成功制备了 SiO_2/木材复合材料，FTIR、XRD 和 SEM-EDS 测试表明形成的硅交联 Si—O—Si 键和 SiO_2 凝胶稳定地存在于木材细胞壁中。由于该复合材料显著降低木材的吸湿性，从而提高了改性木材的力学性能，同时掺入的硅凝胶能有效阻碍木材的热分解和完全燃烧，提高了木材的热稳定性。

但是，由于 SiO_2、Al_2O_3、TiO_2 等无机氧化物的阻燃性能有限，如果只是采用单一无机氧化物的溶胶-凝胶来改性木材的阻燃性，通常难以满足木质材料的阻燃要求。为了解决这一问题，作者团队（吴义强等，2014；夏燎原等，2016）利用阻燃剂有机复配能优劣互补、产生协同效应，发挥多相协同阻燃抑烟的特性，创新开发了 APP-SiO_2 复合凝胶阻燃剂，该复合凝胶体系不仅与木材纤维素形成氢键紧密结合，赋予木质材料远高于素材的热稳定性和弹性模量，而且赋予木质材料优异的阻燃和抑烟性能。与此同时，通过比较阻燃处理木材在抗流失试验前后的阻燃性能，结果表明该复合凝胶可改善阻燃木材的抗流失性，从而提高木材阻燃时效。此外，在利用溶胶-凝胶法制备超疏水功能木材方面，作者团队取得了重大的突破（Liu et al.，2015；Wu et al.，2016），该成果引起了包括空客、ICI 等国外著名企业的广泛关注。

总体而言，溶胶-凝胶法改性木质材料，多是形成环境友好的无机/木材复合材料，没有像卤系、有机磷系阻燃剂处理的木材存在烟雾多、腐蚀强、释放有毒气体等弊端。特别是随着人们对环保要求的提高，溶胶-凝胶法等绿色环保的阻燃处理技术和新型的阻燃体系将在人造板的功能化（如阻燃、耐磨、防水等）和木质材料的改性提质等方面具有更加广泛的应用和发展。

4.1.5　绿色阻燃展望

4.1.5.1　阻燃抑烟减毒协同耦合是绿色阻燃的基本要求

随着城镇化、高层建筑的增多和室内装饰档次的提高，全世界都面临着火灾多发及人员伤亡和财产损失上升的高风险。其中，高层建筑火灾更是呈现多发之势。因此，世界各国火灾形势依然严峻，高层建筑的阻燃防火更是刻不容缓。发生火灾时，木质材料/人造板等易燃物在燃烧时不仅会产生大量的热，加速了火灾的蔓延，而且会释放大量的烟雾毒气，对生命财产以及生态环境都造成巨大的破坏。火灾分析数据表明，火灾中 80% 以上的伤亡者都是吸入有毒气体或烟雾颗粒昏迷致死的。因此，抑制火场中木质材料/人造板等易燃物燃烧时释放的烟雾毒气，是减少火灾中人员伤亡的关键。当前采取的抑烟减毒措施主要包括添加过渡金属氧化物、金属氧化物、镁-锌复合物、锡类化合物、二茂铁、氧化铜等抑烟剂。还有，阻燃过程中生成的稳定致密的炭层也具有良好的抑烟以及阻燃作用。因此，研制新型的具有协同阻燃、抑烟和减毒功能的绿色阻燃体系，一方面提高材料的阻燃防火性能，另一方面降低材料燃烧时产生的有毒有害气体以及减少总烟量释放，将是今后阻燃剂研发的主流方向。

4.1.5.2　多功能叠加耦合是绿色阻燃发展的必然趋势

在当今的木材阻燃技术中，阻燃剂功能复合和技术叠加占有重要的地位，这是因为随着环保意识的提高、阻燃防火法规的完善，人们对于材料的阻燃也提出了更高的要求。理想的木质材料/人造板阻燃剂应该达到：①阻燃特性好；②阻燃剂热解产物应少烟、低毒、无刺激性和无腐蚀性；③阻燃性能持久、吸湿性低，在使用过程中不易分解和抗流失性；④阻燃处理后的木质材料/人造板及其制品尺寸稳定性好，基本不影响它们的物理力学性能和工艺性能；⑤成本低廉、来源丰富和易于使用，具有防腐朽、防虫蛀等多功能；⑥能保持木材外观美学以及触觉和调节等环境学特性等要求。此外，阻燃剂本身应无毒、性能稳定，在生产过程中也必须绿色环保、无污染等，这就大大增加了新型阻燃剂开发的难度。加之一般情况下，单一的阻燃剂通常都会侧重于某一方面性能，这样很难满足当前的阻燃多功能特性要求；而两种或两种以上的阻燃剂之间会相互补充、相互协调。因此，阻燃多功能和技术叠加将成为今后的绿色阻燃发展的必然趋势。

4.2　NSCFR 阻燃剂及多相协同阻燃抑烟技术

木质材料/人造板因其良好的加工便利性和优良的环境适应性而广泛应用于人们的生活和工作中，然而木质材料/人造板易燃烧，且燃烧过程中会释放出大量的烟雾毒气，给人们的生命和财产安全带来了巨大的隐患。大量研究表明，为了改善木质材料/人造板的安全性，采用阻燃剂对其进行阻燃处理是当前最行之有效的策略。其中，无机阻燃剂具有资源丰富、价格低、烟气少和良好的阻燃性能等优点而广泛用于木质材料/人造板的阻燃处理。

目前，广泛应用的无机阻燃剂有磷-氮化合物、硼化合物、金属氢氧化物和卤系化合物。其中，磷-氮系阻燃剂在木质材料的阻燃过程中可促进炭层生成，在材料表面形成保护层，阻止热量传递和减少可燃小分子的产生，从而起到阻燃作用。此外，磷-氮系阻燃剂在催化成炭的过程中会致使纤维素脱除大量的液态水，也具有良好的阻燃效果。对于硼系阻燃剂来说，硼酸和硼砂在火焰温度下可熔融形成玻璃态的涂层覆盖在材料表面，通过隔绝氧气供给和热传递作用来阻燃。而硼酸锌不仅可以通过吸热脱去结晶水来降低环境温度，而且结晶水吸热蒸发形成的水蒸气能够稀释空气中的可燃性气体成分和氧气浓度，从而阻止燃烧发生。此外，硼酸锌受热熔化形成的玻璃态覆盖层具有隔热绝氧的作用，也可以阻燃抑烟（胡云楚，2006；Chung et al.，2010；Terzi et al.，2011）。通常来说，金属氢氧化物阻燃剂以氢氧化铝和氢氧化镁为主，它们主要是通过高温热解释放水分子稀释可燃性气体浓度，以及热解生成稳定的氧化物延缓材料的热降解程度，从而减缓或抑制材料的燃烧。卤系阻燃剂对材料的阻燃作用主要发生于着火及燃烧阶段，其主要通过自由基阻燃机制缓解甚至中断燃烧链式反应（Mostashari et al., 2008），因而它们通常具有优异的阻燃效果。

　　基于对上述多种阻燃体系的深入了解，作者通过长期的探索与积累开发了以聚磷酸铵、硼酸锌、超细化天然矿物质等为主要组分的新型 NSCFR 木材阻燃剂，并将其与作者开发的 NCIADH 胶黏剂复配应用于木基复合材的制备。前期大型燃烧实验表明，该木基复合材能耐受高达 800℃ 的火焰灼烧 5h，并且无烟不燃，表现出非常优异的阻燃抑烟效果。为了探索该复合阻燃体系的作用机制，本文采用热分析技术、锥形量热试验、裂解–气相色谱–质谱联机分析、扫描电镜表征等手段和方法全面评价 NSCFR 阻燃剂的阻燃抑烟性能。

4.2.1　NSCFR 阻燃剂

4.2.1.1　NSCRF 阻燃剂合成

　　将聚磷酸铵（微纳米级）、硼酸锌（微纳米级，分子式 $2ZnO \cdot 3B_2O_3 \cdot 3.5H_2O$）、六水氯化镁（微纳米级）、二氧化钛（微纳米级）、钼酸铁（微纳米级）等催化抑烟减毒功能组分与超细化天然矿物质（粒径 50～150nm，如图 4-1 所示）按 1∶1∶0.5∶0.5∶0.4∶14 的质量比复配，创新开发了 NSCFR 阻燃剂复合体系。

图 4-1　NSCFR 阻燃剂中超细化天然矿物质的扫描电镜图

4.2.1.2　NCIADH 胶黏剂

　　同时，作者以硅酸钠（工业级）、硅酸钾（工业级）和白水泥（工业级）等为基料，菱苦土（工业级）为填料，木质素磺酸钙（工业级）为表面活性剂，聚乙烯醇（工业级）为促进剂，季戊四醇（分析纯）和氟硼酸钠（分析纯）为改性剂。采用乳化、界面调控等关键工艺处理，借助配位桥联作用原理和技术，创新研制出一种固体含量≥50%、性能优异且可广泛应用于木材、竹材、农作物秸秆等植物基材料胶接的无机不燃胶黏剂。

　　NCIADH 胶黏剂制备工艺简便，性能稳定。经测算，其制作成本仅为现有脲醛树脂胶的 50%~65%，而且 NCIADH 胶黏剂无醛、无挥发性化合物释放，属于绿色环保型胶黏剂。此外，NCIADH 胶黏剂用于人造板生产时可室温冷压成形，固化速率快，能源消耗低，人造板胶接质量高。需要指出的是，NCIADH 胶黏剂是一种多组分无机胶黏剂，与氯氧镁无机胶和硅镁钙系胶黏剂类似，其性能与组成和结构密切相关。为了对比说明NCIADH 胶黏剂的性能特点，本文同时还分别测试了氯氧镁无机胶、硅镁钙系无机胶的一些基本性能（表4-1）。由表4-1可见，这三种胶黏剂的外观、性状、黏度差别不大，pH都在中碱范围，适用期均高于1h。

表 4-1   三种无机胶黏剂的基本性能对比

胶黏剂的类型	外观和性状	pH	黏度/s	适用期/h
氯氧镁无机胶	灰白色黏性液体	8.6~9.2	89.6	>1
硅镁钙系无机胶	乳白色黏性液体	9.8~10.8	109.5	1.5
NCIADH 无机胶	灰白色黏性液体	8.7~9.9	101.3	>1

除此以外，NCIADH 无机胶黏剂还具有良好的阻燃性能，与其他阻燃剂、改性剂具有良好的适配性，可广泛用于人造板的功能改良和防护。例如，利用 NCIADH 无机胶黏剂制备的秸秆纤维板具有良好的阻燃性能，多次点火仍无法将纤维板试样点燃。这可能是因为NCIADH 胶黏剂中的硅、磷、镁、铝等元素具有较好的阻燃性能，当其与秸秆纤维充分混合时，无机胶很好地包覆在秸秆纤维的表面，从而阻止其燃烧。

4.2.1.3   阻燃功能复合材

由 NSCRF 阻燃剂开发的阻燃功能复合板由表板、芯层和背板组成，其结构如图 4-2所示。其中，表板和背板为桉木单板，其含水率约为12%。芯层是将阻燃胶黏剂与稻草、麦秸、锯屑等植物基填料按质量比7∶3混合模压而成的阻燃增强层，其厚度与单板厚度接近。按质量比5∶2将 NSCFR 阻燃剂添加到 NCIADH 胶黏剂中，制成阻燃和胶合双功能制剂。然后将桉木单板涂刷阻燃胶黏剂，再按图4-2所示的结构组成铺装成形，接着冷压固化16h，养护3天，即可制得厚度为9mm 的5层结构的木基复合板材。其中，对照样为采用脲醛树脂为胶黏剂胶合而成的5层桉木胶合板。

图 4-2   NSCFR 阻燃复合板的结构

4.2.2   NSCFR 多相协同阻燃抑烟技术

根据阻燃测量标准 ISO 5660—1，将木基复合材料及对照样锯切成幅面为100mm×100mm 试样，再干燥至质量恒定。采用锥形量热仪对试样进行测试，具体措施为：加热面以外的其他接触面均用铝箔纸包裹，并将试样水平放置在底部垫有隔热棉的不锈钢样品架上，防止热量散失。为了使试验温度接近火灾真实温度，参照 ISO 5660—1：2002 标准：热辐射流量为 50W/m² (材料表面温度约为 760℃)，采用电弧点燃，燃烧时间达到 600s 时，停止采集数据。在本章中 CONE 测试条件如无特殊说明，均采用相同的标准，最终可获得热释放速率 (HRR)、总热释放量 (THR)、烟释放速率 (SPR)、总烟释放量 (TSP) 及一氧化碳产率 (COY) 和二氧化碳产率 (CO_2Y) 等燃烧参数。

4.2.2.1　阻燃性能分析

1) NSCFR 阻燃木基复合材燃烧过程热量释放

火场中材料燃烧时所释放的热量不仅会加剧火灾的蔓延，而且会对火场中生命财产造成严重伤害 (李坚等，2002)。其中，热释放速率 HRR 是表征火灾强度的重要参数，又称为火强度。HRR 或者热释放速率峰值 (p-HRR) 越大，表示单位面积的材料在单位时间内燃烧释放的热量越多，也意味着材料热解越快，产生的挥发性可燃物越多，从而加速了火灾的蔓延。对应地，THR 是指单位面积的材料在燃烧过程中释放热量的总和。因此，通常材料的 HRR、p-HRR 或者 THR 值越大，材料在火场中的危险性也越大。

图 4-3 为 NSCFR 阻燃木基复合材和对照样的 HRR 曲线和 THR 曲线。通常，木质材料 HRR 曲线有两个释热峰，其中第二释热峰值比第一释热峰值大，且该峰下所覆盖的面积 (放热量) 高于第一释热峰。如图 4-3 (a) 所示，第一释热峰对应试样点燃时的短暂有焰燃烧，第二释热峰对应残余炭的剧烈燃烧，因而第二释热峰对燃烧热的贡献较大。可以明显看出，NSCFR 阻燃木基复合材与素材对照样的热释放存在明显差异。首先，与对照样相比，经 NSCFR 阻燃剂处理的木基复合材的持续燃烧时间显著降低，由 7.5min 降为 2.4min 左右 [图 4-3 (b)]，仅为对照样的 1/3。这意味着阻燃材在点燃后较短时间内尚未释放大量热量火焰就已熄灭，因而不会对火场的财产和生命安全造成很大威胁。其次，阻燃木基复合材的热释放速率峰值明显低于对照样，其第一释热峰值仅为 78kW/m²，远低于对照样的 137kW/m²，降幅高达 40%，且其第二释放热峰完全消除。还有，对照样在持续燃烧期间释放的总热高达 50MJ/m²，而阻燃木基复合材仅为 4.8MJ/m²，降幅更是高达 90%。上述对照数据充分说明 NSCFR 阻燃木基复合材具有优异的阻燃性能。

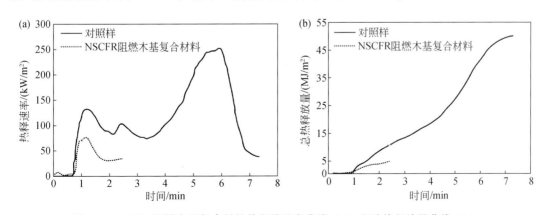

图 4-3　NSCFR 阻燃木基复合材的热释放速率曲线 (a) 和总热释放量曲线 (b)

需要指出的是，NSCFR 阻燃处理试样具有高效阻燃性能有多方面原因：一方面，木质材料的燃烧过程，主要是通过热解生成的小分子与氢自由基和氧自由基的燃烧链式反应的传递而不断发生，并释放出热量；而六水氯化镁和聚磷酸铵在高温下可分别产生终止燃烧反应的氯自由基和磷氧自由基，它们通过与燃烧过程产生的氢自由基和氧自由基结合转化为低活性自由基，最终减缓或终止燃烧链式反应；另一方面，聚磷酸铵受热分解产生大量的不燃性气体氨气和水蒸气，不仅可稀释木质材料热解产生的可燃气体和氧气，而且会在其表面形成高浓度的不燃气体保护层，即通过稀释可燃性气体或形成覆盖层来缓解木材燃烧；此外，微纳米级的硼酸锌能在高温下熔融形成玻璃态涂层覆盖在木质材料表面阻隔氧气，通过覆盖机制发挥阻燃作用。

此外，在 CONE 实验中热的传递是从样品受辐射表面逐步向材料内部进行的，即燃烧是沿材料的厚度方向向下进行。若阻燃材的阻燃效果仅来自于芯层无机增强层的隔热作用而与单板间的阻燃剂无关，则阻燃材的表层单板在点燃后会迅速燃烧。但研究结果显示，该阻燃材的第一释热峰值较对照样明显降低，且阻燃材的表层单板成炭后火焰立即熄灭。这充分说明该木基复合材料的阻燃性能的提高主要来源于表层和第二层单板之间的阻燃胶黏剂的阻燃作用，而非芯层增强层的隔热作用。

2）NSCFR 阻燃木基复合材燃烧过程质量变化

鉴于在火灾中，减少木材质量损失或受损程度是保证木材结构和强度的基础（Carpentier et al., 2000）。因此，CONE 测试参数质量损失速率（MLR）和有效燃烧热（EHC）可作为衡量材料燃烧过程中的质量变化的重要手段。通常，MLR 能够反映材料在热辐射条件下的热裂解、成炭及燃烧程度；EHC 为材料某一时刻的热释放量与质量损失之比，可反映材料热解产生的可燃性挥发产物在气相火焰中的燃烧程度。

由图 4-4（a）可知，与对照样相比，阻燃木基复合材 MLR 峰值降低了 40%，且其曲线总面积（燃烧结束时的质量损失百分比）也显著减小，这说明阻燃样品能保留更多的残余质量，有利于维持材料本身的强度。此外，从 EHC 曲线 [图 4-4（b）] 可以明显看出，NSCFR 阻燃木基复合材的 EHC 峰值和面积也明显大幅下降，这表明燃烧损失同样质量的阻燃样品所释放的热量更小。需要说明的是，本文中 EHC 值明显下降有两方面的可能原

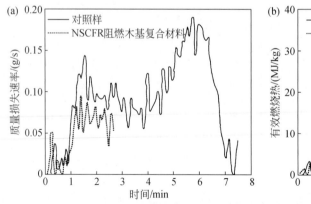
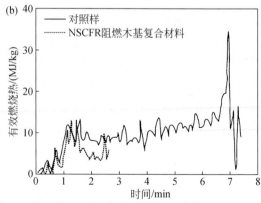

图 4-4　NSCFR 阻燃木基复合材的质量损失曲线（a）和有效燃烧热曲线（b）

因：一方面是由于阻燃样品在燃烧过程中释放的产物中可燃性气体所占的比例减小，如阻燃剂聚磷酸铵在高温下可分解为氨气和水蒸气，硼酸锌在高温下会脱去结晶水，它们会稀释木材热解产生的可燃性气体浓度；另一方面是由于可燃性气体的燃烧链式反应会因阻燃剂热解产生的自由基缓解或终止，如六水氯化镁和聚磷酸铵高温产生的氯自由基和磷氧自由基终止燃烧链式反应便是这种作用机制。

为了进一步了解 NSCFR 阻燃剂的阻燃性能及作用机理，本文采用 TG-DTG 测试曲线对其进行分析。如图 4-5 所示，采用 NSCFR 阻燃处理的木基复合材起始热解温度和最大分解速率对应的温度均明显降低，分别从 200℃降至 100℃、从 350℃降至 338℃，也就是说 NSCFR 阻燃剂促使木基复合材提前热分解。此外，阻燃样与对照样的 DTG 曲线在 250℃附近发生交叉，且阻燃样的热分解速率在 250℃之前大于对照样，250～450℃内小于对照样，阻燃样的 DTG 峰值减少为对照样的 60%。这进一步说明 NSCFR 在 250℃之前参与并促进了阻燃复合材的热解，250～450℃内促进了阻燃复合材催化成炭，从而降低了阻燃样的分解速率，之后热解过程趋于平衡。因此，阻燃样在阴燃阶段（450～800℃）结束时的残余质量从 10.78% 增至 33.32%，这表明 NSCFR 阻燃剂具有催化成炭作用，能明显提高阻燃样的成炭量，这与 MLR 分析结果完全一致。也正是由于阻燃样在阻燃剂的作用下热解提前，从而促进催化成炭过程发生形成更多的炭层，进而导致阻燃木基复合材料的 HRR 和 THR 均明显降低。

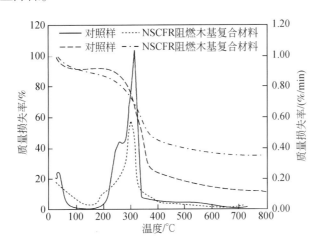

图 4-5　NSCFR 阻燃木基复合材的 TG-DTG 曲线

综上所述，NSCFR 阻燃剂不仅可通过稀释可燃气体和自由基捕捉作用机制阻燃，也可以通过催化脱水成炭作用阻燃，从而显著减少木材质量损失速率和增加炭残余量，有利于保护木材原有结构和强度。

4.2.2.2　烟气行为分析

火灾中烟雾毒气对人们的危害更甚于火与热的直接作用。烟雾毒气不仅会直接导致人员窒息、甚至死亡，还会因为视线受阻导致火灾现场的人员难于疏散和逃离（胡云楚，2006）。目前，CONE 测试参数中的 SR、ASE、COP 和 CO_2P 作为重要的指标，广泛用于阻燃样品的烟雾毒气评价。其中，SR 为瞬时消光系数，通常 SR 越大说明光线在烟气中的透过率越小，也就是说其烟气浓度越大。$ASE=(R_s \cdot V)/R_{ML}$，其中，R_s 为烟比率，V 为烟道的体积流速，R_{ML} 为质量损失速率。ASE 为实验条件下消耗单位质量的试样所产生的烟量值。COP 和 CO_2P 分别为试样在单位时间内释放的 CO 和 CO_2 的量。

图 4-6（a）和（b）分别为阻燃样与对照样的 SR 曲线和 ASE 曲线。可以明显看出，与对照样相比，NSCFR 阻燃样的 SR 与 ASE 曲线仅在点燃阶段由于阻燃剂热解产生大量不燃性气体及氧气浓度过低导致燃烧不充分而出现了一个明显的发烟峰，并未出现第二发烟峰。其中，阻燃样的 SR 峰值与对照样的第一发烟峰比较接近，约为 $0.2 m^{-1}$。但是，其 ASE 峰值从近 $500 m^2/kg$ 降至 $150 m^2/kg$ 左右，不到对照样的 1/3，这表明消耗单位质量的阻燃木基复合材所产生的浓烟量显著降低。综合 SR 与 ASE 的分析结果，NSCFR 阻燃样明显具有良好的阻燃抑烟效果。这可能归因于 NSCFR 阻燃体系中钼酸铁作为抑烟剂可催化转化阻燃体系吸附的毒气，同时该阻燃体系中微纳米结构也保证了其具备高的吸附能力，能够大量吸附燃烧过程中产生的烟气颗粒。

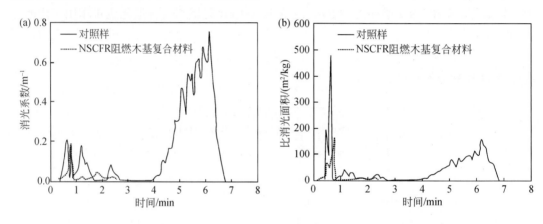

图 4-6　NSCFR 阻燃木基复合材的烟产率曲线（a）和比消光面积曲线（b）

图 4-7（a）和（b）为阻燃处理后的样品与对照样的 CO 和 CO_2 生成速率曲线。显然，在初始阶段 NSCFR 阻燃木基复合材的 CO 生成速率呈现快速增长的趋势，而对照样的 CO 生成速率为近似的 M 型。这是由于阻燃样从开始燃烧初期就会受到阻燃剂的抑制和稀释作用，其表面的氧气浓度也会有所降低，加之其表面会生成更多的炭层，因而致使整个燃烧过程以不完全燃烧为主，从而导致 CO 生成速率增加。具体来说，可能是 NSCFR 在燃烧初期释放的不燃性气体会稀释可燃物周边的氧气浓度，也可能是 NSCFR 的催化成炭作用导致材料表面产生致密的炭层，由于材料表面的氧气降低了，因而材料及其表面的炭层都会发生不完全燃烧而产生大量的 CO。对于对照样来说，由于没有阻燃剂的作用，因而除了燃烧初期和后期的残余炭燃烧过程为不完全燃烧，会释放出较多的 CO 以外，其他阶段的燃烧基本以完全燃烧为主。但是，由于 NSCFR 阻燃木基复合材燃烧持续时间不到对照样的 1/3，因而其 CO 释放总量依然小于对照样（基于曲线的总面积可以计算单位面积材料燃烧产生 CO 总量）。这均说明 NSCFR 阻燃剂的加入并未增加木基复合材燃烧时产生的 CO 总量。此外，NSCFR 阻燃木基复合材的 CO_2P 峰值较对照样降低近 50%，且曲线的总

面积（单位面积材料燃烧产生 CO_2 总量）明显小于对照样，这主要归功于 NSCFR 阻燃木基复合材料持续燃烧的时间更短，从而降低了燃烧过程中的 CO_2 的释放量。

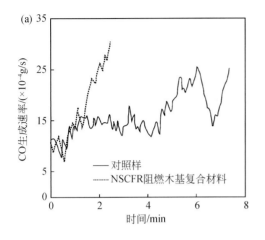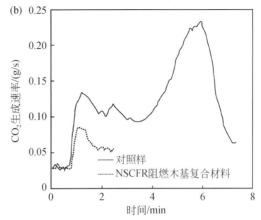

图 4-7　NSCFR 阻燃木基复合材燃烧过程中 CO（a）和 CO_2 的生成曲线（b）

　　为了进一步了解 NSCRF 阻燃复合板在阻燃过程中的发烟历程与性能，本文采用裂解–色谱–质谱（Py-GC-MS）联用仪分析样品在不同温度下的裂解产物。相关设备及具体参数为：①裂解器为日本分析工业株式会社 JHP-5S 居里点裂解器，裂解温度 590℃，接口温度 250℃；②气相色谱–质谱联用仪为美国 HewlettPackard 公司生产的 HP56890TM 型，接口温度 250℃；③气相色谱采用的色谱柱为 DB-5（30m×0.25mm）弹性石英毛细管柱，载气为氦气，进样口温度 250℃，色谱柱程升温条件为以 10℃/min 的升温速率从 50℃快速升至 300℃，采用 30∶1 分流进样；④质谱条件为电离方式为 EI，电子能量为 70eV，氦气流速为 1mL/min，扫描质量范围为 35~550AMU（m/z）。

　　图 4-8 为阻燃样和对照样在不同温度下裂解气体的组成和含量谱图。对比可以明显看出，NSCFR 阻燃处理后木材的裂解气体组成和含量均发生了较大的变化。其中，低温裂解气体组分数明显增加，而高温裂解（750℃）气体组分数却基本相当。这说明木材的热解主要发生在较低的温度段（220~260℃），而在高温阶段更多是裂解生成的可燃性气体的燃烧过程。此外，在 550℃和 750℃阶段，NSCFR 阻燃木基复合材裂解气体中 CO_2 的含量比对照样裂解气体中的 CO_2 量大幅度下降。总体而言，阻燃样和对照样在不同温度下的裂解气体组成和含量变化进一步说明了 NSCFR 阻燃剂改变了木材的裂解途径和燃烧历程，从而降低了燃烧过程中烟雾毒气的释放量。

　　为了进一步揭示 NSCFR 阻燃剂的抑烟减毒机理，本文采用扫描电镜（SEM）对 NSCFR 阻燃木基复合材的微观结构进行了表征。如图 4-9（a）、（b）所示，纳米 NSCFR 阻燃剂附着于木材表面并形成蜂窝状的多孔结构，具有隔热绝氧的作用，可阻碍木材的燃烧反应。更为重要的是，由于纳米 NSCFR 阻燃剂蜂窝状结构具有高的比表面积和强的表面吸附能力，因而可大量吸附木材分解产生的可燃性气体，从而在木材表面形成高浓度的还原性气体层。根据勒夏特列原理，这一还原性气体层对内层木材的热分解具有强的抑制作用，从而起到阻燃作用。

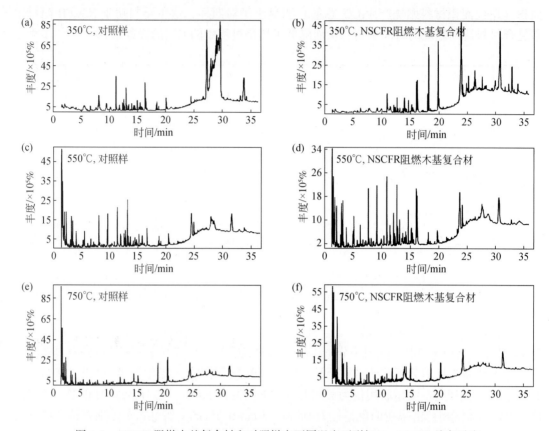

图 4-8　NSCFR 阻燃木基复合材和对照样在不同温度下裂解 Py-GC-MS 总离子流

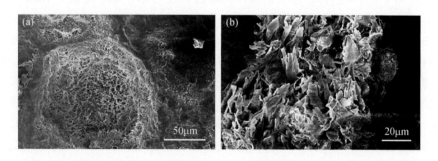

图 4-9　NSCFR 阻燃木基复合材微观结构的扫描电镜图

4.2.3　NSCFR 阻燃抑烟机制

通过全面对比并系统分析对照样与 NSCFR 阻燃剂处理后的木基复合材料的阻燃抑烟性能以及它们的热裂解途径和燃烧历程，进一步阐释了 NSCFR 阻燃剂在木质材料中阻燃抑烟机制，它们主要包括：

①NSCFR 阻燃剂在木质材料燃烧过程中可通过自由基终止、稀释可燃气体浓度以及催

化脱水成炭等多种作用机制的相互协同实现木材阻燃。具体而言，六水氯化镁和聚磷酸铵高温下分别会产生 Cl· 和 PO· 自由基，它们通过与燃烧反应所需的 H· 和 O· 自由基的结合而缓解或终止燃烧链式反应发生；与此同时，聚磷酸铵热解释放大量的氨气和水蒸气，不仅会冲淡木材热解产生的可燃气体和氧气浓度，而且会通过酸催化脱水在木材表面形成稳定的炭层；此外，硼酸锌在高温下熔融形成的玻璃态涂层覆盖在木材表面，通过覆盖作用阻止木材燃烧。

②NSCFR 阻燃剂木质材料燃烧过程中主要通过吸附与催化分解复合机制抑制烟雾毒气释放。一方面，木材表面依附的纳米 NSCFR 阻燃剂形成蜂窝状多孔结构，不仅可通过隔热绝氧作用阻碍木材的燃烧，也能大量吸附木材分解产生的高浓度还原性气体和燃烧过程中产生的烟雾毒气，在木材表面形成保护层，从而抑制内层木材的热分解；另一方面，该阻燃体系中钼酸铁、硼酸锌形成的活性中心可催化转化 NSCFR 阻燃体系蜂窝状多孔结构吸附的烟雾毒气。

4.3　无卤绿色阻燃剂及协效成炭阻燃抑烟技术

在众多的阻燃剂中，无机阻燃剂是发展最早、使用历史最悠久的木材阻燃剂，具有价格低廉、热稳定性好、不析出、不挥发、无毒、不产生腐蚀性气体和安全性能高等优良特点。无机阻燃剂最初时期是磷酸盐、铵盐、硼砂等各种无机盐及它们的混合物。随着阻燃技术的发展和人们对阻燃协同机理的深入认识，以磷-氮复合、磷-氮-硼复合、磷-氮-硅复合为特征的高效无机阻燃剂体系相继开发。这是因为复合体系中多种阻燃剂之间的相互协同作用不仅会提高阻燃效率，使得阻燃剂添加量降低，而且处理材的物理力学性能也得到明显改善。其中，聚磷酸铵（APP）为代表性的磷-氮系阻燃剂是一种性能优良的非卤型阻燃剂，广泛应用各种材料的阻燃。

基于 APP 无毒无味、吸湿性小、热稳定性高和阻燃性能优异等特性，以及硼系、硅系和层状化合物等阻燃剂在阻燃过程中不仅会在基材的表面形成无机覆盖层，隔绝氧气供给，阻止了木材的燃烧和火焰传播，而且其可促进炭层的形成和提高炭层的致密性和热稳定性，可减少烟雾毒气的逸出，达到协同抑烟减毒的作用。因而作者团队从多组分协效复配是提高阻燃效率和实现一剂多效的最佳途径这一要点出发，以磷氮系阻燃剂为主体，创新研制了一系列的多相协同复配、活性组分掺杂的磷、氮、硼协效成炭阻燃体系。值的指出的是，该系列阻燃剂不仅可以单独用于木质材料/植物纤维制品的阻燃，也将为开发多相复配具有阻燃抑烟功能的新型绿色阻燃剂提供基础。

为此，本文将着重从无卤绿色磷-氮阻燃剂的优化、组分复配、掺杂活性组分优选、协同成炭等方面系统探索了磷氮系绿色阻燃剂体系在木质材料/人造板中的高效阻燃、抑烟减毒和烟气转化，以及三者之间相互协同耦合的阻燃抑烟作用机制。

4.3.1　磷氮阻燃剂优选

磷-氮阻燃剂作为一类非常重要的无卤绿色阻燃剂，对环境友好、热稳定性高且阻燃效果好，因而广泛应用于各种材料的阻燃。目前商用化的磷–氮阻燃剂主要有脒基脲磷酸盐、磷酸盐及聚磷酸盐等，如磷酸二氢铵、磷酸铵、聚磷酸铵（APP）等。其中 APP 具有阻燃元素含量高、热稳定性能好、性价比高、毒性小、阻燃性能持久等优点，是用得最多的一类磷–氮系阻燃剂。尤其是，APP 分子中同时含有磷和氮两种阻燃元素，在阻燃过程中磷–氮发挥高效协同阻燃效应。因而，APP 既可以单独使用，也可以与其他阻燃剂复配、化合改性或者协同使用；尤其是其与纳米阻燃剂复配使用，不仅可降低阻燃剂的使用量，而且能提高阻燃效果，同时使材料的物理机械性能损失减少到最小。

研究表明，APP 阻燃处理后木材的热释放速率峰值和总热释放量降低 70% 以上，木材燃烧时的残炭量提高两倍以上，能够高效地抑制火焰传播和蔓延（胡云楚等，2006）。然而，由于 APP 聚合度不同，其起始降解温度、水溶性、最大失重速率及对应温度也有所不同。因而，聚合度的大小会进一步影响 APP 的热分解产物形成、对木质材料的成炭效率，以及适用领域等。为此，本工作通过 TGA、CONE 等考察了不同聚合度的 APP 对人造板的燃烧性能的影响，分析了 APP 聚合度大小对木质材料的热释放和烟气生成的影响规律，这将为科研人员开发和企业选用绿色环保的一剂多效的人造板阻燃剂提供科学依据。

4.3.1.1　聚合度对木材热解过程的影响

1）不同聚合度 APP 的 TGA 分析

图 4-10 为不同聚合度 APP 的热失重及其微分曲线，相应的计算数据列于表 4-2。从图 4-10 可以看出，低聚合度的 APP100 起始降解温度最低，有两个明显的失重区间：100～250℃和 500～700℃，它们对应的 T_{max1}、T_{max2}（T_{max}，最大分解速率所对应的温度）分别是 184.0℃和 617.8℃；相应地其 $T_{5\%}$（$T_{5\%}$，试样失重 5% 的温度）为 154.2℃，770℃的残余物的质量百分比依然为 18.9%。然而，APP163 和 APP201s 的起始降解温度更高，T_{max1} 分别为 335.2℃、345.1℃；其 $T_{5\%}$ 也比 APP100 高，分别是 320.2℃和 342.5℃；其最终残余物比 APP100 也分别增加了 9.6% 和 3.6%。这说明 APP 的热稳定性与其聚合度的大小密切相关。

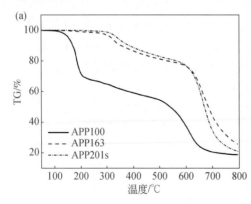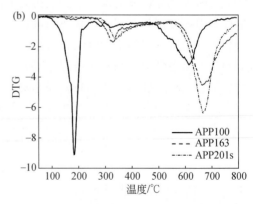

图 4-10　不同聚合度 APP 的 TG 曲线（a）和 DTG 曲线（b）

表 4-2　不同聚合度 APP 的 TG 和 DTG 数据

样品	$T_{5\%}$/℃	T_{max1}/℃	T_{max2}/℃	770℃残余物质量百分比/%
APP100	154.2	186.4	617.8	18.9
APP163	320.2	335.2	664.9	28.5
APP201s	342.5	345.1	667.4	22.5

明显不同的是，高聚合度的 APP201s 在 600℃开始有一个比 APP163 更迅速的降解过程，最终残余物高于 APP100 的 18.9%，低于 APP163 的 28.5%。这是由于 APP201s 在低温时分解产生的非挥发性磷的氧化物及聚磷酸不及 APP163 多，但在高温下分解速度反而比 APP163 快。由此可知，与 APP163、APP201s 相比，聚合度低的 APP100 的起始分解温度低，在 100~250℃温区失重率高，且分解更完全。因而从木质材料阻燃的角度来看，显然 APP100 热解温度与木质材料的热解温度区间更为匹配，这意味着 APP100 更适用于木质材料的阻燃。这是因为木质材料的燃点在 230~290℃之间，所以 APP100 分解产生的 CO_2、N_2、NH_3、聚磷酸等刚好可以抑制木质材料着火。

2）不同聚合度 APP 阻燃人造板的 TGA 分析

为了探明 APP 聚合度对木质材料的热解过程的影响，将杨木粉、聚磷酸铵和脲醛胶按表 4-3 的配比组成用球磨机混合均匀，接着置于热压机上在 2~3MPa、130℃条件下热压成板，然后加工为 100mm×100mm×10mm 试样用于锥形量热实验。

表 4-3　不同聚合度 APP 阻燃木屑板的组成

编号	木粉/g	APP100/g	APP163/g	APP201s/g
S-0	80	0	0	0
S-1	80	10	0	0
S-2	80	0	10	0
S-3	80	0	0	10

从图 4-11（a）和（b）可以看出，阻燃样品 S-1 具有更低的热解温度，这是由于 APP100 聚合度低，小分子数量多，受热更易分解。因此，APP100 阻燃试样 S-1 受热后能迅速产生氨气、水、聚磷酸等，更早更有效地覆盖于试样表面，也更利于炭层形成，从而隔热绝氧、具有更好的阻燃效果。

结合表 4-4 可知，受 APP100 分解温度较低的影响，试样 S-1 在 300℃前的降解速率大于 S-2 和 S-3。APP100 阻燃样品 S-1 的 $T_{5\%}$ 是四个试样中最低的，为 193.7℃，比 $T_{5\%}$ 最高的 S-0 低了 52℃。此外，S-1 试样的 T_{max} 为 250.8℃，比 S-0 低了 106.5℃，比 S-2 和 S-3 约低 30℃。但是，S-1 试样降解 60% 的温度 $T_{60\%}$ 高达 550.7℃，不仅比 S-0 的 $T_{60\%}$（365.0℃）高 185.7℃，也高于 S-2 和 S-3 的 $T_{60\%}$。S-1 的残余物为 34.9%（稍微低于 S-2 的 35.7%，这是由于 APP163 的降解残余物高于 APP100 导致），这说明正是由于 APP100 的分解温度低，降解后的残余物少，从而使得 APP100 阻燃木屑板的成炭能力是三种阻燃试样中最强的。

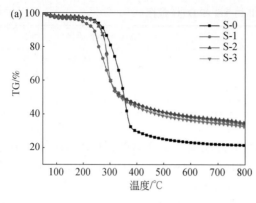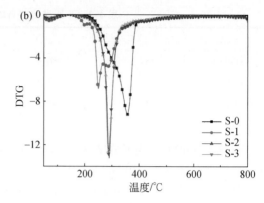

图 4-11　不同聚合度 APP 阻燃木屑板的 TG（a）和 DTG 曲线（b）

表 4-4　不同聚合度 APP 阻燃木屑板的 TG 和 DTG 数据

试样	$T_{5\%}$/℃	T_{max}/℃	$T_{25\%}$/℃	$T_{60\%}$/℃	770℃时残余量/%
S-0	245.7	357.3	315.2	365.0	21.9
S-1	193.7	250.8	268.1	550.7	34.9
S-2	238.3	280.4	287.0	528.5	35.7
S-3	240.8	288.0	288.0	474.0	33.3

4.3.1.2　聚合度对木屑板阻燃抑烟性能影响

1）CONE 测试分析

表 4-5 是不同聚合度 APP 阻燃木屑板的 CONE 实验参数汇总表。可以明显看出，与未做阻燃处理 S-0 相比，三种聚合度的 APP 都将木屑板的 p-HRR 减少为原来的 1/3 左右。S-1、S-2 和 S-3 的平均热释放速率 m-HRR 分别为 33.0kW/m²、38.1kW/m² 和 50.2kW/m²，分别为 S-0 的 m-HRR 值（175.0kW/m²）的 18.8%、21.8% 和 28.7%；有效燃烧热 m-EHC 分别为 3.36MJ/kg、4.77MJ/kg、6.30MJ/kg，比 S-0 的 m-EHC 分别减少 77.3%、67.8%、57.4%。其中，S-1 的总热释放量 THR 是所有试样中最小的，仅仅是 S-0 的 4.3%；S-3 的 THR 是三个阻燃试样中最大的，虽然其 THR 仅 S-0 的 17.3%，但分别是 S-1、S-2 试样 THR 的 4 倍和 3 倍。上述结果表明，木屑板的阻燃性与 APP 聚合度大小密切相关。但相比未阻燃试样 S-0，所有经 APP 阻燃处理试样均表现出良好的阻燃性能。

表 4-5　APP 阻燃木屑板的 CONE 实验数据

试样	p-HRR/(kW/m²)	m-HRR/(kW/m²)	m-EHC/(MJ/kg)	THR/(MJ/m²)	m-COY/(g/kg)	m-CO₂Y/(g/kg)	SPR/(m²/m²)	TSP/(m²/m²)	残余量/%
S-0	419.0	175.0	14.8	111.5	21.2	1114.0	937.6	8.29	20.2
S-1	146.0	33.0	3.36	4.78	34.5	318.6	360.6	3.19	87.6
S-2	148.3	38.1	4.77	6.48	47.2	371.5	220.2	1.95	88.7
S-3	144.8	50.2	6.30	19.3	56.8	434.3	208.6	1.84	74.6

续表

试样	p-HRR /(kW/m²)	m-HRR /(kW/m²)	m-EHC /(MJ/kg)	THR /(MJ/m²)	m-COY /(g/kg)	m-CO₂Y /(g/kg)	SPR /(m²/m²)	TSP /(m²/m²)	残余量 /%
S-4	98.4	24.6	1.99	3.40	61.6	198.5	299.2	2.65	84.6
S-5	119.6	35.8	2.88	5.36	66.5	151.6	282.4	2.50	83.4

这是因为 APP 是一种绿色高效的木质阻燃剂，它不仅能够大幅度减低木质材料的热释放速率和总热释放量，而且能够明显提高木质材料燃烧时的残炭量。这是由于 APP 受热分解时生成的强脱水剂磷酸/聚磷酸可以促使纤维素催化脱水，在木材表面生成炭层，加之热解生成的黏稠状的聚磷酸/聚磷酸对基材表面进行覆盖，可以隔绝氧气；同时 APP 受热分解释放出大量的水蒸气和 NH₃ 等不燃性气体，也起到了隔绝氧气的作用，进一步达到阻燃增效的目的。

此外，结合不同聚合度 APP 阻燃木屑板的 HRR 曲线 [图 4-12（a）] 可进一步发现，相比高聚合度的 APP，低聚合度的 APP 能够更有效地减少木屑板的热量释放。其中，低聚合度的 APP100 阻燃试样 S-1 不仅有焰燃烧时间短、最先熄灭，而且其 p-HRR 最大峰值也最小；而聚合度最大的 APP201s 阻燃试样 S-3 是所有阻燃样品中有焰燃烧时间最长的，其有焰燃烧时间分别为 S-1 的 8 倍、S-2 的 4.6 倍。这是因为其不仅具有较高的热分解温度，而且其热解温度与木材的热解温度不匹配，因而不能在木质材料点燃的起始阶段起到良好阻燃的作用，从而导致了木材继续燃烧，释放出大量的热。

如图 4-12（b）所示，随着 APP 聚合度的增大，阻燃木屑板 S-2、S-3 的 m-HRR、EHC、THR 也依次增大。这是因为 S-1 试样中 APP100 聚合度最低，受热后比高聚合度 APP 更容易发生热分解，因而能更早地热解产生氨气、水等抑制试样燃烧的不燃性气体，同时其热解生成的磷酸/聚磷酸也促使木屑板更早催化成炭，从而通过隔热绝氧作用阻燃。

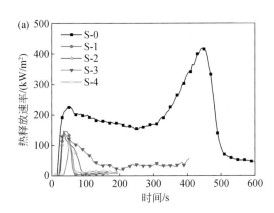 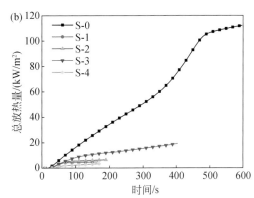

图 4-12 不同聚合度 APP 阻燃木屑板的（a）HRR 曲线和（b）THR 曲线

需要指出的是，由 APP100 和 APP201s 复合阻燃的 S-4、S-5 在抑制木材热释放时，比单一聚合度的 APP 阻燃试样更具优势。其中，m（APP100）∶m（APP201s）为 1∶1 阻燃的 S-4，其 p-HRR 为 98.4kW/m²，比 S-1 和 S-3 降低约 50kW/m²；其 m-HRR 值为 24.6kW/m²，不到 S-3 的 1/2，比 S-1 和 S-2 分别降低了 25.5%、35.4%。此外，S-4 的

THR 为 3.40MJ/m²，比 S-3 降低 82.4%，比 S-1 降低 28.9%。这可能是不同的 APP 分解温度和历程各不相同，在阻燃的不同阶段都能起到抑制热释放的作用。上述结果充分说明，哪怕是同一类型的阻燃剂，通过复配作用才能更好地发挥其阻燃效果。这是因为木质材料成分复杂，加之火灾环境变化多，因而单一的阻燃剂难以在不同温度阶段与材料的热解完全匹配。因此，为了更好地实现材料的阻燃功能化，通过阻燃剂复配显然是一种有效的途径和方法。

图 4-13（a）和（b）分别是不同聚合度 APP 阻燃木屑板的生烟速率曲线和生烟总量曲线。结合表 4-5 可知，高聚合度 APP201s 阻燃试样 S-3 具有最低的烟释放速率值（208.6m²/m²），仅为 S-0 的 22.2%，只有 S-1 的 57.8%，比 S-2 也减少 6.4m²/m²；同时，其也具有最小的生烟总量 1.84m²/m²，不仅少于 S-2 的 1.95m²/m²，也比 S-0、S-1 分别减少 77.8% 和 42.3%。此外，APP100 和 APP201s 复配阻燃的试样 S-4 和 S-5 的 SPR 和 TSP 值均比 APP100 阻燃试样 S-1 低，但是高于 APP201s 阻燃的 S-3。这说明，随着 APP 聚合度增加，阻燃木屑板的 SPR 和 TSP 减少。这可能是因为高聚合度的 APP 热分解产生的小分子物质少，更多的是以多聚磷酸或磷酸预聚体的形成留在试样表层，从而更好地起到凝聚相阻燃的目的。

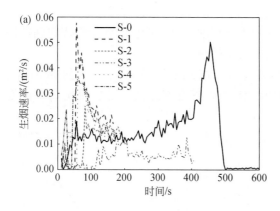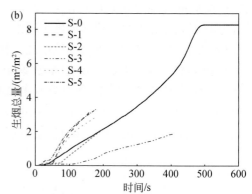

图 4-13　不同聚合度 APP 阻燃木屑板的（a）SPR 曲线和（b）TSP 曲线

此外，从表 4-5 中 m-COY 和 m-CO₂Y 的数据分析可知，APP 的加入使得试样的 CO 产量增加，CO_2 的产量出现大幅度下降，且随着 APP 聚合度的增加，COY 也增加。有焰燃烧时间最长的 S-0 的 COY 最小，为 13.3g/kg，而 CO_2 的产量最大；而燃烧时间最短的 S-1 的 COY 是 34.5g/kg，比 S-0 增加了 22.3g/kg；APP201s 阻燃的 S-3 的 COY 是 56.8g/kg，是 S-0 的 2.7 倍，比 S-1、S-2 分别增加了 22.3g/kg、9.6g/kg。这说明 APP 的加入使得木材燃烧产生的 CO 无法进一步燃烧转化成 CO_2，这是因为 APP 热解产生的气体物质有力地稀释了被阻燃基材周围的空气，因而氧气浓度减小，阻碍气相小分子可燃物进一步燃烧释热，能起到气相阻燃的作用。

2）理论计算验证

为了进一步了解阻燃剂复配对于阻燃性能的影响作用，本文通过理论计算模拟了复配阻燃剂的 HRR 值，并与实验值进行了对比。如图 4-14 所示，可以看出试样 S-4 的实验测试 HRR 曲线与计算模拟曲线总体呈现相似的形状和变化趋势（根据 APP100 与 APP201s 单独阻燃的 S-1 与 S-2 试样的 HRR 结果，按照 APP100、APP201s 两组分在 S-4 中的含量线性加和得到的模拟曲线）。但是，APP100 与 APP201s 复配后的 pk-HRR 和 m-HRR 的实验测试值均高于计算模拟值；同时计算模拟的燃烧时间仅为 175s，不到实验测试燃烧时间 405s 的一半，这说明从理论上 APP100、APP201s 复配协同具有良好的阻燃效果，但是不能只是通过简单地复合，而是需要优化才能获得最佳的协同效果。这是因为 APP100 的分解温度更低，而 APP201s 的分解温度较高，它们在不同阶段起到抑制燃烧的作用。例如，只是简单地减少 APP100，增加 APP201s 的 S-5 试样的抑制热释放的效果比阻燃试样 S-4 更差。因此，只有通过试验设计并结合理论计算，优化高低聚合度 APP 的配比，才能对木屑板产生最佳的协同阻燃作用。

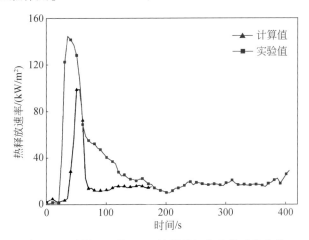

图 4-14　试样 S-4 的 HRR 计算值与实验值对比曲线

4.3.1.3　成炭分析

图 4-15 为三种聚合度不同的 APP 阻燃处理的木屑板经过锥形量热测试后残余物的 SEM 照片。从图可以看出，S-1 的残余物表面较为平整，S-2 的残余炭层也紧密地结合在一起，但其表面有更多的裂缝；S-3 的残余炭层为大块状，且块状层间明显有裂缝、表面还有一些泡沫状突起，与 S-1 和 S-2 平整光滑的残炭层完全不同。但是，这刚好与 CONE 实验结果相吻合，S-1 的残余炭层平整但不如 S-3 炭层坚固，这说明低聚合度的 APP100 的

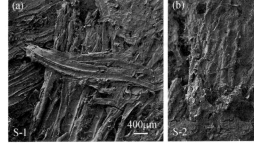
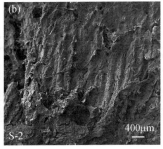

图 4-15　不同 APP 阻燃木屑板 CONE 实验残余物的 SEM 照片

热解产物更容易在基材表面形成完整的炭层,有效地阻止基材继续燃烧。但是,由于 APP100 聚合度更低,在热解过程中会产生更多的小分子逸出物,会导致其炭层破裂,因而使得 S-1 的烟气产量高。而高聚合度 APP201s 阻燃试样 S-3 的炭层更为坚固,其炭层更不容易被烧穿,所以在阻燃过程中形成烟尘的颗粒较少,但是其炭层裂缝使得其对基材的覆盖阻燃作用变差。综上所述,在 APP 阻燃过程中致密和完整的炭层才是阻止基材热传递及烟气逸出的保障。

4.3.1.4 小结

总而言之,通过系统分析和对比不同聚合度 APP 阻燃木屑板的热解过程、阻燃性能和成炭作用,可获得以下结论:

①与 APP163、APP201s 相比,APP100 的起始分解温度更低,其在 250℃前发生热分解,与燃点在 230~290℃之间的木材降解温度相匹配,其分解产生的 CO_2、N_2、NH_3、聚磷酸等正好可以抑制木材剧烈燃烧。

②APP 对木屑板具有良好的阻燃作用,但随着聚合度的增加,APP 阻燃木屑板的 m-HRR、m-EHC 和 THR 值均有所增大。这表明低聚合度 APP100 因热降解温度较低,受热易分解生成 NH_3 和磷酸/聚磷酸覆盖于试样表面,因而比高聚合度 APP 更有利于提早成炭和抑制热量释放,起到凝聚相阻燃作用。

③燃烧残余物的形貌分析很好地印证了 CONE 测试结果,即低聚合度 APP100 更易于分解产生黏稠状磷酸/聚磷酸覆盖在木材表面,其催化形成的紧密的炭层起到很好的隔热、隔质作用。而高聚合度的 APP201s 阻燃时更易形成了坚固、耐受高温的泡沫状炭层,这种成炭模式可以减少烟尘的颗粒形成和逸出,但是其炭层易于开裂,使得其对基材的覆盖作用和隔热效果没有低聚合度 APP100 显著。因此,从阻燃和抑烟整体性能来说低聚合度 APP100 更适用于木质材料。

4.3.2   磷氮硼协效阻燃抑烟技术

如 4.3.1 节所述,磷、氮系阻燃剂(如胍基脲磷酸盐、APP 等)对环境友好、热稳定性高,并且对木质材料阻燃性能优异。但是,磷、氮系阻燃剂,尤其是有机磷-氮系阻燃剂在阻燃木质材料的过程中会催化产生大量的烟雾毒气,并且烟气的产生会伴随着阻燃剂的用量而增加。因此,在采用磷、氮系阻燃剂高效阻燃的同时,对其抑烟减毒成为了关键。当前行之有效地方法是将磷、氮系阻燃剂与其他具有抑烟功能的无机阻燃剂/抑烟剂复配使用。例如,李坚院士团队研制以胍基脲磷酸盐、硼酸等物质为主要成分的 FRW 阻燃剂,该阻燃剂可显著降低木材的热释放速率 HRR 和总热 THR 等燃烧性能参数及阻燃过程中烟比率 SR 和比消光面积 SEA 等发烟性能评价指标(李坚等,2002)。胡云楚等(2006)全面研究了微纳米硼酸锌和聚磷酸铵复配在木材阻燃中协同作用,结果表明上述两种阻燃剂不仅对木材具有优异的阻燃作用,还能有效地降低发烟量。这是因为硼系阻燃剂在阻燃过程中不仅会在基材的表面形成玻璃态的覆盖层,隔断氧气供给,阻止了木材的燃烧和火焰传播,而且硼系阻燃剂可促进炭层的形成和提高炭层的致密性和热稳定性,可减少烟雾毒气的逸出，达到协同抑烟减毒的作用（Blasi et al.，2007）。

为此，本文以广泛用于木质材料阻燃的典型磷–氮系阻燃剂：脒基脲磷酸盐、APP 为代表，通过其与以硼酸、硼酸锌等硼系阻燃剂复配，系统研究了磷氮硼阻燃剂在人造板中的协效阻燃抑烟行为和作用机制，以期为该类阻燃剂在人造板领域的实际应用提供理论指导和技术依据。

4.3.2.1　磷氮硼阻燃剂正交优化

基于国内外磷、氮、硼系列木材阻燃剂方面的研究成果，作者结合团队前期的研究基础开发了一类典型的磷–氮–硼阻燃剂。一方面，以双氰胺、磷酸、硼酸的添加量为影响因子，采用 $L_9(3^3)$ 正交试验系统研究了磷–氮–硼系阻燃剂对人造板的阻燃性能。其中，双氰胺添加量取 0.071mol、0.095mol 和 0.119mol 三个水平，磷酸取 0.061mol、0.082mol 和 0.102mol 三个水平，硼酸取 0.129mol、0.162mol 和 0.194mol 三个水平。每组配方典型的制备过程如下：先将双氰胺溶于适量的水，然后在搅拌条件下缓慢加入磷酸，接着逐渐加热至达 80℃并继续反应 3.5h，自然冷却至室温后再依次加入硼酸、季戊四醇、烷基磺酸钠，并搅拌均匀直至完全溶解。具体配方如表 4-6 所示，其中烷基磺酸钠的添加量为 0.00075mol，季戊四醇的添加量为 0.015mol，阻燃剂溶液浓度为 10%。

另一方面，以浸渍浓度、浸渍时间、浸渍温度为影响因子，采用正交试验优化阻燃处理工艺；其中，浸渍浓度取 10%、5% 和 3% 三个水平，浸渍时间取 48h、84h 和 120h 三个水平，浸渍温度分别取 25℃、40℃ 和 60℃ 三个水平。阻燃浸渍人造板试样的尺寸为 15mm×100mm×100mm，其含水率约 12%。阻燃浸渍液的最佳配比按照优化试验结果确定，保持浸渍标准一致。试件浸渍前称重记为 W_0、浸渍结束后称重记为 W_1，取出风干至含水率约为 12% 时称量，根据公式：$[(W_1-W_0)/W_0]×100\%$ 计算载药率。

最后，通过氧指数和烟密度测试进一步评价其阻燃抑烟性能，最后通过进一步的正交试验获得了各主要组分的最佳配比，并初步探讨了该阻燃处理最佳工艺条件，以期为该类型的阻燃剂在人造板领域推广应用提供试验依据和技术支撑。

1）阻燃抑烟配方优化分析

（1）复合组分含量对处理材极限氧指数的影响

极限氧指数（LOI）是衡量材料阻燃性能的重要指标之一。通常来说，LOI 值越大说明材料燃烧需要的氧浓度越高，也就是说材料越难燃烧，其阻燃性能越好。由表 4-6 可知，经阻燃处理后所有杨木试样的 LOI 值均大幅度提高，其值从空白试样的 23.4% 均增至 60% 以上，LOI 最大值高达 75%。这表明该类磷氮硼复合阻燃剂对杨木板具有优异的阻燃性能。

表 4-6　阻燃剂配方优化正交试验

试样编号	双氰胺/mol	磷酸/mol	硼酸/mol	极限氧指数 LOI/%	烟密度 SD/%
0	0	0	0	23.4	40.64
1	1（0.071）	1（0.061）	1（0.129）	63.4	20.03
2	1	2	2	66.0	19.85

续表

试样编号	双氰胺/mol	磷酸/mol	硼酸/mol	极限氧指数 LOI/%	烟密度 SD/%
3	1	3	3	75.9	19.67
4	2 (0.095)	1	2 (0.162)	71.7	19.49
5	2	2 (0.082)	3	74.0	25.94
6	2	3	1	73.6	20.88
7	3 (0.119)	1	3 (0.194)	69.2	21.46
8	3	2	1	64.3	24.10
9	3	3 (0.102)	2	71.0	22.78
K_{1i}	LOI	68.43	68.10	67.10	
	SD	19.85	20.33	21.67	
K_{2i}	LOI	73.10	68.10	69.57	
	SD	22.00	25.02	19.49	
K_{3i}	LOI	68.17	73.50	73.03	
	SD	22.78	20.28	22.36	
R_i	LOI	4.93	5.40	3.46	
	SD	2.93	4.74	2.87	

对于该磷氮硼阻燃剂的不同组分对极限氧指数的影响,从表4-6极差分析可以明显看出,其中,磷酸含量对极限氧指数的影响最大,为主要因素;其次双氰胺含量对极限氧指数的影响较大,硼酸含量对极限氧指数的影响较为明显,它们均为次要因素。此外,观察表4-6中各因素不同水平下极限氧指数均值可以发现,随着磷酸含量的增加,阻燃处理杨木的极限氧指数值先保持稳定,随后明显增加。其中,磷酸含量为0.102mol时该复合阻燃剂阻燃效果最好。而随着双氰胺含量的逐步增加,极限氧指数值呈现出先增加后减小的趋势,其中双氰胺含量为0.095mol时阻燃效果最好;对于硼酸,随着含量逐渐增加时,极限氧指数值也增加、且硼酸含量为0.194mol时阻燃效果最好。

综合来说,当双氰胺添加量为0.095mol、磷酸添加量为0.102mol时该阻燃剂的极限氧指数值最大,也就是说阻燃性能最好。其根本原因是此时两者物质的量比接近1:1,能生成最大当量的具有阻燃抑烟性能的胍基脲磷酸盐;同时,过量的磷酸既能发挥自身的阻燃作用,也能提供促进胍基脲磷酸盐生成的酸性环境。而对于随着硼酸含量增加会导致极限氧指数提高的原因在于硼酸在火焰温度下可熔融成玻璃态并覆盖在材料表面,能够隔绝人造板表面的氧气供给,从而阻止了人造板的热解燃烧过程及火灾的蔓延(欧育湘等,2006)。

(2)复合组分含量对处理材烟密度的影响

烟尘颗粒与有毒气体在火灾中的危害远远大于火与热。这是因为有毒烟气不仅会降低能见度,妨碍救援,而且会造成人员窒息,甚至中毒而亡。烟密度值是衡量材料燃烧过程发烟性能的重要指标之一,是材料在烟密度测试仪中透光率的大小。烟密度值越小,表明燃烧产生烟气越少。由表4-6可知,经阻燃处理后,杨木的烟密度值由40.64%均降至

25.0% 以下，这表明该磷氮硼复合阻燃剂具较好的抑烟效果。

此外，由表 4-6 极差分析可知，磷酸含量对烟密度值的影响也最大，与对极限氧指数值的影响一致，为主要因素；相对来说，双氰胺和硼酸的含量对烟密度的影响稍小，但它们的含量对烟密度的影响比较明显。由表 4-6 中各因素不同水平下烟密度均值（K_{1i}、K_{2i}、K_{3i}）可知，随着磷酸含量的增加，阻燃处理杨木样品的烟密度值也是先增加后减小，当磷酸含量为 0.102mol 时该复合阻燃剂体系的抑烟效果最好；随着双氰胺含量的增加，烟密度值增加，这主要归因于在该复合阻燃剂体系中双氰胺主要起到类似膨胀阻燃剂中"气源"的作用，其含量过大会由于本身热解释放大量的气体而影响烟密度值，还会影响炭层的致密性，因而当含量为 0.071mol 时阻燃剂抑烟效果最好；而硼酸随着含量逐步增加，其烟密度值先减小后增大，当硼酸含量为 0.162mol 时抑烟效果最好。这与前文的极限氧指数值分析的结果相一致，这充分表明磷、氮、硼系阻燃剂通过优化复合具有良好的阻燃抑烟性能。

（3）最佳配方优选

综合分析各种阻燃剂的阻燃抑烟性能以及其成本，当磷酸含量取 0.102mol 时极限氧指数为最高值、烟密度为最低值，故磷酸含量应取 0.102mol。当双氰胺含量取 0.095mol 时，其极限氧指数值明显高于取其他两水平的值，烟密度值较其他两水平对应值无明显提高，且此时双氰胺含量与磷酸含量接近 1∶1；磷酸稍过量，酸性条件也更有利于生成脒基脲磷酸，所以双氰胺含量取 0.095mol。当硼酸含量为 0.162mol 时其极限氧指数值为 69.57，烟密度值为最低值 19.49%，虽然硼酸含量提高至 0.194mol 时其极限氧指数值略微提高 3.46%，但其烟密度值也增加了 2.87%，这不利于抑烟且成本也会增加，因此硼酸含量为 0.162mol 时最佳。

通过全面对比各组分的极限氧指数值和烟密度值，以及综合分析各组分在复合阻燃剂体系中的作用机制，双氰胺、磷酸、硼酸的物质的量比为 0.095∶0.102∶0.162 时该配比最优。为了验证该配方，本文按上述最优比例配制的阻燃剂处理杨木进行试验，结果显示该处理材的极限氧指数值高达 73.2%，烟密度值低至 21.06%，阻燃抑烟性能良好，显然该配比为最佳配比。

2）阻燃处理工艺优化

为了探讨该阻燃剂在实际应用中的最佳工艺条件，本文以载药率为评价指标，通过正交试验进一步优化了阻燃处理工艺条件。如表 4-7 所示，可以明显看出该处理材的载药率分别随着浸渍温度、浸渍时间、浸渍浓度的增加而增加。

由于浸渍温度对载药率的影响最大，因而取 60℃为载药量最高时的浸渍温度。此外，浸渍时间对载药率也有较大影响，虽然浸渍 120h 时载药率最高，但是随着浸渍时间增大到一定值时其载药量会达到平衡，载药量随浸渍时间的变化会不明显。例如当浸渍时间从 84h 延长到 120h 时，其载药率仅增大了 1.07%，但处理时间延长了 36h，大大降低了处理效率，故浸渍时间为 84h 时最优。而浸渍浓度对载药率的影响较小，当浸渍浓度为 10% 时载药率最高，将浸渍浓度降至 5% 时，其载药率仅下降了 0.82%。但是，阻燃剂用量却减少一半，成本大幅度减少，显然最佳浸渍浓度为 5%。

表 4-7   处理工艺正交试验表

试样编号	浸渍浓度/%	浸渍时间/h	浸渍温度/℃	载药率/%
0	0	0	0	0
1	1（10）	1（48）	1（常温）	3.26
2	1	2	2	6.19
3	1	3	3	10.10
4	2（5）	1	2（40）	3.90
5	2	2（84）	3	7.84
6	2	3	1	5.41
7	3（3）	1	3（60）	3.87
8	3	2	1	2.79
9	3	3（120）	2	4.71
K_{1i}	6.54	3.68	3.82	
K_{2i}	5.72	5.67	4.93	
K_{3i}	3.79	6.74	7.27	
R_i	2.73	3.06	3.45	

综上所述，通过上述正交试验初步确定该阻燃处理最佳工艺为：浸渍液浓度为 5%、浸渍时间为 84h、浸渍温度为 60℃。在此工艺条件下处理材载药率为 7.84%，说明按此工艺，处理材能取得较好的阻燃性能。进一步工艺优化需根据具体的基材，以各工艺条件为主要影响因素，以处理材阻燃性能和发烟性能为评价指标，通过正交分析和试验验证继续完善。

3）小结

通过正交验证试验，本文全面探讨了以磷酸、双氰胺、硼酸为主要组分的新型磷-氮-硼木材阻燃剂的最优配比，并以极限氧指数、烟密度为衡量指标值系统评价了该阻燃剂的阻燃抑烟性能，并进一步优化了其阻燃处理工艺。得出以下主要结论：

①该阻燃剂中双氰胺、磷酸、硼酸的最优配方物质的量比为 0.095：0.102：0.162；

②该阻燃剂处理杨木的最优工艺为浸渍液浓度 5%，浸渍时间 84h，浸渍温度 60℃；

③经阻燃处理后，杨木材的极限氧指数值从 23.4% 提高至 60% 以上，烟密度值由 40.64% 降至 25.0% 以下，表明该磷氮硼系阻燃剂复配具有优异的协同阻燃抑烟作用。

4.3.2.2   磷氮硼阻燃剂复配优化

如 4.3.2.1 小节所述，磷氮硼系阻燃剂复配具有优异的协同阻燃抑烟作用。此外，本节也系统研究了双氰胺、磷酸、硼酸复配阻燃剂对于木质材料的阻燃抑烟特性。但是，对于使用更为广泛的 APP 与硼系阻燃剂复配对于木质材料的阻燃抑烟性能研究尚未有文献报道。

为此，作者团队以 APP、硼酸、硼砂复配开发了另一类典型的磷氮硼系阻燃剂体系，并将其用于桉木单板进行浸渍阻燃处理，制备了阻燃桉木胶合板。本工作重点从桉木单板的微观结构和热解性能以及胶合板的胶合性能、阻燃性能进行了相关研究，以期为更广义范畴上的磷氮硼系阻燃剂在木质材料/人造板的实际应用中提供理论指导和技术支撑。

1）阻燃胶合板的成形

称取一定的 APP、硼酸和硼砂，加入适量的水，按照 A 组分为 10% APP 溶液，B 组分为 6% 硼酸和硼砂水溶液，C 组分为 10% APP 和 6% 硼酸和硼砂混合水溶液的比例配置成 A、B、C 三种类型的阻燃水溶液，待用。接着对桉木单板浸渍处理 2h，置于 60℃ 的干燥箱中干燥 6h。最后，采用 $250g/m^2$ 的施胶量对干燥后的桉木单板进行双面涂覆酚醛胶，并将 3 层单板纵横组坯在 3MPa、130℃ 下热压 6min 压制成阻燃胶合板。

为了便于对比，将素材样品命名为 W；经 A 组分浸渍液处理的样品命名为 W+A；经 B 组分浸渍液处理的样品命名为 W+B；经 C 组分浸渍液处理的样品命名为 W+A+B。样品 W+A、W+B 和 W+A+B 的浸渍增重百分比分别为 4.32%、4.18% 和 4.58%，具体成形参数见表 4-8。

表 4-8　不同阻燃桉木胶合板胶合强度对比

样品编号	最大值/MPa	最小值/MPa	平均值/MPa
W	1.2	0.9	1.13
W+A	1.0	0.7	0.83
W+B	1.1	0.8	0.98
W+A+B	1.0	0.9	0.94

2）胶合强度影响

如表 4-8 所示，可以看出试样 W 胶合强度最高，而经过阻燃处理样品的胶合强度均略有下降，但均达到国家Ⅱ类胶合板的标准。一方面，这主要由于单板在浸渍处理后会有少量的阻燃剂依附在其表面，从而影响了酚醛胶与单板的界面黏合作用。另一方面，由于 APP 水溶液中的游离的尿素和氨会与酚醛胶中游离的甲醛发生反应，然后失水聚合生成六亚甲基四胺，抑制了酚醛胶的完全固化，从而影响了该板材的胶合强度。

3）阻燃性能分析

由图 4-16（a）的热释放速率曲线可知，所有的样品在燃烧过程中都出现了两个峰值，这表明胶合板在 $50kW/m^2$ 的热辐射下经历了两次剧烈的燃烧过程。与未阻燃的样品 W 相比，所有阻燃样品的峰值均有所下降，这表明三种阻燃剂均可减缓木材的热释放速率，对木材具有一定的阻燃作用。其中，试样 W+A+B 的两个峰值降低幅度最大，同比分别下降了 20.6% 和 40.2%。这说明 APP 与硼酸和硼砂之间存在更好的协同作用，使得胶合板的热解燃烧程度降低最明显。

从阻燃样品的热释放总量曲线［图 4-16（b）］可以发现，相比未阻燃的素材样品 W，所有经过阻燃处理的样品的热释放总量也都明显降低，这进一步证明了阻燃剂对于样品的热解燃烧具有减缓和抑制作用。需要指出的是，如果单纯地只从热释放总量考虑，APP 具有比硼酸和硼砂更佳的效果。但是，经 APP、硼酸、硼砂三者复配阻燃处理的样品热释放总量最低，与热释放速率曲线的结果相一致，这进一步说明 APP 与硼酸和硼砂复配阻燃体系具有协同阻燃作用。

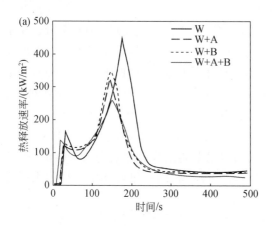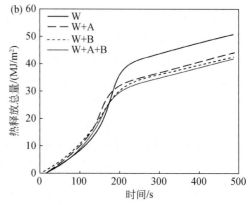

图 4-16　不同阻燃胶合板的（a）热释放速率和（b）热释放总量

4）烟气释放分析

据世界消防协会统计，火灾中烟雾毒气对于人员伤亡的危害更甚于火与热的直接作用。这是由于烟雾毒气不仅会降低人们的视线，使得火场中人员疏散和逃离时间延长，最终影响人员救援、甚至导致人员死亡概率升高。因此，在高效阻燃的同时实现抑烟减毒对于减少火灾中人员伤亡具有重要的意义。

图 4-17（a）为不同阻燃桉木胶合板的烟释放总量曲线，可以看出经过阻燃处理的样品 W+A、W+B、W+A+B 均具有更低的烟释放总量曲线。与素材 W 的烟释放总量（2.45 m^2/m^2）相比，W+A、W+B、W+A+B 在 500s 时的烟释放总量分别为 2.08 m^2/m^2、1.98 m^2/m^2 和 1.56 m^2/m^2，分别降低了 15.1%、19.2% 和 36.3%。这是由于 APP 受热分解生成的磷酸/聚磷酸具有催化脱水的作用，促进桉木单板的表面成炭，起到了物理覆盖作用，从而减少了可燃性气体和烟颗粒逸出。同时，硼酸受热脱水生成偏硼酸、焦硼酸，继而失水生成固态 B_2O_3；而硼砂可脱水生成无水四硼酸钠，高温下会形成熔融的玻璃态物质覆盖在基材的表面。这些无机覆盖物起到隔热和隔氧的作用，不仅延迟了木材的热分解，同时减少了可燃性小分子和烟气的快速逸出，因而减缓了燃烧过程和抑制了烟气释放。此外，硼系阻燃剂生成的无机覆盖物也能提高基材表面炭层的热稳定性和致密性，从而进一步起到协同阻燃抑烟的作用。

CO 是火灾中致使人员死亡的主要毒气，当 CO 浓度过高时，1~3min 内可导致人员中毒死亡。由图 4-17（b）CO 释放总量曲线可知，经过阻燃处理的桉木胶合板的 CO 释放量均明显下降，其中试样 W+A+B 的 CO 释放量最低，这充分说明了三者复配的阻燃剂抑烟效果最佳。具体为：试样 W 的 CO 平均产率为 0.033kg/kg，而阻燃样品 W+A 的 CO 平均产率为 0.031kg/kg、W+B 的 CO 平均产率为 0.029kg/kg、W+A+B 的 CO 平均产率为0.026kg/kg。这与烟释放总量曲线［图 4-17（a）］的结果完全一致，这进一步说明 APP、硼酸、硼砂三者复配阻燃剂对于木质材料具有良好的协同耦合阻燃抑烟作用。

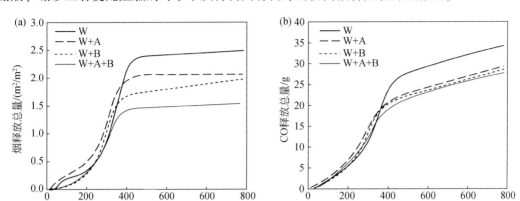

图 4-17 不同阻燃胶合板的（a）烟释放总量曲线和（b）CO 释放总量曲线

5）热降解行为分析

为了解阻燃过程中热解初始温度和成炭行为，本文采用热失重对空白样品和经过 APP、硼酸和硼砂阻燃处理的样品进行了表征与分析。如图 4-18（a）所示，未阻燃处理的空白样品在 800℃的质量残余量为 19.54%，而经过阻燃处理的样品 W+A+B 的质量残余量高达 32.58%。这主要归因于阻燃样品 W+A+B 中的硼酸和硼砂促进了木材的成炭，此外硼酸和硼砂热解生成的氧化物对残余质量也有一定的贡献。从图 4-18（b）的 DTG 曲线可知，经过阻燃处理的样品 W+A+B 比未阻燃样品 W 的具有更低的热解温度，这表明 APP、硼酸和硼砂复配阻燃剂参与并催化木材的热分解过程，从而使得木材的热分解起始温度更低，这样更有助于纤维素在磷酸/聚磷酸预聚体的催化作用下脱水成炭。因而，经过阻燃处理的样品的热解反应朝着生成更多炭和水的方向变化，从而表现出优异的阻燃作用。

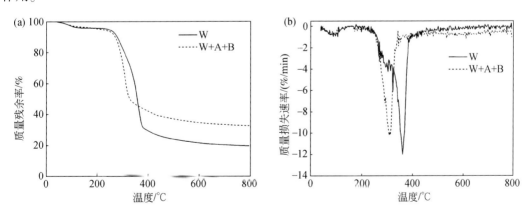

图 4-18 未阻燃样品 W 和阻燃样品 W+A+B 的 TG 曲线（a）和 DTG 曲线（b）

此外，结合样品锥形量热的热损失数据，未阻燃样品 W 的质量损失为 33.21g、阻燃样品 W+A+B 的质量损失为 27.61g，显然阻燃处理样品的质量损失量也更少，与上述 TG

测试结果相一致。这进一步表明 APP、硼酸和硼砂复配阻燃剂有效抑制了木材的受热分解，促进了成炭。

6）元素光电子能谱分析

图 4-19 为未处理的素材胶合板和 W+A+B 复合阻燃剂处理的胶合板的扫描电镜和相应的元素光电子 X 射线（EDX）能谱图。可以明显看出，未处理的素材［图 4-19（a），插图］中桉木的射线较为发达、浸填体较少，木材射线内部孔道通畅，这为复合阻燃剂浸入木材内部提供了通道。而经过 W+A+B 复合阻燃剂浸渍处理的桉木射线中填充了很多球形物质，但依然保持了木材的多孔性［图 4-19（b），插图］。这些球形物质应该为浸渍的 APP、硼酸和硼砂混合溶液在干燥浓缩过程中形成的无定形或结晶物。此外，阻燃处理试样对应位置的能谱图［图 4-19（b）］显示该区域有 B、N、P 元素存在，而未阻燃处理空白试样的 EDX 谱图中［图 4-19（a）］几乎不存在 B、N、P 元素。这进一步证实了经过浸渍处理成功地将复合阻燃剂引入了木材内部，因而赋予了阻燃胶合板良好的阻燃性能。

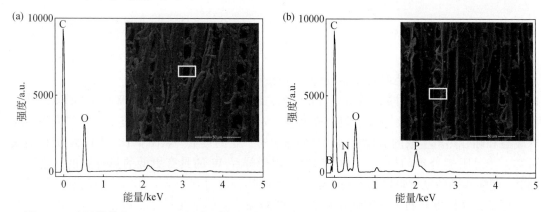

图 4-19　未阻燃样品 W（a）和浸渍阻燃处理样品 W+A+B（b）的 EDS 谱图和相应的 SEM（插图）

7）小结

①采用浸渍工艺成功将硼酸、硼砂与聚磷酸铵复配阻燃剂引入了木材导管、木射线之间，有利于阻燃胶合板高效阻燃。

②经过阻燃处理的桉木胶合板热释放量与烟释放量均明显下降，其中总热释放量降低了 16.53%，总烟释放量降低了 36.33%。此外，阻燃处理样品在 800℃时质量残余量依然高达 32.58%，热稳定性明显改善。这表明硼酸、硼砂与 APP 复配使用，在高效阻燃的同时也有效抑制烟气的释放，且促进炭层形成，可以实现桉木胶合板的协同阻燃抑烟，减少火灾损失和人员伤亡。

③与未阻燃处理的桉木胶合板比较，经过阻燃处理的胶合板的胶合强度略有下降，但依然符合国家Ⅱ类胶合板标准。

4.3.3　锌掺杂磷氮硼协同阻燃抑烟技术

中密度纤维板（MDF）是人造板主要的板种之一。由于 MDF 具有表面平整、结构均匀、胀缩性小、便于加工等（郭晓磊等，2016）优异的综合性能，因而被广泛应用于家具、地板、木门、室内装修和包装材料等领域（Serrano et al.，2016）。2017 年我国 MDF 的产量达 6.297×10^{7}m^3，占全部人造板产量的 21%，同时我国的 MDF 消费量也居全球第一位（田明华等，2016）。然而，由于 MDF 属于易燃材料，在使用过程中存在潜在的火灾隐患，一旦发生火灾，将会严重危害人们的生命和财产安全。因此，研制高效的 MDF 阻燃剂及开发绿色的阻燃抑烟技术对于 MDF 乃至整个人造板行业的持续发展都具有重要意义。

研究表明，通过添加不同类型的阻燃剂，如无机阻燃剂（张丽芳等，2016；Rejeesh et al.，2017）、有机阻燃剂或复合阻燃剂（黄精明等，2013；魏松艳等，2018；张丽芳等，2018）均可制成阻燃 MDF。其中，聚磷酸铵（APP）作为一种广泛应用于木质材料的阻燃剂，添加较少的量就能取得较好的阻燃效果，但其抑烟性能稍差。硼酸锌（ZB）作为一种常用的无机阻燃剂，不仅具有硼系阻燃剂覆盖阻燃的特性，同时在高温环境下锌类化合物的 Zn^{2+}能催化高分子材料交联成炭，因而可以降低烟尘颗粒的生成量，从而具有优异的抑烟效果。因此，ZB 不仅可用于人造板的防腐（王琼琼等，2016），还广泛用于木质材料的阻燃抑烟。

作者团队在利用 ZB 阻燃木质材料方面也开展了广泛的研究（Hu et al.，2006）。此外 4.3.2 节的研究也表明，磷、氮系阻燃剂与硼酸复配使用具有优异的协同阻燃抑烟作用。为此，本工作采用 APP 与 ZB 协同阻燃处理 MDF，并采用热重–示差扫描量热（TG-DSC）、锥形量热仪（CONE）、扫描电子显微镜（SEM）等表征手段全面分析 APP 和 ZB 复配使用对 MDF 的阻燃抑烟作用，从而获得活性组分锌的掺入对于磷氮硼阻燃体系的影响规律。

4.3.3.1　成形工艺

典型的成形工艺条件：纤维板的压制尺寸为 305mm×305m×8m，脲醛胶的施胶量为 186kg/cm^3，固化剂的添加量为胶固含量的 1.0%，液体石蜡添加量为纤维板质量的 1.0%，板材的密度预设为 700kg/cm^3。

为了探索阻燃剂种类对纤维板阻燃性能的影响，如表 4-9 所示，分别在 MDF 中添加质量百分比为 10% 的 APP、ZB 以及 APP∶ZB = 1∶1 的复配阻燃剂。纤维板坯铺装完成后，在热压温度、压力、时间分别为 165℃、5MPa、5min 的工艺条件下压制成形，即可获得所需阻燃人造板。

表 4-9　不同阻燃剂改性处理的纤维板

板材类型	阻燃剂添加量	
	聚磷酸铵	硼酸锌
空白素板	0	0
聚磷酸铵阻燃板	10	0
硼酸锌阻燃板	0	10
（聚磷酸铵+硼酸锌）阻燃板	5	5

4.3.3.2　阻燃抑烟性能分析

1）阻燃剂对 MDF 热稳定性影响

图 4-20 为 15℃/min 条件下，添加不同阻燃剂（APP、ZB、APP+ZB）的 MDF 的热重（TG）及其导数热重（DTG）线。可以明显看出，MDF 的降解为典型的木质材料的降解历程，主要包括半纤维素（200～350℃）、纤维素（300～375℃）和木质素（250～500℃）三种组分的降解过程。其中，空白素板的热分解与木材的组分密切相关，主要分为三个阶段：第一阶段约为 35～190℃，主要是物理吸附水和轻组分的脱附和挥发过程，因而其质量损失率较小（4.61%）；第二阶段约为 190～400℃，主要是半纤维素和纤维素的热分解过程，因而其质量损失率高达 52.23%，且在 338℃时其质量损失率达到最大值；第三阶段为 400℃以上，主要是木质素的热分解过程，其质量损失率为 14.11%，最终的热解残余物质量比为 30.12%。通过对比可以明显看出，阻燃剂的加入改变了木材的热分解历程。其中，APP 阻燃处理试样的 DTG 曲线峰值（最大质量损失速率在 293℃）向低温度方向偏移，这主要归因于 APP 受热分解时生成的强脱水剂磷酸/聚磷酸可以促使纤维素催化脱水在 MDF 表面生成炭层，加之 APP 受热分解释放出大量的 H_2O 和 NH_3 等不燃性气体，也起到了隔绝氧气的作用，从而改变了 MDF 的热解历程。

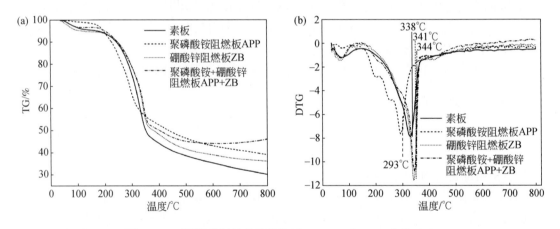

图 4-20　不同阻燃剂处理的纤维板 TG（a）和 DTG 曲线（b）

不同的是，ZB 和 APP+ZB 阻燃处理试样的 DTG 曲线峰值（分别为 341℃和 344℃）都向高温度方向发生了偏移，这有可能是 ZB 在高温下会在木纤维表面形成玻璃态的覆盖层，一定程度上阻碍了挥发性可燃物的逸出，延缓了 MDF 的热解过程。此外，分别添加了 APP、ZB 和 APP+ZB 的阻燃 MDF 最终残余物质量分别比未添加阻燃剂的空白素板高 5.93%、8.79% 和 15.97%，阻燃剂明显提高了 MDF 的最终残余物质量。其中，APP+ZB 复配阻燃处理的 MDF 残余质量最大，这表明 APP 和 ZB 具有协同成炭作用，并显著提高 MDF 的热稳定性，发挥了协同阻燃作用。

为了进一步探索不同阻燃剂在 MDF 受热分解过程的作用，本工作采用示差扫描量热分析对其进行表征。如图 4-21 所示，阻燃剂的添加也明显改变了 MDF 的示差扫描量热曲线。其中，未添加阻燃剂空白素板的 DSC 曲线在 87℃出现了第一个放热峰，在 226℃出现第二个放热峰。而添加了 APP 的 MDF，在 53℃出现一个吸热峰，这有可能是 APP 分解过程需要吸热所致；而在 199℃出现放热峰有可能归因于木纤维在 APP 的催化作用下脱水成炭所致。需要指出的是，只添加 ZB 的 MDF 的 DSC 曲线与空白素板的 DSC 曲线趋势基本相同，只是峰值温度稍有不同。这表明单独使用 ZB 不能改变 MDF 的热解历程，因而其阻燃效果不如 APP 明显。而添加了 APP+ZB 的 MDF 的 DSC 曲线与添加了 APP 阻燃剂的 MDF 的变化趋势相似，只是相应的峰值温度更高。这可能是由于 APP 和 ZB 发生了协同阻燃作用，提高了纤维中纤维素、木质素等成分的降解温度所致。

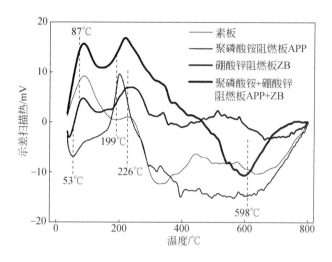

图 4-21　不同阻燃剂处理的纤维板示差扫描量热曲线

2）阻燃剂对中密度纤维板热释放性能的影响

热释放速率（Heat Release Rate，HRR）是指在预置的入射热流强度下，材料被点燃后单位面积的热量释放速率，是表征材料阻燃性能的重要参数。总热释放量（total heat release，THR）是指在预置的入射热流强度下，材料从点燃到火焰熄灭为止所释放热量的总和。

图 4-22 为空白素板与不同阻燃剂处理的 MDF 的 HRR 和 THR 曲线。可以明显看出，素板在燃烧过程中存在一个持续燃烧放热的过程，而阻燃处理试样由于 APP 和 ZB 的加入降低了 MDF 的 HRR 与 THR。其中，它们的 p-HRR 峰值的变化尤为明显，分别采用 APP、ZB、APP+ZB 阻燃处理的 MDF 的 p-HRR 值较空白素板分别降低了 79.79%、47.40%、51.57%（如表 4-10 所示），这说明经过阻燃处理的 MDF 试样在燃烧过程中释放的平均热量减少，从而降低了 MDF 热解生成可燃物的量，延缓了火焰传播。

需要指出的是，尽管 APP 和 ZB 都具有阻碍 MDF 燃烧放热和延缓火焰传播的作用，但是由于它们的阻燃机理不同而表现出不同的阻燃特征。众所周知，APP 遇热分解生成的磷酸/聚磷酸是一种强脱水剂，它们会催化脱除木纤维的水分，在 MDF 的表面形成炭层。同时，APP 热解生成的黏稠状的磷酸/聚磷酸会覆盖在 MDF 的表面，隔绝空气起到阻燃的作用。此外，APP 受热分解会释放大量的 H_2O 和 NH_3 等不燃性气体，阻断了氧气供给；因

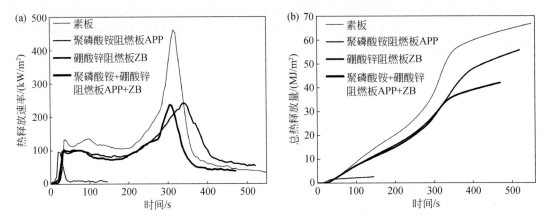

图 4-22   不同阻燃剂处理的纤维板的（a）热释放速率和（b）总热释放量曲线

而 APP 阻燃处理试样表现出显著的阻燃作用，该试样在燃烧 38s 后就熄灭了。而 ZB 的阻燃机制主要以覆盖机制为主，它在火场高温环境下分解生成的 B_2O_3 会覆盖在阻燃 MDF 的表面上形成隔热绝氧的保护层，不仅可以阻止内部基材的热分解也可抑制燃烧过程发生；此外，ZB 在高温作用下会释放出结晶水，起到吸热降温和稀释空气中氧气的作用，从而对 MDF 实现阻燃。

质量损失速率（mass loss rate，MLR）是指燃烧样品在燃烧过程中质量随时间的变化率，它反映了材料在一定火强度下的热裂解、挥发及燃烧程度；MDF 试样测试前的质量减去试样经锥形量热测试后的残余质量，即为其质量损失值（mass loss，ML）。如表 4-10 所示，APP 阻燃处理试样的 MDF 的 ML 值最低，这主要归因于 APP 优异的阻燃成炭作用，不仅促使 MDF 在燃烧 38s 后就熄灭，还促进了炭层的生成。而采用 ZB、APP+ZB 阻燃处理的 MDF 的 ML 分别比空白素材低 10.50% 和 26.91%，这说明阻燃处理可以提高 MDF 的阻燃和稳定性。但是，单独使用 ZB 的 MDF 阻燃效果不理想，这与前文所述的 ZB 主要以覆盖阻燃机制有关。而 APP 与 ZB 复配具有更好的阻燃效果，这可能由于它们具有协同阻燃作用。此外，相比空白素板，阻燃 MDF 的火焰熄灭时间都变短，其趋势与 ML 变化一致，这也进一步说明经过 APP、ZB 和 APP+ZB 处理均可提高 MDF 的阻燃性能。

表 4-10   不同阻燃剂处理的纤维板的锥形量热试验结果

试样	火焰熄灭时间 /s	质量损失 /g	热释放速率峰值 (p-HRR)/(kW/m²)	CO 产率峰值 (p-COY)/(kg/kg)	CO_2 产率峰值 (p-CO_2Y)/(kg/kg)
素材板	441	51.10	462.31	0.74	6.16
聚磷酸铵阻燃板	38	9.65	98.07	0.55	37.19
硼酸锌阻燃板	414	45.74	243.18	0.01	3.54
聚磷酸铵+硼酸锌燃板	363	37.35	223.86	0.17	3.96

3）阻燃剂对中密度纤维板烟释放性能的影响

火灾中对人生命安全危害最大的是材料燃烧所产生的烟雾毒气。因此，材料燃烧时的产烟速率（SPR）和总烟释放量（TSP）可作为评价材料火灾安全性能的重要指标。图 4-23 为不同阻燃剂处理后纤维板的 SPR 和 TSP 随时间的变化曲线。对比可以看出，添加了 ZB、APP+ZB 的 MDF 的 SPR 和 TSP 明显更低，而单独采用 APP 阻燃处理样品的 SPR 和 TSP 值都更高，且 TSP 曲线随着时间呈上升趋势，直至 150s 熄灭。事实上，从 SPR 曲线也可以看出 APP 阻燃试样的峰值出现时间更早，因而其总烟释放量增速更快。这可能是由于 APP 本身受热会分解产生大量氨气和氮气等不燃性气体，且其热解生成的磷酸/聚磷酸具有催化脱水成炭的作用，炭层在燃烧过程中也会生成大量的烟雾毒气，从而致使 APP 阻燃处理的 MDF 在整个燃烧过程中 TSP 持续升高，这也进一步表明单独的 APP 难以满足 MDF 的抑烟要求。需要指出的是，采用 APP+ZB 阻燃处理试样的 TSP 最低，说明 APP 与 ZB 具有良好的协同抑烟作用。

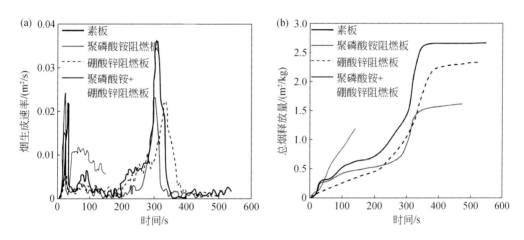

图 4-23　不同阻燃剂处理的纤维板的产烟速率（a）和总烟释放量曲线（b）

此外，由表 4-10 可知，阻燃处理的 MDF 的 p-COY 和 p-CO_2Y 与 TSP 结果一致。采用 APP、ZB、APP+ZB 阻燃处理的 MDF 试样的 p-COY 较未阻燃处理的空白素板分别降低了 25.68%、98.65%、77.03%。其中，ZB、APP+ZB 阻燃处理的 MDF 试样的 CO 和 CO_2 产率峰值最小，这主要归功于 ZB 高温下形成了玻璃态的无机层覆盖在材料的表面，可提高催化生成炭层的稳定性和致密性，从而有效阻碍了材料的氧化反应和热分解过程，使得烟雾毒气释放量明显降低。综上所述，APP 与 ZB 复配使用对 MDF 具有显著的阻燃抑烟作用。

4.3.3.3　协同成炭作用分析

图 4-24 为不同样品经过 CONE 测试后残余炭层的数码照片。对比发现，素板几乎被烧穿了，燃烧后也只残留了少量的白色灰烬残余物［图 4-24（a）］。而采用 APP 阻燃处理的 MDF 试样测试后成炭效果明显［图 4-24（b）］，几乎没有白色灰烬产生，这是因为木纤维在 APP 热分解产物磷酸或多聚磷酸的催化脱水作用下在 MDF 的表面迅速生成稳定的

炭层。有意思的是,采用 ZB 阻燃处理的 MDF 试样与空白素板相似,燃烧后也只残留了少量白色灰烬残余物[图 4-24(c)],这是因为单独的 ZB 阻燃效果不佳。比较而言,采用 APP+ZB 阻燃处理的 MDF 燃烧后表面也有明显的成炭作用[图 4-24(d)],但是不如 APP 阻燃处理试样均匀和厚实。这是由于炭层的形成主要取决于 APP 热分解的磷酸或多聚磷酸的脱水作用,而 APP+ZB 阻燃处理试样中 APP 的量只有 APP 阻燃处理试样的一半所致。

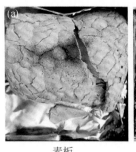  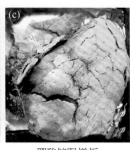 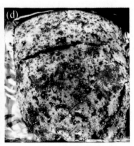

素板　　　　　　　聚磷酸铵阻燃板　　　　　硼酸锌阻燃板　　　聚磷酸铵+硼酸锌阻燃板

图 4-24　锥形量热试验后不同样品残余物的数码照片

为了进一步了解不同样品残余物的成炭作用机制,本工作采用 SEM 全面观察了分别采用 APP 和 APP+ZB 阻燃处理的 MDF 试样经 CONE 测试后的成炭情况。如图 4-25 所示,添加 APP 和 APP+ZB 均能提高 MDF 的残余炭量;但是采用 APP+ZB 阻燃处理的 MDF 试样的残余炭[图 4-25(c)]比 APP 阻燃处理试样的残余炭[图 4-25(a)]更加致密,且纤维状的残余炭形貌更加完整[图 4-25(b)],而 APP 单独阻燃处理样品的纤维状残余炭破碎严重[图 4-25(d)]。这主要是由于 APP+ZB 复配阻燃剂中的 P、N、B 元素具有协同成炭作用,不仅促进了炭层的生成,同时 ZB 高温下分解生成的 B_2O_3 也起到骨架支撑和保护作用,提高了炭层的稳定性。上述结果进一步说明 APP 与 ZB 复配对 MDF 具有显著的协同成炭阻燃作用。

  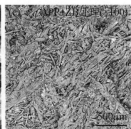 

图 4-25　锥形量热试验后试样残炭的扫描电镜图

4.3.3.4　小结

①与空白素板对比,采用 APP、ZB 和 APP+ZB 阻燃处理的 MDF 试样的最终残余物质量分别提高了 5.93%、8.79% 和 15.97%;此外,阻燃处理明显降低了 MDF 试样的 HRR、THR、p-HRR 等热释放性能,尤其是 APP 阻燃试样在燃烧 38s 后就熄灭,阻燃效果明显;

单独使用 ZB 处理的 MDF 阻燃效果不理想,而 APP 与 ZB 复配具有良好的协同阻燃作用。

②添加 APP+ZB 和 ZB 降低了 MDF 燃烧过程中 SPR、TSP、p-COY、p-CO$_2$Y 等烟气释放参数,特别是 CO 产率峰值较未阻燃空白素板分别降低 77.03%、98.65%,表现出明显的减毒作用;而单独采用 APP 阻燃处理试样的 SPR 和 TSP 值均较高,其 TSP 曲线呈上升趋势直至熄灭,这说明单独使用 APP 阻燃处理会产生大量的烟雾毒气。综合而言,APP 与 ZB 复配阻燃 MDF 试样在高效阻燃的同时,也有效减少了烟雾毒气的释放,具有优异的协同阻燃抑烟作用,能够减少火灾财产损失和人员伤亡。

4.3.4　磷氮层状物协同阻燃抑烟技术

受益于其独特的层状结构和优异的热稳定性,以及易于修饰和改性的特性,层状化合物广泛应用于材料的改性和功能化。例如,蒙脱土、海泡石、LDHs 等层状无机物广泛应用于材料的阻燃抑烟,并在木质材料的阻燃抑烟领域也取得了卓越的成果(详见 4.1.2.3 节)。这是因为它们特殊的层状结构有利于形成稳定致密的炭层,从而实现协同阻燃抑烟作用。作者团队也在利用层状化合物阻燃剂阻燃木材领域做了一些探索,例如研究表明改性海泡石和 APP 共同处理木材时具有良好的协效阻燃、抑烟与减毒作用,其 THR 降低了 44.75%,TSP 降低了 84.42%,m-COY 降低了 81.86%(陈旬等,2013)。

相比 LDHs、海泡石等层状化合物而言,磷酸锆(α-ZrP)作为一种新型的二维纳米材料不仅具有层状化合物的共性,而且还具有以下优异的性能:①晶形好,易制备;②结构稳定、热稳定性好;③高的比表面积和离子交换容量;④层间含有大量的-OH 基团,易于改性;⑤具有固体酸催化特性,并在反应过程中呈现出选择性催化等优异的性能(杜以波等,1998;Liao et al.,2014)。

特别是,由于其独特的固体酸的催化功能,α-ZrP 不仅可以用于传统意义上的催化反应,也可以拓展到阻燃领域的催化成炭。例如,利用 α-ZrP 的层状结构和催化特性改性聚合物制备的高性能纳米复合材料引起了科研者的广泛关注(Carosio et al.,2011;Wu et al.,2020)。研究发现,由于 α-ZrP 不仅可以起到隔热保护,还能促进成炭作用;因而该类纳米复合材料的热解温度和稳定性明显提高,阻燃性能也得到了显著改善。为此,本工作将 α-ZrP 与 APP 复配协同,制备了一种 α-ZrP/APP 复配阻燃剂,并采用 CONE 和热分析研究了该复配阻燃剂对杨木人造板的燃烧和发烟性能的影响,从而获得其在人造板中的阻燃和抑烟作用机制。

4.3.4.1　物相组成

为了确定合成产物的物相组成,采用 XRD 对其结构进行了表征,这是因为 XRD 能够反映出物质的晶型结构和结晶度。通常,XRD 谱图中半峰宽越窄、特征峰越尖锐,分峰越彻底,表明该样品的结晶度越好。如图 4-26 所示,该样品 2θ 在 11.6°、19.8°、24.9° 和 33.8° 处有四个特征强峰,且峰形尖锐,它们分别对应 α-ZrP 的(002)、(110)、(112)和(215)晶面,与 XRD 标准卡片结果完全一致。这说明该产物为晶相单一的 α-ZrP,且具有高的结晶度。

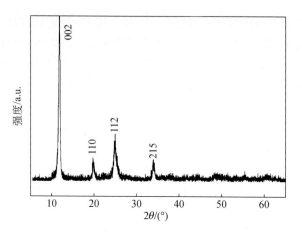

图 4-26　样品 α-ZrP 的粉末 X 射线衍射图

4.3.4.2　阻燃与抑烟性能

热释放速率（HRR）是表征火灾强度的重要参数，又称为火强度。HRR 或者其热释放速率峰值（p-HRR）越大，表明单位时间内反馈给材料单位面积的热量就越多，材料的热解就越快、挥发性可燃物生成量越多，从而加速了火焰的传播。因此，HRR 或者 p-HRR 越大，材料在火灾中的危险性就越大。

如图 4-27（a）所示，所有样品的 HRR 曲线均在初始阶段达到峰值，随后不断减小，这是因为初始阶段为试样的有焰燃烧阶段，释放的热量更大。但是，明显可以看出经 APP 和 α-ZrP/APP 阻燃处理后样品的 HRR 值均大幅降低，这说明 APP 和 α-ZrP/APP 均对人造板具有良好的阻燃作用。其中，α-ZrP/APP 阻燃样品的 HRR 峰值最小，这说明 α-ZrP 与 APP 复配对木质材料具有更好的协同阻燃效果。此外，经 APP 和 α-ZrP/APP 阻燃处理的试样的 HRR 峰值更早出现，这主要归因于 APP 具有酸催化作用，导致了人造板中木纤维更早出现热解脱水成炭反应过程。

由图 4-27（b）可以看出，经 APP、α-ZrP/APP 阻燃处理后试样燃烧时的总热释放量（THR）均大幅度减小，与上文的 HRR 变化规律相一致。对比而言，空白试样 s-0 的 THR

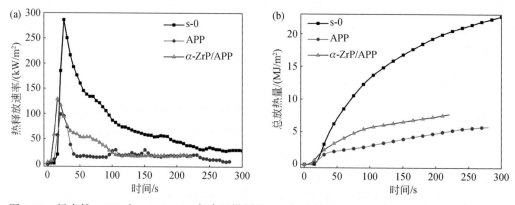

图 4-27　杨木粉、APP 和 α-ZrP/APP 复合阻燃剂处理后杨木粉的 HRR 曲线（a）和 THR 曲线（b）

高达 23.58kW/m²，APP 阻燃处理试样的 THR 值最小，仅为 5.75kW/m²；而 α-ZrP/APP 阻燃处理试样的 THR 值稍大（7.70kW/m²），但也仅为空白试样的 32.6%。这是因为单纯从阻燃性来说，相比 α-ZrP 而言，显然 APP 对木材的阻燃效果更佳。因而，α-ZrP/APP 阻燃试样由于 APP 的质量百分含量更少（6.67% *vs.* 10%）而致使其 THR 值略微变大。

表 4-11 为不同试样锥形量热试验测得的各种参数值，其中空白试样 s-0 的 p-HRR 为 286.06kW/m²、平均热释放速率（m-HRR）为 73.53kW/m²。以空白试样为参照样，α-ZrP/APP 阻燃试样的 p-HRR（128.71kW/m²）下降了 53.6%，m-HRR（35.69kW/m²）下降了 55.6%，意味经 α-ZrP/APP 阻燃处理后，杨木热分解生成可燃性小分子的速度降低，火强度也明显降低，这说明阻燃试样在燃烧过程中单位时间内向单位面积的人造板反馈的热量有效减少。换句话说，这表明 α-ZrP/APP 复合阻燃剂对杨木具有显著的协同阻燃作用。需要指出的是，阻燃样品 APP 的 m-HRR 和 THR 值最小，这是因为其中阻燃剂 APP 的质量百分比最高（10%）。如果单纯的只考虑阻燃性能，显然 APP 含量越高阻燃效果越佳，这与上文 THR 曲线分析结果完全一致。

表 4-11　阻燃样品的组成与锥形量热实验测得的各种参数

样品编号	APP /g	α-ZrP /g	杨木粉 /g	p-HRR /(kW/m²)	m-HRR /(kW/m²)	THR /(kW/m²)	TSR /m²	m-EHC /(kW/kg)
s-0	0	0	15	286.06	73.54	23.58	82.61	16.88
APP	0	1.5	15	98.75	21.21	5.75	58.53	5.80
α-ZrP/APP	1.0	0.5	15	128.71	35.69	7.70	12.45	7.78

考虑火灾中对人生命安全危害最大的是材料燃烧时所释放的烟雾毒气，因而本文进一步考察了试样燃烧过程中的烟气释放行为。如图 4-28（a）所示，空白试样 s-0、APP 和 α-ZrP/APP 阻燃试样在 50kW/m² 热辐射作用下的烟生成速率（SPR）曲线变化趋势大致相似。其中，空白试样 s-0 的 SPR 在 25s 时达到其最大峰值 0.0203m²/s。这是因为初始阶段（0~100s）通常为热分解过程，会放出大量的烟气；而后续阶段（100s 后）为残余组分的燃烧过程，因而烟生成速率会不断减少。而经 APP 阻燃处理样品的 SPR 曲线在点燃阶段（10s）达到 0.0290m²/s 的最大值，随后在 35s 左右又出现第二个峰值（0.00884m²/s）。这是由于 APP 热解生成的磷酸/聚磷酸具有强的脱水作用，会催化促进木纤维脱水成炭过程。因而，与空白试样相比，APP、α-ZrP/APP 阻燃试样在点燃阶段释放出更多的烟气，且其 SPR 曲线的峰值时间提前。对比空白试样和 APP 阻燃试样，尽管 α-ZrP/APP 阻燃处理试样的 SPR 值在 5s 左右便达到最大值（0.00514m²/s），但其总烟释放量分别下降了 74.7% 和 82.3%。这表明 α-ZrP 与 APP 复配具有显著的协同抑烟作用。

由图 4-28（b）可以看出，空白试样 s-0 的总烟释放量（TSR）曲线在 100s 内迅速增大，100s 以后基本平行。这说明其燃烧过程中产生的烟气主要来源于热分解和有焰燃烧阶段，与前文的 SPR 分析结果一致。而经 APP 阻燃处理试样 APP 的 TSR 值略有减少，为未阻燃空白试样的 70.9%，并随时间呈现增加趋势，到 200s 左右达到最大值。这主要由于 APP 具有催化成炭作用，因而其阻燃试样为不完全燃烧过程，会不断产生烟气。相对而言，α-ZrP/APP 阻燃处理样品 s-α-ZrP/APP 的 TSR 值出现了大幅降低，其值仅为空白试样 TSR 的 15.1%，为 APP 阻燃试样 TSR 的 21.3%。此外，其 TSR 曲线在 10s 左右便趋于平缓。上述结果进一步表明 α-ZrP/APP 复合阻燃剂具有显著的协同抑烟作用，与 SPR 分析结果也完全一致。这可能归因于 α-ZrP 为层状结构、具有较大的比表面积和固体酸特有的催化功能，因而对阻燃过程中释放出的烟雾毒气具有良好的吸附功能和催化转化作用。

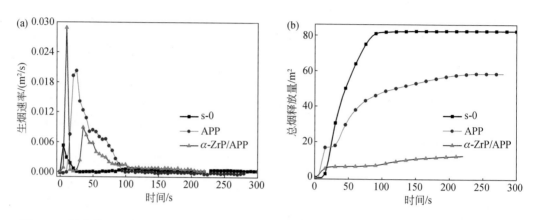

图 4-28　杨木粉、APP 和 α-ZrP/APP 复合阻燃剂处理后杨木粉的 SPR 曲线（a）和 TSR 曲线（b）

比消光面积（SEA），是指消耗单位质量样品所产生的烟气量；有效燃烧热（EHC）则表示在某一时刻 t 所测得的材料燃烧的热释放速率与材料的质量损失率之比。如图 4-29（a）所示，α-ZrP/APP 阻燃样品试样的 SEA 值最小，这意味着在试验条件下消耗单位质量试样所产生的烟气量最小，也就是说 α-ZrP/APP 阻燃剂对木材具有优异的抑烟作用。同时，可以看出 APP 阻燃处理试样 APP 的 SEA 曲线在 10s 迅速出现最大值，随后在 35s 又出现了第二个峰值，与 SPR 曲线变化趋势完全相吻合。这也进一步证明 APP 会催化促进木纤维热解脱水成炭。同样，空白试样的 SEA 与 SPR 曲线也呈现出相同趋势。上述结果进一步证实了 α-ZrP 具有优异的抑烟特性。

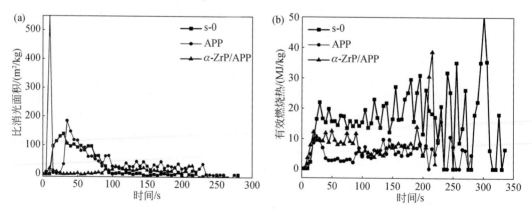

图 4-29　杨木粉、APP 和 α-ZrP/APP 复合阻燃剂处理后样品的 SEA 曲线（a）和 EHC 曲线（b）

为了探索阻燃作用机制，通常可采用 EHC 与 HRR 相结合的方式来研究阻燃机理的类型；一般气相阻燃机理的挥发物燃烧不十分完全，其 EHC 值比较小；而凝聚相阻燃机理的挥发物燃烧相对而言比较完全，因而其 EHC 值比较大。从图 4-29（b）可以看出，阻燃处理试样 APP 和 α-ZrP/APP 的 EHC 曲线趋势一致，EHC 值均较小。这表明 α-ZrP/APP 复合阻燃剂和 APP 在杨木板中阻燃机理相同，以凝聚相阻燃机理为主，且其阻燃作用机制主要为催化成炭。

4.3.4.3　热失重分析

图 4-30 为 APP、α-ZrP 以及用 APP、α-ZrP/APP 阻燃处理试样 s-APP 和 s-ZrP/APP 的热重分析曲线。可以看出，APP 和 α-ZrP/APP 阻燃试样的热失重分为两个阶段。第一个阶段在 200~300℃之间，试样出现明显的失重。这是因为木材在 260℃左右会发生剧烈的热分解反应，产生大量可燃烧性和不燃性气体。第二个阶段在 300℃以后，试样失重缓慢。这是由于杨木在阻燃剂 APP 的催化作用下脱水生成更多的炭层，起到了隔热隔气作用，从而延缓了木材的分解速率。因而，即使高温（750℃）热分解后 APP 和 α-ZrP/APP 阻燃试样的炭残余量依然高达 23.6% 和 32.9%，这很好的验证了 α-ZrP/APP 复合阻燃剂的作用机制主要为催化成炭，这与前文的 EHC 分析结果一致。此外，α-ZrP/APP 阻燃试样的残余量更多，这进一步说明了 α-ZrP 与 APP 复配具有更好的协同成炭作用。这主要由于 α-ZrP 为层状结构、且其热稳定性好，因而在高温下可起到一个隔热屏障作用，提高了炭层的热稳定性，从而表现出优异的协同阻燃抑烟作用。

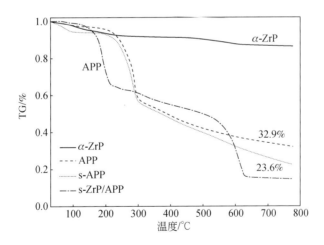

图 4-30　α-ZrP、APP 以及用 APP 和 α-ZrP/APP 阻燃处理试样 s-APP 和 s-ZrP/APP 的热重分析曲线

4.3.4.4　小结

①α-ZrP/APP 能有效降低人造板的热释放速率（HRR）、总热释放量（THR）、烟生成速率（SPR）和总烟释放量（TSP），表现出显著的阻燃抑烟作用。这是因为在阻燃过程中，α-ZrP 与 APP 协同不仅能促进炭层的生成，而且 α-ZrP 的层状结构能够提高炭层的热稳定性，同时能够起到隔热阻烟的作用。

②层状结构的 α-ZrP 具有较大的比表面积和固体酸催化功能，因而对阻燃过程中释放的烟气具有高的吸附能力和催化转化作用，这可能是 α-ZrP/APP 复合阻燃剂具有优异的协同阻燃抑烟性能的根本原因。上述研究将为科研人员以 α-ZrP 为改性剂或者协同剂进一步开发新型高效的阻燃抑烟剂提供基础。

4.3.5 磷氮相变吸热膨胀阻燃抑烟技术

正如前文所述（4.1.3 节），磷-氮系阻燃剂的阻燃机理是气体理论、成炭理论和覆盖理论同时起作用。其中，气体理论主要体现在加热时产生的 CO_2、NH_3、HCl 和 H_2O 等不燃性气体的稀释和隔绝氧气方面，而成炭理论和覆盖理论则体现在纤维催化脱水成炭及其他阻燃组分与磷、氮元素协同形成致密的炭层方面，从而实现木质材料的阻燃与抑烟。其中，膨胀型阻燃剂（IFR）能够在高温下生成炭层质量良好、结构致密紧凑的泡沫炭层，良好的泡沫炭层能够起到绝热隔氧和阻燃抑烟等效果；此外，IFR 的防火优势符合未来绿色化工发展的方向，因而成为国内外研究的重点和热点。

膨胀型阻燃剂的防火作用主要是依靠 IFR 体系中的"三源"的相互作用，一般来说将能够在高温下分解出酸性物质的物质称为"酸源"，在高温下分解生成大量气体的称为"气源"，在高温下能够提供炭物质的称为"炭源"，三源体系之间相互配合和相互作用才是形成良好炭层的关键，才能到达防火阻燃的目的（欧育湘，2006）。

相变材料是一种最佳的绿色环保型材料，能够随温度变化而改变物质状态并能提供潜热的物质；相变材料能够在温度上升的过程中通过相变吸热来阻碍温度的上升，在温度过低时释放出热量（宫薛菲等，2020）。因此，加入相变材料后的膨胀型阻燃剂具有能够在小火发生时，通过吸收热量来阻止火灾的蔓延；在大火发生时，能够通过形成膨胀泡沫炭层来隔绝火焰，使相变防火涂层具有小火自熄，大火慢燃的阻燃防火效果。

鉴于丙三醇、季戊四醇、甘露醇、PEG6000、PVA 等既是一种广泛的相变材料，也符合 IFR 体系对于炭源的基本要求（为多羟基物质或多元醇等）。为此，作者团队创新性地将相变材料和膨胀型阻燃剂有机融合，一方面借助相变材料的相变吸热储能的特性来熄灭小火而不产生任何有害物质以及烟雾毒气。另一方面，利用由相变材料与 IFR 膨胀体系形成泡沫炭层来隔绝火焰，阻止火焰的快速蔓延，从而实现"小火自熄，大火慢燃"的阻燃防火效果。

4.3.5.1 聚磷酸铵对阻燃剂体系的影响

聚磷酸铵（APP）是膨胀型阻燃防火体系的关键组分，是 IFR 中常用的酸源；其在高温大火下能够生成酸性物质，促进形成熔融性的炭层结构，因而是构成膨胀泡沫防火阻燃炭层的基础和关键。此外，APP 能够在初始阶段分解生成 H_2O 和 NH_3 等不燃性气体，起到稀释空气中的氧气和带走一些热量来起到防火阻燃的效果。因此，本文首先探讨了 APP 的量对相变吸热的膨胀泡沫阻燃防火体系的影响，具体的组成如表 4-12 所示。

表 4-12　相变吸热膨胀成炭阻燃剂体系的组成及 APP 对耐火时间和膨胀性系数影响

试样编号	淀粉/g	APP/(g/%)	MF/(g/%)	多元醇/(g/%)	相变材料/g	耐火时间/s	膨胀系数
1	20	20.0 (40%)	20.0 (40.0%)	10.0 (20.00%)	15	643	7.43
2	20	22.5 (45%)	18.3 (36.7%)	9.20 (18.3%)	15	1042	12.5
3	20	25.0 (50%)	16.7 (33.3%)	8.30 (16.7%)	15	1045	14.59
4	20	27.5 (55%)	15.0 (30.0%)	7.50 (15.0%)	15	852	13.63
5	20	30.0 (60%)	13.3 (26.7%)	6.67 (13.3%)	15	539	6.71

注：相变材料为丙三醇、甘露醇、PEG6000 等。

图 4-31（a）为 APP 的百分比对相变吸热膨胀泡沫炭层阻燃防火体系的温度与时间的影响曲线图。对比可以看出，所有试样的温度曲线都呈现出整体上升趋势且历经了三个过程：温度先快速上升，然后缓慢上升，再快速上升。相比其他四组样品温度曲线，APP 含量为 40% 的试样在 0~450s 上升最快，450s 后被试样 5 的温度曲线超过。APP 含量为 45% 的试样温度曲线上升比较平缓，并没有出现像 APP 含量分别为 50%、55% 和 60% 的试样温度曲线那样出现急剧的上升拐点。其中，APP 含量为 50% 试样的温度曲线在 0~400s 左右上升较快，在 400~900s 的阶段温度曲线出现了不升反降的现象，在 950s 处开始出现温度急剧上升。因而，上述结果表明 APP 含量为 50% 试样的防火效果最好，有效地延缓了温度急剧上升的时间。

图 4-31（b）为 APP 对阻燃防火体系耐火时间和膨胀系数影响函数关系图。从图可以看出，耐火时间函数关系呈现出先增后减的走势。首先，随着 APP 添加量从 40% 增加为 50%，试样的耐火时间随之增强，分别为 643s、1042s 和 1045s，这表明该阻燃体系的耐火性能随着 APP 添加量的增加而增加。但是，随着 APP 在该复合阻燃剂体系中的比例进一步增加为 60%，试样 5 的耐火时间反而明显下降，耐火时间分别只有 852s 和 539s；较之 APP 含量为 50% 试样 3 的耐火时间分别下降了 18.47% 和 48.42%。上述结果表明，APP 在膨胀阻燃体系中的比例为 50% 的试样 3 的耐火性能最佳。

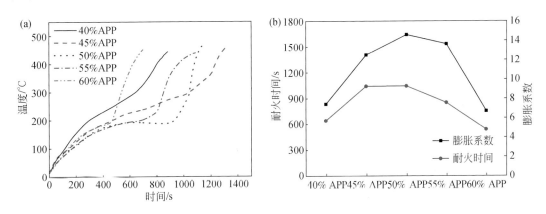

图 4-31　APP 对阻燃体系的耐火温度和时间的影响关系（a）；APP 对
阻燃体系的耐火时间和膨胀系数影响函数关系（b）

其中，APP 含量分别为 40% 和 45% 的试样 1 和 2 的膨胀系数较差是因为 APP 的添加量较少，在火焰加热条件下不足以形成良好的膨胀炭层，结合温度曲线也可以看到试样 1 和 2 的温度上升非常快。而试样 APP 含量分别为 55% 和 60% 的试样 4 和 5 的膨胀系数不佳是因为添加 APP 的量过多，结合它们的温度曲线在 450s 处就早早出现拐点，这表明它们在火焰的冲击下过早的发生了膨胀，导致形成的膨胀炭层质量疏松，从而极易被火焰击穿。此外，从试样的膨胀系数来看，APP 含量为 50% 试样 3 的膨胀系数也最佳，膨胀系数达到了 14.59，这进一步说明其在高温下能够形成质量良好的膨胀泡沫炭层。

4.3.5.2 三聚氰胺对阻燃剂体系的影响

在 IFR 体系中，三聚氰胺（MA）能够在高温下释放出大量的氨气，氨气本身为不可燃气体，不仅能够起到发泡熔融性炭层，促进炭层膨胀的作用，而且能起到气相稀释阻燃的功能，通常用作气源。为了解 MA 对于膨胀炭层的影响，在该体系的总质量不变并保持 APP 与季戊四醇的比例为 4∶1 的前提下，本研究通过测定 MA 百分比不同的 IFR 体系（表 4-13）的耐火时间和膨胀系数来评价其对于 IFR 体系的阻燃性能的影响。

表 4-13　相变吸热膨胀成炭防火阻燃剂体系的组成及三聚氰胺对耐火时间和膨胀性系数影响

试样编号	淀粉/g	聚磷酸铵/(g/%)	三聚氰胺/(g/%)	多元醇/(g/%)	相变材料/g	膨胀系数	耐火时间/s
1	20	30（60%）	12.5（25%）	7.5（15%）	15	10.65	645
2	20	28（56%）	15.0（30%）	7.0（14%）	15	12.62	749
3	20	26（52%）	17.5（35%）	6.5（13%）	15	13.89	746
4	20	24（48%）	20.0（40%）	6.0（12%）	15	11.09	656
5	20	22（50%）	22.5（45%）	5.5（11%）	15	10.03	529

图 4-32（a）为三聚氰胺对相变吸热膨胀泡沫阻燃防火体系温度影响曲线图。从图可以看出，所有试样的温度上升也大致历经了三个过程：首先温度较快速上升，然后缓慢上升，再到快速上升；略有不同的是试样 1 的温度曲线在 598s 处从缓慢上升转为快速上升。但是，不同试样从温度缓慢上升到快速上升阶段出现拐点的时间却不一样。其中，试样 2 的温度拐点时间为 664s，试样 3 的温度拐点时间为 711s，试样 4 的温度拐点时间为 626s，试样 5 的温度拐点时间为 458s。上述对比表明在抑制温度上升过程中，试样 3 的防火效果较好；但是随着温度继续上升，试样 3 的温度曲线斜率要大于试样 2，因此在拐点以后的温度，试样 2 的温度上升比试样 3 慢。综合温度拐点时间和斜率来说，三聚氰胺添加量为 30% 的试样 2 在防火效果上更好，而三聚氰胺添加量过大（45%）的试样 5 在防火效果上最差。

图 4-32（b）为三聚氰胺对相变吸热膨胀泡沫阻燃体系耐火时间和膨胀系数影响的函数关系。从图可以看出，耐火时间呈现出先增后减的走势：从试样 1 到试样 2 的耐火时间有明显增加，从试样 2 到试样 5 的耐火时间都呈现下降趋势。因而，单纯从耐火时间来看，试样 2 的耐火性能最佳。但是，从三聚氰胺百分比对相变吸热膨胀泡沫阻燃体系的膨胀系数的影响函数关系来说，其膨胀系数曲线和耐火时间曲线的趋势略有差别：从耐火时间曲线来看试样 2 的耐火时间最长（749s），而从膨胀系数曲线来看试样 3 的膨胀系数最大（13.89）。其次，结合试样 2 和 3 的温度曲线分析，虽然试样 2 的耐火时间较长，但是其抗火焰冲击的能力并没有试样 3 强。此外，从温度曲线来看试样 3 的拐点出现时间要早

于试样 2。综合上述多种因素，三聚氰胺含量为 35% 的试样 3 形成的炭层具有最强的耐火焰冲击能力，也就是说其具有最佳的阻燃效果。

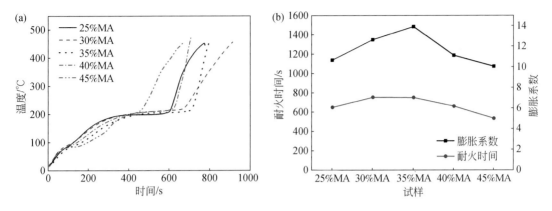

图 4-32　三聚氰胺对阻燃体系的耐火温度和时间的影响关系（a）；三聚氰胺对
阻燃体系的耐火时间和膨胀系数影响函数关系（b）

需要指出的是，试样 2 的耐火时间略为变长有可能是因为耐火性能测试装置本身所带来的缺陷。这是因为大板模拟法虽然已经广泛用于实验室评估防火涂料的耐火性能，但是耐火测试装置的火源为酒精喷灯，因而越靠近火焰位置，受到的冲击力也就越大，这样容易导致靠近火焰位置的膨胀炭层容易脱落或被击穿。因而，虽然耐火性能与耐火时间有一定的关联，但是膨胀系数更能准确地反映试样的耐火性能。此外，试样 4 和 5 有可能是因为三聚氰胺添加量过多，导致热解过程中气体释放量过多，容易造成炭层疏松而脱落，因而它们的耐火性能变差。

4.3.5.3　多元醇对阻燃剂体系的影响

多元醇（例如季戊四醇、丙三醇、甘露醇、PEG6000 等）在 IFR 体系中通常作为炭源，它们对于膨胀炭层的形成起着关键的作用。值的指出的是，在该阻燃防火体系中多元醇既是炭源，同时也是相变材料，因而它们具有双重阻燃防火功能。为了研究其对相变吸热膨胀成炭阻燃防火体系性能的影响，本研究选择体系的总质量不变，并保持 APP 与三聚氰胺的比例为 2∶1，然后通过改变多元醇（季戊四醇，PER）的用量来评价防火体系的阻燃性能，其具体的配比组成见表 4-14。

表 4-14　相变吸热膨胀成炭防火阻燃剂体系的组成及多元醇对耐火时间和膨胀性系数影响

试样编号	淀粉/g	聚磷酸铵/(g/%)	三聚氰胺/(g/%)	多元醇/(g/%)	相变材料/g	膨胀系数	耐火时间/s
1	20	15.8（31.5%）	31.7（63.5%）	2.5（5%）	15	4.43	387
2	20	15.0（30.0%）	30.0（60.0%）	5.0（10%）	15	8.05	485
3	20	14.3（28.5%）	28.2（56.5%）	7.5（15%）	15	15.35	463
4	20	13.5（27.0%）	26.5（53.0%）	10.0（20%）	15	13.57	375
5	20	12.8（25.5%）	24.7（49.5%）	12.5（25%）	15	10.09	340

图 4-33（a）为多元醇对相变吸热膨胀泡沫阻燃防火体系的耐火时间和膨胀系数的影响函数关系。从图可以看出，在多元醇加入量过少或者过多的情况下，该阻燃防火体系的耐火时间都较短。其中，试样 1 的耐火时间为 387s，而试样 2 和 3 的耐火时间相差不大，分别为 485s 和 463s；然而试样 4 和 5 的耐火时间随着多元醇添加量的增加反而变小。这是因为多元醇过少会导致催化成炭过程中形成的膨胀泡沫炭层过薄，而加入过多的多元醇则会导致与酸源和气源不匹配，难以形成均匀多孔的膨胀泡沫炭层。

从相变吸热膨胀泡沫阻燃防火体系的膨胀系数曲线图［图 4-33（b）］可以看出，试样 1 对应的膨胀系数为 4.43，其耐火时间也只有 387s，这说明由于试样 1 中多元醇的量过少导致其形成的炭层也较薄，相应地其隔热效果也较差。随着多元醇的含量增加，试样 2 膨胀系数达到了 8.05，试样 3 的膨胀系数高达 15.35。但是，随着多元醇的含量继续增加，试样 4 和 5 的膨胀系数反而出现明显下降，这表明在添加多元醇过量的情况下，由于气源与炭源不匹配而导致炭层未能膨胀形成多孔结构，因而致使炭层的膨胀系数变低，其抗火焰性能也相应变差。综合耐火温度和时间、膨胀系数，显然试样 3 具有最佳的阻燃防火性能。

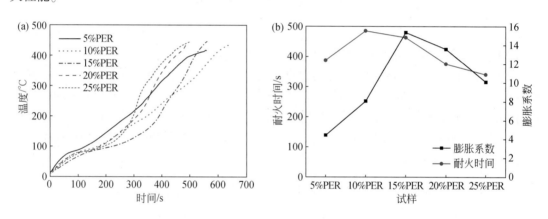

图 4-33   多元醇对阻燃体系的耐火温度和时间的影响关系（a）；三聚氰胺对
阻燃体系的耐火时间和膨胀系数影响函数关系（b）

4.3.5.4   膨胀成炭阻燃抑烟体系优化

众所周知，在 IFR 膨胀型阻燃剂体系中酸源、炭源和气源各自起着不同的作用；三源之间既互相独立，又相互关联匹配，只有三者之间达到最佳的配比才能实现最佳的协同阻燃效果。因此，本节将在前文的单因素探索基础之上进一步通过正交试验来优化它们之间的最佳配比关系。

由表 4-15 可以看出 4 号试样的耐火极限最为理想，即组合为 A2B1C2 的试样（APP：三聚氰胺：多元醇=10：6：3）的耐燃时间最长（高达 1306s）。重复 4 号试样 A2B1C2 试验 3 次，测得平均耐火时间为 1345s。由正交试验原理知，各因素的极差 R 值中，R 值越大，说明其对于相变膨胀泡沫阻燃防火体系的影响越明显，R 值越小影响越小。对比可以看出，APP 的极差 R 值最大，季戊四醇的极差 R 值最小，这说明 APP 对相变吸热膨胀泡沫阻燃防火体系的阻燃性能影响最大，季戊四醇对该体系的阻燃防火性能的影响最小。

表 4-15　酸源、炭源和气源"三源"处理工艺正交试验表

试样编号	A（APP）	B（三聚氰胺）	C（多元醇）	膨胀系数	耐火时间/s
1	1	1	1	20.89	1156
2	1	2	2	19.45	1039
3	1	3	3	20.56	945
4	2	1	2	21.56	1306
5	2	2	3	18.79	1282
6	2	3	1	19.11	1116
7	3	1	3	17.32	1019
8	3	2	1	18.56	996
9	3	3	2	19.05	1113
K_1	1046.67	1160.33	1089.33		
K_2	1234.67	1105.67	1152.67		
K_3	1042.67	1058.00	1082.00		
k_1	348.89	386.78	363.11		
k_2	411.56	368.56	384.22		
k_3	347.56	352.67	360.67		
R	64.00	34.11	21.11		

通过分别探索酸源、炭源和气源对相变膨胀泡沫阻燃防火体系的耐火温度、耐火时间和膨胀系数的影响确定了最佳的单组分影响条件，然后在单因素试验的基础上通过正交试验对防火体系中的"三源"比例进一步优化，可以确定膨胀泡沫阻燃防火体系"三源"的最佳比例为 APP:三聚氰胺:多元醇=10:6:3。

4.3.5.5　相变材料对阻燃剂体系的影响

鉴于在该阻燃防火体系中，多元醇不仅起着炭源的作用，同时也是相变材料。因而，它们的相变温度、相变吸热性能以及膨胀成炭能力会直接影响该体系的阻燃防火性能。为此，本文采用热失重分析法（TGA）对不同的多元醇试样进行测试，具体为：称取样品质量 7.0～10mg，温度从 40℃升温到 800℃，升温速率 10℃/min，保护气为 60mL/min 流量的高纯氮气。同时，采用 Q10 型差示扫描量热法（DSC）测试了多元醇的相变温度点及相变时的热量变化，具体为：试样质量约 6～8mg，氮气气氛，温度区间为 40～200℃，升温速率为 10℃/min。

如图 4-34（a）所示，从热失重曲线可以看出聚乙二醇的热分解温度最高，也就是说其热稳定性最好；而低聚半乳糖和甘露醇具有相近的热分解温度。其中，甘露醇大约在 209.5℃发生热分解。在 209.5℃以前，甘露醇的热稳定性很好，没有出现明显的质量损失。随着温度继续上升到 279.5℃，甘露醇出现了较大的质量损失，这表明其发生了较大程度的热分解。需要指出的是,甘露醇的热解温度与纤维素的热解温度相差不大,说明二者具有很好的匹配性。这也为利用甘露醇的相变吸热来降低纤维素热解阶段的表面温度,从而起到阻燃防火的作用提供了可行性。

从 DSC 曲线 [图 4-34(b)]可以看出聚乙二醇的吸热峰出现在 63℃ 左右,低聚半乳糖的第一个吸热峰约为 146℃,而甘露醇在 161℃ 出现了一个吸热峰。对比而言,甘露醇的吸热峰温度最高,也就是说其吸热温度与木质纤维素热分解的温度最为接近,因而从吸热降温来实现阻燃的角度来说甘露醇具有最佳的效果,加之甘露醇也具有较高的相变潜热(233.3J/g)。综上所述,由于甘露醇具有较高的热稳定性和高的相变潜热,且在温度上升前期能够吸收大部分的热量,是一种不可多得的中温相变阻燃材料。此外,甘露醇是一种常用的化工原料,其化学稳定性优异,在常温或较低温度下不会发生热分解,在空气中放置也不易吸水回潮。这为进一步研究甘露醇在该阻燃体系中阻燃效果提供了理论依据。

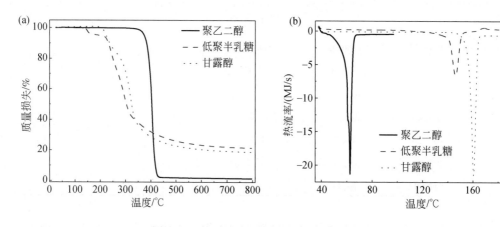

图 4-34　甘露醇 TG 曲线(a)和 DSC 曲线(b)

考虑到木纤维的热解温度通常为 220~260℃,而阻燃体系中 APP 会进一步降低木纤维的热解温度。因此,本文进一步选择相变温度较高且与纤维素热解温度匹配最好的甘露醇为研究对象探索其对膨胀炭层-相变吸热阻燃剂体系的阻燃防火性能的影响,具体配比见表 4-16。

表 4-16　甘露醇对防火阻燃体系的耐火时间和膨胀系数的影响

试样编号	淀粉/g	聚磷酸铵/g	三聚氰胺/g	季戊四醇/g	甘露醇/%	耐火时间/s	膨胀系数
1	20	25	15	7.5	0	23.42	1510
2	20	25	15	7.5	6	22.67	1381
3	20	25	15	7.5	12	22.16	1339
4	20	25	15	7.5	18	10.52	839
5	20	25	15	7.5	24	8.11	752

从前文的 TG 曲线和 DSC 曲线分析发现甘露醇的主要相变吸热温度区间为 141.98~168.00℃,因此后续的研究着重探索了甘露醇(Mnt)在 142.0~168.0℃ 温度区间内对膨

胀泡沫阻燃防火体系相变吸热性能的影响。从图 4-35（a）可看出，未添加甘露醇的试样 1 上升最为迅速，而试样 2 的温度曲线较试样 1 上升较为缓慢，这主要归因于试样 2 中添加了 6% 的甘露醇对膨胀泡沫阻燃防火体系有相变吸热作用。随着甘露醇添加量的进一步增加，试样 3、4 和 5 的温度曲线在室温至 158℃ 区间均呈现出快速上升的趋势，然后在 158℃ 至 236℃ 区间呈现出缓慢上升的趋势。显然，该耐火温度的变化区间与甘露醇的相变温度范围基本一致，这充分说明相变材料的加入有效提高了该阻燃体系的耐火性能。

　　图 4-35（b）为甘露醇对相变吸热膨胀泡沫阻燃防火体系的耐火时间和膨胀系数影响函数关系图，可以观察到所有试样的膨胀系数和耐火时间均随着甘露醇量的增加而减少。其中，试样 2 和 3 的膨胀系数和耐火时间下降不太明显，试样 3 的膨胀系数和耐火时间相对于空白对照试样 1 只下降了 5.69% 和 11.3%。然而，试样 4 和 5 的膨胀系数和耐火时间相对空白对照试样 1 有明显下降，尤其是甘露醇添加量为 24% 的试样 5 膨胀系数和耐火时间的下降量分别高达 65.37% 和 50.20%。上述结果表明，甘露醇的添加量太高会严重影响该体系的阻燃防火性能。这主要是因为甘露醇虽为多羟基化合物，但是其分子结构为反式结构，其羟基在酸催化脱水过程中难以环化形成芳烃结构。因此，综合考虑甘露醇在膨胀泡沫阻燃防火体系中的相变吸热能力、耐火时间和膨胀系数，在防火体系中添加 12% 的甘露醇，体系的阻燃防火性能最佳。

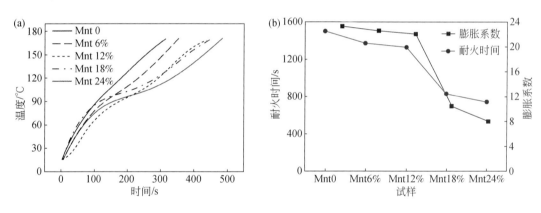

图 4-35　甘露醇对阻燃体系的耐火温度和时间的影响关系（a）；甘露醇对
阻燃体系的耐火时间和膨胀系数影响函数关系（b）

　　为了进一步证实上述结论，假设阻燃体系的比热跟木材一致，计算可以知道在相同的热辐射下含有相变材料的甘露醇的阻燃防火体系可以减少 16.3℃ 的温度上升。当然，本文更多是从理论和大板模拟两方面对该阻燃剂进行评价，对于相变吸热膨胀阻燃剂体系在人造板中的实际应用还需要后续深入研究。

　　为了更为直观地展示该阻燃剂体系在燃烧过程中的相变吸热和膨胀成炭对于材料的耐火性能影响，本文以该相变吸热膨胀阻燃剂为基料、水性丙烯酸树脂乳液为成膜剂并开发了一种适用于木质材料的高固含量的（75%）阻燃涂料，并采用类似 UL-94 水平燃烧试验标准的方法考察了该阻燃涂层（厚度为 3mm）的耐火性能。

　　如图 4-36 所示，可以看出该阻燃涂层在经过 10s 的火焰灼烧后没有出现明显的发泡现象，这有可能是由于该阻燃涂层中的相变多元醇在初始阶段吸热而导致涂层表面温度未能迅速上升，因而阻燃涂层中的 APP、三聚氰胺和季戊四醇组成的 IFR 体系未能发生热解；而 30s 之后涂层表面出现了大量小而密集的气泡状突起，这可能随着灼烧时间的延长，相变多元醇吸热过程已经完成，阻燃涂层表面的温度迅速升高，从而导致 IFR 体系发挥作用生成大量的膨胀炭层；继续灼烧 60s 后涂层表面的小气泡消失，转变为大区域的泡沫状突起，这有可能是随着灼烧时间的进一步延长，涂层表面的一些泡沫炭层会被熔化、甚至烧穿，从而形成平整变薄的防火层。

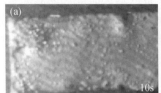

图 4-36　相变吸热膨胀阻燃涂层的耐火性能演示数码照片

4.3.5.6　相变吸热膨胀成炭阻燃抑烟机制

众所周知，膨胀型阻燃体系主要是由炭源、酸源、气源组成，发生火灾时三者相互配合和相互作用下能够形成良好的膨胀泡沫阻燃防火炭层，炭层能够有效隔绝外界高温或者火焰对基材的冲击，同时气源在形成膨胀炭层的过程中释放出大量不燃性气体，可以对可燃性和助燃性气体进行稀释，可以有效地阻止火灾的快速蔓延。尽管前文已经系统探索了炭源、酸源、气源组成对于阻燃体系的影响作用，也对三者之间的配比进行了正交优化。但是，与传统意义上的膨胀型阻燃剂不同的是，本文有机地将相变材料与膨胀型阻燃剂体系结合起来。一方面，相变材料是一种绝佳的绿色环保型材料，它能够随温度变化而改变物质状态并能提供潜热的物质；此外，相变材料能够在温度上升的过程中通过相变吸热来阻碍温度的上升，在温度过低时释放出热量。因此，加入相变材料后的膨胀型阻燃剂具有能够在小火发生时，通过吸收热量来阻止火灾蔓延的作用。另一方面，利用多元醇相变材料本身可以作为炭源的特点来拓展阻燃体系的适用范围；在大火发生时，能够通过形成膨胀泡沫炭层来隔绝火焰，使该相变吸热膨胀成炭阻燃体系具有小火自熄、大火慢燃的阻燃防火效果。

为此，基于上述特征以及作者团队在木质材料阻燃防火技术与理论领域多年的研究，本文通过正交优化系统研究了炭源、酸源和气源以及相变材料等单因素对相变吸热膨胀成炭阻燃体系防火性能的影响，创新性地将相变吸热防火体系中相变吸热机理和膨胀成炭防火机理有机结合起来。一方面借助相变材料的相变吸热储能的特性来熄灭小火而不产生任何有害物质以及烟雾毒气；另一方面，利用膨胀形成泡沫炭层来隔绝火焰，阻止火焰的快速蔓延，并创新提出了"小火自熄，大火慢燃"的相变吸热-膨胀成炭协同阻燃抑烟技术与机制。如图 4-37 所示，随着温度的升高，相变吸热膨胀成炭阻燃体系经历三个阶段，依次为相变熔融吸热期、泡沫炭层形成期和泡沫炭层屏蔽期，其详细的作用机制如下。

①第一个阶段为相变熔融吸热期。温度在室温 ~ 168.0℃ 之间，添加在膨胀泡沫阻燃

防火体系中的多元醇相变材料在相变温度发生吸热反应，这样有效降低了阻燃材料表面的温度，从而防止了火灾的发生。相变熔融阶段中发挥作用的主要是相变材料，可以通过相变吸热过程吸收火灾初期外界火场释放的绝大部分热量，阻碍了木质材料的热分解，从而避免小火酿成大火的危险。

②第二阶段为泡沫炭层形成期。随着温度的进继续升高，在116.6~200.4℃之间酸源（如APP）开始初步分解，并生成了水和氨气，起到了气相阻燃作用；当温度超过200.4℃，酸源开始第二次分解，生成一些酸性黏体物质，如磷酸、聚磷酸、偏磷酸和聚偏磷酸等；当温度上升到311.0℃时，多元醇（季戊四醇与甘露醇等相变材料）扮演了成炭剂作用，在聚磷酸和聚偏磷酸质子的催化作用下，发生分子间和分子内的脱水反应，形成熔融性炭化物质；当温度升高到340℃左右时，气源（如三聚氰胺）分解释放出大量的不燃性气体（如氨气）并快速膨化整个熔融炭化层使得其急剧膨胀形成多孔致密的泡沫炭层，不仅能够有效抵御来自大火的冲击、隔绝火焰对基材的蚕食，并且能通过稀释炭层中的氧气而起到阻燃作用。

③第三个阶段为膨胀泡沫炭层屏蔽期。当温度继续升高到663.9℃，酸源完成了最后的分解，稳定的膨胀泡沫炭层已经基本形成，整个阻燃体系在760℃甚至更高的温度或者火焰的冲击下均可以对内部的基材起到隔热绝氧的作用，不仅可以阻止或者延缓火灾的继续蔓延，也可以防止热解小分子、有毒气体或者烟气颗粒的逸出，从而起到高效阻燃抑烟的作用。

④此外，在该过程中膨胀型阻燃剂也可能在气相发挥阻燃作用，因为组成此类阻燃剂的P-N-C体系遇热可能产生NO及NH_3，而极少量的NO及NH_3也能使燃烧赖以进行的自由基化合而导致链反应终止。另外，自由基也可能在组成泡沫体的微粒上相互碰撞而化合成稳定分子，致使链反应中止。

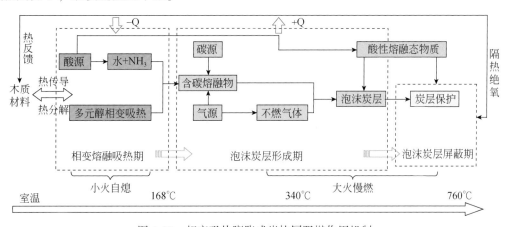

图4-37　相变吸热膨胀成炭协同阻燃作用机制

4.3.5.7　小结

①通过探索酸源、炭源和气源对相变吸热膨胀成炭阻燃体系的耐火温度、耐火时间和膨胀系数的影响确定了最佳的单组分影响条件，然后在单因素试验的基础上通过正交试验

对防火体系中的"三源"比例进一步优化,基本确定该膨胀泡沫阻燃防火体系"三源"的最佳比例为 APP:三聚氰胺:多元醇=10:6:3。

②通过对多元醇的热稳定性和相变吸热测试分析,结果表明多元醇通过相变吸热过程可以显著降低材料的表面温度。因而,加入相变材料后的膨胀型阻燃剂,不仅能够在初始阶段通过相变过程吸收热量来降低材料的表面温度,从而防止火灾的发生;而且在大火发生时能够通过形成膨胀泡沫炭层来隔热绝氧,起到阻燃防火的作用。

③开发了新型的适用于木质材料/人造板的磷氮相变吸热膨胀成炭阻燃剂体系,并提出了"小火自熄,大火慢燃"的相变吸热-膨胀成炭协同阻燃抑烟作用机制,有望丰富木质材料的阻燃抑烟理论与技术。

4.4　纳孔硅铝阻燃剂及催化转化阻燃抑烟技术

近年来,世界各国都对木质材料的阻燃处理给予极大的重视。然而,阻燃处理往往会导致材料在火灾中释放更多的烟雾毒气,这是由于阻燃会导致木质材料及其热解产物不完全燃烧,从而产生了大量的烟雾毒气。为此,科研人员对木质材料的阻燃抑烟开展了大量的研究工作 (Hu et al., 2006;Xia et al., 2012)。然而,现有的研究更多只是集中在木材热解、成炭作用、木材发烟性能及烟气中的某些有害物质的毒性评价 (Xu et al., 2011),对木材阻燃过程中的烟气转化研究甚少。

在前文中 (4.3 节),作者团队从多相协同复配是实现协同阻燃抑烟的有效途径这一要点出发,创新研制了一系列的以 NSCFR、磷-氮-硼多相协同复配、活性组分掺杂阻燃剂。但是,该系列阻燃剂更多是从磷、氮、无机化合物的耦合成炭作用来实现木质材料的协同阻燃抑烟。研究表明,与其他阻燃剂相比,具有纳米多孔结构[简称"纳孔",通常用于孔尺寸为纳米级的固体多孔材料 (Ernst, 2010)]的无机阻燃剂在提高阻燃效率、减少烟雾毒气和改善木材的力学性能等方面都有着独到之处 (Kumar et al., 2015)。例如,以硅酸盐类分子筛、蒙脱土、硅气凝胶等为代表的纳孔无机阻燃剂广泛应用于材料的阻燃抑烟。这是因为该类型的阻燃剂不仅具有易于改性和掺杂的特性,而且具有独特的纳米孔结构,为引入活性组分实现阻燃过程中烟雾毒气催化转化提供了可能;同时该类阻燃剂环保高效、适配性广,符合当前绿色和多功能阻燃的发展趋势。

为此,作者团队基于分子筛/气凝胶具有高的比表面积和吸附能力、易于掺入活性组分等特性,围绕阻燃组分纳米化和阻燃元素多相协同是提高阻燃效率和实现一剂多效的有效途径这一要点,通过浸渍活化、水热同晶取代技术和原位自组装技术等手段将活性组分 (如锡、铜、铁、锌等) 和磷-氮系阻燃剂掺入分子筛/气凝胶,创新研制了一系列的由多孔分子筛、介孔材料、气凝胶和磷系阻燃剂多相协同复配的纳孔无机阻燃剂。下文将重点从分子筛的类型、掺杂活性组分、同一金属元素的不同化合物阻燃作用等多方面系统探索了该绿色阻燃体系在木质材料/人造板中的高效阻燃、催化转化和协同阻燃抑烟的作用机制。由于木材阻燃剂种类众多、不同的木质制品阻燃要求也各不相同,本文仅针对一些典型的纳孔材料与磷、氮阻燃剂复配的阻燃体系以及它们对木质材料/人造板的阻燃抑烟性能和作用机制进行分析和阐述。

4.4.1 硅铝阻燃剂优选

分子筛是一类由 SiO_4 和 Al_2O_3 四面体通过氧桥联而成的晶体硅铝酸盐，具有均匀的孔结构、大的比表面积且表面极性很高，这些性质决定了分子筛热稳定性好，并且具有良好的吸附性能（能吸附临界直径小于 1nm 气体分子）和催化活性（Deng et al., 2012）。迄今为止，分子筛除了在石油行业广泛应用外，在其他领域也备受青睐。近年来，把分子筛拓展到阻燃领域引起了科研人员的兴趣，这是因为分子筛与多种阻燃剂有着良好的协同作用（Kumar et al., 2015）。但是，现有的研究工作更多只是侧重于利用分子筛来提高材料的热稳定性和促进成炭等，而对于如何利用分子筛的吸附性能、多孔结构和易于改性等特性来消除或催化转化木质材料在阻燃过程中的烟雾毒气的研究不多。

考虑不同类型的分子筛的孔道大小和骨架组分各种不同、不同的金属离子在阻燃过程中的催化转化作用也各不相同。因此，本工作首先从 3A、4A、5A、10X 和 13X 等分子筛对人造板的阻燃抑烟的基本规律入手，探讨了不同种类的分子筛复合阻燃剂在农林剩余物人造板中的阻燃、抑烟及减毒作用。

从表 4-17 数据可知，将 3A、4A、5A、10X 和 13X 等 5 种不同的分子筛作用于木质材料以后，所有试样的热释放速率峰值 p-HRR 和总热释放量 THR 均比未处理样品 W 的 p-HRR 和 THR 低，说明这 5 类分子筛对木质材料燃烧均具有一定的阻燃功能，从而起到防火和减弱火灾蔓延的作用。这主要是因为分子筛是结晶态的硅酸盐或硅铝酸盐，由硅氧四面体或铝氧四面体通过氧桥键相连而形成，含有大量的硅和铝等阻燃元素。而且，其稳定的骨架有助于炭层的形成，因而各类分子筛均表现出较好的阻燃功能。

表 4-17 APP/分子筛阻燃试样的 CONE 参数

分子筛种类	p-HRR/(kW/m²)	THR/(MJ/m²)	TSR/m²	m-COY/(kg/kg)	m-CO₂Y/(kg/kg)	Masslost/g
W	209.42	16.43	42.30	0.0454	1.07	14.33
APP	152.28	9.75	31.64	0.1355	0.57	10.66
3A	202.32	12.57	34.14	0.0387	0.88	10.54
4A	196.39	12.84	20.23	0.0356	0.87	10.95
5A	189.94	12.11	18.90	0.0303	0.88	11.26
10X	195.13	12.52	18.96	0.0406	0.83	10.99
13X	192.49	12.59	23.78	0.0380	0.91	10.24

此外，3A、4A、5A、13X 及 10X 这 5 类分子筛处理的木材样品的 THR 在未进行阻燃处理样品 W 的基础上分别降低了 23.49%、21.85%、26.29%、23.37% 和 23.79%。基于这些数据，可以得出这 5 类分子筛对木材均具有阻燃作用且对木材的阻燃效果相差不大，5A 分子筛在这 5 类分子筛中 TSP 降低得稍多，对木材的阻燃效果稍好。

与此同时，3A、4A、5A、10X 及 13X 处理的样品的总烟释放量 TSP 分别为 34.14m²/m²、20.23m²/m²、18.90m²/m²、18.96m²/m² 和 23.78m²/m²，与未经过阻燃处理的样品 W 的

总烟释放量 $42.30m^2/m^2$ 相比,它们分别降低了 19.29%、52.17%、55.31%、43.78% 和 55.17%。从这些数据可以看出,这 5 种分子筛对木材抑烟作用的区别比阻燃作用的区别更大。这是因为不同的分子筛孔径大小、孔道形状均不同,这就决定了其对烟气吸附能力的不同,从而导致在木材燃烧过程中对 TSP 的调控作用不同。总的来说,这五类分子筛对木材燃烧时 TSP 减小能力从大到小的排行是 $5A \approx 13X \approx 4A > 10X > 3A$。对比而言,4A、5A 和 13X 分子筛在木材燃烧过程中具有相对稍好的抑烟能力。

根据表 4-17 中的 CO 平均产率 m-COY 可知,添加各类分子筛的阻燃样品的 m-COY 较未进行阻燃处理的对照样品 W 的 m-COY 均有一定程度的降低。这主要是因为分子筛具有一定的阻燃作用,因而阻燃处理试样中木材发生热解和阻燃的质量比对照样品 W 更少,故产生的 CO 也相对减少。同时也表明分子筛对木材的阻燃机理与 APP 通过隔断氧气与裂解气体接触而导致木材不完全燃烧产生大量的 CO 等有毒气体这种阻燃机理不同,分子筛用于木材阻燃对环境相对较友好。

综合而言,上述 5 类分子筛对于人造板均具有一定的阻燃、抑烟和减毒效果。尤其是其抑烟减毒作用,明显好于 APP;甚至优于空白的素材对照样。其中,又以 4A、5A 和 13X 分子筛的阻燃抑烟效果稍好。这是因为分子筛是由 SiO_4 和 Al_2O_3 四面体通过氧桥连接而成的晶体硅铝酸盐,因此具有良好的协同成炭作用;另一方面,分子筛具有均匀的孔结构、大的比表面积,因而对于阻燃过程中产生的烟气具有明显的吸附作用。但是,从阻燃性能来说,单独的分子筛的阻燃效果明显不如阻燃剂 APP 理想,所以单独的分子筛难以满足人们对人造板阻燃的严苛要求。

4.4.2 改性 5A 分子筛复配阻燃抑烟技术

前文的研究结果表明,单独的分子筛难以满足人们对人造板阻燃方面的行业标准。因此,本文首先研究了 5A 分子筛与 APP 处理人造板试样的阻燃性能和烟气释放行为;随后分别用不同过渡金属盐的水溶液(金属元素负载量为分子筛质量的 5%)处理制备金属离子改性的 5A 分子筛,并采用 CONE 系统考察了过渡金属改性 5A 分子筛与 APP 协同复配的阻燃剂在人造板中阻燃、抑烟和减毒行为。具体为:将 5A 分子筛研磨成粉末状,直径小于 0.125mm(过 120 目筛),于马弗炉 800℃下活化 6h,置于干燥器中备用;然后将木粉与阻燃剂和分子筛于玛瑙研钵中研匀 30min,充分混合均匀,置于模具中 160℃保温热压 15min,压制成 100mm×100mm×5mm 的板材。具体的组成如表 4-18 所示。

表 4-18 5A 分子筛/APP 阻燃人造板试样的组成配方表

试样	杨木粉/g	5A 分子筛/g	APP/g	酚醛树脂/%
W	70	0	0	10
W+A	70	0	7	10
W+M	70	7	0	10
W+A+M	70	7	7	10

4.4.2.1 5A 分子筛/APP 阻燃剂的阻燃抑烟作用

图 4-38（a）是 5A 分子筛/APP 复配阻燃样品在 50kW/m² 热辐射作用下的热释放速率 HRR 曲线。对比发现，未经过阻燃处理木材的 HRR 曲线有两个峰值、呈现典型的 M 形状，第一峰出现在 45s 附近，峰值为 248.56kW/m²，对应于上层木板的燃烧；下层木板燃烧对应于第二个 HRR 峰，出现在 450s 附近，峰值为 334.57kW/m²，这表明未经阻燃处理木材在 50kW/m² 热辐射作用下有两次剧烈的燃烧放热过程。经过阻燃处理木材样品 W+A、W+M 和 W+A+M 的 HRR 曲线趋势大体与未经过阻燃处理的样品 W 相同，只是它们的峰值均低于未阻燃处理木材样品 W 的 HRR 曲线，表明 5A 分子筛和 APP 复配阻燃剂抑制了木材的燃烧放热过程。

图 4-38（b）是 APP 和 5A 分子筛处理阻燃木板在 50kW/m² 热辐射作用下总热释放 THR 曲线。显然，经过阻燃处理木板样品 W+A、W+M 和 W+A+M 的 THR 曲线均低于样品 W 的 THR 曲线。其中，5A 分子筛处理的样品 W+M 的 THR 曲线略微低于未阻燃样品 W，样品 W+A+M 的曲线较样品 W 和 W+M 的曲线平缓，样品 W+A 曲线更加平缓，这说明 APP 和 5A 分子筛均具有阻燃作用。因而，加入阻燃剂处理的样品均燃烧更加缓和，热释放速率更小。这是因为 5A 分子筛不仅含有较高含量的阻燃元素铝、硅，而且具有优异的热稳定性，可促进炭的形成；而 APP 分子中同时含有磷和氮两种阻燃元素，在阻燃过程中磷-氮具有协同阻燃效应。特别是，APP 受热时可生成强脱水剂磷酸/磷酸预聚体，不仅促使木材脱水生成炭层，还起到覆盖基材隔热的作用；同时生成氨气和水蒸气，隔绝和稀释空气中的氧气，起到阻燃防火的作用。

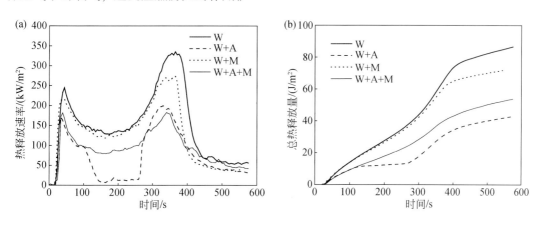

图 4-38   (a) 不同阻燃剂处理木材的 HRR 曲线；(b) 不同阻燃剂处理木材的 THR 曲线

图 4-39（a）是 APP 和 5A 分子筛阻燃木材试样在 50kW/m² 热辐射作用下烟生成速率 SPR 曲线。经过阻燃处理的样品 W+A，W+M 及 W+A+M 的 SPR 曲线均低于未经过阻燃处理的样品 W 的 SPR 曲线。其中，样品 W+M 的曲线稍低于样品 W 的，其次是样品 W+A，最低的是样品 W+A+M，这说明 APP 与分子筛复配阻燃人造板具有良好的抑烟作用。

图 4-39（b）是 APP 和 5A 分子筛阻燃木材试样在 50kW/m² 热辐射作用下总烟释放量 TSP 曲线。可以观察到未阻燃样品 W 的总烟释放量（TSR）曲线在 0～400s 范围内迅速增

大，400s 以后基本平行。结合样品的烟生成速率 SPR 曲线，明显看出未经过阻燃处理的样品 W 在 0～400s 内有两个烟生成释放峰值，这说明未阻燃的人造板在燃烧过程中产生的烟主要来源于有焰燃烧阶段。

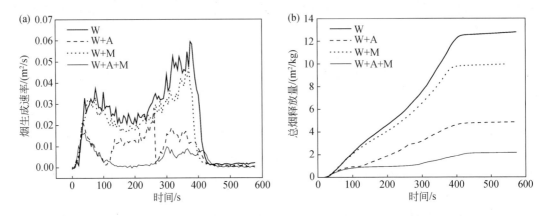

图 4-39　(a) 不同阻燃剂处理木材的 SPR 曲线；(b) 不同阻燃剂处理木材的 TSP 曲线

　　然而，经过阻燃剂处理后样品 W+A、W+M 及 W+A+M 的 SPR 曲线均低于未经过阻燃处理的样品 W 的 SPR 曲线，且 TSR 曲线趋于平缓，说明它们的总烟释放量均大幅度降低，这主要归功于 APP 与 5A 分子筛的抑烟作用。需要指出的是，产生抑烟作用的原因，可能是由于 APP 的覆盖和成炭作用。这是因为 APP 受热熔融时产生的黏稠状物质覆盖在木材表面阻止了木材燃烧时产生的热解产物逸出，且其受热分解产生的聚磷酸/磷酸具有催化脱水的作用，可促使纤维素脱水形成可以隔热绝氧的炭层。同时，黏稠的聚磷酸覆盖在炭层表面可以大幅度减少细小炭颗粒的逸出，从而可以有效降低木材燃烧时的 TSP 的量。此外，由于 5A 分子筛具有大的比表面积，因而对烟雾毒气具有一定的吸附作用。尤其是，APP 与 5A 分子筛两者具有很好的协效抑烟作用，促使样品 W+A+M 具有更低的总烟释放量。

　　由图 4-40（a）可知，5A 分子筛与 APP 共同处理的阻燃样品 W+A+M 的 CO 生成速率是最小的，5A 分子筛的阻燃样品 W+M 次之，未阻燃样品 W 第三，单独 APP 处理的阻燃样品 W+A 具有最大的 CO 释放量。这是因为 APP 是通过黏稠的聚磷酸覆盖物、催化生成的炭层和产生不燃气体等途径实现阻燃的，木材在该阻燃过程中是一个不完全燃烧，因而产生了大量以 CO 代表的有毒气体。比较而言，5A 分子筛不仅有均匀的孔结构、大的比表面积，而且表面极性高，其骨架表面的阳离子形成了静电场。这些特性决定了它不仅具有很好的吸附作用，而且具有一定的催化活性，能将 APP 阻燃处理的木材产生的大量 CO 转化氧化为 CO_2。但是，仅从阻燃这一角度来看，5A 分子筛阻燃效果不如 APP。所以将两者结合起来的阻燃样品 W+A+M，既具有良好的阻燃效果，又可以减少烟雾和毒气的生成。图 4-40（b）为阻燃试样的 CO_2P 曲线。其中，样品 W+A 的 CO_2P 曲线最低，表明其 CO_2 的生成速率是最小的，产生的 CO_2 也最少。综合来看，样品 W+A 产生的 CO 又是最多的，这是因为 APP 阻燃木材为不完全燃烧过程，因而其烟气大部分为 CO 有毒气体，小部分为 CO_2。

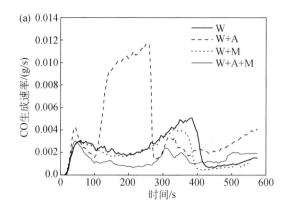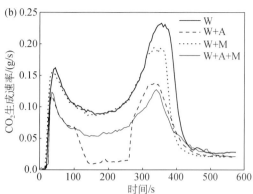

图 4-40　（a）不同阻燃剂处理木材的 COP 曲线；（b）不同阻燃剂处理木材的 CO₂P 曲线

总体来说，聚磷酸铵（APP）对木材具有很好的阻燃特性。相比空白对照样，其 THR 降低了 47.56%。而单独的 5A 分子筛的阻燃效果远远不如 APP，THR 只比空白对照样降低了 16.8%。APP 与 5A 分子筛复配阻燃样品 THR 比空白对照样降低了 34.23%，所以单纯只考虑阻燃性能，加入过多的 5A 分子筛对 APP 阻燃性能是不利的。但是，鉴于 APP 阻燃木材在燃烧过程中会产生大量的烟以及 CO 为代表的很多有毒气体。因而，APP 处理样品的 CO 平均产量 m-COY 在空白对照样的基础上增加了 185.71%，而 5A 分子筛和 APP 复配阻燃试样的 CO 平均产量 m-COY 反而比空白对照样降低了 68.33%，TSP 降低了 37.73%。这表明 5A 分子筛与 APP 复配阻燃剂有可能实现木材的高效阻燃抑烟，减少火灾中人员伤亡。

4.4.2.2　金属离子改性 5A 分子筛/APP 阻燃剂的抑烟减毒性能

上文研究表明，5A 分子筛和 APP 复配阻燃剂对于人造板具有良好的阻燃抑烟作用。这是因为 5A 分子筛具有大的比表面积且其表面极性很高，骨架表面的阳离子形成了静电场，这些特性决定了 5A 分子筛具有很好的气体吸附能力，也具有一定的催化活性。但是，单独的 5A 分子筛对于阻燃过程中产生的烟雾毒气的抑制更多依赖其良好的吸附能力，而对于以 CO 为代表的毒气的转化作用有限。

许多研究表明，金属原子/化合物对汽车尾气中挥发性芳香族组分具有催化燃烧的性能，尤其对 CO 具有良好的催化转化能力，而在分子筛上负载过渡金属元素/化合物更是可提高分子筛对 CO 的选择性催化能力。因此，本文将 APP 和多种金属改性分子筛复配制成阻燃剂，并着重研究不同金属离子改性的 5A 分子筛在阻燃过程中的抑烟减毒行为。表 4-19 为各类金属离子改性 5A 分子筛与 APP 处理人造板试样和对照空白试样在 50kW/m² 热辐射作用下 CONE 测试所得试验数据汇总。

表 4-19　APP/过渡金属改性分子筛阻燃试样 CONE 各种实验参数

编号/组分	p-HRR/(kW/m²)	THR/(MJ/m²)	TSR/m²	m-COY/(kg/kg)	m-CO₂Y/(kg/kg)	质量损失/g
1（W）	265.37	46.31	1.06	0.0250	1.1416	29.87
2（APP）	172.30	10.87	0.5137	0.1184	0.5380	14.22

编号/组分	p-HRR/(kW/m²)	THR/(MJ/m²)	TSR/m²	m-COY/(kg/kg)	m-CO₂Y/(kg/kg)	质量损失/g
3 (5A)	172.71	13.50	0.2664	0.0729	0.7093	13.90
4 [Ce(NO₃)₃]	175.24	14.66	0.2932	0.0596	0.8019	13.32
5 (CuSO₄)	192.48	15.03	0.3046	0.0559	0.8235	13.36
6 (钨酸铵)	188.14	14.67	0.2358	0.0613	0.8025	12.52
7 (SnCl₄)	180.55	15.30	0.2024	0.0713	0.7375	14.96
8 (FeCl₃)	180.51	13.54	0.2020	0.0504	0.7648	12.41
9 [Co(NO₃)₂]	219.59	15.59	0.2689	0.0540	0.7978	12.85

从表 4-19 可知，采用过渡金属改性分子筛与 APP 协同复配阻燃剂处理试样的热释放速率峰值（p-HRR）和总热释放量（THR）均比未处理样品 W 的 p-HRR 和 THR 大幅降低，这说明协同复配后的阻燃剂具有良好的阻燃效果。其中，加入 5A 分子筛（或金属离子改性 5A 分子筛）和 APP 共同作用的样品比单独 APP 处理木材样品具有稍高的 THR。这是因为相比 APP 来说，分子筛的贡献主要体现在协同成炭和抑烟减毒方面。事实确实如此，经过渡金属盐改性分子筛与 APP 协同复配阻燃剂处理试样的 TSP 比未经过阻燃处理的样品均有大幅下降。这说明 5A 分子筛（或金属离子改性 5A 分子筛）的加入有效提高了 APP 对木材燃烧时的抑烟性能。其中，经过 FeCl₃ 和 SnCl₄ 改性处理的试样 7 和 8 的总烟释放量下降幅度高达 81.13%。

此外，从 CO 平均产率 m-COY 可知，添加 5A 分子筛（或金属离子改性 5A 分子筛）的阻燃样品的 m-COY 均较 APP 单独处理木材样品的 m-COY 低。这与 APP 的阻燃机理有关，5A 分子筛的加入促使 CO 为代表的有毒气体减少，金属离子改性 5A 分子筛处理样品的 m-COY 进一步减少。这说明 5A 分子筛能将 APP 阻燃木材时所产生的有毒气体 CO 氧化成无毒的 CO_2 气体，而过渡金属离子改性的分子筛具有更好的催化氧化作用，因而经 APP 与过渡金属离子改性分子筛共同阻燃处理的试样具有更低的 m-COY 值。

综上所述，不同过渡金属改性 5A 分子筛的加入都可以减少 APP 阻燃木材时的烟雾和毒气，且 6 种过渡金属改性的 5A 分子筛的阻燃抑烟减毒的效果相差不大。但是，综合三方面的因素考虑，FeCl₃ 改性 5A 分子筛与 APP 复配的样品 8 具有最低的 THR、TSP 及 m-COY，相对而言具有更佳的阻燃抑烟减毒的效果。

4.4.2.3　Fe^{3+} 改性 5A 分子筛/APP 阻燃剂配比优化

为了获得最佳的阻燃抑烟效果，本文进一步考察了 Fe 与分子筛质量比为 5%、10%、15%、20% 和 25% 五个不同比例，并采用 CONE 对不同配比的试样进行了测试，然后通过优化获得了 FeCl₃ 与 5A 分子筛的最佳配比。所有的试验参数汇总于表 4-20。

表 4-20　FeCl₃改性 5A 分子筛与 APP 协同复配阻燃试样的 CONE 试验参数

试样/含量/%	p-HRR/(kW/m²)	THR/(MJ/m²)	TSR/m²	m-COY/(kg/kg)	m-CO₂Y/(kg/kg)	质量损失/g
1（W）	265.37	46.31	1.06	0.0250	1.1416	29.87
2（APP）	172.30	10.87	0.5137	0.1184	0.5380	14.22
3（5A）	172.71	13.50	0.2664	0.0729	0.7093	13.90
4（FeCl₃/5%）	190.51	14.34	0.4220	0.0684	0.7648	12.41
5（FeCl₃/10%）	199.61	11.95	0.4081	0.0529	0.6176	12.85
6（FeCl₃/15%）	181.04	11.06	0.2828	0.0405	0.6270	13.85
7（FeCl₃/20%）	175.05	11.98	0.3232	0.1082	0.7375	14.63
8（FeCl₃/25%）	166.30	12.48	0.4182	0.1203	0.5911	15.15

从表 4-20 发现，随着 FeCl₃ 与分子筛质量百分比从 0 逐渐增加为 25%，其阻燃处理木材在燃烧过程中的抑烟和减毒作用均相应地发生改变。其中，TSR 的下降趋势最明显，这主要归因于 APP 与分子筛的协同作用。众所周知，APP 分解的磷酸具有催化成炭的作用，而分子筛具有优异的热稳定性，因此二者在阻燃过程中相互协同形成了稳定致密的炭层，从而实现了高效阻燃抑烟。其次，单独 APP 阻燃试样的 m-COY 值最大，这主要是阻燃是一个不完全氧化反应。这一点可以从未阻燃试样 1 的 CONE 参数中得到证实，其 m-CO₂Y 值最大，这是因为未阻燃处理木质材料的燃烧是一个更为充分的氧化反应，因而其产物主要是 CO_2。而加入 FeCl₃ 改性 5A 分子筛，由于过渡金属铁化合物具有催化氧化作用，加之分子筛的多孔结构对于烟气具有一定的吸附作用，因而可以有效地将 CO 催化转化为 CO_2。

此外，根据图 4-41 的变化趋势，随着金属离子浓度增大，FeCl₃ 改性 5A 分子筛处理的木材样品的 THR、TSP 及 m-COY 均呈现先减小再增大的趋势，在浓度为 15% 时具有最低的 THR、TSP 及 m-COY。上述结果表明，随着金属元素 Fe 比例的增大，试样的阻燃、抑烟及减毒的效果均为先增大后减小，所以 15% 为最优比例。

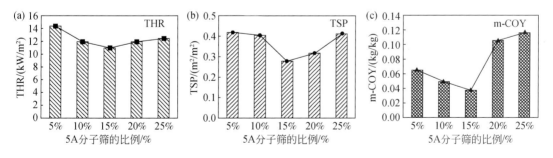

图 4-41　Fe 与 5A 分子筛的比例变化对 THR（a）、TSP（b）和 m-COY（c）的影响

4.4.2.4　金属离子改性 5A 分子筛/APP 阻燃剂的作用机制

前文的研究表明金属改性 5A 分子筛/APP 复配阻燃剂在人造板阻燃过程中具有优异的

抑烟减毒特性。为了更加深入地了解其阻燃抑烟机制，本文采用热重分析（TG）、扫描电镜（SEM）及裂解气相色谱与质谱联用（Py-GC/MS）等手段全面深入探索该复合阻燃体系在人造板的燃烧过程中的热解行为、燃烧残余物的形貌和微观结构以及热裂解产物组成，以期能对该复合阻燃剂的应用及系列阻燃剂的开发提供理论依据。

1）热重分析

由图 4-42 可知，采用 APP 处理的阻燃样品 W+A 和 APP 与 Fe^{3+} 改性 5A 分子筛复配阻燃处理样品 W+A+FeM 与未阻燃处理对照样 W 和 5A 分子筛处理的样品 W+M 的 TG 曲线在 350℃附近发生交叉，这说明它们的热解反应历程完全不同。其中，加了 APP 阻燃处理样品 W+A 和 W+A+FeM 的热解过程明显提前。这表明 APP 参与并催化了木材的热分解过程，并促使木材的分解提前，结果是 350℃以前 APP 阻燃处理木粉的失重速度较快。同时，阻燃剂 APP 也改变了木材的分解反应历程和方向，使木材的热解反应朝着生成更多的炭层和水的方向变化，结果是 350℃以后 APP 阻燃处理木粉的残余炭较多，质量损失百分比更小。

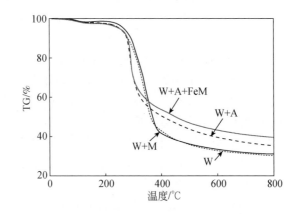

图 4-42　不同阻燃剂处理样品的热重曲线

然而，只采用 5A 分子筛阻燃处理的 W+M 试样与未被处理的对照样 W 的 TG 曲线基本重合，只是 W+M 试样的残余量稍大。这是因为 5A 分子筛对于纤维素的热解过程无促进作用，它只是提高了残余物的热稳定性。此外，由质量损失率可知，经 APP 处理样品 W+A 的质量损失明显降低，表明 APP 有效地抑制了木材的受热分解，促进其成炭；经 APP 与 $FeCl_3$ 改性 5A 分子筛处理的试样 W+A+FeM 质量损失更低，这是因为改性分子筛与 APP 具有协同成炭作用。

2）燃烧过程残渣形貌和结构分析

从样品锥形量测试后的残余物数码照片（图 4-43）可以看出，未阻燃处理样品 W 燃烧后只剩下白色的灰烬和少量残余炭；APP 处理的样品 W+A 燃烧后表面炭层裂纹细密，但结构疏松；5A 分子筛阻燃处理的样品 W+M 燃烧后表面有少量的成炭现象，裂纹多且粗；而经 APP 和 $FeCl_3$ 改性 5A 分子筛阻燃处理的样品 W+A+FeM 表面成炭作用显著，炭层致密且细腻。这主要归因于分子筛不仅能与 APP 协同成炭，而且能提高炭层的稳定性。

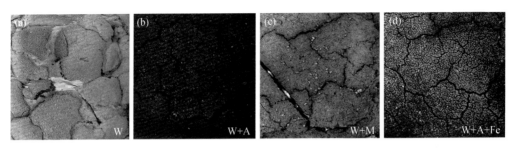

图 4-43　不同阻燃样品残余物的 SEM 图

需要指出的是，在阻燃过程中致密的炭层能有效隔绝热的传递和可燃性气体的逸出，减少内部可燃物与氧气、热流接触，从而终止燃烧。这与前文的 FeCl₃ 改性 5A 分子筛/APP 复配阻燃处理的试样具有优异的阻燃和抑烟性能的结果完全一致，这也进一步证实了 FeCl₃ 改性 5A 分子筛与 APP 具有协同成炭作用。

为了进一步了解燃烧过程中 APP 和 FeCl₃ 改性 5A 分子筛的协同成炭作用，采用 SEM 对不同阻燃样品的残余物进行了微观结构分析。如图 4-44 所示，对比明显可以看出未阻燃处理样品 W 的残余物几乎为疏松的碎片状结构，5A 分子筛阻燃处理的样品 W+M 残余物也为疏松的结构，但更为连续；而 APP 阻燃处理样品 W+A、APP 和 FeCl₃ 改性 5A 分子筛阻燃处理样品 W+A+FeM 表面光滑平整，相比之下样品 W+A+FeM 的表面几乎没有裂纹。这进一步说明 APP 阻燃历程中存在催化成炭机制，也进一步证实 FeCl₃ 改性 5A 分子筛与 APP 具有优异的协同成炭作用。

图 4-44　不同阻燃样品残余物的 SEM 图

3）阻燃试样的 Py-GC-MS 分析

为了解 APP 对木材热解产物组成的影响，采用 Py-GC/MS 对不同阻燃样品进行了对比分析。将杨木粉（W）、5A 分子筛（M）、FeCl₃ 改性 5A 分子筛（FeM）和 APP（A）这几种所用到的试验材料均过 120 目筛，然后按表 4-21 的配方置于陶瓷研钵中研磨 30min，待其充分混匀后进行 Py-GC/MS 试验。具体的试验条件如下：

①裂解温度为 500℃；

②色谱条件：30m×0.25mm×0.25μm DB-17MS 石英毛细管气相色谱柱，载气为氦气，进样口温度 280℃，载气流速为 1ml/min，分流进样；

③质谱条件：电离源 EI，电子能量 70eV，离子源温度 230℃，扫描范围为 28 ～

500amu（原子质量单位），利用仪器配套的分析软件和 NIST02 质谱库进行人工分析产物的组成并鉴定结构；GC-MSD 接口温度为 280℃。

表 4-21　Py-GC/MS 试样的配方组成

试样	杨木粉/g	分子筛/g	APP/g
W	10	0	0
W+A	10	0	1
W+M	10	1（5A）	0
W+A+M	10	1（5A）	1
W+A+FeM	10	1（FeCl$_3$改性 5A）	1

图 4-45（a）为未经阻燃处理的对照样和 APP 处理试样的热解产物对照图，可以看出木材成分比较复杂，导致热解产物也很复杂，主要有 CO_2、CO、H_2O 和含有甲氧基、烷基、羟基的芳香族化合物，各种脂肪族化合物及杂环化合物。

值得指出的是，样品 W+A 与样品 W 的裂解产物区别很大，这说明 APP 对木材热解产物组成影响很大。其中，相对于对照试样 W，APP 处理试样 W+A 热解产物中的 CO、杂环化合物和其他含苯环类芳香化合物的百分含量增加，CO_2、脂肪族化合物和苯酚类化合物百分含量显著降低。尤其是，样品 W+A 的 CO 的百分含量相对于 W 的 CO 百分含量增加了 386.06%，CO_2 相对含量升高了 28.23%，这一结果与前文所述的锥形量热结论是一致的。这是因为 APP 是通过覆盖和产生阻燃气体等途径达到隔绝空气中氧气而阻燃的，因此其阻燃处理样品为不完全燃烧，会产生大量的 CO 有毒气体。除此以外，脂肪族化合物减少了 34.32%，杂环化合物增多了 202.82%，这一现象的出现说明 APP 具有促进环化的作用，从而能够促进木材这类碳氢化合物脱氢炭化，具有很好的成炭作用，从而达到良好的阻燃效果。

从未经阻燃处理的对照样 W 和 5A 分子筛处理的试样 W+M 热解产物含量对比图［图 4-45（b）］可以看出，5A 分子筛处理样品 W+M 和对照样品 W 裂解产生的各类化合

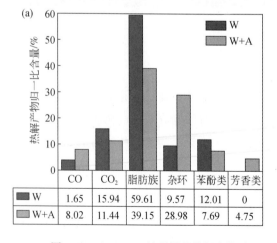

(a)	CO	CO₂	脂肪族	杂环	苯酚类	芳香类
W	1.65	15.94	59.61	9.57	12.01	0
W+A	8.02	11.44	39.15	28.98	7.69	4.75

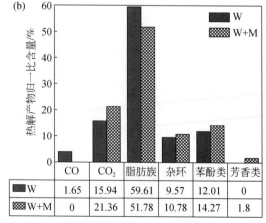

(b)	CO	CO₂	脂肪族	杂环	苯酚类	芳香类
W	1.65	15.94	59.61	9.57	12.01	0
W+M	0	21.36	51.78	10.78	14.27	1.8

图 4-45　（a）APP 处理样的热解产物对照图；（b）5A 分子筛处理样的热解产物的对照图

物差别不是很大；此外各大类化合物的差别也不大。其中，样品 W+M 的裂解产物 CO 相对含量为 0，CO_2 相对含量增大，这主要归因于 5A 分子筛本身不具备好的阻燃作用，加之其可能具有催化氧化能力，因而对木材燃烧时产生的烟气具有一定的减毒作用。

如图 4-46（a）所示，从 Py-GC/MS 数据得出经 APP 处理木材试样 W+A 和 APP+5A 分子筛共同处理木材试样 W+A+M 两种试样的裂解产物种类几乎一致，只是相对含量略有差别，这说明分子筛的加入对 APP 处理木材热分解的历程没有太大的影响。然而，对比可知在 APP 处理样品的基础上加入 5A 分子筛后 CO 的相对含量由 8.02% 减低到 0，CO_2 和杂环类化合物相对含量分别增加了 2.14% 和 10.76%，脂肪族和芳香类分别降低了 10.82% 和 1.8%。这表明 APP 和 5A 分子筛共同作用的试样 W+A+M 不仅裂解产物中不含 CO 这种有毒气体，对环境友好，而且其杂环产物的含量比单独 APP 处理的木材试样 W+A 的杂环相对含量高很多，这说明两者在促进木材成炭作用方面起到了协效作用。

图 4-46（b）为 $FeCl_3$ 改性 5A 分子筛与 APP 复配阻燃试样的热解产物含量与其他阻燃处理样的对比图。首先，从 APP 处理木材试样 W+A 和 APP+$FeCl_3$ 改性 5A 分子筛共同处理木材试样 W+A+FeM 对比可知，在 APP 阻燃处理的基础上加入 $FeCl_3$ 改性 5A 分子筛后 CO 的相对含量由 8.02% 减低到 0，CO_2 和杂环类化合物相对含量分别增加，脂肪族和芳香类分别降低。与未改性的 5A 分子筛相比，$FeCl_3$ 改性 5A 分子筛与 APP 共同作用的木材试样 W+A+FeM 同样裂解产物中不含 CO 这种有毒气体，对环境友好，而且 CO_2 气体的相对含量比 W+A+M 的要高出 10.26%，其原因主要归结为 Fe 元素的加入使得羰基、羧基、羟基、甲基等脱除反应以及多环芳香族化反应深入进行（陈琳等，2007），产生更多的 CO_2。因此，APP 和 $FeCl_3$ 改性 5A 分子筛共同阻燃处理的样品具有最佳的减毒效果。这是因为 Fe 元素的加入使多环芳香族化反应深入进行，可以进一步减低木材燃烧时有毒气体的释放，从而具有更好的减毒作用。

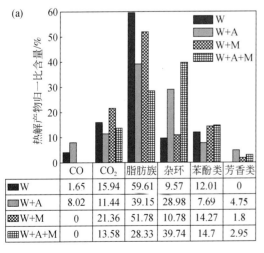

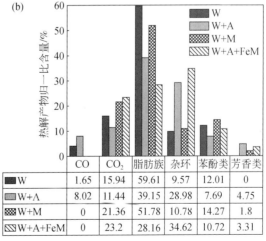

图 4-46 （a）不同阻燃处理样的热解产物对照图；（b）不同阻燃处理样的热解产物的对照图

4.4.2.5　小结

总体而言，采用 $Ce(NO_3)_3$、$CuSO_4$、钨酸铵、$SnCl_4$、$FeCl_3$ 及 $Co(NO_3)_2$ 这 6 类金属化合物改性的 5A 分子筛与 APP 复配后用于木材阻燃处理的所有试样，均比单独的 APP、未改性的 5A 分子筛与 APP 复配作用于木材具有更低的 TSP 和 m-COY，这说明过渡金属改性 5A 分子筛在木材阻燃过程中具有优异的抑烟和催化转化 CO 等有毒气体的作用。需要指出的是，由于阻燃是一个复杂的多相反应过程，加之在不同的体系中影响因素各不相同。因此，在开发或者评价阻燃体系时应该着重于其普遍规律和综合性能，不能只聚焦于某一个参数的变化。

4.4.3　活化 13X 分子筛协同阻燃抑烟技术

尽管前文的研究表明不同种类的分子筛，如 3A、4A、5A、10X 和 13X 在单独阻燃处理人造板时均具有一定的阻燃抑烟效果。同时，不同金属离子改性的 5A 分子筛与 APP 协同复配的阻燃剂对人造板表现出良好的阻燃抑烟作用。然而，考虑到掺入的过渡金属离子的半径大小各异，且其制备过程多为溶液浸渍法，因此分子筛的孔径大小会影响掺入活性组分的类型和含量。相比 5A 分子筛，13X 分子筛具有更大的孔径和更高的比表面积，且表面极性高，这些性质决定了 13X 分子筛热稳定性更好，且具有更好的吸附性能和催化活性（周林等，2015）。

目前为止，分子筛除了在石油行业广泛应用外，在其他领域的应用也备受青睐。近年，把分子筛应用于材料阻燃也引起了科研人员广泛的兴趣，但现有的研究工作更多只是侧重于利用分子筛来提高材料的热稳定性和促进成炭等作用，对于分子筛在阻燃过程中的烟气转化行为与协同阻燃抑烟作用机制的研究关注不够。前期研究表明，Cu 改性分子筛对 CO 具有优异的吸附性能，氧化铜或其金属氧化复合物均对 CO 表现出良好的催化氧化活性（Ma et al.，2010；Wen et al.，2013）。

前文的研究也已经表明，聚磷酸铵（APP）对木质材料具有优异的阻燃作用。为此，本文将 Cu 活化 13X 分子筛与 APP 复配应用于碎料板的阻燃与抑烟处理。阻燃试样的具体配比见表 4-22，按照比例依次加入杨木颗粒、不同配比的 APP 和活化 13X 分子筛复合阻燃剂，混合均匀，喷施酚醛胶，然后 60℃ 干燥 1h。接着平铺于不锈钢模具，150℃ 下热压 10min，制得 100mm×100mm×10mm 的样板。然后，通过锥形量热仪、热重－红外联用（TG-IR）和电子扫描电镜（SEM）等现代表征技术，从材料阻燃性能、热解过程和小分子产物组成及变化等方面系统研究了该活化 13X 分子筛与 APP 在碎料板燃烧过程中的协同阻燃、促进成炭和烟气转化行为的影响。

4.4.3.1　阻燃特性分析

阻燃性能的测试参照 ISO 5660—1 标准：辐射强度为 $50kW/m^2$（材料表面温度约为 760℃）对样品进行测试。实验参数由仪器自动记录或计算，获得热释放速率（HRR）、总热释放量（THR）、总烟释放量（TSP）、CO 平均释放量（m-COY）和 CO_2 平均释放量

（m-CO$_2$Y）等参数，相关测试数据如表 4-22 所示。

表 4-22　阻燃样板的组分比及其锥形量热测试数据

样品[a] 质量含量	总热释放量 THR/（MJ/m^2）	总烟释放量 TSP/m^2	CO 平均释放量[b] m-COY/（kg/kg）	CO$_2$平均释放量[c] m-CO$_2$Y/（kg/kg）	质量损失/%
空白样	92.76925	8.194586	0.01936	1.07287	80.37
10% MS	93.07115	7.794141	0.01818	1.05300	71.08
5% APP+5% MS	71.53748	3.220721	0.01472	0.83393	54.30
6% APP+4% MS	66.40028	2.702852	0.01412	0.88013	64.72
7% APP+3% MS	63.93822	1.97169	0.01519	0.80973	64.49
8% APP+2% MS	61.21321	1.674404	0.01940	0.78209	62.74
10% APP	47.70627	1.938812	0.05003	0.62984	60.78

注：a，各种组分质量百分比；b，m-COY，CO 的平均释放量；c，m-CO$_2$Y，18~600s 之间 CO$_2$的平均释放量。

　　如图 4-47（a）所示，可以看出经不同配比组分阻燃处理试样的热释放曲线（HRR）均有不同程度的变化，但变化趋势基本一致，为典型的双峰 M 型。其中，单独采用 Cu 活化 13X 分子筛阻燃处理的试样与空白样的热释放曲线大致重叠，这表明只采用 Cu 活化 13X 分子筛对木材阻燃效果不够明显。相对来说，单独采用 APP 阻燃处理试样表现出优异的阻燃效果。需要指出的是，对于采用 APP 与 Cu 活化 13X 分子筛复配阻燃试样，其热释放曲线随着 APP 与 Cu 活化 13X 分子筛的质量含量变化而呈现出不同的协同效应。综合表 4-22 的总热释放量（THR）和总烟释放量（TSP），可以看出当 m（APP）∶m（MS）为 7∶3、8∶2 时复合阻燃剂表现出较好的协同阻燃抑烟作用。

　　为了进一步优化 APP 与 Cu 活化 13X 分子筛的最佳质量配比，本文从阻燃试样在火灾中释放烟气的毒性方面进行分析。通常，COP 曲线用于评估试样在火灾中的毒性情况，是指阻燃试样在测试条件下所产生的 CO 的质量（单位为 g/s）随时间的变化关系。如图 4-47（b）所示，所有试样的 CO 平均释放曲线大致可分为两个阶段：一是在初始点燃阶段出现了一个峰值，二是在炭层的氧化阶段出现了第二个峰值，随后基本趋于平衡。对比所有曲线，明显可以看出经 Cu 活化 13X 分子筛处理试样与空白试样的 COP 曲线大致相似，并位于空白样的 COP 曲线下方，这表明 Cu 活化 13X 分子筛具有较好的减毒作用。而经 APP 阻燃处理试样释放的 CO 量最大，其 COP 两个峰值分别高达 0.00887g/s 和 0.012g/s，为其他试样峰值的 5~6 倍以上。这主要由于 APP 受热分解产生的磷酸/聚磷酸能够与木材组分中聚糖发生催化脱水作用，同时 APP 受热分解也释放出大量不可燃性气体，导致了木材及其热解组分不完全燃烧，因而生成了大量的 CO。值得指出的是，采用 Cu 活化 13X 分子筛与 APP 复配使用，所有试样均表现出显著的减毒效果；它们的 CO 平均释放量不仅远远低于 APP 阻燃试样，甚至还低于未阻燃空白试样，且随着 APP 与 Cu 活化 13X 分子筛的质量含量变化而表现出不同的减毒作用（表 4-22）。其中，APP 与 Cu 活化 13X 分子筛质量比为 6∶4、5∶5 和 7∶3 时阻燃试样的平均 CO 产量差异不大，APP 阻燃试样的 m-COY 值最大，这与 COP 曲线趋势完全一致。显然，综合考虑阻燃、抑烟与减毒作用等因素，当 APP 与改性分子筛比为 7：3 时表现出最佳的协同效应。

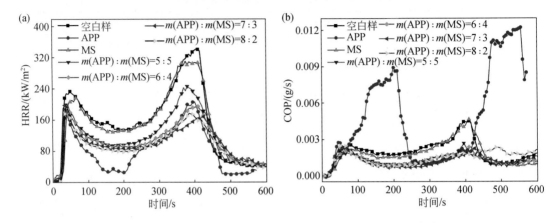

图 4-47 不同配比的 APP、改性 13X 分子筛复合阻燃处理样品的 HRR（a）和 COP（b）曲线

4.4.3.2 热失重与烟气行为联用分析

热重–红外（TG-IR）联用技术能够对样品热降解过程中产生的气态小分子进行动态实时跟踪检测。因而，它有助于了解阻燃样品的实时热分解产物组分和燃烧过程中释放的尾气成分，从而有助于了解阻燃剂对于样品热分解和燃烧过程的影响作用机制。为此，本文采用热分析–红外联用分析对阻燃试样进行了表征。具体测试条件为：氮气为保护气，热解温度范围从室温到 800℃，升温速率 10℃/min；红外光谱的分辨率为 4cm^{-1}，连通管和气体检测池的温度为 250℃。

图 4-48 分别给出了 APP 阻燃试样、m（APP）：m（MS）为 7：3 的阻燃试样的 TG、DTG 曲线［图 4-48（a）、（c）］和相应的热解气体 IR 分布三维图［图 4-48（b）、（d）］。可以看出，气相小分子产物组分、含量随着时间而相应变化。其中，可以确认 H_2O（3400 ~ 4000cm^{-1} 和 1200 ~ 2200cm^{-1}）、CO_2（2365cm^{-1}）、CO（2120cm^{-1}、2191cm^{-1}）、NH_3（964cm^{-1}）、烷烃（2800cm^{-1} ~ 3000cm^{-1}）、羰基化合物（1729cm^{-1}）和芳香族化合物（673cm^{-1}）等热解小分子产物。对比可以明显看出，APP 和 Cu 活化 13X 分子筛协同阻燃的样品的热解小分子产物组分更简单、强度也更弱［图 4-48（b）、（d）］；特别是 CO 的特征吸收峰的强度和持续时间均明显变弱，而 CO_2 特征峰吸收峰的强度反而略微变强。这可能归因于 APP 和活化 13X 分子筛具有协同成炭作用，加之活化 13X 分子筛提高了炭层的热稳定性，从而生成了更为致密的炭层。这样不仅起到隔热隔氧的作用，延缓内部木材的热分解和燃烧过程，而且可以起到良好的阻燃抑烟作用。与此同时，13X 分子筛中 SiO_4 和 Al_2O_3 四面体构成的微纳孔结构对木材热解释放的小分子产物具有吸附作用，且分子筛中掺入的活性组分 Cu 在高温条件下生成的 Cu 的复合氧化物对 CO 具有催化氧化作用（Ma et al.，2010）。因而，Cu 活化 13X 分子筛不仅可以延缓了热解小分子的逸出，而且可以催化转化 CO 毒气，从而有效降低了阻燃过程中释放的烟雾毒气。

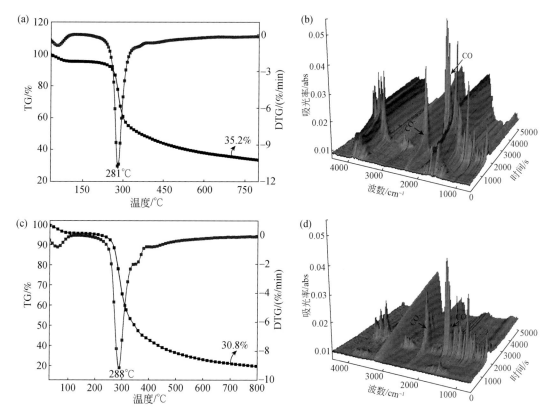

图 4-48　APP 阻燃处理试样的热分析曲线（a）和相应的热解气体的 FTIR 分布三维图（b）；APP 与改性分子筛两者质量比为 7∶3 复合阻燃试样的热分析曲线（c）和相应的热解气体 FTIR 分布三维图（d）

　　为了更加清晰地了解阻燃试样热降解过程释放的产物组分，图 4-49 给出了 APP 阻燃试样（a）、APP 与 Cu 活化 13X 分子筛复合阻燃试样（b）在不同热解温度下的 FTIR 变化谱图。可以看出，在相近的温度条件下 APP 阻燃试样的热解产物更加复杂，其初始热解温度也更低。此外，APP 阻燃样品的 H_2O 特征吸收峰（$3400 \sim 4000 cm^{-1}$ 和 $1200 \sim 2200 cm^{-1}$）

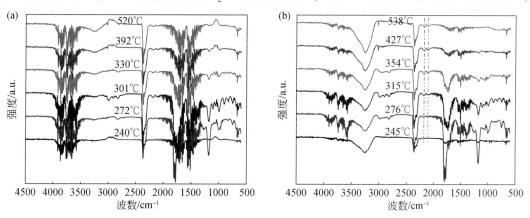

图 4-49　APP 阻燃试样（a）、APP 与改性分子筛质量比为 7∶3 的阻燃试样（b）
在不同热解温度下的逸出产物 FTIR 分析

的强度更强、出现时间也更早，这主要归因于 APP 的热解产物磷酸/聚磷酸具有催化脱水成炭的作用。TG-DTG 曲线结果也很好地验证了这一点，其结果表明 APP 阻燃样品具有更低的热解温度（~281℃），这主要由于 APP 热降解产生了磷酸或多聚磷酸，从而促进了木纤维催化脱水而成炭，因而其热解过程更早出现，这与 IR 分析结果相一致。而 Cu 活化 13X 分子筛与 APP 复合阻燃试样中由于分子筛具有良好的隔热作用，可以延缓木材的热分解，加之试样中 APP 的含量更低。因而其热解过程和催化脱水反应略微延迟，从而致使其 FTIR 变化曲线中 H_2O 特征吸收峰也更晚出现、强度也更弱。这也从侧面证明了 APP 与 Cu 活化 13X 分子筛复合具有优异的协同成炭和阻燃作用。

4.4.3.3　协同成炭作用机制

图 4-50 是阻燃试样经 CONE 测试后残余炭的数码照片和相应的 SEM 图。可见看出，经 APP、APP 与 Cu 活化 13X 分子筛复配阻燃处理试样在 CONE 测试后形成明显的炭层，且炭层形状平整 [图 4-50（a）和（b）]。这主要归因于阻燃试样在 APP 热分解产物磷酸或聚磷酸的催化脱水作用下形成炭层，还有成板所用的酚醛胶本身具有很好的成炭性能，它也促进了炭层的形成。对比发现，其中 APP 阻燃处理试样燃烧后的炭层结构比较疏松、表层残余物膨胀明显、有发泡现象 [图 4-50（a）]，这可能归因于阻燃过程中阻燃剂热解释放的不燃性气体逸出导致炭层发生了膨胀，从而形成了疏松的结构。SEM 很好地验证了上述分析结果，从图 4-50（c）可以看出，APP 阻燃样品的残余炭层表面粗糙疏松，且有大量裂纹和孔隙。而 APP 和 Cu 活化 13X 分子筛复合阻燃处理试样在燃烧后形成表面平整、且结构致密的炭层 [图 4-50（b）和（d）]，这主要由于在燃烧过程中 13X 分子筛组分中的 SiO_2、Al_2O_3 在试样的表面形成了一个稳定的无机氧化物保护层，同时起到骨架支撑作用，增加了炭层的结构稳定性。此外，Cu 活化 13X 分子筛中的 Si、Al 元素与 APP 中的 P、N 元素具有协同成炭作用，也促进了炭层的形成（Spontón et al.，2008）。

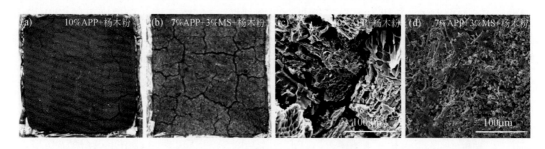

图 4-50　APP 阻燃试样、复配比为 7∶3 的阻燃试样锥形量热测试后残余炭的数码照片（a）、（b）和相应的 SEM 图（c）、（d）

综上所述，采用 Cu 活化 13X 分子筛与 APP 复合对碎料板进行阻燃与抑烟处理，通过阻燃性能、热降解行为和烟气组分等方面分析，结果表明 APP 与 Cu 活化 13X 分子筛质量比为 7∶3 时表现出最佳的协同效果。与未阻燃的空白板相比，其总热释放量下降了 31.1%，总烟量下降了 75.9%，表现出优异的阻燃抑烟特性。需要指出的是，Cu 活化 13X 分子筛与 APP 复配对阻燃过程中释放的烟雾毒气也具有转化作用；相比 APP 阻燃处理试样，其 CO 平均产量也下降了 69.6%，具有显著的抑烟减毒作用，这对于减少火灾中人员伤亡具有重要的意义。

4.4.3.4　不同金属元素活化 13X 分子筛阻燃剂及烟气转化

前文的研究表明，Cu 活化 13X 分子筛与 APP 复配对碎料板具有优异的阻燃抑烟和减毒作用。鉴于前文研究表明当 APP 与 Cu 活化 13X 分子筛比为 7∶3 时表现出最佳的协同效应，因而本工作中 APP 与 13X 分子筛的质量比确定为 7∶3。

为了全面了解不同过渡金属活化 13X 分子筛在人造板阻燃过程中的抑烟与减毒行为。本工作通过浸渍法制备了三种金属元素活化的 13X 分子筛，分别记作 13X/M（M 为金属元素）。典型的制备过程为：将一定质量的 13X 分子筛分别浸泡在不同金属盐的水溶液中（金属元素负载量为 3%），然后室温搅拌 1h，接着用砂磨/分散搅拌多用机研磨 30min 形成浆料，放置自然风干并 110℃ 真空干燥 4h，然后置于马弗炉中 550℃ 焙烧 10h。最后，采用 CONE、SEM、TG 等表征手段系统研究了不同过渡金属活化的 13X 分子筛与 APP 复合在木材燃烧过程中的阻燃、抑烟及减毒作用，这将为过渡金属活化分子筛用于木材的阻燃抑烟提供科学依据。

1）CONE 各种参数分析

称取 80g 杨木粉并用乙醇均匀喷湿，以便阻燃剂附着在木粉上。然后加入 10g 质量比为 7∶3 的 APP 与上述过渡金属活化 13X 分子筛复合阻燃体系，充分搅拌均匀。再将酚醛胶（40% 的乙醇溶液）均匀喷施在木粉上，置于烘箱中 50℃ 干燥 2h 除去乙醇。然后将干燥过的木粉填入尺寸为 10cm×10cm×1cm 的模具中，调节液压机的压力为 8MPa，温度为 150℃，保压 20min 压制成木板。为了保证酚醛胶固化完全，最后将压制好的木板置于烘箱中 105℃ 固化 4h；然后进行锥形量热试验测试，得到相关参数（具体见表 4-23）。

表 4-23　复合阻燃剂组成及阻燃人造板在 50kW/m^2 辐射下的 CONE 数据

样品名称	阻燃体系 组成	a-HRR /(kW/m^2)	p-HRR /(kW/m^2)	THR /(MJ/m^2)	TSP /m^2	EHC /(MJ/kg)	COY /(kg/kg)
W	—	155.9	342.4	92.8	8.19	12.99	0.0194
W-A	10gAPP	87.4	207.1	47.8	1.94	7.72	0.0500
W-A-13X	7gAPP+3g13X	97.5	168.9	64.1	1.97	10.18	0.0152
W-A-13X/Cu	7gAPP+3g13X/Cu	115.0	225.0	66.2	2.18	10.32	0.0143
W-A-13X/Fe	7gAPP+3g13X/Fe	111.1	233.4	68.7	2.52	10.65	0.0151
W-A-13X/Sn	7gAPP+3g13X/Sn	96.7	180.6	63.0	2.64	10.03	0.0148

在木材阻燃中，通常用热释放速率（HRR）和总热释放量（THR）来评价阻燃剂的阻燃性能。HRR 也称为火强度，HRR 越大表示火焰的传播趋势及火灾的危险程度也越大。总热释放量是单位面积的材料在燃烧全过程中所释放热量的总和，THR 越大表示材料燃烧所释放出来的热量就越多，相应的火灾危险性就越大（李坚等，2002；Mahr et al., 2012）。因此，降低木材燃烧过程中的 HRR 和 THR，对控制火势蔓延、降低火灾危险性有重大意义。

　　图 4-51（a）和（b）分别为复合阻燃剂处理木材的 HRR 和 THR 曲线。可以明显看出，经阻燃处理样品的热释放速率和总热释放量均大幅降低。其中，THR 曲线较为平缓，表明热释放速率减缓，阻燃剂有效抑制了火势的蔓延。表 4-23 是从锥形量热试验相关曲线中所获得的一些重要参数。显然，空白样 W 的平均热释放速率（a-HRR）为 155.9kW/m²，THR 为 92.8MJ/m²。单独采用 APP 作阻燃剂时，W-A 的 a-HRR 为 87.4kW/m²，相对 W 降低了 43.9%，THR 为 47.8MJ/m²，相对 W 减少了 39.5%，阻燃效果最好。而与分子筛复配后，W-A-13X 的 a-HRR 为 97.5kW/m²（降低了 37.6%），THR 为 64.1MJ/m²（减少了 30.9%），阻燃效率下降了 8.6%，这是因为复合阻燃剂中的 APP 含量更低（APP∶13X=7∶3），相对 APP 来说，分子筛的阻燃作用不明显。

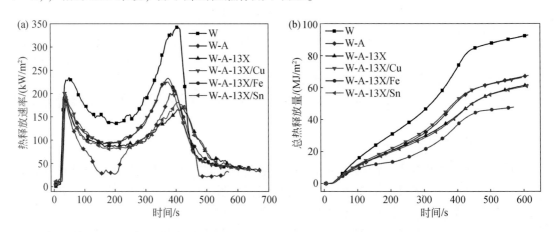

图 4-51　（a）复合阻燃剂处理木材的 HRR 曲线；（b）复合阻燃剂处理木材的 THR 曲线

　　然而，对于含金属改性分子筛的复合阻燃剂处理的木材样品中，W-A-13X/Sn 样品的 a-HRR 为 96.7MJ/m²（降低 38%），THR 为 63.0MJ/m²（减少 32.2%），均低于 W-A-13X，表明其具有良好的阻燃性能。W-A-13X/Cu 和 W-A-13X/Fe 的 a-HRR 和 THR 均高于 W-A-13X，这可能是由于分子筛中负载的 Cu 和 Fe 在起催化作用时放出的热量比 Sn 多的缘故。

　　此外，如图 4-51（a）所示，所有样品的 HRR 曲线均呈现出典型的 M 形状，具有二个峰值。通常，在 HRR 曲线中第一放热峰更多是表层木材热分解燃烧形成。但是，随着炭层的氧化，里层的木材开始分解燃烧，随后产生了第二放热峰（p-HRR）。

　　需要指出的是，对于未阻燃样品 W，由于不能有效形成稳定致密的炭层，因而其燃烧程度继续加剧，第二放热峰值反而越高。而对于阻燃样品，随着 APP 催化促进表面木材成炭，炭层可隔绝外界与木材之间的热质交换，所以阻燃样品的第二个放热峰峰值减弱。由此可见，炭层的结构稳定性决定了阻燃过程中热释放趋势、平均热释放量和总热释放量，从而影响阻燃性能，这与 THR 曲线［图 4-51（b）］分析的结论一致（王奉强等，2010）。

　　图 4-52（a）和（b）分别是复合阻燃剂处理木材的 SPR 和 TSP 曲线。由图可见，经阻燃处理的样品的 SPR 和 TSP 均远小于空白样品 W，显示了优异的抑烟效果。由表 4-23 可知，空白样 W 的 TSP 为 8.19m²，W-A 的 TSP 为 1.94m²（降低了 76.3%），抑烟效果最为突出。这是因为单独的 APP 具有最佳的阻效作用，因而试样热解/燃烧程度最低，相应

地产生的总烟量也更少。燃烧 W-A-13X 的 TSP 为 1.97m² （降低了 75.9%），略低于 W-A，说明 APP 和分子筛均具有良好的抑烟效果。而含金属改性分子筛的复合阻燃剂处理木材的 TSP 略高于 W-A-13X 样品，这可能是由于金属元素对木材具有催化成炭作用，因而导致样品在燃烧过程中会产生更多的炭颗粒，从而使得总烟释放量略有增加。

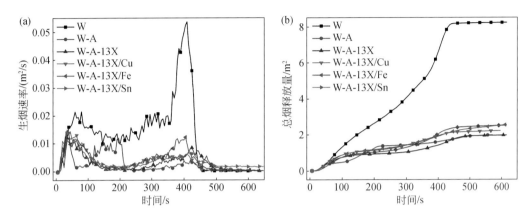

图 4-52　（a）复合阻燃剂处理人造板的 SPR 曲线；（b）复合阻燃剂处理人造板的 TSP 曲线

2）成炭效果与热失重分析

如图 4-53 所示，未经阻燃处理的样品，燃烧后残余物基本上为白色的灰烬，炭层裂痕较多较宽，这种结构不能起到良好的隔热绝氧效果，会导致里层的木材易被热解燃烧，相应的 p-HRR 就很大；由于 APP 是膨胀型阻燃剂，纯 APP 阻燃时难免会产生较大裂纹；而 W-A-13X 样品的残余炭表面基本无裂痕，这是因为 APP 和分子筛之间的协同作用使得炭层结构稳定，对里层的木材起到很好的保护作用，由表 4-23 可知其 p-HRR 值最小；相

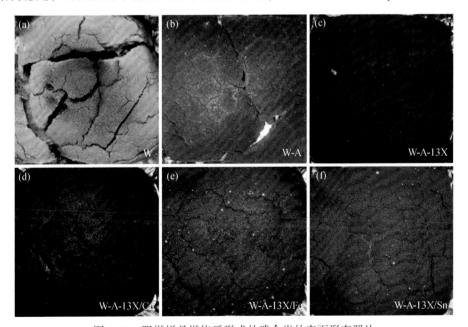

图 4-53　阻燃样品燃烧后形成的残余炭的表面形态照片

对而言，含金属改性分子筛阻燃的残余炭均有少量裂纹，其 p-HRR 值稍微偏大。

失重率是材料燃烧时损失的质量和初始质量的比值。通过分析失重率可初步推测材料的热释放量（甚至烟释放量），进而初步估测阻燃剂的阻燃抑烟性能。如表 4-24 所示，显然含金属改性分子筛的复合阻燃剂处理杨木粉的失重率均小于 W-A-13X，说明过渡金属元素增强了分子筛的催化活性，使木材向有利于成炭的方向分解，避免了木材质量的进一步损失，对阻燃具有重要意义。

表 4-24 复合阻燃剂处理杨木粉的失重率

试样	W	W-A	W-A-13X	W-A-13X/Cu	W-A-13X/Fe	W-A-13X/Sn
失重率/%	77.4	64.2	66.4	61.6	63.7	64.3

为了进一步了解失重率与阻燃性能之间的函数关系，本文根据表 4-24 中的人造板失重率和表 4-23 中的 THR 数据对两者进行线性回归分析，分析结果如图 4-54 所示。通过线性回归分析可知，木材的失重率和总热释放量保持正相关的趋势，其 $R^2 = 0.8365$ 接近于 1，线性度较好，这表明失重率越小总热释放量越低，阻燃效果也就更加显著。含分子筛的复合阻燃剂处理样品的四个散点均在趋势线上方，表明总热释放量略高于平均水平，这是由于分子筛的阻燃效果没有 APP 明显，因而复合阻燃时释放的热量相比 W-A 偏大。

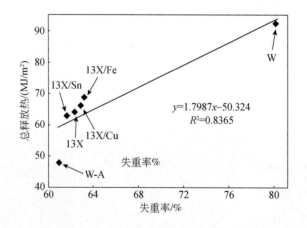

图 4-54 碎料板的失重率和总热释放量的线性回归分析

热分析法是研究木材分解燃烧以及阻燃剂阻燃机理的重要手段，通过研究阻燃剂处理木材的 TG-DTG 曲线可以了解木材的分解温度、失重率以及失重速率等参数，有助于评价和分析阻燃剂的阻燃效果。图 4-55（a）为复合阻燃剂处理杨木粉的 TG 曲线，可以观察到杨木碎料板的 TG 曲线大致分为三个阶段：干燥阶段（150℃以前）、炭化阶段（约 250℃~400℃）和稳定阶段（400℃以后）。在炭化阶段，经阻燃处理杨木粉的 TG 曲线均比空白杨木粉的 TG 曲线陡，在 350℃左右空白样品和阻燃样品的 TG 曲线相交，表明阻燃样品在 350℃前的温度区间内失重较快，350℃后趋向缓和且相对空白样失重较少。

图 4-55（b）为复合阻燃剂处理杨木粉的 DTG 曲线，图中峰的顶点表示质量变化速率最大点，对应的温度是分解过程的特征温度。由图可知，阻燃处理样品的分解温度均比空

白杨木低，且比空白杨木提前进入稳定阶段，这是由于分子筛和 APP 的催化作用，改变了木材热分解的历程，从而使得木材的分解温度降低。

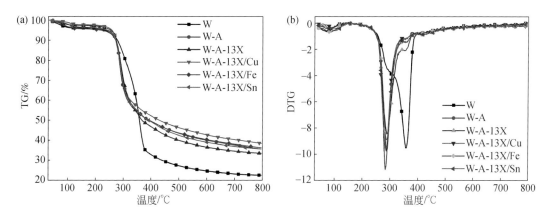

图 4-55　复合阻燃剂处理杨木碎料板的（a）TG 和（b）DTG 曲线

3）烟气行为

木材阻燃导致的不充分燃烧会大量生成 CO 等毒气，严重威胁人们的生命安全，因而如何有效降低木材阻燃过程中产生的毒气对于减少火灾中人员伤亡至关重要。此外，EHC 可反映材料热解过程所产生的可燃性挥发物的氧化燃烧程度，EHC 越大表明挥发物燃烧消耗的氧气越多，燃烧反应程度越充分（李坚等，2002；胡云楚，2006）。

由表 4-23 的数据可知，W 样品的 EHC 最大，为 12.99MJ/kg，这是因为未经阻燃处理的样品燃烧充分，所以 CO_2 释放量大 [图 4-56（a）]。而 W-A 样品的 EHC 最小（为 7.72MJ/kg），这与图 4-56 中的结果相符合；由图可见 W-A 样品的 COP 曲线双峰远高于其他样品，这是因为木材不完全燃烧而产生了大量 CO。由表 4-23 数据可知，W 的 COY 为 0.0194kg/kg，而 W-A 的 COY 达到了 0.05kg/kg，增加了 1.58 倍。这也说明了 APP 虽然阻燃性能好，但阻燃时释放出的 CO 毒气量太大，不适合单独作为阻燃剂。

相比之下，分子筛和 APP 复合阻燃剂处理木材的 EHC 介于 W 和 W-A 之间，但 CO 释放量大大降低，这是由于分子筛的存在，实现了对 CO 的有效吸附和转化 [图 4-56（b）]。

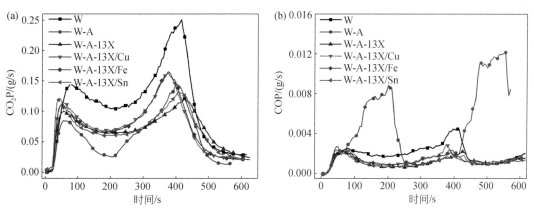

图 4-56　复合阻燃剂处理杨木碎料板的（a）CO_2P 曲线和（b）COP 曲线

而含金属改性分子筛的复合阻燃剂处理木材的 CO 总释放量（COY）均小于 W-A-13X，更是远小于 W-A 试样，说明金属元素增强了分子筛的催化活性，发挥了催化转化作用。其中 W-A-13X/Cu 样品的 CO 释放量最少，为 0.0143kg/kg，相比空白样 W 降低了 26.3%，相比于 W-A 降低了 71.4%，有效降低了 APP 阻燃过程中 CO 的释放量，显示了对 CO 良好的催化转化能力。

　　4）小结

　　总之，锥形量热试验表明，单独的金属改性分子筛的阻燃性能不如 APP 优异，但两者的协同可促进成炭并保持炭层的稳定性，更为有效降低木质材料的 p-HRR，抑制火灾的蔓延。热分析进一步表明金属改性分子筛和 APP 的复合阻燃剂能促进杨木迅速成炭，有效减少质量损失，对阻燃具有重要意义。此外，分子筛和 APP 阻燃木材的 COY 大大低于纯 APP 阻燃木材，而改性分子筛处理样品的 COY 比空白分子筛更低，表明过渡金属元素增强了分子筛对 CO 的催化转化能力，能实现对毒气的有效吸附和催化转化，13X/Cu 减毒效果最好，COY 相比空白样降低了 26.3%，相比于纯 APP 阻燃降低了 71.4%，能有效降低 APP 阻燃木材过程中的 CO 释放量。

4.4.4　锡掺杂介孔硅催化转化阻燃抑烟技术

　　前文（4.2.2 节）研究表明，金属掺杂分子筛复合阻燃剂对人造板具有优异的阻燃抑烟功能。其中，又以铜、铁、锡金属离子及相应的化合物对阻燃过程中产生的 CO 毒气具有良好的催化转化作用（Doggali et al.，2011）。此外，前文（4.3.3 节）的研究表明分子筛的孔径大小会影响掺入活性金属离子的种类和百分含量，且采用溶液浸渍法掺杂需要进一步活化处理才能赋予其良好的催化特性。

　　相比而言，介孔分子筛具有更高的比表面积和孔容、有序的孔道结构、良好的热稳定性、易于掺杂修饰等一系列特点（Kresge et al.，1992），这些性质决定了其具有更高的吸附容量和负载能力。因而，介孔分子筛被广泛应用于各种催化反应和气体的吸附、分离过程（Yang et al.，2011）。研究表明在介孔分子筛中掺入金属杂原子，使其具有酸性中心和氧化还原位点，从而可赋予分子筛优异的 CO 催化氧化活性（Li et al.，2007；Gui et al.，2010）。上述研究将为本文利用掺杂介孔材料的催化特性实现木质材料阻燃过程中烟雾毒气的催化转化提供了理论依据。

　　为此，本工作利用水热晶化法合成了锡掺杂的介孔二氧化硅。典型的制备过程如下：室温下，将 2g CTABr 溶于 960g 去离子水，缓慢加入 8mL 物质的量浓度为 2mol/L 的 NaOH 溶液，搅拌均匀。升温至 80℃，然后滴加 4g（40%，质量分数）$SnCl_4 \cdot 5H_2O$ 的水溶液，搅拌 15min；接着加入 10mL 硅源 TEOS，剧烈搅拌，在 80℃下反应 2h。然后，将上述反应前驱液置于聚四氟乙烯瓶中 105℃下密封陈化 24h，经水洗、过滤得到白色粉末，真空干燥。然后置于管式炉，升温速率为 5℃/min 至 550℃煅烧 6h 去除模板剂，即可得到锡掺杂的介孔分子筛样品（记为 $Sn-SiO_2$），其中 Si/Sn 理论物质的量比为 10：1。然后，称取 20.0g 经 APP 和介孔分子筛复合阻燃剂处理杨木粉，均匀铺放在内腔表层覆盖铝箔的坩埚中，具体组成如表 4-25 所示。

表 4-25　阻燃样品的组成和相应的燃烧特性参数

样品编号	SiO_2/g	$Sn\text{-}SiO_2$/g	APP/g	杨木粉/g	THR /(MJ/m^2)	TSP /m^2	m-COY[a] /(kg/kg)	m-CO_2Y[b] /(kg/kg)
s-0	0	0	0	20	23.58	0.7302	0.0354	1.4522
s-1	0	0	2.4	20	7.18	0.2764	0.1236	0.5805
s-2	0.8	0	1.6	20	12.64	0.1062	0.0740	0.9916
s-3	0	0.8	1.6	20	11.75	0.0413	0.0468	0.9502

注：a，m-COY 为 CO 平均产率；b，m-CO_2Y 为 CO_2 平均产率。

在本文中，为了使试验温度更为接近火灾真实温度，参照 ISO 5660—1 标准，将试样架置于锥形量热仪辐射锥下，辐射强度为水平样品垂直方向上 $50kW/m^2$（材料表面温度约为 760℃）；并采用电弧点燃，对样品进行阻燃与抑烟性能测试，获得的具体燃烧特性参数见表 4-25。

4.4.4.1　介观结构表征

为了解 Sn 掺杂的介孔分子筛的介观结构，可采用小角 X 射线衍射仪对其进行表征。如图 4-57（a）所示，通过水热晶化法合成的介孔分子筛和 Sn 掺杂的介孔分子筛的样品在小角 1°~5°范围内均呈现出介孔材料典型的［100］、［110］和［200］特征衍射峰，这表明它们的介观结构为二维六方（$P6mm$）相且具有良好的有序性。但是，相比而言 Sn 掺杂的介孔分子筛 $Sn\text{-}SiO_2$ 的特征衍射峰有所减弱。这主要归因于 Sn 原子掺入了 SiO_2 分子筛的骨架，Sn^{4+} 与 Si^{4+} 同晶取代导致其介观结构的有序性略微改变（Gui et al., 2010）。

为了进一步证实介孔分子筛 SiO 和 Sn 掺杂的介孔分子筛 $Sn\text{-}SiO_2$ 的介观结构，本文采用 N_2 吸附对其孔结构进行表征。从它们的 N_2 吸附/脱附等温线和相应的孔径分布曲线［图 4-57（b）］可以看出，所有的等温线均为典型的Ⅳ型曲线，且在相对压力 $P/P_0 = 0.3~0.5$ 区域出现由于毛细管凝结而引起的突跃，表现出典型的介孔材料的吸附特征。此外，相应的孔径分布曲线在 2.7nm 左右具有尖锐的特征峰，这表明其孔径大小 ~2.7nm 且其介

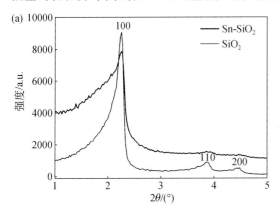
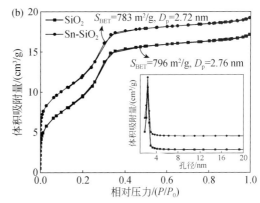

图 4-57　（a）水热晶化法合成的介孔分子筛和 Sn 掺杂的介孔分子筛的 XRD 图谱；（b）水热晶化法合成的介孔分子筛和 Sn 掺杂的介孔分子筛的 N_2 吸附-脱附曲线和孔径分布曲线

观结构有序。需要指出的是，从 Barrett-Joyner-Halenda（BJH）方法获得的孔径大小也可以看出 Sn-SiO₂ 具有稍大的孔径（2.72nm *vs.* 2.76nm），这是由于 Sn 原子比 Si 原子具有更大的原子半径所致。

众所周知，采用透射电镜（TEM）可以直观地观察到介孔材料的形貌、微观结构和有序性等特性。如图 4-58（a）所示，Sn 掺杂的介孔分子筛的形貌为球状粒子，大小约500nm。从相应的高倍数 TEM 图可以看出，其表现出典型的 *P6mm* 六方相介孔材料结构〔图 4-58（b）和（c）〕，且具有良好的有序结构。这与前文的小角 XRD 和 N₂ 吸附/脱附分析结果完全一致。

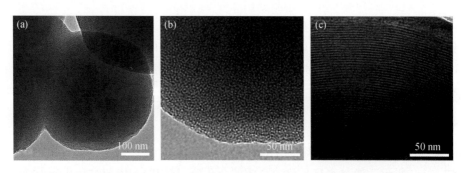

图 4-58　水热晶化法合成的 Sn 掺杂的介孔分子筛的 TEM 照片

4.4.4.2　阻燃性能分析

为了全面了解复合阻燃体系处理后样品的阻燃性能，本文采用 CONE 对不同样品的阻燃抑烟性能进行测试，其中以纯杨木（s-0）为参照样，具体的燃烧参数见表 4-25。如图 4-59（a）、（b）所示，可以明显看出 APP 阻燃处理样品（s-1）、介孔分子筛（s-2）和Sn 掺杂的介孔分子筛复合阻燃处理后样品（s-3）的 THR 和 HRR 值均明显降低。其中，对比样品 s-0，阻燃样品 s-1、s-2 和 s-3 的 THR 分别下降了 69.55%、46.40% 和 50.13%。这表明 APP 和介孔分子筛、Sn 掺杂的介孔分子筛复合对杨木具有显著的阻燃作用。需要指出的是，相比空白样品 s-0，阻燃样品 s-1、s-2 和 s-3 的 HRR 峰值更小，也更早出现峰值。这说明阻燃样品具有更小的热释放速率，在 APP 的作用下也更早发生热解脱水过程。此外，所有样品的 HRR 均在点燃后达到峰值，随后不断减小，这是因为初始阶段的有焰燃烧产生的热能更多。其中，阻燃样品 s-1 的 HRR 和 THR 值最小，这是因为样品 s-1 中阻燃剂 APP 的质量百分比最高（12%）；而样品 s-2 和 s-3 中由于 APP 含量相同，因而它们的 HRR 和 THR 变化趋势基本相同。这是因为，相对而言 APP 比介孔分子筛、Sn 掺杂的介孔分子筛具有更好的阻燃性能，因而单从阻燃性能来说 APP 的贡献更为突出。

如图 4-59（c）所示，从纯杨木和经阻燃处理后样品的 SPR 曲线可以看出，纯杨木（s-0）的总烟释放量在 25s 左右时达到了 0.0204m²/s 的最大值。这是因为空白样品在初始阶段（0~100s）为剧烈的有焰燃烧，因而会释放出大量的烟气。100s 后基本为初始燃烧产生的残余木炭的燃烧过程，因而烟生成速率呈现出下降的趋势。值得一提的是，阻燃处理样品 s-1、s-2 和 s-3 的 SPR 峰值均提前了约 10s，这是由于 APP 催化加速了木材的热分解和炭化脱水过程，其与 HRR 峰值变化的趋势完全一致。此外，对比样品 s-0 和 s-1，APP 和介孔分子筛、Sn 掺杂的介孔分子筛复合处理样品（s-2，s-3）的 SPR 值均出现了大幅下降，这表明介孔分子筛和 Sn 掺杂的介孔分子筛均具有显著的抑烟效果。当然，相比而言 APP 与 Sn 掺杂的介孔分子筛复合处理的样品 s-3 具有最佳的抑烟效果。

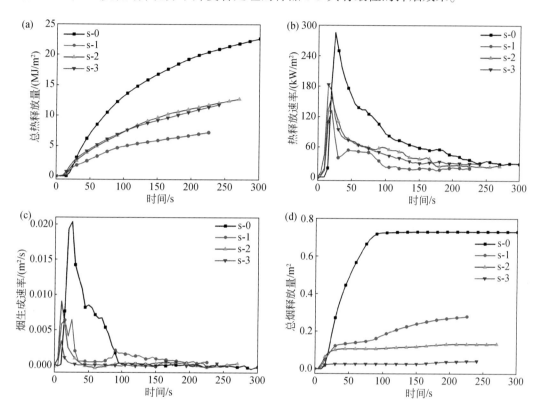

图 4-59　杨木和经 APP、介孔分子筛和锡掺杂介孔分子筛阻燃处理样品的 THR（a）、
HRR（b）、SPR（c）和 TSR（d）曲线

需要指出的是，由图 4-59（d）可以看出空白样品（s-0）在 100s 内其总烟释放量（TSP）达到最大，随后基本趋于平行。这说明燃烧过程中产生的烟气主要来源于木材的热解阶段，这与 SPR 分析一致。但是，经 APP 阻燃处理后样品（s-1）TSP 略有减少，为空白样品（s-0）TSP 的 37.85%，并随时间增加呈现上升趋势，这是由于 APP 具有催化脱水成炭作用，因此木材的热解过程延长，会不断产生烟气。然而，样品 s-2 和 s-3 的 TSP 明显降低（见表 4-25），分别为空白样品（s-0）TSP 的 14.54% 和 5.66%，这说明介孔分子筛和 Sn 掺杂的介孔分子筛具有优异的抑烟作用。其中，Sn 掺杂的介孔分子筛的抑烟效果更加显著，这可能归因于 Sn 掺杂的介孔分子筛具有类似无机酸的活性位点，会对阻燃过程中释放的烟雾毒气具有催化转化作用（Xia et al.，2012）。

4.4.4.3　烟气转化行为

在阻燃过程中，通常采用单位时间内试样所产生的 CO 的质量随试验时间的变化关系

COP（单位为 g/s）来评价试样在火灾中的燃烧程度和尾气的毒性大小。相应地，CO_2P 指单位时间内试样所产生的 CO_2 的质量随试验时间的变化关系参数。

如图 4-60（a）所示，所有样品的 CO 产率变化曲线大致分为两个阶段。其中，纯杨木（s-0）的 COP 曲线在 30s 左右出现了一个峰值，这主要由于木材在热解初始阶段炭化脱水，导致木材的燃烧不完全。对样品 s-1，其 CO 产率曲线与样品 s-0 趋势基本相似。不同的是，由于 APP 受热分解产生聚磷酸/磷酸，它们对木材具有催化脱水成炭作用，同时 APP 受热分解会释放出大量不可燃性气体，从而导致木材及其热解组分不完全燃烧，因而会生成大量的 CO。

对于样品 s-2 和 s-3，其 CO 产率曲线与 s-0 和 s-1 有所不同；它们在初始阶段的 CO 产率均较小，这是因为介孔二氧化硅和 Sn 掺杂的介孔二氧化硅均具有高的比表面积和孔容，因而对初始阶段释放的烟气具有物理吸附作用。其中，样品 s-2 中介孔二氧化硅对烟气更多的只是一个物理吸附–脱附平衡过程，因而在后期的木炭氧化阶段 CO 产率会迅速增加。而样品 s-3 的 CO 产率明显降低，这可能归因于介孔二氧化硅中掺入了 Sn 金属原子，具有酸性中心和氧化还原位点，因而其不仅对阻燃过程中释放的烟气具有物理吸附功能，而且对吸附的 CO 还具有催化氧化作用，从而减少了 CO 的生成量。

图 4-60（b）为对比样品的 CO_2P 曲线，可以明显看出 CO_2 产率变化与 CO 产率变化趋势完全吻合。由于纯杨木（s-0）没有进行阻燃处理，燃烧过程基本为完全燃烧，因而生成了大量的 CO_2。而样品 s-1，由于采用 APP 阻燃处理，不仅促进了人造板表面生成了炭层，而且 APP 热解和脱水过程生成了大量的不燃性气体 NH_3 和水蒸气，从而致使木材燃烧过程为不完全燃烧，因而 CO_2 的生成量变少。而样品 s-2 和 s-3 中，由于介孔二氧化硅和 Sn 掺杂的介孔二氧化硅不仅可促进成炭和提高炭层的热稳定性，还具有吸附作用，因而 CO_2 生成量相应地减少。

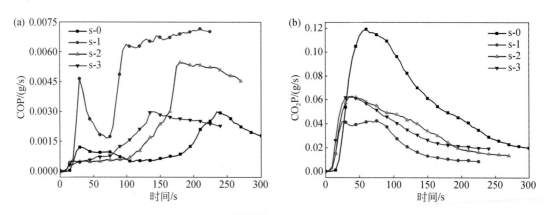

图 4-60　空白试样和经 APP、介孔分子筛和锡掺杂介孔分子筛阻燃处理样品的 COP（a）和 CO_2P（b）曲线

4.4.4.4　小结

综上所述，本文采用水热晶化法合成了介观结构有序的锡掺杂介孔二氧化硅微球，其大小约 500nm。值得指出的是，该掺杂介孔二氧化硅与 APP 复配使用不仅能有效地降低杨

木碎料板的热释放速率（HRR）和总热释放量（THR），也能降低烟生成速率（SPR）和总烟释放量（TSP），同时促进炭的生成和提高其热稳定性，表现出显著的阻燃与抑烟特性。与未阻燃处理试样对比，其 THR 下降了 50.17%，TSP 下降高达 94.34%。尤其重要的是，该掺杂介孔二氧化硅对阻燃过程中释放的烟雾毒气具有催化转化作用，能够有效降低 CO 的浓度，相对 APP 阻燃样品（s-1），其 m-COY 下降了 62.14%，具有显著的减毒作用，对于减少火灾中人员伤亡具有重要的意义。

4.4.5　硅杂化凝胶原位生成阻燃抑烟技术

硅气凝胶是一种轻质纳米多孔非晶态材料，具有低密度、高孔隙率、低热传导率和高比表面积等特性。利用这些特殊性能，硅气凝胶可应用于耐火隔热、催化载体和保温隔音等领域。为此，本工作利用磷-氮阻燃剂与 SiO_2 气凝胶原位有机复合策略，创新开发了 SiO_2/APP 杂化凝胶阻燃剂，有效地解决了单一阻燃剂 APP 烟气多、易流失等问题；并从阻燃性能和烟气行为等方面探讨了该硅杂化凝胶阻燃剂在木材燃烧过程中的协同阻燃、促进成炭和烟气转化行为的影响，这对于拓展木材的应用领域和减少火灾造成财产损失和人员伤亡具有重要的意义。

典型的制备过程为：①配制一定量的 30wt% 的 APP 水溶液，并用 H_3PO_4 调节溶液的 pH 约为 6。②按 1∶2∶6 的物质的量比为依次加入硅源、无水乙醇、H_2O 搅拌均匀，加入酸调节其 pH 约为 6，并继续搅拌 1h。③将上述 APP 溶液与硅源水解产物按质量比（6~9）∶1 混合均匀，搅拌，即可得到 APP 与硅源的水解产物的均一溶胶型浸渍液。④通过真空浸渍过程将上述阻燃溶胶浸渍液浸渍试样 4h，取出置于通风处自然晾干，即可得到阻燃处理试样。

为了全面了解该复合凝胶阻燃剂对于木质材料的阻燃抑烟性能及其抗流失特性，本文通过 X 射线衍射（XRD）、锥形量热仪和电子扫描电镜（SEM）等表征手段，从阻燃性能和烟气组分等方面考察了该杂化凝胶阻燃剂在木质材料燃烧过程中的协同阻燃、促进成炭和烟气转化行为的影响。

4.4.5.1　形貌分析

1）表观形态表征

图 4-61 为不同质量比的硅源水解产物与 APP 混合浸渍液经过常压逐步干燥后的杂化凝胶的表观形貌。对比可以看出，当硅源水解产物与 APP 质量比为 1∶7 和 1∶8 时生成了大块状、近似透明的杂化凝胶［图 4-61（a）和（b）］。当硅源水解产物与 APP 质量比为 1∶9 时依然生成了块状的杂化凝胶，但其颜色略微变深且有少量的白色颗粒析出［图 4-61（c）］，这应该为干燥浓缩过程中析出过量的 APP 颗粒；而单独的 APP 溶液干燥之后只是形成白色粉末状物质［图 4-61（d）］。上述结果表明，单从杂化凝胶的表观形貌分析，硅源前驱物与 APP 混合液的质量比最高为 1∶9，质量比过高在干燥缩合过程中 APP 会析出，不利于杂化凝胶的形成和 APP 的均匀分数。

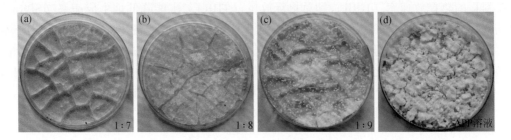

图 4-61　常压逐步干燥后（a）1∶7，（b）1∶8，（c）1∶9 和（d）APP 溶液的数码照片

2）微观形貌表征

为了更为直观地观察杂化凝胶阻燃剂在木材孔道中的分布和形貌，采用 SEM 对其进行了表征。可以明显看出，单独 APP 浸渍液处理过的杨木孔道中分散着大量的白色颗粒物质［图 4-62（a），箭头所示］。这是由于木材孔道中的 APP 浸渍液在后续的干燥过程中随着水分不断蒸发，导致 APP 逐渐浓缩结晶而析出形成小颗粒。图 4-62（c）为 APP 处理试样 SEM 图相应选区的 EDX 谱图，可以明显观察到 P、N 元素的特征峰，表明该白色颗粒为 APP 析出产物。

比较而言，采用硅源前驱物与 APP 溶液质量比为 1∶8 的浸渍液处理后木材的导管、纹孔和细胞间隙之间中均填充了大量的块状物［图 4-62（b），箭头所示］，这应该是浸渍液经过逐步缩合和干燥形成了 SiO_2/APP 杂化凝胶，其与前面的杂化凝胶表观形貌分析结果相一致。此外，相应选区 EDX 图谱［图 4-62（d）］中出现的 Si、P 元素特征峰，也进

图 4-62　分别采用 APP 溶液（a）、硅源水解产物和 APP 溶液质量比为 1∶8（b）的浸渍液处理后的样品的剖面 SEM 图和相应的 EDX 谱图（c）及（d）

一步证实该填充物为 SiO$_2$/APP 杂化凝胶。这也间接证明了采用 SiO$_2$/APP 杂化凝胶阻燃剂处理的试样具有更好的阻燃和抗流失性。这是因为木材细胞腔中原位生成的硅杂化凝胶阻燃剂不仅起到良好协同阻燃作用，而且硅凝胶对 APP 起到类似包覆和固定作用，从而可以有效防止 APP 流失。

4.4.5.2 物相分析

为了进一步了解复合凝胶的组分，采用 XRD 对其进行表征。如图 4-63 所示，单独采用 SiO$_2$ 凝胶处理后的样品呈现 2 个明显的特征衍射峰，其中 2θ 约为 15° 处为木材的无定形特征衍射峰，而 2θ 为 20°~25° 处对应的特征峰为 SiO$_2$ 凝胶的非晶态衍射峰。需要指出的是，由于木材的无定形峰与 SiO$_2$ 凝胶的非晶态衍射峰重叠，导致二者特征峰难以区分。而采用 SiO$_2$/APP 杂化凝胶阻燃剂处理后的样品呈现出 4 个明显的特征衍射峰，其中 2θ 为 5°、16° 可归属为 APP 的结晶物的特征峰；2θ 为 15°、22° 对应为木材特征衍射峰和 SiO$_2$ 的非晶衍射峰，但其强度略有减弱。上述结果进一步表明，通过浸渍引入和后续的浓缩、干燥处理，在木材孔道中原位生成了 SiO$_2$/APP 杂化凝胶阻燃剂，这与前文的 SEM 结果相一致。

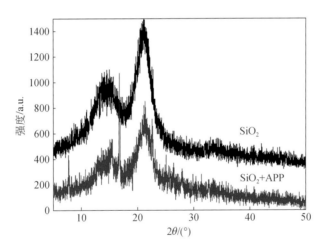

图 4-63 硅源水解产物、硅源水解产物和 APP 质量比为 1∶7 的复合溶胶处理后的木材的 XRD 图谱

4.4.5.3 阻燃性能与烟气行为

点燃时间 TTI 是指木材表面产生有焰燃烧所需的持续点火时间。通常，TTI 值越大表明材料在试验条件下越难点燃，其阻燃性愈好（胡云楚，2006）。如表 4-26 所示，随着浸渍液中硅源水解产物与 APP 溶液质量比逐渐增大，阻燃处理试样的 TTI 值也逐渐增加，较未阻燃空白试样（s-blank）的 21s 有大幅度提高；当质量比为 1∶9 时，阻燃试样甚至不能点燃。这说明 SiO$_2$/APP 杂化凝胶阻燃剂的阻燃性能更多取决于 APP 的含量，因而随着 APP 的质量比增加而表现出更加优异的阻燃作用。而对于抗流失处理后的样品，其 TTI 值明显减小，这可能由于长时间浸泡导致木材的结构变得疏松和木材表层的阻燃剂流失所致。

表 4-26 阻燃样板的组分比及其锥形量热测试数据

样品[a]	THR /（MJ/m²）	TSP /m²	m-COY[b] /（kg/kg）	m-CO₂Y[c] /（kg/kg）	TTI[d]/s	质量增加比[e]/%
s-blank	75.2538	2.76758	0.01426	1.01047	21	0
s-1∶7	34.7094	2.02206	0.05418	0.53340	40	25.14
s-1∶8	4.76566	1.06218	0.06582	0.24033	45	26.63
s-1∶9	6.43530	4.13743	0.07225	0.23699	—	28.20
s-APP	4.92293	4.22262	0.14288	0.12519	—	32.37
s-1∶7#	38.5844	1.13984	0.01881	0.71813	8	−13.92
s-1∶9#	34.7649	0.52149	0.03472	0.59504	11	−14.76
s-APP#	44.0607	0.40008	0.03678	0.06439	8	−20.61

注：a，质量比不同的硅源水解产物与 APP 浸渍液处理后的样品和抗流失实验样品；b，m-COY，CO 的平均释放量；c，m-CO₂Y，18~600s 之间 CO_2 的平均释放量；d，为样品经过 30min 点火不燃；e，样品经过阻燃处理后的质量增加百分比，负号表示抗流失实验质量损失率。

热释放速率（HRR）表示单位时间内燃烧反馈给材料单位面积的热量，是评价火灾强度的重要指标之一。图 4-64（a）为空白试样和不同阻燃试样的 HRR 曲线。可以看出，与空白试样对比，所有阻燃试样的 HRR 曲线均有明显改变。其中，硅源水解产物与 APP 浸渍液的质量比为 1∶7 的浸渍液处理后的试样（s-1∶7）与空白试样（s-blank）的 HRR 曲线呈现相似的 M 形趋势。但峰值明显降低，这表明其对木材具有较好的阻燃效果。随着阻燃浸渍液中 APP 的质量比增加，试样表现出来越来越优异的阻燃性能。如试样 s-1∶8 点燃 155s 后试样就熄灭；当质量比增大为 1∶9 时，阻燃试样（s-1∶9）在测试条件下 30min 不能点燃，达到了不燃级。需要指出的是试样 s-APP 也不能点燃，这进一步证实 SiO_2/APP 杂化凝胶阻燃剂的阻燃性能更多取决于 APP，与前文的 TTI 分析结果相一致。

由图 4-64（b）可以看出，所有阻燃处理试样燃烧时的总热释放量（THR）均大幅度减小，与 HRR 曲线呈现的规律一致。需要指出的是，与阻燃试样 s-APP 相比，尽管阻燃试样 s-1∶9 的质量增重率更小（28.20%）、且试样中 APP 的含量也更低，但其阻燃效果

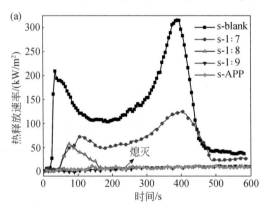
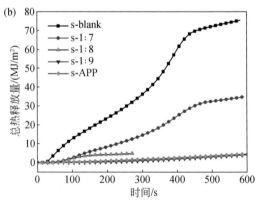

图 4-64 空白样和经质量比不同的硅源水解产物与 APP 浸渍液处理后试样的 HRR（a）和 THR（b）曲线

反而更佳。这有可能归功于 SiO$_2$/APP 杂化凝胶阻燃剂具有更好的隔热作用,可以有效阻止木材燃烧过程中热量的传递。此外,该杂化凝胶阻燃剂中的 Si 与 P、N 具有协同成炭的作用(Li et al., 2011)。因而,它们不仅促进了炭层的生成,也提高了炭层的稳定性,从而起到了良好的隔热绝氧的作用,表现出优异的协同阻燃作用。

图 4-65(a)是空白试样和阻燃试样的总烟释放量(TSP)对比曲线,可以看出,空白试样(s-blank)的总烟释放量(TSP)曲线在 100s 内迅速增大,随后逐渐增加直至样品完全燃烧。这说明其燃烧过程中产生的烟气主要来源于木材的前期的热解和后续的残余炭燃烧过程。比较而言,所有阻燃处理试样的 TSP 曲线均呈现出逐渐上升的趋势,没有出现明显的拐点。这主要由于阻燃处理后的试样在燃烧过程中更容易形成炭层,因而在阻燃过程中主要表现为炭层的不完全燃烧而产生更多的烟气。其中,阻燃试样 s-1:7、s-1:8 和 s-1:9 的 TSP 曲线均低于阻燃试样 s-APP,这说明 SiO$_2$/APP 杂化凝胶阻燃剂在保持优异阻燃性能的同时,也具有良好的抑烟效果。

COP 是指试样在试验条件下所产生的 CO 的量随时间的变化关系,通常用于评估试样在火灾中释放烟气的危害性。如图 4-65(b)所示,试样燃烧产生 CO 的过程大致分为两个阶段:一是在初始点燃阶段出现了一个峰值,这个阶段主要是木材热解的可燃性组分的不完全燃烧所导致;二是在炭层的燃烧阶段达到最大值,出现了第二个峰值。对比曲线,可以看出 APP 阻燃处理试样的 CO 产量最大,其 COP 曲线呈现出持续上升的趋势。这是由于 APP 受热分解产生的磷酸/聚磷酸能够与木纤维发生催化脱水作用而形成炭层,同时 APP 受热分解也释放出大量不可燃性气体,这些都致使木材及其热解组分不完全燃烧,因而在燃烧过程中产生了大量的 CO 气体。

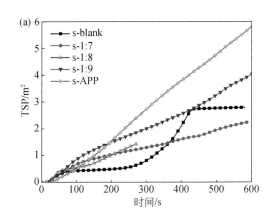
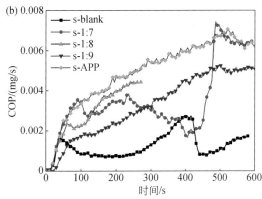

图 4-65　空白样和经质量比不同的硅源水解产物与 APP 浸渍液处理后试样的 TSP(a)和 COP(b)曲线

然而,采用 SiO$_2$/APP 杂化凝胶阻燃剂处理的试样 s-1:7、s-1:8 和 s-1:9 均表现出显著的减毒作用,且其减毒作用随着硅溶胶与 APP 质量比变化而表现出不同的效果(表 4-26)。其中,质量比为 1:7 时阻燃试样的平均 CO 产量(m-COY)最小,仅为 APP 阻燃试样的 m-COY 值的 37.9%,这进一步表明 SiO$_2$/APP 杂化凝胶阻燃剂具有优异的抑烟、减毒作用。这可能归功于 SiO$_2$/APP 杂化凝胶稳定性好、具有疏松多孔的结构,其中 SiO$_2$ 可以保护催化脱水生成的炭层,防止其被氧化,而其疏松多孔的结构对产生的烟气具有一定的吸附作用（夏燎原等，2014）。

图 4-66 为阻燃试样经过抗流失性试验后的 HRR 和 THR 曲线。显然，抗流失试验后所有试样的 HRR 和 THR 曲线均有不同程度的改变。其中，抗流失试样 s-APP# 的 HRR 和 THR 曲线变化趋势最明显，这表明 s-APP 试样经过抗流失试验后阻燃剂 APP 流失严重，也就是说其抗流失性最差。比较而言，经硅源水解产物与 APP 浸渍液处理过的试样 s-1∶7# 和 s-1∶9# 的 HRR 和 THR 曲线改变较小，结果表明其依然具有较好的阻燃性。这主要归因于阻燃试样 s-1∶7 和 s-1∶9 中原位生成的 SiO$_2$/APP 杂化凝胶阻燃剂中的 SiO$_2$ 凝胶对 APP 起到了类似包覆的作用，可以有效防止 APP 的流失，同时 SiO$_2$ 凝胶本身具备良好的隔热作用，它也可以赋予木材一定的阻燃效果。

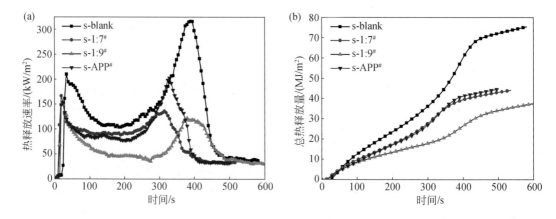

图 4-66　空白素材和抗流失处理后试样的 HRR（a）和 THR（b）曲线

4.4.5.4　协同成炭作用机制

图 4-67 是不同试样经过 CONE 测试后残余炭的数码照片。明显可以看出，空白样品燃烧后只残留了少量的白色灰烬［图 4-67（a）］，基本上无炭残余物。而 APP、SiO$_2$/APP 杂化凝胶阻燃处理过的试样［图 4-67（b）～（e）］在锥形量热测试后均出现明显的成炭情况，且所有炭层形状保持相对完整。这主要归因于 APP 热分解产物磷酸或多聚磷酸对木材具有催化脱水成炭的作用，此外 SiO$_2$ 凝胶不仅可以起到隔热绝氧、保护炭层的作用；同时 Si 元素与 P、N 元素具有协同成炭作用，也促进了炭层的生成。

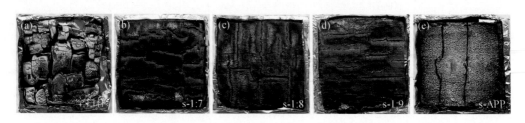

图 4-67　不同配比阻燃试样锥形量热测试后残余炭的数码照片：空白样（a），
s-1∶7（b），s-1∶8（c），s-1∶9（d），s-APP（e）

相对而言，硅源水解产物与 APP 质量比为 1∶7 的试样［图 4-67（b）］燃烧后的炭层结构较为疏松、表层残余物有明显的膨化开裂现象。这可能由于 SiO_2/APP 杂化凝胶阻燃剂中 APP 的含量过低，导致形成的炭层过薄，容易被烧穿。而硅源水解产物与 APP 质量比分别为 1∶8 和 1∶9 的处理试样［图 4-67（c）和（d）］燃烧后的残余物表面平整，结构致密、几乎无白色灰烬生成。这主要归因于 SiO_2/APP 杂化凝胶中的 SiO_2 起到骨架支撑和保护作用，有利于炭层的生成和提高了其稳定性。而 APP 处理试样［图 4-67（e）］虽然成炭明显，但其表面却有大量的白色灰烬生成。这有可能是尽管 APP 处理试样易于催化脱水形成炭层，但其炭层表面无稳定的保护层，因而其炭层容易被氧化。

4.4.5.5　小结

本文创新性地在木材孔道中原位生成了 SiO_2/APP 杂化凝胶阻燃剂，并全面考察该硅凝胶杂化阻燃剂在木材燃烧过程中的阻燃性能和烟气转化行为，结果表明：

①木材中原位生成的 SiO_2/APP 杂化凝胶具有优异的阻燃抑烟性能。其中，硅源前驱物与 APP 溶液质量比为 1∶8 处理试样表现出优异的协同阻燃抑烟作用，其 THR、TSP 和 m-COY 分别下降了 93.6%、61.6% 和 53.9%；硅源前驱物与 APP 溶液质量比为 1∶9 处理试样在测试条件下 30min 难以点燃，达到了难燃级。

②值得指出的是，相比前人开发的 SiO_2、TiO_2 凝胶阻燃剂，本文将为通过溶胶-凝胶法来研发具有抗流失、高效协同阻燃抑烟的磷-氮-硅杂化凝胶型木质材料阻燃剂提供了研究基础。

4.5　镁化合物阻燃剂及物相转化阻燃抑烟技术

目前，木质材料阻燃处理中较常采用的无机阻燃剂包括磷-氮系阻燃剂、硼化合物、锑类化合物、氢氧化物及纳米层状硅酸盐等。作者团队也开发了一系列的新型绿色复合阻燃剂体系，例如 NSCFR 阻燃剂体系、硅-镁-硼阻燃剂体系等，并广泛应用于农林剩余物人造板的阻燃抑烟。此外，价格低廉、来源广泛、生产简单的无机金属化合物也具有阻燃抑烟的作用，通常可作为木材阻燃剂使用，如铜化合物、铁化合物和镁化合物等（Li et al.，1998；Guo et al.，2007）。

在众多的无机金属化合物中，六水氯化镁（$MgCl_2 \cdot 6H_2O$）不仅具有较大潜热和成本低廉等优点，加之其含有阻燃元素和易溶于水的特征，已证明是一种有效的阻燃剂，已广泛应用于聚氨酯、聚环氧化物和多胺等聚合物的阻燃处理。此外，作者通过研究 $MgCl_2 \cdot 6H_2O$ 处理过的木材的燃烧、炭化和热降解行为，以及热降解产物的化学组成，发现其对木质材料具有良好的阻燃功能（Wu et al.，2014a，2014b）。但是，对于同一金属元素的不同化合物阻燃作用的系统研究较为少见，这不利于掌握特定金属元素作为木材阻燃剂的阻燃特性，从而难以系统揭示其阻燃机理。

4.5.1　镁化合物阻燃剂

为此，本文以镁元素的三种重要化合物：氢氧化镁（MH）、氯化镁水合物（MCH）

和碱式碳酸镁（BMC）为研究对象（质量比为 1∶4），按照 15∶85 的质量比与赤桉木粉分散混合，并碾磨均匀，制得各种阻燃剂处理试样。为了便于区分，其中氢氧化镁处理样品标为 MH-W，氯化镁水合物处理样品标为 MCH-W，碱式碳酸镁处理样品标为 BMC-W，氯化镁与碱式碳酸镁混合物处理样品标为 MCH-BMC-W。

通过系统分析三种镁化合物阻燃剂处理过试样的燃烧、炭化和热降解行为，以及其热降解产物的化学组成，旨在获得镁化合物阻燃剂对木材的热降解和阻燃性的影响因素。具体而言，就是利用热重分析法评价了三种镁化合物阻燃剂处理过木材在不同阶段的化学反应活化能和质量损失，采用锥形量热法研究了阻燃处理样品的热释放参数和生成烟雾的组分变化，并通过 X 射线衍射和光电子能谱光谱分析了在不同处理温度下木材热降解残留物的化学成分变化信息。

4.5.2　镁化合物相变协同阻燃抑烟技术

4.5.2.1　阻燃行为分析

热释放速率（HRR）为单位面积试样释放热量的速率，总发烟量（TSP）是单位面积试样放出的烟总量。两者是评价材料燃烧程度以及发烟情况的重要指标之一（李坚等，2002；王清文等，2004）。

如图 4-68（a）所示，未处理空白试样的热释放速率最高，在 25s 左右就达到峰值 228.73kW/m²，之后逐渐降低；在 250s 左右其热释放速率开始稳定在 25～30kW/m²。而三种镁化合物阻燃处理试样的热释放速率均明显降低，其中氢氧化镁处理试样的热释放速率峰值降至 141.43kW/m²，降幅高达 38.2%。对比而言，三种镁化合物处理试样的 HRR 峰值由高到低为 MH-W>MCH-W>MCH-BMC-W>BMC-W。达到峰值以后，三种镁系化合物处理样品的热释放速率迅速降低，然后开始稳定在 18～20kW/m² 左右。简而言之，三种镁系化合物处理后的试样在不同阶段的 HRR 值均明显降低。

图 4-68（b）为不同试样的 TSP 曲线，可以明显看出空白试样受热辐射后总烟产量迅

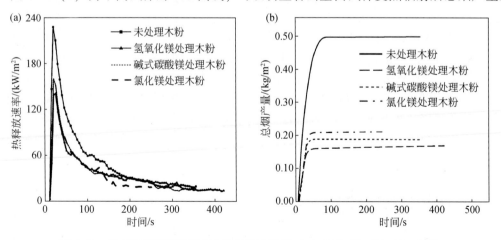

图 4-68　空白试样和三种镁化合物处理木粉的（a）HRR 和（b）TSP 曲线

速上升，其 TSP 曲线在燃烧 75s 左右便达到最大值 0.498m^{-1}，之后开始趋于稳定；而不同镁系化合物处理后，所有阻燃试样的 TSP 最终稳定值为 0.138m^{-1} 与 0.209m^{-1} 之间，降幅区间高达 58%~72%，这表明各镁系化合物均显著降低样品的发烟量。其中，TSP 降幅由高到低为 MCH-BMC-W>MH-W>BMC-W>MCH-W。

此外，三种镁系化合物阻燃试样的平均质量损失速率（MLR）、平均 CO 产量（COY）和平均 CO_2 产量（CO_2Y）等参数如表 4-27 所示。其中 MLR 反映了材料燃烧过程中的质量变化，COY、CO_2Y 反映了材料燃烧过程中产生烟气的危害性。

表 4-27　镁系化合物处理样品的主要 CONE 参数

样品	平均 MLR/(g/s)	平均 COY/(kg/kg)	平均 CO_2Y/(kg/kg)
未处理木粉	0.04	0.05	1.38
碱式碳酸镁处理木粉	0.03	0.06	1.28
氢氧化镁处理木粉	0.03	0.08	1.25
氯化镁处理木粉	0.05	0.06	0.91
碱式碳酸镁和氯化镁处理木粉	0.03	0.06	1.30

综合图 4-68（a）、（b）和表 4-27 可知，经碱式碳酸镁、氢氧化镁、氯化镁与碱式碳酸镁混合物处理木粉的 MLR 较未处理木粉低，更有利于保持木材原有的形态与强度。需要说明的是，氯化镁处理试样的 MLR 较前三者更高，甚至高于空白试样的 MLR 值，其可能是由于氯化镁本身带有结晶水，因而在燃烧过程中由于失去结晶水而导致其质量损失值更高，从而导致氯化镁处理试样的 MLR 值也更高。此外，经镁系化合物处理后，所有阻燃试样的 COY 值都有所增加，CO_2Y 值都有所降低。其中，氢氧化镁对提高阻燃试样的 COY 值作用最明显，氯化镁对降低阻燃试样的 CO_2Y 值作用最显著。总体而言，镁系化合物显著降低了木质材料的放热量和总发烟量，这充分说明镁系化合物能一定程度抑制木材的热解以及放热，从而导致木材不能充分燃烧，产生更少的烟。但是，由于木材未能充分燃烧，导致了 CO 产量增加而 CO_2 产量有所降低。其中，阻燃处理后木粉 CO 产量约为 0.06~0.08kg/kg 左右，整体对火场气体环境影响较小。因此，可认为几种镁系化合物均能有效缓解木材的分解和放热，同时降低发烟量，对木材具有明显的阻燃抑烟效果。

4.5.2.2　热解特性分析

1）热处理表观变化

如图 4-69 所示，随着热解和炭化的进行，所有样品的表面颜色和形态都逐渐发生了改变。对照样在 250℃时就变成了深红褐色，在 300℃时变成黑色光泽。考虑到木材的热降解起始温度约为 260℃，该对照样在 250℃的形态表明其已经开始降解。300℃后对照样品已经完全焦化，当温度升至 430℃时焦炭开始翘曲，然后完全破裂。

对比而言，经 MCH 处理的样品在 167℃时变为深红棕色，在 250℃时变为黑色光泽，表明该木材发生了热解和炭化。但是，与木材对照样相比，MCH-W 的表层炭结构更致密，但在 300℃时开始出现破裂。这是因为在 300℃后，木材燃烧过程中产生的气体会致使炭

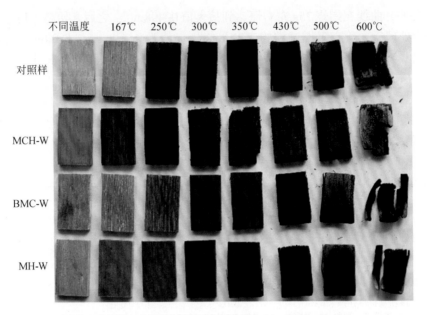

图 4-69　未经处理和阻燃处理的木质材料在不同温度下煅烧的照片

结构疏松且易于裂解。对于 BMC-W 样品，与对照样相比，从棕色到黑色的颜色渐变过程变慢了，并且处理的样品直到温度达到 430℃才完全变黑。这种减速的热解过程证明了BMC-W 样品具有更好的热稳定性和良好的阻燃性。经 MH 处理的 MH-W 样品与对照样相比，处理后样品的颜色差异比对照样品更明显。这是因为，与对照样相比，该样品在300℃之前的热解过程变慢了，这表明 MH 在 300℃之前就开始起作用了。

2）TG-DSC 表征

为研究木材燃烧各阶段的热解反应历程，进行了 TG-DSC 测试。具体而言，就是采用STA449C 型（德国 NETZSCH）耦合热分析仪来获得对照样品、经三种镁系化合物处理的阻燃样品的数据。测试条件为称取 10mg 样品置于铂坩埚中，并以 15℃/min 的速率从环境温度加热至 650℃，同时动态载气氮气的流速为 40mL/min。

图 4-70（a）为未经处理的木材样品的 TG、DTG 和 DDTG 曲线。可以看出，DTG 曲线显示了两个主要分解区域。其中，木材中的半纤维素成分在大约 225℃时开始分解，并在大约 325℃时几乎完全降解。但纤维素更稳定，主要在 315℃至 400℃的温度下降解，木质素在约 200℃至 400℃的较宽范围内缓慢降解。因此，DTG 曲线中的第一个峰区域主要是由于半纤维素的分解，第二个区域主要是来自纤维素。木质素的分解一直到降解过程结束。此外，为了准确区分木材热降解过程中变化，本文定义了一些特征温度，具体为：$T_{\text{O-HC}}$ 表示半纤维素分解的起始温度；$T_{\text{P-HC}}$ 是半纤维素分解的峰值温度；$T_{\text{P-C}}$ 是纤维素分解的峰值温度；$T_{\text{OF-C}}$ 为木质素分解的偏移温度；$T_{\text{OF-LG}}$ 为木质素的补偿温度。可以明显看出，未经处理的红胶木材的 $T_{\text{O-HC}}$、$T_{\text{P-HC}}$、$T_{\text{P-C}}$、$T_{\text{OF-C}}$ 和 $T_{\text{OF-LG}}$ 的温度值分别为 150.0℃、257.7℃、297.7℃、366.6℃和 390.3℃。这表明木材的降解过程可以确定为四个阶段：①从开始到约 150℃的第一阶段是干燥阶段，主要为物理吸附水脱附过程，且蜡质物发生

软化和熔化；②第二阶段是从约150℃~250℃，即预降解阶段，主要是从纤维素单元脱水和萃取物的分解；③第三阶段是燃烧和炭化阶段，其特征是木材快速挥发并燃烧（258~390℃）；④最后阶段是炭煅烧阶段，温度范围为390~650℃。

为了证实该降解过程，如图4-70（b）所示，对未处理木材的DSC热流值曲线与相应的TG数据进行了比较。DSC热流曲线显示100℃为吸热峰，这是由于水蒸发的吸收热所致。随着温度逐渐升高，热流值增加，并出现放热峰。随后，该曲线下降且在370℃附近出现强烈的吸热峰，这是由于木材在该阶段吸收大量的热量而发生了热分解所致。接着，在430℃出现了第二次放热峰。值得指出的是，第一个峰和第二个峰分别代表半纤维素和木质素热解过程中的放热（Yang et al.，2007）。这是因为炭化过程是放热反应，而热解挥发过程是吸热反应。此外，由于半纤维素和木质素热解产生了炭残留物，因而在半纤维素和木质素热解中观察到的放热峰可归因于炭化过程。显然，吸热和放热峰的温度与TG分析表明的温度值高度吻合，这充分验证了木材热解过程分段方式的正确性。

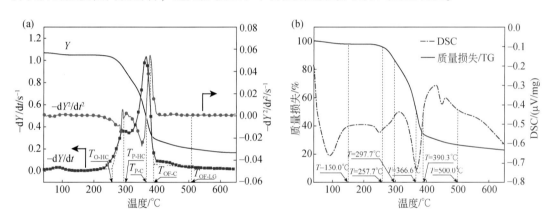

图 4-70　未经处理的木材的 TGA 和 DSC 数据

（a）TG、DTG 和 DDTG 曲线以及各种特征反应温度的定义；（b）TG 和 DSC 组合曲线以及各种特征反应温度值

为了进一步了解镁系化合物处理木材之后的热解过程，如图4-71（a）所示，根据DTG 和 DSC 曲线，将镁化合物处理木粉与未处理木粉的热解过程均分为干燥阶段、炭化阶段、炭的煅烧阶段和炭的氧化阶段。其中，在计算阻燃处理木粉的质量损失时，需要按质量比扣除对应温度范围内阻燃剂的质量损失。因此，处理后样品的木材损失可通过下式来计算：

$$M_{Lw}(T_1 \rightarrow T_2) = \frac{(M_{A1} - M_{Mc1} \times 0.15)}{0.85} - \frac{(M_{A2} - M_{Mc2} \times 0.15)}{0.85} \tag{4-1}$$

式中，M_{Lw}（$T_1 \rightarrow T_2$）（%）是指阻燃处理样品从温度1到2的质量损失，M_{A1} 和 M_{A2}（%）是指温度1和2过程中的木材的质量损失，M_{Mc1} 和 M_{Mc2} 是指温度1和2过程中镁化合物的质量损失）。0.15 和 0.85 是阻燃样品中氯化镁和木材的质量分数。

由图4-71可知，从室温到129℃为干燥阶段，该范围内质量损失主要来自于木材与阻燃剂脱去表面吸附水。不同试样的失重率近似，仅氯化镁处理木粉的失重明显大于其他试样，可能原因为氯化镁分子本身含有6个结晶水，在较低温度下即可释放结晶水而明显失重。

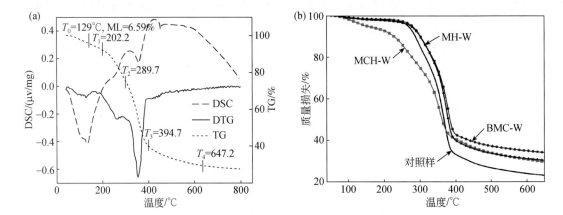

图 4-71　氯化镁处理木粉的（a）TG-DTG 曲线和（b）未处理对照样、氢氧化镁处理样品（MH-W）、
氯化镁处理样品（MCH-W）和碱式碳酸镁处理样品（BMC-W）的 TGA 曲线

在炭化阶段（T_1-T_2），木材的纤维素和半纤维素降解为残炭、CO_2、CO、CH_4、CH_3OH 和 CH_3COOH 等（Ranjana et al.，2010；Qu et al.，2011）。TG 分析表明，经几种镁系化合物处理后，木粉的炭化初始温度提前，即木材提前成炭。经氢氧化镁处理后，木材的质量损失明显增加，成炭量增加，表明氢氧化镁通过催化木材成炭的机理发挥阻燃作用。氯化镁处理后，木粉的质量损失明显降低，表明氯化镁在此阶段内有效地抑制了木材的受热分解，但并非仅通过促进成炭的机理发挥阻燃作用。碱式碳酸镁处理对木材的质量损失影响不明显。

在炭的煅烧阶段（T_2-T_3），炭成为高度交联的致密材料。此阶段，氢氧化镁处理木粉质量损失有一定程度的降低，证实了在炭化阶段提早形成的炭层对木材的保护作用。氯化镁处理的木粉在此阶段质量损失仍明显低于未处理木粉，同时也低于氢氧化镁处理木粉，说明氯化镁可通过非促进成炭机理取得良好的阻燃效果。碱式碳酸镁处理木粉由于在炭化阶段并未比未处理木粉多形成保护炭层，在炭煅烧阶段质量损失并未减少，反而还多于未处理木粉的质量损失。

在炭的氧化阶段（T_3-T_4），碱式碳酸镁处理木粉质量损失最大，氯化镁处理次之，氢氧化镁处理的质量损失最小。结合 600℃时各试样的残余质量，可知氯化镁处理木粉最终残余质量最高，高于未处理木粉，说明几种镁系化合物阻燃剂中，氯化镁阻燃木材最为有效。氢氧化镁处理木粉由于炭化阶段失重较多，导致最终计算的残余质量并未高于未处理木材。碱式碳酸镁处理木粉残余质量与未处理木粉近似。

为了更好地了解镁系化合物在木材燃烧过程中的热分解和成炭作用机制，通过热动力学进一步分析了其 TG-DTG 曲线。根据作者先前的研究以及 Doyle 近似积分（Doyle，1961）可以用于模拟木材挥发度，并使用阿伦尼乌斯方程描述热解速率。因此，木材热解的线性热动力学方程式简化为式（4-2）或者式（4-3）：

$$\ln\left[-\ln(1-\alpha)\right]=\ln\left(\frac{AE}{\beta R}\right)-2.315-\frac{0.4567E}{RT}(N-1) \tag{4-2}$$

$$\ln \frac{(1-\alpha)^{1-n}-1}{n-1} = \ln \left(\frac{AE}{\beta R}\right) - 2.315 - \frac{0.4567E}{RT} (n \neq 1) \tag{4-3}$$

其中 α 可以转换为

$$\alpha = \frac{w_0 - w}{w_0 - w_\infty} \times 100\% \tag{4-4}$$

其中，w 为样品的质量，w_0、w_∞ 分别是每次 TGA 运行开始时（t）和结束时（∞）的样品质量（mg）；E 是活化能（kJ/mol）；R 是摩尔气体常数 [kJ/(mol·K)]；A 是阿伦尼乌斯指前因子（1/s）；T 是时间 t(K) 时的热解温度。1、1.5、2 和 3 的值是木材动力学模型可接受的反应级数（Lin et al., 2008）。最后，使用方程式（4-3）和式（4-4）进行了线性回归分析以获得动力学参数。

表 4-28 列出了使用方程式（4-1）计算的不同样品中木材成分在每个降解阶段的质量损失和成炭率的数据。此外，通过方程式（4-2）~式(4-4)计算的反应阶数 $n=1$、1.5、2 和 3 的对照样和各种阻燃处理样品的热动力学参数以及相关系数值汇总在表 4-29 中。可以看出，对于预降解和炭化阶段，反应阶数为 1 导致拟合效果更好，而对于炭化成炭阶段，反应阶数为 1.5 更好。因此，所有阻燃处理后的样品的动力学参数的计算顺序为：预分解和炭化阶段的反应顺序为 1，炭化成炭阶段的反应顺序为 1.5。要注意的是，公开的活化能数据随分析方法，例如反应顺序、木材种类、处理化学品和选择的温度范围而变化。

表 4-28　不同样品在各个阶段的质量损失和成炭产率

样品	不同阶段的质量损失				400℃
	脱水/%	预降解/%	燃烧和炭化/%	炭化成炭/%	炭产率/%
W	1.72	2.18	62.10	10.90	32.56
BMC-W	1.96	1.80	60.87	11.90	32.75
MH-W	2.36	2.35	63.08	8.64	31.58
MCH-W	5.26	0.00	52.42	14.43	39.93

表 4-29　不同样品在各个阶段的热动力学参数

样品	预降解			燃烧和炭化			炭化成炭		
	$E/$(kJ/mol)	A/s^{-1}	r^2	$E/$(kJ/mol)	A/s^{-1}	r^2	$E/$(kJ/mol)	A/s^{-1}	r^2
W	221.6	1.1×10^9	0.98	258.6	6.0×10^8	0.95	186.7	9.2×10^4	0.95
BMC-W	144.4	6.0×10^5	0.95	268.0	1.0×10^9	0.95	157.0	1.6×10^4	0.96
MH-W	143.2	5.3×10^5	0.96	282.8	3.3×10^9	0.96	189.8	1.1×10^5	0.94
MCH-W	172.5	1.4×10^7	0.98	111.7	1.2×10^4	0.72	179.1	5.2×10^4	0.95

3）残余物组分分析

图 4-72 为三种镁系化合物处理后的样品在 500℃下煅烧的残余物的 XRD 谱图。可以观察到所有样品的 XRD 图谱均在 $2\theta = 42.84°$ 和 62.16°处显示两个明显的特征峰，它们归

属于 MgO 晶体的特征峰。这表明这些镁系化合物中的 C、O、H 和 Cl 元素在热解过程中以气体 CO_2、H_2O 和 HCl 形式逸出。由于这些气体是不可燃且在热裂解过程中是吸热反应，因而这些化合物可通过稀释氧气浓度和降低环境温度的作用机制实现样品的阻燃。此外，根据粉尘或壁效应理论（Mostashari et al., 2008），燃烧灰烬中残留的 MgO 层具有隔热绝氧作用。因此，MgO 作为隔离保护层能够在木材表面形成稳定的涂层，从而致使火焰熄灭。因此，这三种镁系化合物通过隔离层效应均表现出良好的阻燃性能。

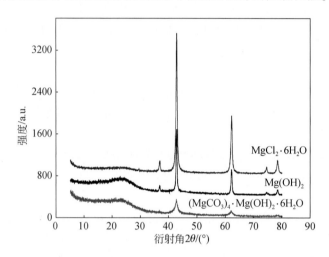

图 4-72　镁系化合物处理后的样品的 XRD 谱图

为了进一步了解镁系化合物阻燃剂在热解过程中物相变化和组成，采用 XPS 进一步研究了 $MgCl_2 \cdot 6H_2O$ 处理的木材在不同温度下燃烧后热降解的残留物，旨在通过 Mg 1s 光谱来研究镁系化合物阻燃剂随温度升高而发生的化学转化。如图 4-73 所示，对于在 129℃、250℃ 和 350℃ 热处理后获得的灰烬，Mg 1s 峰表明不存在 MgO。而对于在 430℃ 热处理后获得的灰烬样品，其 XPS 可以明显拟合为 $MgCl_2 \cdot 6H_2O$ 和 MgO 峰，且 MgO 峰占整个峰的 15.09%。上述结果表明，$MgCl_2 \cdot 6H_2O$ 在热解初始阶段不会发生分解反应，只有在较高的温度（430℃）才会热分解生成 MgO，从而起到提高炭层稳定性的作用，这与前文的 XRD 数据分析结果完全吻合。

4.5.3　镁化合物物相转化阻燃抑烟机制

结合前文的 CONE 测试数据、热处理过程中的表观变化、TG-DTG 分析结果和燃烧残余物的物相和组分变化，以及三种镁系化合物自身的热分解情况，本节对三种镁系化合物阻燃木材的作用机制归纳如下：

①氢氧化镁在 280~650℃ 会发生物相转化脱水为 MgO，而 MgO 能覆盖在木材表面阻断木材与氧气的接触并有助于形成稳定的炭层，同时脱除的水蒸发能带走部分热量，加之氢氧化镁初始分解温度 280℃ 正好与木材开始热分解的温度 260℃ 相接近。因此，氢氧化镁阻燃木材主要为气相稀释和凝聚态覆盖作用机制。但是，对于氢氧化镁处理的试样，由

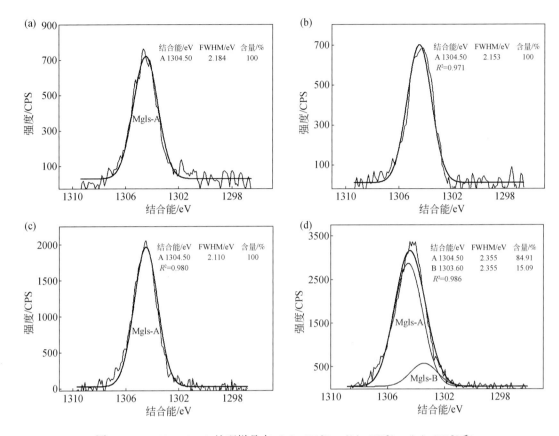

图 4-73　$MgCl_2 \cdot 6H_2O$ 处理样品在（a）129℃，（b）250℃，（c）350℃和
（d）430℃下燃烧残余物组分的 XPS 谱图

于其热解脱除的水分子会将木材表面的热量带走，使得木材不能大量分解和充分燃烧，从而导致木材表面成炭增加，对木材起到良好的保护作用，但 CO 的产量会增加，这与前文所述 HRR 和质量损失明显降低相一致。

②氯化镁在高温下产生的 Cl· 自由基与木材燃烧产生的 ·H 自由基结合产生不燃性气体 HCl，它能捕捉高活性的 ·H 及 ·OH 自由基生成活性较低的 Cl· 自由基，从而致使燃烧缓解或终止：·H+HCl——→H_2+Cl·，·OH+HCl——→H_2O+Cl·。因而，氯化镁对木材阻燃机制主要为自由基和气相阻燃机理。此外，氯化镁在高温下会发生物相转化，熔融为 $MgCl_2$ 及分解为玻璃态的 MgO 附着于木材表面。因此，经氯化镁处理试样的 HRR、TSP 值均明显降低，燃烧残炭量也增加，故其阻燃抑烟效果均优于氢氧化镁和碱式碳酸镁。

③此外，由 TG 实验数据可知碱式碳酸镁热分解温度较高，到 700℃才能大量分解为 MgO、H_2O 和 CO_2，在此之前仅能释放少量的水。因此，碱式碳酸镁未能对木材起到很好的阻燃抑烟效果。

然而，将碱式碳酸镁与氯化镁混合后，处理木粉的 HRR 变化不大，但 TSP 显著降低。为了进一步了解阻燃过程中的作用机制，将碱式碳酸镁、氯化镁、碱式碳酸镁与氯化镁混合物进行 DSC 分析。如图 4-74 所示，碱式碳酸镁与氯化镁混合后，不仅 DSC 出峰位置有所偏移，而且能观察到阻燃处理木粉在 609.2℃、694.3℃ 出现新峰，可能是氯化镁与碱式碳酸镁在高温下发生反应，从而使氯化镁与碱式碳酸镁产生协同阻燃作用。同时观察氯化镁与碱式碳酸镁共同处理木材的 TG 曲线，氯化镁的加入使碱式碳酸镁与木材混合物的初始降解温度降低，原因可能为 $MgCl_2 \cdot 6H_2O$ 失去水分子形成的 $MgCl_2 \cdot nH_2O$ 在 200℃ 左右分解出 HCl，而 HCl 能与 $(MgCO_3)_4 \cdot Mg(OH)_2 \cdot 6H_2O$ 反应生成 $MgCl_2$ 并放出 CO_2，因而降低碱式碳酸镁的分解温度。

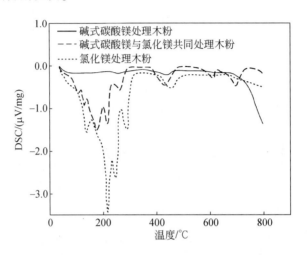

图 4-74　氯化镁和碱式碳酸镁分别以及共同处理木粉的 DSC 曲线

总而言之，通过全面分析了氯化镁、碱式碳酸镁和氢氧化镁处理木质材料的释热特性、发烟特性和成炭量，可以得出如下结论：

①氯化镁、碱式碳酸镁和氢氧化镁对木材都有较好的阻燃效果，能够显著降低木材的热释放量和发烟量。

②氢氧化镁在木材开始大量热解温度附近脱水并转化为 MgO，水的蒸发吸热能降低木材表面热量，同时 MgO 覆盖于木材表面隔断氧气与热量传递，从而促进木材在炭化阶段成炭，后期保护内部木材而发挥阻燃作用，氢氧化镁处理木材的热释放速率、总烟释放量、600℃ 质量损失等均低于纯木粉。

③水合氯化镁通过凝聚相与气相双重阻燃机理发挥作用，一方面水合氯化镁熔融或热解成为 $MgCl_2$ 和 MgO 覆盖于木材表面，同时释放水分子。另一方面，氯化镁自身分解产生大量的 Cl·，与木材的 H· 结合生成 HCl，HCl 能与燃烧链式反应中的 H· 和 OH· 发生反应，生成活性较低的 Cl·，致使燃烧缓解或中止。氯化镁阻燃抑烟效果十分显著，很大程度降低了木材的热释放速率与烟释放，明显提高了 600℃ 残炭质量，具有极佳的阻燃抑烟效果。

④碱式碳酸镁完全分解温度很高，约为 850℃ 左右，在本研究的温度范围内，碱式碳酸镁主要通过部分分解为水和二氧化碳，稀释可燃性气体浓度，吸收木材表面热量的作用，对木材的阻燃效果不及氢氧化镁与氯化镁。

⑤在碱式碳酸镁中添加氯化镁，对降低木材发烟量效果十分显著。碱式碳酸镁与氯化

镁协同效应的可能原因，一方面是碱式碳酸镁和氯化镁混合物在 609.2℃、694.3℃ 下发生化学反应生成抑制木材燃烧释热发烟的物质；另一方面，可能是 $MgCl_2 \cdot nH_2O$ 在 200℃ 左右分解出的 HCl，能与碱式碳酸镁反应进一步生成 $MgCl_2$ 并放出 CO_2，降低了碱式碳酸镁的分解温度，能在更低的温度释放出 H_2O 分子和 CO_2 而保护木材。

4.6　多相立体屏障与功能叠加耦合理论

尽管科研人员在材料阻燃防火机理方面取得了非凡的成就，但是对于农林剩余物人造板阻燃防火技术与机理的探索及建立远非由某种单一阻燃剂或阻燃材料的个案研究所能获得，而是需要从材料燃烧的化学本质出发，并全面了解阻燃材料在火场中各个阶段的热释放、热传导与热反馈过程和温度场变化对于燃烧的影响，以及阻燃剂、木质材料及二者之间在热作用下发生的各种化学反应、热解产物组成等因素的基础上，进而通过各种表征手段分析、结合建模和理论计算的方式提出相应的机制或假说，然后通过各种小型试验、大型火灾模拟测试验证其正确性，从而创建相应的阻燃理论。

尤其是经过数十年的发展，一些经典的理论已经日趋成熟，加之材料学科之间日益交叉融合，当前材料的阻燃抑烟理论更加细分。对于木质材料/人造板阻燃抑烟领域来说，随着环保意识和消防法规的全面实施，绿色阻燃和功能化已经成为了主流趋势，因而绿色环保、多功能的阻燃抑烟阻燃技术和理论的开发应运而生。为此，基于数十年来在人造板阻燃领域的持续研究，作者及团队借助表面改性、掺杂、活化改性、纳米化、微胶囊化、多组分复配、协同增效等技术和理念开发了一系列新型的绿色阻燃剂体系，并系统研究了它们在木质材料/农林剩余物人造板中的阻燃抑烟特性及作用机制，从而创新性地提出了多相立体屏障与功能叠加耦合理论，并着重从人造板燃烧及成炭和固气液立体屏障阻燃抑烟两方面进行论述，以期为农林剩余物人造板的绿色、高效阻燃抑烟提供技术支撑，并为其他材料的阻燃科学理论与技术的发展提供有益借鉴。

4.6.1　多相立体屏障理论

众所周知，阻燃与燃烧是对立和统一的。阻燃，是指物质本身所具有的或材料经处理后所具有的能够明显推迟火焰蔓延的特性；而燃烧是一个发光放热的化学反应，其本质上是一个极其复杂的游离基连锁反应过程；对于易燃材料来说，热解生成小分子是其燃烧的首要条件。这是因为，通常燃烧需要具备助燃物（合适氧浓度）、可燃物（可燃小分子）、着火源（着火温度）三个必要条件才能发生。因此，为了实现材料的阻燃，需要从根本上了解材料的燃烧化学过程，从而采取针对性的措施来阻碍燃烧发生（如提高材料的热解温度或/和着火点、稀释/隔绝空气），而这就需要从材料燃烧过程的本质出发。

如图 4-75 所示，通常人造板的燃烧过程由两个相继的化学过程：分解和燃烧所组成，两者之间通过着火和热反馈相互联系。其中，人造板在热的作用分解为可燃烧的小分子（如各种烷烃、烯烃、自由基等）是燃烧的基本前提，可燃物燃烧过程中放出大量的热又是导致火灾蔓延和加剧火灾态势的主要因素，而燃烧过程中释放的各种烟雾毒气又是导致人员伤亡的罪魁祸首。

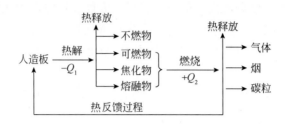

图 4-75　人造板燃烧过程

因而，从人造板的燃烧过程可知，烟雾毒气的产生与热解生成的各种相态的物质组分密切相关，而其炭层的生成又取决于热解物质的组分。因此，对木材阻燃过程中的催化成炭反应及其阻燃抑烟机制进行深入研究，是开发和研究木材高效阻燃技术体系和减少火灾损失的前提和基础。为了全面理解阻燃过程中成炭作用对于人造板阻燃抑烟的重要性，下文将从人造板的热解成炭过程入手进一步阐述其阻燃与抑烟作用机制。

基于上文对人造板燃烧过程本质的阐释，从阻燃抑烟技术的角度来说，提高木质材料的热解温度和着火点、稀释或隔绝氧气均可以防止火灾发生，或者改变木材的分解反应历程和方向，使木材的热解反应朝着生成更多的炭层和水的方向变化，都是实现人造板高效阻燃的有效措施。

因此，如图 4-76 所示，如果在人造板热解过程中能够促进炭层的生成或者提高炭层的稳定性，均可以有效提高人造板的阻燃抑烟性能。这是因为，一方面生成的炭层区可以起到固相屏障作用，可以隔阻和反射燃烧过程中产生的大量热，从而降低基材内层区的热解温度，也可以隔绝氧气与基材发生燃烧化学反应，从而阻止火灾蔓延。此外，人造板中的纤维素在酸的催化作用下脱除的大量水会形成液体屏障，也可以起到覆盖阻燃作用。还有，阻燃剂在热解作用下分解释放的不燃性气体也具有气相屏障作用。另一方面，从抑烟减毒的技术角度来说，生成稳定的炭层不仅可以防止阻燃剂分解产生的有毒其他或弱酸

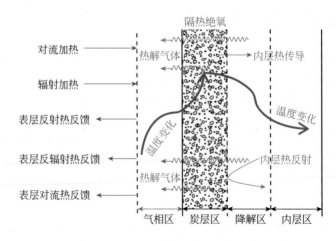

图 4-76　人造板热解成炭过程

性、碱性气体快速逸出，从而起到抑烟减毒的作用，还可以减少木质材料在不完全燃烧过程中产生的大量微小炭烟颗粒和 CO 等有毒气体的生成。除此以外，通过催化过程羟-羟缩合生成更多的水，以及形成更多结构稳定和致密的炭层区/膨胀炭层也是抑烟减毒的有效途径。

考虑到农林剩余物/木质材料组分及其燃烧过程中的复杂性，因此其在火灾过程释放的固、液、气相物质种类繁多且释放过程受火场温度影响也大。显然，单一或者常规的阻燃剂难以满足其绿色环保的阻燃需要。为此，作者团队开发了众多代表性的绿色阻燃剂体系，并将其广泛应用于农林剩余物人造板的阻燃抑烟。例如，基于前期开发的硅镁硼阻燃剂体系，创新将活性组分通过水热同晶取代技术掺入介孔二氧化硅制备了掺杂介孔二氧化硅，再采用超声及微波分散、将氨基活化的笼形倍半硅氧烷（POSS）纳米粒子与水合硅酸钠、锡掺杂介孔二氧化硅、硼酸锌、氯化镁及碱式碳酸镁匀质杂化复配，借助于多组分协同晶化作用制备了锡掺杂介孔硅-镁-硼多相复合、高效缓释环保阻燃剂。将其与磷系阻燃剂复配应用在农林剩余物人造板，如图 4-77 所示，该复合阻燃体系主要从以下方面形成气、液、固多相立体屏障实现协同阻燃抑烟：

①在 150～240℃阶段，纤维素分子在磷酸、聚磷酸、偏磷酸和聚偏磷酸等磷系阻燃剂的催化作用下发生环化脱水和生成焦油物质，由于水分子的汽化吸热和稀释作用，以及焦油物质中的稠环在酸/碱作用下催化成炭，从而达到阻燃目的。

②在 240～400℃阶段，通过自由基反应纤维素的热解小分子的 C—O 键及一些 C—C 断裂，生成了 CO_2、CO、H_2O 等小分子气体，各种裂解产物发生 C—C 异构重排形成芳构化单元；在该阶段，一方面硼、镁系阻燃剂热解成为 MgO 或 B_2O_3 等无机玻璃态涂层覆盖于木材表面，同时释放水分子，起到隔绝热量传递、稀释氧气浓度和降低基材表面温度的作用，从而阻止/降低燃烧化学反应过程继续发生。另一方面，阻燃剂自身分解产生大量的 Cl·，与木材的 H·结合生成 HCl，HCl 能与燃烧链式反应中的 H·和 OH·发生反应，生成活性较低的 Cl·，致使燃烧缓解或中止，起到自由基阻燃作用。

③在 400℃以上阶段，芳环或各种杂环在路易斯碱的催化作用发生氧化脱氢反应，交联成炭，在该阶段主要通过形成稳定致密的膨胀炭层而在凝聚相起阻燃作用。加之，自由基也可能碰撞在膨胀炭层的微粒上而互相化合成稳定分子，致使链反应中止，从而实现阻燃协同阻燃的作用。

④与此同时，基于掺杂介孔硅高的比表面积、高吸附容量、选择性吸附特性以及其良好的结构稳定性，以及前面阶段形成的膨胀炭层，该阻燃剂体系在火灾中可迅速、高效捕捉并固定火灾过程释放的固、液、气相有毒成分，在掺杂过渡金属元素/氧化物的催化作用下将 CO 毒气、烯烃和芳烃等小分子逸出物转化为 CO_2、炭颗粒等无毒不燃气体和固相组分，从而达到高效抑烟减毒作用。

⑤此外，受益于作者团队开发的"微胶囊型"阻燃剂不仅具有高效的阻燃作用，而且其"壁"材具有实时"感知"火场温度并反馈到各阻燃元素的独特性能，因而可以在火灾不同温度阶段有序、阶段性保障复合材料的阻燃功能，从而实现阻燃过程的全控制，达到显著改善农林剩余物无机复合材阻燃抑烟功能。

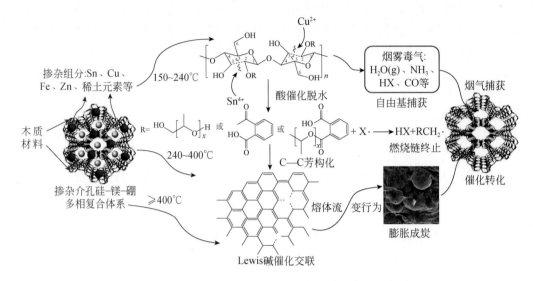

图 4-77　固-气-液多相立体屏障协同阻燃抑烟示意图

当然，鉴于不同材料的组分和阻燃要求差异，加之阻燃过程本身就是一个复杂的多相化学反应过程，同时还涉及热传导、热反馈等众多的物理作用。因此，本著作所阐述的人造板多相立体屏障协同阻燃抑烟理论既有其新颖性和独特性，也难免存在一定的局限性，该理论在其他体系的适用性和推广还需要广大从事阻燃科学理论与技术的科研人员共同改进和完善。

4.6.2　功能叠加耦合理论

阻燃防火是减少火灾损失的必然措施，是关系人民生命财产安全的重要课题。而许多火灾的发生和蔓延，都与木质材料/人造板制品紧密相关。因此，木质材料/人造板制品的阻燃抑烟与人们的生命财产息息相关。通过阻燃处理降低木质材料/人造板制品的可燃性，减缓可燃材料的燃烧速度和释烟量，这对于防止火灾的发生或者赢得火灾初期宝贵的救援或逃生时间都是至关重要的。

木质材料/人造板制品在燃烧过程中的热量释放、烟气生成与转化、成炭机制等关键因素的研究，对于开发高效抑烟减毒、环境友好的木质材料人造板制品阻燃剂，制备高效阻燃抑烟的木质材料/人造板制品至关重要。这是因为从根本上来说，阻燃过程中燃烧与抑烟和减毒存在既对立又统一的关系。阻燃的目的是为了实现材料在火场中不完全燃烧、甚至不燃烧，这是一个隔热绝氧的过程；但从抑烟减毒的角度来说，不完全燃烧会导致生成更多的 CO 毒气和细小的炭颗粒，为了减毒则需要通过催化氧化作用来减少阻燃过程中产生的 CO 的量，而这是一个需氧过程，加之阻燃剂在火场中热解也会产生更多的烟气。因此，在阻燃、抑烟和减毒之间寻求一种最优平衡也许是当前最有效的策略。

为了解决这一难题，实现木质材料/人造板制品的高效阻燃抑烟，作者及团队在绿色阻燃理念的指导下创新提出了阻燃抑烟功能叠加耦合理论。简而言之，一方面，利用绿色阻燃剂体系来实现木质材料/人造板制品的阻燃过程中的烟雾毒气协同催化转化。另一方面，利用催化/协同过程形成的稳定炭层来隔绝并阻止火焰的快速蔓延，从而可以减少基材热解生成更多可燃烧的气相物质碎片，减缓燃烧过程；此外，炭层导热系数低，能够形成传质传热的屏障，将热量反射出去，从而有效保护内部基材，实现木质材料/人造板制品的高效阻燃抑烟。

为此，作者团队开发了一系列新型的绿色阻燃剂体系，如 NSCFR 系阻燃剂、硅-镁-硼系阻燃剂、磷-氮-硼系阻燃剂、膨胀型阻燃剂等，并将它们广泛应用于农林剩余物人造板的阻燃抑烟。一方面，基于分子筛/复合凝胶具有高的比表面积、吸附能力、易于掺入活性组分等特性，通过浸渍活化、水热同晶取代技术和原位自组装技术等手段将活性组分（如锡、铜、铁、锌等）和磷-氮阻燃剂掺入分子筛/气凝胶，创新研制了一系列的由硅、镁、硼、磷、氮多相协同复配、环保阻燃剂；另一方面，围绕阻燃组分纳米化和阻燃元素多相协同是提高阻燃效率和实现一剂多效的有效途径这一要点，通过掺杂二氧化硅、硼酸锌、氯化镁及碱式碳酸镁匀质杂化复配和多组分协同晶化制备了金属掺杂硅-镁-硼绿色阻燃体系。例如，开发的掺杂介孔分子筛与 APP 复合能有效降低杨木碎料板的热释放速率、总热释放量、烟生成速率和总烟释放量，并可促进炭的生成，表现出显著的阻燃与抑烟特性。与未阻燃处理试样对比，其总热释放量下降了 50.17%，总烟释放量下降高达 94.34%。尤其重要的是，该掺杂介孔分子筛对阻燃过程中释放的烟气具有转化作用，能够有效降低 CO 的浓度，相对单独的 APP 阻燃样品，其 CO 平均释放值下降了 62.14%，具有显著的减毒作用，对于减少火灾中人员伤亡具有重要的意义。此外，开发了一系列金属改性分子筛与 APP 复合阻燃体系对人造板进行阻燃与抑烟处理，并通过阻燃性能、热降解行为和烟气组分等方面进行分析。结果表明，其热释放速率、总热释放量、烟生成速率、总烟释放量和 CO 平均释放值均大幅度下降，同时可促进炭层的形成，表现出显著的阻燃、抑烟和减毒特性。

还有，在木质材料/人造板制品的阻燃过程中阻燃剂（如聚磷酸铵、氯化镁、氢氧化铝等）赋予木质材料优异的阻燃特性，而掺入的活性阻燃（如钼、锌、铁等化合物）对于阻燃过程产生的 CO 毒气具有催化转化作用。与此同时，硅、镁、硼、锌等无机化合物对于阻燃剂催化脱水过程中形成的炭层具有促进作用，有效提高了炭层的热稳定性，而稳定致密的炭层形成的传质传热屏障可以阻止火焰的快速蔓延，不仅可以减少材料热解生成可燃烧的气相小分子、减缓燃烧过程，从而有效保护内部基材，而且可以防止烟气的逸出，从而实现木质材料/人造板制品的高效阻燃抑烟。例如，作者开发的 NSCFR 阻燃剂可通过自由基捕捉、可燃气体稀释以及化学催化成炭的共同作用阻止木质材料燃烧。六水氯化镁和聚磷酸铵高温下产生自由基，缓解或终止燃烧链式反应；聚磷酸铵在高温下释放氨气和水蒸气，稀释木材周围可燃气体浓度；阻燃体系参与并催化木质材料热解成炭。同时，NSCFR 阻燃体系可通过吸附与催化分解复合机理抑制烟雾毒气释放。钼酸铁催化活性中心可催化阻燃体系与毒气和烟尘反应，降低其浓度；纳米 NSCFR 阻燃剂形成蜂窝状结构附着于木材表面，通过隔热隔气作用阻碍木材的燃烧反应，也能大量吸附木材分解产生的可燃性气体，在木材表面形成高浓度还原性气体层，抑制内层木材的热分解。

总而言之，随着环保意识的提高、阻燃防火法规的完善，人们对于材料的阻燃也提出了更高的要求。一般情况下，单一的阻燃剂只侧重于某一方面性能，很难满足当前的阻燃多功能特性要求；而多种阻燃剂复配会相互补充和协调，从而可以实现一剂多效。此外，从根本上来说阻燃与抑烟存在既对立又统一的关系，因而在阻燃和抑烟之间寻求一种最优平衡也许是当前最有效的策略。为此，本著作创新提出了人造板阻燃抑烟叠加耦合理论，该理论既是作者及团队开发的一系列新型绿色阻燃剂体系在木质材料/人造板阻燃实践中科学规律的凝练，更是数十年从事木质材料/人造板阻燃抑烟科学思想和理念的升华。

参 考 文 献

陈琳，王清文，隋淑娟，等.2007.Py-GC-MS 法研究硼及磷化合物对木质素热解产物的影响.东北林业大学学报，35（12）：37-40.

陈卫民，李新功，吴义强，等.2015.天然钙镁矿物质粉填充竹木复合材料热裂解性能.复合材料学报，32（2）：594-600.

陈卫民，叶平安，李新功.2012.杨木胶合板阻燃性能研究.包装工程，33（23）：6-8.

陈旬，袁利萍，胡云楚，等.2013.聚磷酸铵和改性海泡石处理木材的阻燃抑烟作用.中南林业科技大学学报，33（10）：147-152.

陈旬，袁利萍，胡云楚，等.2014.锥形量热法研究 APP/5A 分子筛对木材的阻燃抑烟作用.林产化学与工业，34（2）：45-50.

陈志林，傅峰，王金林，等.2007.人造板新产品的创新研究与技术发展趋势.中国人造板，14（11）：19-23.

杜以波，李峰，何静，等.1998.层状化合物 α-磷酸锆的制备和表征.无机化学学报，（1）：79-83.

方桂珍.2008.木材功能性改良.北京：化学工业出版社.

冯夏明，危加丽，尹波，等.2012.三聚氰胺-甲醛树脂微胶囊包覆聚磷酸铵阻燃 PP 的性能.合成树脂及塑料，29（2）：16-19.

宫薛菲，杨启容，姚尔人，等.2020.石墨烯季戊四醇相变复合材料导热性能的分子动力学研究.功能材料，51（1）：1214-1220.

顾忠基，姜彬，朱萍，等.2016.Mg/Al-LDHs 纳米阻燃剂的制备及其在饰面人造板中的应用.林业工程学报，1（4）：39-44.

郭垂根，陈永祥，白钢，等.2015.改性炭黑/膨胀石墨/聚磷酸铵阻燃木塑复合材料的性能研究.材料导报，29（8）：68-73.

郭晓磊，朱南峰，王洁，等.2016.切削速度和切削厚度对纤维板切削力和表面粗糙度的影响.林业工程学报，1（4）：114-117.

韩申杰，吕少一，陈志林，等.2018.微胶囊化聚磷酸铵及其在木基材料中的应用.林产工业，45（11）：31-36.

韩易，谷晓昱，扈中武，等.2016.水滑石在膨胀阻燃涂料中的阻燃抑烟性能的研究.材料导报，30（8）：109-112.

胡拉，吕少一，傅峰，等.2016.微胶囊技术在木质功能材料中的应用及展望.林业科学，52（7）：148-157.

胡云楚.2006.硼酸锌和聚磷酸铵在木材阻燃剂中的成炭作用和抑烟作用.长沙：中南林业科技大学博士学位论文.

胡云楚，吴志平，孙汉洲，等.2006.聚磷酸铵的合成及其阻燃性能研究.功能材料，37（3）：424-428.

胡云楚，夏燎原，吴义强，等.2012.一种微胶囊化磷酸阻燃剂的制备方法.中国，CN102601833A.

黄剑锋 . 2005. 溶胶-凝胶原理与技术 . 北京：化学工业出版社 .

黄精明，詹满军，黎耀健，等 . 2015. 豆粕基胶黏剂纤维板压制工艺的研究 . 中国人造板，22（3）：29-31.

黄精明，詹满军，唐荣燕，等 . 2013. 磷-氮-硼复合阻燃剂在中密度纤维板中的应用 . 林产工业，40（5）：46-48.

姜维娜，曹文静，徐莉，等 . 2011. 铝溶胶改性杨木纤维性能的研究 . 南京林业大学学报（自然科学版），35（3）：101-105.

李广沛，余丽萍，刘毅 . 2006. BL 环保阻燃剂 . 精细与专用化学品，14（18）：9-10.

李坚，王清文，李淑君，等 . 2002. 用 CONE 法研究木材阻燃剂 FRW 的阻燃性能 . 林业科学，38（5）：108-114.

李建军，黄险波，蔡彤旻 . 2003. 阻燃苯乙烯系塑料 . 北京：科学出版社 .

梁治齐 . 1999. 微胶囊技术及其应用 . 北京：中国轻工业出版社 .

廖红霞，刘磊，谢桂军，等 . 2008. SBB 防护剂处理木材湿胀性、力学性能及阻燃性能等效果的研究 . 林业科技，24（1）：22-24.

吕文华，赵广杰 . 2007. 杉木木材/蒙脱土纳米复合材料的结构和表征 . 北京林业大学学报，29（1）：131-135.

欧育湘，李建军 . 2006. 阻燃剂——性能、制造及应用 . 北京：化学工业出版社 .

屈伟，吴玉章 . 2017. 阻燃浸渍纸贴面人造板制备技术研究 . 中国人造板，24（7）：7-10.

宋永明，王清文，龚丽，等 . 2011. 可膨胀石墨与聚磷酸铵对木粉/聚丙烯复合材料的协同阻燃作用 . 林业科学，47（7）：145-150.

孙挺，张霞 . 2011. 无机化学 . 北京：冶金工业出版社 .

田明华，史莹赫，黄雨，等 . 2016. 中国经济发展、林产品贸易对木材消耗影响的实证分析 . 林业科学，52（9）：113-123.

王琮琮，钱俊，林鹏，等 . 2016. 磷酸氢二铵复配硼酸锌处理麦秸秆纤维板的阻燃性能 . 林产工业，43（11）：50-52.

王飞，刘君良，吕文华 . 2017. 木材功能化阻燃剂研究进展 . 世界林业研究，30（2）：62-66.

王奉强，王清文，张志军，等 . 2010. CONE 法研究木材阻燃剂的阻燃性能 . 消费科学与技术，29（11）：990-992.

王奉强，张志军，王清文，等 . 2007. 膨胀型水性改性氨基树脂木材阻燃涂料的阻燃和抑烟性能 . 林业科学，43（12）：117-121.

王明枝，杨涛，李黎，等 . 2012. 分子筛对磷氮阻燃胶合板协效作用的研究 . 木工机械与木工设备，40（1）：33-35.

王清文，李坚 . 2004. 用 CONE 法研究木材阻燃剂 FRW 的阻燃机理 . 林产化学与工业，24（2）：29-34.

王玉忠 . 1997. 阻燃剂的发展史及聚酯纤维的阻燃改性 . 青岛大学学报（工程技术版），12（1）：43-52.

魏松艳，崔铁花，付晓霞，等 . 2018. 环保阻燃中密度纤维板技术研究 . 林产工业，45（2）：12-15.

魏昭荣 . 2005. 新型钼合物的制备与性能研究 . 成都：四川大学博士学位论文 .

吴沐廷，屈伟，宋伟，等 . 2020. 木结构覆板用阻燃饰面胶合板的燃烧性能研究 . 木材工业，34（2）：10-13+18.

吴义强，李新功，左迎峰，等 . 2016. 农林剩余物无机人造板研究进展 . 林业工程学报，1（1）：8-15.

吴义强，田翠花，卿彦，等 . 2014. APP-SiO$_2$ 凝胶/杨木阻燃复合材料制备与性能研究 . 功能材料，（14）：14113-14117.

吴义强，姚春花，胡云楚，等 . 2012. NSCFR 木材阻燃剂阻燃抑烟特性及其作用机制 . 中南林业科技大学学报，32（1）：1-8.

吴袁泊，袁利萍，黄自知，等.2018. 杂多酸对杨木燃烧过程中热/烟释放行为的影响. 功能材料，49（10）：114-122.

吴子良，黎小波，左艳仙，等.2013. 一种阻燃中密度纤维板用微胶囊型阻燃剂及其制备方法. 中国，CN103056941A.

夏燎原，田梁材，胡云楚，等.2014. 改性13X分子筛在聚磷酸铵阻燃碎料板中的协同作用与烟气转化行为. 林产化学与工业，34（3）：31-36.

夏燎原，吴义强，胡云楚.2013. 掺杂介孔分子筛在木材阻燃中的烟气转化作用. 无机材料学报，289（5）：532-536.

夏燎原，吴义强，李贤军，等.2016. SiO_2/APP复合凝胶在木材中的原位生成及其阻燃抑烟特性. 功能材料，47（5）：5105-5110.

徐如人，庞文琴，霍启知.2015. 分子筛与多孔材料化学. 北京：科学出版社.

薛恩钰，曾敏修.1988. 阻燃科学及应用. 北京：化学工业出版社.

闫顺，徐路平，文泽伟，等.2020. 无机氢氧化物/硼酸在阻燃芦苇基纤维板中的协效作用. 林产化学与工业，40（1）：101-105.

杨建铭，朱晓丹，田翠花，等.2014. 氮磷硼复合阻燃桉木胶合板的性能评价. 林产工业，41（5）：17-20.

杨守禄，姬宁，黄安香，等.2019. 阻燃剂对中密度纤维板阻燃抑烟性能的影响. 森林与环境学报，39（6）：660-666.

杨守禄，吴义强，卿彦，等.2014. 典型硼化合物对毛竹热降解与燃烧性能的影响. 中国工程科学，16（4）：51-55.

姚春花，吴义强，胡云楚，等.2012.3 种无机镁系化合物对木材的阻燃特性及作用机理. 中南林业科技大学学报，32（1）：18-23.

袁利萍.2018. 木材阻燃中的催化成炭与抑烟减毒作用. 长沙：中南林业科技大学博士学位论文.

袁利萍，胡云楚，袁光明，等.2019. 一种磺化交联环糊精淀粉微胶囊阻燃抑烟剂及其制备方法. 中国，CN106543480A.

袁利萍，胡云楚，袁光明，等.2020. 一种微胶囊阻燃剂及其制备方法. 中国，CN105860320A.

张丽芳，梁善庆，张龙飞，等.2016. 无机镁铝水滑石制备阻燃MDF的性能分析. 木材工业，30（6）：9-13.

张丽芳，梁善庆，张龙飞，等.2018. 镁铝水滑石复配三聚氰胺磷酸盐制备阻燃中密度纤维板的工艺. 木材工业，32（1）：6-9.

张其，肖泽芳，龚宸，等.2018. 磷酸胍基脲和季戊四醇磷酸酯复合改性MUF木材涂料的阻燃性能研究. 林业工程学报，3（6）：56-63.

张月琴，叶旭初.2007. 硼系阻燃剂的发展及现状. 塑料科技，（9）：110-113.

周林，彭安忠，居沈贵.2015. 过渡金属离子改性Na-13X分子筛对噻吩类硫化物的吸附性能与机理. 高校化学工程学报，29（1）：214-219.

朱光前.2017. 我国人造板产业现状及未来发展方向. 中国人造板，24（6）：1-7.

朱凯，唐大全，林鹏，等.2017. 蒙脱土对木材膨胀阻燃涂料性能的影响. 低温建筑技术，39（5）：1-3.

朱新生，石晓丽，蒋雪璋，等.2006. 添加剂对PVC热稳定性和阻燃抑烟性能影响的机理分析. 聚氯乙烯，（4）：19-24.

卓婕，熊英，陈光顺，等.2015. 硼酸锌/三氧化钼复配型阻燃抑烟剂对聚氯乙烯燃烧性能的影响. 高分子材料科学与工程，31（8）：74-78.

Beyer G. 2002. Short communication: carbon nanotubes as flame retardants for polymers. Fire & Materials, 26（6）: 291-293.

Blasi C D, Branca C, Galgano A. 2007. Flame retarding of wood by impregnation with boric acid- pyrolysis products and char oxidation rates. Polymer Degradation & Stability, 92（5）: 752-764.

Bourbigot S, Bras M L, Delobel R, et al. 1997. XPS study of an intumescent coating. II. application to the ammonium polyphosphate/pentaerythritol/ethylenic terpolymer fire retardant system with and without synergistic agent. Applied Surface Science, 120（1）: 15-29.

Carosio F, Alongi J, Malucelli G. 2011. α- Zirconium phosphate- based nanoarchitectures on polyester fabrics through layer-by-layer assembly. Journal of Materials Chemistry, 21（28）: 10370-10376.

Carpentier F, Bourbigot S, Bras M L, et al. 2000. Charring of fire retarded ethylene vinyl acetate copolymer magnesium hydroxide/zinc borate formulations. Polymer Degradation and Stability, 69（11）: 83-92.

Chen X, Yin Y, Lu J, et al. 2013. Preparation and properties of iron- based flame- retardant reinforcing agent. Journal of Fire Sciences, 32（2）: 179-190.

Chung C S, Tsai K C, Wang Y C, et al. 2010. Impact of wetting and drying cycle treatment of intumescent coatings on the fire performance of thin painted red lauan （*Parashorea spp.*） plywood. Journal of Wood Science, 56: 208-215.

Deng H, Yi H, Tang X, et al. 2012. Adsorption equilibrium for sulfur dioxide, nitric oxide, carbon dioxide, nitrogen on 13X and 5A zeolites. Chemical Engineering Journal, 188: 77-85.

Doggali P, Waghmare S, Rayalu S, et al. 2011. Transition metals supported on mesoporous ZrO_2 for the catalytic control of indoor CO and PM emissions. Journal of Molecular Catalysis A: Chemical, 347（1-2）: 52-59.

Dong Y M, Yan Y T, Zhang S F, et al. 2015. Flammability and physical- mechanical properties assessment of wood treated with furfurylalcohol and nano- SiO_2. European Journal of Wood and Wood Products, 73（4）: 457-464.

Doyle C D. 1961. Kinetic analysis of thermogravimetric data. Journal of Applied Polymer Science, 5（15）: 285-292.

Dreyer D R, Park S, Bielawski C W, et al. 2009. The chemistry of graphene oxide. Chemical Society Reviews, 39（15）: 228-240.

Ernst S. 2010. Advances in Nanoporous Materials. Singapore: Elsevier Inc.

Fabien C, Bourbigot S, Foulon M, et al. 2000. Charring of fire retarded ethylene vinyl acetate copolymer- magnesium hydroxide/zinc borate formulations. Polymer Degradation and Stability, 69（1）: 83-92.

Fu B, Li X, Yuan G, et al. 2014. Preparation and flame retardant and smoke suppression properties of bamboo- wood hybrid scrimber filled with calcium and magnesium nanoparticles. Journal of Nanomaterials, （1）: 1-6.

Gao X, Dong Y, Wang K, et al. 2017. Improving dimensional and thermal stability of poplar wood via aluminum- based sol- gel and furfurylation combination treatment. Bioresources, 12（2）: 3277-3288.

Ghanadpour M, Carosio F, Larsson P T, et al. 2015. Phosphorylated cellulose nanofibrils: a renewable nanomaterial for the preparation of intrinsically flame- retardant materials. Biomacromolecules, 16（10）: 3399-3410.

Girardi F, Cappelletto E, Sandak J, et al. 2014. Hybrid organic- inorganic materials as coatings for protecting wood. Progress in Organic Coatings, 77（2）: 449-457.

Giudice C A, Alfieri P V, Canosa G. 2013. Siloxanes synthesized "*in situ*" by sol- gel process for fire control in wood of Araucaria angustifolia. Fire Safety Journal, 61（10）: 348-354.

Gui L I, Ling Z, Xia Y, et al. 2010. Preparation, characterization and catalytic properties of sn- containing

MCM-41. Journal of Inorganic Materials, 25 (10): 1041-1046.

Guo B, Liu Y, Zhang Q, et al. 2017. Efficient flame-retardant and smoke-suppression properties of Mg-Al layered double hydroxide nanostructures on wood substrate. ACS Appl Mater Interfaces, 9 (27): 23039-23047.

Guo Z, Ma S, Wang H. 2007. Inorganic flame retardant and smoke suppressant in flexible PVC. Journal of Hengshui University, 9 (1): 93-96.

Ho W K, Walker J K, Orski S V, et al. 2010. A new synergistic effect in the smoke suppression of plasticized poly (vinyl chloride) by mixed-metal Cu (II) oxides. Journal of Vinyl & Additive Technology, 14 (1): 16-20.

Hu Y C, Wu Z P, Sun H Z, et al. 2006. Synthesis and flame retardantion of an ammonium polyphosphate. Journal of Functional Materials, 37 (3): 424-427.

Hu Y C, Wu Z P, Sun H Z, et al. 2006. Synthesis of nano zinc borate fire retardant by solid state reaction. Journal of Inorganic Materials, 21 (4): 815-820.

Hung K C, Wu J H. 2018. Effect of SiO_2 content on the extended creep behavior of SiO_2-based wood-inorganic composites derived via the sol-gel process using the stepped isostress method. Polymers, 10 (4): 409-421.

Iijima S. 1991. Helical microtubules of graphitic carbon. Nature, 354 (6348): 56-58.

Janas D, Rdest M, Koziol K K, et al. 2017. Flame-retardant carbon nanotube films. Applied Surface Science, 411: 177-181.

Jiao C, Jiang H, Chen X. 2019. Reutilization of abandoned molecular sieve as flame retardant and smoke suppressant for thermoplastic polyurethane elastomer. Journal of Thermal Analysis and Calorimetry, 138 (6): 3905-3913.

Kalali E N, Zhang L, Shabestari M E, et al. 2017. Flame-retardant wood polymer composites (WPCs) as potential fire safe bio-based materials for building products: Preparation, flammability and mechanical properties. Fire Safety Journal, 107: 1-7.

Kirilovs E, Kukle S, Gravitis J, et al. 2017. Moisture absorption properties of hardwood veneers modified by a sol-gel process. Holzforschung, 71 (7-8): 645-648.

Kord B. 2011. Effect of organo-modified layered silicates on flammability performance of high-density polyethylene/rice husk flour nanocomposite. Journal of Applied Polymer Science, 120 (1): 607-610.

Kresge C T, Leonowicz M E, Roth W J, et al. 1992. Ordered mesoporous molecular sieves synthesized by a liquid-crystal template mechanism. Nature, 359 (6397): 710-712.

Kumar S P, Takamori S, Araki H, et al. 2015. Flame retardancy of clay-sodium silicate composite coatings on wood for construction purposes. Rsc Advances, 5 (43): 34109-34116.

Lei B, Zhang Y, He Y, et al. 2015. Preparation and characterization of wood-plastic composite reinforced by graphitic carbon nitride. Materials & Design, 66 (4): 103-109.

Li B, Wang J, Zhang A. 1998. Study on the flame retardant and smoke suppression effect of the Cu_2O and MoO_3 on PVC by CONE. Chinese Science Bulletin, 43 (8): 836-840.

Li C, Wang J, Yang Z, et al. 2007. Baeyer-Villiger oxidation of ketones with hydrogen peroxide catalyzed by cellulose-supported dendritic Sn complexes. Catalysis Communications, 8 (8): 1202-1208.

Li J, Wei P, Li L, et al. 2011. Synergistic effect of mesoporous silica SBA-15 on intumescent flame-retardant polypropylene. Fire & Materials, 35 (2): 83-91.

Liang S, Zhang L, Chen Z, et al. 2016. Flame-retardant efficiency of melamine pyrophosphate with added Mg-Al-layered double hydroxide in medium density fiberboards. Bioresources, 12 (1): 533-545.

Liao Y H，Liu Q Y，Wang T J，et al. 2014. Zirconium phosphate combined with Ru/C as a highly efficient catalyst for the direct transformation of cellulose to C6 alditols. Green Chemistry，16：3305-3312.

Lin M，Jiang J. 2008. Process and kinetics of poplar sawdust pyrolysis. Acta Energiae Solaris Sinica，29（9）：1135-1138.

Liu M，Qing Y，Wu Y，et al. 2015. Facile fabrication of superhydrophobic surfaces on wood substrates via a one-step hydrothermal process. Applied Surface Science，330：332-338.

Long K，Zhu X，Yang J，et al. 2012. The effect of APP on preparation process and flame retardancy of bagasse board. Changsha：International Conference on Biobase Material Science and Engineering，246-249.

Lu Y，Feng M，Zhan H. 2014. Preparation of SiO_2-wood composites by an ultrasonic-assisted sol-gel technique. Cellulose，21（6）：4393-4403.

Lv S，Kong X，Wang L，et al. 2019. Flame-retardant and smoke-suppressing wood obtained by the *in situ* growth of a hydrotalcite-like compound on the inner surfaces of vessels. New Journal of Chemistry，43（41）：16359-16366.

Ma J，Li L，Ren J，et al. 2010. CO adsorption on activated carbon-supported Cu-based adsorbent prepared by a facile route. Separation & Purification Technology，76（1）：89-93.

Mahr M S，Hubert T，Sabel M，et al. 2012. Fire retardancy of sol-gel derived titania wood-inorganic composites. Journal of Materials Science，47（19）：6849-6861.

Mahr M S，Hubert T，Schartel B，et al. 2012. Fire retardancy effects in single and double layered sol-gel derived TiO_2 and SiO_2-wood composites. Journal of Sol-Gel Science and Technology，64（2）：452-464.

Miyafuji H，Saka S. 1997. Fire-resisting properties in several TiO_2 wood-inorganic composites and their topochemistry. Wood Science and Technology，31（6）：449-455.

Mostashari S M，Fayyaz F. 2008. XRD characterization of the ashes from a burned cellulosic fabric impregnated with magnesium bromide hexahydrate as flame-retardant. Journal of Thermal Analysis & Calorimetry，92（3）：845-849.

Mostashari S M，Moafi H F. 2008. Thermal decomposition pathway of a cellulosic fabric impregnated by magnesium chloride hexahydrate as a flame-retardant. Journal of Thermal Analysis & Calorimetry，93（2）：589-594.

Naumann A，Seefeldt H，Stephan I，et al. 2012. Material resistance of flame retarded wood-plastic composites against fire and fungal decay. Polymer Degradation & Stability，97（7）：1189-1196.

Pan H，Lu Y，Song L，et al. 2016. Construction of layer-by-layer coating based on graphene oxide/β-FeOOH nanorods and its synergistic effect on improving flame retardancy of flexible polyurethane foam. Composites Science & Technology，129：116-122.

Pereyra A M，Giudice C A. 2009. Flame-retardant impregnants for woods based on alkaline silicates. Fire Safety Journal，44（4）：497-503.

Qu H Q，Wu W H，Zheng Y J，et al. 2011. Synergistic effects of inorganic tin compounds and Sb_2O_3 on thermal properties and flame retardancy of flexible poly(vinyl chloride). Fire Safety Journal，7（46）：462-467.

Qu H，Wu W，Wu H，et al. 2011. Study on the effects of flame retardants on the thermal decomposition of wood by TG-MS. Journal of Thermal Analysis and Calorimetry，103（3）：935-942.

Rahatekar S S，Zammarano M，Matko S，et al. 2010. Effect of carbon nanotubes and montmorillonite on the flammability of epoxy nanocomposites. Polymer Degradation & Stability，95（5）：870-879.

Ranjana M，Parul S，Hem K. 2010. Near infrared spectroscopic investigation of the thermal degradation of wood. Thermochimica Acta，507（33）：60-65.

Rejeesh C R，Saju K K. 2017. Effect of chemical treatment on fire-retardant properties of medium density coir fiber boards. Wood and Fiber Science, 49 (3): 332-337.

Saka S, Ueno T. 1997. Several SiO$_2$ wood- inorganic composites and their fire - resisting properties. Wood Science and Technology, 31 (6): 457-466.

Seo H J, Kim S, Huh W, et al. 2016. Enhancing the flame-retardant performance of wood-based materials using carbon-based materials. Journal of Thermal Analysis & Calorimetry, 123 (3): 1-8.

Serrano S, Barreneche C, Navarro A, et al. 2016. Use of multi- layered PCM gypsums to improve fire response. Physical, thermal and mechanical characterization. Energy and Buildings, 127: 1-9.

Spontón M, Mercado L A, Ronda J C, et al. 2008. Preparation, thermal properties and flame retardancy of phosphorus- and silicon-containing epoxy resins. Polymer Degradation and Stability, 93 (11): 2025-2031.

Sun Q F, Lu Y, Xia Y Z, et al. 2013. Flame retardancy of wood treated by TiO$_2$/ZnO coating. Surface Engineering, 28 (8): 555-559.

Terzi E, Kartal S N, White R H, et al. 2011. Fire performance and decay resistance of solid wood and plywood treated with quaternary ammonia compounds and common fire retardants. European Journal of Wood and Wood Products, 69 (1): 41-51.

Wang B, Sheng H, Shi Y, et al. 2015. Recent advances for microencapsulation of flame retardant. Polymer Degradation & Stability, 113: 96-109.

Wang W, Zhang S, Wang F, et al. 2016. Effect of microencapsulated ammonium polyphosphate on flame retardancy and mechanical properties of wood flour/polypropylene composites. Polymer Composites, 37 (3): 666-673.

Wang W, Zhang W, Zhang S, et al. 2014. Preparation and characterization of micro- encapsulated ammonium polyphosphate with UMF and its application in WPCs. Construction & Building Materials, 65 (9): 151-158.

Wang X, Liu J, Chai Y. 2012. Thermal, mechanical, and moisture absorption properties of wood- TiO$_2$ composites prepared by a sol-gel process. Bioresources, 7 (1): 893-901.

Wang X, Zhou S, Xing W, et al. 2013. Self- assembly of Ni- Fe layered double hydroxide/graphene hybrids for reducing fire hazard in epoxy composites. Journal of Materials Chemistry A, 1 (13): 4383-4390.

Wen C, Yin A, Cui Y, et al. 2013. Enhanced catalytic performance for SiO$_2$- TiO$_2$ binary oxide supported Cu- based catalyst in the hydrogenation of dimethyloxalate. Applied Catalysis A General, 458: 82-89.

Wicklein B, Kocjan A, Salazar- Alvarez G, et al. 2015. Thermally insulating and fire- retardant lightweight anisotropic foams based on nanocellulose and graphene oxide. Nature Nanotechnology, 10 (3): 277-283.

Wu Y Q, Yao C H, Qing Y, et al. 2011. Performance Evaluation of Flame- Retardant NSCFR- treated laminated veneer lumber (LVL) part I: thermal, physical and mechanical properties. Advanced Materials Research, 168-170: 2106-2110.

Wu Y, Jia S, Qing Y, et al. 2016. A versatile and efficient method to fabricate durable superhydrophobic surfaces on wood, lignocellulosic fiber, glass, and metal substrates. Journal of Materials Chemistry A, 4 (37): 14111-14121.

Wu Y, Yao C, Hu Y, et al. 2014. Comparative performance of three magnesium compounds on thermal degradation behavior of red gum wood. Materials, 7 (2): 637-652.

Wu Y, Yao C, Hu Y, et al. 2014. Flame retardancy and thermal degradation behavior of red gum wood treated with hydrate magnesium chloride. Journal of Industrial & Engineering Chemistry, 20 (5): 3536-3542.

Wu Z Y, Li C, Liang H W, et al. 2013. Ultralight, flexible, and fire- resistant carbon nanofiber aerogels from bacterial cellulose. Angewandte Chemie International Edition, 125 (10): 2997-3001.

Wu Z, Jia W, Li Z, et al. 2020. The effect of α- zirconium phosphate nanosheets on thermal, mechanical, and tribological properties of polyimide. Macromolecular Materials and Engineering, 305 (6): 2000043.

Xia L Y, Hu Y C, Wu Y Q, et al. 2012. Flame retardancy and smoke suppression of wood treated with α-ZrP/APP composites. Journal of Central South University of Forestry & Technology, 31 (1): 32-36.

Xu Z, Tang F, Ren A. 2011. Improved N-gas model for smoke toxicity assessments. Journal of Tsinghua University, 51 (2): 194-197.

Xue F L, Zhao G J. 2008. Optimum preparation technology for Chinese fir wood/Ca-montmorillonite (Ca-MMT) composite board. Forestry Studies in China, 10 (3): 199-204.

Yang H, Yan R, Chen H, et al. 2007. Characteristics of hemicellulose, cellulose and lignin pyrolysis. Fuel Guildford, 86 (12-13): 1781-1788.

Yang L, Mukhopadhyay A, Jiao Y, et al. 2017. Ultralight, highly thermally insulating and fire-resistant aerogel by encapsulating cellulose nanofibers with two-dimensional MoS_2. Nanoscale, 9 (32): 11452-11478.

Yang T T, Bi H T, Cheng X. 2011. Effects of O_2, CO_2 and H_2O on NO_x adsorption and selective catalytic reduction over Fe/ZSM-5. Applied Catalysis B: Environmental, 102 (1-2): 163-171.

Yuan L, Chen X, Hu Y. 2014. Combination effect of 4-picolinic acid with 5A zeolite on ammonium polyphosphate flame-retarded sawdust board. Journal of Fire Sciences, 32 (3): 230-240.

Zhao C X, Liu Y, Wang D Y, et al. 2008. Synergistic effect of ammonium polyphosphate and layered double hydroxide on flame retardant properties of poly(vinyl alcohol). Polymer Degradation & Stability, 93 (7): 1323-1331.

Zhao Y, Wang K, Zhu F, et al. 2006. Properties of poly(vinyl chloride)/wood flour/montmorillonite composites: Effects of coupling agents and layered silicate. Polymer Degradation & Stability, 91 (12): 2874-2883.

Zhu X, Wu Y, Tian C, et al. 2014. Synergistic effect of nanosilica aerogel with phosphorus flame retardants on improving flame retardancy and leaching resistance of wood. Journal of Nanomaterials, (5): 1-8.

Zhu X, Yang J, Long K, et al. 2012. Effect of dipping treatment on flame retardant property of poplar plywood. Proceedings of 2012 International Conference on Biobase Material Science and Engineering, IEEE: 112-116.

第5章 农林剩余物人造板功能化理论与技术

5.1 引 言

农林剩余物资源主要由纤维素、半纤维素和木质素组成，三大素分子链上丰富的羟基易吸收水分，使得其因水分含量高而导致腐朽霉变。同时，农林剩余物资源作为一种生物质材料，易受虫蚁、霉腐菌等微生物的侵蚀，严重影响其使用寿命和应用范围。尤其是农林剩余物人造板广泛应用于地板、家具、室外桥梁、建筑工程、大型场馆等，除了满足力学性能要求，还应针对具体的使用场所对其进行防潮防水、防霉防腐等功能化改性处理，使得人造板免受光、电、热、磁、声以及水分、虫类、菌类、火焰等破坏，从而进一步提高农林剩余物人造板的附加值和拓宽其应用领域。

农林剩余物人造板的功能化改性方法多种多样，可通过化学掺杂或改变其分子结构等方法赋予人造板特定的功能，也可对农林剩余物原料进行防潮防水、防霉防腐等功能化处理，或者对胶黏剂进行消醛改性、甲醛捕捉、防水改性等，以及对人造板进行后期的表面防护处理，均可使得农林剩余物人造板获得防潮防水、防霉防腐、环保等某些特定的功能或者多功能，极大拓宽了农林剩余物人造板的应用范围。

5.1.1 防潮防水理论与技术

农林剩余物人造板具有较大的吸湿性和吸水性，严重影响着板材的尺寸稳定性，且吸湿后板材易变形、强度降低、传热和导电性增加、易腐朽霉变，严重影响其使用寿命。在人造板生产过程中添加防水物质，如石蜡、防水胶黏剂、混合型胶黏剂等可有效降低人造板的吸湿、吸水性，提高防水效果。

石蜡是纤维板中常用的防水添加剂，由于石蜡是碳氢化合物，分子结构中大多为 $C_{20} \sim C_{30}$ 正构烷烃物质，不溶于水。将石蜡与纤维充分搅拌混合后，直接与纤维热磨，可有效阻断水分进出的通道，从而达到纤维板防水的目的。但是石蜡也会对胶黏剂和纤维的界面结合造成阻碍，影响板材的力学性能。因而，反应型防水剂被国内外研究者开发出来（宋琳莹和辛寅昌，2007）。使用有机硅醇钾和羟甲基化聚丙烯酰胺复合防水剂制备的纤维板防水性能得到明显提高。

对人造板的内部或表面采用防水涂料进行涂饰，或者对植物原料中的极性物质进行抽提或用树脂浸渍处理等都可以改善人造板的防潮防水性能，进而改善人造板的防潮防水性能。在木材的疏水处理中，采用等离子体技术，将有机硅、有机氟类低表面能物质覆于木材表面，在硅基表面得到不同的结构形态，然后再对含氟有机硅氧烷进行表面修饰，最终可以获得具有超疏水结构的表面，该技术也可用于农林剩余物人造板的表面防水处理。

5.1.2　防霉防腐理论与技术

农林剩余物资源作为一种生物质材料，具有易受虫蛀和霉腐菌侵蚀的天然缺陷，从而使得农林剩余物人造板易发生腐朽、霉变，使得人造板性能显著降低。因此，农林剩余物人造板的防腐防霉处理对于提高人造板使用寿命，扩大应用范围，提升其经济价值具有重要意义。

农林剩余物人造板的防霉防腐原理与实木的防霉防腐原理相似。农林剩余物人造板的腐朽、霉变是腐朽菌、霉菌等微生物在适合生存的环境下通过孢子传播并且从纤维（刨花）上汲取营养，进一步蔓延繁殖，从而引起人造板腐烂、解体或者发霉。农林剩余物人造板的腐朽、霉变除了与内部因素（例如，密度、胶黏剂种类等）有关，还与外界环境因素（例如，温度、湿度等）有很大的关系（Mmbaga et al.，2016；Ohm et al.，2014），因此防腐防霉处理的必要条件之一是利用处理手段破坏微生物的生存环境。目前防霉防腐常用的方法主要是在人造板材料中添加防腐防霉剂或对人造板材料进行改性处理（例如，疏水改性处理等）使其具备防腐抗霉性能。

国际上对木材防霉防腐剂的开发已展开丰富的研究，防霉防腐剂按来源可分为天然、有机和无机三大类，按溶剂类型可分为油类、油载和水载型。然而，我国防霉抗菌型人造板的研究还不系统全面，其产量暂不能满足市场需求。现有人造板产品的防腐防霉处理手段主要分为三种，分别是生产前预处理（原料处理）、生产过程中处理和生产后处理。

虽然经过防霉防腐处理后的农林剩余物人造板可以在腐朽、霉变等方面进行有效防治，但是一些防霉防腐剂本身所具备的毒性对人类和环境具有巨大的危害。因此，在选择防腐防霉剂时不仅要考虑其抗霉、腐性能，同时应从环保性能、无害无毒以及材料的使用寿命等方面兼顾考虑。现在木竹材防霉防腐领域常用的防霉防腐剂为硼类、铜类等低毒性药剂，然而这些药剂普遍存在固着性差、抗流失性差等问题。而使药剂的有效成分长期固着在木材内部，既可以长效抵抗微生物对人造板的侵害，又可以避免造成环境危害，因此研究人造板防腐防霉剂的固着性能、抗流失性能对于防霉防腐剂的开发和利用是十分有必要的。

5.1.3　环保化理论与技术

人造板作为家具制造和装修材料，其甲醛释放问题严重影响人们的身体健康。因此，环保无醛人造板吸引了越来越多的关注。低甲醛/无醛人造板生产工艺流程与普通人造板基本相同，其关键技术在于制板过程中使用不含甲醛或低甲醛含量的胶黏剂，从而降低胶黏剂和人造板使用过程中的甲醛含量，达到环保要求。

人造板生产制造过程中常用的脲醛树脂胶黏剂和酚醛树脂胶黏剂存在的主要问题是甲醛释放量大，不仅造成环境污染，同时也严重危害着人体健康。为了消除或减少人造板生产和使用过程的甲醛释放，通过调控合成工艺，加入催化剂，可有效降低胶黏剂中的甲醛含量（马玉峰，2020），或者引入纳米 TiO_2、三聚氰胺等改性剂，通过改性剂与脲醛树脂共混或参与共聚反应，可原位吸附、催化转化甲醛（秦香，2020）。同时，引入胺类、无机盐类化合物、强酸强碱盐等甲醛捕捉剂可以有效降低胶黏剂使用过程中游离甲醛含量以及人造板的甲醛释放量。通过以上技术手段，可获得满足 E_0 级的人造板胶黏剂。近年来，随着异氰酸酯胶黏剂价格走低以及人造板制造技术的提升，国内已经批量用异氰酸酯胶黏剂生产人造板，可有效降低人造板的甲醛释放量。

随着胶接理论和工艺的不断改进，新型无醛胶黏剂得到广泛发展，主要包括无机胶黏剂、有机-无机杂化胶黏剂和蛋白胶黏剂、木质素胶黏剂、淀粉胶黏剂等生物胶黏剂。通过线性聚合生长以及超支化网络聚合等理论与方法，可获得绿色、环保的无机胶黏剂或低甲醛含量的有机-无机杂化胶黏剂。而生物胶黏剂通常利用化学糊化、氧化和交联聚合等方法对木质素、淀粉等生物质材料进行改性，用以来部分替代苯酚或者甲醛，从而降低甲醛释放量，达到 E_0 级环保标准（马玉峰，2020）。近年来，除了环保型纤维板和刨花板，国内也形成了以麦秸秆等农作物秸秆生产为主的其他无醛人造板。

5.1.4 其他功能化理论与技术

1）轻质化理论与技术

轻质人造板由于密度低，用于非结构用家具及装饰板材时，可以显著减少木材的消耗量，缓解我国木材供需矛盾，实现我国经济社会的可持续发展。在制造轻质人造板时，从微观角度，利用微米木纤维机械切削加工技术，使木材纤维细胞内的物质流出，且微米级的木材纤维呈絮状自然堆积，既可降低板材密度，又能获得优异的力学性能。采用这种方法制备的轻质纤维板，除力学性能达标外，还具有价格适宜、外观呈现木材本色、无甲醛环保等优点。同时，将基于结构的算法运用到纤维分割技术上，使机械自动分割大麻类纤维，控制纤维的弯曲量、长度、直径、方向分布等特点，可优化低密度纤维板的机械加工、隔热保温等各项性能。尽管轻质纤维板已经取得了较大进展，但是仍然存在着需要优化纤维板的断面密度分布、降低甲醛污染、丰富原料来源等问题。

2）隔音/吸音理论与技术

木质吸音板是根据声学原理加工而成，由饰面、芯材和吸音薄毡组成，具有吸音减噪的作用。木质吸音板分为槽木吸音板和孔木吸音板两种，槽木吸音板是一种在中密度纤维板的正面开槽、背面穿孔的狭缝共振吸声板，孔木吸音板是一种在中密度纤维板的正面、背面都开圆孔的结构吸声板，两种吸音板常用于墙面和天花装饰。在制造吸音材料时，常利用多孔吸音机理来设计材料。利用材料内部的大量微小连通孔隙，使声波沿着这些孔隙深入材料内部，与材料发生摩擦，将声能转化为热能，即可达到吸音的目的。另外一种吸音机理是共振吸音，即利用材料中的共振结构在声波的激发下产生共振，振动的物体由于自身的内摩擦以及与空气的摩擦，将部分声能转变为热能，达到吸音的目的。与多孔吸音材料相比，共振吸音的频带较窄。

3）电磁屏蔽理论与技术

为了减少电磁干扰，通过化学镀铜/镍、贴金属箔等，使得人造板表面覆盖金属层，减弱电磁波的辐射，可实现人造板的电磁屏蔽。通过在人造板中填充电或磁性材料也可以损耗电磁波，减弱电磁的干扰。同时，采用木质人造板类似的方法对农林剩余物人造板表面进行强化，可实现人造板的高硬度和耐磨性好等其他功能性。

对农林剩余物人造板进行功能化处理，使其获得多功能是扩大农林剩余物人造板使用范围和提高附加值的有效方法与必然趋势。随着农林剩余人造板制造过程中原料多样化、装备智能化以及产品功能化，一些新功能、新的理论与技术将被研发出来。与此同时，农林剩余物人造板也将兼顾功能化、数字化与智能化，广泛应用于各个领域。

5.2　防潮防水

5.2.1　概述

农林剩余物人造板具有轻质高强、质地均匀、隔音绝热、尺寸稳定性较好等诸多优点，可以应用于高档办公家具、橱柜、卫生间装修、门窗、户外家具、广告牌等行业。由于一些用于家具产品、建筑用材等方面的人造板经常处于潮湿环境甚至被水浸没，所以人造板不仅要对甲醛释放量有着严格的要求，即满足国家标准的 E_1 级；同时要具有良好的防潮防水性能，在潮湿的环境中也能保持尺寸和性能的稳定，不至于因吸收过多水分而导致膨胀变形，力学强度降低，影响使用寿命（张双保等，2001）。室外人造板的使用条件和环境更加复杂恶劣，因此对其耐候性、防潮防水能力、耐高低温等性能要求更加严格。

为了推动防潮纤维板的生产研发，我国于 2009 年对国家标准《中密度纤维板》进行了修订，第一次对纤维板的使用条件进行了划分，分别为干燥状态、潮湿状态、高湿状态、室外状态。表 5-1 为现行《中密度纤维板》国家标准（GB/T 11718—2009）中 9～13mm 厚度承重型中密度纤维板在三种环境下的性能规格限；表 5-2 为现行《刨花板》国家标准（GB/T 4897—2015）中 6～13mm 厚度承载型刨花板在三种环境下的性能规格限。这些标准对于提高我国人造板防潮防水性能和总体质量起着重要的推动作用。

表 5-1　不同环境下使用的 9～13mm 厚度承重型中密度纤维板性能要求

测试项目	干燥状态	潮湿状态	高湿状态
静曲强度（MOR）/MPa	32	32	32
弹性模量（MOE）/MPa	2800	2800	2800
内结合强度/MPa	0.70	0.70	0.70
24h 吸水厚度膨胀率/%	15.0	12.0	10.0
循环试验后内结合强度/MPa		0.25	0.35
循环试验后吸水厚度膨胀率/%		18.0	15.0

表 5-2　不同环境下使用的 6~13mm 厚度承载型刨花板物理力学性能要求

测试项目	干燥状态	潮湿状态	高湿状态
静曲强度（MOR）/MPa	15	17	18
弹性模量（MOE）/MPa	2200	2450	2600
内结合强度/MPa	0.45	0.45	0.50
24h 吸水厚度膨胀率/%	22.0	13.0	12.0
循环试验后内结合强度/MPa		0.20	0.25
循环试验后吸水厚度膨胀率/%		15.0	10.0

　　人造板吸潮吸水主要是由于其基本制造单元造成的，刨花和纤维等基本制造单元都是多孔性木质材料，有细胞腔和纹孔等较大尺寸的孔隙，也有微纤丝间隙等较小的孔隙，同时木质材料中又包含诸多亲水基团，导致水分能够轻而易举地渗透到木质材料内部，与木质材料中的成分通过化学键或氢键等形式进行结合，从而引起纤丝的润胀，使木质材料尺寸发生改变。当木质材料细胞未达到与周围环境平衡的平衡含水率（EMC）时，会进行吸湿和解吸。这一性质，一方面对室内的环境调节是有益的，可以保持室内湿度的相对稳定，但当环境湿度过高时，对一般人造板而言，会破坏其物理力学性质。人造板吸湿的另一重要原因是和它的制造工艺相关，尤其对纤维板和刨花板而言，它们是由很多细小纤维或刨花经施胶热压而成，纤维或刨花可以吸收环境中的水汽，导致板材膨胀，内结合强度降低（宋琳莹和辛寅昌，2007）。虽然胶黏剂会覆盖纤维或刨花的一部分，减少甚至阻止木质材料部分与外界的接触，但绝大多数胶黏剂是亲水性的，例如在脲醛树脂的表面存在许多羟甲基、氨基、亚氨基等亲水性基团，依旧会吸收环境中的水分与其形成氢键连接。Li 等（2018）通过 X 射线 CT 扫描仪定期监视纤维板、刨花板这两种类型的人造板，并详细记录了水吸附行为和相关的结构变化，为今后对于人造板的防潮防水研究提供了理论基础。

　　防潮防水人造板在潮湿环境下能保持稳定的尺寸大小，不仅可以延长家具的使用时间，同时也会降低木材资源的使用量，对维护绿色森林和良好的生态环境有着很好的作用。因此，加强对防潮防水人造板的研发是我国人造板行业中急需攻关解决的研究课题，防潮防水人造板的研发符合我国相关国家标准的指导精神，对人造板的发展有着重要意义。目前，对于人造板的防潮防水处理方法主要从原材料、胶黏剂、防水剂和成板后处理等四个方面进行。

　　人造板原材料的种类会直接影响板材的防潮防水性能。我国用于人造板生产的树种主要有杨木、杉木、松木、桉木等，其中松木因为本身含有松脂这种防水材料，因此比较适合生产防潮防水人造板，且总体来说硬杂木比软杂木的原材料防潮防水性能好（郑凤山，2012）。木质材料主要成分是纤维素、半纤维素和木质素，这三者都具有亲水性，吸湿性强弱顺序为半纤维素>木质素>纤维素（李坚，2006）。Tupciauskas 等（2015）采用蒸汽爆破热压法制备杨木纤维板，此过程不使用任何胶黏剂，在潮湿条件下对人造板的耐水性能进行测试，发现其耐水性能达到中密度纤维板的标准样板EN 622-5 的要求。另外也有对刨花和纤维进行乙酰化处理、甲醛化处理、酚醛树脂处理以提高板材防潮防水性能的方法，但是由于污染和成本等问题并未得到大范围推广。

胶黏剂是影响人造板防潮防水性能的主要因素之一，一般来说，耐水性越好的胶黏剂制成的板材防潮防水能力越好。因此，选用合适的胶黏剂并进行适当改性处理对于提高人造板的防潮防水性能起着关键的作用。

人造板生产中使用的脲醛树脂（UF）在固化后其表面含有大量羟甲基、氨基等亲水性基团，导致脲醛树脂人造板防潮防水性能较低，特别是其耐热水性能低（李东光等，2002；储富祥和王春鹏，2017；顾继友，2003）。鲍洪玲等（2018）采用三聚氰胺改性脲醛树脂，制备得到三聚氰胺–尿素–甲醛共聚树脂（MUF），用于生产室内防潮防水人造板的胶黏剂。甲醛与尿素反应后的产物羟甲基脲等物质与三聚氰胺发生进一步的交联反应，使亲水性基团的数量减少，耐水耐热的三氮杂环生成，可有效提高板材的防潮防水性能、力学性能，同时游离甲醛释放量有所降低，可谓一举多得（图 5-1）。三聚氰胺的添加比例通常为 5%~20%，具体施加比例因对板材性能要求不同而异，但随着三聚氰胺添加比例的增大，缩聚反应速度加快，容易产生凝胶问题，因此需要在制胶时使用温和的反应条件，或者引入能够缓和反应速度、稳定树脂结构的助剂。通过采用控制缩聚反应前物质的量之比和 pH 以及采取三聚氰胺多次投料的方法，能够有效控制缩聚反应速度。除了采用三聚氰胺改性脲醛树脂外，工业上还可将脲醛树脂与三聚氰胺甲醛树脂（MF）按不同比例混合作为防潮防水人造板胶黏剂使用。通过在脲醛树脂中加入苯酚可以改善胶黏剂的防潮耐水性能，苯酚中的苯环的引入，既增加了反应部位，减少分子中羟基（—OH）的数量；又通过酚羟基的缩合反应，引入柔性链醚键（—O—），在提高产品防潮耐水性的同时改善脆性。与此同时，树脂固化后增加了较多的苯环邻对位，提高了产品的机械强度，增加了脲醛树脂的稳定性和防潮耐水性（杨建洲和徐良，2006），进而提高了人造板的防潮耐水性能。

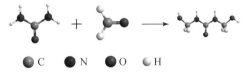

●C ●N ●O ○H

尿素与甲醛反应生成具有羟甲基脲结构化产物

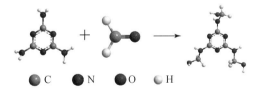

●C ●N ●O ○H

三聚氰胺与甲醛反应生成具有羟甲基三聚氰胺的结构

●C ●N ●O ○H

羟甲基脲与三聚氰胺之间反应部分生成物

图 5-1　三聚氰胺改性脲醛树脂反应方程式

防潮防水人造板中另一重要的角色就是防水剂。人造板生产中最为常见的防水剂就是石蜡，为实现防水性能的提升，石蜡用量往往达到 $10kg/m^3$ 以上。石蜡的防水机理也很简单，一是吸附在纤维表面，隔断木质原料间的部分孔隙，减少水分进入的通道；二是部分覆盖木质材料表面的羟基等极性基团，减少对水分的吸附效果。石蜡作为防水剂的最理想状况是能够在刨花或纤维表面均匀分布，并完美填充热压后刨花或纤维间的空隙（王笃政等，2012）。同时，一些研究者也对石蜡进行改性处理以增强人造板的防水性能（高立英等，2016；王曙耀，2004a；王曙耀，2004b；王曙耀，2004c）。

除了以上在加工工艺中对人造板进行防潮防水处理，还有一种对人造板成板后进行处理以达到防潮防水效果的方法，一般是对板材进行表面处理，以阻止水分进入人造板内部。目前最常见的成板后处理方法与实木制品类似，即在人造板表面进行贴面或涂饰（Mokhothu and John，2017），以封闭水分进入板材内部，提高板材防潮防水能力，同时降低含醛胶黏剂人造板的甲醛释放量。另外，在人造板表面构建疏水涂层也可以达到人造板防潮防水的目的，这种方法可以增加人造板耐水性的持久能力。目前常用的疏水添加剂以有机硅、有机氟类等低表面自由能物质为代表，通过等离子体改性、真空蒸发镀膜、表面饰面、接枝共聚等技术在人造板表面形成物理屏障，从而达到防潮防水的要求。

防潮防水是人造板最基本且最常用的功能化改性，在提倡绿色环境、可持续发展的政策背景下，研制具有防潮防水功能的环保人造板具有重大的经济、社会和环境效益。因此，本节着重阐述作者团队近年来在农林剩余物人造板防潮防水的研究成果，主要分为有机交联防潮、无机桥联防水和仿生智能防水三个研究方向。

5.2.2 有机交联防潮理论与技术

据统计，我国木材工业胶黏剂消耗量高达 1500 万 t，而脲醛树脂胶黏剂的用量超过 1300 万 t，占人造板胶黏剂消耗量的 90% 以上（马玉峰等，2020）。但脲醛树脂胶黏剂的防潮耐水性能较差，使用其生产的人造板及相关制品一般用于室内。此外，以脲醛树脂为胶黏剂的人造板产品在使用过程中还会持续释放游离甲醛，甲醛作为世界卫生组织确定的 Ⅰ 类致癌物质，不仅污染人居环境，而且严重危害人体健康（文美玲等，2016；Coggon et al.，2014；高伟等，2017）。减少和消除脲醛树脂生产和使用过程中游离甲醛的释放，营造健康安全的人居环境，是人造板加工行业面临的关键技术难题。

为提高脲醛树脂的防潮防水性能并降低其人造板制品的甲醛释放量，采用降低脲醛树脂的物质的量比（甲醛与尿素物质的量比：F/U）、调控合成反应阶段温度和 pH，引入稳定聚合物或生物质材料进行共聚等对脲醛树脂进行改性（范东斌等，2006；高伟等，2006；段亚军等，2019；Liu et al.，2018）。其中，最为经济有效的方法是降低脲醛树脂的物质的量比。低物质的量比脲醛树脂甲醛释放量显著降低（Que et al.，2007a；Que et al.，2007b；Root and Soriano，2000），但是脲醛树脂的储存期、胶接强度、工艺性能等也会随着物质的量比的降低而下降，使得低物质的量比脲醛树脂在使用过程中施胶量大、板材性能下降明显。对此，在低物质的量比脲醛树脂中引入三聚氰胺，制备三聚氰胺改性脲醛树脂，可以在一定程度上提高脲醛树脂的胶合强度和环保性能（甘文玲和高振忠，2016）。

三聚氰胺的反应活性较尿素更高，它的引入可以提高树脂的交联度并封闭部分亲水性基团，从而提高低物质的量比脲醛树脂的胶合强度和防潮防水性能。此外，少量三聚氰胺的加入无需改变原有的脲醛树脂合成工艺，因而实际应用较广（刘文杰等，2018）。对此，在本小节中作者探索了不同三聚氰胺添加量改性对低物质的量比脲醛树脂胶黏剂理化性质的影响规律，并研究了不同含量三聚氰胺改性胶黏剂对高密度纤维板物理力学性能和防水性能的影响，旨在为高性能高密度纤维板的制造提供技术与理论支撑。

5.2.2.1　三聚氰胺改性脲醛树脂胶黏剂的制备

1）制备方法

分别使用占总质量 1%、4%、6%、10% 的三聚氰胺（M）合成三聚氰胺改性脲醛树脂胶黏剂（MUF）。具体胶黏剂制备工艺流程如下：在反应釜中加入甲醛溶液，使用质量分数为 30% 的 NaOH 溶液调节甲醛溶液的 pH 至 8.5 左右，升温至（45±2）℃后保温 10min；向反应釜加入第一部分尿素（占全部尿素质量的 50%）和全部三聚氰胺，开始升温，升温至（92±2）℃左右，保温 40min；保温结束，用质量分数为 15% 的甲酸溶液调节反应物 pH 至 5.4 左右，在温度为（92±2）℃条件下持续反应，到达反应终点后（涂-4 杯在溶液温度为 30℃条件下测得），调节溶液 pH 至 7.0 左右，将反应温度降至（80±2）℃，加入第二部分尿素（约占尿素总质量的 20%）；反应 30min 后再用 30% 的 NaOH 溶液调节反应物 pH 至 7.5 左右，加入第三部分尿素（约占尿素总质量的 30%），在（60±2）℃下继续反应 20min，再用 30% 的 NaOH 调节 pH 至 8.0~8.5，自然冷却降至常温后出料。

称取一定质量的桉木纤维，在机械搅拌机中进行搅拌。根据绝干纤维的质量，称取一定质量的三聚氰胺改性脲醛树脂胶黏剂，并添加占其固体含量 1% 的 NH_4Cl 溶液（质量分数 20%）作为固化剂。搅拌均匀后，使用 0.1MPa 压力的喷枪（索瑞特气体设备有限公司）将胶黏剂均匀喷洒在桉木纤维中，接通热风管道对施胶后的桉木纤维进行干燥至纤维含水率为 8.0%~8.8% 时（电子水分计，MOC-120H 型，Shimadzu Corporation Japan），停止干燥和搅拌，称取施胶干燥后的纤维质量，手工铺装成形（成形框尺寸为 340mm×340mm），使用 180T 万能试验压机（苏州新协力机械制造有限公司）压制高密度纤维板（设计板材厚度为 12mm，密度为 820kg/m³）。

2）性能表征

黏度测试：脲醛树脂的黏度采用涂-4 杯测试方法在胶黏剂温度为 30℃条件下测得；树脂的固体含量、pH、游离甲醛含量以及固化时间依据国标 GB/T 14074—2017《木材工业用胶黏剂及其树脂检验方法》测定。

分子量测试：胶黏剂的分子量测试在 Waters 1525 型（美国，Waters）凝胶渗透色谱仪（GPC，HPLC 系统）上进行，配备安捷伦 PLgel 5um MIXED-C（300mm×7.5mm，美国）色谱柱，采用 Waters 2414 RI Detector 作为检测器。首先将胶黏剂液体分散在流动相中，采用常温色谱级二甲基甲酰胺（DMF）为流动相，配制的溶液浓度为 5mg/mL，待溶解充分后放置 24~48h 后取混合溶液 10μL 振荡均匀，经尼龙进样器过滤后测试，测试时间为15min。

力学性能测试：高密度纤维板的静曲强度、弹性模量、内结合强度、吸水厚度膨胀率、含水率均按照GB/T 17657—2013《人造板及饰面人造板理化性能试验方法》进行测定，每个性能测试样品数均大于9个。高密度纤维板的甲醛释放量沿用国标GB 18580—2001《室内装饰装修材料、人造板及其制品中甲醛释放限量》中的穿孔萃取法进行测定。作者旨在为不同三聚氰胺添加量改性脲醛树脂胶黏剂制备高密度纤维板的环保性提供参考，因此没有使用最新国标GB18580—2017《室内装饰装修材料　人造板及其制品中甲醛释放限量》规定的1m³气候箱法对其甲醛释放量进行测试。

5.2.2.2　三聚氰胺添加量对脲醛树脂理化性质的影响

使用三聚氰胺改性脲醛树脂胶黏剂有共聚和共混两种方法（朱丽滨等，2009）。共混的方法需要消耗大量三聚氰胺甲醛（MF）树脂，使得混合后的胶黏剂中三聚氰胺质量分数超过20%才能显著提高板材的物理力学性能和防水性能。因此，这种方法制备的改性脲醛树脂胶黏剂一般用于胶合板，不适合纤维板的制造。三聚氰胺的引入，可以改变脲醛树脂结构中亚甲基键、醚键等化学基团的比例，从而影响胶黏剂的理化性质。

不同三聚氰胺添加量改性脲醛树脂胶黏剂的理化性能如表5-3所示。由表5-3可知，胶黏剂的固含量随着三聚氰胺添加量的升高而升高，但这种变化在统计分析上并不显著，均保持在52%左右。此外，由于4种改性胶黏剂在合成过程中其pH调节以及反应终点黏度控制基本一致，因此，其最终的胶黏剂黏度和pH也无显著差异。纤维板制造中采用先施胶后干燥的工艺，即将胶黏剂液体通过加压管道与经过热磨排出的纤维浆混合，使用低黏度的胶黏剂以提高树脂的分散性。本研究是对干燥后的纤维原料进行施胶后制备高密度纤维板，木纤维比表面积大，低黏度的胶黏剂有利于其在施胶喷头的雾化以及对木纤维的均匀分布，因此黏度等基本性质完全满足制板要求（张成旭等，2020）。

表5-3　不同三聚氰胺添加量改性脲醛树脂的理化性质

M含量	固体含量/%	黏度/s	pH	固化时间/s	游离甲醛含量/%
1%	51.8±0.6	19.2±2.9	8.1±0.3	129.2±23.9	0.14±0.02
4%	52.9±0.7	17.3±3.6	8.0±0.4	162.2±16.4	0.15±0.02
6%	54.7±1.2	18.8±0.6	7.8±0.5	162.8±13.2	0.19±0.06
10%	55.8±1.0	23.2±5.6	8.6±0.2	195.1±15.8	0.12±0.04

三聚氰胺比尿素性质稳定，使用三聚氰胺改性脲醛树脂可以提高其热稳定性。同时，三聚氰胺的引入还会延长胶黏剂的固化时间，并且固化时间会随着三聚氰胺添加量的增加而逐渐延长（董泽刚等，2018）。这与本研究得到的结果基本一致，当三聚氰胺添加量由1%提高至10%时，其固化时间从129s左右延长至195s。胶黏剂的酸碱度是影响其固化速率最主要的原因。脲醛树脂需要在较低的pH条件下固化，而三聚氰胺可作为pH缓冲剂，因此，随着三聚氰胺用量的增加，胶黏剂的固化时间延长（文美玲等，2015）。此外，胶黏剂中的游离甲醛含量也影响其固化过程。通常游离甲醛可以与固化剂如NH_4Cl等生成酸

而加速固化。三聚氰胺因其具有比尿素更高的反应活性，微量的引入即可在一定程度上降低胶黏剂的游离甲醛含量。但胶黏剂的游离甲醛含量并不会随三聚氰胺添加量的增加而逐渐减少。当三聚氰胺用量从 1% 提高至 4% 或 6% 时，其游离甲醛含量反而升高。但当三聚氰胺添加量提高至 10% 时，游离甲醛含量进一步降低。这种现象与相关研究结果基本相符，具体反应机理有待进一步探索。

5.2.2.3　三聚氰胺添加量对脲醛树脂分子量的影响

脲醛树脂由反应单体经过加成和缩聚反应，最后形成由反应单体、小分子、聚合物大分子等组成的一个混合体系。胶黏剂的分子量分布可以反映其物理机械性能与合成工艺过程，也是控制并改善其性能的一个重要因素。使用 1% 和 4% 含量的三聚氰胺改性脲醛树脂的凝胶渗透色谱图如图 5-2 所示。尽管三聚氰胺的含量不同，但两种胶黏剂的峰值分子量分别为 3031 和 3111，并无显著差别。

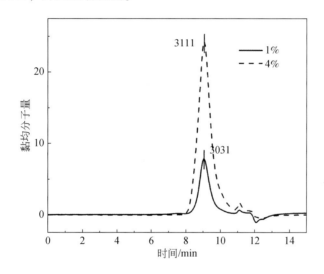

图 5-2　1% 和 4% 三聚氰胺添加量改性的脲醛树脂的凝胶渗透色谱图

表 5-4 为凝胶渗透色谱图相对应的分子量特征。由表可知，不同三聚氰胺含量改性的脲醛树脂其数均分子量基本一致，但重均分子量有较大差异。数均分子量计算主要受低分子量部分的影响，而重均分子量的结果则主要受大分子的影响。两种胶黏剂的分子量特征表明，三聚氰胺用量的提高会增加体系中大分子的数量（Jeong and Park，2019）。这是由三聚氰胺分子的氨基含量和高活性决定，三聚氰胺在树脂合成过程比尿素具有更高的反应活性，并且能与更多的甲醛进行羟甲基化反应，提高树脂的交联度，使得反应过程形成更多的大分子中间产物。分散系数用于表征聚合物分子量的分散程度，相比于 1% 含量的三聚氰胺，使用更高含量的三聚氰胺（4%）会提高胶黏剂分子量的分散程度。因此，仅使用支化程度高的改性分子，可能会提高脲醛树脂胶黏剂中的大分子数量，但对体系中的小分子部分影响较少，很难形成一个整体的网络交联结构（王辉等，2018）。这也可以解释脲醛树脂中游离甲醛含量的变化并不是随着三聚氰胺用量的增加而呈线性下降等问题。

表5-4　1%和4%三聚氰胺添加量改性的脲醛树脂分子量特征

M含量	数均分子量（M_n）	重均分子量（M_w）	Z均分子量（M_z）	多分散系数
1%	2404	3318	4530	1.38
4%	2459	3856	5914	1.57

5.2.2.4　三聚氰胺添加量对高密度纤维板力学性能和甲醛释放量的影响

表5-5为制备的高密度纤维板基本参数，包括密度、含水率和甲醛释放量。由表可知，高密度纤维板的密度均大于800kg/m³，含水率维持在4%~7%，符合国家标准对于相关产品的基本性能要求。高密度纤维板的甲醛释放量均低于8.0mg/100g（相当于国家强制标准 E_1 级规定的0.124mg/m³的限量标准），满足环保要求。与胶黏剂的游离甲醛含量测试结果相似，三聚氰胺用量的上升与板材甲醛释放量并不呈线性变化关系。

表5-5　不同三聚氰胺添加量改性脲醛树胶压制的高密度纤维板基本性质

M含量	板材密度/（kg/m³）	含水率/%	甲醛释放量/（mg/100g）
1%	823.1±12.4	4.8±0.4	5.26
4%	817.7±8.5	4.7±0.1	3.52
6%	836.8±8.7	5.0±0.4	6.41
10%	827.6±9.6	5.2±0.3	6.28

静曲强度（MOR）是用来衡量材料在受力弯曲到断裂时所能承受的压力强度，这一性能指标对于高密度纤维板的应用至关重要，尤其是在地板基材等应用场合。图5-3为使用不同三聚氰胺含量改性脲醛树脂胶黏剂压制的高密度纤维板静曲强度。由图可知，高密度纤维板静曲强度的变化与三聚氰胺的用量并不呈线性关系，这与胶黏剂的基本性质测试结果相匹配。三聚氰胺含量为1%时（MOR=40.1MPa），其静曲强度甚至高于4%（MOR=

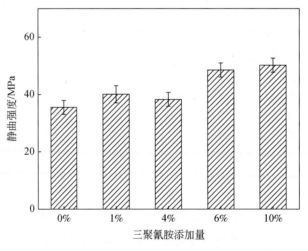

图5-3　不同三聚氰胺添加量改性胶黏剂对高密度纤维板静曲强度的影响

38.3MPa）的情况，但两者并无显著差异。但当三聚氰胺用量超过 4% 以后，其静曲强度呈现稳步上升的趋势，6%（MOR = 48.5MPa）和 10%（MOR = 50.2MPa）的测试结果显著高于前者的情况。但 10% 相比于 6% 并无显著差别，这可能受限于木质纤维质量、板材密度、热压工艺等多方面因素，静曲强度不会无限制地提升（唐启恒等，2019）。因此，仅对于提高板材的静曲强度而言，三聚氰胺的加入量可以控制在 6% 以下。

图 5-4 为使用不同三聚氰胺含量改性脲醛树脂胶黏剂制备的高密度纤维板内结合强度（IB）。内结合强度反映板材内部纤维之间的胶合质量，通常会随着板材密度的提高而增强。当三聚氰胺加入量不超过 6% 时，使用不同含量三聚氰胺改性的脲醛树脂胶黏剂压制的高密度纤维板内结合强度基本一致，均在 1.5MPa 左右，符合国家标准对于地板基材内结合强度的要求（IB ≥ 1.2MPa）。当三聚氰胺添加量达到 10% 时，其内结合强度接近 2.0MPa，甚至高于采用异氰酸酯胶黏剂制备的高密度纤维板（密度为 900kg/m³，IB = 1.85MPa）（唐启恒等，2019）。脲醛树脂的用量大，在纤维施胶过程能更好地分散在木纤维表面，而高比例的三聚氰胺可以显著增强脲醛树脂的胶合强度，从而获得较高的内结合强度。

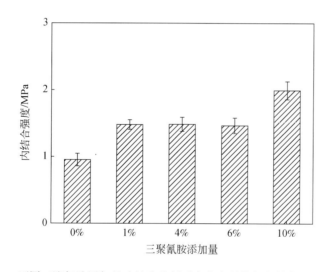

图 5-4　不同三聚氰胺添加量改性胶黏剂对高密度纤维板内结合强度的影响

5.2.2.5　三聚氰胺添加量对高密度纤维板防水性能的影响

防潮或耐水性能是高密度纤维板的重要性能指标，尤其是用于地板基材等长期接触水分的产品。尽管地板基材表面有装饰层，但板材的锁扣连接及边部通常是裸露的，极易在使用过程接触水分，因此，高密度纤维板防潮防水性能的提升对于提高终端产品质量至关重要。

图 5-5 为使用不同三聚氰胺含量改性脲醛树脂胶黏剂制备的高密度纤维板吸水厚度膨胀率。由图可知，板材的 2h 和 24h 吸水厚度膨胀率（TS）变化趋势基本一致。与胶黏剂理化性质、板材力学性能变化等趋势不同，高密度纤维板的吸水厚度膨胀率随着三聚氰胺用量的增加而逐渐下降，并呈线性关系。当三聚氰胺用量为 1% 时，其 24h 吸水厚度膨胀

率达到12.7%，远高于三聚氰胺含量为10%（24h TS=6.4%）的情况。除使用1%的三聚氰胺改性脲醛树脂胶黏剂压制的高密度纤维板不符合地板基材防水性要求外，其他均满足国家标准的要求（24h TS≤12%）。因此，三聚氰胺用量的提高可以为防潮防水人造板的制造提供稳定的支撑。

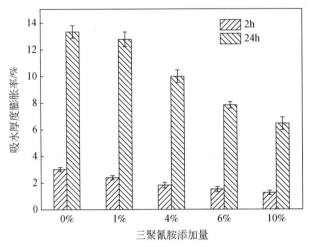

图5-5　不同三聚氰胺添加量改性胶黏剂对高密度纤维板静吸水厚度膨胀率的影响

图5-6是三聚氰胺改性脲醛树脂胶黏剂的防潮机理图。脲醛树脂的合成原料单元甲醛和尿素均为亲水性物质，这使得任意物质的量比的液态脲醛树脂均具有较好的水溶性。此外，脲醛树脂固化后，分子链末端仍含有大量羟甲基（—CH_2OH）、氨基（—NH_2）等亲水性基团，使其在使用过程中容易吸湿。三聚氰胺由于其自身的三氮杂环结构，具有极强的憎水性。三聚氰胺上的氨基与甲醛的反应活性比尿素更高，在脲醛树脂体系中引入三聚氰胺，更容易与甲醛交联生成多羟甲基三聚氰胺产物。这些带环状结构的羟甲基产物在树脂固化过程中进一步缩聚，生成亚甲基桥联（—CH_2—）结构，在转化和封闭树脂末端亲水性基团的同时，提高体系分子网络结构的稳定性，提升其防水性能。在此基础上，脲醛树脂的防水或防潮性能会随着体系中三聚氰胺比例的增加而逐渐增强。

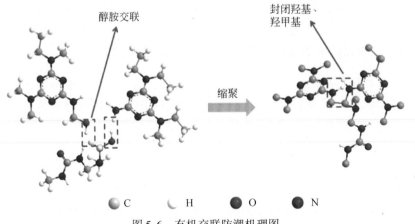

图5-6　有机交联防潮机理图

5. 2. 2. 6　小结

作者研究了使用不同三聚氰胺添加量改性对脲醛树脂理化性质及其制备的高密度纤维板物理力学性能和防水性能的影响。主要结论如下：

（1）脲醛树脂的固化时间会随着三聚氰胺含量的升高而逐渐延长，当三聚氰胺用量达到 10% 时，其固化时间超过 190s。同时，三聚氰胺的加入可以提高体系大分子的数目，但并不会形成完整的网络，仍然会存在大量小分子，导致数均分子质量结果没有显著差别。

（2）三聚氰胺用量在 6% 以内时，板材的静曲强度和内结合强度均无明显变化，甲醛释放量也随着三聚氰胺用量的提高而先降低后上升。但当提高三聚氰胺用量至 10% 时，板材内结合强度增加明显。此外，板材的防水性能与三聚氰胺的用量呈线性提升关系，加入 10% 的三聚氰胺改性脲醛树脂胶黏剂，可以将高密度纤维板的 24h 吸水厚度膨胀率降低至 6.4%。

（3）采用少量三聚氰胺改性脲醛树脂胶黏剂即可达到相应的胶黏剂和板材性能要求，高比例三聚氰胺改性脲醛树脂胶黏剂适用于生产高密度、高附加值的防水、防潮纤维板基材。

5. 2. 3　无机桥联防水技术

农林剩余物资源组分中由于含有大量亲水性基团，使得农林剩余物人造板易吸湿吸水变形，从而限制其用途。对胶黏剂进行有效的防水改性处理，是扩大农林剩余物人造板使用范围的有效方法。

与传统脲醛树脂及酚醛树脂等有机胶黏剂相比，无机胶黏剂具有更好的防水性能，如磷酸盐胶黏剂和硅酸盐胶黏剂等。其中，硅酸盐胶黏剂由于成本低、制备简便、无毒环保、胶黏强度高，可广泛应用于人造板生产中，不仅可以解决因醛基胶黏剂引起的人造板中甲醛等有毒化合物的释放问题，同时对促进人造板防水改性的产业升级也有重要意义。硅酸盐胶黏剂是以硅酸钠为胶料，加入适当的固化剂和填料调和而成。与水混合时钠离子易被水分子取代，耐水性较差（俞晓薇等，1998）。与以共价键结合的有机胶黏剂相比，离子键结合的硅酸盐胶黏剂的刚性结构黏结力强但使得胶黏剂相对质脆（黄裕杰等，2004），这极大限制了硅酸盐胶黏剂在人造板生产领域的应用。因此，研发硅酸盐胶黏剂的防水技术对人造板防水、降醛具有重要意义。

为了提高硅酸盐胶黏剂的耐水性，引入聚乙烯醇（PVA）等改性剂与胶黏剂分子发生交联，使胶黏剂分子间形成交织的网状结构，网状结构能显著提高硅酸盐无机胶黏剂的胶合强度及无机胶黏剂与有机木材界面的相容性。但胶黏剂基团外分布着大量的羟基和羧基等亲水性官能团，使得 PVA 改性硅酸钠胶黏剂的耐水性与常规木材用胶黏剂相比仍有较大差距。

本研究中，添加无机材料用以改性 PVA 交联的硅酸钠胶黏剂，优化使胶黏剂分子间形成互穿网络结构的工艺；以此减少水分子对胶黏剂分子结构的破坏，进而提高硅酸钠胶黏剂的耐水性，为硅酸钠胶黏剂在人造板、木材工业等领域的应用提供理论支持和方法参考。

5.2.3.1 改性防水无机胶黏剂制备

1）制备方法

为了研究改性硅酸盐胶黏剂的防水性能，且兼顾胶合性能，以 PVA 交联改性的硅酸钠胶黏剂为研究对象展开研究。具体方法为：将一定量的硅酸钠溶液加入烧瓶中，再加入质量分数为 10% 的 PVA 溶液，在 60℃ 水浴条件下混合搅拌 10min；然后加入一定量的乳化剂，再次搅拌均匀；然后缓慢加入引发剂并在 80℃ 水浴条件下搅拌 20min；最后缓慢加入一定浓度的 PVA 溶液并搅拌均匀；将该混合液熟化 24h 后即可得到 PVA 交联硅酸钠胶黏剂。

将 PVA 交联后的硅酸钠胶黏剂、定量的乳化剂 OP-10 和硅烷偶联剂装入配置有冷凝回流装置和磁力搅拌器的烧瓶中，于 40℃ 恒温水浴下持续搅拌，搅拌均匀后升温至 60℃，加入过硫酸铵溶液引发剂引发一段时间，随后分别加入定量的氨基磺酸、正硅酸乙酯、十二烷基磺酸钠等有机助剂，在氮气保护下恒温继续反应，最后得到经过 PVA 交联及助剂改性后的硅酸钠胶黏剂。添加纳米 SiO_2 和活性 MgO 无机填料时只需均匀搅拌，不需加热。

2）性能表征

吸水厚度膨胀率测试：以 24h 吸水厚度膨胀率为指标评价人造板耐水性。依据国标 GB/T 9846—2004 进行测试。使用千分尺测量试件中心点厚度后，将试件侧立完全浸入 pH 为 7±1，温度为（20±2）℃ 的水槽中浸渍 24h，并保证其能自由膨胀，取出试件，擦去表面附着水，再次测量试件中心点厚度。结果按照式（5-1）计算，并精确到 0.1%。

$$T = \frac{H_2 - H_1}{H_1} \tag{5-1}$$

式中，T 为吸水厚度膨胀率（%）；H_1 为浸水前试件厚度（mm）；H_2 为浸水后试件厚度（mm）。

防水性能测试：将试件置于（20±2）℃，相对湿度为 65%±5% 的环境中固化一周后，放置直至恒重，然后将试件于（60±3）℃ 的温水中浸渍，记录试件胶层开裂所需时间，作为衡量胶黏剂防水性能的另一指标。

傅里叶变换红外光谱（FTIR）测试：采用美国 Nicolet 公司 IRAffinity-1 型 FTIR 光谱仪测试，将胶黏剂样品烘干至恒重，研磨成细粉，使用溴化钾压片制备样品。波长范围为 500~4000cm^{-1}，扫描次数为 40 次/min。

5.2.3.2 有机助剂对硅酸盐无机胶黏剂耐水性能的影响

氨基磺酸是一种化学反应活性高的硫酸单酰胺化合物，表面的氨基和磺酸基能发生多种化学反应。使用微量的氨基磺酸作为助剂，即可提高胶黏剂的延展性和胶黏性能。正硅酸乙酯在催化剂作用下发生水解反应时生成多聚硅酸等多种中间产物，而多聚硅酸对无机氧化物、硅酸盐、纤维素等多种物质都具有良好的黏结性。十二烷基磺酸钠是一种应用较广泛的阴离子表面活性剂，具有优异的渗透、润湿和乳化作用。在不添加无机填料的前提下，以氨基磺酸、正硅酸乙酯、十二烷基磺酸钠作为改性剂，研究改性剂对胶黏剂耐水性能的影响。

不同有机助剂胶黏剂的 24h 吸水厚度膨胀率和耐水时间实验结果见表 5-6。由表可知，随着三种助剂添加量的增加，胶黏剂耐水时间都呈现出先增大后减小的趋势，24h 吸水厚度膨胀率则呈现先减小再增大的趋势。当氨基磺酸添加量占体系总质量的 1.0% 时，24h 吸水厚度膨胀率最低和耐水时间最长；正硅酸乙酯添加量占体系总质量的 0.6% 时，24h 吸水厚度膨胀率最低和耐水时间最长；十二烷基磺酸钠添加量占体系总质量的 0.6% 时，24h 吸水厚度膨胀率最低和耐水时间最长。由此可知，氨基磺酸、正硅酸乙酯和十二烷基磺酸钠添加量分别占体系总质量的 1.0%、0.6% 和 0.6% 时，改性硅酸钠胶黏剂体系的耐水性能最佳。

表 5-6 不同有机助剂改性无机胶黏剂的耐水性能

有机助剂	添加量/%	24h 吸水厚度膨胀率/%	耐水时间/d
氨基磺酸	0.6	10.4	23.9
	0.8	11.0	22.4
	1.0	9.4	26.0
	1.2	12.4	20.6
正硅酸乙酯	0.2	10.1	23.2
	0.4	10.4	24.0
	0.6	9.3	26.4
	0.8	11.5	21.1
十二烷基磺酸钠	0.3	11.0	23.5
	0.6	10.4	24.6
	0.9	10.5	23.3
	1.2	12.5	21.4

有机助剂不直接参与 PVA 与硅酸钠的交联反应，但能降低交联时有机物与无机物界面的表面张力，使体系中的各种物质均匀分散。但当添加有机助剂的量高于一定值时，过量有机助剂会吸附在胶团表面，减少胶粒与农林剩余物表面的有效接触面积的同时也破坏了羟基之间的氢键，反而降低了胶黏剂的耐水性。采用氨基磺酸、正硅酸乙酯和十二烷基磺酸钠用量分别占体系总质量的 1.0%、0.6% 和 0.6% 的最佳配方制备改性硅酸钠胶黏剂，以不加有机助剂的 PVA 交联处理硅酸钠胶黏剂作为对照组，对照组胶黏剂的各项性能指标如表 5-7 所示。相对未添加有机助剂改性的硅酸钠胶黏剂，有机助剂改性硅酸钠胶黏剂的耐水时间延长至 23.3d，24h 吸水厚度膨胀率降低至 10.8%，耐水性显著提高。

表 5-7 PVA 交联处理和改性无机胶黏剂性能比较

硅酸盐胶黏剂	胶合强度/MPa	耐水时间/d	24h 吸水厚度膨胀率/%	黏度/(mPa·s)
PVA 交联处理	0.73	19.0	13.0	86
有机助剂改性	0.75	23.3	10.8	84
无机填料改性	0.73	20.0	11.2	92
复合改性	0.83	26.0	8.0	96

5.2.3.3 无机填料对硅酸盐无机胶黏剂耐水性能的影响

通过预实验对硅酸盐胶黏剂常用填料进行筛选，结果表明纳米 SiO_2 及活性 MgO 的添加对胶黏剂的综合性能有一定的改善效果。为了更加明确纳米 SiO_2 及活性 MgO 两种无机填料与经过有机助剂改性和 PVA 交联预处理后的硅酸盐无机胶黏剂的协同作用，以不同配比的两种填料与经过 PVA 交联预处理后的硅酸盐胶黏剂进行复配（填料及 PVA 预处理后的胶黏剂各占质量的50%），研究两种填料的最佳配比，结果如表 5-8 所示。可以看出，随着 m（纳米 SiO_2）：m（活性 MgO）比值逐渐降低，改性胶黏剂的 24h 吸水厚度膨胀率呈先降低后增加的趋势，耐水时间呈现先增后降的趋势。当 m（纳米 SiO_2）：m（活性 MgO）= 1：1 时，吸水厚度膨胀率最低，耐水时间最长，此时改性硅酸钠胶黏剂的耐水性能最好。

表 5-8　无机粒子配比对胶黏剂耐水性能的影响

m（SiO_2）：m（MgO）	24h 吸水厚度膨胀率/%	耐水时间/d
3：1	12.1	19.6
2：1	12.5	20.1
1：1	11.2	21.5
1：2	13.5	20.6
1：3	13.9	19.9

由图 5-7 可知，两种填料的添加对胶黏剂的耐水性能略有提升。与未经无机填料改性处理胶黏剂相比，无机填料改性后胶黏剂的耐水性能稍有提高，这是由于无机填料能够与 PVA 形成化学键结合和物理吸附等分子间作用力（孟祥胜等，2007），但纳米 SiO_2、活性 MgO 与硅酸盐不能很好地融合，因而提升幅度不大。纳米 SiO_2、活性 MgO 填料单独添加对于胶黏剂的性能没有较大程度的影响。

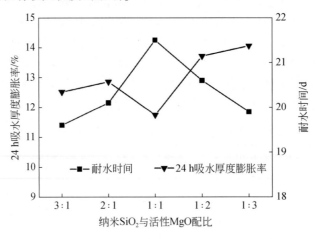

图 5-7　不同填料配比对胶黏剂耐水性能的影响

5.2.3.4　复合改性对硅酸盐无机胶黏剂耐水性能的影响

为进一步探究无机填料与助剂的复配对胶黏剂性能的影响，以纳米 SiO_2 与活性 MgO 比例为 1∶1 配比作为 A 组分，氨基磺酸、正硅酸乙酯和十二烷基磺酸钠 1∶0.6∶0.6 配比作为 B 组分，研究 A、B 两组分作为耐水改性剂对经过 PVA 交联预处理之后的硅酸盐胶黏剂的改性效果。按照预实验数据结果，A 组分与 B 组分质量比选择 70∶3、80∶3、90∶3、100∶3、110∶3、120∶3，结果如表 5-9 所示。

表 5-9　**A 组分与 B 组分配比对胶黏剂耐水性能的影响**

m（A组分）∶m（B组分）	24h 吸水厚度膨胀率/%	耐水时间/d
70∶3	10.0	22.4
80∶3	8.4	23.8
90∶3	8.0	26.0
100∶3	9.1	25.5
110∶3	9.7	23.1
120∶3	10.2	22.4

对制备的胶黏剂进行 24h 吸水厚度膨胀率和耐水时间进行测试，结果如表 5-9 所示。可知，随着 A 组分和 B 组分配比的改变，胶黏剂的耐水性发生了较大变化。m（A 组分）∶m（B 组分）从 70∶3 增大到 90∶3 时，胶黏剂的 24h 吸水厚度膨胀率逐渐降低，耐水时间逐渐延长；在 m（A 组分）∶m（B 组分）为 90∶3 时，胶黏剂的耐水时间达到 26d，24h 吸水厚度膨胀率仅为 8%；m（A 组分）∶m（B 组分）超过 90∶3 后，24h 吸水厚度膨胀率开始增大，耐水时间缩短，说明助剂及无机填料的复配协同作用能很大程度上提升硅酸盐胶黏剂的耐水性能。

由图 5-8 可知，随着 A 组分和 B 组分的不同配比的添加，胶黏剂的胶合强度和耐水性都有较大变化。在 A、B 组分质量比为 90∶3 时，胶黏剂的平均胶合强度达到 0.83MPa，耐水时间达到 26 天，24h 吸水厚度膨胀率仅为 8%。上述结果表明，无机填料与助剂的复

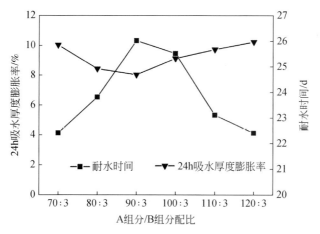

图 5-8　A 组分/B 组分配比对胶黏剂耐水性能的影响

配协同作用能很大程度上提升硅酸盐胶黏剂的胶合性能及耐水性。这是因为经过 PVA 交联改性后，硅酸盐胶黏剂在交联网络中被很好地保护起来，同时在助剂的亲水基团及憎水基团的共同作用下，无机填料与硅酸盐形成一个个被屏蔽的单体，起到隔离单体之间的羟基的作用，使胶黏剂体系均匀分散程度增加。因此，在添加微量的助剂及无机填料的复合改性作用下，胶黏剂的耐水性能大幅度提高。经过复合改性后，与单独使用有机助剂和无机填料改性时的硅酸钠胶黏剂相比较，经助剂和无机填料复合改性的硅酸钠胶黏剂的胶合强度和耐水性得到明显提高。

5.2.3.5　机理分析

硅酸盐胶黏剂在固化时，胶黏剂表面与内部发生不同的化学反应，胶黏剂表面与空气接触，除了水分蒸发外，可溶性的 $Na_2O \cdot nSiO_2$ 与空气中的 CO_2 会发生如下的反应：

$$Na_2O \cdot nSiO_2 + CO_2 + 2nH_2O \longrightarrow Na_2CO_3 + nSi(OH)_4 \tag{5-2}$$

生成的 $Si(OH)_4$ 又会发生失水反应：

$$Si(OH)_4 \longrightarrow SiO_2 + 2H_2O \tag{5-3}$$

失水反应后生成的 SiO_2 活性较大，且体系中单独的 SiO_2 分子不稳定，包括作为固化剂加入的 SiO_2 分子，总倾向于形成四面体结构的硅氧分子聚集体，因而新生成的 SiO_2 和部分胶黏剂中原有的 SiO_2 会逐渐聚合成三维网状结构，失去流动性。在胶黏剂内部，可溶性的 $Na_2O \cdot nSiO_2$ 缺少与空气中的 CO_2 接触的机会，因而没有发生以上反应。钠水玻璃呈强碱性（张新荔等，2015），容易将胶黏剂中的 SiO_2 等活化出端羟基，它们进而与胶液中的 $\equiv Si—O$ 聚合成网状结构，从而实现固化和胶接。

对采用最佳工艺制得的 PVA 交联硅酸钠胶黏剂进行红外光谱测试，以研究 PVA 交联改性对硅酸钠胶黏剂结构的影响，从而分析胶接强度和耐水性提高的机理，结果如图 5-9 所示。

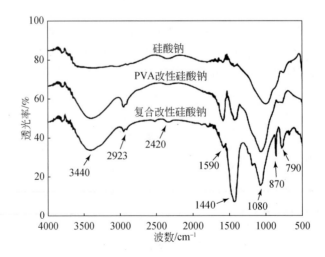

图 5-9　胶黏剂的红外光谱图

图 5-9 中，$3440cm^{-1}$ 附近为 Si—OH 的伸缩振动峰，$2923cm^{-1}$ 附近为—CH_2—的伸缩振

动峰，2420cm^{-1} 处为未扣除的 CO_2 的吸收峰，1590cm^{-1} 附近为 Si—O—Si 的伸缩振动峰，1440cm^{-1} 附近为 CO_3^{2-} 的特征峰，1080cm^{-1} 附近为 C—O—O 的伸缩振动峰，870cm^{-1} 附近为 Si—OH 的弯曲振动峰，790cm^{-1} 附近为 Si—O—Si 的弯曲振动峰。硅酸钠的红外曲线中，在 790cm^{-1} 附近为 Si—O—Si 的弯曲振动峰。当硅酸钠与 PVA 交联预处理后，其红外光谱图中除了含有硅酸钠的所有吸收峰外，还在 3440cm^{-1}、2940cm^{-1}、1590cm^{-1}、797cm^{-1} 处分别出现了 Si—OH、—CH$_2$— 和 Si—O—Si 的吸收峰，表明 PVA 和硅酸钠成功发生桥联。对硅酸盐进行助剂和无机填料复合改性后，1440cm^{-1} 附近的 CO_3^{2-} 特征峰明显比 PVA 交联预处理时的特征峰强度大，从而使得 1590cm^{-1} 处的 Si—O—Si 吸收峰被掩盖而强度减弱，874cm^{-1} 处的 Si—OH 弯曲振动峰强度也明显增强。同时，从硅酸钠胶黏剂的固化反应方程式（5-2）（黎治平等，2003）中可以看到，固化时产生 Na_2CO_3，复合改性硅酸钠胶黏剂的红外曲线在 1440cm^{-1} 附近有一个明显的 CO_3^{2-} 特征峰，表明复合改性可以进一步促进硅酸钠胶黏剂的固化，从而提高胶黏剂的固化交联度，使胶黏剂分子间形成互穿桥联网络结构，从而提高耐水性，具体见反应方程式（5-4）~式（5-6）。

$$Na_2O \cdot nSiO_2 + (2n+1)H_2O \longrightarrow 2NaOH + nSi(OH)_4 \tag{5-4}$$

$$Na_2O \cdot nSiO_2 + 2nH_2O + C_2O \longrightarrow Na_2CO_3 + nSi(OH)_4 \tag{5-5}$$

$$nSi(OH)_4 \xrightarrow{\text{缩聚}} [Si(OH)_4]_n \xrightarrow{\text{脱水}} nSiO_2 \tag{5-6}$$

5.2.3.6　小结

（1）采用无机填料纳米二氧化硅和活性氯化镁辅以助剂改性硅酸钠胶黏剂，可使得硅酸钠胶黏剂具有较好的耐水性能，但是添加填料之后的胶黏剂的耐水性能提升幅度不大，说明填料单独添加虽然能一定程度上提高耐水性能，但是并没有较大程度的改观。

（2）当助剂氨基磺酸、正硅酸乙酯和十二烷基磺酸钠用量分别占体系总质量的 1.0%、0.6% 和 0.6% 时，改性硅酸钠胶黏剂的耐水性能最佳；无机填料 m（纳米 SiO_2）：m（活性 MgO）为 1:1 时，改性硅酸钠胶黏剂的耐水性能最好。

（3）无机填料和助剂质量配比为 90:3 时，改性硅酸钠胶黏剂的耐水性能最佳。结果表明，无机填料与助剂的复配协同作用能很大程度上提升硅酸盐胶黏剂的胶合性能及耐水性，说明复合改性可以进一步促进硅酸钠胶黏剂固化，提高交联度，从而使耐水性能提高。

5.2.4　仿生智能防水技术

人造板防潮防水技术主要涉及木质材料的选择与改性、胶黏剂的耐水改性、防水剂的使用、表面涂饰与改性。与其他几种防水技术相比，人造板表面涂饰与改性属于成板后防水处理技术，不参与人造板成板过程，对人造板内结合强度、弹性模量、静曲强度等影响较小，可以较好地平衡人造板力学性能与防水性能。成板后防水技术主要包括硅溶胶涂层防护、浸油涂油、石蜡乳液浸渍、等离子体改性、真空蒸发镀膜、表面饰面、接枝共聚等。其防水机理可归纳为以下几种类型：①形成完整、封闭的涂膜，通过物理屏障阻隔水分。完整连续的涂膜，其分子间隙的宽度约为几纳米。而自然界的缔合水通常是由几十个水分子形成的大分子团。因此，水分很难通过膜的间隙。②涂膜本身的憎水性协同物理屏障增强对水分的排斥。膜表面疏水基团种类影响膜的憎水性，进而影响人造板防水性能。③不可逆性化学封闭亲水性羟基。通过引入化学试剂（通常是有机硅防水剂），与板材表面官能团（主要是羟基）反应生成不亲水的有机大分子网状结构，进而形成化学憎水膜防止水分子透过。

上述提到的技术均属于隔膜屏障型防水，依赖于膜的致密性及其表面憎水性。硅溶胶涂层、油膜、蜡膜均可通过涂覆、浸渍等方式获得。据现有文献报道，在相同环境条件下，油膜（桐油）的抗吸湿性是硅溶胶涂层的 3 倍（杨力，2017）。电镜图证明这是因为硅溶胶涂层易产生多处裂痕而油膜连续致密。等离子体改性技术通常作为防水处理的联合辅助手段，通过刻蚀膜提高其粗糙度与降低其表面能的方式增强人造板防水性。真空蒸发镀膜技术可在人造板表面形成一层厚度可控、无缝隙的疏水性薄膜，较于涂覆形成的油膜，其均匀性显著提高，有利于提高木质材料表面的封闭性（安然，2016）。人造板饰面通过宏观阻隔作用对水分渗透具有一定程度的防御。通常为了加强防水性，饰面纸会进行防水改性设计（徐昆等，2019；侯晓华等，2019）。上述防水技术获得的防水层与基底材料主要通过分子间作用力联结，即以物理吸附为主（Sun，2003），并且其防水的同时阻隔了基底材料内部潮气的散发，形成了"不透气"性，使木质材料表面膜易起（鼓）泡、龟裂、剥落。因此，属于暂时性防水。接枝共聚技术通过引入反应型防水剂，与板面羟基发生不可逆化学反应改变其化学环境，能够有效增强板材防水性（宋琳莹，2007）。宋琳莹等通过有机硅醇钾和羟甲基化水解聚丙烯酰胺合成用于人造板表面化学改性的有机硅防水剂，获得与人造板化学键合的"透气型"烷基聚硅醚憎水膜，使板材表面与水的接触角增大（大于90°）（宋琳莹和辛寅昌，2007），在增强憎水膜/人造板界面结合的同时有效提高其对水的润湿、浸透的抵抗能力：水在人造板侧面存在的时间由小于 1min 最高提高至 182min。接枝共聚技术有效延长了水分在板面铺展、透过的时间，促进了耐久型防水人造板的发展。在此基础上，如何进一步提高防水时效性满足人造板长时间在高湿环境的应用是亟待解决的问题（伍艳梅和吕斌，2020）。

水滴可在超疏水荷叶表面始终呈球形稳定存在，不会润湿或渗透荷叶（Neinhuis and Barthlott，1997）。不同于传统防水机制，它是通过微纳米空气气膜隔离水分与荷叶，时效性、稳定性极强。据文献报道，荷叶处在 20cm 的水下时，寿命约为 3160min（侯绍行，2016）。值得注意的是，荷叶在空气中超疏水的时效性远大于在水中。受到大自然的启发，学者们报道了在不同基底材料仿生荷叶构建超疏水表面的方法、调控机制等，显著改善了材料的吸水性并扩展了其应用领域。目前，超疏水木质材料的研究对象主要集中在各类木材（Tu et al.，2018；Jia et al.，2018；Gao et al.，2015；Wang et al.，2011；Shah et al.，2017；Guo et al.，2017），对构建纤维板、刨花板类人造板超疏水表面鲜有报道。作者认为，原因可归纳如下：人造板与木材等农林剩余物表面化学性质高度相似，但结构差异较大。人造板粗糙度极小，表面几近光滑，不利于超疏水表面构建；我国人造板常用幅面尺寸为 1220mm×2440mm（伍艳梅和吕斌，2020），与木材相比幅面较大，对构建方法要求较高；人造板生产成本低，在进行功能修饰时对处理成本和加工工艺要求较高。因此，开发一种操作简便、不依赖设备、低成本、可大幅面使用、耐久的人造板超疏水表面制备方法对人造板产业发展具有重要意义。

油漆饰面是人造板应用时主要的二次加工方式。在此基础上，作者提出仿生智能防水新策略，将疏水处理与胶合、油漆饰面工艺结合，调控疏水成分与胶黏剂等的相容性，制备出可涂、可刷、可喷的绿色仿生防水涂料，实现人造板高效、长效防水。同时，深入研究了体系组分、操作方法、基材类型等对防水层结构、化学性质、润湿性的影响，揭示了仿生防水涂料作用机制，为仿生防水提供重要理论基础。

5.2.4.1　仿生防水涂料的制备

1）制备方法

0.5g 全氟辛基三乙氧基硅烷（PTES）、1g 二氧化硅加入至 49.5g 无水乙醇获得混合溶液，经 2h 磁力搅拌获得溶液 A；同时将 2g 环氧树脂溶于 5g 无水乙醇，经磁力搅拌 30min 后获得溶液 B；将溶液 A、B 混合，超声分散 30min，获得溶液 C；同时，将 1g 固化剂溶于 5g 无水乙醇中，磁力搅拌 30min，获得溶液 D；混合溶液 C 和 D，经 1h 磁力搅拌后获得仿生防水涂料（图 5-10）。

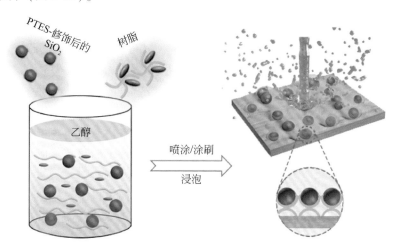

图 5-10　仿生防水涂料主要组分

将仿生防水涂料均匀涂覆于纤维板、刨花板与木材（杉木）表面（0.15mL/cm²），室温晾干或放入 70℃烘箱中加速干燥，获得具有超强疏水特性的木材、纤维板和刨花板。与木材（杉木）三切面相比，纤维板亲水性强、刨花板边缘粗糙、多宏观凹槽空隙，导致两板材渗透性强。为了避免防水涂料渗入人造板内部，而是在人造板表面充分反应、组装结构进而形成仿生防水层，对人造板使用仿生涂料处理前采用 PDMS 进行填隙预处理。玻璃、滤纸等均可按照上述涂覆量获得仿生超疏水表面。

2）性能表征

润湿性：在常温下使用 4μL 超纯水，通过接触角测试仪测试样品表面 5 个不同部位的接触角，取平均值作为样品表面最终接触角值（CA）。

24h 吸水厚度膨胀率和 24h 吸水率：依据 GB/T 17657—2013《人造板及饰面人造板理

化性能试验方法》测试试件处理前后 24h 吸水厚度膨胀率和 24h 吸水率，试件尺寸大小为 50mm×50mm×9mm。

扫描电子显微镜测试：使用扫描电子显微镜（SEM，Quanta450）观察样品的微观形貌。工作电压设置为 15kV。实验前，通过溅射镀膜仪（GCV-1200）在样品表面溅射一层金膜，提高样品的导电性。

傅里叶变换红外光谱测试：采用傅里叶变换红外光谱（FTIR，岛津公司）表征样品化学成键信息。采用 KBr 压片法，获取样品在 $400 \sim 4000cm^{-1}$ 范围内的红外谱图，光谱分辨率为 $4cm^{-1}$，扫描信号累加 16 次，重复测试 4 次。

X 射线能谱测试：使用 X 射线能谱分析仪（EDS，INCA X-ACT250）表征样品表面元素组成，对样品进行元素定性半定量分析。

5.2.4.2　仿生防水涂料的设计思路与防水机制

不同于普通的隔膜屏障型防水层，仿生防水涂料通过构建超疏水结构，模拟荷叶捕捉空气，形成一层空气膜托起水滴防止其渗透，具有时效性长、稳定性高的特点。超疏水表面依赖于微纳米分级结构的构建与低表面能物质的修饰（Koch et al.，2009）。同时，超疏水涂层与基底材料的界面结合强度是决定其耐久性的关键因素（Lu et al.，2015）。超疏水界面通常通过"三明治"胶层结构、结构再生、碱液活化等方式增强结合（Tu et al.，2018；Jia et al.，2018；Gao et al.，2015）。"三明治"结构增强效果显著，在各类基底材料中被广泛采用。在仿生防水涂料制备时，微纳米组分与胶黏剂在同一体系，难以实现"三明治"结构，并且胶层容易覆盖纳米粒子，不利于分级微纳结构构建。因此，在仿生防水涂料体系，作者提出超疏水结构与增强结构集成策略，通过调控体系各组分间的相容性、配比等，构建以胶层为微米级骨架结构镶嵌纳米级粒子的超疏集成结构，实现高强耐久超疏水表面。

为了验证上述仿生防水涂料设计理念的可用性及其构建机制，将含有环氧树脂胶及不含有环氧树脂胶的仿生涂料分别滚涂在滤纸表面［图 5-11（a）、（d）］，得到两种对比涂层。采用 SEM、CA、EDS、FTIR 等手段表征分析两种涂层形貌、润湿性、表面化学环境。

SEM 分析结果表明使用不含环氧树脂的涂料得到的表面被一层仅由纳米级粒子组成的膜层覆盖，整个膜层较为平整，缺乏微米级结构，粗糙度较小［图 5-11（e）］。含环氧树脂的涂料得到的表面涂层则由具有连续微米级凹凸结构的树脂和纳米级粒子组成，具有分级结构，整个表面较为粗糙［图 5-11（b）］。SEM 分析表明环氧树脂可提供微米级结构，是构建超疏水功能的必要物质。

CA 分析结果显示，使用不含环氧树脂的涂料得到的涂层表面接触角不能达到 150°，且不同区域疏水性能不同。此外，即使旋转 90°，水滴依然不能滚落，基底黏附性极大［图 5-11（f）］。这是由于使用不含环氧树脂的涂料处理得到的涂层表面粗糙度较小，达不到微纳米二维粗糙结构的要求。此外，由于没有树脂，结构缺乏连续性，导致表面疏水性不一。使用含环氧树脂的涂料得到的表面可以全部达到超疏水效果，具有低黏附力［图 5-11（c）］。

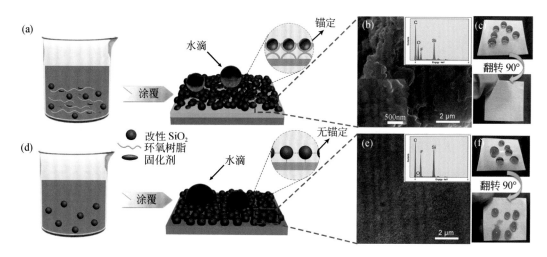

图 5-11　不同仿生防水涂料体系所获涂层 SEM 图及润湿性

（a）~（c）含环氧树脂涂料体系；（d）~（f）不含环氧树脂涂料体系

能谱分析表明，包含环氧树脂和不包含环氧树脂的涂层表面的化学元素均为 C、O、F、Si ［图 5-11（b）、（e）插图］。F 元素来自低表面能修饰剂全氟辛基三乙氧基硅烷，Si 元素和 O 元素主要来自二氧化硅纳米粒子，说明两者表面均含有疏水改性后的纳米粒子，其改性机制见示意图 5-12（a）。为了进一步确定仿生防水（超疏水）涂层的组成成分，以易制样的木材为基底制备 FTIR 测试样品。结果分析显示，包含环氧树脂的超疏水涂层表面具有 Si—O—Si、C—F 等键合方式以及环氧基团 ［图 5-12（b）］。C—F 来自全氟辛基三乙氧基硅烷，可降低粗糙结构的表面能，Si—O—Si 主要来自二氧化硅与含氟修饰剂，环氧基团则来自于环氧树脂，证明了仿生防水涂层主要由疏水纳米粒子与环氧树脂组成。

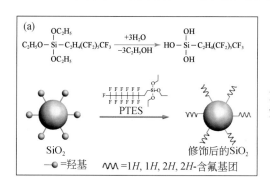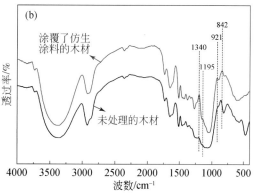

图 5-12　（a）纳米粒子改性示意图；（b）仿生涂料处理前后木材的 FTIR 图

SEM、CA、EDS、FTIR 证实了仿生防水涂料设计理念的可实现性，并揭示了仿生涂料构建树脂镶嵌纳米粒子集成结构机理：氟硅烷可与空气中的水分子发生水解反应，内部的硅氧烷基团水解为硅醇基 Si—OH。随后，硅醇基与二氧化硅表面的羟基发生脱水缩合反应，在样品表面自组装了一层单分子疏水薄膜，修饰环氧树脂与纳米粒子。环氧树脂形成的凹凸结构提供了微米级粗糙度。同时，环氧树脂胶接性能好，易与改性二氧化硅纳米粒子结合，形成微纳米分级粗糙结构。此外，依靠环氧树脂的流动性，实现了粗糙结构的连续性，使得处理材整个表面具有超疏水性。环氧树脂在仿生涂料体系中不仅提供了必要的微米级结构、良好流动性，还提供了高强的界面结合性能。不同于传统"三明治"增强结构及可再生增强结构，该集成策略同时提高界面结合强度与超疏水结构本身强度。

5.2.4.3　仿生防水涂料性能特点

涂料，俗称油漆。中国涂料界权威专著《涂料工艺》对涂料定义是："涂料是一种材料，这种材料可以用不同的施工工艺涂覆在物件表面，形成黏附牢固、具有一定强度、连续的固态薄膜。这样形成的膜通称涂膜，又称漆膜或涂层"（涂料工艺编委会，1997）。涂料具有操作方式弹性多样、基底使用范围广、可规模化应用、高强稳定性的特点。因此，所提出的"仿生防水涂料"应满足上述几点要求。

仿生防水涂料的操作方式具有多样性，采用喷涂、涂刷、浸泡等方式将涂料涂覆在木材表面，均可获得超疏水深层。如图 5-13 的插图所示，水滴在不同工艺制备的涂层表面均呈球形存在，接触角均达 150°以上。值得注意的是，超疏水涂层的表面接触角几乎相同，均为 153°。图 5-13 的 SEM 图显示，尽管涂覆方式不同，但所获得的表面结构非常相似，均由连续的微米级凹凸树脂镶嵌纳米级粒子构成超疏水结构。超疏水表面的疏水性依赖于其微纳米分级结构。SEM 图揭示了仿生涂料不依赖操作方式的原因，即操作方式不影响超疏水结构形貌。

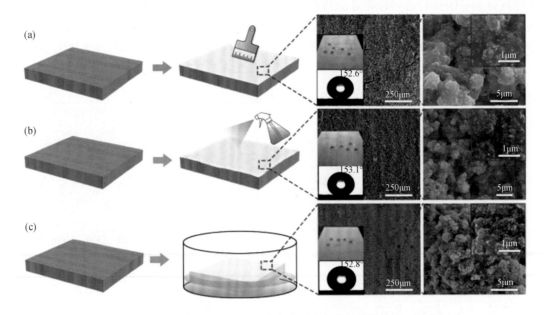

图 5-13　操作方法普用性：不同操作方式对木材表面结构与润湿性的影响
（a）涂刷；（b）喷涂；（c）浸泡

其次，证实了仿生防水涂料的应用具有普适性，不受基底材料初级粗糙度的影响，可以用于构建各类超疏水材料。如图 5-14，图 5-15 所示，采用涂刷的方式分别将涂料涂覆在木材的径切面、弦切面、横切面以及玻璃、滤纸等物化性质差别大、具有代表性的多种材料表面，表征仿生防水涂料的普适性。结果显示，仿生涂料涂覆前，各类材料表面的接

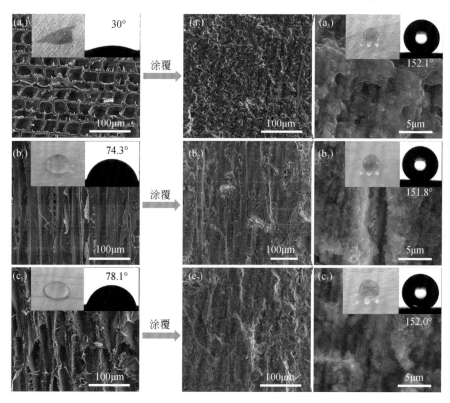

图 5-14　仿生防水涂料处理前后木材三切面的结构与润湿性
（a）木材横切面；（b）木材径切面；（c）木材弦切面

图 5-15　仿生防水涂料处理前后材料表面的结构与润湿性
（a）~（b）玻璃；（c）~（d）滤纸

触角为 0°~80°。当水滴滴在材料表面时，或是被立即吸收，或是铺展润湿表面。仿生防水涂料涂覆后，各材料表面接触角提高至约 152°，可支撑球形水滴，达到超疏水性能要求。SEM 图显示，所获材料表面均被环氧树脂镶嵌纳米粒子的涂层覆盖且具有超疏水表面所需的微纳米分级结构。图 5-14 和图 5-15 证明了仿生防水涂料应用范围广。因此，可以满足初级粗糙结构较低的人造板防潮防水表面的制备需求。

仿生防水涂料可不受基底材料幅面的限制，具有大规模、大面积应用的特点。如图 5-16 所示，在办公室墙面涂刷一块面积为 0.5m 宽、1m 长的矩形区域，室温固化、晾干后将滴加了墨水的水泼向墙面。结果显示，涂覆仿生防水涂料区域的表面无任何变化，水接触到墙面后被反弹，而未涂覆仿生防水涂料区域的表面被润湿，且被蓝色墨水污染。这是由于矩形区域获得超疏结构，具有高强防水、自清洁功能。图 5-16 证明了仿生防水涂料可在大幅面材料表面应用，因此，可以满足尺寸相对较大的人造板防潮防水表面的制备需求。

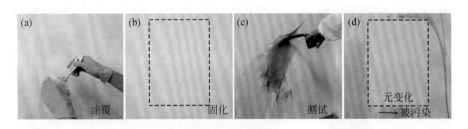

图 5-16　仿生防水涂料处理后的墙壁表面防水性与自清洁性

5.2.4.4　仿生防水涂料稳定性

人造板等木质基材料表面防水对时效性要求较高，因此，防水层应具有高强界面结合、耐腐蚀、耐高低温等性能，以满足在苛刻环境、不同环境应用时的长效性、稳定性需求。在此，以木材为基底，对仿生涂料的界面结合性、化学稳定性进行了测试，以表征其稳定性。

具体测试试验如下：①砂纸磨损试验。采用 1000 目砂纸在 5kPa 压力下剥离涂覆仿生防水涂料的木材，并通过接触角变化实时检测防水层被剥离状态。②耐腐蚀试验。配制不同 pH 的水溶液（pH=1~13）。将涂覆仿生涂料的木材分别在其中浸泡 24h，然后取出在接触角测试仪下测试。通过接触角变化反映防水层被破坏情况。③沸水蒸煮试验。将待检试件放于沸水中蒸煮，持续加热（100℃）蒸煮 3h。取出试件，干燥并测量其表面润湿性。通过接触角变化反映防水层脱落情况。④不同环境温度条件下的稳定性试验。将涂覆仿生涂料的木材分别至于 0℃、20℃、40℃、60℃、80℃、100℃、120℃、140℃温度条件储存 2h 后取出检测其表面疏水性的变化。通过疏水性变化反映防水层稳定性。⑤对不同温度水的防御性能检测。分别取 35℃、45℃、55℃、65℃、75℃、85℃、95℃水滴作为检测木材表面防水的液体，检测其对不同温度水的抵抗性能。

砂纸磨损试验结果显示，涂覆仿生防水涂料的木材经过 1000 目砂纸剥离 110 次后仍具有高于 150°的接触角及低于 10°的滚动角（图 5-17），表明防水涂层未被剥离，界面结合力强。耐腐蚀试验结果表明，pH=1 的强酸性溶液与 pH=13 的强碱溶液腐蚀后的木材表面疏水性高于 150°，保持超强防水性能 ［图 5-18（a）］。不同温度条件下储存试验结果显示，防水木材在极冷及极热温度条件下均具有超强防水性 ［图 5-18（b）］，表明防水层具有较强的环境稳定性。沸水蒸煮试验结果显示，沸水蒸煮前后木材表面的接触角均高于 150° ［图 5-18（c）］，表明沸水蒸煮后木材表面保留了原有的超强防水结构。沸水蒸煮试验后需对被测试试件进行干燥，然而，木材内部水分蒸发并未影响防水层附着，验证了防水层具有"透气性"。同时，水沸腾时对试件产生冲击，而防水层并未受到影响，进一步证明其基底附着力高。通过检测不同温度的水在木材表面的接触角，反映其对不同温度水的耐受性。结果显示，仿生涂料处理后的木材表面可支撑高低温宽范围内各个温度条件下的水呈球形存在 ［图 5-18（d）］，表明防水层对水的防御性能不受水温度的影响。上述五种试验结果表明，仿生防水涂料具有高强界面结合、较高的化学及热稳定性，支持其长效性防水。

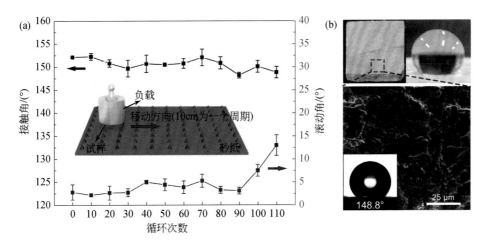

图 5-17　砂纸磨损试验
（a）疏水性随磨损次数的变化；（b）磨损后涂层的 SEM 图与润湿性

5.2.4.5　仿生涂料在人造板防水领域应用

上述几个小节验证了作者提出的"仿生防水涂料"策略，并通过各类试验证明了仿生防水涂料的长效性与稳定性，详见已发表成果（Chem. Eng. J，2017，328：186-196）。在此，设计系列试验探索仿生防水涂料在人造板防水领域的应用，系统研究了纤维板、刨花板类人造板防水处理前后吸水厚度膨胀率、吸水率性能的变化。

图 5-19 和图 5-20 展示了人造板防水处理前后润湿角的变化。防水处理前，刨花板初始接触角为 55.8°（此处，定义水滴接触 60s 时的角度为初始接触角），且随着时间增长，水滴在其表面逐渐铺展并渗透到其内部。水滴接触表面 660s 后，接触角仅有 17.6°，降低显著；防水处理后，刨花板初始接触角提高至 152.5° ［图 5-19（a）~（b）、图 5-20（a）］。此外，润湿性稳定：水滴接触表面 660s 后，接触角为 152.4°，几乎未发生变化。纤维板防水处理前后的变化趋势与刨花板相同。防水处理前，纤维板初始接触角为 30.1°，

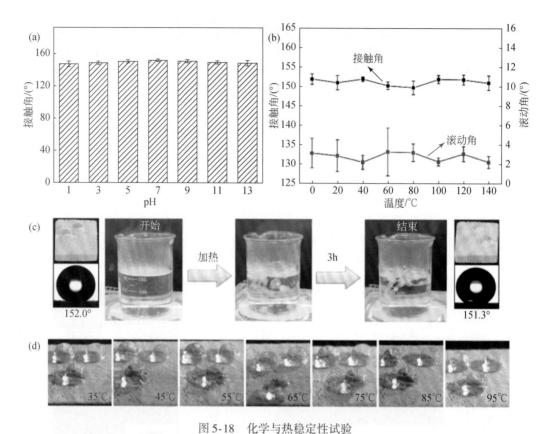

图 5-18 化学与热稳定性试验

（a）腐蚀性液体浸泡试验；（b）不同温度条件放置后的表面疏水性变化；（c）沸水蒸煮试验；

（d）不同温度水滴在表面的润湿性

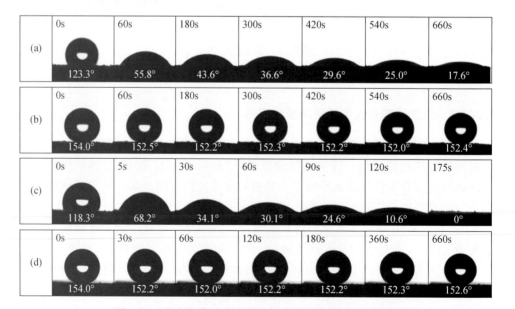

图 5-19 人造板表面水滴接触角随时间变化的光学图片

（a）未处理刨花板；（b）防水处理刨花板；（c）未处理纤维板；（d）防水处理纤维板

175s 后完全被吸收；防水处理后，接触角上升至 152°，且即使延长接触时间，大小基本保持不变，疏水性能稳定 ［图 5-19 （c）~（d）、图 5-20 （b）］。可见，防水处理后的人造板表面憎水效果要远远好于未处理人造板，且防水性能稳定。

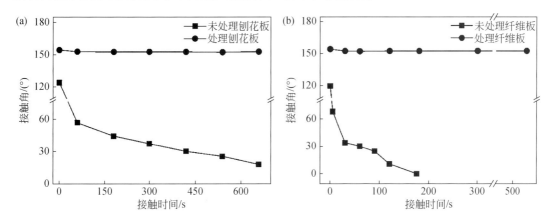

图 5-20　处理人造板与未处理人造板表面水滴接触角随时间的变化
（a）刨花板；（b）纤维板

对防水处理前后的人造板 24h 吸水率和 24h 吸水厚度膨胀率进行了对比研究（图 5-21）。如图 5-21 （a）所示，未处理的刨花板 24h 吸水率为 55.77%，24h 吸水厚度膨胀率为 22.25%，不符合防潮防水刨花板国标要求；处理后的刨花板 24h 吸水率为 4.19%，24h 吸水厚度膨胀率为 1.73%，符合防潮防水刨花板国标要求。纤维板防水处理前后的研究结果与刨花板相似：未处理纤维板 24h 吸水率为 33.66%，24h 吸水厚度膨胀率为 25.85%；防水处理后，纤维板 24h 吸水率为 2.58%，24h 吸水厚度膨胀率为 1.09%。可以看出，防水处理显著提高了人造板防水性能，这是由于仿生涂料与 PDMS 协同增效所致。

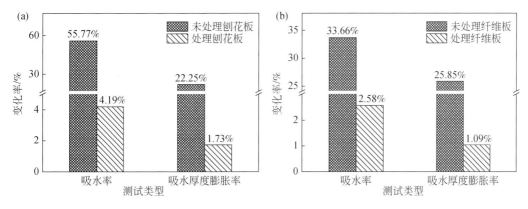

图 5-21　人造板防水处理前后 24h 吸水率和 24h 吸水厚度膨胀率变化
（a）刨花板；（b）纤维板

5.2.4.6　小结

综述了人造板成板后防水处理的技术种类、防水机制、技术特点等，总结了现有技术存在的问题，提出绿色仿生涂料长效性防水新策略，从基底的普用性、操作方法的普用性、大幅面可用性等方面验证新策略可行性，并通过系列测试探究仿生涂料防水性能的稳定性。将仿生涂料应用于人造板，探索其对人造板吸水率、吸水厚度膨胀率等的影响。得出以下结论：

（1）揭示了仿生涂料防水机制。通过仿生荷叶防水机制，仿生涂料在基底表面构建微纳米分级结构，实现超疏水性能。其中，环氧树脂形成的凹凸结构提供微米级粗糙度，纳米粒子提供纳米级粗糙度。同时，环氧树脂的流动性有利于粗糙结构的连续性，使得处理材整个表面具有超疏水性。环氧树脂在仿生涂料体系不但提供必要的微米级结构、良好流动性，并且提供高强的界面结合性能，从而提高防水性能稳定性。

（2）探究仿生涂料的性能。仿生涂料可通过涂、刷、浸泡等各类操作方式获得超疏水表面，可在金属、玻璃等各类材料中应用，几乎不受基底物化性质的影响；具有稳定性，处理后的基材可耐 1000 目砂纸剥离 110 次、强酸强碱腐蚀 24h、0℃或 140℃的放置温度、沸水蒸煮而不损失超疏水性。此外，仿生涂料的防水性能不受水温的影响，可支撑高低温宽范围内不同温度条件下的水呈球形存在。

（3）探究仿生涂料对人造板防水性能的影响。仿生涂料处理后的刨花板表面憎水效果显著提高，水接触角达 152.5°，呈球状存在；而水滴在未处理刨花板表面会迅速铺展，并被吸收。处理后的刨花板 24h 吸水率为 4.19%，24h 吸水厚度膨胀率为 1.73%，符合防潮防水刨花板国标，而未处理刨花板远低于防潮防水刨花板国标要求。纤维板处理前后变化趋势与刨花板相同。

（4）未来研究建议。目前，仿生涂料在人造板防水领域的应用还需 PDMS 预先填孔且含有含氟组分。在未来的研究中，应从仿生防水涂料组分体系结合人造板制板工艺的角度出发，进一步调控涂料的组成，降低防水涂料成本；去除预处理步骤，简化人造板防水处理工艺；研究并调控仿生涂料对人造板表观性能的影响，基于油漆工艺，开发具有各种颜色或具有可装饰性纹路的仿生防水涂料。

5.3　防霉防腐

5.3.1　概述

木竹材、农林剩余物等生物质材料在自然环境中容易遭受各类生物、微生物的侵袭，大大缩短了它们的使用寿命，加重了材料的消耗（曹金珍，2006）。可造成侵害的微生物种类很多，其中引起败坏最严重的一类微生物是真菌，它可能造成木竹材等材料的腐朽以及霉变（李坚，2006）。农林剩余物人造板是由天然生物质原料所制成的，所以它在存放或者使用过程中也容易受到真菌的侵蚀从而发生腐朽和霉变。

腐朽主要是指木材因木腐菌（真菌）的侵害而引起木材糟烂、解体的现象（杨传平，2018）。木材微生物降解最严重的一种就是由真菌引起的，它们可以导致结构的迅速破坏（Green et al.，1997）。人造板及其他木质材料虽然比实木具有更高的耐腐性，但这些产品仍然容易受到微生物攻击并引起材质的腐烂（Ramunas et al.，2017；Kartala et al.，2003）。霉变主要指由霉菌引起的材料变色或者材质变化。霉菌一般在木材或者人造板表面生长，一般不会对材料内部结构产生巨大破坏，而主要会引起材料的表面变色，降低产品外观质量，影响产品的使用价值。近年来，针对霉菌生长引起的室内空气质量问题的研究急剧增加。据报道，接触霉菌可能导致过敏、呼吸道症状和哮喘等呼吸道疾病（Richardson et al.，2005），并可对免疫系统被抑制的人造成严重的健康影响（Clausen and Yang，2005）。虽然说霉变一般对木材或人造板的物理力学性能影响较弱，但是如果长期处在霉菌生长适宜的条件下则会引起严重发霉，甚至产生腐朽，也可能会破坏纤维细胞壁（周慧明，1991）。

因此，对人造板等木质产品进行防霉防腐处理对于节约木质产品维修成本、提高产品质量具有重要的意义。通过防霉防腐处理，可以减少人造板等木质产品因各类腐朽菌、霉菌等微生物引起的性能劣化，可以有效地延长使用寿命，同时有助于应用领域的扩大（金重为和叶汉玲，2001）。另外也是解决我国木材资源紧缺的重要措施，具有很好的经济效益、社会效益和生态效益（孙芳利等，2017）。

5.3.1.1　防霉防腐原理

与大多数生物一样，霉菌、腐朽菌等微生物的生长以及繁殖需要充足的营养和适宜生存的环境。霉菌生长繁殖所需要的营养来源主要来自于木竹材等生物质材料中所含的糖类、蛋白质、脂肪等物质；腐朽菌生长则主要依靠纤维素、半纤维素、木质素等；而木竹材中天然的孔隙（例如筛管和导管）则为水分、空气等提供了通道。引起腐朽、霉变的必要条件包括：①充足的营养物质（包括炭源、氮源等）；②适合真菌生存的温度；③一定的水分；④一定的氧气供应；⑤适宜的酸碱度等。这几项不可或缺，否则会抑制真菌的生长发育，甚至引起微生物的死亡。

防霉防腐处理的原理就是通过某种手段，消除微生物赖以生存的必要条件之一，从而达到阻止其繁殖的目的（李坚，2006）。比如，隔绝真菌等微生物生活所需的水分和氧气，还可以通过一些处理方式将木质产品中的营养去除或将其转化为难以被真菌利用的物质（Crumière et al.，2002）。研究真菌的生理生长特性以及真菌在木竹材上的分布特性及作用机理，有助于采取有效措施来抑制甚至完全破坏真菌的生命活动，从而阻止木材及人造板等木质产品的腐朽和霉变（谢桂军，2018）。

5.3.1.2　影响人造板腐朽霉变的因素

根据腐朽菌、霉菌生长特性可以发现温度、湿度和酸碱度等环境因素对真菌的生长和繁殖具有极大的影响，比如真菌的适宜生长温度一般为 3～40℃ 且真菌的繁殖和代谢需要一定的水分。因此，在高温高湿的环境条件下，人造板的霉变和腐朽更容易发生。除湿度、温度等外部环境因素对人造板的腐朽霉变的影响较大之外，材料本身的性质等内部因素同样对人造板的腐朽霉变具有一定的影响。

人造板类型：农林剩余物人造板主要是由纤维和刨花等小单元木质碎料用胶黏剂粘接在一起制成的纤维板、刨花板等产品。虽然这些产品仍然容易遭受微生物攻击（Curling and Murphy, 1999), 但人们普遍认为木质复合材料比实木具有更强的耐腐性。通过不同碎料组成的人造板因其构造和材料的不同而具有不同的抗菌性能, 例如有研究发现用同一种防霉抗菌方式处理后的纤维板比刨花板具有更好的防霉防腐性能。

人造板原料: 木材具有天然耐腐性, 而不同的树种所具有的耐腐性能是不同的, 其主要与木材的构造以及化学组分有关(李坚, 2014)。而竹材的化学成分中存在较多的营养物质, 其中糖类占 2.00% 左右, 因此竹材很容易产生霉变、变色、虫蛀和腐朽(王文久等, 2000)。对于人造板而言, 由不同原料所制成的人造板具有不同的抗菌性能, 例如原料由天然耐久树种的木材所制成的人造板, 比由天然易受感染树种的木材所制成的人造板更能抵抗真菌和昆虫(Kartala et al., 2003)。

人造板胶黏剂: 研究发现, 人造板中胶黏剂添加的种类以及占比对其防霉防腐性能具有较大的影响。如大豆蛋白胶黏剂中含有的营养物质较为丰富, 因此使用大豆蛋白胶黏剂所制备的人造板特别容易遭受霉菌的侵害(邢方如, 2017)。而一些含有甲醛等有毒物质的胶黏剂如脲醛树脂胶等则具有一定的抑菌作用, 因此使用脲醛树脂胶所制备的人造板对比大豆胶黏剂制备的人造板更不容易受到真菌的感染。

综上所述, 通过了解真菌的生长习性以及结合人造板自身结构等特点, 在人造板的防霉防腐处理中可以根据人造板原料或者胶黏剂等因素的不同而选择不同的防霉防腐处理手段。例如, 对于使用大豆胶黏剂或者易受感染树种的木材所制成的人造板则需要更深入的防霉防腐处理以期达到所需的抗菌效果。

5.3.1.3 防霉防腐常用方法

防霉防腐方法一般分为两大类: 物理法和化学法。但物理法处理后的人造板一般耐久性较差, 因此防霉防腐常用化学法处理或者物理法与化学法联用。

物理法主要可以采用烟熏法、高温改性法、机械涂刷法、水浸法等, 此外还可以采用红外加热法、超声波法等。热处理导致木质材料化学结构的改变, 从而降低人造板的含水率, 使得真菌难以生长繁殖。研究还表明, 通过热改性可以有效地提高人造板对腐烂真菌的抵抗力(Jun et al., 2007)。研究表明, 在 180℃ 至 260℃ 下对材料进行热改性, 将导致半纤维素和木质素降解, 破坏真菌的营养源从而达到防腐目的(Alén et al., 2002)。物理法的成本相对较低, 操作简单, 对环境的污染小。然而物理法的防霉防腐效果一般较差, 对木质材料的保护不持久, 因此一般不单独使用物理法(Liese et al., 2003)。

化学法主要是对木竹材等木质产品用化学药剂进行处理。其主要作用原理是通过防霉防腐剂处理以杀死真菌或者抑制真菌的生长和繁殖, 同时有效保护木质产品免遭菌虫的再次侵蚀。化学法的优势是处理后可达到较好的防霉防腐效果, 且保护时间较长, 一般不会破坏木质材料原有的物理化学性质。但是, 化学法的处理成本相对较高且操作更为复杂, 并且常用的一些防霉防腐剂具有一定的毒性, 因此可能会对人与环境产生不良的影响(卫民和崔卫宁, 1997)。另外, 还可以通过化学药剂对木材进行改性以改善或者提高木材的某些特性如亲水性、耐腐性等以达到防霉防腐的目的(李坚, 2006)。

人造板一般借鉴实木的防霉防腐技术, 但因原料与生产工艺的不同, 人造板的防霉防腐处理还需要考虑到人造板原料与胶黏剂以及防霉防腐剂之间的兼容性问题, 同时还要考虑生产工艺对防霉防腐处理的影响。比如对中密度纤维板进行喷洒和刷涂抗菌剂处理可能会大大地降低中密度纤维板的物理力学性能。因此，人造板的防霉防腐工艺不能完全借鉴实木的防霉防腐处理方式。目前常用的人造板防霉防腐处理方法可分三类：原料预处理；生产过程中处理；成品处理（周冠武等，2012）。人造板原料的预处理一般是采用涂刷、喷淋、浸渍等方式将防霉防腐药剂与原料混合均匀，使原料具备防霉抗菌功能。生产过程中处理一般是先将防霉防腐剂与胶黏剂等混合后，再通过施胶与人造板原料混合。成品处理的方式与实木的防霉防腐处理方法类似，可以对人造板成品板材进行药剂涂刷或者浸渍处理等，或者对板材的饰面进行防霉抗菌处理。但一般来说，直接进行表面处理的成品板材的防霉防腐耐久性较差，药剂容易流失，而如果对板材进行药剂浸渍处理则容易影响板材的物理力学性能或者可能造成板材表面鼓泡等缺陷。一般工厂里较为常见的是采用生产过程中处理的方式，该方式经济性较高。而如果对人造板的防霉防腐要求较高，则可以在原料预处理中采用加压浸渍的方式将药剂渗透到纤维等原料当中。

但不管是木竹材的防霉防腐处理还是对人造板进行防霉防腐处理，目前常用的方式一般是化学法，即使用防霉防腐剂对板材进行处理。目前常用防霉防腐剂一般分为油类、有机溶剂类和水溶剂类。

（1）油类防霉防腐剂是一类广谱型防护剂，不但对真菌有杀菌效果，同时也能有效抵抗虫和钻孔动物的侵害。油类防霉防腐剂主要包括煤焦油及其分馏物（如煤焦杂酚油与石油混合液、煤焦杂酚油、蒽油等）。其中煤杂酚油的应用最为广泛，但其具有一定的毒性，会对人与环境造成严重危害，另一方面，其处理材表面呈黑色，对于后续的胶合和油漆处理会有不利影响（Crawford et al.，2000）。Barnes 等（1995）认为对煤杂酚油来自于环保方面的指责是没有依据的，因为煤杂酚油在土壤中能够被迅速降解，另外经过煤杂酚油处理过的材料废弃后也能作为燃料进行再利用。因此，如何得到一个干净的处理材表面以及如何解决药剂渗出现象是目前使用油类防霉剂所要解决的重要问题。

（2）有机溶剂防霉防腐剂的载体主要为油，所以它又可以被称为油（溶）载型防霉防腐剂。常见的有机溶剂防霉防腐剂有五氯苯酚（PCP-Na）、百菌清（CTL）、异噁唑酮（ITA）、环烷酸铜等。有机溶剂防霉防腐剂的防霉防腐效果强，并且防护持续时间长，然而这类防霉防腐剂一般毒性较大，对环境具有一定的污染。比如五氯苯酚从 1928 年开始发展作为木材防霉防腐剂使用，它具有抗霉腐性能佳、价格相对适中等优势。但研究显示它的活性成分中含有对哺乳动物剧毒的物质，并且具有致癌作用，因而很多地区已经逐渐停止使用这种药剂。百菌清也是一种广谱型杀菌剂，它能有效杀死真菌，且这种药剂的有效期较长，虽然它也具有一定的毒性，可能会对环境造成危害，但是百菌清的毒性较小且具有一定的抗流失性（覃道春，2004）。

（3）水溶型防霉防腐剂是以水作为溶剂，因此它又可以称为水载型防霉防腐剂。该类防霉防腐剂具有优异的抗菌性能和低廉的价格，目前应用最为广泛。相比于有机溶剂，它对环境的污染较小并且成本更低。另外，通过水溶防霉防腐剂处理后的木质产品表面干净，不含有刺激气味，不会对后续的油漆及胶合处理过程产生影响。然而，抗流失性差是水载型防霉防腐剂所面临的一个重要问题（Yu et al.，2009）。现在常见的解决方法是将几种单盐和一些助剂按一定比例混合成复合型剂以提高防霉防腐剂的固着性（蒋明亮和费本华，2002）。

5.3.1.4 常用防腐防霉剂

1）硼类防霉防腐剂

硼酸盐类物质作为防霉防腐剂已有几十年的历史，其具有良好的环境特性。较为常用的硼类防霉剂主要有八硼酸钠、四硼酸钠、硼酸、硼砂等及其混合物，有效成分以 B_2O_3 计。硼类防霉防腐剂一般具有广谱杀菌作用，对霉菌、腐朽菌等真菌以及害虫都具有良好的防治功效。另外，它对哺乳动物的毒性非常低，对环境友好。经过硼酸盐处理过的人造板表面干净，不改变处理材原有色泽（Hashim et al.，1994），不会对处理材的涂饰性能、加工性能或者胶合性能产生不良影响。材料原有的物理力学性能不会因药剂处理后而改变，且在高浓度时经过硼类防霉防腐剂处理可以赋予材料一定的阻燃性能（吴玉章，2006）。硼类防霉防腐剂一般属于水溶性的，所以加工方便，价格便宜，一般对环境的危害较小。然而，硼类防霉防腐剂最大的缺点是容易流失，处理材尺寸不稳定，因此目前对硼类防霉防腐剂的研究主要集中于如何改善其抗流失性能（Ratajczak and Mazela，2007），这也将是今后硼类防霉防腐剂研究的重点和难点。

2）铜类防霉防腐剂

对铜类防霉防腐剂的研究和应用已长达一个世纪之久，它对真菌和害虫都具有很好的毒杀效果，且铜本身对环境没有不良影响（Humar et al.，2001）。当铜浓度较高时，其具有除海藻、杀细菌、灭真菌以及杀昆虫的功效（Mettlemary，2011）。铜具有的广谱杀菌性和对人畜低毒的优势，而被广泛用为许多防霉防腐剂的主要活性成分。常用的铜类防霉剂主要包括铜唑类、铜铬砷（CCA）、季铵铜（ACQ）、微化铜（MCQ）、铜铬硼（CCB）、酸性铬酸铜（ACC）、氨溶砷酸铜（ACA）、二甲基二硫代氨基甲酸铜（CDDC）（Radu，1997）等。作者主要介绍铜唑类、铜铬砷、季铵铜、微化铜防霉剂。

（1）铜唑类（CA）防霉防腐剂由二价铜离子（Cu^{2+}）与三唑化合物复配而成，不含铬、砷等重金属，这种防霉防腐剂的防腐抗菌效果好且毒性较低，并且具有一定的抗流失性，是目前应用的新一代有机杂环类水溶性防霉防腐剂（Helsen et al.，2007）。铜唑类防霉防腐剂有两种，A 型和 B 型，分别是 CuAz-A 和 CuAz-B，CuAz-B 中加入了硼。有机杂环类杀菌剂铜唑对担子菌有很好的防霉防腐效果，作为防霉防腐剂有良好的应用前景，是目前正在推广应用的新一代水溶性铜类防霉防腐剂。

（2）铜铬砷（CCA）是过去应用最为广泛的防霉防腐剂（Bull，2001），其有效成分为 CrO_3、CuO、As_2O_5 或盐类。CCA 中的这些物质分别在防霉防腐处理中起到不同的作用，铜可以抑制霉菌的侵入，而铬则是铜和砷的固着剂，而且铬还可以加强处理材的疏水性能和耐光性能。然而，铬和砷属于剧毒的重金属物质，严重危害人体健康及环境质量，因此在美国、芬兰、加拿大等很多国家已经被禁止使用（Humar et al.，2006）。研究发现，在铜铬砷处理材中，铜的固着主要是通过复杂的化学反应与铬和砷络合形成不溶的复合物以稳定地固着在木材内部（Smith and Williams，1973）。Cooper 等（1997）、Radivojevic 和 Cooper（2007）、Stevanovic-Janezic（Janezic et al，2000）等用铜铬砷分别处理红松、红枫、山杨等树种的木材，所有处理材都显示出优异的抗流失性能和防腐性能。Radivojevic 和 Cooper（2010）等利用铜铬砷处理了不同的树种，通过比较处理材保留量、药剂成分、树种，研究建立了铜铬砷的固着反应动力学模型。

（3）季铵铜（ACQ）是一种水载型的防霉防腐剂，它的主要活性成分为铜和四铵盐基化合物等（秦理哲等，2019）。根据所用溶剂和活性成分的不同，季铵铜可以分为 ACQ-A、ACQ-B、ACQ-C、ACQ-D 四种不同类型。其中，ACQ-B 和 ACQ-D 两个配方最为常见，两者的区别主要在于 ACQ-B 是以无机氨为溶剂的，而 ACQ-D 的溶剂则是使用的有机胺。研究发现，由于 ACQ-B 具有较好的渗透性，在商业中常被用于浸渍难以处理的美国西部冷杉（Freeman and McIntyre，2008）。ACQ-D 也是目前一种商业化应用较为广泛的防霉防腐剂。ACQ 因为不含铬和砷等剧毒物质，所以对环境较为友好且处理方便，现有的处理工艺已经较为成熟。然而，ACQ 仍面临着极大的挑战，其中 ACQ 在处理材中容易流失是目前存在的一个重要问题（Ung and Cooper，2005），因其流失而造成重金属对环境的污染也是一个亟待解决的问题（Archer et al.，2006）。因此对 ACQ 的研究主要集中在如何改善其固着性和抗流失性。

（4）微化铜（MCQ）防霉防腐剂是一种纳米药剂。由于 MCQ 中的铜为不溶性的铜盐，因此它的固着性能较好，在抗流失性能方面与季铵铜等铜类防霉防腐剂相比具有明显的优势。有研究表明，从 MCQ 处理材中流失出的铜仅为 ACQ 处理材中流失铜的 9%~38%（Freeman and McIntyre，2008）。Matsunaga 等对南方松进行 MCQ 药剂浸渍处理并深入研究其固着机理，研究发现大量纳米尺度的铜颗粒主要沉淀在细胞间隙中（Matsunaga et al.，2007）。目前的研究主要是将 MCQ 与 CCA、ACQ 等防霉防腐剂进行对比的研究，分析其在处理材中的分布、抗流失性能、抗菌等性能（Cooper and Ung，2009；Coudert et al.，2012）。但目前的研究表明微化铜颗粒一般不进入处理材细胞壁中，因此微化铜的实际防腐效果仍然存在争议，并且如何确保 MCQ 中颗粒的尺寸能够达到纳米级且不会在处理过程中再次团聚等问题仍然需要进一步研究。

5.3.1.5　未来研究发展趋势

理想的防霉防腐剂应当具有优异的杀菌抗菌性能，且药剂在处理材中应具有良好的固着性。同时应该考虑防霉防腐剂所带来的环境影响和对处理材所带来的加工方面的影响。近年来，抗菌杀虫剂等因为自身的毒性而带来的环境污染等问题使得它们在推广应用上受到了一定的限制，因此，研究人员正在寻找替代的安全化学药剂以提高处理材的抗菌性和耐久性，同时降低对环境的损害（Marzbani et al.，2015）。理想的防霉防腐剂应当将以下几个条件作为主要依据：

（1）防霉防腐剂应趋向低毒甚至无毒化，只对菌虫有毒杀作用而对人畜无害，并且不应对环境产生污染；利用天然的具有防腐耐腐性能的植物化学成分制备无毒防霉防腐剂或者开发生物防腐剂是现下开发新型绿色环保抗菌剂的趋势之一；

（2）防霉防腐剂应具有广谱高效、一剂多效性，不仅应该对于霉菌或腐朽菌等微生物具有毒杀效果，同时应该对于昆虫和海生钻孔动物等生物具有防治作用；并且应能在低剂量下获得较好的杀菌效果，达到低剂高效的作用；

（3）防霉防腐剂应具有一定的固着性，化学性质稳定，活性成分不易流失，同时应具有一定的耐久性，达到长效防护的效果；防腐防霉剂应能均匀地渗透和分布在人造板内部，药剂的有效组分能以共价键的形式固着在人造板内部并且应与胶黏剂等其他组分有一定的相容性，不会改变其他组分的性质；

（4）价格低廉，处理工艺简便，可用于对人造板等产品进行大规模抗菌处理；并且对木质产品进行防腐防霉剂处理后不应影响原有的物理力学性质，不会对涂饰、胶合等加工性能产生不利影响。

目前，关于木竹材及人造板的防霉防腐已开展了大量的研究工作。然而，针对上述几方面，尤其是新型纳米防霉防腐剂的开发、防霉防腐剂的固着性和固着机理等仍有待进一步深入研究。

5.3.2 纳米无机防霉防腐原理与技术

近年来，越来越多的学者将研究目光聚焦在新型纳米防腐材料，因纳米防腐剂具有渗透性好、抗流失性佳等优异性能，有望成为新一代的木材防腐剂（姜卸宏和曹金珍，2008）。纳米 TiO_2 和纳米 ZnO 具有安全性高、降解性能好、抗菌杀菌性能优异等优势，是目前最常用的光催化抗菌剂。此外，这些光催化抗菌剂具有广谱抗菌特性，对多种病菌具有较好的抗菌杀菌作用（高濂等，2002）。研究表明，纳米 TiO_2 和纳米 ZnO 可以掺杂到其他材料中作为一种添加剂或者主剂制备成薄膜材料用于杀菌，比如抗菌塑料、抗菌涂料、抗菌纤维等，或者涂覆于材料表面以制成抗菌材料，比如抗菌陶瓷、抗菌玻璃、抗菌不锈钢等（汪铭等，2003；雷盈等，2003）。

纳米 TiO_2 已广泛应用于木材、竹材等生物质材料的防霉处理。纳米 TiO_2 能赋予木质材料抗菌、自清洁等性能。采用溶胶凝胶法制备纳米薄膜或者通过分散纳米颗粒的方式将纳米 TiO_2 用于生物质材料防腐都具有优良的抗菌效果。但是纳米颗粒由于粒径小、比表面积大，在溶液中易受到范德瓦耳斯力的作用而导致团聚，从而影响纳米防腐剂的性能。因此，如何提高纳米颗粒在液相中的分散性能是目前纳米防腐材料有待解决的关键问题。目前，纳米颗粒的分散改性主要包括两方面：物理改性和化学改性。

物理改性主要是利用机械应力分散纳米颗粒聚集体，同时激活纳米材料的表面能，使颗粒表面的晶体结构产生改变、晶格位移，以完成分散改性。常用的物理改性方法包括超声分散、球磨机分散、高速剪切、密炼机或多次延压法等。物理方法主要凭借外力把纳米颗粒分散开，这些分散的纳米材料在表面力的作用下极易发生再次团聚，从而形成更大的团聚体。因此，一旦去掉外部的机械力，悬浮液难以长期稳定保存。化学改性法主要是通过化学吸附作用将分散剂牢固地吸附在纳米颗粒表面，从而防止纳米颗粒二次团聚。目前比较常用的分散剂有表面活性剂和偶联剂（李凤生等，2005）。

为了改善纳米颗粒易团聚的缺点、提高纳米 TiO_2 和纳米 ZnO 的防腐效果，作者通过选择不同的分散剂（表面活性剂、偶联剂）以改善纳米 TiO_2 在水溶液中的分散度，并制备出纳米 TiO_2 基木材防腐剂。另外，采用低温水溶液法在竹材表面形成具有防护功能的纳米 ZnO 薄膜，探讨不同的纳米 ZnO 薄膜形态对竹材防腐性能的影响，为木材、竹材以及其他天然木质纤维材料的防护提供参考。

5.3.2.1　纳米 TiO$_2$ 基木材防腐材料的制备及表征

1）纳米 TiO$_2$ 基木材防腐材料的制备

在 100mL 水溶液中加入 1.5g 纳米 TiO$_2$，分别加入 1%、3%、5%、7%、9%（与水悬浮液质量比）的钛酸酯 NDZ-105，调节 pH 至 7.5，机械剪切搅拌 30min 至分散均匀，即得水载型纳米 TiO$_2$ 防腐液剂。六偏磷酸钠和复合改性纳米 TiO$_2$ 防腐剂制备过程同上。

纳米 TiO$_2$ 浸渍处理工艺：前期探索发现配制的纳米 TiO$_2$ 悬浮液在加压状态下极易发生团聚和沉降。因此，采用常压浸渍工艺，分别以分散剂种类（六偏磷酸钠、NDZ-105、六偏磷酸钠+NDZ-105）、温度（20℃、30℃、40℃、50℃、60℃、80℃）和时间（6h、10h、16h、20h、24h、48h、72h）为三因素，进行单因素试验。

杨木试样加工成 20mm×20mm×20mm（L×T×R），将试样在（105±2）℃的烘箱中烘至绝干并称重。配制不同剂型的防腐剂，进行浸渍，处理完毕后取出，用滤纸擦去表面残留物质，将试材在（105±2）℃的条件下烘至绝干，并置于干燥器内冷却至室温，称重。

2）纳米 ZnO 基竹材防腐材料制备

选取竹青颜色相近的精刨毛竹条若干根，锯解成尺寸 20mm×20mm×5.8mm 的竹材试样，挑选出不含竹节部分的试样进行砂光。将试样在超声波清洗机中用去离子水清洗 20min，取出置入烘箱中，于 105℃ 条件下烘至绝干。待其冷却后使用手提式分光光度计（BYK-6834，德国）测量记录每块试样竹青面的颜色参数值，然后放入干燥器中备用。

室温下，根据表 5-10 中比例配制种子液（二水醋酸锌和氢氧化钠的甲醇溶液），在 60℃ 下搅拌 2h 得到澄清种子液，冷却至室温后测量 pH。将数块竹材试样浸渍在上述种子液中，每浸渍 0.5h、1h、2h 和 4h 各取出 10 块试样置入烘箱，在 100℃ 下退火处理 3h，反复 3 次，完成 ZnO 晶种层制备。待试样冷却至室温，测量并记录竹青面颜色参数。

表 5-10　pH 不同的种子液

试样	种子液配比			
	醋酸锌/mol	氢氧化钠/mol	甲醇/L	pH
1	0.01	0.03	1	11.45
2	0.01	0.015	1	9.37

将覆有晶种层的试样浸入不同浓度的生长液（硝酸锌和六亚甲基四胺水溶液）中（表 5-11），在 90℃ 下生长 0.5h、1.5h、3.5h、6h 和 9h 后各取出 10 块用抹布轻拭表面后用去离子水冲洗 3min。将洗净后的试样放入烘箱中，在 60℃ 下进行 3h 的退火处理以完成生长。

表 5-11 浓度不同的生长液配方

试验号	生长液配比		
	硝酸锌/mol	六亚甲基四胺/mol	水/L
1	0.015	0.015	1
2	0.020	0.020	1
3	0.025	0.025	1

3）性能表征

防腐剂分散性能：吸取配制好的纳米 TiO_2 防腐剂悬浮液到 10mL 比色管中摇匀，使用 721 型分光光度计进行透光率测定以评价其分散性能，预置波长为 460nm，样品厚度为 1cm。将配制好的溶液放入样品池中。当指定波长照射时，溶液满足朗伯–比尔定律：

$$A = \varepsilon_m b C_s \tag{5-7}$$

$$A = -\lg T \tag{5-8}$$

$$则 \lg T = -\varepsilon_m b C_s \tag{5-9}$$

式中，ε_m 为摩尔吸光系数；b 为样品池的厚度；C_s 为防腐剂的浓度；A 为吸光度；T 是透光率。在相同的实验条件下，b、ε_m 不变，那么，体系的透光率对数（$\lg T$）与体系中分散后的纳米 TiO_2 溶液浓度 C_s 成反比（葛明姣等，2007），即透光率越小，则分散效果越差。

抗流失性能测试：采用实验室水流失试验法，参考美国 AWPA 标准（E11-97）"木材防腐剂流失性判断的标准方法"，测试防腐剂的抗流失性能。

配制不同剂型的防腐剂并稀释至 3 个不同的浓度；每 4 个试件为一组，使用相同浓度的防腐剂进行浸渍处理。处理完毕后取出，用滤纸擦净表面余药，分别在 60℃、100℃下烘干，称重，并计算增重率。

增重率（weight percent gain，WPG）测试：将试材放入（105±2）℃的干燥箱内烘至绝干，在干燥器内冷却至室温后称重，记为初始绝干质量 W_C。绝干后的试件分别浸渍在防腐处理液中，而后将其烘干，称其绝干质量 W_T，计算公式如（5-10）：

$$WPG = \frac{W_T - W_C}{W_C} \times 100\% \tag{5-10}$$

式中，W_T 为浸渍处理后的试件绝干质量（g），W_C 为试件处理前的绝干质量（g）；WPG 为试件的增重率（%）。

流失率测试：将浸渍后的试件放入烧杯，加入蒸馏水，持续搅拌，静置，按 5h、10h、24h、48h 的时间间隔换水，然后取出试样，烘干称重。流失率按式（5-11）计算：

$$P = \frac{WPG_1 - WPG_2}{WPG_1} \times 100\% \tag{5-11}$$

式中，WPG_1 为流失试验前试件增重率，WPG_2 为流失试验后试件增重率，P 为流失率（%）。

$$G = 1 - P \tag{5-12}$$

式中，G 为固着率（%），P 为流失率（%）。

微观形貌测试：采用场发射扫描电了显微镜（FEG-XL30，美国），观察改性竹材试样竹青面的薄膜形态。扫描电子显微镜利用高速电子激发的二次电子成像，场发射枪电镜的亮度为传统钨丝电镜的 1000 倍，可在较低电压下获得高分辨率。试验中选用的加速电压为 7.5kV，束斑为 3。样品切至 1mm 厚度并进行喷金处理，以增加其导电性。

物理化学性能测试：利用 XRD 射线衍射仪分析试件的晶体结构。将适量干燥试样粉末放入载物片凹槽中均匀铺开，以 8°/min 进行扫描测试。并利用傅里叶红外光谱仪，采用溴化钾压片法测试样品表面的官能团，测试范围为 400~4000cm^{-1}。

霉变性能测试：为了加速霉变，将改性试样和空白试样在水中浸泡 48h 后同时放入温度 24~25℃、湿度 94%~95% 的密闭容器中。观察记录放置 35 天过程中各试样表面的霉变情况，分析比较表面薄膜形态差异对竹材防霉性能的影响。

5.3.2.2　不同分散剂对纳米 TiO$_2$ 分散性能的影响

选择六偏磷酸钠和钛酸酯偶联剂 NDZ-105 作为表面活性剂探讨纳米 TiO$_2$ 在水中的分散性能。二者对分散体系透光率影响的研究结果如图 5-22 所示。由图可知，六偏磷酸钠和 NDZ-105 的用量对纳米 TiO$_2$ 分散稳定性的影响均呈抛物线状，随着钛酸酯偶联剂用量的增加，分散体系的透光率先增加后减小，当用量达到 5% 时，透光率达到最大值 77.5%，即此时的体系分散性能最好。这是因为钛酸酯 NDZ-105 水解后产生的羟基与纳米 TiO$_2$ 表面的不饱和羟基之间发生氢键作用，使得 NDZ-105 与纳米 TiO$_2$ 紧密地连接起来形成共价键（李晓贺等，2007）。同时，偶联剂分子之间通过羟基相互缔合齐聚形成网状结构的膜覆盖在颗粒表面，使得纳米 TiO$_2$ 粒径减小；但用量过大，包覆在纳米 TiO$_2$ 颗粒表面的钛酸酯 NDZ-105 网状结构增加，使纳米 TiO$_2$ 粒径增大，导致体系分散性变差。由图 5-22 可知，钛酸酯 NDZ-105 的最佳用量为 5%。

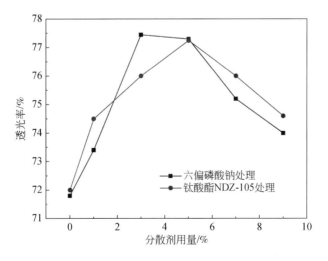

图 5-22　两种分散剂用量对纳米 TiO$_2$ 悬浮液透光率的影响

纳米 TiO_2 悬浮液的透光率随着六偏磷酸钠用量的增加而升高，在升高到一定数值后，又随之降低。当六偏磷酸钠改性剂的浓度在4%左右时，纳米 TiO_2 的分散效果和悬浮稳定性达到最佳；当超过某一浓度时，会因过饱和吸附而导致透光率下降，从而纳米 TiO_2 悬浮稳定性变差（林红等，2005）。

5.3.2.3　纳米 TiO_2 最佳浸渍处理工艺

通过单因素试验得到常压浸渍的最佳浸渍温度为40℃、浸渍时间为20h以及分散剂种类为六偏磷酸钠和NDZ-105复合分散剂，采用上述工艺浸渍杨木的增重率最大。在此基础上，采用正交试验法综合考察这些因素，通过正交试验后得到表5-12，由表5-12可知，最佳浸渍处理工艺为：温度为40℃、浸渍时间为16h，六偏磷酸钠和NDZ-105复合分散剂，采用此工艺浸渍后，杨木增重率最大，为3.2%。

表5-12　正交试验结果

试样	分散剂种类	温度/℃	时间/h	增重率/%
1	六偏磷酸钠	30	16	1.57
2	六偏磷酸钠	40	20	2.28
3	六偏磷酸钠	50	24	1.86
4	NDZ-105	40	24	2.56
5	NDZ-105	50	16	1.95
6	NDZ-105	30	20	2.09
7	六偏磷酸钠+NDZ-105	50	20	1.87
8	六偏磷酸钠+NDZ-105	30	24	2.12
9	六偏磷酸钠+NDZ-105	40	16	3.20

另外由表5-12可知，各因素对试材增重率的影响依次为：浸渍温度>分散剂种类>浸渍时间。其中温度对试材增重率的影响最大，主要是因为经过分散的纳米 TiO_2 悬浮液本身处于热力学不稳定状态。随着温度的升高，纳米颗粒运动加速，颗粒相互碰撞的概率显著增加，发生沉降的概率增大。若纳米 TiO_2 颗粒较大，则会严重堵塞木材的纹孔、穿孔等通道，从而减少防腐剂的浸渍量。与浸渍温度相比，分散剂种类和浸渍时间对增重率影响相对较弱。木材具有丰富的孔隙，对液体的吸附属于多孔性吸附，随着时间的延长，吸附量增加，增重率随之增大，经过一定时间后达到饱和吸附，增重率将不再变化。

5.3.2.4　纳米 TiO_2 防腐剂浓度对抗流失性能的影响

图5-23是不同配方不同浓度纳米 TiO_2 防腐剂和对照组（ACQ-A）的抗流失试验结果，随着纳米 TiO_2 浓度的提高，同一种分散剂改性的纳米 TiO_2 防腐剂，固着率都是先升高后降低。以六偏磷酸钠为分散剂，当纳米 TiO_2 溶液浓度分别为0.5%、1.0%和1.5%时，固着率分别为47.97%、57.77%和45.27%。当以NDZ-105为分散剂时，纳米 TiO_2 溶液浓度分别为0.5%、1.0%和1.5%时，固着率分别为76.2%、86.06%和80.34%；而以六偏磷酸

钠和 NDZ-105 为复合分散剂，纳米 TiO_2 溶液浓度分别为 0.5%、1.0% 和 1.5% 时，固着率分别为 82.37%、91.56% 和 84.18%。对照组 ACQ-A 处理杨木时，防腐剂的固着率随着处理液浓度的增加而增加，即低吸药量时的固着率均低于高吸药量，这与前人的研究结果一致（王亚梅等，2008）。

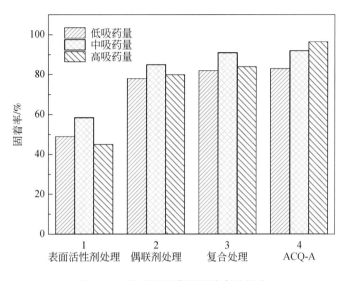

图 5-23　浓度对防腐剂固着率的影响

此外，防腐剂固着率随着处理液浓度的升高而先增加后降低，其原因可能是纳米 TiO_2 粉体浓度对体系有一定的影响。当 TiO_2 粉体浓度较低时，粒子表面吸附较多的分散剂，这时防腐剂的分散性能良好，纳米颗粒较小，能顺利进入木材大毛细管系统和微毛细管系统。随着防腐剂浓度的提高，单个纳米粒子表面包覆分散剂的量减少，且纳米 TiO_2 颗粒之间的距离减小，颗粒间相互碰撞而发生团聚的概率增加，使得纳米颗粒增大，导致颗粒大量物理填充在木材细胞的孔隙，以团聚颗粒的形式沉积于细胞腔内，易随着水流失，导致固着率反而下降。

5.3.2.5　分散剂种类对纳米 TiO_2 防腐剂固着性能的影响

表 5-13 为不同分散剂所制备纳米 TiO_2 防腐剂的固着性能。结果表明，经六偏磷酸钠和 NDZ-105 复合处理的防腐剂固着率最高，固着率达到 90% 以上，偶联剂 NDZ-105 处理的次之，固着率达到 85% 以上，而表面活性剂六偏磷酸钠处理的最低。

表 5-13　分散剂种类对防腐剂固着率的影响

分散剂种类		六偏磷酸钠	NDZ-105	六偏磷酸钠+ NDZ-105	—
增重率/%	流失前	2.5543	2.5657	2.7080	1.1868
	流失后	1.4705	2.2032	2.4773	0.2859
流失率/%		12.23	13.94	8.44	76.27
固着率/%		57.77	86.06	91.56	23.73

经六偏磷酸钠分散处理的防腐剂中，纳米 TiO_2 颗粒表面修饰了六偏磷酸钠，一方面由于六偏磷酸钠本身是水溶性的，其附着在 TiO_2 表面后显著增加了防腐材的吸湿性；另一方面由于木材是由纤维素、半纤维素和木质素组成的有机物，两者间的界面相容性差，使得表面包覆六偏磷酸钠的纳米 TiO_2 颗粒在杨木细胞腔中可能仅以物理填充的方式存在，较少以化学键的方式进行固着，因此抗流失性能较差。

偶联剂 NDZ-105 分子结构的最大特点是含有两个化学性质不同的基团，一个是亲无机物，易与无机物表面起化学反应；另一个是亲有机物，能与树脂等有机物发生化学反应或生成氢键溶于其中。附着在纳米 TiO_2 表面的偶联剂分子之间通过羟基相互缔合，齐聚形成网状结构的膜覆盖在颗粒表面，从而使纳米 TiO_2 粒径减小。除了起分散作用外，偶联剂还起到分子桥梁作用，使纳米纳米 TiO_2 颗粒与木材之间形成牢固的化学键，提高其抗流失性。同时，由于偶联剂本身的疏水性，增强了防腐材表面的疏水性能，减少了水分的进入，可提高抗流失性能。

经表面活性剂和偶联剂复合分散的防腐剂，一方面是由于偶联剂的桥梁作用使纳米颗粒与木材形成牢固的化学结合；另一方面通过两者的分散协同效应，纳米颗粒的分散性达到最优，具有更小的粒径，易与微纤维羟基形成氢键结合，从而使得有效成分能更多地固定在杨木试材中，抗水流失性最佳。

5.3.2.6　纳米 TiO_2 无机防腐固着机理分析

图 5-24 是杨木素材和以六偏磷酸钠为分散剂制备的防腐剂浸渍处理材的 XRD 图谱，从衍射峰分析看，杨木在 17°、22.2°～22.5°以及 35°附近出现了明显的衍射峰，分别代表杨木素材纤维素的（100）、（002）及（040）晶面。

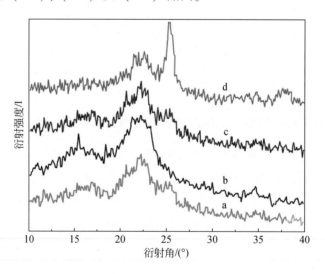

图 5-24　杨木素材与防腐处理材 XRD 图

a 为杨木素材，b 为六偏磷酸钠分散处理材，c 为 NDZ-105 分散处理材，d 为复合分散处理材

对比曲线 a 和 b，防腐处理材保留了素材的衍射特征峰，这种防腐处理材在 17°、22.2°～22.5°附近，衍射强度下降，在 25.4°、38°附近出现新的微弱锐钛矿 TiO_2 衍射峰，

说明了纳米 TiO₂ 在浸渍进入杨木素材之后，晶型未发生变化，仍保持着 TiO₂ 锐钛矿晶体结构特征，能较好地保留其光催化性能，另一方面则说明了 TiO₂ 已成功进入木材内部。

对比曲线 b 和 c 可以看出，用 NDZ-105 分散的防腐剂处理杨木后，在 17°、22.5°处衍射强度下降明显，锐钛矿 TiO₂ 的特征衍射峰也更明显，分析原因认为，相比于表面活性剂，钛酸酯偶联剂具有较好的分散效果，纳米 TiO₂ 粒径较小，使得进入试材内部的纳米颗粒相对较多，因而处理材中的纤维素含量占比相应减小，引起衍射峰强度下降。另一方面，偶联剂起到桥梁作用，能使纳米颗粒与纤维素上的羟基形成牢固的化学键。对比曲线 b 和曲线 d 可知，经六偏磷酸钠和 NDZ-105 复合分散的防腐剂处理试材，在 17°、22.5°处衍射强度下降更明显，几乎未显示出木材的特征峰，而在锐钛矿衍射峰 25.4°附近，衍射强度较大，说明经复合分散的锐钛矿 TiO₂ 成功进入木材，并且能够使纤维素结晶区使得处理材的结晶度下降，纤维素的衍射峰基本消失，这主要是因为使用表面活性剂六偏磷酸钠和钛酸酯偶联剂 NDZ-105 分散的协同效应，纳米 TiO₂ 分散效果较好。对比曲线 c 和曲线 d 可知，复合分散的防腐剂处理试材比单独使用 NDZ-105 分散处理材在 17°、22.5°处衍射强度下降更为明显，主要是由于复合分散的防腐剂分散性能好，纳米 TiO₂ 粒径较小，使得更多的 TiO₂ 纳米颗粒进入木材，与木材纤维素结晶区形成氢键缔合，从而导致纤维素的特征衍射峰下降。

为了深入分析防腐剂与木材的化学键合情况，采用傅里叶红外光谱（FTIR）分析防腐处理前后木材主要化学结构、化学成分、化学键的变化，探讨杨木与防腐剂组分的结合方式。图 5-25（a）是杨木素材和六偏磷酸钠分散防腐剂处理材的 FTIR 图，由图可知，两条曲线的形状基本一致，杨木素材和六偏磷酸钠分散处理材的 FTIR 图的峰位、峰形基本相似，没有出现新的吸收峰，可知六偏磷酸钠分散处理材中的防腐剂并未与杨木形成化学键结合。说明了纳米 TiO₂ 在进入杨木素材后，并没有与木材组分发生化学结合，主要是以物理填充的方式聚集在细胞腔内，因此六偏磷酸钠分散的防腐剂抗流失性能较差。

图 5-25（b）是杨木素材和经 NDZ-105 分散防腐剂处理材的 FTIR 图。由图可知，在 3412cm⁻¹ 处的伸缩峰和 1100cm⁻¹ 处的吸收峰明显减弱，而且在防腐处理后，且 1100cm⁻¹ 处纤维素的峰略向较低波数移动，但是以 NDZ-105 为分散剂的处理材 FTIR 图谱中没有新的化学键形成，说明纳米颗粒进入木材后与纤维素羟基发生氢键缔合。相比杨木素材的谱图，处理材分别在 2919.89cm⁻¹、2853.87cm⁻¹ 的位置出现了新的峰，为酯类—CH₃ 和—CH₂ 的伸缩吸收振动峰，说明纳米颗粒通过钛酸酯偶联剂的作用，与纤维素的羟基连接在一起。

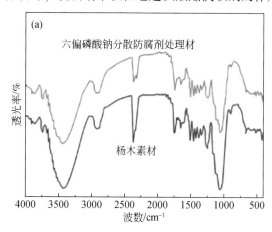
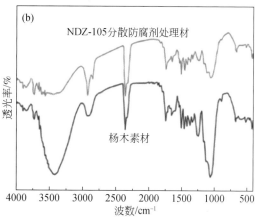

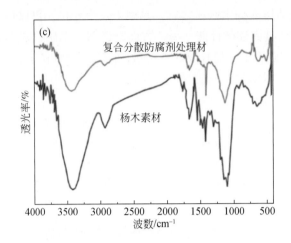

图 5-25 杨木素材和处理材的红外光谱图

（a）为杨木素材和六偏磷酸钠分散防腐剂处理材，（b）为杨木素材和 NDZ-105 分散防腐剂处理材，
（c）为杨木素材和复合分散防腐剂处理材

具体反应历程如下：

（1）首先在碱性条件下钛酸酯偶联剂发生水解

$$(RO)_m-Ti-(OX-R-Y)_n+XH_2O \longrightarrow Ti(OH)_x(OR)_{m-x}-(OX-R-Y)_n+XROH \quad (5-13)$$

反应可持续进行，直至生成 $(OH)_m-Ti-(OX-R-Y)$。

（2）偶联剂与纳米 TiO_2 间的氢键缔合阶段

偶联剂分子之间通过羟基相互缔合，形成网状结构的膜覆盖在颗粒表面。

（3）偶联剂通过分子桥作用，将纳米 TiO_2 与木材组分交联在一起

图 5-25（c）是杨木素材和复合改性剂处理材的 FTIR 图谱，对比杨木素材，处理材在 $621cm^{-1}$ 和 $578cm^{-1}$ 处出现了 Ti—O—C 键的吸收峰，说明纳米粒子被成功地引入木材中，并与木材间形成化学键结合。

同时，处理材中对应的天然木材脂肪酸类的 C—H 伸缩振动峰（$2850\sim2950cm^{-1}$）和半纤维素乙酰基、脂肪酸类和木质素中酯基 C═O 伸缩振动峰（$1700\sim1725cm^{-1}$）的吸收峰明显减弱。分析认为，纳米 TiO_2 颗粒表面生成的 Ti^{4+} 可与半纤维素中的羧基、脂肪酸类物质中的羧基以及木质素中的酯基在碱性条件下（防腐剂制备 pH 为 8 左右）水解形成的羧基，形成配位键而吸附到木材中，从而减弱 $1730cm^{-1}$ 处的 C═O 伸缩振动峰。

另外，相比于杨木素材，处理材中木质素酚羟基的伸缩振动峰（$1225cm^{-1}$）基本消失。由于酚羟基也可作为离子交换中的配位基，因此，可能的化学反应主要为：

$$木材-COOH+Ti^{4+} \longrightarrow [木材-COO^-]_4Ti^{4+}+H^+ \quad (5-14)$$

$$木材-C_6H_4-OH+Ti^{4+} \longrightarrow [木材-C_6H_4]_4Ti^{4+}+H^+ \quad (5-15)$$

综上分析可知，经复合分散的防腐剂不仅能够进入木材内部，通过物理吸附形成氢键与木材组分缔合，还能通过与羧基或者木质素中的酚羟基形成配位化学键，将纳米 TiO_2 固着在木材组分中，因而抗流失性较好。

5.3.2.7　纳米 ZnO 微观形貌对防腐性能的影响

种子液浸渍时间、生长液浓度、生长时间以及种子液 pH 都对纳米 ZnO 微观形态具有重要影响。通过调控生长条件，纳米 ZnO 微观形貌整体可呈现出颗粒、网状、线状、圆柱体以及六面体等不同形貌。

通常情况下，ZnO 晶体的一维形态为六面体的棒晶结构，其在溶液体系中形成棒晶的过程包括成核和生长两个步骤（王凯雄等，2001）。水溶法形成 ZnO 六面体棒晶的两种途径如下：①晶种逐渐长大变成六边形片层物，随后无数的片层物集聚在一起形成网状，最后网状中的片层物继续沉积构成六面体；②晶种首先高生长形成线状物（Vayssieres et al.，2003；Greene and Law，2003；Feng et al.，2004），随后直径增大变为圆柱体，最后由圆柱体转化为六面体棒晶。在此，竹材表面薄膜中生成的多 ZnO 形貌也与棒晶形成的这两种途径密切相关。因为试样在浸渍过程（相当于碱抽提），会溶出竹材内部的多种化学物质，无形中影响了溶液体系的平衡和 ZnO 的成核生长环境。此外竹材这种天然木质纤维素材料的表面凹凸不平，最终致使纳米 ZnO 以颗粒、网状、网球状、线状、哑铃棒状、圆柱体和六面体等多种形态在竹材表面沉积。纳米 ZnO 的微观形貌也影响着改性竹材的防腐性能，下面将分类研究改性竹材的防腐性能。

图 5-26 为未经处理的空白试样，在恒温恒湿密闭容器中放置 35 天过程中竹材的发霉对比照片（所有霉变照片均使用普通数码相机在实验室中拍摄，仅以此说明改性试样的防霉特性。由于拍摄周期长，天气、光线等自然因素无法控制，导致照片间存在一定色差）。如图 5-26 所示，空白试样在放置第 3 天时表面即出现少量霉斑和菌丝，第 8 天霉斑菌丝数

图 5-26　未改性竹材霉变（0~35 天照片），照片中数字代表试样在容器中放置的天数

量急剧增多，且试样的横切面已经布满了深灰色菌丝，并新生长出了少量黄褐色菌丝；第11～20天霉变中黄褐色菌丝数量和污染面积小幅度增加；放置35天后空白试样各个表面都被霉菌严重污染，密集的菌丝和霉斑严重破坏了试样原有的颜色。

通过调控种子液浸渍时间、生长液浓度、生长时间以及种子液 pH 可调控纳米 ZnO 的微观形貌。图 5-27 为表面形成纳米线（a）～（c）和网状结构（d）～（f）的纳米 ZnO 薄膜竹材试样的霉变图片。这两种形态改性竹材具有显著的防霉性能，放置35天过程中，试样的竹青面没有产生任何发霉现象，仅在横切面产生了少量菌丝，据此推测这是由竹材的微观构造引起的。

图 5-27 纳米线状（a）～（c）和网状（d）～（f）ZnO 及改性竹材的霉变照片，
照片中数字代表试样在容器中放置的天数

如图 5-28 所示，在横切面上竹材的薄壁细胞主要以腔孔形式存在，经过改性处理，薄壁细胞的细胞壁切面上分布了少量结晶的 ZnO，而在腔孔内壁上却以颗粒状结晶不完善的 ZnO 存在，降低了对霉菌的杀伤能力，因此横切面易发生霉变。

图 5-28 ZnO 改性竹材试样薄膜细胞的横切面
（a）薄膜细胞，（b）薄壁细胞的细胞壁，（c）薄壁细胞的细胞腔

颗粒状的纳米 ZnO 薄膜对竹材防霉性的提高几乎没有作用，如图 5-29（a）～（c）所

示，放置 35 天后改性试样的霉变程度与空白试验几乎相同，表面被深色霉斑、菌丝严重污染。图 5-29（d）~（f）为表面形成哑铃棒状纳米 ZnO 薄膜的竹材霉变照片。它们的防霉性能优于颗粒状纳米 ZnO，但是试样在容器中放置 35 天后，试样表面形成了一层灰白色的菌丝膜，表明其防霉效果不理想。

图 5-29　颗粒状（a）~（c）和哑铃棒状（d）~（f）纳米 ZnO 及改性竹材的霉变照片，
照片中数字代表试样在容器中放置天数

图 5-30 为表面形成圆柱体和六面体状纳米 ZnO 的竹材霉变照片。它们的防霉性能

图 5-30　圆柱体状（a）~（c）和六面体状（d）~（f）纳米 ZnO 及改性竹材的霉变照片，
照片中数字代表试样在容器中放置的天数

非常相似，由图 5-30 可见，试样在容器中放置 35 天后表面生长了一层灰白色的菌丝膜。产生这种现象的原因为：圆柱体和六面体的 ZnO 都是微米尺度，微米尺度的半导体化合物对紫外线的吸收能力较差，只能产生极少量的电子–空穴对，因此其防霉效果不理想。

5.3.2.8　小结

通过选择不同分散剂（表面活性剂、偶联剂）改善纳米 TiO_2 粉末在水溶液中的分散性制备纳米 TiO_2 基木材防腐剂；研究了分散剂种类、纳米 TiO_2 悬浮液浓度对防腐剂抗流失性能的影响。同时，对比分析不同形貌的纳米 ZnO 对竹材防腐性能的影响，主要结论如下：

（1）纳米 TiO_2 基防腐剂的分散性能随着两种分散剂添加量的增加而先增大后减小，当 NDZ-105 加入量分别为 5%，六偏磷酸钠加入量为 3%~5% 时可得到分散性能稳定的纳米 TiO_2 防腐剂。

（2）从防腐剂浓度、分散剂种类对防腐剂的固着具有重要影响。同一种分散剂制备的防腐剂，随着纳米 TiO_2 溶液浓度的提高，固着率均是先升高后降低；固着率最高的为经六偏磷酸钠和 NDZ-105 复合处理的纳米 TiO_2 防腐剂，六偏磷酸钠单独处理的最低。

（3）六偏磷酸钠分散制备的防腐剂并未与杨木形成化学结合；以 NDZ-105 为分散剂制备的防腐剂与杨木纤维素羟基发生氢键缔合作用或借助偶联剂的分子桥作用交联在木材组分上；经复合分散的防腐剂不仅能够进入木材内部，与木材组分以氢键的方式缔合，还可以通过与羧基或者木质素中的酚羟基形成配位化学键，固着在木材组分中。

（4）经过改性处理后，表面以线状、网状纳米 ZnO 为主的竹材其防霉性能显著增强，霉变 35 天后仅横切面有少量菌丝产生。表面以哑铃棒状、圆柱体和六面体结构 ZnO 为主的竹材长效防霉效果较差，仅经过 16 天后改性试样表面就产生了一层菌丝。颗粒状 ZnO 薄膜的防霉性能最差，改性试样几乎没有防霉效果。

5.3.3　无机固着铜防霉机制与技术

铜类防霉防腐剂具有广谱杀菌、成本低廉和易加工等优势（Craciun et al.，2009）。然而，铜容易流失因而造成抗菌剂有效成分的损失从而导致处理材防霉防腐性能的降低，所以如何提高铜类防霉防腐剂的固着性能是其面临的一大难题。关于如何提高铜类防霉防腐剂的抗流失性已有大量的研究工作。例如，在铜铬砷（CCA）中，铬（Cr）是铜（Cu）和三氧化二砷（As_2O_3）的固着剂，在一定程度上可以阻止铜溶析（Lebow et al.，1999）。但是，铬具有较大的毒性，可知对环境造成较大的危害（Temiz et al.，2006）。因此，从环境保护、人身健康、抗菌性能以及使用寿命等方面考虑，亟待开发新型环保且固着性较好的铜类防腐防霉剂。

有学者尝试将铜与硼化合物和辛酸结合以提高铜在处理材中的固着性能（Nguyen et al.，2013）；协同添加剂的加入降低了铜防霉剂在处理材中的流失（Mitsuhashi，2007）；

使用油性树脂固着处理材细胞中的铜具有抗腐杇菌的功效（Mourant et al.，2009）。利用动物蛋白质（Mazela and Polus，2003）、单宁酸（Hoffmann et al.，2008）以限制铜从处理材中流失也有研究报道。另外，为了提高铜在处理材中的固着性，研究者们还采用不同的处理条件、不同的处理方法对试材进行预处理。许多关于 CCA 的固着性研究发现，铜的固着率随着温度的升高而增大（Alexander and Cooper，1993）。氨溶烷基胺铜（ACQ）处理材中铜的固着率也受温度影响（Tascioglu et al.，2008）。许多研究表明，浸渍前的微波和热处理能从某种程度上提高铜的固着性能（Yu et al.，2010）。然而，高温预处理也会致使处理材的物理力学性能下降以及处理材中树脂溢出（Yu et al.，2008）。研究发现铜类防霉剂不宜在高于 50℃条件下高温预处理（Ruddick，2003）。由此可见，对处理材的预处理显得尤为重要，也是防霉防腐处理的重点课题。

近年来，为了获得防霉防腐剂的有效固着体系，学者们开始尝试采用溶胶凝胶法。该方法获得的前驱体材料作为木竹材改性剂已有研究（Saka and Ueno，1997）。通过溶胶–凝胶法可获得聚合物硅氧烷材料的防霉防腐体系，包括四烷基硅氧烷、正硅酸乙酯（TEOS）和三烷氧基硅烷，以 Si—C 键导向有机聚合，其中硅碳键具有稳定的防水解作用。三烷氧基硅烷导向包含有机功能化特性的无机–有机混合物形成（Shea and Loy，2001）。研究表明，溶胶–凝胶法制备的 TEOS/乙醇体系有防白蚁作用（Feci et al.，2009）以及防腐杇真菌（卧孔菌）和抗昆虫（北美天牛）作用（Terziev et al.，2009）。硅溶胶–凝胶涂层也具有抗菌特性（Mahltig et al.，2008）。另外，硅氧烷改性木竹材也有报道，其具有防土壤微生物的作用（Donath et al.，2004）。

金属离子固着到多功能干凝胶基质上的方法大约开发于 20 年前，其通过配位键相互作用而固着铜，是一种很好的固着手段，主要是用催化剂嫁接金属离子（Klonkowsky et al.，1999）。Ghosh 等（2009）等报道了硅树脂与季铵盐的防护效果，其中主要是氨基酸和烷基的聚合物具有防木材蓝变和防霉菌功效。有研究（Francesca et al.，2011）在欧洲赤松木块中浸入 TEOS、氨基丙基三乙氧基硅烷（APTES）和二价铜盐的均质溶胶混合物，改善了铜在木材中固着性差的缺点（Humar et al.，2007）。这种固着方法主要是使药剂进入木材细胞壁，再通过溶胶–凝胶过程聚合，以配位作用固着铜形成硅氧烷/木材复合材料，该处理材具有防褐腐菌的功效（Palanti et al.，2011）。综上所述，仅有少量的研究考虑了嵌入溶胶–凝胶纳米模型中活性成分的抗流失性能（Mahltig et al.，2004）。并且这些材料的具体流失率和累积流失的效力没有通过标准流失实验证明，关于这种药剂进入处理材的渗透信息研究尚处于起步阶段，因此作者试图通过在配制铜防霉剂过程中添加协同试剂，采用溶胶–凝胶法获得聚合物硅氧烷材料的防霉体系，以期提高铜类的抗菌性及抗流失性。

在本节中，作者采用抑菌圈法来筛选硅凝胶固着铜防霉剂，并以此优化工艺处理的毛竹试样为试验对象，参照 GB/T 18261—2000《防霉剂防治木材霉菌及蓝变菌的试验方法》评价各防霉剂处理竹材的抗霉性能，进一步筛选防霉剂处理浓度。最后，作者全面评价防霉剂对竹材微观构造和化学组成的防护效果以及防霉剂的抗流失性能，总结硅凝胶固着铜防霉剂的防霉机理，阐明其在竹材中的固着机制，为木竹材防霉剂的开发、选择和应用提供有力的理论基础。

5.3.3.1 无机固着铜防霉剂的制备

1) 防霉剂的制备

(1) 硅溶胶溶液（溶胶-凝胶前驱体）的配制。通过参考已有文献以及前期预实验探索，在50℃水浴搅拌条件下分别配制质量比为：正硅酸乙酯（TEOS）：无水乙醇：纯水 = 1∶5∶10、3∶5∶10、5∶5∶10、7∶5∶10 的四种硅溶胶溶液，进行缓慢搅拌，通过加入稀盐酸对 pH 进行调节，将 pH 稳定至 3~4，反应进行约 30min，待溶液变透明即可停止搅拌，转移溶液入烧杯中，观察记录其状态变化。

(2) 通过观察前一步制得的硅溶胶溶液发现，比例为 5∶5∶10 和 7∶5∶10 两种硅溶胶溶液存放一段时间后就会凝胶，不利于进行后续的试验。经过综合考虑，后续试验选取硅溶胶溶液比例为 3∶5∶10。

(3) 制备多份质量比为 3∶5∶10 的硅溶胶溶液。在50℃下进行水浴搅拌，向其中缓慢加入相应质量的氯化铜水溶液［因为氯化铜在溶胶混合液中的溶解性更好，所以选择氯化铜而不选硫酸铜（Ghosh et al., 2009）］。根据预试验探索，配制氯化铜质量浓度为 0.80%、2.00%、3.00% 的混合溶液，并添加适量 5-氨丙基三乙氧基硅烷作为导向剂，经过充分搅拌使其反应，即制备出硅凝胶固着铜防霉剂；使用前静止保存溶液几天，肉眼观察下没有相发生分离或凝结。

(4) 再分别配制质量浓度为 0.80%、2.00%、3.00% 的氯化铜溶液、硅溶胶溶液。

各防霉剂或溶液浓度配比见表 5-14 所示。

表 5-14 抑菌圈试验用防霉剂的成分与配比

代号	主要成分	配比（浓度/%）		
S1	纯水	—	—	—
S2	TEOS	0.80	2.00	3.00
S3	$CuCl_2 \cdot 2H_2O$	0.80	2.00	3.00
S4	APTES	0.80	2.00	3.00
S5	TEOS∶无水乙醇∶纯水	1∶5∶10	3∶5∶10	5∶5∶10
S6	TEOS∶无水乙醇∶纯水，$CuCl_2 \cdot 2H_2O$	3∶5∶10, 0.80	3∶5∶10, 2.00	3∶5∶10, 3.00

2) 培养基制备与试菌培养

取 200g 切成小块的洗净去皮马铃薯放入锅中，加入 1000mL 纯水，在电磁炉上煮沸 30min 后过滤，在滤液中加入 20g 琼脂、20g 葡萄糖，补足水至 1000mL，经过再次加热待琼脂融化后分装在三个 500mL 的细口三角瓶内，用封口膜封住瓶口，置于高压蒸汽灭菌锅中。同时，将若干直径 10cm 的培养皿置于高压蒸汽灭菌锅中灭菌，压力 0.1MPa、温度 121℃、灭菌 30min。灭完菌后，待温度降至 70℃左右，将装有培养液的细口烧瓶、培养皿取出放至超净工作台上，开紫外灭菌 15min，然后将培养液倒入已灭菌的培养皿中，每个培养皿 15~20mL，冷却后制成马铃薯、葡萄糖、琼脂（PDA）平板培养基。

在无菌条件下，在平板培养基上接种供试菌（包括霉菌和蓝变菌）。然后在温度（28±2）℃、相对湿度85%的恒温恒湿箱中培养接完种的培养基一周左右时间。

3）抑菌圈试验

参照《中华人民共和国药典》的"抗生素微生物检定法"进行抑菌圈试验。根据2）制备PDA平板培养基若干（约15mL，下层）。在超净工作台上将融化的PDA培养基冷却到50℃左右后混入试验菌，充分摇匀。在已凝固的培养基上加入5mL混有菌的培养基（上层）并等待凝固，即制备成双层平板培养基。无菌条件下在培养基表面垂直放上4只牛津杯，轻轻施压，确保其与培养基的接触不存在空隙，在牛津杯中加入150μL待检样品（分别为高、中、低3个浓度的防霉剂和已灭菌纯水，如图5-31所示），每个条件重复3个。将培养皿放在温度（28±2）℃、相对湿度85%的恒温恒湿箱中进行培养。

培养2天后观察结果，对培养皿拍照，并用游标卡尺测量出各个抑菌圈的直径进行比较。在培养过程中，一方面防霉剂呈球面扩散，另一方面试验菌开始生长，离牛津杯越近，防霉剂浓度越大，离牛津杯越远，防霉剂浓度越小。随着防霉剂浓度减小，有一条呈透明的圆圈最低抑菌浓度带，试菌不能在其中生长，也就是所谓"抑菌圈"。防霉剂浓度越高，则抑菌圈直径越大。

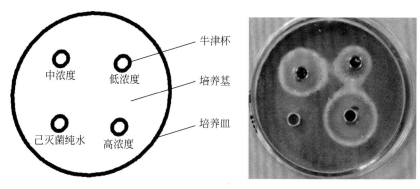

图5-31　抑菌圈试验示意图

4）试样防霉试验

（1）配制防霉剂。配制1）中优选配方的硅凝胶溶液，添加适量氯化铜配制浓度为1.00%、3.00%、5.00%的硅凝胶固着铜防霉剂，再分别配制浓度为1.00%、3.00%、5.00%的ACQ和CCA防霉剂溶液。

（2）准备与处理试材。试材规格为20mm×20mm×5mm的毛竹试样，每一菌种、每一防霉剂处理条件下所用的试样数为14个，将试样在（103±2）℃的烘箱中干燥后，做好标识并记录。将试样完全浸入装有防霉剂的烧杯中，然后利用高压蒸汽灭菌锅对试样进行浸渍处理，用纯水进行处理的试样为空白对照样，处理温度为125℃、处理时间90min。

（3）接种试菌。无菌环境下吸取菌丝体与孢子悬浮液注入已有平板培养基的培养皿内（每个培养皿内1~3mL），用三角涂布棒涂匀。

（4）试样接菌与培养。取出浸渍后的试样，将其表面污渍擦净，在（103±2）℃的烘箱中干燥。用多层纱布将同一组试样包好，以121℃蒸汽灭菌30min，待冷却后接菌。在无菌条件下,先放 2 根已灭菌的玻璃棒(直径约 3mm)在已涂布菌丝的培养基上,保持平行排列,再将试样放在玻璃棒上面,每个培养皿内放 2 块试样。最后将培养皿立即放回温度(28±0.2)℃、相对湿度 85% 的恒温恒湿培养箱中,培养 5 周。

(5)试样接菌 1 周、2 周、3 周、4 周、5 周后,观察污染面积(试件 6 个面被霉菌污染面积占其表面积的百分比)并记录,并计算被害值。被害值按表 5-15 分级。参照国标 GB/T 18261—2000 判定被害值,防治效力按公式(5-16)计算:

$$E=(1-D_0/D_1)\times100\% \tag{5-16}$$

式中,E 为防治效力;D_1 为药剂处理试样的平均被害值;D_0 为未处理对照试样的平均被害值。

霉菌侵染 5 周后,根据试件表面积的霉变比率对确定试件的被害值(即试件表面的霉变程度),被害值越低则药效越好。根据标准平均被害值在 0~1 之间的药液浓度,也即当侵染率小于 1/4 时,可视为该药剂对此试验菌的极限浓度。

表 5-15 木材霉变程度的分级标准

被害值	程度	试菌感染面积及蓝变程度
0	无霉变	试样表面无菌丝,内部及外部颜色均正常
1	轻微	试样表面感染面积<1/4,内部颜色正常
2	中等	试样表面感染面积 1/4~1/2,内部颜色正常
3	较严重	试样表面感染面积 1/2~3/4,或内部蓝变面积<1/10
4	严重	试样表面感染面积>3/4,或内部蓝变面积>1/10

5)抗流失性试验

实验参照试样按照美国木材防腐者协会标准 AWPA E11-07(AWPA,2007)进行竹材硅溶胶固着铜防霉剂的流失试验。

(1)将前面所加工并已干燥称重的试样分为 4 组,每组取 20 块,并编号记录。分别用浓度为 3% 硅凝胶固着防霉剂、ACQ 防霉剂、CCA 防霉剂以及纯水(空白对照样)在 125℃ 的高压蒸汽灭菌锅中浸渍处理 90min。处理结束后将试样取出,擦干净表面,然后将试样在(103±2)℃ 的烘箱中烘干后称重,记录。

(2)参照 EN ISO 3696(EN ISO,1996),将 4 组试样分别放入 500mL 烧杯中,然后注入 300mL 纯水,试样必须浸没在液面以下,可用其他物件将试样压入液体中,防止试样漂浮。

(3)将烧杯放入真空干燥箱中,抽真空到 −0.098MPa,保压 20min。恢复到常压后,用保鲜膜将杯口封住防止水分蒸发,经常搅拌烧杯中的试件,烧杯放置在恒温(23℃±0.5℃)恒湿(50%±2%)箱中进行流失试验。

(4)试样放置 2h 后换水,在换水后的 6h、24h 和 48h 各换一次水,然后每 48h 换一次水,共换水 9 次,装试样的烧杯一直放在恒温(23℃±0.5℃)恒湿(50%±2%)箱中;试验结束后将试样放入烘箱中,在 103℃±2℃ 下烘至绝干,称重。

(5)根据 WPG₁[式(5-17)]、WPG₂[式(5-18)]和 LF[式(5-19)]评价防霉

剂的抗流失性能。

$$WPG_1 = \frac{M_t - M_0}{M_0} \times 100\% \tag{5-17}$$

$$WPG_2 = \frac{M_1 - M_0}{M_0} \times 100\% \tag{5-18}$$

式中，WPG_1、WPG_2分别为流失试验前后的增重率，%；M_0为未浸渍处理试样流失试验前的质量，g；M_t为已浸渍处理试样流失试验前的质量，g；M_1为已浸渍处理试样流失试验后的质量，g。

$$LF = \frac{M_t - M_1}{M_t - M_0} \times 100\% \tag{5-19}$$

式中，LF为抗流失试验过程中的流失率，%；M_0为未浸渍处理、未流失试验前试样的质量，g；M_t为已浸渍处理、未流失试验前试样的质量，g；M_1为已浸渍处理、流失试验后试样的质量，g。

5.3.3.2　药剂种类对抑菌性能的影响

抑菌圈试验结果如表5-16所示。用平均数计算（每个条件3个重复）并表示每个菌种对应的抑菌圈直径，以黑曲霉、绿色木霉、桔青霉等3种霉菌抑菌圈直径的算术平均值表示防霉抑菌圈直径；以对可可球二孢抑菌圈直径的平均数表示防蓝变抑菌圈直径。

从表5-16可看出，不同药剂表现出明显不同的对菌种的防治效力，并且同一药剂对不同菌种的敏感程度也不相同。S1、S4的抑菌圈直径为0.00mm，表明纯水与APTES没有抗菌效果。而S3、S6对霉菌、蓝变菌的防治效果较好。当添加药剂浓度为2.00%时，S2对应各菌种的抑菌圈直径都为0.00mm，而S5的各菌种抑菌圈直径为0.00mm[图5-32（a）、（b）]，另外S3、S6对应的防霉抑菌圈直径则分别为23.67mm、17.29mm[图5-32（c）、（d）、（e）]，防蓝变抑菌圈直径分别为20.37mm、14.69mm。从上述数据可以分析得出，在添加浓度水平2%（3∶5∶10）条件下，S2、S5对霉菌、蓝变菌均不具有防治效力；S3对霉菌、蓝变菌的防治效果比S6高出26.95%、27.88%。

表5-16　抑菌圈试验结果

药剂代号	药剂浓度/%（或比例）	抑菌圈直径/mm			
		黑曲霉	桔青霉	绿色木霉	可可球二孢
S1	—	0.00	0.00	0.00	0.00
S2	0.80	0.00	0.00	0.00	0.00
	2.00	0.00	0.00	0.00	0.00
	3.00	10.05	11.12	11.24	10.61
S3	0.80	0.00	14.42	16.13	12.05
	2.00	17.92	24.61	28.47	20.38
	3.00	21.76	28.94	33.72	25.06

续表

药剂代号	药剂浓度/%（或比例）	抑菌圈直径/mm			
		黑曲霉	桔青霉	绿色木霉	可可球二孢
S4	0.80	0.00	0.00	0.00	0.00
	2.00	0.00	0.00	0.00	0.00
	3.00	0.00	0.00	0.00	0.00
S5	1:5:10	0.00	0.00	0.00	0.00
	3:5:10	0.00	0.00	0.00	0.00
	5:5:10	11.14	10.35	10.61	10.27
S6	1:5:10, 0.80	0.00	12.43	13.67	11.25
	3:5:10, 2.00	12.10	21.92	17.84	14.69
	5:5:10, 3.00	14.53	26.78	25.40	18.61

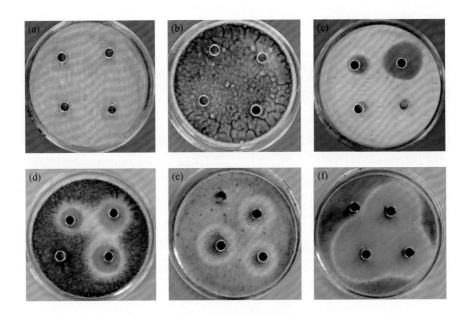

图 5-32　霉菌的抑菌圈试验图

（a）未见抑菌圈的绿色木霉；（b）未见抑菌圈的黑曲霉；（c）和（e）有抑菌圈的桔青霉；
（d）有抑菌圈的黑曲霉；（f）有抑菌圈的绿色木霉

5.3.3.3　药剂浓度对抑菌性能的影响

从表 5-16 中可以看出，当添加浓度为 0.80% 和 2.00%（3:5:10）时，S2、S5 所对应各菌种的抑菌圈直径都为 0.00mm；而当添加浓度为 3.00%（5:5:10）时，S2、S5 的防霉抑菌圈平均直径分别为 10.80mm、10.70mm，防蓝变抑菌圈直径分别为 10.61mm、10.27mm，说明 S2、S5 对菌种的防治效力差不多，并且添加浓度相对较高时才具有抗菌效力。特别是当添加浓度为 0.80% 时，S3、S6 均显示对黑曲霉没有抑制作用，当添加浓度达到 3.00% 时，其防治效果明显增高。从 S3、S6 的抑菌圈试验结果可知，抑菌圈直径随药剂浓度、比例的增加而增大，甚至在高浓度下所产生的抑菌圈相互交叉，基本覆盖整个平板（图 5-32）。结合前期试验探索与试验过程发现，药剂比例为 5∶5∶10 时，S3、S6 存放一小段时间后就产生凝胶，这不便于后期的试验，因此在后续试验过程中综合考虑选取比例为 3∶5∶10 的药剂进行试验。

5.3.3.4　无机固着铜防霉剂对毛竹抗菌性能的影响

表 5-17 显示了经过硅凝胶固着铜防霉剂、ACQ 防霉剂、CCA 防霉剂处理后和未处理的毛竹试样的防霉、防蓝变性能测试结果。从中可以发现，经过防霉剂处理后的毛竹试样的被害值都明显降低，说明防霉剂处理能显著提高防霉性能。如图 5-33 所示，相比于空白对照组，毛竹试样在通过硅凝胶固着铜防霉剂、ACQ 防霉剂、CCA 防霉剂处理后，用肉眼观察不到霉菌的生长。

表 5-17　防霉剂对毛竹抗菌性能的影响

药剂种类	药剂添加量 /%	各菌种的平均被害值				防霉效力（E/%）	防蓝变效力（E/%）
		绿色木霉	黑曲霉	桔青霉	可可球二孢		
自制硅凝胶固着铜	1.00	0.30	0.52	0.00	4.00	93.17	0.00
	3.00	0.00	0.00	0.00	3.87	100.00	3.25
	5.00	0.00	0.00	0.00	3.42	100.00	14.50
ACQ	1.00	0.46	0.23	0.15	4.00	93.00	0.00
	3.00	0.12	0.00	0.00	4.00	99.00	0.00
	5.00	0.00	0.00	0.00	4.00	100.00	0.00
CCA	1.00	0.67	0.41	0.13	4.00	89.92	0.00
	3.00	0.10	0.14	0.00	4.00	98.00	0.00
	5.00	0.00	0.00	0.00	4.00	100.00	0.00
空白对照	—	4.00	4.00	4.00	4.00	0.00	0.00

图 5-33   处理材与未处理材霉变后的宏观特征比较

在药剂添加浓度分别为 1.00%、3.00%、5.00% 条件下，所有防霉剂处理的竹材试样的霉菌被害值均小于 1；除硅凝胶固着铜防霉剂处理竹材试样外，其他防霉剂处理材基本没有防蓝变效果（图 5-34）。

图 5-34   处理材与未处理材蓝变后的宏观特征比较

如表 5-17 所示，对于硅凝胶固着铜处理试样而言，当添加浓度达到 3.00% 时，其对绿色木霉、黑曲霉、桔青霉 3 种霉菌的防治效力均达到了 100.00%，这可能是硅凝胶将更多的铜固着在竹材中的缘故。而当添加浓度达到 5.00% 时，ACQ、CCA 防霉剂处理试样对霉菌的防治效力也达到 100.00%，说明硅凝胶固着铜、ACQ、CCA 防霉剂对霉菌可起到良好的防治作用。当添加浓度为 1.00% 时，ACQ、CCA 处理试样的防霉效力分别为93.00%、89.92%；添加浓度升为 3.00% 时，对应的防霉效力分别为 99.00%、98.00%；添加浓度升为 5.00% 时，防霉效力均为 100.00%，这说明随着添加浓度的升高，ACQ、CCA 防霉剂的防霉效力不断增强。

综合分析可知，同种防霉剂对不同菌种的防治效力也不尽相同，本试验中所用的自制硅凝胶固着铜防霉剂和选用的 ACQ、CCA 防霉剂对桔青霉的综合防治效果最好，其对黑曲霉和绿色木霉的防治效果无异，对蓝变菌的防治效力最差。

5.3.3.5　无机固着铜防霉剂抗流失性能评价

在进入竹材后，防霉剂可能与竹材中具有活性的化学官能团进行反应，形成牢固的化学、物理结合，在竹材中生成不溶于水的稳定物质从而不易被洗出的能力，即防霉剂的固着性能（也称为抗流失性能）。作者通过对比经防霉剂处理后的竹材在抗流失性试验前后的增重率（WPG$_1$ 和 WPG$_2$）和试验后的流失率（LF）来研究防霉剂的抗流失性能。

由表 5-18 可以看出，在进行不同防霉剂处理后，所有试样的质量都相应有所增加，从抗流失性试验前的增重率（WPG$_1$）数据可以看出，经防霉处理后的增重大小依次为ACQ、CCA 和硅凝胶固着铜。从数据上看，硅凝胶固着铜的增重率相对其他防霉剂较低，这主要是由于硅溶胶很难进入竹材组织结构中且硅溶胶在温度较高的情况下容易凝胶。而ACQ 是水溶性的药剂，因此比较容易进入到竹材内部。另一方面，在试验过程中发现竹材浸渍 ACQ、CCA 防霉剂后出现了沉淀物质的析出现象，并且 CCA 析出沉淀物较多，这可能是 CCA 处理材增重率低于 ACQ 处理材增重率的一个原因。

表 5-18　不同防霉剂处理毛竹的抗流失试验结果

试验号	药剂	WPG$_1$/%	WPG$_2$/%	LF/%
1	自制硅凝胶固着铜防霉剂	2.82	2.48	9.68
2	ACQ	10.71	4.42	45.73
3	CCA	8.07	4.26	29.47

不同防霉剂处理毛竹的抗流失试验结果如表 5-18 和图 5-35 所示，试验中发现，经过抗流失试验后，空白对照样以及经过纯水处理的试样的质量在处理过程中就已经存在减损。因此，综合平衡考虑，为了尽可能降低试样因自身质量减少而带来的影响，先统一确定一个降低系数，在计算防霉剂处理毛竹的 WPG$_2$、LF 时，加上相应的质量。

从表 5-18 和图 5-35 可以看出，流失试验后所有防霉剂处理材的增重率（WPG$_2$）均相比于抗流失试验前的增重率（WPG$_1$）有所降低，而其中 ACQ 处理材的 WPG$_2$ 下降得最多。硅凝胶固着铜防霉剂处理材的增重率在抗流失性测试前后的变化较小，仅从 2.82% 降

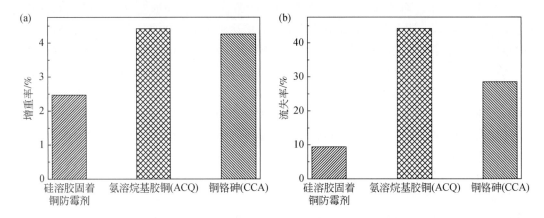

图 5-35　不同防霉剂处理毛竹抗流失性试验后的（a）增重率（WPG_2）和（b）流失率（LF）比较

低到 2.48%。从这些数据中可以看出，所有经过防霉剂处理的试样在流失试验后均出现了防霉剂流失的现象。对应的流失率（LF）大小次序为：硅凝胶固着铜防霉剂处理材<CCA处理材<ACQ 处理材。其中，ACQ 的流失最为严重，流失率达到了 45.73%，而硅凝胶固着铜防霉剂的流失率最小，仅为 9.68%。数据表明，硅凝胶固着铜防霉剂处理材的抗流失性能最好，流失率分别约为 CCA、ACQ 处理材的 1/3、1/5，这说明硅凝胶能够极大地改善铜的固着性能。

5.3.3.6　硅溶胶固着铜防霉剂固着机制

傅里叶变换红外光谱（FTIR）技术在很多领域均有应用，其是利用分子振动来探测物质内部的分子结构和官能团变化情况，可以有效地分析防霉剂与竹材的相互作用。从图 5-36 的红外光谱可以看出，经硅溶胶固着铜防霉剂处理后，在 1035 cm^{-1}、1705 cm^{-1}、1724 cm^{-1}、2854 cm^{-1}、2922 cm^{-1} 等几个峰明显增强。在 1035 cm^{-1} 处为竹材的 C—O—H 的伸

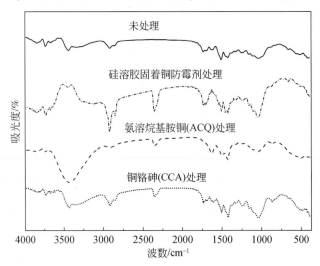

图 5-36　防霉剂处理前后毛竹的红外光谱图

缩振动，相比于未处理材，硅凝胶固着铜防霉剂处理材在此处吸收峰显著增强，说明此处有强烈的 Si—O 吸收峰，即进入竹材纤维素无定型区的硅凝胶固着铜防霉剂与 C—O—H 反应形成新的化学键 Si—O—Si 键。处理材在 1452cm⁻¹ 处出现了新的特征吸收峰，这进一步说明了 Si—O 键的形成。1705cm⁻¹、1724cm⁻¹ 存在 C═O 振动，且这个区域是因为共轭的羧酸和它们形成的酯都有吸收。处理材在 2854cm⁻¹、2922cm⁻¹ 处的峰明显增强，主要是 C—H 峰的伸缩振动。处理材在 3502cm⁻¹ 处出现了新的尖峰，表明存在氢键，说明硅凝胶固着铜与纤维素羟基形成了氢键结合。综合结果表明，硅凝胶固着铜已与竹材发生物理、化学结合。

对比图 5-36 中 ACQ 处理与未处理红外图谱曲线可知，1741cm⁻¹ 处竹材半纤维素的特征吸收峰偏移至 1732cm⁻¹ 处，且其强度明显减弱，这意味着半纤维素的羧基发生变化，可能是存在的羧基进一步与铜发生作用，形成羧酸铜盐，导致此处吸收峰的减弱。在 1241cm⁻¹ 处的吸收峰是酚羟基存在的缘故，峰强度减弱表明酚羟基参与了木质素–铜络合物的形成。而 2900cm⁻¹ 附近的吸收峰明显减弱，说明铜与纤维素羟基形成了氢键缔合。竹材在 3388cm⁻¹ 处存在酰胺基的伸缩振动吸收，在与 O—H 振动吸收重叠后，再加上 O—H 的氢键、范德瓦耳斯力使铜与纤维素之间发生物理吸附作用，从而导致 3000～3600cm⁻¹ 之间的峰形发生明显变化。

由图 5-36 中的图谱可知，CCA 防霉剂处理使 1029cm⁻¹、1425cm⁻¹ 处的吸收峰明显增强，分别存在芳香族骨架振动、C—H 与 C—O 伸缩振动，吸收峰的增强可能是由于峰的重叠吸收。在 2854cm⁻¹ 处的峰变得明显尖锐，表明存在氢键，这说明了 CCA 中的铜、铬等元素与纤维素羟基形成了氢键结合，并且有 C—H 峰的伸缩振动。

通过上述分析可以发现，竹材的纤维素与硅凝胶固着铜、ACQ、CCA 防霉剂之间主要在羧基上发生相互作用，反应生成羧酸盐；各防霉剂主要元素还通过与纤维素羟基形成了氢键结合、与木质素和纤维素之间的范德瓦耳斯力发生物理吸附等方式进行固着，固着机理如图 5-37 所示。

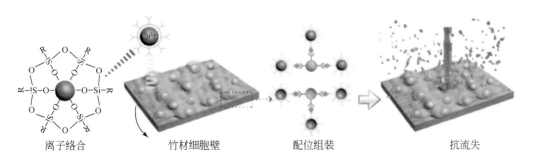

离子络合   竹材细胞壁   配位组装   抗流失

图 5-37 无机固着铜防霉技术固着机理

5.3.3.7 小结

采用溶胶–凝胶法制备了硅凝胶固着铜防霉剂，参照"抗生素微生物检定法"进行抑菌圈试验来评估防霉剂的抗菌性能，比较了不同浓度、不同配比以及单一配方对抗菌性能的影响，确定了药剂的抗菌性。针对优化工艺处理的竹材试样，参照《防霉剂防治木材霉菌及蓝变菌的试验方法》对各防霉剂处理竹材的抗霉性能进行了评价。研究了防霉剂的抗流失性能，并阐明了无机固着铜防霉剂的固着机理。具体结论如下：

（1）不同药剂对菌种的防治效力明显不同，且同一药剂对不同菌种也有着不同的敏感程度。单一药剂 APTES 在浓度 3.00% 以内没有抗菌效果，而氯化铜则有很好的抗菌效力；TEOS 及溶胶混合物需达到相对高的浓度才展现出抗菌作用。

（2）浓度对抑菌圈直径的影响非常大，抑菌圈直径随药剂浓度、比例的增加而增大，甚至在高浓度下所产生的抑菌圈相互交叉，基本覆盖整个平板，其抗菌性能也更好。

（3）在添加浓度为 1.00%、3.00%、5.00% 的条件下，所有防霉剂处理的竹材试样的霉菌被害值均小于 1；当添加浓度达到 3.00% 时，硅凝胶固着铜防霉剂处理试样的防霉菌效力为 100.00%，而 ACQ、CCA 处理试样达到同等效力的浓度为 5.00%，硅凝胶固着铜防霉剂的防霉效力在一定程度上优于 ACQ、CCA 防霉剂。

（4）同种防霉剂对不同菌种的防治效力也不尽相同，本试验所用菌种对桔青霉的综合防治效果最好，对蓝变菌的防治效力最差。

（5）抗流失试验后，硅凝胶固着铜防霉剂处理竹材的流失率（LF）约为 CCA、ACQ 处理材的 1/3 和 1/5，流失率很低，说明硅凝胶固着铜防霉剂处理材具有较好的抗流失性能，硅凝胶提高了铜在竹材中的固着性能。

（6）进入竹材纤维素无定型区的硅凝胶固着铜防霉剂与 C—O—H 反应形成新的化学键 Si—O—Si 键，硅凝胶固着铜与纤维素羟基形成了氢键结合。结果表明硅凝胶固着铜与竹材间物理、化学结合并存。

5.3.4　预炭化防霉原理与技术

竹束是重组竹的主要原料，竹束的化学成分主要由纤维素、半纤维素和木质素构成。虽然竹束的化学成分与木材相似，但是竹束中的薄壁细胞组织更加发达，占整体的 45%~55%，内部含有淀粉（2%~6%）、糖类（2%）、脂肪（2%~4%）、蛋白质（1.5%~6%）等丰富的营养物质，这为霉腐菌的生长提供了充足的营养，从而使得重组竹易受霉腐菌的破坏（赵总等，2014；张齐生，1995；Walter et al.，2003），影响其经济价值及应用效果。针对传统的 CCA、ACQ 以及硼类防霉剂等在使用过程中会对环境以及人体健康造成危害等问题，众多新型抗菌防霉方法被开发出来。如将纳米级的氧化金属粒子附着在材料表面，能够取得较好的抗菌防霉效果（Mahlaule-Glory et al.，2019；Anastasios et al.，2019；Łukasz et al.，2019），然而这种方法仍然存在着步骤烦琐等问题，没有在实际生活中得到广泛应用。

预炭化处理可有效去除木材内部的部分营养物质，提升木材的疏水性与尺寸稳定性，从而达到防霉防腐的效果。因此，许多重组竹加工企业在压制重组竹前，先对竹束进行高温预炭化处理，以此来提升重组竹的防腐防霉性能，然而，到目前为止，关于预炭化处理对重组竹防腐防霉性能影响的研究仍然较少。因此，作者分别对本色重组竹与炭化重组竹进行霉腐菌侵染试验，通过对比分析试件表面的感染面积占比以及试验前后试件的质量损失率来测定本色重组竹与炭化重组竹的防腐防霉性能，并深入探究预炭化处理对重组竹防腐防霉性能的影响机理。

5.3.4.1　预炭化重组竹的制备

1）霉菌侵染试验试样制备

试件制备：毛竹从地面基部 1.3m 以上截取 1m 作为试材，刨去竹青竹黄后切割为 50mm（顺纹）×20mm×5mm 的试件，备用。本色重组竹与炭化重组竹同样切割为 50mm（顺纹）×20mm×5mm 的试件，备用。根据国家标准 GB/T 18261—2013《防霉剂防治木材霉菌及蓝变菌的试验方法》进行霉菌感染试验。

马铃薯–蔗糖–琼脂培养基（PDA）制备：洗净的马铃薯去皮切成小块，取 200g 放入锅中，加适量清水煮沸 30min 后用纱布过滤。在得到的滤液中加入葡萄糖 20g、琼脂 25g，加热溶解后加清水定容至 1000mL。将制备好的液体培养基分装在 2 个细口三角瓶内，并用防水纸封口，放入蒸汽灭菌锅中灭菌（0.1MPa，121℃，30min），灭菌后的培养基放于无菌操作台冷却，倒入已灭菌的培养皿（直径 10cm）中，约 15～20mL，制成平板培养基备用。

孢子悬浮液的配制：在超净工作台上用接种针挑取少许试菌菌丝及孢子，放入灭菌后的研磨器中，加适量无菌水磨碎后倒入已灭菌的三角瓶内，加入适量无菌水后放在摇床上（转速：100r/min）振荡 15min 后取出备用。

试菌的培养：在无菌环境下用移液枪吸取孢子悬浮液，注入已有平板培养基的培养皿内（注入量：0.5mL）轻轻摇动，使之在培养基表面均匀分布。接种后立即放入恒温恒湿培养箱内（温度 28℃，相对湿度：85%），培养 7 天至菌落成熟。

试样接菌：每组试样及玻璃棒用多层纱布包好放入灭菌锅中，以 100℃蒸汽灭菌 30min，待冷却后接菌。无菌条件下，在已长满菌丝的平板培养基上面平行排列两根已灭菌的玻璃棒（直径 3mm），再将试样横放在玻璃棒上，每个培养皿中放置 2 块试样。接菌后立即放回培养箱内（温度 28℃，相对湿度：85%），培养 28 天。

2）霉菌侵染实验结果评定

霉菌侵染 4 周后，通过记录试件表面试菌感染面积占比来评价试样霉变程度，以此来评估样品的防霉性能。评价变色菌（可可球二孢）对试样的侵染程度时，除了记录试样表面感染程度外，还要刷掉试样表面菌丝，目测表面变色程度，并在试样厚度中线沿顺纹方向劈开，检查试样内部变色程度。试样变色程度按照表 5-19 分级。

表 5-19　变色分级标准

变色分级	试样变色程度
0	试样表面颜色正常，内部颜色正常
1	试样表面仅少数变色斑点，最大的变色斑点直径不超过 2mm，内部颜色正常
2	试样表面明显变色，连续变色面积达到 1/3，或非连续变色或呈条带状变色面积达到 1/2，内部颜色正常
3	连续变色面积超过 1/3，或非连续变色或呈条带状变色面积超过 1/2，内部变色面积<1/10
4	试样表面变色面积>3/4，内部变色>1/10

3）腐菌感染试验试样制备

依据国家标准 GB/T 13942.1—2009《木材耐久性第一部分：天然耐腐性实验室试验方法》评定本色重组竹与炭化重组竹的防腐性能。

试样制备：所有试样尺寸均为 20mm×20mm×10mm，每种试样准备 12 块，烘至恒重，称重（精确到 0.01g）后，用多层纱布包好，在蒸汽灭菌锅中灭菌 30min 后，置于无菌操作台上冷却备用。

PDA 培养基的制备与霉菌侵染试验中的方法一致。

河沙锯屑培养基的制备：在具螺纹盖的广口圆盖瓶中加入河沙（20 目）75g、马尾松边材锯屑（20 目）7.5g、玉米粉 4.3g、红糖 0.5g，拌匀平整，在其表面放置饲木两块，瓶内加入 50mL 麦芽糖液，稍稍松开盖子，在蒸汽高压灭菌器中灭菌 1h 后取出（0.1MPa，121℃），置于无菌操作台上冷却备用。

腐菌的培养与试样接菌：在 PDA 培养基上接种试验所需的腐菌，置于培养箱中（28℃，相对湿度 75%）培养 7 天后，用无菌打孔器在 PDA 培养基上切取直径 5mm 的菌丝块（带有 PDA 培养基）接入河沙锯屑培养基的中间位置，约 5mm 深处。接菌后的培养瓶置于 28℃，相对湿度 75% 的培养箱中培养 10 天后，放入试样受菌感染。

4）腐菌感染试验结果评定

在腐菌侵染 12 周后将试样取出，刮去表面的菌丝与杂质，在烘箱中烘至恒重，每块试样再分别称重（精确到 0.01g）。按照公式（5-20）计算每块试样的质量损失率，以百分数表示。

$$试样质量损失率=\frac{W_1-W_2}{W_1}\times100\% \tag{5-20}$$

式中，W_1 为试样试验前的全干质量；W_2 为试样试验后的全干质量。

5）性能表征

傅里叶变换红外光谱（FTIR）测试：采用 VERTEX70 型傅里叶变换红外光谱仪（德国，Bruker）对试样进行红外分析，扫描范围：$400\sim4000cm^{-1}$，分辨率：$4cm^{-1}$，扫描次数：32。

X 射线光电子能谱（XPS）测试：采用 ESCALAB 250XI 型 X 射线光电子能谱仪（美国，Thermo Fisher Scientific）对普通重组竹及样品进行测定，激发源：Al-Kα 源，透过能：100eV，X 射线源功率：150W，扫描范围：$0\sim1200eV$。

接触角（CA）测试：采用 OCA15 型接触角分析仪（德国，Data Physics）对样品表面的疏水性进行测试。滴水量为 4μL，当水滴与试件接触 5s 后读数，在同一样品表面不同位置测量 3 次，取其平均值为接触角终值。

X 射线衍射（XRD）测试：采用 UltimaIV 型 X 射线衍射仪（日本，Rigaku Corporation）检测防霉处理前后重组竹材的晶体结构及其结晶度变化情况，光管为铜靶，在电压为 40V，电流为 40mA 的条件下，以 10°/min 的扫描速度扫描样品，扫描范围为 10°~60°。采用 Segal 经验公式［公式（5-21）］计算测试试样的相对结晶度。

$$I_{Cr}=\frac{I_{002}-I_{am}}{I_{002}}\times100\% \tag{5-21}$$

式中，I_{002} 为（002）晶面在 $2\theta = 22°$ 结晶区附近的最大衍射强度值；I_{am} 为（101）晶面（大约在 $2\theta = 18°$ 处）与（002）晶面之间的最小衍射强度。

5.3.4.2　霉菌感染结果分析

试样表面霉菌覆盖面积占比随天数的变化曲线及试样感染霉菌前后的表面形貌变化如图 5-38 所示。由图 5-38（a）可知，可可球二孢侵染 28 天后，试样表面基本已经被菌丝完全覆盖，本色重组竹与炭化重组竹的表面感染面积比相似，分别达到了 100% 和 97.6%，但是炭化重组竹在各个阶段的感染面积均比本色重组竹低，由此可知对竹束进行炭化处理可以在一定程度上延缓可可球二孢的生长。由图 5-38（b）和（c）可以看出，黑曲霉与橘青霉在本色重组竹与炭化重组竹表面的侵染趋势相似，28 天后表面感染面积比没有明显的差别。由图 5-38（d）可知，炭化重组竹对绿色木霉的防治效果要明显优于本色重组竹，在侵染 28 天后，本色重组竹的表面接近一半的面积被菌丝覆盖，感染面积达到了 44.9%，而炭化重组竹的表面仅有少量的霉点，感染面积比仅为 10%，比本色重组竹下降了 34%，由此可知竹束经过预炭化处理后，重组竹对绿色木霉的防治效果有了显著的提升。

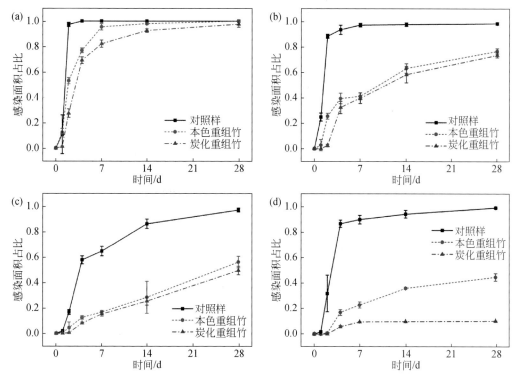

图 5-38　霉菌覆盖面积占比变化曲线

（a）可可球二孢；（b）黑曲霉；（c）橘青霉；（d）绿色木霉

感染了可可球二孢的竹木材料不仅表面会被菌丝覆盖，在刮去表面菌丝后，材料表面和内部均会出现永久性的变色现象，影响材料的外观形貌，从而无法正常使用。感染可可球二孢后样品表面与内部颜色的变化如图 5-39 所示，被可可球二孢侵染 28 天后，竹片表面几乎完全变色，将竹片劈开后，在内部也观察到了明显的连续变色带，变色等级达到了最高级 4 级。本色重组竹与竹片相似，表面变色现象明显，将试样顺纹劈开后，虽然没有观察到大面积的连续变色带，但在截面的四角出现了明显的变色现象，变色等级达到了 3 级。对于炭化重组竹来说，表面与内部均未观察到明显的变色，变色等级为最低级 0 级。由此可知，相对于本色重组竹，炭化重组竹在抗变色性能方面明显提升，被可可球二孢侵染后，炭化重组竹的表面及内部颜色基本不受影响。

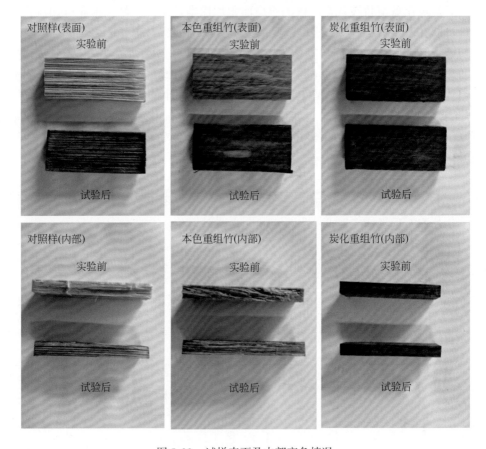

图 5-39   试样表面及内部变色情况

5.3.4.3   腐菌感染结果分析

图 5-40 展示了腐菌侵染 12 周后试样的外观形貌。由图可以看出，白腐菌（绵腐卧孔菌）对试样的外观形貌影响较大，试样表面均被菌丝完全覆盖。褐腐菌（彩绒革盖菌）对试样的外观形貌影响相对较小，覆盖在试样表面的菌丝较薄，可以隐约观察到本色重组竹的表面情况，而炭化重组竹的表面并没有被菌丝完全覆盖，仍有一部分材料裸露在外。

图 5-40　腐菌感染试样表面形貌

　　试样被腐菌侵染 12 周后的质量损失率如图 5-41 所示。由图可知，在使用绵腐卧孔菌与彩绒革盖菌分别侵染 12 周后，炭化重组竹的质量损失率分别为 1.5% 和 1.17%，相对于本色重组竹的质量损失率（4.72% 和 5.93%）均有所下降。综上所述，虽然本色重组竹与炭化重组竹均达到了国家标准中的强耐腐要求。但炭化重组竹的防腐性能得到了进一步提升，更适合在厨房这样腐菌易生长繁殖的环境中使用。

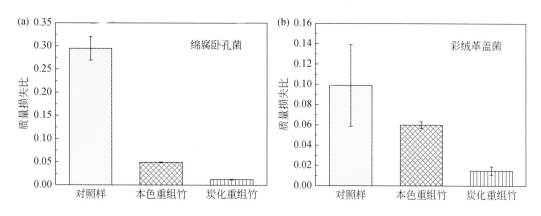

图 5-41　试样被（a）绵腐卧孔菌和（b）彩绒革盖菌侵蚀后的质量损失比

5.3.4.4　傅里叶变换红外光谱分析

　　为了探究炭化重组竹和本色重组竹在防霉防腐性能方面具有差异的原因，对本色重组竹与炭化重组竹的化学成分进行分析。竹材作为重组竹的主要原材料其主要化学成分与其他生物质材料基本相似。由文献（Faix，1988；Pandey，1999；Hakkou et al.，2005；Liu et al.，2010；Li et al.，2015）可知，半纤维素是两种或两种以上的单糖组成的不均一聚糖，含有乙酰基、羟基等红外敏感基团；木质素的主要成分为芳香族高分子化合物，其分子中含有羰基、苯环等多种红外线敏感基团。

图 5-42 为本色重组竹与炭化重组竹的 FTIR 图。由图可知，相对于本色重组竹，炭化重组竹的图谱中没有新的峰产生，同时峰的位置也没有发生明显的偏移，说明竹束在进行炭化处理后没有形成新的化学键。在 895cm^{-1}、1059cm^{-1}、2900cm^{-1} 和 3308cm^{-1} 处的纤维素特征峰没有发生明显的变化，说明碳化处理对竹束内纤维素没有明显的影响。且炭化重组竹在 3400cm^{-1}（—OH）处的峰强减小，在 1400cm^{-1}（C—H）、1730cm^{-1}（C=O，木聚糖乙酰基）处的半纤维素特征峰峰强减小，在 1512cm^{-1}（C=C—OH，苯环）处的木质素特征峰峰强增大。由此可以推测，在炭化过程中，竹束中的游离羟基相互发生反应 [式（5-22）]，导致羟基的数量减少，此外部分半纤维素水解 [式（5-23）]，内部的木聚糖含量降低，减少了霉腐菌生长所需的营养物质，延缓了菌丝的蔓延。另一方面，半纤维素含量的减少使得纤维素与木质素的相对含量增加，木质素及其产生的酚类物质对霉菌均有一定的抑制作用（Cheng et al, 2013），因此使得炭化重组竹的防腐防霉性能要优于本色重组竹。

$$2R—OH \longrightarrow R—O—R + H_2O \tag{5-22}$$

$$R—CO—CH_3 \longrightarrow RH + CH_3COOH \tag{5-23}$$

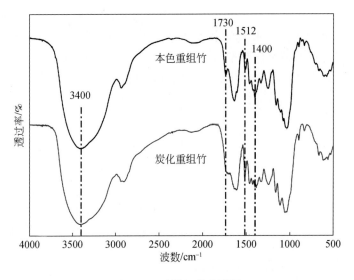

图 5-42　试样红外光谱图

5.3.4.5　X 射线光电子能谱分析

对材料的表面化学组分分析发现，竹材主要是由碳（C）、氢（H）、氧（O）元素构成，其中，C 元素的结合方式及状态在很大程度上决定了竹材组分的结构和性质。图 5-43（a）为普通重组竹、炭化重组竹的 XPS 图谱，在 286eV 和 534eV 附近分别出现了 C 与 O 的特征峰，且两者峰型相似。与本色重组竹对比发现，炭化重组竹图谱中没有出现新的峰，说明炭化处理并没有改变材料表面的化学性质。表 5-20 为 C 元素与 O 元素在样品中的原子浓度，由表可知，相对于本色重组竹炭化重组竹的 C 含量略微提升，达到了 70.44%，氧碳比达到了 0.35。这可能是在热压时本色重组竹表面被轻微炭化，导致两者的 O 和 C 比较为相近。

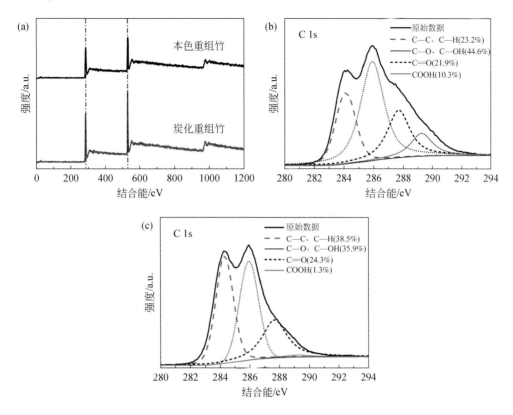

图 5-43 试样 X 射线光电子能谱图

(a) 宽扫图；(b) 本色重组竹 C 1s 能谱图；(c) 炭化重组竹 C 1s 能谱图

表 5-20 试样表面碳、氧元素占比

试样	元素占比/%		原子比例
	C	O	O/C
本色重组竹	69.3	30.7	0.37
炭化重组竹	70.44	29.56	0.35

竹材表面 C 元素 C 1s 层的电子结合能与所结合的原子或基团有关，因此可以通过分析样品的 C 1s 峰对其周围的化学环境进行推断，得到竹材表面的化学结构信息。

如图 5-43 (b)、(c) 所示，本色重组竹与炭化重组竹的 C 1s 峰可分为 C1 (C—C、C—H，284.4eV)，C2 (C—O、C—OH，285.8eV)，C3 (C＝O，287.7eV) 和 C4 (COOH，289.2eV)。与本色重组竹相比，炭化重组竹中的 C2 和 C4 的相对含量减少。因此，相对于本色重组竹，炭化重组竹表面的羟基、羧基在炭化处理过程中逐渐减少，使材料表面化学活性降低，形成了更多较为稳定的结构。同时，炭化处理过程中部分半纤维素降解，导致 C2、C4 含量减少。材料内营养物质的减少加大了霉腐菌在材料表面生长的难度，所以炭化重组竹的防腐防霉性能要优于本色重组竹，这一结果与 FTIR 分析结果一致。

5.3.4.6　静态接触角分析

除了营养物质，水分也是影响霉腐菌生长的一个重要因素。Campana 等（2020）的研究指出，在高湿环境下，霉腐菌倾向于侵染材料表面，因此我们通过观察本色重组竹与炭化重组竹与水的接触角分析两者的疏水性能。由图 5-44 可知，本色重组竹横向与纵向切面的接触角分别为 23°和 26°，疏水性较差。而炭化重组竹在两个面上的接触角分别为 42°和 43°，疏水性能较本色重组竹有所改善。根据之前 XPS 分析得出的结果，在炭化处理过程中，材料表面 C2、C4 的相对含量减少，表面亲水基团羟基、羧基减少，从而提升了材料的疏水性能。疏水性提高使得炭化重组竹表面附着的水分减少，劣化了霉腐菌的生长环境，从而使材料的防腐防霉性能得到了提升。

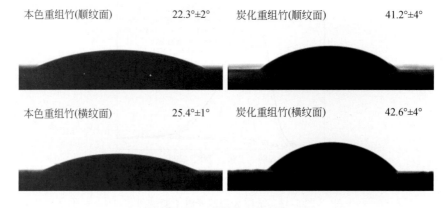

图 5-44　试样表面接触角

5.3.4.7　X 射线衍射分析

竹材纤维素的相对结晶度，即指竹材内部纤维素结晶区占纤维素整体的百分比。纤维素的相对结晶度与竹材的物理力学性能密切相关，同时对竹制品的吸湿性与尺寸稳定性也有一定的影响。对比分析本色重组竹与炭化重组竹纤维素的相对结晶度，从而探究炭化处理对竹材及重组竹内部结构的变化与防腐防霉性能的关系。

图 5-45 为本色重组竹与炭化重组竹的 XRD 图谱，由图可知，本色重组竹与炭化重组竹（002）晶面衍射峰的位置没有发生明显变化，说明炭化处理对竹束纤维素结晶区没有产生明显的影响，即没有改变结晶区晶层的间距，但炭化重组竹的（002）晶面衍射峰要明显强于本色重组竹，说明在高温处理后，竹束内部结晶度增加，结晶区内结合更加紧密。计算得到本色重组竹与炭化重组竹的纤维素相对结晶度分别为 37.64% 和 46.35%，与本色重组竹相比，炭化重组竹的纤维素相对结晶度提升了 18.79%。这可能是在炭化处理过程中，竹束纤维素准结晶无定形区域内发生缩聚反应，脱出水分，产生醚键，使准结晶区内的微纤丝排列更加有序，向结晶区靠拢，从而使竹束纤维素的相对结晶度增加

（Bhuiyan，2000），竹束内部结构更加稳定，降低了材料的亲水性，这一分析与之前 FTIR、CA 的检测结果一致。内部竹束纤维素相对结晶度的增加一方面提升了材料的疏水性，破坏了霉腐菌的生长环境，另一方面使材料内部结合更加紧密，阻碍了霉腐菌向材料内部扩散，延缓其生长，因此，与本色重组竹相比，炭化重组竹展现出更好的防腐防霉性能。

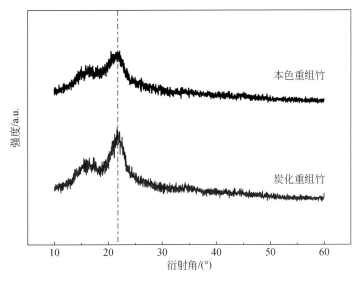

图 5-45　试样 XRD 衍射图

5.3.4.8　小结

采用四种霉菌及两种腐菌分别对本色重组竹与炭化重组竹进行侵染试验，观察霉菌感染试验前后试样表面形貌的变化；记录腐菌感染前后试件的质量，计算感染后的质量损失率，对比普通重组竹与炭化重组竹在防腐防霉性能上的差异，并分析炭化处理对重组竹防腐防霉性能的影响机理。得出主要结论如下：

（1）与本色重组竹相比，炭化重组具有更好的防霉性能，在四种霉菌中，炭化重组竹对绿色木霉的抵抗能力最强，侵染后感染面积为 10%，相对于本色重组竹下降了 34%，感染值为 1 级。

（2）在被可可球二孢侵染后，本色重组竹表面几乎完全变色，内部也发现少许变色，变色等级达到了 4 级，而炭化重组竹表面与内部均没有发现明显的变色现象，变色等级为最小的 0 级。

（3）相对于本色重组竹炭化重组竹具有更好的防腐性能，在被棉腐卧孔菌与采绒革盖菌侵染 12 周后，炭化重组竹的质量损失率分别达到了 1.5% 与 1.17%，相对于本色重组竹（4.72% 和 5.93%）均有所下降。

（4）经过炭化处理后，竹束三大素中的半纤维素被降解，霉腐菌的营养来源减少；另一方面，高温处理使竹束内部纤维素结晶区结合更加紧密，材料的疏水性得到了提升，霉腐菌的生长环境遭到了一定程度的破坏。因此炭化重组竹的防腐防霉性能要优于本色重组竹。

5.3.5　糠醇防霉原理与技术

糠醇（furfuryl alcohol）又称呋喃甲醇，是由糠醛气相或液相催化加氢制得的产物，也是糠醛的衍生物（Guigo et al.，2009）。小麦秸秆、甘蔗渣、玉米芯等都是糠醇的重要来源。我国糠醇主要原料为玉米芯，玉米年产量约有 2.5 亿 t，年产玉米芯 0.4 亿 t，10t 玉米芯可产 1t 糠醇，加上其他相对较少的生物质资源，估计潜在糠醇年产量为 800 万 t，是一种生产利用潜力巨大的改性剂（何莉等，2012）。木材经糠醇树脂改性后，可对霉菌、变色菌、白蚁、木腐菌、海洋钻孔生物等表现出优异的抵抗性能。Goldstein 和 Dheher（1960）首次发现糠醇树脂处理能够显著提高木材抗生物腐朽性能；Lande 等（2004）发现经过中高浓度糠醇树脂改性的欧洲赤松，其耐褐腐、白腐能力均优于 CCA 改性材；Esteves 等（2010）采用两种褐腐菌对海岸松边材进行耐腐性试验，对比发现，改性材的质量损失分别下降 96% 和 86%；Westin 等（2016）研究发现，醇稀释糠醇树脂改性的欧洲赤松对海洋钻孔生物的抵抗能力明显增强，能够与 M 级 CCA 媲美，且没有生物灭杀性。

因此，作者以毛竹竹束为研究对象，利用糠醇树脂对其进行提质改性处理，以获得能改善竹材防霉性能，且对竹材力学性能影响小的绿色环保改性技术。通过利用糠醇树脂改性溶液对竹束进行浸渍处理，探究糠醇树脂改性对竹束防霉性能的影响规律。进一步将糠醇树脂改性竹束压制成重组竹板材，研究糠醇树脂对重组竹防霉性能的影响。最后，深入研究糠醇树脂改性竹材的防霉机理，以期为糠醇树脂改性竹材技术的工业化应用提供理论基础。

5.3.5.1　糠醇树脂改性竹材的制备及表征

1）糠醇树脂改性竹束制备

采用常温常压浸泡法和单因素试验法（如表 5-21 所示）对竹束单元进行糠醇树脂改性处理，探讨糠醇改性对竹束防霉性能的影响。首先在室温（23±2）℃下，将试件置于改性液中浸泡 1h。改性过程中竹束单元的吸药量采用自制装置进行连续测量。浸渍后取出试件，擦去试件表面多余改性液。每个单因素试验均重复 8 次，取平均值。为避免糠醇树脂溶液在固化过程中随着水蒸气的蒸发而挥发，固化前用铝箔纸包裹浸渍的竹束单元，固化完成后打开铝箔纸，并将其置于鼓风干燥箱中进行绝干干燥（先 75℃ 干燥 3h，后 103℃ 烘至绝干），最后称重。

表 5-21　不同浓度糠醇溶液配比

试样	硼砂/%	马来酸酐/%	糠醇/%	水/%
1	1.75	2	5	91.25
2	1.75	2	10	86.25
3	1.75	2	20	76.25
4	1.75	2	30	66.25
5	1.75	2	40	56.25
6	1.75	2	50	46.25

2）糠醇树脂改性重组竹制备

采用常温常压浸渍法对竹束单元进行糠醇改性溶液浸渍处理。探讨糠醇浓度（10%和20%）和固化方式（是否包裹）的影响，并选用特定的催化剂催化固化糠醇树脂，常温常压浸渍 1h，在 105℃固化 3h 后降至 65℃干至含水率 10%左右。干燥后竹束在酚醛树脂（25%固含量）中浸渍 10min，沥胶一夜，置于鼓风干燥箱中在 65℃干燥至含水率为 7%~8%。设定板坯密度为 1.1g/cm³，采用手工组坯方式纵向组坯，板坯幅面 500mm×500mm×15mm；压制板材采用"热进冷出"工艺，热压温度 135℃，热压压力 5MPa，热压时间 20min。将压制后的重组竹在自然环境中放置一周。

3）改性材性能检测

（1）增重率（weight percent gain，WPG）测试：不同处理工艺下糠醇树脂改性竹束的增重率按照公式（5-24）进行计算：

$$WPG = \frac{m_1 - m_0}{m_0} \times 100\% \tag{5-24}$$

式中，m_0 和 m_1 分别表示竹束改性处理前后的绝干质量，g。

（2）色差（chromatic aberration，CA）测试：取每组试件扫描图像的颜色指数平均值（明度 L^*、红绿指数 a^* 及黄蓝指数 b^*），采用 CIE2000 标准色度系统，即式（5-25）计算改性材的色差：

$$CA = \Delta E * ab = \sqrt{(L^* - L_0^*)^2 + (a^* - a_0^*)^2 + (b^* - b_0^*)^2} \tag{5-25}$$

式中，L_0^* 表示处理前竹束的明度；a_0^* 表示处理前竹束的红绿指数；b_0^* 表示处理前竹束的黄蓝指数；L^*、a^* 和 b^* 分别表示处理后对应的竹束的颜色指数。

（3）防霉性能（mold resistance）测试：参照 GB/T 18261—2013《防霉剂防治木材霉菌及蓝变菌的测试方法》进行防霉试验。

PDA 平板培养基制作：取马铃薯葡萄糖琼脂干粉 38g，置于 1L 蒸馏水中，加热搅拌至粉末完全溶解，煮沸 3 次后分装于三角瓶中，121℃高压灭菌 15min，待灭完菌后放置冷却至 50℃左右，倾注平板，备用。

试菌培养：用酒精擦拭无菌操作台台面，并打开紫外灯杀菌 20min。将无菌水倒入活化三次后的试菌中，均匀摇晃制成孢子悬浮液备用。用灭菌后的移液枪吸取 200μL 孢子悬浮液并转入空白培养基内，再用已灭菌的涂布棒分别顺逆时针涂匀整个培养基，用封口膜将培养皿封口，放入 28℃恒温培养箱中培养一周备用。

试样接种与培养：在已经培养好菌种的培养皿中放入灭菌的塑料棒两根，然后将对照材和改性材放在塑料棒上，不与霉菌直接接触，用封口膜密封后放入培养箱中。观察试件经过 5d、15d、30d 霉菌侵染后试样表面的侵蚀情况。

试验菌种为黑曲霉（*Aspergillus niger* V. Tiegh）和桔青霉（*Penicillam citrinum* Thom）。按照式（5-26）计算防治效力：

$$E = 1 - \frac{D_t}{D_0} \times 100\% \tag{5-26}$$

式中，D_0 表示改性前试样的平均被害值；D_t 表示改性后试样的平均被害值。

选用改性前和10%、20%糠醇树脂改性的竹片进行扫描电镜观察。制取规格为5mm×5mm×5mm的小方块，置于冷水中浸泡。利用切片机将竹片的横切面切削平滑，并切割制取厚度为2mm左右的试样进行观察。观测前需对样品进行绝干干燥并进行喷金处理。利用环境扫描电子显微镜，在加速电压为7kV条件下，观察糠醇树脂改性前后竹材的薄壁细胞，明确糠醇树脂在竹材内部的分布规律。

激光扫描共聚焦显微镜（CLSM）测试：选取改性前和10%、20%糠醇树脂改性竹片，试样准备同扫描电镜制样，利用切片机切取25μm厚的薄片，置于载玻片上并封片。通过对比荧光强度，分析糠醇树脂在竹材细胞中的分布情况。激光谱线为Ar-488nm，采用放大倍数40倍光镜和63倍油镜进行观察。

傅里叶红外光谱测试：取糠醇树脂、未处理竹束及20%糠醇树脂改性竹束粉末分别与溴化钾按照质量比1∶100充分混合研磨，压制成透明薄片，进行测试，测量波长范围400~4000cm^{-1}，分辨率为4cm^{-1}。

5.3.5.2 糠醇浓度对竹束性能的影响

图5-46为糠醇浓度对改性竹束单元色差和增重率的影响规律。由图可知，与对照材相比，经糠醇树脂改性后，竹材颜色明显加深。随着糠醇浓度的增加，改性竹束颜色逐渐加深，增重率逐渐增加。图5-46（a）中，当糠醇改性溶液浓度由5%增大到50%时，改性后包裹材的色差由35.43增长到50.04，未包裹材的色差由20.72增长到30.64，增长幅度均大于40%。糠醇浓度从5%增大到30%时，竹束颜色明显加深，色差增长幅度大。而当糠醇浓度高于30%时，竹束颜色变化小。分析原因认为，糠醇浓度越高，填充在竹材细胞腔或细胞间隙中的糠醇树脂交联聚合物越多（Anwar et al, 2009），从而使得竹束表现出颜色逐渐加深的趋势；而当竹材细胞腔或细胞间隙被填满后，继续增加糠醇浓度，竹束颜色则无明显变化。另外，相同糠醇浓度下，包裹材的色差值始终大于未包裹材。这是因为糠醇的沸点为170℃，固化过程中水分的挥发会带走一部分糠醇，而铝箔包裹可以有效降低糠醇的挥发，所以参与酯化反应的糠醇更多，改性处理竹束的颜色也就越深。

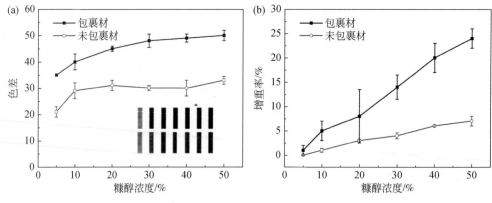

图5-46　糠醇浓度对改性材色差（a）和增重率（b）的影响

从图5-46（b）可知，糠醇树脂改性竹束的增重率随着糠醇浓度的增加而增大，当糠醇改性液浓度从5%增加到50%时，改性后包裹材的增重率由0.55%增大到23.65%，增长率为 420% 。而未包裹材的增重率由 0.27% 增长到 7.19% ，增长率为 256.30% 。对比分析可知，相同糠醇浓度下，包裹材的增重率显著大于未包裹材，这进一步说明铝箔包裹可以有效降低糠醇的挥发。竹材在微观结构上基本不含木射线等横向组织，纹孔通道几乎是气液横向流通的必经之路，而竹材在经过砍伐、干燥等一系列加工之后，胞壁纹孔闭合，这严重阻碍了竹材的深加工。孙丰文等通过浸泡用不同的改性剂处理竹材，增重率分别为 16.30% 、10.63% 和 12.51% （孙丰文和关明杰，2006）。采用 30% 的糠醇改性竹束，室温常压条件下就能达到 15% 左右的增重率，进一步说明糠醇在竹材细胞中具有较好的渗透能力，可用于竹材、木材及其他材料的改性。

5.3.5.3　糠醇树脂改性对竹束防霉性能的影响

采用黑曲霉（*Aspergillus niger* V. Tiegh）和桔青霉（*Penicillam citrinum* Thom）对糠醇树脂改性前后竹束进行为期 30 天的防霉测试，试验结果如表 5-22 所示。结果表明，未改性竹束经黑曲霉和桔青霉侵蚀后，竹束表面分别在第 5 天和第 4 天逐渐出现白色菌丝。测试结束后，未改性竹束黑曲霉和桔青霉侵染面积均大于 3/4，而 10% 和 20% 糠醇树脂改性竹束表面均未出现菌丝侵染现象。在黑曲霉和桔青霉环境下，糠醇树脂改性竹束的被害值均为 0，未改性竹束的被害值均为 4，说明糠醇树脂改性能够显著改善竹束的黑曲霉和桔青霉防霉性能，且当糠醇浓度为 10% 时，即可达到防霉效果。

表 5-22　改性前后竹束经黑曲霉和桔青霉侵染情况

菌种	天数	对照	10%	20%
黑曲霉	1 天			
	15 天			
	30 天			

续表

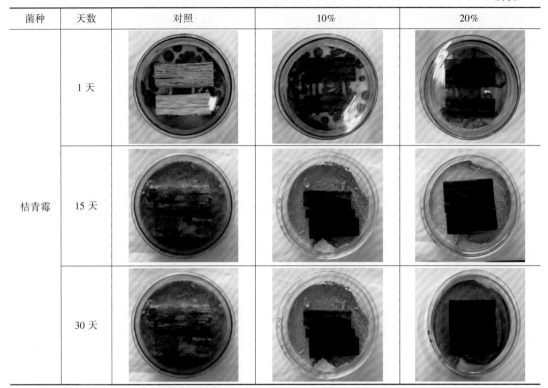

菌种	天数	对照	10%	20%
桔青霉	1 天			
	15 天			
	30 天			

5.3.5.4　糠醇树脂改性对重组竹防霉性能的影响

采用黑曲霉和桔青霉对 10% 和 20% 糠醇树脂改性的重组竹进行防霉测试，结果如表 5-23 所示，当测试进行到第 25 天时，浅炭重组竹对照样、浅炭处理毛竹制备的重组竹表面逐渐出现白色菌丝，测试结束后，浅炭材试菌侵染面积约占 1/4；浅炭重组竹在桔青霉环境下，测试进行第 12 天表面逐渐出现白色菌丝，待测试结束后，浅炭材试菌侵染面积约为 1/2。10% 和 20% 糠醇树脂改性重组竹表面在黑曲霉和桔青霉测试过程中均未出现菌丝侵染现象。经过 30 天的防霉试验，糠醇树脂改性材在黑曲霉和桔青霉中的被害值均为 0，浅炭材在黑曲霉和桔青霉中的被害值分别为 1 和 2，说明糠醇树脂改性重组竹的防霉性能优于浅炭材。

表 5-23　改性前后重组竹经黑曲霉和桔青霉侵染情况

菌种	天数	对照	10%	20%
黑曲霉	1 天			

菌种	天数	对照	10%	20%
黑曲霉	15 天			
	30 天			
桔青霉	1 天			
	15 天			
	30 天			

5.3.5.5　糠醇改性防霉机理分析

1）糠醇树脂改性对竹材微观构造的影响

图5-47 为改性前后竹材的薄壁细胞形貌。改性前［图5-47（a）］，竹材的薄壁细胞在

横截面上呈圆形，有明显的细胞间隙。经糠醇树脂改性后，竹材薄壁细胞的横截面大部分依旧保持圆形，但是细胞壁对比改性前有增厚，并且部分细胞中有明显的糠醇树脂填充。糠醇树脂的填充，有利于减少竹材中的营养物质，改善竹材的防霉性能。

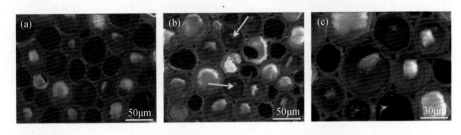

图 5-47　糠醇树脂改性前（a）与改性后（b）、（c）竹材薄壁细胞电镜图

图 5-48 为利用 CLSM 检测了竹材薄壁细胞中糠醇树脂的分布情况。图 5-48（a）为未改性材，可以观察到微弱的荧光。从图 5-48（b）、（c）可以看出，随着糠醇浓度的增加，细胞荧光强度有明显的增强。细胞壁内荧光强度较强，说明糠醇树脂主要沉积在细胞壁中。当糠醇浓度为 30% 时，部分细胞腔内也发出较强的荧光，表明糠醇树脂在细胞腔内也有填充。

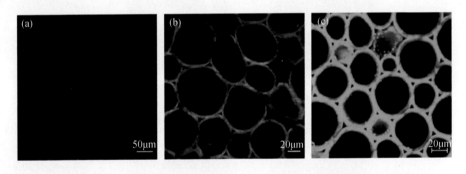

图 5-48　糠醇树脂改性前（a）与改性后（b）、（c）竹材薄壁细胞 CLSM 图

2）糠醇树脂改性对竹材化学官能团的影响

竹材糠醇树脂改性前后的红外光谱如图 5-49 所示。从图 5-49（a）可知，改性材与未改性材在 1800 ~ 4000cm^{-1} 区间内的红外特征峰无明显差异，在 3340cm^{-1}、2902cm^{-1} 和 2364cm^{-1} 处较强的特征峰为羟基和 C—H 基团的伸缩振动，它们不能反映竹材改性前后化学组成的变化情况，但在 800 ~ 1800cm^{-1} 之间的指纹区可以体现出糠醇树脂改性竹材化学结构的变化。图 5-49（b）中，1732cm^{-1} 处的特征峰代表非共轭 C =O 伸缩振动，与未改性竹材相比，改性材在这个位置的特征峰明显增强且变宽，有研究表明，糠醇树脂水解过程中呋喃环打开并形成羰基，呈现为 1711cm^{-1} 处的特征峰（Kherroub et al., 2015），因此这可能是由于糠醇树脂的引入，糠醇树脂发生开环反应并形成羰基。图谱中 1639cm^{-1} 处峰代表 O—H 弯曲振动的特征峰，经糠醇树脂改性后其强度明显减弱，表明羟基被部分取代。

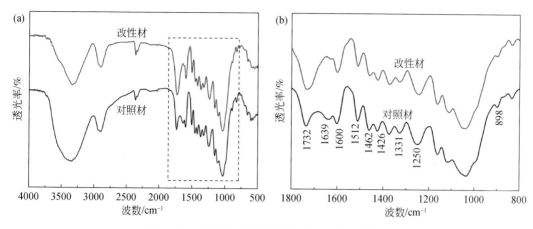

图 5-49　对照材和糠醇树脂改性材的红外光谱图

5.3.5.6　小结

（1）糠醇树脂改性可显著提高竹束对黑曲霉和桔青霉的防霉性能。糠醇树脂改性竹束在防霉测试期间，未出现菌丝侵染现象，被害值为 0，防治效力达到 100%，而未改性材在防霉测试期间被菌丝侵染，被害值为 4，说明糠醇树脂改性将竹束的防霉性能提高了 4 个等级。

（2）制备的糠醇树脂改性重组竹具有良好的防霉性能。与浅炭重组竹相比，糠醇树脂改性重组竹的防霉性能提高 2 个等级。

（3）糠醇树脂不仅可填充竹材的细胞腔和细胞间隙，还能在细胞壁表面和内部形成较为均匀分布的薄膜，对竹材基体形成了覆盖作用，将竹材内的营养物质与外界的细菌进行有效隔离，进而使得醇基改性竹束单元和重组竹的防霉性能得到提高。

（4）竹材中的羟基被酯化，与糠醇树脂发生化学反应。这可有效改善竹材的吸水性能，限制霉菌的生长，从而达到防霉的效果。

5.4　绿 色 环 保

5.4.1　概述

随着社会经济的发展，绿色生活理念不断普及，木材及人造板在建筑、装饰、家具、地板等领域的应用比例不断提高（李坚，2001；刘一星，2008）。同时，伴随着我国"天然林保护工程"等项目的实施，禁伐停伐，使得国内优质木材产量持续下降，木材供应缺口日益扩大。而农林剩余物原料来源丰富，以其制造的人造板产品，具有与实体木材相似的环境学特性。并且，这些人造板的生产还可将木质原料的利用率由原来的 30%~40% 提高至 90%~100%，是满足人们对木制品消费需求的有力保障，也是践行绿色发展的重要举措。

农林剩余物本身是天然的生物质材料，但在人造板生产过程中需要将其加工为刨花、纤维等细小单元，在热压成形制备人造板的过程中离不开胶黏剂的使用。而目前人造板工业中使用最为广泛的胶黏剂为醛类树脂胶黏剂，包括脲醛树脂（UF）、酚醛树脂（PF）、三聚氰胺甲醛树脂（MF）等胶黏剂。这些合成醛类树脂胶黏剂的存在，使得人造板产品在使用过程会释放甲醛。世界卫生组织已经把甲醛归为危害性级别最高的化学药品（杨振洲和蔡同建，2003）。当空气中的甲醛浓度过高时，会对人的眼睛和呼吸道黏膜产生刺激感，并影响人的呼吸道黏膜和皮肤，甚至造成生命危险。因此，针对人造板甲醛释放问题，世界各国都提出了相应的人造板产品甲醛释放限量标准。

2002 年，我国人造板甲醛限量标准 GB 18580—2001《室内装饰装修材料——人造板及其制品中的甲醛释放限量》问世，并于 2002 年 7 月 1 日正式实施，自此强制规定所有不符合国家标准的人造板等产品不得在市场上销售。但与欧美等国家相比，我国人造板行业起步较晚，人造板甲醛释放限量标准为 E 级，标准体系大体参照了日本、美国和欧洲。日本规定人造板甲醛释放限量标准为 F 级，采用 JIS A1460 干燥器法测试甲醛释放量，其中胶合板甲醛释放量分为 4 级，刨花板和纤维板甲醛释放量分为 3 级（张玉萍和吕斌，2019）。当人造板环保等级达到日本 JIS 规定的 F☆☆☆☆级（即用干燥器法测得的甲醛释放量少于 0.3mg/L）时，可以不限制人造板在装饰、家具、地板等室内的使用量或使用面积。美国规定人造板甲醛释放限量采用 ASTM E1333 气候箱法，并对不同种类的人造板甲醛释放限量有不同要求，当人造板的甲醛释放量分别低于 0.09ppm（刨花板）和 0.11ppm（纤维板）时，即不限制其在室内的使用范围与数量。欧洲人造板甲醛释放限量执行 E 级标准，检测人造板甲醛释放量的方法也依据产品类别而定，一共有 5 种方法，包括气候箱法、穿孔萃取法、干燥器法、气体分析法和长颈烧瓶法（马伟倩等，2019）。以穿孔萃取法为例，当人造板甲醛释放量小于 8.0mg/100g 时定义为 E_1 级，达到此标准的人造板产品就能用于室内。

为提高我国人造板产品质量并加快人造板行业及标准与国际接轨的速度，多年来国家有关部门一直对人造板的甲醛释放限量标准进行改进，直至 2017 年国家质检总局、国家标准化管理委员会正式颁布了修订后的强制性标准 GB 18580—2017《室内装饰装修材料——人造板及其制品中甲醛释放限量》，废除了旧的 GB 18580—2001 强制标准。新标准规定人造板及其制品用于室内装修时，其甲醛释放量不得高于 0.124mg/m³，检测方法为 1m³ 气候箱法，并且只有 E_1 级限量标识（劳万里和姜征，2017）。目前学术界和人造板行业领域普遍认为人造板的环保等级由高到低分为无醛级、日本的 F☆☆☆☆级或美国的 CARB P_2 级、欧盟的 E_0 级（澳洲有超 E_0 级标准，即 SE_0）以及 E_1 级，通过采用统一测试方法对这些不同环保级别的人造板产品的甲醛释放量进行比对，可测得人造板甲醛释放结果如表 5-24 所示。

表 5-24　人造板甲醛释放限量标准及其对应关系

环保等级	甲醛释放限量	
	穿孔萃取法/（mg/100g）	1m³ 气候箱法/（mg/m³）
无醛	≤0.5	≤0.03
F☆☆☆☆	≤3.0	≤0.05
E_0	≤4.0	≤0.06
E_1	≤8.0	≤0.12

人造板甲醛释放限量强制标准的执行，为环保人造板制造指明了道路，保障了产品使用安全，也切实维护了消费者的利益，为营造健康安全的人居环境奠定了基础。由于人造板释放甲醛的根源是醛类树脂胶黏剂，因此，大量环保人造板的研究与制造都集中在醛类树脂胶黏剂的环保改性方面（马玉峰等，2020）。以脲醛树脂中甲醛与尿素的物质的量比为例，人造板用脲醛树脂胶黏剂的物质的量比已由过去的 1.5 降低至 1.0，甚至更低，其环保等级也相应地由 E_2 级提高至 E_1 级或以上。此外，在以醛类树脂为胶黏剂的人造板中引入适当的组合型固化剂或甲醛捕捉剂，也能提高人造板的环保性能（张换换等，2010）。这些甲醛捕捉剂可以使用微胶囊的形式引入，成为潜伏型甲醛捕捉剂，具有长期降醛的效果（刘志祥和刘定之，2019；秦香等，2020）。还有系列降醛或捕醛措施，如甲醛催化转化技术等，均在一定程度上提高了人造板的环保性能。

当前以醛类树脂为胶黏剂生产的人造板产品可以满足国家强制标准 E_1 级和日本 F☆☆☆☆级等最严人造板甲醛释放限量标准。目前在人造板生产中也会使用一些无醛胶黏剂来提高人造板的环保性能，包括生物质胶黏剂、异氰酸酯胶黏剂以及无机胶黏剂等（常亮等，2014）。无醛人造板产品在人造板产量的比重也在逐年上升，越来越受到消费者的青睐。此外，无胶人造板也是一类无甲醛添加产品，并且是利用木质原料自身的化学成分进行胶合，是最接近天然材料的全生物质人造板产品（李坚等，2010）。这些无醛人造板的研究和生产，为进一步提高人造板及其制品的环保等级提供了有力支撑。但醛类树脂胶黏剂在人造板的生产和应用中仍占主导地位，对此，本节主要从甲醛吸附固着、甲醛催化转化、甲醛原位消解三方面阐述绿色环保人造板的制造，为营造安全健康的人居环境保驾护航。

5.4.2　甲醛吸附固着技术

为提高人造板的环保性能，减少其在使用过程中的甲醛释放量，在醛类树脂胶黏剂中添加甲醛捕捉剂或在人造板生产过程中添加一定的甲醛捕捉剂，可以使人造板产品的甲醛释放量有效降低。甲醛捕捉剂能够通过化学吸收或物理吸附作用，缓解或消除甲醛隐患。实践证明，在脲醛树脂合成过程中加入甲醛捕捉剂（单独使用一种或混合使用多种甲醛捕捉剂），能有效降低树脂的游离甲醛含量，是一种高效的降醛方式。常用于脲醛树脂中的甲醛捕捉剂有以下三类。

第一类是有机化合物，如三聚氰胺（M）、聚乙烯醇、尿素、酚类化合物（苯酚、间苯二酚等）、酰胺类化合物等。制备脲醛树脂时用得最多、效果最好的甲醛捕捉剂是三聚氰胺。三聚氰胺的氮杂环上有 3 个活泼的氨基（—NH_2），6 个 H 原子都显活性，因此 1mol 的三聚氰胺最多能吸收 6mol 的甲醛，生成稳定的羟甲基三聚氰胺，起到快速捕捉甲醛的作用。此外，由于三聚氰胺是一种碱性化合物，添加到树脂可以中和胶黏剂中的酸，降低树脂分子的分解速度，减少人造板甲醛释放量。许多酚类化合物能和甲醛反应，其捕捉甲醛的效果也不错。例如以对氨基苯酚（PAP）为改性剂，尿素分四次加入合成了物质的量比为 1.1 的脲醛树脂，并设置对照组；再分别用改性前后的树脂压制胶合板。发现在脲醛树脂中添加 4% 的 PAP，降醛效果优良，压制的板材符合新的 GB 18580—2017 强制标准，添加改性剂前后对板材甲醛释放量的影响见表 5-25 所示，当 PAP 用量增加，树脂中的甲醛含量会随之降低（顾顺飞等，2017）。

表 5-25 PAP 改性前后脲醛树脂的性能对比

样本	黏度/s	游离甲醛含量/%	甲醛释放量/（mg/L）
改性前	41.2	0.28	3.36
改性后	33.7	0.18	1.22

第二类是纳米材料，如纳米 SiO_2、纳米 TiO_2、纳米蒙脱土等。纳米材料的粒子直径小、比表面积大、吸附能力强，对甲醛有物理吸附或化学吸收作用，所以一些纳米材料具有一定的降醛效果。有研究表明，当甲醛与尿素的物质的量比为 1.3，添加 0.15% 的纳米 SiO_2（相对总物料的质量），树脂的游离甲醛含量只有 0.15%，而未添加纳米 SiO_2 的对照组的游离甲醛含量为 0.24%，且随着纳米 SiO_2 的用量增加，树脂的游离甲醛含量也随之下降（俞丽珍等，2014）。

第三类是天然物质，如淀粉、单宁、酵素等。许多天然高分子物质进行处理后能够与甲醛发生反应，而达到降醛的效果。淀粉被氧化后会生成大量羧基，羧基可与甲醛发生反应。使用改性后的淀粉对脲醛树脂进行改性发现，随着淀粉用量从 0% 增加到 20% 时，胶合板的甲醛释放量总体呈下降趋势，先由 4.30mg/L 减少至 1.05mg/L，随后有所回升，具体数据见表 5-26（Zhu et al.，2014）。此外利用传统"碱—酸—碱"工艺，在酸性阶段加入 7% 的单宁，脲醛树脂中的游离甲醛含量与未改性的对照组相比下降了 58%，脲醛树脂的综合性能也符合国家相关标准。

表 5-26 改性淀粉用量对脲醛树脂胶合板甲醛释放量的影响

改性淀粉添加量/%	空白样/（mg/L）	方法 1/（mg/L）	方法 2/（mg/L）	方法 3/（mg/L）
0	4.30	—	—	—
10	—	1.05	1.69	1.72
15	—	1.52	1.21	2.12
20	—	1.71	1.42	2.53

作者在研究甲醛吸附固着过程中，探究了在脲醛树脂合成阶段引入无机纳米粒子对胶黏剂及其人造板产品环保性能的影响。利用无机纳米粒子的环保和高吸附特性，以及有机小分子对甲醛分子的吸附及反应活性，实现了胶黏剂中游离甲醛的高效吸附固着以及人造板产品甲醛释放量的有效降低，为生产低醛环保人造板提供了技术支持。

5.4.2.1 纳米 TiO_2 改性脲醛树脂胶黏剂的制备

1）锐钛矿型纳米 TiO_2 改性脲醛树脂胶黏剂的制备

采用"碱—酸—碱"的工艺合成脲醛树脂，分三次 [U1、U2、U3 分别为尿素（U）总质量的 73.2%、15.3%、11.5%] 加入尿素，一次性加入纳米 TiO_2。具体工艺流程如下：

　　首先将甲醛溶液添加到 500mL 的四口烧瓶中，使用质量分数为 30% 的 NaOH（aq）调节甲醛溶液的 pH 至 8.5 左右，将四口烧瓶放入水浴锅，温度升至 45℃±2℃，然后保温 10min；再将 U1 加入四口烧瓶中，将温度升至 92℃ 左右，保温 40min；保温结束，用质量分数为 20% 的甲酸将 pH 调至 5.4 左右，并在 92℃ 下反应，反应过程中用胶头滴管吸取脲醛树脂胶液滴入清水中，当树脂在水中出现白雾且经久不散的现象后，将反应温度降温至 80℃ 左右；用 30% 的 NaOH（aq）调节 pH 至 6.5 左右，加入 U2，反应 20min；用 30% 的 NaOH（aq）调 pH 至 8.0～8.5，加入 U3 后继续搅拌至尿素溶解，最后降至室温时出料脲醛树脂。

　　2）性能表征

　　脲醛树脂的黏度、固体含量、游离甲醛含量等性能均按照国家标准 GB/T 14074—2006《木材胶黏剂及其树脂检测方法》测定。剪切性能按照 GB/T 17657—2013《人造板及饰面人造板理化性能试验方法》进行测定。具体流程如下：①采用数显旋转黏度计对胶黏剂的黏度进行测试，保持相同的转子和转速，并将脲醛树脂装入烧杯放在 23℃ 的恒温水浴中进行测试。开启旋转黏度计后，记录仪器上保持不变的黏度值，精准到 1mPa·s。每个试样测试三次，再取平均值作为试样黏度。②在锡箔纸容器中滴加约 1g 的胶黏剂，将该容器放入干燥箱，在 120℃ 的条件下恒温干燥两小时，测出盒子与干燥前后的胶黏剂的总质量，计算固体含量平均值。③根据 GB/T 14074—2006 的方法计量固化时间，在 100℃ 的沸水中进行水浴加热。实验具体流程如下：于一根试管中加入 0.2g 氯化铵（固化剂），再于试管内添加 10g 胶黏剂并使两者均匀混合；待水升温至 100℃ 时，将试管浸没于沸水之中并开始计时，同时使用细铁丝在试管中不停搅拌。待胶黏剂固化完全、铁丝不能拌动时，计时终止，此时间段便为测试胶黏剂的固化时间。此外，需进行三次平行测定，然后取平均值。④测定胶黏剂的游离甲醛含量：往 250mL 锥形瓶中加入 20mL 的亚硫酸钠（质量分数为 15%）后加入 2 滴酚酞作为指示剂，然后加入适量氢氧化钠溶液使溶液呈现微蓝色，最后锥形瓶被置于冰水中使其温度保持在 0～4℃。另取一 250mL 锥形瓶于其中加入 5g 脲醛树脂并通过左右振荡溶解树脂，然后同样将锥形瓶置于冰水中使其温度保持在 0～4℃，接着加入 2 滴酚酞作为指示剂并用适量氢氧化钠溶液调节使得溶液为微蓝色。向含脲醛树脂的锥形瓶中加入 10mL 盐酸溶液（0.5mol/L）并滴入适量酚酞（15～20 滴）作为指示剂，然后将配制好的亚硫酸钠快速加入并搅拌均匀。最后，使用标准氢氧化钠溶液（0.1mol/L）滴定，待混合溶液颜色变为微蓝且 30s 颜色不褪去即可。此外，每个样品需进行三次平行测量，并使用超纯水（50mL）作为空白样品进行对照实验。游离甲醛含量（F）的计算如方程式（5-27）所示：

$$F(\%)=\frac{(V_2-V_1)\times N\times 0.03003}{G}\times 100\%\tag{5-27}$$

式中，V_1 为氢氧化钠标准溶液滴定树脂试样消耗的体积；V_2 为氢氧化钠标准溶液滴定空白试样消耗的体积；N 为氢氧化钠标准溶液浓度 mol/L；0.03003 为 1mL 1mol/L 氢氧化钠溶液相当于甲醛的摩尔质量（g/mmol）；G 为脲醛树脂试样质量（g）。

　　胶黏剂的胶合性能通过制作三层胶合板后依据国标对其剪切强度进行测定。采用

NicoletAvatar-300 型（美国 Termo Electron 公司）红外光谱仪表征胶黏剂的化学基团，将待测样品烘干至质量保持不变，经研钵磨碎后用 200 目的筛网过筛，通过溴化钾压片法制备要表征的样品，在 500~4000cm^{-1} 的范围内扫描。

5.4.2.2 纳米 TiO$_2$ 加入时间对脲醛树脂性能的影响

在固定脲醛树脂物质的量比为 1.5 的条件下，将 U 质量 0.5% 的纳米 TiO$_2$ 与 U1 在反应前期同时加入，或在反应中期将 pH 调节至 5.4 左右后的树脂缩聚阶段加入，或在反应后期与 U3 同时加入。做三组平行实验，同时再做一组空白对照实验，不加纳米 TiO$_2$。最终得到的纳米 TiO$_2$ 改性的脲醛树脂的各项理化性能如图 5-50 和图 5-51 所示。

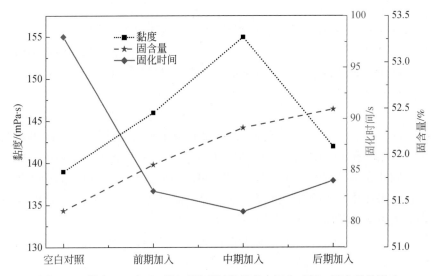

图 5-50 纳米 TiO$_2$ 加入时间对脲醛树脂黏度、固化时间、固含量的影响

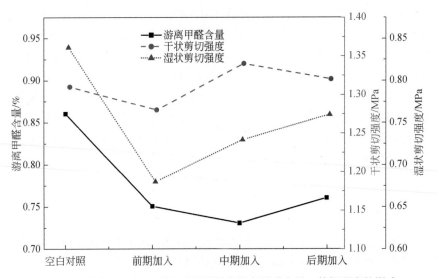

图 5-51 纳米 TiO$_2$ 加入时间对脲醛树脂游离甲醛含量、剪切强度的影响

空白对照组中不加纳米 TiO_2 的脲醛树脂黏度为 139mPa·s，加入纳米 TiO_2 后，脲醛树脂的黏度有所增加，而无论在何时加入纳米 TiO_2，树脂的黏度都有小幅度上升，尤其是在反应中期加入纳米 TiO_2 后的树脂黏度上升幅度最大，黏度为 155mPa·s，这可能是加入纳米 TiO_2 后提高了脲醛树脂的缩聚程度从而导致其黏度增加。而在加入纳米 TiO_2 后，脲醛树脂的固化时间明显地加快了，空白试样的固化时间为 98s，前、中、后不同时期加入纳米 TiO_2 的脲醛树脂固化时间分别为 83s、81s、84s。纳米 TiO_2 能缩短脲醛树脂的固化时间，一方面是因为纳米粒子与脲醛树脂缩聚物之间可能存在相互作用力，加快了脲醛树脂的缩聚速度；另一方面是因为纳米 TiO_2 是一种酸性氧化物，间接起到了固化剂的作用。随着纳米 TiO_2 的加入，脲醛树脂的固含量也会增加，而且加入的时间越晚，固含量越高。

由图 5-51 可知，脲醛树脂中的游离甲醛含量在加入纳米 TiO_2 后明显降低了，树脂在反应中期加入纳米 TiO_2 后的脲醛树脂游离甲醛含量为 0.73%，比未加纳米 TiO_2 的降低了 15.1%。这说明纳米 TiO_2 可以吸附固着脲醛树脂中的游离甲醛。虽然加入纳米 TiO_2 的脲醛树脂的干状剪切强度总体维持在 1.3MPa，几乎没有变化，但是改性后的脲醛树脂耐水性下降，湿状剪切强度从 0.84MPa 下降到了 0.7MPa 左右。这可能是因为纳米 TiO_2 本身具有一定的亲水性，且吸附甲醛时产生的羟基自由基会降低脲醛树脂的耐水性。综合上述分析，在反应中期加入纳米 TiO_2 可以得到综合性能较好的脲醛树脂，但是在实验进行时发现中期加入纳米 TiO_2 容易导致凝胶现象，这有可能是加入纳米 TiO_2 进一步降低了反应体系的 pH 导致凝胶（付贤智等，1999）。因此，选择在反应后期加入纳米 TiO_2。

5.4.2.3　纳米 TiO_2 加入量对脲醛树脂性能影响

在脲醛树脂物质的量比为 1.5 的条件下，在反应后期加入纳米 TiO_2，其加入量分别为 U 质量的 0.0%、0.5%、1.0% 和 2.0%，进行脲醛树脂的合成，探索纳米 TiO_2 用量对其理化性能的影响。

如图 5-52 所示，纳米 TiO_2 的加入量对脲醛树脂理化性能的影响非常明显。加入 2.0%

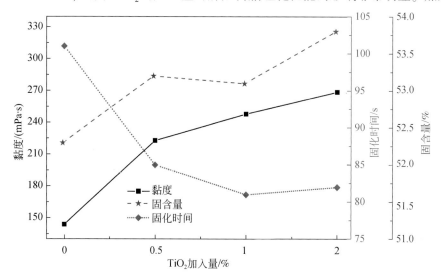

图 5-52　纳米 TiO_2 加入量对脲醛树脂黏度、固含量、固化时间的影响

的纳米 TiO_2 后，脲醛树脂的黏度可达到 270mPa·s，相比于未加入纳米 TiO_2 的树脂，其黏度提升了 87%。纳米 TiO_2 的加入量为 0.0%、0.5%、1.0% 和 2.0% 时的固化时间分别为 101s、85s、81s 和 82s。当加入 1.0% 的纳米 TiO_2 时，脲醛树脂的固化时间有 19.8% 的降幅，但是继续加大加入量后，固化时间加快变缓。脲醛树脂的固含量也随着纳米 TiO_2 的加入不断增加。

从图 5-53 可知，脲醛树脂的游离甲醛含量随纳米 TiO_2 加入量的增加而降低，这是由于有更多的纳米 TiO_2 固着吸附了游离甲醛。但是当纳米 TiO_2 加入量达到一定程度时，游离甲醛实现最大程度的降低，此时加入 1.0% 和 2.0% 的纳米 TiO_2 区别并不大。在制备脲醛树脂的试验过程中发现，纳米 TiO_2 加入过多会产生大量的沉淀，无机纳米 TiO_2 与有机脲醛树脂之间的相互作用力并不能完美地使它们融合交联。分子间的范德瓦耳斯力有限，没有和脲醛树脂产生较大相互作用力的纳米 TiO_2 就会沉淀（Bessekhouad et al.，2004）。脲醛树脂的干状剪切强度同样也不会随纳米 TiO_2 加入量的提升而逐渐增强，但是加入过多的纳米 TiO_2，会催化降解产生大量羟基自由基，再加上其本身的亲水性，会明显地降低脲醛树脂的湿状剪切强度。当加入 2.0% 的纳米 TiO_2 后，脲醛树脂的湿状剪切强度远远低于 0.7MPa 的国家标准值。如上所述，当纳米 TiO_2 加入量为 U 质量的 1.0% 时，可获得低游离甲醛含量、剪切强度合格的脲醛树脂。

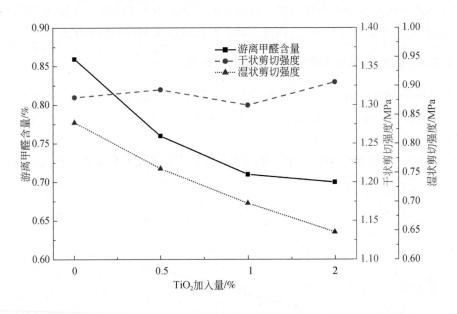

图 5-53　纳米二氧化钛加入量对脲醛树脂游离甲醛含量、剪切强度的影响

5.4.2.4　纳米 TiO_2 加入量对脲醛树脂化学基团的影响

纳米 TiO_2 改性脲醛树脂前后官能团的变化通过傅里叶红外光谱进行表征分析。如图 5-54 所示，加入纳米 TiO_2 改性后的脲醛树脂没有新的官能团特征峰出现。与纯的脲醛树脂相比，纳米 TiO_2 改性后的脲醛树脂的各官能团的峰值强度也没有出现太大区别，只有 2720 ~

2880cm^{-1}处的两个醛基质子伸缩振动特征峰的强度在纳米 TiO$_2$改性后有所降低，这可能是纳米 TiO$_2$催化降解了脲醛树脂中的部分游离甲醛，降低了游离甲醛的含量所引起的。而位于 3300cm^{-1}左右的峰是由酰胺上 N—H 伸缩振动引起的，由于其高吸收强度，遮掩了同在此处的醇羟基的伸缩振动特征峰。在 2950cm^{-1}处的吸收峰属于亚甲基 C—H 伸缩振动。在 1640cm^{-1}和 1550cm^{-1}处的吸收峰属于酰胺Ⅰ和酰胺Ⅱ带。三个特征峰在 1000～1300cm^{-1}波段出现，其中属于反应产物中醇的 C—O 伸缩振动的峰值最强，吸收峰位于该区的 1010cm^{-1}处。另外两个吸收特征峰，位于 1250cm^{-1}处的特征峰属于氨基的 C—N 伸缩振动；而在 1130cm^{-1}处显示出最弱的吸收特征峰，该处属于醚键 C—O—C 的伸缩振动。通过纳米 TiO$_2$改性后的脲醛树脂在 1130cm^{-1}处的峰有所增强，推测其可能是属于纳米 TiO$_2$的 Ti—O 伸缩振动峰。在 810cm^{-1}左右有个尖锐的特征峰，推断可能为环状衍生物（URON）环中 N—H 弯曲振动。

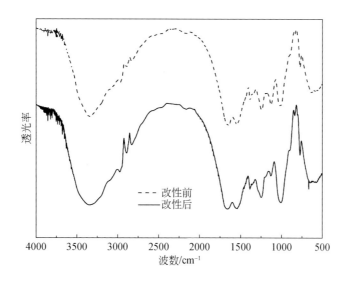

图 5-54　纳米 TiO$_2$改性前后脲醛树脂红外光谱图

5.4.2.5　有机小分子在人造板生产过程中的降醛效果

尽管在脲醛树脂中引入无机纳米粒子能在一定程度上吸附固着游离甲醛，但仍未实现纳米粒子改性胶黏剂在工业化生产中的应用。对此现状，作者团队在刨花板生产工厂，通过在木质单元拌胶过程施加尿素水溶液，可以有效捕捉并固着人造板在热压成形过程胶黏剂中游离甲醛的挥发及其反应释放的甲醛，从而降低生产车间的甲醛浓度，降低刨花板的甲醛释放量，提高其环保等级，具体生产线测试效果见表 5-27。尽管尿素成本低廉，但尿素水溶液的添加会增加板材的热压周期，并且对甲醛的吸附固着效率有限，当尿素用量增大到一定程度时，降醛效果并不明显，且板材中存在游离尿素会降低其防水性能。成本低廉、高效的甲醛捕捉剂仍是人造板工业研发的热点之一。

表5-27　尿素水溶液添加对刨花板甲醛释放量的影响

尿素水溶液/（kg/m³）	甲醛释放量（穿孔萃取法）/（mg/100g）	环保等级
0	4.32	E_1
1	4.11	E_1
3	3.93	E_0
5	3.86	E_0

5.4.2.6　小结

为明确纳米 TiO_2 加入量和加入时机对脲醛树脂理化性能及其游离甲醛量含量的影响，通过傅里叶转换红外光谱检测脲醛树脂改性前后特征官能团的变化，发现：

（1）加入纳米 TiO_2 会使得脲醛树脂中游离甲醛的含量降低，并进一步提高脲醛树脂的固含量和黏度，缩短固化时间。在反应中期加入纳米 TiO_2，树脂容易凝胶，所以综合考虑工艺简便性及产物性能，纳米 TiO_2 在反应后期加入最佳。

（2）加入纳米 TiO_2 越多，对制备得到的脲醛树脂理化性能的影响便越大。当添加 1.0% U 质量的纳米 TiO_2 时，可缩短脲醛树脂19.8%的固化时间，并降低游离甲醛含量至 0.71%。但纳米 TiO_2 加入量过多便会造成沉淀，且显著降低湿状剪切强度。综合考虑后，选择 1.0% U 质量的纳米 TiO_2 加入，可制得具有优良性能的脲醛树脂。

（3）添加纳米 TiO_2 改性后的脲醛树脂红外图谱无明显变化。但是，改性后的脲醛树脂在 $2720 \sim 2880 cm^{-1}$ 处的醛基质子伸缩振动特征峰的强度明显降低，说明游离甲醛被纳米 TiO_2 催化降解，且位于 $1130 cm^{-1}$ 处的特征峰增强可能是纳米 TiO_2 的 Ti—O 伸缩振动引起的。

（4）目前工业化应用较多的甲醛捕捉剂为尿素水溶液，一般在木质单元拌胶过程中加入，可以起到一定的降醛效果，提高人造板环保等级。但降醛效果有限，且施加量大会降低人造板的生产效率和板材性能。

5.4.3　甲醛催化转化技术

近年来，光催化在污染物控制中得到了越来越广泛的应用。在众多光催化剂中，纳米二氧化钛由于其广泛的应用范围、高催化效率、清洁无污染、价格低廉等特点而备受青睐（杨阳和徐学炎，2003；Braslavsky，2007）。TiO_2 的能隙大，氧化性和还原性都很强，禁带宽度大（锐钛矿型为3.2eV），产生的光生电子和空穴氧化–还原电极电势高，这些都有利于催化反应的进行。研究表明，纳米 TiO_2 在太阳光或紫外光的照射下可以将多种有机物氧化为二氧化碳和水，能使水、硫化氢和一氧化氮等小分子通过光催化分解制得氢气、氧气、硫和氮气等单质，还可将多种含重金属的污染物氧化，是一种具有可观潜力的光催化剂。

因此，氧化性强、高效无毒的 TiO_2 光催化技术无疑是降醛处理的优选途径（张一兵等，2013），并且在光催化研究中提升 TiO$_2$ 对可见光的吸收已是当下的研究热点（Zhu et al.，2004；Kaneco et al.，2006；张一兵等，2012；Yao et al.，2008）。脲醛树脂胶黏剂中含有大量游离甲醛，并且在使用过程中基于其制造的人造板还会进一步释放甲醛（顾继友，2017；于晓芳和王喜明，2014；Boran et al.，2011）。如果利用纳米粒子的光催化特性，能对胶黏剂中的游离甲醛或人造板释放的甲醛进行降解，将显著提高人造板制品的环保性能。对此，作者在以可见光照为对比的条件下，研究了锐钛矿型纳米 TiO$_2$ 在紫外光下对脲醛树脂胶黏剂中游离甲醛的催化降解情况。

5.4.3.1　锐钛型纳米 TiO$_2$ 改性脲醛树脂的制备

1）制备方法

为了直观地检测脲醛树脂中游离甲醛的含量，选择甲醛与尿素的物质的量比（F/U）为 1.5。采用"碱–酸–碱"的合成工艺来制备脲醛树脂，分三次加入尿素，一次性加入纳米 TiO$_2$。根据使用的尿素的量确定纳米 TiO$_2$ 的加入量。具体实验过程如下：

添加甲醛溶液于四口烧瓶（500mL 规格）中，通过添加质量分数为 30wt% 的 NaOH 溶液使甲醛溶液 pH 稳定在 8.5 左右。接着，将四口烧瓶置于恒温水浴锅中（45±2）℃并保持 10min；将第一部分尿素（U1）添加至四口烧瓶中后，加热反应体系使温度保持在 92℃ 左右并恒温 40min；然后，通过滴加质量分数为 50% 的甲酸溶液使反应液的 pH 稳定在 5.4 左右，并保持反应体系温度（92℃），另外在反应过程中实时测量其反应程度。当使用胶头滴管吸取反应物滴入水中有白雾出现且久不消散时，使反应体系降温并保持在 80℃ 左右；接下来，当反应体系的 pH 通过添加 30% 的 NaOH 溶液调节至 6.5 左右时，将第二部分尿素（U2）加入其中，并使反应进行 20min；再用 30% 的 NaOH 溶液调节其 pH 至 8.0～8.5，加入第三部分尿素（U3）和一定比例的纳米 TiO$_2$，通过不断搅拌使纳米 TiO$_2$ 分散均匀并使尿素溶解，最后将脲醛树脂降至常温后出料。

2）性能表征

脲醛树脂常规性能：固化时间、黏度、固含量、游离甲醛含量均按国家标准 GB/T 14074—2006《木材胶黏剂及其树脂检测方法》测定。用红外光谱测试各样品的官能团，观察经紫外光照射后的脲醛树脂官能团的变化情况。取 1～2mg 冷冻干燥过的样品与 200mg 纯溴化钾（KBr）均匀研细，在油压机中压成透明薄片，采用 IRA·ffinity-1 型（Shimadzu 公司）红外光谱仪进行测试，扫描范围为 500～4000cm^{-1}。为了研究不同样品的热稳定性，对经过不同光照时间的树脂进行了热重分析。取适量冷冻干燥后的样品研磨均匀，放入 HCT-2 型 TG-DTA 综合热分析仪的坩埚容器内，调整好仪器，设置扫描范围为 30～800℃，升温速率为 10℃/min，进样量约为 5mg，然后开始测试。采用自制装置测试紫外光催化转化脲醛树脂中的游离甲醛含量。将纳米 TiO$_2$ 改性后的脲醛树脂（100mL）放置于锥形瓶中，并将锥形瓶放入亚克力板封箱中。然后开启紫外灯（波长为 365nm）照射，每间隔一段时间后对脲醛树脂进行游离甲醛含量及性能检测。脲醛树脂中游离甲醛的含量与光照时间成反比，故其催化降解率 D(%) 计算如下：

$$D = \frac{F_0 - F}{F_0} \times 100\%$$

(5-28)

式中，F_0 为紫外灯照射前脲醛树脂中的游离甲醛含量；F 为紫外灯照射每个时间段之后脲醛树脂中游离甲醛的含量。

5.4.3.2 紫外–自然光照对脲醛树脂外观的影响

将纳米 TiO_2 改性后的脲醛树脂放进一个透明封闭的箱子里，在箱子内放紫外灯进行照射，并另放置一组试样于自然光环境中作为对照组。定期检查脲醛树脂的理化性能，研究紫外光–自然光照对脲醛树脂物理化学性质的影响规律。实验发现，紫外光照射后的脲醛树脂由白色变为蓝色，而且随着照射时间延长，蓝色逐渐加深。出现这种现象的原因可能是纳米 TiO_2 的光致变色特性所致。不管是何种晶体类型的纳米 TiO_2 暴露在紫外光中，都会出现变色现象，其中一种解释是光生电子注入 TiO_2 中产生了 Ti^{3+}，也就是 Ti^{4+} 有一个价电子跃迁到 Ti^{3+} 吸收了光，所以发生了变色反应（Torimoto et al.，1996）。并且这种变色反应是可逆的，在非紫外光辐射的条件下，蓝色的纳米 TiO_2 会逐渐转变回白色。

5.4.3.3 紫外–自然光照对脲醛树脂理化性质及游离甲醛含量的影响

图 5-55 为紫外光和自然光照对纳米 TiO_2 改性后脲醛树脂物理化学性能的影响。通过分析图中的数据可以发现，光源类型对脲醛树脂黏度影响不大，其整体趋势均为黏度随时间的延长而增加。无论在紫外光照还是自然光照条件下，脲醛树脂的固化时间在前 12h 下降较为明显，这是因为脲醛树脂在合成初期还会发生一定程度的缩聚反应，光照加剧了脲醛树脂缩聚的程度，所以缩短了固化时间。相应地，脲醛树脂的固含量随着光照时间的延长而增加，经过 48h 光照后，其固含量由初期的 49.9% 提高至 51%。

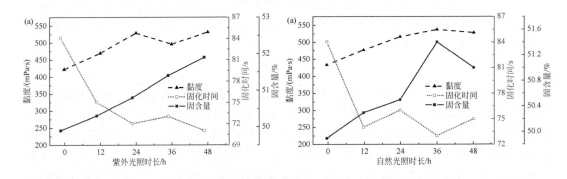

图 5-55　光照类型及时长对脲醛树脂黏度、固化时间和固含量的影响
（a）紫外光照射；（b）自然光照射

图 5-56 显示了脲醛树脂中游离甲醛的含量在紫外光–自然光照条件下发生的变化，由于在光照条件下加入纳米 TiO_2 会对甲醛进行光降解，随着光照时间的延长，脲醛树脂中游离甲醛的含量也随之降低。前 12h，脲醛树脂中可能还在发生缩聚反应，无论用何种光源进行照射，脲醛树脂中游离甲醛的含量都出现了较为明显的下降。但是在紫外光照下纳米 TiO_2 可以吸收更多的光电子，对游离甲醛能进行更有效的降解。因此，脲醛树脂经紫外光照 12h 后，其游离甲醛含量为 0.47%，与自然光照 48h 后的脲醛树脂中的游离甲醛含量（0.45%）十分接近。脲醛树脂在紫外光照 48h 后，其游离甲醛含量仅为 0.38%，而未经

光照时脲醛树脂中的游离甲醛含量为 0.59%，这说明紫外光照射时，纳米 TiO_2 可有效地降解脲醛树脂中的游离甲醛，降解率约为 35.6%。这是因为纳米 TiO_2 的价带电子在紫外光照射下受到激发跃迁到导带上，此时产生了具有强氧化性的电子空穴对，而树脂中的甲醛具有还原性，可与之反应生成水和二氧化碳，从而减少了脲醛树脂中游离甲醛的含量（Qi et al.，2016）。以下重点讨论紫外光照射对纳米 TiO_2 改性脲醛树脂及甲醛降解率的影响。

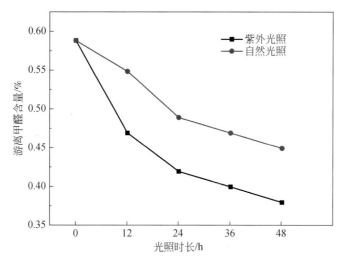

图 5-56　紫外光和自然光照射对脲醛树脂游离甲醛含量的影响

5.4.3.4　纳米 TiO_2 用量对脲醛树脂中游离甲醛降解率的影响

为了探索纳米 TiO_2 含量对甲醛光降解率的影响，分别合成了纳米 TiO_2 含量占所用尿素质量 0.0%、0.25%、0.5%，0.75%、1.0% 的脲醛树脂胶黏剂。将所获得的脲醛树脂进行光降解研究，得到不同光照时间纳米 TiO_2 含量对甲醛降解率的影响，如图 5-57 所示。

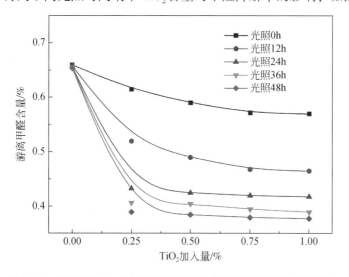

图 5-57　纳米 TiO_2 加入量对脲醛树脂中游离甲醛光降解率的影响

随着纳米 TiO_2 加入量的增多，脲醛树脂中游离甲醛的初始浓度会小幅度降低。可能由于纳米 TiO_2 属于酸性氧化物，间接起到固化剂的作用，会对甲醛和尿素的缩聚起到一定的催化作用。经过紫外光照后，在 $0 \sim 12h$ 之间，游离甲醛含量的降幅随着纳米 TiO_2 加入量的增加而增大。在光照时间达到 12h 之后，游离甲醛含量降幅趋于平缓，但纳米 TiO_2 加入量较少的样品游离甲醛含量降幅比纳米 TiO_2 加入量较多的样品大。由此可见纳米 TiO_2 含量越高，使用光催化降解甲醛效果越好。但是占尿素质量 0.25% 的纳米 TiO_2 加入量脱离了模拟曲线，说明自加入纳米 TiO_2 之后，影响光降解甲醛的主要因素是光照时间。并且锐钛型纳米 TiO_2 属于无机物，与脲醛树脂的界面相容性不好，加入过多纳米 TiO_2 极易造成沉淀，影响脲醛树脂质量。除此之外，实验过程中发现加入过多的纳米 TiO_2 会影响常规"碱–酸–碱"脲醛树脂合成工艺，甚至造成凝胶。因此选择加入尿素质量 1.0% 的锐钛型纳米 TiO_2 可以有效保证其光降解游离甲醛效果，保证脲醛树脂的质量。

5.4.3.5   紫外光照时间对脲醛树脂中游离甲醛含量的影响

对纳米 TiO_2 含量不同、质量相同的五组脲醛树脂胶黏剂进行紫外光照实验，通过对光照时间的纵向对比研究，得出不同光照时间对胶黏剂样品中游离甲醛含量的影响，结果如图 5-58 所示：当纳米 TiO_2 加入量为尿素质量的 0.25% 时，游离甲醛含量在 24h 内平稳快速降低。纳米 TiO_2 加入量较高的样品中，游离甲醛含量降幅在 12h 之后开始变小，说明在光照 24h 之后，纳米 TiO_2 加入量对游离甲醛含量影响开始变小，而紫外光照时间仍然是降低游离甲醛含量的主要因素。继续延长紫外光照时间，游离甲醛的催化降解率降低，几乎趋于稳定。这是因为紫外光照射后，纳米 TiO_2 粒子产生的光生电子不断地被溶解在溶剂中的氧俘获，最终生成的具有高活性超氧负离子（O_2^-）和羟基自由基（·OH）的含量增加，以及纳米 TiO_2 粒子本身产生的电子空穴对增加，它们具有很强的氧化性可将游离甲醛氧化成无机物如 H_2O、CO_2 等小分子。而进一步延长紫外光照射时间，由于游离甲醛已消耗了大部分，仅保有少量游离甲醛维持脲醛树脂逆反应，因而降解率基本不变。因此降低游离甲醛的较优紫外光照时间为 48h。

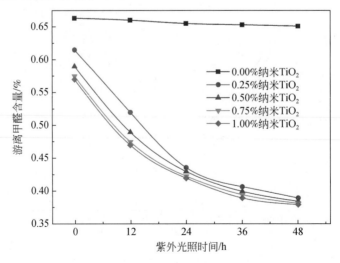

图 5-58   紫外光照时间对纳米 TiO_2 改性脲醛树脂游离甲醛含量的影响

5.4.3.6　紫外光照对脲醛树脂官能团的影响

图 5-59 为不同时长紫外光照射后脲醛树脂的红外光谱图，a、b、c、d 分别为紫外光照射时间为 0h、12h、24h、48h 的谱图。从图中可以看出，脲醛树脂未经紫外光照射时，在 2720 ~ 2880cm^{-1} 间，醛基基团有两处强度相近的伸缩振动特征峰，在纳米 TiO$_2$ 改性之后，随着紫外光照射时间的延长，这两处的醛基基团伸缩振动特征峰逐渐降低至只有一处特征峰，说明纳米 TiO$_2$ 在紫外光照射下，吸收到足够的光电子后，可以有效地降低脲醛树脂中游离甲醛的含量。且 a、b、c、d 四条曲线的峰型及振动波长一致，说明紫外光照射并不会破坏脲醛树脂的化学结构。谱图 a 在 1550cm^{-1} 处的酰胺 II 带 N—H 弯曲振动峰比 1640cm^{-1} 处酰胺 I 带 C ══O 伸缩振动要弱，说明脲醛树脂的缩聚程度不算高，交联网状结构程度较低。而谱图 b、c、d 为经过紫外光照射后的脲醛树脂，随着光照时间的延长，在 1550cm^{-1} 处的酰胺 II 带 N—H 弯曲振动峰有所上升，游离酰胺基团含量下降，说明紫外光照射能促进脲醛树脂的缩聚交联，从而可以在反应过程中来降低未反应甲醛的含量。

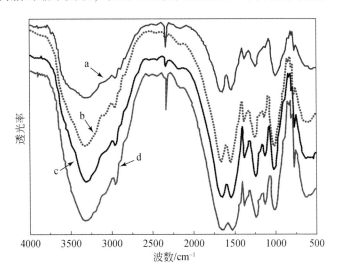

图 5-59　不同时长紫外光照射后的纳米 TiO$_2$ 改性脲醛树脂红外光谱图

5.4.3.7　紫外光照射对脲醛树脂热性能的影响

图 5-60 为经不同时长紫外光照射后的纳米 TiO$_2$ 改性脲醛树脂热重曲线图谱，a、b、c 曲线分别为紫外光照时长为 0h、12h、24h 的脲醛树脂。从热重曲线图中可以看出，经过不同时长紫外光照射后，脲醛树脂发生热分解的趋势基本一致，这说明紫外光照射对脲醛树脂的结构和理化性质影响不大，在 100℃ 之前质量下降基本可以忽略，但在 DTG 曲线中还是可以辨别出没有经过紫外光照的脲醛树脂（a）比经过紫外光照射后的脲醛树脂（b 和 c）在 50℃ 左右会有更明显的质量损失表现，说明未经紫外光照射的脲醛树脂中游离甲醛含量偏高，在受热过程未进行缩聚反应的小分子以及游离甲醛更易蒸发。在 125℃ 开始的质量损失是因为脲醛树脂分子链末端羟甲基结构不稳定，在受热情况下分解为甲醛和水

而引起的。而在280℃开始，脲醛树脂大幅度失重是其中聚合物在高温下与氧气发生氧化反应，迅速热分解生成水蒸气和二氧化碳等气体造成的。脲醛树脂最终受热残余量与紫外光照时间成反比，即紫外光照时间越长，树脂最终热残余量越低。这说明纳米TiO_2在紫外光照射下对脲醛树脂中游离甲醛的降解会影响脲醛树脂的分解。这与图5-60树脂的DTG分析图相互印证，经过48h紫外光照的脲醛树脂在285℃的峰值最大，说明经过长时间的紫外光照会影响到脲醛树脂的结构稳定性。

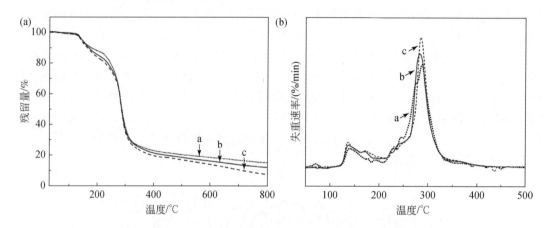

图5-60　经不同时长紫外光照射后的纳米TiO_2改性脲醛树脂TG和DTG曲线

(a) 0h；(b) 12h；(c) 24h

5.4.3.8　光催化降解甲醛机制

通过探究纳米TiO_2在紫外光照射下对脲醛树脂理化性能的影响，可以推断出脲醛树脂中游离甲醛的光催化降解过程，并推断使用三聚氰胺与纳米TiO_2联合改性、采用复合固化剂等对脲醛树脂性能的优化机制，见图5-61所示。

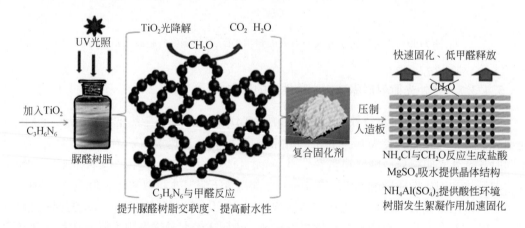

图5-61　脲醛树脂中游离甲醛的催化降解示意图

在脲醛树脂合成时，加入纳米TiO_2和三聚氰胺对其进行改性，其中，纳米TiO_2对游离甲醛进行光催化降解，三聚氰胺可以与甲醛发生反应，增加脲醛树脂的交联度，提高耐水性（Zheng et al., 2017）。在合成完毕之后，对脲醛树脂进行紫外光照一段时间从而加速纳米 TiO_2 的光催化特性，迅速降低树脂中未反应的游离甲醛。再采用氯化铵、硫酸镁、硫酸铝铵复合固化剂对脲醛树脂进行固化。硫酸铝铵可以与脲醛树脂发生絮凝作用加速其固化，而硫酸镁的加入提供了含水硫酸镁晶体结构，晶体结构加快了缩聚反应，而且硫酸镁和硫酸铝铵都属于酸性无机盐，可以使得脲醛树脂在酸性环境中快速固化。而三聚氰胺可以增加脲醛树脂的网络交联结构，封闭游离甲醛释放，增强脲醛树脂黏性和耐水性。

5.4.3.9　小结

本研究使用锐钛矿型纳米 TiO_2 改性脲醛树脂胶黏剂，通过探究紫外–自然光照时长对脲醛树脂基础性能的影响及其游离甲醛的催化降解规律，并通过红外、热重分析对其光催化机制进行探索。得到结果如下：

（1）经过紫外光照射的脲醛树脂中的纳米 TiO_2 会发生变色反应。而树脂的黏度、固含量和固化时间与自然光照射的变化趋势一致，这些性能主要受存放时间的影响。

（2）脲醛树脂中纳米 TiO_2 的存在使其在光照条件下具有显著的降醛效果，并且在紫外光照射条件下的降醛效率高于自然光。

（3）红外和热重分析表明，紫外光照射会增加纳米 TiO_2 改性脲醛树脂的黏度和固含量，缩短其固化时间，但对脲醛树脂的化学结构及热性能影响较小。经过紫外光照射的脲醛树脂整体热分解趋势没有明显变化，经过长时间紫外光照射的脲醛树脂最终热分解残余量最低，失重率最大。

（4）对各变量研究表明，当纳米 TiO_2 的加入量为尿素质量的 1.0%、紫外光照时间为 48h 时，改性后的脲醛树脂获得的最大游离甲醛降解率达到 36.7%。

5.4.4　甲醛原位消解技术

在醛类胶黏剂中引入无机纳米粒子，通过纳米粒子的微尺寸效应，对甲醛分子的强吸附能力，以及某些纳米粒子在光照条件下对甲醛分子的催化分解能力（图 5-62），可以有效提高醛类胶黏剂及其人造板制品的环保性能。

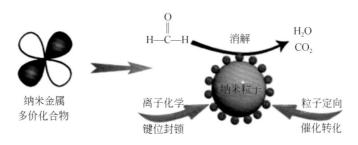

图 5-62　甲醛催化降解过程示意图

作者研究了纳米 TiO_2 粒子对游离甲醛的吸附以及光催化降解能力，而经过改性后的纳

米 TiO_2 粒子具有更低的能量跃迁势能，提升了其在太阳光照射下的电子跃迁活化能力。使用改性后的纳米 TiO_2 粒子，在醛类胶黏剂合成过程中引入微胶囊包覆聚合物胶体，可以有效实现纳米粒子的均匀、稳定分散。再通过在人造板生产过程中，使用高速流体雾化技术，将纳米粒子均匀地分布在人造板表层木质单元表面，解决无机纳米粒子利用率低的难题。人造板热压成形后，表层施胶量高，形成纳米 TiO_2 粒子增强型树脂胶黏剂固化层，在光照条件下即可将甲醛分解为二氧化碳和水，减少人造板甲醛释放，并可净化部分室内空气中其他有机挥发物，营造安全健康的人居环境。

除了单纯利用纳米 TiO_2 粒子等性质稳定、光催化转化有机物等功能外，在醛类胶黏剂合成过程中还可同时引入高交联度有机助剂，包括环氧氯丙烷、三聚氰胺、双氰胺以及聚乙烯醇等。这些有机助剂的引入，可以有效替换醛类胶黏剂，尤其是脲醛树脂的末端化学基团组成和比例，构建稳定分子结构网络。这些助剂的引入，可使得脲醛树脂中的游离甲醛大幅减少，使用其生产的人造板制品能达到较高的环保等级。此外，利用纳米 TiO_2 粒子等的酸性特质、对甲醛分子的高吸附能力，以及环氧基团与羟基、活性氨基与醛基的高反应活性，可以构建高密度甲醛聚集氧化转化点与体型交联分子网络结构。当人造板在使用过程中，脲醛树脂中的不稳定基团受到湿热环境等影响而发生降解释放甲醛时，在纳米粒子的氧化作用下，形成微酸性环境，催化甲醛与体系活性基团的二次共聚，实现甲醛的高效固着与同步转化（图 5-63），显著提高人造板及其制品的环保性能。

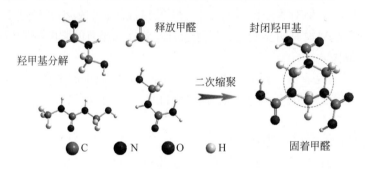

图 5-63　甲醛二次共聚过程示意图

人造板甲醛的原位消解除了借助树脂自身的再缩聚以及化学作用外，还可引入天然有机成分，如利用植物电气石微粉、植物源活性炭微粉、金钱草和白鲜皮等制备功能甲醛消解溶液，用其处理木质原料单元，可以达到消解甲醛的目的。这种甲醛消解的方案从原料处理角度出发，降醛效率高，但成本也相应增加，并需要增设处理工段，增加人造板生产工艺流程步骤。而在人造板产品中引入附着有甲醛消解物质的分子筛，则可适应工业化的生产。这些分子筛可用于消解甲醛，由附着剂和载体组成，这种组合形式可使得分子筛的制备成本降低，并增强分子筛的消解耐久性。此外，使用甲醛消解溶液，以喷雾的形式处理人造板产品，能快速与其释放的甲醛进行反应，也可显著提高人造板的环保性能。

目前，人造板甲醛原位消解技术有较广阔的发展前景，无论是催化醛类树脂胶黏剂再聚合消解甲醛，还是通过不同添加方式引入甲醛消解剂等，均能提高产品的环保性，提高人居环境安全性。甲醛原位消解技术在人造板长期稳定降醛方面仍需不断研发与提高，为实现以醛类树脂为胶黏剂的人造板产品超低甲醛释放甚至无醛释放提供保障。

参 考 文 献

鲍洪玲，齐振宇，林蔚，等 . 2018. 环保防潮人造板生产新工艺 . 中国人造板，25（5）：5-8.

曹金珍 . 2006. 国外木材防腐技术和研究现状 . 林业科学，42（7）：120-126.

常亮，郭文静，陈勇平，等 . 2014. 人造板用无醛胶黏剂的研究进展及应用现状 . 林产工业，41（1）：3-6.

储富祥，王春鹏 . 新型木材胶黏剂 . 北京：化学工业出版社，2017.

董泽刚，高华，杜海军，等 . 2018. 三聚氰胺改性脲醛树脂胶黏剂的固化性能 . 合成树脂及塑料，35（3）：72-75.

段亚军，程岩岩，隋光辉，等 . 2019. 木质素对木质素–脲醛共聚树脂的影响及反应机理 . 高等学校化学学报，40（5）：1058-1064.

范东斌，李建章，卢振雷，等 . 2006. 不同固化剂下低摩尔比脲醛树脂热行为及胶接胶合板性能 . 中国胶黏剂，15（12）：1-5.

付贤智，丁正新，苏文悦，等 . 1999. 二氧化钛基固体超强酸的结构及其光催化氧化性能 . 催化学报，20（3）：321-324.

甘文玲，高振忠 . 2016. 三聚氰胺改性脲醛树脂胶黏剂研究进展 . 中国胶粘剂，25（6）：52-56.

高立英，齐振宇，鲍洪玲 . 2016. 人造板用微胶囊石蜡防水剂的开发与应用 . 木材工业，30（02）：41-43.

高濂，郑珊，张青红 . 2002. 纳米氧化钛光催化材料及应用 . 北京：化学工业出版社：3-5.

高伟，李建章，雷得定，等 . 2006. 脲醛树脂胶黏剂低毒化改性剂研究进展 . 化学与粘合，28（6）：424-428.

高伟，蒲建军，杨杰，等 . 2017. 低成本改性脲醛树脂胶的制备及应用 . 木材工业，31（1）：54-57.

葛明姣，陈红霞，李永贵，等 . 2007. 纤维用纳米二氧化硅粉体的表面改性及表征 . 合成纤维，36（5）：18-22.

顾继友 . 2003. 胶接理论与胶接基础 . 北京：科学出版社 .

顾继友 . 2017. 我国木材胶黏剂的开发与研究进展 . 林产工业，44（1）：6-9.

顾顺飞，侍斌，彭卫，等 . 2017. 对氨基苯酚改性脲醛树脂的合成及其在胶合板中的应用 . 中国胶粘剂，26（05）：34-37.

郭治遥，戴春皓，田森林 . 2008. 基于膨润土的脲醛树脂填料的开发与性能研究 . 中国胶粘剂，17（10）：18-22.

国家质量技术监督局 . 2000. GB/T 18261—2000. 防霉剂防治木材霉菌及蓝变菌的试验 . 北京：中国标准出版社 .

何莉，余雁，喻云水，等 . 2012. 木材糠醇树脂改性研究现状与展望 . 世界林业研究，25（1）：35-39.

侯绍行，王峰会，黄建业，等 . 2016. 荷叶在水下的超疏水状态的寿命测试与分析 . 科学通报，61（7）：735-739.

侯晓华，薛焱璟，宋玲 . 2019. 一种饰面板的制备方法：中国，CN 107234682B.

黄裕杰，张晓萍，胡友慧 . 2004. 交联淀粉的合成及其耐水性能的研究 . 化学世界，8：425-427.

姜卸宏，曹金珍 . 2008. 新型木材防腐剂的开发和利用（续）. 林产工业，3（35）：8-12.

蒋明亮，费本华 . 2002. 木材防腐的现状及研究开发方向 . 世界林业研究，15（3）：44-47.

金重为，叶汉玲 . 2001. 世界木材防护工业的进展 . 林产工业，（5）：39-42.

劳万里，姜征 . 2017. 人造板甲醛释放限量强制性国标发布新版 . 木材工业，（04）：47.

雷盈，张秀成，余历军，等 . 2003. TiO$_2$ 纳米微晶膜杀菌玻璃的研究 . 建筑玻璃与工业玻璃，4：21-23.

李东光 . 脲醛树脂胶黏剂 . 北京：化学工业出版社，2002.

李凤生，崔平，杨毅，等.2005.微纳米粉体后处理技术及应用.北京：国防工业出版社：9-10.

李坚.2001.木材与环境.哈尔滨：东北林业大学出版社.

李坚.2006.木材保护学.北京：科学出版社.

李坚.2014.木材科学.北京：科学出版社.

李坚，郑睿贤，金春德.2010.无胶人造板研究与实践.北京：科学出版社.

李晓贺，丰平，贺跃辉.2007.纳米粉水在水中分散性的探讨.纳米科技，4（1）：17-21.

李延军，许斌，张齐生，等.2016.我国竹材加工产业现状与对策分析.林业工程学报，1（1）：2-7.

黎治平，张心亚，蓝仁华.2003.酸改性钠水玻璃与苯丙乳液复合内墙涂料的研制.装饰装修材料，（12）：29-32.

林红，吴疆，石京，等.2005.TiO$_2$光催化应用及其发展景.新材料产业，（9）：32-35.

刘文杰，刘明，李新功，等.2018.三聚氰胺/纳米 TiO$_2$ 联合改性脲醛树脂胶黏剂研究.中国胶粘剂，27（10）：10-14.

刘彦龙，唐朝发，刘学艳.2006.纳米蒙脱土对脲醛树脂性能的影响.林产工业，33（5）：33-35.

刘一星.2008.木质材料环境学.北京：中国林业出版社.

刘志祥，刘定之.2019.微胶囊技术在人造板用脲醛树脂胶中的应用.中国人造板，26（3）：30-32，42.

龙玲，陈士英，曲岩春，等.2015.刨花板.GB/T 4897-2015.

马伟倩，白永智，张新，等.2019.E$_0$、E$_1$ 板材检测认证的调查研究.中国建材科技，28（1）：7-8.

马玉峰，龚轩昂，王春鹏.2020.木材胶黏剂研究进展.林产化学与工业，（2）：1-15.

孟祥胜，王鹏，毛桂洁.2007.聚乙烯醇/纳米二氧化硅复合薄膜的制备及性能.高分子材料科学与工程，23（1）：133-136.

秦莉，于文吉，余养伦.2010.重组竹材耐腐防霉性能的研究.木材工业，24（4）：9-11.

秦理哲，胡拉，杨章旗，等.2019.ACQ 防腐处理对马尾松木材胶合强度的影响研究.林产工业，46（3）：36-39+44.

秦香，刘玉，许艺馨，等.2020.微囊型甲醛捕捉剂对薄木饰面人造板甲醛释放量的影响.林业工程学报，5（1）：81-87.

宋琳莹，辛寅昌.2007.反应型防水剂的制备及对中密度纤维板防水性能的评价.化工学报，058（012）：3202-3205.

孙芳利，PROSPER Nayebare Kakwara，吴华平，等.2017.木竹材防腐技术研究概述.林业工程学报，2（05）：1-8.

孙丰文，关明杰.2006.毛竹尺寸稳定性处理的研究.竹子研究汇刊，25（4）：41-43.

覃道春.2004.铜唑类防腐剂在竹材防腐中的应用基础研究.北京：中国林业科学研究院博士学位论文.

唐启恒，谭宏伟，韦淇峰，等.2019.低甲醛释放高密度纤维板的制备及性能.林业工程学报，4（2）：26-30.

涂料工艺编委会.1997.涂料工艺.北京：化学工业出版社：1-10.

汪铭，丁更新，旭丹，等.2003.不锈钢基片上制备 Ag/TiO$_2$ 抗菌薄膜的研究.材料科学与工程学报，21（3）：379-381.

王笃政，冯国琳，李化强，等.2012.乳化蜡的研究及应用.精细石油化工进展，13（6）：52-55.

王海峰，李仲谨，黄永如.2009.插层有机纳米蒙脱土对脲醛树脂胶粘剂性能的影响.中国胶粘剂，18（10）：1-3.

王辉，杜官本，李涛洪，等.2018.改性超支化聚合物对脲醛树脂性能的影响.林业工程学报，3（3）：68-72.

王凯雄.2001.水化学.北京：化学工业出版社，26-27.

王曙耀．2004a．人造板防水技术（1）——国内外人造板防水新技术．林产工业，(4)：53-54.

王曙耀．2004b．人造板防水技术（2）——人造板防水机理探讨．林产工业，(5)：53-54.

王曙耀．2004c．人造板防水技术（3）——新型防水剂的应用．林产工业，(6)：51-52.

王文久，辉朝茂，陈玉惠，等．2000．竹材霉腐真菌研究．竹子研究汇刊，19（4）：26-35.

王旭，张和据，江福昌，等．2009．中密度纤维板．GB/T 11718-2009.

王亚梅，刘君良，王喜明．2008．ACQ 防腐处理竹材的防腐性能和抗流失性能．木材工业，2（22）：14-16.

卫民，崔卫宁．1997．木材防腐的现状与发展．林产化工通讯，(6)：10-13.

文美玲，朱丽滨，张彦华，等．2015．三聚氰胺共聚改性脲醛树脂固化性能研究．中国胶粘剂，24（2）：20-24.

文美玲，朱丽滨，张彦华，等．2016．快速固化低甲醛释放脲醛树脂的催化剂研究．林业科学，52（1）：99-105.

吴玉章．2006．硼化物处理人工林木材的燃烧性能．木材工业，(4)：32-34.

伍艳梅，吕斌．2020．我国人造板产品发展现状及建议．中国人造板，27（4）：7-11.

谢桂军．2018．热处理马尾松木材霉变机制及纳米铜防霉技术研究．北京：北京林业大学博士学位论文.

邢方如．2017．大豆蛋白基胶黏剂/胶膜增强与抗菌机制研究．北京：北京林业大学博士学位论文.

徐昆，戴炎梅，张赟，等．2019．一种哑光型疏油疏水饰面胶膜纸及其制备方法和应用：中国，CN109797598A.

杨传平．2018．白桦种群的材性变异与木材腐朽的分子机理探析．北京：科学出版社.

杨力．2017．水玻璃黏结人造板的制备及其性能研究．武汉：华中科技大学.

杨建洲，徐良．2006．苯酚改性脲醛树脂合成工艺及性能的研究．中国胶粘剂，24（2）：147-169.

杨阳，徐学炎．2003．紫外光催化降解空气中甲醛的纳米二氧化钛复合涂料的研究．涂料工程，33（8）：6-10.

杨振洲，蔡同建．2003．室内甲醛的危害及其预防．中国公共卫生，19（6）：765-768.

于晓芳，王喜明．2014．有机蒙脱土改性脲醛树脂胶黏剂的制备及结构表征．高分子学报，(9)：1286-1291.

俞丽珍，樊玉昌，刘璇，等．2014．纳米二氧化硅改性脲醛树脂胶黏剂的合成工艺及性能．中国胶粘剂，23（9）：45-48.

张成旭，花军，陈光伟．2020．纤维目数对纤维板力学性能和成本的影响研究．林产工业，57（3）：19-24.

张换换，刘浪浪，刘军海．2010．甲醛捕捉剂的研究热点和发展方向．中国环保产业，1：51-54.

张齐生．1995．科学、合理地利用我国的竹材资源．木材加工机械，(4)：23-27，32.

张双保，周海滨，周宇，等．2001．防潮型中密度纤维板的研制．林产工业，(1)：13-16.

张新荔，吴义强，左迎峰，等．2015．硅酸盐木材胶黏剂的固化动力学特征．林产工业，(4)：18-22.

张一兵，郭园，谈军．2012．自制锐钛矿型 TiO_2 对苯乙酮的光催化降解动力学研究．工业水处理，32（6）：46-49.

张一兵，周运桃，兰俊．2013．紫外光下锐钛矿型二氧化钛对甲基红的催化降解．涂料工程，30（4）：1769-1772.

张玉萍，吕斌．2019．国内外人造板甲醛释放限量标准比较．林业机械与木工设备，47（9）：55-58.

赵总，李良，蒙愈，等．2014．不同霉变实验的竹材腐朽分析研究．竹子研究汇刊，33（1）：42-45+51.

郑凤山．2012．防潮/防水刨花板研究与工业化生产的经济性对比分析．中国人造板，19（6）：17-21+24.

中华人民共和国卫生部药典委员会编．1990．抗生素微生物检定法．中华人民共和国药典（二部附录

113）. 北京：人民卫生出版社.

周冠武，李春高，虞华强，等. 2012. 结构人造板防腐防虫技术的应用及发展. 木材工业，26（5）：32-35.

周慧明. 1991. 木材防腐. 北京：中国林业出版社.

朱丽滨，顾继友，曹军. 2009. 木材胶接用三聚氰胺改性脲醛树脂胶黏剂性能研究. 化学与黏合，31（4）：1-4.

Alexander D L, Cooper P A. 1993. Effect of temperature and humidity on CCA-C fixation in pine sapwood. Wood Protection, 2: 39-45.

Alén R, Kotilainen R, Zaman A. 2002. Thermochemical behavior of Norway spruce（*Picea abies*）at 180-225℃. Wood Science Technology, 36: 163-171.

Anastasios A Malandrakis, Nektarios Kavroulakis, Constantinos V Chrysikopoulos. 2019. Use of copper, silver and zinc nanoparticles against foliar and soil-borne plant pathogens. Science of the Total Environment, 670: 292-299.

Anwar U M K, Paridah M T, Hamdan H, et al. 2009. Effect of curing time on physical and mechanical properties of phenolic-treated bamboo strips. Industrial Crops & Products, 29（1）: 214-219.

Archer K, Preston A. An overview of copper based wood preservatives. Presented in Wood Protection-Forest Product Society, 21-23 March 2006, New Orleans, USA.

AWPA E11-07. 2007. Book of Standards, American Wood Preservers Association.

Barnes H M. 1995. Wood preservation: the classics and the new age. Forest Products Journal, 45（9）: 16-26.

Barnes H M, Amburgey T L. 1993. Technologies for the protection of wood composites. Proceedings of International Union of Forestry Research Organization（IUFRO）Symposium on the Protection of Wood-Based Composite Products, May 1993. Orlando, Florida, USA, 7-11.

Bessekhouad Y, Robert D, Weber J V. 2004. Bi_2S_3/TiO_2 and CdS/TiO_2 heterojunctions as an available configuration for photocatalytic degradation of organic pollutant. Journal of Photochemistry and Photobiology A: Chemistry, 163（3）: 569-580.

Bhuiyan M T R, Hirai N, Sobue N. 2000. Changes of crystallinity in wood cellulose by heat treatment under dried and moist conditions. Journal of Wood Science, 46（6）: 431-436.

Boran S, Usta M, Gümüşkaya E. 2011. Decreasing formaldehyde emission from medium density fiberboard panels produced by adding different amine compounds to urea formaldehyde resin. International Journal of Adhesion and Adhesives, 31（7）: 674-678.

Braslavsky S E. 2007. Glossary of terms used in photochemistry. Pure and Applied Chemistry, 79（3）: 293-465.

Bull D C. 2001. Chromated copper arsenate wood-preservative. Wood Science and Technology, 34: 459-466.

Campana R, Sabatini L, Frangipani E. 2020. Moulds on cementitious building materials-problems, prevention and future perspectives. Applied Microbiology and Biotechnology, 104（2）: 509-514.

Chen J, Kaldas M, Ung Y T, et al. 1994. Heat transfer and wood moisture effects in moderate temperature fixation of CCA treated wood. Document-the International Research Group on Wood Preservation（Sweden）, 1995, 94-40022.

Cheng D, Jiang S X, Zhang Q S. 2013. Mould resistance of moso bamboo treated by two step heat treatment with different aqueous solutions. European Journal of Wood and Wood Products, 71: 143-145.

Clausen C A, Yang V W. 2005. Azole-based antimycotic agents inhibit mold on unseasoned pine. International Biodeterioration and Biodegradation, 55（2）: 99-102.

Coggon D, Ntani G, Harris E C, et al. 2014. Upper airway cancer, myeloid leukemia, and other cancers in a cohort of British chemical workers exposed to formaldehyde. American Journal of Epidemiology, 179 (11): 1301-1311.

Cooper P A, Ung Y T. 2009. Effect of preservative type and natural weathering on preservative gradients in southern pine lumber. Wood and Fiber Science, 41 (3): 229-235.

Cooper P A, Ung Y T, Kamden D P. 1997. Fixation and leaching of red maple (*Acer rubrum* L.) treated with CCA-C. Forest Products Journal, 47 (2): 70-74.

Craciun R, Maier M, Habicht J. 2009. A theoretical-industrial correlation and perspective on copper-based wood preservatives: A review of thermodynamic and kinetic aspects on copper-wood fixation mechanism. IRG/WP, 9: 30499.

Crawford D M, DeGroot R C, Watkins J B, et al. 2000. Treatability of US wood species with pigment-emulsified creosote. Forest Products Journal, 50 (1): 29-35.

Crumière N, House A, Kennedy M J. 2002. Impact of leachates from CCA-and copper azole-treated pine decking on soil-dwelling invertebrates. The International Research Group on Wood Preservation.

Curling S F, Murphy R J. 1999. The effect of artificial ageing on the durability of wood-based board materials against basidiomycete decay fungi. Wood science & Technology, 33 (4): 245-257.

Donath S, Militz H, Mai C. 2004. Wood modification with alkoxysilanes. Wood Science Technology, 38: 555-566.

EN ISO 3696. 1996. Water for Analytical Laboratory Use. Specification and Test Methods. European Committee for Standardization, Brussels, Belgium.

Esteves B, Nunes L, Pereira H. 2010. Properties of furfurylated wood (*Pinus pinaster*). European Journal of Wood and Wood Products, 69 (4): 521-525.

Faix O. 1988. Practical uses of FTIR spectroscopy in wood science and technology. Microchim. Acta, 94 (1-6): 21-25.

Feci E, Nunes L, Palanti S, et al. 2009. Effectiveness of sol-gel treatments coupled with copper and boron against subterranean termites. International Research Group on Wood Protection, Stockholm, IRG/WP 09 30493.

Feng X, Feng L, Jin M, et al. 2004. Reversible super-hydrophobicity to super-hydrophilicity transition of aligned ZnO nanorode films. Journal of the American Chemical Society, 126: 62-63.

Francesca V, Giovanni P, Elisabetta F, et al. 2011. Interpenetration of wood with NH_2R-functionalized silica xerogels anchoring copper (II) for preservation purposes. Journal of Sol-Gel Science and Technology, 60: 445-456.

Freeman M H, McIntyre C R. 2008. A comprehensive review of copper-based wood preservatives. Forest Products Journal, 58 (11): 6-27.

Gao L, Lu Y, Zhan X, et al. 2015. A robust, *anti*-acid, and high-temperature-humidity-resistant superhydrophobic surface of wood based on a modified TiO_2 film by fluoroalkyl silane. Surface and Coatings Technology, 262: 33-39.

Ghosh S C, Militz H, Mai C. 2009. The efficacy of commercial silicones against blue stain and mould fungi in wood. European Journal of Wood and Wood Products, 67: 159-167.

Goldstein I S, Dheher W A. 1960. Stable furfuryl alcohol impregnating solutions. Industrial & Engineering Chemistry, 5 (21): 57-58.

Greene L E, Law M, Goldberger J, et al. 2003. Low-temperature wafer-scale production of ZnO nanowire arrays. Angewandte Chemie Inetrnational Edition, 115 (26): 3139-3142.

Guigo N, Mija A, Zacaglia R, et al. 2009. New insights on the thermal degradation pathways of neat poly （furfuryl alcohol）and poly（furfuryl alcohol）/SiO$_2$ hybrid materials. Polymer Degradation and Stability, 94（6）: 908-913.

Guo H, Fuchs P, Casdorff K, et al. 2017. Bio- inspired superhydrophobic and omniphobic wood surfaces. Advanced Materials Interfaces, 4（1）: 1600289.

Hakkou M, Mathieu P, Zoulalian A, P Gérardin, 2005. Investigation of wood wettability changes during heat treatment on the basis of chemical analysis. Polym. Degrad. Stabil, 89（1）: 1-5.

Hashim R, Murphy R, Dickinson D, et al. 1994. Vapour boron treatment of wood based panels: Mechanism for effect upon impact resistance. Document- the International Research Group on Wood Preservation（Sweden）, 94-40036.

Helsen L, Hardy A, Van Bael M K, et al. 2007. Tanalith E 3494 impregnated wood: Characterisation and thermal behaviour. Journal of Analytical and Applied Pyrolysis, 78（1）: 133-139.

Hoffmann S K, Goslar J, Ratajczak I, et al. 2008. Fixation of copper- protein formulation in wood: Part 2. Molecular mechanism of fixation of copper（Ⅱ）in cellulose, lignin and wood studied by EPR. Holzforschung, 62（3）: 300-308.

Humar M, Peek R D, Jermer J. 2006. Regulations in the European Union with emphasis on Germany, Sweden and Slovenia. Environmental Impacts of Treated Wood. Boca Raton, Florida, USA: CRC, 37-57.

Humar M, Petrič M, Pohleven F. 2001. Changes of the pH value of impregnated wood during exposure to wood-rotting fungi. Holz als Roh-und Werkstoff, 59（4）: 288-293.

Humar M, Zlindra D, Pohleven F. 2007. Improvement of fungicidal properties and copper fixation of copper-ethanolamine wood preservatives using octanoic acid and boron compounds. Holz Als Roh- Und Werkstoff, 65: 17-21.

Janezic T S, Cooper P A, Ung Y T. 2000. Chromated copper arsenate preservative treatment of North American Hardwoods. Part 1. CCA fixation performance. Holzforschung, 54（6）: 577-584.

Jeong B, Park B D. 2019. Effect of molecular weight of urea- formaldehyde resins on their cure kinetics, interphase, penetration into wood, and adhesion in bonding wood. Wood Science and Technology, 53（3）: 665-685.

Jia S, Chen H, Luo S, et al. 2018. One- step approach to prepare superhydrophobic wood with enhanced mechanical and chemical durability: Driving of alkali. Applied Surface Science, 455: 115-122.

Kaneco S, Katsumata H, Suzuki T, et al. 2006. Titanium dioxide mediated photocatalytic degradation of dibutyl phthalate in aqueous solution-kinetics mineralization and reaction mechanism. Journal of Chemical Engineering, 125（1）: 59-66.

Kherroub D E, Belbachir M, Lamouri S. 2015. Study and optimization of the polymerization parameter of furfuryl alcohol by algerian modified clay. Arabian Journal for Science & Engineering, 40（1）: 143-150.

Klonkowsky A M, Grobelna B, Widernik T, et al. 1999. The coordination state anchored and grafted onto the surface of organically modified silicates. Langmuir, 15: 5814-5819.

Koch K, Bhushan B, Barthlott W. 2009. Multifunctional surface structures of plants: An inspiration for biomimetics. Prog. Mater. Sci, 54（2）: 137-178.

Lande S, Westin M, Schneider M. 2004. Properties of furfurylated wood. Scandinavian Journal of Forest Research, 19（sup5）: 22-30.

Lebow S, Foster D, Lebow P. 1999. Release of copper, chromium, and arsenic from treated southern pine exposed in seawater and freshwater. Forest Products Journal, 49: 80-89.

Li M F, Li X, Bian J, et al. 2015. Influence of temperature on bamboo torrefaction under carbon dioxide atmosphere. Industrial Crops and Products，76：149-157.

Li W Z, Jan V D B, Dhaene J, et al. 2018. Investigating the interaction between internal structural changes and water sorption of MDF and OSB using X-ray computed tomography. Wood science and Technology，52（3）：701-716.

Liese W, Shanmughavel P, Peddappaiah R S. 2003. The protection of bamboo against deterioration. Recent Advances in Bamboo Research：131-139.

Liu M, Wang Y, Wu Y, et al. 2018. 'Greener' adhesives composed of urea-formaldehyde resin and cottonseed meal for wood-based composites. Journal of Cleaner Production，187：361-371.

Liu Q S, Zheng T, Wang P, Guo L. 2010. Preparation and characterization of activated carbon from bamboo by microwave-induced phosphoric acid activation. Ind. Crop. Prod，31（2）：233-238.

Lu Y, Sathasivam S, Song J, et al. 2015. Robust self-cleaning surfaces that function when exposed to either air or oil. Science，347（6226）：1132-1135.

Łukasz Klapiszewski, Karol Bula, Anna Dobrowolska, et al. 2019. A high-density polyethylene container based on ZnO/lignin dual fillers with potential antimicrobial activity. Polym. Testing，73：51-59.

Mahlaule-Glory L M, Mbita Z, Mathipa M M, et al. 2019. Biological therapeutics of AgO nanoparticles against pathogenic bacteria and A549 lung cancer cells. Materials Research Express，6（10）：105402.

Mahltig B, Fiedler D, Böttcher H. 2004. Antimicrobial sol-gel coatings. Journal of Sol-Gel Science and Technology，32（1-3）：219-222.

Mahltig B, Swaboda C, Roessler A, et al. 2008. Functionalising wood by nanosol application. Journal of Materials Chemistry，18：3180-3192.

Marzbani P, Afrouzi Y M, Omidvar A. 2015. The effect of nano-zinc oxide on particleboard decay resistance. Maderas Ciencia Y Tecnologia，17：63-68.

Matsunaga H, Kiguchi M, Evans P. 2007. Micro-distribution of metals in wood treated with a nano-copper wood preservative. The International Research Group on Wood Protection，IRG-WP：07-40360.

Mazela B, Polus Ratajczak I. 2003. Use of animal proteins to limit leaching of active copper ions preservatives from treated wood. Holzforschung，57（6）：593-596.

Mettlemary S P. 2011. Influence of alkaline copper quat（ACQ）solution parameters on copper complex distribution and leaching. University of Toronto.

Mitsuhashi Gonzalez J M. 2007. Limiting copper loss from treated wood in or near aquatic environments. Oregon State University, Corvallis, Oregon.

Mmbaga M T, Mrema F A, Mackasmiel L, et al. 2016. Effect of bacteria isolates in powdery mildew control in flowering dogwoods（Cornus florida L.）. Crop Protection，89：51-57.

Mokhothu, T H, John M J. 2017. Bio-based coatings for reducing water sorption in natural fibre reinforced composites. Scientific Reports，7：13335.

Neinhuis C, Barthlott W. 1997. Characterisation and distribution of water-repellent, self-cleaning plant surfaces. Annals of Botany，79（6）：667-677.

Nguyen T T H, Li S, Li J, et al. 2013. Micro-distribution and fixation of a rosin-based micronized-copper preservative in poplar wood. International Biodeterioration and Biodegradation，83：63-70.

Ohm R A, Riley R, Salamov A, et al. 2014. Genomics of wood-degrading fungi. Fungal Genetics & Biology，72：82-90.

Palanti S, Predieri G, Vignali F, et al. 2011. Copper complexes grafted to functionalized silica gel as wood preservatives against the brown rot fungus Coniophora puteana. Wood Science and Technology，45（4）：707-718.

Pandey K K. 1999. A study of chemical structure of soft and hardwood and wood polymers by FTIR spectroscopy. Appl. Polym. Sci, 71 (12): 1969-1975.

Qi L, Cheng B, Yu J, et al. 2016. High-surface area mesoporous Pt/TiO$_2$ hollow chains for efficient formaldehyde decomposition at ambient temperature. Journal of Hazardous Materials, 301: 522-530.

Que Z, Furuno T, Katoh S, et al. 2007a. Effects of urea-formaldehyde resin mole ratio on the properties of particleboard. Building and Environment, 42 (3): 1257-1263.

Que Z, Furuno T, Katoh S, et al. 2007b. Evaluation of three test methods in determination of formaldehyde emission from particleboard bonded with different mole ratio in the urea-formaldehyde resin. Building and Environment, 42 (3): 1242-1249.

Radivojevic S, Cooper P A. 2007. Effects of CCA- C preservative retention and wood species on fixation and leaching of Cr, Cu, and As. Wood and Fiber Science, 39 (4): 591-602.

Radivojevic S, Cooper P A. 2010. The effects of wood species and treatment retention on kinetics of CCA-C fixation reactions. Wood Science and Technology, 44 (2): 269-282.

Radu C. 1997. Characterization of CDDC (copper dimethyldithioearbamate) treatment wood. Holzforschung, (5): 519-525.

Ramunas Tupciauskas, Ilze Irbe, Anna Janberga, et al. 2017. Moisture and decay resistance and reaction to fire properties of self-binding fibreboard made from steam-exploded grey alder wood. Journal of Adhesion Science and Technology, 12 (3).

Ratajczak I, Mazela B. 2007. The boron fixation to the cellulose, lignin and wood matrix through reaction with protein. Holz als Roh und Werkstoff, 65: 231-237.

Rezaei V T, Parsapajouh D. 2004. Investigation on the durability of Acer insigne in normal and treated with a water-soluble salt (ACC) against Coriolus Versicolor. Journal of Agricultural Science, 11 (1): 53-60 (In Persian).

Richardson G, Eick S, Jones R. 2010. How is the indoor environment related to asthma: Literature review. Journal of Advanced Nursing, 52 (3): 328-339.

Root A, Soriano P. 2000. The curing of UF resins studied by low-resolution ^{1}H-NMR. Journal of Applied Polymer Science, 75 (6): 754-765.

Ruddick J N R. 2003. Basic copper wood preservatives, preservative depletion: Factors which influence loss. Proc Can Wood Preserv Assoc, 24: 26-59.

Saka S, Ueno T. 1997. Several SiO$_2$ wood-inorganic composites and their fire-resisting properties. Wood Science And Technology, 31 (6): 457-466.

Shah S M, Zulfiqar U, Hussain S Z, et al. 2017. A durable superhydrophobic coating for the protection of wood materials. Materials Letters, 203: 17-20.

Shea K J, Loy D A. 2001. Bridged polysilsesquioxanes. Molecular- engineered hybrid organic- inorganic materials. Chemistry of Materials, 13 (10): 3306-3319.

Shi J L, Kocaefe D, Amburgey T, et al. 2007. A comparative study on brown-rot fungus decay and subterranean termite resistance of thermally-modified and ACQ-C-treated wood. Holz als Roh- und Werkstoff, 65 (5): 353-358.

Smith D N R, Williams A I. 1973. The effect of composition on the effectiveness and fixation of copper/chrome/arsenic and copper/chrome preservatives. Part II: Selective absorption and fixation. Wood Science and Technology, 7 (2): 142-150.

Sun Z X. 2003. The breath function research of the organic waterproof coating. New Building Material, 1: 26.

S. Nami Kartala, Frederick Green IIIb. 2003. Decay and termite resistance of medium density fiberboard (MDF) made from different wood species. International Biodeterioration and Biodegradation, 51: 29-35.

Tascioglu C, Cooper P, Ung T. 2008. Effects of fixation temperature and environment on copper speciation in ACQ treated red pine. Holzforschung, 62 (3): 289-293.

Temiz A, Yildiz U C, Nilsson T. 2006. Comparison of copper emission rates from wood treated with different preservatives to the environment. Building and Environment, 41 (7): 910-914.

Terziev N, Panov D, Temiz A, et al. 2009. Laboratory and above ground exposure efficacy of silicon-boron treatments. International Research Group on Wood Protection, Stockholm, IRG/WP 09 30510.

Torimoto T, Fox R J, Fox M A. 1996. Photoelectrochemical doping of TiO_2 particles and the effect of charge carrier density on the photocatalytic activity of microporous semiconductor electrode films. Journal of the Electrochemical Society, 143 (11): 3712-3717.

Tu K, Wang X, Kong L, et al. 2018. Facile preparation of mechanically durable, self-healing and multifunctional superhydrophobic surfaces on solid wood. Materials & Design, 140: 30-36.

Tupciauskas R, Irbe I, Janberga A, et al. 2015. Moisture and decay resistance and reaction to fire properties of self-binding fibreboard made from steam-exploded grey alder wood. Wood Material Science & Engineering, 12 (1-5): 63-71.

Ung Y T, Cooper P A. 2005. Copper stabilization in ACQ-D treated wood: retention, temperature and species effects. Holz als Roh-und Werkstoff, 63 (3): 186-191.

Vayssieres L. 2003. Growth of arrayed nanorods and nanowires of ZnO from aqueous solution. Advanced Materials, 15: 464-466.

Walter Liese. 2003. Protection of Bamboo in Service. World Bamboo and Rattan, 1: 29-33.

Wang C, Piao C, Lucas C. 2011. Synthesis and characterization of superhydrophobic wood surfaces. Journal of Applied Polymer Science, 119 (3): 1667-1672.

Westin M, Brelid P L, Nillsson T, et al. 2016. Marine borer resistance of acetylated and furfurylated wood-results from up to 16 years of field exposure. Lisbon: The International Research Group on Wood Protection.

Yao K S, Cheng T C, Li S J, et al. 2008. Comparison of photocatalytic activities of various dye-sensitized TiO_2 thin films under visible light. Surface and Coatings Technology, 203 (9): 922-924.

Yu L, Cao J, Cooper P A. 2008. Accelerated fixation of ACQ-D treated Chinese fir with different post-treatments. Document-the International Research Group on Wood Preservation, Stockholm, Sweden.

Yu L, Cao J, Cooper P A, et al. 2009. Effect of hot air post-treatments on copper leaching resistance in ACQ-D treated Chinese fir. European Journal of Wood and Wood Products, 67 (4): 457-463.

Yu L, Gao W, Cao J, et al. 2010. Effects of microwave post-treatments on leaching resistance of ACQ-D treated Chinese fir. Forestry Studies in China, 12 (1): 1-8.

Zheng B, Cui W Y, Yuan X L, et al. 2017. Acid-treated TiO_2 nanobelt supported platinum nanoparticles for the catalytic oxidation of formaldehyde at ambient conditions. Applied Surface Science, 411: 105-112.

Zhu J F, Zheng W, He B, et al. 2004. Characterization of Fe-TiO_2 photocatalysts synthesized by hydrothermal method and their photocatalytic reactivity for photodegradation of xrg dye diluted in water. Journal of Molecular Catalysis A: Chemical, 216 (1): 35-43.

Zhu X F, Xu E G, Lin R H, et al. 2014. Decreasing the formaldehyde emission in urea-formaldehyde using modified starch by strongly acid process. Applied Polymer Science, 131 (9): 40202.

第6章　农林剩余物人造板界面调控理论与技术

6.1　引　言

由于木材、竹材、麦秆、稻秸秆、玉米秆和芦苇等纤维表面含有羟基和羧基等极性官能团，而树脂属于有机高分子化合物拥有非极性或极性较弱，这两者制成的复合材料难以形成良好的相容界面，使得复合材料为不均匀体系，复合材料中容易产生应力集中点，从而使其力学性能变差。此外，相比于传统木材，秸秆等农林剩余物表面存在一层脂质成分，其主要为灰分矿物质，这种组分会降低胶黏剂在秸秆表面的湿润性和内部的渗透性。因此，提高农林剩余物植物纤维与胶黏剂或基体材料的界面相容性是制造性能优良农林剩余物人造板的关键步骤之一。为改善界面相容性问题，提高人造板基质间的均匀分散性以及内结合强度，许多学者通过对植物碎料或纤维进行预处理除去纤维素中的杂质成分，从而增加植物纤维的表面粗糙度；或是对植物纤维进行化学改性处理，减少纤维表面的极性基团，并在纤维表面增加非极性基团，改善植物纤维与胶黏剂的界面相容性，进而提高人造板制品的尺寸稳定性和力学性能等。根据预处理方法对界面调控原理的不同，可将其分为物理调控、化学调控和生物调控。

6.1.1　物理调控理论与技术

物理调控是指不改变植物纤维的化学结构，通过机械力、表面处理等一些物理方法改变植物纤维表面的组分及结构，从而增加植物纤维和胶黏剂之间的有效接触面积，这有利于胶黏剂与植物纤维形成机械胶钉，提高植物纤维与胶黏剂之间的机械互锁力（Yuan et al.，2004），更好地改善植物纤维与胶黏剂之间的界面相容性。其主要方法包括拉伸或压延法、热处理法、酸碱处理法、蒸汽爆破法、电晕法、等离子体放电法等。

（1）拉伸或压延法。通过拉伸或者压延对植物纤维进行物理加工来改变其结构性能。植物纤维在拉伸或压延作用下，可以提高复合材料的力学性能（Garlata，1997）。

（2）热处理法。在200℃左右的高温条件下，以蒸汽、惰性气体等为传热介质对人造板基质表面进行蚀刻，使得纤维素、半纤维素和木质素部分脱水，减少羟基等极性基团的数量，提高胶黏剂对人造板基质的浸润作用。如李晓燕等（2016）通过高温热处理秸秆并测定其组分变化，结果表明秸秆热处理温度应控制在200℃左右，且随热处理时间的增加，秸秆纤维素中的羟基逐渐脱水形成羧基，界面极性降低。

（3）碱处理法。利用植物纤维中各组分耐碱性强弱的原理，除去植物纤维中半纤维素和果胶等物质，从而改善植物纤维与胶黏剂之间的界面相容性。碱处理法主要有两方面作用，一方面是碱溶液能够溶解一部分植物纤维中的果胶、木质素和半纤维素，除去纤维表面的杂质成分，使纤维表面变得粗糙，增加植物纤维与胶黏剂之间的机械黏合力；另一方面，碱液能够让植物纤维变得更细化，纤维的直径减小、长径比增加，与胶黏剂的有效结合面积增大（曹通和柴田信一，2006）。例如，潘刚伟（2012）以小麦秸秆纤维为增强体制备聚乳酸/小麦秸秆纤维复合板材，研究了氢氧化钠溶液处理后秸秆纤维复合板材的结构性能。研究发现，处理后的小麦秸秆纤维内、外表面结构均变得疏松，比表面积增大，从而提高了二者的界面黏结性。

（4）酸处理法。将稀酸溶液在一定温度下处理植物纤维，溶解植物纤维中半纤维素，而纤维素含量保持不变，能够在植物纤维表面产生刻蚀作用。处理后的植物纤维表面变得粗糙，比表面积增大，从而增强植物纤维与胶黏剂之间机械黏合性能。

（5）蒸汽爆破处理法。将高温高压的蒸汽通过植物纤维表面微孔进入纤维的内部，通入纤维内部的蒸汽会产生强大的爆破力，引起植物纤维结构变化，从而导致植物纤维强度和比表面积都增加。Tokoro 等（2008）研究发现蒸汽爆破处理竹纤维可一定程度提高竹纤维/聚乳酸复合材料的机械性能。

（6）放电处理法。包括电晕处理、低温等离子体处理。电晕放电处理可提高植物纤维表面氧化活性、改变表面能，可增加植物纤维的表面活性醛基数量。低温等离子处理可以获得与电晕处理相似的效果，选择合适的气体以达到在植物纤维表面产生良好的改性效果，如表面交联、降低或提高表面能以及产生活泼自由基或含有自由基的基团等，从而提高植物纤维与胶黏剂之间的相容性。Ji 等（2010）采用电子束辐射处理黄麻纤维，有效提高了黄麻纤维/聚乳酸复合材料的界面剪切强度。然而，这些物理方法虽然增强了纤维与胶黏剂之间的机械互锁力，但仅能改变纤维的表面形态，不能在纤维与胶黏剂基体间形成牢固的化学键作用，因此对复合材料界面相容性提高也是有限的（关庆文等，2009）。

6.1.2 化学调控理论与技术

化学调控是指通过化学试剂的处理，使植物纤维发生化学反应从而减少其表面羟基的数量，有助于植物纤维与胶黏剂之间形成更多的物理和化学键交联，从而提高复合板材的整体性能。化学调控主要有偶联剂法、酯化处理法、表面接枝处理等方法。

（1）偶联剂法。将植物纤维在与树脂复合前用偶联剂进行预处理，以提高植物纤维与树脂基体的界面相容性。偶联剂的用量对复合板材的力学性能影响显著，用量太少，难以形成良好的偶联分子层，起不到理想的偶联作用；而用量太多，则在植物纤维表面会覆盖过多没有起偶联作用的偶联剂分子，从而降低复合材料的力学性能。Bledzki 和 Gassan（1999）指出偶联剂处理的植物纤维能改变纤维的润湿性，提高复合材料的界面相容性。Wong 等（2004）发现4，4′-二硫基酚（TDP）偶联剂使亚麻纤维与 PHB 之间形成了新的氢键作用，界面黏结性提高。Lee 和 Wang（2006）以赖氨酸基异氰酸酯（LDI）为偶联剂对 PLA/竹纤维进行界面改性，发现复合材料的拉伸强度、耐水性能和界面结合性能都得到了改善。然而，上述采用偶联剂改性方法一般都需要以有机溶剂为分散剂，而且有机溶剂的用量不能太少，一方面提高了生产成本，另一方面会对环境造成一定污染。

（2）植物纤维酯化改性。将植物纤维表面的羟基经乙酸酐等酯化处理后，生成疏水的非极性基团并具有热流动性，使植物纤维表面与树脂表面的溶解度相似，从而降低树脂与植物纤维之间的相斥性，达到提高界面相容性的目的（Dieu et al.，2004）。Lee 和 Ohkita（2004）又以马来酸酐（MA）酯化处理植物纤维，再分别与 PBS 和 PLA 复合，对构建相容界面起到了较好的效果。

（3）植物纤维表面接枝法。通过增长链自由基或直接由引发剂自由基把氢原子从植物纤维的纤维素上去除。Kuller（2003）采用马来酸酐接枝聚丙烯对大麻纤维进行接枝处理，结果发现大麻纤维/PLA 复合材料的加工性能和力学性能都能有不同程度的提高。

6.1.3　生物调控理论与技术

生物调控主要是利用微生物或生物酶对秸秆等植物纤维表面进行处理，以达到改善植物纤维表面特性的目的，具有高效环保、条件温和、工艺可控性强等优点。目前人造板行业中，漆酶是研究最多，也是应用最广泛的生物酶之一，已经得到了国内外许多专家学者的重视（周冠武等，2006）。生物酶处理的无胶胶合方法可以简称为酶胶合技术。

漆酶（laccase）是一种多酚氧化酶，以单体糖蛋白的形式存在。实际应用于生产的漆酶主要来源于真菌，大多数真菌分泌漆酶。目前在某些细菌中也发现有漆酶的存在（Christopher and Thurstou，1994）。由于来源分子中糖基的不同，使漆酶的分子量、结构与性质有所差别，但是其本质都是含铜的多酚氧化酶。经过几十年的发展，国内外研究者已经成功开发出采用漆酶制造的纤维板、刨花板以及胶合板，材料也从木质材料深入到非木质材料。

德国的 Kharazipour 等（1997）发明了一种新型的、不用施加胶黏剂的纤维板生产工艺。其主要过程是，在 25℃条件下将漆酶与缓冲溶液混合后处理木纤维 2～7 天，取出分成两部分，一份将含水率降低至 50%，另一份将含水率烘干至 3%，然后分别采用湿法工艺与干法工艺热压成板。结果表明，该工艺提高了无胶纤维板物理力学性能指标。Viikari 和 Liisa（1998）等在其申请的专利中指出，漆酶处理后的木纤维，其界面胶合性能可以得到有效地增强，从而使板材内结合强度和拉伸强度分别提高了 0.9MPa 与 38MPa。21 世纪初，国内开始出现采用漆酶活化法制备无胶人造板。中国林业科学研究院朱家琪（2004）等利用漆酶、失效后的酶液与水分别处理云南思茅松木纤维压制无胶纤维板，研究发现，失效后的酶液与水处理效果相同，而漆酶处理纤维板的内结合强度明显高于前两种处理方法，可达到 1.0MPa 以上，这表明漆酶处理可以实现木纤维的自身胶合，并且在胶合过程中起主要作用。史广兴和魏华丽（2005）分别利用不同 pH 条件下的漆酶活化三种不同树种的木纤维，通过测定木素含量与内结合强度来揭示漆酶的活化效果。研究表明，漆酶反应的最佳 pH 范围为酸性，漆酶活化的主要作用对象是木质素，因此木材自身胶合性能随木质素含量的增多而提高。王永波（2011）等利用半纤维素酶/漆酶协同处理竹材刨花，分别采用水浴和喷淋两种预处理方式制成竹材自生胶合刨花板，研究表明，半纤维素酶/漆酶协同处理可以有效增强刨花板的物理力学性能，漆酶/半纤维素酶用量、处理时间以及 pH 等因素对刨花板性能有显著影响，水浴方式会导致糖类物质大量流失，影响板材的胶合性能。

6.2　物　理　调　控

6.2.1　微波处理技术

毛竹是一种重要的工程材料，具有良好的物理性能。而微波预处理是一种常见的处理木质材料的方法。对木质材料进行预处理，可以使木质材料内温度迅速升高（江涛等，2006），使其水分快速汽化，从而增大木质材料内气压，对较薄弱的部分（Vinden and Torgovnikov，2003）会产生不同程度的微小裂隙，从而提升渗透性（Torgovnikov and Vinden，2004），让阻燃剂、防腐剂等功能性试剂更易进入木质材料内部，从而提升木质材料的阻燃防腐等性能。同时，经过微波处理后，厚度方向上的含水率呈梯度减小，木质材料内裂的发生概率显著降低（Vinden and Torgovnikov，1998；周永东，2009）。因此，将微波预处理运用于竹材之中，并将处理后的竹束与木材复合制备成竹木复合材，从而有效提高竹木复合材的各方面性能。

6.2.1.1　微波处理竹木复合材的制备及表征方法

1）竹束预处理

竹木复合材的制备方法主要分为炭化处理和微波处理。其中，炭化处理是指将竹束放入炭化罐中，然后加热到 180℃，同时通入过热蒸汽，并在 0.3MPa 下保持 2h。而微波处理则是将竹束在水中浸泡 48h 后，并在 800 W 功率的微波下处理 6min。所有试件在气候箱（20℃，RH 50%）中调节处理 24h。

2）性能表征

对于不同处理后制成的竹木复合材进行接触角、ESR、XRD、FTIR 以及物理力学性能测试。

接触角测试：采用 TC2000 型静滴接触角/界面张力测定仪测试接触角，将试件放在样品台上后，用微型注射器将液滴（甘油）滴于试件上，每个试件记录 5 个点的接触角，结果取平均值。

ESR 试验：将称好质量的小竹棍装入石英样品管中，然后放入 ESR 设备中进行 ESR 试验。采用频率范围为 8.8~9.6GHz 的 X 波段。磁场强度为（330±50）A/m，扫描时间为 2min，响应时间为 0.3 s，放大倍数为 200。计算竹材相对自由基浓度则采用最大峰相对值。

XRD 测试：测试条件为电压 36kV，电流 20mA，起始角度为 5°，终止角度为 85°，用步宽 0.02°逐步扫描。

FTIR 测试：采用粉末制样法，利用傅里叶变换红外光谱仪对预处理前后的竹材粉末进行扫描，分析预处理前后竹材粉末官能团的变化。采用溴化钾压片法，扫描范围为 400 ~4000cm^{-1}，分辨率为 2cm^{-1}，扫描次数 32 次，并重复做 1 次。

物理力学性能测试：将竹束按照"竹束层–木束层–竹束层"纵向均匀排列，制成 400mm×250mm×16mm 的板材，密度为 1.1g/cm^3，并采用"热进冷出"避免板材产生鼓泡等不良现象，热压温度为 150℃，热压时间 1.5min/mm，卸板温度为 50℃。按 GB/T 7657.4—2003 竹木复合材物理力学性能进行检测。

6.2.1.2　竹束表面接触角与 ESR 分析

由图 6-1（a）可以看出，竹束经过炭化处理后，初始接触角增大，这可能是由于经过炭化处理后，竹束中的半纤维素部分降解，亲水性基团遭到破坏，导致表面亲水性降低。而经微波处理后，水蒸气与部分被气化的抽提物能带走因热解而集聚在表面的抽提物，从而提升竹束表面的亲水性，降低接触角（李新功，2013）。

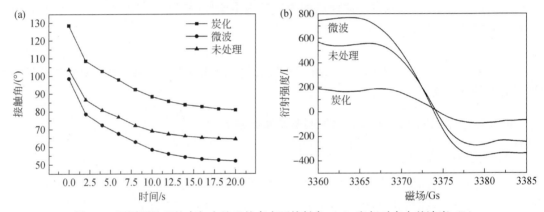

图 6-1　不同预处理竹束与未处理竹束表面接触角（a）和相对自由基浓度（b）

通过实验测得炭化处理、微波处理和未处理竹束的相对自由基浓度分别为 0.467×10^4、1.89×10^4 和 0.922×10^4（自旋数/g），结合图 6-1（b）可知，炭化竹束相对自由基浓度较未处理竹束降低了 49.35%，这是因为炭化处理导致表面钝化，从而使表面极性降低，因此炭化处理不利于竹束与胶黏剂的结合，从而降低了竹材的胶合性能；而经过微波处理后，相对自由基浓度增加了 104.99%，这是由于微波处理使竹束表面部分抽提物降解，在此过程中化学键的断裂可产生稳定的自由基，从而增加化学活性，改善润湿性能，提高胶合强度（江泽慧等，2005）。这也与接触角的测试结果一致。

6.2.1.3　竹束 XRD 与 FTIR 分析

从图 6-2（a）可以看出，炭化、微波与未处理材主峰均在 21°左右，说明这几种处理方法对木材结晶区没有造成影响，但从衍射强度来看，两种处理材的主峰强度发生明显变化，这说明炭化与微波处理对纤维素的非结晶区产生了较大影响。经炭化和微波处理后相对结晶度增大，且炭化处理材增加得更为明显，提高了 10.31%。这是由于高温炭化处理过程中，无定形区域内纤维素分子链之间的羟基发生"架桥"反应，使纤维素的排列向结晶区靠拢，从而增加相对结晶度，因此炭化处理有利于提高竹束的弯曲性能和尺寸稳定性。而经过微波处理后，相对结晶度仅提高了 2.07%，增幅较小，这是因为微波处理时温度上升快，使竹束部分抽提物降解后流出并被水蒸气带走，半纤维素部分热解，因此纤维素相对含量上升。而由于抽提物含量以及半纤维素热解程度不高，因此相对结晶度增幅较小。

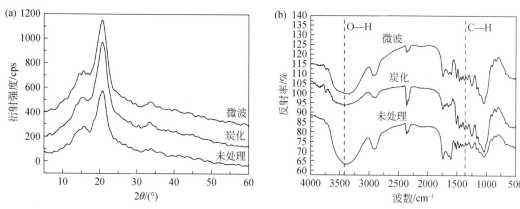

图 6-2　不同预处理竹束与未处理竹束 X 射线衍射图（a）和 FTIR 图谱（b）

从图 6-2（b）可以看出，炭化处理竹束在 $3420cm^{-1}$ 附近的 O—H 伸缩振动吸收峰明显减弱，这说明经过炭化处理后，竹材组分中含有的大量羟基在炭化处理的高温作用下，发生氧化生成醛基、酮基或羧基，因此数量减少。微波处理竹束在 $3420cm^{-1}$ 处吸收强度略有增加。这是因为微波处理后，表面自由基含量增加，这些自由基在高温下与表面物质反应，从而使亲水性羟基含量有所增加。经两种方法处理后，$1047cm^{-1}$、$1160cm^{-1}$ 处的高聚糖特征吸收峰明显降低，这说明高聚糖结构受热分解。在 $1364cm^{-1}$ 附近的纤维素与半纤维素的 C—H 伸缩振动特征吸收峰减弱，部分纤维素和半纤维素发生热解，竹材结构发生破坏，因此两种处理方式都可能会使竹材的 MOR 与 MOE 降低，并且炭化处理材的热解程度大于微波处理材。

6.2.1.4　竹木复合材物理力学性能结果分析

从表 6-1 可知，炭化处理与微波处理竹木复合材的 MOR 较未处理材分别降低了17.03% 和 7.78%，预处理后虽提升了结晶度，顺纹抗压强度有所提升，但 MOR 值明显降低，这是由于竹木复合材在弯曲时存在顺纹拉伸应力、剪切应力和压缩应力，这些应力会导致 MOR 值降低。

表 6-1　不同预处理竹木复合材物理力学性能测试结果

试样	MOR/MPa	MOE/MPa	IB/MPa	TS/%
炭化竹木复合材	128.15	12187.48	1.28	1.52
微波竹木复合材	142.78	12436.17	1.68	3.56
未处理竹木复合材	154.82	12562.53	1.57	3.14

　　而炭化处理和微波处理竹木复合材的 MOE 值仅下降了 2.98% 和 1.01%，这是因为纤维素和木质素热稳定性好，它们对细胞壁的弹性模量影响大，因此下降得很少（Welzbacher et al.，2008；Bror et al.，2006）。炭化后，竹木复合材的 IB 值降低了 18.47%，其原因是炭化后自由基浓度降低，化学活性下降，不利于竹束与胶黏剂的结合，因此 IB 值下降。微波处理材 IB 值反而增加了 7.01%，这是因为微波处理后，竹木复合材的自由基浓度提升，并且因微波形成的微小裂纹有利于胶黏剂的渗透。炭化处理后，竹木复合材的 TS 值降低了 51.6%，这是因为炭化处理后半纤维素亲水基团遭到破坏，并且某些多糖类物质容易裂解为糠酸和某些糖类的裂解产物，在高温作用下，它们生成不溶于水的聚合物，从而降低吸湿性。同时，在高温条件下，竹材细胞壁的羟基的数量减少，纤维素结晶度提升，竹束的尺寸稳定性得到改善。微波处理后，竹木复合材的 TS 值升高了 11.79%，这是因为竹束经微波处理后，吸水性羟基含量增加，导致 TS 值上升。微波处理的竹木复合材的 MOR、MOE、IB 和 TS 值较炭化处理的均有提升，说明微波处理竹木复合材力学强度与胶合性能均强于炭化处理竹木复合材，因此可以看出微波处理为最优处理。

6.2.1.5　小结

　　利用经过不同预处理的竹束制备了竹木复合材，研究了预处理对竹木复合材物理力学性能的影响。主要结论如下：
　　（1）炭化处理后接触角变大，自由基浓度降低，微波处理后接触角变小，自由基浓度增大。
　　（2）炭化、微波处理均能提升纤维素结晶度，但炭化处理结晶度增幅较大；炭化处理后亲水性羟基含量减少，而微波处理后亲水性羟基含量增加。
　　（3）经两种方法处理后，竹木复合材的 MOR 值降低、MOE 值变化小，炭化处理后 IB 和 TS 值下降，而微波处理后 IB 和 TS 值上升。
　　（4）微波处理竹木复合材力学强度与胶合性能均强于炭化处理材，因此微波处理效果更好。

6.2.2　碱处理表面增黏技术

　　碱处理表面增黏技术是一种较为简便而且高效的界面调控技术，应用也较为广泛。本节研究了碱处理对木塑复合材、竹塑复合材和稻秸秆/镁系凝胶人造板的性能影响。

6.2.2.1　碱处理木塑复合材界面调控

　　可生物降解复合材料是以木纤维和聚乳酸为主要原材料制备而成，木纤维原料来源广泛且能再生，而聚乳酸则来源于植物资源，易降解。天然木质纤维材料成本低廉，与可降解塑料复合，可以获得廉价高强的复合材料。该种新型材料完全由可生物降解材料制成，绿色无污染（郭文静，2008）。以木纤维与可生物降解聚乳酸塑料为主要原材料，通过混炼、注射工艺制备出可生物降解复合材料。为改性该复合材料，探究了碱处理对木塑复合材料性能的影响，并且解释其改性机理。

1）碱处理木塑复合材材料的制备及表征方法

（1）制备方法

配制不同浓度的 NaOH 溶液，将一定量的木纤维放入其中浸泡 24h（其中木纤维和溶液的比值为 1∶15）后水洗至中性，干燥后密封备用。将高速双辊混炼机的双辊加热到 160℃，把未处理以及处理过的木纤维和可生物降解树脂放到捏合机上，充分混匀并且混炼多次，待其冷却后，将其破碎成 2~5mm 的粒状物，随后放入注射成形机中，形成样条，最后进行测试。

（2）性能表征

力学性能测试：拉伸强度测试所用的仪器为万能力学试验机，测试标准为 GB 1040—79，最大加载负荷 5kN，横梁行程与拉伸行程分别为 1050mm 和 600mm，测试速度为 10mm/min。无断口冲击强度用的测试仪器为简支梁冲击试验机，测试标准为 GB 1043—79。测试温度与湿度分别为 20℃和 70%。

热重（TG）分析：热重分析的仪器为美国 PerkinElmer 公司的 Pyris6 TGA 热重分析仪，温度范围 5~1000℃，天平灵敏度为 0.2g，扫描速率 0.1~200℃/min，冷却时间 100~1000℃/min，将试样粉末放在氮气气氛加热至 500℃，其中升温速率为 10℃/min，调节气体流量和扫描速率分别为 50mL/min 以及 10℃/min。

红外光谱（FTIR）测试：红外光谱测试的仪器为美国 Termo Electron Corporation 生产的 Nicolet Avatar 330 FTIR 傅里叶转换红外光谱仪，选取低于 200 目的绝干粉末，加入分析纯 KBr 做稀释剂，在红外灯照射环境中，将其研磨至粒径为 2mm 且均匀混合，取一定的粉体放入在压片机内，然后将其快速压制成透明状薄片。

扫描电镜（SEM）测试：扫描电镜测试的仪器为美国 FEI 公司的 XL30 ESEM-FEG 环境扫描电子显微镜，将复合材料和拉伸断面先抽真空，然后表面喷铂金，金属薄膜的厚度为 20nm，测试的倾斜角、最大加速电压以及最高空间分辨率分别为 15°、30kV、2nm。

X 射线衍射（XRD）测试：X 射线衍射测试的仪器为荷兰 PHILIPS 公司的 X Pert 型射线粉末衍射仪，射线源 Cu Kα_1=0.154056nm，扫描范围以及频率分别为 5°~75°和 0.02°/s。粉末先在试样粉碎机内打碎，筛选粒径低于 200 目的粉末，将其直接平铺在样品台上，选取点聚焦光源、透射衍射模式。

2）碱处理木塑复合材料力学性能与纤维质量保持率分析

选用六种不同浓度的 NaOH 溶液处理木纤维，拉伸、冲击强度结果如图 6-3 所示。随着溶液浓度提升，拉伸强度随之提升，并在 8% 时达到最大，达到 62MPa，提升了 22%。这说明用 NaOH 溶液处理后，拉伸强度有明显提高。木纤维经 NaOH 溶液浸泡后，木粉中的半纤维素和部分木质素被漂洗掉。并且部分木纤维的羟基被打开，结晶度降低，亲水性降低，木纤维孔隙增加，更易于与聚合物黏结，相容性提升。同时，经 NaOH 溶液处理后，木纤维表面油、灰分等被清除，木纤维与树脂之间的界面结合效果提升，因此力学性能提高。此外，当 NaOH 溶液浓度过高（超过 8%）时，复合材料的拉伸强度则下降，其原因主要是高浓度碱溶液对木纤维的结晶结构破坏较多（具体分析见后述电镜图片分析），导致强度下降。从图中复合材料冲击强度的变化曲线可以看出，随着 NaOH 溶液浓度的增大，复合材料冲击强度逐渐提高，最高提升 40%，这说明复合材料的断裂韧性逐渐提高。因此碱处理后，复合材料的界面结合性得到明显改善。而 NaOH 溶液浓度超过 8% 时，纤维结晶结构被破坏，冲击强度降低。

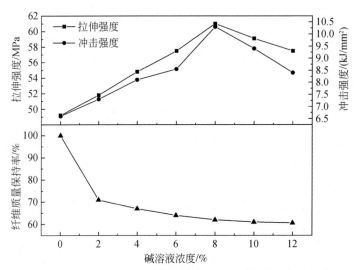

图 6-3　碱处理浓度对复合材料力学性能与纤维质量保持率的影响

经过水洗和干燥后，随着碱溶液浓度不断提高，纤维质量则逐渐下降，其中在浓度为 0 ~ 2% 时下降的速度最大，这主要是因为碱溶液处理后，木纤维表面灰分等杂质、抽提物以及部分果胶、半纤维素溶出，因此质量损失大。而随着碱溶液浓度提升，果胶等以及半纤维素逐渐被溶解完全，并且碱溶液不能溶解木纤维中的纤维素和木质素，所以质量损失速度下降，甚至停止。华毓坤（2002）的研究指出，木纤维主要由纤维素、半纤维素、木质素以及抽提物和其他物质组成，其中半纤维素约占 30%。从质量损失与推断相符。后续对处理前后的木纤维进行红外光谱分析，从而验证了碱溶液仅溶出半纤维素。

3）碱处理前后木纤维的热重分析

图 6-4 为热重分析图。其中 a 为未处理木纤维，b 为 2% 碱溶液处理，c 为 8% 碱溶液

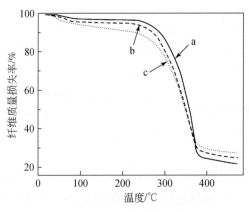

图 6-4　碱处理前后纤维热重分析

处理。经过碱处理后耐热性得到增强，并且随着碱溶液浓度的增加而增加。从质量损失的速度上来看，从第二阶段开始出现不同，之后热解的速度就趋于一致。这主要是因为半纤维素耐热性比较差，经过 2% 碱溶液处理后还含有部分半纤维素，而浓度达 8% 时，半纤维素基本上被溶出，因此在 0～8% 之间，半纤维素的溶出量逐渐增加，并在 8% 时溶解完全。

4）碱处理前后木纤维的微观形貌

从图 6-5（a）可知，未处理木纤维表面则相对光滑。图 6-5（b）为经过 2% 碱溶液处理后电镜图，可看出木纤维表面变得有点粗糙，而图 6-5（c）经过 8% 碱溶液处理之后，木纤维表面变得十分粗糙，多了很多蚀刻，同时从图 6-5（b）、（c）中可以看出，随着碱溶液浓度的增加，纤维直径逐渐变小，长径比增加。因此纤维与树脂界面之间黏合能力增强，纤维极性也降低，促进木纤维与聚乳酸的结合，从而复合材料力学性能得到了很大的提高。但是，当碱溶液浓度达到 12% 时，纤维细化且不规整，出现了很多孔洞［图 6-5（d）］，导致强度降低。

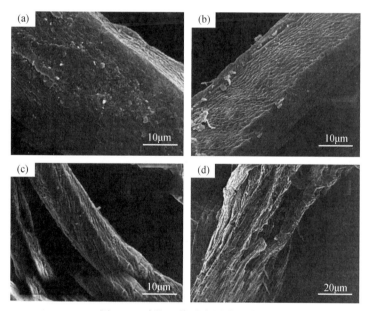

图 6-5　碱处理前后木纤维电镜图

5）碱处理木纤维与可降解木塑复合材料的红外光谱分析

图 6-6（A）是碱处理前后木纤维的红外光谱图。其中 a 是未处理纤维，b 是碱处理后纤维。可以看出，碱处理前后纤维的伸缩振动大体相同，但经过碱处理以后，$1740cm^{-1}$ 处半纤维素的 C ═O 伸缩振动吸收峰消失，因此半纤维素被碱溶液去除。另外在 $1515cm^{-1}$ 处由木质素引起的吸收峰没有变化，因此木质素的结构没有变化。纤维经过碱处理后，半纤维素被去除，纤维束出现分解细化，表面得到改善，同时羟基数量减少，吸水性降低，与树脂的结合性增加。

图 6-6（B）为复合材料的红外光谱图，其中 a、b 分别指未处理纤维制得的复合材

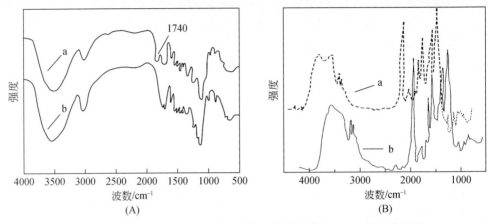

图 6-6　碱处理木纤维（A）与可降解木塑复合材料（B）的红外光谱

料、经过 8% 碱处理后制得的复合材料。由图可知，经过碱处理后的复合材料在 3427.62cm⁻¹ 处的 O—H 伸缩振动减弱，这是由表面羟基数量减少所致；而在 1740cm⁻¹ 左右复合材料仍有很强的吸收峰，这是因为聚乳酸和半纤维素一样本身就含有 C═O 伸缩振动吸收峰。图中其他位置的吸收振动变化不大。

6）小结

利用不同浓度碱溶液处理木纤维，并对复合材料进行了力学性能测试以及质量保持率、耐热性能、微观形态等方面的性能表征，主要结论如下：

（1）随着碱浓度的增大，力学性能先增大后降低，在 8% 时达到最高，且纤维质量保持率约为 60%，经过碱处理后因半纤维素被溶出，耐热性提升。

（2）从电镜图可以看出，随着碱溶液浓度的增加，纤维表面变得粗糙，比表面积及长径比增加，但是过多的碱溶液使纤维细化，从而降低了复合材料的强度。

（3）通过对碱处理前后木纤维的红外光谱可知，吸收峰 1740cm⁻¹ 处半纤维素的 C═O 伸缩振动吸收峰消失，说明了半纤维素被碱溶液去除。另外在 1515cm⁻¹ 处由木质素引起的吸收峰没有变化，因此木质素结构并未变化。

6.2.2.2　碱处理竹塑复合材界面调控

中国竹林资源占世界首位，竹纤维多被应用于生产新型复合材料（刘志佳，2012；蒋新元等，2009）。而竹塑复合材料的性能较好且环保，受到了广泛关注。其中竹纤维增强有机聚合物材料被应用于各个领域。现已有不少竹纤维增强有机聚合物材料，如竹纤维增强聚乙烯、聚丙烯等传统塑料形成的复合材料（Han et al.，2008；Wang et al.，2008），但是这些传统塑料几乎不能被降解。因此采用可生物降解高分子树脂与竹纤维的复合成为研究热点。聚乳酸（PLA）拥有很好的可生物降解性，因此采用 PLA 树脂代替传统塑料制备新型的竹塑复合材料成为当前国内外全生物降解复合材料制造领域的热点（Okubo et al.，2009；Zhang et al.，2010；李新功等，2012）。

然而，竹纤维由纤维素、半纤维素、木质素及各种抽提物组成，界面特性十分复杂，其含有大量的极性羟基和酚羟基官能团，化学极性强，因此导致竹纤维与 PLA 基体之间的界面相容性差。并且微观上呈非均匀体系，两相存在十分清晰的界面，所以黏结力差。因此所制得的复合材料的力学强度和耐水性能较差（李新功等，2009）。碱处理是一种十分有效的界面调控手段，它不会改变竹纤维的化学结构，但可提高粗糙度，增加有效接触面积，从而提升机械黏合力。因此，主要探讨了竹纤维处理过程中，NaOH 溶液浓度、处理时间以及温度对力学性能和耐水性能的影响，以此得出最佳的工艺条件。

1）碱处理竹塑复合材的制备及表征方法

（1）制备方法

首先将 150g 竹纤维（干基）放进烧杯之中，随后放入一定浓度的 NaOH 水溶液，将其均匀搅拌后，在一定温度下进行处理，并设计几个梯度的处理时间。待处理完毕后，将处理后的竹纤维用清水反复洗涤，使其 pH 达到中性，然后将其干燥至恒重。其中 NaOH 水溶液的质量分数设定为 1%、2%、3%、4%、5%；碱处理时间设定为 4h、8h、12h、16h、20h；碱处理温度设定为 20℃、40℃、60℃、80℃。

称取 150g 碱处理竹纤维（干基），并加入质量为竹纤维与 PLA 总质量 12% 的甘油（60g），再加入 350g PLA 树脂，将其混合均匀，在常温下密封放置 12h。利用开放式双辊混炼机进行混炼，在 160℃下混炼 10～15min。等其温度恢复到常温后，用强力破碎机将其搅碎至颗粒状。将其倒入 200mm×120mm×5mm 的模具中，并使其表面均匀平整，堆积高度约超过模具表面 1mm，在其表面与底面附上锡箔纸来防止材料粘在热压铁板上。然后放入热压机中，在温度 160℃、压力 10MPa 条件下热压 20min。热压完毕后将其密封保存。并采用未处理的原竹纤维与 PLA 制成的复合材料作为对照样。

（2）表征方法

扫描电镜（SEM）观测：利用 FEI 公司 QUANTA 200 型扫描电子显微镜进行测试，对竹纤维直接喷金测试，在电镜下观察形貌，放大倍数为 3000。

力学性能测试：复合材料拉伸强度参照标准 GB/T 10405—2008 中关于塑料拉伸性能试验进行测试，试件规格为 80mm×10mm×5mm，拉伸速度以及测试间距分别为 5mm/min 和 60mm。抗弯强度参照标准 GB/T 9341—2008《塑料　弯曲性能的测定》进行测试，试件规格 120mm×15mm×5mm，支座间距为 100mm，压头下降速度为 10mm/min。

吸水率测试：吸水率测试参照标准 GB 1034—2008，试件规格为 10mm×10mm×5mm。将其在 80℃下干燥 2h，然后浸入 20℃的清水中，每隔 24h 后取出，用滤纸去除表面多余的水分，然后放在电子天平称重。计算公式为

$$吸水率(\%) = \frac{M_1 - M_0}{M_0} \times 100\% \tag{6-1}$$

式中，M_1 为浸水后质量，g；M_0 为浸水前质量，g。

2）碱浓度对竹纤维/PLA 复合材料性能的影响

在碱处理工艺中，碱液浓度是影响最大的因素。为探讨碱浓度对竹纤维/PLA 复合材料性能的影响，设定碱处理时间为 10h，处理温度为 20℃，NaOH 溶液质量分数分别为 1%、2%、3%、4% 和 5%。测试了复合材料的拉伸强度、抗弯强度和耐水性能，并观察

了不同碱浓度处理竹纤维的微观形貌，结果如图 6-7 和图 6-8 所示。

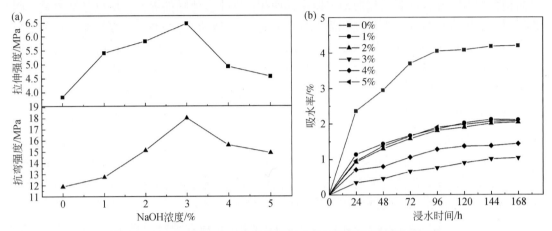

图 6-7　（a）不同 NaOH 浓度处理复合材料拉伸强度和抗弯强度，
（b）不同 NaOH 浓度处理复合材料的吸水率

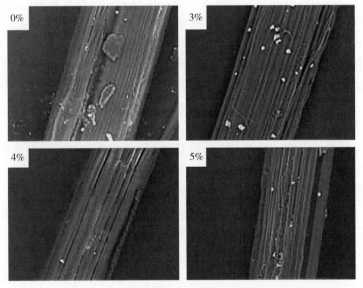

图 6-8　不同 NaOH 浓度处理竹纤维表面形貌图

　　从图 6-7（a）可以明显看出，未处理的复合材料拉伸强度和抗弯强度较小，分别为 3.83MPa 和 11.89MPa。这是因为两者界面相容性较差（李新功等，2015）。经过 NaOH 处理后，复合材料拉伸强度和抗弯强度明显增加。当 NaOH 浓度为 1% 时，拉伸强度和抗弯强度分别增大至 5.41MPa 和 12.74MPa，并且随着浓度的增加而提升。当浓度增大至 3% 时，拉伸性能和抗弯强度都达到最大值 6.47MPa 和 18.03MPa。这主要是因为竹纤维自身强度对复合材料影响很大（刘丹等，2013），并且竹纤维的纤维素为主要受力部分。竹纤维经过 NaOH 溶液处理后，表面粗糙度增加，使部分半纤维素、木质素以及其他杂质物质溶解，使纤维素含量提升，增加强度；此外，从图 6-8 中的表面形貌可以看出，经 NaOH

溶液处理后，竹纤维的表面粗糙度提升，有效结合面积增大，竹纤维与 PLA 基体界面机械黏结力提升（Li et al，2007；郑玉涛等，2005）；同时，碱处理降低了表面极性，拉近了两相极性，黏结性能也得到了提升（苗立荣等，2014）。随着 NaOH 溶液浓度增大，处理效果也逐渐增大，复合材料的拉伸强度和抗弯强度呈逐渐增大的趋势，并在浓度达 3% 时达到最大。

　　然而，当 NaOH 浓度超过 3% 以后，拉伸强度和抗弯强度却发生降低。这是因为随着碱浓度增加，浓度达到 4% 甚至超过 4% 时，竹纤维表面出现许多不同的凹槽，纤维素可能被碱溶液破坏，从而使分散度变大甚至出现裂缝，导致整体纤维的力学性能大幅下降（Kamida et al.，1984），并且纤维素可溶于强碱中（吕昂和张俐娜，2007；骆强等，2011）。同时，在 NaOH 溶液中，钠离子是以水合离子的形式存在，而水合钠离子和氢氧根离子的分子结构过大，但是对于纤维而言，纤维的结构相对较小，导致离子无法进入纤维内部，只会使纤维发生润胀，而决定着纤维力学性能的结晶区没有被碱溶液破坏，故纤维素损坏率低。随 NaOH 质量分数增大，钠离子的水化率减少，并且水合离子的分子结构逐步缩小，因此更易渗入，纤维素更易被分解（张光华等，2006）。当 NaOH 溶液浓度过高时，结晶结构受到破坏，并且破坏程度越来越高，使得在溶液浓度超过 3% 以上时复合材料的拉伸强度逐渐降低。

　　竹纤维/PLA 复合材料吸水的原因可能是 PLA、竹纤维或者是复合材料的间隙引起吸水。PLA 是非极性的，难以吸水。竹纤维的吸水能力强，并且复合材料间隙吸水率和间隙的大小以及排列情况有关，间隙越大吸水性越强。对于复合材料而言，孔隙的分散和大小由 PLA 和竹纤维表面结合状态影响（李新功等，2013）。因此，只有竹纤维以及复合材料的间隙才可能引起吸水。本实验中竹纤维不是变量，因此竹纤维和 PLA 的界面结合情况直接影响吸水率。经过碱处理之后，竹纤维与 PLA 表面黏结强度提升影响了水分子的渗透。因此，对不同浓度 NaOH 溶液处理复合材料的吸水率进行了测试，结果如图 6-7（b）所示。

　　图 6-7（b）中，竹纤维/PLA 复合材料吸水率呈先增大后稳定的趋势。由于竹纤维和 PLA 界面相容性很差，因而未处理材吸水率最大。经碱处理之后，吸水率与未处理材相比都显著减小。当碱液浓度都增大至 3% 时，吸水率逐渐降低，表明竹纤维/PLA 复合材料的耐水性能逐渐提高。首先，当浓度增大至 3% 时，对于竹纤维表面的亲水杂质，如果胶、木质素和半纤维素等被逐渐去除，并在浓度达 3% 时完全去除。其次，纤维分散度及取向度得到增加，使得 PLA 和竹纤维接触面积增加，接合能力也得到了增强，因此界面结合力增大。而浓度达到 4% 甚至是更高时，吸水率反而增大。这是更高的浓度，加大了纤维素结构的破坏，导致水分更容易进入，从而使复合材料的耐水性变差。

　　3）碱处理时间对竹纤维/PLA 复合材料性能的影响

　　碱处理时间长短对竹纤维造成影响也不同。为探讨 NaOH 处理时间对竹纤维/PLA 复合材料性能的影响，本实验采用碱浓度为 3%，碱处理温度为 20℃，设定碱处理时间为 4h、8h、12h、16h 和 20h 对竹纤维进行预处理，再与 PLA 基体进行熔融共混，测试碱处理竹纤维/PLA 复合材料的拉伸强度、抗弯强度和耐水性能，实验结果如图 6-9 所示。未处理材的拉伸强度和抗弯强度仅为 3.83MPa 和 11.89MPa。当处理时间逐渐增

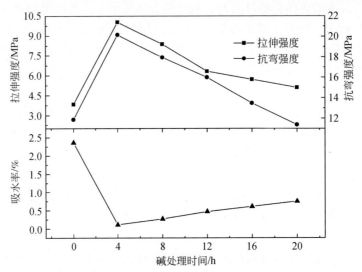

图 6-9　NaOH 处理时间对复合材料拉伸强度、抗弯强度和吸水率的影响

大，甚至达到 4h 时，拉伸强度和抗弯强度得到极大提升，分别为 10.04MPa 和 20.17MPa。随着 NaOH 溶液处理时间的增加，竹纤维表面的部分杂质如果胶、木质素和半纤维素等被去除，因此增大了表面粗糙度，而且纤维素破坏程度不高，竹纤维保持着基本结构，强度基本上没有损失。但是，当碱处理的时间达到 4h 以上时，它的拉伸强度和抗弯强度都随着时间的增加，反而出现了下降的趋势。甚至当处理时间达 20h 时，拉伸强度和抗弯强度降低至 5.09MPa 和 11.37MPa。这是由于处理时间超过 4h 后，纤维素本身的结构以及结晶结构的破坏程度逐渐增大，导致纤维素本身强度降低，从而降低了复合材料的拉伸强度和抗弯强度。

由图 6-9 可知，未处理材的吸水率受竹纤维与 PLA 界面黏结强度的影响不大，吸水率只有 2.36%。而当碱处理时间达到 4h 后，吸水率减少到 0.11%，耐水性得到极大提升。随着 NaOH 溶液处理时间的增加，竹纤维表面的部分杂质如果胶、木质素和半纤维素等被去除，因此增大了表面粗糙度，使得界面黏结力提升，从而阻碍了水分子的进入。但是，当处理时间超过 4h 后，吸水率却增大，耐水性能反而降低。直到 20h 时，它的吸水率增大到 0.75%，但是还是比未处理材的低。处理时间超过 4h 反而导致了耐水性下降的原因是，由于碱处理时间过久，纤维素的结构被破坏过多，纤维与纤维之间的空隙增大，水分更容易进入。

4）碱处理温度对竹纤维/PLA 复合材料性能的影响

由前面的实验可知，过长的碱处理时间会对竹纤维本身结构造成破坏。因此，为了减少因碱处理时间过长导致对竹纤维本身结构的过度破坏，采用热处理和碱处理联合处理方式，即加热碱溶液至一定的温度。而为了证明热处理和碱处理联合处理是否有效，设计处理温度的梯度，从小到大为 20℃到 80℃，中间分为 4 组，每组隔 20℃，时间为 1h。探讨不同处理温度对复合材料拉伸强度、抗弯强度和耐水性能的影响，结果如图 6-10 所示。

从图 6-10 明显看出，未处理的复合材料拉伸强度和抗弯强度为 3.83MPa 和

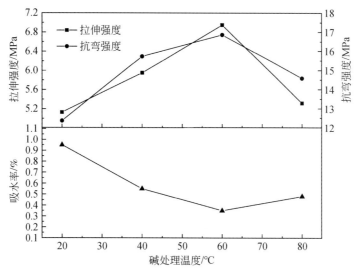

图 6-10　不同 NaOH 处理温度对复合材料的拉伸强度、抗弯强度和吸水率的影响

11.89MPa。而经过处理后，拉伸强度和抗弯强度都得到提升，并且在 20℃ 到 60℃ 之间，随着温度的升高，复合材料的拉伸强度逐渐提高。这是由于随着温度的逐渐提升，该复合材料体系的黏度显著减少，并且纤维素溶解度减少。将竹纤维放入碱溶液中，碱溶液与竹纤维发生反应。并且在碱溶液中，竹纤维不仅发生了润胀这种物理性的反应，还在化学层面上发生了反应。纤维素在碱液中发生了脱水与缩合反应，形成了三个自由羟基，同时它们与碱液发生化学反应形成了含醇的化合物以及其他的化合物，从而破坏了纤维素的分子结构，并且形成了游离基。而且这个反应为放热反应，随着温度的提升，由于反应不断产生热量，这个反应就更难完成，从而使纤维素醇类化合物以及其他生成物的数量减少，从而导致了反应速度的降低。并且随着反应的进行，不参与反应的纤维素也逐渐变多，碱溶液中纤维素的含量也降低。所以，随着 NaOH 溶液温度的升高，不仅没有加快反应速率，反而阻止了纤维素的溶解。因此，竹纤维晶体结构的破坏程度减少，纤维素的百分比含量得到提升，所以单纤维强度也得到增加，复合材料的力学强度增强。同时，处理温度升高到 60℃ 时，拉伸强度和抗弯强度逐渐提升，并在 60℃ 时达到了最大值，分别为 6.95MPa 和 16.86MPa。然而，随着处理温度提升至 80℃ 时，拉伸强度和抗弯强度不仅没有增加，反而发生了降低现象。其原因主要是，由于碱和温度共同作用，尤其是碱液的温度达到甚至高于 60℃ 后，碱更容易进入到纤维素分子间，并且在碱的作用下，纤维素分子链间存在的作用力发生了破坏，使纤维素分子链排列变得松散，因此强度发生了下降。

　　从图 6-9 可知，未处理过的复合材料吸水率有 2.36%。经过碱处理后，处理材的吸水率都显著降低。当温度提升时，吸水率显著降低下降，甚至降低到了 0.35%。随着温度的增加，竹纤维表面杂质被加速分解，表面粗糙度提升，界面黏结力提升，水分难以进入。当处理温度达 60℃ 时，吸水率反而增大，但它的吸水率仍远远小于未处理的复合材料。

5）小结

采用 NaOH 对竹纤维进行处理，再与 PLA 树脂进行共混制备竹纤维/PLA 复合材料。探讨了碱液浓度、处理时间以及温度对复合材料拉伸强度、抗弯强度和耐水性能的影响。得出以下结论：

（1）随着 NaOH 浓度增大，竹纤维表面粗糙度增加，单纤维的强度增加，与 PLA 的机械黏结力增大。但碱浓度过大时，竹纤维原本的结构遭到破坏，力学性能下降。当溶液浓度达到 3% 时，复合材料的拉伸性能、弯曲性能和耐水性能达到最高水平。

（2）随着 NaOH 处理时间增加，表面粗糙度逐渐增大，力学性能得到提升，但随着处理时间的进一步增加，纤维素分子本身的结构以及结晶结构的破坏程度增大。当时间为 4h 时，综合力学性能达到最高水平。

（3）随着温度增加，纤维素含量增加，单纤维强度也增加，但温度过高时纤维素分子链排列得反而松散。当温度为 60℃ 时，复合材料的综合力学性能达到最高水平。

6.2.2.3　碱处理稻秸秆/镁系胶凝人造板界面调控

碱处理是一种非常普遍的改性方法，它能提升植物纤维和基体材料的界面相容性，而对植物纤维使用浓度不高的碱溶液处理秸秆的表面蜡质层、半纤维素、木质素及果胶杂质等，可使其变得粗糙，从而形成机械互锁结构。本试验通过采用不同碱处理浓度和不同碱处理时间对复合材料性能的影响进行分析。

1）碱处理稻秸秆/镁系硅凝胶人造板的制备及表征方法

（1）制备方法

选取尺寸大于 60 目的秸秆，在 60℃ 水浴条件下，选用一组秸秆分别用纯水和质量分数为 2%、3%、4%、6%、8% 的氢氧化钠溶液处理 120min；另一组秸秆则在 60℃ 水浴条件下用上述质量分数的氢氧化钠溶液分别处理 60min、90min、120min、150min、180min。处理完毕后将秸秆过滤，水洗至中性，然后干燥以做备用。

（2）表征方法

失重率：精确称取高于 60 目干燥秸秆 10g（M_0），经 NaOH 溶液处理后，用水洗至中性，再在 105℃ 烘箱中干燥至绝干，然后放入干燥器中，待其冷却后称重（M_1）。计算公式为

$$失重率 = (M_0 - M_1)/M_0 \times 100\% \tag{6-2}$$

纤维素含量：秸秆的纤维素含量依据硝酸乙醇法测定。方法是基于用 20% 硝酸及 80% 的无水乙醇混合液处理样品，使秸秆中的木素变为硝化木素和氧化木素而溶于乙醇中，同时半纤维素被水解、氧化而溶出，过滤出剩余残渣，将其用水洗涤并烘干，测试的量为硝酸乙醇纤维素的含量。

精确称取干燥样品 1.0g（M_0），放入 250mL 洁净干燥的锥形瓶中，加入 25mL 硝酸-乙醇混合液，装上回流冷凝管，沸水浴加热 1h，用 G4 玻璃砂芯漏斗抽滤去除溶剂，重复上述操作三到五次，直至纤维变白。用 10mL 硝酸-乙醇混合液洗涤残渣，再用热水洗涤至中性为止，最后用无水乙醇洗涤两次，抽干滤液，将残渣移入烘箱，于 105℃ 烘干至质

量恒定，称重（M_1）。秸秆失重率计算如公式（6-3）所示。

$$失重率 = (M_0 - M_1)/M_0 \times 100\% \tag{6-3}$$

红外光谱分析：取秸秆试样在研钵中研磨粉碎后，过 200 目筛网，采用溴化钾压片法，红外光谱测试的仪器为日本 SHIMADU 公司的 RAffinity-1 型傅里叶变换红外光谱仪，扫描范围 $500 \sim 4000 cm^{-1}$。

接触角分析：接触角分析的仪器为德国 Dataphysics 公司的 ACA20 型接触角测试仪，测试溶液为超纯水，控制每次滴水 $1\mu L$。

2）NaOH 溶液质量分数对秸秆性能影响

首先探究碱溶液质量分数对秸秆的影响，秸秆失重率和纤维素含量见图6-11（a）。在其他因素不变的条件下，秸秆的失重率随质量分数增大而不断增大，在 2% 以内失重较为明显，之后变化不明显。这说明经过碱液处理时，果胶、半纤维素、木质素以及 SiO_2 蜡质层等杂质发生溶解，并随着质量分数增大，杂质溶解得越充分。因此，失重率的增加速率也逐渐减少，而纤维素的含量就越高，与失重率的变化相同。

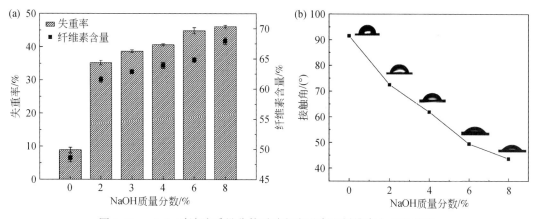

图 6-11　（a）碱溶液质量分数对秸秆失重率和纤维素含量的影响，
（b）碱溶液质量分数对秸秆表面接触角的影响

图 6-12 为红外光谱图，秸秆经不同质量分数碱溶液处理后，化学官能团发生了变化。其中，在 $3418 cm^{-1}$ 和 $2925 cm^{-1}$ 处分别出现 O—H 和 C—H 的伸缩振动吸收峰；而在 $1645.2 cm^{-1}$ 处出现了水的弯曲振动特征峰；在 $1737 cm^{-1}$、$1320 cm^{-1}$ 和 $1247 cm^{-1}$ 处分别出现 C≕O、C—CH_3 和 C—O 的伸缩振动峰；在 $1458 cm^{-1}$ 处出现 CH_2 的弯曲振动峰，而 $1247 cm^{-1}$ 处出现 C—O 的反对称伸展振动；在 $1060 cm^{-1}$ 处出现吡喃糖中的 C—O—C 振动峰。$899.6 cm^{-1}$ 处为 C—H 的变形峰以及 OH 的弯曲特征峰；$786.3 cm^{-1}$ 处属于 Si—O 的伸缩振动；$1737 cm^{-1}$、$1458 cm^{-1}$ 以及 $1247 cm^{-1}$ 处的吸收峰发生了降低，这显示出脂肪酸脂和芳香族化合物被溶解；同时，$1514 cm^{-1}$ 以及 $786.3 cm^{-1}$ 处的吸收峰消失了，这显示出木质素以及秸秆表面的 SiO_2 被溶解掉。而 $3418 cm^{-1}$ 的变化，经过碱处理之后，更易形成氢键，这是由于硅质层被去除，使得分子内氢键增多。

经过处理后的接触角如图 6-11（b）所示。经纯水处理后，表面接触角为 91.6°，表明秸秆表面存在着光滑的蜡质层，它的表面能和黏附力小，因此润湿性不好。而经过碱处

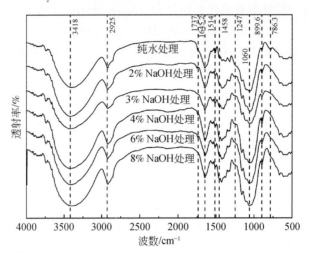

图 6-12　不同质量分数碱溶液处理秸秆的红外光谱图

理后，随着溶液质量分数增加，接触角不断降低。从 2% 的 72.5° 降低至 8% 的 43.7°。说明经过碱处理后，蜡质层被溶解，秸秆表面变得疏松，同时表面能和黏附功增强。因此，秸秆的润湿性得到提升，这能使镁系胶凝材料更易进入秸秆内部，从而形成良好胶结。

3）NaOH 溶液质量分数对复合材物理力学性能影响

不同质量分数 NaOH 溶液处理对秸秆的失重率、纤维素含量造成改变，也使其表面化学成分和润湿性发生改变。而秸秆在复合材料中起到骨架支撑作用，因而碱处理会改变复合材性能。图 6-13 为 NaOH 溶液质量分数不同时，复合材力学性能发生的改变。秸秆经过 2% 的碱溶液处理后，力学性能得到明显提升，并随着碱溶液质量分数增加而增大。当质量分数达到 3% 时，复合材力学性能最佳。在此时，它的抗压强度和抗弯强

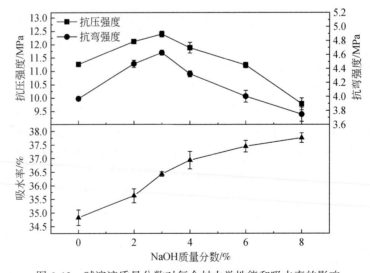

图 6-13　碱溶液质量分数对复合材力学性能和吸水率的影响

度达 12.39MPa 和 4.62MPa。结合图 6-14 的 SEM 图可知，秸秆表面有一层蜡质层和 SiO_2 凸起，而且界面较为疏松，黏结较差。而经过 3% 的 NaOH 溶液处理后，表面变得粗糙，出现了许多条纹和沟道，并且复合材中的界面结合得较为紧凑，表面有大量经过水化后的胶凝材料，秸秆上的凹陷被填充，使其合二为一。同时，经过 NaOH 溶液处理之后，果胶等抽提物被去除，阻凝成分降低，减少了水化影响，而且随着质量分数增加，去除效果更好，复合材的力学性能得以增加。但是当溶液质量分数超过 3% 之后，复合材的力学性能则发生减少，甚至比纯水处理材小。这是由于碱溶液浓度太高时，部分纤维素被溶出，力学强度降低，并且制成的复合材料增强效果不明显，内部也出现缺陷，从而降低了复合材的力学性能。

从图 6-13 可知，经过碱处理后，吸水率明显提升，随着碱溶液质量分数增大，复合材吸水率不断提升。NaOH 溶液处理去掉了秸秆表面的蜡质层和果胶等物质，纤维素露了出来，接触角减小，秸秆的吸水率提升，因此复合材的吸水率增加。

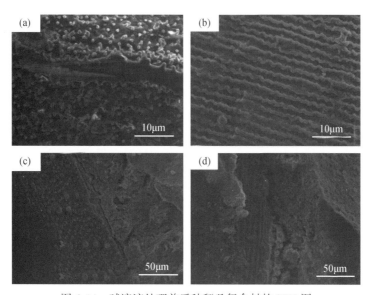

图 6-14　碱溶液处理前后秸秆及复合材的 SEM 图
（a）纯水处理的秸秆；（b）3% NaOH 溶液处理的秸秆；（c）纯水处理的复合材；（d）3% NaOH 溶液处理的复合材

4）NaOH 溶液处理时间对秸秆性能影响

在质量分数 3% 的 NaOH 溶液下，探究不同的处理时间对秸秆失重率和纤维素含量的影响，结果如图 6-15（a）所示。随着处理时间的延长，失重率和纤维素含量也提升。这是由于随着碱处理时间的增加，秸秆中的果胶、木质素、半纤维素、SiO_2 蜡质层部分被逐渐溶解，并且溶解得越来越充分，直到 150min 后溶解基本完毕，此时秸秆的失重率以及纤维素含量分别为 43.3% 和 63.4%。

图 6-15（b）为不同处理时间下，碱溶液处理秸秆的红外光谱图。在 $1737cm^{-1}$、$1458cm^{-1}$、$1247cm^{-1}$ 处的吸收峰减弱，说明脂肪酸脂和芳香族化合物被溶解，$1514cm^{-1}$ 处的吸收峰和 $786.3cm^{-1}$ 处吸收峰的消失，表明木质素和表面二氧化硅含量减少。这与秸秆

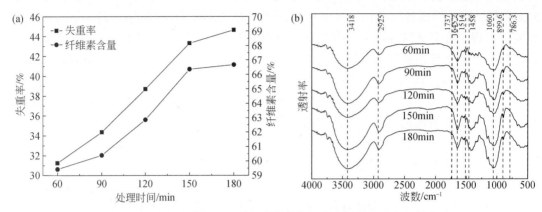

图6-15 （a）碱溶液处理时间对秸秆失重率和纤维素含量的影响，
（b）不同碱处理时间秸秆的红外光谱图

失重率和纤维素含量的分析相一致。

经不同时间处理后，秸秆的接触角如图6-16（a）所示。从图中可以看出，随着处理时间延长，秸秆的表面接触角减小，表明浸润性能增强。而随着处理时间的增加，接触角的减小程度不明显，推测其原因，是由于在3%质量分数下，主要是使秸秆发生原纤化，而不能使秸秆空腔化，使秸秆疏松多孔，显著降低接触角。

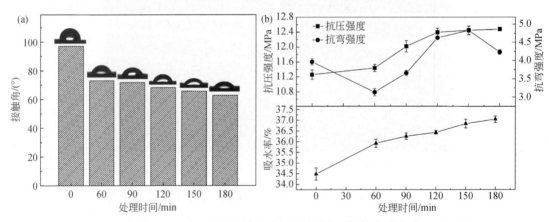

图6-16 （a）碱溶液处理时间对秸秆表面接触角的影响，
（b）碱处理时间对复合材力学性能和吸水率的影响

5）NaOH处理时间对复合材物理力学性能影响

在质量分数为3%的NaOH溶液下，探究不同的处理时间对复合材的力学性能的影响，并与未处理的复合材进行比较，结果如图6-16（b）所示。相比于未处理的复合材，经质量分数3%的碱溶液处理60min之后，弯曲强度明显减少，压缩强度略微提升。当处理时间在60～120min时，压缩强度和弯曲强度迅速提升，分别提升了8.4%和47.5%；随着时间继续延长，复合材的压缩强度基本没有变化，但是，弯曲强度却先增大后减小，当时间为 150min 时，增加到最高值，为 4.83MPa。结合图 6-17 不同碱处理时间下秸秆及复合材的 SEM 图，可以推论出，处理 60min 的秸秆 [图 6-17（a）] 表面 SiO_2 的凸起和部分蜡质层被除去，从而使它表面变得光滑，复合材 [图 6-17（c）] 中的胶凝材料与秸秆的黏结变差。由于表面凸起的消失，机械啮合力也被去除，弯曲强度下降。随着时间增加，蜡质层逐渐减少并在 150min 时，秸秆 [图 6-17（b）] 蜡质层完全消失，秸秆纤维素束原纤化，因此秸秆与胶凝材料的黏结更加紧密 [图 6-17（d）]。因此，经 150min 处理后的复合材的力学性能较佳。而后随着时间的延长，当处理时间为 180min 时，复合材弯曲强度下降，可能是秸秆本身性能下降导致的。从图 6-16（b）可以看出，随着碱处理时间延长，复合材吸水率不断增大。这与 NaOH 溶液质量分数对复合材吸水率影响的结果是一致的。

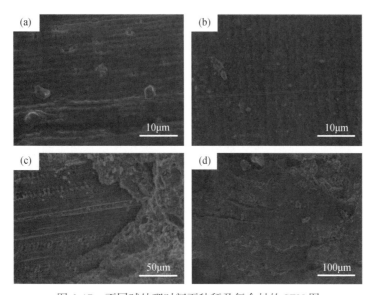

图 6-17 不同碱处理时间下秸秆及复合材的 SEM 图

（a）3% NaOH 溶液处理 60min 的秸秆；（b）3% NaOH 溶液处理 150min 的秸秆；
（c）3% NaOH 溶液处理 60min 的复合材；（d）3% NaOH 溶液处理 150min 的复合材

6.2.3 纳米 SiO_2 界面增强技术

近年来，关于纳米粒子提高复合材料性能的研究渐渐增多，采用纳米粒子对复合材料改性以此提高界面相容性和复合材料韧性的方法被广泛研究。很多研究人员探究了纳米粒子增强高分子复合材料的机理以及性能。谭林朋等（2018）首先采用偶联剂改性纳米 SiO_2 粒子，并将其加入木塑复合材料中以提升材料的综合。发现木塑材料在加入纳米 SiO_2 之后，力学性能有一定的提高，且随着含量的提高，性能显著提高。由于纳米 SiO_2 粒子的添加，木塑材料中的孔洞和间隙被填充，界面相容性也增强了。祁睿格等（2019）研究表明，在复合材料中添加纳米 $CaCO_3$ 粒子可使木粉/高密度聚乙烯木塑这种复合性材料的线性热膨胀系数减小，因而具有较优的热稳定性，而且它的拉伸强度、弯曲强度和冲击强度也得到了提升,最高分别提升了32.86%、11.05%和35.32%。

纳米 SiO_2 具有密度低、粒径小、比表面积大、分散性能好等特点(张密林等,2003)。加入增塑剂并且对复合材料进行改性之后,再加入作为增强体的纳米 SiO_2 粒子,并将其作为增强体,以此提高 PLA-g-BF/聚乳酸复合材料的力学强度以及疏水性能。纳米 SiO_2 粒子均匀分散其中后,可提升力学性能,增强材料界面相容性,提升疏水性能。但是,纳米 SiO_2 粒子具有很高的表面能,容易产生团聚的现象,而产生团聚之后,其提升力学性能的效果将大打折扣。因此,该实验将采用加入纳米 SiO_2,利用竹纤维表面来吸附纳米 SiO_2,将其均匀分散在复合材料体系中。并且研究纳米 SiO_2 添加量对增韧作用的提升以及对熔融加工性能、界面相容性的提升。

6.2.3.1 纳米 SiO_2 改性竹塑复合材的制备及表征方法

1)制备方法

首先制备乙醇-纳米 SiO_2 分散液。根据 Ren 等(2001)在研究水/乙醇的分散体系中发现,纳米 SiO_2 能在水/乙醇溶液中形成高度稳定的分散体系。因此,将纳米 SiO_2 与乙醇及十二烷基苯磺酸钠按1:15:5的质量比进行共混搅匀,25℃条件下在超声波清洗器中以100%功率混合15min。将改性的竹纤维烘干后与乙醇-纳米 SiO_2 分散液混合均匀,使其均匀附着在竹纤维表面上,随后将乙醇充分蒸发。然后将烘至绝干的纳米 SiO_2/竹纤维混合物与复合增塑剂(甘油:柠檬酸酯:甲酰胺=2:3:1)以及聚乳酸按比例并按顺序充分混合均匀,并密封处理12h。然后,将其倒入混炼机中,在180℃的加热条件下混炼,直至呈黏弹态并混合均匀。待其出料后将复合材粉碎直至粒径小于5mm,然后将颗粒放入模具中,在5MPa、150℃、75s/mm的条件下热压5min得到样品。配料量为:改性竹纤维90g、聚乳酸210g,三元复合增塑剂36g,纳米 SiO_2 分别为0g(占比0%)、1.5g(占比0.5%)、3g(占比1%)、4.5g(占比1.5%)、6g(占比2%)。

2)性能表征

力学性能测试:复合材的拉伸性能的测试标准为 GB/T 1040.2—2006,测试尺寸为80mm×10mm×4mm,拉伸速度为5mm/min。弯曲性能测试标准为 GB/T 9341—2008,测试尺寸为80mm×10mm×4mm,支座间距以及压头下降速度分别为30mm和5mm/min。

吸水率测试:吸水率测试尺寸为10mm×10mm×4mm。先将其在60℃下干燥12h后,浸入常温超纯水之中,隔一定时间后取出,用滤纸将表面多余的水分擦去,然后用分析天平称质量,计算复合材料吸水率。

接触角测试:接触角分析的仪器为 OCA20 光学接触角测量仪,测试溶液为蒸馏水,并使用微注射器将4μL水滴放在每个测试样品上。

扫描电镜(SEM)和透射电镜(TEM)测试:扫描电镜测试的仪器为 FEI 公司 QUANTA 型扫描电子显微镜。将试件用液氮脆断,干燥后喷金测试,在电镜下观察形貌。透射电镜测试的仪器为 JEOL-1230 透视电镜,首先采用 Leica EM UC7 超薄切片机,将已经接受过液氮处理的试样样品使用环氧树脂进行冷冻切片,获得80nm的薄片。采用在80kV的条件下,进行电子加速以观测薄片的微观形貌。

X 射线衍射（XRD）测试：X 射线衍射测试的仪器为北京普析通用仪器有限责任公司 XD-2 型自动多晶粉末 X 射线衍射仪。测试条件为：电压 40kV，电流 30mA，起始角度为 5°，终止角度为 40°，采用步宽 0.02°逐步扫描。

差示扫描量热仪（DSC）测试：用 30mL/min 的流速用氩气吹扫 DSC 池，以保持惰性气氛。取 5～8mg 复合材料样品，然后放入铝坩埚中，将温度在升温速率为 10℃/min 下从室温升至 250℃，保持 5min 后，再以 5℃/min 的速率降至 25℃，然后以 5℃/min 的速率，从 25℃升至 250℃。吹扫气和保护气（均为氩气）的气流量均为 30mL/min，并将 93J/g 作为 100% 结晶 PLA 的熔融焓。

热重（TG）测试：以 10℃/min 的速率将温度从室温升到 800℃，氮气流量为 30mL/min。进样量约为 5～8mg。

流变性能测试：采用应变扫描和频率扫描，并利用小振幅流变测量法研究材料的流变性能。平行板夹具的直径为 25mm，将熔体放在上下板的间隔中，将间距高度调整为 2mm，下板固定，上板振动，并且保持一定的扭矩进行测试。应变扫描参数设置为：频率固定 62.8rad/s，温度 170℃，应变幅度 0.001%～100%；频率扫描参数设置为：温度 170℃，应变幅度控制在 0.1%，频率扫描范围在 0.1～628.3rad/s。以上测试均采用对数取点方式，其中每个数量级取 10 个点。

6.2.3.2　纳米 SiO_2 对复合材料力学性能影响

通过添加不同质量比的纳米 SiO_2，检测了添加量对复合材的拉伸性能和抗弯性能的影响，结果如图 6-18 所示。随着纳米 SiO_2 的添加量的升高，复合材料的力学性能有了明显的增强。产生这种状况的原因有以下几点：首先，纳米粒子在复合材料中分散得很均匀。受力时，复合材料中的纳米粒子周围出现应力集中效应，接着出现了微纹吸收能量（刘向峰和张军，2002）。因此，将纳米 SiO_2 添加到复合体系中时，它能增强两相间的相容界面的形成。因此，在一定的添加量下，随着纳米 SiO_2 质量的提升，它可以吸收更多的外来能量，从而使综合力学性能得到提升。当用量为 1.5% 时，复合材料的抗弯强度以及拉伸强

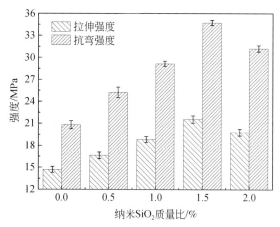

图 6-18　不同纳米 SiO_2 添加制得的复合材料的力学性能

度都达到最高值。当添加量至2.0%时，抗弯强度和拉伸强度却发生了减弱。这是由于随着添加量的提升，复合材料中的纳米SiO_2密度会增大，而随着密度的提升，纳米粒子团聚的可能性也提升了。这可能是因为纳米SiO_2在某些地方团聚，并可能会产生应力集中的现象，因此出现疲劳裂纹，从而更易破坏。

6.2.3.3 纳米SiO_2对复合材料耐水性能影响

通过添加不同质量比的纳米SiO_2，检测了添加量对复合材的接触角和吸水率。检测的结果如图6-19和图6-20所示。从图中可以看出，随着纳米SiO_2添加量的提升，复合材的耐水性能得到了增强。产生这种状况的原因有以下几点：首先，相对于其他粒子而言，纳米SiO_2的比表面积大，表面能较强（胡君和任杰，2016）。当纳米SiO_2添加到其中，并附在表面时，它能形成具有较大表面能的区域，因此，增强了复合材料的表面能，当水滴滴在上面时，它在上面进行扩散时，需要消耗更多的能量，因此，加入纳米SiO_2之后，复合材的接触角增加。其次，随着纳米SiO_2增多，复合材的界面相容性增强，复合材料内部的缝隙减少了，聚乳酸链段可以更有效地使羟基阻隔起来，从而阻止了水分的转移。但是当SiO_2添加量大于1.5%后，接触角降低了。从图6-20中发现，相比于未处理材，经过纳米SiO_2改性后的复合材料的吸水率减少了。这说明随着纳米SiO_2的添加，复合材料的疏水性能增强了。当用量从0%提升至1.5%时，吸水率逐渐减少。这是因为随着纳米SiO_2加入，复合材料的表面能界面相容性得到提升。但是当用量达2.0%时，吸水率却提升了。

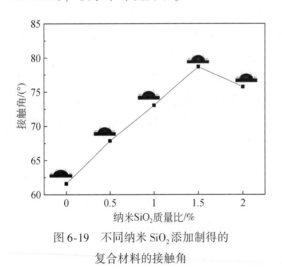

图6-19　不同纳米SiO_2添加制得的
复合材料的接触角

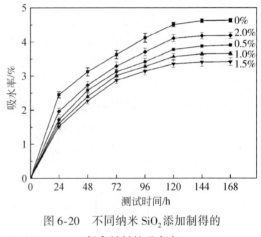

图6-20　不同纳米SiO_2添加制得的
复合材料的吸水率

6.2.3.4 纳米SiO_2对复合材料微观形貌影响

采用SEM图观测了不同纳米SiO_2添加量所形成的不同的PLA-g-BF/聚乳酸复合材料的断面的微观形貌，从而分析出纳米SiO_2对复合材料两相之间的相互依赖性，结果如图6-21所示。通过对比添加了纳米SiO_2的复合材料与未添加材的SEM图，可以看出添

加了纳米 SiO_2 粒子的复合材料的表面更加粗糙，且存在着有很多不规则形态的聚乳酸。对于纳米 SiO_2 添加量为 0.5% 、1.0% 、1.5% 的复合材料而言，它们的相容界面改善效果更佳。这种现象的发生，说明了随着纳米 SiO_2 的加入，让断面的界面处可能会造成破坏的成分减少了，表明了界面结合能力在纳米 SiO_2 的作用下有明显的提升。

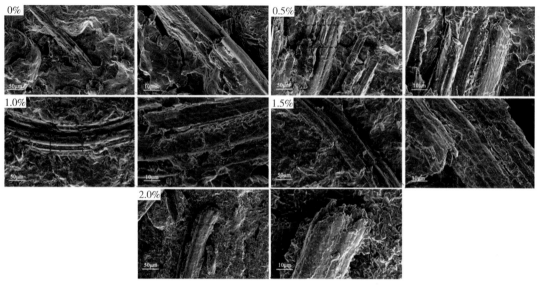

图 6-21　不同 SiO_2 添加制得的复合材料的 SEM 图

　　从图 6-22 中也可以看出，聚乳酸基体断面形态产生了显著的改变，随着纳米粒子的增加，断面破碎程度渐渐增大。另外也可以看出，断面表现的形态为微坑聚集型，并从微观的图中可以看出，其上存在大量的韧窝（如图 6-22 中白色箭头所指部分）。而对于微坑而言，它一般在第二相粒子的位置形成，它们与基体的结合具有相异性，因此在外力作用下，相对其他部位而言，它更容易产生裂隙，并在外力的作用下，渐渐分离以形成微孔，最后发展为韧窝。因此，这种现象的出现表明更多的微断面的形成。由于纳米材料会出现滑移，因此 PLA 在微观上会呈现出大量微观断面，而对于这些微孔而言，它们也会耗散掉一部分表面能。因此，为了形成这些断面，需要更多的能量，这表明随着纳米粒子的加入，材料强度会有所提升，这与力学性能增强相符。

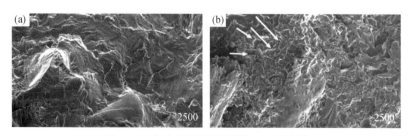

图 6-22　复合材料断面差异 SEM 对比图
（a）为未添加纳米 SiO_2 ；（b）为添加纳米 SiO_2

　　在放大倍数为 10000 倍的整体的 TEM 显微图像中（图 6-23），可以较为清晰地看出，

在加入纳米 SiO_2 粒子之后，复合材料出现了不属于竹纤维结构的均匀的呈团状的颗粒，它们由多个球状的晶体构成。且随着纳米 SiO_2 添加量的不断增长，在可见范围内，团状颗粒的数目也在不断地提升，而且基本上均匀分布。而在 0% 至 2.0% 样品的放大倍数为 50000 倍的 TEM 显微图像中，可以看出在其表面附着的球状的纳米 SiO_2（图 6-24），并且它们能与聚乳酸紧紧地结合在一起，而这种状况的出现，为纳米粒子提升表面相容性的机理提供了证明。由于纳米 SiO_2 的添加量增加，在 1.0%、1.5%、2.0% 样品的竹纤维的旁边开始出现尺寸较大并且大于 100nm 的颗粒，它们是由纳米 SiO_2 团聚形成的，并且这些颗粒由于纳米 SiO_2 含量的提升而变多。正如前文所知，纳米颗粒因为粒度小，表面原子数量多，比表面积大，因此表面能大，易发生凝并、团聚。而在连续的相中，依然出现了纳米 SiO_2 团聚的现象，但是，除了出现尺寸大于 100nm 的颗粒外，也出现了很多粒径小于 100nm 的纳米 SiO_2 颗粒，它们能均匀地分布在连续的相中，同时随着纳米 SiO_2 添加量的增加，这些粒径小于 100nm 的纳米 SiO_2 颗粒，为聚乳酸异相晶体的成核给予了更多的晶核，因此 XRD 中计算所得的结晶度会有所提升。

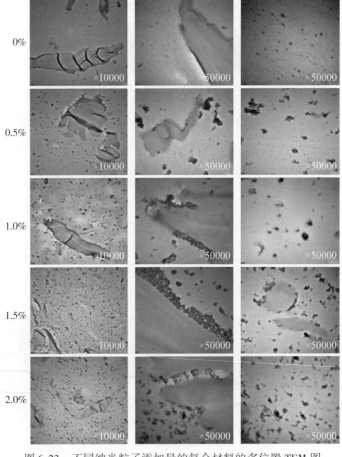

图 6-23　不同纳米粒子添加量的复合材料的多位置 TEM 图

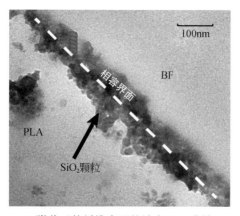

图 6-24　附着于竹纤维表面的纳米 SiO$_2$ 球晶 TEM 图

6.2.3.5　纳米 SiO$_2$ 对复合材料结晶结构与热力学影响

采用 XRD 对由不同添加量纳米 SiO$_2$ 所形成的 PLA-*g*-BF/聚乳酸这种复合材料的结晶结构进行了表征,结果如图 6-25(a)所示。从图中可以看出,包括未添加纳米 SiO$_2$ 样品,它们的 XRD 图中都具有四个峰值,分别为 14.8°(101)、16.7°(110)、19.0°(203)、22.4°(206),而这些峰值的出现,正好满足了 L 型的聚乳酸所应该具有的结构。这说明添加纳米 SiO$_2$ 之后,它对复合材料的结晶结构没有影响,并且表明它也没有改变 PLA 的结晶形态。但是,它的加入对结晶衍射峰强度有影响。根据图中的 XRD 图像,从而计算其结晶度。当添加量为 0%、0.5%、1%、1.5%、2% 时,结晶度分别为 25.34%、27.17%、28.09%、28.92%、27.65%。结果表明,由于纳米 SiO$_2$ 的加入,并且随着其含量的增加,复合材料的结晶度先提升后降低。因此,这种现象的出现也表现了纳米 SiO$_2$ 加快了 PLA 的成核速率。但是,当它增至 2.0% 时,结晶度反而下降了。这种现象的出现,

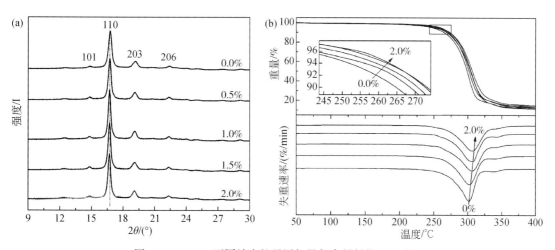

图 6-25　(a)不同纳米粒子添加量复合材料的 XRD 图,
(b)不同纳米粒子添加量复合材料的 TG-DTG 曲线

同样是由于纳米 SiO_2 的浓度过高,导致发生团聚的纳米 SiO_2 的数目较多,从而让聚乳酸的成核效果减弱(黄伟江等,2013)。同时,XRD 所展现的结果也说明了力学性能发生变化的缘故。随着纳米 SiO_2 加入,它能有效作为聚乳酸的成核中心,同时,它提升了单取向上结晶的发展,而且,因为结晶度的提高而提高了复合材料的力学强度,这就是所谓的纳米粒子的细化晶体效应。

测试不同添加量纳米 SiO_2 的复合材料的热重,结果如图 6-25(b)所示。结果表明,由于纳米 SiO_2 添加量的提升,它的热分解起始温度一直在增加。而在 DTG 曲线中,它的热分解的最大速率所需的温度也增加了,这种现象的出现,展现了添加纳米 SiO_2 能提高复合材料热稳定性。产生这种现象的原因有以下几点:首先,由于纳米 SiO_2 是无机粒子,它的耐温性能很强,因此随着纳米 SiO_2 的加入,复合材料的耐热性能也随之提升。另一方面,从之前的 XRD 图可知,随着纳米 SiO_2 的加入,复合材料的结晶度提高,因而耐热性能增加。同时,从 DTG 曲线中还可看出,它在 300℃以及 350℃附近发生了快速分解。这表明在热解的过程中,有两种物质发生了分解,且在分解区间,它们也存在一定的交集。并且,由于添加纳米 SiO_2 的量增多,它于 340℃处的峰值逐渐变得平缓,这充分说明复合材料的界面相容性得到了提高。

6.2.3.6 纳米 SiO_2 对复合材料流变性能影响

高分子树脂的熔融加工成形工艺包括熔融、混合、变形、流动、定型五个过程。在高温作用下,聚合物逐渐熔融,并且从玻璃态变成黏流态,在外力作用下,发生混合与变形,且能在模具流动,最终冷却为模具形状的产品(刘天宇等,2018)。而对于材料而言,它的流体流动性决定了成形速度及时间,而黏性、压力等都会受到影响。为了测试高聚物熔体的黏度,选用流变仪作为测试的仪器,可得出熔体的流变特性参数(闰明涛等,2011)。它能通过锥形面的旋转,从而生成剪切应力,使聚合物熔体发生剪切形变,因此获得聚合物熔体的流变性质,流变性质包括储能模量及熔体黏度等。

通过分析图 6-26(a)的复合材料应力下降的转折位置,从而确定界面结合力是否提升。从图中可以看出,应变临界值随着纳米 SiO_2 量的提升而提升。但是,当添加量达到 1.5%后,其对应变临界值的提升效果虽然依旧存在,但也逐渐地减缓。对于纳米粒子而言,粒径越小,增韧效果越强(傅强等,1992)。这说明,由于纳米 SiO_2 粒子的加入,提升了复合材料连续相与增强相的界面相容性,使其更加稳定。而由于图 6-26(b)可知,黏度随着转动频率的提升而快速减少,而储能模量呈指数状上升。这说明,它在熔融状态下属于非牛顿流体中的假塑性流体。图 6-26(b)展现了,当添加量低于 1%时,有助于降低它的黏度和储能模量。纳米 SiO_2 能提升材料界面相容性,并且它也增强了韧性,但是由于添加量的提升,纳米 SiO_2 粒子会出现团聚现象,韧性增强的效果渐渐变得平缓到最大。因此,在不同的添加量下,可以采用合适的制备工艺,例如,在纳米 SiO_2 添加量较高时,能适当提高温度、提升压力或者改变加压时间来使其安全成形。同时,合理使用分散工艺,降低团聚现象的出现,也许能让增韧效果更好。

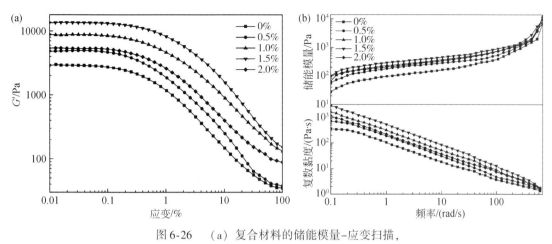

图 6-26　（a）复合材料的储能模量-应变扫描，
（b）复合材料的复数黏度-频率关系图与储能模量-频率关系图

6.2.3.7　小结

本节研究了纳米 SiO_2 粒子添加量对复合材料体系力学性能、耐水性能、热性能、微观形貌以及熔融加工性能等的影响，得出以下结论：

（1）纳米 SiO_2 加入可提高竹纤维/聚乳酸复合材料的力学性能，但当添加量超过 1.5% 时会发生团聚现象，复合材料的力学性能增加不明显，并且部分会发生应力集中。

（2）随着纳米 SiO_2 的加入，竹纤维与聚乳酸之间的界面相容性有显著地增强。因此随着纳米 SiO_2 的添加，短期内材料的表面疏水性能提升。

（3）纳米 SiO_2 的加入增加了异相成核结晶位点，但由于纳米 SiO_2 的团聚，成核位置减少，当添加量超过 1.5% 后，复合材料的结晶度无明显提升。

6.3　化 学 调 控

本节讨论的化学调控方法主要有偶联剂桥接技术、接枝共聚增容技术、酰基化增容技术、多元增塑技术和复合交联技术。偶联剂两相桥接技术：偶联剂的小分子会插入聚合物分子链之间，削弱分子链间的引力、增加分子链的移动，使树脂在较低的温度下就可发生玻璃化转变，从而使复合材料的塑性增加。接枝共聚两相增容技术：木材纤维具有亲水性，树脂则具有疏水性，通过在木材纤维上接枝小分子单体，使其变为疏水性，再与树脂复合时界面能够更好地结合，从而增加复合材料的综合性能。酰基化增容技术：将植物纤维表面的羟基经乙酸酐等酯化处理后，生成疏水的非极性基团并具有热流动性，使植物纤维表面与树脂表面的溶解度相似，从而降低树脂基体与植物纤维的相斥性，提高复合板材的界面相容性。

6.3.1　偶联剂桥接技术

偶联剂是一类特殊的有机高分子化合物，其分子的一端是极性基团，另一端是非极性基团，其最大特点是能够同时与无机物和有机物反应结合。因此偶联剂可以在中间起到一个"桥梁"作用，用以改善无机物与有机物之间的界面相容性，从而提高复合材料的综合性能。

6.3.1.1　偶联剂处理稻秸秆/镁系胶凝人造板材料的制备及表征方法

1）制备方法

采用底涂法工艺，即将所选偶联剂分别配制成10%的溶液（分散剂为无水乙醇），再将稻秸秆碎料浸泡其中并密封24h，最后使溶剂挥发并干燥剩余物备用。通过预实验，选定的水灰比（轻烧氧化镁∶卤水）为5∶7，其中卤水为六水氯化镁、七水硫酸镁和水按照一定比例（2.3∶1.0∶3.6，质量比）配成的Mg^{2+}、Cl^-、SO_4^{2-}离子溶液。先将卤水与氧化镁在烧杯中搅拌（5~10min）均匀，然后将选用的改性剂和偶联剂处理后的秸秆加入其中，再高速搅拌20s后，用漏斗倒入模具中，并将模具置于恒温恒湿箱中，24h后脱模取出，再在室温下（温度25℃，相对湿度大于60%）养护3天后，即得偶联剂处理稻秸秆/镁系胶凝材料复合材。

2）表征方法

红外光谱（FTIR）测试：将待测秸秆研磨、干燥后经200目的筛网过筛，采用溴化钾压片法在NicoletAvatar-300型（美国Termo Electron公司）红外光谱仪上进行图谱表征，扫描波长范围为500~4000cm^{-1}。

压缩强度测试：参考标准《无机硬质绝热制品试验方法》（GB/T 5486—2008）进行测定，将镁系胶凝材料制备成20mm×20mm×20mm的试块，在恒温鼓风干燥箱中干燥至恒重后，在万能力学试验机中以5mm/min的速度对试件进行加压破坏并记录载荷值P（N）（当试件变形5%还未破坏时，以此时试件受力为破坏载荷），则试件的压缩强度为$\sigma = P/S$（Pa），其中S为试件受压面积。

弯曲强度测试：参照标准《无机硬质绝热制品试验方法》（GB/T 5486—2008），制备尺寸为160mm×40mm×40mm的试件，干燥至恒重后采用三点弯曲法在万能力学试验机中以10mm/min的速率匀速加载，两支点间距为100mm，得到的弯曲强度为$R = 3PL/2bh^2$（MPa），其中P为破坏载荷（N）；L为间距（mm）；b为厚度（mm）；h为宽度（mm）。

吸水率测试：参照标准《玻璃纤维增强水泥性能试验方法》（GB/T 15231—2008）进行测定，将镁系胶凝材料所制得的试块在100~105℃的干燥箱内干燥至恒重后，取出试块置于干燥皿中冷却至室温并称量质量，记为M_0（g），将试块置于20℃±5℃的水中浸泡24h，之后取出试块擦干并称重，记为M_g（g），则试块的吸水率为$W_R = (M_g - M_0)/M_0$。

接触角测试：采用Dataphysics公司（德国）ACA20接触角测试仪，超纯水为测试溶液，将干燥后的秸秆碎料在压片机中压片（30MPa，3min）并进行测试（控制每次滴水 1μL）。

6.3.1.2　偶联剂对秸秆表面官能团的影响

稻秸秆作为一种天然高分子复合材料，其碎料中含有大量的木质素、纤维素、戊聚糖、灰分和提取物，这些组分中的羟基官能团能与偶联剂分子反应，从而接枝在秸秆上，秸秆经四种偶联剂处理前后的红外光谱结果如图 6-27 所示。

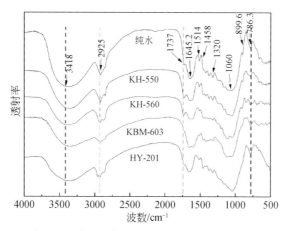

图 6-27　秸秆经偶联剂处理前后的红外光谱图

由图 6-27 可以发现，秸秆在 3418cm^{-1} 和 2925cm^{-1} 处的峰值减小，说明偶联剂处理后秸秆中 O—H 和 C—H 的拉伸振动减小。1645.2cm^{-1} 处的峰值变化表明秸秆吸收水的弯曲振动减小。通过 C＝O 在 1737cm^{-1} 处的拉伸振动特性峰可以看出，四种偶联剂在此处的影响不同，其中 KBM-603 和 HY-201 能显著减少秸秆的 C＝O 键，而 KH-550 和 KH-560 对秸秆此处官能团影响不大。四种偶联剂对秸秆在 1320cm^{-1}（为 C—CH$_3$ 伸缩振动）处的影响明显不同：经 KH-560、KBM-603 或 HY-201 处理后，秸秆此处特征峰降低，而 KH-550 处理后，则特征峰变化不大，这可能与偶联剂的结构有关，当 KH-550 接枝在秸秆上时，可能引入了新的 CH$_2$—CH$_3$ 基团；在 1458cm^{-1} 处为 CH$_2$ 的弯曲振动峰，纯秸秆和 KH-550、KBM-603 处理的秸秆在此处峰值较高，而 KH-560、HY-201 处理的秸秆在此处峰值较低，进一步说明偶联剂接枝在秸秆上，而偶联剂自身结构会在一定程度上造成影响。在 786.3cm^{-1} 处二氧化硅特征峰的变化说明：四种偶联剂都会与秸秆表面的二氧化硅发生反应，但反应程度不一致。结果表明，四种偶联剂均能与秸秆组分发生反应，在微观上反映了红外检测结果的变化。

6.3.1.3　偶联剂对秸秆亲水性的影响

根据前面的分析可知，秸秆中部分物质在改性过程中会与偶联剂发生反应，这将从宏观上影响秸秆的性质。图 6-28 和图 6-29 显示了处理前后秸秆亲水性的变化。

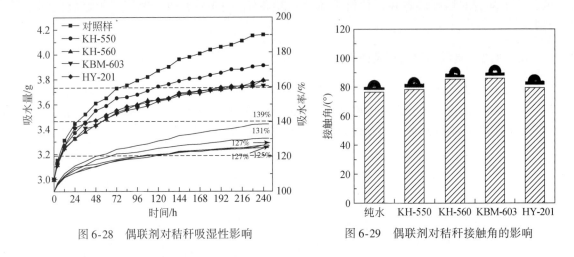

图 6-28　偶联剂对秸秆吸湿性影响　　　　　图 6-29　偶联剂对秸秆接触角的影响

上图表明，秸秆在改性前具有较强的亲水性，在 25℃、湿度充足的密闭环境中，改性10 天后其吸水率达到 139%。在接触角实验中，压片的接触角为 76.5°。而偶联剂处理的秸秆，在 10 天后吸水率在 125%~131% 之间，接触角提高到 78.1°~85.9°。其中 KBM-603 的效果最为显著：秸秆处理后的吸水率为 127%，接触角为 85.9°，同时润湿后压片的膨胀体积小于其他压片。结果表明，四种偶联剂对秸秆的亲水性均有影响。这可能是偶联剂的亲水端基接枝在秸秆表面，而疏水端基暴露在秸秆表面，提高了秸秆的疏水性，降低了秸秆的吸水率。

图 6-30 为在这种条件下 50 天后的稻秸秆碎料的图片，可以发现纯秸秆在 25℃潮湿环境下霉变严重，而偶联剂处理过的秸秆霉变状况不同，其中 KBM-603 和 HY-201 处理的秸秆霉变程度最低。表明偶联剂处理不仅降低了秸秆的吸湿性，而且在一定程度上提高了秸秆的耐腐性。

对照组　　　　KH-550　　　　KH-560　　　　KBM-603　　　　HY-201

图 6-30　25℃密闭潮湿环境下，偶联剂处理前后秸秆外观变化

6.3.1.4　偶联剂对人造板材料力学性能的影响

偶联剂是一类具有两种不同性质官能团的物质（Bledzki and Faruk，2003），它同时具有与无机材料和与有机材料结合能力，因此偶联剂也被称作"分子桥"，可以改善无机物与有机物之间的界面作用（Park and Cho，2003）。将这四种偶联剂处理过的秸秆制备复合材并测试其力学性能，结果如图 6-31 所示。未经处理的稻秸秆/镁系胶凝材料复合材的压

缩强度为 31.1MPa，弯曲强度为 6MPa，而经偶联剂处理所制得的复合材压缩强度和弯曲强度均有所提高，其中 KBM-603 偶联剂的增强效果最明显（达到 35.69MPa），其次为 HY-201，然后是 KH-550 和 KH-560。

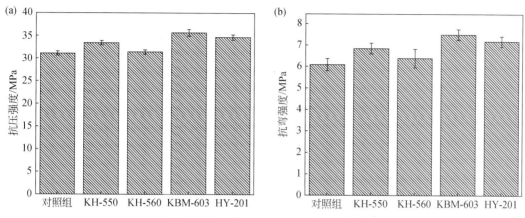

图 6-31　偶联剂对复合材强度的影响

6.3.1.5　小结

KH-550、KH-560、KBM-603 和 HY-201 四种偶联剂均能成功接枝到秸秆上，秸秆经处理后亲水性有所降低。此外，这四种偶联剂对复合材性能均有提升效果，其中 KBM-603 的效果最好。

6.3.2　接枝共聚增容技术

竹纤维表面有大量羟基具有吸水性，而聚乳酸这种高聚物为疏水性，两者直接结合时，界面内部往往有大量气孔及缝隙，导致所制备复合材料性能下降。对于这个问题，通过对竹纤维的表面进行接枝改性，使其从亲水性转变成疏水性，再与树脂复合时界面能更好地结合。为研究亲水竹纤维与疏水聚乳酸树脂的相容界面，以乳酸为接枝单位，辛酸亚锡为催化剂，通过原位固相聚合法制备 PLA-g-BF，在竹纤维上构筑疏水 PLA 结构单元。再以接枝改性竹纤维作为变量，测试 PLA-g-BF 这种改性竹纤维加入复合材料体系中对于竹纤维/聚乳酸复合材料体系性能的综合影响。

6.3.2.1　聚乳酸接枝竹纤维改性竹塑复合材料的制备及表征方法

1）制备方法

将置于烘箱中烘至绝干的竹纤维放入含 1% NaOH 的溶液中浸泡 24h，为去除竹纤维表面剩余的 NaOH 物质，把浸泡后的产物用清水洗涤 2～3 次直至 pH 试剂纸显示为中性；取经碱处理的竹纤维和乳酸分别按一定比例及少量辛酸亚锡混合、搅拌均匀倒入水热反应釜中，在一定温度下反应。将反应得到的产物用丙酮清洗 2～3 次，再将其置于 80℃ 的烘箱中除去水分，用塑封袋把得到的改性竹纤维密封好放在干燥器中。本制备过程中，竹纤维和乳酸比例为 2∶1，反应温度为 80℃，反应时间为 7h。

在 60℃烘箱中干燥 24h 的 PLA-g-BF 改性竹纤维和 PLA 树脂按照 3∶7 比例充分搅拌均匀，放入密封袋于常温下放置 12h；采用开放式双辊混炼机进行混炼，混炼温度为 180℃，时间为 10min；待冷却后通过强力破碎机搅碎至颗粒状，倒入热压的模具（规格为 100mm×100mm×4mm）中，使其表面均匀平整，其堆积高度约超过模具 1mm，在其表面与底面各附上 2 层锡箔纸，防止材料黏附在热压垫板上；待压机升温后将模具放入热压机中进行热压，热压时间 5min、热压温度 150℃，热压压力 5MPa。

2）表征方法

力学性能测试：复合材料的拉伸性能参照 GB/T 1040.2—2006 进行测试，试件尺寸 80mm×10mm×4mm，拉伸速度为 5mm/min；弯曲性能参照 GB/T 9341—2008 进行测试，试件尺寸为 80mm×10mm×4mm，支座间距为 30mm，压头下降速度为 5mm/min。

吸水率测试：将复合材料锯成 10mm×10mm×4mm 的试件测定吸水率。试件在 60℃下干燥 12h 后浸入装有超纯水的常温玻璃器皿中，隔一定时间后取出，用滤纸将表面多余的水分擦去，用分析天平称取质量，计算复合材料吸水率。

接触角测试：使用数据物理 OCA20 光学接触角测量仪测量样品的接触角，蒸馏水作为测试溶液，使用微注射器将 4μL 水滴放在每个测试样品上。

扫描电镜（SEM）测试：用 FEI 公司 QUANTA 型扫描电子显微镜测试。将复合材料通过液氮脆断，干燥后直接喷金测试，在电镜下观察形貌。

X 射线衍射（XRD）测试：试验仪器采北京普析通用仪器有限责任公司 XD-2 型自动多晶粉末 X 射线衍射仪。测试条件为：电压 40kV，电流 30mA，起始角度为 5°，终止角度为 40°，采用步宽 0.02°逐步扫描。Segal 等提出的经验结晶指数 Crl 是天然纤维素结晶度的量度。

差示扫描量热仪（DSC）测试：以 30mL/min 的流速用氮气吹扫 DSC 池，以保持惰性气氛。取 5~8mg 复合材料样品放置于铝坩埚中，先从室温升至 250℃，升温速率 10℃/min，恒温 5min，再以 5℃/min 的速率降至 25℃，然后再从 25℃以 5℃/min 的速率升至 250℃，吹扫气和保护气（均为氮气）气流量为 30mL/min。其中 ΔH 是熔，$\Delta H_{100\%}$ 是理论上为 100% 结晶的 PLA 的熔融熔，而 W_{PLA} 是 PLA 的质量比。在该实验中，将值 93J/g 作为 100% 结晶 PLA 的熔融熔。

热重（TG）测试：从室温到 800℃以 10℃/min 的升温速率和 30mL/min 的氮气流量进行测试，进样量约为 5~8mg。

流变性能测试：采用 AR2000ex 型的旋转流变仪进行线性流变试验，该仪器板径为 25mm，平行板间隙为 2mm，试验采用 170℃，小振幅扫描法进行测试。

6.3.2.2　竹纤维界面改性对竹塑复合材料力学性能影响

竹纤维通常高度亲水，但与 PLA 基质的界面黏附性较差。添加可改变大分子链间距并减弱分子间力的增塑剂，不仅能增强共混物的复合性能，而且还能提高韧性。测试了 PLA-g-BF/聚乳酸和竹纤维/聚乳酸复合材料的拉伸性能和抗弯性能，抗弯强度、弹性模量、拉伸强度和断裂伸长率如图 6-32 所示。通过接枝改性制备的复合材料的抗弯性能和拉伸性能得到改善，抗弯强度、弹性模量、拉伸强度和断裂伸长率分别达到 35.6MPa、5.1GPa、19.43MPa 和 5.59%。而未改性的竹纤维/聚乳酸复合材料，分别为 29.8MPa、4.5GPa、16.1MPa 和 4.27%。可知，改性复合材料分别提高了 19.3%、13.3%、20.7% 和 30.1%。通常复合材料在受力破坏过程中，界面一般具有促使应力从高分子基体向增强体竹纤维传递的作用，因此复合材料的界面黏结强度对力学性能起到关键性的影响。聚乳酸基体树脂与竹纤维间界面结合的改善使得复合材料形成良好过渡的界面层，有利于消除材料受力时的应力集中点，提高应力从聚乳酸树脂基体向竹纤维的传递效率（Jiang et al.，2014）。通过竹纤维的碱处理可增加表面粗糙度，并去除竹纤维杂质成分，如半纤维素、蜡质层和果胶层，增大纤维之间的接触面积。总之，在 PLA-*g*-BF/聚乳酸体系中，存在疏水结构（PLA-*g*-BF）的情况下观察到复合材料的机械性能得到改善。

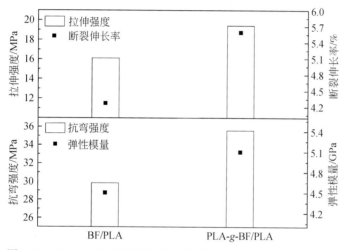

图 6-32　PLA-*g*-BF/聚乳酸和竹纤维/聚乳酸复合材料的力学性能

6.3.2.3　竹纤维界面改性对竹塑复合材材料耐水性能影响

接触角是在液滴外层的切线与固体表面之间形成的角度，用于表示表面润湿性的强度。接触角越大，表面疏水性越好（Sinha and Rout，2009）。为研究相对疏水特性，测量了竹纤维/聚乳酸和 PLA-*g*-BF/聚乳酸复合材料的表面接触角（图6-33）。改性复合材料的初始接触角为 74.3°，大于未改性复合材料的 41.2°，210s 的接触角下降也大于未改性复合材料。因此，PLA-*g*-BF/聚乳酸复合材料界面的疏水性得到改善。为证实接枝改性改善了复合材料的疏水性，根据复合材料在接触水后的相对质量变化来确定其吸水率。在接枝改性后，材料吸水率在 12h 后达到 1.5%，低于未改性的 1.8%。在 12h 内，竹纤维/聚乳酸复合材料的溶胀率的吸水率迅速增加。超过 12h 后，两种复合材料的吸水率都趋于稳定。结果表明，与竹纤维相比 PLA-*g*-BF 共聚物界面上的亲水性羟基的数量明显更少，因此在制备复合材料后吸水率大大降低。

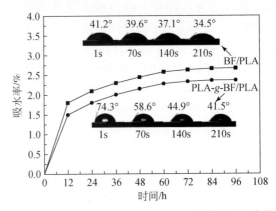

图 6-33 浸泡 96h 后 BF/PLA 和 PLA-*g*-BF/聚乳酸的耐水性能变化

6.3.2.4 竹纤维界面改性对竹塑复合材材料微观形貌影响

基于原竹纤维和改性竹纤维的复合材料断面形貌显微照片如图 6-34 所示，断面形貌可在一定程度反映复合材料的力学强度好坏。与具有光滑表面的纯 PLA 相比，天然竹纤维的表面略显粗糙。在竹纤维表面没有接枝共聚物的竹纤维/聚乳酸复合材料中，许多纤维直接从 PLA 基质中拉出，而竹纤维/聚乳酸共混物减慢了相分离的形态。在未改性的纤维表面，没有黏附聚合物基体，并且可以清楚地区分出纤维（Huda et al.，2008）。在竹纤维/聚乳酸复合材料的 SEM 显微图中可以观察到纤维拔出，这可归因于脆弱的纤维/基体界面黏附力。在 PLA-*g*-BF/聚乳酸复合材料的 SEM 显微照片中，PLA 基体没有从纤维填料中分离出来，因此竹纤维作为增强体看起来与聚合物结合得很好。结果表明，改性的竹纤维与基质 PLA 之间的界面黏合性大大提高。接枝改性后，与纯聚乳酸相比，聚乳酸基质表现出光滑的表面和更多的韧性断裂表面，这与获得的抗弯和拉伸试验数据相符。

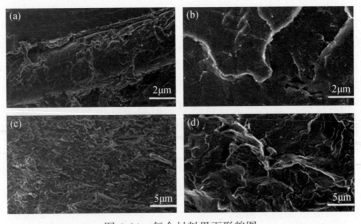

图 6-34 复合材料界面形貌图

（a）竹纤维；（b）聚乳酸；（c）BF/PLA；（d）PLA-*g*-BF/PLA

6.3.2.5　竹纤维界面改性对竹塑复合材材料结晶结构与热力学性能影响

XRD 分析可用于了解复合材料晶体结构的变化，如图 6-35（a）所示。竹纤维/聚乳酸复合材料的衍射图样在 $2\theta = 15° \sim 25°$ 处显示出小的衍射峰，且强度和峰面积明显弱于 PLA-g-BF/聚乳酸复合材料。$2\theta = 15° \sim 25°$ 原因是竹纤维表面的亲水性羟基与疏水性 PLA 的相容性差。一方面，竹纤维接枝改性后，分子链上的羟基被疏水性 PLA 取代，从而改善了疏水性和界面相容性；另一方面，PLA-g-BF/聚乳酸的成核作用增强，促进了 PLA 的结晶过程。采用接枝改性制备的 PLA-g-BF/聚乳酸复合材料具有较高的衍射峰强度和结晶度，结晶度为 32.46%，高于竹纤维/聚乳酸复合材料的 27.38%。这表明改性提高了 PLA-g-BF/聚乳酸复合材料的结晶度，以及竹纤维和聚乳酸之间的界面相容性。

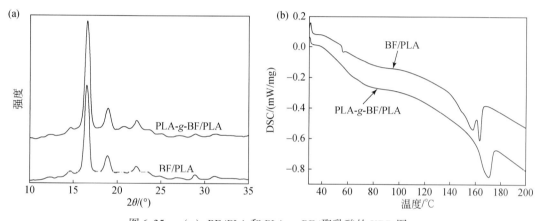

图 6-35　（a）BF/PLA 和 PLA-g-BF/聚乳酸的 XRD 图，
（b）聚乳酸、竹纤维/聚乳酸和 PLA-g-BF/聚乳酸的 DSC 曲线

从图 6-35（b）DSC 热分析图获得了竹纤维/聚乳酸和 PLA-g-BF/聚乳酸复合材料的结晶度，以及结晶温度（T_c）、结晶度（X_c）和熵。通过 DSC 测试可以检测到竹纤维/聚乳酸和 PLA-g-BF/聚乳酸复合材料的晶体结构的相对变化。PLA-g-BF/聚乳酸复合材料在 170.63℃时的 T_c 值比未改性复合材料在 163.25℃时的 T_c 值高。由于聚乳酸链的流动性增加，T_c 值大大增加，结晶过程变慢。相反，竹纤维/聚乳酸复合材料在低温和高温吸热下均显示出一个双结晶峰。这归因于样品的熔融，熔融重结晶和再熔融行为的机理。结果表明，聚乳酸基质的成核作用得到增强，界面交联得到改善。

复合材料的热降解分为三个阶段，如图 6-36 所示，温度范围分别为 50 ~ 90℃、240 ~ 370℃ 和 375 ~ 550℃。第一阶段是水和竹纤维中其他提取物的蒸发。第二阶段中，半纤维素、纤维素、竹纤维中的一部分木质素和大部分聚乳酸被热分解。第三阶段（>370℃），剩余的木质素和聚乳酸分解。此外，PLA-g-BF/聚乳酸复合材料在 550℃下的残炭含量略低于未改性的复合材料。

通过接枝聚合物处理制备的复合材料，第二阶段的热分解起始温度为 278.4℃，高于未改性复合材料的 252.3℃。第二个热分解阶段证明竹纤维的接枝处理增强了填料纤维与 PLA 基质之间的界面相互作用，并降低了 PLA 分子链的迁移性，而且还改善了复合材料的热稳定性。

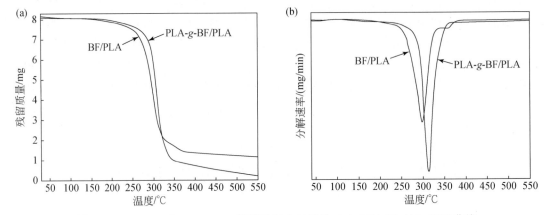

图 6-36　BF/PLA 和 PLA-*g*-BF/聚乳酸复合材料的（a）TGA 和（b）DTG 曲线

6.3.2.6　竹纤维界面改性对竹塑复合材材料流变性能影响

聚合物及高分子聚合物树脂复合材料的流变性能对其微观结构的变化很敏感，根据这一特性对其进行表征，进行小振幅扫描以分析掺入的增塑剂对 PLA-*g*-BF/聚乳酸复合材料流变行为的影响，并讨论复合材料的内部熔融变化。通常，一旦应变小于某个临界值，黏弹性复合材料的流变特性就与应变无关，而当应变超过临界值并且模量开始下降时，则表现出非线性行为（高华，2011）。因此，使用小振幅扫描研究了在可变振幅下对复合材料储能模量的依赖性。

图 6-37（a）表明，当应变<0.06% 时，复合材料的储能模量 G' 稳定，该区域具有线性黏弹性。一旦应变>0.06%，G' 就开始随应变的增加而减小，表现出非线性的黏弹性，很明显复合材料的结构已经被破坏。其次，分子间力大大降低，G' 也稳定在 100 Pa 附近。接枝改性复合材料的初始储能模量最大而后缓慢下降，表明 PLA-*g*-BF/聚乳酸复合材料的刚度（即硬度）相比于竹纤维/聚乳酸复合材料更强。此外，与未接枝改性复合材料相比，界面黏合性得到增强，晶体结构破坏更少。

从图 6-37（b）可以看出，随着 PLA-*g*-BF 的引入，复合材料测试试件的储能模量有所提高，尤其是在低频区复合材料储能模量，反映了复合材料黏弹响应的提高。在低频区域，变形产生的大多数弹性能量可以恢复。这种变形将在高频区域产生不可逆的能量损失。此外，复合材料中储能的频率和能量也相关，可以观察到复合材料的 G' 随着频率的增加而增加。在相同的频率下，接枝改性复合材料的 G' 值高于未接枝改性复合材料的 G'，因为改性竹纤维和聚乳酸共混制备的复合材料具有更高的结晶度。根据前文的表征分析，通过聚乳酸与引入的改性竹纤维在熔融加工过程中发生原位界面增容反应，将聚乳酸链接到 PLA-*g*-BF 表面，复合材料的界面黏接增强，聚乳酸基体树脂与竹纤维界面相互作用增强，同时也限制分子链的运动。这应该是 PLA-*g*-BF 提高复合材料黏弹性的主要原因（Chambon and Winter，2000；And et al.，1997）。改性竹纤维在复合材料熔体中充当物理交联点，抑制了聚乳酸分子链应力松弛过程，因此复合材料熔体弹性响应变得更加显著。

总之，复合材料的刚性提高。

由图 6-37（b）可知，随着频率的增加，复合材料的复数黏度（η^*）呈下降趋势，这意味着剪切变薄，在相同的频率下，PLA-g-BF/聚乳酸复合材料的黏度下降速度比竹纤维/聚乳酸复合材料快。且 PLA-g-BF 的引入复数黏度明显有提高，同时可发现复合材料的复数黏度提高时，低剪切区的牛顿流体剪切区变窄，而纤维基树脂复合材料剪切变稀的现象愈发明显。根据高分子聚合物流变学的观点，聚合物熔体剪切变稀行为被认为是分子链缠结状态的改变与外界剪切作用力下分子链解缠结两个作用相互影响导致的结果。根据此机理分析，PLA-g-BF/聚乳酸复合材料由于界面黏结性提高，改性竹纤维相当于物理交联点，限制了聚乳酸分子链的运动，提高了复合材料熔体分子链的缠结程度，使得复合材料在低剪切速率下对缠结结构的破坏也较明显，且缠结结构回复受限，导致复合材料熔体的复数黏度相比于 PLA-g-BF/聚乳酸复合材料在低频区更早出现剪切变稀行为。η^* 的下降表明复合材料熔融后的流体流动阻力降低，分子间距增加（闫明涛等，2011）。

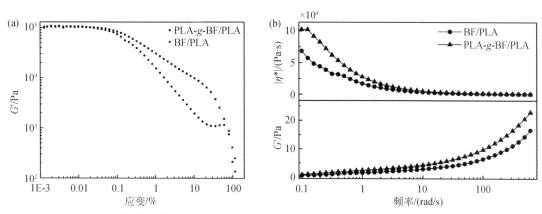

图 6-37　（a）复合材料储能模量与应变关系图；（b）复合材料储能模量和复数黏度与频率之间的关系

6.3.2.7　小结

以上研究表明竹纤维接枝改性处理改善了竹纤维与聚乳酸的界面相容性。主要结论如下：

（1）与竹纤维/聚乳酸复合材料相比，PLA-g-BF/聚乳酸复合材料的抗弯强度、弹性模量和耐水性能得到提高，断裂强度和断裂伸长率分别提高了 19.3% 和 30.1%。

（2）PLA-g-BF/聚乳酸复合材料的玻璃化转变温度、结晶温度和结晶度略有提高，表明聚乳酸基质的成核作用得到增强。改性复合材料的分解起始温度和第二阶段结束温度均高于未改性材料，表明接枝处理降低了 PLA 分子链的迁移率。

（3）PLA-g-BF/聚乳酸复合材料的应变–储能模量和频率–储能模量均高于未改性，表明 PLA-g-BF 和聚乳酸具有紧密结合和交联的内部界面。

（4）PLA-g-BF/聚乳酸复合材料的黏度下降速度快于竹纤维/聚乳酸复合材料，这表明前者具有良好的熔融流动性，加工性能也得到改善。

6.3.3 酰基化增容技术

对复合材料制备原料进行化学改性可以在纤维与塑料之间形成分子结构的桥梁，有利于增强界面之间的结合。目前，最常用的酯化方法包括水相法、有机溶剂法和反应挤出法。水相法是一种均匀反应，不需要有机溶剂，但由于反应是竹纤维（BF）固体颗粒与液体之间的非均相反应，因此两种反应物之间的亲和力不高，羧酸水解是一种副反应。有机溶剂法反应均匀，但取代度不高，存在环境污染问题。反应挤出法需要增塑剂，而增塑剂破坏了 BF 颗粒结构，限制了 BF 的应用范围。鉴于此，采用固相原位酯化法对竹材进行改性。乳酸（LA）和马来酸酐（MAH）属于两种羧酸，用它们对 BF 进行改性可以改善其交联结构。在该实验中，BF 与 LA 或 MAH 在密闭反应器中混合，在一定的压力和温度条件下进行固相酯化反应。与溶液聚合和熔融缩合聚合相比，固相酯化反应具有以下优点：反应温度显著降低，副产物和降解反应也减少；单体浓度大且反应充分，有利于反应的进行，反应效率高；缩合反应稳定，不需要高压；反应体系不需要有机溶剂，这是一个环保的冷凝过程。研究发现，BF 原位固相酯化是一种高效、环保的工艺。

6.3.3.1 酰基化改性竹塑复合材材料的制备及表征方法

1）制备方法

用质量分数为 1% 的 NaOH 溶液处理选定量的 BF 24h，用自来水反复洗涤，直到洗涤水的 pH 为中性，然后在 60℃ 的烘箱中干燥至恒重。接下来，将 30g 碱处理的 BF（干基）与 4.5g 乳酸和 0.9g 辛酸亚锡或 4.5g 马来酸酐混合，然后置于 80℃ 的水热反应釜中 2h。将反应产物冷却至室温，加入适量丙酮，搅拌一段时间，然后通过旋转蒸发除去溶剂。最后，用丙酮将产品洗涤三次，放入 50℃ 的烘箱中干燥，直至达到恒重。

2）表征方法

傅里叶变换红外光谱（FTIR）测试：用 KBr 和（日本京都岛津公司 IRAffinity-1）压片样品的傅里叶变换红外光谱（FTIR）表征了酯化后 BF 的化学变化。为了彻底去除水分，将天然和酯化 BF 在 50℃ 的真空干燥箱中进一步干燥 48h。通过充分研磨获得测试样品，样品/KBr 的质量比为 1/100。在 400~4000cm^{-1} 范围内获得样品的 FTIR 曲线。酯化度的测定，首先，称取 1.00g 干燥的酯化 BF，放入 250mL 锥形瓶中。然后加入去离子水中 75% 乙醇溶液 10mL，再加入 0.5mol/L 氢氧化钠水溶液 10mL。搅拌带塞子的锥形瓶，加热到 30℃，搅拌 1h。然后用标准的 0.5mol/L 盐酸水溶液中和多余的碱。用天然 BF 进行空白滴定，计算酯化度（DS）如下：

$$W = \frac{M_c(V_0 - V_1)}{1000 \times m} \times 100\% \tag{6-4}$$

$$GR = \frac{162W}{M \times (100 - W)} \times 100\% \tag{6-5}$$

式中，W 为取代基含量，%；M 为酯化剂分子量，M_c 为盐酸水溶液浓度，mol/L；V_0 为空白样品消耗的盐酸水溶液体积，mL；V_1 为酯化 BF 样品消耗的盐酸水溶液体积，mL；m 为样本质量，g。

吸水性测定：为确定酯化对 BF 疏水性的影响，将 2.0g 天然 BF 和酯化 BF（干基）分别置于装有一定量水的玻璃器皿中。

$$吸水率 = \frac{W_t - W_0}{W_0} \times 100\% \tag{6-6}$$

式中，W_t 为吸水 th 后的样品质量，W_0 为达到恒定干重时的样品质量。接触角测量，称取一定量的天然和酯化 BF，用压力为 20MPa 的压力机压入直径 1.5cm 的饼状试样中。使用光学接触角测量仪（OCA20，DataPhysics Instruments GmbH，Filderstadt，Germany）测量样品接触角，使用蒸馏水作为测试溶液。对于每次测量，使用微注射器将 4μL 水滴在测试样品上，接触角值测量到 1°以内。

扫描电镜分析，用扫描电镜（SEM）测定了天然和酯化 BF 的形貌；在 20kV 的加速电压下运行。在测试前，BF 样品用双面胶带粘在圆形铝桩上，并涂金。

X 射线衍射分析：天然和酯化 BF 在 50℃ 的真空干燥箱中进一步干燥 48h，以去除剩余的水分。测试条件为：电压 40kV，电流 30mA，起始角度为 5°，终止角度为 40°，采用步宽 0.02°逐步扫描。

热重分析：使用 209 F3 热重分析仪（Netzsch Instruments Inc.，Burlington，MA，USA）对天然和酯化 BF 进行了热重分析（TGA）测量。将大约 5mg 干燥的样品粉末放在铂坩埚中，以 10℃/min 的速度从 30℃ 加热到 600℃。施氮动态载气 30mL/min。

6.3.3.2　原位固相聚合证明

酯化剂与 BF 之间的酯化反应涉及 BF 中的亲水羟基（—OH）被疏水改性基团取代。与马来酸酐酯化后，BF 分子连接到 C=O 和 C=C 上，与 LA 酯化后，BF 分子连接到 C=O 上。对天然和酯化的 BF 进行 FTIR 分析，以验证发生了酯化反应，并探究由此产生的化学变化。

在未改性的 BF 中，其基本组成单元为 D-脱水葡萄糖，其主要特征官能团为 C2 和 C3 连接的二级羟基和 C6 连接的一级羟基和 D-吡喃糖环结构。这些主要结构的吸收峰如图 6-38 所示。以 3310cm^{-1} 为中心的特征峰对应于氢键缔合的 O—H 拉伸和振动，2930cm^{-1}

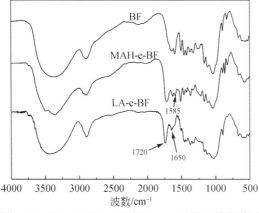

图 6-38　BF、MAH-e-BF 和 LA-e-BF 的红外光谱图

对应于 C—H 非对称拉伸和振动，1635cm^{-1} 对应于与淀粉紧密结合的水，1152cm^{-1} 对应于 C—O—C 非对称拉伸和振动，1080cm^{-1} 对应于 D-吡喃糖和羟基键 C—O 拉伸和振动，925cm^{-1} 对应于糖苷键振动。在 MAH-e-BF 的红外光谱中，除了 BF 的所有特征吸收峰外，C═O 吸收峰出现在 1720cm^{-1} 处（Dontulwar et al.，2006；Ma et al.，2008），C═C 吸收峰出现在 1585cm^{-1} 处（Tay，2012）。LA-e-BF 在 1720cm^{-1} 处也出现 C═O 吸收峰。用 BF 酯化剂酯化后，用丙酮洗除去未反应的 MAH、LA 和低聚物。这一结果证实了在 BF 结构中检测到 MAH 和 LA 分子链，从而证实了 BF 与 MAH 或 LA 之间发生了酯化反应。溶液滴定结果表明，MAH-e-BF 和 LA-e-BF 的取代度分别为 21.04% 和 14.36%。

6.3.3.3　酯化竹纤维的形态变化

扫描电镜（SEM）原理上是利用一束非常精细的聚焦高能电子束扫描样品，激发和收集各种物理信息，并通过接收、放大和显示这些信息，观察试样的表面形貌。用扫描电镜观察了天然 BF、MAH-e-BF 和 LA-e-BF 的表面形貌变化，研究了酯化反应对 BF 表面形貌的影响程度。

如图 6-39 所示，天然 BF 表面光滑，沟道少，角度小。与天然 BF 相比，酯化 BF 表面呈碎块状、粗糙状、棱角状、凸出状。此外，在这些表面上可以清楚地观察到由这些反应产生的覆盖材料，其中 MAH-e-BF 的表面粗糙度和结合度明显大于 LA-e-BF。这些结果也表明 BF 表面粗糙度与 DS 呈正相关。SEM 测试结果进一步表明，采用原位固相酯化法，MAH 和 LA 与 BF 反应成功，MAH 改性效果优于 LA。

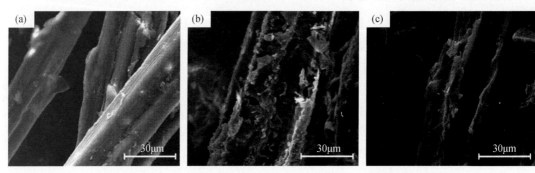

图 6-39　BF（a）、MAH-e-BF（b）和 LA-e-BF（c）的扫描电镜图像

6.3.3.4　酯化竹纤维的耐水性能变化

BF 分子链含有亲水羟基，表现出亲水性质（Kushwaha and Kumar，2011）。在本实验中，MAH 和 LA 的原位固相酯化反应用疏水基团取代了 BF 上的羟基，使 BF 上的亲水羟基数目减少，同时疏水基团数目增加，从而提高了 BF 的疏水性。用接触角测量分析 MAH-e-BF 和 LA-e-BF 的疏水性，验证了这一现象。表面上的水接触角是由水滴到固体表面的切线形成的角，是相对样品表面疏水性的标志。接触角越大，材料的疏水性就越高（Zeng et al.，2011）。使用接触角测试仪测试天然 BF、MAH-e-BF 和 LA-e-BF。

如图 6-40（a）所示，BF 初始接触角仅为 43°，水滴完全吸收仅需 0.820s，经固相酯化原位改性后，MAH-e-BF 和 LA-e-BF 的初始接触角增大，水滴完全吸收时间延长。结果表明，与天然 BF 相比，酯化 BF 的疏水性有所改善。造成这种现象的原因包括用疏水基团取代 BF 表面的亲水羟基，使改性 BF 的疏水性能得到明显改善。SEM 分析表明，BF 与 MAH 或 LA 酯化后，BF 表面有一定程度的包覆，降低了 BF 表面的吸水能力。与 LA-e-BF 相比，MAH-e-BF 具有更大的接触角和更长的吸附时间，表明 MAH-e-BF 的疏水性优于 LA-e-BF。酯化 BF 的疏水性与接枝到 BF 上的疏水基团数直接相关，疏水基团越多，疏水性越好。因此，测量的接触角与 DS 一致。这与扫描电镜分析结果一致。

通过测定 BF、MAH-e-BF 和 LA-e-BF 在暴露于水后的相对质量变化，证实了酯改性对 BF 疏水性能的改善（图 6-40）。随着时间的推移，天然 BF 的吸水率逐渐增加，但在浸泡 120h 时，MAH-e-BF 和 LA-e-BF 的吸水率均低于 BF，进一步说明酯化反应显著提高了改性 BF 的耐水性。两种酯化 BF 的吸水率比较表明，MAH-e-BF 低于 LA-e-BF。结果表明，MAH-e-BF 的疏水性优于 LA-e-BF，与接触角试验结果一致。

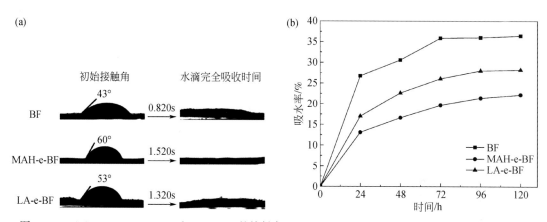

图 6-40　（a）BF、MAH-e-BF 和 LA-e-BF 的接触角，（b）BF、MAH-e-BF 和 LA-e-BF 的吸水率变化

6.3.3.5　酯化竹纤维结晶结构与热学性能变化

由于 BF 的晶体结构易受高温和酯化反应的影响，用 XRD 分析了 BF、MAH-e-BF 和 LA-e-BF 的晶体结构。由图 6-41（a）可知，天然 BF 的 XRD 衍射峰是典型的 Iβ 型晶体结构，其 2θ 值分别为 16.25°、22.47° 和 33.85°，分别对应于（101）、（002）和（040）晶面的衍射峰（Liu et al.，2010）。经酯化改性后，MAH-e-BF 和 LA-e-BF 的主晶面（101）、（002）和（040）的衍射峰与 BF 相似。结果表明，由于原料晶区变化很小，酯化反应主要发生在 BF 非晶区。而 MAH-e-BF 和 LA-e-BF 的 XRD 衍射峰强度明显弱于天然 BF。

计算出 BF 结晶度为 56.78%，MAH-e-BF 和 LA-e-BF 的结晶度分别为 47.45% 和 51.07%，表明用 MAH 或 LA 原位固相酯化后 BF 结晶度降低。由于这种处理，MAH 和 LA 渗入结晶区，破坏了结晶区分子间的氢键。同时，BF 羟基链与 MAH 或 LA 分子反应，分子链逐渐长大交联，进一步破坏了 BF 的结晶性。相反，晶区的破坏促进了这些反应，导致结晶度进一步降低。随着 BF 结晶度的降低，BF 分子间的作用力减弱（Bajpai et al.，2014），从而提高了 MAH-e-BF 和 LA-e-BF 的热塑性。MAH-e-BF 的结晶度低于 LA-e-BF，这是由于 MAH-e-BF 中 DS 较高，且 BF 链羟基反应较多，氢键破坏较为严重。

由图 6-41 (b) 可知，天然和酯化 BF 的热降解分为三个阶段，温度范围为 50 ~ 120℃、120 ~ 400℃ 和 400 ~ 600℃。第一阶段是 BF 水分蒸发。在第二阶段，半纤维素、纤维素和部分木质部在 BF 内发生热分解，分解速度最快的阶段。在第三阶段（>400℃），剩余材料通过断链热解分解为碳。MAH-e-BF 和 LA-e-BF 的热分解起始温度明显低于 BF，残余率也低于 BF。这是由于酯化反应使 MAH-e-BF 和 LA-e-BF 结晶度降低，BF 分子量减少所致。这一结果还表明，由于酯化作用，BF 塑性增加。与 MAH-e-BF 和 LA-e-BF 相比，MAH-e-BF 的热分解温度和残余率均低于 LA-e-BF，这是由于它们的结晶度不同。这也表明 MAH-e-BF 分子排列较松散，具有较好的热塑性。

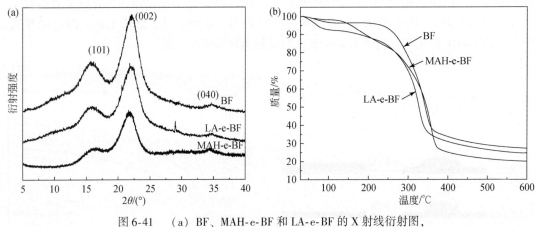

图 6-41 （a）BF、MAH-e-BF 和 LA-e-BF 的 X 射线衍射图，
（b）BF、MAH-e-BF 和 LA-e-BF 的 TGA 曲线

6.3.3.6 小结

采用原位固相酯化法成功制备了 MAH-e-BF 和 LA-e-BF，DS 值分别为 21.04% 和 14.36%。主要结论如下：

（1）酯化反应使 BF 的 D-脱水葡萄糖部分的羟基被 MAH 或 LA 的疏水基取代，从而改善了 BF 的疏水特性。酯化 BF 疏水性显著高于天然 BF，MAH-e-BF 疏水性优于 LA-e-BF。

（2）酯化后的 BF 表面覆盖着接枝聚合物，MAH-e-BF 的表面粗糙度和结合度明显大于 LA-e-BF。酯化 BF 的结晶结构有一定的损伤，其中 MAH-e-BF 的结晶度下降幅度大于 LA-e-BF。

（3）酯化反应改善了 BF 的热塑性，MAH-e-BF 的热塑性优于 LA-e-BF。原位固相酯化法生产的酯化 BF 具有较高的整体疏水性，同时提高了界面相容性，使其在竹塑复合材料中的应用范围扩大。比较了两种酯化剂对 BF 酯化度和疏水性的影响，为 BF 与其他聚合物共混复合材料的制备提供了参考数据。

6.3.4 多元增塑技术

增塑剂具有极性或部分具有极性的结构，是一类沸点较高、难挥发且与聚合物有良好混溶性的液体或低熔点固体。增塑剂分布在大分子链之间,能降低分子间作用力,主要目的是为了降低聚合物黏度,增强复合材料的柔韧性和加工性能。本节选取的三种绿色环保增塑剂分别为甘油、柠檬酸酯和甲酰胺,综合甘油、柠檬酸酯和甲酰胺这三种增塑剂的优缺点,通过三元复合增塑相互弥补,同时具有协同增强作用,进而提高复合材料的各方面性能。本节以增塑剂添加比例和三元复合增塑剂复配比例作为因素变量,通过力学性能、耐水性能、界面形貌等分析方法对该复合材料性能进行研究;再测试 PLA-g-BF 这种改性竹纤维加入复合材料体系中对于该复合材料体系性能的改善效果。

6.3.4.1　增塑改性竹塑复合材材料的制备及表征方法

1) 制备方法

在 60℃ 下烘箱中干燥 24h 的竹纤维和 PLA 树脂按照 3∶7 比例充分搅拌均匀,在竹纤维和聚乳酸混合时加入增塑剂,其中质量分数为竹纤维与 PLA 总质量的 8%、10%、12% 和 14% 的三元增塑剂(甘油、柠檬酸酯和甲酰胺质量比分别为 1∶1∶1、1∶1∶4、1∶2∶3、1∶3∶2、1∶4∶1、2∶1∶3、2∶3∶1、3∶1∶2、3∶2∶1、4∶1∶1)。放入密封袋于常温下放置 12h;采用开放式双辊混炼机进行混炼,混炼温度为 180℃,时间为 10min;待冷却后通过强力破碎机搅碎至颗粒状,倒入热压的模具(规格为 100mm× 100mm×4mm)中,并使其表面均匀平整,其堆积高度约超过模具 1mm,在其表面与底面铺上 2 层锡箔纸,以防止材料黏附在热压铁板上;待压机预热后将模具放入热压机中进行热压,热压时间 5min、热压温度 150℃,热压压力 5MPa。

2) 性能表征

力学性能:复合材料的拉伸性能参照 GB/T 1040.2—2006 进行测试,试件尺寸 80mm× 10mm×4mm,拉伸速度为 5mm/min;弯曲性能参照 GB/T 9341—2008 进行测试,试件尺寸为 80mm×10mm×4mm,支座间距为 30mm,压头下降速度为 5mm/min。吸水率测试,将复合材料锯成 10mm×10mm×4mm 的试件测定吸水率。试件在 60℃ 下干燥 12h 后浸入装有超纯水的常温玻璃器皿中,隔一定时间后取出,用滤纸将表面多余的水分擦去,用分析天平称质量,计算复合材料吸水率。

接触角测试:使用数据物理 OCA20 光学接触角测量仪测量样品的接触角,蒸馏水作为测试溶液 m 使用微注射器将 4μL 水滴放在每个测试样品上。

扫描电镜(SEM)测试:用 FEI 公司 QUANTA 型扫描电子显微镜测试。将复合材料通过液氮断,干燥后在电镜下观察形貌。

X 射线衍射(XRD)测试:试验仪器采北京普析通用仪器有限责任公司 XD-2 型自动多晶粉末 X 射线衍射仪。测试条件为:电压 40kV,电流 30mA,起始角度为 5°,终止角度为 40°,采用步宽 0.02° 逐步扫描。

差示扫描量热仪(DSC)测试:以 30mL/min 的流速用氩气吹扫 DSC 池,以保持惰性气氛。取 5~8mg 复合材料样品放置于铝坩埚中,先从室温升至 250℃,升温速率 10℃/ min,恒温 5min,再以 5℃/min 的速率降至 25℃,然后再从 25℃ 以 5℃/min 的速率升至 250℃,吹扫气和保护气(均为氩气)气流量 30mL/min。

热重（TG）测试：从室温到800℃以10℃/min的升温速率和30mL/min的氮气流量进行测试，进样量约为5~8mg。

流变性能测试：采用应变扫描和频率扫描方式进行测试，通过小幅度流变法研究材料的流变性能。使用直径为25mm的平行板夹具，熔化物位于上板和下板之间的空间中，间距h设置为2mm，下板保持固定，上板振动，并且保持一定的扭矩进行测量。应变扫描参数设置为：频率固定为62.8rad/s温度为170℃，应变幅度为0.001%~100%；频率扫描参数设置为：温度为170℃，应变幅度控制在0.1%，频率扫描范围为0.1~628.3rad/s。以上测试均采用对数取点方式，其中每个数量级取10个点。

6.3.4.2 三元复合增塑对竹塑复合材材料力学性能影响

增塑剂能够在一定程度上提高共混复合材料两相之间的界面结合力，改善两者的相容性。增塑剂用量对复合材料的性能有较大影响，当增塑剂添加量过少时，界面相容性未得到明显提高；但是当增塑剂添加过量时，反而会使材料的力学性能和耐水性能降低。因此，采用甘油：柠檬酸酯：甲酰胺质量比为1:1:1配制三元增塑剂，添加比例分别为8%、10%、12%和14%对该复合材料进行改性，对所制得复合材料的抗弯性能和拉伸性能进行了测试，结果如图6-42所示。

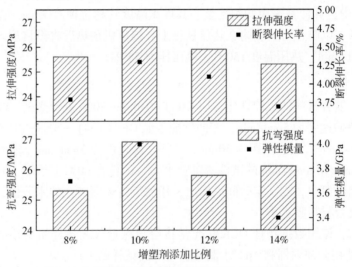

图6-42 增塑剂添加比例对复合材料力学性能影响

从图6-42中可知，该复合材料的抗弯强度和弹性模量随着三元增塑剂添加比例增多，都呈现出先增大后减小的趋势。当三元增塑剂添加比例为8%时，此时三元增塑剂添加比例过小，甘油与甲酰胺和竹纤维结合的氢键较少，从而导致复合材料的抗弯强度和弹性模量都较小。三元增塑剂添加比例增大，增塑剂分子链中的羟基、酯基和氨基与竹纤维/聚乳酸体系形成氢键结合增多，相互作用增强使得抗弯强度和弹性模量都得到显著提高。然而，当三元增塑剂添加比例过大时，增塑剂分子渗入到PLA基体中破坏PLA自身氢键数量增多，从而导致该复合材料的抗弯强度和弹性模量反而迅速降低。当三元增塑剂添加比例为 10% 时，复合材料的抗弯强度和弹性模量最好。该复合材料同样呈现出随着三元增塑剂添加比例增大，拉伸强度和断裂伸长率先增大后减小，在添加比例为 10% 时都达到最大值。产生这种现象的原因与抗弯性能分析一致。

　　测试了不同配比增塑剂制得该复合材料的拉伸性能和抗弯性能，结果如图 6-43 所示。甘油、柠檬酸酯和甲酰胺三种增塑剂以不同比例复配时，所制得该复合材料的抗变性能存在较大差异。当甘油：柠檬酸酯：甲酰胺质量比为 2：3：1 时，复合材料的抗弯强度和弹性模量分别达到了 35.3MPa 和 4.36GPa，其中抗弯强度为所有比例中的最大，而弹性模量也处于均值以上。图中的纵坐标变化基本可以看作波浪式，均为先上升再下降，说明甘油比例过低或过高都会降低复合材料的强度。其中甘油和柠檬酸酯协同影响复合材料的力学性能，其强度在比例为 2：3：1 时达到极大值。三元增塑剂复配比例不同时，所制的该复合材料拉伸强度和断裂伸长率也存在较大差别。甘油：柠檬酸酯：甲酰胺质量比为 1：2：3 和 2：3：1 时，复合材料的拉伸强度都较高。但是比例为 1：2：3 时，复合材料的断裂伸长率较差，而比例为 2：3：1 时，断裂伸长率达到最大值。说明比例为 2：3：1 制得的该复合材料不仅具有较好的拉伸性能，同时其韧性最佳。

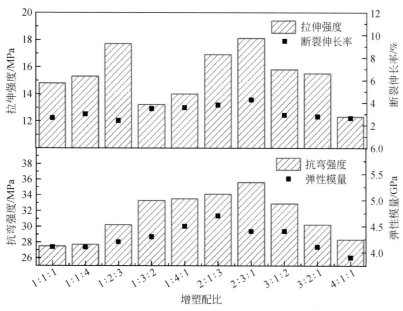

图 6-43　三元增塑剂复配比例对复合材料力学性能影响

　　在之前研究中（张彦华等，2015）已发现，甘油和柠檬酸酯对该复合材料的增塑效果较好，其中柠檬酸酯增塑效果最佳。因此，当三元增塑剂中甘油和柠檬酸酯比较较大时，其增塑效果更佳。通过拉伸性能和抗弯性能的分析，可以推断三元增塑剂比例为 2：3：1 时，竹纤维与聚乳酸的界面相容性最佳，复配的增塑剂分别与竹纤维和聚乳酸分子形成分子间作用力，相当于在竹纤维与聚乳酸分子间形成了架桥作用，降低两者之间的界面能，促进竹纤维分散，阻止竹纤维团聚和改善两相之间黏结等作用，从而提高竹纤维与聚乳酸的界面相容性，使增塑后复合材料的强度和模量增大（杨龙等，2014）。通过三种增塑剂之间复配比例的研究，得到了机械强度高、弹性模量也高且韧性较好的三元增塑剂工艺配比。

6.3.4.3　三元复合增塑对竹塑复合材材料耐水性能影响

直接将竹纤维与 PLA 共混时，两者的界面结合力较差，所制得材料对湿度很敏感。三元增塑剂复配比例不同以及增塑剂添加比例不同，都将影响竹纤维与聚乳酸的界面结合能力，必将对该复合材料的耐水性能产生影响。因此，对不同增塑剂复配比例及添加量制得的复合材料吸水率进行了测试，结果如图 6-44 所示。

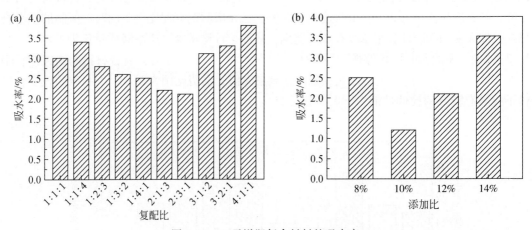

图 6-44　三元增塑复合材料的吸水率

从图 6-44（a）中可以看到，三元增塑剂复配比例对该复合材料的吸水率有较大影响。随着三元增塑剂中甘油占比增多，复合材料的吸水率逐渐增大。这是由于一个甘油分子中有 3 个亲水性极强的羟基，虽能与竹纤维/聚乳酸体系形成氢键结合，提高界面相容性，但其用量增加也会致使复合材料的吸水率提高（左迎峰等，2014）。而复合材料的吸水率随着柠檬酸酯用量增多而产生逐渐减小的趋势。柠檬酸酯为油性化合物，与非极性的聚乳酸以及竹纤维上疏水的羰基具有较好的相容性，从而使得吸水率得到降低。当甘油∶柠檬酸酯∶甲酰胺比例为 2∶3∶1 时，复合材料的吸水率达到最低值。这主要是因为柠檬酸酯增塑剂中含有的酯基不仅可以抵消掉甘油中羟基对吸水率的影响，而且还可以通过提高复合体系的界面黏合性降低吸水率。

采用甘油∶柠檬酸酯∶甲酰胺比例为 2∶3∶1 复配成三元增塑剂，分别添加 8%、10%、12% 和 14% 增塑剂制备该复合材料，对吸水率进行了测试，结果如图 6-44（b）所示。当三元增塑剂添加比例从 8% 增加至 10% 时，该复合材料的吸水率显著降低。这是由于相容性的提高，能有效阻碍水分子进行复合材料内部，使吸水率下降。但是，当继续增加三元增塑剂用量时，复合材料的吸水率反而迅速增大。这是由于三元增塑剂中，甘油中羟基和甲酰胺中氨基都是强吸水性基团，其用量增加反而会导致复合材料的吸水率提高。

6.3.4.4　多元增塑对竹塑复合材材料力学性能影响

三元复合增塑剂具有甲酰胺、甘油、柠檬酸三丁酯等三元增塑剂的特性。它们不仅互补，而且具有协同作用。测试了不同比例制备的 PLA-g-BF/聚乳酸复合材料的拉伸性能和弯曲性能，如图6-45所示。

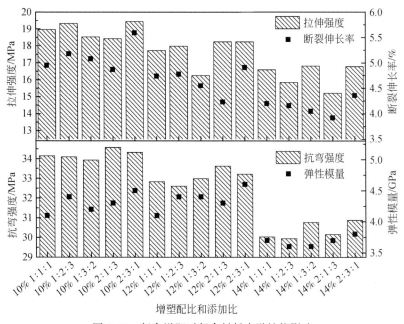

图6-45　复合增塑对复合材料力学性能影响

如图6-45所示三种增塑剂甘油、柠檬酸三丁酯和甲酰胺的质量比为2∶3∶1，添加量分别为10%、12%和14%的复合材料的最大弯曲强度和弹性模量分别达到35.88MPa、33.21MPa、30.87MPa和4.46GPa、4.4GPa、3.7GPa。所制备的所有复合材料的抗弯强度和弹性模量均符合GB/T 29500—2013《建筑模板用木塑复合板》的物理性能规定，其高等级Ⅱ类中规定弯曲强度≥24MPa，弹性模量≥2200MPa，其中三种不同添加量增塑剂比例2∶3∶1的复合材料抗弯性能略低于最高等级Ⅲ类标准。在其他情况相同的条件下，未经接枝改性的10% 2∶3∶1的BF/PLA复合材料抗弯强度和弹性模量分别为30.15MPa和2.9 GPa，低于PLA-g-BF/聚乳酸复合材料。增塑剂添加量为10%的复合材料的抗弯强度和弹性模量优于其他增塑剂添加量的12%和14%。就添加量不同而言，抗弯性能基本上呈下降趋势，表明随着添加比例的增加，复合材料的抗弯性能变弱。其中，甘油和柠檬酸三丁酯协同影响机械性能，在2∶3∶1的比例时得到最大值。

类似地，从图中可以看出复合材料（增塑剂添加比例分别为10%、12%和14%，配比为2∶3∶1）的最大拉伸强度和断裂伸长率分别达到19.25MPa、18.49MPa、16.79MPa和5.59%、4.91%和4.36%。在其他条件相同的情况下，未接枝乳酸且增塑剂添加比例为10% 2∶3∶1的该复合材料分别为16.22MPa和3.48%，远低于PLA-g-BF/聚乳酸复合材料。当甘油∶柠檬酸三丁酯∶甲酰胺的比例为1∶2∶3和2∶3∶1时，拉伸性能优于其他比例。相反，增塑剂质量比为 1∶2∶3 的复合材料断裂伸长率较差。这证明当甘油和柠檬酸酯这两种增塑剂占比为甲酰胺 6 倍时，复合材料的抗弯性能和拉伸性能得到很大的提升，韧性也有改善。

6.3.4.5 复合增塑对竹塑复合材材料耐水性能影响

竹纤维表面的亲水性羟基排斥聚乳酸表面的疏水性基团。由于竹纤维直接与 PLA 结合，两相之间的界面结合力较弱。一旦水分进入复合材料的内部，本就结合不佳的两相界面会被破坏，从而导致性能显著下降。三元增塑剂的配比和添加量的不同都会影响 PLA-*g*-BF/聚乳酸复合材料的界面结合，从而影响耐水性。因此，测试了通过不同的增塑剂的配比和添加量制备的复合材料的吸水率。

如图 6-46 所示，通过计算，添加量为 10%、12% 和 14% 的复合材料的平均吸水率是 1.91%、2.19% 和 2.35%。随着三元复合增塑剂添加量的增加，吸水率也增加。由于甘油中含有亲水性更高的羟基，在与复合体系产生氢键的同时，改善了界面相容性。比例为 2∶3∶1 的复合材料吸水率达到最小值，主要原因是柠檬酸三丁酯增塑剂是可降解的酯类化合物增塑剂，它与非极性 PLA 具有良好的相容性。值得一提的是，添加柠檬酸三丁酯（一个柠檬酸三丁酯分子中包含三个酯基）可以抵消甘油所带来的负面影响（一个甘油分子中包含三个羟基）。

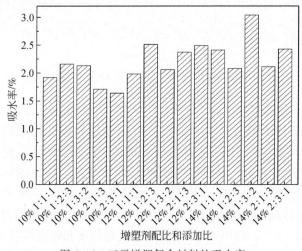

图 6-46　三元增塑复合材料的吸水率

为进一步证实 PLA-*g*-BF/聚乳酸复合材料的疏水性得到改善，根据其滴水后的角度变化确定复合材料的接触角。根据以上结论，选择在相同的配比（甘油∶柠檬酸三丁酯∶甲酰胺 2∶3∶1）下，不同添加比例下测试材料的接触角。在 210s 内测试的接触角的变化分别如图 6-47 所示。首先可以看出，随着添加量的增加，其初始接触角从 74.3° 减小到 60°，甚至是 36.5°，并且接触角的减小速率也在减缓。可以说明，随着添加量的增加，复合材料的耐水性逐渐降低。这与吸水率的测试结果一致。由于添加量的增加导致复合物中所含甘油的绝对含量增加，且甘油中大量的亲水基团降低了复合材料的耐水性。

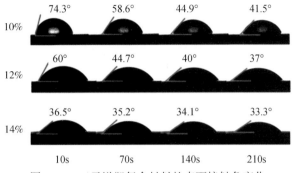

图 6-47 三元增塑复合材料的表面接触角变化

6.3.4.6 复合增塑对竹塑复合材料材料微观形貌影响

用电子显微镜观察了不同增塑剂添加量的 PLA-*g*-BF/聚乳酸复合材料的冲击断裂表面，如图 6-48 所示。对于没有接枝改性或添加增塑剂的复合材料而言，作为增强体的竹纤维被直接从 PLA 基质中拉出，表面出现不规则裂纹现象。其次，从图 6-48（a）中可以看出，在断裂表面上生成些细孔，这些现象说明竹纤维与聚乳酸基质之间的界面黏合性差，竹纤维没有很好地和聚乳酸基质结合在一起。通过在熔融共混过程之前向混合物中添加增塑剂，从图 6-48（b）~（d）中可观察到显著降低竹纤维的拔出现象。另外，图 6-48（b）中复合材料的界面形态很平滑，而 6-48（c）和（d）中存在某种突出结构，这很可能是复合材料中导致裂纹存在的应力集中区，这也很好地解释了随着增塑剂添加比例的提高，复合材料的力学性能有所下降。

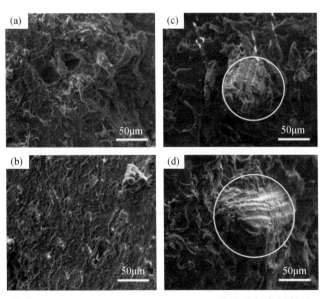

图 6-48 竹纤维/聚乳酸 [（a）10% 2∶3∶1]、PLA-*g*-BF/聚乳酸复合材料 [（b）10% 2∶3∶1;（c）12% 2∶3∶1;（d）14%2∶3∶1] 的冲击断裂表面上的复合材料表面形态

6.3.4.7   复合增塑对竹塑复合材材料结晶结构与热力学影响

XRD 图像可用来考察不同增塑剂添加比例对于聚乳酸结晶类型及结晶度的影响。此外，增塑剂可以渗透进聚乳酸高聚物基体内部，与竹纤维分子形成氢键，减弱竹纤维分子间和分子内氢键作用，一旦原竹纤维的结晶被破坏，变成无定形态，不同添加量的 PLA-*g*-BF/聚乳酸复合材料的 XRD 图出现了这一变化，如图 6-49（a）所示。比较了三元增塑剂添加比例分别为 10%、12% 和 14% 的 PLA-*g*-BF/聚乳酸复合材料晶体结构变化。增塑剂比例增加的变化不会影响 XRD 衍射峰的位置，这意味着晶体形态是稳定的。三元增塑剂添加量为 10% 的复合材料衍射峰强度低于 12% 和 14% 的。研究表明，添加量为 10% 增塑剂的 PLA-*g*-BF/聚乳酸复合材料结晶度较低，分子链的流动性更好，两相之间的相互依赖性得到增强，并且相容性也有提升。因此，XRD 分析与 SEM 分析及耐水性分析基本一致。

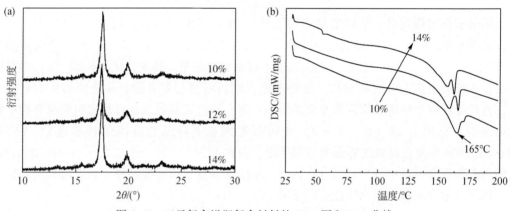

图 6-49   三元复合增塑复合材料的 XRD 图和 DSC 曲线

图 6-49（b）显示了在冷却速度为 5℃/min 时，不同增塑剂添加量的 PLA-*g*-BF/聚乳酸复合材料的 DSC 热分析图。添加量为 10%、12%、14% 的复合材料的冷结晶温度分别为 162.4℃、164.5℃、165.1℃，这说明随着增塑剂添加比例的增加，复合材料的冷结晶温度提高了，聚乳酸分子链的流动性受到限制，而且降低了材料的结晶效率（Hao and Wu，2017）。可以知道，三元增塑剂之所以对 PLA-*g*-BF/聚乳酸产生增塑效应，主要是因为增塑剂中含有的羟基与聚乳酸结构中的羧基进行反应，破坏了聚乳酸分子间的氢键及其他相互作用力。

6.3.4.8   复合增塑对竹塑复合材材料流变性能影响

聚合物复合材料的流变行为对微观结构的变化非常敏感。采用小振幅扫描，以分析掺入的增塑剂对 PLA-*g*-BF/聚乳酸复合材料的流变行为的影响，并估计微观结构的变化。

储能模量的本质就是杨氏模量，是一个用来评价材料变形后回弹的指标，表示材料存储弹性变形能量的能力（梁基照和朱志华，2008）。通常复合材料熔体模量的改变能反映熔体结构的变化，这与聚合物分子链在较大应变下的解缠结有关（Cassagnau and Melis，2003）。图 6-50 是不同增塑剂添加比例下的复合材料使用旋转流变仪在振荡模式中所测得的储能模量–应变图，可以看出，通过添加 10% 的三元增塑剂制备的复合材料的初始储能模量最大，且它的下降缓慢。结果表明，PLA-g-BF/聚乳酸复合材料的界面相容性得到改善。此外，在添加含量为 10% 的增塑剂的复合物中，界面黏合性得到增强，晶体结构破坏较少。

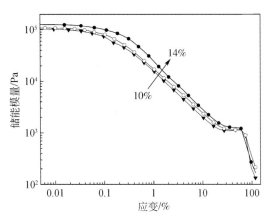

图 6-50　PLA-g-BF/聚乳酸复合材料的储能模量与应变的关系

6.3.4.9　小结

本节以甘油、柠檬酸酯和甲酰胺三种增塑剂组成复合增塑剂，通过三元复合增塑相互弥补，同时具有协同增强作用，进而提高复合材料的各方面性能。研究结果如下：

（1）该复合材料的抗弯强度和弹性模量随着三元增塑剂添加比例增多，呈现先增大后减小趋势。三元增塑剂添加比例为 10% 时，复合材料的抗弯强度和弹性模量最好。当三元复合增塑剂甘油：柠檬酸酯：甲酰胺质量比为 2：3：1 时，复合材料的抗弯强度和弹性模量分别达到了 25.3MPa 和 4.36GPa，其中抗弯强度为所有比例中的最大，而弹性模量也处于均值以上。

（2）由于三元增塑剂中甘油中羟基和甲酰胺中氨基都是强吸水性基团，其用量增加反而会导致复合材料的吸水率提高，即增塑剂最优添加比例 10%。三元增塑剂复配比例对该复合材料的吸水率同样有较大影响。随着柠檬酸酯用量增多而产生逐渐减小的趋势。当甘油：柠檬酸酯：甲酰胺比例为 2：3：1 时，复合材料的吸水率达到最低值。

（3）对于 PLA-g-BF/聚乳酸复合材料而言，增塑剂添加比例 10% 的 PLA-g-BF/聚乳酸复合材料结晶度较低，分子链的流动性更好，两相之间的相互依赖性得到增强。以上结果都表明，PLA-g-BF/聚乳酸复合材料的界面相容性得到改善。

6.3.5　复合交联技术

天然竹纤维具有长径比大、比强度高、比表面积大、密度低、价格低、可再生和可生物降解等优点（曹勇和柴田信一，2006）。聚乳酸是一种具有良好的机械性能、物理性能和加工性能的完全可生物降解的塑料。降解后，最终将产生 CO_2 和 H_2O，而对环境没有任何污染。竹纤维/聚乳酸复合材料是以竹纤维为增强材料、聚乳酸为基体材料通过一定的成形方式复合而成的一种生物可降解复合材料，目前已成为植物纤维增强可降解复合材料的研究热点（Lu et al.，2003；Mohanty et al.，2000）。该复合材料中竹纤维表面为极性，而聚乳酸表面为非极性，两相表面极性的差异导致竹纤维与聚乳酸黏结力不够，复合材料承受外部载荷时应力不能有效地传递，直接影响了复合材料的力学性能（Bisanda，2000）。因此，制备该复合材时必须对竹纤维与聚乳酸界面进行调控，以改善竹纤维与聚乳酸的界面性能从而提高复合材料的力学性能。本节分别采用了碱（NaOH）处理、异氰酸酯（MDI）处理以及碱+异氰酸酯处理三种方法对竹纤维聚乳酸界面进行调控，再将其制备成竹纤维/聚乳酸复合材，研究与分析了不同界面调控方法的调控效果及调控机理。

6.3.5.1　竹纤维/聚乳酸复合材料的制备及表征方法

1）制备方法

NaOH处理：将竹纤维放入10%的NaOH水溶液中常温下浸泡48h后，把分离出来竹纤维用自来水反复冲洗至中性（竹纤维与NaOH水溶液质量比为1∶20），摊平后送入干燥箱内，在70℃的温度下干燥至质量恒定。

MDI处理：将竹纤维送入装有10% MDI丙酮溶液的反应釜中（竹纤维与10% MDI丙酮溶液质量比1∶20），MDI与竹纤维绝干质量比为1.5%。再将反应釜放在70℃的水浴锅中加热4h，待丙酮完全挥发后送入干燥箱内在70℃的温度下干燥至质量恒定。

NaOH+MDI处理：先对竹纤维进行NaOH处理，然后将其干燥后再进行MDI处理。

复合材料制备：将在电子恒温干燥箱80℃下干燥8h后的PLA分别与经上述三种处理后的竹纤维在160℃的开放式混炼机中混炼10min（PLA与竹纤维质量比为50∶50），得到片状的竹塑混合物，再将其送入强力塑料粉碎机粉碎成颗粒。然后用注塑成形机将颗粒状混合物料制成标准样条，并进行拉伸强度和冲击强度测试。成形工艺参数：料筒温度155～165℃，注射压力8MPa，保压时间15 s。

2）表征方法

XRD测试：采用X射线衍射仪测试竹纤维碱处理前后的结晶度变化。采用粉末法制样，测试条件Cu Kα靶（$\lambda=0.154$nm），电压40kV，电流35mA，扫描速度$2\theta=8°/$min。竹纤维相对结晶度根据Segal法计算（薛振华和赵广杰，2007；李坚等，2010）。

比表面积测试：采用比表面积/孔径空隙分析仪测试纤维NaOH处理前后比表面积变化。将竹纤维装进U型管，在一定的氮气和氢气流量和120℃条件下干燥30min，然后以氮气为吸附气体、氢气为载气体采用连续流动法进行测试。

FTIR测试：利用衰减全反射红外光谱仪对改性前后的竹纤维表面进行扫描，分析竹纤维处理前后表面官能团变化。竹纤维ATR-IR测试前经丙酮浸泡10min后滤除丙酮并陈放30min使剩余的丙酮完全挥发，然后再将竹纤维送入电子恒温干燥箱内在70℃的温度下干燥至质量恒定。测试采用溴化钾压片法，扫描范围：400～4000cm⁻¹，分辨率：2cm⁻¹，扫描次数：32次，重复做1次。

热重测试：热重分析仪用来检测竹纤维处理前后热稳定性变化。采用连续升温程序在氮气环境下进行，测试温度范围为 $25 \sim 500℃$，升温速率为 $10℃/min$。

力学性能分析：使用万能力学试验机及冲击强度试验机对复合材料标准样条分别进行拉伸强度和冲击强度测试，拉伸强度与冲击强度测试按照 GB/T 13525—92 进行。

6.3.5.2　界面调控后竹纤维 XRD 分析

天然植物纤维的 XRD 图谱中，（101）和（002）这 2 个晶面是纤维的主要结晶结构（薛振华和赵广杰，2007）。图 6-51 为竹纤维 XRD 图。由图可知，未处理竹纤维的主要晶面（101）和（002）所对应的特征峰位置与调控处理后的竹纤维位置均未发生改变，说明竹纤维经调控处理后纤维素结晶区未受到影响。

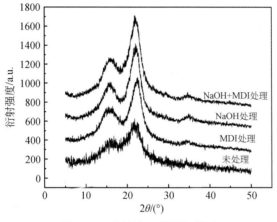

图 6-51　竹纤维 X 射线衍射图

表 6-2 为不同调控处理的竹纤维的相对结晶度。从图中可知，碱处理后竹纤维素结晶度增大了，这是因为竹纤维的非结晶区域在碱处理过程中被抽提，存在于非结晶区域中的半纤维素的一部分被去除，从而使非结晶区域中的微纤维的羟基暴露并与结晶区域的表面氢键结合，使无定形区域中的微纤维靠近结晶区域并有序排列，从而使碱处理后的竹纤维素微纤维的结晶区域的宽度增加。而 MDI 改性处理后竹纤维相对结晶度几乎未发生改变，这可能是 MDI 改性处理过程对非结晶区几乎没有产生影响。

表 6-2　竹纤维相对结晶度

样本	测试项目		
	I_{002}	I_{am}	C_r/%
未处理	694	319	54
NaOH 处理	1004	380	62
NaOH+MDI 处理	1099	434	61
MDI 处理	813	391	52

注：I_{002}—晶格衍射角的极大强度；I_{am}—2θ 角近于 $18°$ 时非结晶背景衍射的散射强度；C_r—相对结晶度

6.3.5.3　界面调控后竹纤维比表面积

采用低温氮吸附表征竹纤维 NaOH 处理前后比表面积和表面孔径分布情况。图 6-52（a）为竹纤维 NaOH 处理前后孔径分布图。由图可知，竹纤维表面存在大量微孔，孔径主要集中在 1.15～1.35nm 之间，在经过 NaOH 处理后使竹纤维表面孔径均相应有所增大。

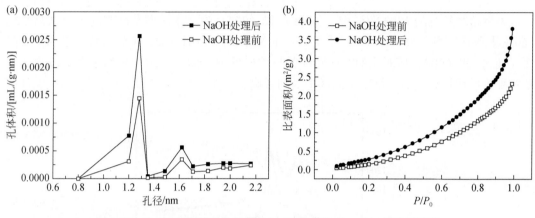

图 6-52　NaOH 处理前后竹纤维的（a）孔径分布；（b）等温吸附线

图 6-52（b）为竹纤维 NaOH 处理前后等温吸附曲线。可以看出，与 NaOH 处理前相比，NaOH 处理后的竹纤维吸附平台增大了，说明 NaOH 处理使得竹纤维比表面积增大。计算后发现，未处理的竹纤维比表面积为 $0.9815m^2/g$，处理后为 $1.432m^2/g$，增加了 45.9%。而竹纤维表面孔径增加和比表面积增大是因为 NaOH 处理过程中，竹纤维产生溶胀，纤维束被分解成纤维直径更细小的纤维，竹纤维中部分果胶、半纤维素以及部分抽提物溶出。

6.3.5.4　界面调控后竹纤维红外光谱分析

图 6-53 为界面调控前后竹纤维的红外光谱图。比较曲线 1、2 和 3 可以发现，NaOH 处理前后竹纤维主要伸缩振动吸收峰基本相同，只是在 $1740～1725cm^{-1}$ 附近的乙酰基和羧

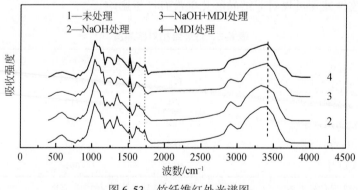

图 6-53　竹纤维红外光谱图

基上的—C═O 的伸缩振动吸收峰消失了，该峰主要是半纤维素特征吸收峰，充分表明竹纤维的半纤维素在 NaOH 处理过程中被溶出；比较曲线 1、2 和曲线 3、4 可以发现，竹纤维经 MDI 改性处理后在 1515cm^{-1}附近苯环骨架振动吸收峰明显增强，说明 MDI 可能与竹纤维发生了反应，MDI 分子上的苯环已经接枝到纤维素分子上，与未处理的竹纤维相比，竹纤维经 MDI 处理后在 3200～3650cm^{-1}之间的 O—H 伸缩振动吸收峰强度变弱，说明了 MDI 与竹纤维发生了反应，导致竹纤维的 O—H 数量减少（Eustathios et al.，2009）。

6.3.5.5　界面调控后竹纤维热重分析

图 6-54 为竹纤维热重分析图。可以看出，连续升温过程中竹纤维失重可以分为三个阶段：①竹纤维在氮气气氛下吸热导致水分蒸发引起的；②竹纤维半纤维素先受热分解，接着纤维素和部分木质素热解，随着温度的升高失重的速率增加；③剩余木质素热解引起的失重，曲线比较平缓（李坚等，2010）。由图可知，4 条曲线的第 1 失重阶段变化趋势基本相似。未处理竹纤维的第 2 失重阶段起始温度明显比处理后竹纤维低，也就是说界面调控处理后竹纤维的第 2 失重阶段热解起始温度相对后移，表明经 NaOH 处理后竹纤维的部分半纤维素可能被溶出。与未处理组相比，MDI 处理组第 2 失重阶段热解起始温度也相对后移，这可能是竹纤维 MDI 处理过程中加热导致半纤维素部分溶出的缘故。

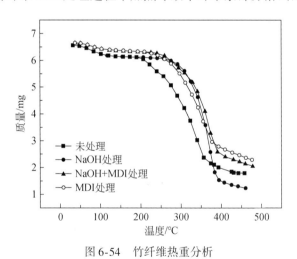

图 6-54　竹纤维热重分析

6.3.5.6　复合材料力学性能分析

界面调控处理前后该复合材料力学性能变化如表 6-3 所示。由表可知，经过界面调控处理后复合材料的力学性能都增大了。与调控前相比，NaOH 调控处理后该复合材料的拉伸强度和冲击强度分别增加了 10.1% 和 5.9%，MDI 调控处理后分别增加了 15.2% 和 14.1%，NaOH+MDI 调控处理后分别增加了 36.9% 和 36.5%。NaOH 调理处理后，复合材料机械性能改善的原因是：在 NaOH 处理过程中竹纤维中的半纤维素和果胶被去除了，竹纤维的表面孔径增加。结果，竹纤维的比表面积增加，并且基质材料聚乳酸与增强材料竹纤维之间的界面的物理结合面积增加。在压力作用下聚乳酸熔体易渗入竹纤维较深层形成"胶钉"，进而提高聚乳酸与竹纤维界面物理结合作用，实现了聚乳酸与竹纤维界面的物理调控。MDI 界面调控处理后，该复合材料力学性能得到改善的原因是：MDI 分子两端都存在—N＝C＝O，调控处理时 MDI 分子一端的—N＝C＝O 与竹纤维表面的—OH 发生了反应，而在该复合材料成形时，另一端的—N＝C＝O 与 PLA 分子中的—OH 发生了反应，MDI 在聚乳酸与竹纤维间充当了"桥梁"作用，从而实现了聚乳酸与竹纤维界面的化学调控。NaOH+MDI 界面调控处理效果最好是上述物理和化学界面调控共同作用的结果。

表 6-3　复合材料力学性能

测试项目	试样			
	未处理	NaOH 处理	MDI 处理	NaOH+MDI 处理
拉伸性能/MPa	45.5	50.1	52.4	62.3
冲击强度/（kJ/m²）	8.5	9.0	9.7	11.6

6.3.5.7　小结

（1）10% NaOH 处理将竹纤维中部分半纤维素、果胶以及部分抽提物溶出，导致竹纤维相对结晶度增大，竹纤维束变成更加细小的纤维，而比表面积增加，进而实现对聚乳酸与竹纤维界面的物理调控。

（2）异氰酸酯界面调控处理过程中，MDI 分子一端的–N＝C＝O 可与竹纤维表面的—OH 发生反应，复合材料成形时 MDI 另一端的—N＝C＝O 能与 PLA 分子中的—OH 发生反应，从而实现对聚乳酸与竹纤维界面的化学调控。

（3）三种界面调控方法均可以改善竹纤维/聚乳酸（竹纤维与聚乳酸质量比为 50∶50）复合材料的力学性能，而 10% NaOH+1.5% MDI 界面调控效果最佳。

6.4　生物调控

随着石化资源的日益减少，人们对环境保护的呼声越来越高，各国都在追求可持续发展道路。人造板生产使用了大量合成树脂类胶黏剂，这些胶黏剂的合成需要消耗有限的石化资源。因此，利用绿色可再生原料制备的生物质胶黏剂受到越来越多研究人员的青睐。木质素是天然三维结构的高分子聚合物，是植物界中储量仅次于纤维素的第二大生物质资源。作为典型的生物质材料，木质素是芳香族化合物中少有的可再生资源之一。木质素在植物细胞壁中充当的角色类似于胶黏剂，将纤维素、半纤维等固定在一起。木质素由苯基丙烷结构单元通过 C—O—C 键和 C—C 键连接而成，其中 C—O—C 键约占 60%～74%，C—C 键约占 25%～40%。苯基丙烷结构单元主要分为对羟苯基丙烷结构、紫丁香基丙烷结构和愈创木基丙烷结构三大类。木质素拥有大量的酚羟基、醇羟基等活性基团，但是由于其分子量大、分子聚合程度高，使得暴露的、能参与反应的活性基团含量少，限制了其在各个领域的应用。而木质素的活化改性工艺复杂，一般使用化学改性，成本高，限制了其大规模的工业化应用（郑大锋等，2005）。

自然界中存在可降解木质素的微生物，例如白腐菌。这些微生物会生成漆酶、过氧化物酶等对木质素化学键进行分解。生物降解木质素的反应条件温和，成本低廉，且可重复利用，因而在木质素降解或活化改性领域备受关注。但是在自然界中，木质素的完全降解是各种微生物共同作用的结果。使用微生物酶对木质素进行降解，其降解率受到一定限制，一般不到 20%，且生物酶回收利用困难（罗爽等，2015；陈建军等，2018）。为提高木质素的活性，增加木质素反应位点，提高其与木质纤维和其他有机基团的反应性能，作者探索了漆酶对木质素表面的活化改性作用，并使用活化后的木质素与常用有机胶黏剂进行组合使用压制人造板，以提升其在人造板工业化生产中的应用。

将木质素加入水中，配制成木质素质量分数为 40% 的水溶液，然后加入漆酶与介体，用甲酸调节其 pH 至 5.0，在 50℃ 条件下机械搅拌并反应 4h。反应完成后，将含有漆酶及活化木质素的水溶液在 90℃ 条件下保温 30min，使得酶失去活性，阻止木质素的进一步酶解，实验原料及配比如表 6-4 所示，其中漆酶的酶活力为 50000U/g，香兰素作为天然介体按照木质素的用量加入。

表 6-4　漆酶活化木质素的原料配比

编号	木质素/g	蒸馏水/g	50U/g 漆酶/g	香兰素/g
1	200	300	0	0
2	200	300	0.2	0.4
3	200	300	0.2	1.0
4	200	300	0.4	0.4
5	200	300	0.4	1.0

6.4.1　木质纤维板制备和性能表征方法

使用漆酶改性活化后的木质素溶液作为胶黏剂，与异氰酸酯组合压制纤维板。具体流程如下：称取 1.40kg 纤维，倒入搅拌机中持续搅拌，均匀施加异氰酸酯胶（施胶量为绝干木质纤维质量的 2%）和木质素溶液（施胶量为绝干木质纤维质量的 2%）。因施加的活化木质素有水分带入，需进行加热干燥。完成干燥后的纤维测量纤维含水率然后均匀铺装且压实，铺装时在板坯上下表面铺上牛皮纸防止热压时黏板。并使用图 6-55 的热压工艺

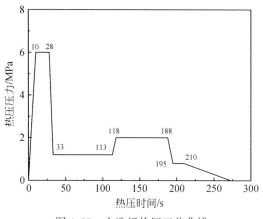

图 6-55　人造板热压工艺曲线

压制纤维板，其中热压温度为195℃，最大热压压力为 6.0MPa，热压时间为 270 s。设计的板材尺寸为 360mm×360mm×13mm，板材密度为 780kg/m³。压制完成的纤维板在恒温恒湿环境下平衡一周后依据国标 GB/T 17657—2013《人造板及饰面人造板理化性能试验方法》进行性能检测。

6.4.2   漆酶活化木质素对人造板理化性能的影响

人造板的理化性能测试结果如表 6-5 所示。与没有经过漆酶活化的木质素相比，活化后的木质素其内结合强度提升约 10%。经过漆酶处理后，木质素的大分子结构可能发生了一定的解聚作用，使得活性基团暴露，提高其与木质纤维等羟基及其与异氰酸酯的反应能力，从而最终提升其胶合性能。此外，在漆酶活化过程中，增加介体或漆酶的用量，可以进一步提高人造板的物理力学性能。与介体相比，漆酶用量增加以后，人造板的内结合强度为 1.39MPa，高于仅增加有介体的板材（内结合强度为 1.26MPa）。由此可知，在木质素活化过程，漆酶的用量起主导作用。当同时增加漆酶和介体用量以后，板材的理化性能均达到了最大值。其中内结合强度达到 1.61MPa，24h 吸水厚度膨胀率仅为 5.3%，性能满足国家标准规定的潮湿环境下使用的家具型纤维板要求。漆酶的引入，可以分解木质素，使木质素中的部分化学键合产生断裂，以对其大分子结构进行解聚，从而使得木质素表面暴露出更多高反应活性基团，如酚羟基和醇羟基（关鑫等，2014）。

表 6-5   人造板性能检测结果

编号	ρ /（kg/m³）	IB /MPa	MOR /MPa	MOE /MPa	24hTS /%	含水率 /%
1	796	0.94	37.20	3654	6.8	6.2
2	791	1.02	37.14	3706	6.3	6.8
3	786	1.26	41.06	3872	6.5	6.1
4	796	1.39	42.70	3944	6.9	5.4
5	789	1.61	45.70	4100	5.3	1.71

单独使用漆酶对木质素进行活化效率低，漆酶与大量底物不能直接产生特异性结合。它的氧化还原电势低不能直接作用于高氧化还原电势的底物，仅能直接作用于木质素中很小一部分的酚类结构单元（酚类结构单元占 10% ~ 20%，非酚类结构单元占 80% ~ 90%），不能单独降解非酚类结构单元（其氧化还原电势超过 1.3V）（Canas and Camarero，2010；Bourbonnais and Paice，1992）。因此，本研究采用漆酶与介体体系对木质素进行活化，通过增加介体的用量也证实了其在木质素活化过程的价值。

6.4.3   小结

（1）使用漆酶介体体系对木质素进行活化，可以对木质素的大分子聚合结构产生一定的解聚作用，并使其表面暴露出更多活性基团，从而改善木质素与木质纤维的胶接界面及其与异氰酸酯等有机合成树脂胶黏剂的反应活性，最终实现人造板理化性能的稳定提升。但是使用漆酶介体体系时，漆酶和介体的回收利用问题仍未得到有效解决，且漆酶的产量低，因此价格相对较高，并未得到大规模应用。

（2）通过漆酶介体对木质纤维中的木质素进行活化，也可使得纤维间产生一定的胶合作用，压制符合国家标准的纤维板产品（赵西平等，2012）。但使用活化后的纤维为原料，在不添加任何助剂的情况下，热压条件（主要为压力和时间）仍远高于目前应用广泛的人造板生产工艺。如何降低成本，解决生物活化以及利用生物技术对木质单元或生物质胶黏剂胶合界面进行高效调控是其能否应用于人造板工业的关键。

参 考 文 献

曹通，柴田信一 . 2006. 甘蔗渣的碱处理对纤维增强全降解复合材料的影响 . 复合材料学报，23（3）：60-66.

陈建军，刘梁涛，曹香林，等 . 2018. 高效木质素降解菌的筛选及产漆酶条件的研究 . 甘肃农业大学学报，53（4）：130-136.

傅强，沈九四，王贵恒，等 . 1992. 碳酸钙刚性粒子增韧 HDPE 的影响因素 . 高分子材料科学与工程，（1）：107-112.

高华 . 2011. 木粉/马来酸酐接枝聚烯烃共混物复合材料 . 哈尔滨：东北林业大学博士学位论文 .

关庆文，王仕峰，张勇，等 . 2009. 生物降解 PHBV/天然植物纤维复合材料的界面改性研究进展 . 化工进展，28（5）：828-831.

关鑫，刘学莘，郭明辉，等 . 2014. 漆酶介体体系活化木纤维制备中密度纤维板的工艺优化研究 . 西南林业大学学报，34（5）：90-94.

郭文静 . 2008. 木纤维/聚乳酸生物质复合材料复合因子研究 . 北京：中国林业科学研究院博士学位论文 .

胡君，任杰 . 2016. 成核剂对聚乳酸结晶改善的研究进展 . 塑料，45（3）：108-111，120.

华毓坤 . 2002. 人造板工艺学 . 北京：中国林业出版社 .

黄伟江，秦舒浩，张凯，等 . 2013. 成核剂改善聚乳酸结晶行为的研究进展 . 塑料工业，41（1）：12-17.

江涛，周志芳，王清文，等 . 2006. 高强度微波辐射对落叶松木材渗透性的影响 . 林业科学，4（11）：87-90.

江泽慧，于文吉，余养伦，等 . 2005. 竹材表面润湿性研究 . 竹子研究汇刊，24（4）：31-38.

蒋新元，胡迅，李湘洲，等 . 2009. 不同部位竹材制备竹活性炭及其对苯酚的吸附性能 . 林业科学，45（4）：107-111.

李坚，郑睿贤，金春德，等 . 2010. 无胶人造板实践与研究 . 北京：科学出版社 .

李晓燕，陈清松，丁富传，等 . 2016. 热处理秸秆的吸湿性等性能变化 . 福建农林大学学报（自然科学版），45（1）：84-88.

李新功 . 2015. 竹纤维/聚乳酸可生物降解复合材料界面调控及性能研究 . 长沙：中南林业科技大学博士学位论文 .

李新功，吴义强，郑霞，等 . 2009. 植物纤维与生物降解塑料界面相容性研究进展 . 塑料科技，37（7）：86-89.

李新功，郑霞，吴义强，等 . 2013. 竹纤维增强聚乳酸复合材料热老化性能 . 复合材料学报，（5）：101-106.

梁基照，朱志华 . 2008. 硅藻土含量和粒径对聚丙烯/硅藻土复合材料挤出膨胀行为的影响 . 塑料科技，（7）：42-45.

刘丹, 叶张龙, 王春红, 等. 2013. 碱处理对竹纤维增强聚乳酸基复合材料力学性能的影响. 产业用纺织品, 31 (3): 23-27.

刘天宇, 蒋维娇, 杨卫星, 等. 2018. 振荡剪切对聚乳酸熔体分子链解缠结的研究. 高分子学报, (8): 1107-1115.

刘向峰, 张军. 2002. 聚合物基纳米复合材料的展望. 塑料科技, (6): 54-59.

刘志佳, 江泽慧, 费本华, 等. 2013. 竹材颗粒燃料——中国具有商业开发潜力的生物质固体燃料. 林业科学, 48 (10): 140-144.

吕昂, 张俐娜. 2007. 纤维素溶剂研究进展. 高分子学报, (10): 937-944.

罗爽, 谢天, 刘忠川, 等. 2015. 漆酶/介体系统研究进展. 应用与环境生物学报, 21 (6): 987-995.

骆强, 陈功林, 徐纪刚, 等. 2011. 新溶剂法纤维素纤维的技术进展. 高分子通报, (2): 12-20.

苗立荣, 薛平, 陈春衡. 2012. 苎麻纤维增强高密度聚乙烯复合材料性能研究. 中国塑料, 28 (7): 31-37.

潘刚伟, 侯秀良, 朱澍, 等. 2012. 用于复合材料的小麦秸秆纤维性能及制备工艺. 农业工程学报, 28 (9): 287-292.

祁睿格, 何春霞, 付菁菁, 等. 2019. 无机纳米粒子对木粉/高密度聚乙烯木塑复合材料热学及力学性能的影响. 上海交通大学学报, 53 (3): 373-379.

闻明涛, 韩青, 钟宇, 等. 2011. PTT/CF复合材料的动态流变和动态力学性能. 高分子材料科学与工程, 27 (12): 68-71.

史广兴, 魏华丽. 2005. 三种树种木纤维的漆酶活化胶合. 木材工业, 19 (1): 25-26.

谭林朋, 袁光明, 牟明明. 2018. 木塑复合材料增强改性研究进展. 化工新型材料, (6): 23-26.

薛振华, 赵广杰. 2007. 不同处理方法对木材结晶性能的影响. 西北林学院学报, 22 (2): 169-171.

杨龙, 左迎峰, 顾继友, 等. 2014. 不同增容剂对木粉/聚乳酸复合材料性能的影响. 高分子材料科学与工程, 30 (8): 91-95.

张光华, 朱军峰, 徐晓凤. 2006. 纤维素醚的特点、制备及在工业中的应用. 纤维素科学与技术, (1): 60-65.

张密林, 丁立国, 景晓燕, 等. 2003. 纳米二氧化硅的制备、改性与应用. 化学工程师, (6): 11-14.

张彦华, 杨龙, 左迎峰, 等. 2015. 甘油用量对木粉/聚乳酸复合材料性能的影响. 建筑材料学报, 18 (6): 1111-1116.

赵西平, 郭明辉, 王莹, 等. 2012. 大青杨树干内导管的变异规律. 西南林业大学学报, 32 (6): 88-91+97.

郑大锋, 邱学青, 楼宏铭. 2005. 木质素的结构及其化学改性进展. 精细化工, (4): 249-252.

郑玉涛, 陈就记, 曹德榕. 2005. 改进植物纤维/热塑性塑料复合材料界面相容性的技术进展. 纤维素科学与技术, (1): 45-55.

周冠武, 段新芳, 李家宁, 等. 2006. 漆酶活化木材产生活性氧类自由基的处理条件研究. 木材工业, (5): 17-20.

周永东, 傅峰, 李贤军, 等. 2009. 微波处理对桉木应力及微观构造的影响. 北京林业大学学报, 31 (2): 146-150.

朱家琪, 史广兴. 2004. 酶活化处理条件及其对松木纤维胶合性能的影响初探. 林业科学, (4): 153-156.

左迎峰, 顾继友, 杨龙, 等. 2014. 甘油用量对淀粉/聚乳酸复合材料性能的影响. 功能材料, 45 (5): 5087-5091.

And A I, Winter H H, Hashimoto T. 1997. Self-similar relaxation behavior at the gel point of a blend of a cross-linking poly (-caprolactone) diol with a poly (styrene-*co*-acrylonitrile). Macromolecules, 30 (20): 91-97.

Bajpai P K，Singh I，Madaan J. 2014. Development and characterization of PLA-based green composites：A review. Journal of Thermoplastic Composite Materials，27（1）：52-81.

Bisanda E T N. 2000. The effect of alkali treatment on the adhesion characteristics of sisal fibres. Applied Composite Materials，7：331-339.

Bledzki A K，Faruk O. 2003. Wood fibre reinforced polypropylene composites：Effect of fibre geometry and coupling agent on physico-mechanical properties. Applied Composite Materials，10（6）：365-379.

Bledzki A K，Gassan J. 1999. Composites reinforced with cellulose based fibres. Progress in Polymer Science，24（2）：221-274.

Bourbonnais R，Paice M G. 1992. Demethylation and delignifi cation of kraft pulp by trametes-versicolor laccase in the presence of 2，2′-Azinobis-（3-ethylbenzthiazoline-6-sufonate）. Applied Microbiology & Biotechnology，36：823-827.

Bror S，Olov K，Ulla W，et al. 2006. Determiantion of formic-acid and acetic acid concentrations formed during hydrothermal treatment of birch wood and its relation to colour strength and hardness. Wood Science & Technology，40（7）：549-561.

Canas AI，Camarero S. 2010. Laccases and their natural mediators：biotechnological tools for sustainable eco-friendly processes. Biotechnol Advances，28：694-705.

Cassagnau P，Melis F. 2003. Non-linear viscoelastic behaviour and modulus recovery in silica filled polymers. Polymer，44（21）：6607-6615.

Chambon F，Winter H H. 2000. Linear viscoelasticity at the gel point of a crosslinking PDMS with imbalanced stoichiometry. Journal of Rheology，31（8）：683-697.

Christopher F，Thurstou. 1994. The structure and function of fungal laccase. Microbiology，（140）：19-26.

Dieu T V，Phai L T，Ngoc P M，et al. 2004. Study on preparation of polymer composites based on polypropylene reinforced by jute fibers. Journal Series A Solid Mechanics and Material Engineering，47（4）：547-550.

Dontulwar J R，Borikar D K，Gogte B B，et al. 2006. An esteric polymer synthesis and its characterization using starch，glycerol and maleic anhydride as precursor. Carbohydrate polymers，65（2）：207-210.

Eustathios P，Long Y，Graham E，et al. 2009. Effect of matrix-partile interfacial adhesion on the mechanical properties of poly（lactic acid）/wood-flour micro-composites. Journal of Polymers & the Environment，17：83-94.

Garlata D. 1997. Mechanical property of kenaf reinforced biodegradable composite. Progress in Polymer Science，43（2）：156-163.

Han G，Lei Y，Wu Q，et al. 2008. Bamboo-fiber filled high density polyethylene composites：effect of coupling treatment and nanoclay. Journal of Polymers and the Environment，16（2）：123-130.

Hao M，Wu H. 2017. Effect of in situ reactive interfacial compatibilization on structure and properties of polylactide/sisal fiber biocomposites. Polymer Composites，39：E174-E187.

Huda M S，Drzal L T，Mohanty A K，et al. 2008. Effect of fiber surface-treatments on the properties of laminated biocomposites from poly（lactic acid）（PLA）and kenaf fibers. Composites Science and Technology，68（2）：424-432.

Ji S G，Cho D，Park W H，et al. 2010. Electron beam effect on the tensile properties and topology of jute fibers and the interfacial strength of jute-PLA green composites. Macromolecular Research，18（9）：919-922.

Jiang D，Liu L，Long J，et al. 2014a. Reinforced unsaturated polyester composites by chemically grafting amino-POSS onto carbon fibers with active double spiral structural spiralphosphodicholor. Composites Science & Technology，100（21）：158-165.

Jiang D, Xing L, Liu L, et al. 2014b. Interfacially reinforced unsaturated polyester composites by chemically grafting different functional POSS onto carbon fibers. Journal of Materials Chemistry A, 2 (43): 18293-18303.

Kamida K, Okajima K, Matsui T, et al. 1984. Study on the solubility of cellulose in aqueous alkali solution by deuteration IR and ^{13}C NMR. Polymer Journal, 16 (12): 857-866.

Kharazipour, Hbttermanna, Luedemann H D, et al. 1997. Enzymatic activation of wood fibers as a means for the production of wood composites. Adhesion Science and Technology, 11 (3): 419-427.

Kuller A. 2003. Mechanical properties of biodegradable hemp fiber composites. Composites Science and Technology, 63 (9): 1287-1296.

Kushwaha P K, Kumar R. 2011. Znflvence of Chemical treatments on the mechanical and water absorption properties of bamboo fiber composites. Journal of Reinforced Plastics and Composites, 30 (1): 73-85.

Lee S H, Ohkita T. 2004. Bamboo fiber (BF) -filled poly (butylenes succinate) bio-composite: effect of BF-e-MA on the properties and crystallization kinetics. Holzforschung, 58 (5): 537-543.

Lee S H, Wang S. 2006. Biodegradable polymers/bamboo fiber biocomposite with bio-based coupling agent. Composites Part A: Applied Science and Manufacturing, 37 (1): 80-91.

Li X, Tabil L G, Panigrahi S. 2007. Chemical treatments of natural fiber for use in natural fiber-reinforced composites: A review. Journal of Polymers and the Environment, 15 (1): 25-33.

Liu D, Zhong T, Chang P R, et al. 2010. Starch composites reinforced by bamboo cellulosic crystals. Bioresource Technology, 101 (7): 2529-2536.

Lu X, Zhang M Q, Rong M Z, et al. 2003. Self-reinforced melt processable composites of sisal. Composite Science & Technology, 63: 177-186.

Ma X, Chang P R, Yu J, et al. 2008. Preparation and properties of biodegradable poly (propylene carbonate) / thermoplastic dried starch composites. Carbohydrate Polymers, 71 (2): 229-234.

Mohanty A K, Khan M A, Hinrichsen G. 2000. Influence of chemical surface modification on the properties of bio-degradable jute fabrics-polyester amide composite. Composites Part A, 31: 143-150.

Okubo K, Fujii T, Thostenson E T, et al. 2009. Multi-scale hybrid biocomposite: processing and mechanical characterization of bamboo fiber reinforced PLA with microfibrillated cellulose. Composites Part A: Applied Science and Manufacturing, 40 (4): 469-475.

Park S J, Cho K S. 2003. Filler-elastomer interactions: influence of silane coupling agent on crosslink density and thermal stability of silica/rubber composites. Journal of Colloid and Interface Science, 267 (1): 86-91.

Ren J, Sng S, Lopez-Valdivieso A, et al. 2001. Dispersion of silia fines in water-ehtanol suspensions. Journal of Colloid and Interface Science, 238: 279-284.

Sinha E, Rout S K. 2009. Influence of fibre-surface treatment on structural, thermal and mechanical properties of jute fibre and its composite. Bulletin of Materials Science, 32 (1): 65-76.

Tay S H, Pang S C, Chin S F. 2012. Facile synthesis of starch-maleate monoesters from native sago starch. Carbohydrate Polymers, 88 (4): 1195-1200.

Tokoro R, Vu D M, Okubo K, et al. 2008. How to improve mechanical properties of polylactic acid with bamboo fibers. Journal of Materials Science, 43 (2): 775-787.

Torgovnikov G, Vinden P. 2004. New microwave technology and equipment for wood modification. 4th World Congress on Microwave and Radio Frequency Application. USA: Austin Texas: 91-98.

Viikari L, Hase A, Qvintus-Leino P, et al. 1998. Lignin based adhesives and a process for the reparation thereof: WO, 98/31763.

Vinden P, Torgovnikov G. 2003. The manufacture of solid wood composites from microwave modified wood. International Panel Products Symposium. USA：Reno，72-80.

Vinden P，Torgovnikov G. 2004. Method for increasing the permeability of wood. US，10/434446.

Wang H，Chang R，Sheng K，et al. 2008. IMPact response of bamboo-plastic composites with the properties of bamboo and polyvinylchloride（PVC）. Journal of Bionic Engineering，5：28-33.

Welzbacher C R，Wehsener J，Rapp A O，et al. 2008. Thermo-mechanical densification combined with thermal modification of norway spruce（*Picea abies Karst*）in industrial scale-Dimensional stability and durability aspects. Holzals Roh-und Werkstoof，66（1）：39-49.

Wong S，Shanks R，Hodzic A，et al. 2004. Interfacial improvements in poly（3-hydroxybutyrate）-flax fibre composites with hydrogen bonding additives. Composites Science and Technology，64（9）：1321-1330.

Yuan X W，Jayaraman K，et al. 2004. Effects of plasma treatment in enhancing the performance of woodfibre-polypropylene composites. Composites Part A，5（12）：63-1374.

Zeng J B，Jiao L，Li Y D，et al. 2011. Bio-based blends of starch and poly（butylene succinate）with improved miscibility，mechanical properties，and reduced water absorption. Carbohydrate Polymers，83（2）：762-768.

Zhang Y C，Wu H Y，Qiu Y P，et al. 2010. Morphology and properties of hybrid composites based on polypropylene/polylactic acid blend and bamboo fiber. Bioresource Technology，101（20）：7944-7950.

第7章　木竹质人造板低碳制造技术

7.1　引　　言

随着全球经济的发展，国际社会越来越关注发展中国家快速增长的温室气体排放对世界气候变化的影响（Shrestha and Rajbhandari，2010），发展低碳经济已成为全球共识。对我国而言，发展低碳经济既是我国经济社会发展的必然选择，也是我国履行《联合国气候变化框架公约》《巴黎协定》等国际义务的重要举措。低碳经济的具体内涵包含低碳能源体系、低碳技术体系以及低碳产业体系等，其中技术革新与产业绿色发展是构建低碳体系的重要落脚点。

人造板产业是我国林业产业的重要组成部分，是将农林业剩余物变废为宝，连接上游农林资源培育与下游家居装饰材料等终端产品制造的重要纽带产业。2018 年，我国林业产业总产值达 76272 亿元，其中仅人造板工业产值就超过 7000 亿元，占比约 10%。木质人造板主要以胶合板、纤维板、刨花板为主；竹质人造板是我国相关高校、科研机构以及企业经过多年努力开创的富有竹材特色的产品，包括以竹片、竹篾、竹束、竹刨花或碎料、竹纤维等为基本单元的一系列竹质人造板产品，如竹质层积材、竹质胶合板、重组竹、竹刨花板或竹碎料板、竹纤维板、装饰用竹材旋切单板等（叶克林，1993；赵仁杰和张建辉，2002）。经过近几十年的发展，我国已经成为人造板生产大国，竹质人造板的整体制造水平处于世界领先地位，产业规模越来越大，但也存在不少问题，尤其是高耗能、高排放的生产方式问题日益凸显，成为严重制约产业健康良性发展的瓶颈问题。

人造板生产的主要工序包括单元备料、干燥、施胶、组坯、热压成形等，其中干燥和热压成形工序所消耗的能源占人造板生产总能耗的 60% 以上，构成整个生产工序中的高能耗环节。因此，降低干燥和热压成形生产能耗是实现木竹质人造板低碳制造的最重要突破口。随着产业发展与进步，我国对人造板生产的能源消耗标准经历了多次修改。表 7-1 是纤维板的生产能耗指数（Shanshan et al.，2017）。据统计，生产 1m^3（密度约为 650kg/m^3）的纤维板，需要消耗 1.6 ~ 2.0t 木材，消耗电能 320 ~ 400kW·h，此外还需要消耗大量生物质燃料。我国每年生产的纤维板超过 6300 万 m^3（中国林产工业协会，2018），这些纤维板生产仅电能消耗就达 200 亿 ~ 250 亿 kW·h/年。木质刨花板的生产工艺流程与纤维板大体类似，我国每年生产刨花板超过 2700 万 m^3，需要消耗电能约 43 亿 ~ 48 亿 kW·h（中国林产工业协会，2018）。由此可见，目前我国人造板产业离低碳制造还有一定距离，开展相关工序的攻关研究对于节能减排与保护生态环境等具有重大现实意义。

表 7-1　我国生产 1m³ 纤维板的能耗指标

人造板类型	环保指数	能耗/（kgce/m³）
纤维板	一级能耗	≤200
	二级能耗	≤390
	三级能耗	≤440

7.1.1　单元制造技术

纤维板制造的原料单元是木质纤维，需要将木质原料由枝丫材逐级破碎后加工成木纤维。通常将木材剥皮后进行削片，然后将木片水洗、蒸煮软化以及热磨，干燥后得到木纤维（张洋，2012；唐忠荣，2015），整个过程需要消耗大量的能量。

现有的木质纤维板原材料主要由小径材和采伐剩余物组成，原料直径一般小于 15cm。木质纤维板的单线产能不断增大，已由过去的 5 万~10 万 m³ 提高至 15 万~30 万 m³。因此，大部分生产工艺中省去了枝丫材的剥皮工段，不仅提高了原材料的利用率，同时减少了设备、场地、人工等的投入。与此同时，纤维板的原料供给也在不断优化升级，一些企业收集了枝丫材后直接就地削片，再将木片运输至纤维板企业，减少了枝丫材运输、装车、卸车等过程的能耗。木片收集后，首先对其进行清洗去除泥沙等杂质，以减少杂质对后期板材加工质量及设备磨损的影响。现有工艺已经淘汰了过去使用的木片水洗池，取而代之的是循环式木片清洗槽或风洗，以减少废水产量，缓解废水处理压力。清洗后的木片再进入预蒸煮罐，木片预蒸煮后，通过螺旋运输，经一定压力挤压后输送至高温蒸煮罐。高压挤压可以有效排除多余水分，减少高温蒸煮罐的能耗。高温蒸煮时，通过高温蒸汽对木片进行软化，蒸汽温度一般为 160~180℃。木片蒸煮软化后进入热磨室热磨成木纤维，该工序消耗的电能约占整个纤维板生产能耗的三分之一。对此，国内外学者在磨盘材料选择、磨盘间隙等磨盘物性参数对纤维加工节能降耗以及纤维质量优化等方面开展了大量研究攻关。这些研究表明，纤维加工能耗、纤维质量与木质原料参数、蒸煮压力、磨室压力、磨盘转速、齿速、磨盘间隙等密切相关，这为不同单线产能以及不同原料来源的纤维板低碳制造技术突破提供了重要支撑。

刨花原料来源也非常广泛，包括枝丫材、木片以及木材加工剩余物等。枝丫材经削片后含水率很难保持一致，因此一般将木片堆放一段时间，待其自然干燥至含水率均匀后再进行加工。刨花制备不需要水洗、热磨，而是将干木片直接在刨片机中进行刨片。刨片机一般设置有 3~10 台，可满足不同产能要求，且可以同时使用不同类型的刨片机制造不同尺寸的刨花。在一定范围内，提高刨花板芯层刨花的尺寸，制造长、窄、薄的刨花有利于提高刨花板的综合力学性能，从而在满足力学性能的条件下减少板材原料消耗，并达到降低单元制备能耗的目的。刨花加工尺寸与刨片机参数调整密切相关，加工的刨花尺寸通常呈正态分布，而在刨花板生产中表芯层的刨花用量比通常为 4∶6。因此，为满足表层刨花的用料需求，可将过大的芯层刨花进行二次破碎，但这一过程需要成套加工与运输设备，增加了生产成本和生产能耗。若将锯末等木材加工剩余物用于刨花板的表层料，可有效减少加工工序与能源消耗，提高刨花板生产效率。这些木糠或锯末在刨花板原料中的用量占比可高达 10%，在一定程度上可降低刨花备料能耗。整体上，实现刨花备料的低碳制造主要通过提高原料尺寸、提升刨花含水率和尺寸的均匀性来实现（王雅梅，2017）。

7.1.2　单元施胶与干燥技术

7.1.2.1　木质单元

纤维板生产中木纤维的施胶方法有多种，分为拌胶机施胶和管道施胶。拌胶机施胶是将干燥后的木纤维在高速搅拌机中进行施胶，这种施胶工艺消耗的胶黏剂较少，但施胶不均匀，容易出现纤维结团、胶斑等缺陷。管道施胶按施胶的先后顺序，又分为先施胶后干燥和先干燥后施胶两种工艺。先施胶后干燥是将胶黏剂通过输胶泵送入热磨机出口的排料阀管道。纤维浆借助磨室压力高速喷出，处于较好的分散悬浮状，从而使胶黏剂与纤维得到充分均匀的混合。先干燥后施胶是将热磨所得的纤维先经管道气流干燥，然后在管道出口施加胶黏剂。目前，纤维板生产工艺多采用纤维干燥前管道施胶的方法，即一般在热磨产出的纤维浆中施加胶黏剂、固化剂以及其他添加剂，然后再对纤维浆进行干燥。施胶时，纤维浆管道内壁的黏性、纤维浆流速、管道孔径、胶黏剂施加压力、添加剂本身的水混合性等都会显著影响胶黏剂与其他助剂的施加均匀性。在这个过程中，管道内液体流动的微观运动规律遵循公式（7-1）：

$$Re = \frac{4Q}{\pi Dv} \tag{7-1}$$

式中，Re 为液体流动雷诺数；Q 为流体断面平均流量（L/s）；D 为管道直径；v 为流体的运动黏度（m²/s）。

当管道内的液体雷诺数 Re 大于一定值时，纤维浆与添加的液体呈紊流状态，而小于一定值时呈层流状态。在紊流状态下液体内分子相互碰撞，混合均匀；而在层流状态下，液体分子平行运动，不会进行充分混合。因此，在纤维施胶工段，调整纤维浆管道孔径、流速、胶黏剂施加压力等可以提高纤维施胶的均匀性，降低胶黏剂等原料的消耗，减少纤维板板面胶斑数量，进一步提高产品质量。例如，有研究表明，通过缩小纤维浆管道孔径、增大液体雷诺数 Re 值，可以将板面胶斑率由 1.93% 降低到 0.15%，显著提高产品优等品率（韦盛永，2020）。施胶后的纤维含水率较高，导致纤维干燥能耗较大，干燥能耗超过纤维板生产总能耗的 30% 以上。为此，纤维干燥工段广泛采用管道气流干燥技术，通过控制热气流温度、流速、管道直径等来调控纤维干燥效率与质量。

刨花尺寸相对较大，其施胶与干燥均与纤维有所不同。由于用于刨花板表芯层的刨花尺寸由小到大渐变，比表面积差异大，因此二者通常分开施胶，且施胶量随刨花尺寸有所差异。刨花的施胶方式主要有辊筒–环式施胶和辊筒式拌胶。辊筒–环式施胶工序一般用于大片刨花的施胶，这种施胶工艺在辊筒内装有胶黏剂雾化器，然后通过辊筒的旋转，带动内部刨花在辊筒内部抛洒及运输，在此过程附着胶黏剂，并通过刨花间的摩擦使胶黏剂分散均匀。这种施胶方式效率较低，且施胶不均匀，但能维持刨花原有的形态，因而在使用大片刨花为人造板原料的生产中应用较多。而辊筒式拌胶机则是将刨花和雾化的胶黏剂一同加入拌胶机内，通过内部拌胶爪的高速旋转，使胶黏剂与刨花充分接触、混合，并带动刨花向前运输，通过机械挤压、摩擦等作用力使胶黏剂分散均匀。这种施胶方式生产效率高，拌胶均匀，设备占地面积小，但由于拌胶爪的高速旋转会破坏部分刨花原有的形态，因而常用于大片刨花含量少的普通刨花板生产工艺中。

刨花干燥通常采用接触加热和对流加热方式，在机械与气流的联合作用下，实现不同尺寸规格刨花干燥含水率均匀一致。刨花板生产中一般是先干燥后施胶，施胶过程会带入水分，使得刨花通常干燥至较低的含水率，一般在 3% 以内。刨花干燥能耗占其生产总能耗的 30% 以上（兰从荣，2013），根据其使用要求，若能降低刨花干燥要求，适当提高刨花含水率，则可大幅度减少干燥能耗，一般刨花含水率每提高 1%，可节约的生产总能耗就高达 1% 以上（刘明等，2019）。干燥后的刨花经过运输、筛分以及风选后分别进入表层和芯层刨花料仓，用于铺装热压。

除纤维与刨花外，用于胶合板、细木工板等人造板制造的单板、板芯条等也需要进行干燥处理，其干燥方法主要包括大气干燥、网带式干燥机、辊筒式干燥机、常规干燥等。为了进一步提高其干燥效率，减少干燥能耗，近年来作者团队开发了适用于易干木材的微压自排过热蒸汽干燥技术。该技术以汽化过热水蒸气为干燥介质，通过微压闭式循环、梯级控温、废热冷凝回收利用等技术手段，使干燥效率提高 1 ~ 4 倍，干燥能耗降低 25% ~ 50%，实现了单板等易干人造板单元高质高效节能干燥。

7.1.2.2　竹质单元

竹子作为一种木质化的多年生禾本科植物，其生物学特性明显有别于作物和林木，主要表现为竹材直径小、壁薄、中空，物理化学性能明显有别于木材（李延军等，2016）。因此，通常将竹材加工成竹片、竹篾、竹束等基本单元后用于竹质人造板制造。生产中，首先对这些基本单元进行干燥或高温热处理，然后进行施胶或浸胶处理。其中，水溶性酚醛树脂是常用的浸渍用树脂胶黏剂，竹质单元如竹束、竹篾、竹席等浸胶后含水率较高，必须进行二次干燥处理，含水率达到规定要求后再进行组坯与热压。

竹质人造板单元的干燥主要有大气干燥、太阳能干燥、辊筒式干燥、转子式干燥、隧道式窑干、周期式常规窑干等。大气干燥工艺简单，不需要干燥设备方面的投资，干燥能耗与成本低。但大气干燥受季节及气候影响大，介质条件难以控制，干燥时间较长，且干燥过程中易导致竹材发生霉变等。相比大气干燥，太阳能干燥在干燥效率、干燥质量方面都有明显改善，但仍然存在干燥周期长、单位材积投资较大、受区域限制等问题，尤其在冬季和春季，干燥温度低、时间长，竹材易霉变。因此，大气干燥与太阳能干燥很少单独作为一种竹材干燥方法，经常将它作为竹材基本单元的一种预干方法，即在高含水率阶段，先用大气干燥与太阳能干燥对其进行预干处理，在低含水率阶段再采用常规干燥或其他干燥方法对其进行进一步的干燥处理，从而达到降低干燥能耗与成本、提高干燥效率与质量的目的。辊筒式干燥机或转子式干燥机主要用于竹碎料或竹刨花的干燥。竹碎料、竹刨花的规格较小，对干燥过程中竹材碎料或刨花单元的变形开裂等基本没有要求，通常采用高温（温度 150 ~ 180℃）低湿干燥工艺实现物料的快速干燥（向仕龙和蒋远舟，2008）。隧道式干燥窑以热空气对流方式对竹片、竹篾、竹束等基本单元进行干燥，其优点是一次处理的竹材体量较大。但隧道式窑体为开放式入口，热效率较低，能源浪费严重，且难以实现温湿度的精准控制，影响干燥质量。通过加装封闭门，增加排气孔、温度湿度传感器及控制系统，可以明显改善隧道式窑体的保温性能和温度分布均匀性，使干燥能耗降低40%以上（羿宏雷等，2018）。周期式常规干燥窑可以用于竹片、竹席、竹帘、竹束等单元的干燥。

竹材由于淀粉、糖类等内含物丰富，在干燥过程中极易产生变色缺陷（如烧芯、烧节、花斑等），使竹材失去光泽，严重影响其装饰效果。针对竹片常规干燥中易产生变色缺陷的问题，研究团队开展了系列研究，研发出了竹片单元三阶控温高保色干燥技术。同时，针对竹束干燥和热处理分开单独实施，周期长、效率低、能耗高的技术难题，采用汽化过热水蒸气代替常规湿空气作为干燥介质，创新微压闭式循环、废热冷凝回收等技术手段，发明竹材干燥–热处理一体化处理技术，使竹束单元干燥和热处理效率提高 1～2 倍，能耗降低 20%～40%。

7.1.3   人造板成形技术

7.1.3.1   纤维板成形

热压成形是人造板生产制造的关键工序，其实质是基本单元与胶黏剂在湿–热–力多维耦合作用下产生物理化学变化，并最终压制成一定容重、一定厚度和一定强度的板材或型材。纤维板生产通常使用热压成形工艺。木质纤维经施胶、干燥后进入纤维料仓，然后进入成形系统，经机械抛洒铺装后形成纤维板坯，再经过预压、热压后获得纤维板产品。热压成形效率是决定纤维板生产效率的关键因素之一，直接影响纤维板的生产能耗、效率和产能。因此，纤维板坯的高效、节能成形技术是人造板低碳制造研究领域的重要方向。

为提高纤维板成形效率，减少板坯在运输过程中的损失，板坯在进入热压机前通常会设置预压工段。预压的作用主要是排出板坯内部的大量空气，提高传热效率。此外，预压后的板坯厚度小，可减少热压压机闭合的距离，减少板材表面预固化层的厚度，从而减少板材砂光量，节约原材料。纤维板的铺装、预压以及热压成形工艺现已较成熟。目前相关研究主要集中在板面增湿、板坯预热及胶黏剂、固化剂改性等方面，以进一步降低纤维板成形的生产能耗。

板面增湿技术应用较为广泛。纤维板在热压成形过程中热量由板材表层向芯层传递。板面增湿后的板坯，热压时表层会产生大量的热蒸汽，可以快速加热芯层，从而提高板材芯层温度，加速胶黏剂固化，最终达到纤维板快速成形的目的。但板坯表面增湿的水汽用量一般较少，过多的水汽会增加板坯"爆板"的风险，影响板材表面质量，表面增湿对板材成形效率的提高效果有限。针对这一问题，国内外学者以及工程技术人员对板坯预热技术开展了大量研究与实践，主要包括微波预热与高温高压蒸汽预热。相比于板面增湿，这两种预热方式可以提高板坯芯层温度达到20℃以上，从而显著提高纤维板热压成形效率。在预热效率、预热梯度等方面的攻关突破，有望进一步降低纤维板的生产能耗，提高生产效率。为此，作者团队在板坯微波预热技术方面做了大量工作，通过在板材内部快速构建起与常规热压反向的温度场，即板材芯层温度高、表层温度低的温度场，从而显著缩短热压时间，降低热压能耗。

7.1.3.2　刨花板成形

刨花板和纤维板的成形工艺类似，均已逐步淘汰了多层压机设备，连续平压设备成为刨花板与纤维板生产的主流技术。使用连续压机生产的人造板产品表层砂光量小、板材裁边量少，可以节约原材料用量达到10%以上。

刨花板板坯的成形比纤维板复杂，这与板材的渐变结构和刨花尺寸的变化相关。根据目前大量生产的"表-芯-表"三层结构刨花板工艺要求，刨花板板坯的铺装成形也需要使用三个铺装头来完成，即上下表层和芯层铺装。其中，上下表层均使用气流-机械联合铺装。气流铺装可以对表层刨花的颗粒进行初次筛分，然后再通过设置有不同间距的铺装辊对刨花粒度进行逐级筛分，实现刨花表层料由细至粗的渐变式结构铺装。下表层铺装完成后，再使用内置对称结构的机械铺装头铺装芯层刨花，最后再采用与下表层刨花铺装相同的铺装方式完成刨花板坯的上表层铺装。板坯铺装完成后进行预压，工艺过程与目的和纤维板类似。为提高刨花板的生产效率，目前用于板坯预加热的设备主要为双向微波加热，可以提高其芯层温度达到10%以上。由于刨花板坯压缩率低，高温蒸汽加压预热应用较少。预压与预热后的刨花板板坯通过皮带运输进入连续热压机完成热压过程。相比纤维板，刨花板密度相对较低，板坯孔隙率高，排汽较纤维板容易，因此热压成形效率较纤维板高，并且使用先干燥后施胶的工艺，可以对板坯表芯层含水率进行及时调整，以优化板坯内部传热速率，提高热压生产效率，降低单位生产能耗。

综上所述，尽管木竹质人造板的整体制造技术相对成熟，但在单元干燥、热压成形等工序仍然存在生产能耗高、生产成本高等问题，距离低碳制造、低碳经济的发展要求还存在一定差距。作者团队在该领域开展的工作主要包括木竹人造板单元的高效节能干燥技术，人造板板坯反向温度场快速构建技术与节能成形技术，以及一些复合材料的制备技术研究，以期为木竹质人造板低碳制造提供技术支撑。

7.2　人造板单元高效节能干燥技术

干燥是人造板制造的关键工序，不论是制造胶合板，还是生产纤维板、刨花板等人造板产品，其产品制造单元（单板、纤维和刨花）都需要进行干燥处理。干燥也是人造板制造的高能耗工序，通常占人造板生产总能耗的30%以上，在中密度纤维板和刨花板的制造中，纤维和刨花单元的干燥能耗更是占到了生产总能耗60%左右。因此，要实现人造板的低碳制造，必须首先实现人造板单元的节能干燥。相比国外人造板制造技术，近年来我国人造板行业在生产设备研发与制造技术创新等方面取得了长足的进步，部分制造技术甚至处于世界领先水平。但就整个产业来说，我国人造板制造仍然存在能耗高、效率低等问题，尤其是单元干燥工序的能耗较高，严重制约产业的绿色健康发展。因此，降低人造板制造单元干燥工序的能耗对于降低人造板生产成本，实现人造板绿色低碳制造具有重要现实意义。

　　人造板单元刨花、纤维等与实体木材的干燥原理基本相同，都是在干燥介质作用下，通过传热传质过程，蒸发物料内部的全部自由水以及大部分吸着水，使之含水率符合后续生产工艺的要求，但刨花、纤维的干燥方法与实体木材的干燥方法存在明显区别。大规格实体木材（板方材）因表面水分蒸发要比内部扩散作用强烈得多，使得木材内外存在较大的含水率梯度，干燥过程中易产生干燥应力并引起开裂变形等干燥缺陷，因而需要严格控制水分迁移速率与干燥进程。但是，刨花和纤维尺寸小、比表面积大，水分扩散路径很短而水分蒸发面很大，表面蒸发速度和内部扩散速度易同步，且后续工艺对刨花或纤维在干燥过程中的变形开裂等无特殊要求。因此，在干法纤维板和刨花板生产中通常采用高温低湿快速干燥工艺，以提高干燥效率，降低干燥能耗。

　　纤维单元为散状物料，具有细小、蓬松、易分散的特点，其水分蒸发速度很快，在气流中所需要的悬浮速度较小，宜采用高温气流对其进行快速干燥处理。相较于纤维，刨花单元的形态尺寸较大，导致其对气流悬浮速度要求高，不宜采用气流式干燥方法，在生产上主要采用对流换热和接触传热的滚筒或转子干燥机对其进行干燥处理。干燥设备与工艺控制是影响单元干燥能耗、干燥时间和人造板生产效率的关键。对干燥设备与干燥方法的选择一方面要匹配人造板生产线的产能，同时在保证制造单元干燥质量的前提下要合理控制干燥介质的温度与湿度变化，尽量提高干燥速率和效率，降低干燥能耗与干燥成本，减少单位产品的能源消耗。

7.2.1　木质单元节能干燥技术

7.2.1.1　木质刨花滚筒干燥技术

　　木质刨花干燥系统是刨花板生产线的重要组成部分。刨花干燥机以接触加热和对流加热方式完成刨花的快速干燥。按工作原理可分为转子式干燥机、圆筒式干燥机、滚筒式干燥机等。其中，转子式干燥机是干燥机机壳固定而内部加热管道旋转，在进行热交换的同时将刨花翻转并使刨花前移；圆筒式干燥机是干燥机内部的加热管道固定且进行热交换，利用外壳旋转翻动刨花和使刨花前移；滚筒式干燥机是机壳旋转，干燥介质利用外壳的旋转和介质推动刨花前移。

　　转子刨花干燥机如图7-1所示，主要由壳体、转子、进料机构、传动系统、排湿机构组成。其中，壳体由钢板和型钢焊接而成，横断面呈腰形，分为上壳体和下壳体两部分。上壳体长度方向分布着一排观察口，顶部是排湿口和进料口。下壳体底部有一排清料口，进料一侧端板上有新鲜空气入口的调节窗。上壳体和下壳体由螺栓连接，便于运输和维修。其工作原理是，通过干燥机内部的干燥管道加热干燥介质，进入干燥机内的刨花在转子上提升板的作用下被提升到一定高度后落下掉在管束上进行接触加热，同时机内的干燥介质也对刨花进行对流换热。倾斜提升板在刨花提升过程中也会施加给刨花一个向前的推力，刨花在倾斜提升板和气流的共同作用下从进料端向出料端运动，并在旋转下料阀的作用下将刨花送出机外。目前，我国中小规模普通刨花板生产线的干燥工段基本都配置转子式刨花干燥机，其粉尘和有机挥发物（VOCs）排出量少，电耗与能耗较低，单台产量可满足年产刨花板 1.5 万 ~ 3.0 万 m³ 生产线的需求，较大产量需用两台并联或采用双转子刨花干燥机。

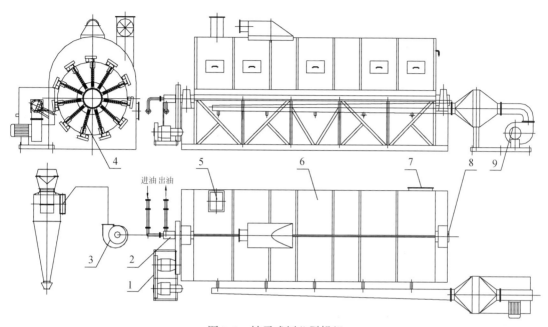

图 7-1　转子式刨花干燥机

1. 驱动装置；2. 旋转接头；3. 排湿系统；4. 转子（包括主轴、热油管束和料铲）；5. 进料下料器；6. 壳体；
7. 出料口；8. 转子前、后轴承；9. 空气预热器

　　圆筒式干燥机也是国内小规模刨花板生产的常用干燥设备，主要由圆筒和布置在圆筒内的系列蒸汽管道加热器等组成。干燥机圆筒长 5 ~ 18m，直径与长度之比为 1/6 ~ 1/4。圆筒用两对导轮支撑，由电动机带动圆筒回转，圆筒调速范围在 3.5 ~ 25r/min，以此控制干燥时间。圆筒式刨花干燥机一般利用蒸汽作为传热介质，通过干燥机内部的金属管道对干燥介质进行加热。蒸汽从圆筒一端的进气管进入，通过内部多组加热管，圆筒的另一端有排气管，刨花从进料口进入，与加热管接触加热刨花使之干燥。圆筒安装成一定倾斜度，内部设有导向叶片，圆筒回转时刨花逐渐向出口处移动。干燥时应使蒸汽出口温度保持在 140℃，排湿口废气温度保持在 80℃。圆筒式干燥机的缺点是，刨花之间以及刨花与干燥机壁和加热管之间的摩擦容易使刨花破碎并生成粉尘，并且圆筒内有较多的蒸汽管，一旦漏气维修较为困难。

　　转子式和圆筒式干燥机作为传统刨花干燥设备，由于燃煤锅炉实际运行热效率一般不超过 70%，以及蒸汽换热过程的二次转换热损失、实际生产运行中冷凝水回收不充分的热损失、干燥机排湿的热损失等，使其热效率大大降低，燃料的热能利用率约为 65%。随着人造板单元干燥技术的发展，转子式和圆筒式干燥机逐渐被以烟气为干燥介质的滚筒式干燥机所替代。滚筒式（也称通道式）刨花干燥系统以锅炉高温烟气作为热介质，以风机提供刨花输送动力，是集高温烟气除尘除火星、湿刨花干燥与分离、余热回收与利用、尾气

除尘与排放于一体的系统工程，具有产量大、节能环保、可靠性好、干燥后刨花含水率均匀等特点，热效率可达90%以上，适用于年产7万~45万 m³的刨花板生产线。

滚筒式干燥系统分为单通道干燥系统和三通道干燥系统，二者的工作原理和系统组成相同，不同之处是二者干燥辊筒的结构不同。三通道干燥系统的干燥辊筒由三个同心通道组成，刨花和热烟气由内通道进入，经180°转向后进入中间通道，再经180°转向进入外通道，最后从外通道排出。单通道干燥机的干燥辊筒只有一个通道，不存在180°转向问题。三通道干燥系统产能相对较低，适用于年产7万~12万 m³的刨花板生产线，单通道干燥系统适用于年产12万~45万 m³的生产线。

1）单通道刨花干燥系统

（1）带预热段的单通道滚筒干燥系统

单通道刨花干燥系统的工艺配制与三通道刨花干燥系统类似，常见使用于年产15万、20万、25万、30万 m³的生产线，由于其产量巨大，通常在干燥机前设置预干燥管道。单通道刨花干燥系统原理结构示意图如图7-2所示。热能中心提供高温烟气送入干燥系统的混合室，与来自干燥系统的循环烟气充分混合达到工艺所需温度，经烟气除尘装置处理后，通过预干装置及进料装置，湿刨花通过旋转阀进入垂直布置的预干管道，同时异物从装置底部的异物下料器排出，对于松散的废板坯或半干刨花可以从下降管道的下料器进入，在风机组的作用下，湿刨花在高温气流和内部机械料铲的共同作用下水平流动，进行较长时间的干燥而达到终含水率要求。干燥后的刨花由刨花分离装置下部的干刨花运输机输出，大部分刨花在此分离，较轻的刨花和粉尘继续向前运动，由除尘器底部的输送设备输出，与刨花分离装置分离的刨花混合，经除尘的湿热烟气由烟囱排向大气，其余尾气作为能源进行回收再利用，大大提高了干燥系统的热效率。单通道干燥机对刨花形态破坏较小，适合大片刨花（刨花长度>50mm）且尺寸大小不均匀的刨花的干燥，如定向刨花板（OSB）的原料。刨花尺寸不同，通过干燥筒的速度亦不同：细小刨花在筒内停留时间较短，约10min；粗大刨花则逗留时间较长，有的甚至长达20min（汪晋毅，2012）。

与相同产量的三通道刨花干燥系统相比，单通道干燥系统更加节能，制造和运行的成本更低，但其对干燥系统的制造、安装和运输能力要求很高，具有相当的难度。对于一般的单通道干燥系统而言，热能中心和干燥机一旦定型安装后便无法进行更改和加大，但是对Ω预干燥管道（湿刨花的预干燥系统外形似符号"Ω"，又称Ω预干燥系统，如图7-3所示）进行技术改造容易实现，而且投资不大，特别是对于建立在冬季漫长的北方地区的工厂非常有利。一般的Ω预干燥管道左右两侧的管长合计约30m。若水平布置，30m长会占据非常大的平面位置，水平布置管道内还存在湿刨花积料起火的重大安全隐患。而垂直Ω型布置，既美观又节省空间。Ω预干燥管道内部为空管，对进入管内的湿刨花无法很好地分散，大量湿刨花团状通过管道，预干燥效果大打折扣，不但预干燥的均匀度差，而且对热能的有效利用率较低。在Ω预干燥管道内部焊接十字导流换热板，可有效提高刨花干燥效率与质量。Ω预干燥管道内壁的接触换热面积为 $3.14DL$（D 为预干燥管道内径，L 为预干燥管道长度）。增加十字导流换热板一方面可以对进入Ω预干燥管道的热烟气和湿刨花进行整流，并使进入Ω预干燥管道的湿刨花团分散开来，另一方面，增加了湿刨花

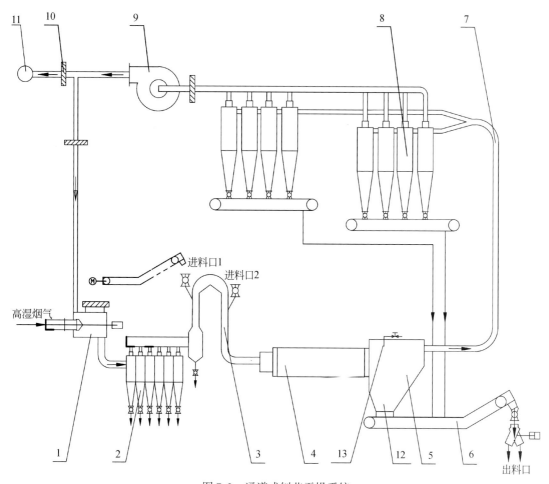

图 7-2　通道式刨花干燥系统

1. 混合室；2. 烟气除尘装置；3. 预干燥及进料装置；4. 干燥辊筒；5. 刨花分离装置；6. 干刨花运输机；7. 风送管道；
8. 除尘器；9. 风机组；10. 控制系统；11. 烟囱；12. 火花探测及熄灭系统；13. 消防灭火系统

的接触换热面积，提高了换热效率。当新增加的十字板面积为 $2DL$ 时，每块十字板的两个面均参与接触换热，相当于新增加的十字板接触换热面积为 $4DL$，总接触式换热面积为 $7.14DL$，接触换热能力提高了 127%，大大节约了热能并提高了生产效率（陈耀礼等，2019）。

虽然干燥尾气温度高、排量大，利用其对湿刨花进行预干燥可以有效节约干燥能耗。但干燥尾气中也含有大量的水汽，应根据预干燥机的安装位置、尺寸、结构、动力特征等进行综合设计与考虑。以年产 30 万 m^3 刨花板生产线为例，干燥风机风量约为 30 万 m^3/h，排空量约为 15 万 ~ 20 万 m^3/h，如果将其余部分回收至原有的热烟气混合室进行调温（热能出口热烟气温度约为 800℃，引入干燥尾气调温至 500℃ 左右，再进入原有预干燥管道后进入单通道干燥机），则通过合理配置预干燥系统每年可节省燃煤约 7500t，提高干燥系统产能和刨花板产能 10%（陈青来等，2015）。

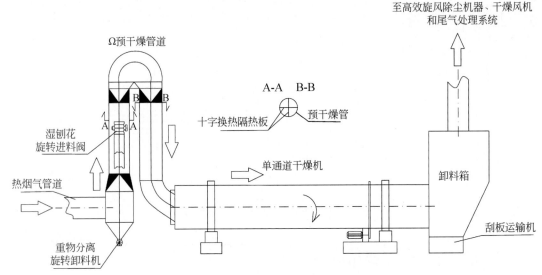

图 7-3　带 Ω 预干燥的刨花干燥系统（陈耀礼等，2019）

（2）不带预热段的滚筒干燥系统

不带预热段的滚筒干燥系统又称炉气加热圆筒干燥机。这种干燥机的外形与间接加热的圆筒干燥机十分相似，圆筒的两端用支撑轮支撑，由电动机带动使圆筒回转。与带预热段的单通道干燥机相比，其气流速度低，干燥时间长。

滚筒的内部结构简单，没有加热管，只装一些导向叶片。圆筒转动时带动刨花向出料口方向移动。干燥机前端带有燃烧室，一般用废木材、锯屑、煤或油等作燃料，在燃烧室燃烧后产生高温气体，与进入燃烧室的冷空气按一定比例混合。炉气的进口温度为 300～400℃，以 1～3m/s 的气流速度经过干燥圆筒，出口温度约 200℃。从进料口进入圆筒的刨花与炉气进行热交换，干燥后的刨花从排料口排出。废炉气可排入大气中或经炉气再循环装置送回燃烧室，继续循环使用。

2）三通道刨花干燥系统

三通道干燥系统是利用高温干燥以及生物质燃料热风炉对刨花进行干燥的设备。三通道干燥机系统与单通道干燥机相似，所不同的是三通道干燥机的干燥室由三个直径不等的干燥筒同轴套装组合而成。各层均装有特殊形状的导料板，物料在圆筒旋转力及热风引力作用下沿螺旋导流道运行，使物料在三层圆筒内进行充分热交换。

三通道刨花干燥系统如图 7-4 所示。三级滚筒气流干燥机外形长约 30m，直径约 4m，刨花在干燥筒内要经过大约 3 个干燥筒长度的干燥过程。刨花在半悬浮状态下与热烟气接触，并随着烟气从中心通道向外侧通道移动。首先，刨花由进料器进入干燥筒中心通道，此通道直径最小，介质流速很快，刨花在高温气流作用下快速移动，停留时间非常短，此时刨花表面自由水快速蒸发；接着，刨花折转 180°进入直径较大的第二通道，此时刨花的流速约为中心通道时的 50%。刨花在此通道内停留的时间延长，完成刨花芯部的水分向表面迁移的过程；然后，刨花再折转 180°进入直径更大的最外层第三通道，刨花的流速再次降低，从刨花芯部转移到表面的水分逐渐蒸发，最终达到要求的含水率。干燥新鲜木质刨花时，气流入口温度最高可达 650 ~ 760℃，三个圆筒由小到大的气流进口速度依次可以为498m/min、195m/min、98m/min。

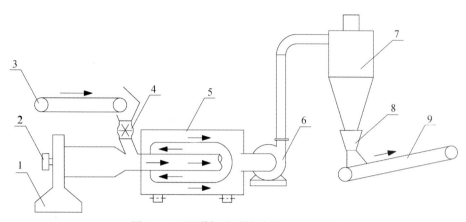

图 7-4　三通道气流干燥系统原理示意图

1. 热交换装置；2. 燃烧室；3. 供料装置；4. 旋转阀；5. 三通道干燥机；6. 风机；7. 旋风分离器；
8. 扩料室；9. 出料装置

三通道刨花干燥机干燥工艺流程为：燃烧炉内燃料在充分燃烧产生的高温烟气由燃烧炉上部排出，经沉降室清洁后进入混合室，与来自干燥机的尾气混合，混合烟气温度达到工艺使用的要求（一般为 300 ~ 500℃），再经过除尘器后将清洁的烟气送到三通道刨花干燥机，同时湿刨花通过回转下料器进入干燥机。在风机的作用下，热烟气与湿刨花一起以20m/s 的速度进入内通道，再以 10m/s 的速度折向中间环形通道，最后以 5m/s 的速度通过外通道运动至出口。湿刨花向前输送的过程中，较小的刨花在干燥机内基本处于悬浮状态，与烟气速度同步通过干燥机；而较湿重的刨花落入筒体底部，但由于干燥筒的转动，湿重刨花被分布于通道内的抄板抄起返回气流中，随热烟气向前运动，在这个过程中烟气充分与湿刨花接触，水分迅速蒸发，最终经过三个通道的长距离干燥而达到所需的终含水率。较小的刨花在干燥机内迅速干燥，并较快地从干燥筒内排出；而较湿重的大刨花在干燥机内时间较长，这样可使刨花干燥更均匀。合格的干燥刨花由旋风分离器下部的回转下料器排出，湿热的烟气除尘后一部分经烟囱排入大气，其余再次进入干燥系统混合室循环使用，大大提高了热能使用效率（范新强和薛建利，2012）。

三通道干燥机三层通道间的 180°转向会导致较大的压力损失，如果要提高干燥机的产能就需要增加风机功率、风量，增大筒体直径。但从节能和运行成本的角度来看则不可取，故三通道干燥机不宜用于大规模产能生产线，一般使用于年产量小于 10 万 m³ 的生产线。而单通道干燥机只有一个通道，压力损失小，刨花通过能力大，可满足年产 45 万 m³ 或更大产能刨花板生产线的刨花干燥。表 7-2 列出了部分干燥系统的性能比较。从表中可以看出，刨花板生产线规模大小各异，干燥机的配置形式也不尽相同，需重点考虑能耗与产量输出的合理匹配，以实现最大程度的节能干燥。

表7-2　不同干燥系统性能比较

序号	项目	转子干燥机	三通道刨花干燥系统		单通道刨花干燥系统				
1	型号	BG2333	BGXT7	BGXT10	BGXT15	BGXT20	BGXT25	BGXT30	BGXT35
2	产能	3万 m^3	7万 m^3	10万 m^3	15万 m^3	20万 m^3	25万 m^3	30万 m^3	35万 m^3
3	生产能力（绝干）	3000kg/h	7000kg/h	10000kg/h	15000kg/h	20000kg/h	25000kg/h	30000kg/h	35000kg/h
4	初含水率				80%（干基）				
5	终含水率				~2%（干基）				
6	水蒸发量	2340kg/h	5460kg/h	7800kg/h	11700kg/h	15600kg/h	19500kg/h	23400kg/h	27300kg/h
7	热介质	导热油			高温烟气				
8	热量消耗	2.75MW	6.4MW	9.1MW	13.6MW	18.2MW	22.7MW	27.2MW	32MW
9	进口温度	230℃			450℃				
10	出口温度	210℃			120℃				

7.2.1.2　木质纤维管道气流干燥技术

纤维干燥主要采用管道式气流干燥。由于纤维干燥时间极短，又称为"闪击式"管道干燥。早期使用的纤维干燥系统包括长70~100m、直径1.0~1.5m的主干燥管道，管道端部与旋风分离相连接，使干纤维与干燥介质相分离，干燥时间为4~10s。目前，在中/高密度纤维板生产线中应用最广泛的是一级或二级管道气流干燥（图7-5），纤维整个干燥时间一般仅为3~5s，干燥管道直径为1.0~2.6m（管道直径根据产量不同而不同），管道长度为120m左右。这种管道干燥系统主要由空气预热器（散热器）、干燥管道、风机、旋风分离器、监测装置和防火安全装置等组成。

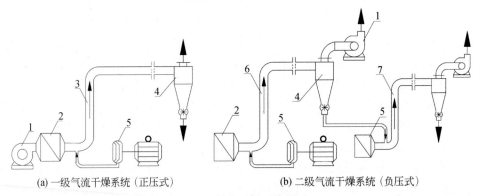

(a) 一级气流干燥系统（正压式）　　　　(b) 二级气流干燥系统（负压式）

图7-5　纤维干燥系统原理

1. 鼓风机；2. 热交换器；3. 干燥管道；4. 旋风分离器；5. 热磨机；6. 一级干燥管道；7. 二级干燥管道

一级气流干燥系统使用的干燥介质温度介于250~350℃，纤维通过干燥机能一次达到要求的含水率，干燥时间控制在胶黏剂达到固化以前结束。酚醛树脂在350℃时8~10s固化，所以纤维在一级干燥的管道内停留的时间不超过5~7s。脲醛树脂在140℃时5~10s固化，纤维在管道停留时间不超过5~8s。一级气流干燥系统的特点是干燥时间短、生产效率高、设备简单、投资少、热损失小，主要缺点是温度高、着火概率大、含水率不易控制。

二级气流干燥系统使用的干燥介质温度在 200℃以下，其干燥工序分两步进行。第一级由于纤维含水率高（50%～60%），可以使用较高的进口温度（160～180℃），纤维到达干燥机出口处时，温度降低到 55～65℃。纤维在第一级管道中停留 3～4s，干燥后纤维含水率降到 20%左右。然后进入二级干燥管道。二级干燥管道介质温度较一级低，但管道较长，其进口温度为 140～150℃，出口温度为 90～100℃，干燥后纤维含水率达到最终要求的 6%～8%（酚醛树脂的干法硬质纤维板），纤维在第二级管道中停留 3～4s。纤维通过二级干燥系统的总时间（包括在旋风分离器和出料阀中停留的时间）约 12s。二级干燥系统的优点是干燥温度低、着火概率小、干燥过程控制灵活、纤维含水率均匀；主要缺点是干燥管道长、占地面积大、投资高。此外，二级干燥系统由于干燥管道长且多一次废气排放，热损失大，热效率低于一级干燥系统。

由于干燥管型不同，纤维在管道中流动的情况也不一样，对干燥工艺也有一定的影响。按管道的结构形式，可分为等径型、变径型、立式套管型、卧式套管型和改良脉冲型等。这些管型均适用于一级或二级干燥。如用于二级干燥系统只需分段将选取的管道串联起来。无论一级或二级干燥系统，或各类管型，都能安装成正压和负压形式。其中，正压式增大了纤维的受热面积，改善了热交换条件，容易形成各种需要的风压，干燥效率较高。负压式的风压受到限制，尤其是离心风机所能形成的真空度有限。要加大风速只能增加风机的容量，故动力消耗较大。虽然正压式和负压式的风压系统在中/高密度纤维板生产线中都有应用，但是近几年来，中/高密度纤维板生产线一级气流干燥工艺基本都采用纤维不经过风机的正压系统。这种系统综合了常规两种风压形式的优点，因此应用日益广泛。现有的一级气流干燥系统主要包括以燃气作干燥介质的一级气流干燥系统和以热空气作干燥介质的一级气流干燥系统两种类型。

1）燃气介质的气流干燥系统

在干法纤维板生产中，为了提高干燥机干燥效率、节约干燥成本，在热空气介质一级气流干燥系统的基础上，引入一部分燃烧气（废木材、木粉）或直接使用燃烧气作干燥介质，形成了以燃气为介质的纤维气流干燥系统。这种干燥系统由燃烧炉、空气预热器、干燥机、旋风分离器、监测控制系统及安全设施等构成。系统运行时，燃气通过燃烧木粉而获得。第一燃烧室的温度控制在 1000℃，第二燃烧室紧接第一燃烧室，燃气在这里降温至 650℃。然后与蒸汽加热器加热的空气（130℃左右）混合，两种气体按比例混合使其最高温度保持在 315℃，作为干燥介质。从热磨机出来的湿纤维含水率一般在 70%左右，由纤维喷管喷入干燥机加速管进行加速，气流夹带湿纤维以 30m/s 的速度移动，使纤维含水率迅速降到 10%左右。然后进入长主干燥管道，纤维含水率最终降至 3%～5%。纤维经过整个干燥段的时间为 4s。干燥后的纤维经旋风分离器排出。采用这种明火的燃气式干燥形式，易引起火灾甚至爆炸事故。因此，要求干燥机必须具备完备的现代化防火防爆措施，以保证干燥机安全可靠的运行。

2）热空气介质的气流干燥系统

早期的干法纤维板生产采用先施胶（酚醛树脂）后干燥工艺，因酚醛树脂耐热老化性能好、固化温度高（130～140℃），故因干燥而产生的预固化问题不突出。目前，干法纤维板生产普遍使用脲醛树脂胶黏剂，由于脲醛树脂的耐热老化性能不好，固化温度又低（低于100℃），因干燥而产生的预固化问题就比较突出。因此，采用先施胶后干燥工艺的施胶量，通常会比采用先干燥后施胶工艺的施胶量大1%～2%。

以热空气作为干燥介质时可使用蒸汽、热油等作热源加热空气，由于干燥介质温度远低于燃气介质，干燥机着火的概率减小，具有干燥时间短、生产效率高、设备简单、投资少、热损失小等优点。典型的干法纤维板生产中以热空气作干燥介质的一级气流干燥系统包括吸风过滤器、风机、热交换器、控制阀、旋风分离器、旋转阀、温度控制器、火花探测与灭火系统、空气过滤器的压差监控装置、紧急情况风门控制装置等。干燥过程所需要的空气由高效风机经过吸风罩从室外吸入。主风机吸入的空气通过空气过滤器送至两台空气加热器，由蒸汽或热油加热。热磨机喷出的湿纤维与胶液等在施胶管中混合后通过喷管送入干燥机，由经过加热器加热的空气携带着纤维物料在干燥管道内移动干燥，同时在气流的扰动力作用下完成胶液与纤维的均匀混合。干燥机进口温度控制在120℃左右，出口温度控制在55～75℃，通过对出口温度的精确控制，以保证干燥后纤维含水率均匀一致。

热空气介质一级干燥系统管道虽不分级，但可加工成变径管道。由于靠近纤维喷入段的纤维速度小，需要被加速，因此要求前段介质流速高，迅速将纤维的速度提高到一定值，因此管道直径小更有利于纤维提速。当纤维速度达到一定值后，则需要保持一定速度，以保证干燥时间和减少管道长度。因此，依据管道前段和后段功能差异将其分为加速段和干燥段。在加速段，湿纤维刚从热磨机喷出并施胶，喷出后速度骤然减小，而热介质流速高（23～30m/s），湿纤维与热介质速度差大，热交换效率高，因而纤维中水分能快速汽化，含水率急剧下降。在干燥段，管径加大，热介质流速减小，与湿纤维的相对速度差较小甚至同步，由于纤维水分减少，干燥主要依靠纤维与热介质之间的温度梯度来完成，因此适当延长纤维在热介质中的滞留时间可以获得较好的干燥效果，特别是对较粗的纤维。纤维滞留的干燥时间可以通过扩大管径来延长，即将管径扩大至加速段管径的1.1～1.2倍。通常，干燥段长度约为管道全长的90%。

7.2.1.3　木材微压自排过热蒸汽干燥技术

细木工板、生态板和工程胶合木等人造板被广泛应用于家具制造、装饰装修、结构工程等领域，其生产过程中需要消耗大量人工速生林木材，如杨木、马尾松及杉木等。这类速生人工林木材由于生长速度快而存在着生长应力大、密度低、尺寸稳定性差问题，如何在干燥时有效地释放其生长应力减少干燥缺陷，并在一定程度上提高速生人工林木材尺寸稳定性，实现高效低耗提质干燥一直是干燥领域研究的热点与难点问题。过热蒸汽干燥是近年发展起来的一种新型干燥技术，与常规蒸汽干燥和高温干燥相比，过热蒸汽干燥具有以下显著特点：①用水蒸气代替湿空气作为干燥介质，即用水蒸气来干燥木材，在水热协同作用下释放木材的生长应力；②干燥过程基本为闭式循环，干燥室与外界无湿交换，即无排气和进气过程，完全避免了换气热损失和木材挥发物的直接对空排放，既显著降低了干燥能耗，又减少了对环境的污染；③过热蒸汽干燥中，干燥室内基本无氧气存在，从根本上避免了木材氧化变色和火灾的发生，干燥的同时可以实现低温热处理提高木材尺寸稳定性的效果；④与湿空气相比，水蒸气具有更大的比热和传热系数，能显著加快木材的干燥速率。因此，过热蒸汽干燥具有干燥速率快、能量利用率高、对大气环境无污染等显著优点，是一种节能环保干燥新技术。国际干燥协会主席 Mujumdar 把过热蒸汽干燥称为在未来具有巨大潜力和发展前途的干燥新技术。近年来，美国、澳大利亚、新西兰等国的研究和生产实践表明：与常规蒸汽干燥相比，在获得同样干燥质量的条件下，常压过热蒸汽干燥能减少干燥时间50%以上，降低干燥能耗20%左右。此外，美国、澳大利亚等国的研究和生产实践表明，采用过热蒸汽作为干燥介质，可以在松属木材快速干燥过程中，脱出木材内部大部分的树脂，有效避免松属制品使用过程中出现的表面"溢脂"问题。作者课题组针对马尾松、杨木锯材在常规干燥中存在的突出问题，设计并制造了工业用微压自排过热蒸汽干燥设备，研发了马尾松过热蒸汽干燥、杨木常规−过热蒸汽联合干燥技术，为提升我国木材干燥整体技术水平，实现我国木材加工企业节能减排、降耗增效且提供了技术支撑。

1）试验材料与方法

试验材料为速生马尾松和杨木，取材于湖南省常德、益阳等地，原木胸径在 280 ～ 350mm，锯制成 2000mm（长）×150mm（宽）×42mm（厚）规格的木材，生材初含水率 80% 以上，部分木材采用工业保鲜膜包裹后放入冰柜冷藏保存，以保持其高含水率状态，其余试件利用常规干燥方法将其含水率干燥至 30% 左右。实验设备为自制小型过热蒸汽干燥箱、温度及质量在线监测采集系统，试件尺寸为 320mm（长）×150mm（宽）×20/30/40mm（厚）。工厂用设备为课题组设计的集常规干燥、过热蒸汽干燥及高温热处理等功能于一体化的新设备，试件尺寸为 2000mm（长）×自然宽×30mm（厚）。

过热蒸汽干燥：在试件侧面中部厚度方向上 5mm（表层）和 10mm（芯层）处钻 45mm 深孔，预埋 K 型热电偶传感器，用于监测干燥过程中试件内部传热过程；同时，在试件侧面靠近两端部处钉入铁钉悬挂质量在线采集系统，用于动态监测干燥过程中木材试件的质量变化过程；试验过程分为汽蒸预热处理及过热蒸汽干燥两个阶段，其中汽蒸预热处理工艺为从室温升至 100℃，升温速率 20℃/h，升温过程中分别在 40℃、60℃、80℃、100℃各保温 1h，干湿球温度一致；过热蒸汽干燥阶段干燥介质温度分为 110℃、120℃、130℃、140℃、150℃、160℃ 六个水平，干燥过程中升温速率为 30℃/h。干燥试验结束后，测量统计试件弯曲、变形及开裂情况后放入烘箱烘至绝干，计算试件含水率。

色差测试：利用 WCS-S 色差仪，按照国际照明委员会制定的 CIE 标准进行明度 L^*、红绿指数 a^* 和黄蓝指数 b^* 的测定，并通过公式计算色差，得出不同温度干燥对木材颜色变化的影响。

力学性能测试：按照 GB/T 1929—2009《木材物理力学试材锯解及试样截取方法》、GB/T 1936.2—2009《木材抗弯弹性模量测定方法》及 GB/T 1936.1—2009《木材抗弯强度试验方法》测定不同干燥方法干燥材的力学性能。

湿胀性测试：包括吸湿性试验和吸水性试验，根据 GB/T 1934.1—2009《木材吸水性测试方法》及 GB/T 1934.2—2009《木材湿胀测试方法》的要求，将不同干燥条件处理后的马尾松试件制作成标准规格 20mm×20mm×20mm 的小试件进行湿胀性检测。

微观构造：从气干对照材和热蒸汽干燥材上制取规格为 8mm×8mm×8mm 的试样，直接采用滑动式切片机将待观察面削平，再将试样烘至绝干，进行喷金处理后采用扫描电镜观察。

2) 马尾松常压过热蒸汽干燥技术研究

(1) 过热蒸汽干燥温湿度变化特性及其对干燥质量的影响

图 7-6 为不同过热蒸汽温度干燥条件下马尾松木材内表层和芯层温度的变化规律。从图中可以看出，马尾松木材表、芯层温度的升温过程基本相同，但芯层温度的升温速率略滞后于表层，整个干燥过程中木材内部存在一定的温度梯度，这主要是因为表层从干燥介质中获得的热量一部分用于蒸发木材内部的水分，另一部分热量向木材内部传递，二者比例由表面水分蒸发速率决定，其表面水分蒸发速率快，则向内部传递的热量就会减少，芯表层温差就会越大。反之，则芯表层温差变小。

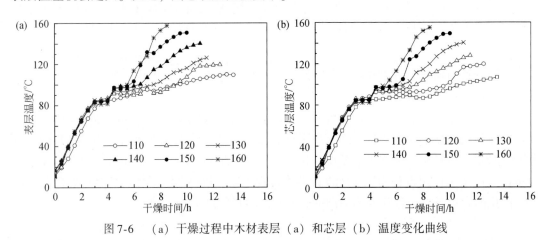

图 7-6   (a) 干燥过程中木材表层 (a) 和芯层 (b) 温度变化曲线

马尾松木材在过热蒸汽干燥过程中内部温度及含水率的变化规律如图 7-7 所示。这里需要指出的是，内部温度为表芯层温度的均值。由图可知，木材的过热蒸汽干燥过程与常规干燥过程类似，也可大致分为前期快速升温加速干燥段、中期恒温恒速干燥段和后期升温减速干燥段，常规干燥在含水率 30% 左右时由恒速干燥阶段进入减速干燥阶段，而过热蒸汽恒速与减速干燥阶段的含水率转换点在 20% 左右。过热蒸汽温度为 160℃、150℃、140℃、

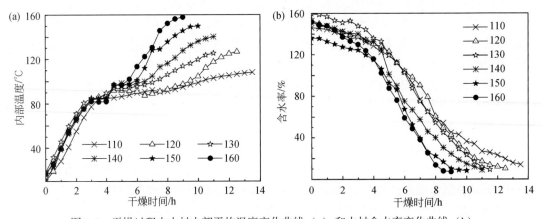

图 7-7   干燥过程中木材内部平均温度变化曲线 (a) 和木材含水率变化曲线 (b)

130℃、120℃和110℃时，其对应的干燥速率分别为0.26%/min、0.21%/min、0.20%/min、0.19%/min、0.18%/min和0.14%/min，方差分析结果表明过热蒸汽温度对干燥速率的影响显著，因此，在干燥质量允许情况下尽量提高干燥温度，可显著提升干燥速率。

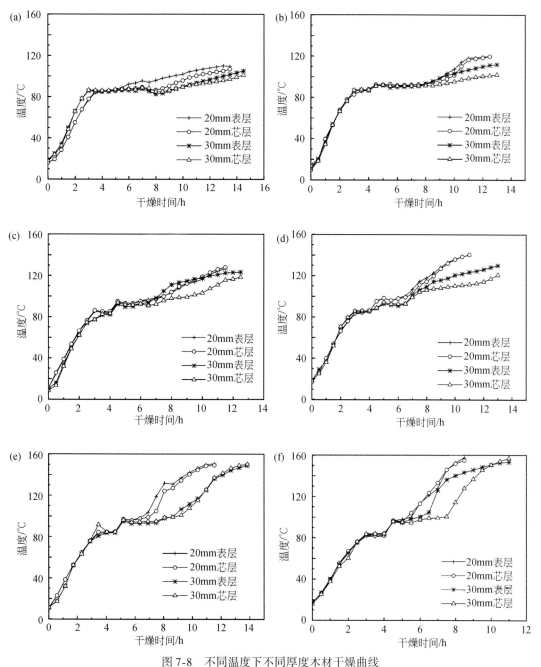

图7-8　不同温度下不同厚度木材干燥曲线

（a）110℃；（b）120℃；（c）130℃；（d）140℃；（e）150℃；（f）160℃

锯材厚度对过热蒸汽干燥过程中马尾松木材温度变化特性的影响规律如图7-8所示。由图可知，在同一厚度情况下，随着干燥介质温度的升高，木材升温速率呈增加趋势，干燥介质温度越高木材的中期恒温恒速干燥阶段越短；同一干燥介质温度条件下，20mm厚的马尾松木材较30mm厚的马尾松木材干燥传热速率快，其中20mm厚试件表层温度上升最快，芯层温度较表层低；30mm厚木材表、芯层温度差异较大，芯层温度明显低于表层温度，这主要是因为随着木材厚度增加，热量传导路径变长，需要消耗更多热量用于升温，从而导致芯表层温差变大；随着干燥时间的延长，20mm厚试件的表、芯层温度差逐渐减小最后趋于一致，30mm厚试件的表、芯层温度差异呈现由大变小的趋势。

马尾松常规干燥材及过热蒸汽干燥材的干燥质量检测结果如表7-3所示。由表可知，就平均终含水率、厚度上的含水率偏差和截面变形三项评价指标而言，140℃以下过热蒸汽干燥的马尾松木材干燥质量达到了二级以上标准，且其平均终含水率、厚度上含水率偏差、端裂等指标明显优于常规干燥材。并且未出现表裂现象，这主要是在进行过热蒸汽干燥之前进行饱和蒸汽汽蒸处理，高温高湿的水热协同作用有效地释放木材表层部分干燥应力，从而减少了表裂出现概率。但当过热蒸汽温度超过150℃时，木材内部出现了内裂干燥缺陷，且随着过热蒸汽温度的升高，木材发生内裂缺陷的程度增加，这主要是因为随着干燥介质过热度增加导致表层水分蒸发速率增加，而木材芯层水分向表层迁移速率受木材渗透性制约不能及时补充表层水分散失，较大的芯表层含水率梯度导致其内部干燥应力超过木材对应温度下的临界强度而发生破坏。因此，在制定马尾松过热蒸汽干燥基准时，干燥过程中的介质温度最好控制在140℃以下，可以获得较高干燥速率的同时有效避免干燥缺陷的产生。

表7-3　马尾松常规干燥材及过热蒸汽干燥脱脂处理材的干燥质量检测结果

处理温度/℃	平均终含水率/%	厚度上的含水率偏差/%	端裂/条	表裂/条	内裂/条	截面变形/mm
常规干燥	12.48	4.3	9	4	—	0.63
110	10.78	2.6	—	—	—	0.24
120	10.27	1.8	1	—	—	0.38
130	9.30	1.6	1	—	—	0.59
140	8.92	1.2	3	—	—	0.87
150	8.31	1.1	5	1	2	1.16
160	7.24	1.2	7	1	2	1.22

（2）过热蒸汽干燥对马尾松木材物理性能的影响

干燥介质温度对马尾松木材颜色的影响规律如图7-9所示。由图可知，与常规干燥材相比，随着干燥介质温度的升高，木材的明度略有降低，红绿与黄蓝指数略有增加，其中明度最大降幅为4.68%，红绿和黄蓝指数的最大增幅分别为3.08%和4.70%。对比分析常规干燥及过热蒸汽干燥处理后木材的宏观颜色及总体色差发现，过热蒸汽干燥材基本保留原色，这主要是因为过热蒸汽干燥的介质为水蒸气，氧气含量极低，降低了木材发色基团和助色基团在高温环境下氧化变色的概率。因此，采用过热蒸汽干燥木材，在160℃温度范围以内可以不考虑介质温度对木材颜色和视觉效果的影响。

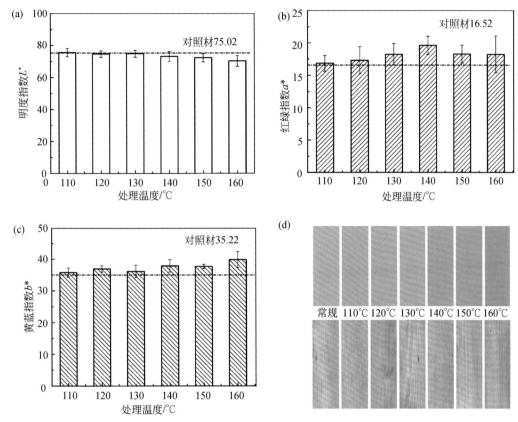

图 7-9 处理材与对照材的（a）明度指数、（b）红绿指数、（c）黄蓝指数、（d）宏观颜色

不同干燥条件马尾松试材的吸湿规律如图 7-10 所示。由图可知，在同一厚度条件下，干燥介质温度对木材吸湿性影响显著。在 110～130℃温度区间内过热蒸汽干燥材吸湿性较常规干燥材高，这可能是因为在过热蒸汽干燥过程中由于树脂析出提高了马尾松的渗透性进而导致其吸湿性增大；当过热蒸汽温度超过 140℃时，木材的吸湿性又迅速下降，并略

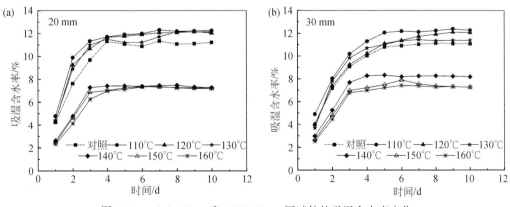

图 7-10 （a）20mm 和（b）30mm 厚试件的吸湿含水率变化

低于常规干燥材的吸湿性,这可能是由高温导致木材内吸湿性较强的半纤维素与木质素发生部分降解所致。因此,可以通过提高过热蒸汽温度来降低马尾松木材的吸湿性,进而提升其尺寸稳定性。

不同干燥条件下马尾松木材的平衡含水率(EMC)及其变化率曲线如图 7-11 所示。由图可知,随着介质温度的升高,过热蒸汽干燥材的 EMC 呈现先增大后减小的变化趋势;与常规干燥材相比,介质温度为 110~130℃过热蒸汽干燥材 EMC 增加了 2.71%~9.17%,介质温度为 140~160℃过热蒸汽干燥材 EMC 显著降低了 26.11%~36.06%。综合考虑干燥质量的试验结果,优化的马尾松锯材过热蒸汽干燥温度宜控制在 140℃以内,这样既可以保证干燥质量又能提高马尾松锯材的尺寸稳定性。

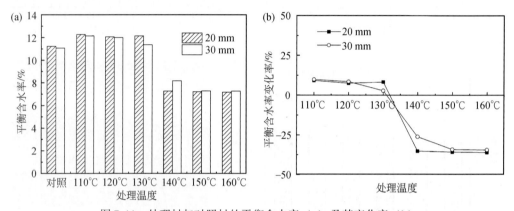

图 7-11 处理材与对照材的平衡含水率(a)及其变化率(b)

不同干燥条件下马尾松木材的吸水率(WA)及其变化率如图 7-12 所示。由图可知,20mm 厚和 30mm 厚常规干燥材的最大吸水率分别为 108.7%与 98.5%,而不同过热蒸汽干燥条件下马尾松锯材的 WA 介于 74.3%~126.8%。110℃过热蒸汽干燥木材 WA 为 126.78%,较常规干燥材 WA 增加了 16.63%;160℃过热蒸汽干燥木材 WA 为 74.3%,较常规干燥材降低了 24.57%。此外,在同一干燥条件下,20mm 厚试材的吸水性较 30mm 的略高,这可能是因为与过热蒸汽干燥过程中木材的脱脂率有关,厚度大的木材整体脱脂率低于厚度小的木材,树脂的存在占据了部分大毛细管系统空间从而降低了马尾松锯材的吸水性能。

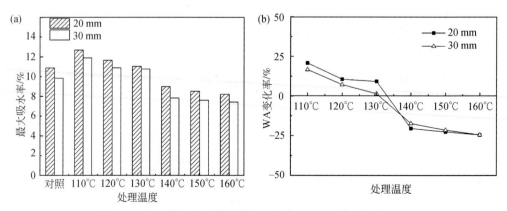

图 7-12 处理材与对照材的最大吸水率(a)及其变化率(b)

不同干燥条件下马尾松木材径向（RS）、弦向（TS）和体积湿胀率（VS）及其变化率如图 7-13 所示。由图可知，随着过热蒸汽干燥介质温度的升高，马尾松试材的 TS、RS、VS 及其变化率整体呈逐步降低的趋势，其中 TS、RS 和 VS 最大降低率分别为 22.69%、12.92% 和 31.67%。在相同温度条件下，20mm 厚马尾松试材的 TS、RS 及 VS 略高于 30mm 厚试材的各项对应指标。

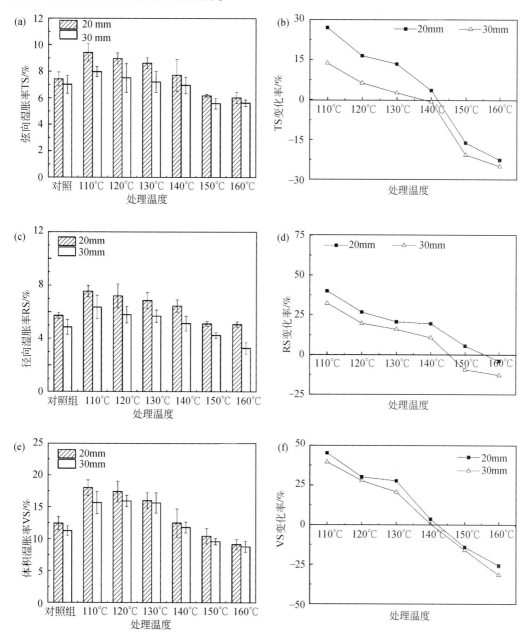

图 7-13　处理材与对照材的（a）弦向湿胀率、（b）TS 变化率、（c）径向湿胀率、（d）RS 变化率、（e）体积湿胀率、（f）VS 变化率

通过上述的湿胀性结果可知，马尾松木材湿胀性（WA、EMC、TS、RS、VS）随着干

燥温度的升高而呈现先增加后降低的趋势，其临界转换温度为140℃。140℃以下时，由于过热蒸汽干燥过程中水分快速迁移及树脂的析出，破坏了部分微观构造提高了马尾松锯材的渗透性，增大了其吸湿性；而在140℃以上时，马尾松木材在水热协同作用下，半纤维素中的分子链上的乙酰基易发生水解而生成醋酸，使得具有一定吸湿性羰基数量减少，同时半纤维素中的木聚糖和甘露聚糖发生水解并结晶，使得半纤维素的吸湿能力下降。再次，酸性条件下，细胞壁物质中的木质素会发生酯化反应，使得羟基数量减少，羰基数量增加，相当于用吸湿性较弱的羰基（C＝O）代替吸湿性强的羟基（—OH）。可见，马尾松木材尺寸稳定性与其渗透性与化学组分降解等有关，在尺寸稳定性转变过程中存在一个临界转换点温度（140℃），高于此温度过热蒸汽干燥时可以提高木材尺寸稳定性。

（3）过热蒸汽干燥对马尾松木材力学性能的影响

不同干燥条件下过热蒸汽干燥材的抗弯强度（MOR）和弹性模量（MOE）如图7-14所示。由图可知，干燥介质温度对马尾松抗弯强度和弹性模量的影响显著；在110～140℃温度区间内过热蒸汽干燥材 MOR 和 MOE 大致呈现先增加后减小的趋势。与常规干燥材相比，过热蒸汽干燥材的 MOR 和 MOE 分别高出30.07%～18.09%和24.65%～8.45%；在150～160℃的温度区间内，过热蒸汽干燥材的 MOR 和 MOE 呈下降趋势并显著低于常规干燥材的对应值。160℃过热蒸汽干燥材抗弯强度和弹性模量最小，分别为78.12MPa 和

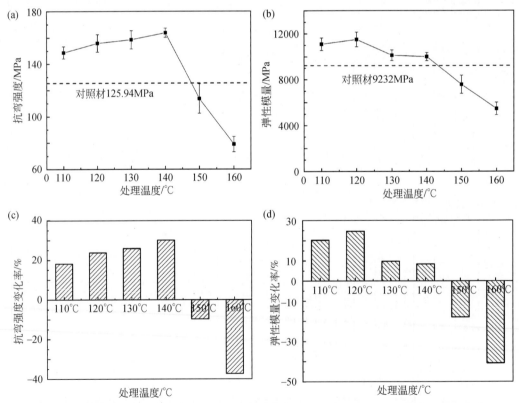

图7-14　各温度干燥材与对照材的（a）抗弯强度、（b）弹性模量、（c）抗弯强度变化率、（d）弹性模量变化率

5789MPa，较常规干燥材分别降低了 37.71% 和 42.78%，力学强度严重受损。过热蒸汽干燥造成木材力学强度下降的原因可能是高温引起了木材主要化学成分半纤维素与木质素的降解，进而导致木材的脆性增加和机械强度降低。

（4）过热蒸汽干燥对马尾松锯材脱脂效果及微观构造的影响

常规及过热蒸汽干燥马尾松锯材的表面溢脂情况如图 7-15 所示。由图可知，常规干燥的马尾松刨光锯材经过 6 小时 60℃的加热处理后，其表面发生了明显的树脂溢出现象，树脂溢出部位主要分布在早晚材交界处 [图 7-15（a）箭头 1] 和生长轮的晚材部分 [图 7-15（b）箭头 2]，采用类圆法累积求得其溢脂面积约占试材表面积的14.73% ~ 18.25%。过热蒸汽干燥马尾松刨光木材表面均未出现溢脂现象 [图 7-15（c）]，说明过热蒸汽干燥在实现马尾松木材快速干燥的同时，可以高效脱除马尾松锯材内部的树脂，达到了一级脱脂木材标准。

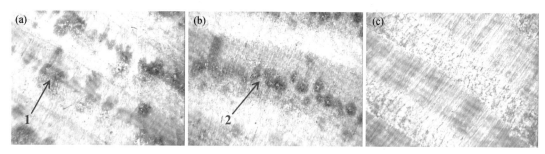

图 7-15　常规干燥材 [（a）、（b）] 及过热蒸汽干燥脱脂处理材（c）表面溢脂情况

常规及过热蒸汽干燥马尾松锯材的树脂道微观构造如图 7-17 所示。由图可知，过热蒸汽干燥可以改变树脂道的微观结构和树脂的存在状态。常规干燥材内的树脂道结构完整，内含有液态的松节油 [图 7-16（a）箭头 1]，过热蒸汽干燥材树脂道内薄壁细胞在高温汽化水蒸气的冲击作用下发生破坏，形成新的孔隙通道 [图 7-16（b）箭头 2]。与此同时，高温高湿的过热蒸汽能有效促进液态松节油的挥发，其中还包括部分溶解于松节油的固态松香，剩余未溶解的固态松香残留在结构已发生破坏的树脂道内 [图 7-16（c）箭头 3]，过热蒸汽干燥脱脂后剩下的固体松香因缺少有效溶剂，使得脱脂材在加工和使用过程中不会发生溢脂现象，不影响脱脂材的胶合性能及最终产品的使用性能。

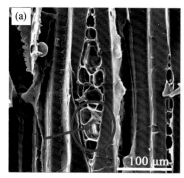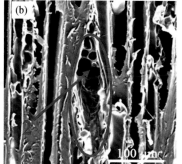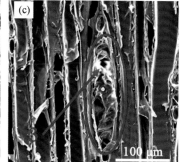

图 7-16　常规干燥材（a）与过热蒸汽干燥处理材 [（b）、（c）] 树脂道微观构造

常规干燥及过热蒸汽干燥材纹孔结构如图7-17所示，常规干燥材纹孔结构保持完好，纹孔膜未受到破坏［图7-17（a）箭头1］。经过热蒸汽干燥脱脂后的纹孔呈通透状态，大部分薄壁纹孔膜受到破坏［图7-17（b）箭头2］，木材内横向传输通道增多，渗透性有所提高，这也是在140℃以内过热蒸汽干燥马尾松锯材吸水吸湿性增加的主要原因。

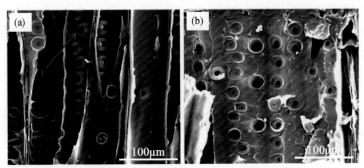

图7-17 常规干燥材（a）与过热蒸汽干燥处理材（b）纹孔结构

（5）马尾松常压过热蒸汽干燥技术生产应用

作者课题组在广东东莞某锯材干燥基地和湖南某大型木材加工企业开展了马尾松木材常压过热蒸汽干燥的中试研究和产业化生产示范，研发了成熟的马尾松常压过热蒸汽干燥技术。优化的马尾松常压过热蒸汽干燥工艺为：以30℃/h的升温速率将干燥窑内温度从室温度迅速升高至40℃，在40℃条件下保温0.5h；再以20℃/h的升温速率使窑内温度升高至120℃，分别在60℃、80℃、100℃和120℃时保温1h；继续以20℃/h的升温速率使窑内温度升高至140℃，恒温干燥8～10h；干燥完成后，打开冷凝系统开始冷却降温和调湿平衡处理，待木材最终含水率达到设定值，且木材内部温度降低到高于环境温度不超过20℃即可打开窑门出窑。马尾松木材（厚度25～30mm）的总干燥时间不超过30h，干燥后木材干燥质量达到二级标准。与常规干燥相比，马尾松木材过热蒸汽干燥过程控制简单，温度为唯一控制参数，干燥速率非常快，总干燥时间可由原来5d、7d缩短至30h内；过热蒸汽干燥材质量好，颜色变化不明显，并实现了松木的干燥脱脂一体化处理（图7-18），干燥全过程中与外界无空气交换，基本无废气排放，实现了干燥过程的环保化作业。

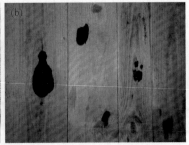

图7-18 马尾松木材常压过热蒸汽干燥效果图

3）杨木常规-过热蒸汽联合干燥技术研究

（1）速生杨木常压过热蒸汽干燥特性研究

不同介质温度（120～150℃）干燥过程中，速生杨木木材的表芯层温度、平均温度及含水率的变化如图 7-19 所示。与上述马尾松木材的过热蒸汽干燥特性曲线相似，干燥过程中杨木内部存在一定的温度梯度，木材芯层温度的上升速度慢于木材表层，杨木过热蒸汽干燥过程也可大致分为前期快速升温加速干燥、恒温恒速干燥和后期升温减速干燥三个阶段。方差分析结果也表明过热蒸汽温度对速生杨木木材干燥速率的影响显著，即介质温度越高，木材干燥速率越快。

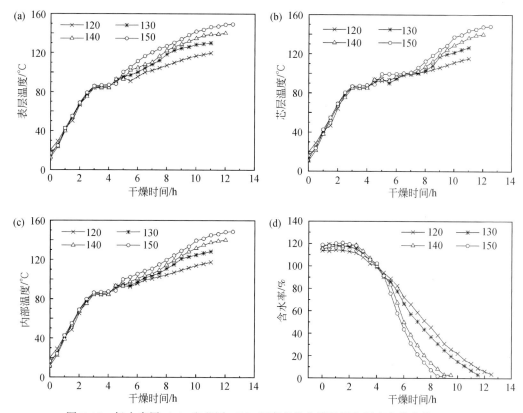

图 7-19　杨木表层 （a） 和芯层 （b） 温度变化曲线及平均温度变化曲线 （c）；
（d） 杨木含水率变化曲线

　　不同介质温度下速生杨木常压过热蒸汽干燥材的干燥质量检测结果见表 7-4。随着介质温度升高，杨木木材的皱缩深度和裂纹数量整体呈现增加趋势，但未产生表裂，其原因可能是杨木在汽化水蒸气的软化作用下释放了表层的干燥拉应力，降低了表裂发生的可能性。但采用 120～150℃的过热蒸汽对杨木湿材直接进行干燥时，木材都出现了不同程度的内裂缺陷，且皱缩因子明显高于木材的标准皱缩因子 28.8。试验结果表明直接采用过热蒸汽对高含水率杨木进行干燥处理并不可行。

表 7-4　高含水率速生杨木过热蒸汽干燥处理材的干燥质量

处理温度 /℃	平均终含水率/%	厚度上含水率偏差/%	端裂 /条	表裂 /条	内裂 /条	皱缩深度	皱缩因子	体积干缩率 /%
120	11.48	3.17	2	—	1	1.50	33.56	2.86
130	9.31	1.79	1	—	0	1.93	35.74	3.22

续表

处理温度 /℃	平均终含 水率/%	厚度上含水 率偏差/%	端裂 /条	表裂 /条	内裂 /条	皱缩 深度	皱缩 因子	体积干缩率 /%
140	8.33	1.60	—	—	2	1.98	39.36	4.14
150	7.69	0.80	3	—	3	2.39	41.28	5.02

（2）速生杨木常规-过热蒸汽联合干燥特性研究

基于上述研究结果，作者课题组采用常规-过热蒸汽联合干燥方法对杨木锯材进行干燥处理，即先采用常规干燥方法将杨木湿材干燥到的含水率约为20%、30%和40%三个水平，然后再利用过热蒸汽对其进行后续干燥处理。

不同介质温度与木材厚度对杨木过热蒸汽干燥过程的影响规律如图7-20与图7-21所示。从图中可以看出，在初含水率相同情况下，过热蒸汽干燥速率明显快于常规干燥，以20mm厚杨木锯材为例，在相同干燥时间（8h）内，常规干燥将杨木从初含水率28%干燥至17.5%，而过热蒸汽则可以将含水率30%杨木干燥至5%以下，其干燥速率是常规干燥的2.4倍。此外，同一温度条件下，随着木材厚度的增加，杨木干燥速率明显降低，这主要是因为木材厚度增加时，水分在木材内部的迁移路径变长，迁移阻力增加，从而降低了木材的干燥速率。在本试验条件下，介质温度对干燥速率的影响大于厚度对干燥速率的影响。

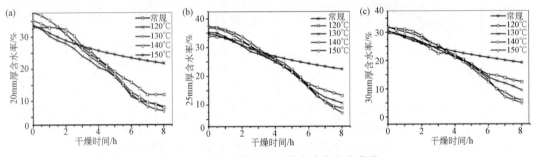

图7-20　杨木过热蒸汽干燥含水率变化曲线

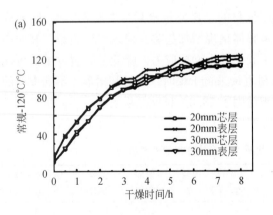
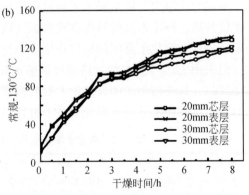

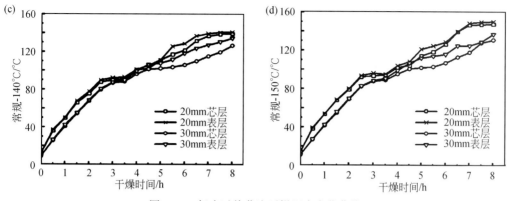

图 7-21　杨木过热蒸汽干燥温度变化曲线

经过联合干燥处理后的杨木试材的干燥质量如表 7-5 所示。由表可知，常规–过热蒸汽联合干燥材在平均终含水率、厚度上含水率偏差和裂纹数量上都小于常规干燥材。随着过热蒸汽处理温度的升高，试材的平均终含水率与厚度上含水率偏差呈下降趋势，但试材的端裂和表裂数量呈增大趋势。当过热蒸汽温度不超过 130℃时，杨木试材的干燥质量符合标准要求。

表 7-5　速生杨木常规–过热蒸汽联合干燥材的干燥质量

方法	平均终含水率 /%	厚度上含水率 偏差/%	端裂 /条数	表裂 /条数	内裂 /条数	皱缩 深度	体积干 缩率/%
常规干燥	11.8	2.06	6	2	—	—	1.21
常规–120℃	9.07	1.68	1	—	—	—	0.57
常规–130℃	8.05	0.83	—	—	—	—	0.17
常规–140℃	8.17	0.74	—	1	—	—	0.89
常规–150℃	7.04	0.35	5	2	—	—	1.17

不同厚度及介质温度对速生杨木试材湿胀性的影响规律如图 7-22 所示。由图可知，在相同厚度情况下，杨木试材的最大吸水率随过热蒸汽温度的升高呈现先增大后减小的变化趋势。当过热蒸汽温度在 140℃以下时，杨木的最大吸水率和湿胀率都高于常规干燥材，但当过热蒸汽温度超过 140℃时，杨木的湿胀性要低于常规干燥材，这一试验结果与马尾松试材的试验结果趋于一致。此外，在相同温度条件下，随着厚度增加，木材湿胀性略呈增加趋势。

（3）杨木常规–过热蒸汽联合干燥技术工厂应用

作者课题组在湖南某大型木材加工企业开展了速生杨木锯材的常规–过热蒸汽联合干燥中试研究和产业化生产示范，研发了成熟的杨木常规–过热蒸汽联合干燥技术。优化的

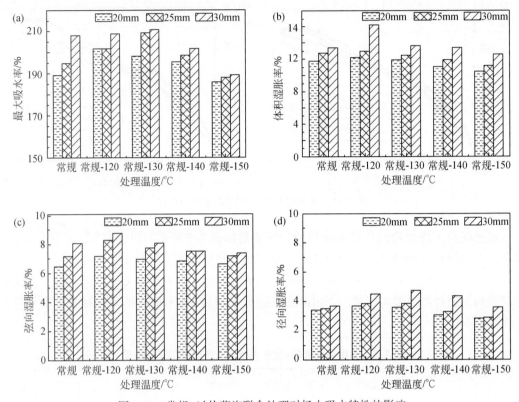

图 7-22　常规-过热蒸汽联合处理对杨木吸水特性的影响

常规-过热蒸汽联合干燥干燥工艺为：首先采用常规干燥方法将杨木干燥至含水率 40% 左右，后以 20℃/h 的升温速率使窑内温度升高至 120℃，分别在 80℃、100℃ 和 120℃ 时各保温 1h；继续以 20℃/h 的升温速率使窑内温度升高至 130℃，并在此温度下干燥 6~8h；干燥完成后，打开冷凝系统开始加速冷却、降温和调湿平衡处理，待木材最终含水率达到设定值，且木材内部温度降低到高于环境温度不超过 20℃ 即可打开窑门出窑，干燥后木材干燥质量达到二级标准。试验和生产结果表明：采用常规-过热蒸汽联合干燥方法实现速生杨木的高效快速干燥是现实可行的，杨木锯材的干燥质量可以达到二级标准，干燥过程中未发现明显的干燥缺陷。

7.2.2　竹质单元节能干燥技术

竹材单元干燥是竹材人造板生产过程中保障产品品质、提高竹材利用率、提高生产效率和降低能源消耗的核心关键环节。对于不同的竹质人造板产品，由于其制造单元在形态和尺寸上存在较大差别，导致了单元的干燥设备和干燥工艺有所不同。竹质人造板制造常用的竹材单元有竹片、竹篾和竹束，其中竹片常用于竹地板、竹质集成材等产品的生产，而竹束和竹篾分别用于重组竹与建筑模板等竹质人造板的制造。竹片尺寸较大，干燥速度较慢，干燥质量要求高，干燥过程不允许发生变色、开裂和皱缩现象。而竹束和竹篾，只要均匀干燥到所需要的目标含水率即可，对颜色、开裂等无特殊要求，相对而言干燥质量要求不高。对上述三种竹材单元，团队研发了三种不同类型的干燥或高温热处理技术。

7.2.2.1　竹材高保色干燥技术

竹材色泽淡雅、柔和，富有光泽，具有极好的装饰效果，采用本色竹材制备的竹制品深受消费者喜爱。与木材相比，竹材在干燥过程中基本不会产生表裂、内裂等干燥缺陷，但是如果干燥工艺控制不当，竹材表面或内部（表面刨光后）极易形成不均匀的浅褐色斑点，出现烧芯、烧节和花斑等缺陷（图 7-23），使竹材颜色发灰、发暗，失去光泽，严重降低了竹制品装饰效果和产品附加值。目前，关于竹片高保色干燥的国内外相关研究几乎是空白。因此，开展竹片干燥特性的系统研究，探明干燥工艺对竹片干燥质量的影响规律，获得优化的竹片高保色干燥技术具有非常重要的现实意义。

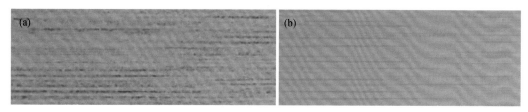

图 7-23　（a）变色竹片与（b）本色竹片

1）竹片干燥特性与变色机制研究

以生产实际中常用的素片（未经过处理的竹片）、蒸煮预处理竹片（蒸煮片）与漂白预处理竹片（漂白片）为研究对象，重点探讨干燥温度与相对湿度对三种竹片干燥特性的影响规律，并通过变色竹片与未变色竹片抽提物的定量和定性测试，结合红外光谱分析（FTIR）、热重分析（TG）和 X 射线衍射（XRD）等表征手段，探究竹片干燥变色机制，为竹片高保色干燥技术研究与生产应用提供科学依据。

（1）试样制备

选取湖南省益阳市桃江县新鲜毛竹，高 10m 左右，取根部以上 0.5~2.0m 的竹筒作为试验用材。横截定长的竹筒开片后经粗铣机除去竹青竹黄，加工成规格为 500mm（长）×20mm（宽）×10mm（厚）的试材，初含水率介于 100%~140%，放于冰柜中贮存备用。将 30% 的双氧水稀释至所需浓度，保存备用。竹片蒸煮温度和时间分别为 100℃、4h。竹片漂白时双氧水浓度、处理温度和时间分别为 4%、100℃ 和 4h。

（2）性能表征

干燥过程中含水率、干缩率与颜色的测定：漂白或蒸煮处理后，将竹片晾干至表面无残余水分，随后用于干燥试验。干燥试验前，从竹片上制取含水率试验片，用绝干法获得竹片的初含水率，以此反推竹片的绝干重和各干燥阶段的含水率；同时，测量竹片的内侧宽度（弦向，靠竹黄侧）、外侧宽度（弦向，靠竹青侧）与厚度（径向）尺寸，并计算其干缩率。尺寸测量后，立即用全自动测色色差计测定竹片靠竹青侧表面三个测量点（事先标记，避开竹节）的色差，并计算其平均色差（ΔE）。干燥过程中，每隔一段时间按上述方法测量竹片的质量、尺寸以及色差。研究干燥温度对竹片干燥特性的影响时，温度设定为50℃、60℃、70℃、80℃，不控制介质湿度（直接在恒温干燥箱中干燥）。研究相对湿度对竹材干燥特性的影响时，温度设定为70℃，相对湿度设定为30%、50%、70%、90%。每个试验干燥10个试件，取其平均值作为试验结果。

竹材水分和抽提物含量测试：将干燥后的未变色竹片和变色竹片用微型植物粉碎机粉碎并过筛，取过40目而不过60目的竹粉。水分、冷水和热水抽提物、1% NaOH抽提物、苯醇抽提物含量的测试分别按 GB/T 2677.2—2011、GB/T 2677.4—93、GB/T 2677.5—93和 GB/T 2677.6—94 中的要求测试。

竹材水分含量测定：在预先烘干、称量并做好标记的容器内称取试样，并放入105℃±2℃的烘箱中烘干。完全烘干后放入干燥器中冷却。待充分冷却后再次称量质量，水分含量 W 按式（7-2）计算：

$$W(\%) = \frac{m_1 - m_2}{m_1} \times 100 \tag{7-2}$$

式中，m_1 为烘干前的试样质量（g）；m_2 为烘干后的试样质量（g）。

冷水抽提物含量测定：称取竹粉试样2g，移入容量为500mL的锥形瓶中，加入300mL蒸馏水，加盖置于温度为23℃±2℃的干燥箱中48h，并定期取出摇荡。用倾泻法经已恒重的玻璃滤器过滤，用蒸馏水洗涤残渣及锥形瓶并将瓶内残渣都洗入滤器内。用真空泵吸干滤液，并用蒸馏水洗净滤器外部，移入烘箱，在105℃±2℃的条件下烘至绝干。冷水抽提物含量按式（7-3）计算：

$$抽提物(\%) = \frac{G_2 \times (100 - W) - (G_1 - G) \times 100}{G_2 \times (100 - W)} \times 100 \tag{7-3}$$

式中，G 为玻璃滤器的质量（g）；G_1 为含有残渣的玻璃滤器绝干质量（g）；G_2 为试样质量（g）。

热水抽提物含量测定：称取竹粉试样2g，移入容量为250mL锥形瓶中，加入200mL温度为95~100℃的热蒸馏水，装上空气冷凝管，置于沸水浴中加热3h，并定期取出摇荡。用倾泻法经已恒重的玻璃滤器过滤，用蒸馏水洗涤残渣及锥形瓶并将瓶内残渣全部洗入滤器中，继续洗涤至洗液无色后，再多洗涤2~3次。用真空泵吸干滤液，并用蒸馏水洗净滤器外部，移入烘箱，在105℃±2℃条件下烘至绝干。热水抽提物含量按式（7-3）计算。

1% NaOH抽提物含量测定：称取竹粉试样2g，放入洁净干燥的容量为250mL的锥形瓶中，加入100mL 1% NaOH溶液，装上空气冷凝管，置于沸水浴中加热1h，在10min、25min和50min时各摇荡一次。到达规定时间后，取出锥形瓶，静置片刻，再用倾泻法经已恒重的玻璃滤器过滤。将锥形瓶中残渣全部洗入滤器中，用温水洗至无碱性后，再用60mL的乙酸溶液洗涤残渣。最后用冷水洗至不呈酸性反应为止。用真空泵吸干滤液，并用蒸馏水洗净滤器外部，移入烘箱，在105℃±2℃条件下烘至绝干。1% NaOH抽提物含量按式（7-2）计算。

苯醇抽提物含量测定：称取竹粉试样 2g，用预先经苯醇溶液抽提过的定性滤纸包好，用线扎住。放入索氏抽提器中，加入 150mL 苯醇溶液，装上冷凝管，连接抽提器，置于水浴中。打开冷却水，调节加热器使苯醇溶液沸腾，速率为每小时在索氏抽提器中的循环次数为 4~6 次，如此抽提 6h。抽提完毕后，提起冷凝器，用夹子小心地从抽提器中取出盛有试样的纸包，然后将冷凝器重新和抽提器连接，蒸发至抽提底瓶中的抽提液约为 30mL 为止。取下底瓶，将内容物移入已烘干至恒重的称量瓶中，并用少量的抽提用的苯醇溶液漂洗 3~4 次，洗液亦倒入称量瓶中，将称量瓶置于水浴锅上加热以蒸去多余的溶剂。最后擦净称量瓶外部，再放置在 105℃±2℃ 的烘箱中烘至恒重。苯醇抽提物的含量按式（7-4）计算：

$$苯醇抽提物(\%) = \frac{(G_1 - G) \times 100}{G_2 \times (100 - W)} \times 100 \tag{7-4}$$

式中，G 为空称量瓶的质量（g）；G_1 为称量瓶与绝干抽提物总质量（g）；G_2 为试样质量（g）。

化学定性分析：抽提物的定量测试是测定竹材抽提物的具体含量，而对竹材抽提物进行定性测试有助于进一步明确竹材中抽提物化学成分与竹材干燥变色的关系。采用 $FeCl_3$ 溶液、NaCl-明胶溶液、浓硫酸、浓盐酸和镁粉分别对冷水、热水、1% NaOH 和苯醇抽提物的滤液进行显色测试，通过抽提物成分对化学试剂的不同反应以及它们自身的特征反应，综合判断和确定引发竹材干燥变色的化学成分。

红外光谱分析：采用 IRAffinity-1 傅里叶变换红外光谱仪。将过 250 目筛的变色竹粉与未变色竹粉、变色竹片与未变色竹片的冷水、热水、1% NaOH 和苯醇抽提物放入真空干燥箱中以 40℃ 的温度干燥 24h。并将研磨成细粉后的溴化钾置于 200℃ 的马弗炉中干燥 10h。将除去水分后的样品分别与溴化钾以 1∶100 的比例研磨均匀，然后压制成片，在 500~4000cm⁻¹ 范围内测定所有样品红外光谱图。

热重分析：采用 STA449F3 型热重分析仪。将过 250 目筛的变色竹粉与未变色竹粉在 105℃ 条件下烘至绝干。称取 5~8mg 样品置入坩埚内，由 30℃ 加热至 800℃，升温速率 10℃/min。保护气体为高纯氮气，气流量 50mL/min。

结晶度分析：将过 250 目筛的变色竹粉与未变色竹粉在 105℃ 条件下烘至绝干，利用 XD-2 型 X 射线衍射仪对样品进行逐步连续扫描处理，X 射线衍射仪的辐射电压为 36kV，扫描电流为 20mA，扫描范围为 5°~60°，扫描速度为 2°/min，样品倾斜角度为 0.05°。纤维素相对结晶度的计算选用 Segal 法，即在衍射图曲线上找到 $2\theta = 22.6°$［（002）面］附近的衍射极大峰值和 $2\theta = 18.6°$［（101）面］附近的波谷峰值，据此计算纤维素的相对结晶度，计算公式见式（7-5）：

$$C_r = \frac{I_{002} - I_{am}}{I_{002}} \tag{7-5}$$

式中，C_r 为相对结晶度（%）；I_{002} 为（002）面晶格衍射角度的极大强度；I_{am} 为 $2\theta = 18°$ 附近的非结晶背景衍射的散射强度。

（3）干燥温度对竹片干燥速度的影响规律

图 7-24 分别为不同干燥温度下，素片、蒸煮片、漂白片的干燥曲线和干燥速度变化

规律。从图中可看出：随着介质温度的升高，竹片干燥速率明显增加；高含水率阶段的干燥速率远远大于低含水率阶段的干燥速率。当干燥温度从60℃升高至80℃时，素片的干燥速度较50℃时分别增大35.5%、47.2%、119.7%，达到3.19%/h、3.47%/h、5.18%/h；蒸煮片的干燥速度较50℃时分别增大了37.4%、53.3%、101.8%，达到3.64%/h、4.01%/h、5.16%/h；漂白片的干燥速度较50℃时分别增大了20%、74.6%、109.4%，达到3.12%/h、4.4%/h、5.22%/h。方差分析表明，干燥温度对三种竹片干燥速度的影响显著（$F=0.05$）。竹材干燥过程中水分的传递是以渗透和扩散两种形式进行的，含水率在纤维饱和点以上时，竹材内水分主要是以自由水的形式在毛细管张力差的作用下沿着细胞腔与纹孔构成的大毛细管路径由内部向外渗透。含水率在纤维饱和点以下时，竹材内水分同时以蒸汽状态及吸着水状态扩散。高含水率阶段，干燥主要是自由水的迁移，水分的移动主要是由毛细管张力差引起的，传热对水分排除起主导作用，因此干燥温度越高，干燥速度越快。而在含水率较低的干燥后期（10%~30%），竹材中的水分主要是以吸着水的形式在竹材中移动。另外，随着含水率的降低，竹材细胞壁收缩，导致木材内水分有效扩散空间减少，竹材内部水分移动阻力增加，水分排除更为困难。与此同时，竹材内外含水率梯度减小，水分迁移动力降低，所以干燥速度呈现逐步减缓趋势（孙照斌等，2006）。

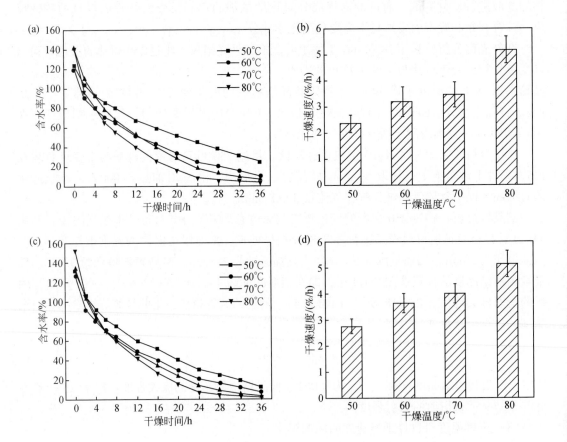

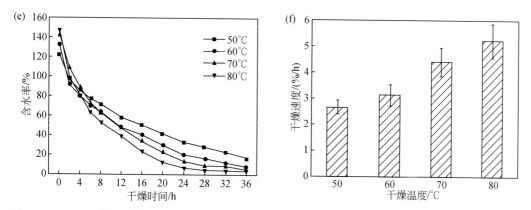

图 7-24　（a）不同温度条件下素片的干燥曲线及（b）温度对素片干燥速度的影响；（c）不同温度
条件下蒸煮片的干燥曲线及（d）温度对蒸煮片干燥速度的影响；（e）不同温度条件下漂白片的
干燥曲线及（f）温度对漂白片干燥速度的影响

（4）干燥温度对竹片干缩率的影响规律

图 7-25 至图 7-28 分别表示了素片、蒸煮片、漂白片内侧干缩率、外侧干缩率和径向干缩率的经时变化以及温度对上述干缩率的影响。从图中可看出，三种竹片的内侧干缩率、外侧干缩率、径向干缩率均随干燥温度的升高而增大。与50℃干燥温度相比，干燥温度为80℃时，素片的内侧干缩率、外侧干缩率、径向干缩率分别增加了32.3%、52.8%、127.8%，达到3.20%、5.45%、10.98%；蒸煮片的内侧干缩率、外侧干缩率、径向干缩率分别增加了51.9%、74.2%、102.2%，达到5.23%、8.94%、15.15%；漂白片的内侧干缩率、外侧干缩率、径向干缩率分别增加了28.9%、27.2%、168.8%，达到3.48%、5.04%、12.76%。总体上，干燥初期的前4h，干缩率随干燥时间的延长而急剧增加；而当干燥时间超过12h，干缩率的增加呈减缓趋势。其主要原因可能是，竹材维管束中的导管在干燥初期（前4h）就开始快速失水，而维管束间无横向射线组织支撑，因此一经干燥就容易发生干缩（Liese et al.，2015）。而干燥中后期，含水率下降速度变慢，干缩率的增加趋于稳定。

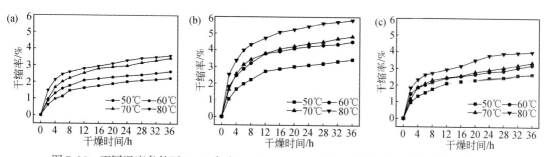

图 7-25　不同温度条件下（a）素片、（b）蒸煮片、（c）漂白片内侧干缩率的经时变化

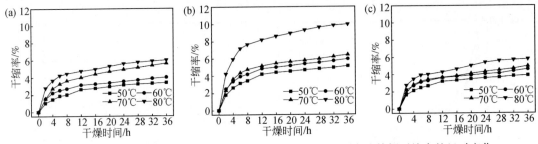

图7-26 不同温度条件下（a）素片、（b）蒸煮片、（c）漂白片外侧干缩率的经时变化

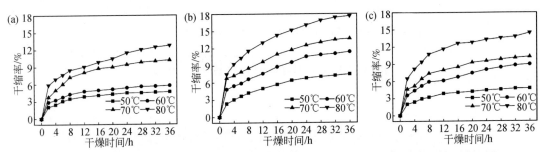

图7-27 不同温度条件下（a）素片、（b）蒸煮片、（c）漂白片径向干缩率的经时变化

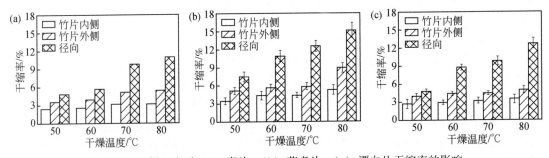

图7-28 干燥温度对（a）素片、（b）蒸煮片、（c）漂白片干缩率的影响

整体上，三种竹片的内侧干缩率<外侧干缩率<径向干缩率，这种各向异性差异干缩是由其构造特性决定的。竹材节间细胞皆为纵向排列，不存在径向排列射线细胞组织的抑制效应（如木材中的木射线），因此径向干缩率大于弦向干缩率（孙照斌，2005）。另外，竹肉主要由维管束与基本组织组成。在竹材的横切面上，肉眼可见的深色斑点即为维管束，在维管束周围是基本组织。越靠近竹青，维管束分布越密，基本组织越少；越靠近竹黄，维管束越稀，基本组织越多（赵仁杰和喻云水，2002）。而竹材干缩的实质是细胞壁失水引起的，因此竹材中维管束分布较密的部位，干缩率大，分布较疏的部位，干缩率小，即竹片的外侧干缩率大于内侧干缩率。

（5）干燥温度对竹片颜色的影响规律

图7-29（a）～（c）分别表示了温度对素片、蒸煮片、漂白片表面色差值的影响规

律。从图中可以看出，三种竹片的表面色差值在干燥初期（前 4h）随干燥时间的延长而增加，之后趋于稳定，并未随干燥温度的升高而表现出明显的变化规律。

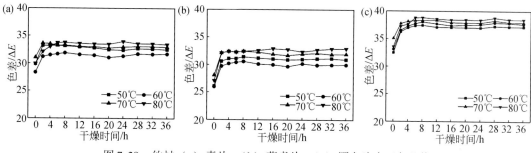

图 7-29　竹材（a）素片、（b）蒸煮片、（c）漂白片表面色差值

　　干燥后的三种竹片表面均未出现花斑。精铣后其各自颜色变化情况如图 7-30 和表 7-6 所示。干燥后的三种竹片表面均未出现花斑。精铣后其各自颜色变化情况如图 7-30 和表 7-6 所示。由图 7-30 可知，随着干燥温度的升高，三种竹片表面的色差值有所增加，但并未产生明显黑色斑点。但当采用精铣机对竹材表面进行精铣处理后，发现当介质温度达到 70℃时，素片和漂白片的内部均出现浅褐色斑点，且素片的颜色更深，浅褐色斑点数量更多；当介质温度达到 80℃时，素片、蒸煮片和漂白片内部均出现了不同程度的深褐色斑点，其中漂白片斑点颜色最深、数量最多，素片次之，蒸煮片最少。因此竹片干燥过程中，需要将介质温度控制在 60℃以内，只有这样才能有效避免竹材内部褐色斑点的产生。

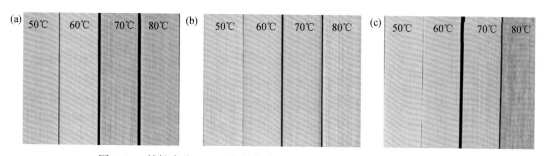

图 7-30　精铣素片（a）、精铣蒸煮片（b）、精铣漂白片（c）的颜色

表 7-6　干燥处理对竹片内部颜色变化的影响

干燥温度 /℃	变色情况		
	素片	蒸煮片	漂白片
50	未出现斑点	未出现斑点	未出现斑点
60	未出现斑点	未出现斑点	未出现斑点
70	出现浅褐色斑点	未出现斑点	出现浅褐色斑点
80	出现深褐色斑点	出现浅褐色斑点	出现浅褐色斑点

竹片褐色斑点的产生，可能是竹片在干燥过程中，竹材内含物在干燥介质温度、湿度和水分迁移的共同影响下产生的。对于竹片表面未出现色斑而精铣后出现色斑的现象，可能是由于竹片内含物在竹壁部位分布不一，内部多于两侧表面，同时因为表面水分蒸发速度较快，内部水分远高于表面，导致竹片内部的易变色水溶性内含物在适宜的温度、湿度和有氧的条件下产生变色造成的。

（6）相对湿度对竹片干燥速度的影响规律

图 7-31 为不同相对湿度条件下，素片、蒸煮片和漂白片的干燥曲线图。从图中可看出，三种竹片含水率下降速度均随介质相对湿度的降低而加快。图 7-32 表示相对湿度对素片、蒸煮片、漂白片干燥速度的影响规律。从图中可以看出，在干燥初期，相对湿度越低竹片干燥速度越快，这是因为在温度与气流速度相同的情况下，相对湿度越低，介质内水蒸气分压越小，竹片表面的水分越容易向介质中蒸发，干燥速度越快；相对湿度高时，竹材表面水分蒸发慢，表层含水率降低少，含水率梯度较小，水分扩散慢，竹片干燥速度慢。在干燥后期，随着干燥时间的延长和竹片含水率的降低，干燥速度变化趋缓。与介质相对湿度为 30% 时的干燥速度相比，相对湿度为 50%、70% 和 90% 时，素片的干燥速度分别减小 32.6%、49.1%、51.2%，降至 3.17%/h、2.39%/h、2.29%/h；蒸煮片的干燥速度分别减小了 40.3%、45.6%、52.3%，降至 3.10%/h、2.82%/h、2.47%/h；漂白片的干燥速度较分别减小了 9.8%、36.8%、50.6%，降至 4.43%/h、3.10%/h、2.43%/h。方差分析表明，相对湿度对竹片干燥速度的影响显著（$F=0.05$）。

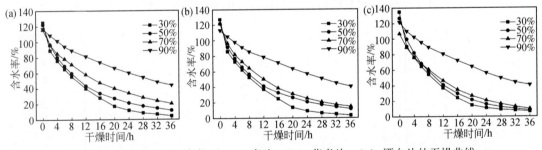

图 7-31　不同相对湿度条件下（a）素片、（b）蒸煮片、（c）漂白片的干燥曲线

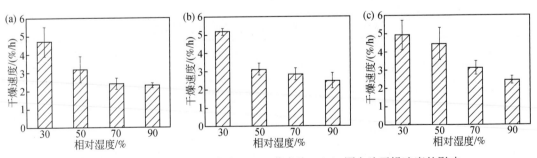

图 7-32　相对湿度对（a）素片、（b）蒸煮片、（c）漂白片干燥速度的影响

（7）相对湿度对竹片干缩率的影响规律

图 7-33～图 7-36 分别表示不同相对湿度条件下素片、蒸煮片、漂白片内侧干缩率、

外侧干缩率和径向干缩率的经时变化以及相对湿度对上述干缩率的影响。从图中可看出，三种竹片的内侧干缩率、外侧干缩率、径向干缩率都随相对湿度的降低而增大。其原因是相对湿度低时竹片干燥速度快，收缩量大，因而导致相对湿度越低干缩率越大。干燥初期，干缩率随干燥时间的延长而急剧增加，当干燥时间超过 12h 后干缩率趋于平缓。整体上相对湿度对竹片干缩率的影响规律与干燥温度的相同，这是因为相对湿度同干燥温度一样，是反映干燥介质特性的重要参数，与干燥温度一起共同影响竹片干燥过程中的水分蒸发速率，进而影响竹片整个干燥过程中的干缩率的变化趋势。与 90% 相对湿度相比，相对湿度为 30% 时，素片的内侧干缩率、外侧干缩率、径向干缩率分别增加了 92.7%、93.7%、121%，达到 2.44%、3.16%、6.33%；蒸煮片的内侧干缩率、外侧干缩率、径向干缩率分别增加了 78.9%、92.3%、120.1%，达到 3.86%、6.10%、11.83%；漂白片的内侧干缩率、外侧干缩率、径向干缩率分别增加了 21.7%、28.0%、30.1%，达到 3.38%、4.59%、9.27%。

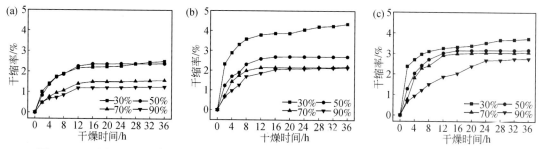

图 7-33　不同相对湿度条件下（a）素片、（b）蒸煮片、（c）漂白片内侧干缩率的经时变化

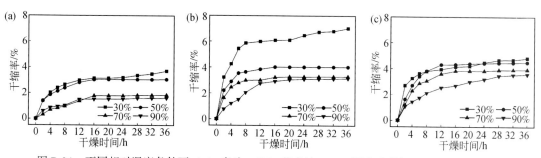

图 7-34　不同相对湿度条件下（a）素片、（b）蒸煮片、（c）漂白片外侧干缩率的经时变化

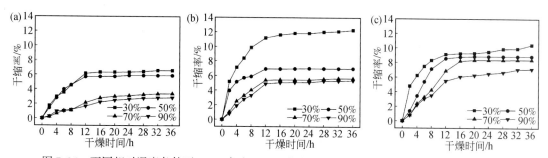

图 7-35　不同相对湿度条件下（a）素片、（b）蒸煮片、（c）漂白片径向干缩率的经时变化

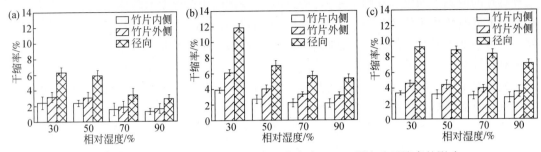

图 7-36　相对湿度对（a）素片、（b）蒸煮片、（c）漂白片干缩率的影响

（8）相对湿度对竹片颜色的影响规律

图 7-37（a）～（c）分别为素片、蒸煮片、漂白片表面色差值随相对湿度变化的关系图。从图中可以看出，三种竹片的表面色差值在干燥初期（前 4h）随干燥时间的延长而增加，之后趋于稳定。并且随着相对湿度的升高，色差值也随之增加，但增加程度不是十分明显。

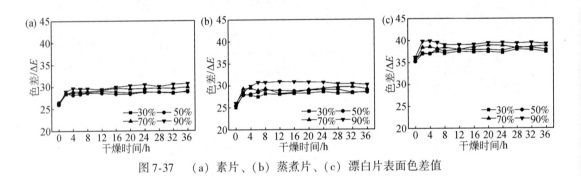

图 7-37　（a）素片、（b）蒸煮片、（c）漂白片表面色差值

同样，干燥后的三种竹片表面均未出现褐色斑点。精铣后三种竹片内部的颜色变化情况如图 7-38 和表 7-7 所示。

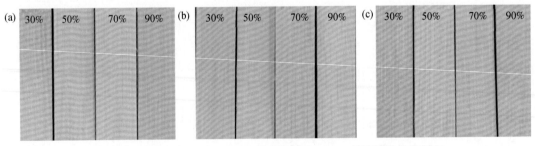

图 7-38　（a）精铣素片、（b）精铣蒸煮片、（c）精铣漂白片的颜色

表 7-7　干燥处理对竹片内部颜色变化的影响

相对湿度/%	变色情况		
	素片	蒸煮片	漂白片
30	出现轻微浅褐色斑点	未出现斑点	未出现斑点
50	未出现斑点	未出现斑点	未出现斑点
70	未出现斑点	未出现斑点	未出现斑点
90	未出现斑点	未出现斑点	未出现斑点

由图和表可知，在本试验条件下，随着相对湿度的升高，三种竹片表面的色差值有所增大，颜色加深，但并未产生斑点。同时，除相对湿度为30%时素片内部出现少量轻微浅褐色斑点外，其余竹片内部均未出现斑点，说明干燥温度为70℃时，相对湿度对竹片内部色斑的产生影响不大。

（9）抽提物定量测试与定性分析

竹片冷水抽提物主要有单糖、低聚糖和少量单宁、氨基酸、水溶性色素、生物碱和无机盐等，属强极性、亲水性的低分子化合物。热水抽提物的主要成分除包含冷水抽提物（且量更多）成分外，还含有淀粉、树胶等多糖类，属亲水性物质。1% NaOH 抽提物除包含热水抽提物（且量更多）外，还含有脂肪酸及部分被碱降解成较小分子的半纤维素和木质素等亲水性物质。苯醇抽提物主要成分为脂肪、蜡、树脂、精油、甾醇等极性有机物质，统称为脂类化合物，还含有单宁、色素、脂肪酸等弱极性和中等极性物质。

图 7-39 为不同抽提方法得到的竹片抽提滤液。表 7-8 是变色和未变色竹片抽提物的具体含量。从表 7-8 可以看出变色竹片的各类抽提物含量均比未变色竹片要高，其冷水抽提物、热水抽提物、1% NaOH 抽提物、苯醇抽提物含量分别比未变色竹片的高了 39%、34%、16%、23%。另外，变色竹片的各类抽提物滤液的颜色都较未变色竹片的颜色深（图 7-39）。

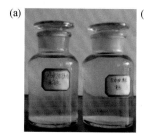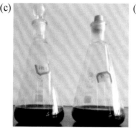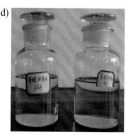

图 7-39　竹粉抽提液

（a）冷水抽提液（左未变色，右变色）；（b）热水抽提液（左未变色，右变色）；（c）1% NaOH 抽提液（左未变色，右变色）；（d）苯醇抽提液（左未变色，右变色）

表 7-8   变色与未变色竹片抽提物含量

竹片类型	冷水抽提物 /%	热水抽提物 /%	1% NaOH 抽提物 /%	苯醇抽提物 /%
未变色	10.95	12.36	35.83	7.81
变色	15.23	16.62	41.52	9.59

酚类物质与 $FeCl_3$ 溶液不仅能发生颜色反应，还能使 NaCl-明胶溶液生成白色沉淀，这种特殊的反应可作为酚类物质的定性测试。浓硫酸能使缩合类单宁产生红色反应。黄酮类化合物在浓盐酸和镁粉存在下能发生红色或者紫红色反应。

从表 7-9 可知，未变色竹片和变色竹片抽提物的显色存在一定差别，这可能是因为变色竹片产生的褐变对显色反应造成了影响。未变色竹片水抽提物中酚类物质的性质明显，而变色竹片水抽提物中酚类物质的性质不明显，这可能是因为部分酚类物质参与了竹片干燥过程中的变色而转变成其他物质。未变色竹片和变色竹片的苯醇抽提物中酚类物质的性质明显，而缩合类单宁和黄酮类化合物的性质不明显。由变色与未变色竹片抽提物的定性测试可以推断，竹片在干燥过程中的变色现象可能是由酚类物质在一定温度和湿度条件下被氧化而造成的。

表 7-9   变色与未变色竹片抽提物的定性测试

抽提物种类	试样	$FeCl_3$ 溶液	NaCl-明胶溶液	浓硫酸	浓盐酸和镁粉
冷水抽提物	未变色竹片	黄绿色	无	无	无
	变色竹片	棕黄色	无	无	无
热水抽提物	未变色竹片	黄绿色	轻微浑浊	无	无
	变色竹片	棕黄色	轻微浑浊	无	无
1% NaOH 抽提物	未变色竹片	棕红色沉淀	白色浑浊	白色浑浊	白色浑浊
	变色竹片	棕红色沉淀	白色浑浊	黄色浑浊	黄色浑浊
苯醇抽提物	未变色竹片	黄绿色	白色沉淀	无	无
	变色竹片	棕黄色	白色沉淀	无	无

图 7-40 和表 7-10 分别为变色与未变色竹片的红外光谱图以及红外光谱特征吸收峰的归属。从图中可看出，变色与未变色竹片的红外光谱图基本一致，但在 $1735cm^{-1}$、$1635cm^{-1}$、$1603cm^{-1}$、$1039cm^{-1}$ 处存在差异。变色竹片在 $1735cm^{-1}$、$1039cm^{-1}$ 处的峰形稍微变宽，在 $1600cm^{-1}$ 处转变成 $1635cm^{-1}$ 和 $1603cm^{-1}$ 两个峰。结合表 7-10 推测，变色与未变色竹片的红外光谱图在这两处的差异可能是干燥处理诱发半纤维素等水解，或木质素的氧化降解造成的（张斌和白桦，2008），干燥过程中的湿热耦合作用可能导致竹片化学组分发生了改变，从而对竹片颜色产生了一定影响。

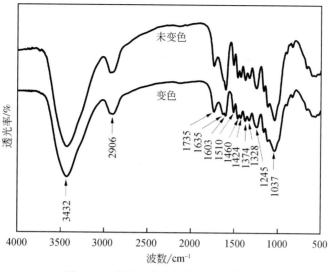

图 7-40　变色与未变色竹片红外光谱图

表 7-10　变色与未变色竹片红外光谱图吸收峰的归属

吸收峰/cm^{-1}		基团归属	对应化学成分
未变色竹片	变色竹片		
3432	3432	O—H 伸缩振动	纤维素、醇、酚、羧酸类
2906	2906	C—H 伸缩振动	纤维素
1735	1735	C=O 伸缩振动	半纤维素、酯类、酮类
	1635	C=O 伸缩振动	木质素
1600	1603	芳香族碳骨架振动	木质素
1510	1510	芳香族碳骨架振动	木质素
1460	1460	CH$_2$形变振动	木质素、聚木糖
1424	1424	CH$_2$剪切振动	纤维素、木质素
1374	1374	C—H 弯曲振动	纤维素、半纤维素
1328	1328	CH$_2$弯曲振动	木质素
1245	1245	C=O 伸缩振动	木质素
1039	1037	C—O 伸缩振动	纤维素、半纤维素

图 7-41 和表 7-11 分别为变色与未变色竹片热水抽提物的红外光谱图以及红外光谱特征吸收峰的归属。从图 7-42 中可看出,变色与未变色竹片的热水抽提物的红外光谱图在

3310cm^{-1}、1715cm^{-1}、1336cm^{-1}和1225cm^{-1}处发生了明显变化。变色竹片的热水抽提物在3310cm^{-1}处峰形变小，而在1715cm^{-1}处峰变尖。同时，其在1336cm^{-1}处的吸收峰的强度明显弱于未变色竹片发热水抽提物，并且在1225cm^{-1}处出现一个新峰。结合表7-11可知，3310cm^{-1}、1336cm^{-1}左右处的吸收峰归属于—OH吸收峰，而1715cm^{-1}、1225cm^{-1}左右处的吸收峰是C＝O伸缩振动造成的。由此可推测出，竹片变色后，其热水抽提物内—OH数量减少而C＝O数量增加，可能是—COH氧化成C＝O所致。

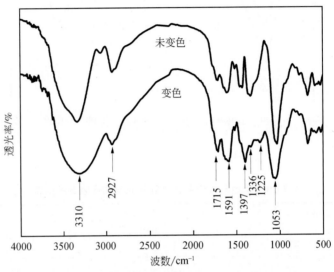

图7-41　竹片热水抽提物红外光谱图

表 7-11　变色与未变色竹片热水抽提物红外光谱图吸收峰的归属

吸收峰/cm^{-1}		基团归属	对应化学成分
未变色竹片	变色竹片		
3340	3310	O—H 伸缩振动	醇类、酚类
2927	2927	C—H 伸缩振动	烷烃类
1715	1715	C＝O 伸缩振动	醛类、酮类
1605	1591	芳烃环骨架振动与 C＝O 伸缩振动	芳香族
1430	1397	C—H 面内弯曲振动	醚类
1336	1336	O—H 面内弯曲振动	醇类、酚类
	1225	C＝O 伸缩振动	酮类
1033	1053	C—O 伸缩振动	醇类、醚类

　　图7-42和表7-12分别为变色与未变色竹片的1% NaOH抽提物的红外光谱图以及红外光谱特征吸收峰的归属。从图中可看出，变色与未变色竹片1% NaOH抽提物红外光谱

图上的峰位和峰形基本相同，而在 1046cm⁻¹ 和 3434cm⁻¹ 处，前者的吸收峰强度低于后者。其原因可能与碱处理造成的半纤维素降解有关。

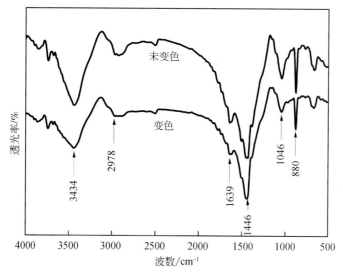

图 7-42　变色与未变色竹片 1% NaOH 抽提物红外光谱图

表 7-12　变色与未变色竹片 1% NaOH 抽提物红外光谱图吸收峰的归属

吸收峰/cm⁻¹		基团归属	对应化学成分
未变色竹片	变色竹片		
3434	3434	O—H 伸缩振动	醇类、酚类
2978	2978	C—H 伸缩振动	烷烃类
1639	1639	芳烃环骨架振动	芳香族
1446	1446	C—H 弯曲振动	醚类
1046	1046	C—O 伸缩振动	半纤维素
880	880	C—H 面外弯曲振动	烃类

　　图 7-43 和表 7-13 分别为变色与未变色竹片的苯醇抽提物的红外光谱图以及红外光谱特征吸收峰的归属。从图中可看出，变色与未变色竹片的苯醇抽提物红外光谱图上的峰位和峰形基本相同，而在 3430cm⁻¹、1736cm⁻¹ 处出现差异。变色竹片苯醇抽提在 3430cm⁻¹ 处的峰形变钝，—OH 振动减弱，而在 1736cm⁻¹ 处的峰形变尖锐，C ═O 振动加强。其原因可能是 —COH 氧化成 C ═O 所致。

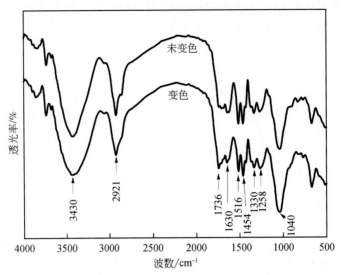

图 7-43　变色与未变色竹片苯醇抽提物红外光谱图

表 7-13　变色与未变色竹片苯醇提物红外光谱图吸收峰的归属

吸收峰/cm⁻¹		基团归属	对应化学成分
未变色竹片	变色竹片		
3430	3430	O—H 伸缩振动	醇类、酚类
2921	2921	C—H 伸缩振动	脂肪酸、烷烃类
1736	1736	C $=$ O 伸缩振动	醛类、酮类
1630	1630	芳烃环骨架振动	芳香族
1516	1516	芳烃环骨架振动	芳香族
1454	1454	C—H 弯曲振动	烷烃类
1330	1330	O—H 面内弯曲振动	醇类、酚类
1258	1258	C—O 伸缩振动	羧酸类
1040	1040	C—O 伸缩振动	醇类、醚类

综上，从变色与未变色竹片抽提物的红外光谱图分析中可知，变色与未变色竹片抽提物内官能团的主要差别在于—OH 和 C $=$ O，变色竹片较未变色竹片的—OH 吸收峰弱，而 C $=$ O 吸收峰强，这可能是干燥过程中酚类物质上的—OH 氧化成 C $=$ O，使双键数目增多，导致共轭体系增长，从而使颜色发生变化。

从图 7-44（a）和表 7-14 中可看出，变色与未变色竹片的热重与微分热重曲线均存在明显差异，变色竹片的热重和微分热重曲线峰值向低温区移动，其最大热分解速率下对应的温度为 310℃，而未变色竹片的最大热分解速率下对应的温度为 340℃。竹片最大热解温度向低温区移动的原因可能是干燥过程中木质素在湿热耦合条件下发生了氧化降解并生成有色小分子醌类［图 7-44（b）］。另外在第四阶段中，变色竹片的木质素残余率为 10.1%，未变色竹片的木质素残余率为 17.8%，说明变色竹片内的木质素较未变色竹片内的木质素易热分解，这可能是由于变色竹片内的木质素在干燥过程中降解成小分子物质导致的。

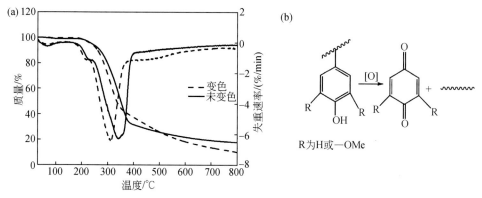

图 7-44　（a）变色与未变色竹片的 TG、DTG 曲线；（b）木素氧化生成醌类

表 7-14　变色与未变色竹片热解失重参数

竹片类型	第一阶段		第二阶段		第三阶段		第四阶段	
	温区/℃	失重率/%	温区/℃	失重率/%	温区/℃	失重率/%	温区/℃	残余率/%
未变色	30~150	0.86	171~241	4.26	241~400	63.23	400~800	17.8
变色	30~150	0.35	171~231	4.12	231~373	54.89	373~800	10.1

图 7-45 为变色与未变色竹片的 X 射线衍射谱。根据 Segal 法，变色竹片的相对结晶度为 39.21%，未变色竹片的相对结晶度为 42.23%，二者相差不大，说明竹片干燥变色后没有破坏竹材的结晶度。

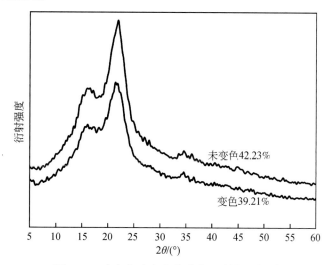

图 7-45　变色与未变色竹片的 X 射线衍射谱

2) 竹片高保色干燥技术生产应用

在实验室研究基础上,作者在湖南益阳某企业开展了竹材高保色干燥技术熟化,形成了成熟的竹片高保色干燥技术。竹片的传统干燥,多采用一次通风的隧道式干燥窑,将竹片密实堆积在干燥窑内部,热风一次性沿着竹片长度方向通过材堆,该方法存在热交换效率低、能耗高、窑内温室场分布均匀性差,且温度与相对湿度难以控制等问题。竹片的传统窑干法在气流循环、堆积方式与介质温湿控制等方面存在局限性,导致竹片干燥质量难以控制,易出现烧芯、烧节、花斑等现象,干燥后竹片失去光泽、颜色暗淡,严重影响竹材制品质量。

基于上述研究结果,我们在生产中通过不断技术熟化,最终研发了三阶分步控温竹材高保色干燥技术,具体干燥工艺参数如下:在干燥第一阶段介质温度控制在 50℃,湿度不控制,进排气口处于常开状态,保持时间为 2 天;在干燥第二阶段介质温度控制在 55℃,进排气口处于常开状态,保持时间为 1 天;在干燥第三阶段介质温度控制在 60~65℃,保持时间为 1~2 天。同时,采用多次循环通风的风机直联顶风机型干燥窑代替传统的一次通风的隧道式干燥窑,并采用"低温+高风量"组合的控制方法控制窑内介质参数。相比旧干燥窑,新的干燥窑在堆垛方式、热交换与湿交换等方面做了大量改进。针对传统竹片堆垛方式气流不顺畅、热交换效率低,通过增加水平气道的堆垛方式,有效促进介质循环,及时带走竹片中的水分,提高热交换效率。与此同时,增加了大截面换湿口和散热器,可以准确控制窑内介质参数变化,从而将介质温度与相对湿度控制在竹片颜色致变条件范围内。新干燥窑与传统老干燥窑的对比见图 7-46,竹片高保色干燥新技术与原有技术在气流循环、堆积方式、风机配置、排气口设置以及温度控制等方面的参数比对见表 7-15。通过干燥窑改造以及新技术的使用,干燥后的竹片未出现"烧芯"、"烧结"和"花斑"等变色等现象,其色泽淡雅、柔和,富有光泽,干燥保色效果好。

图 7-46　干燥窑改造前后对比图

(a) 老干燥窑:旧技术;(b) 新干燥窑:新技术

表 7-15　技术改造前后参数对比图

改造部位	采用本技术前	采用本技术后
气流循环	一次循环	多次循环
堆积方式	无隔条,密堆	有隔条,分层堆放

续表

改造部位	采用本技术前	采用本技术后
风机配置	风压大，风量小	风压小，风量大
排气口设置	$0.25 \times 0.25 \mathrm{m}^2$	$0.5 \times 0.5 \mathrm{m}^2$
温度控制	控制不严格、不稳定	$50 \sim 70 \text{℃}$ 三阶分步控温

7.2.2.2　竹材隧道式干燥技术

竹帘、竹席的干燥是竹胶合板生产的一个重要工序，不但湿竹帘、湿竹席需要进行一次干燥，而且浸胶后的竹帘、竹席还需要进行二次干燥，它是除热压工序之外的主要耗能工序，也是影响产品质量的重要工序。

生产中，竹帘和竹席的一次、二次干燥主要采用周期式常规干燥窑进行干燥处理。其主要缺点是，干燥实施过程中竹帘和竹席堆垛比较困难，且存在干燥周期长、能耗大等问题。针对上述问题，国内曾应用气流纵向循环隧道式干燥窑对竹帘、竹席进行干燥处理，但由于气道设置在隧道式干燥窑的上方和采用气流纵向循环方式，导致竹材干燥效率低、干燥质量不均匀，为此研制设计了气流横向循环隧道式干燥窑（简称隧道窑）。

1）隧道式干燥窑的结构

隧道窑是由多个结构相同的干燥分室串联组成狭长的隧洞，两端设有窑门，地面设有平车道、摆渡车道及其上的平车与摆渡车组成的环形运载系统，在每个干燥分室的一侧安装散热器与风机、在顶部设有进气管和排湿管，如图 7-47 所示。

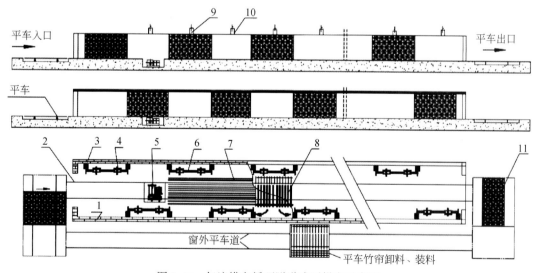

图 7-47　气流横向循环隧道式干燥窑示意图

1. 窑体墙；2. 平车道；3. 加热器；4. 风机；5. 卷扬机；6. 隔墙；7. 加热排管；8. 材车；
9. 进风管；10. 排湿管；11. 摆渡车道

干燥分室的长度与平车上的材堆（简称材车，下同）相等，由图 7-48 可知，在干燥分室一侧的上、下部位分别水平安装轴流风机各一台，在风机的两侧分别垂直安装铝翅片加热器各一组；而相邻干燥分室的另一侧也同样安装两个风机和两组加热器。这样在隧道窑的横断面上形成了上下两个横向循环的热气流，因而可以使材车上下两部分均匀受热，同时在干燥过程中随着材车的移动并通过所有多个干燥分室后，也可以使材车左右两侧能够均匀受热，因此材车在整个干燥过程中，其上下左右不同位置能均匀加热，故干燥后的含水率均匀一致。根据干燥产量的要求，隧道窑可以由几个甚至几十个干燥分室串联组成，干燥分室越多，干燥周期越短，产量越高。此外，隧道窑内各个干燥分室风机均为单独运行，当某一风机损坏检修时，不影响其他风机运行。同时也可以根据需要调配隧道窑内风机的运行数量。

2）温湿度控制系统

隧道窑的温度、湿度控制系统由进气、排湿管和电控柜组成。进气管与排湿管均设在隧道窑一侧，进气管设在干燥分室的风机侧，利用风机形成的负压将新鲜空气吸入窑内，而排湿管设在与之相邻的干燥分室无风机侧。进气管与排湿管均垂直安装，且都在上端安装可调节的电动阀门，因而可以根据干燥工艺的需要，来控制隧道窑内各干燥分室的进气量和排湿量，进而控制窑内的温度与湿度。并且所有排湿管末端均与水平总管连接，总管出口端安装有排湿风机将过湿空气从窑内抽出。电控柜主要功能是显示隧道窑内多个点的温度与湿度，并用测得的湿度自动控制电动排湿阀的开关以控制湿度变化。此外，当隧道窑内某个风机因故停止运转时，电控柜可自动检测并报警提示该故障风机。

3）运载系统

运载系统由隧道窑内、外两条平行的平车道和隧道窑两端两条平行的摆渡车道（与平车道垂直）组成的循环车道及其上的平车与摆渡车组成。在隧道窑外平车道上的平车可以进行竹帘、竹席的装载，也可以将干燥好的材车进行卸载。隧道窑内的平车道则是材车在干燥过程中的运行轨道。两条摆渡车道上各有一台摆渡车，使材车能够从一条平车道过渡到与之平行的另一条平车道上。隧道窑内进料端的地坑上安装有一台卷扬机，作为材车在窑内移动的动力。

运载系统的操作过程大致如下：在隧道窑外的平车道上人工将竹帘、竹席堆码在平车上，且在一定数量的竹帘、竹席上放置隔条，然后人工将隧道窑两端的窑门启开，将材车推到摆渡车上，并使摆渡车的轨道对准窑内的平车道，再将卷扬机的挂钩挂到平车的前端横梁上，启动卷扬机将平车拖进窑内，与此同时通过窑内材车端部的刚性接触形成力的传递，使窑内所有材车向后移动一个材车位置，同时也使位于出料端的材车移动到摆渡车上，推动摆渡车与窑外的平车道对接，并将材车推移到平车道上进行卸车，最后将隧道窑两端的窑门关闭进行干燥作业。材车进窑和出窑时间仅 3min 左右，材车进窑和出窑时窑内风机无需关停，材车从窑的进料端开始进行干燥，并在逐步移动到出料端的整个过程中处于连续干燥状态，直到材车出窑才结束干燥。

运载系统的主要特点：①隧道窑的运载系统属于有轨封闭循环型运输，安全、可靠、便捷；②材车进窑、出窑时间短，即使在进窑、出窑时，窑内的干燥作业也仍然在照常进行，因此窑的有效工作时间高达 98% 左右；③竹帘（竹席）的装、卸车都在窑外进行操作，工人工作环境较好；④在窑外，材车的运输虽靠人工推动，但这是在平车道上的单个材车运输，而在窑内则采用卷扬机对平车道上的多个材车进行拉动，因此该运载系统运行时，工人劳动强度较小。

4）干燥车间的结构

干燥车间的主体由多个隧道窑并联组成。这种并联结构的优点：一是相邻隧道窑的隔墙可以共用，这不仅可以减少窑体的建造费用，也可以减少部分窑体的热量损失；二是多个隧道窑并联的干燥车间可以共用一个隧道窑外的运载系统，既减少了车间的用地，也节约了建设运载系统的部分投资。这种干燥车间的结构特点：由多个干燥分室串联组成隧道窑，多个隧道窑并联组成干燥车间的主体，干燥车间主体与其运载系统组成一个干燥车间，见图 7-48。

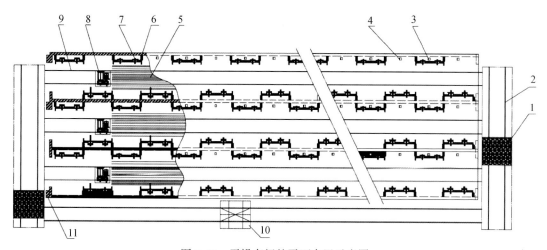

图 7-48　干燥车间的平面布置示意图

1. 摆渡车；2. 摆渡车道；3. 进风筒；4. 排湿筒；5. 加热排管；6. 加热器；7. 风机；8. 卷扬机；
9. 平车道；10. 平车；11. 电控柜

综上所述，改进的隧道窑不仅克服了竹席和竹帘周期式干燥窑干燥存在的有效工作时间短、干燥周期长、能量损失大、干燥工艺操作烦琐等缺点，也克服了气流纵向循环隧道式干燥窑的干燥效率较低、干燥后含水率不均匀的缺点，是一种结构合理的新型干燥窑，具有较好的应用前景。

7.2.2.3　竹材干燥–热处理一体化技术

重组竹是以竹束或纤维化竹单板为基本单元，通过顺纹组坯、热压或冷压胶合压制而成的板材或方材。重组竹具有材料利用率高、力学强度大、耐候性强、装饰效果好等优点，被广泛应用于室内外家具地板、建筑结构材和装饰材等高强度材料需求领域。竹束作为重组竹的基本构成单元，因其内部含有大量淀粉和糖分等物质，极易长霉和腐朽，防虫性能也比较差。因此，在室外重组竹的制造过程中，需要对竹束进行高温热处理，以提高重组竹产品的防霉性、耐久性与尺寸稳定性等。目前生产上，竹束干燥与高温热处理基本分两个阶段实施：其中第一阶段是将竹束放入常规干燥窑中进行干燥处理，干燥温度一般控制在 60~100℃，干燥周期为 1~2 天；第二阶段是将干燥后的竹束放入高温热处理窑中进行高温热处理，热处理温度控制 160~200℃，热处理时间为 2~4h，整个热处理周期（含升温、保温、降温）约为 12~16h。该工艺需要对竹材进行两次堆垛、两次升温、两次降温及两次出窑处理，工序复杂，生产效率低，热能浪费严重。

针对上述问题，团队以高焓过热水蒸气为处理介质，将竹束的干燥与热处理工序合二为一，即将干燥与高温热处理过程在同一个设备内连续进行，只需要经过一次堆垛，一次升温、降温和出窑，研发了竹束干燥–热处理一体化技术，极大简化了生产工序、提高了生产效率和降低了生产能耗。

1) 干燥–热处理工艺对竹束理化性能的影响规律

以新鲜竹束为研究对象，系统分析干燥–热处理温度与时间对竹束颜色、平衡含水率等的影响规律，并结合傅里叶变换红外光谱（FTIR）和 X 射线衍射（XRD）等表征手段分析热处理条件对竹材活性基团、结晶度的影响规律，为干燥–热处理一体化工艺设定提供科学依据。

(1) 试样制备与表征

干燥热处理试验条件：将新鲜竹束放入干燥–热处理一体化罐中，将介质温度升高到 80℃，然后缓慢通入饱和汽化水蒸气，增加干燥介质的湿度；继续升温到 100℃，再通入饱和汽化水蒸气，用水蒸气完全代替干燥介质中的干空气，使干燥介质完全变成高焓水蒸气，再将介质温度升高到 120℃，使水蒸气过热形成高焓过热水蒸气，在此条件下将竹束干燥到含水率降在 12% 以下，然后继续升高处理罐温度至设定热处理温度（140℃、160℃、180℃、200℃），处理时间分别为 0.5~3.0h。热处理结束后，将热处理罐缓慢降温至 80℃，同时通入水蒸气进行高湿平衡处理，调节竹束的最终含水率并自然冷却至室温。

颜色测定：按照 1976 年国际照明委员会推荐的 CIE 标准色度学系统（L^*、a^*、b^*），使用 WCS-色差仪对干燥–热处理一体化处理后的竹束颜色进行定量表征。因竹束表面不平整且形状无规则，因此在测定颜色之前采用微型植物粉碎机将每组竹束打成 100 目粉末进行测试，每组重复 3 次，取平均值作为测定结果。

吸湿平衡含水率测定：将不同条件处理试样在室内环境中放置 30 天，然后从每组试样中各取出少部分（约 100g），用微型植物粉碎机打成大小为 80 目的粉末，质量约 40g，利用天平称取处理试样与对照样的初始质量，烘干后再次测量试样质量；将绝干试样放置于温度为 25℃，相对湿度（RH）分别为 35%、60%、90% 的恒温恒湿箱中进行平衡处理，每隔 12h 称量一次质量并记录，直至达到恒重为止，最后计算各组试件在不同条件下的平衡含水率。

FTIR 与 XRD 分析：将绝干的 200 目竹粉研磨，制片后进行 FTIR 与 XRD 测试，其中 XRD 扫描角度为 5°~45°，扫描速度为 8°/min。采用 Segal 法计算试样的相对结晶度。

糖分抽提物测定：使用微型植物粉碎机将每组试样粉碎成 40~60 目的粉末，称取约 50g 用于抽提检测。称取 2g 试样，常温下浸泡 24h，取澄清液用于液相色谱检测；另取称取 2g 试样，使用高压锅煮沸 1h 并冷却后，取澄清液用于液相色谱检测；液相色谱检测与分析时，流动相为水，柱温为 70℃，流速为 0.6mL/min。得到游离糖（多糖、低聚糖、二糖、葡萄糖、木糖、果糖和阿拉伯糖）色谱图后，采用面积归一法计算出各峰的峰面积，并计算出每种糖的含量（g/100g）。

（2）竹束颜色变化规律

图 7-49 显示了干燥-热处理对竹束颜色的影响。从图中可以看出，与未处理竹束相比，干燥-热处理竹束颜色明显加深，尤其是当热处理温度超过 160℃ 时，竹束呈现出咖啡色的装饰效果，且热处理温度越高、时间越长，其材色越深。热处理温度相同时，随着处理时间的延长，竹束的颜色也在均匀加深，但随着处理温度增加，处理时间对竹束颜色变化的影响逐渐减弱，这主要是因为随着热处理温度的升高，竹材中的半纤维素与木质素热解速率加快，加快了竹束的变色历程，从而降低了热处理时间对颜色变化的影响。

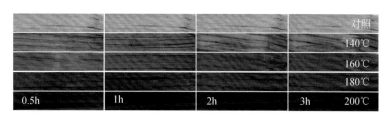

图 7-49　热处理对竹束颜色的影响

图 7-50（a）、（b）表示了热处理对竹束明度（L^*）和黄蓝指数（b^*）的影响规律。因红绿指数 a^* 测量值本身较小，且受测色仪器精度的影响较大，因此在本研究中未对竹束的 a^* 进行研究。由图 7-50（a）可知，随着热处理温度的升高，竹束的 L^* 整体呈逐渐下降的趋势。与对照组（$L^* = 71.74$）相比，本试验条件下热处理使竹束明度降低了 13.71% ~ 66.28%。当热处理温度为 140℃ 时，竹束的 L^* 显著降低，且热处理温度越高，处理时间对竹束 L^* 的影响越不明显。由图 7-50（b）可知，随着热处理温度的提高，竹束的 b^* 同样呈逐渐下降趋势，热处理温度超过 160℃，b^* 下降明显。与对照组（$b^* = 20.4$）相比，本试验条件下热处理使竹束的 b^* 最多下降了 63.36%。方差分析表明，热处理温度和时间对 L^* 和 b^* 的影响均比较显著，其中热处理温度的影响更加显著。

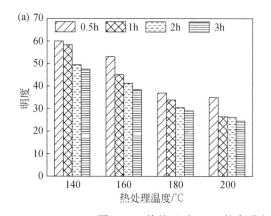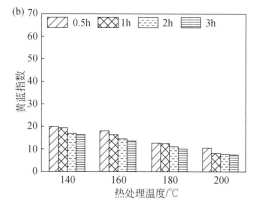

图 7-50　热处理对（a）竹束明度 L^* 和（b）竹束黄蓝指数 b^* 影响

本研究结果与前人关于木材热处理后颜色变化规律一致。高温热处理竹材颜色的改变主要归因于热处理过程中竹材细胞壁内半纤维素的降解，特别是戊聚糖的降解。另外，热处理造成的竹材抽提物含量（特别是酚类物质）的改变也是影响竹材颜色的重要原因。需要指出的是，与通过染色方法获得的装饰性不同，高温热处理改变颜色具有整体性和均匀性，不会出现染色处理存在的着色不均匀和易脱色等现象。

（3）竹束吸湿平衡含水率的变化规律

图 7-51（a）～（c）分别为不同热处理竹束在温度 25℃、RH 为 35% 和 90% 的恒温恒湿箱及室内大气环境中（温度约为 25℃，湿度约为 60%）的吸湿平衡含水率。从图中可以看出，随着 RH 的增加，热处理竹束和对照组的吸湿平衡含水率都在增加，但所有热处理竹束试样的吸湿平衡含水率均明显低于对照组的吸湿平衡含水率。随着热处理温度的提高与热处理时间的延长，热处理竹束的吸湿平衡含水率呈逐渐下降走势，且热处理温度对竹束平衡含水率的影响更显著。高温热处理使竹材平衡含水率明显降低的可能原因是，在热处理过程中竹材细胞壁无定形区内纤维素分子链间的羟基发生"架桥"反应产生醚键，竹材细胞壁纤维素分子链上的游离羟基数量明显减少，微纤丝的排列更加有序。其次，半纤维素分子链上的乙酰基在湿热环境下易发生水解而生成醋酸，使得具有一定吸湿性的羧基减少，同时半纤维素中的木聚糖和甘露聚糖发生水解并结晶，使得半纤维素的吸湿能力下降。再次，在酸性条件下，竹材细胞壁物质中的木质素会发生酯化反应，使得羟基数量减少，羧基数量增加，相当于用吸湿性较弱的羧基（C＝O）代替吸湿性强的羟基（—OH）。

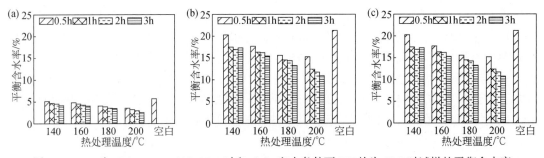

图 7-51　RH 为（a）35%、（b）90% 时和（c）室内条件下 RH 约为 60% 时试样的平衡含水率

（4）竹束活性基团的变化规律

图 7-52（a）表示了热处理时间为 3h、热处理温度 140℃、160℃、180℃和 200℃时干燥热处理竹束与对照组的红外光谱图；图 7-52（b）表示了热处理温度 180℃，处理时间 0.5h、1h、2h 和 3h 的干燥热处理竹束与对照组的光谱图。从图中可以看出，随着热处理温度的升高和处理时间的延长，竹束羟基吸收峰（波数 $3250 \sim 3500 \text{cm}^{-1}$）和羧基吸收峰（波数 $1600 \sim 1750 \text{cm}^{-1}$）的峰强度降低，其中羟基吸收峰的强度变化最为明显。高温热处理后吸湿性基团吸收峰强度降低主要是因为，高温热处理条件下竹材纤维素分子链间的游离羟基脱除水架桥形成醚键，半纤维素其多聚糖分子链上乙酰基发生水解以及木质素将发生酯化反应，使得吸湿性羟基等基团数量减少。随着热处理温度的提高，上述反应发生的强度和程度增加，引起羟基和羧基吸收峰的降低程度更加明显。

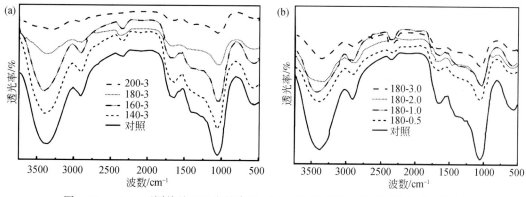

图 7-52　（a）不同热处理温度竹束和（b）不同热处理时间竹束的红外光谱图

（5）竹束结晶度的变化规律

图 7-53 表示了热处理温度和时间对竹束纤维素相对结晶度的影响规律。从图中可以看出，竹束纤维素（002）晶面衍射峰的位置在 $21.6° \sim 21.8°$，这表明热处理没有对竹材结晶区（002）晶面衍射峰的位置产生显著影响，即没有改变晶层的距离，但对纤维素相对结晶度的影响显著（表 7-16）。

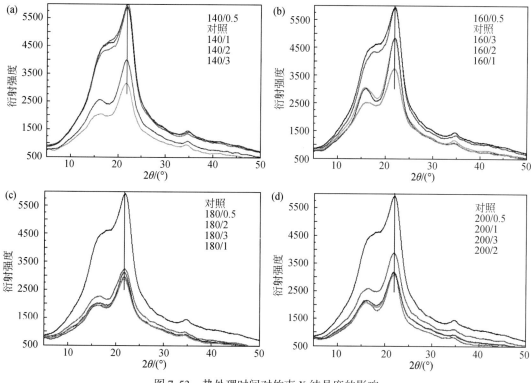

图 7-53　热处理时间对竹束 X 结晶度的影响

结合图 7-53 和表 7-16 可以看出，当热处理温度为 140℃和 160℃时，竹束纤维素相对结晶度变化趋势类似，均随热处理时间的延长而增加。相比对照组（相对结晶度为

31.18%），在 140℃ 和 160℃ 的处理条件下，随着处理时间的延长，其相对结晶度最高分别提高了 44.42% 和 45.64%，热处理时间超过 2h 时，延长热处理时间对纤维素相对结晶度的影响不大。在此处理温度条件下，纤维素相对结晶度升高的主要原因可能是，细胞壁纤维素分子链之间的羟基发生反应，使非结晶区纤维素分子重新排列导致非结晶区发生晶化，从而提高了纤维素的相对结晶度。热处理温度为 180℃ 和 200℃ 时，随着热处理时间的延长，竹束纤维素相对结晶度呈现先升高后降低的趋势。且都在处理时间为 2h 时纤维素相对结晶度达到最大值；与对照组相比，180℃ 和 200℃ 条件下纤维素相对结晶度分别最大增加 50.61% 和 39.48%。纤维素相对结晶度在时间为 2h 时出现拐点，其原因可能与热处理过程中半纤维素降解导致结晶区的内应力松弛等有关。

表 7-16　干燥热处理试件与对照件的相对结晶度

温度/℃	0.5h	1h	2h	3h	对照
140	32.57%	32.66%	44.24%	45.03%	
160	34.62%	41.39%	44.62%	45.41%	31.18%
180	40.65%	42.22%	46.96%	45.66%	
200	42.10%	42.29%	43.49%	41.55%	

（6）竹材糖分抽提物的变化规律

图 7-54（a）表示了相同处理时间（2h）和不同热处理温度（140℃、160℃、180℃、200℃）条件下竹束冷水和热水抽提液总糖分含量的检测结果。从图中可以看出，热处理竹束的热水和冷水抽提物中总糖的含量均明显低于对照竹束。与对照竹束相比（总糖含量 6.98g/100g），热处理最大可使竹束冷水抽提液的糖分含量下降近 70%，最大可使竹束热水抽提物的总糖分含量下降达 47%。在同一热处理温度条件下，热水抽提物总糖含量均高于冷水抽提物总糖含量；随着热处理温度的升高，不同抽提方式的检测结果显示总糖含量变化趋势不尽相同。在本研究范围内，随着热处理温度的升高，冷水抽提物总糖含量呈逐渐下降的趋势，而热水抽提中总糖含量则呈现先下降后增加的趋势。

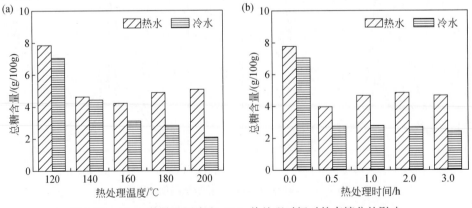

图 7-54　（a）热处理温度和（b）热处理时间对竹束糖分的影响

图 7-54（b）表示了相同热处理温度（180℃）和不同热处理时间（0.5h、1.0h、2.0h、3.0h）条件下冷水和热水抽提液总糖分含量的检测结果。从图中可以看出，不同处理时间热水抽提物和冷水抽提物中的总糖含量均明显低于对照竹束。冷水抽提液糖分检测显示，与对照竹束相比（总糖含量 6.98g/100g），不同热处理时间最大可以使竹束糖分下降近 60%。热水抽提糖分检测显示，与对照竹束相比（总糖含量 7.883g/100g），不同热处理时间最大可以使竹束糖分下降达 41%。从图中还可以发现，不同处理时间条件下，竹束的热水抽提物总糖含量也高于其冷水抽提物总糖含量。在本研究范围内，随着热处理时间的延长，冷水抽提物总糖含量呈逐渐下降的趋势，而热水抽提物中总糖含量则呈现先下降后增加的趋势。与热处理温度对总糖含量的影响相比，热处理时间对总糖含量的影响没有热处理温度对总糖含量的影响程度大。

不同热处理条件下竹束抽提物不同糖分的含量如表 7-17 所示。由表可知，抽提液中糖分总的变化趋势是随着热处理温度的升高糖分的种类减少。例如，未处理对照竹束热水抽提液中包含 4 种糖，而处理温度时间为 2h，热处理温度为 140℃、160℃、180℃和 200℃条件下的热处理竹束的热水抽提液中的糖分种类分别为 4 种、3 种、2 种和 2 种，冷水抽提液中的糖种类分别是 3 种、2 种、2 种和 2 种，二者都随着处理温度升高而减少。

表 7-17　不同热处理条件下竹束抽提液中的各糖分含量明细表

样品名称	多糖	低聚糖	二糖	葡糖糖	木糖	果糖	阿拉伯糖	总糖
热空白	4.078	/	0.947	1.589	/	1.269	/	7.883
热 180-0.5	3.801	0.117	/	/	/	/	/	3.918
热 180-1	4.366	0.278	/	/	/	/	/	4.640
热 180-2	4.623	0.177	/	/	/	/	/	4.800
热 180-3	4.211	/	0.459	/	/	/	/	4.670
热 140-2	2.637	0.610	/	1.140	/	0.275	/	4.662
热 160-2	3.801	0.270	/	0.128	/	/	/	4.199
热 200-2	4.901	/	0.169	/	/	/	/	5.070
冷空白	2.664	/	0.228	2.270	/	1.818	/	6.980
冷 180-0.5	2.233	/	0.425	/	/	/	0.091	2.749
冷 180-1	2.631	0.101	/	/	/	/	/	2.732
冷 180-2	2.214	/	0.483	/	/	/	/	2.697
冷 180-3	2.402	/	/	/	/	/	/	2.402
冷 140-2	3.552	/	0.403	0.339	/	/	/	4.294
冷 160-2	2.758	0.270	/	/	/	/	/	3.028
冷 200-2	1.916	0.149	/	/	/	/	/	2.065

不同热处理条件下竹束抽提液中的多糖比例分布如表 7-18 和表 7-19 所示，这里需要指出的是，表中的多糖是指抽提液中含量最多的成分。在各组热处理竹束抽提液检测结果

可以看出，多糖含量达到 50% 以上，且当温度在 140℃ 以上时，多糖含量更是高达 80% 以上。

表 7-18　不同热处理温度下竹束抽提液多糖比例分布

处理温度/℃	总糖/（g/100g）（热水）	多糖/（g/100g）（热水）	百分比/%	总糖/（g/100g）（冷水）	多糖/（g/100g）（冷水）	百分比/%
对照	7.883	4.078	51.73	6.980	2.664	38.17
140	4.662	2.637	56.56	4.294	3.552	82.72
160	4.199	3.801	90.52	3.028	2.758	91.08
180	4.800	4.623	96.31	2.697	2.214	82.09
200	5.070	4.901	96.67	2.065	1.916	92.78

表 7-19　不同热处理时间下竹束抽提液多糖比例分布

处理时间/h	总糖/（g/100g）（热水）	多糖/（g/100g）（热水）	百分比/%	总糖（g/100g）（冷水）	多糖/（g/100g）（冷水）	百分比/%
对照	7.883	4.078	51.73	6.980	2.664	38.17
0.5	3.918	3.801	97.01	2.749	2.233	81.23
1.0	4.640	4.366	94.09	2.732	2.631	96.30
2.0	4.800	4.623	96.31	2.697	2.214	82.09
3.0	4.670	4.211	90.17	2.402	2.402	100.00

2）改造-热处理一体化技术上产应用

在实验室研究基础上，作者在湖南益阳某企业设计了竹束干燥热处理一体化设备 2 套，如图 7-55 所示。该窑内部尺寸为 8.6m（长）×3.6m（宽）×4.6m（高），每次可实装竹束 8t。该窑的主要特点是，配备了尾气余热及废液回收装置，利用尾气（过热水蒸气）液化回收尾气中的余热，同时结合多级沉降技术分离竹焦油与竹醋液，减少尾气中余热的浪费及对环境的污染。通过实验室的研究可知，干燥-热处理可以改变竹材颜色，降低竹束的吸湿平衡含水率，但随着处理温度升高与时间的延长，处理后竹束强度损失较大。为获得较佳处理质量的竹束，在实验室研究基础上，我们在生产试验中进行了优化调整，将竹束干燥阶段的温度控制在 140～150℃，热处理阶段的温度控制在 190～200℃，热处理时间控制在 2.5～4h，中试研究后的熟化工艺如表 7-20 所示。采用该技术处理后，处理竹材颜色均匀加深，明度降低 40%～60%，平衡含水率降低 30%～50%，总糖分含量降低 50%～70%，能广泛应用于户外高档竹制品的制造。采用处理竹材制造的重组竹，吸水厚度膨胀率小于 5%、吸水宽度膨胀率小于 3%，耐腐性达最高级（Ⅰ级，强耐腐），装饰效果和尺寸稳定性优异。

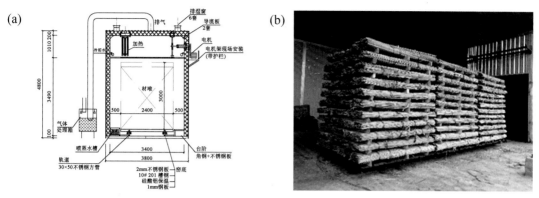

图 7-55　木竹材干燥热处理一体化窑

表 7-20　竹束干燥热处理一体化工艺

分步阶段	温度/℃	工作模式	具体工序
1	25 ~ 100	预热	关闭处理窑排气,升温速率 100 ~ 150℃/h,分别在 80℃和 100℃保温 0.5h
2	140 ~ 150	干燥	开启排气,升温速率 40 ~ 80℃/h,保温 3 ~ 5h
3	190 ~ 200	热处理	升温速率 40 ~ 80℃/h,在 150/170℃各保温 0.5 ~ 1h,超过 170℃时开启喷蒸,190℃保温 3h
4	120 ~ 80	高湿平衡	降温速率 30 ~ 50℃/h,80℃时开启喷蒸,调节窑内湿度,高温高湿平衡处理 1 ~ 2h 后出窑

　　相比原有工艺存在的操作烦琐、劳动强度较大(需要两次堆垛、两次拆垛)、能耗浪费严重(两次升温、两次降温)、处理时间较长且存在安全隐患等问题,本研究将竹材的干燥与热处理工序合二为一,显著节约了能耗、提高了生产效率。具体表现在:

　　①实现了竹束干燥和热改性过程的无间歇连续化操作。竹束原有干燥和热改性处理分为两个工序分别在不同设备中单独进行,需要进行两次堆垛、两次拆垛、两次升温、两次降温及两次出窑。本技术实现了竹束干燥与热改性工序在单一设备中的连续不间歇处理。与原有技术相比,本技术极大简化了生产工序,降低了劳动强度,生产效率提高了 30% ~ 50%。②实现了竹束干燥与热改性处理的高效节能生产。竹束常规干燥中存在开式循环换气热损失大、能耗高,干燥和热改性处理工序分开实施生产效率低、能源消耗高等难题。本技术创新了微压闭式循环、梯级控温、废热冷凝回收利用等技术手段,使干燥与热处理能耗降低了 20% ~ 40%。③实现了竹束干燥与热改性处理过程的绿色环保作业。常规干燥和热处理中存在干燥尾气排放大的缺点。本技术以过热气化水蒸气为处理介质,采用微压闭式循环干燥技术能使干燥尾气排放减少 90% 以上,既显著降低了热能损失和生产成本,又实现了干燥与热改性处理过程的绿色环保作业。

7.3 人造板反向温度场快构节能成形技术

热压成形是人造板生产的关键工序，也是板材质量与产量的核心控制环节，它与企业降低成本，提高效益紧密地联系在一起。因此，缩短热压周期、寻找最佳热压工艺条件成为了学术界与企业界共同关注和探讨的问题。南京林业大学徐咏兰（1995）教授提出了利用蒸汽喷射、真空负压抽吸技术来制造厚型纤维板，其研究结果表明：采用该技术可以缩短热压时间，降低热压能耗，减少板材砂光量和板材剖面密度梯度，提高产品尺寸稳定性与力学性能，降低生产成本。西南林业大学杜官本等（2000）在纤维板生产的成形线上向板坯的上下表面定量喷洒冷水，使表层含水率高于芯层，热压时产生"蒸汽冲击"效应，以此获得蒸汽注入的相似效果，其初步研究结果显示：通过对表层纤维增湿处理后，板材物理力学性能显著提高，预固化层厚度有所降低。这些方法虽然获得了较好的试验效果，但由于各种因素的影响，一直没有在实际生产中得到较为广泛的推广应用。目前，几乎所有的人造板企业仍然采用传统的热板热压方法。采用该方法热压成形人造板时，热量是从板材的表面通过热传导的方式传递到板材内部，使得板材内外存在较大的温度差，其中心层温度较低，胶黏剂的固化程度低（相对于表层而言），导致板材的内结合强度降低；在热压过程中，纤维、刨花或者单板的含水率低（在10%以上），其热传导能力差，热量从板材表面传递到内部需要的时间长，严重影响了板材质量和产量的提高。鉴于此，课题组利用微波加热具有整体性、选择性、高效性、瞬时性的特点，采用微波快速加热技术，在板材进入压机前，在板材内部快速构建起与常规热压反向的温度场，即构建板材心层温度高，表层温度低的温度场，显著缩短热压时间，提高板材产量和质量，同时降低板材的甲醛释放量，为实现我国人造板制造的节能减排提供了重要的技术支撑，具有重要的经济效益和社会效益。

7.3.1 人造板板坯微波预热反向温度场快构基础理论

微波预热过程中，微波能量以电磁波的形式直接穿透到板坯内部，并通过微波电磁场与板坯内水分子和其他极性基团的相互作用而迅速产生大量的热，实现板坯的快速加热处理。与常规加热方式相比，从传热和传质的角度来分析，微波加热是一种完全不同的加热方法。在常规加热中，由于热量是由表及里的传递，在未达到平衡前板坯内部温度通常低于表面温度，形成外高内低的温度场或温度梯度。而对于微波加热过程中木材内部的温度分布，不同学者提出了不同的看法。如有的学者认为在微波加热过程中，木材内部温度高于外部温度，木材内存在着内高外低的温度场，并进一步认为该温度场的存在是使木材具有高干燥速率的主要原因。而有的学者则认为最高温度并非出现在木材表面和中间部位，而是出现在距离木材表面几毫米的木材内。作者也曾采用实验方法直接测定了微波真空干燥过程中木材内部的温度分布模式，结果表明：在一定的辐射功率和厚度范围内，木材厚度方向温度分布比较均匀，基本不呈现内高外低或外低内高的温度梯度，但在干燥后期，木材内温度分布的局部不均匀性有加大趋势；微波真空干燥过程中，木材内部的温度差是由于微波场和湿木材本身不同部位介电特性的差异引起的，这种不均匀性以局部的形式存在于木材中。对于以上不同实验结果，究竟哪种正确？本研究中，作者将在考虑单向辐射和双向辐射的基础上，运用朗伯定律，建立微波预热过程中板坯内部的热量迁移模型，揭示温度分布规律，以期为人造板生产微波预热装置的合理设计和微波预热过程的有效控制提供理论依据。

7.3.1.1　模型构建

微波预热过程中，板坯内部热量来源于两个方面，一方面为板坯对微波的吸收，可以用板坯对微波的吸收功率 p 来描述，另一方面为热量在板坯中的迁移。由此可见，只要建立起微波预热的热量迁移模型及相应的初始、边界条件，就可以模拟出预热过程中板坯内的温度时空演变规律。

1）控制方程

当板坯受到微波源单向和双向垂直均匀辐射时（图7-56），板坯在微波电磁场中吸收的功率可表示为

$$p = 2\pi f E^2 \varepsilon \tan\delta \tag{7-6}$$

式中，p 为单位体积板坯吸收的功率，即功率密度，单位 W/m^3；f 为微波工作频率，Hz；E 为微波电磁场中的电场强度，V/m；ε 为木材介电常数；$\tan\delta$ 为木材损耗角正切。由式 (7-6) 可以看出，电场强度 E 越大，微波频率 f 越高，板坯吸收的微波功率就越大。

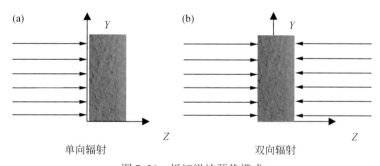

图 7-56　板坯微波预热模式

（a）单向辐射；（b）双向辐射

当微波进入板坯时，板坯表面的能量密度最大，随着穿透深度增加，其能量呈指数形式衰减，同时微波场将能量释放给板坯。由于微波场的能量会随着穿透深度增加而逐渐减少，所以用微波预热板坯时，可预热板坯的厚度是有限的。预热过程中，微波在板坯内的穿透深度可以用朗伯定律描述。对于单向辐射的一维问题，设微波入射的方向为 z 方向，且分布于区间 $[0, d]$，由朗伯定律可得

$$I(z) = I_0 e^{-bz} \tag{7-7}$$

式中，I_0 为微波入射到板坯表面时的强度；$I(z)$ 为微波入射到板坯深度为 z 时的强度；b 为板坯对微波的衰减系数，与板坯内水分、纤维或刨花密度等有关，若上述参数不变时 b 为一常数，但诸如刨花板板坯其表层密度与芯层密度及含水率不同，则 b 随之发生变化，

为一空间分布函数，即 b (z)。在微波场中，板坯内的微波电场强度 $E^2 \propto I$，则可得

$$E(z) = E_0\, e^{-bz} \tag{7-8}$$

式中，E_0 为微波入射到板坯表面时的电场强度，这里需要指出的是电场强度 E (z) 与人造板含水率、密度有关。

板坯中温度分布为 $T(z,\,t)$，t 为时间。由傅里叶定律可得板坯内的一维热传导方程：

$$q(z) = -\lambda\, \frac{dT}{dz} \tag{7-9}$$

式中，q 为热流密度，即 z 方向上单位时间流过单位面积的热量；λ 为板坯导热系数，对于人造板而言，其由固相纤维与刨花、液相水及气相三相共同决定。考虑板坯中厚度为 dz，面积为 A 的薄片，在 dt 时间内，通过热传递吸收的热量为

$$Q_1 = qAd\tau - (q + dq)Ad\tau = -Aqd\tau \tag{7-10}$$

而直接通过吸收微波获得的热量为

$$Q_2 = pAdzd\tau = 2\pi f E^2 \varepsilon \tan\delta Adzd\tau \tag{7-11}$$

根据能量守恒原理可得

$$\rho cAdzdT = Q_1 + Q_2 \tag{7-12}$$

式中，ρc 为单位体积板坯的热容量，J/（$m^3 \cdot \,^\circ C$）。

根据式（7-6）、式（7-8）、式（7-9）、式（7-10）、式（7-11）和式（7-12）联立、化简后可得

$$\rho c\, \frac{\partial T}{\partial \tau} = 2\pi f \varepsilon (\tan\delta) E_0^2 e^{-bz} + \frac{\partial}{\partial z}\Big(\lambda\, \frac{\partial T}{\partial z}\Big) \tag{7-13}$$

上式即为微波预热中板坯内的热传导控制方程，记 $q_0 = 2\pi f E_0^2 \varepsilon \tan\delta$，$q_0$ 可以通过改变微波发生装置的参数（如功率和频率）来调节，最终得到

$$\rho c\, \frac{\partial T}{\partial \tau} = \frac{\partial}{\partial z}\Big(\lambda\, \frac{\partial T}{\partial z}\Big) + q_0\, e^{-bz} \tag{7-14}$$

当采用如图 7-56（b）所示的双向辐射对板坯进行预热处理时，采用同样的方法，则可以得到如下热传导方程：

$$\rho c\, \frac{\partial T}{\partial \tau} = \frac{\partial}{\partial z}\Big(\lambda\, \frac{\partial T}{\partial z}\Big) + q_0(e^{-bz} + e^{-b(d-z)}) \tag{7-15}$$

偏微分方程（7-14）和方程（7-15）分别描述了微波单向与双向辐射加热时，板坯内温度与时间和空间的关系，加上一定的初始条件和边界条件，就可以模拟出板坯内温度在空间的分布，以及该分布随着时间的变化趋势。

2）初始条件

上述热迁移模型的初始条件比较简单，由于加热前板坯和周围环境处于热平衡状态，即板坯温度等于环境温度，若设室温为 T_0，则微波加热时的初始条件为

$$T(z,\,0) = T_0,\, z \in [0,\,d] \tag{7-16}$$

3）边界条件

为求解上述数学模型，还必须建立起微波预热过程中板坯内热量迁移的边界方程，对于微波单向辐射加热模式，在 $z=0$ 和 $z=d$ 处（即板坯表面）热量的边界方程为

$$h\left[T(0,\tau)-T_0\right]=\lambda\left.\frac{\partial T}{\partial z}\right|_{z=0} \quad h\left[T(d,\tau)-T_0\right]=-\lambda\left.\frac{\partial T}{\partial z}\right|_{z=d} \tag{7-17}$$

式中，h 为空气的对流传热系数，W/（$m^2\cdot℃$）。

4）单向与双向控制方程

综上所述，得到描述微波加热过程中，板坯内部温度分布随时间变化的热传导模型，对于微波单向辐射：

$$\begin{cases} \rho c\dfrac{\partial T}{\partial \tau}=\dfrac{\partial}{\partial z}\Big(\lambda\dfrac{\partial T}{\partial z}\Big)+q_0\mathrm{e}^{-bz} \\[2mm] T(z,0)=T_0,\ z\in[0,d] \\[2mm] h\left[T(0,\tau)-T_0\right]=\lambda\left.\dfrac{\partial T}{\partial z}\right|_{z=0} \\[2mm] h\left[T(d,\tau)-T_0\right]=-\lambda\left.\dfrac{\partial T}{\partial z}\right|_{z=d} \end{cases} \tag{7-18}$$

对于微波双向辐射：

$$\begin{cases} \rho c\dfrac{\partial T}{\partial \tau}=\dfrac{\partial}{\partial z}\Big(\lambda\dfrac{\partial T}{\partial z}\Big)+q_0(\mathrm{e}^{-bz}+\mathrm{e}^{-b(d-z)}) \\[2mm] T(z,0)=T_0,\ z\in[0,d] \\[2mm] h\left[T(0,\tau)-T_0\right]=\lambda\left.\dfrac{\partial T}{\partial z}\right|_{z=0} \\[2mm] h\left[T(d,\tau)-T_0\right]=-\lambda\left.\dfrac{\partial T}{\partial z}\right|_{z=d} \end{cases} \tag{7-19}$$

5）物性参数

（1）人造板等效导热系数

纤维板与刨花板是利用木材小径材、枝丫材及加工剩余物经初加工制成纤维或刨花基本单元再经过施胶热压而成。板坯铺装完成后，其内部由固相纤维或刨花、液相水与气相组成，其导热系数不仅取决于固相纤维或刨花、液相水及气相，还取决于固气液三相的结构，即与人造板的结构有关。为此，本小节将人造板结构视为由固相、液相与气相组成的并联网络，如图 7-57 所示，导热系数为三相按线性混合等效而成。

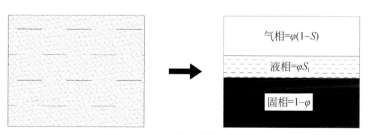

图 7-57　人造板等效导热系数

人造板板坯的孔隙率为 φ，液相水饱和度为 S_1。在单位体积内（$1m^3$），固相纤维或刨花物质、液相水、气相三者各占的体积比例分别为 $1-\varphi$、φS_1 与 $(1-S_1)\varphi$。固、液、气相

的导热系数分别为 λ_s、λ_1 与 λ_a。R_s、R_1 及 R_a 分别为固相、液相与气相的热阻，热阻的计算公式与电阻相似，一段导线的电阻与导线长度成正比，与导线的截面积成反比，比例系数为导电材料的电阻率。同理，热阻与热流流过的材料长度成正比，与热流流过的截面积成反比，比例系数为热阻率（导热系数的倒数）。

对于图 7-57 中固相而言，热流 Q 流过的截面积为 A_s，A_s 在总截面积为 1m^2 的条件下等于 $1-\varphi$，则固相的热阻为

$$R_s = \frac{1}{\lambda_s} \times \frac{1}{A_s} = \frac{1}{\lambda_s} \times \frac{1}{1-\varphi} \tag{7-20}$$

对于图 7-57 中液相而言，热流 Q 流过的截面积为 A_1，A_1 在总截面积为 1m^2 的条件下等于 φS_1，则液相的热阻为

$$R_1 = \frac{1}{\lambda_1} \times \frac{1}{A_1} = \frac{1}{\lambda_1} \times \frac{1}{\varphi S_1} \tag{7-21}$$

对于图 7-57 中气相而言，热流 Q 流过的截面积为 A_a，A_a 在总截面积为 1m^2 的条件下等于 $(1-S_1)\varphi$，则气相的热阻为

$$R_a = \frac{1}{\lambda_a} \times \frac{1}{A_a} = \frac{1}{\lambda_a} \times \frac{1}{\varphi(1-S_a)} \tag{7-22}$$

根据并联热阻的运算法则，可得到木材有效热阻 R 为

$$R = \frac{1}{\lambda} \times \frac{1}{1^2} = \frac{R_s R_1 R_a}{R_s + R_1 + R_a} = \frac{1}{\lambda_s(1-\varphi) + \lambda_1 S_1\varphi + \lambda_a(1-S_1)\varphi} \tag{7-23}$$

通过式（7-20）～式（7-23），可求出人造板的等效导热系数 λ 为

$$\lambda = \lambda_s(1-\varphi) + \lambda_1 S_1\varphi + \lambda_a(1-S_1)\varphi \tag{7-24}$$

孔隙率与密度之间的关系为

$$\varphi = 1 - \frac{\rho_d}{\rho_s} \tag{7-25}$$

式中，ρ_d 为人造板铺装板坯密度，kg/m^3；ρ_s 为人造板实质密度，为 1500kg/m^3，这里需要指出的人造板实质密度借鉴木材的实质密度，即去除木材内所有空隙后密度，纤维板或刨花板是由木材纤维或刨花组成，其实质密度与木材一致。

将式（7-25）代入式（7-24）可得纤维板或刨花板的等效导热系数 λ 为

$$\lambda = \lambda_s \frac{\rho_d}{\rho_s} + \lambda_1 S_1\left(1 - \frac{\rho_d}{\rho_s}\right) + \lambda_a(1-S_1)\left(1 - \frac{\rho_d}{\rho_s}\right) \tag{7-26}$$

式（7-26）表征了人造板板坯密度与等效导热系数间的定量关系，输入不同板坯密度即可获得人造板板坯的等效导热系数。这里需要指出的是，纤维板与刨花板板坯不同，纤维板板坯铺装后各处密度基本一致，而刨花板板坯表层密度大些，芯层密度小些，即 ρ_d 是沿空间分布的函数。

（2）人造板等效比热容

人造板板坯的等效比热容推导与人造板等效导热系数类似，可以得到人造板板坯的等效比热容 ρc 为

$$\rho c = \rho_s c_s \frac{\rho_d}{\rho_s} + \rho_1 c_1 S_1\left(1 - \frac{\rho_d}{\rho_s}\right) + \rho_a c_a(1-S_1)\left(1 - \frac{\rho_d}{\rho_s}\right) \tag{7-27}$$

7.3.1.2　模型数值解

现将上述的控制方程写成差分方程。在建立差分方程之前，先将求解区域离散化。本问题为一维非稳态人造板微波加热问题，求解域是 z 坐标上长度为 d 的线段，即 $[0, d]$，这里 $z = 0$ 对应于板坯的下表面，求解区域离散化就是把连续的线段 $[0, d]$ 从 $z = 0$ 到 $z = d$ 进行离散化处理。如图 7-58 所示，将区域 $[0, d]$ 离散成 JZ 个节点，节点间有 JZ−1 个间距。连续自变量 z 离散成间距相同的有限个节点 z_j，下标 j 表示空间位置的次序，即 z_1，z_2，$\cdots$，z_{JZ}。两邻近点的距离为 Δz，称为空间步长，即 $\Delta z = d/(JZ - 1)$。

图 7-58　空间连续区域内离散节点与步长

与空间连续区域离散化相仿，时间区域也需要离散化，即将连续的时间域 $[0, \tau_{\max}]$ 内的自变量 τ 变成一系列离散的时刻 τ^n，用上标 n 表示时间在不同时刻，$n = 1, 2, \cdots$。两个离散时刻之间的时间间隔为 $\Delta \tau$，称为时间步长，如图 7-59 所示。

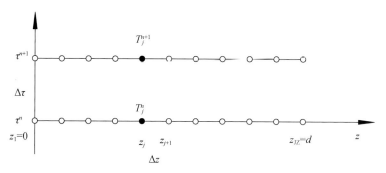

图 7-59　空间与时间连续区域内离散节点与步长

1）单向辐射控制方程的差分形式

根据单向辐射微波传热控制方程（7-18）分别写出内单元与边界单元的差分控制方程。

（1）内单元

根据控制方程式（7-18），内单元写成差分格式为

$$T_j^{n+1} = T_j^n + \frac{\Delta t}{\rho_j c \Delta z^2}\left[\lambda_{j-1, j}(T_{j-1}^n - T_j^n) + \lambda_{j+1, j}(T_{j+1}^n - T_j^n) + q_0\, \mathrm{e}^{-b\Delta z} \right] \tag{7-28}$$

（2）边界单元

$$T_j^{n+1} = T_j^n + \frac{\Delta t}{\rho_j c \Delta z^2}\left[h(T_e - T_j^n)\Delta z + \lambda_{j+1, j}(T_{j+1}^n - T_j^n) + q_0\, \mathrm{e}^{-b\Delta z} \right] \tag{7-29}$$

$$T_j^{n+1} = T_j^n + \frac{\Delta t}{\rho_j c \Delta z^2}\left[\lambda_{j-1, j}(T_{j-1}^n - T_j^n) + h(T_e - T_j^n)\Delta z + q_0\, \mathrm{e}^{-b\Delta z} \right] \tag{7-30}$$

这里需要说明的是，上述各式中，

$$\lambda_{j-1,\,j} = \frac{2}{\frac{1}{\lambda_{j-1}} + \frac{1}{\lambda_j}} \tag{7-31}$$

$$\lambda_{j+1,\,j} = \frac{2}{\frac{1}{\lambda_{j+1}} + \frac{1}{\lambda_j}} \tag{7-32}$$

2）双向辐射控制方程的差分形式

根据双向辐射微波传热控制方程（7-19）分别写出内单元与边界单元的差分控制方程。

（1）内单元

根据控制方程式（7-19），内单元写成差分格式为

$$T_j^{n+1} = T_j^n + \frac{\Delta t}{\rho_j c \Delta z^2} \{ \lambda_{j-1,\,j}(T_{j-1}^n - T_j^n) + \lambda_{j+1,\,j}(T_{j+1}^n - T_j^n) + q_0\,e^{-b\Delta z} + q_0\,e^{[-b(d-\Delta z)]} \}$$

$$\tag{7-33}$$

（2）边界单元

$$T_j^{n+1} = T_j^n + \frac{\Delta t}{\rho_j c \Delta z^2} \{ h(T_e - T_j^n)\Delta z + \lambda_{j+1,\,j}(T_{j+1}^n - T_j^n) + q_0\,e^{-b\Delta z} + q_0\,e^{[-b(d-\Delta z)]} \}$$

$$\tag{7-34}$$

$$T_j^{n+1} = T_j^n + \frac{\Delta t}{\rho_j c \Delta z^2} \{ \lambda_{j-1,\,j}(T_{j-1}^n - T_j^n) + h(T_e - T_j^n)\Delta z + q_0\,e^{-b\Delta z} + q_0\,e^{[-b(d-\Delta z)]} \}$$

$$\tag{7-35}$$

式（7-33）～式（7-35）中导热系数同式（7-31）与式（7-32）。

这里需要指出的是，刨花板与纤维板板坯在微波预热过程中的最大区别是二者厚度方向上局部密度不同，纤维板在铺装过程中板坯在厚度方向上视为匀质材料，即密度 ρ_j 为常数，以18mm厚纤维板为例，板坯铺装厚度约为80mm，密度约为 $0.1\sim0.15\mathrm{kg/m^3}$；18mm厚刨花板，板坯表层厚度10～12mm，芯层厚度30～35mm，表层密度约为 $0.2\sim0.25\mathrm{kg/m^3}$，芯层密度约在 $0.16\sim0.20\mathrm{kg/m^3}$。由于密度不同，板坯内孔隙率不同，从而导致纤维板或刨花板板坯的等效导热系数与等效比热容不同，可将密度调整为空间分布函数，再结合式（7-26）与式（7-27）进行定量表征，即本节所构建的模型可以量化分析密度非匀质性对板坯微波预热的影响规律，与传统的匀质化传热传质模型不同。

7.3.1.3　数值模拟验证

1）实验室小规模验证

根据以上建立的热传导数学模型及有限差分的数值解法，基于Fortran软件编写数值计算程序，这里需要指出的是，本数值仿真程序可以量化表征含水率、密度、微波场强度等物性参数为匀质或非匀质时微波预热人造板温度的时空演变规律。

本次实验所用的设备如图7-60所示，实验材料选择桉木单板，这主要因为单板组坯后易于压缩且不会从谐振腔排湿口跌落，而刨花或纤维预压后会从谐振腔矩阵式排布的排

湿口跌落，影响设备运行。微波设备为双源双向辐射，微波功率左侧实测功率 1000W，右侧实测功率 833W，板坯厚度 170mm，74 张单板。结合上述参数构建微波预热胶合板板坯模型，模型中桉树密度设置成 450kg/m³，含水率为 12%。将模型预测数据与板坯实测数据绘制成曲线，如图 7-61 所示。

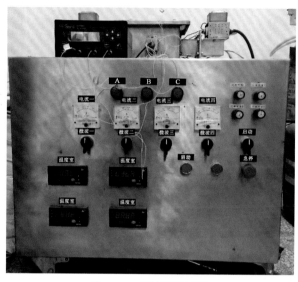

图 7-60　微波预热设备

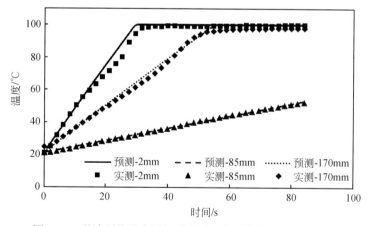

图 7-61　微波预热胶合板坯升温过程实测值与模型预测对比

由图可知，模型可以较为准确预测板坯升温速率。板坯左侧表层升温速率为 1.19℃/s，板坯右侧表层升温速率为 1.17℃/s，芯层升温速率为 0.62℃/s，可见芯层温度升温速率明显低于两侧表层升温速率，这主要是由微波场强度在穿过胶合板板坯时产生非线性衰减所致。而模型预测左侧表层误差最大，右侧次之，芯层模型预测温度与实验实测数据拟合最优，这可能是因为本数值模拟程序未考虑微波预热过程中的水分迁移，而左侧表层微波场强度最强，其边界水分迁移比较剧烈，水分蒸发会消耗部分热量导致整体误差大些，而芯层水分迁移最慢，误差最小。但模型整体预测胶合板升温过程与实测数据拟合效果较好，说明模型可以较为准确量化表征胶合板微波预热过程。

为了进一步分析胶合板板坯厚度方向上传热过程，将模型预测的板坯厚度方向不同时刻传热过程绘制成曲线，如图 7-62 所示。由图可知，采用双源双向辐射，随着两侧微波向内部穿透时，其强度逐渐衰减，升温速率逐渐减小，形成了板坯内温度呈现外高内低的驼峰式分布，芯表层最大处温差为 47.55℃，造成这一现象主要原因是本实验过程中板坯厚度过厚（170mm）导致微波衰减严重，而在实际生产中，一般胶合板板坯厚度不会超过 40mm。此外，在图中左侧温度比右侧表层处温度略高，这是由实验设备两侧微波功率不统一所致。

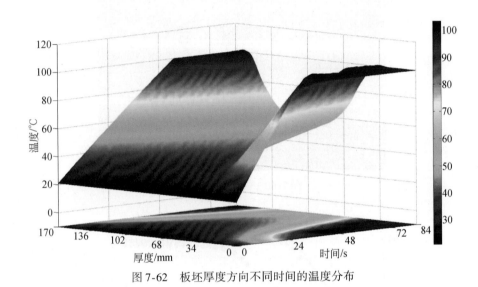

图 7-62　板坯厚度方向不同时间的温度分布

2）中试实验验证

在本节所进行的数学模拟中，板坯厚度取 55mm，环境温度取 26℃，人造板表面与环境之间的换热系数根据参考文献（Li et al., 2008）确定，其值为 20W/（$m^2 \cdot$℃）。实验验证数据采自惠州某刨花板厂，板坯铺装厚度为 55mm，微波预热设备加热时间为 18s，采集的其他具体参数如表 7-21 所示。将表 7-21 中刨花初始温度、密度、含水率等数据代入数值模拟仿真程序中，模型预测数据与实验数据进行对比。

表 7-21　惠州某刨花板厂采集实验数据

类别	刨花初始温度/℃		板坯密度/（kg/m^3）		板坯含水率/%		微波预热后温度/℃	
	$T_表$	$T_芯$	$\rho_表$	$\rho_芯$	$W_表$	$W_芯$	$T_表$	$T_芯$
数值	26	50	220	140	9	5	42	57

结合表 7-21 的数据及式（7-26）、式（7-27）得出刨花板板坯密度、含水率、导热系数及热容，如图 7-63 所示。由图可知，刨花板板坯在厚度方向上无论其含水率、密度皆

为非匀质材料，这对微波预热及后期热压过程会产生较大影响。表层密度比芯层密度高出57%，含水率高出80%，从而导致表层导热系数比芯层导热系数高出51.8%，比热容高出69.1%，二者都会影响刨花板板坯升温速率，其中热容影响板坯升温时消耗能量，导热系数影响热传导速率。热容越大升温所需能量则越多，即同样体积的表芯层刨花升高相同温度，表层刨花升温需要消耗更多能量。导热系数越大其热传导速率越快，即表层导热系数大于芯层，可以加快热量传导，徐咏兰（1995）与杜官本（2000）等的研究皆是提高表层刨花或纤维水分，利用表层水分热压时快速汽化形成蒸汽冲击效应，提高其导热系数，可以显著提高热压过程中表层导热速度，从而减小表芯层刨花或纤维的温度差，利于刨花或纤维板热压成形。但在微波预热阶段，表层含水率高会消耗较多能量用于升温表层，同时也会加大微波场强度衰减。

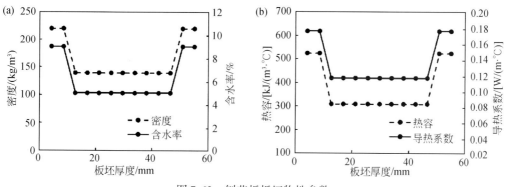

图 7-63　刨花板板坯物性参数

采用希玛 AS892 高温红外线测温仪采集表层温度，采用金科 JK804 手持式多路温度测试仪加 TT-K-30SLE 四氟测温线采集芯层温度，这里需要指出的是，该厂刨花板生产线运行速率为 20m/min，运行速度较快，将探头从板坯侧面厚度方向中心处插入 150mm，停留3s 待读数稳定后拔出，同时利用高温红外线测温仪测量同一位置表面温度。由于该厂的微波预热设备微波馈入口为缝隙天线错开布置，微波场强度分布并不均匀，每次只能同时采集同一厚度上表层与芯层两点温度。将实测温度与模型预测温度绘制成曲线，如图 7-64所示。

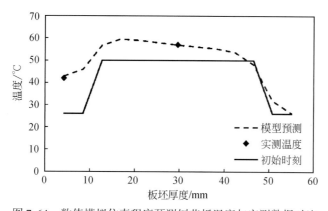

图 7-64　数值模拟仿真程序预测刨花板温度与实测数据对比

由图 7-64 可知，芯层实测温度为 57℃，表层温度为 42℃（二者为多次均值），模型预测芯层温度为 56.97℃，表层温度为 42.98℃，芯层略低于预测值，实测表层与芯层两点温度与模型预测温度拟合效果较优，这说明该数值模拟仿真程序可以较为准确表征微波预热刨花板这一物理过程。从预热后板坯温度分布可以看出，由于芯层刨花初始温度高于表层刨花，初始时刻板坯内温度内高外低，微波预热后板坯表层温度升高 16℃，芯层温度升高了 7℃，离微波源越远其升温速率越慢；由此可见，如果用微波单向辐射对板坯进行预热处理，则板坯内部不会形成内高外低的温度场，板坯内部的温度分布整体表现为沿着微波入射方向，温度逐渐降低，即存在一个温度梯度，这主要是因为微波从板坯上面射入，微波场强度会在板坯厚度方向上产生衰减所致。

为了进一步探明微波预热板坯内温度时空演变规律，将微波预热板坯升温过程绘制成三维曲线，如图 7-65 所示。由图可知，板坯表芯层初始温度差较大，随着微波预热时间增加，面向微波辐射源一侧的板坯表层温度快速增加，明显高于远离微波辐射源一侧的板坯表层温度，这主要是因为微波预热设备为单向辐射，微波在传播过程中会产生指数性衰减，随着板坯厚度增加其电场强度快速衰减，导致在远离微波源一侧升温速率较慢，55mm 处温度为 26.31℃，51mm 处温度为 31.89℃，而 0mm 处温度为 42.98℃，8mm 处温度 46.01℃，上下表层处温差较大，这说明采用单向辐射微波预热刨花板时将沿板坯厚度方向产生较大温度梯度，需要合理设置微波功率，过小会导致微波穿透厚度较小，造成远离微波源端板坯未被加热情况，不利于板坯后续热压；过大会导致微波穿透板坯，透射的微波在预热处理设备谐振腔产生反射容易产生驻波现象，影响板坯预热。这里需要指出的是，本节模型并未考虑驻波现象及微波穿透后反射，主要是因为微波预热人造板板坯最大理论穿透距离约为 140～150mm，且微波电场强度呈指数衰减模式，虽然本实验刨花板厚度为 55mm，但模型中电场强度从初始 30V/m 衰减至 3.55V/m，衰减较快，反射后强度进一步损失，产生能量较小。因此，本节未考虑透射后微波反射产生的热量，这样可能会导致远离微波端表面预测温度会略低于实际温度。

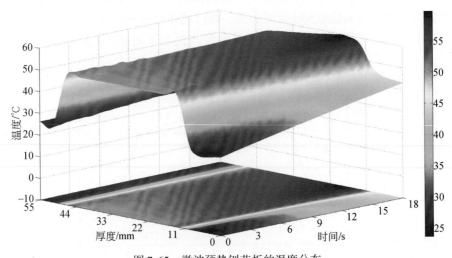

图 7-65 微波预热刨花板的温度分布

通过前面实验可知，采用单向辐射会在板坯内产生温度的非均匀分布，调整数值模拟仿真程序，采用双向辐射加热 18s 后板坯温度如图 7-66 所示。由图可知，板坯预热 5s，板坯芯层温度达到 57.73℃，而单向辐射则需要 18s，可见双向辐射板坯升温速率更快，这主要是由微波场强度叠加效应产生的。加热 18s 时，板坯表面温度为 47.83℃，芯层温度为 77.87℃，表面温度较初始温度升了 21.83℃，芯层温度升高了 27.87℃，可进一步提高板坯铺装速度，也证明双向辐射较单向辐射更有优势。

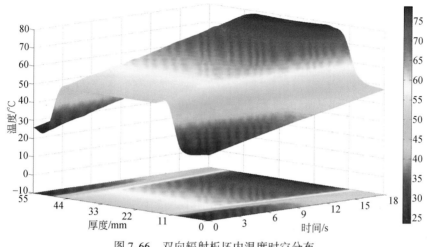

图 7-66 双向辐射板坯内温度时空分布

通过以上分析可以看出，本节基于串并联理论、朗伯定律、傅里叶导热定律及能量守恒定律构建微波预热人造板数值模拟程序可以较为准确地反映这一物理过程，结果表明：微波预热过程中，板坯内部的温度分布模式与微波加热方式、微波辐射功率直接相关。当采用微波单向辐射的方式加热时，沿着微波入射方向，板坯温度逐渐降低，温度分布的均匀性较差；当采用微波双向辐射的方式加热时，只要功率控制适当，板坯内能形成内高外低的温度梯度，且温度分布比较均匀。因此，在微波预热装置的设计中，需要充分考虑微波馈入方向、微波功率等因素对微波预热均匀性的影响。本节所构建的数值模拟程序可以量化分析板坯密度、初始含水率、初始温度及微波场强度等物性参数匀质或非匀质分布对微波预热人造板传热的时空演变规律，定量表征不同微波预处理条件下人造板升温规律，为优化微波预处理工艺提供理论基础。

7.3.2 刨花板板坯反向温度场快构技术

前一节验证了微波预热人造板的数值模拟程序的准确性，本节则系统分析了微波场强度与表层刨花初含水率对刨花板微波预热的影响规律。这里需要指出的是，本节所讨论的刨花板坯厚度为 55mm，板坯初始温度为 26℃，微波频率为 2450MHz，采用双向辐射。

7.3.2.1 刨花板表层初含水率对温度场的影响规律

本节主要讨论表层刨花含水率对微波预热的影响规律，分别设置刨花板坯表层含水率

8%、10%及12%，芯层含水率5%固定不变，微波场初始强度为33V/m，其他参数随着上述几项参数而发生相应变化，将上述参数代入数值模拟程序。不同表层含水率板坯预热温度的时空分布规律如图7-67所示。由图可知，不同表层初含水率刨花板升温基本上呈现线性升温，与传统边界导热式的抛物线升温曲线相比，其升温效率更高。同时，板坯内呈现内高外低反向温度场，这有利于刨花板后期热压成形，提高刨花板生产效率，通过惠州某刨花板厂实测数据可知，加入微波预热工序后，刨花板生产线运行速率由原来16～17m/min提升至19～20m/min，可以显著提高刨花板生产效率，这也证明了微波预热工序的有效性。

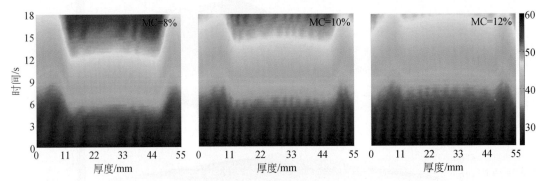

图7-67　不同表层初含水率下刨花板预热温度时空分布规律

将不同表层初含水率刨花板加热18s后温度分布绘制曲线，如图7-68所示。由图可知，表层刨花初含水率对微波预热刨花板坯有显著性影响，随着表层刨花含水率增加，表层温度呈增加趋势，芯层温度呈降低趋势。其中不同初含水率表层刨花温度最大差别为3.48℃，芯层最大温差8.72℃，造成这一现象主要原因是微波加热刨花主要依靠刨花中极性水分子极化旋转摩擦产生热量，随着表层含水率越高，表层水分子极化旋转越厉害，其温度就越高，但是随着表层初含水率增加也会消耗掉更多能量，微波场强度随着穿透距离增加衰减更为严重，芯层温度则随着表层初含水率增加而降低。目前部分企业采用表层喷洒冷水来提高表层含水率，进而在热压成形过程中产生蒸汽效应以提高传热效率的方法，若加上微波预热工序则建议降低表层刨花含水率，避免表层刨花含水率较高而导致表层温度过高，芯层温度加热不足现象产生。

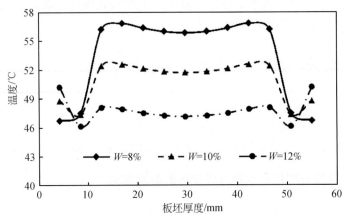

图7-68　不同表层初含水率终了时刻温度分布规律

7.3.2.2 微波场初始强度对温度场的影响规律

本节主要讨论微波场初始强度对微波预热的影响规律，分别设置微波场初始强度为 20V/m、30V/m 及 40V/m，表层初含水率为 8%，芯层含水率 5% 固定不变，其他参数随着上述几项参数而发生相应变化，将上述参数代入数值模拟程序，这里需要指出的是，微波场初始强度与微波预热设备的功率、馈入口尺寸及谐振腔尺寸有关。不同微波场初始强度板坯预热温度的时空分布规律如图 7-69 所示。由图可知，微波场强度主要影响刨花板升温速率，随着微波场强度增加板坯升温速率随之增加。微波场强度分别 20V/m、30V/m 及 40V/m 时，表层刨花温度分别为 33.62℃、43.14℃ 及 56.46℃，芯层刨花温度分别为 36.99℃、50.71℃ 及 69.92℃，随着微波场强度增加，芯表层温差随着增加；表层刨花升温速率分别为 0.42℃/s、0.95℃/s 及 1.69℃/s，芯层刨花升温速率分别为 0.61℃/s、1.37℃/s 及 2.44℃/s，在同一微波场强度下，表层刨花升温速率明显小于芯层刨花升温速率，这主要是因为表层刨花微波产生热量一部分用于提升自身温度，一部分向周边刨花及环境散热，热损失较大。而芯层刨花微波产生热量主要用于提升自身温度，且周边刨花也可以导热形式向其传导热量，因此芯层温度升温速率更高。此外，数值模拟仿真实验中微波场初始强度是线性增加，但芯表层升温速率却呈现非线性增加。

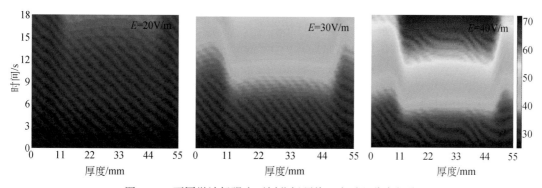

图 7-69　不同微波场强度下刨花板预热温度时空分布规律

将不同微波场初始强度的刨花板加热 18s 后温度分布绘制曲线，如图 7-70 所示。由图

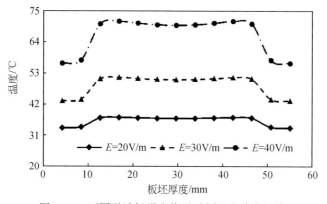

图 7-70　不同微波场强度终了时刻温度分布规律

可知，不同微波场强度下刨花板升温曲线形式基本一致，即呈现出外低内高的温度场分布，反向温度场的存在将显著缩短随后板坯热压过程中心层达到规定温度的时间，从而显著提高生产效率和板材的力学性能指标，尤其是内结合强度指标。芯层刨花温度升高了10.99~43.92℃，随着微波场强度增加，则微波预热设备功率随之增加，其生产能耗也会随之增加，工厂可以结合自身产能情况适当调整微波输出功率，以期达到最优生产工艺。

7.3.2.3 刨花板板坯反向温度场快构技术工艺优化

以惠州某刨花板厂生产数据为例，当芯层温度达到57℃时，可有效提高企业产能及板坯质量。本节以芯层达到57℃为优化标准，衡量设备不同功率下微波预热刨花板板坯所需时间及用电成本，微波预热设备功率分别为120kW、180kW及240kW，对应的有效电场强度分别为20V/m、30V/m及40V/m，1度工业用电按照1.0元计算，微波采用双向辐射。将不同功率预热刨花板芯层升温过程绘制成曲线，如图7-71所示。由图可知，不同功率微波预热刨花板坯升温速率皆为恒速线性升温。微波预热设备功率分别为120kW、180kW及240kW时，其芯层刨花升至57~58℃时，所需时间分别为51s、22s及13s，对应的升温速率分别为0.61℃/s、1.44℃/s及2.44℃/s，即随着微波功率线性增加，升温速率呈非线性增加趋势。不同功率微波预热刨花板坯用电成本约为0.19元/m²、0.12元/m²及0.10元/m²，可见随着微波预热设备功率增加，用电成本呈现降低趋势，这里提醒各人造板厂家在安装微波预热设备时在资金允许情况下尽量将装机功率提高。此外，大功率微波设备也可以提高板坯成形速率，从而提高企业产能。

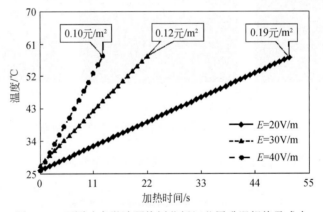

图7-71 不同功率微波预热刨花板坯芯层升温规律及成本

7.3.3 纤维板板坯反向温度场快构技术

前一节系统分析微波场强度及表层刨花含水率对微波预热刨花板坯升温速率的影响规律，本节则系统分析微波场强度与板坯初含水率对纤维板坯微波预热的影响规律。本节所讨论的纤维板坯厚度为80mm，板坯初始温度为26℃，微波频率为2450MHz，采用双向微波辐射。这里需要指出的是，纤维板的板坯密度150kg/m³，微波在其内部衰减与刨花板不同，其微波场强度衰减要远小于刨花板。

7.3.3.1　微波场强度衰减系数对纤维板温度场的影响规律

本节主要讨论微波场强度衰减对微波预热的影响规律，纤维板板坯密度约为 $150kg/m^3$，初含水率 8%，微波场初始强度为 $20V/m$，其衰减系数 b 分别为 0.86/11.99/23.12，预热时间为 20s，其他参数随着上述几项参数而发生相应变化，将上述参数代入数值模拟程序。这里需要指出的是，强度衰减系数是一个与人造板含水率及密度有关的一个物理量，为简化计算，只考虑水分对其影响，结合 He 等（2017）数据，本小节采用一元二次方程表征含水率对微波场强度衰减影响，如式（7-36）所示。

$$b = -a_1 W^2 + a_2 W - a_3 \qquad (7\text{-}36)$$

式中，a_1、a_2 及 a_3 为实验拟合系数，结合式（7-8）绘制微波场强度随着入射距离的衰减规律，如图 7-72 所示。

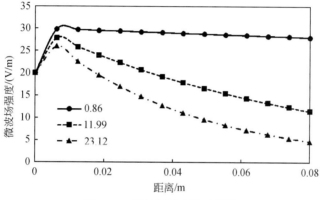

图 7-72　微波场强度衰减规律

不同微波场衰减系数对纤维板预热温度的时空分布规律如图 7-73 所示。由图可知，不同微波场强度衰减系数下纤维板升温规律与刨花板相似，整体上呈现线性升温。但随着衰减系数的增加，板坯升温速率随之减小，板坯内温差变大。当衰减系数为 0.86 时，在同一时间板坯内呈现内高外低的温度分布，这与刨花板结果类似；当衰减系数为 11.99 时，板坯最高温度处出现在 12mm 及 74mm 处，纤维板坯内部的最高温度并未出现在面向微波源的最表层，而是出现在次表层处，这一模拟结果与 Zielonka 等（1997，1998）及 Li 等（2008）的研究结果一致，造成这一现象主要原因是由于板坯表面向周围环境不断散失热量，板坯表面热量快速散失，而板坯密度较小导致导热系数也较小，板坯内部热量向板坯表面热传导较慢，从而形成了板坯内最高温度并未出现在面向微波源的最表面；当衰减系数为 23.12 时，板坯内温度场呈现马鞍式分布，双侧表面温度最高，随着微波穿透距离增加，其温度逐渐降低。通过以上分析对比可知，微波场强度衰减系数对微波预热纤维板影响较大，不仅影响板坯升温速率，也影响板坯内温度分布规律，而影响微波场强度衰减系数主要因素就是板坯初始含水率与密度，在利用微波预热时应根据板坯初含水率及密度对微波预热工艺条件进行相应的优化。

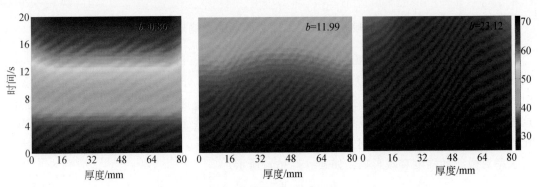

图 7-73　不同微波场强度衰减系数下纤维板预热温度时空分布规律

7.3.3.2　板坯初含水率对纤维板温度场的影响规律

本节主要讨论板坯初含水率对微波预热纤维板的影响规律，纤维板板坯密度约为 150kg/m³，初含水率 8%/10%/12%，微波场初始强度为 20V/m，调整式（7-32）部分参数，重新计算其不同初含水率条件下微波场强度衰减系数 b，其值分别为 3.43、4.70 及 6.35，这里需要强调，微波场强度衰减系数随着含水率增加而增加。预热时间为 20s，其他参数随着上述几项参数而发生相应变化，将上述参数代入数值模拟程序。将不同初含水率的板坯加热 20s 后温度分布绘制曲线，如图 7-74 所示。由图可知，不同含水率条件下，板坯预热后内部温度分布类似，皆是内高外低趋势。但是随着板坯初含水率增加，板坯升温速率呈现增加趋势，这与刨花板结果不同，刨花板表层含水率越高，其升温速率越慢，造成这种不同的原因主要来自两方面，一方面微波场强度在刨花板与纤维板衰减强度不同；另一方面，刨花板芯表层密度不同且芯层含水率较低，会导致板坯内导热系数、热容及微波场强度均发生非匀质变化，基于 He 等（2017）研究杨木介电特性数据并结合式（7-6）可知，式中介电常数与损耗角正切皆与含水率有关，二者随着含水率增加而增大，在微波预热人造板板坯过程中单位时间单位体积内产生热量呈正相关。而微波场强度则随含水率增加而减小，在微波预热人造板板坯过程中单位时间单位体积内产生热量呈负相关，它们三者间有交互影响作用。单从快速升温这个角度来看，企业可以结合自身情况适当提高板纤维坯初含水率，从而获得较快升温速率，以期达到最优生产工艺。

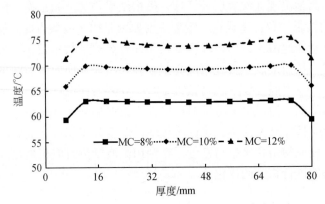

图 7-74　不同初含水率板坯终了时刻温度分布规律

7.3.3.3　纤维板坯反向温度场快构技术工艺优化

以韶关某纤维板厂生产数据为例,当芯层温度达到60℃时,可有效提高企业产能及板坯质量。本节以芯层达到60℃为优化标准,板坯初含水率10%,衡量设备不同功率下微波预热纤维板板坯所需时间及用电成本,微波预热设备功率分别为120kW、180kW及240kW,对应的有效电场强度分别为20V/m、30V/m及40V/m,1度工业用电按照1.0元计算,采用双向微波辐射。将不同功率预热纤维板芯层升温过程绘制成曲线,如图7-75所示。由图可知,不同功率微波预热纤维板坯升温速率皆为恒速线性升温。微波预热设备功率分别为120kW、180kW及240kW时,其芯层纤维升至60℃时,所需时间分别为16s、7s及4s,对应的升温速率分别为3.79℃/s、8.58℃/s及15.14℃/s,即随着微波功率线性增加,升温速率呈非线性增加趋势。不同功率微波预热纤维板坯用电成本约为0.03元/m²、0.04元/m²及0.06元/m²,这与刨花板结果基本一致,即随着微波预热设备功率增加,用电成本呈现降低趋势,同样在资金允许情况下尽量采用高功率的微波预热设备。

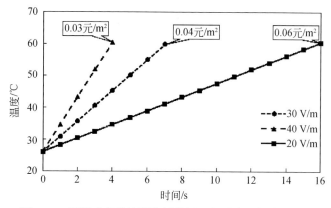

图 7-75　不同功率微波预热纤维板坯芯层升温规律及成本

7.4　竹基复合材料低碳制备技术

复合材料是由两种或者两种以上不同性质的材料,通过物理或化学的方法,使其在宏观上组成具有新性能的材料。各种材料在性能上取长补短,产生复合效应,使复合材料的综合性能优于原组成材料而满足各种不同的要求。竹基复合材料是以不同形态的竹材为基体材料与其他材料通过不同的复合工艺制备的具有一定特殊性能的复合材料。如竹束(片)与木束(片)复合可以制备性能优良的竹木复合材料,竹纤维与高分子树脂复合可以制备具有塑料和竹材双重特性的竹塑复合材料,竹刨花和硅酸盐水泥或氯氧镁水泥复合可以制备具有优异防水、防火性能的竹材水泥刨花板等。

7.4.1　竹木复合材料制备技术

7.4.1.1　竹木复合材料制备

我国木材资源匮乏,结构用木质材料相对缺乏,因此用竹材部分替代木材制造结构用材非常必要。竹木复合材料是一种新型复合材料,相比于建筑结构用纯木材的力学性能受木节、斜纹、裂纹等缺陷的影响,竹木复合材料力学性能具有良好的稳定性,且力学性能也远优于木材。竹木复合材料可以部分代替结构用木材在木结构、钢–木混合结构中的应用。竹材和木材的材质不同,竹材材质较硬难以被压缩,而木材材质软易被压缩,因此,竹木复合材的制造工艺对复合材的性能有很大影响。研究者对竹木复合材制备工艺进行了大量的研究,如不同的混杂形态和不同混杂比对竹木复合材物理力学性能的影响,竹束、木束不同的单元形态对竹木复合材物理力学性能的影响等。本节选取板材密度、竹木质量比、胶黏剂固体含量三个影响因子,采用正交试验,通过极差、方差与回归分析,研究不同因子对微波预处理竹木复合材物理力学性能的影响,确定优化工艺参数。

1) 制备方法

试验材料:毛竹竹束购自湖南益阳桃花江竹业有限公司,由竹龄 4~5 年、胸径 60~80mm 的竹材加工而成,含水率在 12% 左右。将竹束送入功率为 800W 微波处理器处理 6min。桉木木束,长 400mm,宽 15mm,厚 2mm,含水率在 12% 左右。水溶性酚醛树脂胶,购自湖南益阳桃花江竹业有限公司,外观为棕红色液体,固体含量 51.2%,黏度 280~360mPa·s (20℃),pH10.53。

试验设计:采用正交试验的方法,选取三因素、三水平的 $L_9(3^4)$ 正交试验表(因子和水平设计如表 7-22 所示,研究密度、竹木质量比、胶黏剂固体含量对竹木复合材物理力学性能的影响。

表 7-22 正交试验方案

编号	密度 / (g/cm³)	竹木质量比	胶黏剂固体含量/%	空列
1	1.0 (1)	60∶40 (1)	15 (1)	(1)
2	1.0 (1)	50∶50 (2)	20 (2)	(2)
3	1.0 (1)	40∶60 (3)	25 (3)	(3)
4	1.1 (2)	60∶40 (1)	20 (2)	(3)
5	1.1 (2)	50∶50 (2)	25 (3)	(1)
6	1.1 (2)	40∶60 (3)	15 (1)	(2)
7	1.2 (3)	60∶40 (1)	25 (3)	(2)
8	1.2 (3)	50∶50 (2)	15 (1)	(3)
9	1.2 (3)	40∶60 (3)	20 (2)	(1)

主要工序如下(图 7-76):

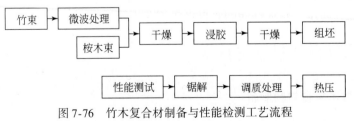

图 7-76 竹木复合材制备与性能检测工艺流程

（1）单元制备、一次干燥：将经过微波预处理的竹束统一截成长 400mm 的竹束，将木单板截成长 400mm，宽 1.5mm 的等长、等宽木束。将竹束与木束在电热鼓风恒温干燥箱内干燥至含水率 8% 左右，干燥温度 103℃±2℃。

（2）浸胶、二次干燥：将竹束、与木束放置于浸胶槽内，浸胶 7min。将浸完胶的竹束、木束晾干后送入电热鼓风恒温干燥箱内干燥至含水率 10% 左右，干燥温度为 50℃。

（3）组坯：手工组坯，竹束作表层，木束作芯层，即按照"竹束—木束—竹束"的形式有序、整齐的纵向顺纹排列组坯。

（4）热压：将组坯好的板坯放入热压机的模具中进行定厚热压。热压温度为 150℃，热压压力 4~5MPa，热压时间 1.5min/mm，采用热进冷出，分段降压的热压工艺，压板第一阶段，缓慢降压，压力从最大值 P_{max} 降到 $P_{max/2}$。然后进入保压阶段，保压时间为 0.5mim/mm 板厚，在该阶段压板压力一直保持 $P_{max/2}$。接着再进行压板降压第二阶段，缓慢降压，压力从 $P_{max/2}$ 降到零。总耗时约 20min，出板时的压板温度为 50℃。压制的板材规格为 400mm×250mm×16mm。

2）性能表征

每组实验取 3 块板材检测结果的平均值作为该组性能指标的检测结果，性能的检测方法按 GB/T 7657.4—2003 进行，主要检测竹木复合材料的 MOR、MOE、TS 和 IB 这 4 项物理力学性能。

7.4.1.2　竹木复合材料工艺优化

1）竹木复合材料力学性能分析

取每一组试验的 3 块板检测结果的平均值作为该组性能指标的检测结果，性能的检测方法按 GB/T 7657.4—2003 进行，主要检测竹木复合材的静曲强度（MOR）、弹性模量（MOE）、24h 吸水厚度膨胀率（TS）和内结合强度（IB）。

按 GB/T 7657.4—2003 对竹木复合材进行检测，检测结果如表 7-23 所示。

表 7-23　竹木复合材物理力学性能测试结果

试验号	密度 X_1/（g/cm³）	竹木质量比 X_2	胶黏剂固体含量 X_3/%	MOR /MPa	MOE /MPa	TS /%	IB /MPa
1	1.0（1）	60:40（1）	15（1）	106.48	10216.47	2.68	1.36
2	1.0（1）	50:50（2）	20（2）	98.56	9724.33	4.60	1.55
3	1.0（1）	40:60（3）	25（3）	92.26	9495.33	4.46	1.74
4	1.1（2）	60:40（1）	20（2）	156.28	13475.26	2.24	1.63
5	1.1（2）	50:50（2）	25（3）	134.64	11357.67	4.12	1.84
6	1.1（2）	40:60（3）	15（1）	130.06	11847.37	4.89	1.41
7	1.2（3）	60:40（1）	25（3）	136.56	11730.62	1.94	2.02
8	1.2（3）	50:50（2）	15（1）	128.76	11108.82	3.56	1.48
9	1.2（3）	40:60（3）	20（2）	110.13	10717.56	4.28	1.72

通过对竹木复合材物理力学性能的测试结果进行极差分析，以确定各工艺因素对其物理力学性能的影响，极差分析结果如表7-24所示。

从表7-24的极差分析可见，影响竹木复合材MOR、MOE大小的因素顺序是：密度>竹木质量比>胶黏剂固含量；影响竹木复合材IB大小的因素顺序是：胶黏剂固含量>密度>竹木质量比；影响24h TS大小的因素顺序是：竹木质量比>胶黏剂固含量>密度。密度对竹木复合材MOR、MOE、IB的影响均比竹木质量比影响大，而竹木质量比对竹木复合材静曲强度，弹性模量24h TS的影响均比胶黏剂固体含量的影响大，而胶黏剂固体含量仅对内结合强度影响显著，所以，影响竹木复合材物理力学性能大小的因素顺序是：密度>竹木质量比>胶黏剂固含量。

表7-24　竹木复合材物理力学性能极差分析

	水平	密度	竹木质量比	胶黏剂固含量
MOR	k1	99.10	133.11	121.77
	k2	140.33	120.65	121.66
	k3	125.15	110.82	121.15
	极差	41.23	22.29	0.62
MOE	k1	9.81	11.81	11.06
	k2	12.23	10.73	11.31
	k3	11.18	10.69	10.86
	极差	2.42	1.12	0.45
IB	k1	1.55	1.67	1.42
	k2	1.63	1.62	1.63
	k3	1.74	1.62	1.87
	极差	0.19	0.05	0.45
TS	k1	2.58	1.29	2.71
	k2	2.42	2.43	2.37
	k3	2.26	3.54	2.17
	极差	0.32	2.25	0.54

从表7-23可以看出，在相同的竹木质量比条件下，随着密度的提高，MOR、MOE出现先增加后降低的情况，这可能是因为在相同的体积内，随着设计密度的增加，板坯压到设定的厚度，需要更大的压力，这可能导致竹束、木片被部分压裂，由于二次干燥的原因，被干燥的胶液不存在流动性，压裂的部分产生缺胶的现象，虽然单位体积内竹束与相邻竹束之间、竹束与木片之间、木片与相邻木片的距离被拉近，两两之间的空隙减少，但由于缺少胶黏剂，会导致竹木复合材静曲强度，弹性模量的下降。而且竹木复合材的密度过大，增加了单位体积内的竹束与木片的质量，增大了成本，同时密度较大的重组竹材，热压工艺较难控制，板坯内水分很难在卸压前充分排除，会产生鼓泡现象，所以最优工艺密度选择1.1g/cm^3。

从表 7-23 可以看出，在相同的密度条件下，MOR、MOE 随着竹束相对含量的减少而降低，这可能是因为压制的竹木复合材密度至少在 1.0 以上，压制到指定厚度，需要较大的压力，较硬的竹束与较软木片都被充分压软，两者对竹木复合材的性能都有贡献，而竹材本身强度等性能值都比杨木的性能值要好，因此竹束的含量越大，它的性能值要高。

从表 7-23 可以看出，在相同的胶黏剂固体含量下，24h TS 随着竹束含量的增加而降低，这是因为竹束的尺寸稳定性优于木片，所以竹束含量的增加有利于改善竹木复合材尺寸稳定性，所以最优工艺竹木质量比选择 60∶40。

从表 7-23 可以看出，在相同的密度条件下，IB 随着胶黏剂固含量的降低而降低，这可能是因为竹束与木片的浸胶量随胶黏剂固体含量的降低而降低，虽然胶黏剂固体含量的降低，有利于胶黏剂的流动性，但竹束与桉木束吸附的胶黏剂的固体含量减少，导致浸胶量下降，竹木复合材单位体积内的浸胶量增加，从而导致 IB 的降低，所以最优工艺胶黏剂固含量选择 25%。

2）竹木复合材力学性能相关性分析

相关性分析是一种常用的用于研究变量之间密切程度的统计方法。相关系数是描述两变量 x 与 y 之间线性相关程度的定量指标，相关系数 xy 无量纲，其值在 [-1, 1] 范围内。

当 $xy=0$，x 与 y 不存在线性关系，称 x 与 y 不相关；

当 $xy>0$，y 随 x 增加而增加，称 x 与 y 正相关；

当 $xy<0$，y 随 x 增加而减小，称 x 与 y 负相关；

当 $|xy|=1$，可以确切地用变量 x 的线性函数来表示，如果 x 与 y 服从正态分布，则 x 与 y 不相关，等价于 x、y 相互独立。

运用 SPSS19.0 数据处理软件进行竹木复合材物理力学性能指标间的相关性分析，结果如表 7-25 所示。SPSS19.0 数据处理软件输出表格中"sig."表示 F 检验值的显著性检验水平。表中相关系数均为皮尔逊相关系数，从表 7-25 可以看出，MOR、MOE 在置信度为 0.01 时，显著相关。

表 7-25　竹木复合材力学性能相关性分析结果

		MOR	MOE	TS	IB
MOR	相关系数	1.000	0.950**	-0.583	0.283
	sig.（双侧）	.	0.000	0.099	0.460
MOE	相关系数	0.950**	1.000	-0.367	0.067
	sig.（双侧）	0.000	0.000	0.332	0.865
TS	相关系数	-0.583	-0.367	1.000	-0.267
	sig.（双侧）	0.099	0.332	0.000	0.488
IB	相关系数	0.283	0.067	-0.267	1.000
	sig.（双侧）	0.460	0.865	0.488	0.000

注：**表示在置信度（双测）为 0.01 时，相关性是显著的。

3）竹木复合材力学性能方差分析

极差分析在一定程度上能够反映各因素对竹木复合材力学性能的影响，但尚不能反映各因素的不同水平对竹木复合材力学性能的影响程度，而对试验结果的方差分析，可以反映各因素的不同水平对竹木复合材力学性能的影响。本研究运用 SPSS19.0 数据处理软件对试验结果进行方差分析，系统研究各因素的不同水平对竹木复合材物理力学性能的影响规律。

（1）密度对竹木复合材力学性能影响的方差分析

运用 SPSS19.0 数据处理软件研究密度对竹木复合材的物理力学性能的影响。分析结果如表 7-26 所示。从表 7-26 可以看出，密度对竹木复合材物理力学性能影响的 sig. 值大小顺序为：MOR、MOE<IB<0.05<TS，说明在显著性水平为 0.05 时，密度对竹木复合材的 MOR、MOE 影响最显著，密度对 IB 影响较显著，对 24h TS 的影响不显著。

表 7-26　密度对竹木复合材力学性能影响的方差分析结果

源	因变量	Ⅲ型平方和	自由度	均方	F 检验值	sig.
截距	MOR	132916.146	1	132916.146	924.512	0.000
	MOE	1.104E9	1	1.104E9	2036.263	0.000
	TS	52.659	1	52.659	39.003	0.001
	IB	24.174	1	24.174	466.272	0.000
密度	MOR	2608.572	2	1304.286	9.072	0.015
	MOE	8801619.048	2	4400809.524	8.121	0.020
	TS	0.154	2	0.077	0.057	0.945
	IB	0.055	2	0.027	0.529	0.044
误差	MOR	862.614	6	143.769		
	MOE	3251571.740	6	542057.093		
	TS	8.101	6	1.350		
	IB	0.311	6	0.052		
总计	MOR	136387.331	9			
	MOE	1.116E9	9			
	TS	60.914	9			
	IB	24.540	9			

注：a. $R^2 = 0.751$（调整 $R^2 = 0.669$）；b. $R^2 = 0.730$（调整 $R^2 = 0.640$）；c. $R^2 = 0.019$（调整 $R^2 = -0.309$）；d. $R^2 = 0.150$（调整 $R^2 = -0.134$）。

（2）竹木质量比对竹木复合材力学性能影响的方差分析

从表 7-27 可以看出，竹木质量比对竹木复合材力学性能影响的 sig. 值大小顺序为：TS<MOR、MOE<0.05<IB，说明在显著性水平为 0.05 时，竹木质量比对复合材的 TS 影响最显著，竹木质量比对复合材的 MOR、MOE 影响较显著，对 IB 的影响不显著。

表 7-27　竹木质量比对竹木复合材力学性能影响的方差分析结果

源	因变量	Ⅲ型平方和	自由度	均方	F 检验值	sig.
截距	MOR	132916. 146	1	132916. 146	292. 929	0. 000
	MOE	1. 104E9	1	1. 104E9	687. 588	0. 000
	TS	52. 659	1	52. 659	513. 414	0. 000
	IB	24. 174	1	24. 174	401. 185	0. 000
竹木质量比	MOR	748. 690	2	374. 345	0. 825	0. 048
	MOE	2418164. 580	2	1209082. 290	0. 753	0. 032
	TS	7. 639	2	3. 820	37. 240	0. 000
	IB	0. 004	2	0. 002	0. 036	0. 965
误差	MOR	2722. 496	6	453. 749		
	MOE	9635026. 580	6	1605280. 235		
	TS	0. 615	6	0. 103		
	IB	0. 362	6	0. 060		
总计	MOR	136387. 331	9			
	MOE	1. 116E9	9			
	TS	60. 914	9			
	IB	24. 540	9			

注：a. $R^2 = 0.216$（调整 $R^2 = -0.046$）；b. $R^2 = 0.201$（调整 $R^2 = -0.066$）；c. $R^2 = 0.925$（调整 $R^2 = 0.901$）；d. $R^2 = 0.012$（调整 $R^2 = -0.317$）。

（3）胶黏剂固体含量对竹木复合材力学性能影响的方差分析

运用 SPSS19. 0 数据处理软件研究胶黏剂固含量对竹木复合材的力学性能的影响。分析结果如表 7-28 所示。从表中可以看出，胶黏剂固含量对竹木复合材力学性能影响的 sig. 值大小顺序为：IB<TS<0. 05<MOR、MOE，说明在显著性水平为 0. 05 时，胶黏剂固含量对复合材的 IB 影响最显著，胶黏剂固含量对复合材的 TS 影响较显著，对 MOR、MOE 影响不显著。

表 7-28　胶黏剂固含量对竹木复合材力学性能影响的方差分析结果

源	因变量	Ⅲ型平方和	自由度	均方	F 检验值	sig.
截距	MOR	132916. 146	1	132916. 146	229. 790	0. 000
	MOE	1. 104E9	1	1. 104E9	563. 414	0. 000
	TS	52. 659	1	52. 659	40. 439	0. 001
	IB	24. 174	1	24. 174	2339. 382	0. 000
胶黏剂固含量	MOR	0. 642	2	0. 321	0. 001	0. 999
	MOE	297726. 194	2	148863. 097	0. 076	0. 928
	TS	0. 441	2	0. 221	0. 169	0. 038
	IB	0. 304	2	0. 152	14. 704	0. 005
误差	MOR	3470. 544	6	578. 424		
	MOE	11755464. 595	6	1959244. 099		
	TS	7. 813	6	1. 302		
	IB	0. 062	6	0. 010		

续表

源	因变量	Ⅲ型平方和	自由度	均方	F 检验值	sig.
总计	MOR	136387.331	9			
	MOE	1.116E9	9			
	TS	60.914	9			
	IB	24.540	9			

注：a. $R^2 = 0.000$（调整 $R^2 = -0.333$）；b. $R^2 = 0.025$（调整 $R^2 = -0.300$）；c. $R^2 = 0.053$（调整 $R^2 = -0.262$）；d. $R^2 = 0.831$（调整 $R^2 = 0.774$）。

4）竹木复合材的力学性能回归分析

回归分析是研究两个及两个以上变量之间关系的一种方法。在大量的实验和观察中寻找隐藏在上述随机性后面的统计规律性。这类统计规律称为回归关系，有关回归关系的计算方法和理论统称为回归分析。反映自变量和因变量之间联系的数学表达式称作回归方程，某一类回归方程的总称为回归模型。

表 7-29 为竹木复合材各力学性能指标的回归方程。

表 7-29　竹木复合材各力学性能指标的回归方程

性能指标	回归方程	R
MOR	$y = -3415.350 - 2820.167x_1{}^2 + 6334.617x_1$	0.927
MOE	$y = -204405.473 - 172791.167x_1{}^2 + 387008.683x_1$	0.934
IB	$y = -0.368 + 0.950x_1 + 0.059x_2 + 4.500x_3$	0.994
TS	$y = 8.076 - 1.600x_1 - 2.675x_2 - 5.367x_3$	0.993

主要采用的是线性回归的方法，线性回归模型须满足以下的假设条件：

（1）可以是任意确定的变量。

（2）对于每一个 X_i 的组合，Y 是一个随机变量，它构成一个子总体，形成某一 X_i 组合下的条件分布。

（3）有的 Y 子总体的分布其方差是相等的。

（4）每个 Y 子总体之间是相互独立的。

（5）因变量和自变量之间的关系是线性的。

在回归方程中，R 与 R^2 越接近于 1，表示函数拟合得越好，其值越接近于真实值。从表 7-30 中可以看出，MOR、MOE 的回归方程的相关系数（R）较接近于 1，表示两者的函数拟合得较好，其值较能反映真实值；内结合强度与 24h TS 的回归方程的相关系数（R）极接近于 1，表示两者的函数拟合得相当好，其值能准确地反映真实值。

表 7-30　回归方程的相关系数与复相关系数分析结果

模型	R	R^2	调整 R^2	标准估计的误差
MOR	0.867	0.751	0.669	11.990
MOE	0.855	0.730	0.640	736.158
IB	0.994a	0.988	0.981	0.02939
TS	0.993a	0.985	0.977	0.15532

从表 7-31 中可以看出，MOR、MOE、IB、TS 的回归方程的 sig. 值均<0.05，说明 4 种回归方程在显著性水平为 0.05 时，均有效。

表 7-31　回归方程的显著性检验结果

模型		平方和	自由度	均方	F	sig.
MOR	回归	2608.572	2	1304.286	9.072	0.015
	残差	862.614	6	143.769		
	总计	3471.185	8			
MOE	回归	8801619.048	2	4400809.524	8.121	0.020
	残差	3251571.740	6	541928.623		
	总计	12053190.789	8			
IB	回归	0.362	3	0.121	139.488	0.000a
	残差	0.004	5	0.001		
	总计	0.366	8			
TS	回归	8.134	3	2.711	112.387	0.000a
	残差	0.121	5	0.024		
	总计	8.254	8			

在表 7-32 中，sig. 值<0.05 时，说明回归方程中常数或系数对竹木复合材力学性能影响显著，并且 sig. 值越小，影响越显著。从表 7-32 可以看出，密度（X_1）系数在 MOR、MOE、IB 回归方程中的系数 sig. 值<0.05，说明在显著水平为 0.05 时，密度（X_1）对 MOR、MOE、IB 影响显著；同理，竹木质量比对 24h TS 影响显著；胶黏剂固体含量对 TS、IB 影响显著。

表 7-32　回归方程的常数与系数显著性检验结果

模型		未标准化系数		标准化系数	t	sig.
		B	标准误差	测试版		
MOR	密度	6334.617	1865.906	26.336	3.395	0.015
	密度**	−2820.167	847.847	−25.804	−3.326	0.016
	（常数）	−3415.350	1021.670		−3.343	0.016
MOE	密度	387008.683	114558.740	27.305	3.378	0.015
	密度**	−172791.167	52054.232	−26.830	−3.319	0.016
	（常数）	−204405.473	62726.250		−3.259	0.017
	（常量）	−0.368	0.144		−2.558	0.051
IB	密度	0.950	0.120	0.385	7.916	0.001
	竹木质量比	0.059	0.029	0.100	2.061	0.094
	胶黏剂固含量	4.500	0.240	911	18.750	0.000
	（常量）	8.076	0.761		10.614	0.000
TS	密度	−1.600	0.634	−0.136	−2.523	0.053
	竹木质量比	−2.675	0.151	−0.956	−17.689	0.000
	胶黏剂固含量	−5.367	1.268	−0.229	−4.232	0.008

注：** 表示在置信度（双侧）为 0.01 时，相关性是显著的。

综合极差、方差与回归分析结果，选取最佳竹木复合材竹材复合材制备工艺：密度为 1.1g/cm³，竹木质量比为 60∶40，胶黏剂固含量为 25%。通过最优工艺压制的竹木复合材，其 MOR 为 138.47MPa、MOE 为 11563.52MPa、IB 为 1.78MPa、24h TS 为 2.68%。

5）小结

选取密度、竹木质量比和胶黏剂固含量作为工艺因素，采用正交试验研究了竹木复合材制备工艺，并对复合材料力学性能进行了极差与方差分析。结果表明，密度对竹木复合材静曲强度、弹性模量的影响显著，竹木质量比对竹木复合材 24h 吸水厚度膨胀率影响显著，胶黏剂固含量对竹木复合材内结合强度影响显著，对竹木复合材力学性能各项指标进行回归分析，得出优化工艺：密度为 1.1 g/cm³，竹木质量比为 60∶40，胶黏剂固含量为 25%。通过最优工艺制备的竹木复合材静曲强度、弹性模量、内结合强度分别达到 138.47MPa、11563.52MPa 和 1.78MPa，24h 吸水厚度膨胀率仅为 2.68%。

7.4.2　竹塑复合材料制备技术

竹塑复合材料是以竹纤维（竹粉）与热塑性塑料为主要原料，通过加热使竹纤维（竹粉）与熔融状态的热塑性塑料复合再经一定的成形工艺复合制备一种竹基复合材料。竹塑复合材料的性能与其制备工艺具有相关性，如竹纤维（竹粉）理化性能、竹纤维（竹粉）质量分数、界面调控剂用量、成形温度、压力等很多因素都会对复合材料性能产生影响。竹塑界面好坏对竹塑复合材料性能具有决定性影响，要提高竹塑复合材料力学性能，改善竹塑复合材料界面性能非常重要。竹塑复合材料界面接合强度又取决于两个因素：一是竹材在塑料中均匀分布程度和塑料对竹纤维的包覆度，二是竹材和塑料界面的相容性。竹塑复合材料中竹纤维（竹粉）太多，竹纤维（竹粉）可能会聚集成束（团），塑料不能有效包覆竹纤维（竹粉），当复合材料承受破坏应力时，竹纤维（竹粉）不能有效转移应力，复合材料表现出极低的力学强度。表面亲水的极性竹纤维（竹粉）与疏水的非极性塑料界面相容性差，即使塑料能够很好地包覆竹纤维（竹粉），当复合材料承受破坏应力时，竹纤维（竹粉）很容易"脱离"塑料，但由于竹纤维（竹粉）的表层与塑料表面层之间并未达到分子间的融合，这两种不同性质的材料相当于简单地"混合"在一起，复合材料仍然表现出极低的力学强度。因此，复合材料中竹纤维（竹粉）质量分数以及竹纤维（竹粉）与塑料界面相容性的调控及调控效果是影响竹塑复合材料力学强度的重要因素。

作者采用注射成形工艺制备竹纤维/聚乳酸可生物降解复合材料，研究碱处理后的竹纤维质量分数和界面调控剂用量两个主要工艺因子对竹纤维/聚乳酸可生物降解复合材料力学性能、吸水性能、动态热机械性能、流变性能、热稳定性、结晶与熔融性能等的影响，得到了竹纤维/聚乳酸可生物降解复合材料制备优化工艺参数。

7.4.2.1　竹塑复合材料制备及性能表征

1）制备方法

先将毛竹纤维（BF）放入 10% 的 NaOH 水溶液中常温下浸泡 48h 后，用滤网分离出

BF 并用自来水反复冲洗至中性，然后送入电子恒温干燥箱内在 70℃ 的温度下干燥至质量恒定。将 BF 送入装有 10% 异氰酸酯（MDI）丙酮溶液的容器中，MDI 与 BF 绝干质量比分别为 0.5%、1.0%、1.5%、2.0%。再将容器放在 70℃ 的水浴锅中加热 4h，待丙酮完全挥发后送入电子恒温干燥箱内在 70℃ 的温度下干燥至质量恒定。

将在电子恒温干燥箱 80℃ 下干燥 8h 后的聚乳酸（PLA）分别与界面调控处理前后的 BF 在 160℃ 的开放式混炼机中混炼 10min，得到片状混合物，将片状混合物送入强力塑料粉碎机粉碎成颗粒。然后将颗粒状混合物料用注射成形机制成标准样条。成形工艺参数：料筒温度 155~165℃，注射压力 8MPa，保压时间 15s。制备工艺方案如表 7-33 所示。

表 7-33　各组分质量比

样品	PLA/%	BF/%	MDI/%
P	100.0	—	—
PB30M15	68.5	30	1.5
PB40M15	58.5	40	1.5
PB50M15	48.5	50	1.5
PB60M15	38.5	60	1.5
PB50	50.0	50	0
PB50M5	49.0	50	0.5
PB50M10	48.5	50	1.0
PB50M15	48.0	50	1.5
PB50M20	47.5	50	2.0

2）性能表征

力学性能测试：利用日本岛津公司的 DCS-R-100 万能力学试验机测试复合材料拉伸强度和冲击强度，拉伸强度与冲击强度检测按照 GB/T 13525—92 进行。

吸水率测试：将试件锯成 40mm×40mm×4mm 的规格，测试复合材料的吸水率。试件在 40℃ 温度下真空干燥 24h 后浸入 25℃ 的温水中，每隔 2h 取出一次并用干棉布去除表面多余水分后称重。计算复合材料吸水率：

$$K = \frac{m_1 - m_0}{m_0} \times 100\% \tag{7-37}$$

式中，m_0 和 m_1 分别为浸水前后的质量。

动态热机械性能分析：采用德国 GABO 公司的 EPLEXOR 500 N 动态热力学谱仪对复合材料的动态储存模量（E'）和损耗因子（$\tan\delta$）进行测试。测试条件：单频率测试，温度扫描，30~120℃，升温速率 3℃/min，应变控制静态 1%，动态 0.1%，频率 1Hz，最大载荷 300N。

流变性能测试：采用 Bohlin 公司的 RH2000 毛细管流变仪，测定样品在剪切应力为 4.8×10^4Pa、剪切速率为 20s^{-1} 条件下复合材料表观黏度与温度的关系以及界面调控前后复合材料黏流活化能。

热重分析：利用美国铂金埃尔默公司的 Pyris6 型热重分析仪（TGA）测试界面调控处理前后的复合材料的热稳定性。采用连续升温程序，测试气氛为氮气，测试温度范围 30 ~ 500℃，升温速率 10℃/min。

差示扫描量热仪测试：利用美国 TA 公司的 Q10 型差示扫描量热仪（DSC）对复合材料结晶和熔融性能进行测试和分析。测试气氛为氮气，测试温度范围：室温至 200℃，升温速度：10℃/min。

拉伸断面形貌扫描：复合材料拉伸断面喷金后在 FEI 公司 Quanta 450 型扫描电镜下观察，测试电压为 15kV。

7.4.2.2 竹塑复合材料性能优化

1）竹塑复合材料力学强度分析

（1）竹纤维质量分数对复合材料力学强度的影响

图 7-77 为 NaOH（10%）+MDI（1.5%）界面调控后竹纤维质量分数对竹纤维/聚乳酸可生物降解复合材料拉伸强度和冲击强度的影响规律图。由图可见，与纯聚乳酸相比，复合材料的拉伸强度和冲击强度均增大了。而且，随着竹纤维质量分数的增加，复合材料拉伸强度和冲击强度均先增大后减小。当竹纤维质量分数为 50% 时，复合材料的拉伸强度和冲击强度均达到最大值 63.2MPa 和 11.6kJ/m²。竹纤维质量分数继续增大，复合材料的拉伸强度和冲击强度显著下降，其值变得小于纯聚乳酸值。竹塑料复合材料的力学强度主要取决于竹纤维自身强度、基体材料强度及纤维与基体材料的界面接合强度等 3 个因素。当向聚乳酸中添加一定量的竹纤维后，复合材料中的竹纤维和聚乳酸相互交联作用可以制约复合材料整体变形，可以有效地传递破坏应力，在复合材料中起到了很好的增强作用。因此，复合材料的拉伸强度和冲击强度会增大。但是，当竹纤维质量分数不断增加时，为了使竹纤维在聚乳酸中均匀分散，混炼时间需要增加，导致竹纤维部分断裂，强度下降，聚乳酸也越容易产生降解，分子量下降，强度降低。同时，随着竹纤维质量分数的增大，一方面，聚乳酸数量可能出现不足，即没有足够的聚乳酸包覆竹纤维，竹纤维和聚乳酸间

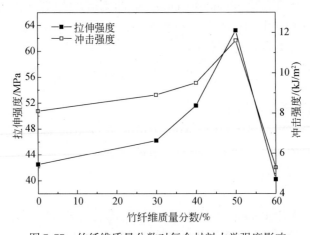

图 7-77　竹纤维质量分数对复合材料力学强度影响

的黏接性能变差，二者不能形成有效传递应力的界面。另一方面，也增加了复合材料内部竹纤维结团的可能性，导致材料局部应力集中更加明显，较低的拉伸负载和较少的破坏能就可以在复合材料中产生裂纹，而且，裂纹还通过弱界面进一步扩展，从而影响复合材料的拉伸强度和冲击强度。

（2）异氰酸酯添加量对复合材料力学强度的影响

竹纤维表面表现为极性，而聚乳酸表面表现为非极性，两相表面极性的差异导致二者界面相容性差，黏结力不够，使复合材料的综合性能下降。为了改善竹纤维/聚乳酸全降解复合材料的力学强度，在制备复合材料前，先将竹纤维通过 10% NaOH 进行预处理，复合材料制备过程中在复合体系中添加一定量的界面改性剂异氰酸酯，有效地改善了竹纤维与聚乳酸的界面相容性。

图 7-78 为竹纤维质量分数为 50% 时，异氰酸酯添加量对竹纤维/聚乳酸可生物降解复合材料拉伸强度和冲击强度的影响规律图。由图 7-78 可知，随着异氰酸酯添加量的增加，竹纤维/聚乳酸可生物降解复合材料拉伸强度呈现逐渐增大的态势。当异氰酸酯添加量为 1.5% 时，复合材料拉伸强度增大到 63.2MPa，与没添加异氰酸酯的复合材料的 41.4MPa 相比增加了 52.7%。异氰酸酯添加量继续增加，复合材料拉伸强度继续增大，但增势明显减小，并逐渐趋于平稳。随着异氰酸酯添加量的增大，竹纤维/聚乳酸可生物降解复合材料冲击强度呈现先逐渐增大后逐渐减小的趋势。当异氰酸酯添加量为 1.5% 时，复合材料冲击强度达到最大值 11.6kJ/m²，与没添加异氰酸酯的复合材料的 6.8kJ/m² 相比，增加了 70.6%。如前所述，一定浓度的 NaOH 溶液与一定量的异氰酸酯处理可以实现竹纤维与聚乳酸界面的物理和化学调控，改善竹纤维与聚乳酸的界面相容性，有效地提高竹纤维和聚乳酸的界面粘接性能，允许破坏应力从聚乳酸基体有效地传递给竹纤维，避免了界面区因竹纤维和聚乳酸脱黏而失去强度，从而使复合材料的拉伸强度增大。同时，界面调控使复合材料破坏前消耗大量的能量吸收冲击能，有效地阻止聚乳酸的脆性断裂，使复合材料冲击强度增大。但是，在复合材料体系中，界面调控剂异氰酸酯的界面调控实际上是异氰酸

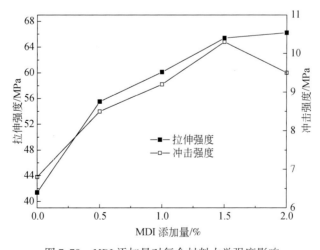

图 7-78　MDI 添加量对复合材料力学强度影响

酯两端的—N═C═O 分别与竹纤维和聚乳酸发生了反应。因此，参加反应的基团饱和后，继续增加异氰酸酯的用量，对复合处理的拉伸强度影响逐渐变小。所以，当异氰酸酯的添加量继续增加到 2% 时，复合材料拉伸强度增加不明显。另外，异氰酸酯添加量继续增大时，竹纤维与聚乳酸之间形成的黏结强度不断增大，外界破坏应力很难使竹纤维与聚乳酸脱联，尽管有利于复合材料的拉伸性能提高，但复合材料的延展性下降，更易引起复合材料的韧性下降，导致复合材料冲击强度降低。所以，异氰酸酯添加量增大到 2.0% 时复合材料冲击强度反而降低。

2) 竹塑复合材料吸水性能分析

(1) 竹纤维质量分数对复合材料 24h 吸水率的影响

图 7-79 为 NaOH（10%）+MDI（1.5%）界面调控后竹纤维质量分数对竹纤维/聚乳酸可生物降解复合材料 24h 吸水率影响规律图。由图可见，随着竹纤维质量分数的增加，复合材料 24h 吸水率呈现逐渐增大的整体趋势。竹纤维质量分数小于 30% 时，复合材料 24h 吸水率较小。竹纤维质量分数超过 30% 时，复合材料 24h 吸水率显著增加。如图 7-79 所示，竹纤维质量分数为 30% 的复合材料 24h 吸水率为 1.2%，质量分数为 60% 的复合材料 24h 吸水率为 12%，增加了 900%。竹纤维/聚乳酸可生物降解复合材料吸水途径主要有三个，即聚乳酸吸水、竹纤维吸水以及复合材料孔（缝）隙吸水。PLA 为非极性，几乎不吸水；竹纤维吸水能力比较强；复合材料孔（缝）隙吸水率取决于孔（缝）隙的大小和分布，孔（缝）隙越大，分布越密，吸水能力越强。而复合材料孔（缝）隙的大小和分布与竹纤维和聚乳酸界面结合状况相关。竹纤维质量分数较小时，竹纤维在复合材料中分布均匀，竹纤维与聚乳酸界面结合良好，复合材料结构均匀、致密，孔（缝）隙很少、很小，而且竹纤维几乎全部被聚乳酸所包裹，水分很难进入复合材料内部或与竹纤维接触。因此，复合材料 24h 吸水率很小。随着竹纤维质量分数的增加，竹纤维不能被聚乳酸完全包裹，竹纤维在复合材料中分布均匀性下降，竹纤维与聚乳酸界面结合状况变差，复合材料内部的孔（缝）隙增大、增多。水分较容易通过表面孔（缝）隙进入复合材料内部的孔（缝）隙和竹纤维。因此，随着竹纤维质量分数的增加，复合材料的 24h 吸水率显著增大。

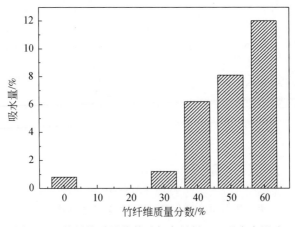

图 7-79　竹纤维质量分数对复合材料 24h 吸水率影响

（2）异氰酸酯添加量对复合材料 24h 吸水率的影响

图 7-80 为竹纤维质量分数为 50% 时异氰酸酯添加量对竹纤维/聚乳酸可生物降解复合材料 24h 吸水率影响规律图。由图可见，随着异氰酸酯添加量的增加，竹纤维/聚乳酸可生物降解复合材料 24h 吸水率逐渐减小。没有添加 MDI 的复合材料 24h 吸水率为 10.2%，添加了 2.0% 异氰酸酯的复合材料 24h 吸水率仅为 5.1%，下降了 50%。如前所述，竹纤维/聚乳酸可生物降解复合材料的 24h 吸水率与竹纤维自身吸水性能、竹纤维和聚乳酸界面结合状况相关。竹纤维吸水性能越差、竹纤维与聚乳酸界面结合得越好，复合材料孔（缝）隙越少，复合材料 24h 吸水率就越小。本研究中，竹纤维经 10% NaOH 处理后部分半纤维素（含大量羟基）被去除，竹纤维吸水性能下降。没有添加异氰酸酯的复合材料界面相容性差，竹纤维与聚乳酸界面结合状况差，其 24h 吸水率明显高于添加异氰酸酯的复合材料的吸水率。如图 7-82 所示，没有添加异氰酸酯的复合材料 24h 吸水率为 10.2%，添加了 2% 异氰酸酯的复合材料 24h 吸水率仅为 5.1%，后者是前者的 2 倍。随着异氰酸酯用量的增加，竹纤维和聚乳酸界面相容性不断得到改善，竹纤维与聚乳酸结合逐渐变得更加紧密，复合材料孔（缝）隙更少，复合材料 24h 吸水率逐渐减小。

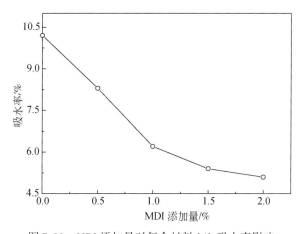

图 7-80　MDI 添加量对复合材料 24h 吸水率影响

3）竹塑复合材料热性能分析

竹纤维可降解复合材料动态热机械性能变化介绍如下。

（1）竹纤维质量分数的影响

图 7-81（a）是异氰酸酯界面调控剂用量为 1.5% 时，竹纤维质量分数对竹纤维/聚乳酸可生物降解复合材料储能模量影响趋势图。由图可见，在试验的温度范围内，随着温度的升高，竹纤维/聚乳酸可生物降解复合材料的储能模量逐渐降低，这是温度逐渐升高使复合材料逐渐软化的结果。竹纤维/聚乳酸可生物降解复合材料的储能模量均明显高于聚乳酸的储能模量，且随着竹纤维质量分数的增加，复合材料的储能模量先增大后减小，竹纤维质量分数为 50% 时复合材料储能模量最大。这是因为，与聚乳酸相比竹纤维刚性大，当复合材料承受外界负载时，竹纤维可以通过聚乳酸和竹纤维的结合界面转移破坏应力，从而使材料复合体系刚性增加。如果竹纤维在聚乳酸基体中分散均匀，则在一定的竹纤维

质量分数范围内，材料复合体系的刚性会随着竹纤维质量分数的增加而提高。但是，储能模量与复合体系的连续相相关。在竹纤维及聚乳酸复合体系中，聚乳酸是连续相，竹纤维含量过高，聚乳酸含量必然很少，竹纤维在聚乳酸中很难均匀分布，聚乳酸和竹纤维界面接合性能变差，应力转移效率降低，导致储能模量有所下降。所以，当竹纤维质量分数达到60%时，复合材料储能模量值降低。

图7-81（b）是MDI界面调控剂用量为1.5%时，竹纤维质量分数对竹纤维/聚乳酸可生物降解复合材料损耗因子影响图。由图可见，随着竹纤维质量分数的增加，曲线峰值逐渐降低，其原因是在竹纤维和聚乳酸共混体系中，竹纤维填充在聚乳酸中，将聚乳酸连续相分隔开，限制了聚乳酸分子链的自由运动，内摩擦减少，摩擦机械损耗减少，导致峰值的降低。竹纤维越多这种影响就越明显。

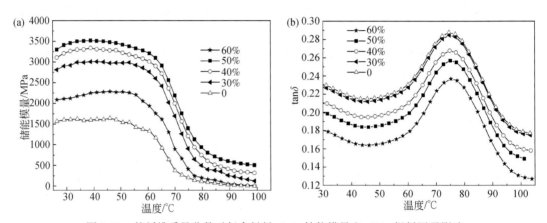

图7-81　竹纤维质量分数对复合材料（a）储能模量和（b）损耗因子影响

（2）MDI添加量的影响

图7-82（a）是竹纤维质量为50%时，异氰酸酯添加量对竹纤维/聚乳酸可生物降解复合材料储能模量影响图。由图可见，随着温度的升高，复合材料的储能模量逐渐降低，这是温度逐渐升高使复合材料逐渐软化的结果。添加了异氰酸酯的复合材料的储能模量明显高于未添加异氰酸酯的复合材料，而且，在试验的范围内，随着异氰酸酯用量的增加，复合材料的储能模量逐渐增大。如图7-82（a）所示，在65℃时，未添加异氰酸酯的复合材料的储能模量为1285.6MPa，添加1.5%异氰酸酯的复合材料的储能模量增大到2910MPa，增大了126.4%。这是因为随着异氰酸酯用量的增加，复合材料弱界面逐渐减少，可以更高效地传递应力，使复合材料的存储弹性变形能量的能力逐渐增强。

图7-82（b）是竹纤维质量为50%时，异氰酸酯添加量对竹纤维/聚乳酸可生物降解复合材料损耗因子影响图。在复合材料中，界面接合强度越高，能量损耗就越少，损耗因子就越小。由图可见，随着异氰酸酯用量的增加，复合材料损耗因子峰值逐渐减小，未添加异氰酸酯的复合材料的损耗因子为0.30357，添加1.5%异氰酸酯的复合材料的损耗因子减小到0.25673，减小了15.4%。这是因为随着异氰酸酯用量的增加，竹纤维与聚乳酸界面相容性增加，二者界面结合更加紧密，聚乳酸分子链热运动限制增加，聚乳酸分子链

相对热运动减少，内摩擦减少，摩擦机械损耗因此而减少。

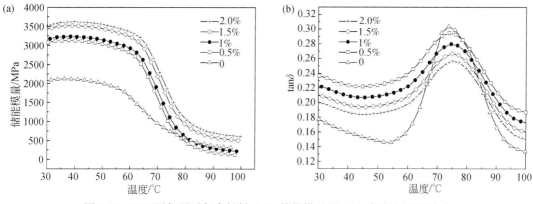

图 7-82　MDI 添加量对复合材料（a）储能模量和（b）损耗因子的影响

4）竹塑复合材料流变性能

（1）竹纤维质量分数的影响

图 7-83 是异氰酸酯界面调控剂用量为 1.5% 时，不同竹纤维质量分数的竹纤维/聚乳酸可生物降解复合材料表观黏度与温度倒数的关系图。由图可见，复合材料的表观黏度与温度倒数大致呈线性关系。随着温度的升高，复合材料的表观黏度逐渐降低。复合材料的表观黏度受温度的影响十分显著。相同温度条件下，纯聚乳酸表观黏度均小于竹纤维/聚乳酸可生物降解复合材料的表观黏度，而且，竹纤维质量分数越大，复合材料的表观黏度也越大，这是竹纤维质量分数增加导致复合材料体系中的流动阻力增大的结果。

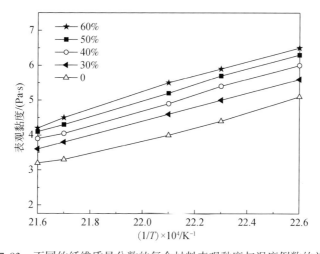

图 7-83　不同竹纤维质量分数的复合材料表观黏度与温度倒数的关系

黏流活化能是热流动过程中高分子链段用于克服位垒，由原位置跃迁到附近"空穴"所需的最小能量。表 7-34 是竹纤维质量为 50% 时，不同竹纤维质量分数的复合材料黏流活化能。由表可以看出，纯聚乳酸黏流活化能低于竹纤维/聚乳酸可生物降解复合材料。而且，随着竹纤维质量分数的增加，复合材料黏流活化能逐渐升高，表明随着竹纤维质量分数的增加，复合材料中聚乳酸高分子链跃迁所需能量增大，这是由复合材料体系中的流动阻力增大所致。

表7-34　不同竹纤维质量分数的复合材料黏流活化能

BF 质量分数/%	0	30	40	50	60
黏流活化能/（kJ/mol）	171.1	188.3	197.6	225.2	232.2

（2）MDI 添加量的影响

图7-84 是竹纤维质量为50%时，异氰酸酯添加量对竹纤维/聚乳酸可生物降解复合材料表观黏度与温度倒数的关系图。由图可见，温度复合材料表观黏度影响显著，随着温度的升高，竹纤维/聚乳酸可生物降解复合材料的表观黏度逐渐降低。相同温度条件下，界面调控后的复合材料表观黏度均高于未进行界面调控的复合材料，而且，随着异氰酸酯添加量的增加，竹纤维/聚乳酸可生物降解复合材料表观黏度逐渐增加。当异氰酸酯添加量增加到1.5%时，继续增加 MDI 添加量到2.0%，复合材料表观黏度增幅减小。这是因为随着界面调控剂的添加，竹纤维与聚乳酸的界面相容性逐渐得到改善，聚乳酸和竹纤维结合力逐渐增大，复合材料体系热运动阻力增加，故产生了运动滞后现象。

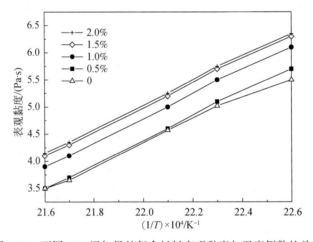

图7-84　不同 MDI 添加量的复合材料表观黏度与温度倒数的关系

表7-35 是竹纤维质量为50%时，不同异氰酸酯添加量的竹纤维/聚乳酸可生物降解复合材料黏流活化能。从表中可以发现，未添加异氰酸酯的竹纤维/聚乳酸可生物降解复合材料黏流活化能低于添加异氰酸酯的复合材料。而且，随着界面调控剂异氰酸酯添加量的增加，复合材料黏流活化能逐渐增大，表明异氰酸酯添加量的增加，使竹纤维与聚乳酸界面接合力增大，聚乳酸高分子链运动阻力增大，跃迁能耗增加。这一研究结果与表观黏度研究结果也是一致的。

表 7-35　不同 MDI 添加量的复合材料黏流活化能

MDI 添加量/%	0	0.5	1.0	1.5	2.0
黏流活化能/（kJ/mol）	193.3	204.6	212.2	225.2	228.4

5）竹塑复合材材料热稳定性能

（1）竹纤维质量分数的影响

图 7-85 是异氰酸酯界面调控剂用量为 1.5% 时，不同质量分数的竹纤维/聚乳酸可生物降解复合材料 TG 和 DTG 图。由图可见，在连续加热的情况下，PLA 失重主要有两个阶段，第一始终阶段在 100℃ 前，该阶段失重主要是 PLA 中水分的挥发引起的，很不明显。一段平稳期后，在 330℃ 左右进入第二失重阶段，在 400℃ 左右基本完全热解。

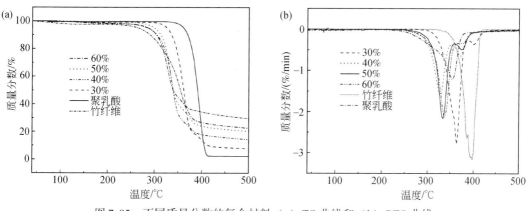

图 7-85　不同质量分数的复合材料（a）TG 曲线和（b）DTG 曲线

竹纤维和复合材料失重主要有 3 个阶段。竹纤维第一失重阶段在 90℃ 之前，该阶段失重不明显，主要是试样中的水分、竹纤维的部分抽提物蒸发和少量半纤维素热解引起的。竹纤维最先进入第二失重阶段，第二失重阶段在 250～350℃ 之间，该阶段主要是竹纤维的纤维素、部分木质素、半纤维素热解引起的，第三失重阶段是剩余木质素热解引起的；复合材料第二失重阶段因竹纤维质量分数不同而存在差异。竹纤维质量分数为 30% 的复合材料第二失重阶段主要在 300～385℃ 之间，竹纤维质量分数为 40% 的复合材料第二失重阶段主要在 260～370℃ 之间，竹纤维质量分数为 50% 的复合材料第二失重阶段主要在 270～370℃ 之间，竹纤维质量分数为 60% 的复合材料第二失重阶段主要在 260～340℃ 之间。复合材料第三失重阶段的失重主要是竹纤维剩余的木质素和聚乳酸热解引起的。由此可见，竹纤维的加入使聚乳酸的第二失重阶段前移了，这主要是竹纤维的热解初始温度低于聚乳酸热解初始温度的缘故。随着竹纤维质量分数的增加，第二失重阶段初始温度逐渐降低。与竹纤维质量分数为 40% 的复合材料相比，竹纤维质量分数为 50% 的复合材料第二失重阶段初始温度较高，可能是因为竹纤维对聚乳酸分子有阻隔和保护作用限制了聚乳酸分子的活动性，延缓了热解反应的进行。与竹纤维质量分数为 60% 的复合材料相比，竹纤维质量分数为 50% 的复合材料第二失重阶段初始温度较高，可能是因为，此时竹纤维与聚乳酸界面较好，复合材料中的竹纤维和 PLA 热解前需要克服一定的界面阻力，复合材料热稳定性增加。

（2）MDI 添加量的影响

图 7-86 是竹纤维质量为 50% 时，不同异氰酸酯添加量的竹纤维/聚乳酸可生物降解复合材料 TG 和 DTG 图。由图可见，复合材料失重主要有三个阶段。第一失重阶段主要在 90℃ 之前，主要是试样中的水分、BF 的部分抽提物蒸发和少量半纤维素热解引起的，该阶段失重不明显。第二阶段主要是在 275～370℃ 之间，主要是由 BF 的纤维素、部分木质素、半纤维素和分子量较小的 PLA 热解失重引起的。第三阶段在 370℃ 以后，这一阶段失重主要是 BF 中剩余木质素和高分子量的 PLA 热解引起的。复合材料热解失重规律与前面研究结果是一致的。

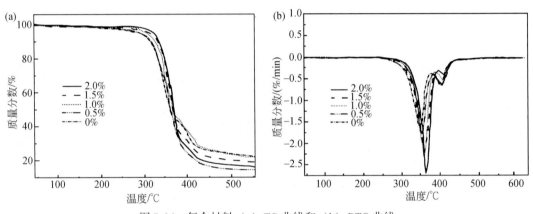

图 7-86　复合材料（a）TG 曲线和（b）DTG 曲线

比较不同 MDI 添加量的竹纤维/聚乳酸可生物降解复合材料第二失重阶段的初始温度可以发现，0%、0.5%、1.0%、1.5% 和 2.0% 的 MDI 添加量对应的复合材料第二失重阶段初始温度分别为 275℃、278℃、285℃、305℃、309℃，结束温度分别为 346℃、350℃、353℃、365℃ 和 370℃。由此可见，在试验范围内随着 MDI 添加量的增加复合材料第二失重阶段初始温度逐步升高。这一结果表明，添加一定量的异氰酸酯对复合材料进行界面调控，竹纤维与聚乳酸的界面相容性得到改善，竹纤维与聚乳酸相互作用增强，在复合材料热解之前需要先吸收一定的能量破坏竹纤维与聚乳酸界面作用力，复合材料热稳定性增加。

6）竹塑复合材料结晶与熔融性能

（1）竹纤维质量分数的影响

图 7-87 为 MDI 界面调控剂用量为 1.5% 时，不同竹纤维质量分数的竹纤维/聚乳酸可生物降解复合材料 DSC 图。由图 7-89 可见，随着竹纤维质量分数的增加，复合材料的 T_g 和 T_c 先增大后减小（表 7-36），竹纤维质量分数为 50% 时复合材料的 T_g 和 T_c 最大，竹纤

维质量分数小于 50% 时复合材料熔融峰较窄，超过 50% 时熔融峰较宽，且出现了分峰现象，表明竹纤维质量分数小于 50% 时竹纤维与聚乳酸分布较均匀，竹纤维与聚乳酸界面更好，二者界面结合力更大，交联作用更强，聚乳酸分子链热运动阻力更大。竹纤维质量分数为 50% 时，竹纤维在复合材料中对聚乳酸分子链热运动的阻隔作用强于质量分数为 30% 和 40% 的复合材料，因此 T_g 和 T_c 最大。

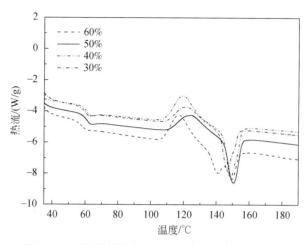

图 7-87　不同竹纤维质量分数的复合材料 DSC 曲线

表 7-36　不同竹纤维质量分数的复合材料的 DSC 数据

质量分数/%	T_g/℃	T_c/℃
30	61.0	119.5
40	61.5	122.2
50	62.3	124.1
60	58.7	116.1

（2）MDI 添加量的影响

图 7-88 是竹纤维质量为 50% 时，不同异氰酸酯添加量的竹纤维/聚乳酸可生物降解复合材料 DSC 图。由图可见，未添加界面调控剂的复合材料 T_g 和 T_c 最低，熔融峰出现了明显的分峰现象，分相现象严重，说明未经界面调控的复合材料竹纤维与聚乳酸界面相容性很差。添加了界面调控剂后，复合材料 T_g 和 T_c 明显升高，且随着异氰酸酯添加量的增加，复合材料的 T_g 和 T_c 逐渐增大（表 7-37），表明异氰酸酯界面调控处理改善了复合材料的界面相容性，随着异氰酸酯添加量的增加，竹纤维与聚乳酸界面相容性逐步得到改善，竹纤维与聚乳酸 BF 结合力逐步增加，交联作用不断增强，改善了聚乳酸的成核效果。

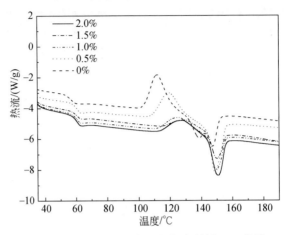

图 7-88　不同 MDI 添加量的复合材料 DSC 曲线

表 7-37　不同 MDI 添加量的复合材料的 DSC 数据

MDI 添加量/%	T_g/℃	T_c/℃
0	59.1	111.2
0.5	61.4	118.4
1.0	62.2	122.2
1.5	62.3	124.4
2.0	62.4	124.6

7）竹塑复合材料拉伸断面形貌分析

（1）不同竹纤维质量分数的影响

图 7-89 为异氰酸酯界面调控剂用量为 1.5% 时，不同竹纤维质量分数的竹纤维/聚乳酸可生物降解复合材料拉伸断面扫描电镜图。

由图 7-89 可见，竹纤维质量分数小于 60% 时，竹纤维在基体中均匀分布，竹纤维完全被聚乳酸包覆。如当竹纤维质量分数为 50% 时，竹纤维可以有效地传递外界破坏应力，复合材料表现出较好的拉伸强度。但是，竹纤维质量分数超过 60% 时，基体中的竹纤维分散很不均匀，出现了明显的竹纤维束，复合材料应力集中作用加强，在较低的拉伸破坏应力作用下即可在应力集中处出现裂纹，裂纹会沿着聚乳酸和竹纤维的弱界面处扩展复合材料表现出较低的拉伸强度。

（2）不同异氰酸酯添加量的影响

如前所述，竹纤维与聚乳酸界面的相容性是影响复合材料力学强度的主要影响之一。界面改性剂的添加量会对复合材料中的竹纤维和聚乳酸界面的相容性产生显著影响。图 7-90 是竹纤维质量分数为 50% 时，不同异氰酸酯添加量的竹纤维/聚乳酸可生物降解复合材料拉伸断面形貌扫描电镜图。由图可见，没有添加异氰酸酯的复合材料拉伸断面出现了竹纤

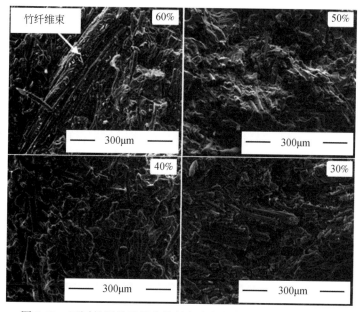

图 7-89　不同竹纤维质量分数的复合材料拉伸断面扫描电镜图

维拉脱后留下的密集的孔洞，而且，拉脱的纤维表面光滑。表明此时竹纤维与聚乳酸相容相差，二者结合力小，在外界拉伸应力的作用下，竹纤维很容易从聚乳酸中拔出。随着异氰酸酯用量的增加，复合材料拉伸断面上的孔洞逐渐变少，异氰酸酯用量超过 1.5% 时，复合材料拉伸断面基本没有孔洞，竹纤维表面有聚乳酸黏附。表明随着异氰酸酯用量的增加，竹纤维/聚乳酸可生物降解复合材料中的竹纤维和聚乳酸的界面相容性逐渐得到改善，此时，竹纤维可以更加有效地传递外界破坏应力，复合材料表现出较好的力学强度。

图 7-90　不同 MDI 添加量的复合材料拉伸断面扫描电镜图

8）小结

（1）随着竹纤维质量分数的增加，竹纤维/聚乳酸可生物降解复合材料拉伸强度和冲击强度均先增大后减小。当竹纤维质量分数为50%时，复合材料的拉伸强度和冲击强度均在达到最大值63.2MPa和11.6kJ/m²。竹纤维质量分数继续增大，竹纤维在聚乳酸中的分布变得不均匀，复合材料内部出现弱界面，其拉伸强度和冲击强度显著下降，其值变得小于纯聚乳酸值。

（2）界面调控剂异氰酸酯可以改善竹纤维和聚乳酸界面相容性。随着异氰酸酯添加量的增加，竹纤维/聚乳酸可生物降解复合材料拉伸强度逐渐增大。当异氰酸酯添加量为1.5%时，复合材料拉伸强度增大到了63.2MPa，与没添加异氰酸酯的复合材料的41.4MPa相比增加了52.7%。异氰酸酯添加量继续增加，复合材料的拉伸强度继续增大，但增势明显减小，并逐渐趋于平稳。随着异氰酸酯添加量的增大，复合材料冲击强度呈现先逐渐增大后逐渐减小的趋势。当异氰酸酯添加量为1.5%时，复合材料冲击强度达到最大值11.6kJ/m²，与未添加异氰酸酯的复合材料的6.8kJ/m²相比，增加了70.6%。

（3）随着竹纤维质量分数的增加，复合材料24h吸水率整体呈现逐渐增大的趋势。竹纤维质量分数在30%时，复合材料24h吸水率较小（仅为1.2%），质量分数超过30%时，复合材料24h吸水率显著增加。质量分数为60%的复合材料24h吸水率达到了12%，两者相比增加了900%；随着异氰酸酯添加量的增加，复合材料24h吸水率逐渐减小。没有添加异氰酸酯的复合材料24h吸水率为10.2%，添加了2.0%异氰酸酯的复合材料24h吸水率仅为5.1%。

（4）随着竹纤维质量分数的增加，复合材料的储能模量先增大后减小，竹纤维质量分数为50%时，复合材料储能模量最大。随着竹纤维质量分数的增加，复合材料损耗因子逐渐降低；随着异氰酸酯界面调控剂用量的增加，复合材料的储能模量逐渐增大，复合材料损耗因子峰值逐渐减小。

（5）随着竹纤维质量分数越大，复合材料的表观黏度逐渐增大，黏流活化能逐渐升高；随着界面调控剂异氰酸酯添加量的增加，复合材料表观黏度逐渐增加，黏流活化能逐渐升高。

（6）随着竹纤维质量分数的增加，竹纤维/聚乳酸可生物降解复合材料的热稳定性先增加后降低。竹纤维质量分数为50%的复合材料的热稳定性最好；随着异氰酸酯添加量的增加，复合材料热解温度升高，热稳定性增加。

（7）随着竹纤维质量分数的增加，复合材料的T_g和T_c先增大后减小，竹纤维质量分数为50%时，复合材料的T_g和T_c最大；界面调控后，复合材料T_g和T_c明显升高，且随着异氰酸酯添加量的增加，复合材料的T_g和T_c逐渐增大。

（8）制备性能优良的竹纤维/聚乳酸可生物降解复合材料时，理想的竹纤维质量分数为50%，合适的MDI添加量为1.5%。

参 考 文 献

陈青来，陈耀礼，梁一波，等.2015.利用刨花板项目干燥尾气对湿刨花进行预干燥的探讨.国际木业，45（1）：32-33.

陈耀礼，王勇，沈加雄，等.2019.关于刨花板生产线中Ω预干燥段效能提升探索.中国人造板，26（2）：10-11.

杜官本，杨忠，黄伟．2000．中密度纤维板板坯表面增湿处理．木材工业，（2）：3-5.

范新强，薛建利．2012．通道式刨花干燥系统在刨花板生产线中的运用．中国人造板，19（12）：27-30，33.

兰从荣．2013．刨花板厚度及含水率对吸水厚度膨胀率的影响．林产工业，40（3）：19-21.

李延军，许斌，张齐生，等．2016．我国竹材加工产业现状与对策分析．林业工程学报，（1）：2-7.

刘明，陈秀兰，詹满军，等．2019．UF/PDMI 组合胶黏剂在刨花板生产中的应用．林产工业，56（10）：13-18.

孙照斌．2005．龙竹竹材的热压干燥及传热传质特性．南京：南京林业大学博士学位论文.

孙照斌，田芸，杨庆，等．2006．竹材热压干燥过程中的水分迁移特性研究．中南林学院学报，（40）：47-51.

唐忠荣．2015．人造板制造学．上册．北京：科学出版社.

汪晋毅．2012．刨花板滚筒式干燥机的特性分析．木材工业，26（2）：51-54.

王雅梅．2017．德国迪芬巴赫的 3D 送料环式刨片机．国际木业，（4），20-21.

韦盛永．2020．减少中密度纤维板板面胶斑的实践经验．中国人造板，27（8）：21-22，38.

向仕龙，蒋远舟．2008．非木材植物人造板．北京：中国林业出版社.

徐咏兰．1995．中密度纤维板制造．北京：中国林业出版社.

叶克林．1993．竹材特性及竹材的工业利用．木材工业，（02）：33-36.

羿宏雷，马玲，李时舫，等．2018．隧道式竹材干燥设备改造及节能热效率分析．林产工业，（8）：5-8.

张斌，白桦．2008．白桦木材干燥过程及生物诱导的变色研究．哈尔滨：东北林业大学博士学位论文.

张洋．2012．纤维板制造学．北京：中国林业出版社.

赵仁杰，喻云水．2002．竹材人造板工艺学．北京：中国林业出版社.

赵仁杰，张建辉．2002．竹林资源加工利用的科技创新．竹子研究汇刊，（4）：16-21.

中国林产工业协会．2018．国家林业局林产工业规划设计院．《中国人造板产业报告 2018》.

He X，Xie J，Xiong X. 2017. Study on dielectric properties of poplar wood over an ultra-wide frequency range. BioResources，12（3）：5984-5995.

Li X J，Zhang B G，Li W J. 2008. Microwave-vacuum drying of wood：model formulation and verification. Drying Technology，26（11）：1382-1387.

Liese W，Nie L，Narayan R，et al. 2015. Utilization of bamboo in bamboo：the plant and its uses. Cham：Springer International Publishing，299-346.

Shanshan W，Han Z，Ying N，et al. 2017. Contributions of China's wood-based panels to CO_2 emission and removal implied by the energy consumption standards. Forests，8（8）：273.

Shrestha R M，Rajbhandari S. 2010. Energy and environmental implications of carbon emission reduction targets：case of Kathmandu Valley，Nepal. Energy Policy，38：4818-4827.

Zielonka P，Dolowy K. 1998. Microwave drying of spruce：moisture content，temperature and heat energy distribution. Forest Products Journal，48（6）：77-80.

Zielonka P，Gierlik E，Matejak M. 1997. The comparison of experimental and theoretical temperature distribution during microwave wood heating. European Journal of Wood and Wood Products，55（6）：395-398.

第8章 秸秆功能人造板低碳制造技术与装备

8.1 引　言

我国是农业大国，农作物秸秆年产量高达 10 亿多吨，但利用率低。大量秸秆随意丢弃或焚烧，造成资源浪费和雾霾等环境污染问题。国务院、国家发改委多次出台文件要求各地加快推进秸秆综合利用。近年来，虽然秸秆等农业剩余物的综合利用工作取得积极进展，但受秸秆原料种类多、分布散等影响，秸秆资源化、商品化程度依旧处于较低水平，且秸秆综合利用企业大多规模小，技术水平相对落后，因此产品普遍缺乏市场竞争力，秸秆的产业化发展缓慢。稻草、麦秸、芦苇、棉秆等农作物秸秆主要化学成分和木材相似（表8-1）（王欣和周定国，2009），可以用作人造板原材料。在当前中国原木严重依赖进口的背景下，发展农作物秸秆人造板产业可显著提高农业剩余物综合利用率，缓解木材用材压力，具有显著的经济、社会和生态效益（Roger and Rowell，1996；Russell and William，1996；Okino et al.，2005；Oloru and Adefisan，2002；Hua et al.，2011）。

表 8-1　部分秸秆的化学成分含量　　　　　　　　　（单位:%）

种类	产地	灰分	苯醇抽提物	木质素	综纤维素	纤维素	聚戊糖
稻草	江苏	17.1	7.83	11.71	—	38.04	24.04
麦秸	江苏	7.57	1.55	21.62	65.4	—	14.46
芦苇	河北	2.96	0.74	25.40	—	43.55	22.46
棉秆	四川	9.47	0.72	23.16	—	41.26	20.76

秸秆虽然可用作人造板生产原材料，但秸秆中灰分含量高，采用传统人造板生产工艺中木质单元的破碎和纤维分离技术加工秸秆单元，秸秆碎料或纤维得率低，形态差。在秸秆破碎过程容易产生大量粉尘，污染环境，且灰分和有机抽提物的存在，也不利于秸秆人造板施胶和热压成形。同时，秸秆表面的硅化物和蜡质层使其润湿性能差，不利于胶黏剂的在秸秆碎料或纤维表面分布和向内渗透，胶合难度大，这些均一定程度上影响了产品的物理力学性能。秸秆糖分含量高则使得秸秆人造板在使用过程中容易出现腐朽和霉变，并且板材在使用过程中的气味较大，某种程度上限制了秸秆人造板的应用。另外，秸秆的回收、储存、运输比木材难度高，需要开发特定的收储运技术与装备（汪嘉君等，2018），这些也会给秸秆人造板发展带来一定的影响。

针对上述问题，作者带领团队在秸秆人造板生产技术和核心装备研制领域开展了大量的技术创新，取得了一系列的研究成果。目前，秸秆人造板在我国已经形成规模化生产，产品得到了广泛应用。秸秆人造板依据所使用的胶黏剂不同，分为秸秆有机人造板和秸秆无机人造板。两种人造板生产工艺和核心生产装备不同，产品的性能也不同，因此工程化应用也存在较大的差别。

8.2　秸秆有机人造板

8.2.1　概述

秸秆有机人造板是以稻草、麦秸、芦苇等农作物秸秆纤维或碎料为主要原料，使用异氰酸酯（MDI）或异氰酸酯改性脲醛树脂等有机胶黏剂胶合的一类非木材有机人造板。目前，秸秆有机人造板生产主要采用热压工艺，主要包括秸秆切段、干燥、粉碎、风选、筛选、施胶、铺装、预压、热压、凉板、养生、砂光、锯切等工序，工艺流程如图 8-1。

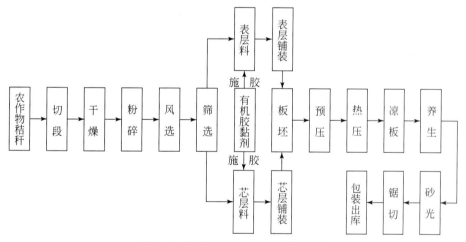

图 8-1　秸秆有机人造板工艺流程图

秸秆有机人造板的发展需要解决秸秆单元与胶黏剂的胶合强度问题，尤其是板材的内结合强度。研究和生产实践表明，采用生产普通人造板的脲醛树脂胶黏剂制备的秸秆刨花板，其力学性能要比同等情况下生产的木质刨花板低很多，这主要受秸秆表面化学成分和基团的影响。除了表面含有疏水性的硅质和蜡质层以外，秸秆单元的 pH 一般较木材高，也会影响脲醛树脂胶黏剂的固化。因此，使用常规脲醛树脂胶黏剂生产秸秆人造板，无法满足人造板的相关使用标准和应用要求。有研究表明，为了提高脲醛树脂的胶接强度，使用三聚氰胺改性的脲醛树脂胶黏剂可以提高秸秆刨花板的性能，包括静曲强度、吸水厚度膨胀率等，但仍未达到国家标准的要求（郑云武等，2010）。使用硅烷偶联剂对秸秆单元进行预处理，再使用三聚氰胺改性脲醛树脂胶黏剂制备秸秆人造板，可以有效提高秸秆人造板的性能。但硅烷偶联剂用量大，成本高，不利于工业化生产。酚醛树脂胶黏剂具有比脲醛树脂更优异的胶接性能，但由于其价格昂贵，且颜色深、固化速度慢，因此不宜用于生产秸秆刨花板和纤维板。有研究使用酚醛树脂制备秸秆重组材，秸秆重组材是借鉴重组木的制造原理，将农作物秸秆截断碾压成片状或条状再经干燥、施胶、铺装、热压等工序胶合而成的人造板板材，产品力学性能优异，可作为结构用材或室外用材（宋孝周，2008）。采用纤维平行重组的形式，以葵花秆、玉米秆和高粱秆这 3 种高大型农作物秸秆为原料，可制备性能优异的重组材，与秸秆刨花板或者纤维板相比，秸秆重组材充分利用了秸秆纵向强度高的特点，大大提高了秸秆人造板的强度。但秸秆重组材预处理困难，原料利用率低，仍需进行一定的技术攻关和突破，以实现规模化利用。

异氰酸酯胶黏剂是目前秸秆有机人造板生产使用最为广泛的胶种。异氰酸酯胶黏剂具有优异的胶合性能，并且热压周期相对较短、施胶量低，无甲醛释放，是一类无醛胶黏剂。使用异氰酸酯制备麦秸刨花板，当施胶量仅为 4% 时，板材的各项物理力学指标可以达到甚至高于国家标准的相关要求（易顺民等，2013）。将异氰酸酯胶黏剂用于中高密度秸秆纤维板的制备，其内结合强度可以达到 2.6MPa，静曲强度和弹性模量均达到美国国家标准规定的木基纤维板使用要求（Halvarsson et al，2010）。近几年，国内许多企业逐渐采用异氰酸酯胶黏剂生产秸秆人造板，最有名的是万华板业集团有限公司，其产品"禾香板"以农作物秸秆为主要原料，使用异氰酸酯作为胶黏剂。但异氰酸酯胶黏剂价格昂贵，且存在黏附设备、操作困难、初黏性低等问题，使用纯的异氰酸酯胶黏剂很难实现长周期连续化生产。而使用异氰酸酯改性脲醛树脂胶黏剂生产秸秆人造板，可以适当降低其生产成本，异氰酸酯的引入可以提高脲醛树脂的胶接强度，从而提高秸秆人造板的性能。使用异氰酸酯对脲醛树脂改性还能加速其固化，消除秸秆碱性物质对脲醛树脂胶黏剂的不利影响（Evan and Dilpreet，2015；周兆兵等，2007）。

通过自主技术创新及对国外技术的消化吸收，我国科研人员在秸秆有机人造板领域开展了大量研究工作，作者带领团队在该领域的研究也获得了系列成果。目前，我国秸秆有机人造板制造技术已经趋于成熟，取得了年产 10 万 m^3 的秸秆有机人造板成套生产线（包括工艺和设备）的自主知识产权，可提供相应规模的成套设备。此外，秸秆资源的高效利用，需要通过多种途径进行广泛宣传，普及秸秆资源开发利用的重要意义，提高人们对秸秆人造板产品的认知度和市场热度，在关系到森林资源、环境保护以及木材安全等一系列政策问题上，需要不断加大对农作物秸秆材料工业的投入，使我国农作物秸秆有机人造板工业健康稳步地向前发展。

8.2.2 芦苇有机人造板

芦苇是一种多年生草本植物，在我国分布广泛，对于湿地气候调节、水体净化等起着至关重要的作用。芦苇资源的利用主要包括芦苇花、芦苇叶、芦苇茎和芦苇根。芦苇花与芦苇叶因其独特的构成元素，常用于产品设计。芦苇茎与芦苇根中含有大量的芦苇纤维，可用于造纸和人造板生产，是其加工利用的主要部分（邓腊云等，2019）。

洞庭湖苇场是我国芦苇资源的主产区之一。据统计，2017 年，洞庭湖地区芦苇面积达 125.64 万亩，年产量 91.03 万 t，占全国芦苇总产量的 30% 以上（刘岸和季铁，2015）。洞庭湖地区芦苇收获后，利用芦苇自身的优异性能，可将其用于装饰材料及家居产品的制造。如芦苇花与芦苇叶，多用做素材进行艺术构思与设计。芦苇秆则经展开、裁剪、漂白、防腐处理后编织，可用于凉席、窗帘的编制（赵雪等，2019）。这些将芦苇直接加工利用的方式，对芦苇利用率高、环境污染小，但生产效率低，不利于规模化生产。

芦苇经加工解离为纤维后再投入使用，是其材料化规模利用最主要的形式。解离的芦苇纤维广泛用于造纸、人造板以及复合材料领域，如图 8-2 所示，是芦苇人造板及复合材制备工艺流程（张亚慧等，2016；杨中文和刘西文，2010）。芦苇纤维解离困难、造纸过程耗水量大，污水处理成本高。将芦苇破碎或加工成芦苇刨花等碎料单元，再对其进行胶合制备芦苇刨花板，不仅可以实现芦苇资源的规模化利用，还能显著降低其对环境的污染。但芦苇具有水生植物以及其他秸秆类植物共有的特性，其表皮附着有光滑的蜡质疏水层，使得以脲醛树脂等为胶黏剂的芦苇人造板内结合强度低、吸水厚度膨胀率高、力学性能不足，难以满足人造板相关使用要求。此外，以芦苇为原料生产人造板，由于其结构疏松、堆积密度小，使芦苇的采集运输效率低。芦苇含糖量高，易发霉，对储存环境也有较高要求。

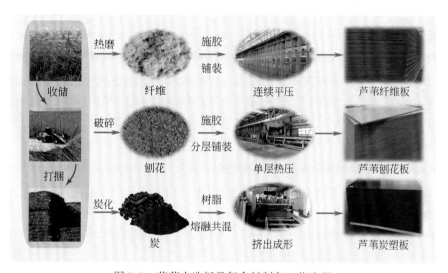

图 8-2　芦苇人造板及复合材制备工艺流程

针对芦苇与木质材料的差异，专家学者们对芦苇人造板的制备工艺进行了广泛的研究，其中以芦苇刨花板的加工生产为主。使用脲醛树脂胶黏剂制备芦苇刨花板，发现施胶量和板材密度直接影响其内结合强度。随着胶黏剂用量的提高，芦苇刨花表面覆盖的胶黏剂增加，胶合面积增大，黏结效果增强；此外，板材密度越高，芦苇刨花间的空隙越小，使得胶黏剂固化后板材结构紧密，内结合强度提高。而向板材中添加防水剂，虽然降低了芦苇刨花板的吸水厚度膨胀率，但同时也会降低其内结合强度。然而，在使用常规木质人造板制造工艺制备芦苇刨花板时，在施胶量、板材密度逐渐提高的情况下，板材性能仍难以达到国家标准要求。

将木质材料与芦苇混用制备人造板，由于胶黏剂与木质材料间较强的胶合效果，可以提升芦苇人造板的性能。研究发现，将木材纤维与芦苇纤维混合，使用三聚氰胺改性的脲醛树脂胶黏剂制备中密度纤维板，可以满足国家标准中规定的干燥状态下使用的家具型中密度纤维板的相关要求（张亚慧等，2016）。而刨花比纤维尺寸大，对于芦苇刨花而言，由于其破碎程度低，单元表面的硅质层仍较完整，不利于施胶。这使得在使用木质原料与芦苇组合制备刨花板时，芦苇刨花的添加量往往需低于刨花用量的一半，才能满足相关使用要求，远低于纤维板中芦苇纤维占比可高达70%的情况。而在使用纯芦苇原料制备人造板时，目前常用异氰酸酯替代传统的醛类木材胶黏剂压制板材，以提高其胶合及板材性能。但异氰酸酯胶黏剂成本高、使用操作困难、对设备黏附性强，限制了芦苇人造板的产业化发展。

针对芦苇结构、表面特性以及使用脲醛树脂制备芦苇人造板存在的问题，作者探索了异氰酸酯改性脲醛树脂胶黏剂在芦苇刨花板生产中的应用。通过对异氰酸酯进行增容改性，使其充分分散于脲醛树脂体系中，减少与水等的副反应，制备性质稳定的异氰酸酯改性脲醛树脂胶黏剂。并使用其制备芦苇刨花板，探索热压温度、热压时间以及施胶量对板材性能的影响。

8.2.2.1　制备与表征方法

1) 芦苇刨花的制备

芦苇刨花由芦苇经刨片加工后制得。具体制备流程如下：将芦苇秆锯切成长约 8 ~ 12cm 的小段，并将其在冷水中浸泡 12h，使其吸水软化。然后将芦苇秆分批加入刨片机中，进行芦苇秆破碎。芦苇秆经一次刨片后，破碎程度低，刨花尺寸仍然较大，继续使用刨片机对芦苇刨花进行二次刨片。二次刨片后所得刨花尺寸较为均匀，尺寸适中。最后将芦苇刨花干燥至目标含水率后备用。与木材刨花相比，芦苇刨花的长径比更高，可能不利于其在工业化生产中的铺装成形。

2) 异氰酸酯改性脲醛树脂胶黏剂的制备

异氰酸酯（pMDI）购自万华化学集团股份有限公司，型号为 CW20，黏度为 240mPa·s（25℃）。脲醛树脂胶黏剂取自湖南森华木业有限公司，甲醛与尿素物质的量比为 1.05，黏度为 58mPa·s（25℃），固体含量为 53%。在使用异氰酸酯对脲醛树脂进行改性前，首先使用丙酮作为分散剂对异氰酸酯进行增容改性，降低其黏度，提高其在脲醛树脂中的分散能力。在本试验中，丙酮与异氰酸酯的混合比例依照质量比设定为 2∶8。经丙酮处理后的异氰酸酯其黏度下降至 22mPa·s（25℃）。然后将异氰酸酯的丙酮溶液加入脲醛树脂胶黏剂中，异氰酸酯与脲醛树脂的固含量比例设置为 2∶8，此时，异氰酸酯添加量约占改性胶黏剂总质量的 11.7%。

3) 芦苇刨花板的制备

探索热压温度、热压时间以及施胶量对芦苇刨花板性能的影响。设定施胶量水平为 8%、10%、12%；热压温度为 140℃、160℃、180℃，热压时间为 25s/mm、30s/mm、35s/mm。不同于木质刨花，芦苇刨花结构松散，堆积密度低，需采用相对较高的板材密度才能达到板材性能标准要求，因此，固定板材密度为 0.75g/cm^3。根据以上各因素，选用 $L_9(3^4)$ 设计正交试验，见表 8-2。芦苇刨花采用手工铺装成形，成形框尺寸为 420mm× 470mm，板材厚度设计为 8mm（使用厚度规进行控制）。其中，板材密度以 0.75g/cm^3 计算，板材压力设置为 2.5 ~ 3.5MPa。

表 8-2 芦苇刨花板制备的正交试验设计

编号	A：施胶量/%	B：热压时间/（s/mm）	C：热压温度/℃
1	8	25	140
2	10	30	160
3	12	35	180

4）性能表征

刨花板的物理力学性能检测包括静曲强度（MOR）、弹性模量（MOE）、内结合强度（IB）、2h 以及 24h 吸水厚度膨胀率（TS），均根据国家标准 GB/T 4897-2015《刨花板》和 GB/T 17657-2013《人造板及饰面人造板理化性能试验方法》进行试件制作与检测。

8.2.2.2 芦苇刨花板的物理力学性能分析

芦苇刨花板的物理力学性能检测结果见表 8-3 所示。由表可知，除 1 号板材和 8 号板材中的 2h TS 未能达到国家标准规定的干燥状态下使用的家具型刨花板性能要求外，其余板材的吸水厚度膨胀率均能满足该标准中 2h TS<8% 以及干燥状态下使用的承载型刨花板 24h TS<19% 的要求。

表 8-3 芦苇刨花板的性能测试结果

编号	热压温度/℃	热压时间/（s/mm）	施胶量/%	MOR/MPa	MOE/MPa	IB/MPa	2hTS/%	24hTS/%
1	140	25	8	18.12	2168	0.68	10.30	15.98
2	140	30	10	25.12	2637	0.96	5.17	11.17
3	140	35	12	24.71	2677	1.06	5.19	8.22
4	160	25	10	25.30	2781	0.83	7.26	12.76
5	160	30	12	33.68	3292	1.05	3.64	9.45
6	160	35	8	26.19	2785	0.81	7.59	15.96
7	180	25	12	26.44	2720	1.13	3.90	9.03
8	180	30	8	26.03	2815	0.81	9.25	14.26
9	180	35	10	26.60	2774	0.89	4.64	11.82
国标 GB/T 4897-2015《刨花板》规定的干燥状态下使用的家具型刨花板性能要求				11.00	1800	0.40	8.00	

本试验所制备的芦苇刨花板未区分芯表层（即未对芯表层进行分开铺装制备三层结构刨花板），在未添加木材刨花的条件下，板材的弹性模量和静曲强度分别大于 1800MPa 和 11MPa。此外，在板材制备过程中未添加固化剂，但其内结合强度均大于 0.40MPa，表明胶黏剂固化较完全。从整体上看，通过调整热压工艺条件，以异氰酸酯改性的脲醛树脂为

胶黏剂，当施胶量达到8%时，芦苇刨花板的性能可以满足国标中对干燥状态下使用的家具型刨花板静曲强度、弹性模量、内结合强度以及吸水厚度膨胀率的要求。

静曲强度和弹性模量均表征芦苇刨花板的抗弯性能，各因素对其影响基本一致，本研究以静曲强度为代表，不再对弹性模量这一指标进行单独分析。与此同时，2h与24h吸水厚度膨胀率均为板材防水或防潮性能的直观表征，各因素对其影响也基本一致，在此，只对板材2h TS进行分析，用于解释各因素对板材防水或防潮性能的影响。

极差是因素最大值与最小值的差值，适用于分析试验因素对结果影响的大小，极差越大，则表明这一因素对试验的结果影响越大。正交试验结果的极差分析如表8-4所示。

表 8-4　正交试验结果极差分析

分析指标	极差	A 施胶量/%	B 热压时间/(s/mm)	C 热压温度/℃
MOR/MPa	均值1	23.45	23.29	22.65
	均值2	25.67	28.28	28.39
	均值3	28.28	25.83	26.36
	极差	4.83	4.99	5.74
IB/MPa	均值1	0.76	0.87	0.89
	均值2	0.89	0.92	0.90
	均值3	1.08	0.92	0.94
	极差	0.31	0.04	0.04
2h TS/%	均值1	9.05	7.15	6.89
	均值2	5.69	6.02	6.16
	均值3	4.24	5.81	5.93
	极差	4.80	1.35	0.96

8.2.2.3　热压工艺对芦苇刨花板静曲强度的影响

由表8-4各因素的极差值可知，本试验探索的热压因素对板材静曲强度影响的显著性顺序为热压温度>热压时间>施胶量。

由图8-3可知，随着热压温度的提升，芦苇刨花板的静曲强度先升高后降低。这主要是受胶黏剂固化程度的影响。板材在热压成形过程中存在热传递及热损失，异氰酸酯胶黏剂固化温度较高，在140℃的热压温度条件下，热量没有完全传递到板材内部，胶黏剂固化程度低。因此，相较于其他热压温度条件下制备的板材，其静曲强度最低。当热压温度提升至160℃时，制得的刨花板静曲强度最高，在此热压温度下，胶黏剂的固化程度高，板材抗弯性能最好。当温度继续提升时，由于板材中存在副反应（芦苇单元或胶黏剂热解），从而引起制得的芦苇刨花板抗弯性能降低。因此，在考虑提升板材静曲强度时，芦苇刨花板成形使用的最佳热压温度为160℃。

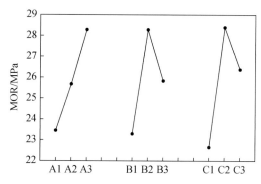

图 8-3 热压工艺对芦苇刨花板静曲强度（MOR）的影响

当热压时间从 25s/mm 延长至 35s/mm 时，芦苇刨花板的静曲强度先升高后降低。与热压温度对板材抗弯性能的影响类似，在较短热压时间的成形条件下，热量无法传递至板材芯层，影响胶黏剂的固化，使芦苇刨花的胶合效果差，胶接强度低。而过长的热压时间则会导致表层芦苇以及部分胶黏剂降解，从而影响板材的性能，使芦苇刨花板静曲强度降低。因此，芦苇刨花板制备的最佳热压时间为 30s/mm。

从表 8-4 可知，施胶量对板材性能影响的极差值相对较小，且对板材的抗弯性能影响最小。从图 8-3 可知，当施胶量从 8% 提升至 12% 时，刨花板的物理力学性能均逐渐增强，综合板材性能与成本等情况，确定其最佳施胶量为 10%（pMDI 与 UF 的固含量之比为 20∶80，转换为质量比约为 10.6∶80，而 10.6 中含有 20% 的丙酮，则纯异氰酸酯的添加量为 $10.6 \times 80\% = 8.48$，异氰酸酯占胶黏剂质量比约为 $8.48/90.6 = 9.36\%$，丙酮的质量比约为 2.3%）。

8.2.2.4 热压工艺对芦苇刨花板内结合强度的影响

从表 8-4 各因素对芦苇刨花板内结合强度影响的极差值可以看出，本试验研究的三因素对其内结合强度影响的显著性顺序为施胶量>热压时间>热压温度。

施胶量的极差值远大于其他两个因素，因此，施胶量对芦苇刨花板内结合强度的影响最大，这与人造板研究报道的结果相符。当施胶量增加时，芦苇刨花与胶黏剂的接触面积增加，使其在热压成形时板材内部的胶接点增多，胶合面积增大，板材的内结合强度相应增强。因此，当施胶量为 12% 时，板材的内结合强度最大。

热压温度与热压时间对芦苇刨花板内结合强度的影响相对较小（图 8-4），内结合强度均值的极差值仅为 0.047MPa 和 0.045MPa。这说明在此温度与热压时间条件下，胶黏剂的固化程度较高，各因素条件下板材的胶合程度都较好，热压温度与热压时间对内结合强度的影响并不显著。其中芦苇刨花板内结合强度的随热压温度的提高而呈线性增强趋势，但热压温度为 160℃和 180℃时，压制的芦苇刨花板内结合强度并无显著差别。

芦苇刨花板的内结合强度随热压时间的延长而上升，延长热压时间，可以促进板材内部胶黏剂的固化及芦苇单元的塑化成形。而继续延长热压时间，板材的内结合强度出现轻微下降，这是由于热压时间过长，使得芦苇原料或胶黏剂发生部分分解，导致内结合强度下降。因此，热压时间为 30s/mm 时，芦苇刨花板的内结合强度最大。

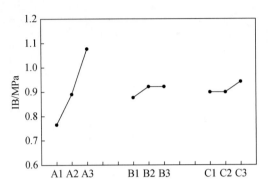

图 8-4　热压工艺对芦苇刨花板内结合强度（IB）的影响

为进一步分析热压工艺及芦苇刨花单元对其内结合强度的影响，对制备的 1 号（140℃，25s/mm，IB=0.59MPa）和 5 号（160℃，30s/mm，IB=0.97MPa）芦苇刨花板内结合强度测试后的破坏截面进行分析。结果发现两组试件的断裂面均存在微细及大尺寸芦苇刨花，表明异氰酸酯改性的脲醛树脂胶黏剂在固化过程中，可以与芦苇刨花产生有效键合，使胶层与芦苇刨花间结合并产生一定的强度，解决纯脲醛树脂胶接芦苇刨花时表面结合力弱的问题。对比两组试件破坏面形貌，发现破坏截面的刨花尺寸存在较大差异，5号板材的试件中，断裂面上的刨花尺寸明显大于 1 号板材。试件的破坏说明此处板材的内结合强度最低，即胶黏剂的胶合性能最差。相较于大尺寸的芦苇刨花，微细刨花拥有较大的比表面积，在拌胶过程中会吸附更多的胶黏剂，固化后强度高。但在 1 号板材制备中，施胶量较小，导致刨花单位面积上的胶黏剂少，板材破坏出现在微细刨花胶接面，胶合强度较低。而 5 号板材的施胶量较大，胶合性能较强，使得断裂面出现在原本难以胶合的大尺寸且含大量疏水蜡质层的刨花处。另外，热压工艺不同，也使得试件破位置有所差异。1 号板材制备的试件破坏面靠近芦苇刨花板表层，而 5 号板材制备的试件破坏面接近于试件中心。这可能由于胶黏剂分布与热压过程的传热共同影响所致。因此，合理调控热压工艺，优化施胶量，才能制得性能优异的芦苇刨花板。

8.2.2.5　热压工艺对芦苇刨花板 2h 吸水厚度膨胀率的影响

从表 8-4 各因素在芦苇刨花板 2h TS 中的极差可以看出，试验探索的三个因素对于吸水厚度膨胀率影响的显著性顺序为施胶量>热压时间>热压温度。

由图 8-5 可知，当施胶量为 8% 时，芦苇刨花板的平均 2h TS>8%。当施胶量增大至 12% 时，板材的 2h TS 平均值降低至 4.24%。施胶量在三因素中对 2h TS 的极差影响最大，对板材防潮或防水性能的影响最显著。当施胶量增大时，芦苇刨花与胶黏剂的接触面积增大，在热压成形过程中，胶黏剂与芦苇刨花表面的亲水性基团结合，使其亲水性降低。此外，由于胶黏剂中含有部分异氰酸酯，固化过程中也会对脲醛树脂中未能参与反应的亲水性基团进行封闭，且异氰酸酯本身属于非极性物质，这使得板材吸水厚度膨胀率大幅下降。因此，当施胶量为 12% 时，芦苇刨花板的 2h TS 最低。

热压温度对芦苇刨花板 2h TS 的影响呈线性增强趋势。热压温度越高，板材 2h TS 越小。热压温度的提升，加快了板材内部的传热，对胶黏剂胶接刨花起促进作用。然而在内

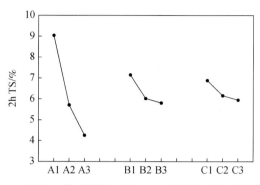

图 8-5　热压工艺对芦苇刨花板 2h 吸水厚度膨胀率的影响

结合强度测试结果中，当热压温度达到 180℃时，芦苇刨花板的内结合强度出现下降。这可能是由于固化后胶黏剂部分热解，脱去部分未反应的亲水基团，进而使得板材 2h TS 继续降低。对于板材 2h TS 的影响，最佳热压温度水平为 180℃。

热压时间对板材 2h TS 的影响与热压时间一致。当热压时间延长时，芦苇刨花板的 2h TS 降低，板材防潮/防水性能提高。理论上，由于异氰酸酯胶黏剂固化温度较高，适当延长板材热压时间，使热量由表层传至芯层，可以有效提高胶黏剂的胶合效果。因此板材 2h TS 会随热压时间延长而降低，最佳的热压时间为 35s/mm。

在使用异氰酸酯改性脲醛树脂胶黏剂制备芦苇刨花板的过程中，没有添加防水剂与固化剂，除了在施胶量为 8%时，1 号和 8 号制得的芦苇刨花板吸水厚度膨胀率未达到国家标准中对干燥状态下使用的家具型刨花板的要求外，其他各因素及各水平下，板材性能均能达到标准要求。此外，在施胶量为 8%时，通过调节其他因素水平，如延长热压时间、提高热压温度等，也能使其性能达到国标要求。在正交试验结果分析中，6 号板材在 8%施胶量、热压温度 160℃、热压时间 35s/mm 的条件下，其 2h TS 为 7.59%，满足国标中不高于 8%的要求。

8.2.2.6　优化芦苇刨花板制备工艺探索

表 8-5 总结了各因素对板材性能的影响次序，以及最好与次好水平。其对板材静曲强度影响的显著性顺序为：热压温度>热压时间>施胶量，对板材内结合强度及吸水厚度膨胀率影响的显著性顺序为：施胶量>热压时间>热压温度。

表 8-5　正交试验结果

性能指标	因素重要性次序	最好水平与次好水平		
		A：施胶量/%	B：热压时间	C：热压温度
MOR/MPa	C>B>A	A3 和 A2	B2 和 B3	C2 和 C3
IB/MPa	A>B>C	A3 和 A2	B2 和 B3	C3 和 C2
2h TS/%	A>B>C	A3 和 A2	B3 和 B2	C3 和 C2

表8-6为使用异氰酸酯改性脲醛树脂胶黏剂制备芦苇刨花板中各因素对板材性能影响的方差分析。因素影响的显著性通过计算实验结果中的 F 值与 $F\alpha$（$f1$，$f2$）分布表中的数值进行对比后确定。据查证，$F0.10$（2，2）=9，$F0.05$（2，2）=19，$F0.01$（2，2）=99。表中，＊＊代表 $\alpha=0.05$ 时影响显著，＊代表 $\alpha=0.1$ 时影响显著。

表8-6 正交试验结果方差分析

分析指标	因素	偏差平方和	自由度	F 比	显著性
MOR	A：施胶量	35.06	2	35.39	＊＊
	B：热压温度	50.82	2	51.29	＊＊
	C：热压时间	37.35	2	37.70	＊＊
	误差	0.99	2		
IB	A：施胶量	0.14	2	10.75	＊
	B：热压温度	0.04	2	0.29	
	C：热压时间	0.06	2	0.40	
	误差	0.014	2		
2h TS	A：施胶量	36.43	2	18.21	＊
	B：热压温度	1.49	2	0.72	
	C：热压时间	3.14	2	0.34	
	误差	4.31	2		

由表8-6可知，在显著性水平 $\alpha=0.05$ 时，施胶量、热压时间以及热压温度对板材的静曲强度影响显著，并且在显著性水平 $\alpha=0.10$ 时，施胶量对板材的内结合强度、2h TS 影响显著，而此时热压温度与热压时间，对芦苇刨花板的内结合强度、2h TS 影响并不显著。因此，施胶量对板材的性能影响最大，在工艺参数分析中应着重考虑。综合考虑极差与方差的分析结果，得出芦苇刨花板的较优制备工艺为 A3B2C2，即施胶量12%、热压温度160℃、热压时间30s/mm。而在正交试验结果中，5号板材的制备工艺与优化的工艺参数重合，以其制备的芦苇刨花板性能如表8-7所示。

表8-7 优化工艺条件下制备的芦苇刨花板性能

板材编号	MOR/MPa	MOE/MPa	IB/MPa	2h TS/%	24h TS%
5	33.68	3292	1.05	3.64	9.45
国标1	20	3100	0.6	-	16
国标2	11	1800	0.4	8.0	-

注：国标1为 GB/T 4897—2015《刨花板》中对于干燥状态下使用的重载型刨花板的物理力学性能要求；国标2为 GB/T 4897—2015《刨花板》中对于干燥状态下使用的家具型刨花板的物理力学性能要求。

8.2.2.7　小结

本研究使用异氰酸酯改性脲醛树脂胶黏剂制备芦苇刨花板，通过设置正交试验参数，探索板材制备过程中施胶量、热压温度与热压时间对板材物理力学性能的影响，对结果的极差与方差进行分析，确定了芦苇刨花板制备过程中的最佳工艺条件，对该条件下制备的芦苇刨花板性能进行评价得到如下结论：

（1）在未筛分芯表层的条件下，制备的芦苇刨花板的抗弯性能均能满足国标 GB/T 4897-2015《刨花板》中对干燥状态下使用的家具型刨花板的物理力学性能要求，即弹性模量和静曲强度分别大于 1800MPa 和 11MPa；在未添加固化剂的条件下，芦苇刨花板的内结合强度均满足此标准中大于 0.40MPa 的要求；制备的板材中，除施胶量为 8% 时，有两组板材的吸水厚度膨胀率未能达到国家标准中所要求的 <8% 外，其他板材均能达到相应要求。

（2）施胶量对板材胶合强度及吸水厚度膨胀率的影响最大，而热压温度与热压时间对板材抗弯性能的影响最大。

（3）板材抗弯性能受热压工艺中施胶量、热压温度以及热压时间的影响均显著；板材的吸水厚度膨胀率与内结合强度受施胶量影响显著，热压时间、热压温度对其影响较小。

（4）通过对芦苇刨花板物理力学性能的分析，确定芦苇刨花板的较优制造工艺为：施胶量为 12%，热压温度为 160℃，热压时间为 30s/mm。在此工艺条件下制备的板材性能已达 GB/T 4897-2015《刨花板》中规定的对干燥状态下使用的重载型刨花板要求，即静曲强度不低于 20MPa，弹性模量不低于 3100MPa，内结合强度不低于 0.60MPa 以及 24h TS 不高于 16% 的要求。

8.3　秸秆无机人造板

8.3.1　概述

秸秆无机人造板是以稻草、麦秸、芦苇等农作物秸秆纤维或碎料为增强相、无机胶黏剂为基体相，同时施加少量添加剂，通过一定的成形方式制备的一种非木材无机人造板。目前，秸秆无机人造板成形方式主要有冷压和热压两种。冷压成形工艺主要包括秸秆切断、粉碎、分选、施胶、铺装、预压、冷压、堆垛加压养护、常压自然养护、干燥、砂光、锯切等工序，其工艺流程如图 8-6 所示。热压成形工艺包括周期式平压和连续式挤压两种工艺。周期式热压工艺主要包括秸秆切断、粉碎、风选、施胶、铺装、预压、热压、常压自然养护、干燥、砂光、锯切等工序，其工艺流程如图 8-7 所示。连续式挤压工艺主要包括秸秆切断、粉碎、风选、施胶、挤压成形、截断、常压自然养护、干燥、砂光等工序，其工艺流程如图 8-8 所示。

秸秆无机人造板冷压成形加压周期长，生产效率低，需要大量的垫板和模具，占地面积和投资大。同时，无机胶黏剂在秸秆无机人造板生产过程中需添加一定量的促凝剂，这

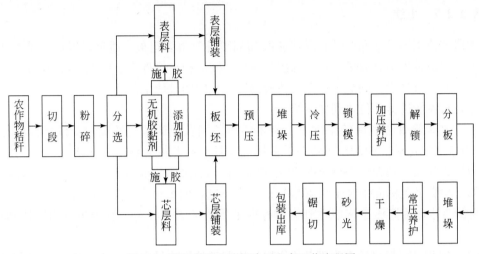

图 8-6　秸秆无机人造板冷压生产工艺流程图

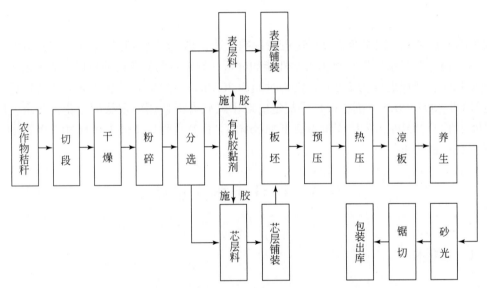

图 8-7　秸秆无机人造板周期式热压工艺流程图

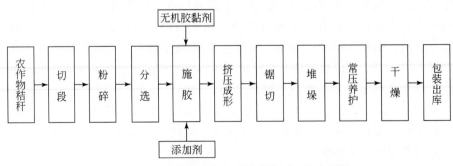

图 8-8　秸秆无机人造板连续式挤压工艺流程图

样一来，一方面增加了人造板生产成本，另一方面因添加促凝剂会在人造板生产中使无机胶黏剂产生预固化问题，进而影响人造板的物理力学性能。冷压成形适合生产厚型人造板（>40mm）。连续式挤压工艺通常用来生产空心秸秆无机人造板。周期式热压成形相对于冷压成形，加压周期短，仅需要少量垫板，而且不需要模具，设备投资少，生产效率高。热压成形主要适合薄型无机人造板（≤40mm），当用于厚型人造板（>40mm）时，由于热压周期变得更长，导致板坯水分损失大，会影响无机人造板中无机胶黏剂后期水化反应，进而影响无机人造板物理力学性能。与其他人造板相比，秸秆无机人造板具有无游离甲醛、防火、防水、防虫、尺寸稳定性好及成本低等优点，可广泛用于宾馆、酒店、写字楼、学校、家庭等场所的装修及家具制造，也可用于野外快装房屋、轻型工厂用房及仓储用房等的建造材料。应用领域包括建筑墙体材料、建筑装饰材料、家居材料等行业。与秸秆有机人造板相比，秸秆无机人造板在产品力学性能、防火性能、防水性能等方面具有明显的优势，具有广阔的发展前景。

秸秆无机人造板在我国起步较晚，前期我国科研工作者虽然开展一些大量研究，但是并没有形成产业化技术。作者带领团队对秸秆无机人造板热压和冷压技术和核心装备开展了大量的技术创新，经过十余年的研发，秸秆无机人造板热压技术和冷压技术均已成熟，在江苏、河南、湖南、湖北等省开展产业化推广并形成了规模化生产。

8.3.2　工艺与性能优化

8.3.2.1　稻草无机人造板

稻草主要组成化学成分与同木材类似，主要由纤维素、半纤维素和木质素组成，但稻草纤维具有纤维素含量偏低，半纤维素、果胶质和灰分含量较高，纤维长度短的特点。本节以自主研发的硅镁系无机胶黏剂和稻草刨花为原料，采用冷压工艺制备秸秆板，采用单因素法研究刨花形态、胶草比、密度及板材结构对板材物理力学性能的影响规律，并探讨稻草无机人造板制备工艺。

1）材料与方法

（1）材料与设备

稻草：含水率10%~12%，取自连云港保丽森实业有限公司。经锤式粉碎机粉碎加工后筛选得到稻草刨花。稻草刨花的筛分值如表8-8所示。

表 8-8　稻草刨花筛分值

稻草细料（A）		稻草粗料（B）	
原料直径/mm	筛分值/%	原料直径/mm	筛分值/%
≥10	4.0	≥15	5.4
5~10	17.8	10~15	22.8
3~5	65.3	8~10	58.3
≤3	12.9	≤8	13.5

胶黏剂：高性能环保阻燃无机胶黏剂，固含量66.2%，密度1.6g/cm³，取自连云港保丽森实业有限公司。由主料和改性剂两部分组成，主料为$MgCl_2$、MgO、$NaSiO_3$；改性剂主要是Na_3PiO_4、$FeSO_4$等，所有试剂均为化学纯。

仪器设备：150T万能试验压机（BY302X2/2，苏州新协力机器制造有限公司）、微机控制人造板万能试验机（MWW-100，济南耐而试验机有限公司）、电热鼓风干燥箱（WGL-625B，天津市泰斯特仪器有限公司），搅拌机（BS4S，桂林市华德木业机械有限公司）、推台锯（MJ-90，新宇木工机械厂）。

（2）试验方法

采用单因素法分别探讨了胶黏剂与稻草比例（胶草比）、稻草刨花形态（粗细料）、成板密度、成板结构（单层结构、三层结构）、粗细料配比（均质结构粗细料配比、三层结构表芯层配比）对秸秆板物理力学性能的影响。其中单层结构是指混合均匀的粗细料混胶后先铺装再冷压成形；三层结构是指细料和粗料分别混胶后铺装，铺装自下而上分别是细料—粗料—细料，最后冷压成形。

在试验过程中，胶黏剂与细料（粗料、混合料）质量比选取1.4、1.6、1.8、2.0、2.2、2.4、2.6七个水平（密度固定为1.0g/cm³、单层结构、粗细料比为50∶50）；密度选取0.8g/cm³、0.9g/cm³、1.0g/cm³、1.1g/cm³、1.2g/cm³五个水平（胶草比为2.0、单层结构、粗细料比为50∶50）；秸秆板结构选取单层结构和三层结构两种（密度为1.0g/cm³、胶草比为2.0、粗细料比为50∶50）；两种结构的粗细料比均选取50∶50、40∶60、30∶70、20∶80四个水平（密度为1.0g/cm³、胶草比为2.0）。

（3）试验步骤

刨花施胶：制备均质结构秸秆板时，依比例分别称取干燥筛选后的粗料和细料刨花，将粗细料混合倒入搅拌机，施加无机胶黏剂充分搅拌；制备三层结构秸秆板时，依比例分别称取粗料和细料刨花，粗、细料分别与适量的无机胶黏剂置于搅拌机充分搅拌，分别备用。

铺装：制备均质结构秸秆板时，依比例将搅拌均匀的混合刨花倒入成形框内，铺装成板坯；制备三层结构秸秆板时，依比例将搅拌均匀的细料和粗料刨花按照细料—粗料—细料顺序从下往上铺装，使刨花呈三层分布；板坯长宽规格为320mm×220mm。板坯在成形框内先经人工预压，使板坯初步成形，防止板坯崩角。

冷压及养护：采用冷压工艺成形，将板坯送入冷压机锁模，锁模保压48h后脱模养护8d。制板工艺参数为：冷压时间4min，室温15℃左右，冷压压力1.5MPa，名义厚度为10mm。

物理力学性能测试：将制好的秸秆板于103℃的干燥箱干燥至含水率为10%。砂光板材后，依照国家标准GB/T 21723—2008《麦（稻）秸秆刨花板》锯制并测试秸秆板的密度、静曲强度、弹性模量、内结合强度、2h吸水厚度膨胀率等物理力学性能。

2）结果与讨论

（1）胶草比对秸秆板物理力学性能的影响

a. 胶黏剂与稻草细料配比

图8-9表示不同胶黏剂与稻草细料配比对秸秆板物理力学性能的影响规律。不同胶草比对秸秆板静曲强度（MOR）和弹性模量（MOE）的影响见图8-9（a）。从图中可以看出，胶草比从1.4上升到2.2时，秸秆板的MOR和MOE均呈上升的趋势，当胶草比从

2.2 上升到 2.6 时，秸秆板的 MOR 急剧下降，MOE 则缓慢下降。胶草比从 1.4 上升到 2.6 时，秸秆板的 MOE 均能满足国家标准要求（≥1800MPa），而胶草比在 1.6 ~ 2.2 时，秸秆板的 MOR 才达到国家标准要求（≥14MPa），当胶草比为 2.2 时，秸秆板 MOR 和 MOE 达到最大值分别为 16.2MPa 和 3340MPa。秸秆板中无机胶黏剂作为基体相，稻草作为增强相，适量的无机胶黏剂和稻草形成良好的交联增强作用可以有效地传递破坏应力，从而使秸秆板的 MOR 和 MOE 均增大。无机胶黏剂添加量不足时，胶液无法良好的覆盖和包裹稻草，二者接触面积以及单位面积内的胶结点个数减少，稻草间及稻草与无机胶黏剂之间的结合力随之变小，无法形成有效应力传递界面。与此同时，过多的稻草在容易在板材中分布不均、结团，导致板材内部应力局部集中，较小的破坏外力就可以在板材中形成局部裂纹并向弱界面进一步延展，从而影响板材的 MOR 和 MOE（王爱君等，2014）。

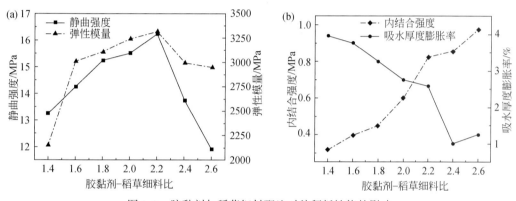

图 8-9　胶黏剂与稻草细料配比对秸秆板性能的影响

不同胶草比对秸秆板内结合强度（IB）和 2h 吸水厚度膨胀率（TS）的影响见图 8-9（b）。如图所示，随着胶草比逐渐增大，秸秆板的 IB 随之增大，TS 则随之减小。实验范围内不同胶草比制备下的秸秆板的 TS 均能达到国家标准要求（≤6%），而只有胶草比在 1.8 ~ 2.6 时，秸秆板的 IB 才符合国家标准（≥0.4MPa）。胶草比从 1.8 上升到 2.2 时，秸秆板的 IB 急剧增大，从 0.44MPa 增加到 0.83MPa 增大了 89%，秸秆板的 TS 下降趋势先缓后急，从 3.2% 降到 2.6% 降低了 19%。这是因为随着胶草比的增大，胶黏剂越多越容易在稻草刨花的表面形成连续的胶合界面，刨花之间的胶合强度增大，填充在刨花空隙间的无机胶黏剂的网状连续性也得到进一步的增强，因而板材的 IB 增大；在秸秆板中，无机胶黏剂组分的吸水膨胀很小，吸水膨胀主要发生在稻草刨花中，显然，随着胶草比的增大，无机胶黏剂比重增多，刨花比重减少，使得秸秆板总体吸水膨胀率降低，另外，胶草比的增大使得无机胶黏剂对刨花的吸水及膨胀能力的阻碍和约束作用增强，且刨花本身的压缩应力降低，减小了板坯吸水后强度降低的情况下释放出来的厚度膨胀。综合胶草比对 MOR、MOE、IB 和 TS 的影响，胶黏剂与细料的配比取 2.2 时，秸秆板的物理力学性能最优，此时秸秆板的 MOR、MOE、IB 和 TS 分别达到了 16.2MPa、3340MPa、0.83MPa 和 2.6%。

b. 胶黏剂与稻草粗料配比

图 8-10 表示胶黏剂与稻草粗料配比对秸秆板物理力学性能的影响规律。胶黏剂与粗料配比对秸秆板静曲强度（MOR）和弹性模量（MOE）的影响见图 8-10（a）。从图中可以看

出，胶草比从 1.4 上升到 2.6，秸秆板的 MOR 和 MOE 均呈现先上升后下降的趋势，且秸秆板的 MOR 和 MOE 均符合国家标准（≥14MPa 和≥1800MPa）。胶草比在 2.0 时，秸秆板 MOR 和 MOE 分别达到最大值 17.1MPa 和 3467MPa。适量增大胶草比可以增强无机胶黏剂和稻草的交联作用，有效地传递破坏应力，从而使秸秆板的 MOR 和 MOE 均增大，但胶草比过大时，增强相秸秆在基体相中分布不连续，容易产生应力集中问题，MOR 和 MOE 反而下降。

胶黏剂与粗料配比对秸秆板内结合（IB）和 2h 吸水厚度膨胀率（TS）的影响见图 8-10（b）。由图显示，随着胶草比逐渐增大，秸秆板的 IB 随之增大，TS 则随之减小。其中，秸秆板的 TS 均达到国家标准要求（≤6%），而胶草比在 1.8~2.6 时，秸秆板的 IB 才基本符合国家标准（≥0.4MPa）。胶草比从 1.8 上升到 2.0 时，秸秆板的 IB 从 0.41MPa 增加到 0.53MPa 增大了 29%，秸秆板的 TS 从 3.45% 降到 3.12% 降低了 10%。当胶黏剂与粗料的配比取 2.0 时，秸秆板的物理力学性能最优，此时秸秆板的 MOR、MOE、IB 和 TS 分别为 17.1MPa、3467MPa、0.53MPa 和 3.12%。

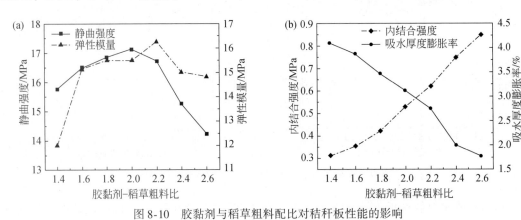

图 8-10　胶黏剂与稻草粗料配比对秸秆板性能的影响

c. 胶黏剂与稻草粗细料配比

图 8-11 表示不同胶黏剂与稻草粗细料配比对秸秆板物理力学性能的影响规律，其中粗细料各占 50%。胶黏剂与粗细料配比对秸秆板 MOR 和 MOE 的影响见图 8-11（a）。从图中可以看出，随着胶草比的升高，秸秆板的 MOR 和 MOE 呈先升后降的趋势。胶草比在 1.4~2.6 范围内时，秸秆板的 MOE 均符合国家标准（≥1800MPa），而胶草比在 1.4~2.4 范围内时，秸秆板的 MOR 达到国家标准要求（≥14MPa）。当胶草比为 2.0 时，秸秆板 MOR 和 MOE 分别达到最大值 16.2MPa 和 3400MPa。这是因为一定量的无机胶黏剂可以和稻草形成良好的交联增强作用，可以有效地传递破坏应力，使秸秆板的 MOR 和 MOE 均增大。

胶黏剂与粗细料配比对秸秆板 IB 和 TS 的影响见图 8-11（b）。如图所示，随着胶草比逐渐增大，秸秆板的 IB 呈现上升的趋势，TS 则呈现下降的趋势。其中，秸秆板的 TS 符合国家标准（≤6%），而胶草比在 1.6~2.6 时，秸秆板的 IB 才基本达到国家标准（≥0.4MPa）。胶草比从 1.6 上升到 2.0 时，秸秆板的 IB 从 0.40MPa 增加到 0.75MPa 增大了 88%，秸秆板的 TS 从 3.19% 降到 2.49% 降低了 22%。造成这一现象的原因与胶黏剂与细料配比分析是一致的。当胶黏剂与粗料的配比取 2.0 时，秸秆板的物理力学性能最优，此时秸秆板的 MOR、MOE、IB 和 TS 分别为 16.2MPa、3400MPa、0.75MPa 和 2.49%。

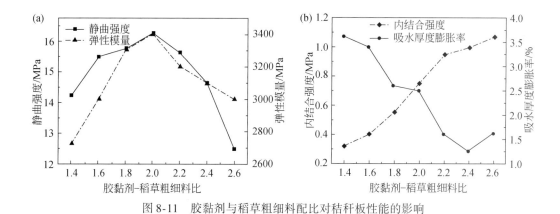

图 8-11　胶黏剂与稻草粗细料配比对秸秆板性能的影响

（2）原料形态对秸秆板力学性能的影响

原料的形态很大程度上影响了秸秆板的力学性能。本试验以稻草细料、粗料及其混合料这三种形态分别制备秸秆板，分析原料形态对秸秆板力学性能的影响，结果如图 8-12 所示。

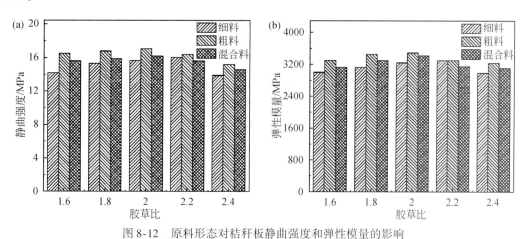

图 8-12　原料形态对秸秆板静曲强度和弹性模量的影响

图 8-12 为原料形态对秸秆板静曲强度和弹性模量的影响。由图可知，同等施胶量下，粗料制备秸秆板的 MOR 和 MOE 最大，混合料制备秸秆板的 MOR 和 MOE 次之，细料制备秸秆板的 MOR 和 MOE 最小。由图 8-12（a）显示，当胶草比为 1.8 时，粗料、混合料和细料的 MOR 分别为 16.9MPa、15.8MPa 和 15.2MPa，粗料的 MOR 相较于混合料和细料分别提高了 7% 和 11%；由图 8-12（b）显示，粗料、混合料和细料的 MOE 分别为 3467MPa、3310MPa 和 3113MPa，粗料相较于混合料和细料，制得板材 MOE 分别提高了 5% 和 11%。这说明在同样施胶量下，秸秆板的 MOR 与 MOE 的大小与刨花自身破坏应力以及刨花间层叠胶合面积有关。因为较大的稻草刨花之间互相交织缠绕更可能造成斜搭结合，使得当板材受垂直于平面压力载荷时，斜搭刨花产生斜的压应力，这种斜的压应力在垂直方向只产生一个较小的垂直于板面的压应力，一部分应力则由斜刨花传递分解为平行于板面的压应力，这种斜塔结合有利于提高板材 MOR 及 MOE。

图 8-13 为不同原料形态对秸秆板 IB 和 TS 的影响。由图可知，施胶量一定下，混合料制备秸秆板的 IB 最大，细料次之，粗料最小；TS 则是混合料制备的板材最低最优，细料次之，粗料最高最差。由图 8-13（a）可知，当胶草比为 2.0 时，混合料、细料和粗料的 IB 分别为 0.75MPa、0.60MPa 和 0.53MPa，混合料的 IB 相较于细料和粗料分别提高了 25% 和 42%；由图 8-13（b）可知，混合料、细料和粗料的 2hTS 分别为 2.49%、2.75% 和 3.12%，混合料的 TS 相较于细料和粗料分别降低了 9% 和 20%。说明在同样施胶量的下，秸秆板 IB 和 TS 的大小取决于刨花与胶黏剂之间的黏结力大小。一方面细小形态刨花易形成致密结合，制得板材内部刨花间胶合质量好、孔隙率低；另一方面粗料刨花尺寸和形态差异大，铺装过程中易产生"搭桥"现象，刨花和胶黏剂的接触面积和有效界面减小而胶合质量下降。而适量的粗料和细料混合后，大刨花起到"筋"的作用，小刨花作为填充材料，无机胶黏剂作为基体，也使得胶黏剂在板坯中均匀分布，板材的尺寸稳定性大大加强。

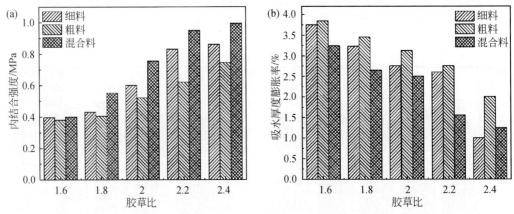

图 8-13　原料形态（a）对秸秆板内结合强度和（b）2h 吸水厚度膨胀率的影响

（3）密度对秸秆板力学性能的影响

对秸秆板的密度与各力学性能进行线性回归分析，回归模型的方差分析见表 8-9。

将秸秆板的密度与静曲强度进行回归分析，得回归方程 $y = 19.148x - 2.9411$，如图 8-14（a）所示。结合表 8-9，其相关系数 r 为 0.9791，可知秸秆板的 MOR 与密度呈密切线性相关。将秸秆板的密度与弹性模量进行回归分析，得回归方程 $y = 3711.495x - 343.1512$，如图 8-14（b）所示。从表 8-9 可得，其相关系数 r 为 0.9246，可知秸秆板的 MOE 与密度也呈密切线性相关。

表 8-9　回归模型的方差分析

指标	总离差平方和	剩余离差平方和	均方差	F 值	相关系数
静曲强度	204.0860	4.2037	204.0860	1359.3795	0.9791
弹性模量	7.66763E6	602070.5679	7.66763E6	356.5920	0.9246
内结合强度	2.0136	0.0700	2.0136	805.3447	0.9652
吸水厚度膨胀率	3.03869	0.0608	3.03869	1399.3438	0.9797

从图 8-14 可知，秸秆板的 MOR 和 MOE 随着密度的增大均呈现上升的趋势。当板的设计密度低于 1g/cm³ 时，秸秆板的 MOR 和 MOE 未达到国家标准 GB/T 21723—2008 的要求，当密度从 1g/cm³ 增大到 1.2g/cm³，MOR 从 16.2MPa 增大到 19.6MPa，提高了 21%；而板的设计密度从 0.8g/cm³ 增大到 1.2g/cm³ 时，MOE 从 2510MPa 增大到 4050MPa，提高了 61%，且均符合国家标准。这是因为在同等工艺条件下，随着密度的增大，秸秆板的压缩比增大，刨花与无机胶黏剂的接触面积即胶合面积增加，刨花与无机胶黏剂之间形成了有效的应力传递界面，抵抗外力的破坏作用能力增强。

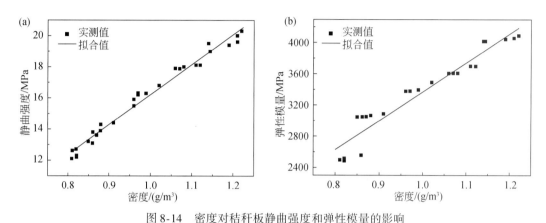

图 8-14　密度对秸秆板静曲强度和弹性模量的影响

经回归分析后得，秸秆板的密度与内结合强度回归方程为：$y = 1.902x - 1.0521$，如图 8-15（a）所示。结合表 8-9，其相关系数 r 为 0.9652，可知秸秆板的 IB 与密度是密切线性相关。秸秆板的密度与 2h 吸水厚度膨胀率回归方程为：$y = -2.336x + 4.7060$，如图 8-15（b）所示。从表 8-9 得其相关系数 r 为 0.9797，可知秸秆板的 TS 与密度也是密切线性相关。

从图 8-15 可知，秸秆板的 IB 随板材密度增大而增大，而 TS 随密度增大而减小。当秸秆板的设计密度从 0.8g/cm³ 增大到 1.2g/cm³ 时，IB 和 TS 均达到国家标准 GB/T 21723—2008 的要求。这是因为随着密度的增大，板坯压缩更为紧密，刨花与胶黏剂接触面积和胶合强度增大使得 IB 得到提高；内部孔隙大小及孔隙率减小使得板材吸水通道或途径减少，一定程度上降低了板材的 TS。

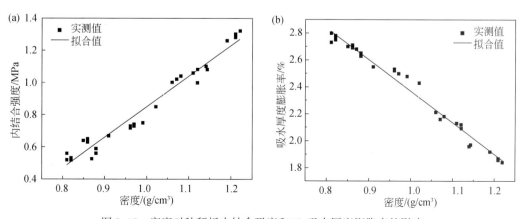

图 8-15　密度对秸秆板内结合强度和 2h 吸水厚度膨胀率的影响

（4）板材结构对秸秆板性能的影响

不同粗细料比例的单层结构和三层结构对秸秆板静曲强度和弹性模量的影响见图 8-16。单层结构和三层结构秸秆板的 MOR 和 MOE 均随细刨花量的减少而逐渐增大，这一结果进一步验证了粗料较细料制备秸秆板 MOR 及 MOE 更大；同时，同等粗细料比例下，单层结构比三层结构的 MOR 和 MOE 都大，这是因为在弯曲状态下板材的应力分布由表及里逐渐减小，表层承受应力最大，单层结构的表层是混合的粗细料，而三层结构的表层则是细料，粗细料的抗应力能力比细料强。另外，从图 8-16（b）可知，秸秆板的 MOE 变化趋势与 MOR 表现一致，秸秆板 MOE 与 MOR 几乎成正比例关系。

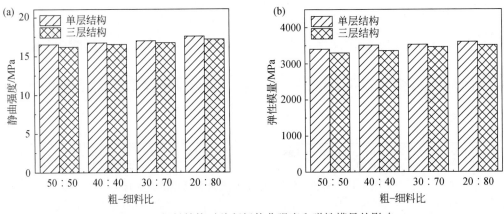

图 8-16　板材结构对秸秆板静曲强度和弹性模量的影响

不同粗细料比例的单层结构和三层结构对秸秆板 IB 和 TS 的影响见图 8-17。由图可见，单层结构秸秆板的 IB 和 TS 分别随着细刨花量的减少而明显减小和增大，而三层结构秸秆板的 IB 下降不明显，这是因为 IB 的大小取决于板材最薄弱处的结合强度，测试过程中板材均是从芯层粗料处拉开，随着粗料比例的增大，铺装过程中可能产生"搭桥"现象，使得板材的 IB 略微下降；三层结构秸秆板的 TS 缓慢上升是因为粗料增多造成秸秆板中的空隙率增大。从图中可以看出，同等粗细料比例下，单层结构的内结合强度和耐水性均比三层结构的强，这也进一步验证了混合料制备秸秆板的 IB 和耐水性比纯细料、纯粗料的强。

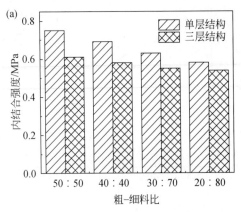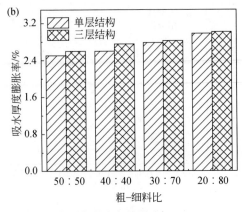

图 8-17　板材结构对秸秆板内结合强度和 2h 吸水厚度膨胀率的影响

3）小结

（1）胶草比对秸秆板物理力学性能影响显著。随着胶黏剂与细料、粗料、混合料配比的增大，秸秆板的 MOR 和 MOE 均先增大后减小，秸秆板的 IB 均呈现上升的趋势，TS 则呈现下降的趋势。当胶草比分别为 2.2、2.0、2.4 时，秸秆板 MOR 和 MOE 分别达到最大值 16.2MPa 和 3340MPa、17.1MPa 和 3467MPa、16.2MPa 和 3400MPa；IB 和 TS 分别为 0.83MPa 和 2.6%、0.53MPa 和 3.12%、0.75MPa 和 2.49%，性能均远远优于国家标准规定。

（2）同等施胶量下，粗料制备秸秆板的 MOR 和 MOE 最大，混合料次之，细料最小；混合料制备秸秆板的 IB 最大，细料，粗料次之；TS 则是混合料制备的板材最小最优，细料次之，粗料最大最差。

（3）将秸秆板的密度与各物理力学性能进行线性回归，结果表明秸秆板的 MOR、MOE、IB 和 TS 与密度均呈密切线性相关，并分别得回归方程分别为 $y=19.148x-2.9411$、$y=3711.495x-343.1512$、$y=1.902x-1.0521$ 和 $y=-2.336x+4.7060$。当密度大于 $1g/cm^3$ 时，秸秆板的力学性能均符合国家标准。

（4）同等粗细料比例下，单层结构的 MOR 和 MOE 均比三层结构大，单层结构的 IB 和 TS 较三层结构优异；两种结构秸秆板的 MOR 和 MOE 均是随着细刨花的减少而增大，单层结构秸秆板的 IB 和 TS 分别随着细刨花的减少而明显性能下降。

8.3.2.2　麦秸无机人造板

以 Na_2SiO_3、$MgCl_2$、石蜡、MgO、Na_3PO_4、$FeSO_4$ 以及聚乙烯醇等为原料制备无机胶黏剂，并与麦秸刨花复合，通过冷压成形制备无机麦秸刨花板。研究无机胶黏剂与麦秸刨花的质量比（胶草比）以及密度对无机麦秸刨花板性能影响，并通过 X 射线衍射仪、热重分析仪、扫描电镜等分析手段分析其影响机制。

1）人造板制备

将 8 份聚乙烯醇与 92 份水混合并于 90℃ 反应釜中加热 1h，按照一定的顺序分别加入适量的 $MgCl_2$、MgO、$NaSiO_3$、Na_3PO_4、液体石蜡和 $FeSO_4$ 等，通过高速拌胶机搅拌 30~40min，得到乳白色黏稠状胶黏剂。将适量的无机胶黏剂和麦秸刨花放于周期式拌胶机充分搅拌，搅拌后经人工铺装成一定厚度的板坯后送入冷压机锁模，锁模保压 48h 后脱模养护 7d，再送入 80℃ 的干燥箱干燥至含水率为 10%。试验板材规格为 300mm×300mm×12mm。

2）板材性能测试及表征

力学性能检测：利用日本岛津公司的 DCS-R-100 万能力学试验机按照 GB/T 24312—2009《水泥刨花板》标准测定静曲强度（MOR）、弹性模量（MOE）、内结合强度（IB）和 24h 吸水厚度膨胀率（TS）等性能。

结晶分析：将试件破碎磨细后，用 200 目细筛筛取的粉末样品在北京普析通用仪器有限责任公司 XD-2 型 X 射线衍射仪进行分析，电压 40kV，电流 35mA，Cu Kα 靶（$\lambda=0.154nm$），扫描速度为 10°/min，扫描范围为 50°~70°。

界面观察：刨花板断面喷金断面在 FEI 公司 Quanta450 型扫描电镜下观察，测试电压为 15kV。

热稳定性分析：利用美国铂金埃尔默公司的 Pyris6 型热重分析仪（TGA）分析，采用连续升温程序，测试气氛为氮气，测试温度范围 50～600℃，升温速率 10℃/min。

3）结果与讨论

（1）力学性能分析

胶草比及密度对无机麦秸刨花板物理力学性能影响如表 8-10 所示。由表 8-10 可见，无机麦秸刨花板的 MOR、MOE 和 IB 均随着板材密度的增大而增大。无机麦秸刨花板密度由 0.9g/m³ 增大到 1.0g/m³ 时，MOR 由 13.3MPa 增加到 15.3MPa，增加了 15%，MOE 由 3387MPa 增加到 4040MPa，增加了 19.3%，IB 由 0.64MPa 增加到 0.76MPa，增加了 18.8%。这是因为麦秸刨花与无机胶黏剂的界面结合状况良好，二者之间形成了有效的应力传递界面，可以有效地抵抗外力的破坏作用，因而物理力学性能提高。在其他工艺参数固定的情况下，无机麦秸刨花板密度增大，板材密实度增加，麦秸刨花塑性变形增大，麦秸刨花与无机胶黏剂的接触面积相应增加，界面结合点增多。同时，麦秸刨花对板坯中的无机成分水化反应的"隔阻"效应减小，无机成分水化反应速度加快，胶凝材料生成量增加。24h TS 随着板材密度增大而减小，TS 由 3.1% 减小到 1.3%，相比减小了 53.2%。这是因为无机麦秸刨花板 TS 主要与板材的 IB 相关，IB 越大，板材吸水膨胀抑制力越大，TS 就越小。另外，板材密度增大，其内部孔隙大小及孔隙率都会减小，板材吸水通道或途径减少，一定程度上也降低了板材的 TS。

表 8-10   无机麦秸刨花板物理力学性能

因素及水平		物理力学性能			
		静曲强度 /MPa	弹性模量 /MPa	内结合强度 /MPa	吸水厚度膨胀率 /%
密度/（g/cm³） （胶草比为 2.1）	0.9	13.3	3387	0.64	3.10
	0.95	14.9	3935	0.70	1.65
	1.0	15.7	4040	0.76	1.45
胶草比 （密度为 1.0g/cm³）	2.0	11.7	2331	0.55	3.00
	2.1	15.7	4040	0.76	1.45
	2.2	12.2	2584	0.86	1.30

无机麦秸刨花板 MOR 和 MOE 均随着胶草比增加先增大后减小，胶草比为 2.1 时，MOR 和 MOE 分别达到最大值 15.7MPa 和 4040MPa。这是因为在板材中麦秸刨花为增强材料，一定量的麦秸刨花可以和无机胶黏剂形成良好的交联增强作用，有效地传递破坏应力，从而使无机麦秸刨花板 MOR 和 MOE 增大，但当麦秸刨花添加量太大时，无机胶黏剂不能有效地包覆麦秸刨花，麦秸刨花和无机胶黏剂胶接性能下降，有效应力传递界面无法形成。同时，过量麦秸刨花会增大麦秸刨花在板材中结团、分布不均的概率，造成板材内

部应力局部集中，较小的破坏外力就可以在板材中形成局布裂纹并向弱界面进一步延展，从而影响板材的 MOR 和 MOE；无机麦秸刨花板 IB 随着胶草比增加逐渐增大，胶草比由 2.0 增加到 2.2 时，IB 由 0.55MPa 增大到 0.86MPa，增大了 56.4%；TS 随着胶草比的增加逐渐减小，胶草比由 2.0 增加到 2.2 时 TS 由 3.0% 减小到 1.3%，减小了 56.7%。这是因为无机麦秸刨花板 IB 和 TS 主要取决于板材中胶凝材料的多少，胶凝材料越多板材 IB 越大，对板材吸水膨胀抑制力越大。

（2）扫描电镜分析

图 8-18 为麦秸刨花板断面扫描电镜图。由图 8-18（a）和图 8-18（b）可见，胶草比为 2.2 时，麦秸刨花在无机胶黏剂中分布均匀，且基本被无机胶黏剂包裹，刨花板断面较平齐。胶草比为 2.0 时，麦秸刨花局部开始分布不均匀，刨花板断面凸凹不平，从无机胶黏剂中拉脱的麦秸刨花及拉脱后留下的孔洞清晰可见，拉脱后的麦秸刨花表面比较光滑，基本没有无机胶黏剂包裹，这表明此时的无机胶黏剂与麦秸刨花界面结合状况较差，界面摩擦力较小，较小的破坏外力就可以使麦秸刨花从无机胶黏剂中拉脱，理想的麦秸刨花断裂破坏方式失效，麦秸刨花没有起到有效地增强相作用，板材表现出较差的力学性能；由图 8-18（c）和图 8-18（d）可见，麦秸的导管腔清晰可见，密度为 0.90g/cm³ 的板材中麦秸导管腔粗大，而密度为 1.00g/cm³ 的板材中的麦秸导管腔小而扁平，说明密度增大，麦秸刨花压缩率增加，塑性变形增加；密度为 1.00g/cm³ 的板材密实度明显较大，孔隙尺寸和孔隙率明显较小，麦秸刨花与无机胶黏剂的接触面积更大，界面结合点更多，板材表现出更好的力学性能。

图 8-18　麦秸刨花板断面扫描电镜图

（a）胶草比 2.2，密度 0.95g/cm³；（b）胶草比 2.0，密度 0.95g/cm³；（c）胶草比 2.0，密度 0.90g/cm³；
（d）胶草比 2.0，密度 1.00g/cm³

（3）X 射线衍射分析

由图 8-19（a）为不同胶草比无机麦秸刨花板 XRD 图谱，图 8-19（b）为不同密度无机麦秸刨花板 XRD 图谱。由图可见，随着胶草比及板材密度的增加，无机胶黏剂衍射峰强度变大。表明随着麦秸刨花添加量的减少或板材密度的增大，养护过程中，无机成分水化反应变得更完全，结晶更完整，晶粒更大，生成的胶黏成分更多，板材中形成了更多的高强度网络结构（李学梅等，2003；余红发等，2012；秦麟卿等，2011），刨花板力学性能更好。这是因为胶草比和板材密度越大，麦秸刨花在板坯中对无机成分水化反应的"隔阻"效应越小，无机成分分子间距越小，接触点增多，加速并促进了无机成分水化反应。

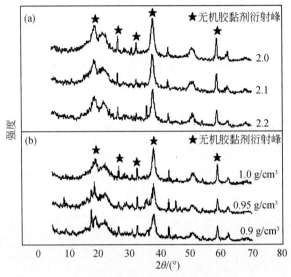

图 8-19　无机麦秸刨花板 XRD 图谱

（4）热重分析

图 8-20（a）和（b）分别是不同密度的无机麦秸刨花板 TG 及 DTG 曲线。由图 8-20（a）可见，随着温度的升高，板材失重分为了 5 个阶段。在 97℃附近，无机麦秸刨花板内吸附水汽化蒸发，出现较为明显的失重行为。在 233℃附近时，板材中麦秸刨花的半纤维素、部分纤维素开始热解，出现轻微的失重行为。当温度达到 332℃附近，麦秸刨花的部分纤维素和部分木质素热解，无机胶黏剂中的部分结晶水开始脱去，出现较为明显的失重现象。在 387℃附近，麦秸刨花中的剩余纤维素全部热解，同时，无机胶黏剂中的剩余结晶水将逐步完全脱除，无机胶黏剂晶相开始发生改变，失重量及失重速率明显增加。520℃左右，麦秸刨花剩余木质素全部开始热解，无机胶黏剂晶相继续发生改变，出现轻微的失重行为（王海蓉等，2009）。对比不同密度的无机麦秸刨花板失重率和失重速率发现，板材密度越大，无机麦秸刨花板的失重率和失重速率越小，这是因为密度增大，无机麦秸刨花板密实度增大，无机胶黏剂各晶相颗粒间的相互作用增强，热运动阻力增大。同时，麦秸刨花与基体界面黏结强度及基体对麦秸刨花的压力也增大，此时，麦秸刨花与基体间的摩擦阻力也增大，热解时需要克服的界面阻力增大，板材热稳定性增加。

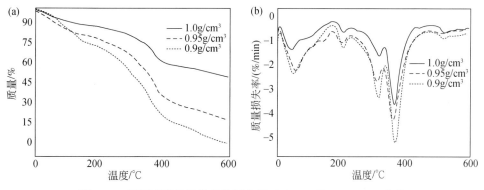

图 8-20　不同密度的无机麦秸刨花板 （a） TG 及 （b） DTG 曲线

图 8-21 （a） 和 （b） 分别是不同胶草比的无机麦秸刨花板 TG 和 DTG 曲线。由图可见，随着温度的升高，无机麦秸刨花板的失重率增加。在试验升温范围内，无机麦秸刨花板失重也存在与图 8-20 相似的 5 个阶段。对比不同胶草比的无机麦秸刨花板失重率和失重速率发现，胶草比越大，无机麦秸刨花板的失重率和失重速率也越小，这是因为麦秸刨花热解较无机胶黏剂容易，另外，麦秸刨花在无机麦秸刨花板中分散均匀性增加，麦秸刨花与无机胶黏剂界面结合性能更好，麦秸刨花与无机胶黏剂基体间的摩擦阻力增大，热解时需要克服的界面阻力增大，板材热稳定性增加。

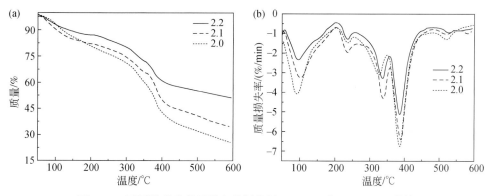

图 8-21　不同胶草比的无机麦秸刨花板 （a） TG 和 （b） DTG 曲线

4）小结

胶草比对麦秸碎料板性能影响显著。随着胶草比增加，无机麦秸碎料板 MOR 和 MOE 先增大后减小，IB 逐渐增大，TS 逐渐减小；胶草比增大，板材力学性能提升，热稳定性增加；密度对麦秸碎料板性能影响显著。随着无机麦秸碎料板密度增加，板材 MOR、MOE 及 IB 增大，而 TS 减小；无机麦秸碎料板密度增大，无机胶黏剂各晶相颗粒间的相互作用增强，麦秸碎料与基体间的摩擦阻力及热运动阻力增大，板材力学性能提升，热稳定性增加。

8.3.2.3 芦苇无机人造板

芦苇是多年水生或湿生的高大禾草，根状茎十分发达，茎秆坚韧，纤维素含量高（约51%），是人造板生产优质原料。我国芦苇资源储备丰富，面积达 $1.3 \times 10^6 \text{hm}^2$ 以上（王振庆等，2006）。目前，我国芦苇主要作为造纸工业原料利用，因造纸工艺不同，造纸过程中存在或多或少的废水污染问题。利用芦苇代替木材生产人造板，不仅可以避免芦苇造纸引起的环境污染问题，而且可以缓解我国木质材料供需矛盾的问题。氯氧镁水泥是一种气硬型水泥，具有固化快、强度高、耐水性、防火等优异性能。氯氧镁水泥和芦苇刨花具有良好的界面相容性，以氯氧镁水泥为无机胶黏剂、芦苇刨花为增强材料通过一定的成形工艺制备的芦苇无机刨花板具有高强、阻燃抑烟以及无甲醛释放等特点，可广泛应用于室内装饰、家具及墙体材料等领域。本研究以芦苇刨花为主要原料，采用氯氧镁水泥为无机胶黏剂，通过热压成形制备阻燃抑烟型芦苇无机刨花板，研究制备工艺对其力学性能及阻燃抑烟性能的影响，以期为芦苇无机刨花板发展提供理论与技术支撑。

1）芦苇无机刨花板制备

经过前期大量实验得到镁水泥的最佳配比，将适量的 $MgSO_4$、MgO、$MgCl_2$ 按预定比例溶解到定量的水中，搅拌均匀得到乳白色黏稠状无机胶黏剂。将称量好的芦苇刨花放于拌胶机中，按照设定的施胶量比例，称量调配好的镁水泥胶黏剂，通过空气压缩机雾化加入拌胶机，同时启动拌胶机搅拌 10min。将拌胶后的芦苇刨花均匀地铺撒在 300mm × 300mm 的木质成形框中，采用人工预压成形。板坯预压后送至热压机，根据设定的热压时间和热压温度参数热压成形，成板厚度通过 8mm 厚度规控制。热压后取出板材，密封放置，自然养护 3 周，再置于电热鼓风干燥箱中以 100℃ 干燥至含水率为 10%。

芦苇无机刨花板的固定参数：芦苇刨花含水率 8%；板面尺寸 300mm×300mm×8mm；拌胶机转速 200r/min，搅拌时间 10min；热压压力 5MPa；养护时间 3 周。

采用 4 因素 3 水平的正交试验设计，如表 8-11 和表 8-12 所示，施胶量设定为 50%、55%、60%；密度分别为 1g/cm^3、1.1g/cm^3、1.2g/cm^3；热压温度分别为 90℃、100℃、110℃；热压时间分别为 15min、20min、25min。

表 8-11 正交因素表

水平	因素			
	施胶量（A）/%	热压温度（B）/℃	热压时间（C）/min	密度（D）/(g/cm³)
1	50	90	15	1.0
2	55	100	20	1.1
3	60	110	25	1.2

表 8-12　正交试验配合比

序号	施胶量（A）/%	热压温度（B）/℃	热压时间（C）/min	密度（D）/(g/cm³)
1	50	90	15	1.0
2	50	100	20	1.1
3	50	110	25	1.2
4	55	90	20	1.2
5	55	100	25	1.0
6	55	110	15	1.1
7	60	90	25	1.1
8	60	100	15	1.2
9	60	110	20	1.0

2）性能测试与表征

力学性能检测：根据国标 GB/T 17657—2013，采用 BY302X2/2 型万能力学试验机，检测板材的静曲强度（MOR）、弹性模量（MOE）、吸水厚度膨胀率（TS）、内结合强度（IB）。各试验测试 3 个试件，取平均值。

结晶分析：将试件破碎磨细后，取 200 目细筛筛取粉末样品，利用（北京普析通用仪器有限责任公司）XD-2 型 X 射线衍射仪进行分析。电压 36kV，电流 20mA，Cu Kα 靶（$\lambda = 0.154$nm），扫描速度为 $2\theta = 4°$/min，扫描范围为 $5° \sim 75°$。

热稳定性能：利用英国燃烧技术公司的 FTT007 型锥形量热仪对幅面 100mm×100mm 试件进行燃烧实验，辐射功率为 50kW/m²（此辐射功率下复合材料表面温度约为 780℃）。

3）结果与讨论

按照表 8-12 正交试验配合比进行试验，得到芦苇无机刨花板的静曲强度（MOR）、弹性模量（MOE）、吸水厚度膨胀率（TS）、内结合强度检测数据（IB），见表 8-13。

表 8-13　物理力学性能测试结果

序号	静曲强度/MPa	弹性模量/MPa	吸水厚度膨胀率/%	内结合强度/MPa
1	10.5	1596	20.50	0.24
2	11.1	1868	13.30	0.48
3	8.7	1144	14.70	0.42
4	16.6	2656	13.50	0.49
5	10.9	1652	10.10	0.34
6	17.1	2938	8.20	0.33
7	11.1	1832	12.40	0.46

续表

序号	静曲强度 /MPa	弹性模量 /MPa	吸水厚度膨胀率 /%	内结合强度 /MPa
8	22.2	3608	9.10	0.59
9	15.0	2472	5.40	0.21

（1）力学性能分析

将各个指标单个进行计算和分析，再将每个指标分析的结果进行平衡综合，这样便可得到最佳的试验方案，分别计算各因素的 K、K 平均、R 的值，表 8-14 中，A 为施胶量%；B 为热压温度，C 为热压时间；D 为板材密度。

a. MOR 和 MOE 的极差分析

对表 8-13 中的 MOR 和 MOE 进行极差分析，分析结果见表 8-14。

表 8-14 MOR 和 MOE 极差分析表

序号	静曲强度/MPa				弹性模量/MPa			
	A	B	C	D	A	B	C	D
K_1	10.1	12.73	16.6	12.13	1536	2028	2714	1906.67
K_2	14.87	14.73	14.23	13.1	2415.33	2376	2332	2212.94
K_3	16.1	13.6	10.23	15.83	2637.33	2184.67	1542.67	2469.81
R	6	2	6.37	3.7	1101.33	348	1171.33	562.14

由表 8-14 可以看出，影响芦苇无机人造板静曲强度的主次因素关系为 C>A>D>B，热压时间对板材静曲强度影响最大，施胶量的影响次之，其次是密度，最后是热压温度。

为了直观地观察各因素对板材静曲强度的影响，以水平为横坐标，静曲强度为纵坐标，绘制不同水平对静曲强度影响趋势图，见图 8-22。

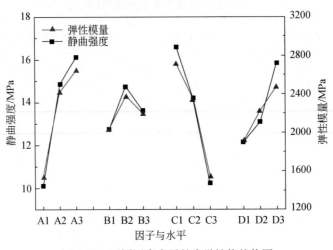

图 8-22 不同因素水平的力学性能趋势图

由图 8-22 可知，当热压时间从 15min 增加到 25min 时，MOR 减小了 38.37%，MOE 减小了 43.18%，热压时间对板材静曲强度影响十分显著，这是因为随着热压时间的延长，导致板材内部热应力堆积，水分流失加剧，在自然养护时期胶黏剂水化反应不充分，无法形成连续的胶合界面，致使板材的 MOR 减小。随着施胶量从 50% 增加到 65%，板材的 MOR 和 MOE 呈明显增大趋势，造成这种现象原因是施胶量越大，产生水化反应的场所越多，大量的水化产物可以形成连续的胶合界面，对芦苇刨花形成了有效的包覆，增强了板材对外部破坏载荷的承受能力。当板材密度由 1g/cm³ 增加到 1.2g/cm³ 时，板材的静曲强度也随之增大，这是因为密度的增大使得板材孔隙率下降（黄清华等，2018），增大了芦苇刨花和无机胶黏剂之间的接触面积，增强了板材的静曲强度。因此，由不同水平因素的静曲强度趋势图可知，静曲强度的最优因素水平组合为 A3B2C1D3。

b. MOR 和 MOE 方差分析结果

对表 8-13 中 MOR 和 MOE 进行方差分析，结果见表 8-15 和表 8-16。

表 8-15 静曲强度方差分析结果

方差来源	SS	f	MS	F	F 临界值	显著性
A	60.242	2		1.601	4.460	
B	6.036	2		0.160	4.460	
C	62.136	2		1.651	4.460	
D	22.096	2		0.587	4.460	
误差	150.510	8				

从 F 分布表中查出临界值 $F\alpha$。将在"求 F 比"中算出的 F 值与该临界值比较，若 $F > F\alpha$，说明该因素对试验结果的影响显著，两数差别越大，说明该因素的显著性越大。如果因素对指标的影响都不显著时，可以直接看 F 比的大小来确定其影响顺序。以下判断方法相同。通过表 8-15 和表 8-16 可以看出无因素为影响板材静曲强度的显著性因素，但是各因素对 MOR 和 MOE 的影响是一致的，影响的大小为：热压时间、施胶量、密度、热压温度。

表 8-16 弹性模量方差分析结果

方差来源	SS	f	MS	F	F 临界值	显著性
A	2035446.220	2		1.684	4.460	
B	182256.890	2		0.151	4.460	
C	2140992.890	2		1.771	4.460	
D	476107.560	2		0.394	4.460	
误差	4834803.560	8				

c. 吸水厚度膨胀率的极差分析

对表 8-13 中的静曲强度进行极差分析，分析结果见表 8-17。

表 8-17　吸水厚度膨胀率极差分析结果

序号	A	B	C	D
K_1	12.23	10.70	9.73	9.73
K_2	9.37	9.53	8.80	9.33
K_3	7.10	8.47	10.17	7.34
R	5.13	2.23	1.37	2.39

由表 8-17 可知，响板材吸水厚度膨胀率的主次因素顺序为：A>D>B>C。即施胶量对板材吸水厚度膨胀率影响最大，密度和热压温度次之，最后是热压时间。为了更直观地观察不同因素水平对板材吸水厚度膨胀率的影响，见图 8-23。

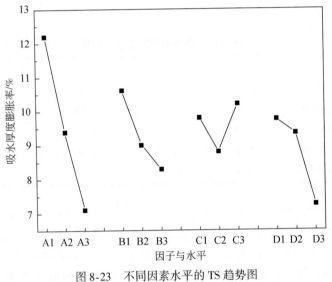

图 8-23　不同因素水平的 TS 趋势图

由图 8-23 可知，施胶量对板材 TS 影响最大，当施胶量从 50% 增加到 60% 时，板材的 TS 下降了 41.95%，这是因为一方面芦苇刨花是一种多孔材料，具有干缩湿胀的特性，当外部环境湿度大时会吸水，随着无机胶黏剂的增多，水化反应产物也会增多，而且芦苇刨花占比减少，吸水性能也随之减少，胶黏剂对芦苇刨花包覆性越好，水分越不容易进入芦苇刨花的孔隙中；另一方面是因为氯氧镁水泥具有耐水性，氯氧镁水泥所产生的水化产物结晶度越高，所带来的防水性能也就越好。从图 8-23 中选出影响板材 TS 的最优因素水平为：A3B3C2D3。

d. 吸水厚度膨胀率的方差分析

对表 8-13 中 TS 进行方差分析，结果见表 8-18。

由表 8-18 可以看出，施胶量的 F 值最大，且施胶量为影响板材吸水厚度膨胀率的显著因素，其余各因素 F 值<F 临界值，则认为对板材弹性模量无显著影响。各因素对吸水厚度膨胀率的显著性为：施胶量、热压温度、密度、热压时间。这也说明在一定范围内，板材自身的耐水性十分优良，除去施胶量外各个因素的变化对于耐水性影响不大。

表 8-18　吸水厚度膨胀率方差分析结果

方差来源	SS	f	MS	F	F 临界值	显著性
A	39.710	2		4.736	4.460	*
B	7.487	2		0.894	4.460	
C	2.927	2		0.232	4.460	
D	0.260	2		0.971	4.460	
误差	50.380	8				

注：* 表示显著。

e. 内结合强度的极差分析

对表 8-13 中的内结合强度进行极差分析，分析结果见表 8-19。

表 8-19　内结合强度极差分析结果

序号	A	B	C	D
K_1	0.360	0.397	0.387	0.263
K_2	0.432	0.470	0.393	0.423
K_3	0.511	0.330	0.407	0.500
R	0.151	0.140	0.020	0.237

由图 8-24 可知，影响板材内结合强度的主次因素为：D>A>B>C。密度的大小对板材内结合强度影响最大，可以说刨花板的密度就决定了诸多物理力学性能的优劣，在一定范围内，随着板材密度的增大，某些物理力学性能也会随之增大。施胶量、热压温度对板材内结合强度影响次之，而热压时间对板材内结合强度影响最小。

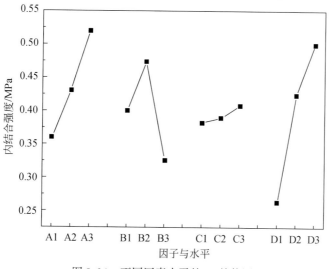

图 8-24　不同因素水平的 IB 趋势图

由图 8-24 可看出，密度对板材 IB 影响最大，在密度的三个水平增长中，板材的 IB 增大了 90.11%，出现这种现象的原因是：一方面随着密度增大，在体积不变的情况下，板坯密实度逐渐增大，板坯内部孔隙率逐渐下降，胶合界面的连接点增多，界面强度增大，抵抗外部破坏载荷的能力也就越大；另一方面板材中的芦苇刨花和无机胶黏剂的质量相应增多了，二者一起起到了增强板材机械强度的作用。随着施胶量的增大，内结合强度也呈增大趋势，这是因为随着无机胶黏剂的增多，水化反应产物随之增多，刨花之间结合得更加牢固，使得内结合强度逐渐增大。而随着热压温度的升高，板材 IB 呈先增大后减小的趋势，这是由于在一定范围内，水化反应随着温度的升高而加快，使得反应更充分，生成水化产物增多，芦苇刨花之间胶合得更加紧密，IB 增大，当温度过高时，板材内部形成过高的蒸汽压，板坯内部水分会向外移动，水分流失加剧，水化反应不完全，无法产生足够的胶黏物质，最终导致 IB 降低。从图 8-24 中选出影响板材 IB 的最优因素水平为：A3B2C3D3。

f. 内结合强度的方差分析

由表 8-20 可知，密度对内结合强度的影响最显著，随着密度的增大，板材内结合强度的增幅也越大，当密度由 $1g/cm^3$ 增大到 $1.2g/cm^3$ 时，板材内结合强度增大了 90.11%。施胶量对内结合强度影响较大，但无显著性影响。对板材内结合强度影响最大的两个因素为密度和施胶量，这也和吸水厚度膨胀率的影响因素相印证。

表 8-20　内结合强度方差分析结果

方差来源	SS	f	MS	F	F 临界值	显著性
A	0.063	2		3.495	4.460	
B	0.026	2		1.030	4.460	
C	0.050	2		0.198	4.460	
D	0.093	2		5.201	4.460	*
误差	0.232	8				

综上所述，在满足芦苇板性能的条件下，考虑成本节约，得到优化的制备工艺参数：施胶量 60%、热压温度 100℃、热压时间 15min、密度 $1.2g/cm^3$。

（2）X 射线衍射分析

图 8-25 是不同施胶量的芦苇无机刨花板 X 射线衍射图，镁水泥制品中存在的主要结晶相为 $3Mg(OH)_2 \cdot MgCl_2 \cdot 8H_2O$（相 3）和 $5Mg(OH)_2 \cdot MgCl_2 \cdot 8H_2O$（相 5）（Zhou et al.，2015），反应如下：

$$MgO+H_2O \rightleftharpoons Mg^{2+}+2OH^- \tag{8-1}$$

$$4Mg^{2+}+2Cl^-+6OH^-+8H_2O \rightleftharpoons 3Mg(OH)_2 \cdot MgCl_2 \cdot 8H_2O \tag{8-2}$$

$$6Mg^{2+}+2Cl^-+10OH^-+8H_2O \rightleftharpoons 5Mg(OH)_2 \cdot MgCl_2 \cdot 8H_2O \tag{8-3}$$

$$Mg^{2+}+2OH^- \rightleftharpoons Mg(OH)_2 \tag{8-4}$$

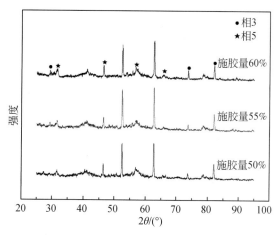

图 8-25 不同施胶量的芦苇板 XRD 图谱

相 5 是镁水泥制品的物理力学性能强度主要提供相，随着这一阶段反应时间的增长，镁水泥强度不断增强，且可以和相 3 相互转化。从图中可以看出，不同施胶量下板材出现衍射峰的位置基本一致，说明在一定范围内，不同施胶量下，无机胶黏剂的水化产物基本相同，可以确定板材的物理力学性能的增强不是因为新的相结晶。随着施胶量的增大，相 5 所对应的衍射峰强度逐渐增强，在施胶量为 60% 时强度达到最大，这是由于施胶量占比增大，所能产生的水化反应也越多，生产的水化产物相 5 也就越多，所能提供的力学强度也就越大。这一结果也刚好印证了施胶量对板材物理力学性能的影响。

（3）防火性能分析

a. 热量释放分析

图 8-26 是不同施胶量的芦苇无机刨花板热释放速率（HRR）曲线和总热释放量（THR）曲线。将 HRR 和 THR 结合起来，能更好地评价一种材料的燃烧性能。从图 8-26（a）中可以看出，不同施胶量的板材整体变化趋势大致相同，在 0~400s 这一时间段中，三者热释放速率均呈现平缓增长的趋势，在 400~800s 之间时，呈急剧上升趋势直至最高热释放速率峰值（pkHRR），再逐渐下降。造成这一结果的原因是板材使用氯氧镁无机胶黏剂，具有良好的阻燃性能（Zuo and Wu，2018），一开始板材无法燃烧，不断的吸收热量，当达到芦苇的燃点时，无机胶黏剂分解产生的 MgO 其包覆在芦苇刨花的表面（朱晓丹等，2015），缓解了整个燃烧过程，芦苇的热解速度减慢。施胶量越大的板材热释放速率越小，所达到的最高热释放速率峰值也越小，单位时间内释放的热量越少，火焰传播的速度越慢。从图 8-26（b）中可以看出，三种不同施胶量的 THR 稳定值分别为：45.5MJ/m²、38.4MJ/m²、17.7MJ/m²，随着施胶量的增大，THR 稳定值明显减小，分析出现这种现象的原因是氯氧镁无机胶黏剂受热分解发生的反应为吸热反应，分解产生 HCl、H_2O、MgO 等，生成的水蒸发带走热量降低板材温度，同时无机胶黏剂热分解消耗了板材周围氧气，延缓燃烧，另外热分解生成的 MgO 也是优良的耐热材料，MgO 对芦苇刨花有包覆作用，延缓了可燃物质芦苇刨花的充分燃烧，随着不燃物质无机胶黏剂的占比增加，可燃物质芦苇刨花占比的减少，一定程度上降低了 THR。

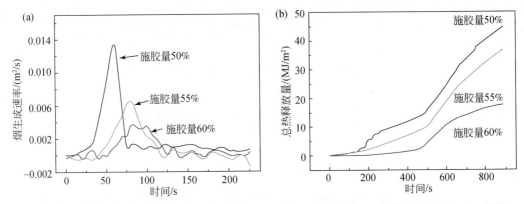

图 8-26　不同施胶量的芦苇板（a）热释放速率（HRR）曲线和（b）总热释放量（THR）曲线

b. 烟气释放分析

图 8-27 为芦苇无机刨花板的烟生成速率（SPR）和总烟生成量（TSP）曲线图。由图 8-27（a）可知，每条曲线都只有一个峰值，当施胶量为 50% 时，在 65s 烟的生成速率达到峰值 $0.0154m^2/s$；施胶量为 55% 时，在 80s 达到峰值 $0.0072m^2/s$；施胶量为 60% 时，在 80s 达到峰值 $0.0038m^2/s$。出现这种现象的原因是随着施胶量的增多，水化反应生成的水化产物相应增多，水化产物受热分解得到的 MgO、H_2O 等对芦苇刨花的包覆也就越全面，对于火势的阻止或延缓效果也越好，而且水化反应生成的 $Mg(OH)_2$ 具有优秀的抑烟性能，可以有效吸附 CO、CO_2 等有害烟气，因此施胶量越大 SPR 出现峰值时间越晚，峰值越小。

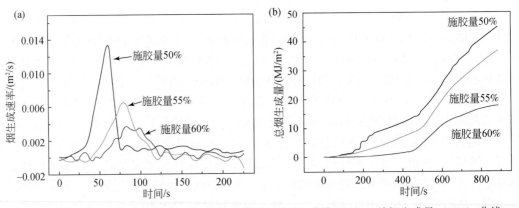

图 8-27　不同施胶量的芦苇板的（a）烟生成速率（SPR）曲线和（b）总烟生成量（TSP）曲线

由图 8-27（b）可以看出，施胶量 55% 和 60% 的 TSP 在 100s 左右二者趋近平稳，但是施胶量 50% 呈急剧上升趋势，这是因为一方面水化反应产生的 $Mg(OH)_2$ 是一种优秀的阻燃剂，还具有吸附有毒烟气的抑烟功能，水化反应场所越多，产生的 $Mg(OH)_2$ 就越多，阻燃效果越好；另一方面 $Mg(OH)_2$ 受热分解产生 MgO、H_2O、HCl 等，其中水的蒸发吸收大量潜热，可以降低板材的表面温度，抑制材料的热分解和溶解部分有害气体的作用，从而延缓火势；MgO 自身又是优良的耐火材料，MgO 对芦苇刨花的包覆作用可以有效隔绝火焰的蔓延。

　　c. 点燃时间分析

　　点燃时间（TTI）是指材料从表面受热到表面持续出现燃烧时所用的时间，用来评估和比较材料的耐火性能，通常点燃时间越短，则材料越容易点燃，阻燃性能越差。试验结果显示，50% 施胶量的 TTI 为 361s、55% 施胶量的 TTI 为 391s、60% 施胶量的 TTI 为 484s，三者燃烧过程中火焰十分微弱。可以明显看出三者均具有优秀的阻燃能力，施胶量越大效果越好，用于公共场合和室内装修能有效地减少火灾对人民生命财产安全的侵害。

　　4）小结

　　利用芦苇刨花作为基材，氯氧镁阻燃胶黏剂作为增强材料，通过热压工艺制备芦苇无机刨花板。其优化的工艺参数为：施胶量 60%、热压温度 100℃、热压时间 15min、密度 1.2g/cm³。制备的芦苇无机刨花板各项物理力学性能均符合国家标准。随着氯氧镁胶黏剂的加入，芦苇板的 HRR、THR、SPR、TSP 均呈较大幅度下降趋势，表明施胶量大的芦苇板具有更优秀的阻燃抑烟性能，可以有效地阻止或者延缓火灾的蔓延。

8.3.3　生产技术与装备

8.3.3.1　秸秆破碎/分选一体化高效备料技术

　　农作物秸秆是一年或多年生草本植物的茎秆。因为秸秆具有密度较低、体积蓬松、杂质较多等特点，使得秸秆刨花的制备与分级与木质刨花相比有很大差异。常规秸秆刨花板生产中秸秆破碎与秸秆刨花分选两个工序通常是独立的。秸秆破碎通过秸秆粉碎机来实现，而粉碎后的秸秆刨花分选通常采用摆动筛筛选来实现。由于秸秆刨花体积蓬松、易结团，因此通过摆动筛分选刨花效率低、效果差。同时，秸秆刨花中存在细小砂石、米粒、秸秆节子等杂质，其中砂石会损坏后续工序的锯机锯片，米粒、秸秆节子杂质的存在会影响刨花板的内结合强度和表面质量。若通过摆动筛或辊筒筛筛选去除这些杂质，一些可以用于秸秆刨花板生产的细小秸秆刨花也会被去除，降低秸秆原材料利用率。因此，开发农作物秸秆破碎和分选的高质、高效系统，对提高农作物秸秆原料利用率和刨花板生产效率、改善秸秆人造板表面质量有重大的现实意义。

　　秸秆破碎-分选一体化高效备料技术是通过农作物秸秆破碎-分选一体化系统来完成的。该系统将农作物秸秆刨花板生产备料工段的秸秆破碎和秸秆刨花板芯、表层粗细料分选两个关键工序合二为一，大大提高了农作物秸秆刨花板的生产效率及秸秆原料的利用率，同时还显著提高了秸秆刨花板的内结合强度以及表面质量。

　　农作物秸秆破碎-分选一体化系统如图 8-28 所示。图 8-29 为农作物秸秆破碎机实物图，图 8-30 为秸秆纤维/碎料风选系统实物图。该系统主要包括秸秆破碎机、多级离心分离器、单向出料阀和引风机等装置。秸秆破碎机通过风管与离心分离器组的一端连接，离心分离器组的另一端通过风管与引风机相连。经秸秆破碎机破碎后的秸秆刨花立即进入离心分离器组进行分选，因此不会在秸秆破碎机的底部发生集聚和结团，提高了秸秆刨花的分选效果以及秸秆刨花加工效率。

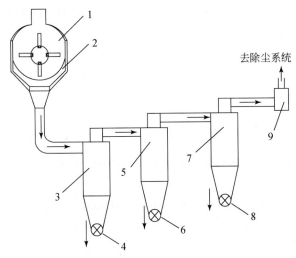

图 8-28 农作物秸秆破碎–分选一体化系统原理图
1. 秸秆破碎机；2. 筛网；3、5、7. 离心分离器；4、6、8. 单向出料阀；9. 引风机

如图 8-28 所示，秸秆破碎机 1 的正下方设有筛网 2。离心分离器组包括依次连接的第一离心分离器 3、第二离心分离器 5 和第三离心分离器 7，每个离心分离器 3、5、7 的下部均设有单向出料阀 4、6、8。第一离心分离器 3 通过风管与秸秆破碎机 1 的底部连接，第三离心分离器 7 通过风管与引风机 9 相连。将秸秆破碎机 1 与分选装置（离心分离器组）相连，秸秆经秸秆破碎机 1 破碎后通过筛网 2 进行初步分离，然后在引风机 9 的作用下经风管进入第一离心分离器 3，在离心力和重力的作用下将秸秆碎料中的大刨花、沙粒、米粒和秸秆节子分离出来，通过设于第一离心分离器 3 底部的单向出料阀 4 排出；经第一离心分离器 3 进行分选后的秸秆刨花再进入第二离心分离器 5，在离心力和重力的作用下将秸秆刨花中的中等规格秸秆刨花分离出来，通过设于第二离心分离器 5 底部的单向出料阀 6 排出，送入秸秆刨花芯层料仓，用作秸秆刨花板的芯层料；经第二离心分离器 5 进行分选后的秸秆刨花再进入第三离心分离器 7，在离心力和重力的作用下将秸秆刨花中的细刨花碎料分离出来，通过设于第三离心分离器 7 底部的单向出料阀 8 排出，送入秸秆刨花表层料仓，用作秸秆刨花板的表层料；经第三离心分离器 7 分选后的秸秆粉尘不能用于秸秆刨花板的制造，随同气流从第三离心分离器 7 顶部的出料口进入粉尘收集器。

该系统通过将秸秆破碎机 1 和分选装置（离心分离器组）相连，秸秆破碎工序和粗、细料分选工序在同一套装置中依次进行，相比于传统的将秸秆破碎和粗、细料分选两个工序独立进行的秸秆破碎、分选方法，秸秆刨花之间不会发生结团，不会在秸秆破碎机 1 的下方聚集，有利于分选工序的进行。采用顺序连接的三个离心分离器，分别对刨花中较重的刨花及杂质、中等规格的刨花以及细刨花进行分选，并分别排出收集，相比于传统的采用摆动筛或辊筒筛进行筛选的方法，本分选方法分选效率更高，分选效果更好，可有效地将秸秆刨花中较重的刨花及杂质分离去除，避免其中的沙粒损坏板材裁切工序中锯切机的锯片，以及米粒（麦粒、玉米粒）和秸秆节子影响刨花板的内结合强度和表面质量，并且可以提高秸秆原料的利用率。采用本农作物秸秆破碎–分选一体化系统，秸秆刨花利用率提高 15% 以上，秸秆刨花生产效率提高 50% 以上，秸秆刨花粗、细料分选效果显著提高，使用该系统分选出来的秸秆刨花制造的秸秆刨花板结构更合理、外观质量显著提高，内结合强度提高 30% 以上。

图 8-29　农作物秸秆破碎机图

图 8-30　秸秆纤维/碎料多级风选系统

8.3.3.2　步级高效施胶技术

普通刨花板生产通常采用摩擦法施胶技术。摩擦法施胶是利用刨花之间的相互摩擦，将胶黏剂均匀施加在刨花表面的一种施胶方法。刨花在搅拌装置的作用下产生高速碰撞、冲击，因而会使刨花形态产生改变，甚至部分刨花破碎产生很多细小刨花和粉料。摩擦法施胶使用的主要设备有环式拌胶机、快速拌胶机、离心喷胶式拌胶机等。

环式拌胶机是目前普通刨花板生产最常使用的一种拌胶机，具有体积小、拌胶均匀、产量高和动力消耗小等优点。但这种拌胶机对刨花形状损失严重，将会造成粉细料增加，因而环式拌胶机适用于细小刨花的施胶，拌胶质量取决于刨花在拌胶机内的停留时间。正常生产情况下，胶黏剂的覆盖率可达 80%。环式拌胶机由带有冷却夹层的混合槽、空心轴、若干拨料片和拌胶爪组成的带冷却功能的搅拌装置、进胶系统、出料装置、上盖平衡系统等组成（图 8-31）。

普通刨花板生产施胶量一般占刨花绝干重的 8% ~ 12% 之间。与普通刨花板生产相比，秸秆无机刨花板施胶量大（通常在 60% ~ 70% 以上）。因此秸秆刨花施胶效率和均匀性难以控制，严重影响了秸秆无机刨花板生产效率和力学强度。此外，无机胶黏剂易磨损输送泵，减少输送泵使用寿命，同时易堵塞输送管道，使得施胶过程故障频发，严重影响秸秆无机刨花板生产效率。因此，研发高效、安全、可靠、可提高秸秆无机刨花板力学强度、

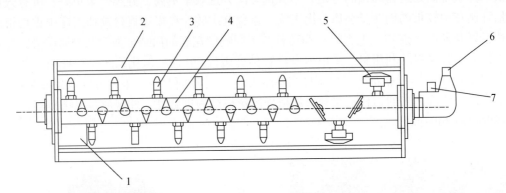

图 8-31　环式拌胶机结构图

1. 出料口；2. 搅拌机机壳夹套；3. 搅拌爪；4. 空心轴；5. 进料片；6. 冷却水入口；7. 冷却水出口

不影响设备使用寿命的无机胶黏剂施胶新技术、新装备具有重要意义。

秸秆无机刨花板步级施胶技术是通过一种秸秆无机刨花板步级施胶系统来实现的。该系统主要由相互串联的两级环式拌胶机组成（图 8-32），图 8-33 为步级高效施胶系统照片。一级环式拌胶机的一端设有秸秆刨花进料管，该管上安装有用于向秸秆刨花进料管内加入胶黏剂液态原料的液态原料进料装置，另一端设有胶黏剂固态原料进料管，一级环式拌胶机上靠近胶黏剂固态原料进料管的一端设有一级拌胶机出料口。二级环式拌胶机的一端设有二级拌胶机进料口，另一端设有二级拌胶机出料口。一级拌胶机出料口和二级拌胶机进料口通过衔接管道连接。

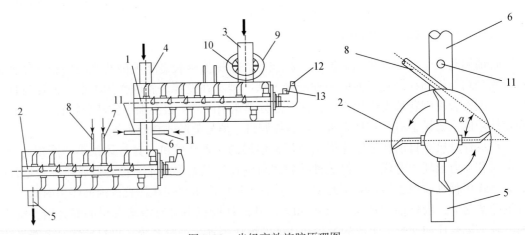

图 8-32　步级高效施胶原理图

1. 一级环式拌胶机；2. 二级环式拌胶机；3. 农林加工剩余物进料管；4. 胶黏剂固态原料进料管；5. 二级拌胶机出料管；
6. 衔接管道；7. 增韧剂进入管；8. 促/缓凝剂进入管；9. 胶黏剂液态原料喷射环；10. 喷射管道；11. 对冲管；
12. 冷却水入口；13. 冷却水出口

生产时，秸秆刨花进料与胶黏剂进料不同时发生，先将秸秆刨花由进料管 3 送入一级环式拌胶机 1 内，胶黏剂进料时，通过液态原料进料装置向环式拌胶机 1 中喷射无机胶黏

图 8-33　步级高效施胶系统照片

剂液态原料，刨花于胶黏剂混合物料在一级环式拌胶机 1 的搅拌爪的机械抛洒和轴向推力作用下由进料端向出料端行进，在此过程中秸秆刨花与无机胶黏剂液态原料充分搅拌、均匀混合。同时通过胶黏剂固态原料进料管 4 向一级环式拌胶机 1 内通入胶黏剂固态原料，胶黏剂固态原料与添加了胶黏剂液态原料的秸秆刨花混合，混合物料经衔接管道 6 进入二级环式拌胶机 2 内，混合物料经衔接管道 6 时，两根对冲管 11 交替向衔接管道 6 内喷射压缩空气将混合物料冲散，形成松散混合物料进入二级环式拌胶机 2 内。进入二级环式拌胶机 2 内的混合物料在二级环式拌胶机 2 的搅拌爪的作用下由进料端向出料端行进，同时，根据生产车间的气温判断是否向二级环式拌胶机 2 内通入增韧剂和促凝剂或缓凝剂。当施胶生产车间的气温低于 25℃时，通过增韧剂进入管 7 向二级环式拌胶机 2 内通入增韧剂，并通过促/缓凝剂进入管 8 向二级环式拌胶机 2 内通入缓凝剂；当施胶生产车间的气温高于 50℃时，通过增韧剂进入管 7 向二级环式拌胶机 2 内通入增韧剂，并通过促/缓凝剂进入管 8 向二级环式拌胶机 2 内通入促凝剂；当施胶生产车间的气温在 25~50℃之间时，关闭增韧剂进入管 7 和促/缓凝剂进入管 8。物料经搅拌、混合后从二级拌胶机出料管 5 输出，完成高效均匀施胶过程。

该施胶系统通过在不同区段分别设置液态原料进料装置和胶黏剂固态原料进料管，对秸秆刨花进行固、液联合分步、分级施胶（即将胶黏剂按照液态原料和固态原料分步添加），施胶更加均匀。输送泵输送的是胶黏剂液态原料，因此不易磨损，输送管道也不会堵塞。采用该施胶系统可提高秸秆无机刨花板力学强度 30% 以上，提高施胶生产效率 20% 以上。

8.3.3.3　高质高效铺装技术

板坯铺装是将施胶后刨花铺成一定规格、结构和厚度的带状板坯过程。秸秆无机刨花板重要工序，铺装质量的好坏和效率直接关系到成品板材的质量、产量和成本。

根据板坯断面结构秸秆无机刨花板板坯铺装可以分为渐变结构板铺装、单层结构板铺装和多层结构板铺装等（图 8-34）。

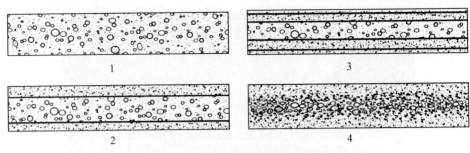

图 8-34   板坯铺装断面结构

1. 均质结构；2. 三层结构；3. 五层结构；4. 渐变结构

根据铺装方式可分为机械式、气流式和机械、气流混合式铺装机。图 8-35 为机械铺装原理图，图 8-36 为气流铺装原理图。机械铺装利用机械作用将计量后的刨花等物料松散再均匀铺装成板坯，其原理是由各种运输带均匀定量供料，各种辊、刷、针刺将刨花等物料抛松打散，在离心力和刨花重力的作用下物料沉降到网带上，形成板坯带。机械铺装具有以下特点：①板坯密度小、强度低、难以高速运输；②板坯预压和热压时排除空气量大且会夹带较多细小物料，造成原料浪费及空气污染；③物料靠自身的重力沉降速度慢，成形速度低、生产率小；④机械铺装机设备结构简单，动力消耗小，调整、操作和维修方便；⑤相对于气流铺装粉尘飞扬扩散对环境影响小。气流铺装原理是物料借助气流的作用，将物料均匀分散地沉积在成形网带而形成板坯。具有以下特点：①板坯密实、强度较大，有利运输；②预压时排除的空气量少，板坯形态不受破坏；③物料的沉降借助于真空负压，适于各种厚度板坯成形，且沉降速度快，铺装速度和生产率较高；④能耗大，气动特性复杂，工艺调整难度大；⑤气流式铺装机分选能力强，可形成表面细致的渐变结构的板坯，但平整度差。机械与气流组合式铺装兼具机械式和气流式铺装的特点，典型组合方式为首尾的两个气流式铺装头铺装表层，中间的机械式铺装头铺装芯层。这样可对表、芯层的刨花采用不同施胶量，使成板既具有较好的表面质量、静曲强度和内结合强度，又降低了生产成本。

根据铺装过程是否连续可分为周期式铺装和连续式铺装。周期式铺装是将称量好的原料，周期地一块一块地铺装成板坯，前一块铺装完成以后，停止铺装，然后再重新铺装第二块板坯，这种方法虽然计量准确，但是影响连续生产，所以现在应用的比较少。连续式铺装即从成形系统里出来的是连续板坯带。连续式铺装铺装效率较高，主要用在大产量秸秆无机刨花板生产线。

秸秆无机刨花板生产使用的无机胶黏剂固化需要大量的水分，气流铺装过程施胶混合物料中的水分挥发严重，会影响无机胶黏剂水化反应，进而影响秸秆无机刨花板强度。因此，秸秆无机刨花板铺装通常采用机械铺装。著者依据秸秆无机刨花板原料及生产特点，研发了两种秸秆无机刨花板高质高效机械铺装技术，这两种技术在实际生产中都得到了广泛应用。

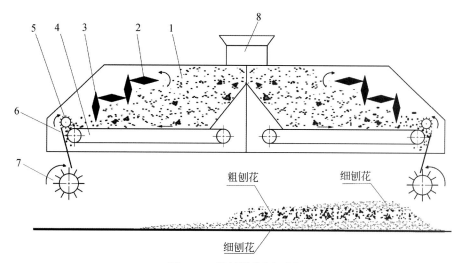

图 8-35　机械铺装原理图

1. 料仓；2. 料耙；3. 计量料耙；4. 计量料带；5. 拨料辊；6. 导料板；7. 铺装辊；8. 下料口

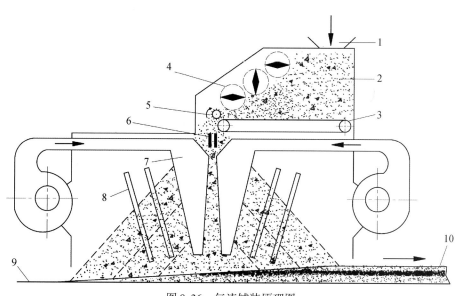

图 8-36　气流铺装原理图

1. 下料口；2. 刨花；3. 计量带；4. 计量料仓；5. 拨料辊；6. 摆动下料器；7. 风栅组；8. 振动筛网；
9. 皮带运输机；10. 板坯

1）多级连续式机械铺装技术

由于农作物秸秆来源复杂，物料具有多样性的特点，不同种类的物料密度、形态差异性大，且施胶后的物料易结团，普通机械铺装系统铺装效率及均匀性差，导致秸秆无机刨花板生产效率和力学强度低。针对上述问题，作者研发了多级连续式机械铺装技术，图 8-37 为多级连续式机械铺装系统图。

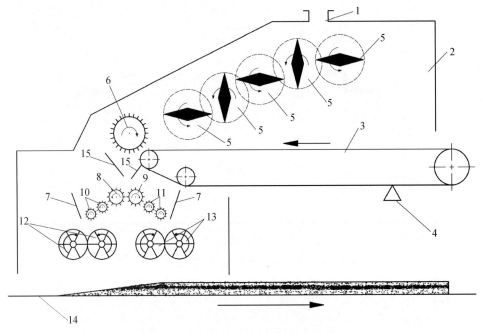

图 8-37　多级连续式机械铺装系统图

1. 进料口；2. 计量箱；3. 物料运输带；4. 称重传感器；5. 扫平计量耙；6. 拨料刺辊；7. 第一挡料板；8. 左一级铺装
刺辊；9. 右一级铺装刺辊；10. 左二级铺装刺辊；11. 右二级铺装刺辊；12. 左三级铺装辐条对辊；13. 右三级铺装辐
条对辊；14. 板坯皮带运输机；15. 第二挡料板

　　多级连续式机械铺装是一种铺装效率高、板坯结构均匀性好的一种均质铺装技术。该
技术采用一种高效三级铺装系统，系统包括进料计量装置和铺装装置，铺装装置包括三级
铺装组件和板坯皮带运输机；三级铺装组件为一级铺装刺辊、二级铺装刺辊和三级铺装辐
条对辊，二级铺装刺辊与一级铺装刺辊齐平或低于一级铺装刺辊，三级铺装辐条对辊位于
二级铺装刺辊输出端的下方。

　　铺装时，施过胶的秸秆刨花混合物料从进料口 1 进入计量箱 2。扫平计量耙 5 逆时针
旋转，输送带 3 向左运行。在扫平计量耙 5 的作用下计量箱 2 中的混合物料不断向计量箱
2 右半部运行。在扫平计量耙 5 和输送带 3 的共同作用下，计量箱 2 中的混合物料被扫平
计量并按照一定的高度、速度均匀向计量箱 2 出料口运行。称重传感器 4 控制计量箱 2 内
总的物料量，当混合物料量达到设定上限时进料口 1 停止进料，当混合物料量达到设定下
限时进料口 1 又开始进料。拨料刺辊 6 顺时针旋转并将输送带 3 输送来的混合物料打散且
拨向左一级铺装刺辊 8 和右一级铺装刺辊 9。左一级铺装刺辊 8 逆时针旋转，将一部分混
合物料进一步打散并均匀抛向左二级铺装刺辊 10；右一级铺装刺辊 9 顺时针旋转，将一部
分混合物料进一步打散并均匀抛向右二级铺装刺辊 11。左二级铺装刺辊 10 逆时针旋转，
将混合物料均匀抛向左三级铺装辐条对辊 12；右二级铺装刺辊 11 顺时针旋转，将混合物
料进均匀抛向右三级铺装辐条对辊 13。左、右三级铺装辐条对辊均反向回转，利用对辊反
向回转的挤压力及均匀设置的辐条将混合物料进一步打散并均匀落在运行的板坯皮带运输

机 14 上形成厚度和密度均匀的连续板坯带。挡料板 7 是用来保证混合物料精确落入一级铺装辊和三级铺装辊上。

本系统具有三级铺装结构，一、三级铺装结构主要用于打散和均匀抛洒混合物料，二级铺装结构主要用于均匀抛洒混合物料。有益效果在于通过三级铺装结构铺装，铺装效率显著提高，与常规机械铺装机相比铺装效率提高 40% 以上。板坯均匀性大幅度提高，秸秆无机刨花板内结合强度提高 35% 左右、静曲强度和弹性模量提高 38% 左右、吸水厚度膨胀率降低 60% 左右。

2）盒式周期铺装技术

盒式周期铺装是作者团队研发的主要用于规模较小（10000m³/a）的秸秆无机刨花板生产的一种全新铺装技术。该技术具有铺装设备结构简单，投资少，铺装质量好、效率高的优点，铺装过程还可以对板坯进行预压，实现了铺装、预压一体化，生产线不需要预压设备。

盒式周期铺装通过一种简易、高效的铺装系统完成。该系统（图 8-38）的铺装头设置上、下两层铺装辊，每个铺装辊四周设置辊刺。上层铺装辊直径为 320mm，排列较稀疏，主要用来疏散物料。下层铺装辊直径为 200mm，用来铺装物料，排列紧密，不运转时物料不会下落。铺装头可以在铺装头导轨上运行，铺装盒可以升降。

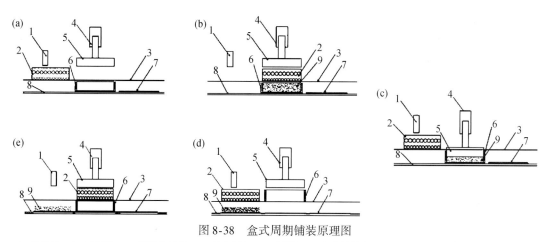

图 8-38　盒式周期铺装原理图

1. 物料口；2. 铺装头；3. 铺装头导轨；4. 柱塞油缸；5. 压板；6. 盒式铺装盒；7. 垫板；8. 皮带运输机；9. 板坯

具体铺装方法如下：

①施过胶的农作物秸秆刨花分别通过物料口送至铺装头。输送的同时铺装头的上层铺装辊运转，下层铺装辊不运转，使农作物刨花碎料均匀充满铺装头，铺装头内的物料量为一块板坯所需物料量。此时，铺装系统各部分处于图 8-38（a）所示位置。

②当铺装头运行到铺装盒正上方区域时，铺装头上下两层铺装辊开始运转，铺装头内的农作物秸秆刨花落入铺装盒内，形成一定厚度的板坯。此时，铺装系统各部分处于图 8-38（b）所示位置。

③铺装头在铺装头导轨上退回原位。柱塞油缸向下运动，带动压板下行对板坯实施预

压，使板坯厚度减小。预压压力为 1.0MPa。板坯预压的同时，物料口向铺装头输送农作物秸秆刨花，输送的同时铺装头中的上层铺装辊运转，使物料口输送的农作物秸秆刨花均匀地分布在铺装头内，等待进入下一个铺装周期。此时，铺装系统各部分处于图 8-38（c）所示位置。

④柱塞油缸上行，带动压板上行，铺装盒也同时上升，铺装盒上升到上位后皮带运输机启动，预压后的板坯向左运行一个工位，皮带运输机上下一块垫板整好运行至铺装盒的正下方。此时，铺装系统各部分处于图 8-38（d）所示位置。

⑤铺装盒下降至原始低位，至此，本铺装周期完成。铺装头向右运行至铺装盒正上方，进行下一周期铺装。此时，铺装系统各部分处于图 8-38（e）所示位置。

8.3.3.4　节能成形技术

1）自加热成形技术

秸秆无机刨花板自加热成形技术是一种高效的冷压成形技术。该技术主要针对厚型秸秆无机刨花板节能生产专门研发的一种全新的冷压成形技术。该技术所采用的一种自热无机胶黏剂是为秸秆无机刨花板生产专门研制的一种无机胶黏剂，生产过程通过压力控制微胶囊活性剂释放并在坯料中迅速释放大量热能，形成自加热过程。热量引发无机胶凝成分快速水化反应，显著缩短板坯加压时间。自加热成形原理如图 8-39 所示。

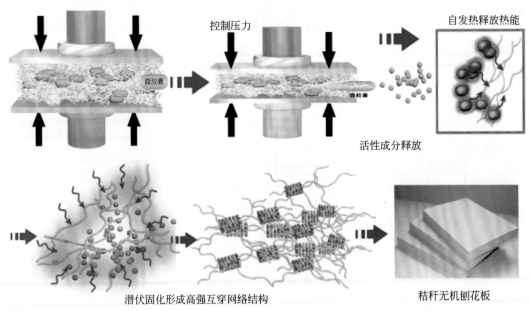

图 8-39　秸秆无机刨花板自加热成形原理图

本技术使用的自热无机胶黏剂由下列质量份的原料组分组成：水 30~60 份，MgO 20~30 份、磷酸 10~15 份、$MgCl_2$ 20~30 份、生石灰明胶胶囊 10~15 份、$NaSiO_3$ 4~10 份、碳酸钙 3~5 份、熟糯米粉 2~4 份、姜黄素 0.3~0.7 份。

秸秆无机刨花板自加热成形步骤主要包括：①将 50 ~ 80 目生石灰粉机装到 5 号明胶胶囊，制备生石灰明胶胶囊，每个胶囊装 0.1g 生石灰粉；②将 $MgCl_2$ 与 20 ~ 30 份水混合后搅拌均匀，再加入表面活性剂姜黄素 0.3 ~ 0.7 份搅拌 5 ~ 8min；③将 50 ~ 100 目的 MgO 20 ~ 30 份与 20 ~ 30 份水混合搅拌 10 ~ 20min，然后加入磷酸 10 ~ 15 份，继续搅拌 5 ~ 10min；④将步骤②制备的混合物与步骤③制备的混合物混合并搅拌 10 ~ 15min，然后加入 50 ~ 100 目粉煤灰 4 ~ 10 份、50 ~ 80 目的碳酸钙 3 ~ 5 份搅拌 5 ~ 10min，最后加入熟糯米粉 2 ~ 4 份搅拌 8 ~ 15min，得到黏稠状的无机胶黏剂半成品；⑤将 40 ~ 60 份无机胶黏剂半成品、10 ~ 25 份生石灰明胶胶囊以及 30 ~ 70 份 4 ~ 40 目的木材或秸秆纤维（刨花）送入环式拌胶机搅拌 10min，得到混合物料；⑥将混合物料送入机械铺装机，在垫板上铺装成 40 ~ 200mm 厚的无机人造板板坯，再将 30 ~ 60 块板坯（连同垫板一起）在下锁模架上堆成垛，盖上上锁模架送入冷压压机加压锁模。冷压机提供压力为 3 ~ 6MPa，确保冷压机加压过程中生石灰明胶胶囊变形破裂；⑦将锁模架运至养护室加压养护 8h 后再将锁模架打开将无机人造板半成品与垫板分开，堆垛自然养护 2 周，齐边、砂光后得到成品秸秆无机刨花板成品。

与现有技术相比，该自加热成形技术具有以下优点：①无机胶黏剂所采用的原料绝大部分为无机材料，防火性能明显优于其他有机胶黏剂，其防火等级达到 A1 级，该胶黏剂应用于无机人造板生产，制备的无机人造板防火等级最高达到 A2 级。②无机胶黏剂因加入了熟糯米粉作为初黏剂，可以有效增加胶黏剂初黏度，该无机胶黏剂应用于秸秆无机刨花板生产有效解决了板坯运输和装卸板过程散坯现象。熟糯米粉与其他初黏剂相比具有明显的价格优势。同时，发明无机胶黏剂的制备工艺简单，易于工业化生产，成本低，价格仅为脲醛树脂胶黏剂价格的一半。③生石灰遇水会产生大量的热量。将无机胶黏剂成分之一生石灰制成胶囊状添加，通过冷压机加压压力控制生石灰的添加时间点，板坯加压时生石灰遇水会产生的大量热量可以激发无机胶黏剂快速反应、固化，将无机人造板加压养护时间由 2 天缩短到 1 天。④无机胶黏剂中添加了表面活性剂姜黄素，有效改善了无机成分与秸秆刨花的相容性，可以改善胶合强度；明胶胶囊在板坯中溶解、硫化可以起到增韧作用，改善板材的弯曲强度；通过冷压机加压压力控制生石灰的添加时间点有效地避免了无机胶黏剂在人造板生产中的预固化现象的发生，也可以显著提高无机人造板的力学性能。采用该技术生产的秸秆无机刨花板内结合强度最高达到 1.32MPa，静曲强度最大达到 29.6MPa，2h 吸水厚度膨胀率小于 0.9%。⑤无机胶黏剂及其制备无机秸秆无机刨花板无游离甲醛释放。

2）短周期热压成形技术

短周期热压技术主要针对薄型秸秆无机刨花板高效生产专门研发的一种高效无机刨花板成形技术。该技术所采用的无机胶黏剂是秸秆无机刨花板热压成形专门研制的一种无机-有机杂化热固化胶黏剂。该胶黏剂成分中含有有机预锁成分，热压过程中，热压板提供给板坯的热量使有机预锁成分快速变成熔融状态并在板坯中均匀硫化，对板坯产生网络预锁效应，板坯从热压机中卸板后厚度不反弹。卸板后的板坯半成品自然堆放进入常温常压养护环境继续衍生固化 2 周左右。成形原理如图 8-40 所示。

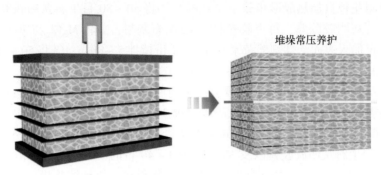

图 8-40 秸秆无机刨花板短热压成形原理图

本技术使用的无机–有机杂化热固胶黏剂由下列质量份的原料组分组成：自来水 20 ~ 50 份，MgSO$_4$ 30 ~ 40 份，MgO 30 ~ 40 份，NaSiO$_3$ 10 ~ 15 份，硼酸 5 ~ 10 份，蛋白土 5 ~ 10 份，阴离子十二烷基苯磺酸钙 3 ~ 8 份，200 目尼龙粉 6 ~ 8 份，聚烷基有机硅树脂 10 ~ 20 份。

秸秆无机刨花板热压成形包括如下步骤：①将硼酸 5 ~ 10 份和 NaSiO$_3$ 10 ~ 15 份充分混合送入密闭容器，在 200℃ 温度下加热 1h，冷却后然后经研磨、过筛的 300 目混合粉末；②将表面活性剂阴离子十二烷基苯磺酸钙 3 ~ 8 份与自来水 20 ~ 50 份充分混合、搅匀，在加入①所述 300 目混合粉末，搅拌 10min；③向②获得的混合物中先加入 MgSO$_4$ 30 ~ 40 份和 MgO 30 ~ 40 份，搅拌 5 ~ 8min；④向③获得的混合物中加入增韧剂 200 目尼龙粉 6 ~ 8 份和预锁交联成分聚烷基有机硅树脂 10 ~ 20 份后搅拌均匀，得到秸秆无机刨花板热压成形专用无机–有机杂化热固胶黏剂；⑤将 40 ~ 70 份无机–有机杂化热固胶黏剂与 30 ~ 70 份 4 ~ 30 目的秸秆刨花送入拌胶机搅拌 10min，得到混合物料；⑥将混合物料送入人造板铺装机铺装成 40 ~ 150mm 厚的秸秆无机刨花板板坯，然后将板坯送入 120 ~ 140℃ 热压机在 3 ~ 5MPa 压力下热压 10 ~ 20min，得到秸秆无机刨花板半成品。然后将多块半成品码成板垛堆放 10 ~ 14 天，使无机胶黏剂在常温、常压下继续完全固化。再经齐边、砂光即得秸秆无机刨花板成品。

与现有技术相比，该热压成形技术具有以下优点：①无机–有机杂化热固胶黏剂应用于人造板热压生产工艺，热压时胶黏剂中的预锁交联成分聚烷基有机硅树脂在压力和温度共同作用下迅速固化，在板坯中快速构建预锁网络，该网络在无机胶黏剂中的其他无机胶凝成分大部分没有固化的情况下将板坯形状预锁定，热压机在几分钟内卸压打开后板坯码垛堆放厚度不反弹、不变形。人造板热压时间缩短 50% 以上。②无机–有机杂化热固胶黏剂中添加了表面活性剂阴离子十二烷基苯磺酸钙和增韧剂尼龙粉，与其他无机胶黏剂相比胶合强度高，生产的人造板内结合强度提高 21% 以上，弹性模量提高 30% 以上。而且制备工艺简单，成本低，仅为其他无机胶黏剂价格的 65%。③采用无机–有机杂化热固胶黏剂制备秸秆无机刨花板防火等级可达 A2 级，且无游离甲醛等有毒气体释放。④该热压技术生产秸秆无机刨花板热压时间为 8 ~ 15s/mm，与普通无机刨花板相比热压效率提高 100% 以上。

8.3.3.5　分段养护技术

相对于有机胶黏剂，无机胶黏剂固化速度较慢。秸秆无机刨花板生产使用的是无机胶黏剂，生产过程中必须设置养护工段，板坯需要养护一段时间从而保证无机胶黏剂完全固化。因此，与有机人造板相比，生产周期相对较长。如前所述，秸秆无机刨花板生产包括热压工艺和冷压工艺两种。热压成形工艺在秸秆无机刨花板热压完毕，直接堆垛常温常压养护 2 周左右即可获得性能稳定的秸秆无机刨花板成品。而秸秆无机刨花板冷压成形工艺需采用分段养护技术，即养护过程包括加压养护和常压养护。

秸秆无机刨花板冷压成形通常采用多层叠加冷压成形方式进行。经铺装、预压的板坯连同垫板通过皮带运输机送至堆垛机，堆垛机通过抓取垫板并准确定位把垫板连同板坯一张张整齐堆放在静置的重型辊筒运输机上的下锁模架上，形成一定高度的板垛。堆垛完成后下锁模架连同其上的板垛由重型辊筒运输机送入冷压机并准确定位后压机开始加压锁模。上锁模架预先吊挂在冷压机的上压板上。当上下锁模架之间的距离达到预先设定的厚度时，压机自动停止加压，并通过液压缸用锁紧销将上下锁模架锁紧固定，压机打开，锁模框架由重型辊筒运输机转运至加压养护室进行加压养护。加压养护完毕再进入常温常压养护阶段。

1) 隧道式加压养护技术

加压养护阶段是秸秆无机刨花板中无机胶黏剂水化反应的主要阶段，也是秸秆无机刨花板板坯形成初强度的重要阶段。此阶段要求获得的秸秆无机刨花板半成品卸压后厚度不反弹。加压养护对温度和湿度有着比较严格的要求，为了获得稳定的温度和湿度，秸秆无机刨花板加压养护在隧道式养护窑进行。图 8-41 为 30000m³/a 秸秆无机刨花板隧道式加压养护系统，图 8-42 为 30000m³/a 隧道式加压养护窑实物图。该系统包括两个隧道式养护窑。隧道式养护窑由养护室、换热器、风机等组成。养护窑一端设置自动推拉门，为了防止温度和湿度的散失，窑门通常是关闭的，只有锁模框架进出时养护窑推拉门才打开。养护窑不允许进入过多的新鲜空气，以防止板坯水分过多散失，影响板坯内部水化反应。养护窑内设置两排重型辊筒运输机组，远离养护窑门端和养护窑推拉门外分别设置重型辊筒摆渡车，锁模框架通过重型辊筒运输机组和重型辊筒摆渡车进出养护窑。重型辊筒运输机的数量根据养护时间确定，秸秆无机刨花板加压养护时间一般为 8~10h，养护窑温度控制在 60~80℃，窑内空气相对湿度控制在 90%~120%。加压养护结束，锁模框架被再次送至冷压机加压解锁，开启后上锁模架留在压机上压板上，用作随后进入的下一板垛锁模。下锁模架连同其上的板垛通过重型辊筒运输机送至分板机将钢垫板和秸秆无机刨花板半成品分开并堆垛。堆好垛的秸秆无机刨花板半成品开始进入常压养护阶段。

2) 常压自然养护技术

秸秆无机刨花板中的无机胶黏剂水化反应速度慢、周期长。在秸秆无机刨花板冷压成形工艺的加压养护完成后以及热压工艺热压完毕后的板材中的无机胶黏剂反应进程大概只进行了 50% 左右，半成品的强度也只有成品终强度的 50% 左右。因此，在秸秆无机刨花

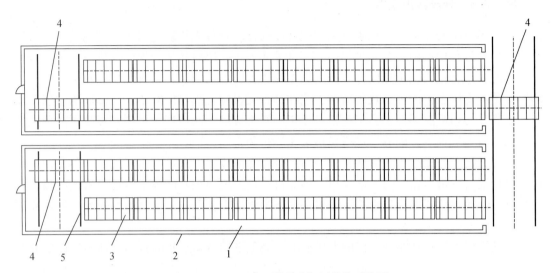

图 8-41　30000m³/a 隧道式加压养护系统图

1. 养护窑；2. 窑体；3. 重型辊筒运输机；4. 摆渡车；5. 摆渡车轨道

图 8-42　30000m³/a 隧道式加压养护窑

板冷压成形工艺的加压养护完成后，还必须经历常压养护。常压养护是将秸秆无机刨花板自然堆放使其产生衍生固化的过程。在常压养护过程中没有反应完全的无机胶黏剂持续反应直到反应完成。常压养护和加压养护一样，也需要使板坯保持一定的湿度。为此，加压养护后的半成品经分板机堆垛后迅速转至常压养护区后叠垛堆放，叠垛高度可根据车间厂房高度确定。常压养护区要避免风直接对吹导致半成品边缘过快失水而影响衍生固化。夏季温度高，失水快，可在板垛上面加盖防失水薄膜。常压养护时间一般控制在 1~2 周，夏季温度高，常压养护时间可以适当缩短。

8.3.3.6　节能干燥技术

常压养护后的秸秆无机刨花板含水率一般在 30%~35% 左右，入库前必须进行干燥。

最终含水率依据不同地区空气相对湿度而定，要求控制在 9%±3%。由于秸秆无机刨花板密度较大（1.1~1.2g/m³），相对其他板材，水分和水蒸气在秸秆无机刨花板中移动阻力较大，干燥速度相对较慢。干燥温度不能太高，温度太高会在板材中产生较高的蒸汽压，可能产生鼓泡、分层等问题，会对板材质量产生严重的影响。秸秆无机刨花板干燥方法主要有窑式干燥和呼吸式干燥两种。窑式干燥具有干燥效率高的特点，但板材易变性。呼吸式干燥虽然干燥效率低，干燥质量好，板材不易变形。

1）隧道式干燥技术

板材干燥在隧道式干燥窑系统（图 8-43）进行。秸秆无机刨花板隧道式干燥窑系统包括辊筒运输机、纵向辊筒升降台、翻板机、链式进出料装置、链式推进器、转向装置、辊轮运输机、干燥小车和窑体等。

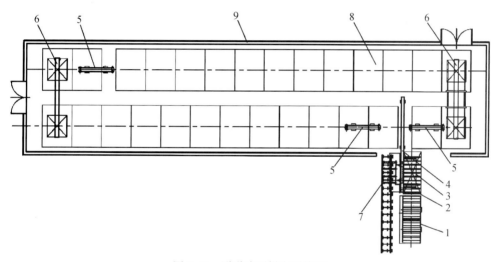

图 8-43　隧道式干燥窑系统图

1. 辊筒运输机；2. 纵向辊筒升降台；3. 翻板机；4. 链式进出料装置；5. 链式推进器；6. 转向装置；
7. 辊轮运输机；8. 干燥小车；9. 窑体

在干燥窑内干燥小车上接近于直立的位置边运行边干燥，这样有助于干燥过程中保证板材的最佳外形稳定。板垛由叉车运到干燥通道前的辊筒运输机，再推入一个纵向辊筒升降台。由翻板机用取板装置将升降台最上面的一块秸秆无机刨花板从两侧卡住通过翻板臂从水平位置翻转 85°。翻板臂是一台带动力的辊台，取板装置退回后，翻板臂使秸秆无机刨花板处于接近于垂直位置，这时翻板臂下侧的挡板挡住秸秆无机刨花板不致下滑。干燥通道的链式进出料装置将这块秸秆无机刨花板从翻板臂推进干燥通道里的干燥小车上，干燥小车用分隔架将秸秆无机刨花板分隔开，分隔架也以 85°的同样斜度以 100mm 左右的同隔排布。秸秆无机刨花板装好后，干燥小车下的链式进料装置将小车向前推进一个分隔架间隔的距离，一块干燥好的秸秆无机刨花板进入链式进出料装置的工作区域。链式进出料装置将这块秸秆无机刨花板向干燥窑外推到翻板机的翻板臂上，翻板臂反向回翻转至水平位置，其上的动力辊筒运转，秸秆无机刨花板经辊轮运输机至纵横裁边截断机进行裁边处理，空出位置，为下一块秸秆无机刨花板装板作准备。每推出和装入一块秸秆无机刨花板，干燥小车被链式进料装置向前推进一个分隔架的距离。当一个干燥小车被装满，干燥小车相互顶着被链式推进器快速推进一个干燥小车长的距离，干燥通道两端的转向装置分别将最前端的两个小车转到干燥通道另一侧的尾端，这时在干燥通道进出料端的链式进料装置启动，其前推板挂住干燥小车车架下的前挡板推动小车，将小车上最前面的一块秸秆无机刨花板快速推进到链式进出料装置的进出料工作位置，前推板脱离干燥小车的前挡板，后推板又前进到与干燥小车后挡板接触，干燥小车的步进由链式进料装置的后推板完成。干燥工作如此周而复始的进行。根据板厚与初始含水率的不同，干燥温度为 70～100℃。秸秆无机刨花板所需干燥的时间主要由板厚决定，板越厚，干燥时间越长。干燥时间的控制可以通过干燥小车数量以及在窑内运行的速度控制。通常干燥时间控制在 0.3～0.4h/mm 左右。干燥通道以蒸汽或导热油为加热介质，窑内空气通过风机、换热器被加热，在干燥通道里循环流动加热秸秆无机刨花板。干燥过程中蒸发的水分通过排湿口以湿空气的形式排出。

2）呼吸式干燥

秸秆无机刨花板呼吸式干燥可以通过呼吸式单板干燥机进行。板材在干燥机内干燥时承受 0.1MPa 左右的压力，干燥时板材不容易产生变形，干燥温度可以适当提高。干燥温度提高，则可以缩短干燥时间。呼吸式干燥干燥温度通常控制在 30～110℃，干燥时间一般控制在 10min/mm。

图 8-44 是秸秆无机刨花板干燥系统图，该系统主要包括呼吸式单板干燥机、升降台和凉板装置。由于高度的限制，一般将呼吸式单板干燥机的层数控制在 15 层左右。刚刚干燥完的秸秆无机刨花板温度在 100℃以上，马上堆垛会使板垛内部板材因温度过高而炭

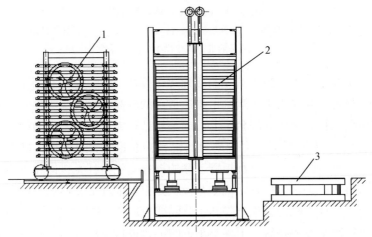

图 8-44　秸秆无机刨花板呼吸式干燥系统图
1. 升降台；2. 干燥机；3. 出板架

化，影响板材的力学性能和外观质量。因此，可以在凉板装置一端设置散热风扇，加快板材的散热。常压养护后的秸秆无机刨花板通过叉车送至升降台，然后通过机械或人工一张一张送入呼吸式单板干燥机压板上，干燥机每个开档干燥一块板材。干燥完毕通过机械或人工将干燥好的秸秆无机刨花板送至凉板装置。板材在凉板装置上冷却到60℃以下时可以进行堆垛送至下一道工序。

8.3.4　生产线规划与建设

秸秆无机人造板具有优异的力学性能，同时具有零甲醛释放、防火、防水等特点，应用领域不断拓展，发展前景广阔。随着秸秆无机人造板应用研究的进一步深入，秸秆无机人造板发展将在全国形成规模化、产业化。自2013年在河南正阳建成第一条秸秆无机人造板中试生产线以来，先后在江苏、河南、湖南、湖北等地建成数十条无机秸秆人造板生产线，产品远销韩国等地。2018年在河南省信阳市建成全球第一条全自动秸秆无机人造板生产线，为我国秸秆无机人造板规模化推广与示范提供了强有力的技术和装备支撑。

图8-45为30000m³/a生产线秸秆无机人造板生产线主车间设备平面布置图。该生产线采用冷压生产工艺，适合生产稻草及麦秸无机人造板。该生产线生产工艺和核心装备均具有自主知识产权，技术水平处于国内领先水平。生产线主要包括备料、制胶、施胶、铺装成形、冷压成形、养护、锯边以及砂光等工段。备料工段主要由皮带运输机、秸秆破碎–分选一体化系统等组成。秸秆捆经散包后通过皮带运输机送至秸秆破碎–分选一体化系统，在该系统中一次性将秸秆破碎并经过机械和气流联合分选，得到无机秸秆人造板表层和芯层秸秆碎料。制胶系统主要由输送泵组、反应釜组、冷却池、储存池等组成，化工原料在系统内经分次活化、多级聚合反应制得零甲醛、防火无机秸秆人造板专用硅镁钙系无机胶黏剂。施胶采用步级施胶系统和技术完成，该系统专门根据秸秆碎料及无机胶黏剂的特点设计，表芯层分别有两级连续式拌胶机组成，施胶过程中通过借助于气流和机械联合作用，保证了无机胶黏剂和秸秆碎料高效、均匀混合。鉴于秸秆无机人造板施胶量大、混合物料含水率高、铺装成形难度较大的特点，本生产线铺装成形工段选用了铺装效率和铺装精度高的三铺装头多级钻石辊机械铺装机，既保证了秸秆无机人造板生产效率，又确保了秸秆无机人造板铺装质量。冷压成形工段主要由冷压机、堆垛机和输送辊台等设备组成。冷压工艺采用多层叠压自加热技术，显著提高了板材成形效率和成形质量。养护工段采用隧道式恒温恒湿加压养护和自然养护联合分段进行。冷压锁模后的秸秆无机人造板首先送至恒温恒湿隧道式养护窑在温度为70~90℃、湿度为70%~80%环境中加压养护8~12h，脱模后再自然养护10~14d。养护后的板材被送至锯边和砂光工段进行后处理，最后将秸秆无机人造板成品包装入库。

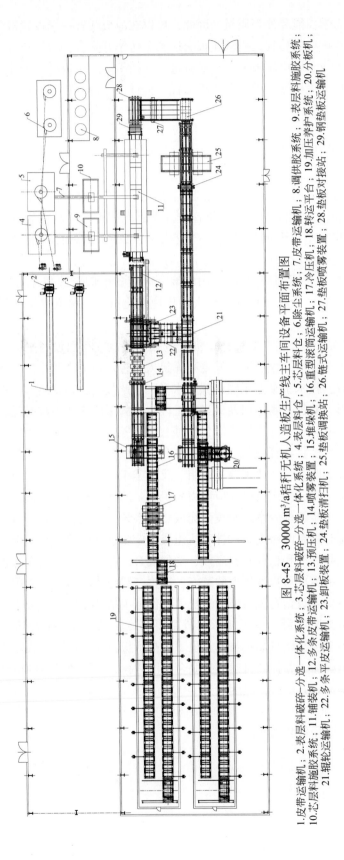

图 8-45   30000 m³/a秸秆无机人造板生产线主车间设备平面布置图

1.皮带运输机；2.表层料破碎—分选一体化系统；3.芯层料仓；4.表层料系统；5.芯层料仓；6.除尘系统；7.皮带运输机；8.调供胶系统；9.表层料施胶系统；10.芯层料施胶系统；11.铺装机；12.多条皮带运输机；13.预压机；14.喷雾装置；15.堆块机；16.重型滚筒运输机；17.冷压平台；18.转运平台；19.加压养护系统；20.分板机；21.辊轮运输机；22.多条平皮带运输机；23.卸板装置；24.垫板清扫机；25.垫板喷雾装置；26.链式运输机；27.垫板调换站；28.垫板对接站；29.钢垫板运输机

参 考 文 献

邓腊云，范友华，王勇，等.2019.我国芦苇人造板研究进展与发展建议.中国人造板，26（8）：1-4.

韩广萍，王戈，刘振国，等.1995.芦苇特性与芦苇刨花板制板工艺关系的研究.建筑人造板，（3）：7-10.

黄清华，郑霞，李新功，等.2018.硅镁水泥竹刨花板制备及其性能研究.新型建筑材料，45（9）：25-29.

李学梅，王继辉，翁睿.2003.EVA乳胶液对纤维增强氯氧镁水泥界面性能的影响.复合材料学报，20（10）：67-71.

刘岸，季铁.2015.洞庭湖芦苇材料属性与加工利用技术初探.中南林业科技大学学报，（8）：108-112.

秦麟卿，张联盟，黄志雄.2011.X射线衍射法测定MgO的活性及其水化产物.分析仪器，5：49-51.

宋孝周.2008.秸秆重组材制备及成板机理研究.杨凌：西北农林科技大学博士学位论文.

汪嘉君，倪林，刘君良，等.2018.秸秆高效利用及其制板工艺的研究进展.安徽农业大学学报，45（1）：117-122.

王爱君，乔建政，陈茂等，等.2014.无机麦秸碎料板制备与性能研究.硅酸盐通报，33（5）：1251-1255.

王海蓉，陈振中，梁旭东，等.2009.秸秆纤维墙体结构高温性能和火灾温度场研究.农业机械学报，40（11）：103-108.

王欣，周定国.2009.我国人造板原材料的创新与可持续发展.林业科技开发，（1）：5-9.

王新洲，邓玉和，廖承斌，等.2013.芦苇茎秆表皮特性及防水剂用量对刨花板性能的影响.浙江农林大学学报，30（2）：245-250.

王振庆，王丽娜，吴大千，等.2006.中国芦苇研究现状与趋势.山东林业科技，（6）：85-87+74.

杨中文，刘西文.2010.芦苇纤维/聚氯乙烯复合材料的研究.化工新型材料，38（11）：108-110.

易顺民，郝健，晏晖，等.2013.改性异氰酸酯施胶量及密度对麦秸刨花板性能的影响.西南林业大学学报，33（4）：94-97，106.

余红发，董金美，刘倩倩.2012.高性能玻璃纤维增强氯氧镁水泥的加速寿命试验与微观机理.硅酸盐通报，31（1）：111-116.

张亚慧，苏雪峰，陈凤义，等.2016.芦苇/杨木纤维板制备工艺研究.中国人造板，23（10）：10-14.

赵雪，唐焕威，高建民，等.2019.芦苇材料在现代家居设计中的应用.林产工业，56（10）：44-47.

郑云武，朱丽滨，顾继友，等.2010.三聚氰胺-尿素-甲醛共聚树脂的胶接性能.东北林业大学学报，38（2）：83-84.

周兆兵，张洋，贾翀.2007.木质材料动态润湿性能的表征.南京林业大学学报（自然科学版），（5）：75-78.

朱晓丹，吴义强，张新荔.2015.无机胶黏麦秸板制备工艺及性能分析.林产工业，42（6）：18-22.

Evan D Sitz, Dilpreet S Bajwa. 2015. The mechanical properties of soybean straw and wheat straw blended medium density fiberboards made with methylene diphenyl diisocyanate binder. Industrial Crops & Products, 75：200-205.

Halvarsson S, Edlund H, Norgren M. 2010. Manufacture of high-performance rice-straw fiberboards. Industrial & Engineering Chemistry Research, 49（3）：1428-1435.

Hua J, Zhao Z M, Yu W, et al. 2011. Mechanical properties and hygroscopicity of polylactic acid/wood-flour composite. Journal of Functional Materials, 42（10）：1762-1764, 1767.

Okino E Y A, de Souza M R, Santana M A E, et al. 2005. Physical mechanical properties and decay resistance of cup ressus spp. cement-bonded particle boards. Cement and Concrete Composites, 27 (3): 333-338.

Oloru N A O, Adefisan O. 2002. Trial production and testing of cement-bonded particle board from rattan furniture waste. Wood Fibre Science, 34 (2): 116-124.

Roger M, Rowell. 1996. Composites from agri-based resources in proceedings of use of recycled wood and paper in building applications. Proceeding No. 7286, Forest Product Society, Madison Wis, 217-222.

Russell C, William. 1996. The straw resource: a new fiber basket. In Proceedings 30th international particleboard composite materials symposium. W. S. U, Pullman, Washington, USA, 183-190.

Zhou Z, Chen H, Li Z, et al. 2015. Simulation of the properties of MgO-MgCl$_2$-H$_2$O system by thermodynamic method. Cement and Concrete Research, 68: 105-111.

Zuo Y F, Wu Y Q. 2018. Preparation and characterization of fire retardant straw/magnesium cement composites with an organic-inorganic network structure. Construction and Building Materials, 171.

第9章 农林剩余物人造板工程化应用

9.1 引 言

经过改革开放 40 多年的高速发展，我国综合国力得到大幅度提升，生活条件有了显著改善，人们对美好生活的向往与追求更加强烈。同时，生态环境与生态文明建设日益受到全社会高度重视，"生态优先、绿色发展"已成为新时期国家发展的方向与战略目标（熊建，2020），具有绿色环保功能的产品越来越受到广大消费者的关注。但高速发展所带来的资源危机也与日俱增，充分利用废弃的农林剩余物不失为保护生态环境的有效手段。

人造板作为因节约资源、保护环境应运而生的复合材料近年来得到了长足发展，其作为天然木材的替代品在家具制造、室内装饰、建筑工程等多个领域得到了广泛应用。随着生活水平的不断提高和环保意识的增强，人们的需求也呈现出多层次、多样化的特点。在人造板使用方面，除了对人造板材及以其为基材产品的需求量和种类不断增加外，对其环保性与功能性也提出了更多的要求（Dong et al., 2019；Liu et al., 2015；Jiang et al., 2018）。如在家居领域，消费者正在逐步放弃以前那种"价廉物美"的消费观念，开始追求"绿色环保"的高品质产品与生活；在工装与建筑领域，"节能""健康""生态""安全"的理念正被广泛推崇，加上制造与消费领域的进一步细分，近年来出现了一些具有特殊功能的产品，如具有阻燃防潮功能的厨房家具、防潮防水的卫浴家具（Li et al., 2020a；Wang et al., 2020）等。与此同时，随着高层建筑的发展，消防安全也已经成为社会广泛关注的焦点，这对使用最多的木质产品与室内装饰材料的阻燃性能提出了更高的要求。由此可见，人造板除了满足基本力学性能的要求之外，针对具体使用场所和使用环境需要具有一些特殊功能，如低 TVOC 释放（GB 18580—2017）、耐水、防潮、阻燃、抗菌和防霉等。

在农、林业生产过程中，每年都会产生大量的农作物秸秆、稻壳、木竹材废料等农林剩余物，以其为原材料进行高效化、绿色化综合利用，制造农林剩余物人造板，可逐步取代天然木材的使用，符合绿色环保的理念和可持续发展的要求（Aladejana et al., 2020），这将在改善生态环境、提高可持续发展等方面有着重要意义。

作者团队经过多年的潜心研究，以农林剩余物为原材料，通过添加功能性添加剂、使用绿色环保型胶黏剂制备出了纤维板、刨花板、硅酸盐无机板、氯氧镁水泥板、石膏板等多种类型的农林剩余物人造板材。这些板材除了具有普通人造板的优势之外，还具有无（低）甲醛释放、阻燃、耐水、防潮、防腐防霉、防虫、强度高、保温隔热、隔音等性能和特点。同时，通过诸如贴面或涂装处理，既可以使板材具有像实木一样美观自然的颜色纹理,又能克服翘曲变形、易于燃烧、虫蛀霉变等缺陷,可广泛应用于家具制造、室内装饰、车辆饰材、车船部件、轻型建筑结构、工程装饰等领域。这在资源高效利用、缓解木材资源短缺、节能减排和保护生态环境、满足人们对高品质生活的追求等方面意义深远。

9.1.1   产品主要性能

作者团队通过研制硅镁钙系无机(李新功等,2018)、有机–无机杂化(Li et al.,2020)等系列绿色功能胶黏剂,并将无机桥联、仿生智能防潮防水等技术应用于农林剩余物人造板制造中,使产品实现了无甲醛释放、可防潮防水。同时,通过攻克多元协同耦合、多相立体屏障阻燃技术难题,并对阻燃抑烟特性及作用机制进行探析,将 NSCFR 阻燃剂体系(Wu et al.,2011)、硅、镁、硼系阻燃剂(夏燎原等,2012;吴义强等,2011)、磷、氮、硼系阻燃剂(杨守禄等,2014)、相变吸热–膨胀型阻燃剂等用于制备农林剩余物人造板,使阻燃等级得到大幅度提升。此外,通过探索霉菌侵蚀降解机制,将无机固着铜防霉和多元协同防霉技术应用其中,使板材的防霉防腐性能得到极大改善(Wu et al.,2019),产品主要性能见表 9-1 所示。农林剩余物人造板因具有环保、防潮防水、阻燃抑烟以及优良的力学性能,为其广泛应用奠定了坚实的基础。

表 9-1   农林剩余物人造板主要性能指标

序号	主要指标		现有技术	项目技术	改善情况
1	环保性能	甲醛释放量/(mg/100g)	4 ~ 9	≤0.05	从 E_1 级可提高到无甲醛释放
2	防火性能	阻燃等级	C	B1 ~ A2	从易燃提高到难燃或不燃级
3	防潮防水	吸水厚度膨胀率/%	7	2.8 ~ 1	降低 60% 以上
4	力学性能	静曲强度/MPa	14	16 ~ 24	提高 14% 以上
		弹性模量/MPa	1800	4150 ~ 4920	提高 130% 以上
		内结合强度/MPa	0.6	0.75 ~ 1.72	提高 25% 以上
5	节能降耗	综合能耗(kgce/m^3)	110	55 ~ 77	降低 30% 以上
6	生产效率	产量/(m³/h)	15	18 ~ 21	提高 20% 以上(以年产 10 万 m^3 生产线为例)

1)防潮防水与环保性能

农林剩余物人造板(防潮防水板)具有极佳的防潮防水功能,加之制造时未添加含甲醛胶黏剂,因此也不存在甲醛大量释放的问题。图 9-1 为以作者团队技术生产的防潮防水型秸秆板为主要基材制作的金鱼缸,除正面为玻璃外,其余部分均为防水秸秆板。已经使用了 2 年多时间,虽然在水中长期浸泡,但未出现变形、开裂以及明显的膨胀等现象。同时,在 2 年多的时间里,也没有出现金鱼中毒死亡的现象。由此可见,产品防水、无毒无害，环保性能优异。

图 9-1　以作者团队技术生产的防水秸秆板为基材制作的金鱼缸

为了更进一步验证作者团队技术生产的防水人造板优异的防水性能，以采用传统技术生产的普通纤维板为对比试件，将 2 种板材在冷水中浸泡 240h，结果如图 9-2 所示：用作者团队技术生产的防水纤维板的厚度只增加了 0.5mm，厚度膨胀率为 4.17%；而采用传统技术生产的纤维板的厚度增加了 11.0mm，并出现了明显的变形与开裂，厚度膨胀率达到了 95.65%。相比之下，耐水性能显而易见。

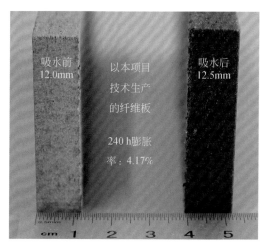 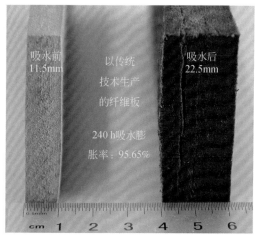

图 9-2　作者团队技术生产的防水纤维板和常规纤维板防水性能对比

上述现象与结果表明，与传统板材相比，以作者团队技术生产的农林剩余物人造板在防水、防潮、环保等方面具有极大的优势，是值得信赖的产品，可应用于对环保、防水、防潮要求较高的各种环境中。

2）防霉防腐性能

木基与竹基材料（尤其是竹基材料）在潮湿环境中容易被霉腐微生物侵蚀而发生霉变与腐朽，不仅影响美观，严重时会影响到产品的结构与性能、缩短使用寿命（Aydin and Colakoglu，2007）。以作者团队技术生产的农林剩余物人造板通过采用科学分析方法，合理添加防霉、防腐剂，成功地解决了这一难题。以较易霉变与腐朽的竹基材料为例，通过防霉防腐处理后，其耐霉变与耐腐朽的性能得到显著提高。表 9-2 为重组竹按照德国与欧盟的相关标准（CEN/TS 15083—1：2005；EN350：2016）进行防腐的检测结果，从表 9-2 可知，经过防霉防腐处理后的重组竹对粉孢革菌、彩绒革盖菌和平菇菌具有很好的防治效果，防腐等级均达到了标准中所规定的一级。

表 9-2 竹基材料（重组竹）防腐性能

序号	测试菌种	干质量损失/% (20 个样重复)	中干质量损失/% (20 个样重复)	防腐等级
1	粉孢革菌	0.98±0.53	0.97	1 级（平均质量损失≤5%）
2	彩绒革盖菌	0.86±0.24	1.60	1 级（平均质量损失≤5%）
3	平菇菌	2.10±0.53	2.22	1 级（平均质量损失≤5%）

图 9-3 为重组竹防霉试验照片，按照国标 GB/T 18261—2000 进行，试验周期为 28 天。从图 9-3 中可见，经过防霉处理后的试件几乎没有霉变现象，但未经过防霉处理的对照组试件不仅颜色变暗，且出现了大面积霉变，这表明以作者团队技术生产的重组竹具有优异的防霉变性能。

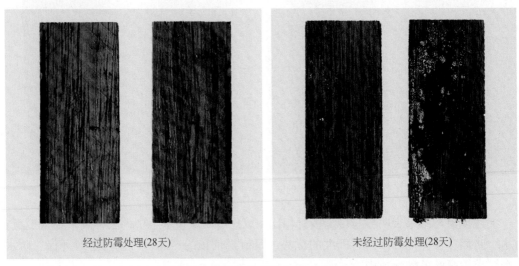

经过防霉处理(28天)　　　　　　　　　　未经过防霉处理(28天)

图 9-3 重组竹防霉性能测试对比图

3）阻燃性能

随着高层建筑的发展和安全意识的提升，消防安全问题逐步成为社会广泛关注的焦点，使用最多的木质产品与室内装饰材料的阻燃作为重要性能指标备受关注。以作者团队技术生产的农林剩余物人造板具有优异的阻燃性能，以防火秸秆人造板为例，其阻燃性能指标如表9-3所示。从表9-3可见：燃烧增长速率指数、火焰横向蔓延长度等达到了国标中 A 级标准，其余性能指标也均满足国标的要求。

表 9-3　防火秸秆人造板的防火性能指标

序号	项目	检验办法		标准要求	检验结果	结论
1	燃烧增长速率指数（FIGRA）/（W/s）	GB/T 20284—2006		≤120	0	
2	600s 内总热释放量（THR600s）/（MJ）	GB/T 20284—2006	A2	≤7.5	0.7	A 级合格
3	火焰横向蔓延长度（LFS）/m	GB/T 20284—2006		<试样边缘	符合要求	
4	燃烧热值（PCS）/（MJ/kg）	GB/T 14402—2007		≤3.0	2.6	
5	烟气生成速率指数（SMOGRA）/（m²/s²）	GB/T 20284—2006	s1	≤30	0	合格
6	600s 内总产烟量（TSP600s）/（m²）	GB/T 20284—2006		≤50	19	
7	燃烧滴落物/微粒	GB/T 20284—2006	d0	600s 内无燃烧滴落物/微粒	符合要求	合格
8	产烟毒性/级	GB/T 20285—2006	t0	达到 ZA1	ZA1	合格

如图9-4所示为以作者团队技术生产的阻燃型农林剩余物人造板阻燃试验场景，图9-4（a）为使用木条、柴油助燃5min后的照片。尽管柴油的燃烧温度可以高达1300℃，由该阻燃人造板搭建的木屋模型并没有任何被点燃的迹象。随着木条、柴油混合物持续猛烈燃烧至30min［图9-4（b）］，阻燃木屋依然没有被点燃，只是触火表面由于烟熏及炭化变黑。不仅如此，木屋的结构形状没有发生任何变化，板面也没有鼓泡、脱落、炸开等现象，只是表面温度由于高温炙烤而有所提高。这些结果和现象表明，该阻燃农林剩余物人造板具有十分优异的阻燃抑烟效果，不仅可以作为一般的人造板使用，也能满足防火等级高的公共场所使用要求，更可以用于一些特殊的防火、防爆场所。

图 9-4　阻燃型农林剩余物人造板阻燃试验场景

（a）柴油助燃 5min；（b）柴油燃烧 30min

9.1.2　主要合作生产企业

目前，使用作者团队技术用于实际生产的企业主要有：大亚圣象家居股份有限公司、广西丰林木业集团股份有限公司、德华兔宝宝装饰新材股份有限公司、湖南桃花江竹材科技股份有限公司、吉林森工人造板有限公司（湖南）、浙江升华云峰新材股份有限公司、连云港保丽森实业有限公司、河南恒顺植物纤维板有限公司等 30 余家。其中，大亚圣象家居股份有限公司、广西丰林木业集团股份有限公司、湖南桃花江竹材科技股份有限公司、德华兔宝宝装饰新材股份有限公司等均为知名上市公司，不仅在国内占据行业的制高点，在国外也享有很高的商誉。图 9-5 为大亚人造板集团有限公司、丰林人造板集团的部分生产线与产品，从中可以看出，生产设备先进、生产规模宏大。

目前，农林剩余物人造板产品主要包括：木质刨花板、木质纤维板、竹质纤维板、芦苇刨花板、无机秸秆板等。表 9-4 中列出了 13 家合作生产企业的主要产品类型、性能特征等指标。从表 9-4 中可知，产品型号规格齐全、性能优异、可应用范围广泛。

图 9-5　企业、生产线实景及产品照片

（a）～（c）大亚人造板集团有限公司；（d）～（f）广西丰林人造板有限公司

表 9-4　主要生产企业、产品类型、应用领域

序号	生产企业	产品类型	性能特征	应用领域	备注
1	大亚人造板集团	E_0、E_1 级中/高密度纤维板	防水、防火、强度高，性能稳定	家具、装饰板、地板、门板、包装板、电子线路板	上市公司
		E_0、E_1 级多层均质环保刨花板	吸音和隔音性能良好，结构均匀，易于机械加工	家具、橱柜、室内装饰、包装、音响	
		三聚氰胺饰面板（2.0－40 mm）	防火、阻燃、防潮	家具、装饰装修工程	
2	丰林人造板集团	无甲醛添加中密度纤维板	甲醛含量≤0.03 mg/m³，具有安全、稳定、更环保的特点	家具制造、室内装饰、建筑装潢、音箱、门窗、橱柜、地板、工艺品、玩具、包装等	上市公司
		防潮、阻燃中密度纤维板（包括镂铣板）	耐水性好，吸水膨胀率极低；不易燃烧，燃烧时无烟；切削面光滑致密，适合于镂铣、雕刻各种图案	厨房、卫生间、浴室的家具及装饰；家具、室内装饰及构件	
		门板与地板基材	均匀细腻，镂铣面光滑平实，可锯切、刨削、开榫、起槽、雕刻、钻孔	室内门、复合地板	
3	德华兔宝宝装饰新材科股份有限公司	装饰贴面板、多层胶合板、防火胶合板、细木工板、科技木、集成材、密度板、刨花板、重组竹等	装饰效果优良、绿色环保、耐水防潮、保温隔热、易于进行锯、刨、钉等加工	衣柜、橱柜、儿童家居、实木复合地板、工艺木门	上市公司
4	湖南桃花江竹材科技股份有限公司	竹装饰板	装饰性强、体现竹材天然特征	建筑装饰、商业空间及家庭装修	上市公司
		重组竹	密度大、强度高、性能稳定	建筑构件、室内外家具	
		户外高炭防腐竹	颜色较深、强度高、防腐防虫	建筑与装饰工程、园林景观、公园栈道	
		户外浅炭防腐竹	颜色较浅、持久耐用、防腐性好，可取代传统实木	建筑、装饰、园林景观、公园栈道、地板、墙板等	
5	吉林森工人造板有限公司（湖南）	防潮中密度纤维板	耐水性好，吸水膨胀率极低	卫生间、厨房、浴室的家具及装饰；家具、室内装饰及构件	上市公司子公司
		防潮高密度纤维板（包括镂铣板、模压板）	强度高，耐水性好，吸水膨胀率极低，适合于镂铣、雕刻各种图案	木门、强化地板、卫浴家具、室内装饰及构件	

序号	生产企业	产品类型	性能特征	应用领域	备注
6	湖南中集新材料科技有限公司	全竹车厢地板	强度高，耐磨、耐腐蚀、耐冲击，使用寿命长	客、货汽车车厢地板	上市公司子公司
		集装箱竹木复合地板	耐磨、耐腐蚀、耐冲击，高强度，使用寿命长	集装箱地板	
7	浙江升华云峰新材股份有限公司	定向刨花板	无甲醛添加、无缝隙、裂痕，整体均匀性好，内结合强度高	地板、墙壁及屋顶、工字梁、结构隔离板、包装箱、货品托板及存储箱、商品货架、地板芯材	
8	绿建科技集团新型建材高技术有限公司	建筑免拆模板	自重轻、力学性能优良、免拆卸、施工便捷、经济环保	建筑工程	
9	福江集团有限公司	生态板、细木工板、中密度纤维板、胶合板、贴面板等	防水防潮、防变形、防膨胀、防霉防腐、耐酸碱防弯曲、防翘曲	各类板式家具、室内装修和装饰	
		秸秆人造板、空芯门芯板	绿色环保、无醛、无味，可刨、可锯、可钉，加工性能优异	高档家具、木质复合门、装修和包装	
10	益阳万维竹业有限公司	竹基中、高密度纤维板	防潮、防火、防虫蛀、耐酸碱、绿色环保	家具、橱柜、室内装饰、包装、地板、电子线路板	
		竹基中、高密度刨花板		家具、装饰板材、门板、包装	
11	河南恒顺植物纤维板有限公司	农作物秸秆环保阻燃纤维板	强度高、阻燃	家具、室内装饰、建筑装潢、防火门	
12	连云港保丽森实业有限公司	防潮阻燃麦秸板、稻草板、纤维板、中密度板	防潮阻燃、绿色环保、性能稳定	家具制造、室内装饰、建筑装潢	
13	湖南竹海炭生源生物科技有限公司	竹炭基材、炭塑板	质量轻、强度高、性能稳定、防水防潮、绿色环保	家具、地板、墙板、钢琴	

9.1.3 产品客户群体

由于产品能够满足环保、阻燃、防潮防水、防霉等性能要求，上述农林剩余物人造板及其制品已经广泛应用于家具制造、室内装饰、车船饰材、交通工具部件、轻型建筑结构、工程装饰等方面，深得广大家居产品制造商和消费者青睐。在这些制造商中不乏有国内顶级地板、家居制造与装饰企业，如大型成品家具制造企业曲美、皇朝、亚振、环美等；著名定制家具制造企业欧派、尚品宅配，以及办公和公共家具制造企业圣奥；地板制造企业大亚圣象、大自然、菲林格尔等；木门产品制造企业梦天木门、TATA 木门等；大中型整装企业碧桂园、维意定制等。

这些知名企业将农林剩余物人造板代替实木和普通人造板而广泛应用于家装、工装、建筑之中，将其带到了各行各业、千家万户，在提升公共空间环境、改善消费者生活品质的同时，也极大地推动了资源高效利用、生态环境保护事业的发展。

9.2　家　居　工　程

家具、家居与人们的日常生活与工作密切相关，造型优美、功能齐全、使用安全的家具，加上与其相适应的居室环境给人们以温馨、舒适、愉悦、和谐的生理与心理感受。具有低 TVOC 和零甲醛释放、阻燃、抑烟、防水、防潮等功能的农林剩余物人造板已成为板式家具制造的首选。农林剩余物人造板的广泛应用，对于家居产品的大规模工业化生产、提质增效，以及拓展各类家居产品的适用人群，更好地满足普通消费者对高品质生活的追求具有重要意义。

9.2.1　家具制造

家具是人们生活与工作的必需品，板式家具作为以人造板为基材、通过标准接口、采用标准五金件连接而成的家具，具有造型丰富、外观时尚、质量稳定、可多次拆装、价格实惠等特点。目前主要以现代主义风格与新现代主义风格为主，在注重功能的同时呈现出"形式追随功能"的基本特征，且逐渐成为人们生活的新宠，尤其深受年轻人的喜爱。目前，欧派、圣象、圣奥等多个知名企业使用农林剩余物人造板制作成品家具、定制家具以及公共家具等。

9.2.1.1　成品家具

成品家具一般是指家具中尺寸、款式、结构等构成因素已经相对固定，可方便搬运的一类家具产品，是与定制家具相对的概念。成品家具便于开展规模化的生产与现货销售，研发设计、生产加工以及市场营销模式都较为单纯，且经过多年的演化已经比较成熟。目前，成品家具的市场占有率较高，且多种风格并存。但不论是现代时尚、新中式风格的产品还是在欧式、美式等款式的成品家具中，农林剩余物人造板的应用都非常广泛。

成品家具领域中大规模应用农林剩余物人造板的产品通常依据人造板的使用比例而主要分为"板式家具"和"板木结合"家具，相比传统的实木家具产品，这类家具具有工艺简单、生产高效、拆装方便、价格低廉等诸多优势。当前市场上此类产品具有明显竞争力的品牌主要包括曲美、皇朝、亚振、台升、全友、红苹果、健威、掌上明珠、联邦等。

1）曲美家居

曲美家居集团股份有限公司成立于 1993 年 4 月，以"设计美好生活"为核心理念，经过 27 年的稳健发展，已成为集设计、研发、生产和销售于一体的家居品牌，形成了以时尚家具产品为鲜明特征的产品体系，屡次斩获德国 IF 奖、中国设计红星奖等国内外顶尖设计奖项。在全国 400 多个城市布局了 1100 多个专卖店，为客户提供高品质的沉浸式家居生馆体验服务，2019 年实现营收 42.79 亿元。图 9-6 是以农林剩余物人造板为基材设计与制造的曲美家具产品，具有时尚、简洁、明快的特色。

图 9-6　以农林剩余物人造板为基材设计与制造的曲美现代时尚家具

2）皇朝家具

香港皇朝家具集团成立于 1997 年，是一家集专业设计研发、生产制造、全球销售与售后服务于一体的中国香港上市家具公司。产品涵盖板式家具、实木家具、软床、床垫、沙发五大品类，包含欧式、中式、现代等各种主流风格，是 2008 年北京奥运会赞助商及生活家具独家供应商、2019 年第七届世界军人运动会赞助合作企业。皇朝授权的品牌专卖店已达 2000 余家，分布于全国 400 多个城市和地区，产品远销美国、澳大利亚以及欧洲

图 9-7　以农林剩余物人造板为基材设计与制造的皇朝现代中式风格家具

和亚洲其他多个地区。图 9-7 中所示为皇朝家具以农林剩余物人造板为基材设计与制造的现代中式风格家具产品。

3）亚振家具

亚振家居股份有限公司成立于 1992 年，是一家传承百年技艺、融汇中西文化、专注于欧式家具设计与制作的上市家具企业。亚振传统家具制作技艺入选上海市非物质文化遗产名录，荣膺 2010 年上海世博会上海馆合作伙伴，2015 米兰世博会、2017 阿斯塔纳世博会、2020 迪拜世博会中国馆指定家具品牌，2018 年入选首批"上海名片"。如图 9-8 所示为以农林剩余物人造板为基材设计与制造的亚振家具产品与家居装饰：高贵、富丽、典雅。

图 9-8　以农林剩余物人造板为基材设计与制造的亚振家具产品与家居装饰

4）环美家具

环美家居，1953 年创立于美国北卡罗来纳州，现隶属于台升国际集团，已成为美式家居生活方式的提供者和引领者。目前，环美家居在全球 100 多个国家和地区近 4000 个销售网点同步同款销售，产品也热销中国各大城市。由美国设计师原创设计的家具产品连续多年荣获美国家居设计最高奖——尖峰设计奖。除了使用实木之外，农林剩余物人造板也是其主要的基材之一。图 9-9 为环美以农林剩余物人造板为基材设计与制造的家具，传承了美式家具的独特风格。

图 9-9　以农林剩余物人造板为基材设计与制造的环美家具产品

9.2.1.2　定制家具

与成品家具相对应，近年来，随着先进制造技术的不断发展以及人们个性化需求的不断提高，通过个性化的设计、模块化的部件、标准化的接口与通用化的五金件进行有机组合来满足消费者日益个性化需求的定制家具迅速崛起。这类产品造型丰富、外观时尚、质量稳定、价格实惠，满足了市场需求。在家具市场整体趋于饱和的背景下，定制家具市场规模依然保持着稳定而强劲的增长态势，并催生了一批上市企业。很大一部分以橱柜、衣柜、浴室柜、整装定制为主营业务的定制家具企业都基于农林剩余物人造板来开展家具产品的研发设计、生产加工与市场营销，并从中寻求批量化与个性化的契合点。随着"中国制造 2025"的不断深化，智能制造技术为小批量、个性化、柔性化的定制家具生产插上了腾飞的翅膀，进一步推动了定制家具产业的快速发展。

以农林剩余物人造板制造的家具造型简约、明快、时尚，表现出现代形式美法则影响下块、面的构成关系，具有造型简洁而不简单的特征。国内定制家具领域，以欧派、尚品宅配、好莱客、金牌、我乐、志邦、诗尼曼等为代表的品牌充分利用农林剩余物人造板加工性能良好、适宜自动化生产的特征，在定制橱柜、浴室柜、衣柜以及全屋定制领域成功实践了智能制造，通过低成本、高效率的柔性化生产满足了广泛而多样的个性化市场需求。

1）欧派家居

欧派家居集团股份有限公司，创立于 1994 年，以整体橱柜为旗舰，经过 26 年的迅猛发展，形成多元化产业格局，定制家居产品生产总规模和市值规模均居于行业第一。2019年，欧派全球门店已突破 7000 家，产品畅销 6 大洲 118 个国家，全年实现营业收入135.33 亿元。

（1）衣柜。图 9-10 为欧派以农林剩余物人造板为基材设计与生产的定制衣柜产品，以防潮性能优异的农林剩余物人造板制造衣柜，可以防止物品因长时间存放受潮而引起的霉变，储物质量更优。

图 9-10　以农林剩余物人造板为基材设计与制造的欧派定制衣柜产品

（2）橱柜。作为欧派最先生产的产品伴随着企业的成长不断完善，且随着人们生活水平的提高，饮食安全与健康生活备受关注。与其他个性化定制家具相比，板式结构的橱柜更具有标准化、通用化、系列化的特征，因此更适合于大规模定制与信息化制造的整体要求，而且也能通过模块化设计使其满足用户需求的个性化与多样化。与此同时，随着人们生活物质越来越丰富以及对健康、绿色饮食需求越加强烈，对新时代的橱柜提出了储物防潮、阻燃、绿色环保等更高的要求。以农林剩余物人造板制造的厨房家具，因其具有优异的防火、阻燃、防潮等性能而在厨房家具中更具实用价值与市场竞争力。目前欧派、金牌、志邦等大型厨房家具制造企业都以具有防火、阻燃、防潮等功能的农林剩余物人造板为基材来制造其主流产品。图 9-11 为欧派以农林剩余物人造板为基材设计与制造的橱柜产品，其在防潮、阻燃方面优势明显，这为提升储物质量、化解火灾隐患提供了有力支撑。而且，产品在造型上更注重块、面构成关系与使用功能的协调统一，因此可较好的提高烹饪效率，提高生活品质。

图 9-11　欧派以农林剩余物人造板为基材生产的橱柜产品

（3）卫浴家具。在板式橱柜发展经验的基础上，卫浴家具也逐渐成为现代生活的必需品，而且板式卫浴家具也逐步成为卫浴家具发展的主流。与厨房家具相比，卫浴家具对阻燃性能的要求有所降低，但防潮防水的需求提升。为了延长卫浴家具的使用寿命，实现卫浴空间干湿分区、水电隔离，需要使用防潮耐水的基材与防潮防水的封边技术来减少水分对家具的影响。农林剩余物人造板所特有的防水、防潮功能完全可以满足这一需求，因此得到了诸多卫浴家具生产企业的青睐。图9-12为以农林剩余物人造板为基材设计与制造的欧派卫浴家具产品。

图9-12   以农林剩余物人造板为基材设计与制造的欧派卫浴家具产品

（4）全屋定制。欧派在其厨卫家具、衣柜定制家具等发展经验的基础上开展全屋定制项目，已经由厨房家具龙头企业逐渐转变成全屋定制龙头企业。其产品类型丰富，几乎涵盖所有的主流住宅户型与家居装饰风格，其中所用木质板材多以农林剩余物人造板为主。图9-13为其研发生产的以农林剩余物人造板为基材的全屋定制产品，具有简洁时尚的特点，可满足都市中紧凑小户型与多元大户型消费者的多种需求。

2）尚品宅配

成立于2004年的广州尚品宅配家居股份有限公司是一家强调依托高科技创新而迅速发展的家具企业，以强大的软件技术、创新能力、先进的柔性化生产工艺、云计算和大数据而成为中国家具工业4.0的样本。目前尚品宅配已拥有近1500家专卖店，海外市场延伸至欧洲、东南亚、澳大利亚等地区，2019年实现营收72.61亿元。以农林剩余物人造板为基材设计与制造的全屋定制产品造型简约、时尚，将现代形式美法则完美应用的于家居产品之中。同时在功能合理设置的基础上注重新功能的拓展，即在满足不同类型用户需求

图 9-13　欧派以农林剩余物人造板为基材的全屋定制产品

的同时实现了实用与审美的双重价值。如图 9-14 所示的家具产品均呈现出清新、时尚的现代风格特征。由于所使用的基材具有低 TVOC 和零甲醛释放的特点，因此深受消费者喜爱。

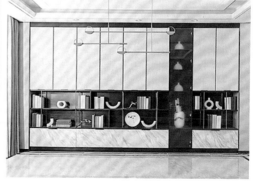

图 9-14　以农林剩余物人造板为基材设计与制造的尚品宅配全屋定制产品

3）碧桂园

碧桂园旗下的"现代筑美"是一家以生产配套碧桂园地产全屋定制产品的家具企业，通过依托碧桂园庞大的房地产开发平台，全屋定制产品已经成为其楼盘市场竞争力的重要组成部分。在碧桂园全屋定制产品中，人造板依然是家具及家居装饰产品的重要基材。图 9-15 中所示为碧桂园某项目设计与装配的以功能性人造板为主要基材的全屋定制产品，高雅清新，超凡脱俗。

图 9-15　以功能性人造板为主要基材的全屋定制产品

9.2.1.3　公共家具

公共家具主要是应用在办公、学校、医院、影院等公共场所的家具产品。随着人们对公共空间环境的重视程度不断提高，公共家具的美观性、舒适性、便捷性、耐用性逐步得到广泛关注，公共家具领域迎来了前所未有的发展契机。由于公共家具的使用场景、消费习惯与民用家具产品存在较大的差异，因此造价低廉、绿色生态的农林剩余物人造板在该领域得到了更为广泛的应用。在这一方面，圣奥、华盛、海太、冠美、百丽、中泰龙等品牌走在前列。其中圣奥集团有限公司是国内主营办公及公共空间家具的优秀企业，连续九年获得"国内办公家具品牌综合实力第一名"，是中央国家机关、中直机关定点采购单位，先后荣获"国家级工业设计中心""全国产品和服务质量诚信示范企业"等称号。在"一切为了健康办公"使命的引领下，圣奥产品远销世界113个国家和地区，累计服务世界500强企业162家，服务中国500强企业260家。

1）办公家具

现代办公家具大多都反映出合作共赢、节能高效、自由开放等现代商业办公文化的特征，其造型语言也注重对块、面的取舍与构成，符合现代审美情趣。图9-16为圣奥集团以农林剩余物人造板为基材设计与制造的办公家具，不仅适合小的办公区域，也可用于开放空间与联合办公，呈现出绿色、高效、自由、开放的办公理念，可满足不同群体对办公家具的需求，加之板材本身的环保性能好，因此更符合绿色设计的要求。

图 9-16 以农林剩余物人造板为基材设计与制造的圣奥办公家具

2) 报告厅与图书馆家具

图书馆及报告厅作为日常学习和交流必不可少的场所，承载着阅读、集体活动、会议、展示展览等多种功能。家具是图书馆和报告厅不可或缺的设施，是图书馆和报告厅建设的重要组成部分。因此，家具的配置、材料的选择、颜色的搭配等直接影响日常活动的便利程度和学习效率。

农林剩余物人造板强度高，绿色环保无甲醛，刚性、抗震性能好。同时，保温、隔热、隔音以及防火等综合性能完全能够满足图书馆和报告厅等场所家具的使用要求。采用农林剩余物人造板制造图书馆与报告厅中常用的阅读桌、办公桌、储物柜、书架等家具环保、简洁、耐用，可满足各功能区域需求，并且通过不同的造型与贴面处理使家具与图书馆和报告厅的装修风格协调一致。如图 9-17 所示为圣奥集团以农林剩余物人造板设计与制造的报告厅与图书馆家具，具有安全、实用、美观的特点。

图 9-17　以农林剩余物人造板为基材设计与制造的圣奥报告厅与图书馆家具

3）医院家具

医院家具和其他家具相比，其面向的使用空间场所和家具的类型多样，且使用环境和使用人群相对较为特殊。因此家具既需要满足医院不同功能场所的日常使用需求，还要求具有耐用性强、易于清洁、抗污染、耐水、耐腐蚀等特点。

农林剩余物人造板具有良好的稳定性，同时在防火、防潮、抗菌等方面独具优势，加之通过表面处理后可赋予丰富的纹理与色彩，且易清洁、耐污、耐腐蚀，现在已经成为医院家具的主要用材。圣奥集团采用农林剩余物人造板设计与制造的医院家具不仅结合强度高、装饰性能好，在易清洁、耐擦洗等方面也表现优异。如图 9-18 所示为圣奥集团以农林剩余物人造板为基材设计与制造的医院家具。

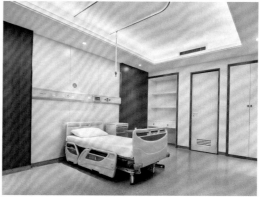

图 9-18　以农林剩余物人造板为基材设计与制造的圣奥医院家具

9.2.2　家居装饰

"家"在国人的眼中是温暖、归属、幸福的代名词。通过装饰可使原本"冷漠"的钢筋混凝土建筑多几分"温馨"，使室内空间有更多"家"的氛围。我国家居装饰行业需求巨大，有着万亿计的市场份额。随着生活水平的提高，"绿色家居"更是备受推崇。

家居装饰材料按照使用范围主要有地板、门、装饰构件等，人造板类的材料大多作为基材使用。满足绿色环保要求的农林剩余物人造板不仅是各类家具的主要选材，而且也是家居装饰的"主打"材料，以其为基材所制备的强化地板、木门、装饰隔断、集成墙板、装饰构件等，因具有环保、阻燃、防潮、节能等附加功能而受到关注。

9.2.2.1 强化地板

在以农林剩余物人造板所制造的地面装饰产品中，以强化地板最为常见，大自然、圣象、菲林格尔等品牌誉满全球。这些强化复合地板不仅具有美观大方、舒适温馨的特点，同时相比一般木质地板还具有更好的耐用性与防火性、更丰富的规格与装饰效果、更简单的安装与保养以及更低廉的价格，因此被广泛应用于居家、办公等各类室内环境中。

大亚圣象家居股份有限公司是中国木地板行业领军企业，在全国拥有 3000 多家地板专卖店，与全国房地产开发企业百强中的 92 家形成了战略合作。强化地板、三层、多层实木复合地板畅销全球，连续 24 年销量遥遥领先，累计销售 6 亿 m^2，服务全球逾 1500 万用户，2019 年圣象品牌价值达 502.85 亿元。如图 9-19 所示的地板为以农林剩余物人造板为基材生产的强化地板，不仅性能稳定、规格齐全、形式多样，且因均具有优异的防水、防潮功能而可广泛适合于家装与工装。

图 9-19 以农林剩余物人造板为基材的强化地板与应用场景

保利、万科等知名房地产企业已经将绿色环保、阻燃、防潮的圣象强化地板作为其"精装房"项目中地面装饰材料的首选，通过强强联合以提升其产品整体竞争实力。以下为圣象地板在保利、万科精装房中的具体应用案例。

1）沈阳——保利·堂悦项目

该项目使用了圣象以农林剩余物人造板为基材制造的 E1 级强化地板（图 9-20），这种强化地板对于北方冬干夏潮的气候特点具有很强的适应性，因此被保利广泛应用于北方项目的家居装饰中。与此同时，这种类型的圣象强化地板还具有超强的耐磨特性、防滑能力、易清洁的特点，可以满足不同消费者对地板的功能需求。

图 9-20　沈阳——保利·堂悦项目中所采用的强化地板

2）临沂——万科新都会项目

此项目是万科在山东的第一个无醛地板精装项目（图 9-21），万科也因此将其绿色精装的理念得以落到实处。这种圣象强化地板以无醛的农林剩余物人造板为基材，面层复合安全环保、无醛的 PVC 材料，并使用 PUR（polyurethane reactive）胶黏剂。在整个过程中，从基材到辅料均为无醛，因此深受消费者喜爱。

图 9-21　临沂——万科新都会项目中所采用的无醛强化地板

9.2.2.2　木门

家居用门是家居装饰中必不可少的功能性产品，是家居中各封闭空间分隔与联系的关键因素，并成为家居装饰的重要组成部分，其形式大多与立面装饰的整体风格相适应。随着人们生活品位的逐步提高，对家庭装修的要求也日益提高，家居工程中室内木门这一类产品也获得了长足的发展。以农林剩余物人造板为基材，通过模压、浮雕、吸塑、涂装等工艺制造的木门具有造型新颖、尺寸稳定、造价低廉等多重优势，可适配各种不同风格和档次的室内空间环境。同时，农林剩余物人造板也可用作木门的芯材。目前，梦天、TATA、江山欧派、大自然家居等知名企业都有生产。图9-22为上述企业以农林剩余物人造板为基材制造的居室木门：形式与造型多样，既有"平板门"又有"凹凸门"，适合于不同风格的室内环境。

图9-22　以农林剩余物人造板为基材的家居用门

浙江梦天木业有限公司创建于1989年，以"梦天木门"为核心产品，专注为消费者提供优质、健康、环保的整体家居解决方案，大力推动家居建材行业走向规范化、标准化。目前在国内市场上拥有1100多家专卖店，并同恒大、碧桂园等知名地产商开展战略合作。如图9-23所示为梦天以农林剩余物人造板为基材设计与制造的木门类产品应用场景。

图9-23　以农林剩余物人造板为基材设计与制造的梦天木门应用场景

9.2.2.3　立面装饰

在以农林剩余物人造板所制造的立面装饰产品中，以装饰隔断、集成墙板最为常见。装饰隔断、集成墙板是家居装饰中形式最丰富、功能最强大的产品类型，既能分隔空间、装饰立面，又能弥补建筑墙体功能缺陷。

1）装饰隔断

室内装饰隔断不但能分隔空间，还可以设计成诸如多功能酒柜、书架、博古架等多种形式，起到分隔空间、美化环境以及部分陈设与储物功能。与此同时，农林剩余物人造板还可用于制作各种装饰构件，并在立面装饰中呈现出多种造型。图 9-24 为以农林剩余物人造板为基材设计与生产的隔断，这些形式多样的隔断对立面装饰细节具有十分重要的补充作用，并与门、装饰隔断、集成墙板等立面装饰形式形成有机融合，呈现出统一风格。

图 9-24　以农林剩余物人造板为基材的隔断

2）集成墙板

集成墙板在作为装饰风格"代言人"的同时还赋予墙体隔音隔热、阻燃等功能。农林剩余物人造板所具有的阻燃、防霉防潮等功能是制作集成墙板的首选材料。如图 9-25 所示为以农林剩余物人造板为基材制造的集成墙板与室内装饰构件：既有装饰与防护功能的墙板与装饰角线，又有兼顾装饰与承载作用的装饰搁物架，这些产品均体现出了时尚、简洁、明快的特征，可营造出温暖和谐的室内气氛，给人以安全、温馨、舒适的体验。

图 9-25　利用农林剩余物人造板所制造的集成墙板与装饰构件

9.3　交通工程

近年来，随着科技的迅猛发展和生活水平的提升，我国的交通工程得到了长足的发展，高铁、汽车、游艇等交通工具的品质不断提升。在高铁、动车、汽车、游艇的内部装饰中也用到了以农林剩余物人造板为基材开发的新型装饰及家具产品。

9.3.1　车船内饰

9.3.1.1　高铁、动车内饰

高铁和动车是人们高效率出行的重要交通工具，具有安全、高效、舒适、环保等特点（Chin et al，2019），是我国当前陆地运输最常用的轨道交通工具。基于在高速运行过程中安全性的考量，在材料的选择上需要着重关注其性能，如车厢的内饰板材需要考虑的因素有环保、强度、耐磨、阻燃、重量与加工性能等。由于农林剩余物人造板能够满足这些要求，因此在高铁和动车的内饰与家具中也得到了应用。

如图 9-26 所示为高铁内部的壁柜、卫生间门和服务台等场所的照片，部分以农林剩余物人造板材为基材，通过成形与贴面处理来形成不同的纹理、富有变化或独特的色彩、质感与肌理，这比使用玻璃钢、不锈钢等材料更接近自然的装饰效果，进而使车内装饰风格更加温馨、大方。同时，农林剩余物人造板不仅可加工成平面，还可根据需要加工成曲面，故可根据高铁特殊部位功能进行成形加工，以满足高铁特殊部位曲面形状装饰的需求。

图 9-26　以农林剩余物人造板为基材的高铁、动车内饰

图片来源(http://image. baidu. com/search/)

使用不同纹理图案的三聚氰胺浸渍纸对农林剩余物人造板进行贴面等二次加工后，可获得更好的稳定性、更高的力学性能，且抗腐蚀、阻燃抑烟、防潮防水等性能也普遍得到了提升。除了用于高铁的内饰之外，还可用于制造如图 9-27 所示高铁的餐车壁柜、服务台和餐桌台面等产品。

图 9-27　使用农林剩余物人造板制造的高铁家具

图片来源：中国高铁（https：//m. sohu. com/a/190617650_169022）；

高铁车厢（https：//m. sohu. com/n/355325975/？ v=3）；

高铁内饰和高铁家具（https：//image. baidu. com/search/）

9.3.1.2　汽车内饰

近年来，我国汽车工业发展迅速，推动了汽车相关产业链的迅速扩张，具有绿色、环保、轻量化的材料越来越多的应用于汽车制造。汽车内饰作为提升汽车品质的重要因素之一，涉及诸多的材料，并要求具有质轻、阻燃、有一定的摩擦系数和抗静电等特性。

随着材料科学的发展，汽车的内饰所采用的材料在不断地更新和改进，如在奔驰、宝马、大众、福特、通用、丰田等品牌汽车的门衬板、仪表板衬板以及后窗台搁板等内衬部件和一些内饰材料中也开始采用天然植物纤维板，包括木、竹纤维板和麻纤维板等。通过贴面处理，这类板材可以产生不同的肌理效果，与塑料、金属、皮质材料搭配使用，能够极大地提升汽车内饰的装饰性，提高汽车品质和档次。

以作者团队技术生产的农林剩余物人造板，具有低 TVOC 和零甲醛释放、环保可回收再利用的特点，且防潮、阻燃、强度高、耐冲击性好。基于汽车内饰要求质量轻、隔热隔音、耐冲击、阻燃、环保的特点，可将丝状的木质、竹质、稻草、秸秆等纤维进行功能化处理，制备出汽车内饰基材。然后再采用水性无醛胶黏剂、通过复合装饰面料和贴面处理，在板材和部件上产生不同纹理和装饰以提升品质。同时，该材料易于成形与胶合，可进行打孔、开槽、雕刻等加工以满足汽车不同部件的安装和造型要求。

图 9-28 中所示为一些品牌汽车中所使用的珍贵木材装饰部件，与塑料部件相比可大幅度提升装饰效果和产品档次，这些均可以使用农林剩余物人造板来代替，这在节约资源、保护环境等方面具有重要意义。

图 9-29 为以农林剩余物人造板为基材所设计的汽车内饰：色彩亮丽、纹理清晰、质感丰富、肌理细腻，外观与珍贵木材无异。同时，使用不同的贴面与处理工艺可形成不同风格的系列产品，在稳定性、装饰性等方面甚至优于天然木材。

图9-28 某些品牌汽车所使用的珍贵木材内饰

图片来源：汽车之家．汽车内饰（https://car.autohome.com.cn/pic/）

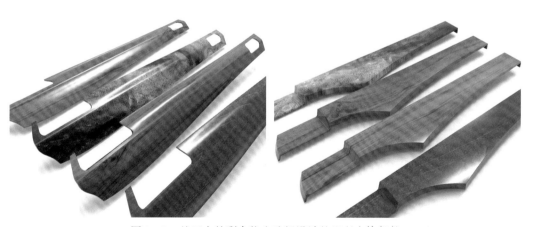

图9-29 基于农林剩余物人造板设计的汽车内饰部件

9.3.1.3 游艇内饰

游艇作为一种水上高级耐用消费品，对整体的设计、功能和装饰均具有很高的要求。内饰是游艇设计中不可或缺的重要组成部分，对游艇的档次具有很大影响。因此，在进行内部装饰时，除了考虑美观性外，材料功能性的选择尤为重要。为了更好地适应游艇复杂的船体结构、独特的空间类型、特殊的使用环境，以及对内饰独特装饰风格的要求，需要使用与其相适应的功能性材料。

　　农林剩余物人造板中的竹质人造板主要以竹材及其剩余物为原材料，经过炭化、杀虫、去淀粉、防火、阻燃等处理后采用特殊的环保胶黏剂胶合而成，能够在很大程度上保证竹材的自然肌理。制成的板材色泽柔和、竹纹清晰、质地光洁、典雅大方，具有密度高、韧性好、承重强、不变形、不开裂、耐磨耐用等特点，同时防霉、防蛀、阻燃、防静电，其综合性能完全可以满足游艇在特殊环境中的使用要求。如图 9-30 中所示为太阳鸟游艇公司一款游艇的内饰场景：门、墙体、柜、地板等均采用湖南桃花江竹材科技股份有限公司生产的竹集成材板、竹装饰板、重组竹地板、竹墙板等竹质功能人造板材。这些板材特殊的纹理效果和材料质感，赋予了游艇特殊的装饰效果，极大地提升了游艇的品质、安全性与舒适度。

图 9-30　以竹质功能人造板为主的游艇内饰

9.3.2　交通工具部件

9.3.2.1　车厢底板

　　作为承重构件的汽车车厢底板，特别是载货汽车，要求材料具有很高的力学强度，良好的胶合性能、优异的耐候、耐腐和阻燃性能（Liu and Guan，2019）。目前在汽车车厢底板中常用的人造板包括全竹侧压板和竹胶合板。

　　如图 9-31 所示为全竹侧压车厢底板的生产与应用场景。其多以楠竹为主要原料，经过功能化处理与科学叠加，然后用高强度环保型胶黏剂在高温高压下胶合而成，厚度一般为 19～22mm，具有静曲强度高、纵横方向力学性能差异小、耐冲击等优点。同时在耐腐蚀、耐虫蛀、耐酸碱及耐水等性能方面也表现优异。该材料用于汽车底板能够长时间承受载荷，有利于延长汽车车厢的使用寿命；且满足汽车轻量化、生态化的要求，是以竹代木、以竹代钢、以竹代塑等最佳的替代品。

图9-31　全竹侧压板汽车车厢底板

9.3.2.2　集装箱底板

集装箱是货运运输重要的工具之一，集装箱底板作为重要的承重部件，对材料的物理力学性能要求很高（余养伦等，2013）。目前，在集装箱底板材料中常见的为克隆木（Apitong）底板，但是由于采伐过量和环保要求，纯木质的集装箱底板越来越少，取而代之的是各种类型的人造复合板材，如集装箱竹木底板、标准集装箱用胶合板、集装箱 OSB 新型底板等。作者团队研发的农林剩余物人造板制造技术为其提供技术支撑。

近年来生产的竹木复合集装箱底板，就是将竹片和木片进行防水、阻燃、防霉处理后，根据需要组坯后热压胶合成总厚度为 28mm±0.5mm 的板材。其具有优异的物理力学性能、防潮防水防腐防虫和耐磨性能，具备在海上等恶劣环境下使用的特性。与此同时，由于木竹材料具有弹性，能够保证底板在受重压后保持平整和较小变形。相较于传统的钢材底板而言，集装箱木/竹材料制成的底板质量轻、成本低，安装、维护维修和更换方便，同时摩擦系数较大，能够减少货物在运输过程中的移动，有利于提高安全性。如图9-32所示为以竹基材料为底板的中集公司集装箱及使用场景。

图 9-32　以竹基材料为底板的集装箱

9.4　建 筑 工 程

2019 年，住建部发布的《绿色建筑评价标准》（GB/T 50378—2019），明确了绿色建筑的概念："绿色建筑是指在建筑的安全寿命周期内，节约资源、保护环境、减少污染，为人们提供健康、适用和高效的使用空间，最大限度地实现人与自然和谐共生的高质量建筑。"由此可见，绿色建筑具有节能、环保、低碳的显著特点。农林剩余物人造板能够满足当下绿色建筑的发展要求，可广泛应用于工程装饰、轻型构件等方面。

9.4.1　工程装饰

农林剩余物人造板作为一种零甲醛、新型工程装饰材料，不仅顺应新时代节能环保的理念，同时能满足各种功能的需要，可有效地降低传统建筑工程材料对自然环境的破坏，促进现代建筑的可持续发展（Chang et al，2016；Xu et al，2020），并已经在建筑装饰工程领域得到了充分利用，如义务小商品市场、美国大使馆、国家图书馆、中央电视台等工程装饰中均使用了以农林剩余物人造板为基材的装饰材料，并取得了良好的效果。

9.4.1.1　东莞义乌小商品市场

东莞市义乌小商品城，处于东莞大岭山镇，总投资约 2.6 亿元，商业面积 4.8 万 m^2，公寓面积 1.2 万 m^2，是东莞地区档次高、配套齐全、经营环境较好的综合性小商品批发市场。

东莞义乌小商品城按照《中华人民共和国消防法》和《大型商业综合体消防安全管理规范》的规定，在装修设计之初就将消防安全放在首位，要求室内装饰材料采用具有阻燃的功能材料，（如图9-33所示的部分室内装饰设计截图），因此广西丰林生产的具有阻燃功能的农林剩余物人造板作为其首选装饰材料而在此得到广泛应用。

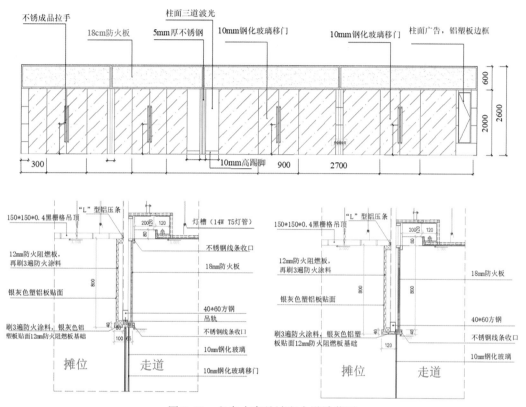

图9-33　义乌小商品城室内设计截图

图9-34所示为装修施工场景与开业后的场景：所营造的购物环境舒适、安全，深得商家与消费者的好评。由此可见，农林剩余物人造板在阻燃、防虫、抗潮湿、防腐、吸音等性能方面完全满足了现代商业建筑装饰工程的安全性、功能性与个性化的需要。

图 9-34　义乌小商品市场装修现场及交付使用场景

9.4.1.2　美国大使馆

美国大使馆建于 2008 年，占地 4hm²，是有史以来建设规模第二的大使馆大楼，其设计理念融入了东西方文化思想，整个建筑场所蜿蜒曲折，庭院和小型绿化空间具有中国古典园林特色（图 9-35）。

图 9-35　美国大使馆

图片来源：搜建筑 . 北京·美国大使馆（https://www.soujianzhu.cn/news/display.aspx? id=3526）

建筑内部的办公、接待与休闲空间的墙面和地面部分使用了丰林和大亚以农林剩余物人造板为基材的装饰材料与地板，这种板材不仅阻燃抑烟、高强耐水，而且通过饰面与仿真处理后获得与实木相同的装饰效果，这在改善环境、营造气氛、提升品质方面独具特色。

9.4.2　轻型结构

轻型结构是用木基结构材制作的建筑工程装饰构件，多采用绿色可再生材料，而可再生材料的融入是绿色建筑工程装饰的典范。在当前建筑工程装饰中，轻型木结构不仅表现出了优良的低碳环保的特点，而且还承载了自然生态的理念，与其他工程装饰材料相比，具有造型自然美观、施工方便快捷、减振抗震等优势（Zhou et al, 2019）。农林剩余物人造板能够部分满足轻型结构对木质材料的要求，被广泛应用于各种建筑的轻型结构之中，如在上海世博会罗马尼亚国家馆和上海虹桥高铁站等工程建设过程中均有应用。

9.4.2.1　上海世博会罗马尼亚国家馆

上海世博会罗马尼亚国家馆建成于 2009 年 6 月，以"绿色城市"为主题，展示了城市的历史文化遗产和罗马尼亚人民致力于更美好生活的智慧，主要由"千年回望"、"历史与自然推动的社会和城市的发展"和"亲近自然的城市生活"等三个部分组成。在建造之初就充分考虑了选用绿色、环保、低碳的建筑与装饰材料，其部分轻型结构、界面的装饰结构以及室内文化展示区的展台等（图 9-36）使用了广西丰林生产的农林剩余物人造板。由于该板材做到了"零醛添加"，具有安全性、稳定性、环保性的特点，因此整个建筑符合绿色环保的理念。

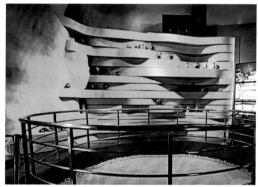

图 9-36　上海世博会罗马尼亚国家馆

上海世博会罗马尼亚国家馆（https://image.baidu.com/search/）

9.4.2.2　上海虹桥高铁站

虹桥高铁站，位于中国上海市闵行区，于 2010 年 7 月建成后投入使用。在建筑设计中，体现了平直、方正、厚重的设计思想，充分展现了海纳百川的海派文化及现代化铁路客站的功能性、系统性、先进性、文化性和经济性的建设理念。

虹桥高铁站的部分室内隔断工程、吊顶工程等轻型结构以及室内家具（图 9-37）使用了广西丰林生产的具有隔热保温、防火、防潮、隔音的农林剩余物人造板。这不仅节能环保，降低了建筑的自重，而且通过二次加工后的板材还具有独特的质感和肌理、良好的艺术装饰效果，这对营造温馨舒适的室内环境、减少旅行和工作疲劳具有重要作用。

图 9-37　上海虹桥高铁站

9.5　典型工程案例

由于农林剩余物人造板具有优良的品质，在许多重要的工程建设中得到了应用，如人民大会堂、中央电视台、国家图书馆、新华社总社等。

9.5.1　国家图书馆

中国国家图书馆位于北京市中关村南大街 33 号，是国家总书库，国家书目中心，国家典籍博物馆，是世界最大、最先进的国家图书馆之一（图 9-38）。总建筑面积 8.05 万 m^2，地下三层，地上五层，共设读者座位 2900 个。

图 9-38　国家图书馆

基于大型公共场所室内外环境安全的要求，馆内的部分木质装饰材料、木质家具等采用了广西丰林集团生产的农林剩余物人造板，其中 E_1 级阻燃环保板的甲醛释放量在国标 E_1 级以下，防火性能达到国家 B1 级要求，遇火时难燃烧，燃烧时无烟，剩余物无毒、无污染，为减少图书馆室内环境污染与消防安全提供了保障。

9.5.2　中央电视台和新华通讯社

中央电视台总部大楼位于北京商务中心区，建筑总面积 47 万 m^2。该大楼高 234m，其造型像一个三维连续弯折的循环，楼内包含整个电视制作全过程所需空间：新闻、广播、演播室、行政办公区以及公共区域。新华社是中国的国家通讯社，法定新闻监管机构，同时也是世界性现代通讯社，是中国最大的新闻信息采集和发布中心。

中央电视台总部大楼和新华通讯社大楼（图 9-39）在一定程度上代表国家形象。由于工作环境的特殊性，使其对室内外空间环境要求较高：在室内装饰工程中，地面材料要满足耐磨、防滑、易清洁、防静电等要求；墙面装饰材料要满足吸音、保温等要求；顶部装饰材料要满足质轻、隔音、隔热等要求，且所有的材料均要求具有防火、阻燃、防潮等功能。而农林剩余物人造板所制造的地面与其他室内装饰材料，不仅绿色环保、美观实用，而且还具有质轻、吸音、保温、环保、耐磨、阻燃等特点，其物理特性、环保特性和经济特性显著，完全满足现代室内空间对建筑装饰材料的要求。因此，中央电视台总部大楼和新华通讯社大楼在室内轻质隔断、吊顶、地面等界面装饰工程中部分使用了丰林和大亚生产的农林剩余物人造板和以其为基材的产品。

图 9-39　中央电视台大楼和新华通讯社大楼
图片来源：中央电视台总部大楼（https://image.baidu.com/search/）

9.5.3　人民大会堂

人民大会堂（图 9-40）是中国全国人民代表大会举行会议和全国人民代表大会常务委员会的办公场所，是党、国家和各人民团体举行政治活动的重要场所，也是党和国家领导人和人民群众举行政治、外交、文化活动的场所，是中国政治与文化中心的代表。

在人民大会堂的室内装饰中，出于消防、安全、环保和防潮的要求，部分材料使用了农林剩余物人造板和以其为基材的产品。出于保密与安全因素，在此不做详述。

总的来说，农林剩余物人造板具有绿色环保、阻燃抑烟、防潮防水等多种功能，以其为基材制造的板材已经广泛应用于家具工程、交通工程与建筑工程等多个领域。其成功研制与大规模生产不仅减少了农林资源的浪费，产生了良好的经济效益和社会效益，更重要的是为生物质资源的高效利用提供了新思路与新方法，为广大人民群众追求美好生活提供了物质基础，这对节能减排降耗、保护资源环境、构建绿水青山、建设和谐社会意义深远。

图 9-40　人民大会堂外景照片

参 考 文 献

德国标准化学会. 2005. CEN/TS 15083-1：2005. 木材和木基产品的耐久性. 实心木材抗木材损坏菌的天然耐久性的测定试验方法. 第 1 部分：担子菌.

李新功, 李佩琪, 吴义强, 等. 2018. 一种自热无机胶黏剂及其制备方法和其在无机人造板生产中的应用方法. 中国, CN108587482A, 9-28.

欧盟标准化委员会. 2016. EN 350-2016. 实木的天然耐久性——木材和木质材料生物制剂耐久性试验与分级.

吴义强, 姚春花, 周先雁, 等. 2011. 一种硅镁硼木材纳米阻燃剂. 中国, ZL210010242944.6, 12-28.

夏燎原, 胡云楚, 袁莉萍, 等. 2012. 一种制备介孔二氧化硅/聚磷酸铵复合阻燃剂的方法. 中国, CN102643655A, 8-22.

熊建. 2020-06-03. 保持绿色发展战略定力. 人民日报海外版, 002.

杨守禄, 吴义强, 卿彦, 等. 2014. 典型硼化合物对毛竹热降解与燃烧性能的影响. 中国工程科学, 16（4）：51-55, 59.

余养伦, 孟凡丹, 于文吉. 2013. 集装箱底板用竹基纤维复合制造技术. 林业科学, 49（3）：116-121.

中华人民共和国国家质量监督检验检疫总局, 中国国家标准化委员会. 2018. GB 18580—2017. 室内装饰装修材料人造板及其制品中甲醛释放限量.

Aladejana J T, Wu Z Z, Fan M Z, et al. 2020. Key advances in development of straw fiber bio-composite boards：An overview. Materials Research Express, 7（1）：012005.

Aydin I, Colakoglu G, 2007. Variation in surface roughness, wettability and some plywood properties after preservative treatment with boron compounds. Building & Environment, 42（11）：3837-3840.

Chang Y H, Huang P H, Chuang T F, et al. 2016. A pilot study of the color performance of recycling green building materials. Journal of Building Engineering, 7：114-120.

Chin K S, Yang Q, Chan C Y P, et al. 2019. Identifying passengers' needs in cabin interiors of high-speed rails in China using quality function deployment for improving passenger satisfaction. Transportation Research Part A：Policy and Practice, 119：326-342.

Dong H, Jiang L, Shen J, et al. 2019. Identification and analysis of odor-active substances from PVC-overlaid

MDF. Environmental Science and Pollution Research, 26: 20769-20779.

Jiang L Q, Shen J, Shen X W, et al. 2018. Volatile organic compounds characteristics released from various types of decorative particleboards. Forest Products Journal, 68 (2): 3-5.

Li P, Zhang Y, Zuo Y F, et al. 2020a. Preparation and characterization of sodium silicate impregnated Chinese fir wood with high strength, water resistance, flame retardant and smoke suppression. Journal of Materials Research and Technology, 9: 1043-1053.

Li P, Zhang Y, Zuo Y F, et al. 2020b. Comparison of silicate impregnation methods to reinforce Chinese fir wood. Holzforschung, DOI: https://sci-hub. tw/https://doi. org/10. 1515/hf-2020-0016.

Liu Y, Shen J, Zhu X D. 2015. Evaluation of mechanical properties and formaldehyde emissions of particleboards with nanomaterial added melamine-impregnated papers. European Journal of Wood & Wood Products, 73 (4): 449-455.

Wang Z H, Zou W H, Sun D L, et al. 2020. Fabrication and performance of in-depth hydrophobic wood modified by a silica/wax complex emulsion combined with thermal treatment. Wood Science and Technology, 54 (5), 1223-1239.

Wu Y Q, Yao C H, Qing Y, et al. 2011. Performance evaluation of flame-retardant NSCFR-treated laminated veneer lumber (LVL) Part I: Thermal, physical and mechanical properties. Advanced Materials Research, 168-170: 2106-2110.

Wu Z Z, Huang D B, Wei W, et al. 2019. Mesoporous aluminosilicate improves mildew resistance of bamboo scrimber with Cu-B-P *anti*-mildew agents. Journal of Cleaner Production, 209: 273-282.

Xu X, Hu ZY, Duan L L, et al. 2020. Investigation of high volume of CFBC ash on performance of basic magnesium sulfate cement. Journal of Environmental Management, 256: 109878. 1-109878. 9.

Zhou L, Chui Y H, Ni C. 2019. Numerical study on seismic force modification factors of hybrid light wood frame structures connected to a stiff core. Engineering Structures, 183: 874-882.